2011年11月24日，《中国气候与环境演变：2012》第六次章主笔会议在海南省海口市召开

中国科学院、中国气象局、中国科学院寒区旱区
环境与工程研究所、冰冻圈科学国家重点实验室　联合资助

中国气候与环境演变:2012

总主编:秦大河

第二卷　影响与脆弱性

主　编:丁永建　穆　穆　林而达

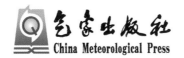

气象出版社
China Meteorological Press

中国气候与环境演变:2012

总 主 编 秦大河

副总主编 丁永建　穆　穆

顾 问 组（按姓氏笔画排列）

丁一汇　丁仲礼　王　颖　叶笃正　任振海　伍荣生
刘丛强　刘昌明　孙鸿烈　安芷生　吴国雄　张　经
张彭熹　张新时　李小文　李吉均　苏纪兰　陈宜瑜
周卫健　周秀骥　郑　度　姚檀栋　施雅风　胡敦欣
徐冠华　郭华东　陶诗言　巢纪平　傅伯杰　曾庆存
焦念志　程国栋　詹文龙

评审专家（按姓氏笔画排列）

马继瑞　马耀明　方长明　王乃昂　王式功　王　芬
王苏民　王金南　王　浩　王澄海　邓　伟　冯　起
刘子刚　刘　庆　刘昌明　刘春蓁　刘晓东　刘秦玉
朱立平　阳　坤　齐建国　吴艳宏　宋长春　宋金明
张龙军　张军扩　张廷军　张启龙　张志强　张　强
张　镭　张耀存　李　彦　李新荣　杨　保　苏　明
苏晓辉　陈亚宁　陈宗镛　陈泮勤　周华坤　周名江
易先良　林　海　郑　度　郑景云　南忠仁　姚檀栋
洪亚雄　贺庆棠　赵文智　赵学勇　赵新全　唐森铭
夏　军　徐新华　秦伯强　钱维宏　高会旺　高尚玉
巢清尘　康世昌　阎秀峰　黄仁伟　黄季焜　黄惠康
彭斯震　曾少华　程义斌　程显煜　程根伟　蒋有绪
谢祖彬　韩　发　管清友　翟惟东　蔡运龙　戴新刚

文字统稿 孙惠南　赵宗慈　郎玉环　刘潮海

办 公 室 冯仁国　巢清尘　赵　涛　高　云　王文华　谢爱红
王亚伟　赵传成　熊健滨　傅　莎

第二卷 影响与脆弱性

主　编　丁永建　穆　穆　林而达

主　笔（按姓氏笔画排列）

丁永建　王春乙　王根绪　包满珠　叶柏生　左军成
刘时银　许吟隆　吴绍洪　吴青柏　张建云　李茂松
杨晓光　周广胜　周晓农　居　辉　林而达　姜　彤
赵　林　陶　澍　董治宝　董锁成　谢立勇　蔡榕硕
穆　穆

贡献者（按姓氏笔画排列）

马世铭　马丽娟　尹云鹤　王玉辉　王国庆　王　欣
王　雁　卢　鹏　白晓永　刘九夫　刘　波　刘鸿雁
刘翠善　吕　娟　孙国栋　江村旺扎　许崇海　余克服
吴建国　吴　梦　张世强　张建明　张　勇　李　飞
李元寿　李双成　李石柱　李　宇　李志军　李　岩
李祎君　杜　凌　杨连新　杨　坤　杨建平　杨旺舟
苏布达　陈宁生　陈亚宁　陈满春　周正朝　周　莉
范代读　郑大玮　贺瑞敏　赵传成　赵成义　郝兴宇
高　超　高　霁　康尔泗　曹丽格　章四龙　韩　雪
鲁安新　蓝永超　熊　伟　霍治国

序　一

在中国共产党第十八次全国代表大会胜利结束,强调科学发展观、倡导生态文明之际,《中国气候与环境演变:2012》即将出版,这对全面深刻认识中国气候与环境变化的科学原理和事实,这些变化对行业、部门和地区产生的影响,积极应对气候和环境变化,主动适应、减缓,建设生态文明,促进我国经济社会可持续发展,实现2020年全面建成小康社会的目标,有着重要意义。

早在2000年,中国科学院西部行动计划(一期)实施之初,中国科学院就启动了《中国西部环境演变评估》工作。该项工作立足国内、面向世界,主要依据半个多世纪以来中国科学家的研究和工作成果,参照国际同类研究,组织全国70多位专家,对我国西部气候、生态与环境变化进行了科学评估,其结论对认识我国西部生态与环境本底和近期变化,实施西部大开发战略,科学利用和配置西部资源,保护区域环境,起到了重要作用。

在上述工作开展的过程中,在中国科学院和中国气象局共同支持下,2002年12月又开始了《中国气候与环境演变》(简称《科学报告》)和《中国气候变化国家评估报告》(简称《国家报告》)的编制工作。这两个报告相辅相成,《科学报告》为《国家报告》提供科学评估依据,是为基础;《国家报告》关注其核心结论及影响、适应和减缓对策。这两个报告分别于2005年和2007年正式出版,报告的出版,标志着我国对全球气候环境变化的系统化、科学化的综合评估工作走向了国际,成为国际重要的区域气候环境科学评估报告之一,既丰富了国际上气候变化科学的内容,也为我国制定应对气候变化政策,坚持可持续发展的自主道路,以及国际气候变化政府谈判等,提供了科学支持,发挥了重要作用。

为了继续发挥科学评估工作的影响和作用,在中国科学院西部行动计划(二期)和中国气象局行业专项支持下,2008年《中国气候与环境演变:2012》(简称《第二次科学报告》)的评估工作开始启动。这次评估报告是在联合国政府间气候变化专门委员会(IPCC)第四次评估报告(AR4)2007年发布后引起广泛关注基础上开展的,之所以确定在2012年出版,目的是为将于2013年和2014年发布IPCC第五次评估报告(AR5)提供更多、更新的中国区域的科学研究成果,为国际气候变化评估提供支持。为此,我们尽可能吸收参加IPCC AR5工作的中国主笔、贡献者和评审人加入《第二次科学报告》撰写专家队伍,这有利于把中国的最新评估成果融入AR5报告,增强中国科学家在国际科学舞台上的声音。另外,还可使《第二次科学报告》接受国际最新成果和认识的影响,以国际视野、结合中国国情,探讨适应与减缓的科学途径,使我们的报告更加国际化。此外,在AR5正式发布之前出版此报告,可以形成从国际视野认识气候环境变化、从区域角度审视中国在全球气候变化中的地位和作用的全景式科学画卷。

本报告由三卷主报告和一卷综合报告组成,内容涉及中国与气候、环境变化的自然、社会、经济和人文因素的诸多方面,是一部认识中国气候与环境变化过程、影响领域、适应方式与减缓途径的最权威科学报告。对此,我为本报告的出版而感到欣慰。

参加本报告的100多位科学家来自中国科学院、中国气象局、教育部、水利部、国家海洋局、农业部、国家林业局、国家发展和改革委员会、中国社会科学院、卫生部等部门的一线,他们为本报告的完成付出了辛勤劳动和艰辛努力。我为中国科学院能够主持并推动这一工作而感到高兴,对科学家们的辛勤工作表示衷心感谢,对取得如此优秀的成果表示祝贺!我相信,本报告的出版,必将为深入认识气候与环境变化机理、积极应对气候与环境变化影响,在适应与减缓气候与环境变化、实现生态文明国家目标中起到重要作用。我还要指出,本报告的出版只代表一个阶段的结束,预示着下一期评估工作的开始,而要将这一工作持续推动,需要全国科学家的合作、努力与奉献。

中国科学院院长

发展中国家科学院院长

二〇一二年十二月

序 二

在政府间气候变化专门委员会(IPCC)第五次评估报告(AR5)即将发布之前,《中国气候与环境演变:2012》(简称《第二次科学报告》)出版在即,这是一件值得庆贺、令人欣慰的事。我向以秦大河院士为主编的科学评估团队四年来的认真、细致、辛勤工作表示衷心的感谢!

2005 年,由中国气象局和中国科学院共同支持,国内众多相关领域专家历时三年合作完成的《中国气候与环境演变》正式出版。这是我国第一部全面阐述气候与环境变化的科学报告,不仅为系统认识中国气候与环境变化、影响及适应途径奠定了坚实的科学基础,还为之后组织完成的《第二次科学报告》提供了重要科学依据,在科学界和社会产生了广泛的影响。《中国气候与环境演变》评估工作借鉴 IPCC 工作模式,以严谨的工作模式梳理国内外已有研究成果,以求同存异的态度从争议中寻求科学答案,以综合集成的工作方式从众多文献中凝集和提升主要结论,从而使这一研究工作体现出涉猎文献的广泛性、遴选成果的代表性、争议问题的包容性、凝集成果的概括性,这也是这一评估成果受到广泛关注和好评的主要原因所在。

2008 年,中国气象局与中国科学院再次联合资助立项,启动了《第二次科学报告》评估研究,其主要目的是为了继续发挥科学评估工作的影响和作用,与 IPCC 第五次评估报告(AR5)相衔接,进一步加强对我国气候与环境变化的认识,积极推动我国科学家的相关研究成果进入到 IPCC AR5 中,扩大中国科学家研究成果的国际影响力,为我国科学家参与 AR5 工作提供支持。这次评估工作,在关注国际全球和洋盆尺度评估的同时,更加强调在区域尺度开展评估工作。因此,《第二次科学报告》对国际上正在开展的区域尺度气候环境变化评估工作是一种推动,也是一个贡献。我对此特别赞赏,并衷心祝贺!

我们特别高兴地看到,参与《第二次科学报告》的绝大多数作者以 IPCC 联合主席、主笔、主要贡献者和评审专家等身份参与了 IPCC AR5 工作中,对全球气候变化及其影响的科学评估工作发挥了积极作用。我相信,这些专家在参与国内气候与环境变化评估研究的基础上,一定会将中国科学家的更多研究成果介绍到国际上去。

在经历了第一次科学评估工作并积累丰富经验之后,《第二次科学报告》已经完全与国际接轨,从科学基础、影响与脆弱性和减缓与适应三个方面对我国气候与环境变化进行了系统评估。从本次评估中可以看出,我国相关领域的研究成果较上次评估时已经取得了显著进展,尤其是影响、脆弱性、适应和减缓方面的研究,进展更加显著,这主要体现在研究文献数量已有了很大增长,质量也大大提高,有力支持本次评估研究能够从三方面分卷开展。我相信,如果这一评估工作能够周期性地持续坚持下去,将推动我国相关领域研究向更加深入的程度、更加广泛的领域发展,也必将为我国科学家以国际视野、区域整体角度审视气候变化、影响与适应和减缓提供科学借鉴和支持,促进我国科学家在国际舞台上发挥更大作用。

郑国光

中国气象局局长

IPCC 中国国家代表

2012 年 12 月 10 日

前　言

全球气候与环境变化问题是当代世界性重大课题。从 1990 年起,联合国政府间气候变化专门委员会(IPCC)连续出版了四次评估报告,其中,以 2007 年发布的第四次评估报告(IPCCAR4)影响最大,之后又启动了第五次评估报告(IPCCAR5)工作。在我国,2005 年出版了第一次《中国气候与环境演变》科学评估报告,该报告为中国第一次《气候变化国家评估报告》的编写奠定了坚实的科学基础。为了与国际气候变化评估工作协调一致,总结中国科学家的研究成果并向世界推介,也为了宣传中国科学家对全球气候和环境变化科学做出的贡献,四年前我们申请就中国气候与环境变化科学进行再评估,即开展第二次科学评估工作。2008 年,这项工作在中国科学院和中国气象局的支持和资助下正式立项、启动,称之为《中国气候与环境变化:2012》,意思是在 2012 年完成并出版,以便与 2013—2014 年 IPCC 第五次评估报告的出版相衔接。

四年来,科学评估报告专家组 197 位专家(71 位主笔作者,126 位贡献者)同心协力,团结合作,兢兢业业,一丝不苟地工作,先后举行了四次全体作者会议、九次各章主笔会议和六次综合卷主要作者会议。报告全文写了四稿,在第三、第四稿完成后,先后两次分送专家评审,提出修改意见,几经修改,终于完成并定稿。现在,《中国气候与环境变化:2012》将与大家见面,我感到无比欣慰。

本书采用科学评估的程序和格式进行编写,在广泛了解国内外最新科研成果的基础上,面对大量文献,在科学认知水平和实质进展方面反复甄别,提取主流观点,形成了本报告的主要结论。在选取文献时,以近期正式刊物发表的研究成果为主要依据,引用权威数据和结论,对中国气候与环境变化的科学、气候与环境变化的影响与适应及减缓对策等诸多问题,进行了综合分析和评估。《中国气候与环境变化:2012》的出版目的是能够为国家应对全球变化的战略决策提供重要科学依据。在本评估报告的工作接近尾声时,我国还出版了《第二次气候变化国家评估报告》,本科学报告也为这次国家评估报告的编制奠定了基础。

《中国气候与环境演变:2012》共分四卷,分别为《第一卷　科学基础》、《第二卷　影响与脆弱性》、《第三卷　减缓与适应》及《综合卷》。报告在结构上与 IPCC 评估报告基本一致,这样做便于两者相互对比。第一卷主要从过去时期的气候变化、观测的中国气候和东亚大气环流变化、冰冻圈变化、海洋与海平面变化、极端天气气候变化、全球与中国气候变化的联系、大气成分及生物地球化学循环、全球气候系统模式评估与预估及中国区域气候预估等方面对中国气候变化的事实、特点、趋势等进行了评估，是认识气候变化的科学基础。第二卷主要涉及气候与环境变化对气象灾害、陆地地表环境、冰冻圈、陆地水文与水资源、陆地自然生态系统和生物多样性、近海与海岸带环境、农业生产、重大工程、区域发展及人居环境与人体健康的影响等内容，最后还从适应气候变化的方法和行动上进行了评估。第三卷主要从减缓气候变化的视角，从化减缓为发展的模式转型、温室气体排放情景分析、温室气体减排的技术选择与经济潜力、可持续发展政策的减缓效应、低碳经济的政策选择、国际协同减缓气候变化、社会参与及综合应对气候变化等八个方面讨论了减缓气候变化的途径与潜力。为了方便决策者掌握本报告的核心结论，我们召集卷主笔和部分章主笔撰写了《综合卷》。《综合卷》是对第一、第二和第三卷报告的凝练与总结，对现阶段的科学认识给出了阶段性结论。有些结论并非共识，但事关重大，我们在摆出自己倾向性观点的同时，也对其他观点给予说明与罗列。考虑到科学报告应秉持的开放性以及方便中外交流，《综合卷》还出版了英文版。

上述四卷的内容涉及气候与环境变化的自然、社会、经济和人文因素的诸多方面，是目前国内认识中国气候与环境变化过程、影响及适应方式与减缓途径领域里最权威的科学报告。为此，我为本报告的出版而感到欣慰和兴奋！

参加本报告编写的专家共有 197 人，他们来自全国许多部门，包括中国科学院、中国气象局、教育部、卫生部、水利部、国家海洋局、农业部、国家林业局、国家发展和改革委员会、外交部、财政部、中国社会科学院以及一些社会团体。另外，还有 78 位一线专家审阅了报告，提出了宝贵的意见。我衷心感谢全体作者和贡献者、审稿专家、项目办和秘书组，以及中国科学院和中国气象局，感谢他们的辛勤劳动和认真负责的态度，感谢部门领导的大力支持。本书是多部门、多学科专家学者共同劳动的结晶，素材又源于科学家的研究成果，所以本书也是中国科学家的成果。

孙惠南、赵宗慈、郎玉环、刘潮海研究员对全书进行了文字统稿。中国科学院冰冻圈科学国家重点实验室负责项目办和秘书组工作，王文华、王亚伟、谢爱红、赵传成、熊健滨、傅莎组成秘书组为本项目做了大量且卓有成效的工作。气象出版社张斌等同志任本书责任编辑，他们认真细致的工作使本书质量得到保证。在此我们一并表示衷心感谢！

由于气候与环境变化科学的复杂性以及仍然存在学科上的不确定性，加之项目组专家的水平问题等，本报告必然有不足和疏漏之处，我们期待着广大读者的批评与指正。你们的批评意见也是开展下一次科学评估工作的动力。

2012 年 12 月 11 日于北京

目　　录

第一章 影响与脆弱性:综合评述

主　笔:丁永建,穆穆

贡献者:赵传成,王雁,许崇海,杨建平

提　要

本章在简要介绍 IPCC AR4 有关气候变化影响方面核心结论的基础上,分析了近年来国际国内相关研究动态,从中总结出中国近几年在气候变化影响科学研究方面的主要关切点。通过对气温和降水变化的区域敏感性和气候系统其他圈层变化事实的概要总结,对上卷内容进行了回顾,重点讨论了气候变化对中国的主要影响。气候变化对中国已经产生了广泛而深远的影响,而且这种影响将持续到未来。干旱、洪涝、热带气旋和台风、高温热浪、沙尘暴等气候灾害造成了巨大损失。在全国尺度上,气候变化对水、农业和生态系统等影响显著。就目前的认识水平,气候变化对工业、能源、经济及人居健康等社会经济领域有着不同程度的直接或间接影响。由于中国自然环境和社会经济基础的地域差异较大,气候变化的强度表现不同,因此,受气候变化影响的脆弱性表现出显著的区域差异。在适应对策上,应针对这种差异性因地制宜,有的放矢。目前对气候变化影响的科学认知水平还十分有限,中国的研究更有待加强。在未来的适应策略上,理清国际、国内两条线,在国际上强调减缓与适应并重战略,适应对发展中国家更具有切身、现实利益和迫切需求;在国内强调全国统筹部署战略基础上,应学会"与暖共舞",针对气候变化的区域影响及主要脆弱领域,将关注的重点放在适应气候变化的具体行动和措施上。

1.1　气候变化影响的基本认识和研究动态

1.1.1　IPCC AR4 影响方面的核心结论

本小节主要由 IPCC 第四次评估报告《气候变化 2007:影响、适应和脆弱性》决策者摘要和技术摘要的内容提炼而成(IPCC,2007)。AR4 利用了 29000 多个资料序列,系统分析了近年大量实证研究观测到的实际影响,分析的时空尺度比 AR3 更为广泛。在气候变化的影响、适应和脆弱性方面的主要结论有 17 条(表 1.1),其中三条是针对已经观测到的气候变化影响评估后的核心结论,五条是对未来气候变化影响的主要发现,四条涉及适应方面的重要认识,三条是关于脆弱性方面的评估成果,两条是综合对策方面的决策建议。

表 1.1　AR4 关于影响评估方面的核心结论

	核心结论
观测到的气候变化影响	・　各大陆和多数海洋的观测证据表明,许多自然系统正在受到区域气候变化,特别是温度升高的影响。
	・　对 1970 年以来全球资料的评估显示,气候变暖可能已对许多自然和生物系统产生了可辨识的影响。
	・　由于适应和非气候原因,许多影响还难以辨别,但区域气候变化对自然和人类环境的其他影响正在出现。

	核心结论
未来气候变化的可能影响	• 目前已获得了许多有关各系统和各行业未来受到气候变化可能影响的详细信息，包括以前评估中未涉及到的某些领域。 • 目前在全球各大区域都能获得未来气候变化可能影响的详细信息，包括以前评估中未涉及的某些地区。 • 目前能够对全球平均温度可能升高范围的影响进行更加系统的估算。 • 极端天气、气候和海平面事件发生频率和强度改变所带来的影响很可能会发生变化。 • 某些大尺度气候事件有可能造成很大影响，特别是在21世纪之后。
气候变化的适应	• 尽管气候变化的影响因地而异，但按折现率计算并累计至今，因全球温度升高，这些影响造成的年成本将随时间增加。 • 目前针对已观测到的和预估的未来气候变化正在采取某些适应措施，但还很有限。 • 由于过去排放的积累，变暖已不可避免，有必要采取适应措施以应对变暖所造成的影响。 • 虽然已有各种适应方案，但为了降低未来对气候变化的脆弱性，还需要比现在更为广泛的适应措施。目前还存在着某些阻碍、限制和成本方面的问题，而这些问题尚未得到充分认识。
气候变化的脆弱性	• 其他危机的出现能够加剧气候变化的脆弱性。 • 未来的脆弱性不仅取决于气候变化，还取决于发展途径。 • 可持续发展能够降低脆弱性水平，各国实现可持续发展的能力可能因气候变化而受到阻碍。
决策建议	• 通过减缓措施能够避免、减轻或延迟许多影响。 • 适应和减缓的一揽子措施能够降低与气候变化相关的风险。

总结上述结论，气候变化已经并将可能影响到自然和社会系统的方方面面，适应气候变化任重道远，未来气候变化影响的脆弱性水平取决于选择可持续发展的途径，适应和减缓并重方可降低气候影响的风险。

大量观测资料表明，许多自然和生物系统发生了显著变化（图1.1）。已观测到的气候变化影响包括：冰冻圈的退缩及其伴随的冰湖扩张，多年冻土区的不稳定现象增加，极区生态系统发生显著变化，冰雪补给使河流径流增加，许多河湖生态系统由于水温增加而改变；陆地生态系统中春季植物返青、树木发芽、鸟类迁徙和产卵期提前，动植物物种向两极和高海拔地区推移；海洋和淡水生物系统中，由于水温升高导致的盐度、含氧量和环流变化使高纬度和高海拔地区海洋和湖泊中藻类和浮游生物受到显著影响，河流中鱼类地理分布发生改变。图1.1是被IPCC第二工作组决策者摘要和技术摘要重复引用的惟一图件，将自然环境、生物系统、温度变化之间的大量信息集于一图，反映了全球范围内在一定时间尺度（1970—2004）内自然环境（冰川、冻土、水文、海岸带）和生态系统（陆地、海洋、淡水生态系统）受气候变化影响的空间表现程度。

在未来气候变化的影响方面，到21世纪中叶之前，高纬和部分热带潮湿地区，预估年平均河流径流量和可用水量会增加10%～40%，而某些中纬度和热带干燥地区，径流量和可用水量则会减少10%～30%，21世纪内冰雪储水量预估会下降。21世纪气候变化的影响扰动（洪涝、干旱、野火、虫害、海水酸化）和全球变化的多因素叠加（土地利用变化、污染、资源过度开采），其影响强度将超过许多生态系统的适应弹性，陆地生态系统碳净吸收可能达到峰值后衰减，进而加速气候变化；如果未来气温升高1.5～2.5℃，目前所评估的20%～30%的生物物种灭绝的风险将增大，生态系统结构、功能、物种的地理分布范围等可能出现重大变化。在中高纬地区，如果局地温度升高1～3℃，农作物生产力预估会略有提高，而升温超过这一幅度，在某些地区农作物生产力可能会降低；在低纬地区，特别是季节性干燥和热带地区，即使局地小幅升温（1～2℃），农作物生产力也可能降低。由于海平面上升，海岸带预估会有较大风险，盐沼和红树林等海岸湿地受海平面上升的不利影响，到2080年预估数百万沿海人口遭受洪涝灾害。海水表面温度升高1～3℃，会导致珊瑚礁白化甚至大面积死亡。气候变化对人居环境和健康的影响将越来越突出，如高温、热浪、传染性疾病等。未来气候的影响，在世界各大区域均有不同程度的表现（表1.2）

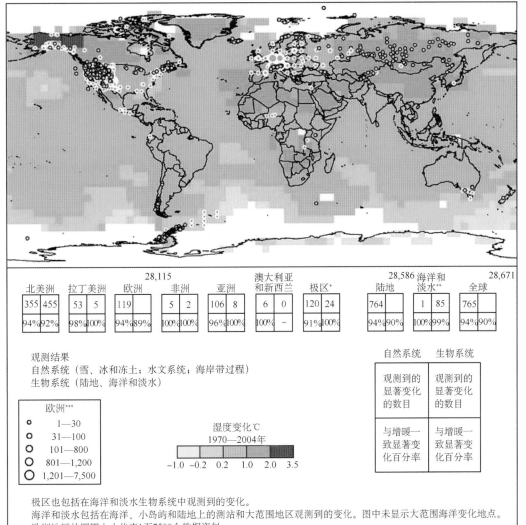

北美洲	拉丁美洲	欧洲	非洲	亚洲	澳大利亚和新西兰	极区*	陆地	海洋和淡水**	全球

图 1.1　自然和生态系统与地表温度的变化关系图（1970—2004）（IPCC，2007）

表 1.2　IPCC 预估部分区域影响

地区	影响表现
亚洲	预估到 21 世纪 50 年代，因洪水增加，在海岸带地区，特别是在南亚、东亚和东南亚人口众多的大三角洲将会面临的风险最大；预估气候变化会加重对自然资源和环境的压力，这与快速的城市化、工业化和经济发展有关；由于预估的水分循环变化，在东亚、南亚和东南亚，预计地区与洪涝和干旱相关的腹泻疾病发病率与死亡率会上升。
欧洲	预计气候变化会扩大欧洲在自然资源与资产上的地区差异。负面影响包括内陆山洪的风险增大，风暴潮和海平面上升引起海岸带洪水更加频繁，海水侵蚀加重；山区将面临冰川退缩、积雪消融和由此造成的冬季旅游减少，大范围物种消失（在高排放情景下，到 2080 年，某些地区物种损失高达 60%）；预估在欧洲南部，气候变化会使对气候变率脆弱地区的条件更加恶劣（高温和干旱），可用水量减少、水力发电潜力降低、夏季旅游减少以及农作物生产力普遍下降；预估由于热浪以及野火的发生频率增加，气候变化也会加大健康方面的风险。
北美洲	预估西部山区变暖会造成积雪减少，冬季洪水增加以及夏季径流减少，加剧过度分配的水资源竞争；21 世纪最初几十年，预估小幅度气候变化会使雨养农业的累计产量增长 5%～20%，但区域间存在重要差异。预计目前遭受热浪的城市在 21 世纪期间受到热浪袭击的频率、强度、持续时间都会增加，可能对健康造成不利的影响。
拉丁美洲	预估到 21 世纪中叶，在亚马逊东部地区，温度升高及相应的土壤水分降低会使热带雨林逐渐被热带稀树草原取代，半干旱植被将趋向于被干旱地区植被取代；在许多热带拉丁美洲地区，由于物种灭绝而面临显著的生物多样性损失风险；预估某些重要农作物生产力下降，畜牧业生产力降低，对粮食安全带来不利的后果。预估温带地区的大豆产量会增加。总体而言，面临饥饿风险的人数会有所增加；预估降水型态的变化和冰川的消融会显著影响供人类消费、农业和能源生产的可用水量。

续表

地区	影响表现
澳大利亚和新西兰	预估到 2020 年，在某些生态资源丰富的地点，包括大堡礁和昆士兰热带地区，会发生显著的生物多样性损失；到 2030 年，在澳大利亚南部和东部地区，新西兰北部地区，水安全问题会加剧；由于干旱和火灾增多，在澳大利亚南部和东部大部分地区以及新西兰东部部分地区，农业和林业产量会下降，但在新西兰，预估最初其他区域效益会上升；预估到 2050 年，在澳大利亚和新西兰的某些地区，由于海平面上升，风暴潮和海岸带洪水的频率和强度会增加，该地区的海岸带发展和人口增长会面临的风险增大。
非洲	到 2020 年，预估有 7500 万到 2.5 亿人口面临的缺水压力会由于气候变化加剧；在某些国家，雨养农业减产会高达 50%。预估在许多非洲国家农业生产，包括粮食获取会受到严重影响，进而影响粮食安全，加重营养不良现象；到 21 世纪末，预估海平面上升将影响到人口众多的海岸带低洼地区，采取适应措施所花费的成本总量至少可达到国内生产总值（GDP）的 5%～10%；根据一系列气候情景，预估到 2080 年非洲地区干旱和半干旱土地会增加 5%～8%。
极地地区	预估在极地地区，冰川和冰盖厚度、面积将减少，自然生态系统的变化将对迁徙鸟类、哺乳类动物和高等食肉类动物等许多生物产生有害的影响；预估冰雪状况变化产生的影响对北极人类社会基础设施和传统生活方式产生不利影响；预估在两极地区，由于气候对物种入侵的屏障降低，特殊的栖息地会更加脆弱。
小岛屿	预测海平面上升会加剧洪水、风暴潮、海岸侵蚀及其他海岸带灾害，进而危及小岛屿的基础设施和环境设施，而这些设施对维持小岛屿的生存至关重要；预计海岸带环境退化（如海滩侵蚀和珊瑚白化）会影响当地的资源；到 21 世纪中叶，预计气候变化会减少许多小岛屿的水资源，如加勒比海和太平洋，导致少雨期难以满足对水资源的需要；预计在较高温度条件下会增加非本地物种入侵的风险，特别是在中高纬度的岛屿。

注：据 IPCC(2007)

在气候变化的适应评估方面，如果全球平均温度升高 1～3℃，预估某些影响会给一些地区和行业带来效益，而在另一些地区和行业则会增加成本；如果升温 4℃，全球平均损失可达国内生产总值的 1%～5%，而发展中国家预期会承受大部分损失。自 IPCC 第四次评估以来，有越来越多的证据表明，人类活动正在适应观测到的和预期的气候变化；对于某些影响来说，适应是唯一可行和适当的应对措施；随着气候的不断变化，可选择的有效适应措施会减少，相关的成本增大；可供人类社会选择的潜在适应措施有很多，从纯技术（如海堤）到行为（如改变食物和娱乐方式），到管理（如改变耕作习惯），再到政策（如计划规范）；适应措施的执行在环境、经济、信息、社会、态度和行为等方面存在着相当大的障碍，对于发展中国家，资金到位以及适应能力建设尤为重要。

在气候变化的脆弱性方面，脆弱地区面临多重压力，而这些压力会影响暴露程度、敏感性和适应能力，从而导致脆弱性加剧，如这些压力来自于当前的气候灾害、贫困、资源获取上的不公平、粮食短缺、经济全球化、冲突以及疾病的发生。由于假定的发展路径不同，所预计的气候变化的影响也会迥然不同。例如，大量有关气候变化对粮食供给、海岸带洪水风险和水短缺的全球影响研究显示，与其他 SRES 情景相比，在 A2 发展情景（以人均收入低、人口增长幅度大为主）下预估的受影响程度相当大。这种差异在很大程度上解释为脆弱性的差异，而非气候变化的差异。通过提高适应能力并增强恢复能力，可持续发展能够降低应对气候变化的脆弱性。然而，目前几乎还没有把适应气候变化影响或提高适应能力明确地纳入可持续发展规划中。

在未来几十年内，即使做出最迫切的减缓努力，也不能避免气候变化的进一步影响，这使得适应成为主要的措施，特别是应对近期的影响是迫在眉睫的任务。从长远看，如果不采取减缓措施，气候变化可能会超出自然系统、人工管理和社会系统的适应能力。

1.1.2　AR4 以来国际社会的新动态

IPCC AR4 以来，气候变化在国际社会的关注热度迅速升温，尤以 2009 年 12 月联合国哥本哈根气候大会为标志。对气候变化关注的原因是这种变化有可能影响到人类社会的可持续发展。尽管气候变化还存在许多不确定性，但气候变暖已是大气、冰冻圈和海平面等气候系统各圈层观测到的事实，证实这一事实需关注未来的变化趋势。从国际社会在气候变化影响方面的未来趋势来看，与影响有关的两方面的趋势应给予关注。一是由于气候变化问题已经由科学问题演变为政治问题，将会使气候变化问题更加复杂化，一方面气候问题的政治化将使原来科学上的不确定性叠加上人为因素，不确定性更加复杂；另一方面影响是气候变化的最主要关切点，未来对影响的科学研究将会受到越来越多的重视和实质性关切。二是气候变化已经对生态和环境脆弱地区及适应能力较低的发展中国家产生了实际影响，在为减排持续努力的国际背景下，以务实的态度关注气候变化对本国的影响，以提升适应能力对各国、尤其是发展中国家显得更为重要和迫切。在这种背景下，以影响、适应和脆弱性为基本内容的气候变化影响基础性方面的研究将被受到重视，以提高科学适应的能力。在此情势下，发达国家已经出台了应对气候变化影响的政策性文件。

2009 年 4 月 1 日，欧委会发布《适应气候变化：欧盟行动框架》白皮书。白皮书指出，最新研究揭示全球气候变化及其影响要比 IPCC 第四次评估报告预计得更快、更严重（图 1.2，图 1.3，表 1.3），欧盟国家亦难逃其影响，必须预做准备，妥善应对。欧盟适应战略分为两阶段，从现在起至 2012 年为准备阶段，重在为欧盟制定 2013 年以后的综合适应战略打好基础。包括增进对气候变化和可能适应措施的理解，并将适应战略融入欧盟关键政策之中；在科技经济分析基础上，做出最佳适应决策等。由于气候变化的影响因地而异，多数适应措施会落在成员国和区域层面操作，欧盟着重做好跨境问题和政策等的整合与协调工作，并纳入欧盟的对外政策及其与伙伴国适应合作中。

图 1.2 欧洲地区 1970—2004 生态系统的变化（JRC，2008）

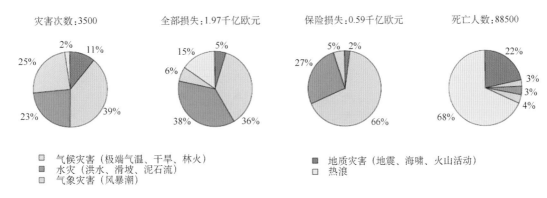

图 1.3 1980—2007 年欧洲地区自然灾害（JRC，2008）

表 1.3　欧洲地区对气候变化影响的脆弱性分析

影响因素	主要表现
海岸带	由于海平面上升和风暴潮，每年约 140 万人遭受影响，将造成约 19000 km² 土地损失
极端降雨引发的洪水	由于极端降水事件增加，遭受洪水的风险增加，对基础设施及人居环境影响显著
农业	对农业生产的空间格局表现为欧洲北部生产力增加，南部减少（A2 情景下约 30%）
水资源	到 2070 年，水资源压力由 19% 增加为 35%，1600 万到 4400 万人受水资源短缺影响
能源	北部由于冬天取暖对能源需求增加（到 2050 年，增加 10%；到 2100 年，增加 20%～30%），南部则因夏天酷热对能源需求增加
生物多样性	地中海、山区、海岸带是生物多样性极其脆弱区域，由于火灾风险增加，对生物多样性的更加显著

2009 年 4 月 16 日，美国公布了《全球气候变化对美国的影响》的报告，该报告是在美国国家海洋和大气管理局的领导下，由美国 13 家政府机构及相关大学和研究机构的科学家合作完成的，其重点是研究气候变化对美国的农业、卫生、水资源以及能源部门的影响。气候变化评估报告称，目前全球范围内的气候变化是人为因素导致的，气候变化给人类社会带来的影响将是广泛而深远的，与 IPCC AR4 结论相一致。报告还认为，未来气候变化及其影响将取决于今天的选择。报告的主要结论如下：

（1）人为因素是全球变暖的首要因素。报告认为，气候变暖已是不争的事实。在过去 50 年里观察到的气候变暖，主要应归咎于人类造成的温室气体排放。预计本世纪的气候变暖将大大高于上世纪。自 1900 年以来，全球平均气温上升了约 1.5℃（USGCRP，2009）。到 2100 年，预计还会上升 1～5℃。美国的平均气温上升幅度与此相当，因地区各异，21 世纪美国的平均气温上升幅度可能还会高于全球平均水平。报告认为，有几个因素决定着未来气温的升幅。如果全球温室气体排放量大幅降低，那么气温升高的幅度到达低限（1℃）是完全有可能的。但如果排放量以目前的速度持续增加，全球气温的升高就有可能会达到上限（5℃）。火山爆发或其他自然变化现象可能会暂时抵消一些人类活动引起的气候变暖，减缓全球气温的上升，但这些影响只会持续几年的时间。减少二氧化碳的排放将放缓本世纪及以后的气候变暖速度。

（2）气候变化的影响广泛而深远。报告指出，与气候相关的变化包括：空气和水的温度上升，霜冻减少，暴雨的频度和强度增加，海平面上升，积雪、冰川、多年冻土及海水的减少，湖泊和河流的无冰期更长，作物生长季节的延长，大气中的水蒸气也随之日益增多。在过去 30 年里，冬季的气温上升要比任何其他季节都快，美国中西部和北部平原的冬季平均气温上升了约 4℃。某些变化要比以前评估所认为的快得多。这些与气候相关的变化预计还会持续，新的变化也会不断出现。这些变化将影响到人类健康、饮水供应、农业生产、沿海地区以及社会生活和自然环境的其他诸多方面（表 1.4）。

表 1.4　美国 9 大地区对气候变化影响的脆弱性分析

地区	气候变化影响								
	冰雪融化提前	空气质量下降	城市热岛	森林大火	热浪	干旱	热带风暴	暴雨洪水	海平面上升
新英格兰地区	▲	▲	▲		▲			▲	▲
中大西洋地区	▲	▲	▲		▲	▲	▲	▲	▲
东北中部地区	▲	▲	▲		▲	▲		▲	
西北中部地区	▲			▲	▲	▲		▲	
南大西洋地区		▲	▲	▲	▲		▲	▲	▲
东南中部地区			▲		▲	▲	▲	▲	
西南中部地区				▲	▲	▲	▲		
山区	▲		▲	▲	▲	▲			
太平洋沿岸	▲	▲	▲	▲	▲				▲

注：据 USGCRP（2009）

报告认为，社会和生态系统虽能适应某些气候变化，但需要一定的时间。预计本世纪气候变化的速度之快和影响之大将给社会和自然系统的适应带来极大挑战。变暖的加速将对自然生态系统及人类造成极大影响。随着暖化的加剧，许多地区和人口遭受的影响将越来越严重。气候变化的一些影响将是不可逆的，如物种灭绝和海平面上升导致的沿海土地消失。在未来产生的影响可能源于气候系统或生态系统不可预知的变化，如海洋或风暴潮的重大变化，大规模的物种消失或虫害暴发。其影响还会涵盖社会或经济的未知变化，包括财富、技术和社会优先事项的重大转移也将影响人类应对气候变化的能力。

（3）未来科学研究重点。通过影响评估，美国提出了未来在科学研究方面的关切点：①深入认识地球过去和现在气候与环境（包括自然变率），揭示已观察到的变率和变化的原因；②加强对地球气候和相关系统变化诱因的量化研究；③减少预测未来地球气候及其相关系统变化的不确定性；④深入了解不同自然和人工生态系统以及人类系统对气候和相关全球变化的敏感性与适应性；⑤探索不断发展的知识及应用，并识别其局限性，以管理与气候变率和变化有关的风险和机遇。

除美国和欧盟外，澳大利亚、日本、俄罗斯及印度、墨西哥等以及欧盟内部的一些大国也都先后出台了相关的应对气候变化政策性和战略性行动纲要（图1.4），以指导、规划和协同各自适应气候变化的行动。

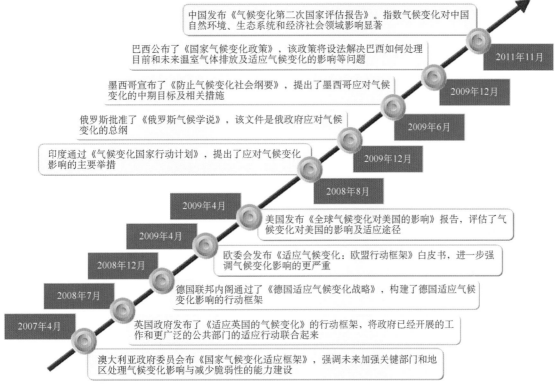

图 1.4 AR4 以来一些国家应对气候变化的行动纲要

1.1.3 AR5 研究展望

（1）IPCC AR5 第一工作组报告主要内容

第一工作组报告主要评估气候变化的自然科学基础，涵盖大气、海洋、冰雪圈的观测，碳循环和其他生物地球化学循环，人为和自然辐射强迫等内容，共分 14 章。与 AR4 相比，AR5 在气候系统的过程和成因分析部分突出了碳循环、云和气溶胶辐射强迫等内容，在预估中增加了近期（2020—2050 年）气候变化的预估，在气候变化的检测和归因上强化了区域尺度的内容，如极端事件的检测和归因。

（2）IPCC AR5 第二工作组报告主要内容

在第五次评估报告中，第二工作组报告将从科学、技术、环境、经济和社会等各方面对气候变化脆弱性、敏感性和适应性进行全面评估。报告包括 30 章，分 A 和 B 两个部分。其中 A 部分共 20 章，主要评估共性问题,包括自然和管理状态下的生态系统和资源及使用,人类居住区、工业和基础设施,人类健康、福祉和安全,适应,以及多部门的影响、风险、脆弱性和机遇等内容;B部分共10章,完全从区域的角度进行评估,分各大洲和极地地区、小岛屿、公海等内容,包括适应和减缓的相互作用。与AR4相比,更加关注气候变化对生态系统、人类生存与安全的影响评估,特别是适应性的综合评估。新增加了对海洋、食物系统和安全、城市和农村、部门经济、人类安全、生存和贫困等方面的综合评估;新推出了气候变化影响的检测和归因方面的内容;在适应气候变化方面,增加适应需求和选择,适应的规划和执行,适应的机遇、局限和限制,适应经济学等内容;区域研究部分增加了中南美洲、公海等区域,使评估范围覆盖整个地球系统。在评估方法上,除了继续采用气候变化排放情景SRES和RCPs(典型浓度路径)情景外,将在2012年内推出最新的气候变化社会经济情景(SSPs),以代表不同社会经济情景的矩阵,用于气候模式、影响评估和减缓适应等方面。

(3)IPCC AR5第三工作组报告主要内容

第三工作组报告主要评估气候变化减缓问题,包括16章内容,分概论,概念和方法,部门评估(自下而上)和转型之路(自上而下),国际、地区、国家层面政策评估和融资等四大部分。内容涉及减缓气候变化的形势分析,气候变化应对风险、人文理论基础和可持续发展等综合性、原则性和方法性问题,减缓气候变化的路径(从部门角度评估并结合考虑区域以及发达国家、发展中国家和经济转型国家的情况),政策、制度和融资评估等方面。

相对于以前的评估报告,AR5第三工作组报告首次提出向低碳发展转型问题,并首次专门设置了有关融资方面内容的章节。总体看来,AR5第三工作组报告中,发展中国家重点关注的是要在可持续发展框架下讨论减缓问题,并将责任与公平挂钩,要在对减缓气候变化最新技术和政策进展的评估中包括发展中国家对适应和减缓技术的可获得性、转让途径、成本和障碍等。

1.2　中国气候变化的区域敏感性及面临的主要气候灾害影响

1.2.1　气温、降水变化的区域差异

中国国土辽阔,海陆兼备,自然条件复杂、区域差异巨大。中国从南到北横跨五个气候带。中国东部属典型的季风气候,西北部属干旱气候,西南部为高原气候。在气候演变和环境变化方面存在明显的地区差异。为了更准确描述不同地区的气候变化特点,根据自然条件和传统行政区,将全国划分为七大区域(图1.5)(王守荣等,2005):

华北地区:北京、天津、河北、山西、山东和内蒙古;

东北地区:辽宁、吉林和黑龙江;

华东地区:上海、江苏、浙江、福建和台湾;

华中地区:河南、湖北、湖南、安徽和江西;

华南地区:广东、海南、广西、香港和澳门;

西南地区:四川、重庆、贵州、云南和西藏;

西北地区:陕西、甘肃、青海、宁夏和新疆。

在图1.5和图1.6中,首先基于中国区域的气温和降水格点化观测资料(Xu等,2009及本书第一卷第10章;Xie等,2007),给出了各地区1961—2000间逐年气温和降水相对于当代1980—1999年的变化,并由2001年开始,给出了基于为IPCC第四次评估报告提供了支持的CMIP3模式数据集(详请参见本书第一卷第9、10章)中19个模式,在A1B、A2和B1三种温室气体排放情景下,对未来到2050年逐年变化的预估。为避免模式模拟的系统性偏差,图中预估结果是相对于模式本身对当代1980—1999年模拟的,此外因为是多模式平均,其年际变率较观测偏小。

华北地区1961—2000年平均温度增加趋势为0.37℃/10a,1970年前温度呈下降趋势,1970年以后温度上升趋势显著。40年中华北地区降水总体表现为减少趋势,为−1%/10a。模式预估华北地区

温度将继续升高，在不同排放情景下，2011—2050 年的增温速率在 0.22～0.43℃/10a 之间，2041—2050 年温度增加 1.5～2.1℃ 左右。降水可能会增加，增加速度在 1.0%～2.1%/10a 之间，2041—2050 年可能增加 5%～7%（表 1.5）。

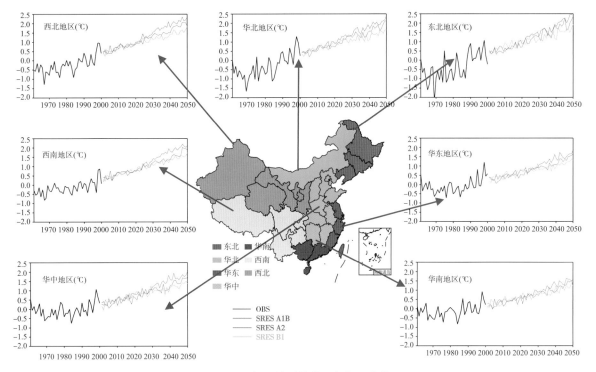

图 1.5　各区域平均的逐年气温变化

（图中 1961—2000 年为观测值，2001—2050 年为预估值，均相对于 1980—1999 年，蓝色线为 SRES A1B 情景，红色线为 A2 情景，绿色线为 B1 情景）

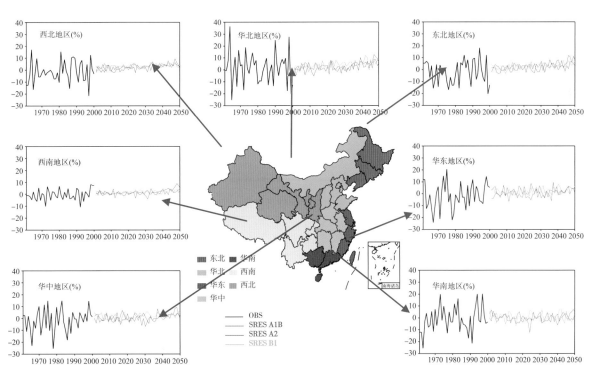

图 1.6　各区域平均的逐年降水变化

（图中 1961—2000 年为观测值，2001—2050 年为预估值，均相对于 1980—1999 年，蓝色线为 SRES A1B 情景，红色线为 A2 情景，绿色线为 B1 情景）

东北地区 40 年平均温度增温速率为 0.38℃/10a,比北半球和全国同期平均增温速率明显偏高,气温增暖主要发生在 1980 年以后,1981—2000 年增温速率达到 0.54℃/10a。1961 年以来东北平均降水量呈略减少趋势,为 −0.3%/10a。1950—2000 年,东北是中国增温最快,范围最大的地区之一,气候变暖尤为显著。预估认为 2011—2050 年不同排放情景下东北地区增温速率在 0.24～0.50℃/10a 之间,2041—2050 年温度增加 1.6～2.2℃左右。降水将可能持续增加,增加速度在 0.6%～2.1%/10a 之间,到 2041—2050 年降水将增加 3%～7%(表 1.5)。

华东地区 1961 年以来温度呈增加趋势,增温速率为 0.15℃/10a,年降水量也表现为增加趋势,全区降水增加速率为 1.7%/10a。预估结果显示,在全球变暖的背景下,未来华东地区的温度变化与全球和全国一样,都将呈增加的趋势,2011—2050 年增温速率在 0.18～0.36℃/10a 之间,2041—2050 年温度增加 1.2～1.6℃。温室气体作用下,该地区降水增加趋势不明显,2011—2050 年降水增加速度不超过 1%,2041—2050 年降水增加 3%左右(表 1.5)。

华中地区温度变化趋势与华东地区类似,总体上表现为增加趋势,1961—2000 年温度增温速率为 0.10℃/10a,平均降水量也为增加趋势,增加速率为 1.5%/10a。预估结果显示,在全球变暖的背景下,2011—2050 年华中地区年平均气温呈上升趋势,温度增温速率在 0.20～0.42℃/10a 之间,2041—2050 年温度增加 1.3～1.8℃;2011—2050 年降水增加速率在 0.7%～1.1%/10a 之间,2041—2050 年降水增加 2%～4%(表 1.5)。

华南地区 1961—2000 年温度增温速率较小,为 0.12℃/10a,年降水量增加趋势较明显,增加速度达到 2%/10a。预估结果显示,华南地区 2011—2050 年温度增温速率在 0.19～0.34℃/10a 之间,2041—2050 年温度增加 1.1～1.5℃左右;SRES A1B 情景下 2011—2050 年华南地区降水增加速率为 1.0%/10a 之间,2041—2050 年降水增加 3%左右,SRES A2、SRES B1 情景下降水变化趋势不明显(表 1.5)。

西南地区 1961—2000 年温度增温速率为 0.19℃/10a。近 40 年降水量变化总体略呈增加趋势,增加速率为 1%/10a。预估认为,西南地区 2011—2050 年温度增温速率在 0.26～0.45℃/10a 之间,2041—2050 年温度增加 1.5～2.0℃;2011—2050 年降水增加速率在 0.4%～1.3%/10a 之间,2041—2050 年降水增加 2%～5%(表 1.5)。

西北地区 1961—2000 年温度增温速率为 0.27℃/10a,年降水量变化总体呈增加趋势,增加速度为 1.1%/10a。预估认为,西北地区 2011—2050 年温度增温速率在 0.24～0.45℃/10a 之间,2041—2050 年温度增加 1.6～2.1℃;2011—2050 年降水增加速率在 0.5%～1.1%/10a 之间,2041—2050 年降水增加 4%～5%(表 1.5)。

总而言之,1961—2000 年中国大部分地区温度普遍表现为增温趋势,相对而言东北、华北、西北地区增温趋势较为显著;降水较为复杂,年际间变化较大,各区域总体变化趋势有差异。未来各区域温度将继续增加,其中北方地区增温幅度较大,降水在一定程度上也表现为增加。

表 1.5   中国 7 个区域温度降水变化

区域	1961—2000 年气温(降水)的线性趋势(℃,%)	2011—2050 年气温(降水)的线性趋势(℃/10a,%/10a)			2041—2050 年气温(降水)的变化幅度(℃/%)		
		SRES A1B	SRES A2	SRES B1	SRES A1B	SRES A2	SRES B1
华北	0.37(−1.0)	0.43(2.1)	0.32(1.1)	0.22(1.0)	2.1(7)	1.8(5)	1.5(7)
东北	0.38(−0.3)	0.50(2.1)	0.37(0.6)	0.24(1.0)	2.2(7)	1.9(3)	1.6(6)
华东	0.15(1.7)	0.36(0.6)	0.27(1.0)	0.18(0.7)	1.6(3)	1.4(2)	1.2(3)
华中	0.10(1.5)	0.42(0.7)	0.28(1.1)	0.20(0.8)	1.8(4)	1.5(2)	1.3(3)
华南	0.12(2.0)	0.34(1.0)	0.25(0.7)	0.19(0.1)	1.5(3)	1.3(0)	1.1(1)
西南	0.19(1.0)	0.45(1.3)	0.34(0.7)	0.26(0.4)	2.0(5)	1.7(2)	1.5(5)
西北	0.27(1.1)	0.45(1.1)	0.33(0.9)	0.24(0.5)	2.1(5)	1.9(4)	1.6(4)

　　排放情景：一种关于对太阳辐射有潜在影响的物质(如：温室气体、气溶胶)未来排放趋势的合理表述。排放情景基于连贯的和内部一致的一系列有关驱动力(如：人口增长、社会经济发展、技术变化)及其主要相关关系的假设。从排放情景反演出的浓度情景作为气候模式的输入数据，以计算气候预估结果。IPCC(1992)提出了一系列排放情景，作为 IPCC(1996)气候预估的基础。这些排放情景统称为 IS92 情景。在《IPCC 排放情景特别报告》(Nakicenovic 等，2000)中，公布了新的排放情景，即所谓的 SRES 情景。

SRES 情景

　　SRES 是指《IPCC 排放情景特别报告》(SRES，2000)中所描述的情景。SRES 情景分为探索可替代发展路径的四个情景族(A1，A2，B1 和 B2)，涉及一系列人口、经济和技术驱动力以及由此产生的温室气体排放。SRES 情景不包括超出现有政策之外的其他气候政策。排放预估结果被广泛用于评估未来的气候变化；预估所依据的对社会经济、人口和技术变化所作的各种假设作为最近许多关于气候变化脆弱性和影响评估所考虑的基本内容。

　　A1 情景假定这样一个世界：经济增长非常快，全球人口数量峰值出现在本世纪中叶，新的和更高效的技术被迅速引进。A1 情景分为三组，分别描述了技术变化中可供选择的方向：化石燃料密集型(A1FI)、非化石燃料能源(A1T)以及各种能源之间的平衡(A1B)。

　　B1 情景描述了一个趋同的世界：全球人口数量与 A1 情景相同，但经济结构向服务和信息经济方向更加迅速地调整。

　　B2 情景描述了一个人口和经济增长速度处于中等水平的世界：强调经济、社会和环境可持续发展的局地解决方案。

　　A2 情景描述了一个很不均衡的世界：人口快速增长、经济发展缓慢、技术进步缓慢。对任何的 SRES 情景均未赋予任何可能性。

1.2.2　中国面临的主要气候灾害问题

　　中国是深受气候灾害影响的国家之一，干旱、洪涝、热带气旋、沙尘暴、寒潮与冻害、高温与热浪等气候灾害频发。气候变暖影响到极端天气或气候事件发生的强度和频率，改变了自然灾害发生发展规律，表 1.6 总结了 1951—2008 多年中国主要类型极端气候变化的特点。

表 1.6　20 世纪 50 年代以来全国主要类型极端气候变化观测研究结论

极端事件	研究时段	观测的变化趋势	结论的可信性
干旱面积、强度	1951—2008	气象干旱指数(CI)和干旱面积比率全国趋于增加，华北、东北南部增加明显，东南和西部减少。	高
高温事件频次	1951—2008	全国趋势不显著，但华北地区增多，长江中下游地区年代际波动特征较强，90 年代后趋多。	中等
暴雨或极端强降水	1951—2008	全国趋势不显著，但长江流域和西北增多，华北和东北减少，华南变化不大。暴雨或极端强降水事件强度在多数地区增加。	高
暴雨极值	1951—2008	1 日和 3 日暴雨最大降水量有一定增加，南方增加较明显。	中等
热带气旋、台风	1954—2008	登陆的台风数量减少，每年台风造成的降水量和影响范围也减少。	高
寒潮、低温频次	1951—2008	全国大范围地区减少、减弱，北方地区尤其明显，进入 21 世纪以来有所增多，但长期下降趋势没有改变。	很高
沙尘暴	1954—2008	北方地区发生频率明显减少，1998 年以后有微弱增多，但与 20 世纪 80 年代以前比较仍显著偏少。	很高

　　注：据任国玉等，2008；2010。对评估结论可信度的描述采用 IPCC 第四次评估报告第二工作组的规定。很高：至少有 90% 概率是正确的；高：约有 80% 概率是正确的；中等：约有 50% 概率是正确的；低：约有 20% 概率是正确的；很低：正确的概率小于 10%。

受季风与地形影响,中国不同地区面临气候灾害的表现形式和影响程度存在着明显的区域差别(表1.7)。

表1.7　中国不同地区所面临的气候灾害及影响程度

地区	时段	干旱	洪涝	热带气旋	沙尘暴	寒潮与冻害	高温与热浪	雪、冰灾害	文献
华北	已有影响	○○○	○○○	○	○○○	○○○	○○○	○○○	马柱国,2007
	未来影响	○○○	○○○	○	○○○	○○	○○○	○○○	安月改等,2004
东北	已有影响	○○○	○○○	○○	○○○	○○○	○○	△	王志伟等,2007
	未来影响	○○○	○○○	△	○○○	○○○	○○	△	王富强和许士国,2007
华东	已有影响	○○	○○○	○○○	○○	○○	○○○	○○	俞剑蔚等,2008
	未来影响	○○○	○○○	○○○	○○	○○	○○○	○	孙燕等,2009
华中	已有影响	○○○	○○○	△	△	○○○	○○○	△	梅惠等,2006；
	未来影响	○○○	○○○	△	△	○○○	○○○	△	罗伯良等,2008
华南	已有影响	○○	○○○	○○○		○○○	○○○	△	王晓芳等,2007
	未来影响	○○○	○○○	○○○		○○○	○○○	△	顾骏强和杨军,2005
西南	已有影响	○○○	△	○	△	○○○	○○○	△	程建刚和解明恩,2008
	未来影响	○○○	△		△	○○○	○○○	△	程建刚和解明恩,2008
西北	已有影响	○○○	○○○		○○○	○○○	○○○	△	钱正安等,2002
	未来影响	○○○	○○○	○	○○○	○○○	○○○	○○○	宋连春等,2006

注：表中○号代表相对影响程度,系根据文献所给出的结果定性判断的结果。○影响轻微；○○影响一般；○○○影响较重；△影响不确定。

(1)干旱

伴随着20世纪下半叶的持续增暖,全球陆地大部分地区存在着干旱化的趋势,与全球干旱化趋势一致,中国干旱地区和干旱强度都呈现增加趋势。由于中国降水时空分布不均,水资源短缺、旱涝灾害问题日益凸显(夏军等,2011)。

20世纪后50年,全国平均干旱面积有扩大趋势,与降水变化的总体趋势分布一致。华北、东北、西北东部干旱面积扩大迅速,趋势明显。华北是气候变化的脆弱区之一,区域的暖干趋势持续时间已近30年,地表湿润指数已连续28年持续偏低(夏军等,2011)。华北干旱面积变化存在明显的阶段性,从20世纪70年代后期开始,干旱不断加剧,90年代以后快速扩大,20多年间年降水量已经减少约200 mm左右(任国玉等,2008；王会军等,2009)。近几十年因高温少雨,华北地区水资源总量呈减少趋势,干旱灾害影响严重,受灾范围扩大(王志伟等,2003；马柱国等,2007；邹旭恺等,2008)。受全球增温趋势的影响,未来中国北方地区的干旱化趋势仍将继续,华北未来几年内发生干旱概率较大,且干旱范围有持续向南扩张的趋势(章大全等,2010)。东北地区近50年来干旱化趋势显著,特别是20世纪90年代后期至21世纪初,发生了连续数年的大范围严重干旱(王富强和许士国,2007；邹旭恺等,2008)。西北东部在20世纪80年代以后发生了连续数年的大范围严重干旱,加之夏、秋季降水明显偏少,旱灾频发；而同一时期西北西部干旱面积有所减少(马柱国等,2005)。目前全国年缺水量达400亿 m³,近2/3的城市存在不同程度的缺水,农业平均每年因旱成灾面积达0.15亿 hm²左右(夏军等,2011)。

气候情景预估显示,华南地区未来温度处于上升趋势,降水略有减少且在时间上更加集中(黄晓莹等,2008),华南诸河和珠江流域季节性干旱灾害可能有加剧趋势(王志伟等,2007)。

近年来中国还频繁出现多个破历史记录的极端干旱事件。进入21世纪以后,西南地区高温干旱事件增强,频率增多,2005年春夏和2006年春季连续发生严重旱灾(程建刚和解明恩,2008)。2006年夏季,四川、重庆地区由于持续少雨,出现了百年一遇的高温干旱(陈洪滨等,2007)。2007年云南、甘肃、河南、湖南和江西等地经历50年不遇的干旱(陈洪滨等,2008),2008年入秋以后,华北、黄淮、西北东北部及四川西部、西藏等地遭遇严重干旱。由2008年年底延续到2009年1月底,华北、黄淮、西北东部等北方冬麦区降水量较常年同期明显偏少,京冀晋豫鲁苏皖陕甘9省(市)平均降水量为1951年以来历史同期第四少,导致中国北方大面积地区旱情达中度到重度(陈洪滨等,2009)。

(2)洪涝

由于中国气候和自然地理的区域分异性,导致降水时空分布不均,年际变化大,且多集中在6—9月,径流年际变化显著。在气候变化背景下,部分流域极端气候、水文事件频率和强度可能增加,加剧中国水旱灾害频发的风险(夏军等,2011)。

20世纪后50年,中国南方各流域雨涝面积有下降趋势,但夏季(6—8月)雨涝面积扩大,80年代末以后趋势加强。夏半年降水趋于集中是南方雨涝面积增加的主要原因,长江中下游及其以南地区冬季降水有增多趋势,也是造成雨涝面积扩大的原因(任国玉等,2008)。日趋增多的极端强降水事件导致洪涝事件更易发生,特别是在淮河流域等洪涝灾害的高发区(罗伯良等,2008;白爱娟等,2010;任国玉等,2008;夏军等,2011)。近30年来,华东地区的暴雨极端日数出现频数明显上升,强度增大。如上海的暴雨数量和强度均有明显增加趋势,城市内涝灾害的危险程度加大(刘九夫等,2008,陆敏等,2010)。华南地区前汛期降雨有减少趋势,后汛期台风雨有增多趋势,严重洪涝灾害出现频率增加,20世纪90年代以来这种趋势更明显(顾骏强和杨军,2005;任国玉等,2008)。

在过去几十年中,降水大范围呈明显增长趋势的地区主要在西部,特别是西北。进入20世纪90年代以来,夏季降水异常现象增多,局地强雷暴、强降水天气、局地洪涝灾害增多(姜逢清和胡汝骥,2004;宋连春等,2006;汪青春等,2007)。

2005年华南、东北、淮河、汉水和渭河流域经历特大洪涝灾害(陈洪滨等,2006),2007年淮河又发生仅次于1954年的流域性大洪水,暴雨中心日雨量达到518.1 mm,流域受灾人口1416.3万人,农作物受灾面积 $1333.8 \times 10^3 \ hm^2$,各项直接经济损失达85.9亿元(陈洪滨等,2007;夏军等,2011)。

(3)泥石流

极端降雨事件出现频率增加,导致山洪、泥石流和滑坡活动强度增加,在地质构造活跃、地形陡峭区域,强降水是泥石流灾害的直接诱因,三峡库区、四川省和云南省均成为山地灾害集中区。

2009年入夏以来广西、贵州、湖北、湖南、安徽、江西等南方12个省(区)暴雨引发洪灾、泥石流,"莫拉克"台风袭击台湾南部,严重程度超过1959年的"八七水灾",高雄县甲仙乡小林村遭泥石流"灭村"。2010年入汛以来,全国普遍出现极端降雨天气,2010年6月开始我国大部分地区陆续进入主汛期。降雨中心6月位于华南沿海地区(图1.7a);7月降雨中心移至长江中下游地区(图1.7b)。降雨中心地区6月、7月降水强度普遍高于历史同期平均水平50 mm以上,少数地区增幅达200 mm以上;7月份东北多地亦发生强降雨事件。福建南平地区强降雨持续近半个月,降雨量达到500~700 mm,其中顺昌县、延平区等气象站6月18日的降雨量为建站以来最大的,触发大规模滑坡、泥石流、山洪。吉林松花江降雨强度、江西抚江特大洪水灾害及陕南泥石流灾害发生时,降雨强度都接近或超过百年一遇。8月8日甘肃舟曲特大泥石流灾害事件发生时,小时降雨量达97 mm,超过历史最高降雨记录。

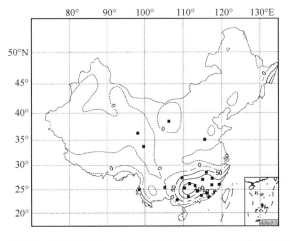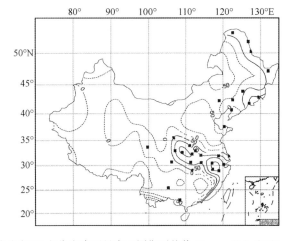

图1.7 2010年6月(a)7月(b)与历史同期平均降水量差值分布(红点代表降雨量高于同期平均值50 mm以上地区)

2010 年由强降雨导致的洪涝灾害及其次生地质灾害的受灾地区波及 20 余个省（区、市）的 352 县市，山洪、泥石流和地质灾害点较往年增加了约 10 倍，死亡人数增加了 3 倍多，达 2900 余人，仅舟曲泥石流就导致 1765 人死亡和失踪。据中国灾害防御协会，2010 年全国各类自然灾害共造成 4.3 亿人次受灾，因灾死亡失踪 7844 人，紧急转移安置 1858.4 万人次；农作物受灾面积 3742.6 万 hm²，其中绝收面积 486.3 万公顷；倒塌房屋 273.3 万间，损坏房屋 670.1 万间；因灾直接经济损失 5339.9 亿元。综合判断，2010 年是近 20 年来仅次于 2008 年的第二个重灾年份，其中青海、甘肃、云南、四川、陕西、吉林、新疆、江西、湖南、贵州等省（区）灾情较为严重。

（4）台风

1950—2008 年期间，登陆中国的热带气旋（TC）频数呈减少趋势，1991—2008 年是 TC 登陆的最少时期。登陆强度为强台风和超强台风的热带气旋频数也呈显著减少趋势，其造成的降水总量有较明显减少（任国玉等，2010）。热带气旋登陆区域更趋于集中在中国海岸的中部地带，登陆季节延续期缩短了近 1 个月（杨玉华等，2009）。

热带气旋从华南地区登陆中国的频数最高（王晓芳等，2007），登陆常伴暴雨、大风、风暴潮等多种灾害出现（顾骏强和杨军，2005）。2005 年和 2006 年中国东南沿海和台湾等地多次遭强台风袭击，2006 年第 8 号台风"桑美"是 1949 年以来登陆中国大陆的最强台风，登陆时中心附近最大风力达到 17 级（60 m/s），最低气压为 920 hPa（陈洪滨等，2006；2007）。

（5）沙尘暴

近半个世纪，中国北方沙尘暴发生频率整体呈现减少趋势。20 世纪 50 年代中后期、60 年代中期、70—80 年代前期是强或特强沙尘暴活跃期，80—90 年代是沙尘暴不活跃期，90 年代后沙尘暴日数减少（叶笃正等，2000；全林生等，2001；钱正安等，2002）。沙尘暴频率下降与北方地区平均风速、大风日数和温带气旋频数减少趋势完全一致（任国玉等，2010）

但在中国北方地区地表覆被状况没有根本好转的情况下，遇拉尼娜事件等引起的强冬季风年，还是可能出现严重的强沙尘天气（叶笃正等，2000；施雅风等，2003）。2006 年春季，中国北方地区遭受 18 次沙尘天气的侵袭（陈洪滨等，2007），2010 年 3 月到 6 月甘肃河西地区出现了近 8 年同期最多的强沙尘暴和特强沙尘暴。

（6）冰雪冻害

近半个世纪里，影响中国的寒潮和低温事件频率和强度有下降趋势，北方地区冬半年寒潮事件发生频次明显减少，华北地区冬春季寒潮频次减少、强度减弱，东北地区夏季低温冷害事件频率趋于下降；异常冷夜和冷昼天数、霜冻日数一般显著减少减弱，偏冷的气候极值减轻（魏凤英，2008；任国玉等，2010）。

全球变暖背景下，严寒发生频率减少，但局部地区或时段也会有例外，2008 年 1 到 2 月，中国南方地区遭受 50 年不遇的雨雪冰冻天气（陈洪滨等，2009），2009 年 11 月华北发生特大暴雪。2010 年 1 月 2 日起，强冷空气再次席卷中国大部，最大降温达 18℃，部分地区遭暴雪袭击，京津地区遭遇 50 年罕见大雪。受寒潮影响，1 月 23 日，渤海和黄海北部出现严重海冰冰情，渤海约 45% 海面被海冰覆盖，达入冬以来最大值。山东省渔业受灾人口达 9.5 万人，直接经济损失超 10 亿元。

图 1.8 显示了 2005 年以来的 5 年中，超历史纪录的部分极端天气气候灾害。气候灾害问题严重影响人类健康、生命安全并对社会经济发展的造成重大损失。面对气候灾害的威胁，有必要采取更为积极科学的应对措施，加强对其监测预测的，提高综合决策服务能力，这也是十二五规划中特别强调的。近年来这方面开展的研究工作包括：研制国家级极端高温短期气候预测系统（刘绿柳等，2008），发展用于冰冻监测预警的冰冻日判别模型（王遵娅等，2011），通过 MODIS 资料监测判识沙尘暴的范围和影响强度（章伟伟，2008），遥感反演土壤水分，监测农业干旱灾害（闫峰，2006），利用加密的地基 GPS 全球定位系统网监测中小尺度天气水汽变化，用于暴雨监测预报（万蓉，2008）。

图 1.8　2005—2010 年中国遭受到的极端天气气候灾害

1.3　气候变化对中国具有突出影响的重点领域

除气候变化导致的气候灾害对中国有直接影响外，气候变化还在全国尺度上对水、农业与生态三大领域具有显著影响。

1.3.1　气候变化对中国水文水资源影响：主要表现与区域差异

（1）气候变化对河川径流的影响

河川径流是最重要的地表水资源，由于径流是一定气候条件下温（蒸发）湿（降水）平衡的产物。径流变化受气候变化影响是不可避免的事实。然而，由于人类活动在河道内的取水用水、水利工程及对流域下垫面的影响日益显著，河川径流的变化究竟是受气候变化影响还是受人类活动影响成为十分复杂的问题。

近年来的研究表明，从历史纪录较长的水文观测与全球气温变化的比较来看，气候变化对中国大江大河影响十分显著（叶柏生等，2004；Ding 等，2007；张建云等，2007；叶柏生等，2008）（图 1.9）。

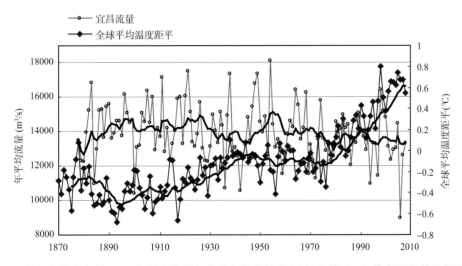

图 1.9　长江宜昌水文站 1870 年以来流量与全球气温的关系（叶柏生等，2008.资料延长并重新编绘）

利用东亚地区 8 条主要河流 100 多年来的流量观测资料，用线性趋势分析不同时段流量变化趋势表明，1870 年以来东亚南部（主要发源于中国境内）的河流流量均表现出减少趋势；1930 年以来，东亚南部河流均为减少趋势，北部河流（西伯利亚 3 条大河）则表现为增加趋势，但年际变化存在着较大差异；1951 年以来大部分河流流量变化趋势基本与 1930 年以来相同，但长江下游大通站由于中下游地区

20世纪90年代降水增加表现为增加趋势（叶柏生等，2008），与60年代相比，90年代长江和珠江下游控制站的年平均流量分别增加了9.5%和12%。20世纪50年代以来，北方多数外流河流量明显减少，80年代后，松花江下游控制站减少6.5%，海河流域减少40%以上，黄河流域中下游减少30%以上，加剧了北方水资源的供需矛盾（张建云等，2008；任国玉等，2008；夏军等，2011）。中国西部的主要河流流量因受不同大气环流影响，变化趋势表现出明显的区域差异。受东亚季风影响的黄河上游在70—80年代出现1950年以来总流量量的峰值，80年代以后总流量减少；受西风带影响的新疆河流总径流70—80年代出现50年以来的最低值，此后转向正距平，与黄河上游呈显著的反相关关系。同受西风带影响的青藏高原南部雅鲁藏布江和新疆北部伊犁河年径流变化表现出较好的一致性（丁永建等，2007）。

由于人类活动对河流的影响日益加剧，尽管气候变化在宏观和长时间尺度上对流量显著的影响是可辨析的，但气候变化和人类活动对河流的影响往往相互交织，流量变化是气候变化、人类活动和社会发展共同影响的结果，气候变化对河川流量的影响程度随流域的不同而存在差异。通过对流域取水用水、水利工程、下垫面改变状况的分析，可在一定程度上分割出造成流量变化的气候和人为因素对径流的影响程度（表1.8）。总体来看，不同河流径流变化的气候和人为因素表现差异较大，黄河中游人类活动对流量的影响程度超过60%，而黄河上游主要支流如渭河、洮河气候变化对流量的影响更为突出；长江上游各支流气候影响程度多在60%以上。在干旱区内陆河流域，受冰川融水影响，河流流量呈现显著增加之势，山区主要水源区流量受控于气候变化，而在绿洲区及下游，则主要受人类活动的影响。

表1.8　气候变化和人类活动对河川流量的影响

流域	参照时段	变化量（亿 m³）	径流深变化（mm）	气候因素（%）	人类因素（%）	文献
黄河中游	1970—2000	−98.7		39	61	张建云等，2007
嘉陵江	1956—2000		−173	84	16	许炯心等，2007
金沙江	1956—2006		13	63	34	夏军和王渺林，2008
岷江	1950—2006		−60	55	45	夏军和王渺林，2008
汉江上游	1957—2004		−24.4/10a	为主		卜红梅等，2009
沱江	1952—2000		−165	72	28	夏军和王渺林，2008
乌江	1952—2006		77	58	40	夏军和王渺林，2008
梭磨河	20世纪60—80年代		46	64	36	陈军锋和张明，2003
渭河	1956—2000	−37.9		52	48	魏红义等，2008
		−29.04		68	29	粟晓玲，2007
洮河	1960—2000	−24%～−48%		60	40	张济世等，2003
三川河	1970—2000		35	30	70	王国庆等，2008
塔里木河干流	1957—2005	8.83	−13.72%		67	郝兴明等，2008

（2）气候变化对中国冰冻圈的影响

冰冻圈在气候系统中变化十分敏感。中国以冰川、冻土和积雪为主体的冰冻圈要素变化显著，但表现出明显的区域差异。

中国是中、低纬度山地冰川最发育的国家，冰川资源储量达5600 km³，折合水量约为50000亿 m³，相当于5条长江的出海口年流量以固态形式储存于西部高山。冰川通过冰川融水的变化，调节着西部的江河流量，每年平均冰川融水量约为620亿 m³，与黄河多年平均入海流量相当。中国西部冰川分布区是亚洲10条大江大河（长江、黄河、塔里木河、怒江、澜沧江、伊犁河、额尔齐斯河、雅鲁藏布江、印度河和恒河）的水资源形成区，冰川和积雪对这些江河水资源的形成与变化有着十分突出的影响。在过去的几十年间，中国西部冰川变化十分显著，尤其是近十几年来，冰川呈现加速变化之势，已对中国西部及周边地区的水资源变化产生了明显的影响（秦大河和丁永建，2009）。近百年来中国冰川变化明显，总的趋势以退缩和消融为主，对气候变化响应敏感。但在不同的冰川分布区，由于冰川的类型、规模及区域气候特征的差异，冰川变化对气候变化响应的敏感程度不同（段建平等，2009）。以青藏高原为主体,冰川变化表现为青藏高原内陆腹地变化较小,冰川面积缩小量值在10%以内,而周边山地变化较大,冰川面积普遍减小了10%以上(图1.10)(姚檀栋等,2004)。气候变化对寒区水循环的影响包括对降水、蒸散/发、径流、降雪与积雪面积、冰川和冻土等方面的影响,气候变暖导致中国西北高寒山区冰川萎缩,以冰川补给为主的河川流量也将随之逐渐减少(邵春等,2008)。

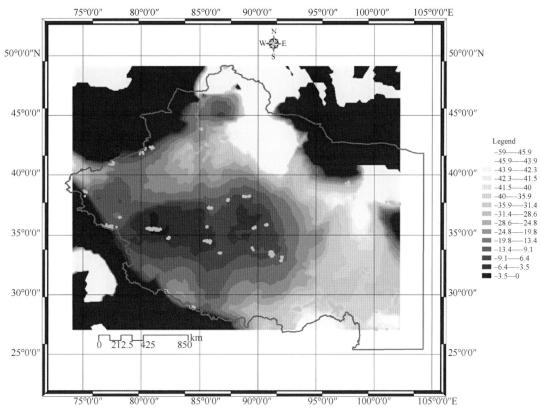

图1.10 小冰期以来中国冰川面积变化比例:内陆腹地小,高原周边大(据姚檀栋等,2004)

过去几十年来,中国以青藏高原为主体的多年冻土发生了显著变化,这种变化主要表现在两方面,一方面是冻土温度普遍上升,原来的较低的冻土温度变得较高。例如,在青藏高原上分布于中低山区的冻土温度普遍由过去的低于-3℃上升到-3~-1℃,河谷、盆地间的冻土温度已达到-1~-0.5℃,达到冻土开始退化的温度状况,连续多年冻土上部升温率已达到0.1℃/a(Zhao等,2008a);另一方面,冻土变化表现在冻土的直接退化,冻土上限下降,活动层增厚,冻土边界萎缩。例如,自1975年以来,青藏高原多年冻土北界西大滩附近的多年冻土面积减小12%,南界附近安多—两道河公路两侧多年冻土面积缩小35.6%(Wu等,2005;Zhao等,2008b)。

近几十年来中国积雪总体上表现为弱的减少趋势。中国各稳定积雪区面积变化并不同步(丁永建和秦大河,2009)。青藏高原冬春积雪日数在1980年代增加,在1990年代减少(高荣等,2003)。新疆冬季变暖在近几十年十分显著,但是积雪并未出现持续减少的现象。积雪长期变化表现为显著的年际波动过程叠加在长期缓慢的增加趋势之上,这可能是由于全球变暖导致海洋蒸发量增加,以及在寒冷干燥气候下积雪对降雪量变化更为敏感(李培基,2001)。气候变化对中纬度山区积雪具有极强的影响,祁连山黑河流域上游山区1956—2001近40年累积降雪量处于波动变化之中。

(3)气候变化对中国海平面与湖泊水域的影响

根据中国海平面公报中公布的监测与分析结果显示,近30年来,中国沿海海平面呈波动上升趋势,平均上升速率为2.6 mm/a,高于全球海平面1.8 mm/a的上升速率(国家海洋局,2009)。中国海域海平面变化时空差异明显,沿海海平面高值出现在8—9月,最低值出现在2—3月;每年8—9月为中国一年中的海平面最高月份,此时也正是热带气旋影响中国东南沿海的高峰时段。在季风、热带气旋等共同作用下,东南沿海高海平面将对东南沿海城市安全构成严重威胁。从辽宁到广西海平面变化速率差异大,范围在－2.1～10 mm/a 之间;相对海平面上升较快区域主要是黄河三角洲、长江三角洲和珠江三角洲,2050 年 3 个地区海平面预计分别上升 980 mm、720 mm、520 mm。地面沉降已经成为中国东部沿海相对海平面上升速率高的重要影响因素,在黄河三角洲和长江三角洲人口密集地区尤为突出(吴涛等,2007)。

近 50 年来,在中国水要素中湖泊变化最为显著,总体上表现为东部湖泊变化受人为影响突出,西部湖泊变化受气候影响显著。

东北地区暖干化趋势明显且影响强烈,以降水补给为主的湖泊由于补给不足和蒸发变化,湖泊湿地和沼泽湿地的水位持续降低和湖泊面积减少(桂智凡等,2010)。华东地区的太湖水位变化仍然主要受控于气候变化因子,太湖最高水位与梅雨期雨量、长度、热带气旋次数、西北太平洋夏季风指数之间具有很高的一致性,而人类活动在最高水位变化中所起作用日益重要(尹义星等,2009)。

就西部地区而言,西南地区湖泊变化较小,西北地区湖泊变化显著。近 50 年来,气候对中国寒区和旱区湖泊变化具有重要影响,表现在时间尺度上的年代际变化和空间尺度上的区域性变化。20 世纪50 年代以来青藏高原湖泊面积减少 16.8%,内蒙古湖泊面积则减少了近 26%,新疆湖泊面积更是减少了 50%以上,20 世纪 60—80 年代是主要萎缩期。从少数有湖泊水位变化资料的典型湖泊分析表明(图 1.11),总体上降水对湖泊变化具有普遍的显著影响,以内蒙古和新疆湖区为例,20 世纪 80 年代是湖泊萎缩最显著的时期,也是近 50 年来降水最少的时期,与 60 年代相比,湖泊面积萎缩了 1/3～1/2。但新疆和西藏受冰川融水和降水同时补给的湖泊,气温对湖泊变化也显示出一定影响;西藏以冰川融水补给的冰碛湖更显示出气温对湖泊水位变化的控制作用(丁永建等,2006)。

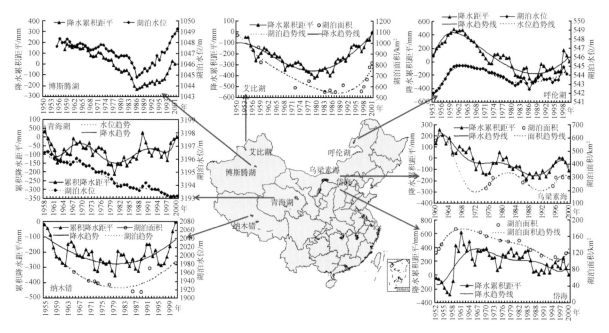

图 1.11 内蒙古、新疆、西藏和青海典型湖泊水位与气候变化的关系(丁永建等,2006)

青藏高原的湖泊变化便是水热综合影响的结果。由于降水量增加和蒸发量减少,冰川退缩,冻土融化,融雪增加,1975—2005 年,藏北高原的湖泊巴木错(班戈),蓬错(安多),懂错(安多),乃日平错(那曲)面积明显扩张,分别增加 48.2 km²,38.2 km²,19.8 km² 和 26.0 km²(Bianduo 等,2009)。而以降水补给为主的羊卓雍错,在降水增加、气温上升的情况下由于升温造成的湖泊蒸发效应超过降水增加引起的补给影响,导致湖泊面积下降,近 30 年来减少了 46.55 km²(边多等,2009)。

过去几十年,中国以河川径流、冰冻圈、海平面和湖泊为代表的水要素受气候影响变化显著(图 1.12)。表明水圈在气候系统变化中是十分敏感的因素,随着气候变化的持续影响,未来对中国水圈要素的潜在影响将是广泛而持续的。

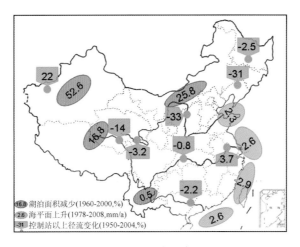

图 1.12　中国水要素变化

(水文和海平面根据第一卷第五章相关数据编绘,湖泊面积变化表示所在省区

平均变化量,径流变化为 1980 年以后相对于 1980 年以前的距平)

1.3.2　气候变化对中国农业的影响:突出表现与潜在影响

(1)气候变化对中国农业种植业已经产生显著影响

气候变化对中国种植业已经产生了显著影响。20 世纪 60 年代以来,气候变暖导致中国≥0℃、≥5℃、≥10℃积温等农业界线温度(对农作物生长发育、农事活动以及物候现象有特定意义的日平均温度值)普遍增加,无霜期延长(图 1.13)。

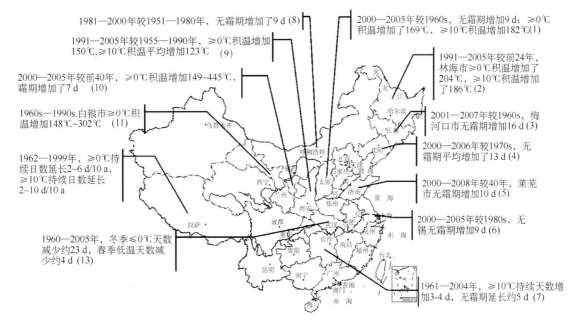

图 1.13　1960—2010 年全国一些地区农业界线温度的变化

据(1)刘文平等,2009;(2)任爱臣等,2008;(3)李萍萍等,2010;(4)纪瑞鹏等,2009;(5)王琪珍等,2009;(6)娄伟平等,2007;(7)陆魁东等,2007;(8)陈素华等,2005;(9)屈振江,2010;(10)张智等,2008;(11)陈少勇等,2006;(12)杜军等,2005;(13)冯明等,2007

农业界线温度的变化,已经广泛影响到中国种植区域的范围。20 世纪 50 年代至今,由于气候变暖造成了全国种植制度界限不同程度北移,冬小麦、玉米、双季稻等作物种植界限北移,种植区域海拔高度上移,熟制的变化可能使种植制度界限变化区域的粮食单产增加(图 1.14)。然而降水量的减少造成了雨养冬小麦—夏玉米稳产北界向东南方向移动(杨晓光等,2010)。考虑气候变暖将持续,估计未来

40 年中(2011—2050)，全国种植制度界限不同程度北移、冬小麦种植北界北移西扩、热带作物种植北界北移。而未来降水量的增加将使得大部分地区雨养冬小麦—夏玉米稳产种植北界向西北方向移动(杨晓光等，2011)。

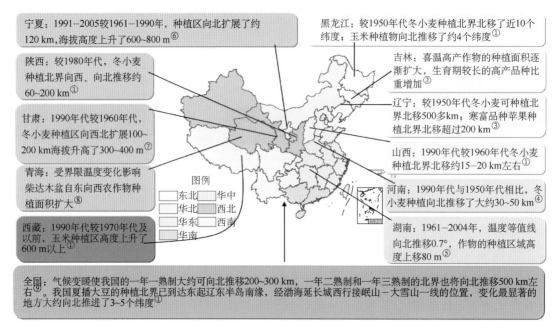

图 1.14　1960—2010 年全国一些地区作物种植界线的变化

(据①云雅如等，2007；②李萍萍等，2010；③张翠艳，2008；④余卫东等，2007；⑤陆魁东等，2007；⑥张智等，2008；⑦刘德祥等，2005b；⑧王发科等，2009；⑨张厚瑄，2000)

与农业温度界线和种植界线的变化相对应，一些地区作物适宜种植期延长，适宜播种期提前，生长期缩短(图 1.15)。

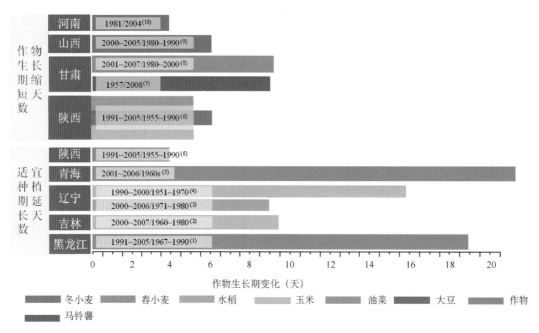

图 1.15　1960—2010 年全国一些地区作物生长期的变化

据⑴任爱臣等，2008；⑵李萍萍等，2010；⑶纪瑞鹏等，2009；⑷张翠艳，2008；⑸王发科等，2009；⑹届振江，2010；⑺姚玉璧等，2010；⑻刘明春等，2009；⑼刘文平等，2009；⑽余卫东等，2007

气候变化对中国农业的影响还表现在种植结构、制度、产量(表 1.9)，进而影响到未来对农业的宏观布局方面。

表 1.9　气候变化对区域农业影响事实

地点	时段	影响结果	文献
西北	1961—2003	喜温作物面积扩大,越冬作物种植区北界向北扩展。	刘德祥等,2005a
东北	20世纪90年代	气候增暖明显,水稻种植面积北扩;黑龙江玉米主产区南移,麦豆产区北移,而喜凉作物有所下降	居辉,2007a
全国	1984—2003	增温幅度 0.4～0.8℃/10a,促进东北粮食总产增加;抑制华北、西北和西南粮食总产增加	刘颖杰和林而达,2007

（2）气候变化对中国农业未来的潜在影响

气候是农业生产的重要环境和不可或缺的主要自然资源。气候始终是影响农业生产稳定的主要决定因素,气候变化会对农业的生产环境、布局、结构和生产力等产生影响。气候变化对农业生产的影响大致可分为两个方面:一是大气 CO_2 肥效作用,由于 CO_2 浓度的上升可促进光合作用,抑制呼吸作用,并提高植物水分利用率,因此将可能提高作物的产量;二是增温影响,气候变暖可能会引起土壤含水量不足,病虫害产生率提高,有机质降解加快等(孙芳等,2005;杨沈斌等,2010)。

大量研究与预估揭示出气候变化将使中国未来农业生产面临以下三个突出问题:（1）农业生产的不稳定性增加,产量波动加大。到 2030 年,中国种植业产量总体上因全球变暖可能会减少 5%～10%,其中小麦、水稻和玉米三大作物均以减产为主。（2）农业生产布局和结构将出现变动。气候变暖将使中国作物种植制度发生较大的变化。到 2050 年,气候变暖将使三熟和两熟制地区的北界北移,一熟制地区的面积将大大减少。（3）农业生产条件改变,农业成本和投资大幅度增加。气候变暖后,土壤有机质的微生物分解将加快,造成地力下降。施肥量增加,农药的施用量将增大,投入增加。气候变化对中国农业产生的影响是多方面的、多层次的,而且以负面影响为主(孙芳等,2005)。

脆弱性、暴露与影响

脆弱性

脆弱性是指系统易受或没有能力对付气候变化,包括气候变率和极端气候事件不利影响的程度,是一个系统所面对的气候变率特征、变化幅度和变化速率以及系统的敏感性和适应能力的函数。脆弱性包括敏感性、暴露度和适应性三个要素,脆弱性与敏感性和暴露度成正比,与适应能力成反比,即受影响主体的敏感性越强、暴露度越大,脆弱性越高;反之受影响主体的适应能力越强,脆弱性越低。

暴露:气候变化中的暴露指系统暴露于显著的气候变异下的特征及程度。

影响:影响是指气候变化对自然和人为系统造成的结果。与适应性结合起来考虑,可以区分潜在的影响和残余的影响。

- 潜在影响:不考虑适应性,某一预计的气候变化所产生的全部影响。
- 残余影响:采取了适应性措施后,气候变化仍将产生的影响。另外,根据影响关系,还引申出累积影响、市场影响和非市场影响等概念。

农业是对气候变化敏感的部门之一,未来气候变化一定程度上将对中国农业区划、种植业结构、种植制度以及农产品质量等方面产生影响(肖风劲等,2006)。对中国未来主要农作物的气候变化敏感性和脆弱性的研究表明(居辉等,2007b),在雨养条件下,中国大部分地区的小麦脆弱区主要集中在黑龙江及吉林省北部地区、甘肃东南部及宁夏南部地区和长江中下游地区;玉米的脆弱区主要分布在吉林省西北部、辽宁南部部分地区、陕西中南部、湖北、贵州中部和北部,及广西北部地区;水稻的脆弱区主要分布在包括内蒙古通辽、辽宁东部和北部及吉林西部的东北中南部地区,山东北部及淮河流域,南部沿海和海南岛以及西南地区(图1.16)(杨修等,2004;孙芳等,2005;杨修等,2005)。

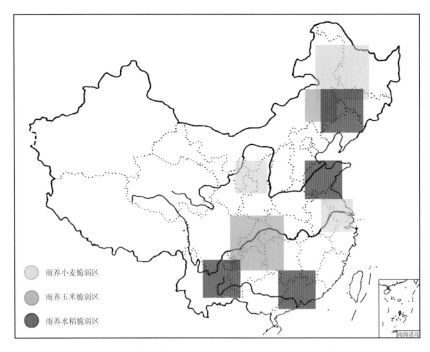

图 1.16　中国雨养农作物的脆弱性分布（孙芳等，2005；杨修等，2004；2005）

　　模拟预估表明，未来气候变化将对中国水稻、小麦、玉米等主要作物的产量具有显著影响（表 1.10）。

表 1.10　未来气候变化情景下主要粮食作物产量变化模拟

模拟时段	情景	作物	模拟结果	文献来源
2070 年	B2 情景 （不考虑 CO_2 肥效作用和种植制度变化）	小麦	雨养小麦减产 23.7%， 灌溉小麦减产 19.4%。	杨修等，2004； 孙芳等，2005
		玉米	雨养玉米减产 2%， 灌溉玉米减产 14.%3。	
		水稻	雨养水稻减产 16.4%， 灌溉水稻减产 10.3%。	
2000—2100 年	全国平均气温升高 0.5℃ 东北增温 1.0℃ 华北增温 0.7~0.9℃	玉米	东北地区玉米生育期缩短（中熟 3.8 d，晚熟 1.4 d）；产量下降（中熟 3.3%，晚熟 2.7%）	张建平等，2007
		水稻	南方水稻生育期缩短（早稻 4.9 d，晚稻 4.4 d），产量下降（早稻 3.6%，晚稻 2.8%）	
		小麦	华北地区冬小麦的生育期平均缩短 8.4 d；产量平均减产 10.1%；	
2021—2050 年	A2、B2 情景	水稻	不考虑 CO_2 肥效作用，长江中下游水稻 A2、B2 情景下分别减产 15.2% 和 15%；考虑 CO_2 肥效作用，A2、B2 情景下分别减产 5.2% 和 5.8%	杨沈斌等，2010

　　气候变化将使农业生产的不稳定性增加，产量波动增大。研究表明（林而达等，2006），气候变化将对中国的农业生产产生重大影响，如果不采取任何措施，到 2030 年，中国种植业生产能力在总体上可能会下降 5%～10%；2050 年以后，中国主要农作物，如小麦、水稻和玉米的产量最多可下降 37%；今后 20～50 年的农业生产也将受到气候变化的严重冲击，气候变化将严重影响中国长期的粮食安全。由于气候变暖使农业需水量加大，供水的地区差异也会加大，为适应生产条件的变化，农业成本和投资需求将大幅度增加。

　　气候变化，特别是极端气候条件对粮食生产造成的冲击强度加大。干旱、洪涝和冷冻害是影响作物产量的主要气象灾害，而各种灾害均有明显增加的趋势。全国主要农业气象灾害对作物产量造成严重影响，玉米和大豆产区主要受旱灾影响，早稻和晚稻产区主要是冷害和洪灾，一季稻和棉花产区主要是洪涝和旱灾，冬小麦和油菜产区的严重减产主要受冻害影响(王春乙，2007)。气候变暖加速后一些农作物发育将加快，生育期缩短，产量下降(张宇等，2000)。气候变化可能造成病虫害危害的地理范围扩大，程度加剧。温度、湿度、降雨、风、光照等气象要素，对促进或抑制某种病虫害的发生、发展、流行及其危害程度都可能产生显著的影响(叶彩玲等，2005)。

1.3.3 气候变化对中国生态系统的影响：事实、脆弱性与情景预估

(1)气候变化对中国生态系统影响的事实

气候变化对生态系统的结构、组分和分布产生显著影响。气候变化会改变生态系统的结构，同时影响陆地生态系统的功能。气候变化后，植物群落将向与原来生境相似的地区迁移，不同植被类型过渡带表现得尤为敏感(于海英和许建初，2009)。自 20 世纪 80 年代以来，黄淮海地区、黄土高原、贵州省的植被覆盖总体呈增加趋势(信忠保等，2007;武永利等，2009;郑有飞等，2009;陈怀亮等，2010)。干旱区的黄河沿岸绿洲、河西、天山北侧、昆仑山北侧等地植被指数 NDVI 增加(郭铌等，2010)，但整个西北地区植被覆盖普遍退化且退化幅度增大(马明国等，2003)。三江源地区植被指数 NDVI 呈下降趋势，黄河源区下降最大，长江源区最小，灌丛下降率最大，高寒草原最小 (张镱锂等，2007)。气候变暖使长江黄河源区的植被垂直自然带向高海拔推移，水平自然带由半干旱型的高寒草原向半湿润型的高寒草甸扩张(王根绪等，2004)，中高覆盖度高寒草原和高寒草甸萎缩，低覆盖度高寒草原和中覆盖度高寒草甸面积扩张(逯军峰等，2009;王根绪等，2004)。黄河上游玛曲地区草场退化严重，高覆盖度草地转变为中、低覆盖度草地，沼泽转变为草地(胡光印等，2009)。整个青藏高原地区草地植被生长季 ND-VI 总体呈增加趋势(于海英和许建初，2009)，但高原内部植被覆盖度变化存在地域差异，气温升高造成南部湿润区植被覆盖度增加，也使高原北部干旱加剧，高原中部和西北地区植被大面积退化(郭正刚等，2007)，藏北地区各退化等级草地所占比例不同程度的上升，其中极严重退化草地扩展速度最快(高清竹等，2005)(图 1.17)。气候变暖使高寒草甸植被向高寒草原植被退化(王谋等，2004;郭正刚等，2007)。

气候变化对物候的影响十分显著。温度上升会引起植物春季物候提前，秋季推迟，绿叶期延长，大部分植物始花期提前(徐雨晴等，2004)。20 世纪 80 年代以后，中国温带地区植被生长季延长，东北、华北、西北、长江下游地区与云南南部春季物候提前。华北平原提前趋势最显著，1963—1996 年，物候春季起止日期分别提前了 9 d 和 4 d(韩超等，2007)，而西南地区东部、长江中游地区及华南春季温度下降，物候期推迟(葛全胜等，2003;陈效述和喻蓉，2007)。20 世纪 60 年代以来，中国东部木本植物秋季叶全变色期推迟约 17 天(仲舒颖等，2010)。草本植物的物候存在明显的地域性，70 年代以来，青藏高原牧草返青期推迟，枯黄期提前(王谋等，2004);80 年代以来，辽宁草本植物春季展叶期提前，草本植物和木本植物秋季枯黄期推迟(纪瑞鹏等，2009);东北地区沼泽植被生长季延长，灌丛植被生长季缩短(国志兴等，2010);内蒙古植物始花期提前(吴瑞芬等，2009)，锡林郭勒盟优势植物羊草展叶期提前(李荣平等，2006);甘肃玛曲县牧草开花期和成熟期提前(姚玉璧等，2008)。受气候变暖影响，20 世纪 90 年代以来，灰鹤、白头鹎、八哥、画眉、黑脸噪鹛、乌鸫、红头长尾山雀分布区向北迁移(孙全辉和张正旺，2000;李长看等，2010);黑鹳、白琵鹭等部分旅鸟越冬地北移;斑嘴鸭、黑水鸡、骨顶鸡、白鹭和夜鹭的部分种群由夏候鸟转化为留鸟(王开锋等，2010;李长看等，2010);豆雁、灰头鹀、白头鹀、鹌鹑、白背矶鸫、文须雀等鸟类从青海湖地区消失(马瑞俊和蒋志刚，2005)。气候变化对昆虫物候也产生影响，桂林雁山蟋蟀始鸣期提前，始终鸣间隔期延长(李世忠和唐欣，2009)(图 1.18)。

气候变化对植被净初级生产力产生直接影响。植被净初级生产力(net primary productivity，NPP)是表征植被活动的关键变量，全球变化对植被的影响将直接影响到净初级生产力的大小。研究发现，20 世纪 80 年代以来，在全球气候变化的大背景下，中国陆地植被净初级生产力表现出了一定的增长趋势(于海英和许建初，2009)(图 1.19)。1982—1999 年，受气温升高影响，东北、西北、华东、华南、青藏高原地区的 NPP 平均增加 $18.8\% \sim 27.7\%$(朱文泉等，2007);部分地区如重庆(李永华等，2007)和北方农牧交错带因降水减少导致 NPP 有所下降(高志强等，2004;刘军会和高吉喜，2009)。

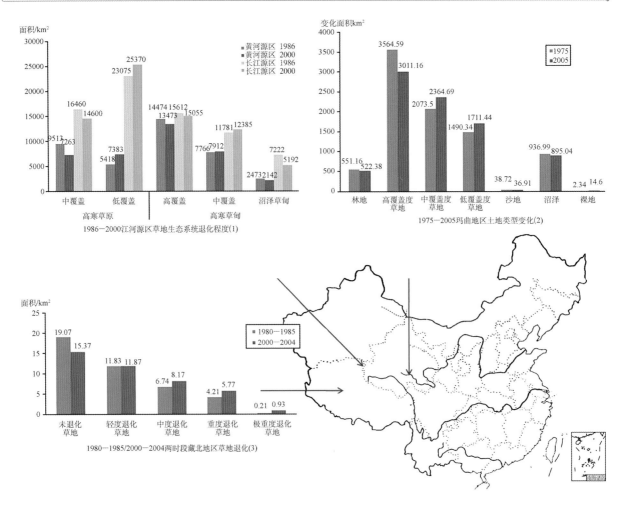

图 1.17 1984—2009 年中国生态敏感区植被覆盖变化情况

据(1)王根绪等,2004;(2)胡光印等,2009;(3)高清竹等,2005

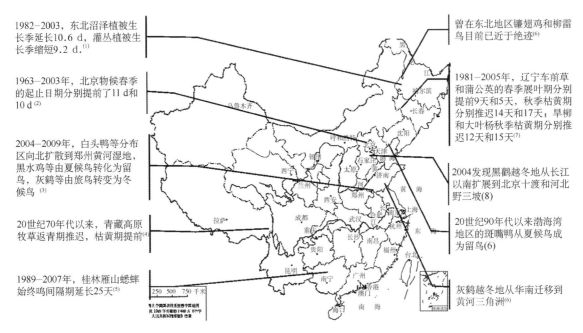

图 1.18 近几十年全国部分地区物候变化

据(1)国志兴等,2010;(2)韩超等,2007;(3)李长看等,2010;(4)王谋等,2004;(5)李世忠和唐欣,2009;(6)孙全辉和张正旺,2000;(7)纪瑞鹏等,2009;(8)王开锋等,2010

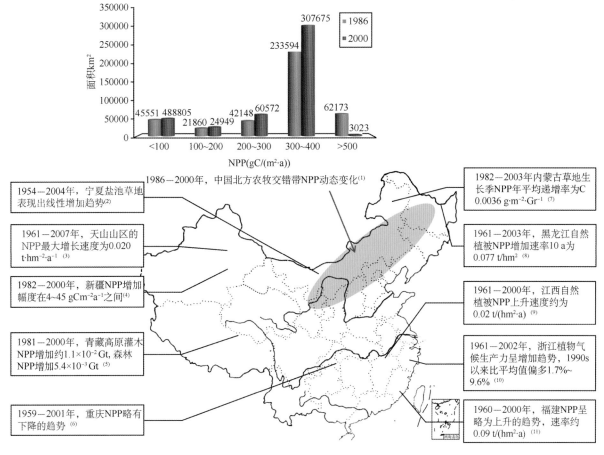

图 1.19　近几十年全国部分地区 NPP 变化

据：(1)刘军会和高吉喜.2009；(2)苏占胜等,2007；(3)普宗朝等,2009；(4)丹利等,2007；(5)黄玫等,2008；(6)李永华等,2007；
(7)李刚等,2008；(8)高永刚等,2007；(9)曾慧卿等,2008；(10)毛裕等,2008；(11)闫淑君等,2001

　　温度升高,NPP增加的同时,如降水不能随之改善,会引起生物量减少(于海英和许建初,2009)。近几十年宁夏中部(施新民等,2008),西藏那曲(张建国等,2004),青海湖环湖地区(张旭萍等,2008),青南高原(张国胜等,1999),青海同德县(郭连云,2008a)的草地产草量明显下降;青海共和盆地 (郭连云等,2008b),甘肃玛曲县(姚玉璧等,2008)牧草产量在波动变化中呈不稳定增加。

　　气候变化对生态环境的影响十分广泛。气候变化导致区域气候特征改变,1961—2003 年,黑龙江省小兴安岭北部地区气候特征从湿润转变成半湿润;三江平原中部具有半干旱气候特征的区域扩大了 3.01 万 km² (于成龙等,2009)。气候变化也是导致荒漠化扩展,湿地退化的重要原因之一。青海省沙漠面积在 20 世纪 80 年代末之后加速扩张,到 90 年代末沙漠面积比 40 年前扩大了 8.5 万 km²(阿怀念等,2003)。1999 年前后,沙漠化土地扩张趋势得到改善,到 2004 年沙漠化土地面积减小0.83 万 km²(张登山和高尚玉,2007)。20 世纪 50 年代以来,西藏地区气温升高,降水减少,导致雪线上升,冰川退缩,积雪量减少,湖面缩小,湖泊水位下降,气候暖干化与西藏荒漠化的形成与发展有直接联系(邹学勇等,2003)。90 年代后期和初期对比,西藏高原沙漠化土地面积扩大,潜在沙漠化土地减少。最干旱的阿里高原西部南部沙漠化扩张、中部东部沙漠化缩小,沙漠化土地总面积略有缩小(李森等,2004；2005)。与 70 年代相比,2005 年青藏高原荒漠化土地净增长 8.3%,重度沙漠化土地增长近 3 倍(王圣志等,2005)。青藏高原东北部的若尔盖牧区草地面积 60 年代开始急剧减少,大面积的非沙漠化土地转变成为中、轻度沙漠化土地,1999—2004 年,若尔盖牧区有明显沙化趋势的土地大幅增加近一倍(罗清和彭国照,2008),逐渐出现由高原草甸—草地—沙漠化的转变(胡光印等,2009)。沙漠化不仅存在于西北地区,中国南方石灰土侵蚀十分严重,石化面积不断扩大。重庆万州(原四川省万县)50 年以后裸岩面积因土壤侵蚀而增加,1975—1988 年贵州全省的石漠化面积占全省土地面积比例增加 2.1%

（韦启播，1996）。

气候变化对湿地生态系统有显著影响。长江—黄河上游源区 20 世纪 90 年代初至 21 世纪初的 10 年中，沼泽湿地总体呈减少趋势。阿坝、甘孜、凉山三地的湿地面积在这一时段内分别减少了 21.6％、39.9％和 7％（沈松平等，2007）。1975—2004 年若尔盖哈丘湿地的面积减小 3500 hm²（罗清等，2008）；1975—2001 年，若尔盖沼泽湿地面积减少—20.2％，湖泊湿地面积减少—34.5％，河流湿地面积减少—48.0％，沙化地面积增加近 3 倍（沈松平等，2005）。1975—2005 年，玛曲沼泽地面积一直呈减少趋势，减少面积 4195 hm²（胡光印等，2009）；2000—2006 年，玛曲县的沼泽湿地面积减少约 580 hm²（冯琦胜等，2008），减少速率放缓。

综上所述，可见气候变化对中国生态系统产生了多方面的影响：植被覆盖出现波动，植物物候期改变，鸟类、昆虫等分布、物种行为变化，垂直和水平植被带推移，植被初级净生产力总体上呈增长，荒漠化扩展，湿地退化，沿海红树林减少，珊瑚礁白化（表 1.11）。

表 1.11　气候变化对生态系统影响若干观测事实

类型	地点	时段	影响结果	文献
森林	黑龙江大、小兴安岭	1961—2003	树种的可能分布范围和最适分布范围北移	刘丹等，2007
	热带森林		森林生态系统的群落次生演替恢复速度降低，次生林演替过程中树木死亡率增加	臧润国和丁易，2008
	长白山		岳桦苔原过渡带变宽，岳桦向苔原入侵	周晓峰等，2002
	全国	1982—1999	森林生态系统 NPP 增长率为 0.71％～1.0％	Fang 等，2003
草地	大兴安岭中部	1961—2005	草地生产力增加明显	杨泽龙等，2008
	内蒙古	1980—2000s	草地生长季 NPP 呈增加趋势，克氏针茅草返青期推后，其他物候期提前	李刚等，2008；张峰等，2008
	内蒙古锡林郭勒盟	1985—1993	优势种羊草展叶提前 4.35 d/℃	李荣平等，2006
	山西五台山		高山草甸和林线过渡带某些植物上升	戴君虎等，2005
	宁夏盐池县	1954—2004	草地生产力呈增加趋势	苏占胜等，2007
	甘肃玛曲县	1985—2005	优势牧草垂穗披碱草开花期提前 10～14 天，成熟期提前 20～24 天	姚玉璧等，2008
	青海同德县	1961—2005	草地牧草产量持续下降	郭连云，2008a
	青海共和盆地	1961—2007	草地生产力呈增加趋势	郭连云等，2008b
荒漠	内蒙古毛乌素地区	1950s—	沙质荒漠化面积不断扩增	那平山等，1997
	柴达木盆地	1961—2006	气温上升，降水略有增加，地区间差异大。气候增暖、多大风、蒸发强烈	王发科等，2007
	浑善达克沙地	1954—2004	沙地内部植被大面积被破坏，流动沙地扩大	李兴华，2009
湿地	三江平原		湿地面积迅速减小，湿地生态系统退化	张树清等，2001
	松嫩平原莫莫格湿地		湿地地表完全干涸，地下水位下降，芦苇、苔草湿地退化为碱蓬地甚至盐碱光板地	潘响亮等，2003
	白洋淀湿地	1960—	最高水位由 11.58 m 下降到 6.82 m；干淀频次越来越高；最大水面积和水量不断减小	刘春兰等，2007
	内蒙古呼伦贝尔湖	近 45 年	气候出现暖干化趋势，水域面积和水位减小，	赵慧颖等，2008
	青藏高原湿地		湖泊普遍出现萎缩、咸化状态，水位下降，解体，小型湖泊消失	鲁安新等，2005
	若尔盖湿地	1971—2000	暖干化趋势显著。径流减少，湿地面积大幅减少，沼泽旱化、湖泊萎缩	郭洁和李国平，2007
	纳木错	1970—2000	湖面面积增加	吴艳红等，2007
海岸、近海	东南沿海红树林	1960s—	红树林总面积逐渐减少	张乔民和隋淑珍，2001
	海南三亚珊瑚礁	1998—2008	高温引起珊瑚礁白化	李淑和余克服，2008

（2）中国生态系统受气候变化影响的脆弱性及未来变化预估

生态系统的脆弱性指生态系统受损的程度，主要由生态系统的净初级生产力的减少来衡量，以某一生态系统状态与全球平均状态（生态基准）相比较，按照受损程度划分为轻微受损、中度受损、严重受损和完全受损。中国自然生态系统气候脆弱性的总体特点为北高南低、西高东低(图1.20)(李克让等,2005)。

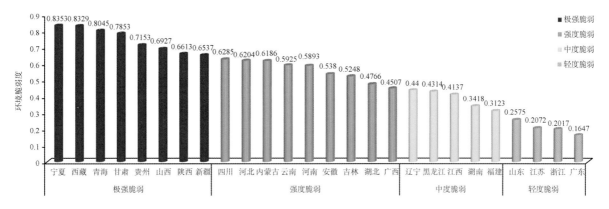

图1.20 全国26个省区生态环境脆弱度(李克让等,2005)

采用 A2 气候情景进行的预估模拟表明,到 21 世纪末(2071—2100),中国自然生态系统平均脆弱度仍属中度脆弱,不脆弱的生态系统比例减小 22%,高度脆弱和极度脆弱的生态系统所占比例分别下降 1.3% 和 0.4%,轻度脆弱的生态系统比例增加 24%,总体上该时段内生态脆弱度趋于集中(於琍等,2008)(图1.21)。

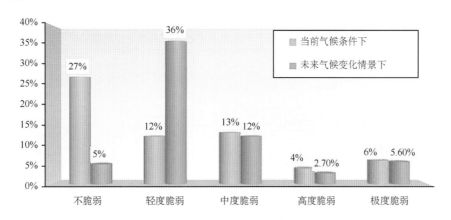

图1.21 未来气候变化情景下中国自然生态系统脆弱性等级变化(於琍等,2008)

预估结果显示,不同气候条件下,气候变化将会增加系统的脆弱性,但是对中国陆地生态系统的脆弱性分布格局影响不大。

A2 情景下,到 21 世纪末,中国自然生态系统的脆弱性空间分布与当前气候条件下相类似,仍然是东、南低,西、北高。高度脆弱和极度脆弱的自然生态系统主要分布在中国内蒙古、东北和西北等地区的生态过渡带上及荒漠草地生态系统中。西北地区和内蒙古地区仍处于极度脆弱水平,西北地区的脆弱度上升,内蒙古地区脆弱度有所下降。华北地区、东北地区和西藏地区处于中度脆弱,西藏地区和东北地区的脆弱度比当前气候条件下有所增加,而华北地区的脆弱度则稍有下降。华南地区、西南地区和华中地区脆弱度有所提高,处于轻度脆弱等级,其中华南地区生态系统脆弱度由当前气候条件的不脆弱上升到轻度脆弱水平,可见该时段内中国南方大部分区域生态系统的气候脆弱性均有所增加,表明未来气候变化可能对中国南方大部分地区有着潜在的不利影响(图1.22)(於琍等,2008)。

B2 情景下,到 21 世纪末,中国未来气候变化将对生态系统存在着较为严重的影响,从近期到远期对生态系统影响趋于严重,生态系统本底比较脆弱的西北和青藏高原地区受气候变化影响严重,但东北、华北、长江中下游部分生态系统本底较好的地区也将受到严重的影响。生态系统脆弱的不同等级和土地覆盖状况有关,B2 情景下严重受损和逆向演替的类型主要是开放灌丛和荒漠草原,2084 年和2092 年扩展到部分落叶阔叶林、草地、有林草地和常绿针叶林(表1.12)。B2 情景下,近期气候变化对中国生态系统的影响不大,近期的变化对寒冷的地区也可能有利,但从中、远期的情况看,气候变化对生态系统的负面影响巨大(吴绍洪等,2007)。

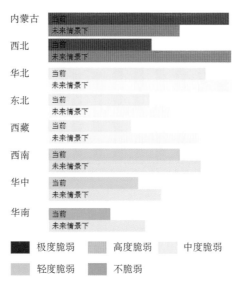

图 1.22　当前气候条件下和 IPCC-SRES-A2 情景下 2071—2100
年中国自然生态系统脆弱性分布格局变化(於琍等,2008)

表 1.12　中国 21 世纪气候变化背景下不同区域自然生态系统的脆弱性

	基准时段 1961—1990	近期 1991—2020	中期 2021—2050	远期 2051—2080	2084	2092
西北	本底	没有好转	受损有所发展	受损明显加重	逆向演替面积向东扩张	与 2084 相似
青藏高原	本底	没有好转	受损有所发展	受损明显加重		
东北	轻度—中度	明显好转	重新出现轻度到中度的受损	轻度到中度的受损面积明显扩展		
华南	轻度—中度	明显好转	重新出现轻度到中度的受损	轻度到中度的受损面积明显扩展	中度受损地区明显增加	受损程度明显增加
西南			部分地区重新出现轻度到中度的受损	轻度到中度的受损面积明显扩展		
华北				轻度到中度的受损面积明显扩展	大片地区处于中度、重度受损	与 2084 相似
长江中下游					中度受损地区明显增加	受损程度明显增加,江南丘陵出现生态系统逆向演替

注:据吴绍洪等,2007

　　通过大气环流模型(GFDL 2Q、GISS 和 OSU)预估未来中国总体将变得更温暖更湿润(潘愉德等,2001),未来气候变化可能导致中国东部森林植被带北移,温带常绿阔叶林面积扩大,落叶针叶林面积大幅减少,除红松外,中国主要造林树种分布面积均减小(周广胜等,2004)。南部森林类型向北扩展,部分干旱灌木林、沙漠和高山苔原转化为森林和草地(潘愉德等,2001)。气候变暖将使中国北方牧区变得更加暖干,各类草原界限东移;内蒙古西南部暖湿化,东北部暖干化,草地植被界线北移,温性草原面积增加,草甸草原的南北边界北移,但面积将有所减少。北部典型草原向大兴安岭推进,南部典型草原和荒漠草原向北退缩,面积都有增加趋势,荒漠草原增幅明显(周广胜等,2004;盛文萍等,2010)。

　　未来气候变暖将对植被分布格局产生重大影响,中国东北样带和中国东部南北样带在未来气候情景下(SRES-B2 和 SRES-A2),植被分布格局发生变化,森林分布面积的减少,草原分布面积的增加,反映出未来气候较当前气候更为强烈的暖干化趋势及未来气候变化对植被变化的强烈影响(张玉进和周广胜,2008)。大气 CO_2 浓度升高所引起的森林生态系统生态稳定性的变化会导致森林在结构和功能上的变动,利用陆地生物圈模型 BIOME3 模拟 CO_2 浓度从现在的 340 ppmv 上升到 2100 年 500 ppmv 的气候情景下,青藏高原不同植被类型分布以及生产力的变化情况,结果显示,11 种植被群落在气候变化条件都发现了明显变化,温带草原到寒温带针叶林面积增加,荒漠面积大幅度减少,植被带向西北方向推移,11 种植被的净第一性生产力都显著增加(Ni,2000)。

　　未来气候变化将改变中国生态系统结构组成和分布面积,气温和 CO_2 浓度升高还会影响生态系统生产力和碳源碳汇产生影响。未来气候增暖将使中国多数温度带北移(吴绍洪等,2007;李克让等,2005)(表 1.13),极端干旱区分布范围缩小并被干旱区所代替,半干旱区向半湿润区东、南部方向扩展,湿润区东北部和西部被半干旱和半湿润区所代替。干旱区、半干旱区和半湿润区分布范围扩大(吴绍洪等,2007;吴建国和吕佳佳,2009)。HadCM2 模型预估中国未来荒漠化生物气候类型区的变化,结果表明各生物气候类型区的面积基本上均呈增加的趋势,其中以亚湿润干旱区增加为主,半干旱区次之(慈龙骏,2002)(表 1.14)。

表 1.13　不同情景气候变化对中国生态系统作用

气候变化情景	生态系统变化
年均温增加 2℃,降水增加 20%	大部分地区的水热条件都向好的方向变化;但青藏高原将变得干热,出现沙漠化趋势
年均温增加 4℃,降水增加 20%	各植被地带变得干热,森林干旱程度增加,西部草原亚区变为荒漠区,森林和草原面积将大大减少,沙漠化趋势严重
年均温增加 4℃,降水变化(+/−/=)10%	热带、亚热带森林的面积均显著增加,暖温带和寒温带森林面积显著减少;北方型山地草原、高寒草原和草甸面积减少;山地荒漠面积增加;冻荒漠、冰缘带和冻原几乎消失
年均温增加 4℃,降水增加 10%	青藏高原东南部山地森林面积增加;高山草原、草甸面积减小;荒漠化趋势强烈;植被垂直带上移;永冻层大部分消融;山地雪线上升;冰山退缩与高原湖泊萎缩
年均温增加 2～4℃,年降水量增加 20%	中国自然植被净第一性生产力(NPP)均有所增加,湿润地区增加幅度较大,而在干旱及半干旱地区增加幅度较小
温度升高 2℃,降水增加 20%	草原总面积减少近 30%,荒漠草原减产 17.1%
温度上升 3℃	各类草原界限上移 300～600 m
气温升高 1～3℃,降水变化 10%	东北地区的沼泽面积减小。气温升高还会促使泥炭沼泽中的碳源不断地释放,影响大气中 CO_2 和 CH_4 的含量
CO_2 浓度倍增、温度上升 2℃、降水增加 20%	牧草栽培范围扩大,温带草原区生产力增加 1 t/hm²,中国的 NPP 约增加 30% 左右
青藏高原平均气温升高 2.9℃	青藏高原 58.2% 的多年冻土消失,多年冻土仅存高原西北部

注:据周广胜等,2004;李克让等,2005

表 1.14　HadCM2 模型预测中国未来荒漠化生物气候类型区变化(单位:万 km²)

	年代	极端干旱区	干旱区面积	半干旱区面积	亚湿润干旱区面积	荒漠化生物气候类型区
未采取减缓措施	1990	17.2136	176.6651	145.8515	73.1415	395.6581
	2030	31.9114	178.7285	157.5333	104.1865	440.4782
采取减缓措施	2030	18.8353	178.1635	148.6836	83.6392	410.4862
未采取减缓措施	2056	32.1424	179.8741	160.6958	106.2861	446.8558
采取减缓措施	2056	30.8991	176.0646	152.3304	94.7626	423.1575

注:据慈龙骏,2002

1.3.4　气候变化对中国生态环境影响的综合分析

　　根据对现有资料归集与综合评估,将近 60 年中国自然生态与环境变化以前后 30 年为界分两个阶段考虑(表 1.15):以 1978 年改革开放为界,前 30 年和后 30 年生态与环境表现各不相同,前 30 年生态与环境变化表现为整体恶化;后 30 年生态环境诸要素发生了显著的差异性变化,有一些在继承前一阶段变化趋势的基础上加速向恶化方向发展,有一些则趋于减速发展、甚至显现出逆转,或生态与环境趋好的态势。纵观 1950—2010 年生态环境变化,虽然近十几年有转好的征兆,但仍没有摆脱整体恶化的处境,有些环境要素是过去 30 年恶化的持续,有些是最近 30 年加速发展的结果,有些环境要素的加速发展更是值得关注的新动向。

这些环境要素的趋向有些主要受控于气候变化,有些主要受人类活动的影响,有些则是在气候不断变暖背景下人类活动加速驱动的结果。冰川、冻土、积雪、径流主要受自然因子的影响;盐碱化、水土流失、石漠化、森林等受人类经济社会活动影响更加显著;湖泊、沙漠化、草地等气候因素与人类社会经济活动影响均很突出。

表 1.15　中国西部地区生态环境影响的综合分析

		1950—1970 年代	1980—2010 年代	60 年总趋势	驱动主因
河川径流	西北内陆河	径流总体趋于减少	径流显著增加	增加	气候变化
	黄河上游	径流在波动中增加	径流显著减少	减少	气候变化
	西南诸河	径流在波动中减少	径流弱减少	减少	气候变化
	长江	增加	减少	减少	气候＋人为
冰冻圈	冰川	显著退缩	加速退缩	退缩	气候变化
	冻土	持续退化	加速退化	退化	气候变化
	积雪	青藏高原积雪持续增加	在强烈波动中增加	减少	气候变化
湖泊	青藏高原	显著萎缩	萎缩减速,扩张明显	萎缩	气候变化
	蒙新高原	显著萎缩	新疆明显扩张,内蒙古止缩趋涨	萎缩	气候＋人为
	云贵高原	不明显	面积略有减少,污染显著增加	恶化	气候＋人为
土地退化	沙漠化	持续发展	整体加速,局部减缓	扩展	气候＋人为
	盐碱化	明显扩大	逐渐减少	扩大	人为活动
	水土流失	快速增加	减少	增加	人为活动
	石漠化	缓慢增加	加速扩展	扩展	人为活动
陆地生态	森林	显著退化	面积增加,质量仍趋下降	退化	人为活动
	草地	显著退化	加速退化	退化	人为＋气候

1.4　气候变化对中国其他经济社会领域的影响

气候不仅广泛地影响到自然生态与环境以及水资源和农业等领域,也对经济社会等其他领域产生直接或间接的深远影响。气候变化可能导致能源结构的大规模调整,能源价格趋高,水资源短缺,运输风险和成本风险增加,工业盈利能力和经济效益将受到影响;影响农、林、牧、渔业生产力与布局,进而影响深加工工业;交通运输业基础设施成本增加,运营效率降低,且交通安全隐患增大;气候变化将增加疾病发生和传播的机会,危害人类健康;增加地质灾害和气象灾害的形成概率,对重大工程安全造成威胁;影响自然保护区和国家公园的生态环境和物种多样性,对自然和人文旅游资源产生影响;增加对公众生命财产的威胁,影响社会正常生活秩序和安定。随着经济社会的发展以及财产、健康保险需求的迅速增长,保险业能够发挥分散气候变化风险的积极作用。由于人类生活环境和健康质量下降,个人医疗保健支出增加,公共医疗负担加重,但医疗行业的效益会有所增加(表 1.16)。

表 1.16　中国自然灾害造成的年经济损失估计表

灾害类型	灾害种类	粮食损失（亿 kg）	直接经济损失（亿元）	分类小记（亿元）
气象灾害	干旱	200~250	150~200	420~510
	暴雨、洪涝	100	150~200	
	风暴潮、台风	2.5~5	50~60	
	低温	15~25	20~30	
	森林火灾	——	50~100	

续表

灾害类型	灾害种类	粮食损失(亿kg)	直接经济损失(亿元)	分类小记(亿元)
地质灾害	地震	——	10~20	80~120
	滑波、泥石流、山崩	2.5~5	20~—30	
	灾害性水土流失	15~25	20~30	
	风沙、沙漠化	2.5~5	20~30	
	人类诱发的次生灾害	——	10~20	
生物灾害	病、虫、鼠、生物入侵	50	10~15	10~15
合计		387.5~425	510~(640)	510~(640)

注：据张海东等，2006；王邦中，2005

1.4.1 气候变化对工业与交通部门的可能影响

（1）气候变化对工业部门的影响

不同行业对气候因素的敏感程度存在差异，中国不同行业的经济产出对气象条件敏感性从大到小依次是：农业、建筑业、批发零售业、工业、交通运输业、服务业、金融业和房地产业（罗慧等，2010）。

气候变化对工业生产影响广泛，主要是通过农产品原材料和零售业市场需求、能源消耗及劳动者工作效率等因素来间接影响工业生产，具有明显的间接性和滞后性。气候变化对工业也有直接影响，如极端气温、强风、暴雨、高湿、冰雪、恶劣能见度等影响工业生产的效率和质量，增加能耗，尤其对能源、建筑、采矿、交通、食品、石油化工等行业影响大。输电线路会受到极端事件如热带气旋、龙卷风和冰雹等的影响，炎热天气增加将增加制冷用能，而寒潮天气减少则降低取暖用能。工业生产大部分在室内进行，对天气的直接依赖性程度低，可以通过区域调节或多年储备等手段来抵消气候变化对以农产品等为原料工业生产的不利影响。此外，在有些较为敏感的行业中，气候变化对一些行业可能是负影响，对另一些行业可能是正影响。正负影响相互抵消，结果也会导致工业总产值对气候变化的反应不明显。

气候变化将推动中国工业产业结构发生深刻变化（王家诚，2009）。气候与环境因素可以促进工业部门内的升级，使产业结构向着有利于人类生存环境改善的方向发展，推动高技术含量的行业快速发展，加速高新技术对传统产业的改造。但是承担约束性温室气体减排义务，对于中国目前能源工业和制造业的发展也会造成一定制约，甚至削弱中国产品在国际市场上乃至国内市场上的竞争力。为应对这种局面，需要科学地制定规划，促进产业结构的优化升级，发展高能效低碳排放的新兴产业以避免重化工业过度发展带来能耗高、物耗高、碳排放高等问题。具体措施包括：提高"高碳"产业准入门槛；推进产业和产品利润向设计与品牌延伸，提高核心竞争力；发展高新技术产业和现代服务业，用高新技术改造钢铁、水泥等传统产业，降低GDP的碳强度；将低碳发展纳入国家产业振兴规划的原则考虑和当前安排，为低碳发展创造条件。

（2）气候变化对能源的影响

能源既是人类社会经济发展的发动机，而能源生产与消费又是温室气体最主要的排放源（冯升波和杨宏伟，2008）。气候变化不仅对化石能源的开采、输送、加工使用有着广泛的影响；还与可再生能源的生产、输送和消费密切相关。

气候变化对能源生产产生重要影响。开发利用太阳能、风能、地热能、生物质能等新能源和可再生能源，使之成为满足未来能源需求的重要补充，已成为温室气体减排、保障能源安全的重要措施。气候变化的背景下，太阳能、风能的产量也发生了改变。近50余年的观测资料表明中国地面接收的太阳辐射和日照有明显减少（变暗）的趋势，近几年虽然略有增加，但是仍然明显低于20世纪60年代的水平（任国玉等，2005；申彦波等，2008；赵东等，2009）。日照与阴天和降雨日数有明显联系，导致地面接收的太阳辐射和日照将继续维持偏低的水平，这对于太阳能的利用是不利的。观测表明，近50年中国大部分地区年最大风向频率及其对应的平均风速都呈减小趋势，西北、华南和西南地区减少最显著。虽然大风减小,但小风日数增加,可利用的风力发电日数增加,有利于风能的开发利用(江滢等,2008)。通过20个全球气候模式考虑A2、A1B和B1三种情景预估未来中国风速的变化,结果表明21世纪全国平均的年平均风速呈微弱的减小趋势,且随着预估情景人类排放的增加,中国年平均风速减小趋势越显著(江滢等,2010),这些可能的变化在风能利用中需要引起重视。

气候变化能源消费的影响是十分显著的。气温对能源消费的影响主要表现在生活中的冬季取暖和夏季降温的能源消耗上,中国冬季取暖所消耗的主要是煤炭,夏季降温消耗的能源主要是电力。煤炭的大量开发利用加剧了水土流失、风沙危害和土地沙漠化等生态与环境危害,已成为社会经济发展的重要问题。近年来由于气候变化降水减少,经济发展加速了径流开发及各种人为因素引起了流域下垫面、水文情势等发生较大的变化,导致一些中小型水库长期干枯无水,对水能发电影响日益显著。

(3)气候变化对食品制造与加工业的影响

自20世纪80年代以来,中国食品制造与加工业以年均递增10%以上的速度持续、快速发展,促进了农业产业化经营和农村经济的发展(刘志雄和胡利军,2009)。由于加工转化能力薄弱,加工技术水平低,产品单一、档次低、质量差,加工企业规模小、资源的综合利用率低等不利因素成为制约企业经济效益和农业及农村经济发展的瓶颈。农业生产对加工业的供应与加工业满足市场消费需求之间的矛盾不断扩大,促使食品加工业结构和格局发生改变。气候变化对农、林、牧、渔业生产的负面影响已经显现,生产不稳定性增加,以其作为原料的食品制造与加工业深受影响。

全球气候变化是渔业资源产量和分布变化的重要原因之一,气候变化会直接或间接影响鱼类的生长、摄食、产卵、洄游、死亡等,影响鱼类种群的变化,渔场的位置变动,并最终影响到渔业资源的数量、质量及其开发利用(方海等,2008)。水温升高对不同种类的鱼影响程度不同,四大海区主要经济鱼种的产量和渔获量在气候变化后都将有不同程度的降低,产量降低幅度在5%～15%,渔获量降低幅度在1%～8%(刘允芬,2000)。

(4)气候变化对交通运输业的影响

气候变化也将影响到能源运输行业。能源运输主要采用铁路运输、水路运输、公路运输等几种运输方式,其受气候变化的影响也日益突出。交通运输与自然环境有着密切的关系,特别是对气候变化的反应比较敏感。近十几年由于中国经济的快速发展,对交通运输的要求越来越高,气候异常对交通运输的影响也就越来越明显,由此所造成的交通运输的损失也越来越大。2008年初的南方低温雨雪冰冻天气,使得安徽、湖南、江西等地的电煤供应紧张,大量机组被迫关停。

由于气候变化导致极端天气的增加,包括高温、热浪、干旱、强降雨、暴雪、冰冻、强热带风暴、雷暴以及沙尘暴等。极端天气导致洪水、滑坡、泥石流、雪崩等,对公路、铁路、航海和航空的正常运行造成极大的影响,对交通运输的设备、地面设施造成不同程度的损坏,带来巨大的经济损失。极端天气使得交通运输减速或延期,不但减少交通运营收益,同时也损害公众福利。

热带风暴强度的增加使得公路、铁路、航海和航空运输更频繁的中断,使得大量的基础设施发生故障,对桥面稳定的威胁不断增加,造成终端、导航设备、周围边界、标志等设施损坏。我国南方地区每年都不同程度地受到强热带风暴的影响,造成交通拥堵甚至中断。2005年8月,强台风"麦莎"横扫中国东部地区,给沿途交通运输造成巨大损失,船舶停航,机场封闭,交通设施损失严重。

大范围的暴雪是气候变化严重影响交通运输的另一个重要因素。降雪使铁轨湿滑,较大的降雪可造成交通中断,货运堵塞,客车受阻;对于空中运输来说,有可能会引起航班延误。2008年初,历史罕见的低温雨雪冰冻极端灾害天气给交通运输造成巨大影响,部分地区交通运输全面瘫痪,最多时21条国道近4万km路段通行不畅,上万车辆和人员被困。

高温的天气对交通运输的影响主要是影响运输的设备和地面设施,高温天气影响驾驶员的正常驾驶,再加上酷热条件下车辆部件容易受损,因此,极易引发交通事故,极端长期高温的天气会导致车辆过热和轮胎老化,导致铁路轨道变形和路面的过度热膨胀(李克平和王元丰,2010)。

空气湿度过大引起的大雾和路面湿滑是交通安全事故的诱发因素之一(陶建军和杨禹华,2008)。强降雨会影响到公路、铁路和航空的正常运行,导致交通延误,甚至产生交通中断,一些地面设施和交通运输设备会受到极大的破坏。暴雨天气会带来山体滑坡、泥石流等，造成公路或铁路的塌方。由强降雨引起的洪水会造成对航空运输跑道和其他基础设施的破坏。

对流层顶和平流层变化对航空飞行有重要意义(吕达仁等，2009；张红雨，2011)。20世纪80年代中期以来，全国对流层中下层和对流层上层风速呈下降趋势，平流层下层年平均风速呈上升趋势，但变化趋势均不显著。可能与同期大尺度海陆热力差异减小有关，而中高层夏半年西风的减弱可能与大尺度海陆热力差异以及中纬度近地表经向热力梯度减小均有联系(张爱英等，2009)。21世纪，温室气体增加和平流层臭氧可能恢复将对平流层气候变化产生重要作用。温室气体增加的辐射效应导致平流层变冷，而臭氧层恢复的辐射效应则导致平流层变暖(胡永云等，2009)。

此外，天气与环境的变化是交通基础设施的设计与规划、建设、维护等必须考虑的因素，各种交通基础设施必须尽可能适应各种气候与环境的变化，否则会花费巨大代价返工或重建。

1.4.2 气候变化对重大工程的影响

气候变化对一些重大工程影响明显，气象条件对重大工程的影响包括在重大工程勘测、设计、施工到建成后运行管理的各个环节。例如三峡大坝、青藏铁路、南水北调、西气东输等重大工程建设与运营过程中，都不可避免地面临着自然灾害风险，尤其是气象灾害风险。

除西北地区外，其他地区的重大工程均不同程度地遭受暴雨洪水的威胁，其中以长江、黄河、淮河、海河、珠江、松花江、辽河等七大江河中下游地区最严重，四川盆地和云贵高原次之。暴雨洪水可吞噬各种工程(包括重大工程)建设，冲决河库堤坝，冲毁铁路、公路路基、路面，冲毁桥梁，淹没厂矿企业等。

海平面上升会使沿海地区多种海岸带灾害加剧，台风与风暴潮除冲毁或淹没工程建设外，强风还可摧毁高层建筑、输电和通讯线路等。海平面上升会给临海地区包括堤坝在内的建筑设施带来新的危害，包括降低堤坝标准威胁堤坝安全，地下水位抬升引起的浅基础地基承载力降低、建筑物震陷加重等问题。海平面上升阻碍沿海低洼地区排洪，加重洪涝灾害损失。

风沙及沙尘暴主要影响西北地区的重大工程，华北地区次之。这类气候事件发生可摧毁建筑物、石油井架等，大风卷起的沙尘掩埋铁路、公路，致使交通中断等。

所有重大工程均可能受到干旱影响，其中对水利工程影响最大，特别是在水利工程投入运营之后。

另外，大雾、寒潮、雪灾、大风、冰雹和龙卷风等气象灾害，以及一些次生和衍生的气候灾害如崩塌、滑坡、泥石流，地面沉降、塌陷、裂缝，海水入侵，森林火灾等也对重大工程造成威胁和影响(表1.17)。例如2001年2月东北、华北、华中等地在持续大雾的恶劣天气下发生了电网大面积污闪灾害，使用电一度处于紧急状态。

除面临灾害风险外，重大工程的建筑施工还面临气候变化对建筑环境、建筑材料、建筑结构及混凝土结构性能带来的影响，如沥青混凝土力学特性与温度密切相关(陈宇等，2010)，高温炎热的天气不利于混凝土后期强度(张子明等，2004)。近年来，中国东北多年冻土地区正处于显著的增温过程中，由此导致多年冻土逐渐退化，并严重影响到构筑物的稳定性。冻土地基温度状况对气候变化的敏感性，及冻土地基力学性质对地基温度变化的敏感性决定了气候变化对多年冻土地区构筑物基础稳定性影响程度(原喜忠等，2010)。

表 1.17　气候变化对重大工程的影响

气象灾害	工程范围	影响
暴雨、洪水	所有重大工程	河库堤坝、交通基础设施、通信设施、工矿企业、民居
高温、寒潮、低温、阴雨、雪灾、冻害	所有重大工程	交通基础设施、电讯设施
风暴潮、台风	沿海及附近地区的重大工程	防洪堤坝、交通基础设施、电讯设施、城市建筑
雷电	导航和通讯系统	导航和通讯设施
浓雾、风沙、沙尘暴	交通运输	交通
冰雹	所有重大工程	基础设施
干旱	水利工程与港口建设	水利发电、航运

1.4.3 气候变化对人居环境的影响

气候变化对人居环境的影响是一种综合的影响，它最初表现为与人居有关的其他因素发生改变，进而影响人居环境。气候变化主要从经济条件、特定产业及极端事件三方面对人居环境产生影响。

在经济条件影响方面，气候变化后，资源生产、商品及服务市场的需求产生了变化，使支持居住的经济条件受到了影响。在经济单一居住区，居民收入大部分来源于农业、林业和渔业等受气候支配的初级资源产业，当面临气候变化时，由于农业和渔业等资源生产、商品及服务市场的需求产生了变化，使支持居住的经济条件受到了影响。经济单一的居住区比经济多样化的居住区对气候变化更脆弱。在中国，农村居民的收入大部分来源于农业，农业作为主要气候脆弱生态系统领域，任何程度的气候变化都会给农业生产及其相关过程带来潜在的或明显的影响，进而影响着农村居民的生活质量。气候变暖造成的降水量减少，会使雨养型旱作农业受到影响；气候变暖导致水土流失加剧，农村地区荒漠化问题日益严重。中国农村环境问题主要表现为部分地区荒漠化、水土流失等生态问题上。

在特定产业的影响方面，气候变化对能源输送系统、建筑物、城市设施以及工农业、旅游业、建筑业等特定产业的一些直接影响，转而对人居环境产生了影响。气候变化对城市建设发展的影响是多方面的，主要表现在对新建城市的选址选择、城市的建设规模、城市的基础设施建设、城市的防灾减灾和应急系统建设以及旧城区的维护与发展等方面，还表现在对城市生态环境和人居环境的影响等方面（王雪臣和王守荣，2003）。沿海和山区的旅游也许会受到季节气温变化、降水季节模式变化和海平面上升的影响。人类居住目前正在经历其他一些重大环境问题，包括水资源、能源资源和基础设施、废弃物处理和交通等方面，在高温、降水量增加情况下这些问题将会更加恶化。

随着极端天气事件增加，人类健康状况发生改变、居住人口发生迁移等，这些都将影响人居环境。人类居住受气候变化最普遍的直接危险是洪涝和泥石流，河边和海岸带居民尤其受到这种危险威胁，如果城市排水、供水、排污设施能力不强的话，城市洪涝也会成为一个问题。其他极端天气事件如干旱、暴雨、低温冷害、热浪、雪崩、台风、雷暴以及沙尘暴等增加，常常造成破坏、困境和死亡，影响人居环境。中国是一个海洋大国，大陆海岸线长约 18340 km，有 6000 多个岛屿，而且沿海地区一直是中国经济发达的地区。低海拔海岸区的城镇化快速发展，人口居住密度的迅速增加，全球气候变暖使海平面上升，使得城市处于沿海气候极端事件的威胁之中。其中影响最严重的是热带气旋，在热带地区，热带气旋强度也可能增加。热带气旋与暴雨、飓风以及沿海地区的风暴潮等共同作用，可能对沿海地区造成破坏性灾难。

1.4.4 气候变化对服务业的影响

服务业的发展与居民生活息息相关，气候变化所造成的影响对社会一些服务行业有着较大的影响，主要表现在旅游业、医疗服务业、保险与金融投资等领域。

（1）对旅游业的影响

旅游业是服务行业中一门重要的行业。气候变化对旅游业主要的影响表现为对地区旅游业、对旅游景观和旅游季节的影响。中国已把旅游业列在第三产业的首位，旅游需求已经进入急剧扩展时期。然而，旅游业是受自然环境和天气条件影响较大的产业，作为旅游资源的生物资源和环境景观会受到气候变化的引起物种多样性损失的威胁；旅游业所需的农业、交通、电力等基础设施会受到当地自然条件和气候条件的影响；时令旅游产品受气候波动作用容易引起不稳定，效益受损；气候变化会改变旅游气候舒适度，进而延长或缩短旅游季节。

自然生态系统是旅游资源的重要内容之一，同时也是生态旅游的物质基础。气候变暖将改变中国植被和野生物种的组成、结构及生物量，使森林分布格局发生变化，生物多样性减少，从而改变一些地区的自然景观与旅游资源，对以生物多样性和自然生态系统为基础的自然保护区、风景名胜区和森林公园产生影响，旅游价值降低。气候变暖还导致一些地区降雪减少和旅游季节缩短，海洋珊瑚资源退化，对当地的旅游资源及旅游业会造成负面影响。比如中国的海洋性冰川所在山地，气候适宜，旅游资源丰富，其中玉龙雪山冰川是全国最负盛名的自然旅游景点之一。但近几十年在气候变化背景下均呈现出以退缩为主要趋势的阶段性变化。玉龙雪山白水 1 号冰川 1997—2006 年末端海拔升高 55m，1998—2006 末端后退 150m，2000—2004 冰川南侧末端厚度减薄 15m。冰川的持续后退和变薄，将会使景区景观破损，甚至造成一些冰川旅游资源的消失和美感受损，同时还会引起一些自然灾害（王世金等，2008）。

高温热浪降低了气候舒适度，大雾阻断交通，降低景区的可进入性和可观赏性，极端事件如暴雨、滑坡、泥石流等直接危害到旅游交通安全和游客的健康，甚至导致人身伤亡等意外伤害，给地区旅游业带来不利影响。

（2）对医疗服务业的影响

气候变化正在改变人居环境和生态系统，影响疾病的发生和传播，因此，对人们的生活与健康带来了多方面的影响。其负面效应，一是导致居民的医疗保健费用增加，尤其是将大大增加低收入阶层的医疗支出负担；二是在环境承载能力不断减小，人口增长和城市化压力日益加大的趋势下，极其严峻的防灾防疫问题必然会对公共医疗体系提出更高要求。同时，社会对医疗保健需求的广泛增加和政府对公共医疗部门的大量投入，也必然会带动医疗卫生及其相关行业的发展。

气候与环境变化导致的疾病增多刺激医疗行业不断增加医护人员数量和医疗基础设施的投入，同时，也促进了医疗卫生行业的经济效益相应提高。随着中国经济的发展和收入水平的提高，人们对健康和医疗的支出也将不断增加，同时气候与环境变化带来的医疗保健需求增加也会对医疗服务水平和医疗基础设施提出更高要求。医疗卫生行业的发展不仅可以促进本行业效益增加、扩大就业，而且还将带动医疗卫生器械、设备及相关基础设施的进一步投资，从而促进全行业良性发展。气候与环境变化对农村医疗保健的负面影响远远超过对城市居民的影响。贫困地区抵御自然灾害的能力很弱，加上医疗条件差，往往因为洪涝灾害和极端天气变化引发各种传染病和慢性病，进而造成经济和健康状况的恶化。

近年来，全国对各省市的气象部门纷纷开展医疗气象预报服务，医疗气象服务，虽然这些服务总体上还处于摸索试验阶段，但对于流行病、传染病的预防和一些疾病的治疗，以及指导人们健康锻炼、预防突发病情事故、自我保健等具有积极意义。

（3）对保险业的影响

保险业为当代社会经济提供了不可或缺的经济补偿制度，尤其是在发生自然灾害之后，大大减轻了受灾者的经济损失，避免了重大灾害对政府财政的冲击和社会经济的巨大破坏。保险业的经济与利益与气候和环境变化息息相关，保险业与气候变化有天然的联系，被作为检测气候变化影响的一个重要窗口。近几十年来，通常和极端天气事件导致的损失迅速地增加，气候变化以及预计与气候变化有关的天气事件的变化，可能会增加风险。保险业的专家认为，气候变化导致极端天气和气候事件会使保险赔付额不断增加，从而加大了风险。中国是世界上遭受自然灾害最为严重的国家之一，随着中国经济持续高速发展，城市化进程加大及人口与财富的增加，中国保险市场事实上面临着远比国际保险市场更为严峻的巨灾风险。但从另一个角度看，气候变化同样给财产保险和医疗健康保险等领域带来了旺盛的需求，事实上中国保险业还拥有巨大的发展潜力。

适应气候变化使金融部门不仅面临复杂的挑战，而且也面临很多机会。例如：制定关于定价、存款收益课税方面的规章，从风险市场回撤能力等。气候变化对发展中国家的影响最大，尤其是在那些依靠初级生产力作为主要经济收入来源的国家，如果与天气相关的风险变得难以保险，报价攀升，投保困难，则公平和发展的矛盾将会突出。相反，保险业融资体系和发展银行更多参与进来，将会增强发展中国家适应气候变化的能力。

气候变化对金融和投资领域的影响是多方面的，其一是对受灾地区的不利影响，即灾害多发地区往往会导致房地产价格下降，投资减少，影响当地经济的长远发展。其二是对地方经济的积极影响，即灾后重建可以在一定程度上刺激投资，扩大就业并促进当地经济的发展。气候变化带来的巨大灾害会造成多米诺效应，增加投保风险，影响到许多地方的投资活动。

1.4.5   气候变化对人体健康的影响

气候变化及其引起的生态环境变化对人类健康产生了重要影响。包括对人体直接影响,对病毒、细菌、寄生虫、敏感原的影响,对各种传染媒介和宿主的影响,对人的精神、人体免疫抵抗力的影响等等。

气候变暖对人类健康的影响可以分为直接影响和间接影响。气候变化对人类健康主要的直接影响是极端高温产生的热效应,人们因气候变化而产生不适应的感觉,也会助长某些疾病的蔓延,使病情加重,甚至导致死亡。气候变暖对热相关死亡人数产生重大影响,当城市有热浪袭击时总体死亡率呈上升趋势,热浪冲击频繁或程度严重导致死亡率及某些疾病特别是心脏、呼吸系统疾病的发病率增加。天气气候的变化对呼吸系统疾病如感冒、支气管炎、哮喘、慢性阻塞性肺病等的影响也同样非常明显。

暴风雨、飓风、干旱、水灾等极端天气事件和气象灾害除直接引起伤亡,还导致生态环境的改变,自然疫源地的迁徙、扩大,从而引起各种传染病的暴发流行。洪涝灾害时易发生的传染病主要有:消化道传染病(霍乱、甲肝、戊肝、痢疾、伤寒、感染性腹泻、肠炎等),呼吸道传染病(流脑、麻疹、流感、感冒等),自然疫源性疾病(鼠疫、血吸虫病、钩体病、出血热等),虫媒传染病(乙脑、疟疾等),皮肤病(湿疹、皮肤真菌感染等),红眼病等(谈建国和郑有飞,2005)。

气候变化对人体健康的间接影响是多方面的。人类疾病中有很大一部分是由生物性病原(疾病媒介物、寄生虫、真菌、细菌等)所引起的。气象要素对环境中的生物性病原体和媒介生物的繁殖和传播产生直接影响。首先,气候变暖将引起昆虫传播媒介的地理分布扩大,从而增加了许多地区昆虫传播性疾病的潜在危险。其次,由于气候变暖与环境变化,导致传染病病原体的存活变异、动物活动区域变迁等,加大一些疾病的传播范围与传染速度。环境生态的改变常可引起钉螺、蚊媒、鼠类等野生动物的异常繁殖,为血吸虫病、疟疾、乙脑、登革热、出血热、鼠疫等传染病的传播提供适宜的条件。另外,全球变暖可能使水质恶化或引起洪水泛滥进而引发一些疾病的传播。已有的研究结果表明(叶殿秀等,2004;朱科伦等,2004;朱飞叶等,2005),最高气温、气温日较差和相对湿度等与 SARS(Severe Acute Respiratory Syndromes 非典型性肺炎)的传播有密切关系。气候变暖可使空气中的某些有害物质,如真菌孢子、花粉和大气颗粒物浓度随温度和湿度的增高而增加,使人群中患过敏性疾病和其他呼吸系统疾病的发病率增加(陈凯先等,2008)。气候变化对人体健康的影响表现在许多方面,表1.18是其中较为突出的一些现象。

气候与环境变化实际上已经成为疾病传播的重要刺激因素,而资金不足、管理不善的公众医疗体系和不健全的社会保障又会进一步加剧传染病的传播与扩散。传染病和流行病具有明显的负外部性特征,容易在社会上引起大范围的传播,因而政府必须增加公共卫生防疫支出及医疗保健设施的数量,提高公共卫生管理水平,以便防范和减小气候与环境变化可能给社会经济造成的严重影响。

表1.18   气候变化对人体健康的已知效应

健康影响	气候变化
高温热浪引发的疾病	与心肺有关疾病导致的死亡随着高温或低温而增加;在热浪期间,与热浪有关的疾病和死亡增加
极端天气气候的健康影响	洪水、山崩、滑坡和暴风雨引起的直接效应(死亡和伤害)和间接效应(传染病、长期的心理病变);干旱引起疾病或营养不良的风险增加
大气污染有关的死亡率和发病率	天气影响大气污染物的浓度;天气影响气源性致敏源的空间分布、季节性变化与产生
媒介传染病	高温增加了病菌向人体潜在传播的概率;带菌者对气候条件(如温度和湿度)有特殊的需要,以维持其疾病的传播
皮肤病和眼科疾病	如果平流层臭氧耗减引起中波紫外线(UV-B)辐射的长期增加,皮肤癌和各种眼科疾病的发病率的发生率也会增加。

注:据(曹毅等,2001)修改

综合本节分析,可见气候与环境变化对中国经济社会各方面的影响非常显著。要避免气候变化造成的不利影响,也要充分利用气候变化对部分地区或部门发展可能带来的有利因素,趋利避害,充分理解气候与环境变化对中国经济社会影响的利弊情况(表 1.19)。

表 1.19　气候变化对中国经济社会领域影响的利与弊

行业	具体部门	不利影响	有利影响
工业与交通	工业原材料部门	气候变暖会使原材料成本增加,水资源短缺与工业用水量增加之间的矛盾加大,海运损失增加,整个工业的盈利能力和经济效益将受到影响。	气候与环境因素可以促进工业部门内的升级,推动高技术含量的行业快速发展,加速高新技术对传统产业的改造。
	食品制造与加工业	异常气候出现频率增加将导致农、林、牧、渔业生产力与布局的变化,必然影响其作为原料的下游深加工。	气候变暖会刺激一些轻工业的发展,如啤酒、冷饮等。
	能源行业	气候变暖影响能源的利用和生产,导致能源结构的大规模调整。	发展清洁的油气能源,开发新能源和可再生能源。
	交通运输业	交通基础设施成本增加,运营效率降低,且交通安全隐患增大。	促进交通基础设施行业和交通服务业的发展。
	高新技术行业		加速高新技术对传统产业的改造。
	进出口行业	碳关税;"绿色"贸易壁垒对出口产品的限制。	促使生产厂商淘汰落后产能;通过科技与管理方式更新降低成本,减少碳排放;建立碳标识制度。
	建筑业	增加空调能耗,为满足室内热环境对建筑设计的新要求,对建筑环境、建筑结构、混凝土结构性能及建材使用寿命的影响。	促进发展节能建筑设计。
服务业	零售业		刺激一些企业采取"碳足迹"标记产品绿色会员卡制度,提升其各个产业链的环保标准,提高未来低碳经济时代的企业竞争力。
	旅游业	高温日数增加、洪水泛滥频率增大和海平面上升影响东部沿海地区的旅游业效益;气候变化导致旅游景观变化从而影响旅游业;旅游季节的变化会影响旅游业的收益;与气候变化有关的疾病传播和极端天气/气候事件严重影响旅游业。	气候变化会产生一些新的旅游景观,这些新旅游景观会刺激当地旅游业的发展;气候变暖有利于延长时令旅游适宜期,对部分旅游项目也是有利的。
	保险业与金融投资领域	巨灾频发导致财产保险业的赔付大大增加,保险风险增大并且难以分散;导致保险业的逆选择,主要集中于少数效益险种,农业保险严重滞后;降低了再保险业分担风险的能力;气候灾害使企业的投保风险大大增加,影响企业的投资选择和受灾地区的经济发展。	个人和社会对健康保障、风险防范的意识增强,保险需求大大增加,尤其是健康保险增长很快;促进了金融保险业的创新;促进社会保险和政策保险的发展,建立全面的巨灾风险分担机制成为社会发展的必然。金融机构和保险公司企业开始重视环境友好的投资,发放节能减排贷款。
	医疗卫生行业	城乡居民在医疗保健方面的支出呈现不断增加趋势,居民医疗消费负担增加,不利于城市低收入阶层和农村贫困地区;医疗行业投资支出增加;公共卫生防疫支出增加,公共医疗负担加大。	气候变化导致环境恶化、疾病增多刺激了医疗基础设施的投入,增加了医疗行业的就业机会;疾病与保健需求的增加带动了医疗卫生保健产品的供给,促进医疗卫生行业经济效益的不断提高;防灾防疫有助于政府部门改善公共卫生管理,增加公共医疗投资,促进政府财政向公共事业转型。
城市生活	健康与工作效率	高温、洪水和暴风雨等极端天气/气候事件直接造成人员伤亡;导致许多传染性疾病的传播范围增加,从而间接影响人类健康;气候变化可能产生其他长期的间接影响,如重热岛效应和空气污染,农业减产导致的营养不良,以及危害人体健康,降低工作效率等。	人们的健康观念增强;注重营造良好的工作环境;健康投入的增加有助于增强个人和社会适应气候与环境变化的能力,增强社会经济可持续性。

行业	具体部门	不利影响	有利影响
城市生活	生活环境与消费结构	气候变化可以重塑一个地区的局部环境。废气、废物的排放直接污染了环境,环境污染破坏了人们的生活环境和生活质量。	环保意识增强,主动改变消费观念和心理,追求无毒、无害和无污染商品;消费结构改变,追求"绿色消费"。
	就业与收入结构	受气候变化负面影响的行业,就业人数减少;正面影响的行业,因技术含量高,对新增就业的吸纳能力下降,就业问题突出;行业工资水平及其增长率差距拉大。	气候变化会产生许多新的生态经济行业,带来许多新的就业机会,如商业气象服务、水文专家、风场建设、太阳能电池生产等。
	水电消费	全球变暖使寒冷地区的能源消耗量减少,温暖地区夏季制冷所需的能源消耗量将增加。气温升高,使生活用水量明显增加,目前全国 669 座城市中有 400 座供水不足。	刺激电力行业的发展和效益提高;提倡节水、节电,提高水资源和能源的利用效率。
	热岛效应	热岛效应造成的高温热浪和城市污染加剧,不仅直接危害人们的身体健康,而且对城市生态和城市人居环境都具有较大的影响。如加剧大气中的光化学污染,容易成为瘟疫流行和疾病传播的温床;造成城市气候和物候失常,极端天气事件增多;雷电、暴雨频率和强度增加导致局部地区的水灾以及道路破坏、交通阻塞、电力中断等等;导致居民的生活用水更加紧张。	热岛效应导致城市降水增多,能够缓解城市高温,降低大气污染程度,增加空气湿度,有利于城市绿地生态系统的水补给。
	城市基础建设	极端天气气候事件增加导致城市排水与防洪系统不能适应,城市水灾对居民生活影响日益突出	促进城市整体规划发展,强化适应气候对城市影响的能力
政治	外交	导致中国政府的内外自主权限,选择空间受到严重挤压和约束	加强同发展中国家的团结合作,维护共同利益,积极参与到国际社会应对气候变化的进程中去,实现应对气候变暖和自身发展的"双赢"。
	国家安全	导致领土面积减少或领土质量大幅度下降,危及中国重大的国防与战略性工程	坚定不移地走低碳经济之路,从战略高度开展中国与其他大国的气候合作,大力支持非政府组织在应对气候变化中发挥更大的作用。

注:据(丁永建和潘家华,2005)修改

1.5　认知未来气候变化影响、适应与脆弱性

1.5.1　关于气候变化影响、适应与脆弱性的认识

减缓气候变化需要全球行动,适应气候变化的对策则是区域或地区性(行业性)的。所以减缓气候变化需要在操作层面更多关注如何发展经济、应对国际谈判等战略问题。适应气候变化在操作层面应更多关注具体的如何适应气候变化,确保经济发展等战术问题。

未来的脆弱性不仅依赖气候变化,也依赖发展路径。IPCC 第四次评估以来一项重要的进展是对一系列不同的发展路径完成了影响研究,不同的发展路径不仅考虑了气候变化的未来情景,也考虑了未来社会和经济的变化。研究表明:气候变化的可能影响会随着发展路径的变化而发生很大的变化。例如,在可选择的情景下,区域的人口、收入和技术发展可能存在很大的差别,这可能决定着气候变化的脆弱性水平。气候变化能削弱国家可持续发展的能力,但是通过提高适应能力和恢复能力,可持续发展能降低气候变化的脆弱性。然而,目前很少有促进可持续发展的计划明确地提出针对气候变化影响的适应或者提高适应能力的建议。另一方面,气候变化很可能降低向可持续发展迈进的步伐。

通过减缓气候变化行动,许多影响能避免、降低或推迟。一些基于未来大气温室气体浓度稳定情景的气候变化影响评估已经完成。尽管这些研究没有充分考虑温室气体浓度稳定情景下未来气候的不确定性,但是它们提供了在不同减排情景下可避免的威胁或减少的脆弱性与风险。适应和减缓措施

的结合能够降低与气候变化有关的风险。在未来数十年内，即使最急切的减缓方法也不可能避免气候变化的进一步影响，这就使适应显得尤为需要，尤其是在解决近期影响方面可能会有积极作用，但从长远来看，不能减缓的气候变化很可能超过自然、人工和人类系统适应的能力。这表明包括减缓、适应、技术发展和研究的战略组合是有价值的，可以联合各个层面上的政策和行动。提高适应能力的方法之一是通过引进气候变化影响的概念来制定计划：包括土地利用计划和基础设施设计的适应措施（包括降低脆弱性的措施）。

1.5.2 对未来气候变化影响的预估问题

未来的气候变化将对人类社会产生怎样的影响？气候模式预估的气候变化结果本身还存在着许多不确定性，而由基于气候模式预估结果作为主要参数对气候变化影响领域的预估不确定性可想而知。然而气候变化的核心问题是影响问题，只有掌握了气候变化对人类社会可持续发展影响的时空尺度及影响程度，才能有的放矢地应对。减缓和适应的关键是准确了解气候变化的影响。正是因为存在不确定性和问题，更需要加强对气候变化未来影响的研究，在不断深化研究的基础上，提高对气候变化的科学认识水平。

表 1.20 总结了未来气候变化对中国不同行业的可能影响。这种影响的判断立足于模型计算，但仍不能定量确定，表明这种研究结果的不确定性，但结果使人们至少对这种影响有所认识。

表 1.20 气候变化对中国不同行业的可能影响

现象	变化趋势	按行业分类的主要预估影响			
		农业、林业和生态系统	水资源	人类健康	工业、人居环境和社会
高温干旱	干旱呈现出北方常态化、南方季节性干旱扩大化	农作物歉收和产量降低，加剧草场退化和沙漠化，牲畜死亡增加，野火风险增大	农业和工业及生活用水缺水压力增大	水源性和食源性疾病的风险增大	水力发电潜力降低，水上交通运输能力下降，城市供水危机增大
暴风雨、洪涝	大部分地区雨日显著减少，但降水过程可能强化，暴雨洪涝发生频率增加	农田被淹、作物被毁，作物减产甚至绝收，土壤侵蚀，加剧盐碱化	对地表水和地下水水质有不利影响，城市供水受到污染，水短缺或许缓解	直接导致人员伤亡，财产损失严重，食物供应短缺，传染病风险增加	房屋冲垮，交通设施冲毁，商业、运输受阻，重大工程运行风险加大
海平面上升	海平面总体呈上升趋势，区域特征差异很大	灌溉用水、江河入海口和淡水系统盐碱化	海水倒灌导致可用淡水减少	洪水至灾风险增大；与迁移有关的健康影响增大	海岸带保护的成本，对土地利用重新安置的成本，潜在的人口与基础设施的迁移
低温	发生频率及日数都有减少趋势，灾害强度加大	粮食减产，经济林危害加重，牲畜死亡率增高，		感冒、呼吸道疾病的发病率增加	交通、重大工程等基础设施运行风险加大
沙尘暴	波动中减少	农作物减产		呼吸道疾病的发病率增加	交通安全风险加大

注：根据本卷各章总结

1.5.3 不确定性和存在问题

由于科学认知水平的限制与中国相关的科学研究工作开展得不足，目前的气候变化影响评估方法和结果还存在很大的不确定性。绝大部分气候变化影响、适应性和脆弱性评估模型是以定量的气候和非气候情景（包括社会经济和环境情景）作为输入参数，因而，气候变化影响评估最主要的不确定性来源之一，就是各种情景假设的不确定性。其主要来源于不能准确地描述未来几十、上百年社会经济、环境变化、土地利用变化和技术进步等非气候情景。

中国自然生态系统对气候变化脆弱性的不确定性和问题主要表现在：(1)已有的脆弱性研究多为

定性分析,仍缺少定量评估气候变化对自然生态系统脆弱性、敏感性、适应性的方法、模型和指标体系;(2)生态系统与大气是紧密耦合的动态统一体,已有的评估气候变化影响的模型多数为静态或统计模型,动态的过程或机理模型较少,而动态的生态系统与大气双向耦合的模型更少;(3)为研究影响、确定模型参数和验证模型的现场实验研究仍十分缺乏;(4)仍缺少驱动和验证各类模型所需要的高分辨率、长序列的气候、植被、土壤、生产力、生物量等数据集;(5)为提高模型分辨率而使用的降尺度方法多数为简单内插法,较好的统计学次网格法,特别是高分辨率动力学模式方法有待发展;(6)极端气候事件的脆弱性研究非常重要,但研究薄弱、不确定性更大;(7)在气候变化对自然生态系统脆弱性评估中仍有许多领域如生物多样性、高原生态系统等的研究薄弱甚至空白;(8)已有的评估结果仍有较大的不确定性,特别是还难以定量分析大规模、区域性,并可能产生不可逆转影响的事件。

影响评估模型的不确定性来源于4个方面:(1)对气候变化对各种生态系统的影响及系统之间相互作用的了解不够全面;(2)影响评估模型中考虑的因素不全面;(3)在评估模型中很少考虑气候变化对贸易、就业以及社会经济的综合影响;(4)综合考虑适应措施对减轻脆弱性的作用不够。

降低排放情景不确定性行之有效的方法就是构建温室气体各种排放情景下气候变化的情景。在进行影响评估工作时,应该考虑采用不同模式的各种气候变化情景,以反映这种"科学的不确定性"。在生态系统影响评估方面,提高对生态系统响应气候变化机理的认识,包括:收集大量的长时间序列的种群和物种的数量,在多个区域、针对多种生态类型开展科学研究;试验过程中控制最容易混淆的影响因子;评估非气候和气候因子的相对作用。

逐步开发气候变化影响的综合评估模型,加强对非气候因子的预测。应充分考虑重大技术进步、政策、重大工程和适应气候变化的措施等,以提高气候变化对各部门/领域影响评估的准确度,特别是提高对农业、人体健康等评估的准确度,降低气候变化的不利影响并促进向有利方面转变。同时,在气候变化影响评估过程中应强调气候变化情景下各领域间的相互影响。

中国地域辽阔,各地区气候条件及未来可能的气候变化差异很大,需要加强气候变化对区域的影响和适应案例研究。目前的气候变化影响评估研究主要集中在农业、水资源、自然生态系统和海岸带环境等4个领域,而针对气候变化对人体健康、交通、旅游、重大工程、人居设施、海洋生态系统等领域的影响研究较少。气候变化的危害在很多情况下表现为极端天气、气候事件造成的影响,应当大力加强极端天气、气候事件的发生规律和影响的评估工作。

1.5.4   科学认知气候变化的影响

气候变化对中国已经产生了什么影响? 这种影响深度和广度到底有多大? 这种影响所产生的结果是利、还是弊,风险如何? 未来气候变化的影响又如何? 这些问题是目前气候变化影响方面普遍关注的问题,也是现在很难确切回答的问题。尽管本卷针对上述问题对气候变化的影响立足于科学研究基础之上进行了全面评估,就目前的认知水平,气候变化的影响大多数是定性的、局部的、不连续的。科学认知气候变化对中国的影响,仍需要从以下方面加强努力。

(1)气候因素的辨析——驱动力问题

就气候变化的影响,IPCC(2007)总结性地给出了几个应该关注的方面:(1)自然系统。冰川湖泊范围扩大,数量增加;多年冻土区地面的不稳定性增大,山区的岩崩增多;南北两极部分生态系统发生变化。(2)水文系统。许多来水主要靠冰雪融化的河流中,径流量和早春最大溢流量增大;很多地区的湖水和河水温度升高,湖泊和河流的热力结构和水质受到影响。(3)陆地生物系统。树叶发芽、鸟类迁徙和产蛋等春季特有现象提前出现;动植物物种的地理分布朝两极和高海拔地区推移。(4)海洋和淡水生物系统。高纬海洋中藻类、浮游生物和鱼类的地理分布迁移;高纬和高山湖泊中藻类和浮游动物增加;河流中鱼类的地理分布发生变化并提早迁徙。(5)人类环境。主要包括北半球高纬地区的早春农作物播种、森林火灾和虫害对森林的影响;对人类健康的影响,如欧洲与热浪造成的死亡率变化、某些地区的传染病传播媒介分布变化;北极地区的狩猎和旅行,低海拔高山地区的山地运动等。

显然,对影响现状的认识,前提是上述相关变化可以被确定或显著表现出是由气候变化引起的,否则将会引起认识上的混淆不清,因为人们通常所看到的气候变化的影响现象往往是气候和人为因素共同作用的结果。因此,如何区分受影响要素变化的气候因素,是认识气候变化影响的基本问题,也是关键问题。例如,表1.21为中国几条河流过去几十年河川径流变化的实例,可以看出,淮河、海河和黄河流域过去几十年年降水量减少量为8%～11%,年径流量减少为23%～25%,而入海水量减少量达50%～70%,在这些水量的变化中,气候和人类活动的影响均是显而易见的,但各自所起的作用到底是多大,这却是一个需要认真研究的问题。

表1.21 黄河、淮河、海河水资源和入海水量减少情况

流域	年份	年降水(mm)	年径流(mm)	年径流量(亿 m³)	入海水量(亿 m³)	年径流(%)
海河	1956—1979年	560	90.5	288	160	55.5
	1994—1999年	515	67.5	215	76	35.0
	减少量占百分比(%)	45	23	73	84	
		−8	−25.4	−25.4	−52.5	
黄河	1956—1979年	464	83.2	661.4	410	62.0
	1994—1999年	413	64.3	511	117	22.9
	减少量占百分比(%)	51	18.6	150	293	
		−11	−22.7	−22.7	−71.5	
淮河	1956—1979年	860	225.1	741.2	591	80.0
	1994—1999年	790	172.2	563	309	54.9
	减少量占百分比(%)	70	52.9	178.8	281	
		−8.1	−24	−24	−47.8	

注:数据来源于刘春蓁等,2004;王国庆等,2005;许炯心等,2003

另一个例子是中国西部河流。中国西部是中国多数河流的发源区,同时,冰川冻土固态水资源广为分布,影响水资源变化的两大关键气候要素—降水和气温对西部水资源有着不同程度的影响,导致水资源对气候变化有着不同的敏感度。同时,随着西部社会经济的快速发展,农业灌溉、土地覆被变化、水利设施及水电工程等人类活动对水资源变化也产生了很大影响。尽管这种影响与东部区相比在强度上和广度上要弱得多,但由于西部特殊生态环境下的水资源具有其较突出的脆弱性,因此,人类活动对水资源的影响亦日益显著。并且随着气候变暖影响的日益增加、西部人类活动的不断扩大,气候与人类活动对西部水资源的影响强度均在加强,要了解气候变化对水资源的影响,首要问题就是要辨析气候与人为因素对水资源变化的影响程度,亦即影响水资源变化的驱动力问题是评估气候变化对水资源影响首先阐明的问题。

(2)影响程度的判识——脆弱性问题

气候变化的"影响"是一种笼统的说法,影响显著、影响较大等说法均是定性的判别,影响的程度到底有多大,判识的指标就是脆弱性。系统受气候变化影响的脆弱性,是指系统容易遭受气候变化(气候平均状况、变率、极端气候事件的频率和强度)破坏的程度或范围(IPCC,2001),它取决于系统对气候变化的敏感性和适应性(力),是系统内气候变率特征、幅度和变化速率及其敏感性和适应能力的函数。一般情况脆弱性由受影响物体的暴露度、敏感度和适应性三要素构成,暴露度和敏感度越大,适应性越差,脆弱性越高(越脆弱)。这里系统的敏感性是指系统对气候变化的响应程度,如生态系统在一定的气候变化条件下的组分、结构、功能及初级生产力的变化程度。适应力是指系统活动、过程、结构在面临潜在的和现实的气候变化时自发或自觉地能进行调整的程度。适应性措施是人们采取的减小系统脆弱性的一切措施和手段,也包括利用新的气候条件的措施。通过采取适应性措施,可以进一步增强系统的适应力,降低对气候变化的脆弱性。

仍以水资源为例,水资源受气候变化影响的脆弱性是指气候变化对水资源可能造成损害的程度,它是两个因素的函数:一是水资源系统对气候变化的敏感性,二是水资源系统对气候变化的适应性,前者反映的是水资源系统的自然属性,后者反映的是水资源系统的社会属性(表1.22)(林而达和张建云,

2005）。对水资源脆弱性的指标选取，没有确定的标准。对现状水资源脆弱性的评价，引用 Waggoner（1990）的概念，中国学者（唐国平等，2000；王国庆等，2005；潘护林，2008）较多应用水资源储量、供需量、水力发电量、地下水开采量等指标（表1.23）。水资源系统受诸多因素的影响，如水资源量及其变化、需水要求、供水基础设施、生态条件、科学技术、管理水平等，不能用某种单一方法作为衡量水资源脆弱性的标准。同时，脆弱性指标应该是一些易于操作的变量。根据人均水资源量和缺水率指标，考虑未来气候变化情景，对未来气候变化情景下的水资源脆弱性进行评价，可获得较直观、简洁的结果（林而达和张建云，2005）。

表 1.22　水资源系统对气候变化的脆弱性成因及其主要参数

水资源系统脆弱性成因		主要参数
水文气候因子（自然属性的脆弱性）	气候	太阳辐射能量，降水，气温，风速
	水文	年、月径流量，洪涝、干旱、极端水文事件
非气候因子（社会属性的脆弱性）	资源	人均、亩均水资源
	工程	水库蓄水量，水利工程调节能力，水利工程防洪标准
	社会经济	人口，人均 GDP，水资源需求量、供给量
	生态环境	水质状况，水土流失，下垫面条件改变
	科学技术	用水效率，污水处理率，废水回用率
	管理	管理水平，水资源权限、价格、市场

注：数据来源于林而达和张建云，2005

表 1.23　现状水资源脆弱性评价指标

脆弱性指标	比值	含义
S/Q	越大	短期的干旱不太可能引起水资源的短缺问题
	越小	由气候变化引发的水资源数量减少和干旱、洪水的频率、强度都将加大
D/Q	越大	气候变化将改变河川径流大小和历时，引起水资源的短缺问题
	越小	水资源对气候变化不太敏感
H/E	越大	以水力发电为主的区域的水资源易受气候变化的影响，且表现出季节脆弱性
	越小	在洪灾、干旱等条件下，该区水资源所表现出的脆弱度较小
GO/GW	越大	水资源对气候变化比较脆弱，同时该区地下水易因干旱、海水入侵而受污染
	越小	水资源受气候变化影响较小，同时对该区地下水对干旱、海水入侵等不敏感

注：表中 S 为水资源的储存量（水库蓄水量），Q 为水资源的供给量（年径流量），D 为各社会经济活动对水资源的需求量（需水量），H 为水力发电量，E 为评估区域的总发电量，GO 为地下水的超采量，GW 为整个地下水的开采量

据：唐国平等，2000；王国庆等，2005；潘护林，2008

受气候变化影响的脆弱性是认识气候影响强度的指标性判据。脆弱性不仅与受影响因子的自然属性有关，也与其社会属性有关，问题复杂，脆弱性指标体系的建立既要能反映水资源变化的自然和社会属性，又要简明、概括、易于操作。就目前而言，气候变化脆弱性的研究还处于问题认识和指标讨论的起步阶段。

（3）影响结果的确定——利弊问题与风险分析

从脆弱性角度认识气候变化影响的强度，必须清楚地看到这种脆弱性是动态的，随着时间和空间而变化，气候变化影响的脆弱性是变化的。现状条件下脆弱强度大，在未来气候变化条件下，脆弱性不一定就也大。仍以对水的评价为例，中国西部干旱内陆河流域，过去十几年来，山区水源形成区径流增加显著，增加幅度达 5%～20%（施雅风等，2003），其中由于气温上升导致的冰川径流补给增加占有较大比例。在未来气候持续变暖条件下，一些流域冰川径流在 30～50 年内可能出现下降拐点，而且这种下降是短期内的迅速下降，并导致冰川径流快速减少。因此，就现状而言，干旱区内陆河流域在不考虑适应性条件下，水资源脆弱性水平较低，对社会经济发展是有利的，但从长期来看，受气候变化影响的水资源脆弱性将会大大增加，对当地社会经济可持续发展带来巨大不利影响。

因此,在脆弱性动态变化过程中认识受气候变化影响的利与弊,是评价气候变化影响的重要问题。遗憾的是这方面的研究还很少。

(4)未来影响的预估——不确定性问题

研究气候变化影响的主要目的就是要寻求应对气候变化影响的对策。为此,非常关键的问题就是要对未来气候变化如何影响有较准确的预估。如果说对现状的认识有观测资料为依据的话,对未来的认识则存在着很大的不确定性。

首先是气候未来变化的预估自身就存在着很大不确定性。在相同排放情景下,不同的气候模式可给出气温相差几度的气候预估结果,而对模拟的不确定性则更加难以确定。IPCC对此有较详尽的论述,在此不需多言。其次,未来气候变化影响的预估也存在很大不确定性,尤其是在受影响的社会属性方面,未来的脆弱性和受影响的程度涉及社会经济发展程度、人口教育状况、科技发展水平、适应的投入状况、产业结构组成情况等诸多方面,准确的预估未来不确定性因素很多。依据气候模式预估的未来气候变化影响则存在着许多的不确定性。

可见,一方面为了应对气候变化的影响必须了解未来的影响变化,另一方面这种预估又存在着许多不确定因素的困扰。对此,需求应该是硬道理,不能因为有不确定性就否定对未来预估研究的重要性。不确定性越大,越需要加强研究,不断深入,减少不确定性因素,提高预估水平。就目前对未来气候变化影响的研究深度和认识水平,应在总结未来气候变化对各行业和各领域可能影响现有研究成果基础上,重点认识不确定性程度及其主要影响因素,为今后深入研究提供科学参考。这也是本卷评估的主要目的之一。

1.6 适应气候变化的策略

应对气候变化包括减缓、适应、资金和技术四个方面核心内容,被称为落实应对气候变化的"四个轮子"。在核心四策中,前两者更多为对策层面的,后两者是确保前两者实施在保障层面的要件,减缓需要资金和技术的强力支持,同样适应也需要资金和技术的有力保障。哥本哈根气候大会的结果已经表明,人类应对气候变化是如何地艰难。面对国际上复杂多样的形势,中国在适应气候变化的国际和国内舞台上如何应对,是一个十分重大又十分迫切的现实问题。

所谓策略,就是要在适应气候变化中采取什么样的战略和战术。就目前的国内外形势,中国在适应气候变化上,首先要理清国内和国际两条线,在国际和国内应采取不同的策略。简单而言,在国际上适应策略更多的应在战略层面,在国内则更应关注战术层面。当然,战略中有战术,战术中有战略,有时很难区别对待,这里主要强调的是侧重点有所区别。

1.6.1 中国适应气候变化的国际策略

(1)在国际上坚持减缓与适应并重的原则,强调适应与减缓具有同等重要地位。

减缓和适应气候变化是应对气候变化挑战的两个有机组成部分,对于广大发展中国家来说,减缓全球气候变化是一项长期、艰巨的挑战,而适应气候变化则是一项现实、紧迫的任务(孙高洋,2008)。

需要强调的是,IPCC把适应作为减缓气候变化的补充手段。而事实上适应的意义远不只于此。对人类社会而言,适应不仅与减缓同等重要,而且从可持续发展的角度看,全球变化的适应不仅仅是降低人类系统脆弱性的手段,而且是人类实现社会和自然可持续发展的能力建设(高峰等,2001)。2005年在加拿大蒙特利尔举行的世界气候大会上,世界气象组织秘书长雅罗先生在大会上针对适应气候变化指出,"由于气候变化和气候变率的影响对人类社会和自然系统的可持续发展提出了众多的挑战,适应措施应成为减缓措施的一个补充"(王长科,2006)。可见国际社会对适应气候变化重要性的认识远远不够。而实际上,针对性适应行动对一些十分脆弱的发展中国家,紧迫性和重要性远远大于遥遥无期的减缓措施。强调减缓与适应并重,两者同等重要的策略,有利于发展中国家的切身利益。

2007年12月15日制定了"巴厘路线图",其重中之重是通过的联合国气候变化"巴厘行动计划"

（图 1.23），将如何适应气候变化作为其重要组成部分。是国际社会关注适应行动的真正开始。该计划规定：要促进适应气候变化及相关行动，包括：（1）以国际合作支持急需开展的适应行动，包括通过脆弱性评估、优先行动选择、资金需求评估、能力建设和应对战略，将适应行动集成进入国家和部门计划、具体项目和计划、适应行动激励方式以及其他途径，实现有利于气候恢复的发展方式，减少所有缔约方的脆弱性。同时，要考虑到对气候变化不利影响的承受能力特别脆弱的发展中国家的紧迫现实需求，尤其是最不发达国家和小岛国发展中国家的需要，并进一步考虑到受干旱、沙漠化和洪水影响的非洲国家的需求。（2）风险管理及减少风险的策略，包括风险的分担和转移机制，如保险。（3）针对发展中国家尤其是受到气候变化不利影响的国家，考虑气候变化影响导致的相关损失的减灾战略和途径。（4）以经济多元化增进适应力。（5）加强《公约》在鼓励多边机构、公共和私人部门、公众社会联合行动和进程上的催化作用，将其作为以一致、综合的方式支持适应行动的途径。

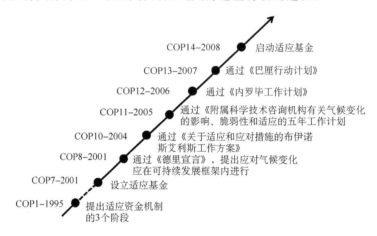

图 1.23　UNFCCC 有关适应政策的发展路线图（葛全胜等，2009）

自 2007 年联合国气候变化巴厘会议以来，国际社会在适应方面开展了大量工作，适应气候变化受到一定程度重视。但比起减缓的呼声，适应显然远远重视不够。从备受关注的 2009 哥本哈根气候大会来看，在各方努力下形成的《哥本哈根协议》被认为是取得的最大收获。该协议主要内容有 12 条，大多数涉及到减排，单独涉及到适应内容的只有 1 条。尽管原计划在哥本哈根会议上要启动适应基金，但资金问题并没有具体地落实。因此，在国际上坚持减缓与适应并重的原则，强调适应与减缓具有同等重要地位战略方针，不仅可为发展中国家争取利益，而且也可在谈判中赢得主动，争取更大的谈判空间。

（2）发展中国家要谋自身的利益，需要在适应方面的资金和技术转让应该具体、足够、透明和可查。

气候变化的影响和适应已经成为气候变化国际谈判的主要议题之一，但由于气候变化影响的不确定性很大，而适应气候变化本身又需要巨额投入，同时，这项谈判深入下去可能涉及适应气候变化的责任和义务分担等非常敏感的问题，因此，未来涉及适应方面的谈判将是十分艰难的（孙高洋，2008）。另一方面，限制排放的政策必须通过协调的国际行动才能够获得成功，而这种国际协调因为各个国家首先考虑本国利益的原因很难取得成功。相反，适应策略则比较现实，能够在各个国家、区域或者地方范围内实施完成，具有较高的灵活性（Burton，1995）。

一些研究文献已经提出了类似的关注，建议中国在气候变化影响与适应问题谈判中应强调：（1）适应气候变化问题是应对气候变化非常重要的一个方面，应该与减缓气候变化问题受到同等重视；（2）国际社会应尽快推动适应气候变化、帮助发展中国家适应气候变化不利影响的进程，推动适应气候变化技术的研发与转让，提高发展中国家应对当前气候异常和减轻气象灾害的能力，提高发展中国家适应长期气候变化的能力，这有利于发展中国家实现可持续发展的目标，也是使发展中国家未来有能力减少温室气体排放的重要途径；（3）敦促发达国家向发展中国家提供资金和技术，帮助发展中国家提高评估气候变化影响及脆弱性的能力（李玉娥等，2007）。

（3）坚持在国际适应谈判中积极参与的主动性原则，吸纳国际有利因素，宣传介绍中国成功经验。

由于发达国家资金雄厚、技术先进，聚上百年基础建设、生态保护与环境治理之积累，受气候变化影响的脆弱性水平很低，适应气候变化的能力十分强大。实际上适应气候变化主要关系到发展中国家的现实和切身利益，而对发达国家而言，适应更多地涉及其未来的和潜在的利益。

在国际谈判中，中国应积极参加，为构建利于发展中国家生存和发展的国际适应气候变化新机制而努力。相对减缓气候变化，适应气候变化在国际层面上的重视程度远不够。由于其涉及到发展中国家现实和切身利益，吸引国际相关力量，将更多注意力聚焦到这一问题上来，将使中国在国际气候变化谈判中的空间大大扩展。

从发展中国家的角度出发，一方面要敦促发达国家积极承担历史责任，并实质性履行公约要求的帮助发展中国家适应气候变化的义务；另一方面，国际适应性资金和技术应被有效利用于降低国家或者地区的脆弱性等实质性适应行动上。强调适应问题上要有尽可能多元化的参与，坚持气候上的弱势群体应有实质性的决策地位(张乾红，2008)。

从发达国家角度出发，也应该看到有效的适应也可能带来可观的二次效益。这种利益对发展中国家而言，适应的结果可能增加了发展选择，另一方面，对发达国家而言，适应促进包括环境产业在内的相关产业的繁荣(张乾红，2008)。发达国家具有适应气候变化的各项技术优势，为发展中国家提供适应技术的同时，也将会促进其相关产业大力发展，这方面的经济利益是巨大的。

中国在适应气候变化方面已经做出了积极努力。在重大基础建设工程、农业、水利等方面已经考虑气候变化的影响，取得了许多成功的实例。例如青藏铁路充分考虑了气候变化对多年冻土的影响，尽管增加了投入，但提高了适应能力；另外，宁夏和东北农业在适应气候变化方面均有成功案例等等。总结中国适应气候变化方面的成功做法，加大对外宣传，不仅可彰显中国在应对气候变化方面所做出的巨大努力，同时，也可为发展中国家提供适应气候变化方面的成功经验。

1.6.2 中国适应气候变化的国内策略

(1)加强适应气候变化的基础及应用研究，全面提升适应气候变化的科学认识水平

中国在适应气候变化的理论、机理、方法、途径、政策等方面的研究相对而言还处于起步的认识阶段，在适应气候变化的应对策略上定性化的论述较多，定量化的结论较少；跟踪国际的较多，自我创新的较少。究其原因，主要是目前对气候变化的适应研究还没有当成一门专门的"学问"去进行系统研究，社会科学更多将适应的研究放在政策方面，自然科学则将关注的重点放在气候变化的影响层面。实际上适应问题涉及自然科学的方方面面、渗透到社会科学的各个领域。需要加大科技投入，培养专门的研究队伍，以适应当前和未来对适应气候变化研究的实际需要。

全球变化与人文因素计划(International Human Dimensions Programmer on Global Environmental Change，IHDP)强调指出，如何应对全球环境变化对人类生存的威胁，是 21 世纪相当长时间内全人类面临的严峻挑战。加强地球环境对人类活动的影响及社会经济对全球变化的适应性研究，关键是如何认识、抗御、适应多重相互作用压力的级联影响，这一问题的科学认识是对全球变化适应能力建设及人类社会可持续发展行动的重要内容(Walker，2003)。

叶笃正等(2001，2002)曾多次强调指出，继全球变化基础研究之后，适应性研究将成为一个独立的重大问题。IGBP 中国全国委员会也呼吁对全球变化的适应研究将是未来全球变化研究的主要方向(陈宜瑜，1999)。中国作为世界上人口最多的发展中大国，在高速发展经济的同时，不但要与世界各国携手合作，共同应对威胁全人类生存发展的全球性环境资源问题，更要高度重视国家内部的可持续发展问题。对全球变化的区域适应研究已经极为迫切地摆在了中国科学家的面前，并成为各级政府必须认真研究的课题(葛全胜等，2004)。

为此，从发展全球变化科学与增强可持续发展能力建设的高度，逐步推进中国的气候变化区域适应科学研究，通过努力，将其培养成一个相对成熟的科学领域，并使其在国家发展重大决策方面发挥应有的作用。在科学研究方面，积极参与国际全球变化适应研究，跟踪国际全球变化研究科学发展前沿，力争在全球变化适应研究的若干重要理论方面有所创新。同时，科学评价全球变化背景下中国所面临

的机遇与挑战，为全球变暖背景下的国家重大适应战略决策提供科技支撑（葛全胜等，2004）。

以科学基础研究为先导，加强技术创新和制度创新是适应气候变化的关键。科技进步在应对气候变化工作中具有先导性和基础性作用，只有依靠科学研究对气候变化影响和脆弱性的深刻和透彻认识，依靠科技进步，才能最终很好地适应气候变化问题（马爱民，2009）。为此，需要进一步加强应对气候变化的科学研究规划，把适应气候变化的关键基础问题和核心适应技术作为科技创新的重要组成部分，构建起适应气候变化的科技支撑体系。

适应气候变化研究首先要从气候变化的影响入手，即了解清楚气候变化已经产生了什么影响，影响的后果如何；同时要搞清楚受影响对象的脆弱性水平，即受影响对象所面临的风险程度和适应气候变化的能力有多大。在此基础上，才能有针对性地采取适应对策或措施，降低气候变化所带来的不利影响。因此，加强对气候变化影响、脆弱性和适应的系统研究，提高对适应气候变化影响的科学能力和水平，是适应气候变化的先决条件。否则，盲目的应对，必将是事倍功半，更可能起到相反的结果。作为科学评估报告，在此我们将加强适应气候变化的科学研究作为首要任务，更强调其在操作层面的紧迫性和重要性。

（2）科学理解减缓与适应的关系，重视适应在国家和区域发展中的作用

应对气候变化的减缓对策指向气候变化的原因，适应则指向气候变化结果。减缓试图从引起气候变化的源头解决问题，适应则是在气候变化引发结果后从末端解决问题。减缓具有主动性，适应则具有被动性。从表面看，减缓从源头主动解决问题，适应则是引发结果后被动采取措施，减缓似乎更为重要，这也是国际上减缓呼声高于适应的根本原因。但实际上，要阐明减缓与适应的关系，需要从气候变化的基本点说起。

所谓气候变化是指人类活动导致的全球气候脱离了自然演化轨道而影响到人类自身可持续发展，亦即气候变化成为问题的实质是人类活动的影响强度超过了自然变化的强度。更进一步，将气候变化放在全球变化的框架内考虑，发展中国家和发达国家在应对气候变化方面则有着本质的区别。全球变化的核心内容有二：气候变化和环境变化，气候变化是全球问题，环境变化更多是区域问题。从全球变化角度，认识气候变化应立足于三个基本点上：一是发达国家环境问题基本得到解决，关注的焦点在气候问题。二是中国和广大发展中国家气候和环境问题均是面临的重大问题，这两者是有机联系的整体，在严重环境问题下挑战气候问题难度更大。三是发达国家率先关注气候问题，研究水平和投入远远超过发展中国家。

关于减缓与适应孰轻孰重的问题，显然，让气候在一定程度上回到自然演化的轨道是减缓试图达到的目标。问题的关键是当今气候变暖是工业化国家上百年排放积累的结果，是国家由落后向发达转变所付出的必不可少的成本和代价，而工业化国家为了维持其现有的经济成果与社会福利，并没有停止排放。与此同时，发展中国家的高速发展也必将付出相应的成本和代价。尽管气候变化的影响不分国界，人类相互依赖，气候问题的解决或者缓解需要更多的国际合作，但无论发达国家还是发展中国家，尤其对于发展中国家难以放弃对快速发展的追求。由此可见，减缓付出的社会成本难以估量，其效果在短期内很难完全实现。在人类的减排措施还没有取得效果之前，适应是应对未来几十年里将要发生的不良影响的唯一方法。与减排不同，适应性措施在很多情况下会为地方提供利益。因此，当个体去应对市场或环境变化的时候，一些适应将会自然地发生（任小波等，2007）。与减缓相比，适应更带有地方性或区域性，结果意义上的气候变化影响因地而异，适应的重点是结合当地实际情况因地制宜，适应的成效也是当地受益（张乾红，2008），并且对发展中国家而言也是可见的和现实的。因此，在战略上重视减缓对策的同时，在国家发展中更应关注如何适应气候变化，并且将适应气候变化与区域可持续发展相结合，使适应更多体现在具体行动上。

（3）强调无悔的适应行动准则，在可持续发展框架下采取适应行动

所谓适应气候变化，包括两个方面的含义，一是适应性，它是指自然生态（也包括社会经济）系统的功能、过程和结构对实际发生结果的应对。适应可以是自然的，也可以是有计划的，可以是对现实变化的反应，也可以是未来气候变化的对策；二是适应能力，这是指一个系统、地区或社会适应气候变化影

响的潜力或能力。决定一个国家或地区适应能力的主要因素有：经济财富、技术、信息和技能、内部结构、机构以及公平。适应能力强可以减少脆弱性，从而减少气候变化的不利影响，甚至能产生直接的正面效益。虽然适应气候变化也需要投入和成本，但几乎可以认定，适应对策是无悔对策，是双赢的战略。减少自然系统和人类经济社会系统的脆弱性与可持续发展的目标是一致的。因此，建设气候变化适应型社会，同资源节约型、环境友好型社会建设一样，都是无悔的措施，也应作为一项应对气候变化、保证中国经济社会可持续发展的基本国策(罗勇，2007)。

可持续发展能够降低对气候变化影响的脆弱性，气候变化也能阻碍各国实现可持续发展的能力。通过提高适应能力并增强恢复能力，可持续发展能够降低对气候变化影响的脆弱性。然而，目前几乎还没有促进可持续发展计划把适应气候变化的影响或提高适应能力明确地纳入其中。兼顾适应和减缓的措施，最能够降低与气候变化有关的风险。提高适应能力的途径之一就是把气候变化影响纳入到发展规划中予以考虑，如通过"把适应措施包含在土地利用规划和基础设施设计中"，"把降低脆弱性的措施包含在现有的降低灾害风险策略中"等方式(林而达和高庆先，2007)。适应气候变化应是中国可持续发展战略的重要组成部分，企业和社会各界只有积极适应气候的变化，才能赢得主动(孙高洋，2008)。

由于气候变化问题中众多的不确定性，很难保证所选择的气候变化适应对策百分之百的正确性，因此需要对不同的适应对策在实施以前进行评估以明确各种措施或方式对适应气候变化的有效性，从而使气候变化造成的损失达到最小化(任小波等，2007)。为一时之利，局部之利的所谓"适应"措施终将导致更大的破坏。因此，对未来全球变化的适应必须以可持续发展为原则。我们谈适应，是指不同地区、不同行业之间协调的系统性的适应(叶笃正和吕建华，2000)。

(4)因地制宜、有的放矢、未雨绸缪，"与暖共存"适应气候变化

适应对策，即让人类社会、经济部门和行为去适应变暖的地球。要获得更为可信的气候变化潜在影响的评估，必须进一步理解现在以及历史上人类对气候变化的适应方法和措施，设计和建立完善的适应策略和方案，为制定有效的气候变化响应方式或者政策提供信息，从而能够建立更好的管理规划以确保生命支持系统的可持续能力(Smit，1993)。

随着气候的变暖，对中国的影响已经多方面体现出来。面对气候变暖的影响，中国在适应气候变化方面已经自觉、不自觉地采取了许多相关措施，取得了一系列成功经验。各区域的适应措施包括在东北地区，采用冬麦北移，增加水稻种植面积等措施，合理利用农业技术，利用变暖的有利条件，促进粮食生产；在华北地区，建立节水型生产体系，因地制宜防治沙漠化，促进区域社会经济的可持续发展；在西北地区，合理配置水资源，发展节水农业，保护和改善生态环境，提高旱区农业适应能力；在华中地区，加大了防洪抗旱减灾工作的力度，加强工程蓄水行洪能力，加强对血吸虫病的监测和预防；在西南地区，加强对泥石流滑坡的预测、预报和预警系统的建设，加快和提高水土保持各项治理工程的进度、质量，加强对西藏天然草地的保护；在华东、华南的沿海地区，根据海平面上升趋势，逐步提高沿海防潮设施的等级标准，加强对台风和风暴潮的监测和预警能力等等(林而达等，2006)。值得一提的是，针对气候变化对青藏铁路的未来影响，借鉴青藏公路的研究成果及对冻土监测与研究中积累的知识和经验，在青藏铁路建设中中国科学家创造性地提出了主动保护多年冻土的建设思路，主动采取各项保护冻土措施，成功地解决了铁路建设中的冻土问题(图1.24)。这是人类主动应对气候变化影响在大型工程建设中的成功实践，说明只要科学认识到位，气候变化的影响是可以通过科学的方法和措施适应的(丁永建，2009)。

由于适应措施可以减轻部分不利影响，从长期来看，对国民经济和社会发展具有重要的意义，应将适应气候变化的行动逐步纳入国民经济和社会发展的中长期规划(林而达等，2006)，例如在重大工程设计、土地利用规划、减灾防灾、环境保护、战略环评等方面，考虑气候变化因素，预设适应措施，必将取得事半功倍的功效。需要指出的是，随着中国经济的不断发展，中国面临的气候变化影响也日益广泛(图1.25)。

图 1.24　考虑未来气候变化影响,针对不同冻土类型,青藏铁路对多年冻土采取了多种适应性防护措施。左图为应用较广泛的块石护坡路基,右图为在冻土严重退化区采用的热棒保温措施。针对不同情况,在青藏铁路冻土适应性防护工程中采用了 10 多种措施,保护冻土效果显著。(照片来源:丁永建摄)

图 1.25　2009 年 7 月 4 日广西柳江遭遇 20 年一遇洪水,导致城市洪水泛滥(左图)和 11 月提前到来的华北地区大面积降雪导致公路事故频发(右图)。若未雨绸缪,提早提高城市防洪标准和道路应急预防措施,将会提高适应能力,减少灾害损失。(照片来源:新华社)

　　气候变化已经越来越广泛、越来越深入地影响到自然和社会经济的方方面面,面对气候变化不利影响造成的巨大损失,如何应对? 是灾后亡羊补牢,还是防患于未然,未雨绸缪。从经济分析的角度,无论是采取防灾减灾的适应措施,还是灾后重建的补救行动,为了维护社会系统的恢复和正常发展,需要付出一定的经济成本,尤其是具有防灾减灾适应能力的大型建设工程。为此,需要对适应气候变化措施的成本效益进行全面分析和评估,在成本和效益之间做出适当的权衡(秦大河,2009)。应该强调的是,采取应对措施必须适度,适应不足和过度适应从经济角度来讲是不足取的,适应措施是无悔的行动。中国地域广阔,空间变异特征明显,适应必须针对气候变化影响的不同行业和类型,因地制宜、有的放矢地采取一些具体的适应措施和策略(表 1.25)。

表 1.25　各类适应气候变化策略

	政策和管理	技术	基础设施工程	制度法规教育
水文水资源	调整产业结构转变管理思路;将气候变化纳入水资源评价和规划;加强需水管理,全面建设节水型社会;加速国家水资源管理信息系统建设	强化非常规水源利用,实现综合配置;针对重点开展专项研究;开发利用非传统水资源	加强水利基础设施建设,增进水资源调配能力	健全法规和制度体系,实施严格的水资源管理制度;加强气候变化公众意识教育
农业粮食安全	推进经济发展;调整土地结构和种植制度	作物调整,品种选育;发展高效农业技术,病虫害综合防治;改善农业生态条件	加强应对气候变化的基础设施建设	保障农业生产安全;保护耕地数量平衡

续表

	政策和管理	技术	基础设施工程	制度法规教育
生态系统	实行生态环境保护与可持续发展双赢战略；综合治理必须突出重点	重新审视调整在干旱区半干旱区的大规模造林工程；控制人口、建成足够的高产基本农田；防治非沙漠地区土地沙漠化；建立集水节水型生态农业	加强现有灌溉配套工程	完善法律体系，保护生态系统；建立预案应对极端气候事件风险；建立健全国家陆地生态系统综合监测体系
人类健康和人居环境	重建公共健康设施	提倡环保建筑，增加绿化投入		制定制度，减轻脆弱性影响
能源	对能效投资的激励；能源税；技术和排放标准制度改革；增加可再生能源在电力生产中比例	开发煤炭高效开采技术及配套装备；开发和应用液化及多联产技术；研究低成本规模化开发大型可再生能源技术	推进燃煤工业设备改造、区域热电联产、余热余压利用	

注：据刘春蓁，2000；张厚煊，2000a；2000b；郑大玮，1997；谢立勇，2009；徐斌，1999；秦大河等，2002；雷金蓉，2004；姜克隽等，2008；徐华清，2007

应对气候变化，中国要一手抓减缓温室气体排放，一手抓提高适应气候变化的能力。应对气候变化，要坚持以科学发展观为指导，把应对气候变化与实施可持续发展战略，加快建设资源节约型社会、环境友好型社会和创新型国家结合起来，努力控制温室气体排放，不断提高适应气候变化的能力。目前无论国际国内，对温室气体减排和减缓气候变化谈得多、做得多，但对如何提高适应气候变化的能力却做得很有限。现在需要思考如何去适应气候变化，并积极探索在全球变暖的大背景下如何调整和重构我们的生活和生产方式。从某种意义上讲，如何适应、学会"与暖共存"可能显得更为现实和必要（罗勇，2007）。

1.6.3 本卷评估重点与主要内容总结

本卷在上卷对气候变化科学认识基础上，评估气候变化对中国的影响，主要包括气候变化已经对中国产生的突出影响、未来可能的潜在影响，主要领域受气候变化影响的脆弱性以及适应气候变化的科学途径。针对气候变化对中国的影响程度及研究文献情况，本卷共分十二章论述气候变化对中国的影响、脆弱性和适应。

第一章为本卷总论性质的综合评估，在对中国气候变化区域差异总结的基础上，讨论了气候变化对中国的主要影响，力图起到承上启下的作用。第二章主要评估了气候变化与中国自然灾害的联系，重点分析了干旱、暴雨与洪涝、低温灾害（包括冻害寒害、冷害、霜冻）、高温热浪、台风等各灾害的时空分布特征以及未来发展趋势，着重评价了气候变化对不同领域、不同区域的灾害脆弱性。第三章主要讨论了中国陆地环境对气候变化的响应，选择土地利用与覆盖变化、水土流失、沙漠化与沙尘暴、石漠化、滑坡与泥石流等主要陆地环境过程，分析在人类活动影响下陆地环境对气候变化的响应，论述陆地环境对气候变化的脆弱性。第四章主要评估了气候变化对中国陆地水文与水资源的影响，在分析影响现状的基础上，重点对未来可能影响及脆弱性进行了预估。第五章围绕冰冻圈主要组分冰川、冻土和积雪，以现有文献为基础，介绍了有关中国冰冻圈变化对水文、气候和环境影响研究的最新认识。第六章重点评估了气候变化对中国陆地自然生态系统和生物多样性的影响与适应。第七章重点评估了20世纪中国海海平面变化及气候影响，分析了21世纪海平面变化趋势及其气候变化的潜在影响，在此基础上提出了适应对策。第八章主要评估了气候变化对中国农业领域的影响，重点讨论了气候变化对中国粮食生产的已有影响和未来可能影响，提出了适应途径。第九章评估了气候变化对我国一些重大工程的影响。第十章主要从区域可持续发展的角度分析了气候变化对东北地区、东部地区、中部地区和西部地区突出影响的领域，重点明晰了气候变化对东部沿海地区、中部地区和西部地区城市群的影响程度和范围，并提出了城市群防灾减灾等适应性对策。第十一章重点分析了气候变化对中国人居环境及人体健康的影响，从经济社会的视角讨论气候变化的影响及适应。第十二章主要论述适应气候变化的方法和中国的具体行动，从政策层面和具体的适应途径上讨论气候变化的适应问题。

需要指出的是，自 2005 年中国气候与环境演变科学报告（秦大河等，2005）出版以来，尽管有关气候变化影响、脆弱性和适应方面的研究文献有了较显著增加，但总体来看还只是对影响现象的关注。实实在在的数据、可靠合理的方法、完善严谨的模拟等研究还比较缺乏。对影响问题的认识是建立在坚实的科学研究基础之上的，而评估则是在不同科学研究结论和认识中寻求科学的理解。通过本次评估，我们深深感到，中国在适应气候变化影响方面的科学任务还十分艰巨，任重道远。需要进一步加强气候变化影响、脆弱性和适应方面的基础研究，形成一支稳定、专门的研究队伍，才能在未来适应气候变化中事半功倍。

名词解释

适应

指自然和人为系统对新的或变化的环境做出的调整。适应气候变化是指自然和人为系统对于实际的或预期的气候刺激因素及其影响所做出的趋利避害的反应。可以将各种类型的适应加以区分，如预期性适应和反应性适应，私人适应和公共适应，自动适应和有计划的适应。（IPCC 第三次评估报告）

敏感性

敏感性是指某个系统受气候变率或气候变化影响的程度，包括不利的和有利的影响。影响也许是直接的（如：农作物因响应平均温度、温度范围或温度变率而减产）或是间接的（如：由于海平面上升，沿海地区洪水频率增加所造成的破坏）。

气候敏感性

在 IPCC 报告中，"平衡气候敏感性"是指全球平均表面温度在大气中（当量）CO_2 加倍后的平衡变化。更一般地讲，平衡气候敏感性是指当辐射强迫 $[℃/(W \cdot m^{-2})]$ 发生一个单位的变化时表面气温的平衡变化。实际工作中，对平衡气候敏感性的评估需要耦合环流模式的长期模拟。"有效气候敏感性"是围绕该要求的一个相关度量。它根据模式输出来评估不断演变的非平衡性条件。它是衡量特定时间反馈力度的方法，并可能会随强迫的历史和气候状况而变化。

参考文献

阿怀念，石蒙沂，李生荣.2003.青海高原环境演化及生态对策.青海环境，13(4):162-174.

安月改，刘学锋，李元华.2004.京、津、冀区域扬沙天气气候变化特征分析.干旱区研究，21(2):104-107.

白爱娟，刘晓东.2010.华东地区近 50 年降水量的变化特征及其与旱涝灾害的关系分析.热带气象学报，26(2):194-200.

边多，杜军，胡军.2009.1975—2006 年西藏羊卓雍错流域内湖泊水位变化对气候变化的响应.冰川冻土，31(3):404-409.

卜红梅，党海山，张全发.2009.汉江上游金水河流域近 50 年气候变化特征及其对生态环境的影响.长江流域资源与环境，18(5):459-465.

曹毅，常学奇，高增林.2001.未来气候变化对人类健康的潜在影响.环境与健康杂志，18(5):321-315.

陈洪滨，范学花，董文杰.2006.2005 年极端天气和气候事件及其他相关事件的概要回顾.气候与环境研究，11(2):236-244.

陈洪滨，范学花.2007.2006 年极端天气和气候事件及其他相关事件的概要回顾.气候与环境研究，12(1):100-112.

陈洪滨，范学花.2008.2007 年极端天气和气候事件及其他相关事件的概要回顾.气候与环境研究，13(1):102-112.

陈洪滨，范学花.2009.2008 年极端天气和气候事件及其他相关事件的概要回顾.气候与环境研究，14(3):329-340.

陈怀亮，刘玉洁，杜子璇，等.2010.基于卫星遥感数据的黄淮海地区植被覆盖时空变化特征.生态学杂志，29(5):991-999.

陈军锋，张明.2003.梭磨河流域气候波动和土地覆被变化对径流影响的模拟研究.地理研究，22(1):73-78.

陈凯先,汤江,沈东婧,等.2008.气候变化严重威胁人类健康.科学对社会的影响,(1):19-23.

陈少勇,孙秉强.2006.白银市霜冻气候变化及对农业生产的影响.甘肃科学学报,18(4):46-49.

陈素华,宫春宁,苏日那.2005.气候变化对内蒙古农牧业生态环境的影响.干旱区资源与环境,19(4):155-158.

陈效逑,喻蓉.2007.1982—1999年我国东部暖温带植被生长季节的时空变化.地理学报,62(1):41-51.

陈宜瑜.1999.中国全球变化研究趋势.地球科学进展,14(4):319-323.

陈宇,姜彤,黄志全,等.2010.温度对沥青混凝土力学特性的影响.岩土力学.31(7):2192-2196.

程建刚,解明恩.2008.近50年云南区域气候变化特征分析.地理科学进展,27(5):19-26.

慈龙骏,杨晓晖,陈仲新.2002.未来气候变化对中国荒漠化的潜在影响.地学前缘,9(2):287-294.

戴君虎,潘嫄,崔海亭,等.2005.五台山高山带植被对气候变化的响应.第四纪研究,25(2):216-223.

丹利,季劲钧,马柱国.2007.新疆植被生产力与叶面积指数的变化及其对气候的响应.生态学报,27(9):3582-3592.

丁永建,刘时银,叶柏生,等.2006.近50a中国寒区与旱区湖泊变化的气候因素分析.冰川冻土,28(5):623-632.

丁永建,潘家华.2005.气候与环境变化对生态和社会经济影响的利弊分析//秦大河,陈宜瑜,李学勇.中国气候与环境演变(下卷).北京:科学出版社:115-138.

丁永建,秦大河.2009.冰冻圈变化与全球变暖:我国面临的影响与挑战.中国基础科学,(3):4-10.

丁永建,叶柏生,韩添丁,等.2007.过去50年中国西部气候和径流变化的区域差异.中国科学D辑,37(2):206-214.

丁永建.2009.中国寒区旱区环境与工程科学研究50年//中科院寒旱所.中国冰冻圈变化影响研究50年.北京:科学出版社,90-103.

杜军,胡军,索朗欧珠.2005.西藏高原农业界限温度的变化特征.地理学报,60(2):289-298.

段建平,王丽丽,任贾文,等.2009.近百年来中国冰川变化及其对气候变化的敏感性研究进展.地理科学进展,28(2):231-237.

方海,张衡,刘峰.2008.气候变化对世界主要渔业资源波动影响的研究进展.海洋渔业.39(4):363-370.

冯明,刘可群,毛飞.2007,湖北省气候变化与主要农业气象灾害的响应.中国农业科学,40(8):1646-1653.

冯琦胜,尚占环,梁天刚,等.2008.甘肃省玛曲县沼泽湿地遥感监测与动态变化分析.湿地科学,6(3):379-386.

冯升波,杨宏伟.2008.发达国家应对气候变化政策措施对我国的影响研究.中国能源,30(6):23-27.

高峰,孙成权,曲建升.2001.全球变化新认知.地球科学进展,16(3):441-445.

高清竹,李玉娥,林而达,等.2005.藏北地区草地退化的时空分布特征.地理学报,60(6):965-973.

高荣,韦志刚,董文杰,等.2003.20世纪后期青藏高原积雪和冻土变化及其与气候变化的关系.高原气象,22(2):191-196.

高永刚,温秀卿,顾红,等,2007.黑龙江省气候变化趋势对自然植被第一性净生产力的影响.西北农林科技大学学报(自然科学版),35(6):171-178.

高志强,刘纪远,曹明奎,等.2004.土地利用和气候变化对农牧过渡区生态系统生产力和碳循环的影响.中国科学D辑,34(10):946-957.

葛全胜,陈泮勤,方修琦,等.2004.全球变化的区域适应研究:挑战与研究对策.地球科学进展,19(4):516-524.

葛全胜,曲建升,曾静静,等.2009.国际气候变化适应战略与态势分析.气候变化研究进展,5(6):369-375.

葛全胜,郑景云,张学霞,等.2003.过去40年中国气候与物候的变化研究.自然科学进展.13(10):1048-1053.

顾骏强,杨军.2005.中国华南地区气候和环境变化特征及其对策.资源科学,27(1):128-135.

桂智凡,薛滨,姚书春,等.2010.东北松嫩平原区湖泊对气候变化响应的初步研究.湖泊科学,22(6):852-861.

郭洁,李国平.2007.若尔盖气候变化及其对湿地退化的影响.高原气象.26(2):422-428.

郭连云,张旭萍,丁生祥.2008b.影响共和盆地天然草地牧草生育期的气候因子变化特征.干旱地区农业研究,26(6):201-206.

郭连云.2008a.青海同德近50年气候与草地畜牧业生产的关系.草业科学,25(1):77-81.

郭铌,王小平,蔡迪花,等.2010.近20多年来西北绿洲植被指数的变化及其成因.干旱区研究,27(1):75-81.

郭正刚,牛富俊,湛虎,等.2007青藏高原北部多年冻土退化过程中生态系统的变化特征.生态学报,27(8):3294-3301.

国家海洋局.2009.2008年中国海平面公报.http://www.coi.gov.cn/hygb/hpm/2008/.

国志兴,张晓宁,王宗明,等.2010.东北地区植被物候期遥感模拟与变化规律.生态学杂志,29(1):165-172.

韩超,郑景云,葛全胜.2007.中国华北地区近40年物候春季变化.中国农业气象,28(2):113-117.

郝兴明,李卫红,陈亚宁,等.2008.塔里木河干流年径流量变化的人类活动和气候变化因子甄别.自然科学进展,18(2):1409-1416.

胡光印,董治宝,王文丽,等.2009a.近30a玛曲县土地利用/覆盖变化监测.中国沙漠,**29**(3):457-462.

胡光印,董治宝,魏振海,等.2009b.近30a来若尔盖盆地沙漠化时空演变过程及成因分析.地球科学进展,**24**(8):8-16.

胡永云,丁峰,夏炎,等.2009.全球变化条件下的平流层大气长期变化趋势.地球科学进展,**24**(3):242-251.

黄玫,季劲钧,彭莉莉.2008.青藏高原1981—2000年植被净初级生产力对气候变化的响应.气候与环境研究,**13**(5): 608-616.

黄晓莹,温之平,杜尧东,等.2008.华南地区未来地面温度和降水变化的情景分析.热带气象学报,**24**(3):254-258.

纪瑞鹏,陈鹏狮,张玉书,等.2009.气候变化对辽宁农业的影响和减轻自然灾害的对策建议.环境保护与循环经济, (2009):52-54.

江滢,罗勇,赵宗慈.2008.近50年我国风向变化特征.应用气象学报,**19**(6):666-672.

江滢,罗勇,赵宗慈.2010.全球气候模式对未来中国风速变化预估.大气科学,**34**(2):323-336.

姜逢清,胡汝骥.2004.近50年来新疆气候变化与洪、旱灾害扩大化.中国沙漠,**24**(1):35-40.

姜克隽,胡秀莲,庄幸,等.2008.中国2050年的能源需求与CO_2排放情景.气候变化研究进展,**4**(5):296-302.

居辉,熊伟,许吟隆,等.2007b.气候变化对中国东北地区生态与环境的影响.中国农学通报,**23**(4):345-349.

居辉,许吟隆,熊伟.2007a.气候变化对我国农业的影响.环境保护,(06A):71-73.

雷金蓉.2004.气候变暖对人居环境的影响.中国西部科技,103-104.

李长看,张光宇,王威.2010.气候变暖对郑州黄河湿地鸟类分布的影响.安徽农业科学,**38**(6):2962-2963.

李刚,周磊,王道龙,等.2008.内蒙古草地NPP变化及其对气候的响应.生态环境,**17**(5):1948-1955.

李克平,王元丰.2010.气候变化对交通运输的影响及应对策略李.节能与环保.(4):23-26.

李克让,曹明奎,於琍,等.2005.中国自然生态系统对气候变化的脆弱性评估.地理研究,**24**(5):653-663.

李培基.2001.新疆积雪对气候变暖的响应.气象学报,**59**(4):491-501.

李萍萍,刘恩财,谢立勇.2010.气候变化对吉林地区粮食作物生产的影响.农机化研究,(3):218-221.

李荣平,周广胜,王玉辉.2006.羊草物候特征对气候因子的响应.生态学杂志,**25**(3):277-280.

李森,杨萍,高尚玉,等.2004.近10年西藏高原土地沙漠化动态变化与发展态势.地球科学进展,**19**(1):63-70.

李森,杨萍,王跃,等.2005.阿里高原土地沙漠化发展演变与驱动因素分析.中国沙漠,**25**(6):838-845.

李世忠,唐欣.2009.桂北地区蟋蟀物候对气候变暖的响应.安徽农业科学,**37**(17):8017-8019,8041.

李淑,余克服,施祺,等.2008.海南岛鹿回头石珊瑚对高温响应行为的实验研究.热带地理报,**28**(6):534-539.

李兴华,韩芳,张存厚,等.2009.气候变化对内蒙古中东部沙地—湿地镶嵌景观的影响.应用生态学报,**20**(1):105-112.

李永华,高阳华,韩逢庆,等.2007.重庆地区年气温与降水量变化特征及对NPP的影响.应用气象学报,**18**(1):73-79.

李玉娥,李高.2007.气候变化影响与适应问题的谈判进展.气候变化研究进展,**3**(5):303-307.

林而达,高庆先.2007.将适应气候变化纳入我国的战略环评.绿叶,(12):10-11.

林而达,许吟隆,蒋金荷,等.2006.气候变化国家评估报告（Ⅱ）:气候变化的影响与适应.气候变化研究进展,**2**(2): 51-56.

林而达,张建云.2005.农业、主要自然生态系统和水资源对气候与环境变化的脆弱性分析//秦大河,陈宜瑜,李学勇.中国气候与环境演变(下卷).北京:科学出版社:99-113.

刘春兰,谢高地,肖玉.2007.气候变化对白洋淀湿地的影响.长江流域资源与环境,**16**(2):245-250.

刘春蓁,刘志雨,谢正辉.2004.近50年海河流域径流的变化趋势研究.应用气象学报,**15**(4):385-393.

刘春蓁.2000.中国水资源响应全球气候变化的对策建议.中国水利,(2):36-37.

刘丹,那继海,杜春英,等.2007.1961—2003年黑龙江主要树种的生态地理分布变化.气候变化研究进展,**3**(2):100-105.

刘德祥,董安祥,邓振镛.2005a.中国西北地区气候变暖对农业的影响.自然资源学报,**20**(1):119-125.

刘德祥,赵红岩,董安祥.2005b.气候变暖对甘肃夏秋季作物种植结构的影响.冰川冻土,**27**(6):806-812.

刘九夫,张建云,关铁生.2008.20世纪我国暴雨和洪水极值的变化.中国水利,(2):35-37.

刘军会,高吉喜.2009.气候和土地利用变化对北方农牧交错带植被NPP变化的影响.资源科学,**31**(3):493-500.

刘绿柳,孙林海,廖要明.2008.国家级极端高温短期气候预测系统的研制及应用.气象.**34**(1):102-107.

刘明春,张强,邓振镛.2009.气候变化对石羊河流域农业生产的影响.地理科学,**29**(5):727-732.

刘文平,郭慕萍,安炜.2009气候变化对山西省冬小麦种植的影响.干旱区资源与环境,**23**(11):88-93.

刘颖杰,林而达.2007.气候变暖对中国不同地区农业的影响.气候变化研究进展,**3**(4):229-233.

刘允芬,2000气候变化对我国沿海渔业生产影响的评价。中国农业气象。**21**(4):1-5.

刘志雄,胡利军.2009.食品工业在国民经济中的地位及发展前景研究.中国食物与营养,**03**:23-26.

娄伟平,陈先清,杨祥珠.2007.绍兴市气候变化特征及对农业生产的影响.农业环境科学学报,**26**(增刊):750-755.

鲁安新,姚檀栋,王丽红.2005.青藏高原典型冰川和湖泊变化遥感研究.冰川冻土,**27**(6):783-792.

陆魁东,黄晚华,王勃.2007.湖南气候变化对农业生产影响的评估研究.安徽农学通报,**13**(3):38-40.

陆敏,刘敏,权瑞松,等.2010.上海暴雨灾害的系统特征与脆弱性分析.华东师范大学学报(自然科学版),(2):10-15.

逯军峰,董治宝,胡光印,等.2009.长江源区土地利用/覆盖现状及成因分析.中国沙漠,**29**(6):1043-1048.

吕达仁,卞建春,陈洪滨.2009.平流层大气过程研究的前沿与重要性.地球科学进展.24(3):221-228.

罗伯良,张超,林浩.2008.近40年湖南省极端强降水气候变化趋势与突变特征.气象,**34**(1):80-85.

罗慧,许小峰,章国材,等.2010.中国经济行业产出对气象条件变化的敏感性影响分析.自然资源学报,**25**(1):112-120.

罗清,彭国照.2008.若尔盖及其邻近地区气候变化对湿地生态环境的影响.高原山地气象研究,**28**(3):44-48.

罗勇.2007.与"暖"共舞:建设气候变化适应型社会.世界科学,(7):23-24.

马爱民.2009.气候变化的影响与我国的对策措施.中国科技投资,(7):20-23.

马明国,董立新,王雪梅.2003.过去21a中国西北植被覆盖动态监测与模拟.冰川冻土,**25**(2):232-236.

马瑞俊,蒋志刚.2005.全球气候变化对野生动物的影响,生态学报,**25**(11):3061-3064.

马柱国,黄刚,甘文强,等.2005.近代中国北方干湿变化趋势的多时段特征.大气科学,**29**(5):671-681.

马柱国.2007.华北干旱化趋势及转折性变化与太平洋年代际振荡的关系.科学通报,**52**(10):1199-1206.

毛裕,苏高利,李发东,等.2008.气候变化对浙江省植物气候生产力的影响.中国生态农业学报,**16**(2):273-278.

梅惠,李长安,徐宏林.2006.长江中游水旱灾害特点与水旱兼治对策——以两湖地区为例.华中师范大学学报(自然科学版),**40**(2):287-290.

那平山,王玉魁,满都拉.1997.毛乌素沙地生态环境失调的研究.中国沙漠,**17**(4):410-414.

潘护林.2008.系统响应气候变化脆弱性定量评价国内研究综述.环境科学与管理,**33**(9):30-35.

潘响亮,邓伟,张道勇.2003.东北地区湿地的水文景观分类及其对气候变化的脆弱性.环境科学研究,**16**(1):14-18.

潘愉德,Melillo J M,Kicklighter D W,等.2001.大气CO_2升高及气候变化对中国陆地生态系统结构与功能的制约和影响.植物生态学报,**25**(2):175-189.

普宗朝,张山清,王胜兰.2009.近47年天山山区自然植被净初级生产力对气候变化的响应.中国农业气象,**30**(3):283-288.

钱正安,宋敏红,李万元.2002.近50年来中国北方沙尘暴的分布及变化趋势分析.中国沙漠,**22**(2):106-111.

秦大河,陈宜瑜,李学勇.2005.中国气候与环境演变(上、下卷).北京:科学出版社.

秦大河,丁一汇,王绍武,等.2002.中国西部生态环境变化与对策建议.地球科学进展.**17**(3):314-319.

秦大河,丁永建.2009.冰冻圈变化及其影响研究——现状、趋势及关键问题.气候变化研究进展,(4):187-195.

秦大河.2009.气候变化:区域应对与防灾减灾.北京:科学出版社:135-137.

屈振江.2010.陕西农作物生育期热量资源对气候变化的响应研究.干旱区资源与环境,**24**(1):75-79.

全林生,时少英,朱亚芬,等.2001.中国沙尘天气变化的时空特征及其气候原因.地理学报,**56**(4):478-485.

任爱臣,金银顺,冯娟,等.2008.气候变化对黑龙江农业生产的影响.安徽农业科学,**36**(30):13306-13307.

任国玉,封国林,严中伟.2010.中国极端气候变化观测研究回顾与展望.气候与环境研究,**15**(4):337-353.

任国玉,郭军,徐铭志,等.2005.近50年中国地面气候变化基本特征.气象学报,**63**(6):942-956.

任国玉,姜彤,李维京,等.2008.气候变化对中国水资源情势影响综合分析.水科学进展.**19**(6):772-779.

任小波,曲建升,张志强.2007.气候变化影响及其适应的经济学评估—英国"斯特恩报告"关键内容解读.地球科学进展,**22**(7):754-759.

邵春,沈永平,张姣.2008.气候变化对寒区水循环的影响研究进展.冰川冻土,**30**(1):72-80.

申彦波,赵宗慈,石广玉.2008.地面太阳辐射的变化、影响因子及其可能的气候响应最新研究进展.地球科学进展,**23**(9):915-923.

沈松平,王军,游丽君,等.2005.若尔盖沼泽湿地遥感动态监测.四川地质学报,**25**(2):119-121.

沈松平,王军,游丽君,等.2007.长江—黄河上游源区沼泽湿地遥感动态特征及其成因分析.四川地质学报,**27**(2):142-145.

盛文萍,李玉娥,高清竹,等.2010.内蒙古未来气候变化及其对温性草原分布的影响.资源科学,**32**(6):1111-1119.

施新民,黄峰,陈晓光,等.2008.气候变化对宁夏草地生态系统的影响分析.干旱区资源与环境,**22**(2):65-69.

施雅风.2003.中国西北气候由暖干向暖湿转型问题评估.北京:气象出版社:17-60.

宋连春,杨兴国,韩永翔,等.2006.甘肃气象灾害与气候变化问题的初步研究.干旱气象,**24**(2):63-69.

苏占胜,陈晓光,黄峰.2007.宁夏农牧交错区(盐池)草地生产力对气候变化的响应.中国沙漠,27(3):430-435.

粟晓玲,康绍忠,魏晓妹.2007.气候变化和人类活动对渭河流域入黄径流的影响.西北农林科技大学学报,35(2):153-159.

孙芳,杨修,林而达,等.2005.中国小麦对气候变化的敏感性和脆弱性研究.中国农业科学,38(4):692-696.

孙高洋.2008."适应气候变化"是发展中国家当务之急.环境经济,(3):38-42.

孙全辉,张正旺.2000.气候变暖对我国鸟类分布的影响.动物学杂志,35(6):45-48.

孙燕,张秀丽,韩桂荣,等.2009.江苏南京极端天气事件及其与区域气候变暖的关系研究.安徽农业科学,37(1):279-282.

谈建国,郑有飞.2005.近10年我国医疗气象学研究现状及其展望.气象科技,33(6):550-558.

唐国平,李秀彬,刘燕华.2000.全球气候变化下水资源脆弱性及其评估方法.地球科学进展,15(3):313-317.

陶建军,杨禹华.2008.高湿天气的时空变化及其对交通安全的影响.中国安全科学学报,18(9):11-15.

万蓉,郑国光.2008.地基GPS在暴雨预报中的应用进展.气象科学,28(6):697-702.

汪青春,秦宁生,张占峰,等.2007.青海高原近40a降水变化特征及其对生态环境的影响.中国沙漠,27(1):153-158.

王邦中.2005.气象防灾减灾若干问题的思考.中国减灾,(2):37-39.

王长科.2006.WMO强调适应气候变化的重要性.气候变化研究进展,2(1):47.

王春乙,娄秀荣,王建林.2007.中国农业气象灾害对作物产量的影响.自然灾害学报,16(5):37-43.

王发科,苟日多杰,祁贵明,等.2007.柴达木盆地气候变化对荒漠化的影响.干旱气象,25(3):28-33.

王发科,祁贵明,郭晓宁,等.2009.柴达木盆地南缘农业界限温度的气候变化特征.干旱气象,27(3):227-231.

王富强,许士国.2007.东北区旱涝灾害特征分析及趋势预测.大连理工大学学报,47(5):735-739.

王根绪,丁永建,王建,等.2004.近15年来长江黄河源区的土地覆被变化.地理学报,59(2):163-173.

王国庆,张建云,刘九夫,等.2008.气候变化和人类活动对河川径流影响的定量分析.中国水利,(2):55-28.

王国庆,张建云,章四龙.2005.全球气候变化对中国淡水资源及其脆弱性影响研究综述.水资源与水工程学,16(2):7-10.

王会军,王涛,姜大膀,等.2009.我国气候变化将比模式预期的小吗?.第四纪研究.29(6):1011-1014.

王家诚.2009.合理开发利用能源应对全球气候变化.当代石油石化,17(10):1-8.

王开锋,张继荣,雷富民.2010.中国动物地理亚区繁殖鸟类地理分布格局与时空变化.动物分类学报,35(1):145-157.

王谋,李勇,白宪洲,等.2004.全球变暖对青藏高原腹地草地资源的影响.自然资源学报,19(3):331-336.

王琪珍,王承军,卜庆雷,等.2010.2009年冬春莱芜林果业低温霜冻灾害的成因及防御对策.江西农业学报,22(4):96-98.

王圣志.2005.青藏高原生态地质环境遥感调查与监测显示青藏高原荒漠化程度加剧.草业科学,22(3):4.

王世金,何元庆,和献中,等.2008.我国海洋型冰川旅游资源的保护性开发研究———以丽江市玉龙雪山景区为例.云南师范大学学报(哲学社会科学版),40(6):38-43.

王守荣,徐国弟,佘之祥.2005.气候与环境变化对区域可持续发展影响分析//秦大河,陈宜瑜,李学勇.中国气候与环境演变(下卷).北京:科学出版社.194-243.

王晓芳,李红莉,王金兰.2007.登陆我国热带气旋的气候特征.暴雨灾害,26(3):251-255.

王雪臣,王守荣.2004.城市化发展战略中气候变化的影响评价研究.中国软科学,(5):107-109.

王志伟,翟盘茂,武永利.2007.近55年来中国10大水文区域干旱化分析.高原气象,26(4):874-880.

王志伟,翟盘茂.2003.中国北方近50年干旱变化特征.地理学报,58(增):61-68.

王遵娅,赵珊珊,张强.2011.我国冰冻日出现的气象条件分析及其判别模型.高原气象,30(1):158-163.

韦启播.1996.我国南方喀斯特区土壤侵蚀特点及防治途径.水土保持研究,3(4):71-76.

魏凤英.2008.气候变暖背景下我国寒潮灾害的变化特征.自然科学进展,18(3):289-295.

魏红义,李靖,王江.2008.渭河流域径流变化趋势及其影响因素分析.水土保持通报,28(1):76-80.

吴建国,吕佳佳.2009.气候变化对我国干旱区分布及其范围的潜在影响.环境科学研究,22(2):199-206.

吴瑞芬,霍治国,曹艳芳,等.2009.内蒙古典型草本植物春季物候变化及其对气候变暖的响应.生态学杂志,28(8):1470-1475.

吴绍洪,戴尔阜,黄玫.2007.21世纪未来气候变化情景(B2)下我国生态系统的脆弱性研究.科学通报,52(7):811-817.

吴涛,康建成,李卫江,等.2007.中国近海海平面变化研究进展.海洋地质与第四纪地质,27(4):123-130.

吴艳红,朱立平,叶庆华,等.2007.纳木错流域近30年来湖泊—冰川变化对气候的响应.地理学报,62(3):301-311.

武永利,李智才,王云峰,等.2009.山西典型生态区植被指数(NDVI)对气候变化的响应.生态学杂志,28(5):925-932.

夏军,刘春蓁,任国玉.2011.气候变化对我国水资源影响研究面临的机遇与挑战.地球科学进展,26(1):1-12.

夏军,王渺林.2008.长江上游流域径流变化与分布式水文模拟.资源科学,30(7):962-967.

肖风劲,张海东,王春乙,等.2006.气候变化对我国农业的可能影响及适应性对策.自然灾害学报,15(6):327-331.

谢立勇,郭明顺,曹敏建.2009.东北地区农业应对气候变化的策略与措施分析.气候变化研究进展,5(3):174-178.

信忠保,许炯心,郑伟.2007.气候变化和人类活动对黄土高原植被覆盖变化的影响.中国科学D辑,37(11):1504-1514.

徐斌,辛晓平.1999.气候变化对我国农业地理分布的影响及对策.地球科学进展,18(4):316-321.

徐华清.2007.应对气候变化的能源战略与对策.环境保护,(06A):47-49.

徐雨晴,陆佩玲,于强.2004.气候变化对植物物候影响的研究进展.资源科学,26(1):129-136.

许炯心,孙季.2003.近50年来降水变化和人类活动对黄河入海径流通量的影响.水科学进展,14(6):690-695.

许炯心,孙季.2007.嘉陵江流域年径流量的变化及其原因.山地学报,25(2):153-159.

闫峰,覃志豪,李茂松.2006.农业旱灾监测中土壤水分遥感反演研究进展.自然灾害学报,15(6):114-121.

闫淑君,洪伟,吴承.2001.福建近41年气候变化对自然植被净第一性生产力的影响.山地学报,19(6):522-526.

杨沈斌,申双和,赵小艳,等.2010.气候变化对长江中下游稻区水稻产量的影响.作物学报,36(9):1519-1528.

杨晓光,刘志娟,陈阜.2010.全球气候变暖对中国种植制度可能影响 I.气候变暖对中国种植制度北界和粮食产量可能影响的分析.中国农业科学,43(2):329-336.

杨晓光,刘志娟,陈阜.2011.全球气候变暖对中国种植制度可能影响 VI.未来气候变化对中国种植制度北界的可能影响.中国农业科学,44(8):1562-1570.

杨修,孙芳,林而达,等.2004.我国水稻对气候变化的敏感性和脆弱性.自然灾害学报,13(5):85-89.

杨修,孙芳,林而达,等.2005.我国玉米对气候变化的敏感性和脆弱性研究.地域研究与开发,24(4):54-57.

杨玉华,应明,陈藻德.2009.近58年来登陆中国热带气旋气候变化特征.气象学报,67(5):689-696.

杨泽龙,杜文旭,侯琼,等.2008.内蒙古东部气候变化及其草地生产潜力的区域性分析.中国草地学报,30(6):62-66.

姚檀栋,刘时银,蒲健辰,等.2004.高亚洲冰川的近期退缩及其对西北水资源的影响.中国科学D辑,34(6):535-543.

姚玉璧,王润元,邓振镛.2010.黄土高原半干旱区气候变化及其对马铃薯生长发育的影响.应用生态学报,21(2):379-385.

姚玉璧,张秀云,段永良.2008.气候变化对亚高山草甸类草地牧草生长发育的影响.资源科学,30(12):1839-1845.

叶柏生,陈鹏,丁永建,等.2008.100多年来东亚地区主要河流径流变化.冰川冻土,30(4):556-561.

叶柏生,李翀,杨大庆,等.2004.我国过去50a来降水变化趋势及其对水资源的影响(I):年系列.冰川冻土,24(5):587-594.

叶彩玲,霍治国,丁胜利.2005.农作物病虫害气象环境成因研究进展.自然灾害学报,14(1):90-97.

叶殿秀,张强,董文杰,等.2004.气象条件与SARS发生的关系分析.气候与环境研究,9(4):670-679.

叶笃正,丑纪范,刘纪远,等.2000.关于我国华北沙尘天气的成因与治理对策.地理学报,55(5):513-521.

叶笃正,符淙斌,董文杰.2002.全球变化科学研究进展与未来趋势.地球科学进展,17(4):467-469.

叶笃正,符淙斌,季劲钧,等.2001.有序人类活动与生存环境.地球科学进展,16(4):453-460.

叶笃正,吕建华.2000.对未来全球变化影响的适应和可持续发展.中国科学院院刊,第3期:183-187.

于成龙,李帅,刘丹.2009.气候变化对黑龙江省生态地理区域界限的影响.林业科学,45(1):8-13.

尹义星,许有鹏,陈莹.2009.太湖最高水位及其与气候变化、人类活动的关系.长江流域资源与环境,18(7):609-614.

于海英,许建初.2009.气候变化对青藏高原植被影响研究综述.生态学杂志,28(4):747-754.

余卫东,赵国强,陈怀亮.2007.气候变化对河南省主要农作物生育期的影响.中国农业气象,28(1):9-12.

於琍,曹明奎,陶波,等.2008.基于潜在植被的中国陆地生态系统对气候变化的脆弱性定量评价.植物生态学报,32(3):521-530.

俞剑蔚,王元,沈树勤,等.2008.江苏地区沙尘天气时空特征及气候变化分析.气象科学,28(1):45-49.

原喜忠,李宁,赵秀云,等.2010.东北多年冻土地区地基承载力对气候变化敏感性分析.岩土力学,31(10):3265-3272.

云雅如,方修琦,王丽岩,等.2007.我国作物种植界线对气候变暖的适应性响应.作物杂志,(3):20-23.

臧润国,丁易.2008.热带森林植被生态恢复研究进展.生态学报,28(12):6292-6304.

曾慧卿,刘琪,殷剑敏,等.2008.近40年气候变化对江西自然植被净第一性生产力的影响.长江流域资源与环境,17(2):227-231.

张爱英,任国玉,郭军.2009.近30年我国高空风速变化趋势分析.高原气象.28(3):680-687.

张翠艳.2008.近50年来锦州地区气候变化对生态环境及农业生产的影响.安徽农业科学,36(29):12835-12837.

张登山,高尚玉.2007.青海高原沙漠化研究进展.中国沙漠,27(3):367-372.

张峰,周广胜,王玉辉.2008.内蒙古克氏针茅草原植物物候及其与气候因子关系.植物生态学报,32(6):1312-1322.

张乾红.2008.论建立中国适应气候变化的资金机制.政法论丛,(2):106-110.

张国胜,李林,汪青春,等.1999.青南高原气候变化及其对高寒草甸牧草生长影响的研究.草业科学,8(3):1-10.

张海东,罗勇,王邦中,等.2006.气象灾害和气候变化对国家安全的影响.气候变化研究进展.2(2):85-88.

张红雨,周顺武,张国勇,等.2011.1979—2008年华北地区对流层顶高度变化特征.气象与环境学报,27(2):8-13.

张厚瑄.2000a.中国种植制度对全球气候变化响应的有关问题Ⅰ.气候变化对我国种植制度的影响.中国农业气象,21(1):9-13.

张厚瑄.2000b.中国种植制度对全球气候变化响应的有关问题Ⅱ.我国种植制度对气候变化响应的主要问题.中国农业气象,21(2):10-13.

张济世,康尔泗,蓝永超,等.2003.气候变化对洮河流域水资源的影响.冰川冻土,25(1):77-82.

张建国,刘淑珍,李辉霞,等.2004.西藏那曲地区草地退化驱动力分析.资源调查与环境,25(2):116-122.

张建平,赵艳霞,王春乙,等.2007.未来气候变化情景下我国主要粮食作物产量变化模拟.干旱地区农业研究,25(5):208-213.

张建云,王金星,李岩,等.2008.近50年我国主要江河径流变化.中国水利,(2):31-34.

张建云,章四龙,王金星,等.2007.近50a来我国六大流域年际径流变化趋势研究.水科学进展,18(2):230-234.

张乔民,隋淑珍.2001.中国红树林湿地资源及其保护.自然资源学报,16(1):28-36.

张树清,张柏,汪爱华.2001.三江平原湿地消长与区域气候变化关系研究.地球科学进展,16(6):836-841.

张旭萍,郭连云,田辉春.2008.环青海湖盆地气候变化对草地生态环境的影响.草原与草坪,(2):64-69.

张镱锂,丁明军,张玮,等.2007.三江源地区植被指数下降趋势的空间特征及其地理背景.地理研究,26(3):500-507.

张宇,王石立,王馥棠.2000.气候变化对我国小麦发育及产量可能影响的模拟研究.应用气象学报,11(3):264-270.

张玉进,周广胜.2008.植被变化驱动机制的样带研究.中国科学D辑,38(6):715-722.

张智,林莉,梁培.2008.宁夏气候变化及其对农业生产的影响.中国农业气象,29(4):402-405.

张子明,周红军,赵吉坤.2004.温度对混凝土强度的影响.河海大学学报(自然科学版).32(6):674-679.

章大全,张璐,杨杰,等.2010.近50年中国降水与温度变化在干旱形成中的影响.物理学报,59(1):655-662.

章伟伟,过仲阳,夏艳.2008.利用MODIS监测沙尘暴的影响范围.遥感技术与应用,23(6):682-685.

赵东,罗勇,高歌,等.2009.我国近50年来太阳直接辐射资源基本特征及其变化.太阳能学报,30(7):946-952.

赵慧颖,乌力吉,郝文俊.2008.气候变化对呼伦湖湿地及其周边地区生态环境演变的影响.生态学报,28(3):1064-1071.

郑大玮.1997.我国对于全球气候变化的农业适应对策.地学前沿,4(1):84.

郑有飞,牛鲁燕,吴荣军.2009.1982—2003年贵州省植被覆盖变化及其对气候变化的响应.生态学杂志,28(9):773-1778.

仲舒颖,郑景云,葛全胜.2010.近40年中国东部木本植物秋季叶全变色期变化.中国农业气象,31(1):1-4.

周广胜,王玉辉,白莉萍,等.2004.陆地生态系统与全球变化相互作用的研究进展.气象学报,62(5):692-707.

周晓峰,王晓春,韩士杰,等.2002.长白山岳桦—苔原过渡带动态与气候变化.地学前缘,9(1):227-231.

朱飞叶,孙亚峰,宋明江,等.2005.医学气象学与SARS流行的相关性研究.中国中医药信息杂志,12(3):21-23.

朱科伦,冯业荣,杜琳,等.2004.SARS流行与气象因素的相关性分析.广州医药,35(6):1-2.

朱文泉,潘耀忠,阳小琼,等.2007.气候变化对中国陆地植被净初级生产力的影响分析.科学通报,52(21):2535-2541.

邹旭恺,张强.2008.近半个世纪我国干旱变化的初步研究.应用气象学报,19(6):678-687.

邹学勇,董光荣,李森,等.2003.西藏荒漠化及其防治战略.自然灾害学报,12(1):17-24.

Bianbaciren B,LI Lin,et al.2009. The response of lake change to climate fluctuation in north Qinghai-Tibet Plateau in last 30 years. J Geogr Sci,19:131-142.

Burton I. 1995. Adaptation to climate change and variability:An approach through empirical research//Yin Y Y,et al (Eds). Climate Change Impact Assessment and Adaptation Option Evaluation:Chinese and Canadian Perspectives,Beijing,China.

Ding Y J,Ye B S,Han T D,et al.2007. Regional difference of annual precipitation and discharge variation over west China during the last 50 years. Science in China Series D:Earth Sciences,50(6):936-945.

Fang J,Piao S,Field C. 2003. Increasing net primary production in China from 1982 to 1999. Frontiers in Ecology and the Environment,**1**(6):293-297.

IPCC. 2007. Climate Change 2007: Impacts,Adaptation and Vulnerability. Contribution of Working Group II to the Fourth Assessment Report of the Intergovernmental Panel on Climate Change . Cambridge,UK and New York, USA:CambridgeUniversity Press.

IPCC. 2007. Summary for Policymakers of the Synthesis Report of the IPCC Fourth AssessmentReport. Cambridge, UK:Cambridge University Press.

IPCC. 2007. IPCC Fourth Assessment Report(AR4). Cambridge:Cambridge University Press.

Nakicenovic N,Swart R. 2000. IPCC Special Report on Emissions Scenarios. Cambridge:Cambridge University Press.

Ni Jian. 2000. Asimulation of biomes on the Tibetan plateau and their responses to global climate change. Mountain Research and Development,**20**(1):80-89.

Smit B. 1993. Adaptation to Climatic Variability and Change. Guelph. Adapt and Thrive : Report of Environment Canada. Downs view,Ontario,Canada:169-194.

USGCRP. 2009. Global Climate Change Impacts in the United States. Cambridge,New York,USA:Cambridge University Press.

Waggoner P E. 1990. Climate Change and US Water Resources. New York:John Wiley and Sons.

Walker B H. 2003. The resilience alliance. IHDP Update,(2):12.

Wu T,Li S,Cheng G,et al. 2005. Using groundpenetrating radar to detect permafrost degradation in the northern limit of permafrost area on the Tibetan Plateau. Cold Regions Science and Technology,**41**:211-219.

Xie P,Yatagai A,Chen M Y,et al. 2007. A gauge-based analysis of daily precipitation over East Asia. J Hydrol,**8**(3): 607-626.

Xu Y,Gao X J,Giorgi F. 2009. Regional variability of climate change hot-spots in East Asia. Adv Atmos Sci,**26**(4):783-792.

Zhao L,Marchenko S S,Sharkhuu N. et al. 2008b. Regional Changes of Permafrost in Central Asia. Plenary paper In Proceedings:the Ninth International Conference of Permafrost,Fairbanks,University of Alaska. 2061-2069.

Zhao L,Wu T H,Ding Y J, et al. 2008a. Monitoring Permafrost Changes on the Qinghai-Tibet Plateau. Ninth International Conference on Permafrost:2071-2076.

第二章   气象灾害

主 笔：李茂松，杨晓光

贡献者：霍治国，吕娟

提 要

本章评估了气候变化对中国干旱、暴雨洪涝、低温灾害、高温热浪、台风、与气象条件密切相关的农林生物灾害及森林火灾等灾害的影响，在此基础上综合评估了灾害对各行业、各领域的影响及其引起的脆弱性，最后提出应对各种灾害的适应性对策；并以发生于20世纪末至今对国民经济造成重大影响的气象灾害为案例，分析了重大气象灾害发生的气候背景及对国计民生的影响。评估结果表明：(1)中国旱灾发生频率逐渐加快，灾情逐渐加重，旱灾造成损失逐渐增大。20世纪后期北方干旱常态化，南方季节性干旱扩大化趋势明显。干旱从影响农业为主扩展到影响工业、城市、生态环境，乃至整个社会经济的发展。(2)在全国大部分地区降水日数显著减少、降水过程有可能强化的背景下，东南部降水丰沛地区降水量呈明显增加趋势，导致华南地区更频繁地出现强降水甚至暴雨，尤其是江淮地区强降水增加，洪涝灾害的风险增加。(3)低温灾害引起的脆弱性增加，对农业、林业、渔业及电力、交通均造成巨大影响。此外，中国干旱、洪涝、低温冰冻雨雪等极端灾害出现频率增加，危害呈加重趋势。

2.1   干旱

干旱指因一段时间内少雨或无雨，降水量较常年同期明显偏少而致灾的一种气象灾害。干旱影响到自然环境和人类社会经济活动的各个方面。干旱导致土壤缺水，影响农作物正常生长发育并造成减产；干旱造成水资源不足，人畜饮水困难，城市供水紧张，制约工农业生产发展；长期干旱还会导致生态环境恶化，甚至还会导致社会不稳定进而引发国家安全等方面的问题。在全球气候变暖背景下，随着经济发展和人口增加，干旱对社会发展造成的不利影响和对人类生存环境的危害日益严重。综合大量研究结果表明，近几十年来，中国北方受旱面积呈增加趋势，尤其华北大部地区，干旱、少雨、水资源严重缺乏，干旱从以影响农业为主扩展到影响工业、城市乃至整个经济社会的发展，未来干旱变化趋势已成为全社会关注的热点。

2.1.1   气候变化对干旱的影响

受气候和地形等因素的影响，中国各地区干旱发生时间、发生强度和频率存在很大差异。图2.1给出了1957—2008年基于全国700多个气象台站干旱事件出现频次，中国发生干旱最为频繁的地区位于华北的中南部和西北的东部，其次是内蒙古、东北西部、西北东南部、长江以北，然后是东北中部、长江流域以南、西南、华南地区；东北北部、青藏高原和长江上游地区台站出现干旱事件频次较低(崔东林，2010)。就一年四季干旱频率而言，华北大部、东北西部的春旱发生频率最高，夏旱多发区主要分布在东北西部、华北大部、西北东部及黄淮北部；秋旱多发区主要分布在东北的西南部、华北、黄淮、长江中下游和华南等地;对作物生长有影响的冬旱主要出现在华南和西南,华南南部及云南大部地区(中国气象局,2007)。

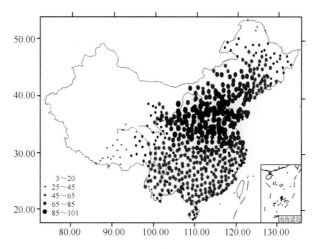

图 2.1 1957—2008 年干旱出现频次分布

不同区域干旱特征不同,东北地区气温低,降水较稳定,干旱发生频率较低,干旱类型主要为春旱和夏旱(魏凤英等,2009)。华北地区干旱影响范围广且程度重,一般旱年降水比常年同期偏少5~7成,重旱年降水至少偏少7~8成,干旱类型主要是春夏旱和夏秋旱。西北降水稀少,植被稀疏,农作物水分亏缺严重,尤以春旱和春末夏初旱较为严重(余优森,1992)。南方湿润地区的季节性干旱较为严重,如广西的冬旱和秋旱,云南的春旱和夏旱;四川的春旱、夏旱和伏旱等(周巧兰等,2005;李耀先等,2001;陶云等,2009;邓绍辉等,2005;唐云辉等,2002);湖北省的夏旱,湖南省的夏秋季,浙江省的夏旱和秋旱及夏秋连旱(张英杰,2002;刘成武等,2004;黄国勤等,2005;张剑明等,2009;朱建宏,2009)。

气候变化背景下,中国及各个区域干旱发生特征均出现了变化,20世纪50年代中国干旱集中发生在新疆南部地区,60年代主要发生在新疆北部至黄河上游一带地区和以长江中下游为中心的东南部地区,70年代发生在黑龙江、吉林一带以及长江中游地区,80年代发生在西南、华北的两条纬向分布带上,90年代发生在长江、黄河中游地区,21世纪初干旱主要集中在华北北部和内蒙古东部地区。20世纪80年代前后中国干旱频率分布对比状况表明,80年代前后中国干旱高发区的地理分布发生了一次年代际跃变。华北、西北东部和东北中东部地区极端干旱发生频率增加,西北西部和长江以南为极端干旱频率减少的区域,其中西北西部的减少趋势最为显著(马柱国等,2006)。

进入21世纪以来,中国极端干旱频繁发生,详见表2.1。

2.1 21世纪前10年中国极端干旱事件

干旱发生时间	发生地点	旱情概述	文献
2000年6—8月	东北三省	东北三省气温高,降水少,伏旱严重,主要产粮区的粮食产量较上年减产2000万t左右,严重地区减产5成以上。	王琪,2001
2001年	山西省	降水稀少,春夏连旱,气温高,风速大,失墒严重,河道径流锐减,水源严重短缺,春播面积大幅度减少,全省因旱没有播种面积在7000 hm²以上的县市(区)有28个。	高慧珍等,2002
2003年	江西省	全省遭遇了超历史的高温干旱,粮食减产244.3万t,经济作物损失31亿元,297万人、174万头牲畜因旱饮水困难,全省因旱直接经济损失67亿元。	黄国勤等,2005
2003年	浙江省	夏季气温异常偏高且持续时间长,夏秋连旱严重,东部干旱尤为突出,为百年一遇的极端事件。	陈海燕等,2004 李松平等,2006
2005年4—5月	云南省	全省大部分地区干旱少雨,气温偏高,春旱严重,全省农作物受旱面积超过70多万hm²,造成昆明、曲靖、楚雄等滇中地区的水库蓄水量大幅减少,近360万人、250万头大牲畜的饮水困难。	晏红明等,2007

续表

干旱发生时间	发生地点	旱情概述	文献
2006 年	云南省	昆明市 1—4 月降水量较常年同期减少 51.4%，7—9 月高温少雨，河流水量锐减，水库蓄水困难，城市供水紧张，出现 20 年一遇的春旱和 50 年一遇的伏旱。会泽县全年因旱造成农作物受灾约 4.01 万 hm^2，约 15.22 万人、15.40 万头牲畜饮水困难，造成农业直接经济损失 9090 余万元，工业损失上亿元。	刘兴刚，2007 邓丽仙等，2008
2006 年	四川省、重庆市	7—8 月，四川盆地持续少雨，月平均气温持续偏高，极端最高气温突破 40℃；重庆市夏旱连伏旱，降水少伴随着高温同时出现。	潘建华等，2006
2007 年	黑龙江省	鹤岗市夏旱连伏旱总天数超过 60 天，6—7 月份的降水量均为有气象记录以来的历史最低值；全市约 13.98 万 hm^2 农田受旱，造成粮食减产 3710 t，直接经济损失近 6 亿元。	薛万臣等，2007
2008 年 10 月下旬至 2009 年 2 月上旬	北方冬麦区	降水量较常年同期偏少 5～8 成，个别地区降水量偏少 8 成以上，出现大范围干旱，旱区波及北京、天津、河北、山西、山东、河南、安徽、江苏、湖北、陕西、甘肃和宁夏 12 省（区、市）；干旱程度普遍为 30 年一遇，其中河北南部、山西东南部、河南、安徽北部的局部重旱区达 50 年一遇。	秦大河，2009
2009 年初	全国	全国有 22 个省（区、市）发生不同程度的干旱，涉及范围属历史罕见，其中河北、山西、山东、河南、安徽、湖北、陕西等地的部分地区达重度干旱或特旱。	陈思宁，2009
2009 年秋季至 2010 年春季	西南地区	云南、贵州、四川等地区降水少、蓄水少、墒情差，造成作物干枯、河道断流、饮水困难。	王小军，2010

注：根据文献整理

总之，全球气候变化背景下，干旱的发生频率和强度均有增加的趋势，半湿润干旱区面积增加，湿润区面积缩小的幅度较大。中国的干旱范围扩大，强度加重，干旱趋势难以缓解，尤其是北方地区，受旱面积可能增加，干旱问题日益凸显。

2.1.2 干旱对各行业和各领域的影响

（1）干旱对农业的影响

中国有 50% 以上的耕地靠雨养，生产力水平较低，水浇地中灌溉设施老化失修，抗御旱灾的能力差，致使中国农业成为最为直接、最为严重受干旱影响的行业。1949 年以来，全国受旱面积、成灾面积均呈增加趋势，尤以 20 世纪 80 年代以后最为明显，如图 2.2 和图 2.3 所示。

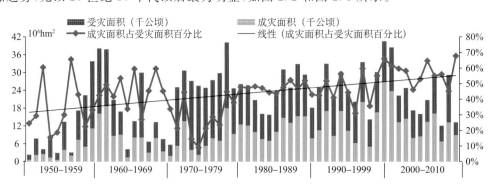

图 2.2 1950—2010 年全国干旱受灾面积和成灾面积变化

注：根据文献整理

1950—2010 年全国因旱灾造成粮食损失最为严重的 10 年中，2000—2010 年就有 7 年（如图 2.3），重旱和大旱出现越来越频繁，粮食损失越来越大。2001—2010 年这 10 年与 70 年代相比干旱的成灾率及其因旱灾粮食损失显著增加。随着科技进步，单产增加趋势明显，成灾面积相近的年份其粮食损失相差甚大，1976 年全国因旱成灾面积为 7849 khm^2，粮食损失为 85.75 亿 kg；2004 年成灾面积为 7951 khm^2，粮食损失高达 231 亿 kg，表明干旱对粮食产量的影响越来越大。

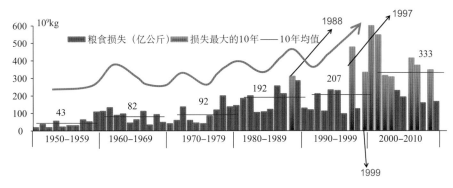

图 2.3　1950—2010 年全国因旱灾粮食损失

注:根据文献整理

1978—2008 年中国黄淮海、长江中下游、东北、西南、华南、西北六大区域受旱面积、成灾面积和绝收面积分别占全国比重如图 2.4 所示。黄淮海地区平均受旱灾面积占全国受灾面积的比例最高;其次为长江中下游地区;东北地区位居第三;这三个地区总受灾面积占全国受灾面积 69%。黄淮海地区平均成灾面积、绝收面积分别占全国成灾面积、绝收面积的比例均在 23% 以上,处于 6 大区域之首;东北地区干旱受灾和成灾面积分别占全国的 19% 和 22%,绝收面积达到了 25%,表明东北地区抗御干旱能力较弱。华南地区干旱对农作物造成的损失较小,干旱受灾、成灾、绝收面积所占比例依次下降,抗旱能力高于其他区域(陈方藻等,2011)。

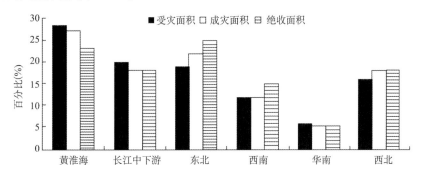

图 2.4　1978—2008 年间 6 大耕作区旱灾平均受灾和成灾及绝收面积占全国的比重

(2)干旱对畜牧业的影响

干旱造成牧草枯死,可利用草场面积减少,牧草产量下降,饲草中营养成分缺乏,进而导致牲畜吃不饱、瘦弱,严重影响其繁殖和生长。连续干旱加剧草场退化和沙漠化,对人工草场建设、天然草场均带来不利(屠槩等,1992;张强等,2009)。

(3)干旱对渔业的影响

干旱影响下,鱼塘储水少,水质差,鱼类生长缓慢,养殖周期缩短,单产降低,抑制渔业生产的正常发展,加大渔业生产者投资风险(王春生等,2007)。

(4)干旱对电力的影响

干旱导致水能资源减少而导致发电量减少,干旱加剧供电短缺矛盾,进而影响工农业生产和人民的正常生活(鲁芬等,2009)。

(5)干旱对交通的影响

干旱时降水量减少,江河来水量偏低,河道通行条件恶化,严重影响正常的水上交通运输。干旱高温导致旱地路面沥青熔化,对交通产生不良影响(杨发相等,2006)。

(6)干旱对城市供水的影响

随着中国城镇化水平的不断提高,对水资源的需求量急剧增加,尤其是水资源短缺的北方,水资源短缺将是提高城镇化水平的制约因素(杨荣俊,2000)。干旱导致城市干旱缺水,对居民生活产生严重影响,干旱时提高水价措施,加重了居民生活负担(何翠敏等,2008;张强等,2009)。

2.1.3　干旱引起的脆弱性

干旱引起的脆弱性主要取决于对水、特别是对降水依赖程度、生产过程的暴露程度和可控制程度。农业是受干旱影响最敏感的，也是对水资源依赖最强的行业，生产过程既暴露也不可控，因此，开展这方面研究相对较多。

根据水资源特点、农业受旱成灾的情况及水利设施抗旱能力，中国农业干旱脆弱性为三类：黄淮海平原、甘肃南部、宁夏和陕西属极严重脆弱区；东北地区中部和东部、山东、河南、皖北和苏北地区属严重脆弱区；广东省属轻度脆弱区，华南地区和长江中下游地区属一般脆弱区（倪深海等，2005）。结合地形地势影响，平原、丘陵和山区农业系统干旱的脆弱性也各不相同，平原区土地肥沃，地下水资源丰富且容易抽取，灌溉发达，抗灾能力较强；丘陵区生态环境差，水源涵养能力低，在大旱和特大旱年份严重缺乏灌溉水源，抗灾能力较差，脆弱性程度依然很高。山区地块破碎，灌溉条件差，灌溉费用高，抗灾能力差，农业系统脆弱性高。

> 脆弱性是一个系统受气候变化不利影响程度，这些不利影响包括气候变异和极端气候事件的敏感和无法克服的逆境。脆弱性是表示系统的特征、规模和气候变化变异率对于该系统的暴露程度、敏感性以及系统适应能力的集合函数（IPCC，2007）。

2.1.4　干旱的适应性对策

（1）农业的干旱适应性对策

发展节水农业：根据作物生长发育各阶段的需水规律和当地的降水、蒸发等气候特点，以及土壤水分状况，制定一套合理的灌溉制度，做到既满足作物需水，又不浪费水资源，采用先进的喷灌、滴灌、地下水灌溉等节水灌溉技术，提高水分利用效率。

发展旱作农业，调整作物布局：在缺乏灌溉条件的地方发展旱作农业，采用伏耕、秋耕等一系列抗旱耕作技术，减少蒸发，形成"土壤水库"。调整作物布局，扩大耐旱作物及耐旱品种的种植面积。

进一步加强抗旱服务组织建设，完善农业社会化抗旱服务体系：建立以县级抗旱服务组织为龙头，以乡镇服务站为纽带，以村组服务分队为基础的抗旱服务网络，并通过各级抗旱服务组织牵头，成立农民抗旱服务协会，把闲置在部分农民手中的抗旱机具集中起来，实行统一管理，统一开展抗旱服务。

（2）渔业的适应性对策

渔业生产单位和养殖户需密切关注气象部门的旱情预报。提高抗旱意识，准备好抗旱物资，并做好塘、库的储、蓄水工作，保持最大的塘、库水容量，以抵御旱情袭击。加大投入，苗种生产单位应增设供水设施或对供水设施进行维修、保养，确保苗种生产用水。加强对亲鱼的管理，使孵化生产能够预期进行。加强水质管理，旱灾未解除前，及时清除残饵、杂物，保持养殖水体环境良好，减少施肥和饵料的投喂量，保持良好的水质。及时组织成鱼销售，减少水体负载，缓解溶氧压力。加强鱼病预防，定期泼洒生石灰、微生物水质改良剂等对养殖水体进行消毒，增强鱼类抗病能力。

（3）畜牧业的适应性对策

加速牧区水利建设，种树种草，改良气候，增强草场自我恢复能力，提高水资源的利用率。有效地控制地表水，在丘陵山区地形地势有利的地方修建水库以拦蓄降水地表径流。改善牧区特别是冬春牧场的供水条件，在满足人畜饮水的前提下，进行草场灌溉，发展人工、半人工草地，选育抗旱牧草品种，提高牧草抗旱能力。对无水和缺水草场，根据当年积雪分布状况，选择有适量而稳定积雪的无水草场作为冬春牧场，以充分利用冬季降水资源（乌兰巴特尔等，2004）。

（4）工业和城市的适应性对策

工业干旱的适应性对策：宏观上调整产业政策和产业结构布局，将耗水量大的工业尽可能推向滨海等水资源丰富的地区,控制在水资源紧缺地区发展耗水量大的工业(王秀云等,2008)。部门内要注重提高水的重复利用率,降低产品的单位耗水量。改造现有高耗水、低效益的工业项目、设备及技术,改进工艺流程,提高水分利用率(杨荣俊,2000)。

城镇干旱的适应性对策:加强城镇节水,加强城市供水管网设施改造和管理,减少跑、冒、滴、漏,推广新型节水器具和节水型生活设施,在水资源紧缺的地区积极推广污水回收利用的中水道系统。

2.2　暴雨洪涝

暴雨洪涝是指长时间降水过多或区域性持续的大雨(日降水量25.0～49.9 mm)、暴雨以上强降水(日降水量大于等于50.0 mm)以及局地短时强降水引起江河洪水泛滥,冲毁堤坝、房屋、道路、桥梁,淹没农田、城镇等,造成农业或其他财产损失和人员伤亡的一种灾害(中国气象局,2010)。暴雨洪涝具有发生强度大、波及范围广、破坏性极大等特点。不仅淹没房屋,造成大量人员伤亡,淹没农田、毁坏作物,导致粮食大幅度减产,造成饥荒,还会破坏工厂厂房、交通、通讯设施等,对国民经济各部门造成影响和损失。

2.2.1　气候变化对暴雨洪涝的影响

中国暴雨洪涝灾害主要发生在东部季风气候区内,发生灾害最频繁的区域在两广及福建等地;长江中下游以及黄淮海地区发生雨涝灾害的频率也比较高;除陕西以外的西北内陆、青藏地区发生雨涝灾害的频率很低甚至不发生。中国一年中洪涝灾害最早出现在4月,如云南的局部性洪涝灾害4月就有发生,桂西和海南岛为5月,华北平原出现在7-8月,黄土高原、渭河流域及东北南部出现在7月,东北中部出现在7-8月。而较大范围洪涝灾害的结束时间,以江南南部最早,为7月;其次为东北、黄土高原大部、长江中下游地区大部及广西、贵州等地,为8月;华北平原、河套地区、广东北部、云南及四川东部因秋雨较多,10月份仍可能出现台风型洪涝灾害,华南地区随着副热带高压南撤而形成的秋汛近年来有减少发生的趋势。

中国各流域洪涝灾害统计显示,长江流域各等级洪涝灾害总的发生次数居首位,其次为淮河和松花江流域,长江、珠江、松花江及淮河四大流域发生大的洪涝灾害的次数占总洪涝次数的60%(黄会平等,2007)。

气候变化背景下中国暴雨日数略有增加趋势(张德二,2010),洪涝灾害也表现出影响面积增大和危害加重的趋势(李茂松等,2004)。根据中国水利部(2011)公报提供的数据资料绘制出1950—2010年中国洪涝灾害受灾、成灾面积的变化如图2.5所示,近60年来全国每年均遭受不同程度的暴雨洪涝灾害,平均每年死亡4592人;倒塌房屋平均每年195.8万间;平均每年作物受灾面积969万 hm²,成灾面积539万 hm²。其中1950年代至1960年代中期,洪涝灾害面积较大;1960年代中期至1970年代末,灾害面积减少;自1980年代后,洪涝受灾面积呈不断增加趋势。

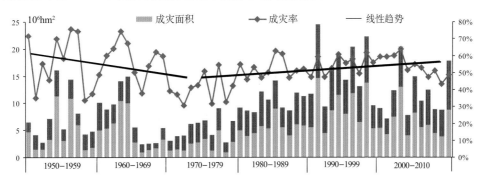

图2.5　中国1950—2010年洪涝灾害面积变化

注:根据文献整理

1990—2010年，中国因暴雨洪涝灾害造成的经济损失平均每年的直接经济损失为1112.42亿元，其中1998年一年造成的经济损失就高达2550多亿元，其次为1996年达2208亿元（中国水利部，2011）。

暴雨洪涝在山地丘陵区容易产生山洪、泥石流等地质灾害，特别是随着气候变化导致暴雨洪涝发生频率的增大，以及人类活动对地表的破坏不断加强，山洪灾害的风险与损失都在持续加大。

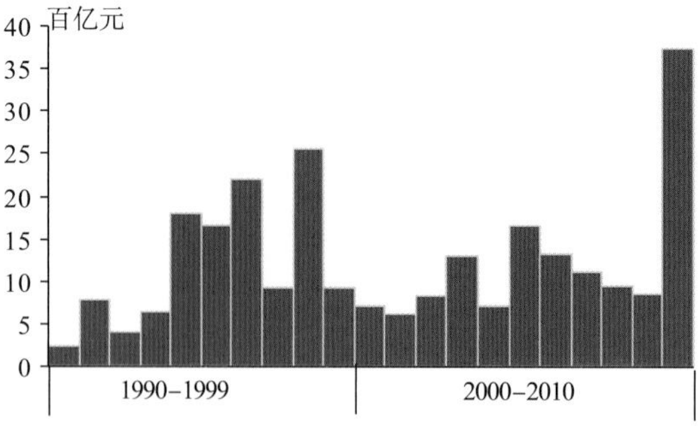

图2.6　1990—2010年全国因洪涝直接经济损失
（根据文献整理）

2.2.2　暴雨洪涝对各行业和各领域的影响

（1）暴雨洪涝对农业的影响

暴雨洪涝灾害对耕地的破坏主要有：一是水冲沙压，毁坏农田。洪水泛滥决口，沿河两岸农田因水冲沙压而丧失生产能力；二是洪水淹没农田，农作物在洪水淹泡条件下，因为无法进行光合作用和呼吸作用，窒息而死亡；三是洪涝灾害加剧盐碱地的发展。洪水泛滥后，土壤经大水浸渍，地下水位抬高，其中所含碱性物质被分解，伴随水分蒸发，大量盐分被带到地表，造成土壤盐碱化，对农业生产带来严重危害。严重的洪涝灾害常造成大面积农田被淹、作物被毁，导致作物减产甚至绝收。

（2）暴雨洪涝对交通的影响

暴雨天气在短时内可形成高流速大流量的地表径流，冲毁铁路和公路交通设施。山区的暴雨常伴随山洪、滑坡、崩塌、泥石流、道路沉降等次生灾害出现，对地面交通造成极大的影响和破坏。同时，由于暴雨洪涝形成的江河水流状况改变，对江河航运交通也带来严重影响。暴雨伴随的雷暴对航空交通运输也呈现不可忽视的影响。

（3）暴雨洪涝对城市的影响

暴雨洪涝对高人口密度和财富集聚城市的影响与破坏性日趋严重。暴雨洪涝冲毁道路、输电线路等设施，中断城市的运输、供水供电系统，对城市造成交通中断和堵塞、机场航班延误、高速公路封闭，严重影响市民的正常生活。暴雨造成城区房屋倒塌、人员受伤、部分地区严重积水。暴雨洪涝对城市造成的破坏还会受城市发展的影响而加剧，一方面城市规模与人口数量不断扩大，另一方面城市的"热岛效应"甚至可能改变局域气候，造成降水强度和分布的变化，使城市相对于郊区更易于引起暴雨出现，造成重大经济损失和人员伤亡（陈翠英等，2006）。

（4）暴雨洪涝对水利的影响

中国江河防洪减灾体系仍然薄弱，病险水库依然存在，应对极端暴雨洪水的能力不足（刘九夫，2010）。暴雨洪涝灾害对汛期大坝安全、水库管理以及防洪等产生不利影响（张建敏等，2000）。

（5）暴雨洪涝对人类社会的影响

暴雨洪涝对人类社会影响主要表现为造成人员大量伤亡，摧毁公路和其他基础设施，这种影响不仅在发生过程对灾区人民的生命财产造成直接损失，而且灾后仍然对社会经济产生较长期的影响。相比较而言暴雨洪涝灾害对城镇居民生活水平影响相对较小，对农民的生活水平影响比较大（冯强等，2001；周春花等，2006；唐川等，2008）。

2.2.3　暴雨洪涝引起的脆弱性

暴雨洪涝引起的脆弱性涉及地理环境和成灾机制的各个方面，包括自然环境因素和社会经济因素。洪涝灾害脆弱性形成是自然因素和人为因素在特定时空条件下共同耦合的结果（商彦蕊，1998）。

农业是暴雨和洪涝灾害引起的脆弱性最为严重的行业，降低洪涝灾害引起的农业脆弱性是减轻农业洪涝灾害及其影响的核心，农田始终是高脆弱区。

沿海地区的暴雨洪涝脆弱性对全球气候变化的敏感性强，全球变暖，海平面上升，使沿海地区对暴雨洪涝灾害的暴露程度加剧，加大了沿海地区的脆弱性，导致灾害风险与日俱增。大城市由于人口和经济集中对洪涝的脆弱性更大,为了尽可能减轻洪涝灾害对大城市所造成的损失,需要进行大规模建库筑堤、修闸建站、整治河道等工程建设。土地利用对暴雨洪涝脆弱性影响显著(孙芳等,2005)。

2.2.4 暴雨洪涝的适应性对策

防御暴雨洪涝灾害首先要强化全社会的防灾减灾意识,密切关注暴雨洪涝等天气预报,在暴雨前做好防汛准备,检查堤围、水坝,备足防汛物资;修筑水库拦蓄河水,有效防止暴雨引发的洪涝灾害;重视生态环境保护,如种草种树,减少地表径流和水土流失,防止或减轻暴雨造成的灾害。兴修水利、治理河流、开渠道,增强暴雨时泄洪能力。按暴雨发生的规律,确定适宜种植制度,选择耐雨、耐涝作物,调整播种期,避免关键生育期出现在暴雨高峰期。在暴雨中心地区,调整种植业与养殖业、旱作与水生作物的比例,以减轻暴雨危害。

2.3 低温灾害

低温灾害包括低温冷害、寒害、霜冻害和冻害。低温冷害是指农作物生长发育期间,因气温低于作物生理下限温度,影响作物正常生长发育,引起农作物生育期延迟,或使生殖器官的生理受阻,最终导致减产的一种农业气象灾害。霜冻害指在农作物、果树等生长季节内,地面最低温度降至0℃以下,使作物受到伤害甚至死亡的农业气象灾害。冻害一般指冬作物和果树、林木等在越冬期间遇到0℃以下(甚至-20℃以下)或剧烈变温天气引起植株体冰冻或丧失一切生理活力,造成植株死亡或部分死亡的现象(中国气象局,2010)。

2.3.1 气候变化对低温灾害的影响

气候变化背景下,全球极端低温事件发生频率以及霜冻日数均呈减少趋势,无霜期显著延长。中国极端最低温度和平均最低温度趋于增高,霜冻日数和寒潮事件明显减少,以东北和新疆北部最为突出。而全国低温冷冻灾害的灾害强度却呈不断增大趋势,如2008年南方大部分地区遭遇罕见低温冷冻灾害,造成非常严重的损失。

各低温灾害主要发生地区、受害对象及危害的主要形式见表2.2。

表 2.2　低温灾害分布及危害

害类型		主要发生地区及受害对象	危害的主要形式
霜冻		西北、华北、东北、华东、华南地区冬小麦、棉花、玉米、水稻、甘薯、高粱及蔬菜水果等	作物生长季内,土壤、植株表面及近地层短时降到0℃以下的低温,引起植株体内的水分形成冰晶,导致细胞脱水和原生质胶体物质凝固,造成作物死亡
冻害		西北、华北、华东地区冬小麦、油菜、蔬菜及葡萄、柑橘、油茶、茶树等越冬作物,经济果木等	冬季强寒潮袭击下,温度急剧降到0℃以下,引起植株体冰冻或丧失一切生理活动,造成植株地上部分局部或全部死亡
冷害	倒春寒	长江流域和华北地区水稻、小麦、棉花、高粱等	春季温度比常年明显偏低,作物生长受阻,长期低温条件下,引起烂种、烂芽
	夏季低温	东北、西北及河北北部玉米、水稻、大豆、高粱、谷子等	夏季温度比常年温度偏低,影响作物正常生长发育,发育期延迟,引起作物不育,造成大量秕粒或不结实
	秋季低温(寒露风)	长江流域及华南地区双季晚稻	低温使生育期推迟,影响孕穗、扬花、授粉及受精等过程,结实率降低
寒害		华南地区热带或亚热带经济作物,荔枝、龙眼、芒果、香蕉等	越冬期冻害、花芽分化期冻害和花期低温阴雨引起果树冻伤、死亡、座果率下降,产量、品质大幅度降低

在全球气候变暖背景下,中国极端最低温度和平均最低温度呈现增高趋势,北方冬季表现明显,最低温度≤0℃的日数普遍减少,尤其是东北和新疆北部最为突出。夜间温度极端偏低的日数在中国北

方趋于减少，以华北地区和东北地区最为明显（翟盘茂等，2003）。霜冻日数和寒潮事件明显减少，热量条件的改善同时使低温冷害有所减轻，同时也缩短了作物生育期。

气候变暖导致温度变率增大，春季升温早，秋季降温迟，但因春季升温过程常伴随大幅度降温，或秋季降温突然提前，霜冻危害变化趋势极不稳定。

气候变暖对不同地区、不同作物及不同生育期的低温灾害影响程度不同。如1959—2007年贵州省西部、西北部高海拔地区及中部、北部倒春寒强度呈增强趋势，但东部、南部强度却略呈下降（李勇等，2010）；随气候变暖，冬小麦受灾时间也发生了变化，1981—1990年冻害主要发生在越冬中期，1991—2000年冻害多发生在越冬中期和返青萌动期，2000年以后冻害多发生在越冬初期和越冬末期，萌动返青期次之，发生在越冬中期的次数很少（代立芹，2010）。

气候变化背景下，中国低温灾害总体仍然呈现上升趋势，且灾害强度不断加大，如华南地区历史上很少发生霜冻，但是1991年、1993年、1996年、1999年先后发生大范围严重霜冻害（钟秀丽，2003）；2008年长江中下游至江南地区发生的百年遇罕见低温冰冻雨雪灾害，其最大连续低温日数、降雪量、冰冻日数均为1951年以来冬季最大值（王遵娅等，2008）。主要原因是：气候变暖是一个缓慢的过程，同时带来的是气候变率增大，异常低温出现的频率升高，冷冻害的风险加大。其次，局部地区的温度升高会造成作物拔节提早，抗寒力降低，一旦遭遇倒春寒天气，很容易发生霜冻害。再次，气候变暖导致作物种植界限北移，同时各地区为提高产量逐渐推广作物晚熟品种，低温灾害发生风险增加（杨晓光等，2010；刘志娟等，2010）。此外，作物抗低温能力也是决定低温灾害影响程度的重要因素。

2.3.2 低温灾害对各行业和各领域的影响

（1）低温灾害对农林业的影响

①对农业的影响

影响中国农作物的低温灾害主要有霜冻、冻害、冷害、寒害，低温灾害主要影响农作物生长发育及产量形成，涉及面积广泛。中国东北和新疆是低温冷害高发地区，据统计，东北三省在1957年、1969年、1972年和1976年4个严重低温冷害年，玉米平均比上年减产16.1%；1949年以来黑龙江省先后发生9次低温冷害，每次作物单产和总产均下降20%~30%。

寒害主要影响中国海南、广东、广西、云南、福建和台湾省等地的橡胶、椰子、胡椒、咖啡、油棕、腰果、剑麻、香蕉、龙眼、荔枝等热带或亚热带经济作物。如果寒害持续10~20 d，平均气温在10℃以下，就可使橡胶树等大量死亡。例如1955年1月，因受强冷空气侵袭，广东湛江和广西南部最低气温降至0℃左右，胶园橡胶树干枯致死的占70%~80%；海南岛南部地区30%~40%胶树受害，经济损失达数十亿元。由于不同作物受害的温度指标不同，各地发生寒害的情况也不相同。

对农作物造成危害的主要是初霜冻和终霜冻，初霜冻和终霜冻对农业的危害因地区而不同，如：初霜明显提前，严重影响东北松辽平原大豆、高粱和玉米的成熟；终霜冻推迟对华北等地小麦拔节有一定影响（高淑娟等，2007）。中国除海南、雷州半岛和云南南部一些地区不出现霜冻外，其余地区均出现过霜冻，霜冻害高发区主要有两个区域，一个高发区出现在东北中部—华北北部—西北中东部，包括黑龙江中部、吉林和辽宁两省西部、河北和山西两省北部、内蒙古东南部、甘肃的河西走廊和陇东地区、宁夏大部及陕西中北部，这一地区通常2~3年发生一次程度不同的霜冻害；另一个高发区出现在长江中下游和南岭地区，包括湖北南部、广西北部和安徽、江苏、湖南、江西和福建等省的大部地区，通常3年左右发生一次霜冻害（中国农业科学院，1999）。

冻害主要影响越冬作物，中国冬小麦发生严重冻害的区域包括：以准噶尔盆地为中心的北疆冻害区，常年冬小麦受冻面积占全疆播种面积的6%~8%，严重冻害年死苗面积占播种面积的20%以上，而且主要发生在无积雪、积雪晚或融雪早的年份。以陇东、陕北及晋中为中心的黄土高原冻害区。以晋北、燕山山区及辽宁南部一带的冻害区，该区为20世纪70年代以来扩种的冬麦区，经过1976—1977、1979—1980、1983—1984年度3次冻害后，冬小麦种植面积已大大缩小。以京、津、冀及鲁西北等地为中心的海河平原冻害区,1949 年以来,北京有 5 年因冬小麦遭受冻害而明显减产;1980 年河北省因冬小麦冻害死苗减产 25 亿 kg,沧州、衡水两地区 70％以上麦田死苗率高达 5 成以上。以河南、苏皖两省北部及山东南部为中心的黄淮平原冻害区,该区常常在强寒潮南下时发生冻害(郑大玮和龚绍先,1985;陈端生和龚绍先,1990)。

气温持续下降导致水温降低到鱼类可忍受的极限温度以下或鱼处于低温和极低温度的时间过长会导致大量死鱼;大量死鱼令水质污染、缺氧和致病菌繁殖过快;死鱼现象在天气回暖后又大幅度增加,加上在极低温度下被抑制的病菌,温度回暖后大量繁殖使受伤鱼感染;其次是一些未受冻灾影响的鱼类,加之极低温度条件下抵抗力下降、停止摄食,处于被污染的水质中,极易被病菌感染,在天气回暖后,这些鱼开始出现病症和逐渐死亡;气温缓慢回暖后,水温回升慢,出现下层水温低于上层水温的现象;虽然水表温度略有升高,但生活于水中的鱼类仍处于低温环境中,随着低温时间的延长,鱼的死亡越来越严重;冻死下沉的鱼,一段时间后或水温回升后变质、上浮,也会令死鱼数量大增。低温的出现,轻则推迟鱼苗孵化时间,严重的会使正在孵化的鱼卵大批死亡或产生畸形,不但会造成严重的经济损失,有时还会因鱼苗供应不足影响一年正常的渔业生产。

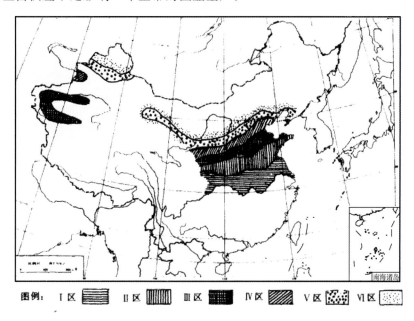

图 2.7　北方冬小麦冻害分区
Ⅰ区:轻度冻害偶发区;Ⅱ区:轻度冻害区;Ⅲ区:中等冻害区;Ⅳ区:重冻害区;Ⅴ区:严重冻害区;Ⅵ区:冬小麦不适宜种植区

②对林业的影响

常绿经济林受冻后,长时间冰冻造成大树嫁接接口处断裂,雪压造成折枝、倒伏、断梢、幼果脱落,乃至植株死亡;竹林受低温灾害后表现出弯曲、折断、破篾和翻蔸等;材林受雪压危害后出现断梢与断干、弯斜与弯曲、倒伏、翻蔸等,前两种类型受害比较普遍,受害程度也比较严重。常绿果树发生冻害后,表现在根颈部和不充实的晚秋梢及其叶片,出现根颈部树皮爆裂,晚秋梢及其叶片出现水渍状斑块并逐渐扩散,叶片卷曲、萎蔫、干枯,枝梢逐渐死亡;新造常绿幼树易受雪压、冰冻、冻拔等类型灾害,造成幼树出现落叶、折枝、倒伏、全株枯死或部分幼嫩枝条冻枯、根系外露,导致幼苗幼树衰弱直至死亡。同一树种的不同品种抗低温能力也有很大差别(李东升等,2008)。

(2)低温灾害对社会的影响

①低温灾害对交通的影响

低温、雨雪、冰冻灾害严重干扰公路、铁路等交通系统,客货运输受阻,旅客大量滞留。此外,在低温、雨雪、冰冻天气,为确保公路交通运输畅通而采取一些措施破冰除雪,也使公路基础设施遭到较大程度的破坏(施张兴,2008)。

②低温灾害对电力的影响

低温冰冻导致电线覆冰、杆塔倒塌、地线支架变形折断、变电站供电中断，影响整个供电系统的正常运行；低温冰冻会导致风电机组刹车液压系统不能正常工作、刹车时间延长、振动加大，影响风电机的安全性能；低温冰冻对风电机组油的黏稠度和流动性产生影响，导致风电机偏航系统润滑水平下降或引起偏航故障；风速风向仪可能会被冰、霜、雪覆盖，风电机组无法正常测量到风向和风速等（孙鹏等，2008）。

③低温灾害对城市基础设施的影响

低温灾害影响供水设施，导致供水主干管受冻破漏、管道闸阀冻裂、水表受冻破损、高层住户户外立管结冻、供水设施封冻等（安楚雄，2008）。

2.3.3　低温灾害引起的脆弱性

全球气候变暖背景下，气温的升高主要表现在极端最低温度和平均最低温度趋于增高，同时寒潮频率趋于降低，低温日数趋于减少，霜冻日数明显减少（信乃诠等，1994；肖风劲等，2006），但这并不意味着所有作物因低温灾害引起的脆弱性会降低。暖冬的连续出现，导致越冬作物提前萌发，小麦提前返青徒长、果树提前开花发芽、晚霜冻潜在威胁不断增加（孙忠富，2009）；加上盲目引种晚熟品种，作物本身抗冻性降低，尽管低温强度有所减弱，但霜冻的危害程度仍可能加剧（杜娟等，2007）。气候变化背景下热带地区年平均气温显著增加，热带作物抗寒性品种减少，加大了作物遭遇寒害的风险。随着气温升高，作物生育期缩短，体内累积糖分少，作物抗低温能力大为减弱，低温灾害引起的脆弱性增加。

2.3.4　低温灾害的适应性对策

（1）农业的适应性对策

低温灾害对农业生产的影响巨大，农业大范围防控低温灾害，通常采用以下措施：

①优化农作物适宜种植区布局

根据当地多年热量资源特点、低温灾害出现规律、作物本身特性等因子，确定作物种植区北界及作物适宜种植区。不同灾害侧重考虑的因素略有差异，如防控霜冻，需了解当地终、初霜日气候平均值、无霜期长短，霜冻发生频率、生长季节内热量资源时空变化与分布特征等；防控冷害要了解冷害发生的频率、发生时段和强度等；结合作物自身抗低温特点，考虑作物受低温影响的敏感期、作物受害指标等。而地形和下垫面性质，影响低温灾害的发生和强度，因此在作物布局时必须同时考虑地形、下垫面、海拔高度、平原和山区等因素。

②确定适宜栽培品种

加强农业基础设施建设，强化农作物田间管理是提高农业灾害综合防御能力的重要途径。如，通过加强农田灌溉设施建设，在霜冻前夕及时进行灌溉，可有效抵御霜冻；通过农业生化制剂应用，实施"一喷三防"减灾措施，能够有效提高作物抗低温能力，也可有效减缓其他灾害的影响。依据作物不同熟性品种的抗寒性，确定适宜栽培作物品种。选育耐寒性品种，也是抗御低温灾害的有效措施，作物不同的生长发育阶段对低温敏感性相差较大，选择适宜品种、合理播期、采用适当调控措施、避开过低温发生时段，是生产中行之有效方法之一。

（2）林业的适应性对策

提前做好防寒工作，做好林木的抚育管理，幼林修枝剪枝和人工落叶，减少水分蒸发；寒流到达前2～3天，有条件地区进行覆土、盖草、刷白，提高经营强度；对已挂果的果树进行套袋，达到保温效果，增施有机肥，提高林木的抗寒能力；加强对已受冻林木进行补植，采用抗寒能力强、生长速度快的树种，如木麻黄、荷木、松等进行更新改造，对冻坏的果林进行修剪包扎，促其重新长出幼芽；对受损的林木进行早期追肥和根外追肥补给养分。

按照森林分类经营原则，适地适树，尤其是种植混交林。植树造林以南北走向为主，与当地主风向垂直；林内种果，利用林木的屏障作用，降低内层果树的受冻程度，尤其是平原地区，受低温灾害程度最重,充分利用林木抗寒能力比果树强的特点,在林带内种果;利用局地地形和小气候优势;利用南北坡温度差异,种植适生树种,东北坡和北坡种植林木或抗寒能力强的果树,抗旱能力差的果树栽种于南坡,减少低温对其影响。

（3）社会的适应性对策

①建筑工程

选择建筑场址时,必须充分了解建筑场区的地貌、水文工程地质条件,合理确定地基土的冻胀等级;根据建筑物的用途、结构形式、采暖情况以及设备基础和地下管线的穿越情况,决定基础的埋置深度。基础必须按地基土冻胀类别埋置到规定的设计深度,或将基础底面至要求埋深之间的冻胀性土,换成非冻胀性土（砂卵石）,以防止法向冻胀隆起力对基础的危害。设计中应充分利用上部结构荷载对地基土冻胀的抑制作用。设计中必须考虑地基土冻胀对台阶、门、底层阳台及散水部分的破坏作用（唐树春,1984）。渠道的修建可以采取压实土、做好排水、隔水、换填、保温等措施防低温冻害（那文杰等,2007）。

以桩基作为基础形式的土区建筑物,可采用换填基础约束范围的岩土体,或者对桩基范围进行隔离防冻保温处理。类似于挡土墙承受非对称水平冻胀力的工程构筑物,在满足渗径要求条件下,墙后采用非冻胀性填料,置换填料与原状土之间设置反滤层或用土工布隔离,换填层设置排水出路。采用锚定板式、扶壁式、涵管式等结构形式有刚性大、受力条件好并且能够起到减少冻胀破坏的作用（程建军等,2009）。

②市政设施

在制定城市设施给排水管道抗冻敷设深度时,除考虑历年冰冻线因素外,还需考虑特定地区的地质条件、气象因素、降水条件等的影响,进而确定冰冻线取值。对于室外煤气管道的架空与直埋部分处理好保温与抗冻的措施,特别对煤气管道的一些特殊部位加强保温抗冻措施,采取增加保温垛、采用保温性能高的材料、增强保护层等工程措施。在低温冰冻环境下,杆塔基础一定要遵照规定的基础埋深进行基础施工,即基础埋深必须大于冰冻线,且不少于 0.6 m。另外,严寒地区的入土部分电杆和基础都要采用防止冻胀的措施。对于冰冻现象严重的严寒地区应同时考虑采用自锚原理对杆塔基础进行抗冻处理。建立基于气象条件的安全管理系统;建立必要的工程防护措施,将冰雪防灾纳入公路交通规划和设计当中;建立较为完善的公路冰雪清除服务体系。为达到防冻效果,城市道路建设需采用水泥混凝土路面结构（程建军等,2009）。

2.4 高温热浪

高温热浪是指,日最高气温大于或等于 35℃ 为高温日;连续 5 天以上的高温过程为持续高温或"热浪"天气。高温热浪对人们日常生活和健康影响极大,使与高温有关的疾病发病率和死亡率增加;加剧土壤水分蒸发和作物蒸腾作用,加速旱情发展;导致水电需求量猛增,造成能源供应紧张（中国气象局,2010）。

全国各区域高温热浪出现的时间不同,华北地区主要集中出现在 6—8 月,华东、华中、华南和西南地区主要集中在 7—8 月。近 50 多年来,热昼、热浪事件的发生频率持续上升,北方白天温度极端偏高的日数平均以 0.8 d/10a 的趋势增加,以西北部分地区的增加趋势最为明显。高温热浪给人类活动带来不利影响,威胁居民身体健康,高温热浪增加农作物的脆弱性,导致作物减产。

2.4.1 气候变化对高温热浪的影响

1961—2006 年中国年高温日数（日最高气温 ≥35℃ 为高温日）的空间分布特征如图 2.8 所示,东南部和西北部为两个高值区,全年高温日数一般有 15～30 天,新疆吐鲁番达 99 天,为全国之最;江南部分地区及福建西北部年高温日数可达 35 天左右。重庆市年高温日数也较多,有 35 天（中国气象局,2007）。

气候变暖背景下。近 50 年来全国平均炎热日数呈现先减少后增加的趋势,尤以近 20 年来上升最为明显。北方白天温度极端偏高日数除华北南部地区趋于减少外,其他大部分地区趋于增多,西北部分地区增加趋势最为明显（肖风劲等,2006）,且年极端高温事件发生频次与全球增暖呈显著正相关（张强等,2008）。

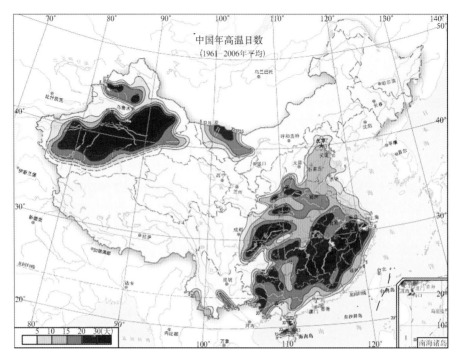

图 2.8   1961—2006 年中国年高温日数（中国气象局，2007）

　　不同区域高温日数对全球变暖响应的时间不一致，高温日数开始增加的时间由南向北推迟，华南地区高温日数开始增加的时间在 20 世纪 70 年代中期，长江中下游地区为 20 世纪 80 年代初，华北地区为 20 世纪 80 年代末（高荣等，2008）。近 50 年来全国最高气温和高温日数的高值中心均位于新疆吐鲁番盆地。东部季风区最高气温和高温日数高值中心并不一致，最高温度长江以北地区高于长江以南地区，最高值出现在华北南部，而高温日数的高值中心则在江南地区，多年平均值在 20 d 以上。

2.4.2 高温热浪对各行业和各领域的影响

　　（1）高温热浪对农业和林业的影响

　　①高温热浪对农业的影响

　　持续高温对作物生长发育和产量品质形成造成严重影响，持续异常高温引起水稻颖花不育、结实率下降；蔬菜落花、坐果率降低（黄宇等，2008）。高温伴随少雨，加剧土壤水分蒸发和作物蒸腾作用，加速旱情的发展。持续高温影响畜禽生长、增重、繁殖力、泌乳、肉品质等生产力指标，对畜禽的健康也有很大危害，其中对生猪的影响和损害最大，其次是家禽业，持续高温也会使微小动物和珍稀动物面临灭绝险境（司红丽，2007）。

　　②高温热浪对林业的影响

　　高温影响森林生产力（气候变化国家评估报告编写委员会，2007），高温引发森林火灾（徐金芳等，2009），使火灾频繁发生，火险等级加大（张强等，2003）。高温影响下林业病虫害发生面积、危害程度均呈现上升态势（杨广海等，2007），对林业带来不利的影响。

　　（2）高温热浪对工业和社会的影响

　　高温热浪对工业生产的影响

　　高温易引发各类工业火灾，尤其对轻纺、化纤、橡胶等行业及存放易燃易爆物品的仓库影响更大，由于物质的特殊性，在操作、保存过程中若遇到高温天气，尤其是持续高温容易自燃起火、造成火灾。高温造成易挥发性食品既难于生产又难于保存（王志英等，2008）。高温降低工人劳动生产率，影响工业产值。高温热浪给生产、销售防暑降温用品及设备的厂家和商家带来商机。

　　高温热浪对能源生产与供应的影响

　　高温热浪给人民生活带来显著的影响，水电需求量急剧上升，造成水电供应紧张，故障频发（张强等,2003)。持续的高温少雨,天气干燥,蒸发量大,易出现水荒,水力发电减少,甚至影响城市正常供水。高温期间,生活用电、工厂电能消耗剧增,电力供应紧张,电力负荷的增加同时加剧了城市的热岛强度(陈瑞闪,2003;王志英等,2008)。

高温热浪对交通安全和通讯的影响

高温条件下,汽车性能变差,汽车自燃事故增多(朱毅等,1996;王志英等,2008)。高温使驾驶员容易疲劳,驾驶员注意力、精确性、运动协调性和反应速度亦会降低,导致交通事故多发。高温影响通讯线路的维护和维修,增加了作业人员工作难度。

高温热浪对人类健康的影响

热浪发生期间,呼吸系统疾病、心血管疾病、中暑、肠道病、"空调病"等疾病发病率升高,尤其是对年老体弱人群影响更大。每年都有相当比例人因高温热浪侵袭影响健康甚至死亡。医学统计表明,在高温天气下心血管疾病的发病率逐年上升,夏季月平均气温与心血管疾病病死率呈正相关关系(李立丰,2008)。城镇因高温限量供水、供电,人们正常生产生活受到较大影响,对人类健康造成间接影响。

2.4.3 高温热浪引起的脆弱性

高温热浪增加生态系统的脆弱性,气候变暖导致与生态系统密切相关的极端天气、气候事件如干旱、高温的频率和强度的增加,从而使自然生态系统的脆弱性增大。尽管自然生态系统已经进化或发展到具备在一定的气候变异范围内应对和自适应能力。但是如气候变化导致超出系统经历过的历史范围的极端事件发生频率或强度增加,会增加自然生态系统的风险,使系统不能完全恢复,甚至崩溃(李克让等,2005)。高温热浪将增加不同作物和病虫害的脆弱性。高温热害限制了作物正常生产,影响玉米、大豆、高粱和谷子等农作物种植和产量,作物生育受到强烈抑制。气温增高后,在遇到降水量相应增多时,高温高湿天气有利于各种农业病虫害的发生和传播,并促进各种杂草旺长,这将不利于作物产量的提高(郑有飞等,2008)。高温热浪对城乡、不同年龄段人群的脆弱性不同,热浪对城市居民的影响远大于郊区,可能是由于城市"热岛效应"和空气污染双重影响;收入和年龄是影响高温导致人类死亡率的潜在因素,在高温热浪状况下,低收入群体的死亡率较普通人群高1.3～1.7倍,低收入的老年群体的死亡率较整个低收入群体高1.5倍,低收入的老年群体的死亡率比普通群体高2.3倍(Kim,2006)。

2.4.4 高温热浪的适应性对策

(1)农业和林业的适应性对策

①农业的适应性对策

高温对不同作物、不同生育期、不同栽培技术等产生的影响不同,因此需要通过改进耕作制度、栽培管理措施,调节播期、更换作物类型和作物品种,避开和抵御持续高温灾害对作物生产的危害,趋利避害,确保农业生产持续发展(赵德法等,2004)。水稻是对高温反映最敏感的作物,在实际生产中选用耐高温品种、确定适宜播种期,使水稻抽穗开花期和灌浆结实期尽量避开或减轻高温的不利影响,并控制水稻开花灌浆期的水层管理。夏玉米生长季内若遭遇夏秋异常高温,需采用灌溉等方法,及时引水抗旱,改善田间小气候,减轻高温干旱对生殖器官直接损害,亦可通过人工辅助授粉方式减少玉米花粉败育(嵇仁兰等,2005)。果树夏季遇到高温热害时,可喷洒3%的过磷酸钙(冯骏等,2003;况慧云等,2009;江农,2009),同时采用穴施肥水、施用吸湿剂、化学调控与叶面喷肥、施用抗旱剂、果园浅耕和树盘覆盖等措施避免或减轻高温对果树的危害(谢发锁等,2009)。高温季节可种植冬瓜、丝瓜等较耐热蔬果,并结合遮阳网覆盖栽培(江农,2009)。家畜中生猪对高温热浪最敏感,因此养猪场选址需注意通风良好,同时做好栏舍设计、绿化猪场,在猪舍内安装降温设备,调整猪舍饲养密度、饮食等以应对高温(邓绍基,2005)。

②林业的适应性对策

林业适应高温热浪的对策包括:加强森林资源的合理配置,切实提高林分的质量,提倡经济林的生态栽培模式(许利群等,2004)。在高温热浪出现期间,加强生态恢复工程建设、防治和控制森林火灾和病虫害次生灾害的发生(气候变化国家评估报告编写委员会,2007)。

(2)工业和社会的适应性对策

①工业的适应性对策

高温热浪出现时,仍需作业的工人在工作间隙必须到凉爽环境中休息,饮用含盐饮料,以减少因热量积聚而产生的脱水和缺盐生理反应现象。工厂企业宜采取有效方法,如在热源和工人之间设立屏障、减少辐射热的作用,利用通风系统将冷空气输送到高温作业场所,散发热量,降低温度,以减少高温与工业毒物对工作人员的影响(王簃兰,1988)。

②社会的适应性对策

交通和能源的适应性对策:做好高温条件下车辆保养、防止爆燃、供油系气阻、制动失效、蓄电池损坏、爆胎等,防止驾驶员疲劳驾驶,避免交通事故发生(朱毅等,1996)。

城市的适应性对策:设置卫星城、控制城市规模和城区人口,注重环境优先原则,改进排水系统的透水性能,合理规划、设计城市建筑,保留水面、建造人工湖,提高城市绿地覆盖率,除增加地面绿化外,加大屋顶、墙壁和阳台绿化面积。发展公共交通系统,减少汽车尾气排放(王朝春,2006)。

公众的适应性对策:建立包括气象部门、政府、医疗机构、媒体、公众等在内的高温热浪预警系统,使公众能够及时获得高温警报信息;热浪出现之前,做好供电、供水和防暑医药等的供应准备;在热浪袭击时,保证清凉饮料供应,改善休息条件,医疗条件,及时抢救中暑病人。民众在热浪出现时宜放慢工作生活节奏,减少或取消剧烈活动,选择一天中最凉爽的时间段外出活动;尽量做到选择阴凉的地方,穿浅色的衣服,吃清淡的食物,多喝水,不饮用含有酒精的饮料,以确保身体健康(刘建军等,2008)。

2.5　台　风

台风是指生成于热带或副热带海洋上,伴有狂风暴雨、中心附近最大平均风力达到 12 级以上的热带气旋。中国气象局根据台风风力强弱分为:台风,中心附近最大平均风力达到 12~13 级;强台风,中心附近最大平均风力达到 14~15 级;超强台风,中心附近最大平均风力达到 16 级或 16 级以上(中国气象局,2010)。

全球每年约有 80 个台风(含热带气旋)生成,其中有 38% 发生在西北太平洋,影响中国的台风主要生成于西北太平洋和南海海域,78% 的台风或热带风暴登陆时间集中在 7—9 月,主要影响华东、华南地区,受台风影响的频数分别为 5.8 次/a、5.1 次/a;其次是华中、东北地区,受台风影响的频数分别为1.5 次/a、1.0 次/a;影响最少的是华北地区,受台风影响的频数仅为 0.4 次/a。1949—2006 年期间有 522 次台风登陆中国,年均 9 次,1975—1990 年登陆中国的强台风和超强台风为 10 个,1991—2006 年为 16 个,2001—2006 年达 8 次(中国气象局,2007),在全球气候变暖背景下,中国登陆台风频数呈减少趋势,登陆台风的平均强度和极端强度均有减弱趋势,极端强度的减弱趋势尤为明显(曹楚,2006)。

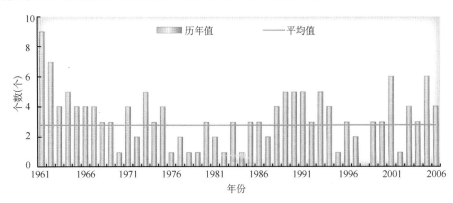

图 2.9　1961—2006 年登陆中国的台风(风速≥32.7 m/s)个数(中国气象局,2007)

2.5.1 气候变化对台风的影响

登陆中国的台风主要集中在广东和海南,其次是台湾、福建和浙江,上海和长江以北的沿海省(区、市)极少,由沿海向内陆遭遇台风的频率逐渐降低(曹裕州等,2008;贾晓等,2010)。全国70％以上的大城市、50％以上的人口和近60％的经济总量都处于台风的直接影响之下。1949—2006年登陆中国南部和东部沿海的台风约占全国登陆总数的90％,而该区正是全国经济最发达、人口密度最大以及港口、核电站、军事基地、石油储备基地等战略设施相对集中的区域。近20多年来,浙江、广东、福建、广西及海南等省(区)因台风造成的总经济损失均超过300亿元(中国科学院学部,2008)。

20世纪70年代以来,登陆中国的台风强度逐年增加;与20世纪后30年相比,21世纪中国年台风总数的减少主要出现在台风盛行的6—8月,西北太平洋总编号台风的开始和结束时间可能推迟,且台风活动的季节有延后(到9月、10月)的趋势;台风强度并没有减弱,台风的生成源地可能略微东移(赵宗慈等,2007)。近年来,登陆中国的台风移动路径更加复杂化,受影响的区域呈扩大趋势(中国科学院学部,2008)。虽然全球热带气旋在过去30年总体有显著增强的趋势,而且这种趋势和热带气旋发生发展区域的海温升高趋势吻合,但是目前尚无充分的证据表明全球变暖已经造成更多的强热带气旋。其主要依据是:30年的资料太短,无法说明长期的热带气旋变化趋势;过去30年强热带气旋增加的趋势可能是观测手段改变和对气旋强度确定过程中造成的误差所致;由于全球变暖同时使对流层上部增暖等因素,将完全或者部分抵消海温增暖对热带气旋的强度变化的影响;当前气候系统的内在周期变化可以解释过去30年的热带气旋频率及强度变化。另外,对台风活动强弱的定量计算没有公认的公式,对于西太平洋而言,哪些全球变暖背景下的区域气候变化特征与台风活动有关,除海温外,还有哪些气候变量的变化可能影响台风活动等问题尚不明了,因此对于全球变暖对台风活动的影响还尚无定论。

2.5.2 台风对各行业和各领域的影响

(1)台风对农业的影响

台风是影响中国农业的重要灾害之一,台风带来的大风、暴雨、风暴潮及其引发的次生灾害对农业生产和国民经济带来巨大的破坏和损失。由于台风的致灾因素多,灾害涉及面广,受灾情况复杂,每年台风造成的危害程度也不同(陈联寿,2002)。从20世纪50年代到21世纪初中国农作物受台风灾害影响总体情况来看,1975年以后到1997年之间受灾面积呈增加趋势,成灾面积亦呈增加趋势,1997年以后农作物的受灾面积又呈下降趋势。成灾面积和绝收面积的年际变化趋势同受灾面积的变化趋势基本一致。

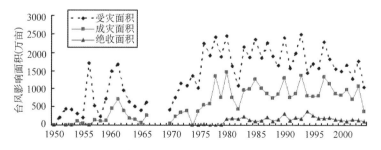

图2.10　1950—2004年台风造成的农作物受灾情况(据中国种植业信息网)
注:1967年、1968年、1969年三年缺数据,1970年的绝收面积数据没有统计资料

台风的连锁效应常形成灾害链,构成群发性灾害。台风直接毁坏农作物,影响作物的生长发育及抗逆能力,为病虫害的流行蔓延创造了适宜的田间环境,特别是使水稻细菌性病害和纹枯病增加。台风带来的狂风暴雨使作物折枝伤根、叶片受损,同时带来的降水使作物表面长期维持高湿度状态,极易造成病害的暴发成灾。台风还会加剧迁飞性、流行性植物疫病和虫害的流行与传播(李瑞英等,2006)。台风暴雨引发的泥石流、山崩、滑坡和水土流失等次生灾害,使耕地遭到泥沙石的淹盖,导致土壤质量

下降,影响农作物的生长。台风暴雨使海面倾斜,低气压使海面升高,发生海水倒灌从而导致农田受淹,使农用灌溉水受到污染。部分被淹农田因长时间受海水浸泡导致土壤中的含盐量升高造成土地盐碱化不利于农作物的生长,有的农田甚至废耕(叶旭君等,1999)。

台风给农业带来危害的同时,也有其有利的一面。台风为经过地区带来充沛的降水,对于缓解旱情、改善环境起到积极的作用。台风引发的降水是中国江南、华南等地区夏季雨量的主要来源,东南沿海各省的台风降水约占全年总降水量的 20%～30%,可以缓解旱情,为农业丰收提供保障(李瑞英等,2006)。

(2)台风对渔业的影响

台风巨浪和暴潮灾害居各类海洋灾害之首,严重影响海上捕捞、盐业和水产养殖业等活动,并危害渔民和海上作业人员的生命安全。台风发生时风大水急,冲坏围网,洪水漫溢,导致鱼蟹大量逃逸,给沿海养殖业带来巨大损失。2004 年 8 月 12 日在浙江省温岭石塘登陆的 14 号台风"云娜"造成水产养殖受灾面积 4.4 hm²,损失水产品 16 万 t(李松平等,2006)。

(3)台风对社会的影响

台风能量巨大,摧毁力极强,直接的和衍生的灾害种类最多,对生命安全、经济发展和社会稳定造成的影响都十分严重。经济越发展,台风灾害经济损失的绝对值越大,相对值减少,死亡人数也减少。据不完全统计,1982—2006 年中国台风造成的死亡人数以 1990 年代最多,年均达 497.6 人。虽然 21 世纪以来出现较多强台风,但随着防御台风能力的增强,2001—2006 年全国因台风造成的死亡人数年均值降到 442.8 人。台风对交通、通讯和能源等生命线工程造成破坏,影响非常严重。台风不仅翻沉船只,危害海上航运,还毁坏陆上交通和电信设施,造成停电、停水,严重影响生产和人们生活。台风对电网的影响一方面来自于风力带来的破坏,另一个方面来自于台风登陆后经常带来的强降雨,雨水冲刷线路杆塔基础,引起杆塔倾斜甚至倒塌,洪水、泥石流对变电站、配电室特别是地下开闭所带来严重影响(王帅等,2007)。台风对水利工程设施的破坏严重,几乎每次台风登陆都要毁坏一批水利工程,如 1991 年广东因台风破坏了大批水利工程,直接损失达 2.5 亿多元。

2.5.3　台风引起的脆弱性

台风灾害引起的脆弱性是指整个社会系统受台风不利影响程度,这些影响导致人员伤亡、农作物受灾成灾减产、房屋倒塌损坏、工矿企业停工停产、水利交通通讯等生命线工程受毁等现象。台风灾害引起的脆弱性越强,表明社会系统受台风灾害影响越严重,恢复力越差。

与台风灾害脆弱性相关的是恢复力大小:恢复力越大,遭受台风灾害后越容易恢复,灾害损失越小;脆弱性越大,抵抗台风灾害能力越小,灾情越大。台风灾害恢复力主要强调堤坝、水库的防灾水平,政府和社区采取抗灾措施的能力,救助和保险制度健全与否等方面。东部沿海地区应该以预防为主,做到与"台风灾害风险共存",提高防御台风灾害水平;中部平原河谷地区应该合理规划土地利用、预留台风灾害高风险区对策;西部山区则应在土地利用现状和地质灾害评价基础上建立生态安全条件下土地利用结构优化调整等区域防灾对策。因地制宜制定区域防灾减灾对策有利于社会经济持续发展(陈香,2008)。

2.5.4　台风的适应性对策

针对台风灾害的特点,减轻台风灾害需工程措施与非工程措施并行。

(1)工程措施

台风灾害主要由台风所引起的狂风、暴雨、风暴潮等灾害所导致。沿海防风林可以有效降低风速,据统计林高 25～30 倍范围内可降低 10% 以上的风速,林高 10～15 倍范围内可降低 20% 的风速,林高 5 倍范围内最大可降低 50%～60% 的风速。在沿海众多小河流入海处修建挡潮闸,目前现有沿海堤防仍存在防御标准低的问题,需大力建设高标准的堤围。暴雨常常会引起洪水,应加强对各江河及其出海口的整治疏通,充分发挥流域内大中小型水库的调洪、蓄洪功能,同时提高各气象和水文站点的预报精度,及时做好防洪准备。

(2)非工程措施

①制定相关法规和规划

制定并完善全国性防台减灾法规,规范各级政府、组织、团体及个人在防台减灾工作中的责任和义务。明确防台减灾管理的基本内容,使防台减灾工作有法可依,并能科学有序地顺利开展。目前沿海地区经济发展迅速,防御台风的措施远远不能满足需要。由于防御台风的工作具有专业性、系统性、社会性等特点,主管部门需协调各有关部门和地方编制沿海防台防潮减灾规划,并纳入各级政府社会经济发展的规划和计划中。

根据海堤保护的范围大小、人口的多少、国内生产总值的大小以及重大设施等因素研究海堤分类和等级的划分;海堤的防御标准应提高,国内外海堤的标准都是根据潮位的频率(或历史最高潮位)加风浪爬高和安全超高来制定,但潮位重现期提高较大而潮位差变化较小,对海堤加高加固工程量影响有限,应做投资效益比分析,同时也应考虑今后 20~50 年海平面上升的幅度以及沿海地区地面的沉陷幅度,科学确定不同等级海堤的防潮标准。

②提高台风灾害的管理水平

台风监测系统主要由常规的高空、地面站网以及气象卫星接收站、天气雷达站和沿海自动气象站组成。预报是减灾活动的先决条件,也是减轻灾害损失的主要措施,防汛、气象、海洋和水文站需密切合作,建立会商制度,及时准确地预警预报。采用遥感、GIS 等先进技术建立综合、快速的台风灾害评估系统,采取业务行政部门与地方政府评估相结合的方法,在台风灾害发生后迅速评估、确定其等级。制定分级管理细则,使救灾管理逐步走向科学化、法制化,并不断加强防台预案的完善和修订工作,增强其可操作性(富曾慈,2002)。防汛业务部门能力直接关系到防汛防台的成效,要加强培养和训练防汛专业部门的干部和技术人员,制定防汛业务部门人员的培训和持证上岗制度,进一步提高业务部门的技术能力,使各类防汛设施、设备更加充分地发挥作用(杨明兴,2001)。

③加强防御台风设施建设的管理

提高海堤建设标准和综合管理水平,加快沿海地区大中小水库、海堤、险闸的加固处理;提高城乡防洪防台工程建设质量标准和科技含量;在渔业发达地区建设避风港;建成沿海防护林带,加强海岸带和海堤环境保护意识。扎实开展汛前安全检查消除隐患:专业人员需对海塘、河堤、驳岸、防汛墙的险工险段进行定期勘查,落实除险措施,核查各类抗灾救灾物资储备是否充足、安全。

2.6 农林生物灾害

农林生物灾害主要包括植物病害、虫害、农田草害、鼠害等,具有种类多、分布地域广、发生频率高、危害损失大等特点。已有研究结果表明,几乎所有大范围流行性、爆发性、毁灭性的农作物重大病虫害的发生、发展和流行都与气象条件密切相关,或与气象灾害相伴发生(霍治国等,2006)。在此我们主要评估气候变化对农林生物灾害的影响、脆弱性和适应对策。据统计,中国发生的主要农林生物灾害有1648 种,其中虫害 838 种、病害 724 种、杂草 64 种、农田害鼠 22 种。20 世纪 80 年代中国平均每年发生农作物病虫草鼠害 1.87 亿 hm² 次,20 世纪 90 年代增加到 2.36 亿 hm² 次(赵鸿等,2004)。年均农业生物灾害发生面积中,小麦占 30%,水稻占 35%,玉米和棉花各占 11%,其他作物占 13%(吴亦侠,1993)。2001—2003 年,全国病虫草鼠害年均发生面积达 36000 万 hm²。虽经防治挽回大量经济损失,但每年仍损失粮食 4000 万 t,约占粮食总产的 8.8%,其他农作物如棉花损失率为 24%;蔬菜和水果损失率为20%~30%,生物灾害对农作物的直接经济损失超过 600 亿元(李一平,2004)。1949—2006 年间全国重大农业生物灾害以及主要作物受灾面积的变化结果分析表明,水稻、小麦、玉米和大豆等主要粮食作物以及蔬菜、果树等园艺作物的生物灾害都呈加重的态势(夏敬源,2008)。全球变暖导致农林业病虫草鼠等生物灾害的发生条件、影响范围以及灾损程度都发生了变化。由于灾害性天气、气候事件频发,生态环境整体恶化等不利因素,中国农林生物灾害的发生面积和危害程度整体呈现逐年上升的态势,对农业生产造成重大影响。此外,气候变暖造成病虫害发生世代数增加,危害范围扩大,为害程度加重,给农业病虫害的综合防治带来困难。未来农业气象灾害、病虫害会更加频繁,使农业生产的不稳定性加大(李祎君,2010)。

2.6.1　气候变化对生物灾害的影响

（1）气候变化对病害的影响

在农作物病害的发生、发展和流行必备的三个条件中气象条件是决定病害发生流行的关键因素,包括温度、降水、湿度和风等(霍治国等,2002)。姚建仁等(2001)研究发现,随着全球气候变化,作物病害的暴发频率逐年提高,病毒病爆发成灾。与气候变化造成的温度和降水异常相对应,暖冬可造成主要农作物病虫越冬基数增加、越冬死亡率降低、次年病虫发生加重(姚建仁等,2001)。温度升高在不同的情况下对农业病虫害的影响不同:温度升高、降雨增多的条件对大部分病害的发生及发展是比较有利的;温度升高、降雨减少则是对部分病害有利,对部分病害不利。气候变暖拓宽了病害的适生区域,使其地理分布扩大。

（2）气候变化对虫害的影响

影响害虫生长、繁育和迁移活动的主要气象要素有温度、降水、湿度、光照和风等,这些气象要素通过对寄主植物和天敌生长发育与繁殖的影响,间接地影响虫害的发生与发展。

农林害虫的活动要求一定的温度范围,研究得出中纬度温带地区昆虫要求的温度范围在8~40℃,最适温度为22~30℃(郑大玮等,2000)。温度条件还影响昆虫的发育速度、生殖力、死亡率、取食性和迁移等。湿度和雨量是影响害虫数量变动的主要因素,对昆虫的飞行、繁殖以及致病微生物等也有一定的影响,同时还影响害虫天敌的生长。昆虫对环境湿度的要求各不相同,喜湿性害虫要求大于70%的相对湿度,喜干性害虫要求低于50%的相对湿度。光波与害虫的趋光性关系密切;光强主要影响害虫的取食、栖息、交尾、产卵等昼夜节奏行为;光周期是引起害虫滞育和休眠的重要因子。

气候变暖直接影响到昆虫的生长发育、代谢速率、生存繁殖及迁移扩散等生命活动,在全国各区域气候变暖的影响不同。东北地区,温度升高总体对农林害虫都是有利的;华北地区温度升高对许多喜高温的害虫较有利,但对不耐高温的害虫则不利,且高温往往伴随着干旱,对喜湿的害虫形成一定的抑制作用。气候变化背景下暖冬可造成主要害虫越冬基数增加、越冬死亡率降低、次年病虫发生加重,以及害虫迁入期提前、危害期延长。温度升高拓宽了害虫的适生区域,使受低温限制的害虫增加了向两极和高海拔地区扩散的机会,导致害虫地理分布扩大。

（3）气候变化对草害的影响

据调查,中国农田杂草约有500多种,严重威胁主要作物的杂草有30多种。农田草害的发生受地理环境、气象因素及耕作制度等的影响。杂草的主要危害:一是与农作物争夺水分、养分、光照和空间;二是传播病虫害;三是降低产量和质量;四是增加管理用工和生产成本。气候变暖情景下,杂草由于具有更强的适生能力和抗逆性,对农业生产造成的危害更大。C_3 类杂草在 CO_2 浓度增加情况下,光合同化率大大提高,在农田中具有更强的竞争优势,与农作物激烈争夺土壤中的水分与养分,很可能会抵消因生长季延长而带来的作物产量提高的正效应,甚至会造成农作物减产。

（4）气候变化对鼠害的影响

影响中国农业的主要害鼠有80余种,林鼠有46种,草地害鼠有6种。鼠类不仅造成农作物减产,而且传播疾病,危害人体健康。鼠害给林业造成的损失也相当巨大。在林区,鼢鼠主要危害1~10年生幼树,啃食树木幼根,造成秃根引起死亡。草地鼠害是草原开发利用过程中出现的重要生态学问题,且其发生面积呈逐年扩增趋势。近年来,由于受气候变化、生态环境失衡等因素的影响,各地害鼠猖獗。环境状况和食物构成的变化加剧了鼠害的发生。暖冬促进了害鼠的安全越冬,特别是中高纬度地区的鼠害发生范围进一步扩大。在草原、森林等生态功能显著的区域,在环境恢复治理过程中,由于生境的改善和人为扰动的减少,鼠害亦随之频繁发生。在农业生产区,生物多样性的极度缺失,导致包括鼠害在内的各种生物灾害大量发生。

2.6.2 农林生物灾害引起的脆弱性

气候的变化与波动导致灾害性的天气过程与气候事件频繁发生,农林气象环境中的病虫害发生的几率提高。气候变化一方面可能会提供害虫繁殖和迁移的有利条件;另一方面又可能会影响虫害的发生时间和流行范围。杂草因其具有比农作物更强的适应能力,有害杂草对气象灾害的适应性更强。随着气候环境的变化,农业、森林、草原生态系统的原有平衡受到破坏,生物的多样性减少,具有竞争优势的鼠类可更好地适应变化的环境,特别是气候变暖有利于害鼠的越冬繁衍,从而扩大鼠类危害的范围和程度。

2.6.3 农林生物灾害的适应性对策

(1)病害的适应性对策

病害的防治对策包括三个方面:一是抑制或消灭病原体的存在;二是提高寄主植物的抗病性;三是影响和改良环境条件,使之有利于寄主生活而同时又不利于病原体的发展。从病害的发生过程来看,可从三个步骤实施全程的防治应对:首先是检疫,避免将新病原引入无病区,一旦发现引入应立即就地封锁灭杀;二是免疫,选育或引进推广抗病品种,并优化栽培管理措施,如马铃薯脱毒种植、土壤消毒、病原附体的焚烧灭杀等;三是保护与治疗,用化学、生物、物理等防治方法对病害进行处理,尽可能减轻对植物的危害。此外,还应加强病虫监测,健全预警系统,准确掌握其发生动态,及早进行趋势分析、预测预报。

(2)虫害的适应性对策

气候变暖背景下不同物种对温度变化的适应性之间的差异,导致昆虫与寄主植物、昆虫与昆虫之间的同步性发生改变。为保护农业生态系统的可持续发展以及人类对食品卫生安全的要求,防治和应对农林虫害,需尽量减少传统化学农药的使用,选用低毒低残留的生物源农药把害虫控制在点片发生阶段进行防治,并发展生物和物理的防治方法。

(3)草害的适应性对策

杂草综合管理措施包括喷洒除草剂、深耕翻土、合理轮作、良种精选等,较好地除治草害。根据草情实际情况,合理地选用除草剂,科学合理地轮用、混用除草剂,以扩大杀草谱,降低成本,提高防效,延缓杂草抗药性的产生。草害严重的农田可进行深翻耕作,将大量杂草种子埋入土层深处,将大量杂草的根、茎等翻到地表干死和冻死,有效减轻一年生和多年生杂草的危害。科学进行作物的轮作倒茬,即在同一块土地上有顺序地在季节间或年份间轮换种植不同的作物或采用复种组合,可使原来生境良好的优势杂草种群处于不利的环境条件下,有助于减少杂草的生长。土壤曝晒也是控制杂草和病虫害的有效手段之一。对于某些水生杂草,还可以使用生物控制手段,如通过引入某种原产于亚马逊流域的昆虫,可有效地控制水葫芦等繁殖能力很强的物种。

(4)鼠害的适应性对策

防治鼠害原则是"预防为主、综合防治",因时、因地、因作物区别对待,采取生态防治、生物防治、物理防治和化学防治等综合措施,达到较好的防治效果。生态防治是通过破坏鼠类的适生环境,使其生长繁殖受到抑制,增加其死亡率从而控制害鼠种群数量,也是最根本的防治之一。具体措施包括深翻耕、精细耕作、清除杂草、灌水灭鼠、搭配种植、科学调整作物布局、及时收获、断绝害鼠的食物来源等。生物防治是指利用鼠类的天敌捕食鼠类或利用有致病力的病原微生物消灭或控制鼠类。主要措施包括:利用天敌灭鼠,主要是食肉的小兽,如黄鼬、猫、狐类,鸟类中的猛禽,如鹰、猫头鹰,以及蛇类等;利用对人、畜无毒而对鼠类有致病力的病原微生物灭鼠,如肉毒素等;采用引入不同遗传基因,使之因不适应环境或丧失种群调节作用而达到防治目的。物理防治主要是利用物理学原理制成捕鼠器械进行灭鼠,具有形式多样、设置和使用方便、对人畜安全、不污染环境和山地平原均能使用等优点。化学防治是指使用有毒化合物杀灭鼠类,是目前国内外灭鼠应用最为广泛的方法,简便、成本低、收效快和效果好,适用于大面积灭鼠。

2.7 森林火灾

气候变化导致了森林火灾的加剧，森林火灾使森林从二氧化碳的储存体变成了二氧化碳的释放源。森林火灾对森林资源和整个森林生态系统造成很大的影响。本节仅评估气候变化对森林火灾的影响。

2.7.1 气候变化对森林火灾的影响

气象因素是引发森林火灾的自然因子。中国地域辽阔，南北跨五个气候带，各气候带的气候特点决定了不同的立地条件和植物带，相应的也形成了东北、西南、华南、华东、华北等林火多发区。森林火灾日变化、季节变化、年际变化都受到当地气象因子的制约，使森林火灾的发生呈现一定的规律性。1987 年，黑龙江省大兴安岭"5·6"特大森林火灾发生前，大兴安岭北部林区连续两年少雨，该地区已形成了一个少雨干旱中心，在这种高温寡湿的气候条件下，森林地表和深层可燃物的含水率都降到了最低限度。研究表明，气候变化引起的气温升高、干旱期延长、空气湿度下降会导致火险期提前和延长，林火频率和过火面积增加及林火强度增大。中国森林防火期主要是春季，这期间是森林火警、火灾的多发期，其次是深秋和冬季，一般春季和冬季作为森林防火期，但近年来由于气候变化，7 月和 8 月降水反常，林火频繁，一年四季成为森林火灾的高发区。

近年来，异常天气及其引起的森林群落结构的变化共同影响着林火的发生，使林火的发生趋势增加。森林火灾属世界性、跨国性的重大自然灾害，进入 20 世纪 80 年代以来，全球气候变暖导致的森林火灾有上升的趋势，虽然各国的森林防火费用不断增加，但森林火灾发生的面积并未相应地减少。特别是 90 年代后期，森林火灾毁灭了数百万公顷的热带森林，严重破坏了全球的生态平衡。中国的森林火灾具有火源种类多、火灾多样和火灾危险性大等特点。总体而言南方森林火灾次数多，森林火灾面积小；北方森林火灾次数少，森林火灾面积大。此外，南方和北方森林火险期也不相同。在全球气候变化的背景下，中国气候也存在着明显变化，以往很少发生火灾的夏季，现在也呈现出高发势态。

森林火灾受气候条件的影响具有明显的随机性和突发性，由于受二氧化碳等温室气体不断增加、臭氧层破坏、森林过度采伐、火烧频繁、草原退化、湿地减少等影响，陆地下垫面性质改变，地表水热平衡遭破坏，空气下沉，气流强度加大，地表裸露，蒸发量加快，水分减少，土壤、大气加速变干，这种变化格局在中高纬度地区的西北、华北和东北反映尤其明显。

2.7.2 森林火灾防治的适应性对策

（1）深入研究森林火灾发生机理

随着中国森林火灾发生的几率增加，林火管理工作将承受越来越多的压力，为了有效预防森林大火的发生，应从林火发生机理和预防与扑救技术等方面深入开展研究。已有研究表明大面积、高强度的森林火灾通常是在气候异常或天气系统特殊造成高温、低湿且伴有大风的天气情况下发生的，特别是冷锋过境前的高温、大风天气会导致林火的集中爆发，因此需在加强中长期天气预报的基础上，做好森林火险预测、预报。

（2）加强森林可燃物的调控

调控森林可燃物是森林防火的一个重要手段，尤其是温带的森林，干旱季节长，地表可燃物载量大，通过人工或自然的手段清理降解可燃物，减少其载量，是减少森林火灾的发生，降低燃烧强度，避免地表火向树冠火转化的重要手段；通过营造阻燃、耐火阔叶林、针阔混交林也是降低林分的燃烧性的常用手段。

（3）加强林火预测预警能力建设

未来需要在现有森林火险天气等级预报基础上加强森林防火预警监测，通过建立森林火险要素监测站和可燃物因子采集站，搭建起森林火险预警信息收集、分析和发布的平台；建立和完善森林火险预警响应机制,及时准确地预报和向社会发布森林火险等级和林火行为;构建卫星监测、空中巡护、高山瞭望、地面巡护"四位一体"的林火监测体系,减少林火监测盲区。利用卫星遥感数据,在大尺度上研究气候变化对林火的影响以及两者之间的关系,耦合林火模型与气候模型,加入森林植被信息,构建林火排放模型,揭示林火与气候变化的关系,更好地进行林火监测、预报以及防治。

(4)加强森林防火信息指挥系统建设

目前利用3S技术、数据库技术、网络技术建立森林防火信息系统的研究日趋活跃,对于减少森林火灾损失具有重要作用。森林防火信息系统的结构和功能、系统的数据库设计、建设等主要涉及数据的处理和管理,森林火险等级评价,森林火灾监测,林火趋势模拟和预测,最佳扑火路径分析,防火扑火预案制定,防火扑火决策,灾害损失评估,灾后重建辅助决策。目前类似的系统在各地均有建设,这对于应对气候变化背景下防范森林火灾具有积极作用。

(5)加强森林防火的国际合作

森林防火是世界各国共同面临的问题,森林火灾不仅使森林资源造成严重破坏,也对当地的社会经济发展和自然生态环境带来严重影响。森林火灾往往造成区域性环境污染,只有促进林火防控的国际合作,才能应对未来森林防火的严峻形势。广泛借鉴国际相关领域科研成果,提高林火管理水平和防控能力。

2.8 巨灾与气候变化

2.8.1 1998 年长江、松花江、嫩江特大洪涝

1998 年中国长江、松花江、嫩江、珠江和闽江等主要江河水系发生了历史性特大洪涝灾害。长江洪水仅次于 1954 年,为 20 世纪第二高位的全流域性大洪水;松花江洪水则为 20 世纪本流域的第一高位大洪水。本次洪水波及全国 29 个省(区、市),发生强度大、影响范围广、持续时间长、损失严重。

(1)灾情

1998 年汛期,长江流域降水先是集中在鄱阳湖、洞庭湖,后又移至长江上游和三峡区间,使上游洪水汇集叠加,形成一次又一次洪峰,给长江干流造成巨大压力。同时长江中下游局部地区的连续降水,使本已不堪负重的长江中下游河道和湖泊更是雪上加霜(王金銮,1999)。1998 年长江流域先后出现了 8 次洪峰,嫩江和松花江流域先后出现了 3 次洪峰。长江、嫩江、松花江洪峰的水位之高、流量之大、持续时间之长都创了历史记录。长沙市水位一度达到 45.22 m,超历史最高水位 0.55 m,持续时间长达 38 h;松花江哈尔滨站洪峰水位高达 120.89 m,超历史最高水位 0.84 m,持续时间长达 31 h。嫩江齐齐哈尔江桥站水位超历史记录 1.14 m,相应流量 13800 m³/s;嫩江吉林大安市大赉站水位超历史水位 1.17 m,相应流量 14800 m³/s,超额洪水量 440 亿 m³。嫩江齐齐哈尔站、江桥站、大赉站洪峰多次出现 300 年一遇的特大洪水(颜宏,1998)。松花江哈尔滨水位达 120.89 m,超历史最高水位 0.84 m,相应流量 17300 m³/s,并维持长达 32 h 之久,出现了 150 年一遇的特大洪水。200 km 的松花江段经受超历史水位洪水威胁长达 20 余天,持续时间之长也属历史罕见。从 1998 年 6 月 15 日嫩江上游发生汛情,6 月 27 日形成第一次洪峰,到 8 月 31 日松花江流域全线回落的两个多月的时间里,嫩江、松花江流域发生了全流域性的洪水,并全线告急。形成了"大水量、高水位、多险情、重灾害"四大特点(余国营,1999)。

1998 年的长江洪水和 1931 年、1954 年都是全流域型的大洪水,但洪水淹没范围及因灾死亡人数比 1931 年和 1954 年要少得多。1931 年干堤决口 300 多处,长江中下游几乎全部受淹。1954 年干堤决口多处,江汉平原和岳阳、黄石、九江、安庆、芜湖等城市受淹,洪水淹没面积 317 万 hm²,京广铁路中断 100 多天。农田受灾面积共计 2229 万 hm²,成灾面积 1378 万 hm²,死亡 4150 人,房屋倒塌 685 万间,直接经济损失 2551 亿元。尤其是江西、湖南、湖北、黑龙江、内蒙古和吉林等省(区)受灾最重(中华人民共和国水利部,1999)。

（2）气候背景分析

引起这次特大洪水灾害的气候原因，一是厄尔尼诺事件，1997年4月发生的厄尔尼诺事件是20世纪以来最强的一次，1997年底达到盛期，1998年6月基本结束，异常偏强的厄尔尼诺事件是造成中国1998年夏季多雨的主要原因之一。一般厄尔尼诺事件发生的第2年，中国夏季出现南北两条多雨带，一条位于长江及其以南地区，另一条位于北方地区，1998年即属于此种雨型。二是高原积雪的影响，通过数值模拟、动力分析以及统计研究表明，冬春欧亚和青藏高原地区积雪多时，有利于东亚季风推迟，夏季季风弱，主要雨带位置偏南，长江流域多雨；1997年冬至1998年春青藏高原积雪异常偏多是影响这次长江及江南地区降水异常偏多的另一重要因素。三是亚洲季风的影响，1998年夏季风较弱，暖湿气流主要活跃在中国南方地区，使中国主要雨带位于长江及其以南地区。四是东亚大气环流异常，1998年6—8月，赤道辐合带异常偏弱，导致全年台风异常偏少，且热带风暴初次登陆中国的时间（8月4日）为历史最晚（颜宏，1998）。

2.8.2　2001—2003年持续干旱

（1）灾情

2001年干旱是2000年大旱的延续，中国大部分地区降水总量偏少，气温偏高，大风天气频繁，先后有30个省（区、市）出现不同程度的干旱，个别地区甚至出现连续3～4年干旱，对工农业生产和城乡人民生活造成极大影响（表2.3）。

表2.3　2001—2003年中国受旱灾面积及损失粮食产量统计

	2001年	2002年	2003年	合计
受旱面积/万 hm²	3846.86	2220.11	2486.79	8562.16
成灾面积/万 hm²	2373.45	1326.73	1446.74	5146.92
绝收面积/万 hm²	642.03	256.81	298.01	1196.85
损失粮食产量/亿 kg	548	313	308	1169
农业经济损失/亿元	538	325	663	1526

2001年全国农作物受灾面积仅次于1978年和2000年，成灾面积和因旱灾造成的损失仅次于2000年。黑龙江、吉林、四川、山西、内蒙古、湖北、山东、辽宁、重庆、河南等省（区）灾情较为严重。2001年全国粮食总产比大旱的2000年减产955万 t，粮食严重歉收。重旱期间，天津、唐山、长春、大连、烟台、威海等北方大中城市被迫限时限量供水，严重影响了人民生活，制约城市经济和社会发展。全国一度有3300多万农村人口和2200多万头大牲畜因旱发生临时饮水困难。2002年全国农作物因旱损失粮食产量大大超过了1950—2001年的多年平均值，经济作物损失达325亿元，全国一度有21个省（区、市）和719座城镇因旱缺水，影响人数达3100万。2003年全国草场受旱面积53万 km²，受灾牲畜2810万头（只），死亡53万头（只），直接经济损失14.2亿元；林业因旱受灾面积12.3万 km²，造成直接经济损失49.8亿元；水产养殖受灾面积98.6万 hm²，减少产量53万 t，直接经济损失44.1亿元；全国工矿企业由于干旱引起缺水缺电，造成直接经济损失209.2亿元。此外，全国2441万城乡人口、1384万头大牲畜因旱发生饮水困难。

（2）气候背景分析

20世纪90年代后期，东亚大槽持续偏弱，其滞后遥相关作用影响华北地区夏季降水持续减少；西太平洋副高持续偏弱、东亚夏季风偏弱；春末到整个夏季，贝加尔湖地区反气旋环流持续增强，导致华北地区高空气流辐散、下沉气流偏强，极大地阻碍了水汽在华北地区聚集，这是华北地区2001—2003年持续干旱的原因（大荣艳淑，2004）。东北南部极涡强度偏弱，中高纬环流平直，遏制了冷空气南下活动；西太平洋副热带高压与青藏高压合并，控制华北、东北南部；由于台风或强热带风暴西行北上，副热带高压断裂成块状分布，使华北地区、东北地区南部处于稳定的暖高压脊控制，导致高温、干旱、少雨天气连续出现（孙立娟，2004）。2003年夏季，乌拉尔山地区和鄂霍茨克海北部都有高度场正距平，亚欧大陆中高纬度出现双阻形势,西太平洋副高异常偏西、偏北,南亚高压位置异常偏东,造成南方地区夏季少雨;夏季南亚高压位置异常偏东对西太平洋副高的西伸加强起动力引导作用,西太平洋副高与南亚高压相重叠的区域对应地面干旱区域,5月100 hPa欧亚大陆中高纬地区温度异常偏高,长江以南地区在夏季易出现高温干旱天气(郭锐等,2008)。

2.8.3　2006年川渝大旱

(1)灾情

2006年入夏后,四川盆地和重庆出现了百年不遇的高温大旱,备受炎烤的巴渝大地溪河断流、稻田龟裂、庄稼枯萎(何润生等,2006)。重庆28个区县最高气温超过40℃,綦江观测站最高气温极值达到44.5℃,突破了历史记录。高温天气超过了40天,个别点甚至超过了50天(彭京备等,2007)。入夏后的降水量为1951年以来历史同期最少,四川省平均降水量仅有310 mm,重庆为245 mm,与常年同期相比,四川和重庆降水量分别偏少136 mm和228 mm,较常年同期偏少30%和50%。四川省东部、重庆市无降水日数达30～50天,重庆市无降水日数为1951年以来同期最大值,本次干旱程度为百年一遇。四川省181个市县中,有112个遭受伏旱袭击,而且旱情发展迅速,全省206.7万 hm² 农作物受灾,31.1万 hm² 绝收;486万人、596万头牲畜严重饮水困难,直接经济损失达88.7亿元。重庆市131.47万 hm² 农作物受旱,791.24万人和732.99万头牲畜出现临时饮水困难,旱灾造成直接经济损失达82.55亿元,其中农业经济损失为60.75亿元,灾情是自1891年重庆有气象资料记录以来最严重的一次(彭京备等,2007)。

2006年严重干旱造成四川水电站发电能力不足,各主要流域来水骤减,除安宁河外,全省所有江河流量较上一年同期减少56%以上,雅砻江、岷江、大渡河及白龙江等来水量均为历史同期最枯年份之一。由于来水太少,水电厂发电能力较正常水平下降,日发电量减少近4000万千瓦时(何润生等,2006)。

(2)气候背景分析

四川省和重庆市的极端高温干旱是全球气候变暖背景下极端天气气候事件增多、增强的个例之一。2006年四川省和重庆市的极端高温事件主要发生在7—8月份,平均气温较常年异常偏高2～4℃,可能是受全球变暖和天气扰动共同作用的结果,其中全球变暖的贡献为0～1℃,天气扰动的贡献为1～3℃(邹旭凯等,2007)。

这次夏季川渝地区高温干旱具有持续时间长且强度大的特点,其形成的主要原因是2006年西太平洋副热带高压西伸,大陆副热带高压东伸,同时,东亚中纬度西风带扰动偏北偏弱,热带地区对流活跃、孟加拉湾地区降水异常增多导致了热带加热场的异常。这些热带和中高纬度环流的配置有利于青藏高压偏强与西太平洋副热带高压西伸,使四川、重庆处于高压控制之下,形成罕见的高温干旱(彭京备等,2007)。

2.8.4　2007年淮河特大洪涝

2007年7月,由于降水强度大、持续时间长,淮河流域发生了1949年以来仅次于1954年的流域性第二大洪水灾害,而且洪水量级超过了1991年和2003年。

(1)灾情

2007年,淮河流域自6月19日进入主汛期,6月29日至7月26日淮河流域出现持续性强降水天气过程,总降水量达到200～400 mm,其中河南南部、安徽中北部、江苏中西部降水量达400～600 mm;降水量比常年同期偏多50%～200%,如河南信阳偏多300%(中国天气网,2009)。2007年淮河流域的强降水具有历时长、覆盖范围广、总量大、高强度暴雨频发、时空分布易形成大洪水等特点。降水集中期大致可分为四个时段,6月29日至7月9日是2007年淮河大洪水期间持续时间最长、降水量最大的降水时段,此次降水过程主要集中在湖北东北部、河南东南部、安徽中北部和江苏中北部,雨带位置与淮河流域相重合。降水量一般有200～400 mm,其中安徽沿淮地区、江苏沿淮西部降水量达450～

550 mm，致使干流王家坝站出现2次洪峰，大部分支流均出现较大洪水。7月13日—14日，河南南部、湖北东北部、安徽北部及江苏西北部等地出现大到暴雨和局部大暴雨，降水量达50～100 mm，其中河南南部、湖北东北部的部分地区降水量达120～170 mm，此次强降水中心主要位于淮河流域上游地区，中下游地区降水量相对较小。7月18—20日，强降水中心位于安徽东北部和河南南部，中心最大降水量166～202 mm，特别是安徽五河县7月19日24小时降水量达155.8 mm。7月23—26日，淮南地区、汉水流域、江淮流域先后出现较强降水，其中，湖北东北部、河南东南部、安徽中北部以及江苏西北部出现了暴雨，降水量一般有40～60 mm，局部地区降水量80～100 mm，这是淮河流域2007年汛期最后一次强降水，淮河王家坝出现第4次洪峰。淮河水系30 d降水量绝大部分地区超过300 mm，淮南山区、洪汝河、中游沿淮、洪泽湖周边及北部支流的中下游地区超过500 mm，沿淮上、中、下游均出现了600 mm以上的暴雨中心，石山口水库上游涩港店站达到919 mm（钱敏，2008）。图2.11为全国以及淮河流域在2007年6月29日至7月26日的降水量距平百分率，其中蓝色区域表明同期降水明显偏多。

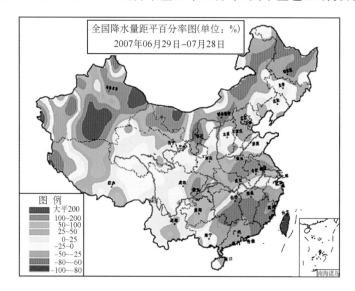

图2.11　2007年6月29日至7月26日中国降水量距平百分率分布（据中国气象局气候中心）

　　淮河干流以及入江水道全线超过警戒水位，超幅为0.26～4.65 m。其中，王家坝至润河集河段超保证水位0.29～0.82 m，润河集至汪集河段超历史最高水位0.06～0.16 m。润河集最高水位为27.82 m，创历史最高；王家坝、鲁台子站最高水位均为有资料记载以来的第2高位；入江水道金湖站最高水位为历史第3高位。沙颍河、竹竿河、潢河、白露河、史灌河、池河等支流均出现超警戒水位洪水，超幅为0.35～1.96 m。其中，竹竿河竹竿铺、潢河潢川、白露河北庙集站最高水位超保证水位0.14～0.76 m。洪河全线超警戒水位，班台站水位超警戒水位2.30 m，超保证水位0.17 m。洪泽湖北部支流濉河、老濉河以及徐洪河均出现超警戒水位洪水。淮河水系宿鸭湖等11座大型水库超汛限水位0.63～2.26 m，南湾水库最高水位为105.72 m，创历史新高，超历史最高水位0.36 m。洪泽湖最高水位为13.89 m，超汛限水位1.39 m。

　　受本次暴雨洪水影响，安徽、江苏、河南等省共有2474万人受灾，直接经济总损失155.2亿元（淮河防汛总指挥部办公室，2007）。

　　（2）气候背景分析

　　从20世纪90年代末开始，淮河梅雨有显著增加的趋势，而江南梅雨则显著减少。在年际变化的时间尺度上，对应于淮河梅雨的多雨年，中高纬度表现为明显的双阻型分布。副热带地区高空的西风急流轴略有南移，急流入口区次级环流的异常位于淮河附近，北方的冷空气南下与副高西侧西南气流交汇于淮河流域，导致降水集中在该区域。淮河流域夏季降水异常与大气环流的异常有直接关系。夏季风和中纬西风带系统的异常决定了淮河流域夏季降水的多少。淮河流域多雨年，孟加拉湾的印度西南季风加强，32°～35°N以南的副热带西南季风加强，与北方中东路偏北距平风相遇，冷暖气流在淮河流域辐合,造成淮河流域夏季持续多雨(王慧等,2002)。2007 年 7 月 13—14 日,副高在东退过程中,强盛的西南季风带来的充沛水汽与冷空气配合造成了西南地区沿汉水到淮河流域等地西南—东北向的雨带。7 月 23—26 日,副高西脊点位于 110°E 附近,北界在 30°N,副高外围暖湿气流以及西南季风水汽不断与高空冷涡分裂南下的冷空气交汇,造成了西南地区、汉水流域、江淮流域先后出现较强降水(赵琳娜等,2007)。

2.8.5　2007 年东北大旱

(1)灾情

2007 年夏季,黑龙江大部分地区高温少雨,全省 13 个区(市)、64 个县(市)均不同程度受灾,出现历史上罕见的大旱。2007 年 6 月 11 日至 8 月 10 日,全省平均降水量仅 143.1 mm,是 1951 年以来的次少值(降水量最少的年份发生在 1954 年),且气温异常偏高,为仅次于 2000 年的历史第二高值,其中全省 6 月平均气温为 21.0℃,比常年同期偏高 2.3℃,为历史同期最高。降水少、气温高造成了全省大范围的干旱,重旱区主要分布在三江平原西部、黑河和松嫩平原北部,旱情严重时三江平原大部分地区出现了 10~20 cm 干土层,严重干旱地块的耕层 50 cm 土干无墒,农田地块出现龟裂,致使大田作物生长量严重不足,出现大面积死苗。2007 年 7 月份松花江干流水位偏低,出现历史极值,三江平原 90% 的中小河流出现枯水或断流,多个水库干涸。其中鹤岗市 2007 年夏季共降水 157.0 mm,比历年同期偏少 60%,6 月中、下旬共降水 1.1 mm,7 月各旬降水均在 10 mm 左右;夏季高于 30℃的高温天气为 22 天,平均气温比历年同期高 2.3℃,为建站以来最高值。

2007 年辽宁省农作物受旱面积达 263.03 万 hm²,其中重旱面积 129.26 万 hm²,轻旱面积 118.9 万 hm²,干枯面积 1.77 万 hm²。突破历史同期最高值,为辽宁省 30 年以来最严重的夏旱。

2007 年吉林省遭遇有干旱记录以来旱情最严重的一年,农作物受旱面积达全省耕地总面积的 66.5%,为 266.5 万 hm²,其中重旱面积 129.3 万 hm²,轻旱面积 120.9 万 hm²,干枯面积 3.0 万 hm²,水田缺水面积 12.67 万 hm²,农村有 33.35 万人口、35.15 万头大牲畜饮水困难。辽宁省双辽市自进入夏季以来,连续 20 天无降水,平均累计降水量 52.4 mm,是正常年份的 75.1%,旱情十分严重。据统计,全市受旱面积 11 万 hm²,占耕地总面积的 77%,其中旱情严重的有 5.5 万 hm²,农作物死亡的有 1.2 万 hm²,受灾户数 87756 户,受灾人口 22.6 万人。辽宁省梅河口市 4 月以后的总雨量不足 20 mm,且分布不均,零星短暂。进入 6 月以后,天气持续高温,6 月 10 日以后的平均气温在 30℃左右,最高气温达 34℃。

2007 年中国大范围受旱,影响到 22 个省(区、市),农作物受旱面积 3993.35 万 hm²,绝收面积 349.3 万 hm²,因旱造成粮食损失 373.6 亿 kg,以东北地区受旱最为严重。

(2)气候背景分析

全球气候变化背景下,20 世纪 90 年代中期以来东北地区暖干化趋势明显,东北西部亚干旱地区的干旱化相对较严重。在亚干旱地区的气温和降水两个要素中,气温的升高对干旱化的作用更重要。在东北地区的南部,近 50 年来的降水略有增加,但仍有向干旱发展的趋势,这与全球气候变暖的大背景有关,随着全球气候进一步变暖,气候极端值的变化更加剧烈,中国东北地区的干旱还将会越来越严峻(谢安等,2003)。在东北地区降水总量减少的趋势下,降水事件还有向极端化发展的倾向,降水分布更不均匀,可能引起更多、更强的旱涝灾害,尤其是旱灾(孙凤华等,2006)。1951—2002 年东北地区小雨事件发生频次显著减少,严重干旱事件显著增加。

2.8.6　2008 年南方雨雪冰冻灾害

2008 年 1 月中旬到 2 月上旬,中国南方地区连续遭受四次低温雨雪冰冻极端天气过程袭击,总体强度为 50 年一遇,其中贵州、湖南等地为百年一遇。这场雨雪冰冻灾害影响范围广,持续时间长,灾害强度大,全国先后有 20 个省(区、市)不同程度受灾。低温雨雪冰冻灾害给电力、交通运输设施带来极大破坏,给人民群众生命财产和工农业生产造成重大损失。

（1）灾情

交通运输严重受阻：南方雨雪冰冻灾害对交通的影响是历史上最严重的。23个省份公路交通受到不同程度的影响，京广、沪昆铁路因断电运输受阻，14个民航机场被迫关闭。造成几百万返乡旅客滞留车站、机场和铁路、公路沿线。尤其是对公路交通影响巨大，13个省份公路交通多次中断，全国68条13.3万km的国道中，有21条近4万km路段因积雪严重、路面结冰导致通行不畅；"五纵七横"的国道主干线有9条近2万km多处路段封闭交通，约6000～7000km路段封堵。滞留的车辆累计达70.5万辆，受灾滞留人员约216.1万人次。严重影响电煤等重要物资公路运输。公路基础设施受损面广，直接经济损失达125亿元；由于雪灾和道路结冰，各类交通事故明显增加，1月10—27日，根据四川、湖北、广西、江西和贵州等省（区）报告，由雪灾和道路结冰引发的交通事故造成124人死亡。

电力设施损毁严重：南方雨雪冰冻灾害导致全国范围电网受损停运电力线路共27805条，因灾停运的变电站1497座。国家电网公司系统受损停运电力线路共8207条，因灾停运的变电站共760座。南方电网公司系统受损停运电力线路共6835条，受损停运的变电站共578座。地方电网受损停运电力线路共12753条，因灾停运的变电站共153座。持续的低温雨雪冰冻造成电网大面积倒塔断线，13个省（区、市）输配电系统受到影响，170个县（市）的供电被迫中断。其中湖南500千伏电网除湘北、湘西外基本停运，郴州电网遭受毁灭性破坏；贵州电网500千伏主网架基本瘫痪，西电东送通道中断；江西、浙江电网损毁也十分严重。

电煤供应告急：由于电力中断和交通受阻，加上一些煤矿提前放假和检修等因素，部分电厂电煤库存急剧下降。1月26日，直供电厂煤炭库存下降到1649万吨，不到正常库存的一半，仅相当于7天的用量。缺煤停机最多时达4200万千瓦，19个省（区、市）出现不同程度的拉闸限电。

工业企业大面积停产：电力中断、交通运输受阻等因素导致灾区工业生产受到严重影响，其中湖南83%以上工业企业、江西90%的工业企业一度停产，有600多处矿井被淹。

农业和林业遭受重创：农作物受灾面积1446.67万hm²，绝收205.1万hm²。秋冬种油菜、蔬菜受灾面积分别占全国的57.8%和36.8%，见表2.4。

表2.4 不同作物的受灾、成灾和绝收面积（单位：万hm²）

种类	作物	油菜	小麦	蔬菜	果树	茶树	甘蔗*
受灾面积	1466.67	389.14	96.53	318.93	192.93	43.93	75.53
成灾面积	800	214.87	33.93	158.27	80.13	15.13	49.07
绝收面积	205.1	37.47	4.6	58.33	23.2	2.53	7.13

注：*农业部专家组调查汇总，其中甘蔗仅为广西数据

这场雨雪冰冻灾害重创了中国南方水产养殖业，灾害使大部分地区的养殖水产品损失90%以上，养殖亲本、鱼苗和商品鱼全军覆没，全国水产养殖业的损失达68亿元，其中广东省的渔业损失超过56亿元（区又君，2008；江河等，2010）。动物良种繁育体系受到破坏，塑料大棚、畜禽圈舍设施损毁严重，畜禽等养殖品种因灾死亡。森林受灾面积2266.7万hm²，种苗受灾16.2万hm²，损失67亿株。

居民生活受到严重影响：灾区城镇水、电、气管线（网）及通信等基础设施受到不同程度破坏，人民群众的生命安全遭受严重威胁。据民政部核定，此次灾害共造成129人死亡，4人失踪；紧急转移安置166万人；倒塌房屋48.5万间，损坏房屋168.6万间；因灾直接经济损失高达1516.5亿元。

（2）气候背景分析

这次南方雨雪冰冻灾害主要特征：它是同期发生的亚洲冰雪灾害链中最严重的一环或一个地区；降雪、冻雨和降雨3种天气并存，冻雨是导致南方致灾的主要原因；灾害强度和持续时间打破历史记录（丁一汇等，2008）。

南方雨雪冰冻灾害气候背景主要是受欧亚大陆出现异常的大气环流的影响（陶诗言等，2008），导致大气环流异常的主要因素包括：北极涛动（AO）异常活跃；青藏高原以南低纬地区南支气流活跃；长期存在有利于冰雪生成发展天气动力物理学条件等（王东海等，2008）。南方雨雪冰冻灾害的成因一是

2007年8月以后发生的强拉尼娜事件导致了全球性天气气候异常,这次冰雪灾害是受这种全球性异常气候影响的表现之一;二是欧亚大气环流持续性异常是造成本次冰雪灾害的直接原因;三是孟加拉湾南支槽的加强和水汽输送为大范围冻雨和降雪产生提供了必要条件;四是长期冻雨的形成是本次冰雪灾害的主要成灾因子。全球气候变化相关研究表明,全球变暖一般会导致严寒事件发生的频率减少,但局部地区、某些时段常会有例外,这次强烈严寒低温雨雪灾害就是发生在连续21年暖冬背景下小概率事件,气候变暖对此灾害事件的影响也是十分显著的(丁一汇等,2008)。总之,冰雪灾害是受多种因素综合作用结果,并在同一时段、地区、互相叠加、互相配合,最后导致持续、强烈的冰雪灾害。

2.8.7 2009年北方冬春季干旱

2009年中国北方遭遇历史罕见的严重干旱,河北、山西等地均出现数十年未见的旱情,从2008年11月下旬起,中国北方冬麦区降水量明显偏少,干旱持续时间之长、受旱范围之广、受旱程度之重是历史少见的。

(1)灾情

本次干旱典型特征是有效降水少,无雨日多,2008年11月1日至2009年1月31日,京冀晋豫鲁苏皖陕甘9省(市)平均降水量为11.6 mm(常年值为30.9 mm),为1951年以来历史同期第四小值。总体上看,冬麦区降水量之少为30年一遇,特旱区达50年一遇,河北省降水量为1951年以来历史同期最少值,9省(区、市)平均无降水日数为1951年以来历史同期第二,其中河南省为历史同期最多,河北省、山西省为历史同期次多。北京市、河南省等地的无降水日数超过100天,部分地区的气象干旱持续了3个多月,出现秋冬连旱。

2008年11月1日开始,旱区大部的平均气温较常年同期偏高1~2℃;京冀晋豫鲁苏皖陕甘9省(市)平均气温偏高0.7℃,为历史同期第八高值。气温偏高,加之无积雪覆盖,加速了土壤失墒,麦区出现不同厚度的干土层,部分地区干土层达5 cm以上,严重地区出现土地龟裂。受旱期间的气温总体偏高,但2008年12月和2009年1月先后出现3次大范围寒潮过程,降温幅度大,部分地区24小时降温幅度超过20℃,安徽省沿淮淮北地区最低气温一度普遍低达-10~-12℃。旱冻相叠加,对冬小麦安全越冬产生极为不利的影响,安徽省和河南省等地的冬小麦发生冻害。

本次干旱波及北京、天津、河北、山西、山东、河南、安徽、江苏、湖北、陕西、甘肃和宁夏等地,据农业部统计,河南、安徽、山东、河北、山西、甘肃、陕西等小麦主产省受旱面积达866.67万hm²,重旱面积达259.87万hm²,即全国43%左右的冬小麦遭受旱灾。旱区370万人、185万头大牲畜饮水吃紧。2009年冬春连旱造成大范围的枯苗、死苗现象,导致小麦每亩减产20%,还直接影响小麦的返青和起身拔节,进而对夏粮产量造成严重损失;部分地区人畜饮水困难,干旱还造成森林火险等级偏高。

(2)气候背景分析

2008年11月中国北方冬麦区降水开始持续偏少,部分地区降水量的偏少程度已接近或突破历史极值。从气象学的角度看,这个冬季冷空气势力比较弱,中高纬度纬向环流盛行,而偏北的经向气流较弱,很难将西伯利亚的强冷空气带入中国。尤为重要的是冬季暖湿气流也偏弱,而影响中国冬季降水的一个重要天气系统"南支槽"比较弱,这个冬季的西太平洋副热带高压与往年相比偏东偏弱,对向大陆地区输送暖湿气流非常不利。总而言之,这个冬季冷暖空气的配合很不好,相互作用很弱,是造成降水较少的主要原因。干旱期间,先后有几次寒潮天气过程,但仅是大风降温,几乎没有降雪,就是暖湿气流比较弱的缘故。由于长时间无有效降水,加之大风天气较多,土壤失墒严重,北方麦区大面积出现3~10 cm的干土层。干旱期间,中国的气温比较高,说明仍处在全球变暖的大背景之下,但并不能确定干旱就是由全球变暖造成的。

参考文献

安楚雄. 2008. 低温冻害天气对中部地区供水设施的影响及对策. 城镇供水, **5**:14-16.

白迎平,田玉龙,刘志刚,等. 2000. 三川河流域四县1999年旱情调查. 山西水土保持科技, (3):33-35.

曹裕州，肖大远. 2008. 认识台风. 水利科技，(1)：73-75.

陈翠英，娄山崇，王军. 2006. 对济南市城市防洪的认识和思考. 山东水利，**1**：17-19.

陈芳，汪青春，殷万秀. 2009. 青海省近 45 年霜冻变化特征及其对主要作物的影响. 气象科技，**37**(1)：35-41.

陈海燕，郭巧红. 2004. 浙江省 2003 年夏季高温干旱分析. 浙江气象，**25**(1)：23-28，31.

陈联寿. 2002. 中国台风灾害及台风登陆动力过程的研究. 科技和产业，**2**(2)：51.

陈瑞闪. 2003. 高温·水荒·电荒·人荒. 科学与文化，11.

陈思宁. 2009. 全国大面积干旱成因分析及防治措施. 东北水利水电，(7)：69-70.

陈香. 2008. 台风灾害脆弱性评价与减灾对策研究——以福建省为例. 防灾科技学院学报，**10**(3)：18-22，46.

陈端生，龚绍先. 1990. 农业气象灾害. 北京：北京农业大学出版社：94-95.

成福云. 2002. 干旱灾害对 21 世纪初我国农业发展的影响探讨. 水利发展研究，**2**(10)：31-33.

程国栋，王根绪. 2006. 中国西北地区的干旱与旱灾——变化趋势与对策. 地学前缘，**13**(1)：1-14.

程建军，刘建军，刘焕芳，等. 2009. 市政基础设施抵御低温冰冻灾害对策研究. 低温建筑技术，**6**：6-9.

大荣艳淑. 2004. 大范围气候变化与华北干旱研究. 南京气象学院博士论文.

代立芹，李春强，姚树然. 2010. 气候变暖背景下河北省冬小麦冻害变化分析. 中国农业气象，**31**(3)：467-471.

邓丽仙，杨绍琼. 2008. 昆明市 2006 年干旱分析. 人民珠江，(1)：26-28.

邓绍基. 2005. 夏季持续高温对猪的影响及应对措施. 南方养猪，**5**：32-33.

邓绍辉，罗晓斌. 2005. 建国以来四川旱灾特点及其防治. 四川师范大学学报(社会科学版)，**32**(3)：125-132.

邓振镛，文小航，黄涛，等. 2009. 干旱与高温热浪的区别与联系. 高原气象，**28**(3)：702-709.

丁一汇，王遵娅，宋亚芳，等. 2008. 中国南方 2008 年 1 月罕见低温雨雪冰冻灾害发生的原因及其与气候变暖的关系. 气象学报，**66**(5)：808-825.

杜娟，关泽群. 2007. 气候变化及其对农业的影响. 安徽农业科学，**35**(16)：4898-4899，4905.

杜月辉，李利平，冯志亮. 2009. 吕梁市主要气象灾害特征分析. 当代生态农业，(Z1)，65-67.

冯骏，叶太平，何泽林，等. 2003. 中稻遭遇高温热害情况调查及避灾应对措施. 安徽农学通报，**9**(6)：100-101.

冯平，韩松，闫大鹏. 2003. 铁路线整体防洪安全与风险评估问题的研究. 水电能源科学，**21**(1)：61-63.

冯强，陶诗言，王昂生，等. 2001. 暴雨洪涝灾害对社会经济和人民生活的影响分析. 灾害学，**16**(3)：44-48.

富曾慈. 2002. 中国海岸台风、暴雨、风暴潮灾害及防御措施. 防洪与减灾，**2**：47.

高歌，陈德亮，徐影. 2008. 未来气候变化对淮河流域径流的可能影响. 应用气象学报，**19**(6)：741-748.

高慧珍，张瑞兰，霍永峰. 2002. 山西省 2001 年干旱影响分析. 山西气象，(1)：27-28.

高荣，王凌，高歌. 2008. 1956—2006 年中国高温日数的变化趋势. 气候变化研究进展，**4**(3)：177-181.

龚强，汪宏宇，王盘兴. 2006. 东北夏季降水的气候及异常特征分析. 气象科技，**34**(4)：387-393.

郭锐，智协飞. 2008. 2003 年夏季我国南方大旱天气学背景分析. 南京气象学院学报，**31**(2)：234-241.

何翠敏，郑贵鹏，章启兵. 2008. 城市干旱预警指标分析. **8**：12.

贺瑞敏，王国庆，张建云，等. 2008. 气候变化对大型水利工程的影响. 中国水利，(2)：52-55.

何润生，邬小端，李大定，等. 2006. 在烈日下放歌——川渝电网全力保电抗旱纪实. 连线，**9**：90-92.

淮河防汛总指挥部办公室. 2007. 2007 年淮河防汛抗洪工作综述. 治淮，**10**：4-7.

黄国勤，钱海燕. 2005. 江西省近年来的农业自然灾害及其防治对策. 灾害学，**20**(2)：61-65.

黄会平，张昕，张岑. 2007. 1949—1998 年中国大洪涝灾害若干特征分析. 灾害学，**22**(3)：72-76.

黄建林，牛国强. 2000. 定西地区干旱气候对农业生产的影响极其对策. 甘肃农业科技，(10)：20-22.

黄宇，王华. 2008. 高温热害对农业生产的影响. 湖南农业，**8**：17.

霍治国，刘万才，邵振润，等. 2000. 试论开展中国农作物病虫害危害流行的长期气象预测研究. 自然灾害学报，**9**(1)：117-121.

霍治国，叶彩玲，钱拴，等. 2002. 气候异常与中国小麦白粉病灾害流行关系的研究. 自然灾害学报，**11**(2).

嵇仁兰，许传中. 2005. 持续高温干旱对夏玉米的影响及对策持续高温干旱对夏玉米的影响及对策. 上海农业科技，**3**：70-71.

贾晓，路川藤，卢坚，等. 2010. 中国沿海台风的统计特征及台风浪的数值模拟. 水道港口，**31**(5)：433-436.

昝启杰，田丽华. 气候变化与森林火灾之间的相互关系. 中国气象报社，2009-12-25.

江河，汪留全. 2010. 安徽水产业的主要灾害及减灾策略. 中国渔业经济，**28**(1)：53-59.

姜凯喜，任峰. 2006. 抵御"干旱"的诀窍. 榆林科技. (3)：54.

江农. 2009. 怎样预防农作物高温热害. 种植参谋,12.

康红卫,王益奎,陈家翔. 2009. 干旱对广西地区蔬菜生产的影响及防御对策. 现代农业科技,(11):113,116.

况慧云,徐立军,黄英金,等. 2009. 高温热害对水稻的影响及机制的研究现状与进展. 中国稻米,1:15-17.

栗东卿,刘海龙,达夫拉. 2007. 气候干旱对草原畜牧业的影响. 畜牧与饲料科学,(6):90.

李东升,裴东,杨振寅,等. 2008. 低温雨雪冰冻灾害对湖北森林资源的影响与思考——赴湖北灾后恢复重建工作技术
　　指导组调研报告. 林业经济,4:15-17.

李鹤,张平宇,程叶青. 2008. 脆弱性的概念及其评价方法. 地理科学进展,27(2):18-25.

李克让,曹明奎,於琍,等. 2005. 中国自然生态系统对气候变化的脆弱性评估. 地理研究,24(5):653-663.

李坤刚. 2006. 中国洪水与干旱灾害——解读《国家抗旱与应急预案》之二. 中国防汛抗旱,(2):14-16.

李立丰. 2008. 重视开展气象因素对心血管疾病影响的研究. 中国心血管杂志,13(5):391-393.

李瑞英,李茂松,王小兵,等. 2006. 台风对我国农业的影响及防御对策. 自然灾害学报,15(6):127-130.

李延超,张景飞. 2009. 绥化市干旱问题及对策. 中国防汛抗旱,(3):61-64.

李耀先,李秀存,张永强,等. 2001. 广西干旱分析与防御对策. 广西农业科学,(3):113-117.

李祎君,王春乙,赵蓓,等.2010.气候变化对中国农业气象灾害与病虫害的影响.农业工程学报,26(Supp.1):263-271.

李勇,杨晓光,代姝玮,等. 2010. 气候变化背景下贵州省倒春寒时空演变特征. 应用生态学报,21(8):2099-2108.

林而达,王京华. 1994. 我国农业对全球变暖的敏感性的脆弱性. 农村生态环境,1:1-5.

刘成武,黄利民,吴斌祥. 2004. 湖北省历史时期洪、旱灾害统计特征分析. 自然灾害学报,13(3):109-115.

刘建军,郑有飞,吴荣军. 2008. 热浪灾害对人体健康的影响及其方法研究. 自然灾害学报,17(1):151-156.

刘九夫. 2010. 我国水利应对气候变化的努力和目前存在的薄弱环节. 中国水资源,1:6.

刘宁. "人与洪水和谐相处"主旨发言. 中华人民共和国水利部网,2005-9-18.

刘兴刚. 2007. 会泽县干旱灾害分析及抗旱减灾对策初探. 中国防汛抗旱,(2):29-31.

刘秀英,范永玲,张喜娃,等. 2007. 铁路水害临界雨量值的初步探讨. 山西农业科学,35(10):56-57.

刘颖杰,林而达. 2007. 气候变暖对中国不同地区农业的影响. 气候变化研究进展,4:115-120.

刘志娟,杨晓光,王文峰,等. 2010. 全球气候变暖对中国种植制度可能影响 Ⅳ.未来气候变暖对东北三省春玉米种植北
　　界的可能影响.中国农业科学,43(11):2280-2291.

陆魁东,黄晚华,王勃. 2007. 湖南气候变化对农业生产影响的评估研究. 安徽农学通报,13(3):38-40.

罗晓玲,张勇,汤海燕,等. 2001. 冬季寒害对广东种植业的严重影响及其对策. 自然灾害学报,10(1):107-113.

马柱国,符淙斌. 2006. 1951—2004 年中国北方干旱化的基本事实. 科学通报,51(20):2429-2439.

那木吉拉苏荣. 2001. 灾后反思. 内蒙古草业,13(3):22-26.

那文杰,袁安丽. 2007. 高寒地区渠道防治冻害技术措施. 岩土工程技术,21(4):204-206.

倪深海,顾颖,王会容.2005.中国农业干旱脆弱性分区研究.水科学进展.16(5):705-709.

宁金花,申双和. 2009. 气候变化对中国农业的影响. 现代农业科技,12:251-256.

潘建华,刘晓琼. 2006. 四川省2006年盛夏罕见高温干旱分析. 四川气象,(4):12-14.

彭京备,张庆云,布和朝鲁. 2007. 2006 年川渝地区高温干旱特征及其成因分析. 气候与环境研究,12(3):464-474.

齐洪亮,田伟平,舒延俊. 2010. 中国公路水文区划指标体系. 长安大学学报(自然科学版),30(2):39-43.

气候变化国家评估报告编写委员会. 2007. 气候变化国家评估报告. 北京:科学出版社.

钱敏. 2008. 2007 年淮河洪水和防汛调度. 水利水电技术,39(1):12-15.

秦大河. 2009. 气候变化与干旱. 科技导报,11.

区又君. 2008. 低温冰冻灾害对我国南方渔业生产的影响、存在问题和建议. 中国渔业经济,26(4):89-93.

尚志海,丘世钧. 2009. 当代全球变化下城市洪涝灾害的动力机制. 自然灾害学报,18(1):100-105.

商彦蕊. 1998. 人为因素在农业旱灾形成过程中所起作用的探讨. 自然灾害学报,7(4):35-42.

施张兴. 2008. 我国南方遭受罕见低温、雨雪、冰冻灾害之后对公路交通运输的反思. 交通世界(建养·机械),7:36-37.

司红丽. 2007. 气温升高对畜牧业的恶劣影响不容小视——养殖业面临严峻考验. 中国动物保健,9:45.

孙凤华,吴志坚,杨素英. 2006. 东北地区近 50 年来极端降水和干燥事件时空演变特征. 生态学杂志,25(7):779-784.

孙立娟. 2004. 1999-2002 年大连干旱少于环流形势特征分析. 辽宁气象,(3):12-13.

孙鹏,王峰,康智俊. 2008. 低温对风力发电机组运行影响分析. 内蒙古电力技术,26(5):8-17.

孙忠富. 气候变暖为何农业低温灾害频发? 中国气象报,2009-12-02.

唐川,梁京涛. 2008. 汶川震区北川 9.24 暴雨泥石流特征研究. 工程地质学报,16(6):751-758.

唐树春. 1984. 建筑物的冻害事故与处理方法. 油气田地面工程, **3**(2):52-57.

唐云辉, 高阳华, 冉荣生. 2002. 重庆市夏季干旱时空分布特征研究. 贵州气象, **26**(2):14-18.

陶诗言, 卫捷. 2008. 2008年1月我国南方严重冰雪灾害过程分析. 气候与环境研究, **13**(4):337-350.

陶云, 郑建萌, 黄玮, 等. 2009. 云南春末夏初干旱的气候特征. 自然灾害学报, **18**(1):124-132.

屠梣, 李永昌. 1992. 牧业气象学. 北京:气象出版社:80-87.

王东海, 柳崇健, 刘英, 等. 2008. 2008年1月中国南方低温雨雪冰冻天气特征及其天气动力学成因的初步分析. 气象学报, **66**(3):405-422.

王淏. 美研究发现:森林火灾与气候变暖相关. 人民网, 2006-07-27.

王华. 2008. 干旱灾害对农业生产的影响. 湖南农业, (7):13.

王慧, 王谦谦. 2002. 近49年来淮河流域降水异常及其环流特征. 气象科学, **22**(2):149-158.

王金銮. 1999. 1998年长江洪水特性浅析. 气象水文海洋仪器, (1):5-6.

王琪. 2001. 2000年东北6—8月干旱及其对农业生产的影响. 吉林气象, (2):32-36.

王帅, 李隽, 张正陵. 2007. 台风对沿海航行船舶造成的影响. 电力技术经济, **19**(5).

王小军. 2010. 应对西南旱灾的思考. 中国水利, (7):11-13.

王秀云, 邱丽华, 李燕, 等. 2008. 干旱对农业生产的影响. 现代农业, (2):33.

王籇兰. 1988. 高温与工业毒物对人体联合作用的预防. 劳动保护, **6**:34.

王朝春. 2006. 城市气候高温化的成因与对策——以福州市城区为例. 城市问题, **9**:98-102.

王志英, 潘安定. 2008. 广州市夏季高温特点及其危害. 气象研究与应用, **29**(4):26-29.

乌兰巴特尔, 刘寿东. 2004. 内蒙古主要畜牧气象灾害减灾对策研究. 自然灾害学报, **13**(6):36-40.

吴亦侠. 1993. 中国减轻农业生物灾害的现状及其对策. 中国减灾, **3**(4):24-25, 34-36.

夏敬源. 2008. 我国重大农业生物灾害暴发现状与防控成效. 中国植保导刊, **28**(1):5-9.

肖风劲, 张海东, 王春乙, 等. 2006. 气候变化对我国农业的可能影响及适应性对策. 自然灾害学报, **15**(6):327-331.

谢安, 孙永罡, 白人海. 2003. 中国东北近50年干旱发展及对全球气候变暖的响应. 地理学报, **58**(增刊):75-82.

谢发锁, 潘焕来. 2009. 应对果树高温干旱的几种抗旱栽培措施. 果农之友. **7**:44.

信乃诠, 程延年. 1994. 未来气候与中国农业. 中国软科学, **6**:33-37.

辛渝, 陈洪武, 李元鹏, 等. 2008. 新疆北部高温日数的时空变化特征及多尺度突变分析. 干旱区研究, **25**(3):438-446.

徐金芳, 邓振镛, 陈敏. 2009. 中国高温热浪危害特征的研究综述. 干旱气象, **27**(2):163-167.

许利群, 蓝晓光. 2004. 高温干旱对浙江林业的影响和对策. 浙江林业科技, **24**(4):59-62.

薛万臣, 马晓江. 2007. 鹤岗市2007年抗旱和干旱后的思考. 中国防汛抗旱, (5):19-22.

颜宏. 1998. 1998年中国特大洪涝灾害的天气气候特点、成因分析及气象预报服务. 气候与环境研究, **3**(4):323, 328, 330.

晏红明, 段旭, 程建刚. 2007. 2005年春季云南异常干旱的成因分析. 热带气象学报, **23**(3):300-305.

杨发相, 岳健, 韩志强. 2006. 新疆公路自然灾害及对策. 山地学报, **24**(4):424-430.

杨广海, 周旭, 牟文彬, 等. 2007. 高温干旱影响下主要林业有害生物的发生动态. 重庆林业科技, **1**:30-34.

杨红龙, 许吟隆, 陶生才, 等. 2010. 高温热浪脆弱性与适应性研究进展. 科技导报, **28**(19):98-102.

杨立常. 2002. 2001年华中电网水电厂运行概况. 湖北水力发电, **1**:7.

杨明兴. 2001. 浅谈浦东新区防御台风侵害的对策措施. 城市道桥与防洪, **3**:47-49.

杨荣俊. 2000. 干旱对社会经济的影响及抗旱减灾对策. 江西气象科技, **23**(4):44-46.

杨士弘. 1997. 试论城市生态环境可持续发展——以中国城市为例. 华南师范大学学报(自然科学版). **1**:62-68.

杨晓光, 刘志娟, 陈阜. 2010. 全球气候变暖对中国种植制度可能影响 Ⅰ. 气候变暖对中国种植制度北界和粮食产量可能影响的分析. 中国农业科学, **43**(02):329-336.

杨祥珠, 娄伟平. 2007. 2003年高温干旱对新昌县农业生产的影响分析. 安徽农业科学, **35**(10):2985-2986.

姚建仁, 郑永权. 2001. 中国农作物病虫害发生演替趋势与未来的农药工业. 世界农药, **23**(4):1-5.

叶旭君, 王兆骞, 汪成宏, 等. 1999. 台风暴潮对浙东沿海农田生态环境的影响及其对策. 生态农业研究, **7**(4):38-40.

余国营. 1999. 1998年松嫩洪灾成因与减灾对策. 科技导报, (3).

喻彦, 蒙桂云, 张利才. 2007. 西双版纳近45年来气候变化及对热带作物的影响. 热带农业科技, **30**(3):48-52.

余优森. 1992. 我国西部的干旱气候与农业对策. 干旱地区农业研究, **10**(1):1-8.

翟盘茂, 潘晓华. 2003. 中国北方近50年温度和降水极端事件变化. 地理学报, **58**(增刊):1-10.

翟盘茂，章国材. 2004. 气候变化与气象灾害. 科技导报，(4)：11-14.

张春桂，陈惠，张星，等. 2009. 基于遥感参数特征空间的福建省干旱监测. 自然灾害学报，**18**(6)：146-153.

张红. 2010. 农业巨灾保险在我国强制实施的探讨. 学术交流，**8**：89-92.

张建敏，黄朝迎，吴金栋. 2000. 气候变化对三峡水库运行风险的影响. 地理学报，**55**(增刊)：26-33.

张建敏，高歌，陈峪. 2001. 长江流域洪涝气候背景和致灾因子分析. 资源科学，**23**(3)：73-77.

张剑明，黎祖贤，章新平，等. 2009. 湖南省区域干旱模糊评价. 地理科学进展，**28**(4)：629-635.

张强，廖要明，陈峪. 2003. 2003年盛夏南方异常高温及影响分析. 中国气象学会2003年年会.

张强，邓振镛，赵映东，等. 2008. 全球气候变化对我国西北地区农业的影响，生态学报，**28**(3)：1210-1217.

张强，潘学标. 2007. 气象灾害丛书——干旱，北京：气象出版社.

张树誉，杜继稳，景毅刚. 2006. 基于MODIS资料的遥感干旱监测业务化方法研究. 干旱地区农业研究，**24**(3)：1-6.

张天宇，程炳岩，刘晓冉，等. 2008. 重庆极端高温的变化特征及其对区域性增暖的响应. 气象，**34**(2)：69-76.

张英杰. 2002. 我国干旱灾害的主要特点. 森林防火，(2)：27.

张德二. 2010. 全球变暖和极端气候事件之我见. 自然杂志，**32**(4)：213-216.

赵德法，王安乐，陈朝辉. 2004. 持续高温的发生规律对农业生产的影响. 山西农业科学，**31**(1)：76-78.

赵鸿，孙国武. 2004. 环境蠕变对农业病虫草鼠害的潜在影响. 干旱气象，**22**(1)：69-74.

赵琳娜，杨晓丹，齐丹，等. 2007. 2007年汛期淮河流域致洪暴雨的雨情和水情特征分析. 气候与环境研究，**12**(6)：728-737.

赵宗慈，罗勇，高学杰，等. 2007. 21世纪西北太平洋台风变化预估. 气候变化研究，**3**(3)：158-161.

郑大玮，龚绍先. 1985. 冬小麦冻害及其防御. 北京：气象出版社：242-246.

郑大玮，张波. 2000. 农业灾害学. 北京：中国农业出版社，75-78，120，123.

郑有飞，牛鲁燕. 2008. 气候变暖对我国农业的影响及对策. 安徽农业科学，**36**(10)：4193-4215.

中国科学院学部. 2008. 关于气候变化对我国的影响与防灾对策建议. 中国科学院院刊. **23**(3)：229-234.

中国农业科学院. 1999. 中国农业气象学. 北京：中国农业出版社：343.

中国天气网. 2009. 2007年淮河特大暴雨洪涝. 7月8日.

中国气象局. 2007. 中国灾害性天气气候图集(1961—2006年). 北京：气象出版社.

中国气象局. 2010. 中国气象灾害年鉴(2010). 北京：气象出版社.

中华人民共和国水利部. 1999. 中国98大洪水. 中国水利，5.

中华人民共和国水利部. 2010. 水利部公报：36-39.

钟秀丽. 2003. 近20年来霜冻害的发生与防御研究进展. 中国农业气象，**24**(1)：4-6.

周春花，唐川，陶云. 2006. 1998－07－06云南境内金沙江流域暴雨泥石流的气象成因. 山地学报，**24**(6)：678-683.

周平. 2001. 气候变化对我国农业生产的可能影响与对策. 云南农业大学学报，**16**(1)：1-4.

周巧兰，刘晓燕. 2005. 我国南方干旱成因与对策. 上海师范大学学报(自然科学版)，**34**(3)：80-86.

朱建宏. 2009. 金华市干旱灾害及抗旱对策研究. 中国防汛抗旱，(3)：57-58，64.

朱毅，张志刚. 1996. 浅谈高温与行车安全. 河南交通科技，**2**：14-16.

邹旭凯，高辉. 2007. 2006年夏季川渝高温干旱分析. 气候变化研究进展，**3**(3)：149-153.

IPCC. 2007. Climate Change 2007：Impacts，adaptations and vulnerability. Fourth assessment report of working group II. Cambridge，UK：University Press.

Kim Y M，Joh S H. 2006. A vulnerability study of the low-income elderly in the context of high temperature and mortality in Seoul，Korea. Science of the Total Environment，**371**：82-88

第三章　陆地地表环境

主　笔：王根绪，董治宝

贡献者：陈宁生，周正朝，白晓永

提　要

主要阐述了气候变化对土地利用与覆盖变化的影响、水土流失、沙漠化与沙尘暴、石漠化、滑坡与泥石流等主要陆地地表环境过程的类型、分布与成因，特别是 20 世纪 50 年代以来的 50 多年的变化过程与趋势。剖析了气候变化对土地退化的影响，揭示了人类活动影响下陆地环境对气候变化的响应，阐述了陆地环境对气候变化的脆弱性。在宏观区域层面上，土地利用与覆盖变化、荒漠化（沙漠化与石漠化）以及滑坡泥石流等陆表环境过程是人类活动和气候变化双重作用的结果，且气候变化占据主导性；在典型区域尺度上则是人类活动主导土地利用与覆盖变化格局和水土流失过程。土地沙漠化与沙尘暴、滑坡与泥石流等与气候变化关系密切，水土流失和石漠化则更多受人类活动的影响，但气候变化的宏观影响也较为明显。同时，通过评价中国已采取的土地退化防治措施，提出了适应的对策建议。

3.1　气候变化对土地利用与覆盖变化的影响

3.1.1　土地利用与覆盖变化的宏观驱动机制分析

土地覆盖度变化是在全球气候变化和人类活动的双重影响下发生的，两者的影响强度在不同区域存在显著差异。

人类经济和社会活动是土地利用变化的基本驱动力，尤其是土地利用政策对于土地利用变化具有较大影响，而自然的限制因素海拔与坡度等则一定程度上限制了变化的分布，气候变化对土地利用变化格局影响有限。其中，耕地面积变化是城市化、耕地政策、社会发展水平和经济结构等共同影响的结果。

中国北方耕地呈现不断增加趋势，尤其是内蒙古、黑龙江和吉林等省（区），耕地面积增加幅度较大。中国耕地面积在 1990—2000 年间总体呈现增加趋势，其根本原因就在于北方地区耕地面积的增加。而东部和南部地区、尤其是东部沿海一带在 1990—2000 年间耕地面积持续减少（刘纪远等，2003）。土地利用格局变化是与区域经济政策和社会发展密切相关，东部沿海地区城市化和工业化发展速度较快，经济结构大幅度改变，农耕经济比例持续下降，表现出显著的 GDP 增长与城市化发展以及耕地面积减少间的相关性。

但是，气候变化在一定程度上促进了土地利用的变化速度。20 世纪最后 10 年气温的升高与中国水田北移有较好的相关性，期间中国水田的增加主要集中在北方地区。在 20 世纪后 20 年间，中国年均气温为 1℃ 的等值线向北推进明显，北方气温升高幅度较大，对中国水田重心北移、旱地界限北移等起到推动作用（图 3.1）。全国新增水田的 87% 集中在东北地区，新开垦的旱地农田中也有 59% 分布在东北三省和内蒙古地区（张国平等，2003）。在华北、黄土高原农牧交错带以草地转换为耕地为主，是中国旱耕地增加的主要区域,在西北地区,由于气温升高导致的农田开垦和撂荒并存,表现为草地—耕地和耕地—草地的相互转换,但总体上表现为耕地增加。

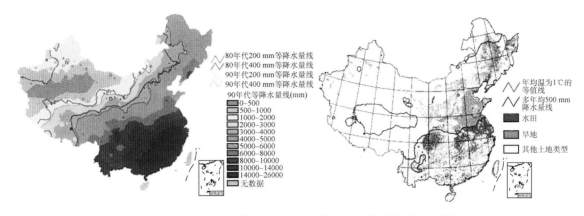

图 3.1 中国气温和降水等值线分布及其与耕地变化的关系(张国平等,2003)

在经济社会发展和气候变化双重作用下,在 1980—2000 年间,中国土地利用程度重心向东偏北 42 度移动了 54 km。其中气候影响使得中国土地利用程度由东偏北 52 度移动了 55 km,人为因素影响使得土地利用程度由东偏南 44 度移动了 9.6 km;总体而言,气候因素的作用对于北方土地利用程度变化的影响较大,而人为因素(经济发展和城市化)对于中国东南部耕地减少而建设用地扩张起到主导作用(张国平等,2003)。模型模拟研究结果表明,在中国北方人口增加和经济发展的持续压力下,建筑和交通用地在未来增长迅速。在干旱化不明显的情况下,建筑和交通用地分别增长了 17477.2 km² 和 6997.1 km²,增加的幅度分别达到 18.15% 和 28.38%,在所有用地类型中变化最大。同时,由于退耕还林还草、农业用地内部结构调整、城市和交通用地占用等因素的共同作用,未来中国北方耕地面积明显减少。在干旱化加剧的情况下,耕地面积减少 18151.7 km²,对干旱化过程的响应明显。另外,由于退耕还林还草政策的影响,区域林地和牧草地均保持增长趋势(黄庆旭等,2006)。

植被指数 NDVI 的变化与气候的关系可以说明气候变化对区域土地覆盖的影响程度。以 1982—1999 年间中国北方 13 省(区)(市)地区植被 NDVI 的变化分析,总体上表现为增加趋势,在整个生长季节增加了 11.69%。对于所有 NDVI 显著增加的植被像元,在生长季约有 10.44% 与气温显著相关,主要分布在大、小兴安岭北端落叶针叶林分布地区、研究区中南部陇中高原南部以及塔里木盆地西部边缘地区;与降水显著相关的像元仅占 1.15%。所有植被类型中森林植被显著变化像元中与气温显著相关的比例最高,为 28.56%,分布在高纬度地区的落叶针叶林其比例达到了 67.39%。其次为草原类植被比例为 6.42%;而与降水的相关关系中,灌丛和草本类植被显著变化的像元中与降水呈显著相关的比例较高,分别为 2.36% 和 1.61%(李月臣等,2007)。

分析北方 13 省区季节植被指数与气候的关系,发现春季植被 NDVI 显著增加的像元中有 8.37% 与气温有显著的相关关系,主要分布在河西走廊东南端、陇中高原、鄂尔多斯高原东北角以及青藏高原腹地的零星地区。各类型植被中,森林植被、草原类植被和耕地与气温有显著相关的像元分别占总体显著增加像元的 6.14%、11.84% 和 4.86%。秋季虽然 NDVI 显著增加的植被像元较春季要少(落叶针叶林除外),但是其中与气温显著相关的像元的比例则高于春季,表明气温要素在秋季对植被变化的影响强度要高于春季。总体上,就植被类型而言,落叶针叶林和草甸植被显著增加的像元中与气温有显著关系的像元比例最高。草甸和草原等植被类型与降水因子呈现显著相关的变化像元比例较其他类型要高。就季节而言,春季和秋季植被 NDVI 增加的像元最多,且与气温有显著相关的比例也最高;夏季则相反,但与降水有显著关系的比例要高于其他季节(李月臣等,2007)。

3.1.2 典型地区气候变化对 LUCC 的影响分析

(1)在农牧交错带,植被覆盖度与年均降水量、干燥度指数的变化呈正相关,与年均气温变化呈负相关。

在土地利用未变化区，植被覆盖度与期间降水呈极显著正相关，与气温呈极显著负相关，与干燥度指数呈极显著正相关；在土地利用变化区，植被覆盖度与降水呈极显著正相关，与气温呈极显著负相关，与干燥度指数呈极显著正相关表(3.1)(刘军会等，2008)。

气候变化对区域土地覆盖状况有较大影响，尤其是中国北方草地区域，土地覆盖对气候变化响应明显，总体上降水的年际变化对植被生长的影响在本区域较增温的影响大。同时，降水季节分配对中国北方植被的生长有重要的影响。有研究结果显示，20世纪80—90年代，农牧交错带由于气候变暖和降水减少导致NPP减少3.4%，土壤呼吸增加4.3%，每年NEP总量减少33.7109 kg(高志强等，2004)。

表3.1 1986—2000年间北方农牧交错带降水、气温等与植被覆盖度的关系(刘军会等，2008)

气候因子	植被覆盖度		
	整个地区	土地利用变化区	土地利用未变化区
年均降水量(mm)	0.23*	0.19*	0.25*
年均气温(℃)	−0.24*	−0.21*	−0.28*
干燥度指数	0.26*	0.22*	0.28*

注：* 表示 $\alpha < 0.001$

（2）江河源区驱动力模型与主要驱动因素分析

选定三个主要驱动因子：气温、人口（代表社会经济因素）以及冻土环境（用冻结深度代表），作为江河源区土地利用与覆盖变化的主要驱动因素来建立驱动力模型。分析高寒草地中具有较高植被覆盖度的草甸和草原分布面积变化受上述三个因子的驱动作用关系，分别建立了高覆盖高寒草甸草地的多元回归模型，模型的拟合效果如图3.2所示。

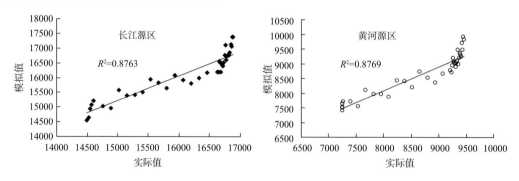

图3.2 江河源区高寒草甸草地覆盖变化的驱动力模型模拟效果比较

高覆盖高寒草甸草地退化进程与气温和人口成反比关系，而与冻结深度或冻土环境成正比关系。从图3.2反映出上述统计回归分析获得的驱动力模型，在高寒草甸草地退化较为轻微的高峰时段，也就是介于大致1968—1980年间的拟合效果偏离线性趋势线较大。究其原因，在该时段研究区域气温升温幅度不大，牲畜量处于1960年代初期遭受重大自然灾害后的恢复期，因此高寒草地对于气温、人口等变化的响应尚不是十分显著。当排除这一时段后，模型拟合的确定性系数将高达0.91以上，说明上述建立的驱动力统计模型具有较好的模拟效果和应用价值。根据上述驱动力模型，可以分析得出下面因子贡献率评估模型：

长江源区：$\Delta F = -0.81T_a - 0.18P_r + 0.01S_d$

黄河源区：$\Delta F = -0.684T_a - 0.315P_r + 0.001S_d$

据此，不难判断，引起区域高寒草甸草地退化的众多因素中，气候因素占据绝对优势权重，在长江源区的贡献率达到81%，其次是人为因素，贡献了18%的作用，这两方面的影响是负作用，这些因素越强，将导致草地退化程度越大。相对而言，冻土环境的作用较弱，但这是一个重要的正作用因素。如果用冻结深度指标反映，冻土环境仅有1%的贡献率，但是这里存在较多的局限性，首先冻结深度不代表多年冻土的融化深度，只能部分反映活动层厚度，而与植被根系层关系更为密切的地温和活动层土壤水分,无法用冻结深度来体现,然而目前尚无系统的有关区域性活动层土壤温度与水分的系列观测数据;其次是气温变化对于草地生态的作用中,包含了因冻土环境但对气温变化响应导致活动层土壤理化性质改变的影响,因此,气温的贡献率中实际含有部分冻土环境的贡献成分。黄河源区的情形有所不同,人类活动因素的贡献率达到31.5%,而气候的作用强度降到68.4%,反映出黄河源区人类活动对高寒草甸草地退化的影响较为显著,占据1/3的份额,气候的影响远小于长江源区。

同上述原理,构建针对高寒草原草地中高覆盖草地变化的驱动力统计回归模型如下:

长江源区:$\Delta F = -0.866T_a - 0.133P_r + 0.001S_d$

黄河源区:$\Delta F = -0.666T_a - 0.333P_r + 0.001S_d$

因此,对于高覆盖高寒草原草地,其变化的主要驱动因素仍然以气候条件为主,人类活动的影响次之。其中在长江源区,气候对高覆盖草原草地减少的作用起到高达86.6%的贡献率,人类活动的影响仅占13.3%;在黄河源区,情形有所不同,气候因素对高寒草原草地退化的贡献率为66.6%,要远小于长江源区,同时,人类活动的作用起到33.3%的贡献,是长江源区的2.5倍。这就说明,黄河源区人类活动对草地覆盖变化的影响要远远强于长江源区。

(3)东北地区植被指数变化与气温和降水关系密切

如表3.2所示(王宗明等,2009),在1982—2003年,东北地区年平均气温呈上升趋势,而年降水量呈下降趋势;东北地区植被NDVI与年平均气温呈显著正相关的像元占12.84%,主要分布在松嫩平原南部、三江平原中部和西辽河平原,植被类型为农田、阔叶林、草原。NDVI与年降水呈显著和极显著正相关的像元比例为4.55%,主要植被类型为草原和农田。东北地区58.21%的植被像元与春季气温显著或极显著正相关,主要分布在大兴安岭中部、小兴安岭、长白山及完达山—张广才岭等地区,主要植被类型为阔叶林、农田、针叶林和草甸。分析1982—2009年间东北地区植被NDVI指数变化(毛德华等,2012),植被年最大NDVI呈3个变化阶段:1982—1992年呈小幅上升趋势,1992—2006年呈缓慢下降趋势,2006—2009年呈缓慢回升态势.植被年最大NDVI与年平均气温、年降水量相关性空间差异明显。偏相关系数绝对值,气温大于降水的像元数占54%;综合分析,较降水而言,气温是东北全区植被年最大NDVI的主控影响因子。对于不同植被类型年最大NDVI,受气温影响强度由大到小依次为:森林>草地>沼泽湿地>灌丛>耕地;受降水影响按草地>耕地>灌丛>沼泽湿地>森林依次减弱。在中国东北地区,气温对植被生长的影响明显大于降水,全球气候变暖将对该地区植被生长产生显著的影响。

表3.2 与气候因子显著相关的植被像元占东北地区总面积的比例(%)

	温度				降水			
	显著正相关	极显著正相关	显著负相关	极显著负相关	显著正相关	极显著正相关	显著负相关	极显著负相关
全年	8.6	4.3	0.4	0.2	3.2	1.3	5.3	2.2
生长季	3.4	0.5	3.3	1.1	5.5	3.4	5.9	2.6
春季	18.5	39.7	0.1	—	3.5	1.3	0.9	0.7
夏季	5.8	1.8	3.5	1.1	3.2	1.4	5.0	1.3

(4)黄土高原地区植被覆盖和降水关系密切,降水变化是植被覆盖变化的重要原因

水分条件是黄土高原地区植被生长的制约因子,降水对植被空间分布具有决定性意义。逐栅格计算1981—2001年期间年降水量和年最大NDVI之间的相关系数,得到图3.3(信忠保等,2007),从图可见植被NDVI和降水的正相关性和负相关共存,整体呈现正相关关系。统计表明,占总面积74.2%的植被NDVI和降水呈正相关,其中有14.6%和5.3%的面积通过$\alpha<0.05$和$\alpha<0.01$检验。位于陕北的黄土高原丘陵沟壑区植被NDVI和降水具有很好的正相关。20世纪80年代黄土高原地区降水相对丰沛,植被覆盖呈现明显的上升趋势。进入90年代后,随着气候干旱化趋势发展,植被覆盖不再上升而表现为小幅的波动。但1999—2001年的降水明显偏少,造成黄土高原地区植被覆盖迅速下降;降水相对较少的黄土高原西北地区的植被NDVI呈现增加趋势,而降水相对较多地区的NDVI在逐步下

降。温度对植被覆盖的影响主要表现在对植被生长年内韵律的控制和对春秋季节植被生长期的增长，同时通过加快蒸散发加剧了土壤干旱化。从年际变化看，植被覆盖变化和降水变化具有很好的一致性。生长期的植被对降水具有很好的响应。

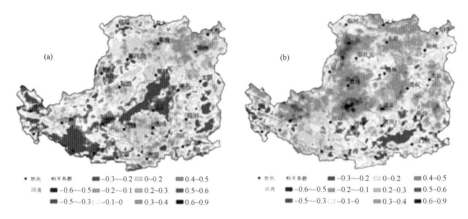

图 3.3　1981—2001 年黄土高原地区植被覆盖和温度、降水的相关性：(a)年最大 NDVI 和温度的相关性；(b)年最大 NDVI 和降水的相关性（信忠保等，2007）

3.1.3　土地利用与覆盖变化的气候反馈效应

利用 1981—1994 年中国 NOAA/AVHRR 的 NDVI 指数和 160 个标准气象台站资料，分析中国不同区域植被覆盖变化对气候的影响，结果见图 3.4。在多数地区前期 NDVI 与后期降水存在正相关，且这种滞后相关性存在明显的区域差异。上年冬季 NDVI 与夏季降水以华中和青藏高原地区的相关性最明显，而春季 NDVI 与夏季降水则以东部干旱—半干旱区和青藏高原的相关性更显著。NDVI 指数变化与温度的关系比较复杂，总体上较之降水对植被的滞后响应更弱一些（张井勇等，2003）。

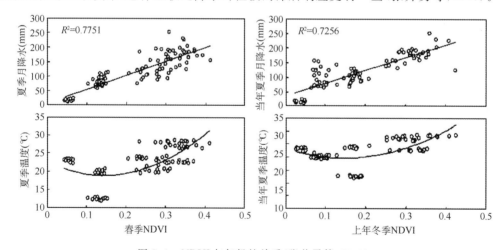

图 3.4　NDVI 与气候的关系（张井勇等，2003）

中国北方过渡带及其附近地区的植被覆盖变化是影响中国夏季降水的最显著地区，是陆面变化中的关键区（张井勇，2005）。再分析与观测资料的比较还发现，土地利用例如沙漠化和森林砍伐造成了中国北方地区的显著增温，这种增温效应甚至可以与 CO_2 的温室效应相当。利用再分析资料和测站资料对土地利用变化影响温度的统计分析还表明，年代际尺度上，土地利用变化对中国温度的影响最明显地表现在使北方温度的升高。基于观测上的一些新事实，利用一个高分辨率的区域环境系统集成模式（RIEMS）通过多年积分，研究了中国北方过渡带及附近地区（中国北方和蒙古南部）植被退化对区域气候的影响。模拟结果表明，植被退化可以造成中国北方和南方的降水减少和江淮流域的降水增加，及植被变化区的温度的升高和华中地区温度的降低。此外，植被退化对大气环流也产生了重要影响。模拟的表面气候和大气环流的变化与最近 50 年来观测的年代际气候异常都比较一致。统计和模拟结果表明,中国北方过渡带及其附近地区的植被退化,可能是造成中国气候异常尤其是北方干旱化的重要原因之一。

利用国家气候中心改进的高分辨率区域气候模式(RegCM2NCC),模拟研究中国近代历史时期土地利用/覆盖变化对中国区域气候的影响。结果表明,1700年以来,以森林砍伐、草地退化及相应耕地面积扩大为主的土地利用变化可能对中国区域降水、温度产生了显著影响(李巧萍和丁一汇,2006)。1700—1900年期间,由于土地利用的变化使华北、西南等地区降水呈减少趋势,其他区域变化不明显,但近50年来却使长江中下游地区、西北、东北部分地区降水有所增加。1700—1800年间的土地利用变化使得除东北及长江流域地区外的大部分地区温度呈下降趋势,1900年以后有所升高,特别是近50年来中国大部分区域平均气温升高,与这一时期由于大气中温室气体排放浓度增加造成的温度升高相一致。另外,土地利用变化不仅使大气温度、湿度发生变化,还可引起基本流场的变化,使东亚冬、夏季风气流有所增强,这主要是由于植被变化改变了地面温度,使海、陆温差进一步增大的结果。

用RegCM3区域气候模式嵌套ERA40再分析资料,对中国土地利用状况引起的气候变化进行的数值模拟和分析结果也表明中国地区的土地利用/植被覆盖改变,通过影响环流和改变地表能量平衡状态等,对降水和气温等都产生了较大影响(图3.5)。可以认为:(1)植被改变会引起冬季中国南方地区降水减少,北方降水增多;引起夏季南方降水显著增加和北方降水减少。总体而言,北方的森林砍伐、农业及土地沙漠化等会加剧北方干旱,而南方森林退化和农业活动引起的气候效应更显著,会使江淮流域等地区洪涝灾害增多。(2)植被变化引起中国南方冬季气温显著降低;夏季长江沿线气温显著降低,西北部分地区气温升高。年平均气温的变化,以其在南方的显著降低为主。植被变化对日最高和最低气温的作用更大,冬季日最低气温在南方显著下降,在西北部分地区上升;夏季日最高气温在长江沿线则有很大幅度的显著降低。(3)近几十年到十几年间中国地区气温,出现了在北方明显变暖,南方地区变暖不明显或气温下降的现象。除气候的自然变化外,一方面,温室效应本身在北方更明显;另一方面,人类活动排放的气溶胶会引起南方地区气温的下降;而本研究表明,土地利用变化引起的中国南方气温的显著下降,可能对此也有所贡献.观测结果同时表明,降水出现了江淮地区增多、华北地区减少等现象,其原因除温室效应外,土地利用可能也起到了重要作用(高学杰,2007)。

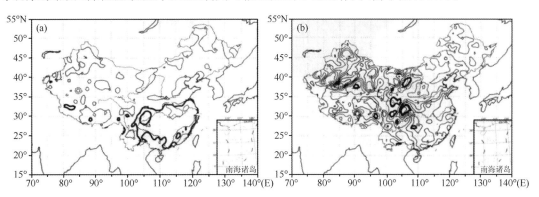

图3.5 土地利用变化对中国气候的影响模拟结果(左,气温;右,降水)(据高学杰等,2007)

3.1.4 适应气候变化的土地利用对策

(1)应对气候变化,科学布局土地利用规划

在全球气候变化背景下,如何最大程度地减缓土地利用与覆盖变化的负面影响,科学规划土地利用格局和政策十分关键。刘纪远等(2003)在总结1990年代中国土地利用变化规律后,指出搞好土地利用规划需要强调的几个方面:一是在今后的全国土地利用规划中,应充分考虑中国现代土地利用变化的区域分异规律。同时,在生态环境恢复与建设规划中也应强调自然地理地带的针对性。另外,由生态建设导致的土地利用变化效果开始显现,应通过遥感监测及时总结经验,使生态建设规划进一步符合不同区域的自然地理地带性规律。如,在传统林区和水热充沛区要加强林业工程建设;在半干旱

和干旱地区要坚持以草灌为主的自然植被恢复方针，减轻人类活动对土地资源的压力，实现生态环境的有效恢复重建。二是改变传统的资源规划与管理思路，在基础设施日益完备的条件下，最大程度地发挥跨区域资源优化配置的综合优势。中国社会经济迅速发展，特别是国家交通、电讯、能源等基础设施日益完备。在今后的国家土地资源综合优化配置规划中，应分析吸收西方发达国家的先进经验，充分考虑今后一二十年日益完备的国家基础设施的作用。在充分研究全国土地资源区域差异和区域优势的基础上，打破局部区域自我封闭的传统观念，最大限度地利用中国资源区域分布多样性的特点，有效地开发利用国际资源市场，在现代信息流的引导下，充分发挥现代物流的作用，最大程度地发挥跨区域土地资源优化配置的综合优势，在最佳的区域组织最有效的生产活动，取得最佳的土地资源和水资源利用效率。保护自然资源和生态环境，实现可持续发展的最终目标。

（2）把握气候变化对土地利用方式的影响，及时调整土地利用政策和种植结构

几种主要粮食品种，玉米、小麦、水稻都对高温特别敏感。随着气候变暖，中国北方的可耕地面积将会扩大，而南方热带地区适合农业生产的土地面积将会减少。已有研究表明，过去 20 年来，中国农耕地的重心已逐渐从东南向西北转移。气候变化还将增加中国东北、西北和青藏地区可耕种土地的面积，中国农业复种指数将普遍增加，两熟区将北移到目前一熟区的中部，目前的两熟区大部分将被各种不同组合的三熟制取代，三熟制北界将由目前的长江流域北移到黄河流域，约移动500 km，三熟制面积可能扩大 1.5 倍，一熟区将缩小 23%（肖风劲等，2006）。针对这种变化，要及时调整农业种植结构，提高复种指数，合理调整不同地区耕作制度，充分利用气候资源。这就要求对不同地区土地利用格局进行适时规划和结构上的调配，力争使得农业土地利用方式获取最大收益以减缓其不利影响。

但是，气候变化可能导致北方地区更加趋于干旱，有可能进一步加重草地需水的胁迫，使天然草场退化和沙化，草地产草量和质量下降，草场生产能力降低。草地面积减少或沙漠化趋势加剧的潜在影响、加之北方农业用地面积的进一步扩张将直接威胁草地畜牧业的发展。在农牧交错带边缘和绿洲边缘区，沙漠化土地面积将趋于增加，这些区域土地利用方式的改变将要更加谨慎，维持天然灌草地的稳定是这些地区重要的举措（林而达等，2006）。

（3）积极改善农业基础设施，提高宏观管理水平

未来气候变化情景下，气温和降水在中国的空间格局将发生变化，极端天气气候事件、干旱、洪涝、台风等气象灾害在局部地区有可能增加。为了提高农业抵御自然灾害的能力，稳定农业土地利用格局，最大程度减缓气候变化对农业土地利用的影响，需要加大发展设施农业力度，进一步促进中国农业基础设施的发展，加强农田基本建设，改善农业生态与环境，建设高产稳产农田（肖风劲等，2006）。

中国高纬度地区农业适应性较强，存在较大的适应升温空间；中纬度地区适应性较差，尤其在华北地区，水资源不足是农业生产的关键限制因子，而气候变暖在一定程度上加剧了水资源紧张的局面，更加需要借助科技进步加大节水农业的发展，合理调整水资源的分配制度（刘颖杰等，2007）。为此，林而达等（2006）提出：在东北地区，采用冬麦北移，增加水稻种植面积等措施，合理利用农业技术，利用变暖的有利条件，促进粮食生产。在华北地区，建立节水型生产体系，因地制宜防治沙漠化，提高区域农业土地的水资源保障程度，稳定土地利用格局。在西北地区，合理配置水资源，发展节水农业，保护和改善生态环境，提高旱区农业适应能力。

（4）建立健全土地利用变化和气候变化影响的监测系统，提高决策和预警能力

建立全国土地利用变化与国土遥感科学数据库和土地利用变化监测体系、决策支持体系等，支持国家有关资源环境问题的重大决策。实践证明，作为重要科学数据基础，全国土地利用变化与国土遥感科学数据库是支持国家水土资源管理和生态环境保护与重建等重大规划与决策的必备数据（刘纪元等，2003）。同时，建立气候变化影响的监测系统，加强气候变化影响和适应的科学研究，建立适应气候变化的科技支持系统。培养一支跨学科的、具有国际先进水平的研究和管理队伍，提高中国应对气候变化的分析和决策能力，提高中国适应气候变化的科学技术水平（林而达等，2006）。

3.2 水土流失

3.2.1 水土流失的类型、分布

中国的土壤侵蚀类型复杂多样,在很大程度上是由气候决定的。中国国土面积大,从南到北的气候—生物条件变化多端,自东到西气候干湿差异剧烈,而且青藏高原的存在使中国拥有大面积的高寒地区。所以,中国的土壤侵蚀几乎涵盖了全球的主要侵蚀类型,但以水力、风力和冻融侵蚀为主。降水、风和气温决定了中国土壤侵蚀的三大类型。

(1)水蚀:水蚀是中国分布最广、危害最严重的水土流失类型,总面积161.22万 km²,占国土总面积的17.0%(李智广等,2008),其中,轻度、中度、强度、极强度和剧烈各等级水蚀的面积分别为82.95万 km²、52.77万 km²、17.20万 km²、5.94万 km² 和 2.35万 km²,分别占水蚀总面积的51.4%、32.7%、10.7%、3.7%和1.5%。水蚀面积较大(前10位)的省(区)依次是内蒙古、四川、云南、新疆、甘肃、陕西、山西、黑龙江、贵州和西藏。水蚀面积占本省(区、市)土地面积比例较大(30%以上)的依次是山西、陕西、重庆、宁夏、贵州、云南、湖北、四川、辽宁和甘肃(表3.3)。

(2)风蚀:全国风蚀总面积195.70万 km²,占国土总面积的20.6%(李智广等,2008),其中,轻度、中度、强度、极强度和剧烈各等级风蚀的面积分别为80.89万 km²、28.09万 km²、25.03万 km²、26.48万 km² 和 35.21万 km²,分别占风蚀总面积的41.3%、14.4%、12.8%、13.5%和18.0%。风蚀主要分布在新疆、内蒙古、青海、甘肃和西藏,其风蚀面积合计187.84万 km²,占全国风蚀总面积的96.0%,其中,新疆和内蒙古的风蚀面积153.66万 km²,占全国风蚀总面积的78.5%(表3.3)。

(3)冻融侵蚀:全国冻融侵蚀总面积127.82万 km²,占国土总面积的13.5%(李智广等,2008),其中,轻度、中度和强度的冻融侵蚀面积分别为62.16万 km²、30.50万 km² 和 35.16万 km²,分别占冻融侵蚀总面积的48.6%、23.9%和27.5%。冻融侵蚀主要分布(面积大小顺序)在西藏、青海、新疆、四川、内蒙古、黑龙江和甘肃等8个省(区),其中,西藏自治区冻融侵蚀面积最大,为90.50万 km²,占全国冻融侵蚀总面积的70.8%。

表 3.3 中国各省(区、市)轻度以上土壤侵蚀面积(许峰等,2003)

省(区、市)	境内面积(km²)	面积(km²)	水蚀占总面积比例(%)	占水蚀比例(%)	面积(km²)	风蚀占总面积比例(%)	占全国风蚀比例(%)	侵蚀总面积(km²)
北京市	16386	4383	26.75	0.27	0	0	0	4383
天津市	11623	463	3.98	0.03	0	0	0	463
河北省	187869	54662	29.10	3.32	8295	4.42	0.44	62957
山西省	156564	92863	59.31	5.63	0	0	0	92863
内蒙古区	1143331	150219	13.14	9.11	594607	52.01	31.18	744826
辽宁省	146275	48221	32.97	2.92	2333	1.59	0.12	50554
吉林省	191094	19296	10.10	1.17	14278	7.47	0.75	33574
黑龙江省	452563	86539	19.12	5.25	8907	1.97	0.47	95446
上海市	8013	0	0	0	0	0	0	0
江苏省	103405	4105	3.97	0.25	0	0	0	4105
浙江省	103231	18323	17.75	1.11	0	0	0	18323
安徽省	140165	18775	13.39	1.14	0	0	0	18775
福建省	122466	14832	12.11	0.90	87	0.07	0	14919
江西省	166960	35106	21.03	2.13	0	0	0	35106
山东省	157119	32432	20.64	1.97	3555	2.26	0.19	35987
河南省	165620	30073	18.16	1.82	0	0	0	30073
湖北省	185951	60843	32.72	3.69	0	0	0	60843

续表

省（区、市）	境内面积（km²）	面积（km²）	水蚀占总面积比例（%）	占水蚀比例（%）	面积（km²）	风蚀占总面积比例（%）	占全国风蚀比例（%）	侵蚀总面积（km²）
湖南省	211816	40393	19.07	2.45	0	0	0	40393
广东省	179432	11010	6.14	0.67	0	0	0	11010
广西区	236545	10369	4.38	0.63	4	0	0	10373
海南省	34164	205	0.60	0.01	342	1	0.02	547
西川省	483761	150400	31.09	9.12	6121	1.27	0.32	156521
贵州省	176110	73179	41.55	4.44	0	0	0	73179
云南省	383102	142562	37.21	8.65	0	0	0	142562
西藏区	1201653	62744	5.22	3.81	49893	4.15	2.62	112637
重庆市	82383	52040	63.17	3.16	0	0	0	52040
陕西省	205733	118096	57.4	7.16	10708	5.20	0.56	128804
甘肃省	404627	119370	29.5	7.24	141969	35.09	7.45	261339
青海省	716679	53137	7.41	3.22	128972	18.00	6.76	182109
宁夏区	51783	20907	40.37	1.27	15943	30.79	0.84	36850
新疆区	1640011	115425	7.04	7.00	920726	56.14	48.29	1036151
台湾省	36280	7844	21.62	0.48	0	0	0	7844
全国合计	9502714	1648816	17.35	100	1906740	20.07	100	3555556

注：所有土壤侵蚀面积数据来源于 2002 年 1 月国务院批准水利部发布的《全国水土流失公告》资料，其中境内面积及国土面积均指调查的面积，土壤侵蚀面积均不包括侵蚀程度可容许的微度侵蚀。

中国土壤侵蚀强度的分布规律受多种因素的影响，其中气候的影响是十分明显的。较大面积的轻度水蚀主要分布在中国地势的第二级台阶向第三级台阶的过渡带上，沿东北—西南走向分布尤其集中（许峰等，2003），这不仅和经向大地构造制约下主要山系影响的山地地貌分布有关系，而且和中国湿润区—干旱区的大致分野基本接近。较大面积连续分布的轻度风蚀主要分布在华北北部、东北西部、西北地区，基本上分布在干旱区内，沙漠周缘地区、草原地区较为集中。从风力侵蚀的机理考虑，风蚀的强弱及其分布首先取决于气候条件，在气候干旱化的背景下，不良的土地利用等驱动因素会使较大面积连续分布的风蚀区扩展联合，加剧风蚀发展。较大面积的中度及强度水蚀分布与轻度水蚀分布类似。较大面积的中度及强度风蚀分布与轻度风蚀相比，在主要沙漠与沙区的分布更多一些。较大面积连续分布的严重水蚀集中分布在黄土高原地区，除了与黄土性质以及黄土高原的地貌特征有关外，与该区处于半干旱气候带和暴雨频发有关。较大面积的严重风蚀主要分布在西北沙漠腹地，则是由干旱气候条件下植被贫乏和处于蒙古高压的前缘决定的。

在东部、中部、西部和东北地区四个不同经济区域中，西部地区水土流失面积最大，为 296.65 万 km²，占全国水土流失总面积的 83.1%，占该区土地总面积的 44.1%（表 3.3）。全国水蚀、风蚀的严重地区主要集中在西部地区，其中风蚀面积占全国风蚀面积的近 80%。其他几个区域的水土流失面积相对较小，各个区域水土流失面积占本区域土地总面积的比例，由大到小依次是中部地区、东北地区、东部地区，比例分别为 27.6%、22.4%、11.8%（许峰等，2003）。

3.2.2 水土流失的动态变化

水土流失的动态变化分析主要基于水利部开展的 3 次全国水土流失普查结果，这三次普查时间分别是 20 世纪 80 年代中后期（1985 年）、90 年代中后期（1995 年）和 21 世纪初（2000 年）。其中第 1 次、第 2 次的普查结果分别于 1991 年、2002 年公告，第 3 次普查结果（2000 年）在水利部、中国科学院和中国工程院"中国水土流失与生态安全综合科学考察"中进行了全面验证（李智广等，2008）。3 次全国水土流失普查结果表明，1985—2000 年的 15 年间，中国水土流失总面积有所减少，但变化不大；不同类型水土流失、不同区域的水土流失变化差异明显，出现不同的发展趋势。

（1）水土流失总体变化状况

1985 年、1995 年和 2000 年全国水土流失面积分别为 367.03 万 km²、355.56 万 km² 和 356.92 万 km²。总体上，全国水土流失呈现面积减少强度降低的趋势。15 年间，水土流失面积共减少 10.11 万 km²，减幅为 2.8%，其中轻度侵蚀面积减少最多，共减少 22.18 万 km²，减幅 11.9%。其中，前 10 年间减少 24.14 万 km²，减幅 13.0%，后 5 年间增加 1.96 万 km²，增幅 1.2%。相对而言，中度、强度、极强度和剧烈侵蚀的面积变化较小，其中，强度侵蚀的面积有所减少，中度、极强度和剧烈侵蚀的面积略有增加。

（2）不同类型水土流失变化

①水蚀：1985 年、1995 年和 2000 年，全国水蚀面积分别为 179.42 万 km²、164.88 万 km² 和 161.22 万 km²，总体上，全国水蚀变化呈现面积减少、强度降低的趋势。15 年间，水蚀面积共减 18.20 万 km²，减幅 10.1%，平均每年减少 0.91 万 km²，其中，前 10 年平均每年减少 1.45 万 km²，面积变化较大，后 5 年平均每年减少 0.73 万 km²，面积变化不大。15 年间，水蚀各强度等级中，轻度侵蚀面积减少 9.7%，中度侵蚀面积增加 6.0%，强度侵蚀面积减 29.7%，极强度侵蚀面积减少 35.0%，剧烈侵蚀面积减少 43.0%，除中度侵蚀面积稍有增加外，其余各等级强度的侵蚀面积均呈下降趋势，特别是强度侵蚀以上面积减少幅度较大。

②风蚀：1985 年、1995 年和 2000 年，全国风蚀面积分别为 187.61 万 km²、190.67 万 km² 和 195.70 万 km²，总体上，全国风蚀变化呈现面积增加、强度升高的趋势。15 年间，风蚀面积共增加 8.09 万 km²，增幅 4.3%，平均每年增加 0.54 万 km²，其中前 10 年平均每年增加 0.31 万 km²，后 5 年平均每年增加 1.01 万 km²，呈加速增加趋势。

（3）主要江河流域土壤流失量变化

①1950—1995 年全国土壤流失总量：利用 1950—1995 年长序列平均数据，采用泥沙输移比法和水土保持法测算江河流域多年平均土壤流失量。长江、黄河、海河、淮河、珠江、辽河、松花江、钱塘江和闽江 9 个主要江河流域的多年平均土壤流失量合计为 49.12 亿 t，据此推算全国土壤流失总量平均每年约 50 亿 t（表 3.4）。

②1950—2005 年全国土壤流失总量：按照 1950—1995 年江河流域土壤流失量同样的测算方法和参数，推算到 2005 年，即 1950—2005 年，9 个主要江河流域的多年平均土壤流失量合计为 44.65 亿 t，据此推算全国土壤流失总量平均每年约为 45 亿 t（表 3.4）。

表 3.4　中国主要江河不同时期土壤流失量动态变化（李智广等，2008）

主要江河流域	1950—1995		1986—2005		1996—2005		1950—2005	
	土壤流失量（亿 t）	径流量（亿 m³）	土壤流失量（亿 t）	径流量（亿 m³）	土壤流失量（亿 t）	径流量（亿 m³）	土壤流失量（亿 t）	径流量（亿 m³）
长江	23.13	7660.10	14.62	7857.04	13.73	7992.86	21.43	7720.6
黄河	16.34	403.60	8.80	269.62	6.92	213.60	14.64	369.04
海河	2.00	16.90	0.50	8.18	0.30	6.63	1.69	15.04
淮河	2.30	285.44	1.01	244.49	1.01	265.62	2.06	281.84
珠江	2.07	2866.10	1.74	2823.68	1.37	2907.21	1.94	2873.57
辽河	1.77	36.74	0.67	33.05	0.41	19.48	1.52	33.60
松花江	1.16	675.20	0.79	445.83	0.67	412.10	1.07	627.36
钱塘江	0.27	202.70	0.09	215.13	0.08	203.00	0.23	202.77
闽江	0.08	577.10	0.07	570.87	0.05	585.13	0.07	578.56
合计	49.12	12723.88	28.29	12467.89	24.54	12605.71	44.65	12702.38

③1986—2005 年土壤流失量：利用江河流域主要控制站各年的水沙实测资料，按照测算江河流域多年平均土壤流失量同样的计算方法和参数，分年度计算 1986—2005 年各江河流域的土壤流失量。9 个主要江河流域土壤流失量表现为总体下降，20 年来年平均土壤流失量为 28.3 亿 t。前 10 年（1986—1995 年），平均土壤流失量为 32.0 亿 t，且变化幅度较小，比较稳定。后 10 年（1996—2005 年），平均土

壤流失量为 24.5 亿 t，年际变化幅度较大，其中，1998 年土壤流失量最多，达到 47.44 亿 t，而且各江河流域的土壤流失量都达到最大，2004 年土壤流失量最少，总量只有 14.19 亿 t，而且各江河流域土壤流失量都偏小。各江河流域土壤流失量的变化幅度以长江与黄河为最大，珠江、松花江、钱塘江和闽江较小，海河、淮河、辽河居中（表 3.4）。

3.2.3　典型区域水土流失现状

中国流失成因复杂，区域差异明显。东北黑土区、北方土石山区、西北黄土高原区、长江上游及西南诸河区、北方农牧交错区、西南岩溶石漠化区、南方红壤区等各区域的自然和经济社会发展状况差异较大，水土流失的主要成因、产生的危害各有不同。

（1）东北黑土区

东北黑土区主要是指中国东北地区黑土、钙土和草甸土集中连片的分布区（刘宝元等，2008），是世界上仅有的 3 大块黑土带之一。位于松嫩平原及其四周的台地低丘区，北起黑龙江省的嫩江县，南至吉林省的四平市，西到大兴安岭山地东西两侧，东达黑龙江省的铁力市和宾县，共包括 49 个市县（其中黑龙江省 33 个市县，吉林省 16 个市县），总面积约 202524.5 km²（赵会明，2008）。东北黑土区水土流失已经十分严重，土壤侵蚀面积达 74326.2 km²，占全区土地总面积的 36.7%，在黑土区 49 个市县中都有分布（王玉玺等，2002；刘元宝等，2008）。

全区土壤侵蚀类型分为水力侵蚀和风力侵蚀两大类。水蚀区分布于黑土区东部半湿润地区，其中大小兴安岭山前丘陵状台地（俗称丘陵漫岗）和波状起伏台地（俗称漫川漫岗）区域的坡耕地和荒坡地带水蚀较为严重。水力侵蚀面积为 51878 km²，占总土地面积的 25.6%。其中，强度水蚀面积为 4455.6 km²，占总土地面积的 2.2%，中度水蚀面积为 18227.3 km²，占总土地面积的 9.0%，轻度水蚀面积为 29195.1 km²，占总土地面积的 14.4%。风蚀区分布于黑土区西部半干旱地区，其中嫩江两岸沙地和接近内蒙古草原边缘地带的毁草开荒地和草原退化地风蚀较为严重。风力侵蚀面积为 22448.2 km²，占总土地面积的 11.1%。其中，强度风蚀面积为 3645.8 km²，占总土地面积的 1.8%，中度风蚀面积为 8100.8 km²，占总土地面积的 4.0%，轻度风蚀面积为 10701.6 km²，占总土地面积的 5.3%。在所辖的 49 个县市中，属水力侵蚀的有 30 个市县，属风力侵蚀的有 5 个市县，属复合侵蚀（水蚀风蚀并存）的有 14 个市县。

（2）北方土石山区

广义的北方土石山地丘陵区，简称北方土石山区，是指东北漫岗丘陵以南，黄土高原以东，大别山以北的区域，行政上涉及冀、晋、豫、鲁、蒙、皖、苏、辽、鄂等省（区）以及京津二市，流域上包括海河流域、淮河流域、山东半岛独立入海河流流域及黄河流域的一部分，总面积 75.4 万 km²（李秀彬等，2008）。

北方土石山区水土流失主要集中在山丘区，海河流域和淮河流域的山地丘陵总面积为 28.0 万 km²，其中海河流域 18.9 万 km²，淮河流域 9.1 万 km²。水蚀、风蚀、重力侵蚀及人为侵蚀等多种侵蚀类型在北方土石山区广泛分布。水蚀是本区的主要侵蚀类型，以低山丘陵区分布最广，总面积约 12.8 万 km²，其中，海河流域约占 77%，淮河流域占 23%（表 3.5 和表 3.6）。风蚀主要发生在滦河上游、永定河上游、滹沱河上游、海滦河下游以及淮河黄泛平原，总面积约 0.6 万 km²；重力侵蚀（滑坡和泥石流）主要发生在燕山、太行山、大别山和沂蒙山区，永定河和滹沱河上游的黄土滑坡也很明显。坡耕地是发生土壤侵蚀的主要土地利用类型。采石、开矿、修路、城市建设等开发建设项目带来的人为水土流失多呈零星分布，其中部分煤矿区工程建设造成的水土流失分布较为集中。

全区轻度以上各等级侵蚀强度面积之和为 13.49 万 km²，其中，海河流域 10.39 万 km²，淮河流域 3.10 万 km²。由于自然地理环境和人类活动强度的不同，各省（区、市）水土流失强度等级面积有较大差异（据李秀彬等，2008）。各省（区、市）轻度侵蚀面积占的比例最大，一般都超过 50%，只有辽宁（海河部分）占 20%；其次是中度侵蚀所占的比例也比较大，除辽宁超过 50% 外，其余各省所占比重一般都在 30%—40% 之间；极强度和剧烈侵蚀在本区所占的比例很小，二者均在 10% 以下。海河流域的侵蚀强度普遍要大于淮河流域。

表 3.5 海河流域分省土壤侵蚀面积统计（李秀彬等，2008）

省（区、市）	山区土地面积/km²	水蚀			风蚀		合计	
		面积/km²	占山区土地面积比例%		面积/km²	占山区土地面积比例%	面积/km²	占山区土地面积比例%
北京	10531.04	4329.39	41.11				4329.39	41.11
河北	98631.60	51222	51.93		1038.32	1.06	52260.32	52.99
山西	59772.32	34336.37	57.45				34336.37	57.45
内蒙古	12173.34	5352.50	43.97		3875.63	31.83	9228.13	75.80
辽宁	1658.41	1237.52	74.62				1237.52	74.62
河南	6367.09	2046.86	32.15				2046.86	32.15
天津	738.67	462.45	62.61				462.45	62.61
合计	189872.47	98987.09	52.13		4913.95	4.73	103901.04	54.72

注：数据来源于水利部第2次全国土壤侵蚀遥感调查成果

表 3.6 淮河流域分省土壤侵蚀面积统计（李秀彬等，2008）

省份	流域内土地面积/km²	水蚀面积/km²	风蚀面积/km²	工程侵蚀面积/km²	合计	
					面积/km²	占土地面积比例/%
河南	86371.62	10881.94		138.06	11020	12.76
安徽	67243.07	4568.23			4568.23	6.79
江苏	65002.16	1614.19		25.77	1639.96	2.52
山东	51163.65	11816.37	1407.06	3.73	13227.16	25.85
湖北	1384.42	533.92		0.14	534.06	38.58
合计	271164.92	29414.65		167.70	30989.41	11.43

注：数据来源于水利部第2次全国土壤侵蚀遥感调查成果。

（3）西北黄土高原区

黄河上中游黄土高原地区西起日月山，东至太行山，南靠秦岭，北抵阴山，涉及青海、甘肃、陕西、山西、河南、宁夏、内蒙古等7省（区）50余地（市）。该区是中国水土流失最严重的地区和黄河泥沙的主要来源区，同时又是中国干旱半干旱农牧业发展的典型区域和国家能源与化工基地之一。严重的水土流失直接制约着黄土高原地区、黄河流域乃至全国的生态安全以及经济社会的可持续发展。

2000年土壤侵蚀面积达41.9万 km²，占区内总面积的67.14%，水力侵蚀是该区最主要的土壤侵蚀类型，且分布广泛。2002年遥感分析结果（表3.7）表明，黄土高原地区水力侵蚀中，轻度水力侵蚀面积占30.32%，中度水力侵蚀占32.37%，强度以上水力侵蚀占37.31%。风力侵蚀主要分布于内蒙古、陕北和宁夏境内，强度以上的风力侵蚀占总风力侵蚀面积的48.97%，表明该区风力侵蚀较为严重。冻融侵蚀主要分布于黄土高原西部山体的上部，该区地势较高、气温较低，冻融侵蚀比较活跃。

表 3.7 黄土高原地区 2000 年土壤侵蚀状况（刘国彬等，2008）

项目	水力侵蚀					风力侵蚀	冻融侵蚀	非侵蚀
	轻度	中度	强度	极强	剧烈			
面积/万 km²	9.99	10.66	6.40	3.92	1.97	8.80	0.16	20.50
占区域总面积的比例/%	16.01	17.09	10.25	6.29	3.15	14.11	0.25	32.85

黄土高原地区水土流失最为严重的区域是多沙区，面积约 21.2 万 km²，多年平均输入黄河的泥沙量为 14 亿 t，占黄河总输沙量的 87.5%。其中，多沙粗沙区面积为 7.86 万 km²，多年平均输沙量达 11.82 亿 t，占黄河同期总输沙量的 62.8%，粗泥沙输沙量为 3119 亿 t，占黄河粗泥沙总量的 72.5%。

黄土高原地区水土流失多集中在 7—9 月份，其侵蚀产沙量约占全年的 60%～90%。侵蚀产沙又往往集中于几场大的暴雨洪水，许多地方一次暴雨的侵蚀量超过全年总侵蚀量的 60%；陕蒙接壤区两川两河汛期输沙量超过全年的 90%。

表 3.8 黄土高原地区土壤侵蚀面积变化（刘国彬等,2008)

年份	总面积/万 km²	总侵蚀面积/万 km²	侵蚀面积比例/%	水蚀面积/万 km²	水蚀面积比例/%	风蚀面积/万 km²	风蚀面积比例/%
1986	62.40	41.39	66.33	28.68	45.96	12.39	19.86
2000	62.40	41.92	67.19	32.98	52.84	8.80	14.10
2002	62.40	39.08	62.63	33.41	53.55	5.62	9.01

20 世纪 80 年代中期到 90 年代中后期,黄土高原地区土壤侵蚀面积略有增加(表 3.8),主要是由于本地区开发能源、矿产资源的速度不断加大,建设速度加快所致。这些开发建设项目及其活动具有点多面广、土地扰动程度高、水土流失强度大等特点,再加上防治措施不到位等原因,产生新的水土流失的因素增多,进一步恶化了当地的水土流失环境,加剧了水土流失。2000—2002 年,随着国家对水土保持生态环境建设工作的重视和投入的增加,区域水土流失状况有所改善,植被覆盖有所增加,土壤侵蚀面积有所减少,区域水土流失状况有所改善,局部治理成效明显。近 10 多年来,土壤侵蚀面积比例都在 60%～70%之间(表 3.8),土壤侵蚀总体状况并没有大的改变。

(4)长江上游及西南诸河区

长江上游及西南诸河(中国境内的西南诸河,包括雅鲁藏布江、怒江、澜沧江、元江和伊洛瓦底江)区位于中国西南部,涉及的行政区域有西藏自治区、四川省、重庆市、云南省、贵州省、甘肃省、陕西省、湖北省和青海省,共计 498 个县(市、区),总面积约 243.68 万 km²。该区横跨中国第 1 级台阶和第 2 级台阶,地形起伏大,地质构造活跃,岩性复杂,气候类型多样,降水集中且多暴雨,地表风化强烈,沟道发育,植被覆盖差异明显,土壤抗冲抗蚀能力弱。区内不合理的人类活动作用强烈,如陡坡垦殖、森林采伐(天保工程以前)、植被破坏、过度放牧和大规模的工程建设等。上述自然和人为作用使得长江上游及西南诸河区水土流失环境背景复杂,类型多样,侵蚀作用强烈。水土流失对这一地区工农业生产和社会经济发展带来严重影响,其不利影响还波及到长江中下游地区。

表 3.9 长江上游及西南诸河各侵蚀类型面积及占总流失面积比例(崔鹏等,2008)

区域	水力侵蚀		风力侵蚀		冻融侵蚀		合计	
	面积/万 km²	比例/%	面积/万 km²	比例/%	面积/万 km²	比例/%	面积/万 km²	比例/%
长江上游	32.16	73.40	1.00	2.30	10.67	24.30	43.83	100.00
西南诸河	19.64	22.17	2.69	3.04	66.25	74.79	88.58	100.00
合计	51.80	39.12	3.69	2.79	76.92	58.09	132.41	100.00

表 3.10 长江上游水土流失面积及强度分布(崔鹏等,2008)

类型		合计	轻度	中度	强度	极强	剧烈
水力侵蚀	面积/万 km²	32.16	12.63	13.67	4.89	0.81	0.16
	比例/%	100.00	39.27	42.51	15.20	2.52	0.50
风力侵蚀	面积/万 km²	1.00	0.32	0.08	0.03	0.57	0.00
	比例/%	100.00	32.00	8.00	3.00	57.00	0.00
冻融侵蚀	面积/万 km²	10.67	7.39	3.08	0.20		
	比例/%	100.00	69.26	28.87	1.87		
合计	面积/万 km²	43.83	20.34	16.83	5.12	1.38	0.16
	比例/%	100.00	46.40	38.40	11.68	3.15	0.37

该区域水土流失面积 132.41 万 km²,约占区域总面积 54.34%(崔鹏等,2008);其中中度及其以上侵蚀程度面积 70.0 万 km²,占区域总面积的 28.73%,占区域水土流失面积的 52.87%;强度、极强度和剧烈侵蚀面积 28.12 万 km²,占区域总面积的 11.54%,占区域水土流失面积的 21124%。冻融侵蚀面积最大,达 76.92 万 km²,占水土流失总面积的 58.09%;水力侵蚀面积 51.80 万 km²,占 39.12%;风力侵蚀面积 3.69 万 km²,占 2.79%(表 3.9)。区内水力侵蚀主要集中在长江上游及云南省境内的西南诸

河区,对人类活动和区域发展影响显著。长江上游水力侵蚀面积 32.16 万 km²,占长江上游水土流失总面积的 73.37%;云南省境内的西南诸河区水土流失面积 7.17 万 km²,全部为水力侵蚀产生的水土流失。长江上游及西南诸河区水土流失情况存在一定差异(表 3.10)。

(5)北方农牧交错带风水蚀复合区

风水蚀复合区是中国北方农牧交错带的一部分,指年降雨量 300−450 mm,半干旱气候为主,风水蚀交错复合分布的地区。复合区的形成有其特定的原因,其中自然因素是很重要的决定因素,即该区的自然因素存在着适宜旱作农业的一面。风水蚀复合区东面与南面毗邻水蚀地貌形态,其东南界为沙漠化土地发生、发展的东南界,区域的西面与北面与风蚀地貌形态接壤,其西北界为旱作农业的西北界。该区域 2000 年的水土流失面积 261517.35 km²,占全区土地面积的 61.14%。其中,中度以上侵蚀面积 156573.28 km²,占全区土地面积的 36.61%;强度以上侵蚀面积 74281.73 km²,占全区土地面积的 17.37%。水力侵蚀面积 122439.54 km²,占研究区总面积的 28.63%;轻度和中度侵蚀面积 89677.38 km²,占全研究区总面积的 20.97%;强度以上侵蚀面积 32762.16 km²,占全研究区总面积的 7.66%。由此推算,复合区每年流失土壤 11.97 亿 t,其中:水力侵蚀量 5.55 亿 t,占总量的 46.36%;风力侵蚀量 6.42 t,占总量的 53.64%(王涛等,2008)。

极强度水土流失区分布在陕北和晋西北并连为一片,包括陕西省府谷县、佳县、神木县、榆阳区和山西省河曲县、偏关县,总面积 23514.77 km²,占复合区面积的 5.5%,总侵蚀量为 2.12 亿 t,占复合区侵蚀总量的 17.7%。强度水土流失区分布在陕北和内蒙古交界处以及乌兰布和沙漠边缘,包括陕西省定边县、靖边县、横山县,内蒙古自治区准格尔旗、乌审旗、清水河县、磴口县,总面积 42599.37 km²,占复合区面积的 9.96%,总侵蚀量为 2.87 t,占复合区侵蚀总量的 24.0%。中度水土流失区主要分布在鄂尔多斯高原北部、乌兰察布盟中部、浑善达克沙地中部及科尔沁沙地中南部,包括 12 个旗县,总面积 77931.49 km²,占复合区面积的 18.2%,总侵蚀量为 2167 亿 t,占复合区侵蚀总量的 22.3%。轻度水土流失区域分布最广,包括 49 个旗县,总面积 283688.9 km²,占风水蚀复合区面积的 66.3%,总侵蚀量为 4.31 亿 t,占风水蚀复合区侵蚀总量的 36.0%。

(6)西南岩溶石漠化区

西南岩溶石漠化区主要包括西南岩溶石漠化问题最严重的贵州、广西和云南东部地区,总面积 55.30 万 km²,岩溶面积 25.55 万 km²。西南岩溶石漠化地区虽然目前侵蚀模数很低,但水土流失已经相当严重。区内水土流失面积 143064.7 km²,占区内总土地面积的 26.30%(蒋忠诚等,2008)。从行政单元看,滇东地区水土流失面积 59740.71 km²,占滇东土地面积的 45.20%,贵州省水土流失面积 73078.56 km²,占贵州省土地面积的 41.52%,广西区水土流失面积 1369.43 km²,占广西区土地面积的 4.38%。若以县作为信息单元,则水土流失面积占土地面积比例大于 30% 的严重县共有 10 个,其中,大于 50% 的严重县 35 个,大于 60% 的严重县 13 个。很多石漠化区,二三十年前还能用犁耕种的土地,现在已经变成"光石板",几乎无土可流,所以土壤侵蚀模数很低。

岩溶区与非岩溶区不同,由于地下河系发育,其水土流失的主要表现形式不是随降雨携带泥沙顺坡而下,进入地表河,而是降雨携带泥沙首先进入落水洞和地下河,然后出露地表,汇入地表河。在此过程中,大量的泥沙在地下河系统中发生沉积,堵塞地下河管道,从而造成上游洼地的洪涝灾害。在岩溶石漠化区,由于治理力度小,水土流失面积虽然变化不大,但由于大部分岩溶区土层薄,有的甚至无土可流,因此,每流失一点土壤就会导致耕地面积的丧失和石漠化的加剧。

(7)南方红壤区

南方红壤丘陵区以大别山为北屏,巴山、巫山为西障,西南以云贵高原为界,包括湘西、桂西。东南直抵海域并包括台湾、海南岛及南海诸岛,总土地面 118 万 km²,约占国土总面积的 12.3%。南方红壤丘陵区由于独特的自然条件,比如山地丘陵交错、地形起伏大、雨量多而集中、暴雨强度大、风化作用强烈、人口密度高,人地矛盾突出等,导致自然植被破坏严重。此外,该地区社会经济发展迅猛,各类开发建设项目多,新的人为水土流失面积增加迅速。

根据江西、浙江、福建、湖南、广东、海南、安徽省和湖北省长江以南县(市、区)最近的水土流失调查结果(梁音等,2008),该区共有水土流失面积 13.12 万 km²,占区域土地面积的 15.06%。其中轻度侵蚀面积 6.13 万 km²、中度侵蚀 4.83 万 km²、强度以上侵蚀面积 2.16 万 km²,分别占该区域面积的 7.04%、5.54%、2.47%(表 3.11)。所以,南方红壤区的水土流失面积以轻、中度积为主,二者的流失面积占到水土流失总面积的 83.54%,强度以上的面积仅占水土流失总面积的 16.46%。从宏观区域的分布上来看,赣南山地丘陵区、湘西山区、湘赣丘陵区、闽粤东部沿海山地丘陵区是水土流失较为严重的区域,也是较为典型的水土流失区。

表 3.11　南方红壤丘陵区水土流失现状(梁音等,2008)

侵蚀等级	土壤侵蚀模数/(t·km⁻²·a⁻¹)	面积/km²	占考察区土地面积比例/%	占考察区内水土流失面积比例/%
轻度	≥500~2500	61323.41	7.04	46.73
中度	≥2500~5000	48305.95	5.54	36.81
强度	≥5000~8000	16752.04	1.92	12.77
极强度	≥8000~15000	3600.09	0.41	2.74
剧烈	≥15000	1243.39	0.14	0.95
小计		131224.88	15.06	100.00

3.2.4　气候变化对水土流失的影响

水土流失是气候条件、地表环境和土壤特性综合影响的产物。气候变化对中国水土流失的直接影响表现在降水量及其特征、风速和气温特征方面,而间接作用则是通过气候变化对植被、土壤及人类活动,特别是土地利用的变化等方面。在全球气候变化的背景下,确切理解水土流失环境变化过程是当前重要的科学研究任务。

中国水土流失区域分布广泛,不同地区土壤侵蚀各具特征。其中,以黄土高原地区和南方红壤水土流失最为严重,具有典型的代表性(李锐等,2009;梁音等,2009)。20 世纪 50 年代以来,随着全球气候变化和人类活动对地表的影响,水土流失发生了巨大变化。系统分析黄土高原区和南方红壤区近 50 年来水土流失动态演变趋势,可在一定程度上反映土壤侵蚀动态与气候变化的关系,有助于了解气候变化对水土流失的影响。

(1)降水变化对水土流失的影响

对近 50 年中国黄土高原地区和南方红壤区水土流失演变动态趋势分析发现,水土流失是以降水为代表的自然因素和人为活动作用于地表的综合表现,水土流失强度受地表覆被条件、土壤抗冲抗蚀能力和降水强度等因素的多重影响。某一地点的侵蚀强度,取决于降雨侵蚀力、暴雨径流侵蚀力和地表抗蚀力之间的对比关系。降雨侵蚀力是降水特性的函数,暴雨径流侵蚀力也与暴雨特性密切相关。一般而言,年降水量越大,暴雨频率和强度越大,因而降雨侵蚀力与暴雨径流侵蚀力也越大,二者之间表现为正相关关系。地表抗侵蚀力可以分解为地表植被抗侵蚀力和地表物质抗侵蚀力。前者直接取决于植被状况,后者则与地表物质的性质和粒度组成、土壤物理化学性质有关。植被是一种地带性的自然地理要素,其宏观空间分布格局与年降水量之间有着十分密切的关系。

由于植被作用的加入,降水和侵蚀产沙之间的关系不是线性的,而是非线性的、复杂的。黄土高原地区大量实测资料的分析,证实了森林覆盖率和降雨侵蚀力随年降水量的非线性变化。森林覆盖率随年降水变化过程中的临界点,即当年降水小于 450 mm 时,森林覆盖率很小且基本上不随年降水而变化;当年降水大于 450 mm 以后,森林覆盖率随年降水的增大而急剧增大。同时,降雨侵蚀力随年降水量的变化过程也存在着两个临界点。当年降水量小于 300 mm 时,降雨侵蚀力很小且基本上不随年降水而变化;当年降水量超过 300 mm 时,降雨侵蚀力随年降水量的增大而迅速增大;当年降水量大于 530 mm 以后,降雨侵蚀力随年降水量增大的速率进一步加大。从分析与上述各临界点相联系的植被抗蚀力和降雨侵蚀力的对比关系入手,解释了黄土高原地区侵蚀强度随年降水变化的非线性图形(图 3.6),即随年降水的增大,侵蚀强度先是增大并达到峰值,然后再减小(许炯心,2006 a)。

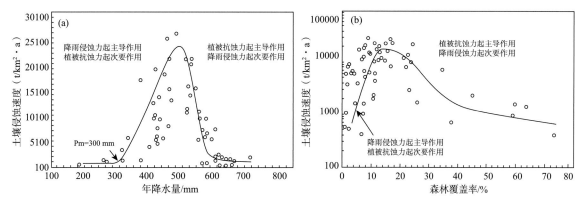

图 3.6 土壤侵蚀速率与年均降水量和森林覆盖率的关系(许炯心,2006)

通过对中国 385 个站的观测资料序列进行分析研究,可以得到中国气候变化的一些特征。近 25 年全国平均温度有明显的上升趋势,只有极少数测站有明显的降温趋势,华北及东北的广大地区是增温最快、范围最大的地区。全国平均降水量没有明显的变化趋势。逐站分析降水量的年际变化后发现,中国降水量的变化存在着明显的区域特征(左洪超,2004)。近 50 年黄土高原气候暖干化趋势显著(Yao 等,2005;Liu 等,2006)。利用黄土高原 115 个水文站的输沙量数据和 276 个雨量站的降水数据,分析了近 50 年来黄土高原输沙强度的时空变化特征,并评估降水变化对其影响。研究发现,黄土高原输沙变化和降水变化呈现明显的空间一致性,降水变化是输沙减少的重要影响因素。但基于降水—输沙关系的评价结果表明,人类活动是黄河中游输沙量减少的主要原因,其相对贡献量在 61.4%～93.1% 之间,平均为 72.6%,而降水贡献量只有 27.4%(表 3.12,图 3.7)(信忠保等,2009)。由此说明,由气候变化所引起的降水变化的确在一定程度上影响了区域水土流失的强度,但其效应相对较小。

表 3.12 降水变化对黄河中游输沙量变化的影响(信忠保等,2009)

流域	基准期	相关系数	降水变化		人类活动	
			影响量(亿 t)	贡献率(%)	影响量(亿 t)	贡献率(%)
皇甫川	1956—1979	0.591	−0.106	31.8	−0.226	68.2
窟野河	1956—1979	0.594	−0.160	20.3	−0.627	79.7
汾河	1956—1971	0.698	−0.136	32.8	−0.278	67.2
无定河	1956—1971	0.685	−0.399	27.5	−1.051	72.6
泾河	1956—1979	0.775	−0.330	37.8	−0.543	62.2
延河	1956—1979	0.454	−0.076	32.2	−0.160	67.8
北洛河	1956—1979	0.580	−0.075	19.7	−0.307	80.3
沁河	1956—1971	0.758	−0.019	26.4	−0.052	73.6
渭河	1956—1979	0.613	−0.698	38.6	−1.111	61.4
伊洛河	1956—1979	0.713	−0.010	6.9	−0.133	93.1
平均		0.646		27.4		72.6

注:表中相关系数是基准期内年输沙量与降水量的相关系数,人类活动主要包括水土保持措施和水利工程措施。

基于大量实测资料,可以通过经验统计方法研究人类活动和降水变化对嘉陵江流域侵蚀产沙的影响。结果表明,水利水保措施和 20 世纪 80 年代以来的降水减少,共同导致了嘉陵江流域产沙量的减少(图 3.8)。分基准期(1956—1982)和措施期(1983—2000)分别建立嘉陵江流域产沙量与年降水的指数方程,运用这些方程对于降水变化与水利水保导致的产沙量变化进行定量区分,得到了措施期中降水量减小所导致的减沙量、水利水保措施导致的减沙量、总减沙量以及降水减少和水利水保措施各自占总减沙量的百分比。水保减沙效益随降水量的增大而减小。当降水量超过某一临界值,还可能出现负效应(图 3.9)(许炯心,2006b)。

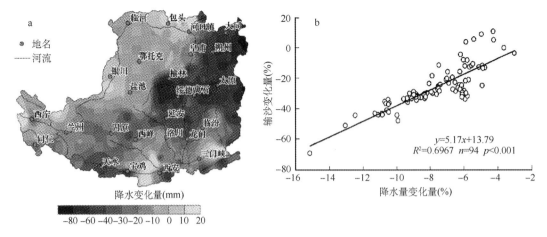

图 3.7　黄土高原降水变化及其与输沙变化的关系（信忠保等，2009）

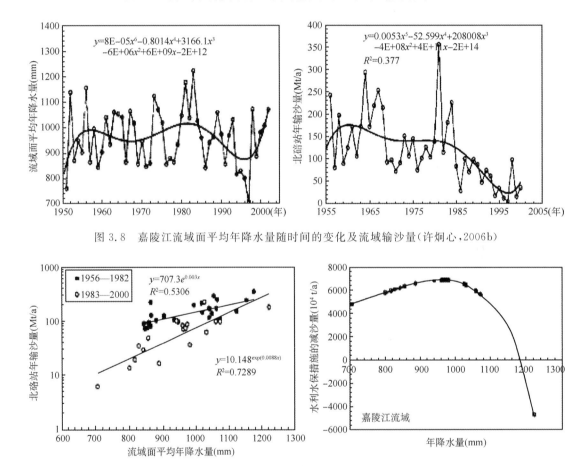

图 3.8　嘉陵江流域面平均年降水量随时间的变化及流域输沙量（许炯心，2006b）

图 3.9　嘉陵江流域降水量与输沙量和水利水保措施减沙量关系（许炯心，2006b）

（2）水土流失对未来气候变化的响应趋势

目前关于未来全球气温升高得到广泛的认同，但就未来气候变化将导致降水的变化在不同地区还不能一概而论。考虑到水土流失本身具有的周期波动和气候及地表特征的演变趋势，应用周期外延与多元回归混合模式，对黄土高原中部 4 个典型地貌区域流域水土流失的变化趋势的定量预测（图 3.10）表明，各个地貌区域的径流深度与侵蚀模数的模拟值与实测值之间均无显著差异，各地貌区域水土流失边表现出明显的周期性波动变化（索安宁等，2007）。

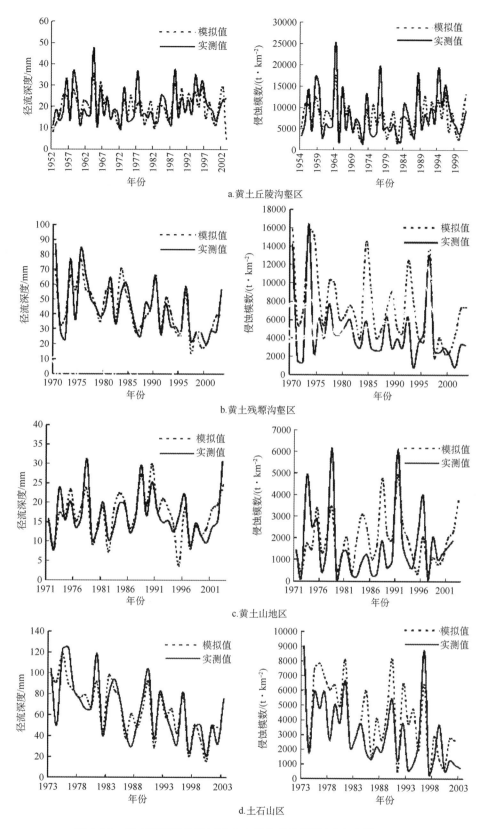

图 3.10 黄土高原各地貌区域水土流失趋势预测(索安宁等,2007)

3.2.5 适应水土流失的策略与效果

(1)适应策略

中国积极应对水土流失的努力可以追溯至远古时代,在历史的长河中积累了丰富的经验,在减缓水土流失方面发挥了重要作用。新中国成立以来，中国应对水土流失的策略进入全面发展、综合治理阶段。近50年来，全国累计治理水土流失面积86万km²，其中修建基本农田1300万km²，营造水土保持林4300万km²、经济林和果树林470万km²、种草430万km²，建成数百万座小型水利水保工程。黄河中游地区经过多年的连续治理，每年减少入黄泥沙3亿t。水土流失地区群众的温饱问题基本解决，生态效益和经济效益均比较显著（杨光等，2006）。形成了中国特色的水土保持方略（张兴昌等，2007）。

①依法治理：水土保持作为可持续发展和关系民生的重要的基础性工作，得到了党中央和国务院的高度重视。贯彻执行《水土保持法》，巩固治理成果，在加强水土保持生态建设的同时，依法行政，不断完善水土保持法律法规体系和监督执法体系。强化执法监督，增强防治水土流失的自觉性，有效地控制人为造成新的水土流失，更加有效地搞好水土流失预防工作。认真落实"三权一案三同时"制度，建立地县乡三级监督网络，对生产建设和资源开发项目建立《水土保持方案报告审批表》、《水土保持方案许可证》申报制度。查处违反《水土保持法》案件。通过法律执行，切实保障治理开发者的合法权益，把水土流失的防治纳入法制化轨道。采取大规模封山育林育草进行开源节能、推广省柴灶、以煤代柴、建立供煤点等预防保护措施。

②科学规划，综合治理：实行以小流域为单元的山、水、田、林、路统一规划，综合运用工程、生物和农业技术三大措施，有效控制水土流失，合理利用水土资源，促进人口资源与环境协调发展。实行分区治理，按照人与自然和谐相处的要求，依靠生态的自我修复能力，加强封育保护，大力调整农牧业生产方式，促进大范围的生态环境改善。将农村"四荒"治理作为水土保持的新增长点，稳步推进。依靠政府，完善相关政策，大力发展民营水保，吸引社会力量参与水土保持生态建设。

③加强水土保持科学研究，促进科技进步：随着一批国家水土保持重点工程的相继实施，全国各地普遍重视科研与科技推广工作，初步建立了科研单位参与工程建设的机制。例如，京津风沙源治理工程安排专项资金实施了科技支撑项目，由科研部门作为技术依托单位，开展科技项目前期工作，结合工程建设推广实用水土保持技术。在陕西、四川、重庆、甘肃等10个省（区、市）实施了以科技推广为重点的中加水土保持科技示范工程。在农业综合开发水土保持项目实施中，明确了8%的工程建设资金用于科技推广应用。不断探索有效控制土壤侵蚀、提高土地综合生产能力的措施，加强对治理区群众的培训，搞好水土保持科学普及和技术推广工作。加强水土保持方面的国际合作和对外交流，增进相互了解，不断学习、借鉴和吸收国外水土保持方面的先进技术、先进理念和先进管理经验，提高中国水土保持的科技水平。

④建立生态补偿机制，保护生态环境、解决区域间或经济社会主体间的利益均衡：中央一系列文件对生态补偿都提出明确要求。2006年中央1号文件明确提出："建立和完善生态补偿机制。加强荒漠化治理，积极实施石漠化地区和东北黑土区等水土流失综合防治工程。建立和完善水电、采矿等企业的环境恢复治理责任机制，从水电、矿产等资源的开发收益中，安排一定的资金用于企业所在地环境的恢复治理，防止水土流失。"

⑤加大投入力度，提高投资效益：改革投资体制，多渠道、多层次、多方位筹措资金，调动农民的积极性，在水土保持资金的使用管理上引入竞争机制、激励机制，引导农户自觉进行水土流失治理，实行以物代补、以奖代补、以息代补和"大干大支持，小干小支持，不干不支持"的原则，利用国家补助资金开展竞争，实行奖励。变无偿投资为部分有偿使用，建立水土保持专项基金，采用股份合作形式，滚动发展，增强自我发展能力。尤其是扩大开放，引进外资方面取得新进展，进一步扩大了治理资金的来源。例如，10多年来，黄河中游各地引进十余个水土保持外资项目，都创建了世界一流的水土保持典范。1993年引进的世界银行水土保持贷款项目，为拓宽水保投资渠道，开辟了新途径。

（2）水土保持成就

①以小流域为单元的综合治理：小流域单元一般指流域面积在5~30 km²的集水区，最大不超过50 km²，也有2~4 km²的更小的流域。以小流域为单元的综合治理起始于20世纪50年代，到1980年正式试点、推广和全面发展。在小流域治理中，以小流域为单元，实行山、水、田、林、路的全面规划，综合治理；对工程措施、农业技术措施和林草措施进行优化配置，形成综合防治体系。以可持续发展为目

的,治理与开发相结合,治理与治穷致富相结合;突出生态效益,重视经济效益和社会效益。

②实行城市水土保持试点工程:城市是中国人口高度密集区,城市环境质量的好坏直接影响着中国人民的生活水平。随着中国城市化进程的加快,以小区为单元的房地产开发造成水土流失已成为城市水土流失防治重点。1997年水利部确定的10个水土保持试点城市,通过广泛宣传,成立机构,制定法规,建设水土保持示范工程,有效地防治了城市水土流失,提高了城市环境质量。

③大江河的水土保持重点治理工程:中国的水土保持与治河有着紧密的联系,尤以黄河、长江、松花江、辽河、海河、淮河和珠江七大流域的水土流失比较严重,直接影响江河河床泥沙淤积及河患。自1983年开始建立了七大流域水土保持重点工程体系,先后在25片水土流失严重地区的50万 km² 范围内开展了以小流域为单元的规模化治理。1983—1995年为一、二期工程,共完成治理面积 33196 km²,1996年进入三期治理工程,探索市场经济条件下的水土保持工程。

④全国八大片治理工程:全国八大片治理工程,是经国务院批准,从1983年开始,在黄河流域、海河流域、辽河流域和长江流域选择了八片水土流失严重地区,包括无定河、皇甫川、三川河、永定河、柳河、葛洲坝库区、定西县、兴国县,总面积 79719 km²,开展重点治理,对确定的重点治理范围,进行集中连片的集约化、规模化治理,为全国建立高标准、高质量、高效益的示范工程,这是中国开展最早的一项国家级水土保持重点治理项目。

⑤长江上游水土保持重点防治工程:为了减轻长江中下游的洪涝灾害和水土流失,同时服务于三峡工程建设的需要,1988年经国务院批准设立长江上游水土保持重点防治工程。自1989年开始,选定水土流失严重的金沙江下游和毕节地区、陇南及陕南地区、嘉陵江中下游地区、三峡库区等四片为首批重点防治区,总面积 30.4 万 km²。

⑥"三北"防护林带防风治沙工程:"三北"防护林系为中国防风固沙最宏伟的工程,有绿色长城之称。该工程东起黑龙江宾县,西至新疆乌孜别里山口,东西长约 7000 km,南北宽 400～1700 km,包括东北、华北、西北(简称"三北")12个省(区、市),466个县,总面积 395 万 km²。该区域百年来沙漠化土地扩展了 5 万多 km²,也是黄河粗泥沙重要来源地。一期工程造林 606 万 km²,保护农田 800 万 hm²,二期工程造林增至 1851 万 km²。

3.3 沙漠化与沙尘暴

3.3.1 现代沙漠化土地的分布及其变化

沙漠化是荒漠化的重要类型,现代沙漠化则是指在干旱、半干旱和部分半湿润地区,由于气候变异和不合理的人为活动产生的以风沙活动为主要标志的土地退化过程。中国是世界上现代沙漠化土地面积大、分布广、危害重的国家之一,严重的土地沙漠化威胁着生态安全和经济社会的可持续发展。

(1)现代沙漠化土地分布

中国北方现代沙漠化土地 38.57 万 km²(王涛等,2004),其中轻度和潜在沙漠化土地约 13.93 万 km²,占沙漠化土地面积的 36.1%;中度沙漠化土地所占面积约 9.977 万 km²,占沙漠化土地面积的 25.9%;重度沙漠化土地 7.909 万 km²,占 20.5%;严重沙漠化土地面积 6.756 万 km²,占 17.5%。潜在、轻度以及中度沙漠化土地占了沙漠化土地总面积的 60% 以上,这说明在中国北方干旱半干旱生态环境脆弱的地区,大面积土地已经进入沙漠化发展初始阶段。主要分布在新疆、内蒙古、西藏、青海、甘肃、河北、陕西、宁夏 8 省(区),占全国沙漠化土地总面积的 96.3%。

除东部湿润区外,中国其他地带均有不同规模和程度的现代沙漠化土地分布,但主要分布在半干旱地带的农牧交错地区,半干旱地带草原区和干旱地带绿洲边缘及内陆河下游地区(图 3.11)。这种分布特征反映的是,现代沙漠化是在干旱半干旱的气候背景下,人类活动和脆弱生态环境相互作用的产物。受气候条件的影响,不同地带的沙漠化土地又呈现不同的分布形式与景观特征。

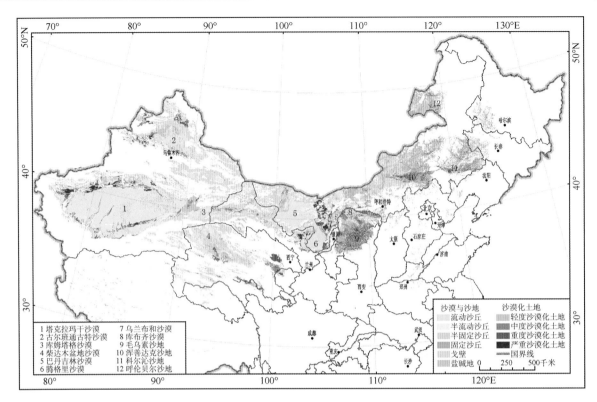

图 3.11 中国现代沙漠化土地分布图

干旱地带的沙漠化土地呈斑点状断续分布于诸绿洲的周围及以固定沙丘和半固定沙丘为主的古尔班通古特沙漠边缘。参照中国的自然区划和农业区划,本区大致为干燥度在 3.5 的界线以西,主要地域单元为内蒙古河套平原—宁夏银川平原和乌鞘岭以西的西北干旱区。包括新疆、甘肃、内蒙古、宁夏区(省)的 95 个县(旗)。

中国的沙漠化土地主要呈片状较集中分布于半干旱地带。这一区域北起呼伦贝尔草原,东界大致沿大兴安岭南下,包括了大兴安岭东侧的科尔沁沙地以西,沿冀辽山地、大马群山(燕山山脉)、长城、黄河(晋陕间)南下,然后沿白于山西延,包括甘肃省环县北部,西接西北干旱区。范围大致相当于全国农业区划的内蒙古及长城沿线,主要为半干旱草原和农牧交错带。行政归属涉及内蒙古、辽宁、吉林、河北、山西、陕西、宁夏和甘肃省(区)的 93 个旗(县)和市。北方的半干旱草原地带是土地沙漠化的主要分布区。该区不仅具有风力作用下的沙质沙漠化景观,如农牧交错及旱农地区的风蚀地表,粗化地表,片状流沙,吹扬灌丛沙堆。草原牧区以井泉为中心的流沙与沙砾地为主的沙漠化圈,而且也存在着以风力侵蚀为主,风水两相交替侵蚀形成的劣地(雅丹雏形)。

半湿润地带的土地沙漠化主要发生在河流泛淤区及古河床沿岸,呈斑点状分布,在景观上具有季节性变化的特色。中国东部是东亚季风控制的地区,降水集中,干湿季明显,干季与风季同步。在这种情况下,地表易出现类似沙漠化地区的沙丘起伏景观,称为土地风沙化。土地风沙化集中于各河流泛滥平原和三角洲,仅黄河下游古三角洲就有 80 多个风沙县,其余比较集中的有永定河、潮白河山前冲洪积平原、滦河三角洲与下游谷地,以及松花江、嫩江平原。由于处于半湿润的气候条件下,在一般的情况下,沙漠化景观往往在冬春干季和大风季节表现为风沙地貌的特征,如风蚀地、辫状沙堆、片状流沙、沙质丘岗顶部的流动沙帽等,而在夏秋季则呈现农田种植景观,风沙活动的特征并不十分明显,所以它具有季节性变异的特色。

半湿润地区风沙化土地与干旱半干旱土地沙漠化有显著的差异:风沙危害的季节性和景观季节变化明显,风沙化土地分布零星,风沙危害以农田土壤风蚀为主和土地风沙化现象多出现于河流中下游或三角洲平原。

高寒地带土地沙漠化呈斑点状零散分布于雅鲁藏布江、拉萨河、年楚河、长江和黄河源区的河谷平原上,以高河漫滩与阶地上的固定、半固定沙丘(沙地)为基础。由气候变暖导致的冻土退化以及过度过牧、樵采破坏植被而形成的流沙断续分布。在藏北高原的那曲、聂荣及阿里地区狮泉河镇一带,沙漠化土地是在城镇居民点周围发展,主要与基本建设和过度樵采有关。

(2)20世纪50年代以来现代沙漠化土地的变化

中国于20世纪70年代,80年代和2000年对土地沙漠化进行了三次全面的监测。首先根据20世纪50年代末期到70年代中期航空遥感资料,对中国北方沙漠化土地空间分布变化进行了分析研究。结果表明,在2000年前,北方沙漠化土地呈现持续扩张,20世纪50年代末期到70年代中期,中国北方沙漠化土地每年扩大1560 km²,到2000年沙漠化土地总面积增加了4.674万 km²,总面积为38.57万 km²,年平均增长3595 km²(王涛,2007)。从2000年到2004年的5年间,全国沙化土地面积净减少6416 km²,年均减少1283 km²,其中,流动沙丘(地)减少15651 km²,半固定沙丘(地)减少23098 km²,固定沙丘(地)增加33265 km²,表明沙漠化总体呈现逆转态势(中国国家林业局,2005)。其中,科尔沁沙地和毛乌素沙地南缘等地区在20世纪80年代以来持续逆转,表现为严重沙漠化土地面积持续减少,植被覆盖度不断提高。浑善达克沙地、河北坝上等地区自2000年以来也出现较为明显的逆转态势。

3.3.2 气候变化对土地沙漠化的影响

关于气候变化对中国土地沙漠化的影响,目前有三种争论的观点,第一种观点认为,是由于不合理的人类活动,如过度开垦、过度放牧、过度樵采以及不合理的水资源利用所致,与气候无关。第二种观点认为,气候的旱化和干湿波动是导致沙漠化的主导因素,人类活动的作用很小。第三种观点认为,沙漠化是在人类活动和气候变化两种因素共同作用下形成的。近年来的研究表明,气候是沙漠化发生的自然背景,人类活动则是沙漠化加速发展的触发因素。在大多数沙漠化地区,人类活动的方式及其影响程度则与气候条件密切相关,所以人类活动对沙漠化的影响作用往往可被认为是气候的间接作用。关于气候变化对沙漠化的影响认识分歧主要由两方面的因素所致。一是没有清晰地区分气候的直接作用和间接作用,沙漠化是一种土地退化过程,对气候的响应具有一定的滞后性,特别是表现为人类活动方式的间接影响的之后更为明显,以至于沙漠化的发展与气候变化没有一致的对应关系。陕西省榆林市是中国北方现代沙漠化土地发展的典型区。榆林市榆阳区20世纪50年代以来农作物播种面积的变化表明,气候变化往往导致农民自发地改变土地利用方式,丰水年之后往往是农作物播种面积的增加期,增强的土地开垦加速土地沙漠化的发展,所以人类活动掩盖了气候变化对沙漠化的间接影响。二是气候变化对沙漠化的影响作用具有区域差异,有的地区主要是降水量变化的影响,有的地区主要是气温变化的影响,这就为清楚地认识气候变化对沙漠化的影响造成一定的困难。

(1)降水变化对沙漠化的影响

降水对沙漠化影响最重要的区域分布在半干旱地区,即北方农牧交错区和干草原地带。半干旱区的农牧交错地带、干草原地带和干旱区的荒漠草原地带土地沙漠化的发生对降水量变化很敏感。降水量变化对农牧交错地带土地沙漠化的影响表现在两个方面:一是降水减少所引起的干旱化趋势的发展,二是降水波动产生的间接影响。在晚全新世气候干湿波动的背景上,20世纪80年代以前,北方农牧交错区沙漠化以发展为主,而在之后的近20年里则出现逆转。对近50年来的气候及土地利用方式变化的分析表明,气候因素中,降水的多变性是土地沙漠化发生的自然背景,而滞后于气候变化的土地利用方式改变(可以视为气候变化的间接影响)则是沙漠化最主要触发因素(薛娴等,2005)。

中国北方农牧交错区处于季风尾闾区的独特地理位置,处于半干旱区向干旱区的过渡地带,由此决定其生态环境的敏感性。20世纪50年代以来,降水趋于减少和气温升高导致干旱化趋势加重。图3.12是20世纪50年以来,陕西省榆林市榆阳区(农牧交错区西部)、内蒙古自治区化德县(农牧交错区中北部)和巴林左旗(农牧交错区东部)的年降水量和气温变化曲线。可以看出,三个地区的年降水量和年平均温度变化趋势一致,可以体现整个北方农牧交错区气候变化的趋势,即降水在干湿波动基础之上表现出下降的趋势,而气温则在冷暖波动基础上表现出上升趋势,气候向暖干方向发展,趋于干旱化。特别是春夏季,植物作物生长季节降水更为明显,降水量减少直接导致生物生产量的减少。

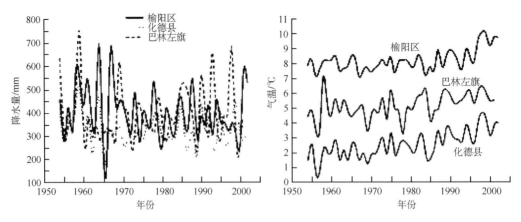

图 3.12 中国北方农牧交错区 20 世纪 50 年代以来年降水量和年平均气温变化曲线（薛娴等，2005）

虽然中国北方农牧交错区沙漠化的发展过程与气候的干湿波动并不完全一致，而与土地利用方式有较大的相关性，但是，土地利用方式的改变往往是受气候变化的驱使自发地产生的。当气候干冷时，以种植业为主的生产方式会因为条件限制而被畜牧业所代替；当气候向暖湿方向发展时，开垦草原，种植农作物成为土地利用主流方式。在农牧交错带存在一个较为普遍的现象，即在丰水年之后往往出现一个农作物播种面积增加的时期。紧接丰水年而来的往往是干旱的年份，随着降水的减少，没有足够的水源继续支持农作物的生长，耕地不得已被摞荒，逐渐被草地所代替，牧业随之代替了农业。被摞荒的耕地在大风天气下，地表细物质很容易遭风蚀，在下风向堆积，形成沙丘，而被吹蚀的地表逐渐粗化，甚至砾质化，土壤养分减少，土地退化，最后出现沙漠化。所以，归根到底，降水量波动是中国北方农牧交错地带 20 世纪 50 年以来沙漠化的发生与发展的驱动因子。

中国干草原地带是农牧交错区之外的第二大沙漠化分布区，其沙漠化的发展有三个方面的原因：降水量减少引起的干旱化加剧和大风频发构成草原沙漠化的气候背景，而过度放牧则是沙漠化加速发展的触发因素。

除西南及东北少部分地区外，中国大部分草地处于多年平均降水量小于 400 mm 的干旱、半干旱地区。东部沙区干燥度大部分为 1.5～2.0，中部为 2.0～4.0，西部为 4.0～30.0 以上。由于降水量自东向西递减，形成了由草甸草原、典型草原，过渡到荒漠草原，再过渡到草原化荒漠、荒漠植被、超旱生植被的类型分布。年内、年际降水量分布极不均衡，如内蒙古自治区锡林郭勒盟白音锡勒牧场（主体为典型草原草地），多年平均降水量为 350 mm，但干旱年份降水量仅 166 mm。这种气候特点使中国北方草原生态系统十分脆弱，与年内、年际分配均衡的澳大利亚等国牧区无法相比。草原沙漠化地区降水年变率大，东部地区 30%～40%，西部多在 40% 以上，甚至超过 50%。降水季节分配极不均匀，主要集中在夏季的 6—8 月，约占全年的 60%～80%，而夏季又往往集中在少数几天内。局部极端干旱地区有时连续一年甚至几年没有降水。近 50 年来，受全球气候变暖的影响，中国北方大部分地区气温明显增高，而降水量减少，呈现出暖干化现象。气候干旱化加剧，是草原沙漠化的扩展的重要环境条件。

内蒙古自治区东部的呼伦贝尔草原被视为中国最好的草原，但是，20 世纪以来，由于气候的剧烈变化，极端气候事件随之增多，加上人类不合理的经济活动，草原沙漠化日趋严重。1961—2005 年气象观测资料和沙漠化、草场退化面积、植被状况等资料的分析结果表明，呼伦贝尔草原的气温逐年升高、降水量减少、蒸发量增加，气候暖干化趋势显著（图 3.13），沙漠化正在扩展（赵慧颖，2007）。

沙漠化是以风沙活动为标志的土地退化过程，所以，大风也是促成沙漠化发展的气候条件之一。风沙活动强度是沙漠化程度的重要指征。中国草原沙漠化地区年平均风速为 3～4 m/s，以中蒙、中俄、中哈等国界附近风速最大，年风沙日达 75～150 d/a 以上。风大时，在植被稀疏的流沙区和开垦的农田，强烈的风沙活动甚至酿成沙尘暴。西北地区全年平均风速为 3.3～3.5 m/s，春季平均风速达 4.0～6.0 m/s，超过临界起沙风速的天数为 200～300 d，8 级以上大风日数为 20～80 d。四季中以春季风速最大，尤其是 8 级以上大风，40%～70% 集中在这一季节。由于春季降水稀少，干燥沙质地表在风力吹扬下，很容易产生风沙活动。不同地表的沉积物颗粒具有不同的起动风速，土壤颗粒愈粗，起动风速愈大。流动沙丘在风速达到 5 m/s 时起沙,半固定沙地在 7～10 m/s、沙砾戈壁 11～17 m/s 才能起沙扬尘,且起沙量随风速的增大而增加。沙尘的悬浮或跃移高度与风速也有一定关系,风速达到 30 m/s 时,细沙(直径 0.125～0.25 mm)跃移的高度达到 2 m,粉砂(直径 0.005～0.05 mm)飘浮的高度可达到 1.5 km,而黏粒(直径＜0.005 mm)则可飘浮于整个对流层。

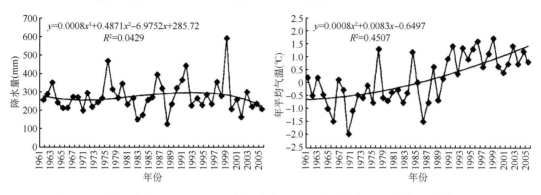

图 3.13　呼伦贝尔草原 1961—2005 年年降水量(a)和年平均气温(b)变化(赵慧颖,2007)

20 世纪 50 年代以来,中国北方沙漠化总体上呈现发展趋势,但 80 年代以后,贺兰山以东大部分地区,如毛乌素沙地、科尔沁沙地、坝上高原等,均出现程度不同的沙漠化逆转过程。对这些沙漠化逆转地区的降水量变化、风速变化和人类活动等影响沙漠化的主要因素表明,风速减弱是沙漠化逆转的主要因素,因为,80 年代以后,这些地区的风速明显减小,降水量也呈较少趋势,人类活动呈现增强趋势(王训明等,2007)。

(2)气温变化对沙漠化的影响

气温变化对沙漠化的影响主要表现在青藏高原地区。这里地球表层过程突出地表现为冰冻圈中的水、土、气、生、人的相互作用,沙漠化过程亦由于冰冻圈的介入而显示出独特性和特殊的严重后果。中国高寒地区的沙漠化与气候变暖所引起的冻土退化有着密切关系,所以,往往又被称作冻融沙漠化,如青藏高原大部分沙漠化就属于这一类型。下面以黄河源区的青海省玛多县和西藏地区为例,来分析气温变化对高寒地区沙漠化的影响。

黄河源区的沙漠化以青海省玛多县最为典型,该县平均海拔 4200～4800 m,年平均气温 -4.1℃,年均降水量 303.9 mm,是黄河源区沙漠化最严重的县,目前有沙漠化土地 12977 km²,占全县土地面积的 51%。玛多县的沙漠化经历了由迅速发展到急剧逆转的过程,其中 20 世纪 80 年代到 2000 年是沙漠化迅速发展的时期,2000 年以后沙漠化出现逆转趋势。玛多县沙漠化发生、发展的主要原因是气候变暖引起的冻土退化,以及随之引起的表土干旱化与草场退化等。

玛多县多年冻土发育。玛多县气象站冻土观测资料表明,近 20 a 来,该区最大冻结深度有降低的趋势(薛娴等,2007),由 1983 年的 280 cm 渐变为 2002 年的 230 cm 左右(图 3.14)。在多年冻土分布地区,季节性活动层中的水分受其下部不透水的多年冻土层阻隔,是地表植被可利用水分的主要来源,为高寒草甸的发育提供了必要的条件。此外,表土层中水分的蓄积也有助于研究区沼泽湿地的发育;反之,多年冻土如果退化,冻土层上限下移,则可以直接导致地表水分降低,引起植被退化、湖泊萎缩、沼泽湿地干涸等一系列的环境退化问题。多年冻土的变化直接受控于气温变化。

玛多县 20 世纪 50 年代以来的气候资料(图

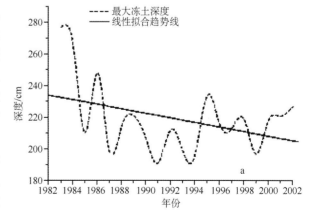

图 3.14　青海省玛多县年最大冻结深度的年际变化(薛娴等,2007)

3.15）表明,年平均气温自 1953 年到 2005 年升高了 1.5℃左右,气温升高不仅会引起冻土退化,导致土壤持水能力下降,同时还会加速地表和地下水分的蒸发,如果降水不能有效补给蒸发所消耗的水分,就会出现水力学干旱,也就是说在降水量没有减少或减少很小的情况下气候向干旱化方向发展。但在年平均气温增加的同时,气候变化却表现出明显的季节性差异,即冬春季增温明显而夏秋季节增温较弱,最高和最低气温的变化趋势存在不对称性,最低气温增加了 1.8~2℃,而最高气温升幅明显低于最低气温,仅有0.1℃左右,这导致了气温日较差和年较差减小。50 a 来的降水量变化主要表现为波动的同时略微增加,但趋势并不明显,特别是在夏秋季节气温增加不明显的同时,降水表现出下降趋势。

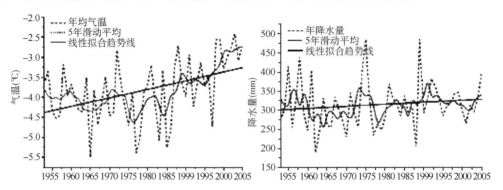

图 3.15 青海省玛多县 20 世纪 50 年代以来气温、降水变化趋势（薛娴等,2007）

玛多县人类活动对沙漠的发生与发展具有重要的影响作用,但并不是主导作用。玛多县的人口自解放以来一直呈现稳定增长态势,但牲畜数量的变化自 20 世纪 80 年代以来则经历了由迅速增加到急剧减少的一个过程,从牲畜数量的变化上看,20 世纪 80 年代初期到 2000 年,牲畜数量的减少并没有缓解研究区草场退化和沙漠化的发展,当牲畜数量恢复到 20 世纪 80 代以前的水平时,草场质量却没有恢复到同时期的水平,该现象一方面说明沙漠化逆转的速度可能较慢,另一方面也可以说明,在一定程度上引起沙漠化的主要因素应是气候变暖导致的冻土退化,冻土退化进一步引起草场退化和鼠害频繁发生,进一步加剧了沙漠化的发展和程度。

西藏高原现有沙漠化土地 201895.48 km²,潜在沙漠化土地 12967.28 km²,分别占西藏高原土地总面积（1202996 km²）的 16.78％和 1.08％。其中极重度沙漠化土地 1268.15 km²,重度沙漠化土地2874.83 km²,中度沙漠化土地 113658.23 km²,轻度沙漠化土地 84094.26 km²,分别占沙漠化土地总面积的 0.63％、1.42％、56.30％和 41.65％（李森等,2010）。1990 年代初期至 2000 年代中期,西藏高原的沙漠化呈发展趋势,极重度—重度沙漠化土地和中度沙漠化土地发展速率分别为 1.81％和0.144％,二者均呈线性增长。轻度沙漠化土地年均发展速率由前期的 -0.085％至后期转变为0.077％,表现为先减后增的波动式变化。潜在沙漠化土地也表现出与轻度沙漠化土地相似的变化规律（李森等,2010）。形成"中度→重度→极重度"和"中度→轻度→潜在"两种不同的土地沙漠化演变过程。极重度—重度沙漠化的发展速率较高,中度沙漠化发展速率不高,但面积基数较大,轻度和潜在沙漠化增减量有限。所以,西藏高原土地沙漠化程度的总体升级率达 1.29％,呈现逐年升高的趋势。

西藏高原土地沙漠化的驱动力包括自然和人为两个方面,其中自然因素形成沙漠化的背景,人类活动是在自然背景的基础上起作用。20 世纪下半叶以来,西藏高原在全球变化的影响下,气候出现了增温减湿的暖干化趋向,是土地沙漠化发展的重要驱动力,但气温升高的影响更为突出。在藏北地区,气候变化较人类活动对土地沙漠化发展的影响重,在藏南地区,气候变化与人类活动对土地沙漠化发展的影响作用几乎相当。无论藏北还是藏南,沙漠化的发展与气温变化引起的蒸发量变化的相关性最好（李森等,2010）。图 3.16 是日喀则气温与降水变化曲线。1950 年代以来,年降水量呈波动减少趋势,但 1990 年代降水量较 1980 年代有所增加。日喀则 1950 年代后期的平均气温高出多年平均气温0.34℃,1960 年代气温较低,但 1970 年代的平均气温较 1960 年代高 0.27℃,而后 1980 年代又较 1970年代高 0.13℃,并且开始高于多年平均气温,1990 年代的平均气温高出 1960 年代 0.61℃,增温趋向率达 0.22℃,气温上升的倾向十分明显。整个西藏高原的气温具有与日喀则类似的变化趋势（图 3.17）。

随着西藏高原的普遍升温、变暖,一方面,冻土全面退化,另一方面,高原各沙漠化区的蒸发量升高,加强了气候的干旱化程度,导致沙漠化发展。

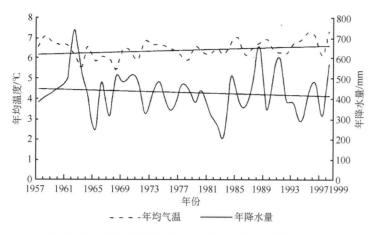

图 3.16 日喀则气温与降水量变化曲线(李森等,2010)

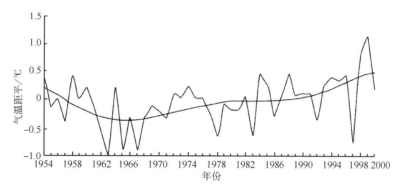

图 3.17 西藏高原气温变化(李森等,2010)

(3)气候变化对现代沙漠化影响的综合分析

现代沙漠化土地变化与气候变化具有密切联系,但是目前准确评估气候变化对沙漠化的影响存在较大困难,一是土地沙漠化对气候的响应具有一定的滞后性,特别是表现为人类活动方式的间接影响的滞后更为明显,以至于沙漠化的发展与气候变化有时没有较好的对应关系。二是气候变化对沙漠化的影响作用具有较大的区域差异,有的地区主要是降水量变化的影响,有的地区主要是气温变化的影响(董玉祥,2001)。因此,长期以来沙漠化土地成因理论存在较大争议,其焦点就是如何甄别气候对沙漠化过程的影响方式及其程度。

对位于中国半干旱地区的主要沙漠化地区科尔沁、浑善达克、乌盟后山、共和盆地、藏北高原和藏南河谷地区内 6 个典型区现代沙漠化多种影响因素的分析表明,现代沙漠化的驱动因素具有综合性、地域性和主导因素的差异性,中国半干旱地区的现代沙漠化是一个自然与人为因素共同作用的综合过程,其驱动因素有着较大的地域性和差异性。主成分分析结果表明,总体而言,各个主成分中自然因素与人为因素的因子负荷量的差异并不悬殊,自然因素和人为因素与沙漠化土地面积间相关系数的差别也不显著,说明在沙漠化的影响因素中,自然因素与人为因素对现代沙漠化过程有着近乎同等的作用与效力,深受二者的综合影响与作用。各区内的主导因素并不相同,如白音他拉、西井子、共和和扎囊研以人为因素的因子负荷量为高,而那日图研究区、那曲研究区则以自然因素的因子负荷量为高,同时在白音他拉、那日图和西井子,人为因素与沙漠化面积的相关系数相对较高,而在扎囊则以自然因素与沙漠化土地面积的相关系数为高(董玉祥,2001)。

中国沙漠化土地面积变化与气候要素之间存在较好的统计关系。以浑善达克和科尔沁沙地等典型地区为例,气温、降水、风速以及陆面潜在蒸散发等是影响区域沙漠化不同形式的土地类型面积变化的主要因素,如表3.13所示。不同区域气候对沙漠化的影响不尽相同,但有其共性的认识,就是气温和风速与流动沙丘分布成较为显著的正比关系,降水对半固定沙丘和固定沙丘的分布具有显著的正相关关系,气温和风速与固定沙丘之间具有较为显著的负相关关系。同时,大量遥感监测研究表明,在我国半干旱区尤其是农牧交错带,降水与植被指数(NDVI)呈正相关,降水对植被指数的波动变化影响显著(李兴华等,2009;马龙和刘廷玺,2009)。

　　分析1950年来主要沙区和北方农牧交错带的气候变化特征,可将降水变化大致分为3个阶段,20世纪50—60年代降水量出现减少的趋势,年降水量从70年代开始递增,90年代最大,本世纪2001—2005年平均降水量又有所下降。年平均气温从70年代以来呈持续逐年递增的趋势。而风速和大风天数呈稳定下降趋势,年蒸发量在70年代以来持续减少,21世纪初的前5年有所增加。大气降水增加、平均温度稳定上升对植被生长发育极为有利,风速减小也有利于流动沙丘向半固定和固定沙丘转化,这是一些主要沙漠化地区,如科尔沁地区,沙漠化得以从80年代以来出现逆转的主要气候原因。尽管北方农牧交错带和主要沙区气温持续升高,但是由于出现90年代长达10年左右的降水增加期,以及潜在蒸散发和风速等要素的持续递减,造成了本世纪初期中国大范围沙漠化逆转的总趋势。

表 3.13　典型沙区气候要素与土地沙漠化的统计关系(李兴华等,2009;马龙和刘廷玺,2009)

	浑善达克沙地			科尔沁沙地		
	气温(℃)	降水(mm)	风速(m/s)	气温(℃)	降水(mm)	风速(m/s)
流动沙丘	0.761	−0.751	0.833	0.684	−0.312	0.71
半固定沙丘	−0.15	0.829	0.324	−0.653	0.679	0.227
固定沙丘	−0.519	0.139	−0.804	−0.624	0.658	0.687

　　气温是青藏高原土地沙漠化最主要的影响因素,近50年来青藏高原持续增温导致冻土退化,使得该区域土地沙漠化持续发展,以至于江河源区、西藏两江地区等成为现阶段我国沙漠化扩张速率最大的地区之一。

3.3.3　沙尘暴

(1)沙尘暴的时空变化特征

　　土地沙漠化与沙尘暴关系密切,前者可为后者提供物质来源。根据全国365个气象站1958—2007年的观测资料,使用站时为计量单位,可以分析沙尘暴的时空变化特征(王存忠等,2010)。

　　根据站时随年份变化的时间序列(图3.18),1958—2007年50年间,发生沙尘暴的站时呈振动性减少趋势,最高值出现在1958年,为5158站时;最低值出现在1997年,为369站时。50a的平均值是1944站时。以1983年为界,前25a平均值是2746站时,后25a平均值是1141站时,即后25a较前25a发生沙尘暴的站时平均值减少了58.4%。站时变化经历了两次迅速减少(1958—1964年和1983—1990年)、两次振动减少(1965—1971年和2000—2007年)、两次和缓减少(1972—1982年和1991—1999年)6个过程,每个过程的时间段约为8a。

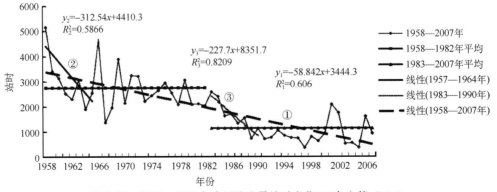

图 3.18　1958—2007 年中国沙尘暴站时变化(王存忠等,2010)

　　中国沙尘暴站时年均分布呈现两多、两少、两个频发中心的特征(图3.19)。北多南少、西多东少，内蒙古西部阿拉善盟和新疆塔里木盆地偏南部的民丰到且末地区为两个多发中心。

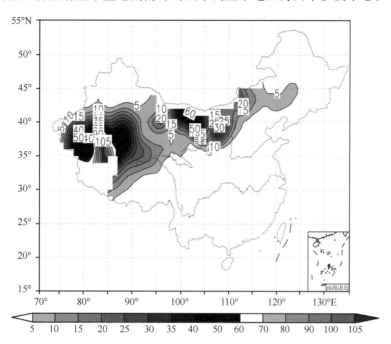

图3.19　1958—2007年沙尘暴年平均发生时间的区域分布(单位:h)(王存忠等,2010)

　　不同区域的天气和物候(下垫面植被生长期)差异导致形成沙尘暴的动力和下垫面条件不同,使沙尘暴频发日期区域演变有不同特征。从3月到5月,中国两个沙尘暴多发区的时间演变有不同特征。内蒙古中西部的频发中心范围和强度(时间)4月最强,而6月降到最弱。新疆南部的多发中心3—5月强度逐月加强,范围大小基本不变,到6月中心强度更强。也就是说,新疆沙尘暴频发区发生时间比较长,频发月在6月,比全国平均频发月(4月)晚两个月。这说明两个沙尘暴频发中心受不同的天气动力系统支配和不同物候期变化的下垫面条件影响。宁夏、甘肃西部、青海北部和内蒙古东部,沙尘暴从3月到5月逐渐减弱,到6月很少发生。

　　强风、松散干燥的沙质地表及不稳定的大气层结是产生沙尘暴的三个主要因素。强风是卷起和向下游地区传输沙尘的动力,上述沙尘暴多发区正好位于冬、春季入侵中国的西北路、西路及北路冷空气通道上,具备多强风的条件,特别是内蒙古中部的朱日和地区。松散干燥的沙质地表是物质基础,上述沙尘暴多发区分别处于干旱少雨的塔克拉玛干、巴丹吉林和腾格里沙漠,以及浑善达克沙地边缘,地表具有丰富的松散沙尘沉积物。不稳定的气柱是触发起沙和强对流天气的最佳热力条件,上述地区地表植被覆盖状况差,特别是春季午后地面受热增温快,容易产生不稳定,易满足空气层结不稳定这一热力条件,自然成了沙尘暴的多发区,气柱最易产生不稳定的春季午后也成了沙尘暴的多发季节和时段。

　　由于强或特强沙尘暴多发区均位于西风带中,上风向地区的沙尘暴不仅直接影响当地,受高空较强偏西或西北气流的影响,只要传输途中没有明显降水的清洗作用,大量沙尘一二天后还会被带到下风向的西北区东部、华北及华东地区。因此,沙尘暴多发区也是影响中国东部沙尘天气的主要沙尘源区,特别是河西走廊和阿拉善高原区及南疆盆地南缘区。因为那里位于冷空气入侵中国的主要通道西路,特别是西北路上,沙尘暴频数更高,沙尘更浓,而且除春季外,因降水更少,夏、秋季乃至冬季也时有发生,因而影响季节更长。相比之下,内蒙古中部的沙尘暴多发区其频数明显少些。

　　(2)沙尘暴与气候要素的关系

　　20世纪50年代以来,中国北方的沙尘暴总体上呈波动减少的趋势,强沙尘暴也同样呈波动减少的趋势。中国北方沙尘暴主要受气候的影响,人类活动通过影响土地沙漠化来间接影响沙尘暴,但其对沙尘暴的影响程度很小,约为6%(张小曳等,2005)。那么,沙尘暴的上述演变趋势与气候要素之间有什么关系呢？这一点可以通过分析北方春季起沙活动（包括沙尘暴和扬沙）时间序列及其与气候要素的关系得到回答（周自江等，2006）。

①春季起沙活动与冷空气、大风的关系：图 3.20 给出了 1961—2002 年中国北方春季起沙活动日数、大风日数的逐年变化曲线。春季风沙活动日数与大风日数具有很好的对应关系，两者的年际振荡和多年变化趋势是相当一致的，相关系数为 0.946，远远高于 99.9％ 的置信水平。如此高的相关关系表明，春季大风动力条件的变化对起沙活动增减趋势的影响非常显著，也进一步证明了风力条件是形成风沙活动的最直接因素之一。各地春季起沙活动日数均与本地大风日数存在较为显著的正相关。除局部外，绝大部分地区的相关系数大于 0.25，超过 90％ 的置信水平。

中国北方春季的大风天气主要来自冷空气的活动，而春季影响中国北方的冷空气次数在近 40 余年间也有明显的减少趋势（图 3.21）。相关性分析表明，在 1961—2002 年的 42 a 间，中国北方春季风沙活动日数与冷空气次数的相关系数为 0.406，超过了 99％ 的信度标准。显著的正相关表明，如果春季影响中国北方的冷空气越频繁，那么发生风沙活动的可能性也就越大。这也证明了冷空气的入侵是引发中国北方起沙活动的主要动力源。但值得注意的是，影响中国北方的冷空气存在明显的路径变化，由其引起的大风分布是不均匀、不平衡的，表现出春季风沙活动日数与冷空气次数、当地大风日数的相关关系具有较明显的区域差异。来自西伯利亚并影响中国的冷空气的几条主要路径均无法到达西藏地区，所以该地区春季风沙活动日数与冷空气活动的相关很差，相反西北地区东部和华北中部地区是影响中国的冷空气最多经过之地，正相关关系较为显著。

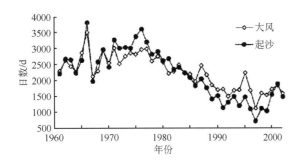

图 3.20　中国北方 175 个气象站春季起沙活动总日数、大风总日数的逐年变化（周自江等，2006）

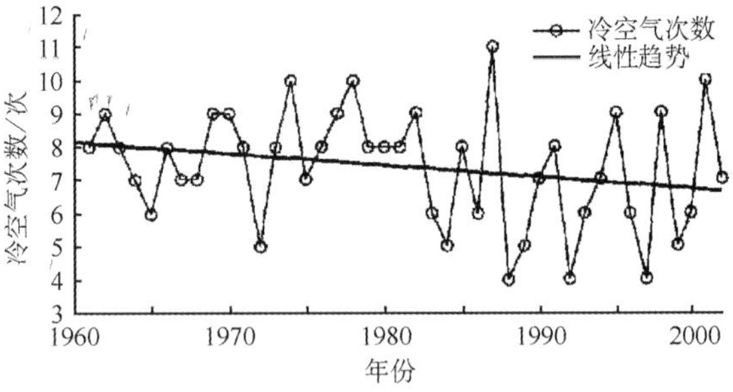

图 3.21　中国北方春季冷空气活动次数的逐年变化（周自江等，2006）

②春季起沙活动与气温的关系：冷空气的入侵除了带来大风，给风沙活动的发生提供动力源外，另一个重要表现形式就是显著降温。这是从天气尺度来说的。如果从季的气候尺度上看，春季影响我国北方的冷空气次数与上述 175 个站的平均气温的相关系数为 -0.196，与平均最低气温的相关系数为 -0.245，后者通过了 $\alpha=0.1$ 的显著性检验，是有物理意义的。同样，冷空气的影响还进一步表现出大风日数与气温之间的相关性，在 1961—2002 年的 42 a 间，中国北方春季大风日数与平均气温的相关系数为 -0.628，与平均最低气温的相关系数为 -0.715，两者都通过了 $\alpha=0.001$ 的显著性检验，与平均最高气温的相关系数为 -0.405，也超过了 $\alpha=0.01$ 的显著性水平。亦即春季大风天气越多，气温偏低，春季大风天气越少，气温偏高。反之亦然：春季北方地区较为明显的升温，会导致大气温压场结构的变化，使得地面气压梯度减小，从而使地面风速减小、大风日数减少。这种双向关系暗示着气温变化对风沙活动的多少可能存在影响。

春季风沙活动日数与平均气温负相关的高值区位于西北地区东部和东北平原地区，相关系数的绝对值大于 0.25，超过 90％ 的置信水平。这些地区可以认为是温度对春季风沙活动影响的敏感区。但在华北南部、塔里木盆地西南缘、准噶尔盆地、浑善达克沙地和青藏高原中南部等部分地区，风沙活动日数与平均气温成弱的正相关，反映了气温变化对风沙活动影响的另一方面，即春季较为明显的升温，地表快速解冻，容易起沙。

③春季风沙活动与降水的关系：中国北方风沙活动日数与降水量成较为一致的负相关关系，但是其中大部分地区的相关关系较弱，没有达到 90％ 的置信标准，只有在华北南部、新疆西北部和其他局部

降水量相对充沛的地区负相关系数较好,绝对值大于 0.25,通过了 $\alpha = 0.1$ 的显著性检验。这些地区可以认为是降水对春季起沙活动影响的敏感区。风沙活动与降水量之间的负相关关系可以从起沙机理上来理解:有效的降水会增加土壤含水率,增强土壤黏滞性,加强土壤粒子的团聚作用,土壤粒子的临界摩擦速度增大,因而也就要求更高的起动风速,不利于起沙活动的发生。

中国北方春季起沙活动日数与 1 mm 以上降水日数也有较为一致的负相关关系。这进一步说明,降水对风沙活动的影响还取决于降水的时间分布是否均匀。也就是说,在干旱、半干旱地区,春季非常有限的降水在时间上分配比较均匀,1 mm 以上降水日数增多,风沙活动相对减少。统计结果显示出 5 mm 以下的降水日数与春季风沙活动日数的相关关系非常之弱,相比之下,5 mm 以上的降水日数与春季起沙活动日数却有较为明显的负相关关系。这就说明,只有降水达到一定的强度才能有效地抑制起沙活动的发生。这一强度的临界值应该是在 5 mm 左右。

在 1961—2002 年的 42 a 间,中国北方 175 个站春季起沙活动日数与降水量的相关系数为 -0.222。虽然没有通过 $\alpha = 0.1$ 的显著性检验,但是物理意义还是明确的。相关性水平大致相当于起沙活动日数与 5 mm 以上的降水日数的相关性。中国北方春季 1 mm 以上降水日数和 5 mm 以上降水日数的线性变化趋势也不明显。因此,可以认为,在 1961—2002 年的 42 a 间,降水因素虽然对中国北方风沙活动的年际振荡有一定的影响,但是对风沙活动总体趋势的影响相对较小。

3.3.4 沙漠化与沙尘暴防治与适应措施

沙漠化的产生有其自然背景,也有人类活动的责任。所以在沙漠化的防治中,既要充分考虑减轻人类对生态环境的压力,又要符合其自然发展规律和提高资源的生产潜力,注重必要的财力和物力投入以提高单位面积土地的承载力,在防治过程中逐步改善人与自然的关系,使之逐步融洽和协调。在这方面,经过中国政府部门、科研人员和地方干部与农牧民多年的实践和摸索,针对不同地带的自然环境与资源、社会经济等实际情况,已经总结出了一系列行之有效的措施。下文以沙漠化发展最严重但也是防治成果较好的中国北方农牧交错区为例,详细论述沙漠化防治的基本途径。

(1)调整土地利用结构,合理配置农林牧生产比例

首先是调整农林牧用地比例,主要是减少旱作农田面积,增加林草用地比例。把大于 25° 的陡坡地和沙坨地完全退下来,用于种植牧草和灌木,因为这部分土地用于农作最容易发生水土流失。拿出一部分农田用于防风固沙林网建设和村镇防护林建设,改善生产生活生态条件。拿出一部分土地种植高产人工草地,用于发展畜牧业。

其次是调整种植结构,一方面在农业中加大经济作物的比重,如薯类、药材、棉花、蔬菜等经济价值较高的作物,另一方面要合理进行夏粮与大秋作物的配置;而大部分旱作农田以种植豆类、谷子、高粱和玉米为主,以充分利用水热同季的优势。对人工草地和林地来说,最重要的增加品种。人工草地除紫花苜蓿外,紫云英、无芒雀麦、饲用玉米、苏丹草都可在本区种植。林地种植结构中应逐步减少杨树比重,在目前尚无较好速生节水品种的情况下,多种植榆树、杏树、樟子松、落叶松和锦鸡儿等乡土树种。

第三是调整产业结构。选择对环境压力小而经济效益大的项目,利用资源优势,通过发展规模生产,生产拳头产品,带动产业结构的调整。以商贸为龙头,扶持和培育专业农牧市场或工业市场(奶牛、肉类等市场),迅速建立以促销带动生产的可持续发展经济体系。搞好农林牧产品的综合利用和深加工,进行多层次开发,变初级产品为高级产品,以获得更大的经济效益。搞好生产全过程的管理和产前、产中、产后服务,保证生产的正常运行。建立以加工业为主体的小集镇市场经济,发展农村的第二产业和第三产业,转移农村剩余劳动力,最终把资源优势转化为经济优势。

(2)加强植被的保护、恢复与重建

控制家畜数量,减轻草地压力。按照草地产草量确定草地的载畜量,超载部分通过淘汰老弱病残畜和加快人工草地建设,使之平衡。对一些植被破坏比较严重而又农业比重较大的地区,全面推行植被封禁,家畜全部舍饲,或在冬春秋三季实施舍饲,夏季放牧。通过提高畜群适龄母畜比例,来提高总

增率,控制净增率,充分利用农牧交错带作物秸秆较为丰富的优势,发展季节畜牧业,在每年冬季到来之前使之出栏,减少对冬季草场的压力。进行畜种改良,淘汰对草场破坏性大的山羊和马匹及个体小的品种,发展个体大、繁殖率高的畜种如西门达尔牛和小尾寒羊等,提高饲料报酬。对严重退化草地进行全面封育,禁止放牧和樵采利用。加强草地病、虫、鼠的防治,减少对植被的危害。通过施肥、灌溉、轻耙、补播和适度刈割等措施,加强退化植被的培育改良和人工植被建设。

（3）控制人口增长,减轻人口对资源环境的压力

根据当地的自然条件与经济发展水平,分析不同地区资源环境现实承载力和潜在承载力,确定当前和未来 10 年、20 年和 50 年各区适宜的人口容量,制定相应的人口发展规划,使人口有计划地增长,使人口增长逐步适应社会经济和环境发展的需要。制定较为严格的计划生育政策和实施条例,并把人口自然增长指标层层分解,采取各级政府第一把手负责制,列入干部政绩考核指标,实行责、权、利挂钩,对执行国家计划生育政策与法规不力,人口增长率超过国家计划的,要给予严惩。对那些沙漠化已经极为严重,已不适于居住的村镇,要逐步实行移民政策,有计划地把这些地方的农牧民搬迁到附近或其他适宜居住的地方。通过移民,彻底解决一些地区的人口压力问题。输出劳务,减少直接依赖于土地的农业人口。

3.4 土地石漠化、变化过程与影响

3.4.1 石漠化类型及其分布

石漠化是指在喀斯特的自然背景下,受人类活动干扰破坏造成土壤严重侵蚀、基岩大面积裸露、生产力下降、地表出现类似荒漠景观的土地退化过程(袁道先等,1997;王世杰等,2003)。石漠化导致土壤严重流失,基岩大面积裸露或砾石堆积,是岩溶地区土地退化的极端形式。石漠化是以西南岩溶分布为背景的环境问题,因此,其分布以岩溶地区为核心。西南喀斯特地区是以贵州为中心,包括贵州大部及广西、云南、四川、重庆、湖北、湖南等省(区、市)的部分地区,分布面积逾 50 万 km²,是全球三大岩溶集中连片区中面积最大、岩溶发育最强烈的典型生态脆弱区(图 3.22,袁道先等,1988,1994)。这里人口大约 1 亿多人,经济活动以农业为主,长期以来人地矛盾突出,水土流失和石漠化极为严重。

石漠化土地类型划分有以下几种,一是按石漠化严重程度划分:无明显石漠化、潜在石漠化、轻度石漠化、中度石漠、化、强度石漠化、极强度石漠化。二是按岩性类型划分:按岩性可分为纯质灰岩、白云岩石漠化区和碳酸盐岩层与非碳酸盐类岩层互层、间层石漠化区。三是从发生地貌类型划分:典型岩溶峰丛山区、溶蚀丘陵区、峰林平原区、深切峡谷区等。

截至 2005 年底中国的石漠化土地总面积为 12.96 万 km²(岩溶地区石漠化状况公报,2008),主要分布在贵州、云南和广西等省(区),占据全国石漠化土地面积的 67%(表 3.14),在这些省(区)部分地区的石漠化面积已接近或超过所在地区总面积的 10%,如贵州六盘水(27.9%)、安顺(24.6%)、黔西南(23.4%)、毕节(16.1%)、黔南(14.6%)等。

图 3.22 给出了中国西南岩溶喀斯特分布的空间格局,涉及全国 8 个省(区、市),以贵州、广西、云南分布面积最大,其次是重庆、湖北和湖南。从流域角度,石漠化主要分布于长江流域和珠江流域,其中长江流域面积最大,为 732.1 万 hm²,占石漠化总面积的 56.5%;珠江流域次之,为 486.5 万 hm²,占 37.5%;其他依次为红河流域 52.3 万 hm²,占 4.0%;怒江流域 17.7 万 hm²,占 1.4%;澜沧江流域 7.6 万 hm²,占 0.6%。按石漠化程度分布,轻度石漠化 356.4 万 hm²,占石漠化总面积的 27.5%;中度石漠化 591.8 万 hm²,占 45.7%;重度石漠化 293.5 万 hm²,占 22.6%;极重度石漠化 54.5 万 hm²,占 4.2%。我国石漠化的分布相对比较集中,以云贵高原为中心的 81 个县,国土面积仅占监测区的 27.1%,而石漠化面积却占石漠化总面积的 53.4%。石漠化主要发生于坡度较大的坡面上,发生在 16 度以上坡面上的石漠化面积达 1100 万 hm²,占石漠化土地总面积的 84.9%。石漠化程度以轻度、中度为主。轻度、中度石漠化土地占石漠化总面积的 73.2%。

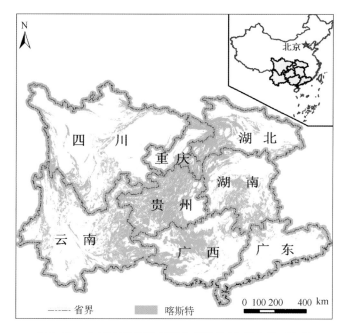

图 3.22 中国南方岩溶空间分布格局(白晓永等,2009)

表 3.14 西南地区岩溶和石漠化分布现状

省份	黔	桂	滇	川渝	鄂西	湘西
岩溶分布面积/万 km²	13.0	9.5	11.21	8.2	4.1	5.7
占省份面积比例/%	73	41	29	15	22	27.3
石漠化面积/万 km²	3.32	2.38	2.88	1.71	1.12	1.48
面积比例/%	25.6	18.4	22.2	15.8	6.0	11.4

3.4.2 近 50 年来石漠化过程

根据林业部统计结果,中国石漠化以每年 3%~6% 的速度递增,通过 20 世纪 80 年代末、90 年代末和 2005 年遥感数据调查,分析石漠化演变,中国在近 20 年来的石漠化演变过程如图 3.23 所示,石漠化面积从 8.29 万 km² 增加到 10.51 km²,平均每年增加 1650.26 km²,年平均增长率为 2%。石漠化演变呈局部好转,总体恶化的趋势。

据贵州省林业厅调查结果,包含潜在石漠化面积在内的水土流失面积变化,如图 3.23 所示,在 20 世纪 90 年代中期以前,呈现急剧增加趋势,但是在 90 年代后期以来,总的石漠化(含潜在石漠化)增加幅度趋缓,尤其在 2005 年时,出现减少态势。其中 2000—2005 年,无石漠化面积增加了 1219 km²,潜在石漠化减少了 6390 km²,而轻度石漠化、中度石漠化、强度石漠化分别增加了 2418 km²、904 km² 和 1850 km²,三者的平均年增长率为 2.88%,其中增幅最大的是强度石漠化,年增幅达 13.86%,增幅最小的是中度石漠化,但年增加幅度也达 1.72%。

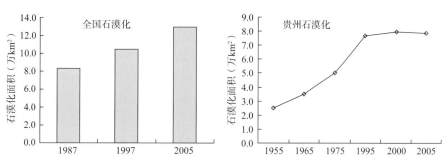

图 3.23 石漠化土地变化过程(全国和贵州省)

在1986—2000年间,贵州石漠化的演变类型呈现出"以层变方式为主,单变方式为辅,返变方式较少"(图3.24)的特点。其中,层变方式演变比例最大,占到了80.09%;其次是单变方式,占18.67%,最少的是返变方式,仅有1.24%。由此看来,石漠化的演变从一种方式直接地、很快地过渡、跳跃到另一种方式的"突变"占的比例不是很大的,主要还是以"去土"、"跑水"、"减植被"、生物量降低、土地生产力下降的"渐变"过程,按照石漠化等级"层层演变"的。返变方式的存在说明石漠化演变过程中存在"治理好又破坏",也存在"破坏了又治理好"等两种正反交替变化过程。

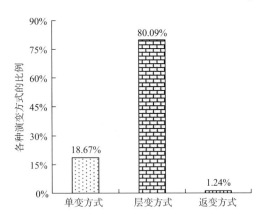

图3.24　贵州省石漠化不同演变方式所占比例(1986—2000)

　　在贵州省,过去20年间,由非石漠化土地向潜在、轻度和中度石漠化演变的土地面积,分别为875.45 km²、476.73 km²和412.83 km²,占同类演变的48.37%、26.34%和22.81%。由石漠化土地演变为非石漠化土地面积为1809.92 km²,同时,由非石漠化土地演变到潜在石漠化以上的面积2199.41 km²。这一总体演变格局说明贵州省土地石漠化尽管在局部治理效果显著,但整体上仍趋于恶化。

3.4.3　石漠化形成及其与气候的关系

　　石漠化形成的主要原因既有自然因素也有人为作用。岩溶地区丰富的碳酸盐岩具有易淋溶、成土慢的特点,是石漠化形成的物质基础。山高坡陡,气候温暖、雨水丰沛而集中,为石漠化形成提供了侵蚀动力和溶蚀条件。因自然因素形成的石漠化土地占石漠化土地总面积的26%。不合理的人类活动加速了石漠化的进程(袁道先等,1997;熊康宁等,2002;袁春等,2003)。

　　(1)地质与地貌因素

　　石漠化的自然环境因素,包括地质、地貌、土壤、植被以及石漠化气候条件等,每一单项因素中又包含若干因子,各因子相互影响,紧密联系。岩溶石漠化形成的自然因素为石漠化提供物质基础、地质背景等,主要自然原因包括:

　　①碳酸盐岩系的抗风蚀能力强,成土过程缓慢:可溶岩尤其是碳酸盐岩的造壤能力低。袁道先(2006)根据贵州红黄土及广西红色黏土的化学成分分析估算,形成1 m土层需要剥蚀掉25 m的岩层,需要250~850 ka。据对贵州典型喀斯特山区133个样点分析,本区的灰岩风化剥蚀速率仅为23.7~110.7 mm/ka,每形成1 cm厚的风化土层平均需要4000~8500a,较非岩溶山区慢10~80倍,且厚度分配不均,这是西南喀斯特山区土层浅薄且分布不连续、土地易发生石漠化的背景和基本原因之一。

　　②特殊的土体剖面结构有利于土壤流失:发育正常的土壤,其剖面土体构型为A—B—C,表层A为腐殖质层或淋溶层,中间层B是淀积层,下部C为母质层,各层之间还存在一些过渡层段。喀斯特山区土壤剖面中通常缺乏C层(过渡层),在基质碳酸盐母岩和上层土壤之间,存在着软硬明显不同的界面,使岩土之间的黏着力与亲和力大为降低,上层土壤松散,下伏基岩坚硬密实,土石的相互依存度低。在大气降水和地表水下渗以后,很快在岩石—土壤界面上产生侧向径流,使得土层根基松散,土体不稳,很快整个土体被剥蚀殆尽,而且喀斯特裂隙、孔洞结构极为发育,侵蚀后的土壤通过孔洞向地下径流运输而流失,极易产生水土流失和土地石漠化(王世杰等,1999;袁道先,2006;王克林等,2008)。

　　③钙生性环境对植被生长的选择限制作用强:喀斯特山区是一种典型的钙生性环境,组成其生态环境基底的化学元素主要为Ca、Mg、Si、Al、Mn、Fe等富钙亲石元素,而植被生长所需的N、P、K、Na、I、B、F等营养型元素则相对匮乏;加之土层浅薄,岩体裂隙、漏斗发育,地表干旱严重,这种严酷环境对植物生长有极大的限制作用,许多喜酸、喜湿、喜肥的植物在这里难以生长,即使能生长也多为长势不良的"小老头树",出现的主要是一类耐瘠嗜钙的岩生性植物群落,群落结构相对简单,生态系统的稳定性差、易遭破坏,导致土地石漠化。

　　④多山地貌加剧水土流失:西南喀斯特山区的地层褶皱、断裂构造十分发育,构成了地势高低悬殊

的峰林盆地、峰林谷地、峰林洼地、峰丛峡谷交错镶嵌的独特地貌形态。西南喀斯特山区地表崎岖破碎，不仅山地面积大，而且坡度陡。以贵州为例，全省地表平均坡度达 17.78°，其中大于 25°的陡坡地占全省总面积的 34.5%，15°～25°的占 34.9%，两者合计占全省面积的 69.4%。这种地形条件更有利于水土流失。在不同级别的坡地分布区，>25°的坡地对石漠化的影响最明显，大于 25°的坡地区轻、中、强度石漠化的发生率都很高。小于 18°的坡地区石漠化程度主要以轻度和中度为主。在坡度大于 18°的地区，石漠化的发生率基本都随着坡度的增大而增大，这种规律在强度石漠化中表现尤为明显（李瑞玲等，2004；杨青青等，2009a）。

⑤纯碳酸盐岩的大面积出露，为石漠化的形成奠定了物质条件：岩性基底与石漠化等级有很大关系。在不同岩性基底上发育的石漠化中，轻度石漠化所占比重较其他等级大，中度和强度石漠化所占比例相对较小。连续性灰岩和连续性白云岩中中度石漠化和强度石漠化比例都大于其他所有各类岩性中中度石漠化比例变化相对较小，在连续性灰岩、连续性白云岩及白云岩与碎屑岩互层区中度石漠化都占到这些岩类石漠化面积的近 30%。在各类灰岩组合类型中，连续性灰岩基底上发育的中度石漠化比例最高；随着灰岩组合中碎屑成分的增多，中度石漠化的比例也逐渐下降；中度石漠化在白云岩组合类型中比例变化不大。总体来说，中度石漠化和强度石漠化在连续性灰岩和连续性白云岩中比例最高，二者的总和占到这两类岩石石漠化总面积的近 40%；强度石漠化主要发生在连续性灰岩中，中度石漠化在白云岩组合中的比例较灰岩组合中高。

据统计分析，连续性灰岩中强度石漠化占连续性灰岩中石漠化总面积的 12%，连续性白云岩中强度石漠化占连续性白云岩中总石漠化面积的 9%；这两类岩中中度石漠化和强度石漠化比例都大于其他所有岩类，强度石漠化尤为明显；其中，尤以连续性灰岩中更突出，强度石漠化所占比例居所有岩类之首。强度石漠化主要分布在纯质碳酸盐岩地区，尤其是纯质灰岩地区分布最广（图 3.25）。

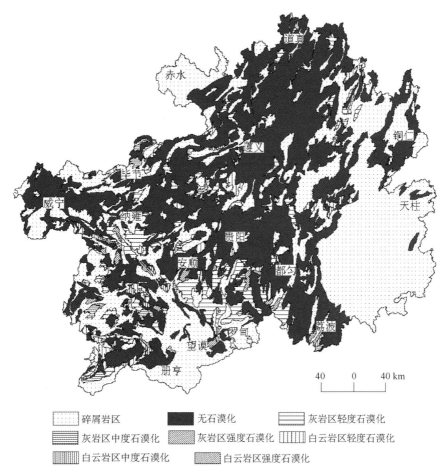

图 3.25　贵州岩溶区不同岩类中石漠化空间分布示意图（王世杰等，2004）

岩溶山区具有独特的水循环体系。一方面，岩溶山区地下河和洞穴发育，在降水过后，径流立即沿裂隙（或空隙）渗入地下系统（何宇彬，1995；张兆干，1997；张信宝等，2007；），使土壤的持水力极低，易于流失；另一方面，由于土层较薄，雨水侵入深度极浅，同样的降水量易于在岩溶山区形成大的表面径流，导致较高的土壤侵蚀速率和石漠化（张美良等，1994；肖进原等，2001）。

（2）人为因素

在脆弱的自然本底上，叠加了活跃的人为破坏的外因，使得石漠化的速度发生了成倍的变化，在一定尺度下，不合理的人为活动是造成喀斯特石漠化的主要原因（熊康宁等，2002）。土地利用方式是驱动石漠化的主要动力。新中国成立以来到20世纪90年代初，西南喀斯特区土地利用方式严重背离了西南喀斯特山区山多坡陡耕地少、而荒山荒坡（宜于发展林牧业）面积大的土壤资源结构这一客观实际，导致大量林草被毁、森林覆盖率锐减和农村产业结构失调。以贵州为例，首先是种植业比重过大，其产值占 53.5%，林、牧、副、渔只分别占 5.7%、25.2%、15.3% 和 0.3%；其次是农村二、三产业不发达，大量农村劳动力依附在瘠薄的土地上，形成日渐严峻的土地利用压力。

典型石漠化地区不同岩性的土地利用分布规律和不同土地利用类型的石漠化发生率之间存在较好的相依关系。研究结果表明（李阳兵等，2006），难利用的、岩石裸露的石旮旯地在连续性石灰岩、石灰岩夹碎屑岩和石灰岩与白云岩互层分布区的比例很高。不同等级石漠化与不同土地利用类型和岩石类型存在着相关性，如坡耕地中以连续性石灰岩发生轻度石漠化的比例最高，其次是石灰岩碎屑岩互层分布区；研究区的轻度石漠化中，土地覆被以灌丛所占的比例最高，坡耕地占 11.67%；中度石漠化中，土地覆被以中覆盖度草地所占比例最高；强度以上石漠化中，土地覆被以难利用地的石漠化比例最高。以贵州省盘县典型石漠化地区为例，有林地有 1.12% 发生轻度石漠化，疏林地有 6.93% 发生轻度石漠化，大部分处于潜在石漠化状态，灌丛绝大部分处于轻度石漠化状态，且有 0.82% 发生强度石漠化；研究区的草地存在进一步石漠化的可能，如中覆盖度草坡分别有 68.22%、16.09%、9.39% 发生中度石漠化、强度石漠化和极强度石漠化；研究区的难利用地绝大部分处于强度石漠化状态和极强度石漠化状态；研究区的坡耕地有 11.89% 发生轻度石漠化。

（3）气候变化对石漠化的影响

依据 1981—2003 年的气候数据分析，西南岩溶地区年均温和降水量变化的总体趋势存在一定差异。总体上，在过去 20 多年间年均温呈增加的趋势，其中递增率约为 0.299℃/10a（$\alpha<0.05$），尤其是在云南中部和广西东部，年均温的增率可达 0.837℃/10a，在云南西南部和北部以及贵州的一些地区年均温呈减少的趋势。降水量变化的区域分异比较明显，在西南岩溶地区东部和西北部的大部分地区降水量增加比较明显，年降水量的增率可达 137.9mm/10a，但在研究区的中部和西南部年降水量变化呈减少趋势，年降水量的减率最大可达 142.7mm/10a（图 3.26）。

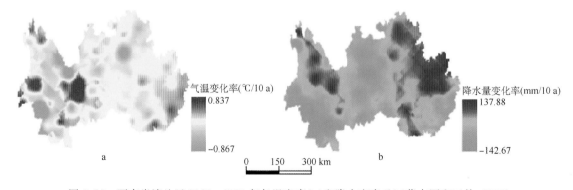

图 3.26 西南岩溶地区 1981—2003 年气温变率（a）和降水变率（b）（蒙吉军和王钧，2007）

贵州大部分地区在过去 20 多年间降水总体呈递减态势（图 3.26），但是根据近 44 年来气象资料及稳定 H/O 同位素分析，发现贵州近 44 年来汛期降雨量、极值暴雨增大，连续 3 日、5 日、7 日无雨的出现频率呈现明显的上升趋势。通过对全球气候变化最新研究成果分析，未来 100 年内夏秋两季径流的增加和冬季径流的明显减小，将有可能导致该省洪涝灾害现象的加剧，尤其是冬春径流量的减小将会使春旱现象更为严重。

西南喀斯特山区年均降雨量多在 900～1300 mm，暴雨集中在春季(约占 40%)和夏季(占 50%以上)。春季和初夏季的暴雨正是大面积坡耕地的中耕播种季节，农作物(玉米、油菜、绿肥等)正处于幼苗阶段，疏松的坡土得不到很好的覆盖，故春季和初夏季暴雨加剧了土地石漠化的发展。

降水强度和次降水量对石漠化具有重要影响，如图 3.27，降水量对石漠化的影响以＞1200 mm 的降水量区最明显。在降水量＞1200 mm 的地区，降水量越大，石漠化越严重。降水量小于＜1100 mm 的地区石漠化程度以轻度和中度为主。在降水量大于 1300 mm 以上的地区石漠化非常严重，石漠化发生率远大于降水量小于 1300 mm 的地区，几乎成倍增长。如上所述，喀斯特地区气候变化的一个显著标志，就是强降雨和暴雨频率增加，这无疑将导致碳酸盐岩溶蚀作用加剧，裂隙、管穴发育，水、土、营养元素等地下漏失严重，导致石漠化进一步发展。

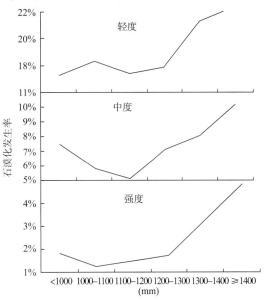

图 3.27 贵州不同级别降水量区各程度石漠化发生率

因此，气候变化导致喀斯特地区春夏季暴雨增加，水土流失会明显加剧，进而加快石漠化的发生速率。

众所周知，纯水的溶解能力是极其弱微的，大气中 CO_2 浓度的增加，会间接导致水的溶解能力的增强，此外，温度的升高，会促进溶蚀作用的进行。从而产生更多的岩溶破裂带，使裂隙、管穴、暗河等广泛发育，使更多的水土、营养元素等地下漏失严重，加剧石漠化的发生。由于地下渗漏严重，使地表河溪径流减少，井泉干枯，土地干旱，人畜饮水困难。

气候变化可直接引起农作物病虫害增加，喀斯特地区冬春旱灾增加，区域粮食减产，迫使更多贫困地区的农民毁林开荒，追求广种薄收以补亏损，进而加剧人地矛盾，进而诱发水土流失和石漠化的发生(图 3.28)。

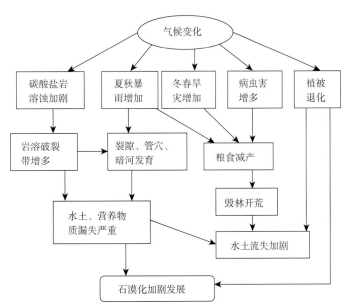

图 3.28 气候变化对石漠化的影响(据白晓永，2009 改绘)

利用 NDVI 指数揭示的区域植被覆盖变化趋势主要有以下结论(蒙吉军和王钧，2007)：①NDVI 与气温的相关系数在广西北部及云南东部和西南部的大部分地区为负，伴随气温增加，这些区域植被

NDVI 指数减少，尤其在广西北部地区年均 NDVI 减少的趋势比较明显；②西南喀斯特地区不同植被类型对气候变化有不同的响应特征，其中，常绿与落叶阔叶混交林的多年平均 NDVI 和多年平均 NPP，在所有植被类型中都是最高的！但是只有这种植被类型的年均 NDVI 和年 NPP 为减少的趋势，在本研究区气温变化对植被的影响要高于降水量变化对其的影响，尤其是对植被 NPP，年际变化与气候因子年际变化的相关性来说。

3.4.4　土地石漠化的影响与治理

（1）石漠化的影响

石漠化的发生、发展过程就是人类活动破坏生态平衡所导致的地表覆盖度降低的土壤侵蚀过程，表现为：人为因素→林退、草毁→陡坡开荒→土壤侵蚀→耕地减少→石山、半石山裸露→土壤侵蚀→完全石漠化（石漠）的逆向发展模式。石漠化过程是严重的土地退化过程，因此具有多方面的影响。

喀斯特地区森林普遍退化，其群落演变过程分为顶级常绿落叶阔叶混交林阶段、乔林阶段、灌乔过渡阶段、灌木灌丛阶段、灌草群落阶段、草本群落阶段，随着森林群落退化度的增加，群落高度逐渐下降，层次分化简单，形成结构与功能不完整的生态系统（喻理飞，2002）。由于生物群落的演变，土壤的理化性质也发生变化。不同群落下喀斯特土壤黏粒含量出现明显的差异（表 3.15），小于 0.101 mm 黏粒含量的变化范围达 4316%～8017%，小于 0.1001 mm 的黏粒含量的变化范围在 2213%～6412%。因此，不同群落之间土壤质地发生了变化，随着群落退化程度的提高，土壤质地逐渐向黏质化方向发展。喀斯特群落的变化同样使土壤有机质含量发生改变，其变化范围达到 1814～19818 g/kg，随着群落的明显退化，土壤有机质含量急剧下降，其原因是喀斯特群落的退化造成生物量下降，使土壤有机质的来源减少；同时由于生境向旱生方向演变，土壤有机质分解速度加快，从而使土壤有机质含量迅速降低。而且，喀斯特石漠化地区不同群落下土壤主要养分的数量也发生了变化，土壤全氮、全磷含量的变化范围分别是 1182～1013 g/kg、0135～1171 g/kg，土壤酸溶性钾含量是 190～412 mg/kg，土壤有效氮、磷和钾含量的变化范围分别在 64～508 mg/kg、114～1218 mg/kg、60～185 g/kg，群落退化后土壤主要有效养分的含量出现下降，特别是生长零星草被植物的土壤，有效 N、P、K 含量低于一般植物生长的需求水平，即土壤达到缺素水平，因而土壤养分降低的同时，植物可利用的养分也相应地减少，造成植株低营养的胁迫生长，植株生长速率和生物量明显下降。

表 3.15　喀斯特石漠化区土壤质量与植被覆盖、岩面出露和土地垦殖率的关系（刘方等，2005）

景观指标	土壤质量指标									
	PH	OM	TN	TP	AK	N	P	K	<0.01 (mm)	<0.001 (mm)
VD	−0.264	0.797**	0.654**	0.495**	0.489**	0.804**	0.704**	0.402**	−0.842**	−0.829**
RD	0.197	−0.123	0.056	−0.001	−0.204	−0.225	−0.130	−0.030	0.150	0.165
LD	0.203	−0.621**	−0.566**	−0.469**	−0.598**	−0.624**	−0.545**	−0.565**	0.626**	0.598**

喀斯特石漠化区土壤有机质、氮、磷、钾含量与植被覆盖等级（VD）之间均存在显著的正相关（表 3.15），而黏粒含量与植被覆盖等级之间存在显著的负相关，土壤有机质、黏粒、氮、磷、钾含量与土地复垦等级（RD）之间也存在显著的相关性，但它们与岩面出露等级（LD）的相关性表现不明显。因此，植被覆盖率下降和土地复垦率提高是喀斯特石漠化的重要前提，而岩面出露率的大小并非起到决定的作用。喀斯特石漠化多发生在石灰岩分布地区，由于岩石的结构特点，其岩面出露率一般高于其他地区，大量的风化残余物存在于岩石构造裂隙中，植物根系可以在这些裂隙中生长，地上部分形成连续的植被层，全部覆盖在出露的岩石上，对地表土壤起到保护作用，虽然土被不完整以及土层厚薄不一，但小生境条件复杂多样，留存于石沟、石缝、石槽中的土壤肥力水平高，能提供充足的植物营养，在降雨较丰富的条件下，植物生长茂盛，从而形成良好的生态系统。但是，植被遭受破坏后，局部土壤质量开始退化，零星生长的植物形成生态结构和功能不良的生态系统，使未被植被覆盖的出露岩石直接在雨滴下受到冲刷，出现基岩裸露的景

观,同时形成的地表径流造成土壤侵蚀,从而产生石漠化现象;当植被遭受严重的破坏时,大面积的土壤质量出现退化,限制了植物的生长,出露的岩石在雨滴和地表径流的直接冲刷下,造成土壤严重的流失以及生态环境恶化,基岩裸露面积不断扩大,从而使喀斯特石漠化强度明显的增加。

石漠化发生、发展的一个主要特征是植被的退化演替,即景观格局的演变,演变过程主要受两方面的因素制约(王世杰等,2003)。一是喀斯特山区生境对植物具有强烈的选择性,一般具石生性、旱生性和喜钙性,生产力低下、生长缓慢、种群结构简单,其种类多具旱生结构和耐瘠抗旱的生态特性,反映环境的严酷和脆弱;二是与土地利用方式密切相关,如湘西地区植被的演替表现为:森林→毁林开荒→耕地→丢荒→裸露荒山→自然演替→草地灌丛→自然演替→灌木林→采樵→灌丛草地→采樵→草地或石漠。重庆石灰岩植被经历着灌丛草坡→火烧或割草→耕地→撂荒→草坡这样一个反复不已的过程。贵州境内陡坡垦荒现象严重,使山地景观沿着"森林或灌丛→耕地→裸岩"的方向演变;局部放牧地区,超载放牧问题突出,使山地景观沿着"草丛或草灌景观→土地退化景观(如草被的覆盖度、高度降低等)→土地'石漠化'景观"深化。广西喀斯特区石灰岩季节性雨林、常绿落叶阔叶混交林→砍伐破坏→次生季雨林、落叶阔叶林→反复破坏→藤刺灌丛→火烧→草坡。

石漠化使水土更易流失,可耕地面积因此减少。如位于黔中的普定县现人均拥有耕地仅 0.04 hm²,而每年新增严重石漠化面积就达 500 hm²。由于新增的石漠化主要发生在陡坡耕作区,相当于全县每年人均减少耕地 0.002 hm²,即人均耕地年平均减少 4%。石漠化还导致干旱、洪涝、滑坡等环境灾害频繁。据不完全统计,黔桂滇三省(区)200 个县中,1999 年遭受旱、涝等自然灾害,农作物受灾 6450 万亩,损坏耕地 90 万亩,因灾减产粮食 300 万 t,直接经济损失 121 亿元。

(2)石漠化综合整治与适应对策

石漠化成为中国主要的生态环境问题,是制约和束缚中国西南岩溶地区社会经济可持续发展的核心问题之一,是构成中国西南地区人口贫穷落后的主要根源之一,严重威胁到人们的生存环境。国家在"十一五"期间投资 30 亿元进行试点,在"十二五"期间需要投入更多资金来全面铺开,石漠化治理工程已成为中国目前在建的最大生态工程。20 世纪 80 年代以来,在西南岩溶区开展了很多项目,如实施了"八七"扶贫攻坚计划,退耕还林工程,"长防"和"长治"工程、"珠治"试点工程,以及国土资源大调查、国家科技攻关、世界粮食计划、世界银行贷款和澳大利亚、新西兰的援助项目等,在石漠化治理方面已经取得了不少经验,探索出了一些较好的治理模式与方法。

石漠化不是纯自然过程,而是与社会、经济紧密相关,以人类活动为主导因素而引起的环境恶化、土地退化过程。只有实现环境改造、经济发展和社会进步三者的协调发展,即只有生态意识、生态工程、生态经济三者充分结合,提高一个地区或流域整体的经济实力,石漠化等环境问题才能得到真正的全面解决。让退化土地自然恢复的思路已不切实际,必须通过投入对退化土地进行生态重建。目前石漠化综合治理工作已在一些地区展开,取得了一些宝贵的经验,主要有:1)典型岩溶峰丛山区,以表层岩溶带调蓄功能重建为突破口,形成有一定调节能力的微型水利工程系统,辅以技术工程(水柜等)、生物工程(沼气等),改善居民基本生存条件;通过土地利用结构调整,名优特产推广,发展壮大经济基础。成功实例有广西马山县古零乡弄拉(生态恢复、表层岩溶带泉的恢复、名特中草药);贵州罗甸县大关(地头水柜、土地整理、生态恢复)。2)溶蚀丘陵区,以建立水资源综合开发利用工程为主,通过土地利用调整建立合理生态模式,走综合发展之路。成功实例有湖南龙山县洛塔、贵州毕节地区和湖南永州大庆坪。3)峰林平原区,通过区域水资源调蓄和有效利用,结合土壤改良和农业结构调整,优化水土资源配置,建立高产稳产粮食和经济作物生产基地。成功实例如广西来宾小平阳。4)深切峡谷区,可采用蓄、提、引方式,综合开发利用岩溶水资源;通过坡田改梯田、封山育林和修建防洪排水渠及水保墙等措施,实施水—土—生态综合治理。

(3)应对气候变化的石漠化防治模式

基于石漠化形成背景、岩溶生态系统的退化特点和石灰岩和白云岩的成土特征及其对生态系统的影响,石漠化地区的土地利用方式和生态恢复过程拟采取的对策有(王世杰等,2002):

强度石漠化地区,封山育林是必需的,同时应大力培育一些耐旱、根系发达和生长速度快的草本植物,固定土壤免受侵蚀。在基岩裸露率大的局部地区应采取人工爆破填土造林,或喷洒草种泥浆或人工铺土植草等来恢复植被。在碳酸盐岩与别的岩性互层分布区,土粒的形成速率相对较快,在有土层的地方可以直接栽种灌木,既要考虑土壤的承受能力,又要避免植被单一化,逐渐重建草灌乔结合的生态系统。

中度石漠化地区,陡坡耕地非常严重,首先应退耕。在石灰岩分布区,主要实施封山育林防止土壤流失。在白云岩以及碳酸盐岩与别的岩性互层分布区,退耕后的土壤可以种植生长迅速、喜钙、对肥力要求不高且有较高经济价值的灌木林,林下培植草被,固定土壤,提高土壤肥力。在土被连续的地方可以进行立体种植,采取生物梯化技术,在灌草周围种植防护林。但树种要耐瘠、耐旱,且具有适钙性和石生性;有发达的地下根系可以充分利用地下水并防止水土流失。这些地区生态系统极其脆弱,要尽量避免种植经济林和用材林对土壤及植被的破坏。

轻度石漠化地区,生态系统受损相对较轻,但由于坡度大,应减少农田种植面积,尤其在石灰岩分布区,主要发展林牧业。在土层薄的地带可以种植牧草,发展养殖业。土层连续且较厚的地区可人工造林,发展经济林、用材林,增加经济效益,保持水土。此外,可以充分利用当地光热条件开展多层种植。在山顶栽种水源涵养林,山腰发展用材林和经济林,林间种植经济效益较高的灌木,林下则种草;且树种和灌木都要多样化,使生态系统向良性方向发展。

喀斯特石漠化是自然因素和人类活动综合作用的结果,石漠化防治工作首先是要消除或控制引起退化的干扰体,形成多目标、多层次、多功能、高效益的综合防治体系(熊康宁等,2002,2007)。

3.5　滑坡与泥石流

3.5.1　泥石流形成分布与危险分区

泥石流是中国山区常见的一种突发性的自然灾害现象(唐邦兴等,2000 年),它是一种介于滑坡和水流之间的富含泥沙和石块的固液气三相流体,具有暴发突然、来势凶猛、运动快速、历时短暂等活动特点。

(1)形成条件

泥石流形成的关键条件有土源、水源和坡降。丰富的松散固体物质是泥石流形成的基础,水源是泥石流产生的激发因素,而坡降则为泥石流产生的提供能量条件。研究泥石流形成的外界条件(地质、地形地貌、水文、气象、植被、土壤、人类活动),有利于从形成机理上认识不同条件对泥石流的作用(图3.29)。

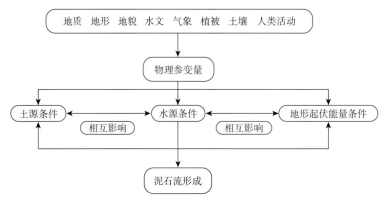

图 3.29　影响泥石流形成条件示意图

①土源条件:土源是泥石流形成的重要条件。土源系泥石流形成区内可提供的松散土石物质的总称。为便于阐述,在叙述的过程中,有时也用土体表示。通过对泥石流流体组成的计算,可知容重大于

1.8 g/cm³的泥石流,其所含固体物质一般占有77%以上的重量。土源对泥石流形成的影响主要是通过其性质和数量的不同而实现的。土源的性质包括结构和组成两个部分,土源的量即可参与形成泥石流的土体数量。

土源数量对泥石流的类型和频率的影响:土源数量对泥石流的类型和频率的影响均有一定的影响。土源数量较多的流域,则泥石流暴发的规模和频率相对较高。世界上泥石流暴发规模和频率较高的流域,松散固体物质均十分丰富,如中国的西藏古乡沟,其流域面积25.2 km²,全流域土源平均数量达到22.2m³/m²,1960—1970年代,平均每年暴发2～3次。根据泥石流的容重值,依次将泥石流分为4类:稀性泥石流、过渡性泥石流、黏性泥石流和塑性泥石流。一般来说,土源数量较多的流域,常暴发黏性泥石流,其发生的频率也较高。而土源数量较少的流域,常暴发稀性泥石流或水石流,其频率相对较低。

土体结构特征对泥石流形成的影响:影响泥石流形成的土体结构指标主要有土体饱水过程的收缩性和土体的强度。土体饱水过程的收缩性(土体在含水量的增加过程中,体积的收缩性能),可用湿陷率(干土体的体积减去湿土体的体积再除以干土体的体积)来表示,它与土体的孔隙、颗粒结构、微结构相关,是衡量土体结构与泥石流形成关系的指标之一。土体的强度主要取决于土体的结构性能,是反映土体结构与泥石流形成关系的指标。一般而言,饱和过程中收缩性能良好的土体易形成泥石流;反之,亦然。土体的强度低,容易被破坏,有利于泥石流的形成。

土体组成对泥石流形成的影响:土体组成决定了泥石流的性质。以黏土和砂土为主的土体易形成泥流;以砾石为主的土体易形成水石流或稀性泥石流;三种成分均有的宽级配土体则易形成黏性泥石流。

②水源条件:通过调查中国山区道路两侧的泥石流发现,泥石流的水源主要为暴雨洪水、冰川融水、坡面和沟道径流、冰湖溃决水。其中分布最广的水源为降雨和坡面径流。前期降雨和激发雨强将影响泥石流的形成。前期雨量可以定义为泥石流暴发以前的降雨量,其作用在于增加松散土体含水量,降低土体的强度。激发雨强是促使泥石流产生的雨强,其作用是通过超渗产流产生的径流,迅速增加土体的孔隙水压力,液化土体,快速降低土体强度,同时侵蚀土体的黏土颗粒,迅速下降局部土体的黏滞力。

③坡降条件:泥石流的产生受到沟坡比降的巨大影响,而在不同的流域,坡降和沟道比降对泥石流的形成有不同的作用。一般来说,比降较大的坡面有利于泥石流的形成,一个流域内,泥石流首先在坡度相对较大的坡面产生,产生后的泥石流汇入沟道。沟道比降通常较坡面比降小,泥石流能否继续发展,沟床的比降起着能量的控制作用,沟床的较大比降有利于泥石流的形成和发展。沟坡比降主要通过影响泥石流沟土水的势能而影响泥石流的形成,坡度大或坡降大有利于泥石流的形成,但坡降或坡度小则不利于泥石流的形成。

泥石流的沟床比降和坡度对泥石流的影响可以通过其他的地貌因子得到体现,这些因子有流域的高差、流域的地貌类型、面积等。一般地,流域的高差越大,沟床的比降和坡面的坡度就越大,泥石流的形成就越有利。以进藏公路为例,其部分道路两侧的泥石流岭谷最大高差一般都在500 m以上,这为泥石流固体物质产生提供了较大的能量条件。这一流域的高差值与所统计的沟道的产流坡面坡度较大相对应。这些坡度全部集中在30°以上,并且各沟都有大量的松散物质,即拥有能量和物质基础。一旦遇上有利于泥石流形成的突发事件,这些沟道就会暴发大规模的泥石流。从《四川省山洪灾害防治规划》统计的3268条泥石流沟可知,泥石流灾害易发区(高、中、低易发区)区域集中分布于大起伏山地,其面积百分比达46.42%,其次为中起伏山地、丘陵、小起伏山地和极大起伏山地等。泥石流沟的流域面积通过坡降这一指标影响泥石流的产生,一般地,大部分泥石流的流域面积都在50 km²以下,尤其是10 km²以下的流域更多,面积大的流域一般比降都相对较小,所以泥石流不容易产生。

泥石流的土源、水源和坡降是相互影响的几个因子。对于数量较多,结构组分有利于泥石流产生的土体,其产流所需的激发雨量或径流量以及前期的水源数量就少,即临界雨量相对较小。对于坡度较大的区域,泥石流产生的临界雨量也较少,反之坡降较小的区域激发泥石流所需的临界水源数量就较少。同样地,坡降较大的地区,土源的相对容易转化为泥石流,泥石流产生也相对容易。总之,三者的关系产流此消彼长的关系。反映三者的关系,可以用三角示意图来表示(图 3.30)。

图 3.30 反映泥石流的产生,坡降、土源和水源的组合十分重要。如果土源和水源分布于坡降较小的流域下游区域,产生一定数量的泥石流所需的土源数量较多,同时所需的水源数量也较多。这表明当流域的坡降小于一定数值时,泥石流不易产生,同时表明泥石流的产生通常有一个临界坡度(坡降)。反之当一个流域的坡降较大,产生一定规模泥石流所需要的土源和水源条件就相对容易满足。因为有的许多结构差、强度大的松散固体物质也会转化为有效的泥石流土源。这样泥石流也就相对容易发生。对于有效土源较少的流域,产生泥石流所需要的比降就大,所需要的临界雨量也就大,泥石流也就相对不易暴发。

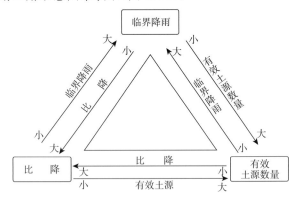

图 3.30 泥石流产生过程中土源、水源和沟坡比降三角关系示意图

对于临界雨量较小的区域,也即泥石流容易暴发,这要求流域的坡降相对较大,有效土源的数量较大。

(2)分布规律

中国泥石流分布,大体上以大兴安岭—燕山山脉—太行山山脉—巫山山脉—雪峰山脉一线为界。该线以东为中国地貌最低一级阶梯的低山、丘陵和平原,泥石流分布零星(仅辽东南山地较密集)。该线以西,即中国地貌第一、二级阶梯,包括广阔的高原、深切割的极高山、高山和中山区,是泥石流最发育最集中的地区,泥石流沟群常呈带状或片状分布(图 3.31)。其中成片的集中在青藏高原东南缘山地、四川盆地周边,以及陇东—陕南、晋西、冀北等以及黄土高原东缘为主的地区。

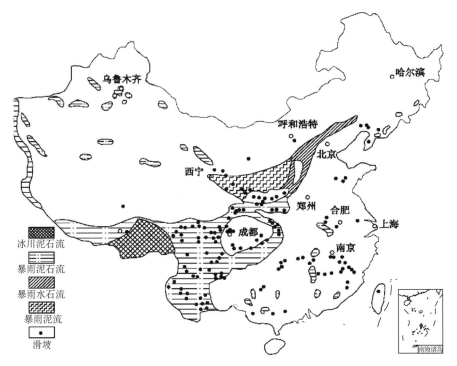

图 3.31 中国泥石流分布图

从泥石流成因类型看,冰川泥石流主要分布于中国西部山地,并大部分集中于西藏东南部地区;暴雨泥石流主要分布于西南山区,其次西北、华北和东北也有呈带状或零星分布。从泥石流物质组成看,泥石流分布遍及西南、西北和东北的基岩山区;水泥石流分布于华北地区,而泥流则分布于松散的黄土地区。从中国行政区看,泥石流分布遍及全国的 23 个省(区、市)(图 3.31),据中国泥石流编目数据库登记,全国有泥石流沟 8500 条。

(3)中国泥石流危险性分区

大体上以大兴安岭—燕山—太行山—巫山—雪峰山一线为界,以西即中国地貌的第一、二级阶梯,包括广阔的高原、深切的极高山、高山和中山区,是泥石流最发育、分布最集中的地区,灾害频繁而严重。以东为最低一级阶梯,多为低山、丘陵、平原;除辽东南山地泥石流较密集外,其余地区分布零星,灾害较少。东部季风区是中国泥石流灾害发生的主要地区,泥石流灾害沟占全国的77%;蒙新干旱区泥石流灾害沟占全国的12%;青藏高寒区泥石流灾害沟占全国的11%。西南地区不仅是东部季风区,而且也是全国泥石流灾害高发和多发区。在不足东部季风区1/4的面积上,泥石流沟个数和暴发次数占47.77%和39.45%,占全国的36.99%和31.06%。主要集中在川西山地丘陵区、金沙江下游、小江流域、川东黔西低山丘陵东缘、贵州高原湄潭—江口和威宁—纳雍一带、云南高原边缘横断山脉南段东侧、怒江中下游和澜沧江中游地段。其中川西山地丘陵区占全国的19%,居全国泥石流灾害首位。

表 3.16 中国泥石流危险分区

大区	亚区	大区	亚区
Ⅰ 西南印度洋流域极大危险泥石流区	Ⅰ1A 怒江最危险区	Ⅲ 东北太平洋流域危险的泥石流区	Ⅲ9B 泾河、洛河中等危险区
	Ⅱ2B 雅鲁藏布江中等危险区		Ⅲ10B 黄河上游中等危险区
			Ⅲ11A 黄河中游中等危险区
			Ⅲ2B 黄、淮、海中等危险区
			Ⅲ3C 松花江、辽河较危险区
Ⅱ 东南太平洋流域最危险的泥石流区	Ⅱ3A 金沙江最危险区	Ⅳ 内流及北冰洋流域一般或无危险的泥石流区	Ⅳ14D 新藏内内流微弱或无危险区
	Ⅱ4A 岷江最危险区		
	Ⅱ5A 嘉陵江最危险区		
	Ⅱ6A 雅砻江最危险区		Ⅳ15D 额尔齐斯河微弱危险区
	Ⅱ7B 长江中等危险区		
	Ⅱ8C 珠江较危险区		

根据泥石流危险区划分原则、定量指标和多年来收集的有关泥石流的成果资料,按泥石流流域体系及危险程度划分大区、亚区两个等级。大区以泥石流灾害集中的大水系(流域)单元为基础,考虑到流域内地理环境结构及泥石流特征灾害程度进行分区,把全国分成4个大区、15个亚区(图3.32)(表3.16)。必须

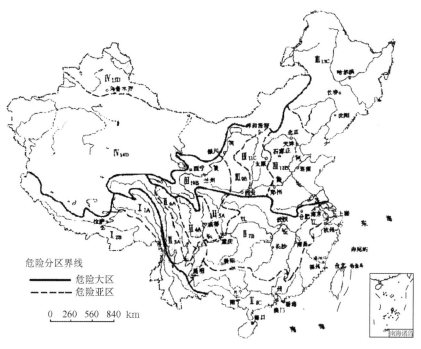

图 3.32 中国泥石流危险分区图

指出,各大区范围内的泥石流危险程度在空间上或时间上具有分段性、被动性特点,即在区域内部有显著的地域差异,年内或年际间亦有差别。亚区在一级区内,以一级支流流域为基本单元,按泥石流活动的影响因素,如容重、排泄量、物质组成、流体性质等级危害程度,尤以危害方式、危害程度和人类活动积中程度等综合特点为重点进行划分。其中,把危险程度分为 4 个级别,即:极端危险、高度危险、中度危险、轻度或无危险。

3.5.2　滑坡形成分布与危险分区

滑坡是指构成斜坡的岩体或土体在重力作用下伴随着其下部软弱面(带)而产生的整体性向下滑动的现象。

(1)形成条件

滑坡的形成条件主要有地形、地层岩性、地质构造和其他激发的外部条件。

①地形条件:地形条件是滑坡发生的最基本条件。表征地形的主要指标是斜坡坡度和斜坡形态。根据滑坡所处斜坡坡度特征,可将地形分为三类:a)滑坡少发地形,斜坡坡度小于 $10°$ 或大于 $35°$;b)滑坡多发地形,斜坡坡度 $10°\sim20°$;c)滑坡极易发地形,斜坡坡度大于 $20°$。

②地层岩性条件:地层是滑坡发生的唯一物质,系必要条件。而岩性表征着构成地层岩土体的工程物理力学性能。滑坡是在一定的地层岩性条件下发生的。根据收集、整理的资料(表 3.16)反映地层与滑坡的关系。从表 3.17 可知,滑坡的形成与强度较低的岩土相关,这些岩土包括黏性土、半成岩地层和强度较低的砂板岩、泥岩等地层岩性。

表 3.17　中国的主要易滑地层及滑坡分布关系

类型	易滑地层名称	主要分布地区	滑坡分布状况
黏性土	成都黏土	成都平原	密集
	下蜀黏土	长江中、下游	有一定数量
	红色黏土	中南、闽、浙、晋南	较密集
	黑色黏土	东北地区	有一定数量
	新、老黏土	黄河中游、北方诸省	密集
半成岩地层	共和组	青海	极密集
	昔格达组	川西	极密集
	杂色黏土岩	山西	极密集
成岩地层	泥岩、砂页岩	西南地区、山西	密集
	煤系地层	西南地区等地	极密集
	砂板岩	湖南、湖北、西藏、云南、四川等地	密集
	千枚岩	川西北、甘南等地	密集—极密集
	富含泥质的岩浆岩	福建等地	较密集
	其他富含泥质地层	零星分布	较密集

③地质构造条件:构造活动使坡体内部形成了各种各样的软弱结构面,如沉积间断面(不整合面、假整合面)、原生软弱夹层,以及节理、劈理、裂隙等。这些软弱结构面是岩质滑坡边界形成的必要条件。地质构造与滑坡发生的关系主要表现在以下三方面:①大地构造单元与区域性断裂对滑坡发育的控制作用;②地震活动对滑坡发育的加速作用;③软弱结构面对滑坡边界的控制作用。

④气象水文条件:滑坡发育与水的关系十分密切。水对滑坡体的失稳起着积极作用,它能增加滑坡体自重,降低滑移面上的土体强度,加速滑坡的发生。

⑤人类活动对滑坡形成的影响:主要包括房屋建筑对滑坡形成影响,在山区进行房屋建筑施工,开挖平整易破坏老滑坡体的稳定性,使房屋修建后不久就会产生新的滑动;道路建设对滑坡的影响;城镇排水设施建设对斜坡稳定的影响;工矿建设中的弃土对斜坡稳定的影响;垦殖对滑坡形成的作用。

（2）分布规律

中国是一个多山的国家，从台湾岛至青藏高原，从长白山到海南岛都发生过不同程度的滑坡灾害。在南北方向上，以秦岭—淮河一线为界，大致与年降雨量 800mm 等值线吻合，北部地区的滑坡分布较稀，南部较密；在东西方向上，以第二阶梯的东缘大兴安岭—太行山—鄂西山地—云贵高原东缘为界，东部地区的滑坡分布较稀，西部较密集；若第一阶梯东部以大兴安岭—张家口—兰州—西藏林芝一线为界，西部地区的滑坡分布较稀，东部较密集。实际上，中国的滑坡灾害的多发区主要集中在上述两线之间的山区，即第一阶梯的东部和第二阶梯上；其次分布喜马拉雅山南麓、闽浙丘陵和台湾地区。其他地区的滑坡灾害主要发生在河、湖、库岸边、堤坝、道路边坡等部位（图 3.33）。

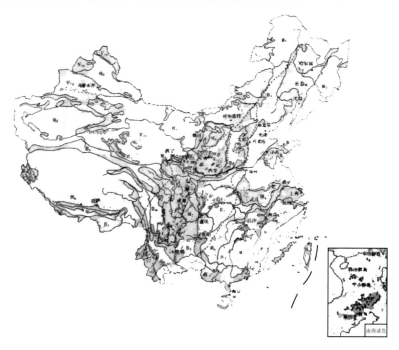

图 3.33 中国滑坡分布图

（3）危险性分区

滑坡危险度区划是滑坡研究发展到一定深度所提出的新课题。到目前为止，中国既无统一的滑坡危险度评价理论体系，也无统一的滑坡危险度区划制图方法。因此，该项工作异常薄弱，这是造成预防不及时，措施不力，从而导致广泛、严重滑坡灾害的原因之一。滑坡危险度区划的主要目的是：①建立标准化评价体系；②建立滑坡信息库；③评价区域滑坡的危险性；④提供标准化危险度区划图件；⑤为减灾防灾提供决策依据。

滑坡危险度区划涵盖的因素多、面广、野外数据的可靠性和参数的采集至关重要，决不是仅仅依靠室内的一些数字组合就能达到与实际情况相符合的标准。只有将传统经验与现代技术有机结合，才能得到理想的结果。在中国西南的一些山区，由于人烟稀少，往往产生的滑坡有害无灾，用室内单因素组合数字评价，危险度则很高。如果评价人员的野外工作欠缺，实践经验不足，很可能得出的结果不准确。

滑坡危险度区划应将相关性很强的因素进行系统归类：①滑坡的主控因素　滑坡形成的基本条件，包括地形（相对高差）、地层岩性（易滑坡地层）、地质构造（特殊构造部位、断层破碎带等）、切割密度（区域内线性沟谷分布）。主控因素可以从区域宏观上控制滑坡发生的分布数量和格局，在危险度区划中起到了决定作用。研究证明，中国主控因素条件越优的地区，滑坡分布密度越大。②滑坡的诱导因素　在具备优势主导因素地区，触发因素起到辅助作用，加速了这些地区的滑坡发生，包括降雨强度（年降雨量、季节性降雨量），人为破坏（人为活动频繁区造成的边坡破坏），地震强度（地震的震级、烈度），侵蚀强度（强切割河谷河水冲刷）。③滑坡的危害因素　滑坡发生后的灾害检验不仅仅是对单个滑坡受灾损失量统计，区域滑坡危害偏重综合宏观统计，从总体上做出评价，包括分布密度（滑坡的数量）、发生时代（老滑坡、新滑坡分类）、规模（滑坡体积）、受灾程度（典型滑坡的损失量）。

不稳定滑坡分为极度危险、危险、一般危险三类。据统计，大兴安岭西坡—呼和浩特—榆林—兰州—川西平原西缘—横断山一线以东的东部季风区为中国滑坡灾害的主要分布区，约占全国滑坡灾害总数的88%；其西南地区（包括云南、四川、重庆、贵州、广西等）是中国滑坡最发育地区，分别占全国和本区滑坡灾害总数的42%和48%。其中川东低山丘陵区滑坡灾害占全国的16%，居全国滑坡灾害首位；贵州高原滑坡灾害占全国的12%，居第二；云南高原滑坡灾害占全国的11.7%，居第三。蒙新干旱区、青藏高寒区仅占全国滑坡灾害总数的12%。其中蒙新干旱区的滑坡灾害主要分布于西北地区（新疆），内蒙古高原地区滑坡灾害点极少。青藏高寒区滑坡灾害数量少，分布零星。

3.5.3　气候变化条件下灾害性泥石流滑坡的发育规律

（1）气候变化特征

对泥石流滑坡灾害影响较大的气候因素主要为降水和气温。中国面积广大，降雨和气温的变化在不同的区域不同。总体上气温趋于增加，但降雨呈现波动特征。

中国近百年的气候发生了明显变化，其变化趋势与全球气候变化的总趋势基本一致。据王绍武等（2000）研究，近100年来中国气温上升了0.5℃左右，略低于全球平均的0.6℃；1920—1940年代中国气温持续升高，1950—1980年代初气温有所下降，1980年代中期开始有持续增温。从地域分布看，华北和东北地区增温幅度最大，达到0.4~0.8℃/10a，长江上游和西南地区气温略降，南方大部分地区没有明显的冷暖趋势（王绍武，2001）。据沙万英等（2002）研究，长江中下游1981—1999年平均温度比1951—1980年平均温度升高0.2~0.8℃，其中长江三角洲升温最显著。从季节分布看，中国冬季增温明显。1985年以来已连续出现了16个全国大范围的暖冬，1998年冬季最暖，2001年次之。最近40~50年中，极端最低温度和平均最低温度都出现了增高的趋势，尤以北方冬季最为突出。同时，寒潮频率趋于降低，低温日数趋于减少。根据IPCC第四次评估报告的结论（IPCC，2007），近100年（1906—2005）全球地表温度线形递增趋势为0.74℃/10a，大部分地区强降水事件频率显著增加。这些变化情形同样适用于中国。

极端高温、低温事件增加，1951—1990年期间中国平均最高温度略有上升最低温度显著升高，日较差显著变小，最低、最高温度的线性变化趋势表现出较为一致的年代际变化特点，但却反映出非常明显的不对称性趋势。最近40~50年中，极端最低温度和平均最低温度都趋于增高，但在全国范围内，寒潮活动逐渐减弱，低温日数也趋于减少，这种变化可能与冬季风的某些减弱有关。就全国平均而言，在过去的50年中日最高气温大于35℃的高温日数略呈下降趋势，但霜冻日数显著下降，与此同时，中国的热日和暖夜频率显著增加，而冷日频率减少，冷夜减少趋势更为明显（翟盘茂，2003）。

强降水事件总体上也在增加，在过去的几十年中，从全国平均来看，中国总的降水量变化趋势不明显，但雨日显著趋于减少，尤其是华北地区的暖干化趋势较为明显。降水总量不变或增加但频率减少意味着降水过程可能存在着强化趋势，干旱和洪涝灾害趋于增多。最近的研究指出，中国的极端降水事件趋多、趋强。极端降水平均强度和极端降水值都有增强趋势，极端降水事件趋多，尤其在1990年代极端降水量比例趋于增大。

（2）气候变化影响下的泥石流滑坡发育规律

由于全球气候的变化，使得中国总体上降雨的日数减少，但降雨的强度增加，降雨总量的变化总体上趋于平稳；由于气温增加，总体上蒸发量增加，天然状态下，土体的含水量降低，在突然的暴雨作用下，土体在含水突然增加过程中，土体收缩湿陷，土体内部孔压增加，强度极易降低，引发泥石流滑坡的可能性增加。但区域不同气候变化特征不同，泥石流滑坡等地质灾害的发育和演化规律存在较大的差异。现以中国西南山区的西藏，西北地区的新疆，东北地区的辽宁和东南沿海地区的福建的气候变化与泥石流滑坡地质灾害发育的关系为例说明中国气候影响下的地质灾害发育规律。从目前获取的资料可知,以西藏为代表的西南山区气温增加显著,但降水呈波动变化,冰川泥石流滑坡进入一个高发期。中国以新疆为代表的西北地区,气温和降雨均呈现增加趋势,泥石流滑坡等山地灾害进入高发区,以辽宁为代表的东北区,气温增加,但降水相对减少,泥石流滑坡灾害稳定发展;以福建为代表的东南沿海地区,气温普遍增加,台风暴雨频次和规模减小,但其他暴雨波动发展,并呈增加趋势,泥石流滑坡稳定发展。

①西藏高原气候变化泥石流滑坡发育规律:全球范围内,高海拔地区泥石流滑坡随着冰川的融化,泥石流滑坡在一定的时期内具有增加的趋势。如欧洲的阿尔卑斯山,由于气温的增加,近年来泥石流频繁发生。25 年来发生的 17 次泥石流中,6 次就是发生在干热气候条件下,2 次出现在有小雨出现,其他的为冰川和降雨的综合作用(Chiarle 等,2007)。

在西南山区,特别是青藏高原冰川地区,由于气温的增加,冰川退缩,在冰川消融区,冰碛物大量的暴露,泥石流滑坡松散固体物质大量增加,这一地区泥石流滑坡大量增加。特别是冰湖溃决和冰湖溃决形成的泥石流,它们与气温和降雨的突变相关,特别是在干冷向暖湿气候过渡的时期(程尊兰等,2009)。最突出的表现为冰湖溃决及其相关的泥石流滑坡的发育。据统计西藏境内 1935 以来的 70 多年间,有记载的冰湖堰塞湖溃决 20 次。自 1980 年代以来的 27 年内溃决 9 次(平均 3 年 1 次,表 3.18)。通过气候变化与具体事件的比较发现冰川的溃决大都发生于气候突变过程,具体表现为气温异常(图 3.34)。

表 3.18 1980 年代以来西藏发生的 9 次冰湖溃决

冰湖堰塞湖名称	所在区域	溃决时间
扎日错	洛扎县	1981.6.24
次仁玛错	樟木口岸	1981.7.11
金错	定结县	1982.8.27
易乘湖	波密县	2000.6.11
光谢错	波密县	1988.7.15
嘉龙湖	聂拉木县	2002.5.23
		2002.6.29
得嘎错	洛扎县	2002.9.18
帕里河上游堰塞湖	札达县	2005.6.26

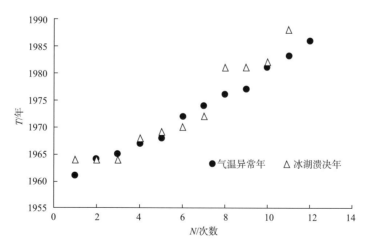

图 3.34 1960—1990 年的 11 次气温异常年与冰湖溃决年关系图(刘晶晶等,2008)

气候变化对冰湖溃决的影响在西藏的波曲流域表现突出。据调查波曲流域曾经暴发 4 次冰湖溃决泥石流,其中 2 次发生在 1967—2004 年间,出现泥石流灾害的年份气温都有不同程度升高,大量的冰水入汇湖泊。通过对典型流域——波曲流域的遥感解译和野外考察,发现与 1987 年相比波曲流域内冰川冰湖变化显著(表 3.19):1)冰川面积减小了 20.1%,典型冰湖上游区的冰川面积减小了 2.3%～33.5%,全流域内的冰川在后退;2)冰湖数量(面积大于 0.020 km²)增加了 11%,冰湖面积增加了 47%，而且终碛湖的面积呈增加的趋势、其他类型冰湖的面积呈减小的趋势。冰湖面积增大，如遇降雨增加的年份，冰湖溃决的可能性增加，2002 年嘎龙错冰湖冰湖溃决就是典型例证。

冰湖面积的增加，使得其安全稳定性降低，一旦溃决将导致泥石流滑坡的发育。综上可知，冰湖溃决的发生是局部时段（夏天）气温陡然升高的结果。冰湖溃决后普遍产生泥石流，并引发沿途牵引式滑坡的发生。目前冰湖面积普遍扩大，冰湖溃决并产生泥石流的机会增加。

表 3.19　波曲典型冰湖与 1987 数据的对比（陈晓清等，2005）

冰湖名称	冰湖上游冰川面积变化			冰湖面积变化		
	2005 年（km²）	1987 年（km²）	减小（%）	2005 年（km²）	1987 年（km²）	增加（%）
嘉龙错 *	4.67	5.01	6.8	0.213	0.332	−35.8
嘎龙错	15.06	15.41	2.3	3.438	1.684	104
扛西错	4.92	5.90	16.6	3.704	1.699	118
尤莫尖错	10.91	12.76	14.5	0.436	0.243	79.4
查乌曲登错	6.30	7.51	16.1	0.628	0.476	31.9
扛普错	1.35	2.03	33.5	0.230	0.230	0
北湖	4.27	5.40	20.9	0.649	0.506	28.3
南湖	1.22	1.81	32.6	0.174	0.169	3
酸奶湖	2.32	2.46	5.7	0.268	0.224	19.6
次仁玛错	2.15	2.47	13.0	0.677	0.265	155.5

* 该湖于 2002 年发生过局部溃决

对于冰川和降雨联合激发的泥石流，降雨和气温共同影响流域径流流量，影响泥石流滑坡的启动。高温多雨引发泥石流滑坡进入高发期。现以波密古乡沟冰川降雨泥石流为例进一步说明气候与泥石流发生的关系。根据波密气象站近 40 年的观测资料发现，高温多雨年代最有利于泥石流的发生。

从波密 40 年来的降雨和气温的变化过程（图 3.35，陈宁生等，2011）可知，波密地区 1950 年代初期到末期，气温和降雨都较高，所以，大规模的冰川泥石流发生。并且出现 1953 年特大规模的古乡沟冰川降雨泥石流。1950 年代末到 1960 年代初表现为干热气候，泥石流进入一个相对平静的时期。1981—1991 年间，降雨量最低，气温较低，该时期泥石流不发育。1992 年以来，气候逐渐转为湿热气候，泥石流活动加强（表 3.20）。2005 年 7 月 30 日和 8 月 6 日古乡沟均暴发了不同规模的冰川泥石流，泥石流淤埋川藏公路，淤积厚度 2 m，堆积土方超过 2 万 m³，中断公路近半个月。

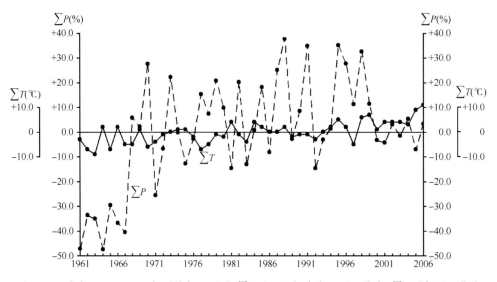

图 3.35　波密 1961—2006 年平均气温距平（$\sum T$，℃）及年降水距平百分率（$\sum P$，%）累积曲线

表 3.20 古乡沟泥石流活动特征统计表

年份	泥石流活动阶段	气温和降雨特征	特征描述
1953—1957	活跃期	气温和降雨均升高	1953 年发生特大型泥石流,1954 年起平均每年暴发 30～40 次,公路时有中断
1958—1962	平静期	气温增加到峰值,降雨略降低	公路基本畅通
1963—1971	较活跃期	降雨增加至峰值,气温略降低	经常暴发泥石流,古乡湖进一步扩大
1972—1979	波动期	气温平稳降雨量较低	偶有暴发,但规模普遍较小 1975 年、1979 年各暴发一次中大规模泥石流
1980—1991	平静期	气温平稳,降雨量达到极低	偶有稀性泥石流暴发
1992—2002	较平静期	气温和降雨逐步增加	有稀性泥石流暴发

根据川西和西藏地区泥石流统计结果,无论是冰川泥石流还是降水泥石流均与气温和降水的组合有关。冰川泥石流在升温条件下发生次数占 80% 以上,降温条件下发生次数不到 20%。升温条件下,降雨型泥石流发生次数占 60%。升温条件叠加降雨可促进降雨型泥石流发育(陈宁生等,2011)。如图 3.36,西藏林芝地区自 2000 年以来,进入了一个泥石流显著活跃期,1955—2010 年间,林芝地区发生较大规模的灾害性泥石流 228 次,年最高频次 21 次,就发生在 2010 年,

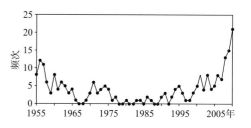

图 3.36 西藏林芝地区 1955—2010 年泥石流发生频次(陈宁生等,2011)

2005 年以来,年均发生次数均高于过去 50 年的平均值。对照图 3.35 和图 3.36,可以看出,2005 年以来,区域降雨明显减少,但气温显著升高,持续的湿热组合转变为干热组合,泥石流次数明显增多,2005—2010 年是过去 55 年中泥石流发生频次最高的时段。

②西北新疆半干旱区气候变化与泥石流滑坡发育规律:新疆近年来在全球气候变暖背景下,气候存在明显的变暖增湿趋势,对 1950—1997 年 40 多年的气候资料的统计分析表明,全疆平均增暖幅度达 0.12～0.13℃/10a 并以冬季变暖为主,夏季变化不显著,据近年统计降水也出现增加的趋势,新疆的气候出现了一个暖湿的过程。研究表明,自 1980 年代末以来新疆气候异常事件频繁发生,夏季大降水频率加快,如南疆西部大降水(10 mm 以上)天气过程中,1970 年代与 1980 年代出现次数相当,1990 年代出现次数增多,分别占 30 年内所统计的 116 次大降水的 30%、31% 和 39%,且大降水主要集中在夏季,所以,降水增多是近年来新疆气候的特点之一。

北疆特别是天山北坡降水和气温呈增加趋势,统计资料显示 40 a 来天山北坡的年平均气温具有缓慢上升的趋势,各区域振幅变化具有较好的同步性。天山北坡从 1980 年代以来,降水是增加的,最近 20 a 平均降水比前 40a 平均值偏多 6.5%,天山山区最近 20 a 平均降水比前 40 a 平均值偏多 3.6%。从 80 年代以来,平均每年冰川后退了 3.2 m。1990 年代,天山北坡突发性大降水增加,造成洪水泥石流频发,1992 年、1996 年、1998 年、1999 年都出现了“暴雨、融雪型”洪水泥石流,这可能是地球气候变暖在天山北坡的反映。

新疆的气候变化规律使得新疆的泥石流滑坡出现了一个高发时期。天山北坡山麓地带和山前平原的纳洪地区,春季融雪洪水泥石流及其灾害长期以来经常发生。新疆的气候变化规律使得新疆的泥石流滑坡出现了一个高发时期。以天山北坡的三工河为例,1946—2005 年共发生大规模的山洪泥石流灾害 4 次,其中 1995 年以前的 49 年仅发生 2 次,平均 25 年一次,而 1996 年到 2005 年的 9 年间暴发大规模的山洪泥石流灾害 3 次,平均 3 年一次(表 3.21)。

表 3.21 三工河历史上大规模山洪泥石流暴发的时间和特征(万金泰等,2008)

发生时间 (年—月—日)	调查时间 (年—月—日)	调查地点	地理位置	洪峰流量 (m³/s)	评价
1946—09	1989—10—12	三工乡地磅处	88°04′E,44°05′N	154	较可靠
1996—07—20	1996—07—20	大东沟水文站	88°10′E,43°51′N	210	实测
2003—07—15	2003—07—15	三工乡地磅处	88°04′E,44°05′N	152	可靠
2005—08—09	2005—08—05	水管站附近河段	88°04′E,44°06′N	270	可靠

③东北辽宁山区气候变化与泥石流滑坡发育规律：辽宁省气候变化统计结果显示，冬季有明显的升温趋势，春季其次，升温率分别为每10年升高0.1656℃和0.183℃，趋势系数分别为0.51和0.23；而夏秋两季则不明显，就降水而言，秋季的降水略有增加，增加率为每10年3.33 mm，趋势系数为0.10；夏冬两季的降水略有减少，减少率分别为每10年2.82 mm和2.24 mm，趋势系数分别为-0.03和-0.23。

降水量减少（近几年较明显），表现出暖干化气候趋势，升温趋势表现在所有区域及所有季节这种气候变化趋势可能造成辽宁省地质灾害的加剧，除夏季外，辽宁省其他三个季度气温都有上升趋势，气候变暖在冬季表现最明显，这种变化的最大影响是造成辽宁省冬季的积雪少，霜冻期短，植被根系层的土壤水分和养分流失，并使土壤结构成分发生变化。降水量的减少主要体现在夏季和冬季，而夏季气温的降低，降水量的减少将导致区域植被的减少，改变植被的结构，这将导致地质灾害的发生辽宁省的辽东南地区，辽西地区，辽宁中部地区分别是泥石流和滑坡，沙土流失等地质灾害的重灾区，而地质灾害一般发生在夏季，从四季降水趋势系数来看，中部的黑山、鞍山、本溪和抚顺地区夏季降水的增加将可能使该区域内地质灾害加剧。另外，1980年至今降水气候变化的加剧会导致干旱和洪涝灾害发生的频率增加，强度增强，而这正是造成地质灾害频繁发生的环境。泥石流在辽宁省也有增加的趋势，120多年前辽宁首次出现的泥石流是发生在辽南的老帽山区，1958年宽甸发生一次泥石流，灾情不严重。从1977年开始，泥石流灾害日趋频繁，而且愈来愈重，历史灾害少，现今灾害多。近10年来灾害频繁发生，尤其是凤城地区。从1982年到现在，竟发生7次泥石流灾害，其频繁程度在国内是少见的。泥石流灾害中一个地区多次出现，宽甸地区重复发生过泥石流灾害。泥石流的空间分布不均匀，主要集中在辽东山区，而且规模大，面积广，成片或成带状分布。辽西山区的泥石流规模小，零星分布（李爱民，2009）。

④东南福建山区气候变化与泥石流滑坡发育规律：福建省1931—1963年（32 a）全省年平均温度上升了0.4℃；1997—2003年（6 a）全省年平均温度上升了0.3℃。自20世纪90年代末以来，福建省气候环境正加速变暖（张燕，2008）。以三明地区为例，该地区20世纪60—90年代平均气温和最高气温都呈现增加的趋势。但福建台风暴雨自1960年以来台风降水整体呈下降趋势；在地域分布上台风降水由闽南沿海向闽西北内陆逐渐减小，最大台风降水出现在闽南和闽东北地区。但非台风的暴雨频数出现异常偏多或明显偏多，这使得暴雨次数总体上依然有所增加。在1961—2000年中暴雨的频率为10年3遇，各年代年例是：1961年、1967年、1971年、1973年、1981年、1990年、1991年、1993年、1997年、1998年、2000年，其中20世纪90年代为5年一遇，进入20世纪90年代以来暴雨频数异常明显增多，占异常年数45.5%。（许金镜，2004）。据调查，暴雨诱发的泥石流比例明显偏多（刘爱鸣，，2008）。以闽江上游的洪涝灾害为例。据522年的史料分析，全省共有特涝19年，平均27年一遇，大涝41年，平均13年一遇，同期中涝多达106年，约5年一遇。进入90年代以来，几乎每年都发生大的洪涝灾害，甚至一年发生两三次（谢锦升等，2000）。福建的气候变化导致了区域山洪泥石流规模和频率的增加，据史料，福建闽江流域1900—2000年以来发生达到百年一遇的洪水共计4次，分别为1900年，1968年，1992年，1998年，流量以1998年洪水流量最大达到34500m³/s，近年来发生的规模和频率明显增加（石凝，2001）。主河发生洪水的同时，支沟和流域的许多坡面暴发泥石流。由于滑坡泥石流的区域发生，水土流失量增加，据研究建溪洪水含沙量由1965年的0.1704 kg/m³上升到1995年的1.119 kg/m³，是1965年的6.57倍；1998年为1.151 kg/m³，是1965年的6.75倍，闽江上游年平均输沙量从50年代的560万t增加到现在的1350万t，河床平均升高3～5 m，河床断面平均每年淤积泥沙从20 cm增加到50 cm，而全省因泥沙淤积。

（3）气候影响下泥石流滑坡发展趋势分析

全球气候变化对泥石流滑坡的影响开始引起人们的注意。人们普遍认为气候变暖在一定的时间内，泥石流滑坡活动会加强。例如Jakob等（2009）研究加拿大哥伦比亚省东南沿海地区的气候和泥石流滑坡的发育规律时认为到本世纪末，该地区激发滑坡的月前期雨量　将增加10%，24小时的降雨量将会增加6%，滑坡将会更加频繁发生。短历时的降雨也将增加6%。预计在Howe Sound区域，泥石流频次将增加 30%。

据施雅风和刘时银(2000)对未来冰川变化进行的评估,到 2030 年中国西部冰川面积将出现明显萎缩的趋势,其中海洋型冰川面积将减少 30% 左右,亚大陆型冰川面积将减少 12%,极大陆型冰川面积将减少 5%;到 2050 年,这三类冰川面积将分别减少 50%,24% 和 15%。以上统计的西藏主要地区的降雨和气温的变化过程和全球气候的变化过程吻合。在气温升高,降雨减少的趋势下,西藏地区的年平均气温也在逐年地攀升,冰川、积雪消融的速度加快,多年冻土层退化严重,使得西藏地区泥石流滑坡形成的水源和物源条件在一定的时期内得到加强,冰湖溃决及其相关的泥石流滑坡的发生可能性增加。冰川降雨型的泥石流视短历时的气温和降雨特征而定。具体而言,到 2020 年前后,西藏东南部尤其帕隆藏布流域还会有冰川、冰雪融水泥石流和冰湖溃决泥石流发生,规模会变大。该区域棋布各种类型的冰湖,一旦溃决形成溃决型泥石流,将会对下游城镇和交通水利设施造成很大的威胁;喜马拉雅山一带的冰湖的面积和数量也在增加,爆发冰湖溃决型泥石流的危险很大。综合上述分析,受冰川冻土持续退化和全球气候的升温的变化趋势影响,以西藏为代表的青藏高原,冰湖溃决滑坡和泥石流发生的可能性增大,冰川降雨型泥石流的发生呈现波动趋势。

3.5.4 应对气候变化的灾害性泥石流滑坡减灾措施

中国是世界上山地灾害最为严重的国家之一。国内泥石流、滑坡、崩塌、山洪和山地灾害生态系统研究起步较晚,但发展很快。在山地灾害形成机理方面,初步建立了以形成机理为核心的山地灾害形成理论体系。针对中国山地灾害的特点,重视模拟试验和野外原型观测,建立了山地灾害理论体系。出版了《中国泥石流》、《滑坡学与滑坡防治技术》、《山洪泥石流滑坡灾害及防治》等学科专著 50 余部,特别是在山地灾害形成机理的研究上已达到国际先进水平。由于全球气候变化比,为泥石流、滑坡的进一步发展提供了良好的固体物质和水源条件。因此,应该积极地针对重点泥石流和滑坡灾害点展开治理工作,遵循“因地制宜,综合治理”的方针,选择重点灾害点和区域,采取有效的防治措施,将危害减小到最低限度。最主要的应对措施有两方面:一是建立泥石流、滑坡监测预警系统;二是开展重点城镇泥石流、滑坡综合治理与防治。

(1)应对气候变化的山地灾害监测与预警系统已取得的进展

目前,中国已形成气象与山地灾害相关的监测预报网、水文监测网、灾害监测网、地质灾害勘查及报灾系统等。相关部门应用遥感(RS)和地理信息系统(GIS)等技术对有重大影响的自然灾害进行监测、实时评估,为相关部门的快速反应提供辅助决策支持。国土资源部于 2006 年就发布了《崩塌、滑坡、泥石流监测规范》(DZ/T 0221—2006)。近年来,中国山地灾害的系列警报设施陆续获得专利并成为专利产品并进行科学示范。以泥石流警报系统为例,目前从超声波泥石流警报器发展到次声波警报器,并成功地在欧洲、美国、日本、委内瑞拉和中国西部山区应用。形成的山地灾害的预警报体系在中国的典型流域进行示范,如山洪灾害的预警报系统,在中国的 50 多个县市的典型流域开展示范。

地震次生山地灾害研究取得了很大的进展,地震崩塌滑坡泥石流方面,由于国民经济建设的需要重点在区域分布规律研究方面,如地震带与山地灾害高发地带的耦合研究等。在此基础上,进行了一些地震作用下土体强度衰减导致山地灾害发生的机理探讨,包括地震液化对次生山地灾害的影响作用,地震土体强度衰减过程分析。在中国西藏地区开展了一些典型堰塞湖的形成和溃决过程与机理,如易贡湖 2000 年 4 月份的冰雪崩和 6 月份的湖体溃决过程与机理等。“5·12”汶川地震后,由于大量的次生山地灾害形成,人们开展了一系列的分布规律、风险评估和监测预警与排险工作。

目前,国内外关于滑坡的监测预警方面的研究大体分为两种类型:一类是以滑坡灾害位移监测数据为基础,结合室内模型实验而开展的模型预报研究。另一类是基于大气降雨的观测,研究降雨量、降雨强度和降雨过程与滑坡灾害的空间分布、时间上的对应关系,建立滑坡灾害时空分布与降雨过程的统计关系,以到达预报预警之目的。国内外关于山洪泥石流预警预报技术一般主要是通过对雨量资料进行统计分析,确定泥石流临界雨量和触发雨量。也有通过研究泥石流的运动机理和水量过程方程(如径流过程、降雨过程、地下水渗流过程等)确定泥石流的临界水量进行泥石流的预警预报。预警预报方法主要有确定临界雨量和降雨分析法、人员观测和仪器监测这3种方法。运用的预报模型有统计回归模型和运动机理模型,运用的方法有数理统计、灰色系统理论、神经网络以及3S(GIS,RS,GPS)技术。

(2)应对气候变化的地质灾害监测与预报对策

①在模型构建上,逐步向采用灰色预测模型、神经网络预测、智能预测模型以及计算机技术方向发展。由单纯预报临界降雨量或可能性预报,逐步变为能预报临界降雨、警戒避难雨量以及危害范围和危害程度等多功能模型。

②在监测预报上,由过去的人员观测和仪器监测相结合的方式,逐步发展为监测仪器和计算机结合进行自动监测预报。监测仪器和传感器由过去通过别的仪器移用改进,逐渐向专用高精度方向发展。

③在研究手段上,由传统对某一范围区预报,逐步变为采用3S技术和计算机建档信息系统相结合的手段,对具体的每条沟道任一地方进行定点定时预警预报。

④在预警系统上,结合各地区实际资源情况,采用先进的数据传递方式和手段,形成集气象预报、雷达技术、预测模型、仪器监测、网络和卫星数据传输等高新技术结合,建立高效定位的预报预警系统方向发展

⑤主要城镇泥石流滑坡综合防治工程:通过监测预报和流域综合治理,有效降低泥石流、滑坡灾害的危害能力和范围,减小灾害风险与危害,为当地人民生产生活和社会经济发展提供安全的空间,保护当地文化和宗教资源,保障区域可持续发展。城镇泥石流、滑坡综合治理工程应本着"因地制宜,以防为主,综合治理"的原则,采取监测、治理和减灾管理相结合的手段,以较小的投入,把危害减小到最低限度,探索城镇减灾模式,树立灾害治理示范样板。

参考文献

白晓永,王世杰,陈起伟,等. 2009.贵州土地石漠化类型时空演变过程及其评价.地理学报,64(5):609-618.

白晓永,熊康宁,李阳兵,等. 2006.岩溶山区不同强度石漠化与人口因素空间差异性的定量研究.山地学报,24(2):242-248.

陈曦. 2006.中国干旱区土地利用与土地覆被变化.北京:科学出版社.

成军锋,贾宝全,赵秀海,等. 2009.鄂尔多斯高原典型地区土地利用动态变化分析.干旱区研究,26(3):354-360.

陈宁生,周海波,胡桂胜. 2011.气候变化影响下林芝地区泥石流发育规律研究.气候变化研究进展,6:412-417.

程尊兰,田金昌,张正波,等. 2009.藏东南冰湖溃决泥石流形成的气候因素与发展趋势.地学前缘,16(6):207-214.

仇家琪,颜新. 1994.天山北坡中段春季融雪洪水及其灾害成因研究.干旱区地理,17(3):35-42.

除多,张镱锂,郑度. 2006.拉萨地区土地利用变化.地理学报,61(10):1075-1083.

崔鹏,王道杰,范建容,等.2008.长江上游及西南诸河区水土流失现状与综合治理对策.中国水土保持科学,6(1):43-50.

崔瑞萍. 2006.白龙江中游滑坡泥石流防治体系与效益的研究.甘肃:兰州大学出版社.

董玉祥. 2001.我国半干旱地区现代沙漠化驱动因素的定量辨识.中国沙漠,21(4):412-417.

高学杰,张冬峰,陈仲新,等. 2007.中国当代土地利用对区域气候影响的数值模拟.中国科学D辑:地学,37(3):397-404.

高志强,刘纪远. 2006.1980—2000年中国LUCC对气候变化的响应.地理学报,61(8):865-872.

高志强,刘纪远,曹明奎,等. 2004.土地利用和气候变化对农牧过渡区生态系统生产力和碳循环的影响.中国科学D辑:地学,34(10):946-957.

葛全胜,戴君虎. 2005.20世纪前、中期中国农林土地利用变化及驱动因素分析.中国科学D辑:地学,35(1):54-63.

郭元喜. 2008.近54年来中国东部南北样带极端降水事件的时空变化.重庆:西南大学.

侯西勇,庄大方,于信芳. 2003.20世纪90年代新疆草地资源空间变化格局.地理学报,59(3):409-417.

黄秋昊,蔡运龙,王秀春. 2007.中国西南部喀斯特地区石漠化研究进展.自然灾害学报,16(2):106-111.

蒋伟. 2007.全球变化背景下辽宁省自然灾害变化发展趋势.大连:辽宁师范大学.

蒋忠诚,曹建华,杨德生,等. 2008.西南岩溶石漠化区水土流失现状与综合防治对策.中国水土保持科学,6(1):37-42.

李爱民.2009.辽宁省地质灾害浅析.高原地震,**21**(2):62-66.

李吉均,舒强,周尚哲,等.2004.中国第四纪冰川研究的回顾与展望.冰川冻土,**26**(3):235-243.

李巧萍,丁一汇,董文杰.2006.中国近代土地利用变化对区域气候影响的数值模拟.气象学报,**64**(3):254-270.

李锐,上官周平,刘宝元,等.2009.近60年中国土壤侵蚀科学研究进展.中国水土保持科学,**7**(5):1-6.

李瑞玲,王世杰,周德全,等.2003.贵州岩溶地区岩性与土地石漠化的空间相关分析.地理学报,**58**(2):314-320.

李森,杨萍,董玉祥,等.2010.西藏土地沙漠化及其防治.北京:科学出版社.

李兴华,韩芳,张存厚.2009.气候变化对内蒙古中东部沙地—湿地镶嵌景观的影响.应用生态学报,**20**(1):105-112.

李秀彬,马志尊,姚孝友,等.2008.北方土石山区水土流失现状与综合治理对策.中国水土保持科学,**6**(1):9-15.

李阳兵,白晓永,周国富,等.2006.中国典型石漠化地区土地利用与石漠化的关系.地理学报,**16**(6):624-632.

李阳兵,王世杰,荣丽.2003.关于中国西南石漠化的若干问题.长江流域资源与环境,**12**(6):593-598.

李月臣,刘春霞.2007.北方13省土地利用/覆盖动态变化分析.地理科学,**27**(1):45-52.

李智广,曹炜,刘秉正,等.2008.中国水土流失状况与发展趋势研究.中国水土保持科学,**6**(1):57-62.

李智广,刘秉正.2006.中国主要江河流域土壤侵蚀量测算.中国水土保持科学,**4**(2):1-6.

李智广,罗志东,任洪玉.2007.基于GIS的中国水蚀区侵蚀危险度抽样调查.中国水土保持科学,**5**(2):29-34.

梁音,张斌,潘贤章,等.2008.南方红壤丘陵区水土流失现状与综合治理对策.中国水土保持科学,**6**(1):22-27.

梁音,张斌,潘贤章.2009.南方红壤区水土流失动态演变趋势分析.土壤,**41**(4):534-539.

林而达,许吟隆,蒋金荷,等.2006.气候变化国家评估报告气候变化的影响与适应.气候变化研究进展,**2**(2):51-57.

林小红,任福民,刘爱鸣,等.2008.近46年影响福建的台风降水的气候特征分析.热带气象学报,**24**(4):411-416.

刘爱鸣,黄志刚,高珊,等.2008.福建省热带气旋暴雨型地质灾害特征分析.灾害学,**24**(4):45-53.

刘宝元,阎百兴,沈波,等.2008.东北黑土区农地水土流失现状与综合治理对策.中国水土保持科学,**6**(1):1-8.

刘国彬,李敏,上官周平,等.2008.西北黄土区水土流失现状与综合治理对策.中国水土保持,**6**(1):16-21.

刘丛强.2007.生物地球化学过程与地表物质循环:西南喀斯特流域侵蚀与生源要素.北京:科学出版社.

刘方,王世杰,刘元生,等.2005.喀斯特石漠化过程土壤质量变化及生态环境影响评价.生态学报,**25**(3):639-644.

刘纪远,徐新良,庄大方,等.2005.20世纪90年代LUCC过程对中国农田光温生产潜力的影响.中国科学D辑:地学,**35**(6):483-492.

刘晶晶,程尊兰,李泳.等.2008.西藏冰湖溃决主要特征.灾害学,**23**(1):55-60.

刘军会,高吉喜.2008.气候和土地利用变化对中国北方农牧交错带植被覆盖变化的影响.应用生态学报,**19**(9):2016-2022.

刘瑞民,杨志峰,沈珍瑶,等.2006.基于DEM的长江上游土地利用分析.地理科学进展,**25**(1):102-108.

刘颖杰,林而达.2007.气候变暖对中国不同地区农业的影响.气候变化研究进展,**3**(4):229-234.

卢耀如,刘长礼,张凤娥,等.2006.中国主要岩溶地区地下水系统及其生态水文特性.地质学报,**80**(10):1577-1577.

马龙,刘廷玺.2009.科尔沁沙地典型区域地表环境变化与气候变化的响应关系.冰川冻土,**31**(6):1063-1163.

毛德华,王宗明,罗玲,等.2012.基于MODIS和AVHRR数据源的东北地区植被NDVI变化及其与气温和降水间的相关分析.遥感技术与应用,**27**(1):77-85.

吕明辉,王红亚,蔡运龙.2007.西南喀斯特地区土壤侵蚀研究综述.地理科学进展,**16**(2):87-95.

秦大河,丁一汇,苏纪兰,等.2005.中国气候与环境演变(上卷).北京:科学出版社.

邵怀勇,仙巍,杨武年.2008.长江上游重点流域土地利用变化过程对比研究.生态环境,**17**(2):792-797.

沈永平,王顺德,王国亚,等.2006.塔里木河流域冰川洪水对全球变暖的响应.气候变化研究进展,**2**(1):32-35.

史培军,官鹏,李晓兵.2000.土地利用/覆被变化研究的方法与实际.北京:科学出版社.

苏里坦,宋郁东,张展羽.2005.近40a天山北坡气候与生态环境对全球变暖的响应.干旱区地理,**28**(3):342-346.

苏维词,杨华,李晴,等.2006.中国西南喀斯特山区土地石漠化成因及防治.土壤通报,**37**(3):447-451.

苏维词,朱文孝,熊康宁.2002.贵州喀斯特山区的石漠化及其生态经济治理模式.中国岩溶,**21**(1):19-24.

索安宁,赵文喆,王天明,等.2007.近50年来黄土高原中部水土流失的时空演化特征.北京林业大学学报,**29**(1):90-97.

陶波,曹明奎,李克让,等.2006.1981—2000年中国陆地净生态系统生产力空间格局及其变化.中国科学D辑:地学,**36**(12):1131-1139.

万金泰,张建国.2008.天山北坡三工河流域暴雨洪水及其对自然环境的影响.冰川冻土,**30**(4):599-604.

王存忠,牛生杰,王兰宁.2010.中国50a来沙尘暴变化特征.中国沙漠,**30**(4):933-939.

王根绪,刘进其,陈玲.2006.黑河流域典型区土地利用格局变化及其影响比较.地理学报,**61**(4):339-348.

王桂钢,周可法,孙莉,秦艳芳,李雪梅.近10a新疆地区植被动态与R/S分析。遥感技术与应用,2010,**25**(1):84-91.

王建力,陈忠,周心琴,等.2002.青藏高原东北边缘泥石流发生与沉积史初探.西南师范大学学报(自然科学版),**27**(5):766-770.

王世杰,李阳兵,李瑞玲.2003.喀斯特石漠化的形成背景、演化与治理.第四纪研究,**2**(6):657-666.

王世杰.2002.喀斯特石漠化概念演绎及其科学内涵的探讨.中国岩溶,**21**(2):101-104.

王世杰.2003.喀斯特石漠化—中国西南最严重的生态地质问题.矿物岩石地球化学通报,**22**(2):120-126.

王涛,屈建军,姚正毅,等.2008.北方农牧交错带风水蚀复合区水土流失现状与综合治理对策.中国水土保持科学,**6**(1):28-36..

王涛,吴薇,薛娴,等.2004.近50年来中国北方沙漠化土地的时空变化.地理学报,**59**(2):203-212.

王涛.2007.中国沙漠化现状及其防治的战略与途径.自然杂志,**29**(4):204-211.

王涛.2008.近50年来中国北方地区沙漠化的发展与防治战略及途径.云南师范大学学报(哲学社会科学版),**40**(3):23-30.

王晓燕,徐志高.2007.西藏荒漠化动态变化研究.水土保持研究,**14**(6):47-52.

王训明,李吉均,董光荣,等.2007.近50a来中国北方沙区风沙气候演变与沙漠化响应.科学通报,**52**(24):2882-2888.

王玉玺,解运杰,王萍.2002.东北黑土区水土流失成因分析.水土保持科技情报,**3**:27-29.

王宗明,国志兴,宋开山,等.2009.中国东北地区植被NDVI对气候变化的响应.生态学杂志,**89**(5):1041-1048.

吴楠,高吉喜,苏德毕力格,罗遵兰,李岱青.2010.长江上游不同地形条件下的土地利用/覆盖变化.长江流域资源与环境,**19**(3):268-276.

伍星,沈珍瑶.2007.长江上游地区土地利用/覆被和景观格局变化分析.农业工程学报,**23**(10):86-92.

仙巍,邵怀勇,周万村.2005.嘉陵江中下游地区土地利用格局变化的动态监测与预测.水土保持研究,**12**(2):61-64.

肖风劲,张海东,王春乙,等.2006.气候变化对中国农业的可能影响及适应性对策.自然灾害学报,**15**(6):327-332.

谢锦升,杨玉盛,陈光水.2000.闽江上游洪涝灾害频繁发生的原因探讨.福建水土保持,**11**(3):12-17.

辛晓平,张保辉,李刚,等.2009.1982—2003年中国草地生物量时空格局变化研究.自然资源学报,**24**(9):1582-1590.

信忠保,许炯心,郑伟.2007.气候变化和人类活动对黄土高原植被覆盖变化的影响.中国科学D辑:地学,**37**(11):1504-1514.

信忠保,许炯心,余新晓.2009.近50年黄土高原水土流失的时空变化.生态学报,**19**(3):1129-1139.

熊康宁,黎平,周忠发,等.2002.岩溶石漠化的遥感GIS典型研究—以贵州省为例.北京:地质出版社.

徐小飞,马东涛,何德伟,等.2007.贡嘎山地区泥石流形成的水热组合分析.山地学报,**25**(4):431-437.

许峰,郭索彦,张增祥.2003.20世纪末中国土壤侵蚀的空间分布特征.地理学报,**58**(1):139-146.

许金镜,林新彬,温珍治,等.2004.福建暴雨频数的变化特征.台湾海峡,**23**(4):514-520.

许炯心.2006a.降水—植被耦合关系及其对黄土高原侵蚀的影响.地理学报,**61**(1):57-64.

许炯心.2006b.人类活动和降水变化对嘉陵江流域侵蚀产沙的影响.地理科学,**26**(4):432-437.

薛娴,郭坚,张芳,等.2007.高寒草甸地区沙漠化发展过程及成因分析—以黄河源区玛多县为例.中国沙漠,**27**(5):725-732.

薛娴,王涛,吴薇,等.2005.中国北方农牧交错区沙漠化发展过程及其成因分析.中国沙漠,**25**(3):320-328.

杨光,丁国栋,屈志强,等.2006.中国水土保持发展综述.北京林业大学学报(社会科学版),**5**(增刊):72-77.

于兴修,杨桂山.2003.典型流域土地利用"覆被变化及对水质的影响.长江流域资源与环境,**12**(3):211-217.

喻理飞.2002.人为干扰与喀斯特森林群落退化及评价研究.应用生态学报,**13**(5):529-532.

袁道先.2006.现代岩溶学在中国的发展.地质论评,**52**(6):733-736.

曾加芹,欧阳华,牛树奎,等.2008.1985年—2000年西藏地区景观格局变化及影响因子分析.干旱区资源与环境,**22**(1):137-144.

张春山.2003.黄河上游地区地质灾害形成条件与风险评价研究.北京:中国地质科学院.

张小曳,龚山陵.2005.中国的人为沙漠化因素对亚洲沙尘暴的贡献.气候变化研究进展,**1**(4):147-150.

张信宝,王世杰,贺秀斌,等.2007.碳酸盐岩风化壳中的土壤蠕滑与岩溶坡地的土壤地下漏失.地球与环境,**35**(3):202-206.

张信宝,王世杰,贺秀斌,等.2007.西南岩溶山地坡地石漠化分类刍议.地球与环境,**35**(2):188-192.

张兴昌,高照良,彭珂珊.2008.中国特色的水土保持成就和治理措施.自然杂志,**30**(1):17-22.

张学杰.2006.民勤县沙漠化严重的原因及对策.中国水土保持,**2**:40-41.

赵会明.2008.东北黑土区水土流失现状、成因及防治措施.水利科技与经济,**14**(6):477-478.

赵慧颖.2007.呼伦贝尔沙地45年来气候变化及其对生态环境的影响.生态学杂志.**26**(11):1817-1821.

赵中秋,后立胜,蔡运龙.2006.西南喀斯特地区土壤退化过程与机理探讨.地学前缘,**13**(3):185-189.

中国国家林业局.2005.中国荒漠化和沙化状况分报.北京:中国国家林业局.

周自江,章国材,艾婉秀.2006.中国北方春季起沙活动时间序列及其与气候要素的关系.中国沙漠,**26**(6):935-941.

黄庆旭,史培军,何春阳,李晓兵.2006.中国北方未来干旱化情景下的土地利用变化模拟。地理学报,**61**(12):1299-1310.

Belnap J. 2006. The potential roles of biological soil crusts in dryland hydrological cycles. Hydrological Processes,**20**(3):159-3178.

Charles Harris,Lukas U. Arenson,Hanne H. Christiansen,et al. 2009. Permafrost and climate in Europe:Monitoring and modelling thermal,geomorphological and geotechnical responses. Earth-Science Reviews,(92):117-171.

Chen Z Q,Cui P,Li Y,et al. 2007. Changes in glacial lakes and glaciers of post-1986 in the Poiqu River basin, Nyalam, Xizang (Tibet). Geomorphology,(88):298-311.

Chiarle M,Iannotti S,Mortara G,et al. 2007. Recent debris flow occurrences associated with glaciers in the Alps. Global and Planetary Change,(56):123-136.

Jakob M,Friele P. 2009. Frequency and magnitude of debris flows on Cheekye River,British Columbia. Geomorphology,**114**(3):382-395.

Jakob M,Lambert S. 2009. Climate change effects on landslides along the southwest coast of British Columbia. Geomorphology,(107):275-284.

Larsen I J,Pederson J L,Schmidt J C. 2006. Geologic versus wildfire controls on hillslope processes and debris flow initiation in the Green River canyons of Dinosaur National Monument. Geomorphology,(81):114-127.

Liu X Q,Zhao J B,Yu X F,et al. 2006. Study on the climatic warming-drying trend in the Loess Plateau and the countermeasures. Arid Zone Research,**23**(4):627-631.

Yao Y B,Wang Y R,Li Y H,et al. 2005. Climate warming and drying and its environmental effects in the Loess Plateau. Resource Science,**27**(5):146-152.

第四章　陆地水文与水资源

主　笔：张建云，叶柏生

贡献者：王国庆，李岩，刘九夫，贺瑞敏，刘翠善，康尔泗，陈亚宁，蓝永超

提　要

　　本章分析中国主要河流和地区的年、月径流以及径流极值变化趋势，从 1865 年有记录以来，中国主要河流径流均表现出减少趋势；1951—2008 年，新疆、河西走廊河流总径流和淮河流域径流呈现增加趋势，其他河流均表现出减少趋势；1980 年代以来气候变化和人类社会经济活动对径流的影响分别约占径流减少总量的 30% 和 70%，气候变化在一定程度上加剧了北方干旱地区水资源的供需矛盾。1950 年代以来湖泊面积减少 12%；全国水资源质量在下降，水环境污染呈加重态势。在此基础上预估未来气候变化对区域水资源的可能影响，提出适应对策的初步建议。

　　水资源是基础性自然资源，是生态环境的控制性因素，同时又是战略性经济资源，是一个国家综合国力的有机组成部分。进入 21 世纪以来，水资源问题正日益影响或制约着全球的环境与经济发展。水资源变化是多种环境变化综合影响的结果。其中，气候变化（包括气候自然变异和因温室气体浓度增加引起的气候变化）是导致水资源变化的直接因素之一，特别是温度和降水等要素的变化对水资源的影响是最直接和显著的，非气候的环境变化主要是水利工程、城市化以及水土保持等引起的土地利用和下垫面条件的变化，以及经济社会发展导致的区域需水、用水和耗水变化。这些非气候的环境变化影响在本章中统称为人类社会经济活动的影响。目前，探讨气候变化和人类社会经济活动影响下的水资源及其相关科学问题，成为全球共同关注和各国政府的重要议题之一。

　　中国地处东亚季风区，水资源空间分布的不均匀性、年内分配以及年际的较大变异性是中国水资源系统的主要特征。随着人口增长和社会经济的快速发展，人类社会经济活动的作用不断加强，将加剧中国水资源的供需矛盾和水资源系统的脆弱性。在全球变暖的大背景下，气候变化将可能进一步影响中国区域水资源的变化。这里主要从我国主要河流径流变化、径流对气候变化敏感性和未来气候变化对区域水资源的可能影响进行评估，并给出应对气候变化的适应性对策。

4.1　观测事实

　　近 50 a 来，中国年降水量表现出明显的区域变化。东部地区降水日数减少显著，西部地区年降水日数有增加的趋势；日平均降水强度的变化趋势除西南地区有一带状的微量减少外，中国大部分地区表现为增加趋势（Wang 等，2002；Zhai 等，2005；Liu 等，2005）。气候的上述变化趋势使西部地区河流径流量明显增加（施雅风等，2003），这一趋势一方面有利中国干旱的西北地区社会经济发展，另一方面，降水强度的增大导致洪水事件频次增加，对干旱的华北、多雨的华东和华南地区则以负面影响为主。中国"南涝北旱"的总体水资源分布格局没有实质性改变，并且北方干旱的范围和强度有扩大和增加趋势，南方的洪涝灾害损失依旧非常突出。黄河 20 世纪 90 年代持续的严重断流和长江、淮河近 10a 的洪涝灾害频发，就是一个例证。本节着重分析有观测记录以来，中国主要河流或地区的径流变化及其原因。

4.1.1 中国气候与水资源分区

中国降水的地区分布十分不均,从东南向西北递减。年降水量等值线大体上呈东北—西南走向,400 mm 降水量等值线始自东北大兴安岭西侧,终止于中尼边境西端,由东北至西南斜贯中国全境。该线以西地区面积约占中国的 42%,除阿尔泰山、天山、祁连山等山地年降水量达 500~800 mm 外,其余大部分地区干旱少雨,其中年降水量 200 mm 以下面积约占中国的 26%。400 mm 以东地区面积约占中国的 58%。800 mm 降水量等值线位于秦岭、淮河一带,该线以南和以东地区,气候湿润,降水丰沛。该区长江以南的湘赣山区,浙江、福建、广东大部,广西东部地区,云南西南部,西藏东南隅以及四川西部山区等年降水量超过 1600 mm,其中海南山区年降水量可超过 2000 mm。中国年降水量 800 mm 以上面积约占中国的 30%,其中年降水量超过 1600 mm 的面积约占中国的 8%。

2010 年,中国水资源综合规划报告将中国按流域水系划分为 10 个水资源一级区;在一级区划分的基础上,按基本保持河流完整性的原则,划分为 80 个二级区;结合流域分区与行政区域,进一步划分为 214 个三级区。为满足按照流域和行政分区同时进行水资源评价和规划的要求,以水资源三级区划与地级行政区界线叠加,中国共划分为 1062 个计算分区。

中国水资源总量南方多、北方少,山区多、平原少。北方地区水资源总量约为 5259 亿 m³(其中地表水资源量占 83%),占中国的 19%,南方地区为 23153 亿 m³(其中地表水资源量占 99%),占中国的 81%。在中国水资源总量中,山丘区水资源总量约占 90%,平原区约占 10%。

中国多年平均产水系数(水资源总量与相应降水量比值)和产水模数(单位面积水资源总量)分别为 0.46 和 29.9 万 m³/km²。无论产水系数还是产水模数,北方地区均小于南方地区。北方地区多年平均产水系数为 0.26,南方各水资源一级区多年平均产水系数均在 0.50 以上,平均为 0.55。北方地区多年平均产水模数为 8.7 万 m³/km²,南方地区达 67.1 万 m³/km²。山丘区多年平均产水模数为 37.4 万 m³/km²,平原区为 10.6 万 m³/km²。

4.1.2 1865 年有记录以来江河径流的变化

中国最早的连续水文观测资料是从 1865 年开始的长江汉口站,此外,在黄河、松花江、珠江等亦有近百年的水文观测记录(表 4.1)。

表 4.1 中国主要河流长系列水文站特征表(据叶柏生等,2008)

河流	水文站	流域面积(km²)	经度(°E)	纬度(°N)	起始记录	多年平均径流量(亿 m³)
澜沧江/湄公河	MUKDAHAN	391000	104.73	16.54	1924	2556
珠江(西江)	梧州	329705	111.30	23.48	1900	2064
长江	寸滩	866559	106.51	29.51	1893	3531
	宜昌	1010000	111.23	30.66	1877	4315
	汉口	1488036	114.28	30.58	1865	7319
	大通	1705383	117.62	30.77	1923	8958
黄河	唐乃亥	121972	100.15	35.50	1956	204
	兰州	222551	103.88	36.05	1934	320
	三门峡	688000	111.37	34.82	1919	397
淮河	蚌埠	121330	117.38	32.93	1915	285
松花江/Amur	哈尔滨	391000	126.58	45.77	1898	437
	Khabarovsk	1630000	135.05	48.43	1897	2630

从 1865 年有水文记录以来,中国主要河流径流大多呈现减少趋势(表 4.2)(图 4.1),叶柏生等(2008)应用中国从南到北的 5 条河流(澜沧江、湄公河、珠江、长江、黄河和松花江/Amur 河)近 100 多

年的年径流资料,分析了其主要控制站的实测径流的变化趋势,结果表明:澜沧江 Mukdahan 站 1925—1993 年径流表现—3.5%/10a 的减少趋势(超过 99%的信度);珠江主要支流西江梧州站 1900—2008年实测流量表现为微弱的减少趋势(1.9%/10a,超过 99%的信度),但在 1951—2008 年间年径流没有显著的增减变化;长江干流寸滩、宜昌、汉口和大通站 1870—2008 年的年流量表现为显著的减少趋势,分别为—0.7%/10a、—0.6%/10a、—0.7%/10a 和—1.4%/10a,其中寸滩和宜昌站径流减少趋势超过95%信度检验,但从短期(1951—2008)径流变化看,宜昌和大通站为不显著的减少趋势;黄河上游唐乃亥站 1951—2008 年实测流量为不显著的趋势,而兰州和三门峡站 1919—2008 年的径流均表现出显著减少,分别—5.4%/10a 和—13.5%/10a,径流的减少主要是在 20 世纪 50 年代,特别是最近 20 a,这是黄河中下游地区降水减少显著,同时人类活动如龙羊峡水库蓄水和农业灌溉加强等共同作用的结果;松花江/Amur 河哈尔滨站 1898—2008 年实测径流变化趋势分别为—6.74%/10a,其中哈尔滨站径流显著增加,而 Khabarovsk 站径流则为不显著的微弱减少,1950—2008 年间哈尔滨站流量为显著的减少趋势。这些变化是气候变化和人类社会经济活动等共同影响的结果(Yang 等,2005;Yang 等,2004;Tang 等,2008;Zhang 等,2005)。

表 4.2　中国主要河流控制站不同时段年径流变化趋势对比(%/10a)(据叶柏生等,2008)

河流	水文站	1870—2008	1930—2008	1950—2008
澜沧江/湄公河	Mukdahan		−4.24**	−5.6**
珠江	梧州	−1.88	−3.1**	−1.2
长江	宜昌	−0.58*	−1.0*	−1.5
	大通		−1.5	−0.6
黄河	唐乃亥			−3.4
	兰州		−4.3**	−5.4**
	三门峡	−4.05**	−8.9**	−13.5**
松花江/Amur	哈尔滨	2.1**	−3.9	−6.7*
	Khabarovsk	−0.46	−3.37	−7.85*

注:* 信度超过 95%,** 信度超过 99%。

与此形成鲜明对照的是,1930 年以来亚洲北部的西伯利亚 3 条主要大河 Ob、Yenisei 和 Lena 河径流均表现出了增加趋势(Yang 等,2004;Ye 等,2003;Peterson 等,2002),这种长期变化趋势区域性差异的气候原因还有待进一步的研究。

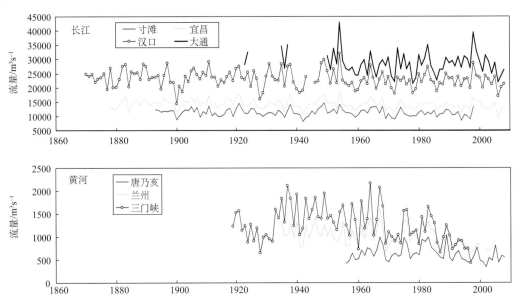

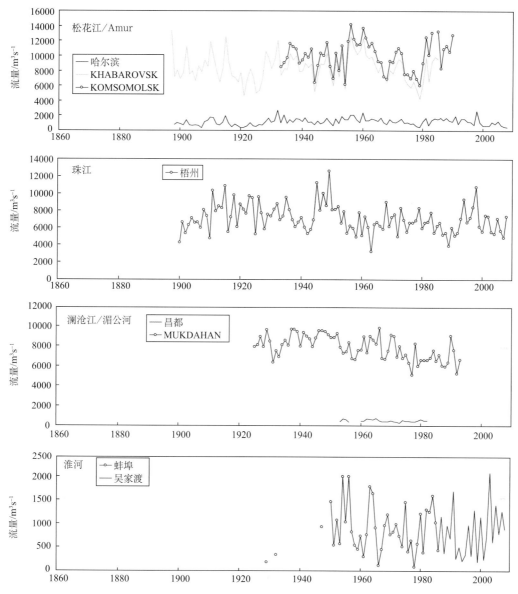

图 4.1　1865—2008 年长江、黄河、松花江/Amur、珠江、澜沧江/湄公河和淮河主要控制站年径流变化
（据 Yang 等，2005；刘春蓁等，2002；叶柏生等，2008）

4.1.3　20 世纪 50 年代以来江河径流变化

选取中国七大江河的 20 个重点控制水文站以及新疆维吾尔自治区全区 1950—2008 年的实测径流资料，分析中国七大流域以及新疆径流变化特征表明，20 世纪 50 年代以来，受气候变化和人类活动等多重因素的影响，中国水文循环发生了较明显的变化，主要河流的年径流存在显著的区域差异（Ding 等，2007；Xu 等，2008），这种差异主要表现在年代际以及多年变化趋势上（Ding 等，2007）。

对中国西部 20 世纪 50 年代以来降水和主要河流径流变化的对比分析表明，黄河上游径流与新疆北部和青藏高原南部雅鲁藏布江流域径流呈显著的反相关关系（图 4.2－图 4.4）。中国西部降水变化大体上以青藏高原唐古拉山和天山为界，表现出南北一致，中部（西部的喀喇昆仑山除外）相反，也即从南到北呈现出干—湿—干或湿—干—湿的区域差异；在河流径流上表现为，北部伊犁河流域和南部雅鲁藏布江流域径流变化一致，而与黄河上游径流变化呈反位相变化；同时，新疆和黄河径流的反位相变化表现在年代际上，而黄河和雅鲁藏布江径流变化表现在年际变化上。黄河上游径流的变化与西北太平洋季风指数的变化比较一致，这表明黄河上游径流变化受到较强的东亚季风的影响；新疆总径流分别与西北太平洋季风指数和西风指数存在显著的正负相关关系。

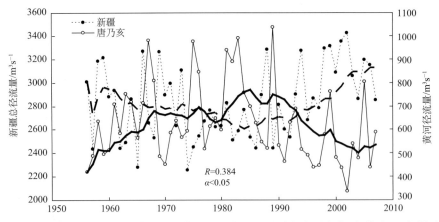

图 4.2　1956—2000 年黄河上游唐乃亥站年径流和新疆河流总径流量变化（粗线为 11 年滑动平均）

（据 Ding 等（2007）并更新）

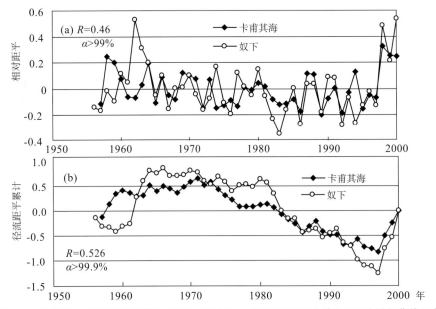

图 4.3　伊犁河卡甫其海站和雅鲁藏布江奴下站(a)年径流距平及其(b)距平累积曲线比较

（据 Ding 等，2007）

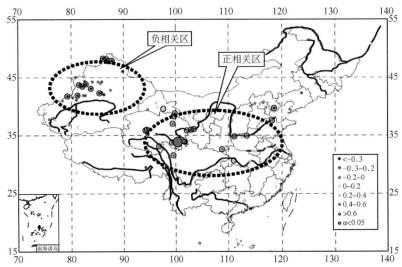

图 4.4　黄河上游唐乃亥站与中国主要河流年径流的相关系数分布图（空心黑圈表示信度超过 95%）

（据 Ding 等（2007）改编）

表 4.3　中国大江大河重点控制站多年径流量统计（据张建云等，2007；苏宏超等，2007；Ding 等，2007）

流域	站名	多年平均径流量（m³/s）			1980 年代以来与其他距平（%）	
		全系列	1980 年代以前	1980 年代以来	与全系列	与 80 年代以前
长江流域	宜昌	13700	13800	13500	−1.2	−2.2
	汉口	22600	22400	22500	0.2	0.5
	大通	28500	28100	28600	0.9	1.8
黄河流域	唐乃亥	625	638	617	−1.2	−3.2
	花园口	1200	1460	957	−20.0	−66.6
	利津	988	1360	604	−38.9	−55.6
淮河流域	王家坝	300	280	319	6.4	13.9
	吴家渡	874	878	870	−0.5	−1.0
海河流域	观台	30.9	48.9	10.8	−65.0	−77.9
	石匣里	15.2	24.7	5.30	−65.1	−78.5
	响水堡	1.0	16.5	5.64	−48.6	−65.8
	下会	8.15	11.2	6.18	−24.1	−44.5
	张家坟	16.6	25.0	9.12	−45.1	−63.5
松辽流域	铁岭	100	116	77.4	−22.6	−33.3
	江桥	648	647	649	0.1	0.2
	哈尔滨	1300	1360	1250	−4.1	−8.2
珠江及闽江流域	梧州	6580	6680	6490	−1.43	−2.8
	石角	1320	1320	1310	−0.4	−0.9
	竹歧	1690	1700	1670	−0.7	−1.4
新疆总径流		2830	2770	2880	1.9	4.3
河西走廊		84.8	81.1	89.0	4.5	9.2
雅鲁藏布江	奴下	7822	7817	7827	0.006	0.01

注：全系列指 1950—2008 资料系列；1980 年代指 1950—1979；1980 年代以后指 1980—2008；新疆资料为 1956—2008 年（苏宏超等，2007），河西走廊为 1953—2005 年资料，雅鲁藏布江资料为 1956—2000 年（据 Ding 等，2007）

　　从长期变化趋势看，东部六大江河除淮河流域王家坝外，实测径流量均呈下降趋势，其中长江中下游、淮河上游和嫩江在 1990 年代多次发生大洪水，故其 1980 年代以后多年平均径流量呈增加趋势。从总体上看，海河、黄河、辽河实测径流量下降明显；淮河、珠江、长江也有不同程度的小幅下降（张建云等，2007），特别是黄河和海河流域径流减少达一半以上，黄河出海口站径流减少量中约一半是由于人类社会经济活动的结果（Tang 等，2008），这表明，干旱或半干旱地区径流对人类社会经济活动和气候变化更为敏感；中国西部的新疆地区和河西走廊总径流以及雅鲁藏布江径流表现出增加趋势（苏宏超等，2007；Ding 等，2007）。各站 1950 年代以来的径流量变化对比见表 4.3 和图 4.5。

　　王金星等（2008）采用年内不均匀系数（完全调节系数）和集中度（期）等指标作为衡量径流年内分配的标度，分析了径流年内分配特征的变化规律；同时，采用 Mann-Kendall（简称 M-K）非参数统计检验方法分析了各月径流量的变化趋势。研究结果表明，中国各大江河的径流年内不均匀性存在地域差异：北方的不均匀性大于南方，西部的不均匀性大于东部，其中以辽河流域的铁岭代表站为最大。受气候变化和人类社会经济活动综合影响较大的地区，其径流的年内不均匀性明显减小，如海河流域，南三河的观台站相对于石匣里、响水堡、张家坟 3 站，由于人类社会经济活动影响较小，不均匀性较大。中国大江大河重点控制站 1980—2008 年各月径流量较多年同期（1950—1979 年）均值的距平表明：（1）松花江流域的江桥和哈尔滨两站在 6 月径流减少明显，接近 20%；在主汛期 8 月份，径流都有增加，超过 10%；辽河的铁岭除了 1 月、2 月和 5 月径流有所增加外，其他月份径流均减少，减少最多的是 9 月份，达 28%。（2）海河流域四站各月的径流都有很大程度的减少，均超过两成；其中观台站 3 月份减少达 88%，石匣里站 3 月份减少达 73%，响水堡站 3 月份减少达 64%，张家坟站 7 月份减少达 48%。（3）黄河上游唐乃亥站除了 7 月、8 月径流有所增加外，其他月份径流均有一定程度的减少，其中 7 月增加了 7%；

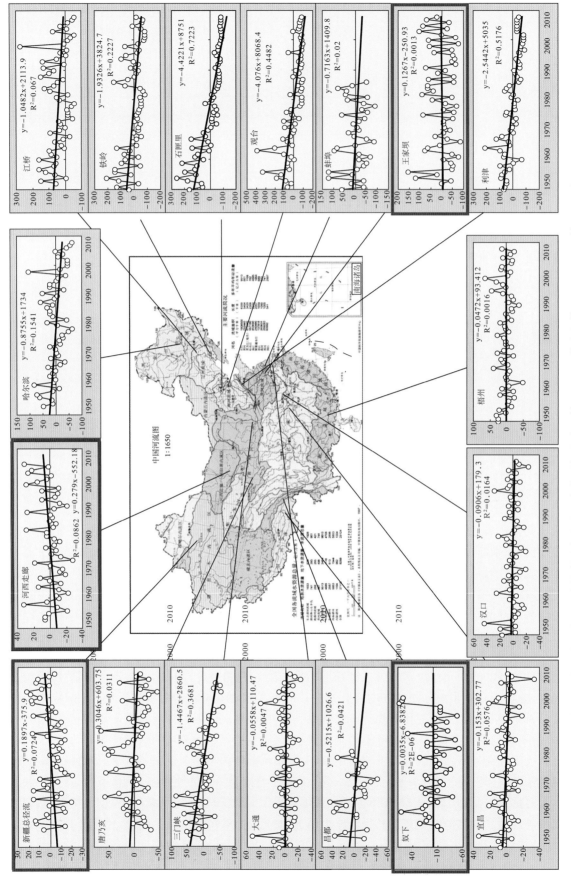

图4.5 1950年以来中国大江大河重点控制站年径流量变化（据张建云等，2007；苏宏超等，2007；Ding等，2007）

黄河中下游的花园口和利津站各月的径流均减少,而且利津站减少的幅度大很多,其中花园口站11月份减少的幅度达33%,利津站4月份减少幅度达71%。(4)淮河干流三站4月、5月的径流减少比较明显,均达2成以上,其中王家坝站减少达3成;3月、6月、10月和11月径流都有不同程度的增加,特别是10月息县和王家坝站增加2成以上,11月份王家坝和吴家渡站增加2成以上。(5)长江流域在冬春季(12月至翌年4月)和7月径流均有不同程度的增加,其中汉口和大通站3月份增加达1成;5月、10月和11月的径流均有不同程度的减少,其中汉口站5月份减少达1成。(6)珠江流域片三站在春季(1—3月)径流均有不同程度的增加,其中3月份增加达2成;5月、6月径流均有不同程度的减少,特别是竹岐,减少幅度超过1成。

总体上,黄河、海河和松辽流域1980年以来的月径流量均出现了较大幅度的减少,特别是海河流域,全年各月径流都减少。南方三大流域各月径流多以增加为主,但个别月份呈现减少趋势。

利用中国范围内的逐月降水资料和主要河流月径流资料,分析了降水、径流年内分配变化的对应关系(图4.6)(叶柏生等,2005;韩添丁等,2004)。结果表明:

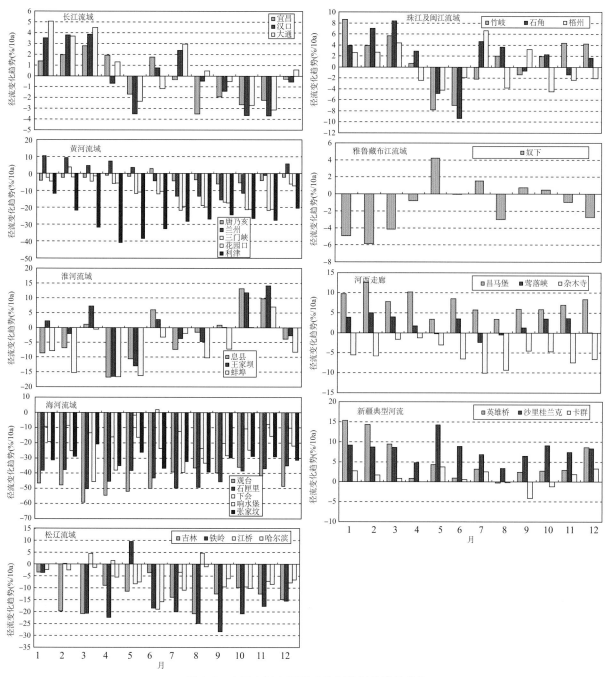

图4.6　中国大江大河重点控制站年径流量变化

　　降水的年内变化表现出较大的区域差异，显著的变化特点是秋冬季(8—12月)东部地区降水量普遍减少，1—7月除黄河中下游、海河流域降水较少外，其他大部分地区有增加趋势，西部地区降水普遍表现为增加趋势。气候的上述变化趋势导致中国西北干旱地区河流和长江中下游地区径流量明显增加。另一方面，夏季降水的增加可能会导致洪水事件的频发，与此同时，降水量的年内不均匀变化，特别是在8—12月长时间的降水减少趋势(图4.7)，导致枯水期径流的减少，从而加剧秋冬季水资源的供需矛盾。长江、黄河和松花江6个主要控制水文站1—4月径流基本上表现为增加趋势，而6—12月大多表现为减少趋势，只有黄河上游唐乃亥站6月，长江下游大通站7月和松花江哈尔滨站8月径流为增加。另外，气候变暖使发源于青藏高原的长江(宜昌站3月、4月)和黄河上游(唐乃亥站4—6月)的春季融雪过程提前，融雪期径流增加。从黄河上游唐乃亥站不同年代的月径流变化分析表明：在丰水的1960和1980年代，径流的年内配为7月和9月的双峰型，而相对枯水的1950和1990年代，则为只有7月一个峰值的单峰型(图4.8)(韩添丁等，2004)。

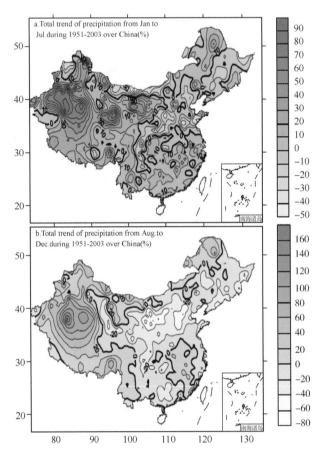

图4.7　1951—2003年前半年(1—7月)与后半年(8—12月)降水变化趋势分布图

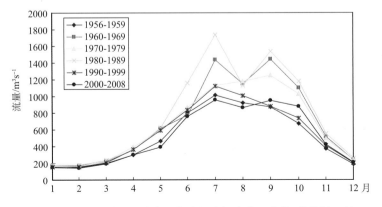

图4.8　1950—2000年黄河上游唐乃亥站径流年内分配变化(据韩添丁等，2004)

4.1.4 蒸发皿蒸发量的变化

蒸发是水文循环的重要环节,也是地表水量损失的重要组成部分。在全球气候变暖的背景下,中国大部分地区蒸发皿蒸发量呈下降趋势(任国玉等,2006;曾燕等,2007;丛振涛等,2008;刘波等,2010)。

根据中国气象局整编的中国 571 个资料系列较好的基准气候站 1961—2006 年直径 20 cm 和 E601蒸发皿蒸发量观测资料,对中国蒸发皿蒸发量的变化进行了分析,1961—2006 年,中国大部分地区的年蒸发皿蒸发量均呈下降趋势,除东北地区外,其他地区年蒸发皿蒸发量下降趋势明显(图 4.10a);中国年蒸发皿蒸发量的下降速率为 16.2 mm/10a(图 4.9);从季节变化来看,春夏季节下降趋势明显,秋季下降趋势相对不明显。中国多年平均年蒸发皿蒸发量变化趋势见图 4.9,年、季蒸发皿蒸发量变化率空间分布见图 4.10。

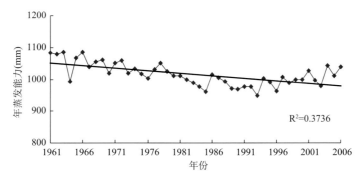

图 4.9 1961—2006 年中国年蒸发皿蒸发量变化趋势

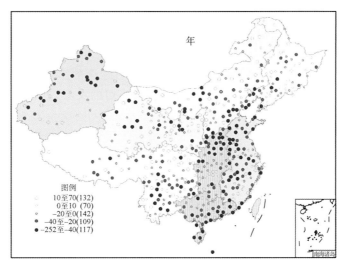

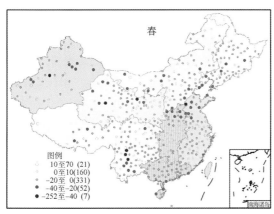

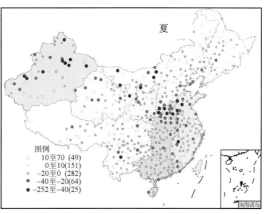

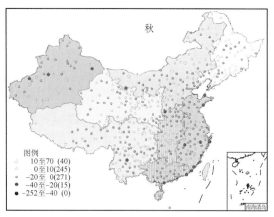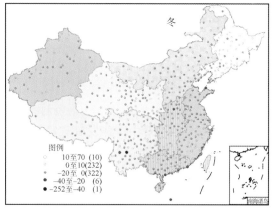

图 4.10　1961—2006 年中国年、季蒸发皿蒸发量变化趋势空间分布（单位：mm/10a）（刘翠善等，2010）

蒸发的物理过程非常复杂，蒸发皿蒸发量受多种气象因子的相互作用的影响，如太阳辐射、温度、湿度和风速等。这些气象因子在不同地区、不同季节的变化均不相同。因此，蒸发量的变化趋势也不相同。初步分析表明，太阳净辐射的下降可能是近年来蒸发皿蒸发量下降的主要影响因素（任国玉等，2006，曾燕等，2007；刘翠善等，2010；刘敏等，2011）。

对中国十大流域蒸发皿蒸发的影响因素分析表明，中国多数地区蒸发皿蒸发量与日照时数、平均风速和温度日较差具有显著的正相关性，这些因素为引起大范围蒸发量趋向减少的直接气候因子（任国玉等，2006），气温日较差和平均风速的减小与蒸发皿蒸发量的减少具有最显著的相关性，是蒸发皿蒸发量减少的重要影响因子（刘敏等，2011）。通过多种影响因子诊断方法，对影响蒸发皿蒸发量的气象因子进行诊断（刘翠善等，2010），结果表明：从中国整体上讲，平均气温及气温日较差、日照时数、平均风速和相对湿度与蒸发皿蒸发量具有较好的相关性，其变化对蒸发皿蒸发量的影响相对较为显著，低云量和降水量与蒸发皿蒸发量的相关性相对较差。热力条件（气温、日照等）不论在南方还是北方地区，均是影响蒸发皿蒸发量的重要因素，而动力条件（风速等）对北方地区的影响较南方地区重要，水汽条件（相对湿度、低云量、降水等）对南方地区的影响较北方地区重要。不同气象要素对蒸发皿蒸发量的影响贡献与其各自的变化幅度有密切的关系，在不同年代和不同季节，不同气象要素对蒸发皿蒸发量变化的贡献率不同。如，在北方地区，风速是影响蒸发皿蒸发量的重要因子，而在东南部地区，相对湿度对蒸发皿蒸发量的影响更大，另外，风速对春冬季蒸发皿蒸发量的影响程度较夏季高。

4.1.5　洪水的变化

洪水年际变化常用调查或实测最大流量与历年最大流量均值的比值 R 来表示，也可用洪峰流量序列的变差系数 Cv 来表示。有关研究结果表明（刘九夫等，2008），长江及其以南湿润地区年际变化比较稳定，比值 R 一般为 2～3；淮河、黄河中游为 4～8；海滦河流域、辽河流域年际变化最不稳定，比值 R 可达 6～10，甚至 10 以上。江南丘陵、珠江流域、浙闽沿海地区变差系数 Cv 为 0.3～0.5；往北逐渐增大，淮河秦岭一带 Cv 为 0.5～1.0；黄河、海滦河、辽河流域最大，Cv 可达 1.0～1.5；松花江流域也比较大，Cv 为 0.8～1.1。另据中国主要外流区（太平洋和印度洋流域）近 100 年较大河流 175 个水文站的特大洪水洪峰流量（1900—1999 年期间实测和调查洪水资料）统计，中国 20 世纪 30、50、60 年代发生特大洪水的地区最多，80、90 年代次之，40、70 年代最少。北部（东北、华北、黄河）以 30、50、60 年代居多，20 世纪初、20、70 年代最少。中部（淮河、长江中北部）以 30、50 年代最多，10、40 年代最少。南部（长江南部、华南及西南国际河流）则以 60、90 年代偏多，40、70 年代最少。在 20 世纪的 100 年内，50、60、90 年代暴雨、洪水峰值均偏大，而 10、30 年代不一致。洪水与中长历时暴雨（24 h，3 d）在 60 年代均属最大，90 年代偏大，70 年代均最小。50 年代由于部分测站暴雨资料尚未观测，所以表现为暴雨偏小的假象。50 年代后期，南方暴雨多数地区大于前期，北方则又小于前期，与洪水的年代分布基本相近。由此可见，中国江河洪水年际变化极不稳定，一般常遇洪水与偶尔发生的稀遇洪水，量值差别悬殊。

20世纪90年代以来，长江流域径流量，尤其是汛期径流量增加的最主要原因是长江流域90年代以来降水量的增加，以及极端降水事件的增多。19世纪与20世纪比较，20世纪暖期大洪水出现频率为2.4次/10a，高于19世纪冷期1.9次/10a。但发生于1870年的宜昌洪峰流量为105000 m^3/s 的极值大洪水出现于冷期，实测记录的最大洪水年1954年也出现在前一暖时段结束转入降温过程中。由此反映了导致大洪水的降水变化与温度变化的并不一致。在区域尺度上，降水与温度的联系和矛盾也有待更深入的研究。长江三角洲地区的洪水频发期大致与高海平面期相一致，长江三角洲地区地势低平，由高海平面所导致的长江河流上溯以及地面排水不畅是导致地面水域面积扩大以及洪水发生的重要原因。20世纪以来，汉口、九江、安庆、芜湖、南京下关和镇江等站的水文资料显示，不仅大洪水和特大洪水高水位出现的频次有增加趋势，而且年最高水位的均值自1975年以来处于明显的上升阶段，这主要与干支流堤防防洪标准不断提高、湖泊洼地围垦面积不断增加、农田排涝能力不断加强、沿江兴建码头和占用滩地越来越多等工程因素有关，其次也与温室效应导致的海平面上升有一定关系。对汉口站的年最大流量和年平均流量分析表明：年最大流量均值的变化趋势与年最高水位一致，而年平均流量均值的变化趋势却与年最高水位相反，因此工程因素对该河段年最高水位均值的升高趋势起着主要作用，而长期气候变化的作用是不明显的。在未来气候变化的情景下，三峡以上地区的洪涝和干旱等极端事件发生的频率将有可能增加，一方面可能加剧三峡库区泥石流、滑坡等地质灾害的发生，同时对水库调度以及蓄水和发电等效益的发挥可能造成不利的影响。全球范围内的观测资料表明，在过去的40年中，洪水发生的频率呈现上升的趋势。全球气候突变将引发更多像洪水这样的严重自然灾害。研究表明，20世纪洪水发生的频率越来越大，这一趋势与全球气候变化相关，由于全球温度继续升高，未来洪水发生的频率还可能会更高。近百年来长江洪水的变化具有较为明显的增大趋势，但不同地区也有着一定的差异，在增大的趋势变化中也有明显的周期性变化存在；近百年来全球气候变化背景下长江流域气候的趋势性变化是长江洪水具有增大变化趋势的直接原因，而太阳活动强弱变化的周期性与长江洪水的周期性变化也有着较为密切的联系。姜彤等（2005）对长江流域近40年的气温、降水等要素分析表明，长江流域温度呈升高趋势，夏季径流量和年最大洪峰流量在长江中下游地区均呈现显著增加趋势。

1987年以来，在西北山区气候转为暖湿的过程中，新疆洪水发生的频次，尤其是特大洪水、大洪水发生的频次增加，出现灾害的机会增多；从洪灾出现的频次和灾害直接造成的经济损失分析，1987年是灾害增多的突变点，1987年后灾害损失呈明显增加的趋势；洪灾的地区分布南疆多于北疆，小河流域灾情明显增加。如万金泰等（2007）以天山北坡中段四棵树河为典型流域，对冰凌洪水的成因、发展和运动规律进行研究，并发现冰凌洪水具有"水鼓冰开"现象。从四棵树河1967—2006年冰洪流量的年内、年际分布情况看，20世纪70—80年代是"冰洪"发生最多的时期；进入20世纪90年代以来，由于受全球气候变暖等因素影响，冰凌洪水呈现衰退趋势，气候变暖将使冰洪呈减少趋势。

周晓红等（2008）研究发现，关中地区洪灾发生频率高，灾害集中在600—1000年、1300—1900年、1900—2000年，百年尺度洪灾出现频率分别为21次、34次、12次。20世纪百年尺度洪灾平均每8年发生1次，并且关中地区洪水灾害频率与气候变化有较好的对应关系。百年尺度洪灾的出现往往与气候的异常波动有密切关系，洪灾在气候突变时出现频率高，气候平稳期出现频率较低。目前有关暴雨洪水极值的研究结论大多数是基于20世纪后半叶的观测资料分析得出的，在更长的时段里，极端降水和洪水极值的变化特征及趋势如何，则存在较大的不确定性。严宇红等（2007）依据洪水调查和文献查证，结合气象观测资料，分析了近百年来的典型洪水事件，建立了不同概率洪水发生的洪峰流量和洪水过程。结果表明，最近几十年来的气温升高和降水增加，也使暴雨洪水的强度加强，并且频次增加。

4.1.6 湖泊变化

湖泊演化的特征受区域地质构造、气候、河流水文情势和人类活动的影响。20世纪50年代以来，在气候和人类经济社会活动的共同影响下，中国部分湖泊萎缩，水量减少甚至干涸，富营养化程度加剧,区域生态环境恶化甚至遭到破坏。

20世纪50年代以来,中国有142个大于10 km²的湖泊萎缩,总计面积减少9574 km²,占萎缩前湖泊总面积的12%,蓄水量减少516亿 m³,占湖泊总蓄水量的6.5%。其中长江、海河、黄河区湖泊萎缩比较严重;松花江、珠江区变化不大。长江区有79个湖泊发生萎缩,萎缩面积6003 km²,占萎缩前湖泊面积的28%,占中国湖泊萎缩总面积的63%;海河区5个湖泊萎缩,湖泊面积减少1013 km²,占萎缩前湖泊面积的67%;黄河区11个湖泊萎缩,面积减少602 km²,占萎缩前湖泊面积的23%;西北诸河区和松花江区湖泊萎缩面积分别占萎缩前湖泊面积的2.8%和1.6%。中国及各水资源一级区湖泊萎缩情况见表4.5。

表4.5 水资源一级区湖泊萎缩情况统计

一级区	湖泊数量		湖泊面积		湖泊蓄水量	
	湖泊(个)	占总湖泊数(%)	面积减少(km²)	占总面积(%)	蓄水量减少(亿 m³)	占总蓄水量(%)
中国	142	23.9	9574	12.4	515.8	6.5
松花江区	10	15.1	65	1.6	1.7	1
海河区	5	100	1013	67.3	10.2	60.6
黄河区	11	64.7	602	23.3	18.1	8.9
淮河区	7	29.2	703	13	11.1	12.4
长江区	79	75.2	6003	28.1	282.6	27.3
珠江区	4	57.1	35	8.8	1.9	0.9
西北诸河区	26	7.3	1153	2.8	190.2	3.1

资料来源:中国水资源及其开发利用调查评价,2008年

按湖泊类型分类统计,各类湖泊中以淡水湖泊萎缩最为严重,萎缩面积占中国湖泊萎缩面积的81%,蓄水减少量占中国的60%。咸水湖和盐湖也有不同程度的萎缩。不同类型湖泊萎缩情况见表4.6。中国水资源一级区大于10 km²以上湖泊干涸情况见表4.7,面积大于100 km²的部分大中型湖泊萎缩(干涸)情况见表4.8。

表4.6 不同类型湖泊萎缩情况统计

湖泊类型	湖泊数量		湖泊面积		湖泊蓄水量	
	湖泊(个)	占总湖泊数(%)	面积减少(km²)	占总面积(%)	蓄水量减少(亿 m³)	占总蓄水量(%)
淡水湖	105	46.5	7797	19.8	310.8	11.7
咸水湖	27	11.3	1176	4.3	189	4.1
盐湖	10	7.5	601	5.6	16	2.7
中国	142	23.9	9574	12.4	515.8	6.5

资料来源:中国水资源及其开发利用调查评价,2008年

表4.7 水资源一级区大于10 km²湖泊干涸情况统计

水资源一级区	数量(个)	面积(km²)
松花江区	8	132.7
辽河区	3	68.8
淮河区	4	122.7
长江区	61	1475.7
西北诸河区	18	2527
合计	94	4326.6

资料来源:中国水资源及其开发利用调查评价,2008年

表 4.8 大型湖泊面积萎缩(干涸)情况

湖泊名称	20世纪50年代面积(km²)	2000年面积(km²)	萎缩(干涸)面积(km²)	面积萎缩率(%)
艾比湖	1070	735	335	31.3
博斯腾湖	996	992	4	0.4
艾丁湖	124	50	74	59.7
布伦托海	835	753	82	9.8
青海湖	4568	4236	332	7.3
岱海	200	119	81	40.5
罗布泊	1280	0	1280	100
玛纳斯湖	550	0	550	100
台特马湖	150	0	150	100
西居延海	267	0	267	100
鄱阳湖	5190	3750	1440	27.7
洞庭湖	4350	2625	1725	39.7
太湖	2498	2338	160	6.4
洪泽湖	2069	1597	472	22.8
洪湖	638	344	293.9	46.1
南四湖	1185	1097	88	7.4

资料来源:中国水资源及其开发利用调查评价,2008年

中国湖泊干涸情况主要发生在西北内陆地区和东部平原区。新疆玛纳斯湖1962年干涸,罗布泊和台特玛湖于1972年、艾丁湖于1980年相继干涸。自20世纪50年代以来,青海省完全干涸的湖泊有卡巴纽尔多湖、错木斗江章、错玛湖、海尔湖等。有"千湖之省"之名的湖北省,也因湖泊淤积和围湖造田等原因使湖泊数量大幅减少。据调查统计,50—90年代,中国约417个湖泊干涸,干涸面积5279.6 km²,其中大于10 km²以上有94个湖泊干涸,干涸面积4327 km²。

湖泊演化受区域地质构造、气候、河流水文情势和人类经济社会活动的影响。20世纪50年代以来,气候变化是湖泊萎缩(干涸)的影响因素之一,而人类活动的影响则是湖泊萎缩(干涸)的主导因素。湖泊水量取决于湖面蒸发、入湖径流、湖面降水和湖泊用水等因素,这些因素都与气候变化有着密切关系,湖泊的消长变化与气候变化有较好的相关性。丁永建等(2008年)研究表明:中国西部、尤其是蒙新湖区,人类经济社会活动对湖泊的影响是十分重要的因素,但是位于青藏高原寒区和蒙新高原干旱区的湖泊,一方面受人类经济社会活动影响表现出脆弱性,另一方面对气候变化又显示出高度敏感性。近50年来,气候对中国寒区和旱区湖泊变化具有重要影响,在时间尺度上的年代际变化和空间尺度上的区域性变化上,气候对湖泊变化的影响均是十分显著的,降水对湖泊变化具有普遍的显著影响,但新疆和西藏受冰川融水和降水同时补给的湖泊,气温对湖泊变化也显示出一定影响;西藏以冰川融水补给的冰碛湖更显示出气温对湖泊水位变化的控制作用。在区域尺度上,蒙新湖区的湖泊变化总体上与降水变化表现出良好的一致性。20世纪80年代是湖泊萎缩最显著的时期,相对于1960年代,湖泊面积萎缩了1/3～1/2,与之相对应1980年代降水是近50a来的最少期。尽管近十几年的降水增加使湖泊面积趋于扩张,但仍没有达到20世纪50-60年代的水平。

青海湖位于青藏高原东北,根据湖水位历年实测资料,青海湖水位由1959年的3196.6m降到2000年的3193.3m,下降3.3m;湖泊面积由4568 km²减少到4236 km²,缩小了332 km²;储水量由87亿m³下降到72亿m³。青海湖区人类经济活动规模较小,总用水量10亿m³,耗水量为0.8亿m³。人类活动的耗用水量占湖面蒸发量的1.9%,仅占多年平均年亏损水量的1/5。1959—2000年青海湖水位持续下降的主要原因是入湖年径流量明显减少,与流域内自然气候的变化趋势一致,与人类活动耗用水量之间关系不明显。

艾比湖等内陆湖泊萎缩主要由于水资源过度开发利用引起。1950年以前,湖泊流域内人类经济活动非常少,湖泊自然萎缩速度十分缓慢。据统计,艾比湖从2.5万年以前的3000 km²萎缩到1950年的

1070 km²，平均每年萎缩面积仅为 0.1 km²。1950 年以来，随着人口迅速增长和农田灌溉面积的扩大，灌溉用水量剧增，入湖水量显著减少，湖泊萎缩速度加剧。1950—1960 年，艾比湖流域人口增加 1.2 倍，农田面积增加 4.1 倍，用水量增加 3.5 倍，湖面缩小了 247 km²，平均每年缩小 27.4 km²。2008 年，由于长期干旱，水量得不到充足补给，艾比湖水域面积极度萎缩，湖面不到 400 km²。

内蒙古阿盟额济纳旗北部的东西居延海，主要靠黑河补给，1950 年代黑河下游年径流量为 10 亿 m³，随后黑河中游大规模发展农业灌溉，使下游水量大幅减少，西居延海于 1961 年干涸，东居延海于 1994 年干涸。

在 1952 年以前，孔雀河与塔里木河在穷买里汇合注入罗布泊。兴建塔里木河大坝后，孔雀河与塔里木河开始分流，孔雀河仍下注罗布泊，塔里木河则下注台特马湖。1958 年前，孔雀河铁门关年径流量尚达 11 亿 m³，以后沿孔雀河修建了 13 座拦河闸坝引水灌溉，导致 1962 年后在曾惠至阿克苏甫以下呈断流状态，昔日浩瀚如海的罗布泊终因水源补给逐年锐减乃至断流，于 1972 年干涸消失。

汇入台特马湖的塔里木河，1957 年阿拉尔站的年径流量为 50 亿 m³，到下游卡拉站还有 11 亿 m³ 的水量。由于塔里木河中、上游大规模发展农垦，在阿拉尔和铁干里兴建了拥有耕地 1.9 万 hm² 的两个大型农场群，干流上先后建起 29 座大、中型水库，导致向下游的输水量迅速减少，至 1967 年阿拉尔站的年径流量已下降到 30 亿 m³，至卡拉站仅剩下 5 亿 m³。1972 年铁干里修建大西海子水库，塔里木河下游从此断流，台特马湖因无水源补给而干涸消失。

中国东部江淮平原区湖泊几乎全部为吞吐型湖泊，湖泊与江河相连通，保持着水体的连续性。受泥沙淤积影响，东部平原区湖泊一般较浅，东部地区人类经济社会活动是影响该区湖泊演化的重要因素。湖泊淤积，人面积围垦对湖面的蚕食以及局部地区水利工程修建减少入湖水量使得湖泊面积减小。

长期泥沙淤积和 20 世纪 50—70 年代的大规模围湖造田是鄱阳湖和洞庭湖湖面缩小、蓄水量减少的主要原因。鄱阳湖平均每年由赣江等五河及其区间的入湖沙量 1710 万 t，出湖沙量 780 万 t，湖盆淤积量 930 万 t。洞庭湖平均每年承接四水和四口及区间的入湖沙量 12200 万 t，出湖沙量 3200 万 t，湖盆淤积量 9000 万 t。泥沙淤积的浅滩，枯水期出露湖面，有利于人工围湖造田，而围湖造田使湖泊面积迅速萎缩。鄱阳湖 1999 年湖面面积和蓄水量分别从 1954 年的 5190 km² 和 372 亿 m³ 减小至 1999 年的 3750 km² 和 290 亿 m³，面积与蓄水量减小幅度分别达 28% 和 22%，湖岸线也由 2049 km 减至 1200 km。洞庭湖 1949 年拥有水面面积 4350 km²，至 1995 年湖泊水面面积减小为 2625 km²，湖面减少了 1725 km²，蓄水量减少了 126 亿 m³。

华北地区主要有白洋淀、北大港、团泊洼、衡水湖、七里海等湖泊，多为平原型湖泊，湖泊较浅。该地区人口多，耕地面积大，人类经济社会活动强烈，湖泊面积萎缩受水资源开发利用、泥沙淤积、围湖造田和气候变化的影响。白洋淀是华北地区最大的淡水湖，由 143 个大小淀泊和 3700 多条壕沟组成，总面积 362 km²，被誉为"华北明珠"。1950 年代白洋淀水源丰沛，1960 年代曾干淀 1 年；随着水资源的开发利用，1970 年代干涸时间增多，1980 代遭遇连续枯水年，白洋淀连续干淀 5 年；其后的 1994 年、1996 年、2000 年部分干淀。近几年采用上游水库适时放水补淀的措施，王快、西大洋、安各庄等水库从 1981—2002 年陆续放水补淀，入淀水量 4 亿 m³，对控制白洋淀生态环境免于恶化起到一定作用。

云贵高原区湖泊为高原型淡水湖，一般湖水较深。该区湖泊面积萎缩受气候变化、湖区围垦和水资源利用等综合因素的影响。异龙湖位于泸江上游，主要入湖河流有城河、城南河、城北河等十多条季节性小河，年入湖量 0.5 亿 m³。1952 年以前，异龙湖水位基本保持在 1416.2m 左右，湖面积 53.1 km²。1953 年，利用湖水发电灌溉，水位下降至 1415.3m，1961 年湖水位下降至 1412.2m，沿湖耕地不断向湖心延伸。1970 年凿通青鱼湾放水造田，1979 年和 1980 年，连续两年枯水年，异龙湖严重缺水，1980 年干涸 20 余天。1950 年代到 2000 年，异龙湖萎缩面积 22.1 km²，减少蓄水量 1.2 亿 m³。滇池 1938 年至 1958 年围湖 15.5 km²，湖泊面积 320 km²；1970 年以后继续围湖，至 1983 年，湖泊面积为 309.5 km²；至 2000 年湖泊面积 297.9 km²，蓄水量减少 3.3 亿 m³。草海 1950 年代，湖面积 45 km²，到

2000 年,面积减少到 25 km^2,蓄水量损失 1.2 亿 m^3。滇池和草海萎缩的主要因素是 1960 年代和 1970 年代围湖造田。

4.1.7 水质水环境变化

气温升高之后,对水体生物的生活环境会产生影响,水体生物的分布会发生变化;水体容易产生蓝藻、富营养化等问题,再加上降雨减少,径流减少,对水的稀释能力变小,自净能力减弱。

根据 2008 年中国水资源公报,约 15 万 km 监测评价的河流中,Ⅰ类水河长占评价河长的 3.5%,Ⅱ类水河长占 31.8%,Ⅲ类水河长占 25.9%,Ⅳ类水河长占 11.4%,Ⅴ类水河长占 6.8%,劣Ⅴ类水河长占 20.6%。中国全年Ⅰ～Ⅲ类水河长比例为 61.2%,与 2007 年基本持平。各水资源一级区中,西南诸河区、西北诸河区、长江区、珠江区和东南诸河区水质较好,符合和优于Ⅲ类水的河长占 95%～64%;海河区、黄河区、淮河区、辽河区和松花江区水质较差,符合和优于Ⅲ类水的河长占 35%～47%。

根据中国水资源综合规划调查评价报告,对 846 个水质站 1993—2000 年间进行了水质变化趋势分析成果(表 4.9),中国约三分之二的测站地表水质量无明显变化趋势,约四分之一的测站,水质呈恶化态势,约十分之一的测站,水质状况有明显改善。水质状况恶化的百分比大于改善百分比。因此,中国水资源质量在下降,水环境污染呈加重态势。

就水资源区而言,辽河区水质有改善势头,其他水资源一级区呈恶化趋势,其中松花江区和东南诸河区最为明显。

表 4.9 中国水质变化趋势分析结果统计

评价项目	趋势分析测站	占中国评价测站比例	上升		下降		无变化	
			站数	占比(%)	站数	占比(%)	站数	占比(%)
总硬度	765	90.4	361	47.2	31	4.1	373	48.7
高锰酸盐指数	826	97.6	210	25.4	120	14.5	496	60.0
5 日生化需氧量	616	72.8	140	22.7	83	13.5	393	63.8
氨氮	828	97.9	214	25.8	105	12.7	509	61.5
溶解氧	783	92.6	130	16.6	126	16.1	527	67.3
挥发酚	820	96.9	46	5.6	176	21.5	598	72.9
镉	345	40.8	23	6.7	26	7.5	296	85.8
总磷	70	8.3	14	20.0	6	8.6	50	71.4
总氮	66	7.8	14	21.2	6	9.1	46	69.7
氯化物	310	36.6	113	36.5	25	8.1	172	55.5
硫酸盐	279	33.0	108	38.7	18	6.5	153	54.8
WQTI				24.2		11.1		64.7

从污染项目看,所有评价项目不发生明显变化趋势的测站所占比例最高,除镉、挥发酚和溶解氧外,总硬度、硫酸盐、氯化物、氨氮、高锰酸盐指数、5 日生化需氧量、总氮和总磷,上升比例均高于下降比例,呈恶化趋势。其中,中国水体总硬度的上升趋势最为突出,中国地表水总硬度上升趋势比例为 47.2%,远大于下降趋势,表明由于水资源开发利用范围和强度的加大,尤其是水污染的加剧,致使中国地表水日趋硬化。氯化物和硫酸盐的上升百分比分别为 36.5% 和 38.7%,下降百分比分别为 8.1% 和 6.5%,上升态势明显。因此,由于人类活动加剧,中国地表水天然水化学特征正在发生不利变化。

中国氨氮、高锰酸盐指数和五日生化需氧量的上升百分比均高于下降百分比,三个项目的平均差值为 11.1%,说明中国以氨氮、高锰酸盐指数和五日生化需氧量为表征的有机污染总体而言仍然未能获得有效控制,有加重的趋向。总磷和总氮是水体富营养化的限制性营养盐,也是水体营养状态评价的两项重要指标。总磷和总氮上升为 20.9%,下降为 9.0%。评价结果表明,水库湖泊水体的营养盐水平处于升高态势,富营养化程度加重。挥发酚污染在评价时段内出现明显缓减态势。

其下降为 21.5%，上升 5.6%，下降态势显著。以镉为代表的重金属污染在评价时段内基本维持原状。

气候变化与富营养物质高度聚集是导致湖泊蓝藻暴发的两个主要原因。太湖梅梁湾的浮游藻类与水温的关系密切，尤其是蓝藻水华的优势种类微囊藻生物量在一定的水温范围内与之有线性相关关系。实验表明，微囊藻的最佳生长温度高于其他藻类。刘玉生等（1995）在研究滇池藻类生长与温度的关系时发现，温度为 22～35℃时藻类发生增殖，温度为 30～35℃时，藻类比生长速率升高比较快，在温度为 25～30℃时，比生长速率随水温的上升而增大，大约呈指数函数的关系，微囊藻的比增长率在 35℃时最大，但 28℃左右才是铜绿微囊藻生长的最适温度。

降水过程会对湖泊的水位、流速、水量等水动力学条件产生影响。当高温少雨时，将导致太湖水位持续偏低，水中富营养化程度加剧，更加有利于蓝藻群体的生长壮大，而且，水位降低也使得湖中蓝藻浓度变大。2007 年 1—4 月，太湖水体 4 个月的平均水位为 2.94 m，比常年平均水位低 5 cm，处在 25 年来的最低点，使得单位水柱水体光强较大，太湖水缺少必要的更换与循环，促使了蓝藻在太湖里的累积生长。

毛新伟等（2007）根据 1997—2006 年太湖富营养化监测结果，以年平均值进行评价，太湖整体已由轻度富营养化升至中度富营养化。中度富营养化所占比例不断上升，轻度富营养化水域面积由 1997 年的 1995 km² 降至 2006 年的 157.5 km²（图 4.11），表明近年来太湖富营养化程度在不断加剧。

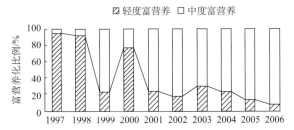

图 4.11　1997—2006 年太湖富营养化比例年际变化（据毛新伟等，2007）

商兆堂等（2009；2010）分析了太湖（贡湖锡东、贡湖沙渚、梅梁湖小湾里）蓝藻生长发育与水温的关系，锡东蓝藻密度与前期相隔 23～32 d、39 d 的水温相关性好，与前期 13～18 d、24～25 d 的积温相关性好；沙渚蓝藻密度与前期相隔 1～46 d、100 d、113 d、118 d 水温的相关性好，与前期 2～34 d 的积温的相关性好；小湾里蓝藻密度与前期相隔 1～42 d、65～67 d、82～84 d、96 d 水温的相关性好，与前期累计 2～38 d 的积温的相关性好，表明在气候变暖的背景下，太湖蓝藻暴发可能愈发严重。对太湖区域 40 多年来气温、降水量、日照时数随时间变化的特征分析表明，气候变暖速度加快为太湖蓝藻的生长发育提供了热量条件；降水量减少，加速了太湖水质恶化，为蓝藻暴发提供了有利的水质环境条件；日照时数增多，充足的光照为蓝藻生长发育提供了优良的光合条件；温度偏高、降水量偏少、日照时数偏多的气候变化趋势造成了太湖蓝藻暴发现象越来越严重。

通过对 MODIS 1B 数据的分析，以两年最大生物量为标准，各分析时刻的生物量除以两年最大生物量作为相对生物量，分析太湖蓝藻生物量与日均气温及 7 天滑移平均气温的关系（图 4.12）。日均气温小于 20℃时，太湖蓝藻生物量增长缓慢，当持续大于 20℃时，生物量增长较快，且日气温长期维持在 30℃左右时，生物量较高且增长明显（吴时强等，2010）。

20 世纪 90 年代以后太湖流域气温、风速、降水的变化趋势有利于蓝藻的生长和水华的形成。高温使得太湖的水温升高、强光照增强了蓝藻细胞的光合作用，从而加大了蓝藻的原位生长速率；当风速小于 4 m/s 时，风浪较小，有利于蓝藻生长或漂浮。由于近 10 年太湖营养盐浓度长期在较高水平波动，太湖水体富营养化程度降低的可能性较小，以太湖周边东山站、吴中站、无锡站、宜兴站同时满足 14：00 的气温＞25℃、风速≤4 m/s 的累计天数为太湖蓝藻水华气象指数。1961—2007 年蓝藻水华气象指数指数为 48 d，由图 4.13a 可见，1981 年之前，气象指数都小于平均值，1995 年之后除了 2000 年外都大于平均值，尤其是 2004 年、2005 年、2006 年和 2007 年的气象指数较大，与太湖蓝藻水华发展演变趋势的研究结果基本吻合。2007 年出现高温、微风的气象条件的时间较早，而且 6 月之前出现的总天数较多，这可能是导致 2007 年蓝藻水华较早大面积暴发的原因（钱新等，2010）。

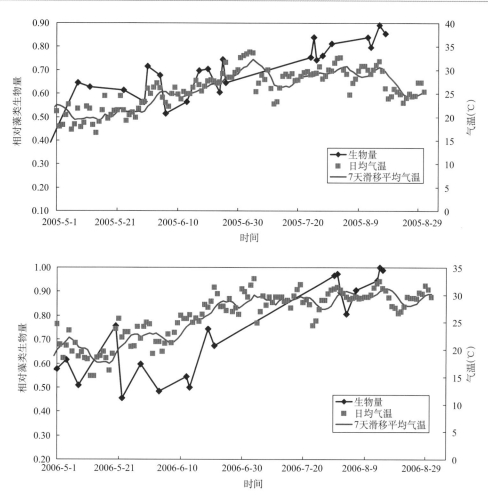

图 4.12 2005 年和 2006 年气温与太湖蓝藻生物量的关系(吴时强等,2010)

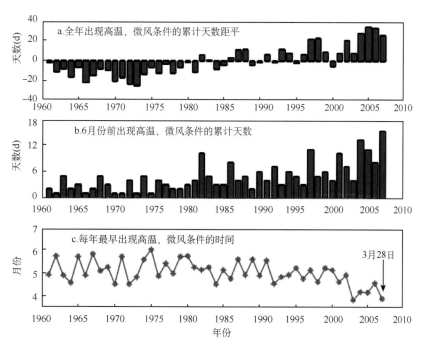

图 4.13 太湖高温、微风天气累计天数年际变化(钱新等,2010)

　　杨浩文等(2004)分析了星湖的水质变化特征及温度对蓝藻的影响。近十年来,人类活动的影响作用明显,星湖的富营养化发展较快。星湖共有 5 个子湖,各子湖泊相通。根据星湖的中心湖、波海湖、仙女湖和青莲湖四个样点 2002 年 1 月、3 月、7 月、8 月、10 月、12 月和 2003 年 6 月、9 月、12 月对水质和浮游植物等采样分析结果表明：温度是蓝藻的主要影响因子，星湖目前的营养水平对蓝藻生长不存在很明显的限制作用，但当温度适宜时，无机氮和总磷对蓝藻会有促进作用，调查期间发生的伪鱼腥藻水华就是在这种情况下暴发的；星湖中绿藻和硅藻种类多为广温性种类，温度对其调控不明显，总磷、无机氮和总氮是绿藻和硅藻的主要决定因子，这也说明了绿藻、硅藻对营养盐的需求高于蓝藻；星湖浮游植物对无机氮和总氮的利用受温度的调控，低温环境中浮游植物需要更高的营养盐维持生长。

崔伟中（2006）分析了 1988—2005 年近 20 年来珠江流域水质的水质状况，总体呈恶化趋势，DO、氨氮、COD_{Mn}、BOD_5、挥发酚、Cr^{6+} 等 6 项指标呈恶化趋势的站点比例都超过或等于 50%。其中恶化情况最严重的指标是 COD_{Mn}，90% 的站点年均浓度呈上升趋势，年均浓度平均递增率高达 0.153 mg·L^{-1}·a^{-1}，其次是氨氮、溶解氧和 $BOD5$，呈恶化趋势的站点比例分别为 68%、63% 和 60%，年均浓度平均变化率为 0.044 mg·L^{-1}·a^{-1}、0.027 mg·L^{-1}·a^{-1}、0.126 mg·L^{-1}·a^{-1}。珠江虎门站水质变化情况见图 4.14。

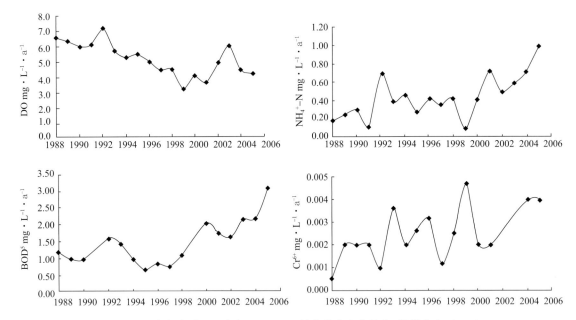

图 4.14　虎门水质 DO、氨氮、BOD_5、Cr^{+6} 的浓度变化趋势（据崔伟中，2006）

夏军等（2010）分析了气候变化对淮河流域典型河段水环境影响。在蚌埠闸断面，将 1986 年至 2004 年的水环境质量数据作为响应变量，采用冗余分析法结合相关降水和气温变化资料进行统计分析，研究结果表明，气温变化和降水变化对蚌埠闸断面水环境变化的贡献率之和为 4.5%。其中，气温变化和降水变化对蚌埠闸断面水环境变化的贡献率分别为 1.5% 和 3.6%，二者共同贡献率为 0.6%（图 4.15）。在漯河沙河橡胶坝断面，气温变化和降水变化对漯河沙河橡胶坝断面水环境变化的贡献率分别为 10.5% 和 3.3%，二者共同贡献率为 1.0%（图 4.16）。

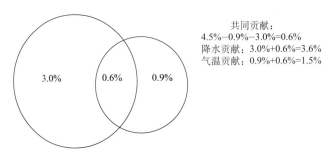

共同贡献：
4.5%−0.9%−3.0%=0.6%
降水贡献：3.0%+0.6%=3.6%
气温贡献：0.9%+0.6%=1.5%

图 4.15　蚌埠闸断面气候变化贡献示意图（夏军等，2010）

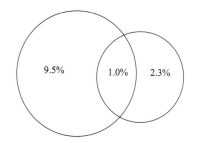

共同贡献：
12.8%－9.5%－2.3%＝1.0%
降水贡献：
2.3%＋1.0%＝3.3%
气温贡献：
9.5%＋1.0%＝10.5%

图 4.16　漯河沙河橡胶坝断面气候变化贡献示意图(夏军等,2010)

周启星等(2006)研究认为:气候变暖后,世界上一些地区由于蒸发量加大,河流径流趋于减少,这样,河水中已经存在的污染物就得到"浓缩",从而加重河流原有的污染程度,特别是在枯水季节。同时,河水温度的上升,也会加大一些以沉淀形式存在的重金属溶解度,促使河流中沉积的污染物重新溶解释放,促进底泥中各种废弃物的分解,进而使水质下降。可以认为,水环境受到气温升高、干旱、暴雨和洪水以及风速变化等气象过程的胁迫与日俱增。从污染源发生的类型上看,水环境的污染可分为点源污染和非点源污染两大类。自从 20 世纪 60 年代以来,由于点源污染易于识别和治理,在世界上大部分国家已得到了较好控制。但水污染问题仍然存在,其主要原因是由于人类活动而导致非点源污染日益加重。气候变化可以通过对降水的改变导致非点源污染的变化,因为由降水造成的地表径流是非点源污染的主要形式。由地表径流形成和携带污染物的量,取决于地表径流流域区域的土壤类型、降水量、地质地貌、植被状况、农药化肥的施用量以及人为管理措施等多种因素。土壤受到污染后,可溶性的污染物以及部分附着在土壤颗粒上的不溶性污染物随着暴雨径流进入水体的量增加,从而导致非点源污染的加重。研究表明,水体富营养化是由于水体中氮、磷等营养元素的增多引起,尤其是磷的污染成为水体富营养化的限制因子。气候变化主要通过改变氮、磷等营养元素的生物地球化学循环的方式,尤其是通过对降水的改变导致非点源污染的加剧。气候变暖后,一方面,由于土壤微生物活动加强,造成地力下降,导致氮、磷等化肥的大量施用;另一方面,又导致了这些过量施用氮、磷等化肥的淋失而进入水体的数量增加。因此,气候变化的最终结果,导致湖泊富营养化与海洋赤潮进一步加剧。

4.1.8　人类经济社会活动的影响

水文循环作为气候系统中的重要成员,其中的河川径流受气候因素的影响是非常直接和显著的。除此之外,河川径流变化还受人类经济社会活动等方面的影响。人类经济社会活动使流域下垫面发生变化,如农林垦殖、森林砍伐、水库大坝的兴建、水土保持生态工程、灌溉系统的运用、城市化等改变天然径流和蒸发的时空分布及地下水的补给条件,导致水文循环的变化,进而影响到河川径流的丰枯。虽然人类经济社会活动的范围是局部的,但是影响强度在某些地区却是很显著的。目前,迅速的经济发展和人口增长对水文循环已经产生了巨大的影响,致使人们在水文计算、流域规划、水资源评价等各个方面都不可避免地要考虑这种影响。

河川径流的锐减,不仅直接影响到流域水资源的规划及开发利用,而且将对工农业及社会经济的可持续发展产生直接影响。张建云等(2007)通过分析黄河中游降水、径流的历史变化,采用有序聚类方法,分析了人类活动对水文序列的显著影响期。基于对天然时期水文过程的模拟,定量评价了气候变化和人类经济社会活动对黄河中游河川径流的影响。分析结果表明:(1)20 世纪 70 年代以来,黄河中游实测径流量较基准值有不同程度的减小,其中 90 年代减少最多,实测径流量不足基准值的一半。(2)气候变化和人类活动对径流量的绝对影响量呈现良好的一致性,在 20 世纪 80 年代,二者的绝对影响量分别为 19.9 亿 m³ 和 44.9 亿 m³,均小于其他年代的相应绝对影响量;在 90 年代,气候变化和人类经济社会活动对径流量的影响程度最为明显。(3)人类经济社会活动在各年代对径流量的相对影响均超过55%，其中在80年代的相对影响量接近70%；气候因素对径流的相对影响量呈现先减小后增大的变化，其中，在70年代的相对影响量最大，约40%。(4)就1970—2000年的平均情况而言，人类活动是黄河中游径流量减少的主要原因(图4.17)。

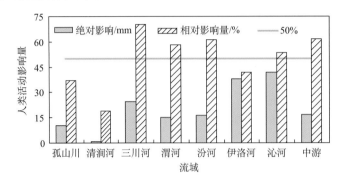

图4.17　人类经济社会活动对黄河中游典型流域1970年之后年径流量变化的影响(据张建云，2007)

对黄河中游7条支流的研究结果表明，人类活动和气候变化对河川径流的影响具有显著的区域性，与流域内的气候条件、人类经济社会活动强度有关系。

统计结果表明，黄河中游在1969年之后的实测平均年径流量较基准期径流量减少了98.7亿 m^3。其中，在所研究的7个支流中，渭河流域减少最多，约27.4亿 m^3；伊洛河流域其次，减少16.9亿 m^3；汾河和沁河流域的减少量均略微超过10亿 m^3；尽管孤山川流域平均年径流深减少量较大，约为28.0 mm，由于流域面积相对较小，径流减少量只有0.358亿 m^3；清涧河流域的实测径流减少量最小，约0.125亿 m^3。

由图4.17可以看出：(1)气候变化对孤山川、清涧河和伊洛河的相对影响量超过50%，气候变化对这些流域径流减少的作用高于人类活动；(2)人类经济社会活动对三川河、渭河、汾河和沁河的相对影响量超过50%，这些流域径流的减少主要是人类经济社会活动影响造成的；(3)气候变化和人类活动对相对湿润地区的伊洛河和沁河流域径流深的绝对影响量都较大，而对比较干旱地区典型流域的影响量相对较小，其中对清涧河流域的绝对影响量最小，说明与其他流域相比，伊洛河和沁河流域径流深的绝对减少量较大。

通过黄河入海口站(利津站)流量、流域气温、降水、流域耗水和调水以及泥沙资料建立的回归统计模型结果表明：黄河入海流量的减少，41.3%是由于流域调水和工农业耗水，40.8%是由于降水减少，11.4%由于气温增加导致的蒸发增加，约6.5%是由于泥沙减少的结果(Xu,2005)。分布式生态水文模型对黄河径流的模拟结果进一步表明：黄河上、中游的径流变化主要是气候变化的结果，气候的区域变化差异对径流变化的贡献约占气候变化贡献的一半，而下游则主要是人类经济社会活动的结果(图4.18)。黄河出海口径流变化中，约一半(49%)是由于流域灌溉引水导致的(Tang等,2008)，这一结果与流域水量平衡分析结果一致(Yang等,2004)，10%是由于流域植被变化的结果，气候变化的贡献约40%，有30%的径流减少不是流域气候平均状态变化的结果，而是由于流域内气候区域变化差异导致的。

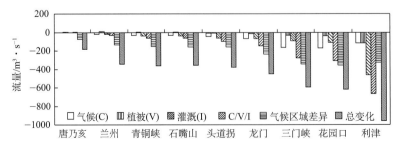

图4.18　黄河干流主要控制站气候和人来活动对年径流变化的贡献(据 Tang 等,2008)

20 世纪 60 年代以来,鄱阳湖流域径流呈现出增加趋势,特别是 1990 年代流域径流增加显著,与该时期多次出现洪水灾害事件密切相关。叶许春等(2009)运用 Mann-Kendall 检验法对 1961—2000 年流域径流序列进行突变分析,结果显示:1992 年附近是流域径流突变发生的拐点。基于径流对降雨和潜在蒸散发的敏感关系,以 1961—1991 年为基准期,定量分析了 1992—2000 年流域气候变化和人类活动对天然径流的影响。结果表明:相对于 1961—1991 年,1992—2000 年多年平均径流量增加 211.7 mm,其中气候变化引起的增量为 282.2 mm,人类经济社会活动引起径流减小 70.6 mm,分别占多年平均径流变化量的 133% 和 −33%。不同子流域间,气候变化和人类活动对径流的影响分量相差较大。气候变化因子中,流域降水量的增加,特别是夏季暴雨频率的增加,是引起 1990 年代鄱阳湖流域径流显著增大的主要原因,其次是蒸发量的长期下降。人类活动对鄱阳湖流域径流起着减流的作用,主要是由于流域内工农业的快速发展,大量水利工程设施的存在提高了水资源的利用程度;另一方面,1990 年代流域水土流失状况的有效缓解,有助于增加流域的贮水能力,减小径流。

塔里木河是中国最大的内陆河。1957—2006 年近 50 a 气象及水文监测资料显示,近 50 年来,塔里木河流域山区与平原整体呈现气温升高、降水量增加特征(段建军等,2009)。受气候变暖影响,河源冰川融水增加,塔里木河四条源流天然来水近 50 a 来呈增加趋势,从 20 世纪 50 年代的平均年径流量 216 亿 m³ 增加到 2000—2006 年的 260.3 亿 m³,年径流量增加 44.3 亿 m³。由于人类经济社会活动和粗放型农业,四条源流净入塔里木河干流水量由 20 世纪 50 年代的平均 60 亿 m³ 减少到 2000—2006 年的 44.6 亿 m³。塔里木河上、中、下游耗水量比例的失调及区域水资源分配发生变化,导致塔里木河下游生态环境恶化。

石羊河流域的年平均气温(最高、最低气温)自 1951 年以来总体呈上升趋势,增温速率为 0.22℃/10a,增幅达 1.2℃。在近 55 年中,石羊河流域的年降水总体上在增加,出山口径流量在减少,流域尾闾民勤绿洲的地下水位在快速下降。气温显著变暖后,年降水量增加了约 18.2 mm,增幅达 5.8%,出山口径流量减少了 4.1×10⁸ m³。受气候变化的影响,石羊河流域出山口径流量峰期有所提前,而人类经济社会活动严重地影响了石羊河流域中游地表径流利用量和下游可利用量分配比例。

辽河流域铁岭站实测流量变化具有较为明显的阶段性,总体可划分为四个阶段,1951—1965 年和 1984—2000 年水量偏丰,平均流量分别为 162 m³/s,107 m³/s;1966—1983 年和 2000—2008 年水量偏枯,流量分别为 59 m³/s,40 m³/s,较多年均值分别偏少 40% 和 60%。流量丰枯差异显著,最大年流量约为 295 m³/s,而最小年径流量仅有 11 m³/s,二者相差近 30 倍。年降水量在 300~600 mm 之间总体呈现周期为 6~8 年的丰枯交替变化趋势。20 世纪 50、90 年代,降水量相对较多,平均年降水量超过 450 mm,60—80 年代,平均年降水量在 420 mm 左右,与多年均值相当;21 世纪以来,降水量偏少明显,平均年降水量约为 364 mm,较多年均值偏少 15%。

20 世纪 60 年代中期以来,铁岭站实测径流量较前期径流量偏少 54.2%,其中,由于气候要素变化和人类活动引起的径流量减少分别为 17.7% 和 36.5%,人类活动是铁岭站径流量锐减的主要因素。21 世纪以来,气候变化和人类活动对河川径流量影响更为显著,二者的双重作用使得辽河上中游地区的水资源问题更加突出。

4.2 水资源系统对气候变化的敏感性

4.2.1 水资源系统对气候变化的敏感性定义

IPCC 给出的敏感性定义是:系统受到与气候有关的刺激因素影响的程度,包括不利和有利影响。与气候有关的刺激因素是指所有气候变化特征,即平均气候状态、气候变异和极端事件的频率和强度。这些影响可以是直接的(如气候均值及气候变异变化引起的作物产量变化),或间接的(海平面上升引起的沿海地带洪水频率增加而造成的损失)。水文要素对气候变化的敏感性是指流域的径流、蒸发及土壤水对假定的气候变化情景响应的程度。设定的气候变化情景由给定的降水变化（0、±10％、±20％）和气温升高（0℃、1℃、2℃、3℃）组合而成。在敏感性研究中，设定的气候变化情景不改变历史气候的时空分布，且未来将重现降水，气温和蒸发缩放后的序列。在相同的气候变化情景下，响应的程度愈大，水文要素愈敏感；反之则不敏感。敏感性研究可提供气候变化影响的重要信息，对于揭示不同流域水文要素响应气候变化的机理和差异有一定的作用。然而，水文要素对假定的气候变化情景的响应程度并不是对未来气候变化条件下的预测。

蒸发是水文循环的重要环节，也是影响径流的重要因素。降水变化直接影响河川径流量，而气温则主要通过影响潜在蒸发能力进而间接地对河川径流产生影响。因此，分析气候变化对蒸发能力的影响在径流敏感性分析中至关重要。

对位于不同气候区的 21 个典型站点的实测水面蒸发与降水、气温进行相关性分析，结果表明，实测水面蒸发与气温具有较好的指数型关系，相关系数一般均在 0.65 以上，个别站可以达到 0.9 以上，而实测蒸发能力与降水的相关性较差，且一般不超过 0.3；因此，只分析气温变化对蒸发能力的影响。通过构建各典型流域水面蒸发能力与气温的定量关系，采用敏感性的分析方法，计算水面蒸发在不同气温变化情景下的变化率（表 4.10）。

由表 4.10 可以看出，北方的典型流域蒸发能力一般对气温变化反应比较敏感，相比而言，南方地区较弱。在气温升高 1℃ 的情况下，北方典型流域蒸发能力一般均在 6％ 以上，其中，呼玛桥蒸发能力升高最多，接近 8％；而南方地区，蒸发能力的变化多在 5％～6％ 之间，横江最低，仅有 4.76％（王国庆等，2011）。

表 4.10　典型流域水面蒸发能力在气温变化 +1℃、+2℃ 情景下的变化率（％）（据王国庆等，2011）

站名	+1℃	+2℃	站名	+1℃	+2℃	站名	+1℃	+2℃
牡丹江	6.36	13.19	皇甫川	7.09	14.45	雅江	5.10	10.41
呼玛桥	7.98	16.23	白马寺	6.45	13.29	兰溪	5.49	11.26
邢家窝棚	6.28	12.84	息县	5.43	11.06	百色	5.00	10.43
赤峰	6.25	12.76	临沂	6.07	12.54	金鸡	5.36	10.98
微水	5.99	12.31	横江	4.76	10.12	三岔	5.63	11.52
红旗	6.72	13.87	高砌头	6.01	12.38	拉萨	5.20	10.77
民和	6.80	13.90	黄龙滩	6.05	12.44	大山口	4.92	10.23

中国南北气候条件差异较大，地理地貌也存在较大变化。不同区域水资源系统对气候变化的敏感性也存在一定的差异。根据中国地理及气候特点，进行区域划分，综合分析不同区域内典型流域水资源系统对气候变化的敏感性。划分的四类区域及选用的典型流域包括：

- 西北内陆高寒山区（伊犁河上游）
- 北方干旱半干旱区（黄河流域中游）
- 气候自北向南过渡区（淮河上游）
- 南方气候湿润区（沱江、赣江）

4.2.2　西北内陆高寒山区径流对气候变化的敏感性

天山伊犁河上游，按其海拔高度和产流特性，可分成海拔在 3000 m 以上的冰川区、多年冻土区和季节冻土区三个子流域。叶柏生等（1996）模拟了河川径流量，并进一步分析了冰川径流量对气候变化的敏感性。冰川径流由冰川模型按其高度分别计算；在水量平衡模型中多年冻土区活动层作为单层考虑；季节冻土区分成上部季节活动层和下部的地下水补给层。蒸发能力依据高桥浩一郎的公式或计算式，由月平均气温和降水量计算。积雪和冰川的消融强度是根据西天山 13 个气象站 19 年的融雪资料得到的积雪消融强度与气温的关系计算，并考虑冰面和雪面消融强度的差异。针对 $\Delta T(0\sim4℃)$，$\Delta P/P(\pm20\%,\pm10\%$ 及不变）等 25 种气候情景，只考虑冰川及其径流对气候变化的平衡态响应，而不考虑它们对气候变化的响应过程，用月水量平衡模型计算了伊犁河上游径流的变化。结果表明：流域径流变化主要取决于降水的变化,气温的影响次之。在非冰川区,降水增加 10% 导致的径流的增加量可抵消气温升高 4℃ 导致的径流的减少量;全流域径流对气候变化的反应比非冰川区径流变化要强烈;背景气温越高,径流对降水的敏感性越强,背景降水越小,径流对气温的敏感性越大;由于气温升高导致流域内冰川大量减少,使冰川对年径流的调节作用减小而引起年径流变差系数随气温升高而加大;气温升高对高寒区径流的年内分配有极大影响。随着气温的升高,春季径流将明显增加,而其他季节的径流减少,尤其夏季减少最多。径流的这种年内变化表现在径流的峰值提前,且峰值降低,造成春季径流增加。

表 4.11 各种气候情景下伊犁河上游径流的变化(据叶柏生等,1996)

区域	ΔT ＼ $\Delta P/P$	−20	−10	0	10	20
非冰川区	0	−24.4	−12.3	0.0	13.0	26.4
	1	−27.2	−13.3	−3.0	9.5	22.7
	2	−29.4	−17.7	−5.7	6.7	19.3
	3	−31.7	−20.4	−8.4	3.5	15.8
	4	−33.9	−22.7	−11.1	0.7	12.7
全流域	0	−25.2	−12.6	0.0	13.4	27.1
	1	−28.7	−16.4	−4.0	8.9	22.2
	2	−31.2	−19.3	−7.1	5.3	18.1
	3	−33.8	−22.2	−10.2	1.9	14.3
	4	−36.1	−24.8	−13.1	−1.2	11.0

4.2.3 北方干旱半干旱区径流对气候变化的敏感性

黄河是华北半干旱区的典型流域,黄河中游处于大陆性季风气候区,气候干旱少雨,多年平均降水量约为 520 mm,受地形等因素的影响,降水量的时空分布极不均匀,其地区分布总体由东南向西北递减,汛期 6—9 月的降水量占全年降水量的 70% 左右。由于受季风等因素的影响,中游地区蒸发强度较大,多年平均蒸发能力为 1284.7 mm,为黄河流域蒸发强度较大的地区。根据地理位置、气候特点及水文测站控制情况,可将黄河中游划分为三个区域:河口镇至龙门区间(简称:河龙区间)、龙门至三门峡区间(简称:龙三区间)、三门峡至花园口区间(简称:三花区间)。张建云等(2009)采用分布式水量平衡模型分析了黄河中游及各区径流对气候变化的敏感性。

由表 4.12 可以看出:(1)降水不变的情况下,黄河中游径流量每升高 1℃ 将减少 9.6 亿 m^3,每降低 1℃,将增加 11.6 亿 m^3。(2)降水增加相同的幅度比减少相同幅度对径流的影响显著,在气温不变的情况下,降水减少 10%,径流量将减少 29.2 亿 m^3;若降水增加 10%,径流量将增多 33.8 亿 m^3。

表 4.12 不同气候情景下黄河中游径流量的变化(亿 m^3)(据张建云等,2009)

径流量变化		气温变化						
		−3℃	−2℃	−1℃	0℃	1℃	2℃	3℃
降水变化	−30%	−59.0	−65.8	−71.8	−77.3	−82.4	−86.8	−90.6
	−20%	−31.0	−40.3	−47.9	−54.9	−60.9	−66.3	−70.9
	−10%	2.4	−10.1	−20.2	−29.2	−37.0	−43.5	−49.2
	0	42.0	25.4	11.6	0.0	−9.6	−17.8	−24.9
	10%	85.8	65.9	48.6	33.8	21.0	10.9	2.5
	20%	136.0	109.9	89.4	71.7	56.3	43.2	32.4
	30%	191.5	160.4	134.6	112.6	94.9	79.5	66.3

　　对不同区间的分析结果表明：(1)径流随降水的增加而增大,随气温的升高而减小。(2)当气温保持不变,降水增加 10% 时,3 个区间的径流量将增加 17%～22%;而当降水不变,同时气温升高 1℃时,径流量将减少 3.6%～6.6%。(3)气温对径流的影响随降水的增加而更为明显;随降水减少,气温对径流的影响愈不显著。(4)就区域分布而言,龙三区间最为敏感,其次为河龙区间,三花区间比其他两个区间敏感性差。而径流对气温敏感性的区域差异尤其显著,径流对降水敏感性的区域差异相对较小。

4.2.4　气候过渡区径流对气候变化的敏感性

　　淮河流域位于东亚季风区,地处中国东部,介于长江和黄河之间,位于 111°55′～122°45′E,30°55′～38°20′N,面积 33 万 km²,跨湖北、河南、安徽、江苏、山东五省,涉及 47 个地级市。淮河流域地处中国南北气候的过渡带,具有四季分明、气候温和、夏季湿热、冬季干冷、春季天气多变和秋季天高气爽的特点。流域北部属于暖温带半湿润季风气候区,为典型的北方气候,冬半年比夏半年长,过渡季节短,空气干燥,年内气温变化大;流域南部属于亚热带湿润季风气候区,夏半年比冬半年长,空气湿度大,降水丰沛,气候温和。

　　王国庆等(2009 年)利用淮河上游息县以上的水文气象资料,建立了基于 0.25°×0.25° 网格的分布式 VIC 模型,采用假定的气候情景分析了淮河上游水资源系统对气候变化的敏感性(图 4.19)。

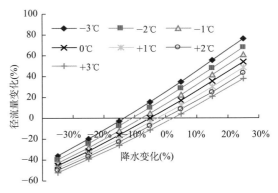

图 4.19　淮河上游河川径流量对气候变化的敏感性(据王国庆等,2009)

　　淮河流域多年平均降水量 875 mm,降水年内分配不均,淮河上游和淮南山区,雨季集中在 5—9 月,其他地区集中在 6—9 月。6—9 月为淮河流域的汛期,多年平均汛期降水 400～900 mm,占全年总量的 50%～75%。降水集中程度自南往北递增。河川径流对降水变化比较敏感,由图 4.19 可以看出,在气温不变的情况下,随降水增加,河川径流量约增加 16% 左右;在降水不变的情况下,如果气温升高 1℃,径流量减少约 5%。

4.2.5　南方气候湿润区径流对气候变化的敏感性

　　沱江地处湿润季风气候区,以降水为补给的各流域,径流对气候变化的敏感性要比干旱半干旱区小。因为那里降水量丰沛,空气湿度大,蒸发能力比较小。邓慧平等(1998 年)采用 Penman-Monteith 公式计算蒸发能力,由月水量平衡模型模拟了沱江多年平均月径流对气候变化的敏感性。结果表明,径流对气温变化不敏感,气温增加 2～4℃,径流量仅减少 5%～10%,且 4—9 月雨季由于蒸发损失少,径流减少也小。非汛期气温增加引起径流减少的百分数要大于汛期。径流对降水变化较敏感,降水增加或减少 20%,径流量相应增加或减少 35%～40%,且在非汛期径流减少的百分数多于汛期。

　　赣江是长江中下游较大的一级支流,郭生练等设定气温变化 1～2℃,降水变化 25%,分析赣江流域径流对对气候变化的敏感性(郭生练等,2000),分析了不同气候变化情景下赣江流域径流量的变化(表 4.13)。

表 4.13　不同气候情景下赣江流域径流量的变化(%)(据郭生练等,2000)

气温变化 降水变化	−2℃	−1℃	0℃	1℃	2℃
−25%	−32.0	−34.2	−36.5	−38.8	−40.6
0%	5.9	3.0	0.0	−2.8	−5.4
25%	47.0	43.6	40.0	36.4	33.3

　　由表 4.13 可以看出：(1)赣江流域在降水不变的情况,气温升高 1℃,径流量减少 2.8%;在温度不变的情况下,如果降水减少 25%,径流量减少 36.5%。(2)相同的变化幅度下,气候冷湿变化对径流量的影响大于暖干变化的影响。

4.2.6　水文变量对气候变化响应的基本规律

　　王国庆等(2011)分析了中国 21 个典型流域河川径流对气候变化的敏感性(图 4.20)。由其分析结果不难得出以下几点结论：

- 变化相同的幅度,径流对降水增加比对减少敏感;
- 气候过渡区的径流敏感性小于干旱区,湿润地区最弱;
- 气温升高使得融雪过程提前,可以明显增加春季径流,引起的冰川退缩将导致对年径流的调节作用减小。

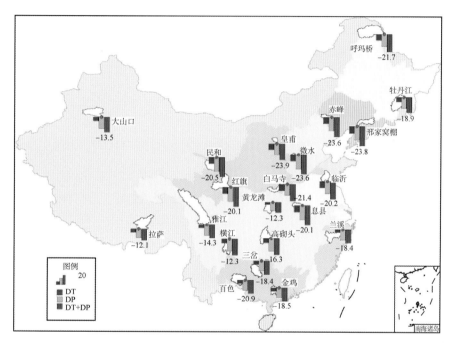

图 4.20　三种气候变化(DT:气温升高 2℃;DP:降水减少 10%;DT+DP:气温升高 2℃同时降水减少 10%)情景下的径流量变化(%)(据王国庆等,2011)

　　河川径流量由地面径流、地下径流、融雪径流等多重成分组成,不同径流成分对气候变化的敏感性也存在差异(王国庆等,2011)。另外,河川径流是气候变化与下垫面变化综合作用的结果,由目的的人类活动可以在一定程度上影响水资源系统对气候变化的敏感性。王国庆等(2008)以黄河中游 4 个存在不同人类经济社会活动程度的典型支流为对象,分析了水资源系统对气候变化的敏感性,结果表明：(1)地面径流量对气候变化的响应最为敏感;(2)人类经济社会活动,如水土保持工程或者水利工程修建可以在一定程度上降低水资源系统的敏感性和脆弱性,提高区域适应气候变化的能力。

　　除河川径流之外,流域土壤含水量和实际蒸散发量也是非常重要的水文变量。王国庆等(2008)以北方干旱区的大夏河流域为对象,初步分析了河川径流、实际蒸散发及土壤含水量对气候变化的敏感性,图 4.21 给出了三个水文变量对气候变化敏感性分析结果。

　　由图 4.21 可以看出：(1)降水变化对径流量的影响最为显著,其次为实际蒸发量和土壤含水量;(2)土壤含水量对气温变化的响应最为明显,其次为径流量和实际蒸发量。

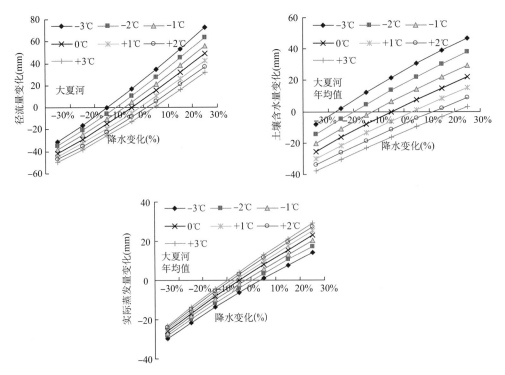

图 4.21　不同水文变量对气候变化的敏感性比较（据王国庆等，2008）

4.3　未来气候变化对区域水资源的可能影响

4.3.1　中国未来气候变化情景

IPCC 提出的 SRES 情景由 A1、A2、B1 和 B2 四种不同的排放情景组成。其中，A1 描述了经济高速发展，全球人口在 21 世纪中叶达到峰值，高排放情景的世界；A2 描述了人口持续增长，人均经济增长和技术变化有明显地方性，全球化不明显的世界；B1 描述了人口发展同 A1，但经济结构向服务和信息转变，强调从全球角度解决经济、社会和环境可持续性问题的低排放情景的世界；B2 描述了人口增长低于 A2，经济中等发展，技术更多样化，侧重于从局地解决经济、社会和环境可持续性问题的世界。

英国 Hadley 中心 GCMs 提出的区域气候模式 RCM-PRECIS（Providing Regional Climates for Impacts Studies），以 1961—1990 年作为基准年，模拟分析 IPCC2000 年发布的《排放情景特别报告》（SRES）中设计的 A1、A2、B1 和 B2 排放情景下的 1991—2100 年的日最高、最低气温和日降水量。四种气候变化情景下，未来 100 年中国多年平均降水量较基准年增加 6.1%～8.8%，其中 A1 情景增加最多，B1 情景增加最少。

四种气候变化情景下，未来百年中国多年平均降水量较基准年都有所增加，并且时空分布变化较大；华东地区南部降水量增加较大，特别是福建省，增加幅度最大，在东北地区东南部和西北陕甘宁地区降水增加较少，其中，吉林省增加幅度最小。

根据 RCM-PRECIS 输出的气候情景结果统计表明：（1）南方地区春、夏季降水量增加明显，特别是华东南部盛夏季节降水量增加显著，而南方地区冬季降水量却明显减少，特别是华南地区，冬季降水减少最为显著；（2）北方地区春、冬季降水量增加明显，华北、东北地区冬季降水量增加显著，而北方地区夏季降水量有所减少，特别是华北地区；（3）在 A1 情景下中国降水量增加或减少的幅度最为显著，A2 情景较明显，B2 情景再次，B1 情景最少。

四种气候变化情景下，2011—2040 年，中国平均降水量较基准年增加 4.5%～5.0%，其中 B2 情景增加稍多，A1 情景次之，A2 与 B1 情景略少；2041—2070 年，中国平均降水量较基准年增加为6.5%~9.4%，其中 A1 情景增加明显，A2 情景较为明显，B2 情景再次，B1 情景略少；2071—2100年，中国平均降水量约增加为 8.2%~14.8%，各种情景下的降水变化类似于 2041—2070 年的降水变化。

综上所述，四种气候变化情景下，中国 2011—2100 年期间，多年平均降水量较基准年可能有所增加，增加值以华东地区南部和西北地区西南部为大。其中，南方以福建为最大，北方以新疆为最大；东北地区东南部和西北陕甘宁地区增加值较小，其中以吉林为最小。

4.3.2 未来气候变化对中国水资源的可能影响

海河是中国水资源最为短缺的流域之一。丁相毅等（2010 年）将全球气候模式与分布式水文模型WEP2L 耦合，在国家气候中心整理提供的多模式平均数据集基础上，利用 WEP2L 模拟了海河流域历史 30 年（1961—1990 年）和未来 30 年（2021—2050 年）降水、蒸发、径流等主要水循环要素的变化规律，分析了气候变化对海河流域水资源的影响。结果表明，未来 30 年：(1)从年际变化规律看，气温普遍升高，降雨量略有增加，蒸发量普遍加大，径流量呈减少趋势，且有丰水年洪水规模更大、平水或枯水年干旱情况可能会更为严重；(2)从年内变化规律看，各月蒸发量普遍增加，汛期的降雨量有所减少，非汛期的降雨量有所增加，各月径流量则有不同程度的减少。因此，未来气候变化条件下海河流域水资源管理将面临更加严峻的挑战。

汉江是长江的最大支流。张洪刚等（2008）采用概念性水文模型模拟和假定气候情景推算径流变化法，分析气候变化对丹江口水库径流的影响，即利用不同的 GCMs 模型模拟丹江口水库上游的月降水和气温序列，并通过 Delta 变化作为汉江流域半分布式两参数月水量平衡模型的输入，用以模拟和预测 2021—2050 年的丹江口水库径流量。结果表明，对于 2021—2050 年降水和气温年变化的情景，未来年平均径流将相应升高 8.18%（HadCM3）、7.78%（CSRIO）和 2.14%（CCSRINES）。

基于 IPCC 第 4 次评估报告中分析使用的 24 个全球气候模式的输出产品结果显示，A1B、A2 和B1 三种典型排放情景下长江流域未来 100 a 气温呈显著的增温趋势；降水量在 2020 年前以减小为主，2020—2040 年间降水量开始增加，2060 年后降水量呈明显增大趋势。长江流域未来前 30 a 的径流量变化不明显但呈略微减小趋势，2060 年后流域径流量呈显著增大趋势（金兴平等，2009）。

根据未来可能气候变化情景，张建云等（2007）采用 VIC 模型分析了 A1、A2、B1、B2 四种气候情景下径流量的可能变化。结果表明：中国除宁夏、吉林和海南减少明显，陕西略减少及四川基本不变外，其余各省（区）多年平均径流深均有不同程度的增加，且南方地区以福建为最大，北方地区以新疆为最大。在 A1、A2 情景下，中国未来近百年多年平均径流深较基准年均呈现增多趋势，增幅约为 10%；在B1、B2 情景下，径流深增加幅度略小，约为 8%。就季节分配而言，北方地区春季（即 3—5 月）、春夏之交（即 6 月）径流深呈增加趋势，其中 5 月增幅最大；夏季（7—8 月）以及秋、冬季节（9—12 月）径流深呈减少趋势，其中 12 月减幅最大。而南方地区春季、夏季径流深呈增加趋势，其中 8 月份增幅最大，秋、冬季呈减少趋势，特别是 1—2 月减少显著。此外，A1 情景较其他情景相比，中国径流深增加或减少的幅度最大。气候变化四种情景下，2011—2040 年中国平均径流深较基准年增加约为 7%，2041—2070年约增加 8%，而在 2071—2100 年，不同情景下增幅稍有差异，约为 8%~14%。

未来东北、华北地区夏季增温幅度较大，而降水量和径流深呈减少趋势，其中东北地区夏季减少明显，这些地区夏季高温少雨日可能增多，将出现暖干化趋势；西北地区的新疆西南部（塔河流域）以冬、春季降水量和春、夏季径流深增加为主，可能出现湿化趋势，西北其他地区降水量和径流深变化不明显，可能维持暖干现状；华东地区北部主要以山东半岛春季降水量和径流增加为主，华东北部其他地区降水量和径流变化不明显，可能维持现状；华东地区南部、华中、华南、西南等南方地区夏季降水量和径流均呈增加趋势，特别是华东南部增加显著，这些地区夏季洪涝将加重；而南方地区冬季气温增幅较明显而降水量和径流呈减少趋势，特别是华南地区减少显著，这些地区冬季干旱将加重。

综上所述，气候变化将可能进一步增加中国洪涝和干旱灾害发生的几率，加剧中国北旱南涝的现状。特别是海河、黄河流域所面临的水资源短缺问题以及浙闽地区、长江中下游和珠江流域的洪涝问题难以从气候变化的角度得以缓解，这将给水资源的管理提出更加严峻的挑战。无可否认，目前对未来水资源情景评估尚存在较大的不确定性，其主要来源于未来气候变化情景的不确定性以及由所采用的评价模式结构和参数引起的不确定性，相对而言，未来气候变化情景对水资源影响评价的不确定性更大（王国庆等，2011）。适应气候变化必须从目前最不利的情景着手。

4.3.3　未来气候变化对中国水资源脆弱性的可能影响

人均水资源量即人均年拥有水资源量反映水资源可持续利用的脆弱度。世界气象组织及联合国教科文组织等机构认为，对一个国家或地区，可按人均年拥有淡水资源量的多少来衡量其水资源的紧缺程度：富水线（人均年拥有淡水量1700 m^3），最低需求或基本需求线（人均年拥有淡水量1000 m^3），绝对缺水线（人均年拥有淡水量500 m^3）。考虑淡水资源量的计算较为复杂，但它与径流量存在一定的比例关系。因此，将水资源的脆弱性指标简化为按人均年径流量的多少来衡量其水资源的紧缺程度（水利部水文局，2005年）：严重缺水（人均年径流量＜500 m^3）；重度缺水（人均年径流量500～1000 m^3）；轻度缺水（人均年径流量1000～1700 m^3）；不缺水（人均年径流量＞1700 m^3）。分析结果表明：

2000年中国有8个省（区、市）严重缺水（北京、天津、河北、山西、上海、山东、河南、宁夏），有2个省份重度缺水（辽宁、江苏），有5个省份轻度缺水（吉林、安徽、湖北、陕西、甘肃），其余16个省份不缺水。但需要指出的是，在16个看似不缺水的省份，实际上却存在着水资源短缺的问题。比如西北地区的内蒙古、青海、新疆等省（区）地处中国干旱地带，多年径流深均远远小于150 mm，自然生态环境很脆弱，属于生态环境严重缺水的地区；而南方华东南部沿海地区以及华南沿海的浙江、广东等省是中国经济发展的前沿，人口和水土地资源比例失衡导致水环境污染，海岸生态问题严重，属于水质型缺水的地区；西南地区的重庆、四川、贵州、云南、西藏尽管地处中国降水相对充沛、水能资源最丰沛的地区，但同时也是中国地形地貌最为复杂的地区，自然环境脆弱，地质灾害频发，基础设施薄弱，水资源开发利用程度低下，属于工程型缺水地区。

考虑气候变化，加之人口增加和经济社会发展，未来50～100年，中国人均水资源紧张的形势较基准年不容乐观，仍有8个省份严重缺水，重度缺水省份增加到6个，主要是北方省份，有4个省份轻度缺水（除湖北外，新增加黑龙江、广东、重庆），不缺水省份减少为13个。

考虑单一的人均径流量指标，不能充分反映各省社会经济情况、产业结构的布局以及水利工程设施等诸多因素的影响，所以引入缺水率的概念。定义缺水率小于1％为不缺水；缺水率1％～3％为轻度缺水；缺水率3％～5％为重度缺水；缺水率大于5％为严重缺水。

$$缺水率＝（供水量－需水量）/需水量（％）$$

表 4.14　气候变化 A1、A2 情景下 2080 s 宁夏、甘肃、陕西、吉林等省脆弱指标

省份	温度变幅（℃）	降水量变幅（％）	径流深变幅（％）	人均径流量变幅（％）	脆弱性评价结果	
					人均径流量指标	缺水率指标
宁夏	4.6～5.6	3	−23～−27	−48～−51	严重缺水	严重缺水
甘肃	4.8～5.8	7～8	1～4	−24	重度缺水	严重缺水
陕西	4.4～5.4	4	−5～−7	−24～−26	重度缺水	不缺水
吉林	5.1～5.6	−3～−4	−21～−26	−37～−41	重度缺水	不缺水

未来50～100年，内蒙古、新疆、甘肃、宁夏4省（区）在2050年缺水率达4％～7％，属于重度～严重缺水；2100年除新疆略有所减缓外，内蒙古、甘肃、宁夏3省（区）呈加重趋势，缺水率增至6％～8％，属于严重缺水。

4.4 适应性对策

4.4.1 水利应对气候变化的总体思路和原则

水利应对气候变化的总体思路为：全面贯彻科学发展观，按照全面建设小康社会、构建社会主义和谐社会的总体要求，坚持节约资源和保护环境的基本国策，坚持可持续发展治水思路，以完善水利基础设施、严格水资源管理、转变水资源利用方式、推进节水型社会建设、强化科技支撑为重点，增强气候变化对中国水资源供给、水旱灾害、水生态环境等不利影响的适应能力；以加强水土流失综合治理和推进农村水能资源开发为重点，增加碳汇能力并改善生态环境，促进低碳水利发展；以水利应对气候变化能力提升，促进水资源可持续利用，支撑经济社会可持续发展。

水利应对气候变化和发展低碳经济方面，要坚持以下基本原则：

(1)坚持以人为本的原则。着力解决极端干旱条件下的用水安全问题，有足够水源来确保城乡居民的饮用水安全，保障工业、农业的生产用水和生态用水，逐步改善人居环境，维护人民的根本利益。

(2)坚持安全性的原则。着力解决极端洪涝灾害条件下的水利工程安全和人民生命财产安全的问题。在水利工程规划、设计、施工和运行中充分考虑气候变化的可能影响，通过完善水利基础设施建设，提高水利工程应对极端气候变化的能力。

(3)坚持可持续性的原则。着力解决水资源的可持续开发利用和经济社会的可持续发展问题。通过非传统水源的开发利用、调水工程的建设、实行严格的水资源管理制度，实现水资源的可持续利用。通过水电能源的有序开发利用，提高经济社会的可持续发展。

(4)坚持科技创新的原则。科技进步和科技创新是提高水利应对气候变化能力的有效途径。通过加强基础科学研究，以科学技术创新促进水利应对气候变化的能力建设。

(5)坚持适应与发展并重的原则。通过水利基础设施建设，减缓气候变化的影响，增强适应气候变化的能力；同时，通过发展农村水电、加强水土保持，促进环境改善和经济社会稳步发展。

(6)坚持积极参与、广泛合作的原则。全球气候变化是国际社会共同面临的重大挑战，通过部门合作和国际交流，共享应对气候变化的经验，与国际社会一道共同应对气候变化带来的挑战。

4.4.2 水利应对气候变化的适应对策和措施

(1)总体对策

气候变暖总体上是一个缓变过程，同时伴随着高温、冷冻、极端强暴雨、持久干旱等极端事件。应对气候变化既要应对常态的气候变化，又要考虑极端气候这种非常态气候变化的应对措施。

根据应对气候变化和发展低碳经济的指导思想和原则，未来水利应着重加强应对极端洪涝、干旱灾害的能力建设，重点保障气候变化背景下中国供水安全和防洪安全，大力发展低碳水利，实现水资源的可持续开发利用和低碳经济的可持续发展，总体对策包括以下七个方面：

• 以完善水利基础设施建设为核心，提高水利应对气候变化的基础设施保障能力

加强水利基础设施建设是应对气候变化的重要措施和手段。首先要加强以水库、河道、堤防、蓄滞洪区和控制性工程为主的大江大河防洪减灾工程体系的建设力度。针对中小河流治理滞后和山洪灾害防治难度大的实际情况，加快重点地区的治理步伐。加高加固海堤工程，提高沿海城市和重大工程设施的防护标准，强化沿海地区应对海平面上升的防护对策。加强重点河口的综合治理，实施城市和重点地区的排涝设施建设。控制沿海地区地下水超采和地面沉降，对已出现地下水漏斗和地面沉降区进行人工回灌，采取陆地河流与水库调水、以淡压咸等措施，应对河口海水倒灌和咸潮上溯。全面提高防洪减灾能力。

建设完善南水北调工程，通过三条调水线路将长江、黄河、淮河和海河四大江河联通，逐步形成"四横三纵、南北调配、东西互济"的水资源优化配置格局，优化水资源配置格局，提高特殊干旱情况下应急

供水保障能力。继续实施并开工建设一批区域性调水和蓄水工程。全面实施大型灌区骨干工程续建配套与节水改造,启动中国大型灌溉排水泵站更新改造,狠抓小型农田水利建设,重点建设田间灌排工程、小型灌区、非灌区抗旱水源工程。加快丘陵山区和其他干旱缺水地区雨水集蓄利用工程建设。鼓励和扶持群众开展打井、截潜流、挖塘等抗旱应急水源工程建设,切实保障在遭遇严重或特大干旱时的供水安全。

• 以严格水资源管理、推进节水型社会建设为核心,增强气候变化背景下水资源可持续利用能力。

实行最严格的水资源管理制度。充分认识和主动适应气候变化的影响,推进水资源管理思路和理念转变;强化用水需求和用水过程管理,实行最严格水资源管理制度,以水资源的配置、节约和保护为重点,建立水资源开发利用、用水效率和水功能区限制纳污"三条红线",严格执行相应的管理制度。根据水资源和水环境承载能力,积极推动产业结构与布局的调整。加强水资源统一管理,以流域为单元实行水资源统一管理、统一规划、统一调度。

推进节水型社会建设。发展节水型农业、工业和服务业,提高水资源利用效率和效益,加强需水管理。巩固和推进节水型社会试点建设,创建国家级和省级节水型社会建设示范区,在干旱缺水地区积极发展节水旱作农业,继续建设旱作农业示范区。加快实施以节水改造为中心的大型灌区续建配套及节水改造,完善灌排体系,减少渠系和田间无效蒸发以及渗漏损失,提高农业灌溉水利用系数。加大工业和生活节水力度,通过循环用水提高工业用水的重复利用率,通过节水器具普及和减少供水管网漏损提高生活节水水平。大力推行节约用水,提高全民节水意识,建设节水型社会,建立与水资源优化配置相适应的水利工程体系。通过制定江河水量分配方案和建立水权交易市场,引导水资源实现以节水、高效为目标的优化配置。

加强水资源优化配置和非传统水源利用。利用以南水北调工程为代表的流域或区域水资源调蓄和配置工程,提高水资源在时间和空间上的调控能力,优化水资源配置格局,高效利用水资源。加大污水处理回用、海水淡化、雨洪资源等非传统水资源利用,完善多种水源的统一配置和调度系统。加强海水利用技术的研发与推广力度,重点研究大气水、地表水、土壤水和地下水的转化机制和优化配置技术。重视城市地下水涵养及雨水资源利用,推进城乡水资源统一管理。

• 以强化风险管理为核心,增强水利应对极端水旱灾害的能力

推进洪水风险和干旱灾害风险管理,通过加强风险管理,逐步建立规避、控制、分散风险的机制。完善江河干流重点地区、重点蓄滞洪区和重要防洪城市的洪水风险图和重点山洪灾害防护区风险图;完善国家、地方防汛预案,编制完善主要江河防御洪水方案、大中型水库水电站的防汛应急预案和调度运行计划、蓄滞洪区的运用方案、山洪灾害防治重点地区的防御山洪预案;探索建立洪水保险制度。加强干旱灾害风险管理,编制抗旱规划,完善抗旱预案,探索干旱灾害保险制度。完善应急管理法律和规范,建立和完善针对突发灾害的应急机制、体制,建立应急管理系统。

将应对气候变化纳入流域综合规划、水资源规划、防洪规划、抗旱规划等规划,正视气候变化对水资源的影响,定量评估气候变化对水资源的综合影响,制定相应的对策措施,增强气候变化条件下水利规划的科学性和适应性。

• 以完善监测预警体系为核心,提高水利应对气候变化的信息化保障能力

加强水利信息化基础设施建设,完善防洪安全监测体系、城乡供水监测体系、水生态环境监测体系,加强洪涝干旱、台风暴潮、山洪灾害监测预警,强化重要水源地水质监测,抓好水生态、地下水和旱情监测。加快国家防汛抗旱指挥系统建设,在全面完成一期工程建设的基础上,尽快启动二期工程建设,拓展覆盖广度和深度,为防汛抗旱决策指挥提供更加有力的支撑和保障。加快国家水资源管理信息系统建设,在流域或区域性水资源实时监控与调度系统试点建设的基础上,加快中央、流域、省级三个层面的水资源管理信息系统建设,重点对水源、取水、输水、供水、用水、耗水和排水,以及大江大河省界控制断面、地下水严重超采区进行实时监测,为水资源配置、调度、节约、保护和管理提供决策支撑。加快中国农村水利管理信息系统建设,建成覆盖水利机关、省级水行政主管部门及大型灌区、重点农村供水单位的农村水利管理信息系统,为节水型农业和农村供水安全提供支持。加快中国水土保持监测

网络与管理信息系统建设,完善水土保持监测网络体系,实现水土保持动态监测和评价。

- 以加强水土流失治理和加快农村水能资源开发为核心,增强水利对发展低碳经济的支撑能力

水土保持不仅可以防治水土流失,而且可以通过植树造林增加碳汇能力。水电是世界上能够进行大规模商业开发的第一大清洁能源,随着世界能源消费需求的持续增长和全球气候变化影响的日益加剧,世界各国都把开发水电作为能源发展的优先领域,作为应对气候变化、实现经济社会可持续发展的共同选择。

构建科学完善的水土流失防治体系。在全面规划的基础上,预防、保护、监督、治理和修复相结合,因地制宜,因害设防,优化配置工程、生物和耕作措施,宜林则林,宜草则草,形成有效的水土流失综合防护体系,有效保护与合理利用水土资源,实现生态效益、经济效益和社会效益的统一。

在保护生态的前提下,科学开发水电能源,加快小水电代燃料工程和水电农村电气化县建设。以中西部地区为布局重点,实施小水电供电区电网建设与改造,完善配电网络结构,提高小水电供电区的供电能力。建立水能资源调查评价制度,动态分析评价水能资源开发利用产生的影响。全面实施2009—2015 年中国小水电代燃料工程规划,加强项目前期工作,强化工程建设管理,大力推进技术进步,实行规范化、标准化管理,把小水电代燃料项目建成小水电开发利用的示范工程。

- 以健全法律法规体系为核心,提高水利应对气候变化的制度保障能力

国家颁布了《水法》、《防洪法》、《水土保持法》、《水污染防治法》、《抗旱条例》等法律法规,制定了水资源论证制度、防洪影响评价制度和水功能区管理制度等,针对气候变化对水利的可能影响和发展低碳经济的需要,逐步加大相关法律法规的完善与监管实施力度。同时,进一步加强完善适合国情、考虑气候变化及其应对措施的水利政策法规体系,为防洪安全、供水安全、水生态安全、水工程安全和低碳经济持续发展提供法律保障。

- 以加强基础科学研究为核心,强化水利应对气候变化的技术支撑能力

根据气候变化给中国水利带来的各方面的影响,重点开展气候变化条件下流域水循环演化机理、水资源演变规律、极端天气事件与洪涝灾害的形成机理、气候变化对工程材料和结构的影响、气候变化对中国防洪与水资源安全的影响程度、气候变化对中国主要水资源脆弱区的影响评估及适应措施、极端气候事件与灾害的影响评估及适应措施、气候变化影响敏感脆弱区的风险管理体系、水利工程科学调度运行关键技术、气候变化对重大工程的影响及应对措施、水利应对气候变化的重大国家战略与政策、基于低碳的水资源配置模式、水工建筑材料设计标准修订、水泥及替代新材料研发、污水再生利用技术、海水淡化技术等方面的研究。

(2)重点区域对策措施

不同区域气候特点和水文水资源情势不同,在全球气候变化背景下,面临的水资源问题也存在差异。因此,应对气候变化和发展低碳经济的战略和措施也不同。

西北内陆地区和三江源地区受气候变化敏感,东南沿海城市群经济发达,海岛众多,易受海平面上升和风暴潮变化影响,而黄淮海平原区作为中国的政治经济中心,东北地区作为中国粮食主产区,是中国必须保障安全的重点地区。因此,针对中国气候变化敏感区、易受影响区和重点地区,分别提出应对气候变化和发展低碳经济的水利对策。

- 黄淮海平原区

海河、黄河和淮河流域平原区降水较少,水资源十分紧缺,经济较为发达,气候变化可能使水资源量进一步减少。在应对气候变化方面,应着力建设节水型社会,结合南水北调工程建设,逐步缓解区域缺水紧张形式,遏制生态退化趋势。

应对措施包括:加大经济结构调整和产业布局调整,严格控制大型高耗水项目和高污染项目;全面建设节水型社会,提高水资源利用效率和效益;加快建设南水北调东、中线一期工程和水源配套工程;加大雨洪水、再生水、海水和微咸水利用,增加水资源供给;加大水资源保护利用,合理配置多种水源,加大节水防污和生态修复,压缩地下水开采,逐步实现地下水采补平衡,保障河道湖泊最低生态用水需求;加强水资源统一调度和管理,制定实施连续枯水年水资源安全保障预案;京津地区,加强对突发性

重大水事件的应对能力，推进水权交易，加强水资源保护，保证特大城市的供水安全。

· 西北干旱半干旱生态脆弱区

西北内陆地区，气候干旱，生态环境脆弱，水资源贫乏。气候变化不能根本改变西北水资源短缺状况，同时温度升高导致冰川萎缩，削弱了以冰川融雪为主要水源的西北内陆河水资源稳定性。在应对气候变化方面，需要围绕协调生态环境保护和经济社会发展用水为核心，立足于向最好方向争取，做最坏可能准备，加强产水区的水源涵养，做好气候变化条件下的水资源利用和配置。

应对措施包括：切实加强上游产水区的水源涵养，严格保护水资源；优化产业结构特别是种植结构，全面建设节水型社会，提高用水效率和效益；合理配置水资源，实施水权分配，保障下游地区生态环境用水；科学选择与水资源承载能力和地区条件相符的生态建设途径；实施必要的蓄水和调水工程，提高区域水资源调配能力。

· 东北粮食主产区

东北地区是国家粮食安全的保障基地，需协调农业发展、工业振兴和生态保护用水。气温升高对于农业需水影响较大，中部及西部经济发达，水资源短缺，辽河流域降水可能进一步减少，将加剧东北中西部水资源供需矛盾。在应对气候变化方面，应统筹协调工业、农业和生态用水关系，加强水资源综合配置和节水力度以及工业化进程中的水资源保护，保障国家粮食安全，实现区域又好又快发展。

应对措施包括：大力推进灌区节水改造，加大农业节水力度，加强水土保持力度，防止黑土地流失；结合振兴东北老工业基地，资源枯竭型城市经济转型等对水利的要求，实施水资源优化配置，做好工业节水和治污工作；加强水土资源与环境的统一管理，加大对重点湖泊湿地的保护力度，建立和完善应急生态补水机制；推进水资源配置工程建设，构建"东水济西、南水北调"的水资源配置格局；保障能源基地、中心城市带、国家商品粮基地用水和重要湿地等生态用水。

· 东南沿海重要城市和海岛

气候变化引发的连续干旱、暴雨、台风等极端气候出现的频率会有所增加；海平面上升和上游地区用水增加将引起咸潮上溯，引发东南沿海地区和城市的供水问题；水利工程调蓄能力不足，水污染严重，城市缺水问题可能凸显。应对气候变化的基本思路为强化需水管理、供水管理和应急管理，加强海堤达标建设，着力保障城市供水安全。

应对措施包括：实施水资源优化配置，推进水量分配工作，实施取水和排污总量控制；高度重视水资源保护，严格控制入河排污量，防止水质污染，强化各类用水总量控制；加强供水和堤防等水利基础设施建设，继续搞好珠江压咸补淡应急调水工程建设，提高应急抗旱和抗台风暴能力，保障城市的供水安全；严格控制地下水开采，防止因气候变化导致海平面升高和地下水盲目过度开发引发的海水入侵。

· 三江源地区

三江源地区是中国的"水塔"。由于气温升高，冰川、雪山逐年萎缩，导致众多江河径流减少、湖泊和湿地缩小、干涸；沙化和水土流失的面积仍在不断扩大；荒漠化和草地退化问题日益突出；滥垦乱伐使草地和森林退化严重。应对气候变化的基本思路是尽力降低人为扰动，加强水电资源的有序开发，大力开展水土保持，保护三江源区脆弱的生态系统。

应对措施包括：加强矿产资源开发、水电开发的管理，协调资源开发和生态保护之间的关系；建立水土流失动态监测站，开展自然生态修复试点；加快建立三江源生态补偿机制；选择源区生态补偿的综合实验区，研究制定农牧民生活、公共服务等领域的具体补偿办法，实现权利和义务的对等。

(3)重点领域对策措施

水利应对气候变化的重点领域主要包括防洪、城乡供水、农业灌溉及水生态与环境等领域。

· 防洪领域

气候变化通过暴雨、海平面上升、台风、风暴潮等极端事件发生频率的增加和强度的增大，增大了防洪的压力。

应对措施：加强河流堤防、海堤、水库、蓄滞洪区等水利基础设施建设，提高抗御风险能力；强化监测、预警、预报系统的建设，编制完善防洪预案和区域洪水风险图；推行洪水风险保险制度，提高公众防洪意识。

• 城乡供水领域

气候变化改变了天然来水的时空分布,增加了供水难度;使生活用水增加,总需水量上升;极端气候事件增加使供水系统稳定性降低。

应对措施:加快由供水管理向需水管理的战略转变,加强需水管理;加强水源地的保护和供水基础设施建设,建设完备的水循环体系;建立应急供水预案,加强备用水源地建设。

• 农业灌溉领域

气候变化导致作物生长期延长,引起农业需水增加;极端气候事件频率加大,提高了对农业灌溉系统的要求。

应对措施:完善农田水利基础设施;继续推进大型灌区节水改造,推广高效农田灌溉技术;加强作物品种改良,培育抗旱品种;建设城乡一体的水循环体系,为农业用水寻找新水源。

• 水生态与环境领域

气温升高使得水环境朝着不利的方向发展;生态需水将增加,基本生态用水保障的难度更大;经济社会需水量增加,导致废污水排放量增加。

应对措施:完善水生态环境监测体系;实施严格污染物排放总量控制和排污许可制度,建立基本生态用水保障机制;加大污水处理设施及其良性运行机制建设;实施河流水生态修复工程,建立和完善生态补偿机制。

参考文献

曹梅盛.1991.气候变化对陆地水文、水资源影响的研究与进展.地球科学进展,6(6):49-53.

陈锋,康世昌,张拥军,游庆龙.2009.纳木错流域冰川和湖泊变化对气候变化的响应.山地学报,27(6):641-647.

陈亚宁,徐长春,陈亚鹏,郝兴明.2008.新疆塔里木河流域近50 a气候变化及其对径流的影响.冰川冻土.30(6):921-929.

陈宜瑜.2005.中国气候与环境演变评估(Ⅱ).气候变化研究进展,1(2):52-57.

陈峪,高歌,任国玉,等.2005,中国十大流域近40多年降水量时空变化特征.自然资源学报,20:637-643.

崔伟中.2006.珠江河口水环境的时空变异及对生态系统的影响[D].河海大学.

邓慧平,唐来华.1998.沱江流域水文对全球气候变化的响应.地理学报,53(1):42-48.

丁相毅,贾仰文,王浩,牛存稳.2010.气候变化对海河流域水资源的影响及其对策.自然资源学报,25(4):604-613.

高歌,陈德亮,任国玉,等.2006.1956—2000年中国潜在蒸散量变化趋势.地理研究,25(3):378-387.

高惠芸,杨青,梁岩鸿,等.2008.新疆阿克苏河流域降水的时空分布.干旱区研究,25(1):70-74.

郭立平,畅金元,张素云.2006.廊坊市气候变化对水资源环境的影响分析[J].水科学与工程技术,增刊,36-39.

郭生练,杨井,王金星.2000.汉江和赣江流域水资源模拟预测研究.水科学进展,(5):46-50.

贺瑞敏,王国庆,张建云.2007.环境变化对黄河中游伊洛河流域径流量的影响,水土保持研究,24(2):23-28.

黄艳,杨文发,陈力.2009.气候变化对长江流域未来水资源的影响,人民长江,63(2):12-16.

江志红,陈威霖,宋洁,等.2009.7个IPCC AR4模式对中国地区极端降水指数模拟能力的评估及其未来情景预估.大气科学,33(1):109-120.

姜彤,苏步达,王艳君,等.2005.四十年来长江流域气温,降水与径流变化趋势.气候变化研究进展,1(2):65-68.

蒋艳,夏军.2007.塔里木河流域径流变化特征及其对气候变化的响应.资源科学.29(3):45-52.

李玲萍,杨永龙,钱莉.2008.石羊河流域近45年气温和降水特征分析,干旱区研究,25(5):705-710.

李想,李维京,赵振国.2005.中国松花江流域和辽河流域降水的长期变化规律和未来趋势分析,应用气象学报,16:593-599.

林泽新.2002.太湖流域水环境变化及缘由分析.湖泊科学,14(2):111-116.

刘春蓁,杨建青.2002.中国西南地区年径流变异及变化趋势研究.气候与环境研究,7(4):416-422.

刘绿柳,姜彤,原峰.2009,珠江流域1961—2007年气候变化及2011—2060年预估分析.气候变化研究进展,5(2):209-214.

刘琴.2006.敦煌大泉河水环境特征与水资源合理利用研究.兰州大学.

刘艳群,陈创买.2007.珠江流域汛期降水的时间演变特征.人民珠江,(4):47-51.

卢爱刚.2009.1951—2002年中国降水变化区域差异,生态环境学报,18(1):46-50.

栾兆擎,章光新,邓伟,等.2007.松嫩平原50年来气温及降水变化分析.中国农业气象,28:355-358.

满苏尔·沙比提,楚新正.2007.近40年来塔里木河流域气候及径流变化特征研究.地域研究与开发.26(4):97-101.

毛新伟,徐枫,徐彬,等.2009.太湖水质及富营养化变化趋势分析.水资源保护,25(1):48-51.

秦大河,等.2005.中国气候与环境演变评估(Ⅰ).气候变化研究进展,1(1):4-9.

邱新法,刘昌明,曾燕.2003.黄河流域近40年蒸发皿蒸发量的气候变化特征,自然资源学报.18(4):437-442.

任国玉,郭军.2006,中国水面蒸发量的变化,自然资源学报,21(1):31-44.

任国玉,姜彤,李维京,等.2008.气候变化对中国水资源情势影响综合分析.水科学进展,19(6):772-779.

沈永平,王国亚,丁永建,等.2009.百年来天山阿克苏河流域麦茨巴赫冰湖演化与冰川洪水灾害.冰川冻土,31(6):993-1002.

施雅风,沈永平,李栋梁.2003.中国西北气候由暖干向暖湿转型问题评估.北京:气象出版社,124.

史正涛,刘新有,彭海英.2008.气候变化对中国水安全的挑战[J].云南师范大学学报(哲学社会科学版),40(2):11-16.

苏宏超,沈永平,韩萍,李杰,蓝永超.2007.新疆降水特征及其对水资源和生态环境的影响,冰川冻土,29(3):343-350.

孙本国,毛炜峄,冯燕茹,等.2006.叶尔羌河流域气温、降水及径流变化特征分析,干旱区研究,23(2):203-209.

王迪,刘景时,胡林金,张明煊.2009.近期喀喇昆仑山叶尔羌河冰川阻塞湖突发洪水及冰川变化监测分析,冰川冻土,31(5):808-814.

王国庆,李皓冰,荆新爱,等.2003.水土保持和降水变化对孤山川径流、泥沙的影响,水土保持学报,6:62-65.

王国庆,王云璋.2000.径流对气候变化的敏感性分析,山东气象,3:17-20.

王国庆,张建云,贺瑞敏.2006.环境变化对黄河中游汾河径流情势的影响环境,水科学进展,17(6):7-12.

王国庆,张建云,章四龙.2005.全球气候变化对中国淡水资源及其脆弱性影响研究,水资源与水工程学报,2:7-11.

王国庆,王兴泽,张建云,等.2011.中国东北地区典型流域水文变化特性及其对气候变化的响应.地理科学.31(6):641-646.

王国庆,张建云,金君良,等.2011.中国不同气候区河川径流对气候变化的敏感性研究.水科学进展,22(3):307-314.

王金星,张建云,李岩,章四龙.2008.近50年来中国六大流域径流年内分配变化趋势,水科学进展,19(5):656-671.

王绍武,龚道溢.2000.1880年以来中国东部四季降水量序列及其变率,地理学报,55(3):281-293.

王绍武,龚道溢.2000.1880年以来中国东部四季降水量序列及其变率,地理学报,55(3):281-293.

王顺德,王彦国,王进,等.2003.塔里木河流域近40 a来气候、水文变化及其影响.冰川冻土.25(3):315-320.

王小玲,翟盘茂.2008.1957—2004年中国不同强度级别降水的变化趋势特征,24(5):459-466.

王艳君,姜彤,许崇育.2006.长江流域20 cm蒸发皿蒸发量的时空变化.水科学进展.17(6):830-833.

吴浩云.2006.大型平原河网地区水量水质耦合模拟及联合调度研究.河海大学.

吴英海.2005.OOMAS模型在太湖水环境模拟中的应用研究.河海大学.

夏军,李璐,严茂超,等.2008.气候变化对密云水库水资源的影响及其适应性管理对策,气候变化研究进展,4(6):319-323.

夏军,Tanner T,任国玉,等.2008.气候变化对中国水资源影响的适应性评估与管理框架,气候变化研究进展,4(4):215-219.

谢贤群,王菱.2007.中国北方近50年潜在蒸发的变化,自然资源学报,22(5):683-691.

徐志龙,曹阳,杨敏.2009.1951—2005年海河流域汛期降水量的时空变化特征分析,水文,29(1):85-88.

徐宗学,和宛琳.2005.黄河流域近40年蒸发皿蒸发量变化趋势分析.水文.25(6):6-11.

徐宗学,张楠.2006.黄河流域近50年降水变化趋势分析.地理研究,25:27-34.

许继军,杨大文,雷志栋等.2006.长江流域降水量和径流量长期变化趋势检验,人民长江,37(9):63-67.

杨浩文.2004.广东省星湖的水质与富营养化分析.武汉大学.

姚檀栋,李治国,杨威,等.2010.雅鲁藏布江流域冰川分布和物质平衡特征及其对湖泊的影响.科学通报,55(18):1750-1756.

叶佰生,赖祖铭,施雅风.1996.气候变化对天山伊犁河上游河川径流的影响.冰川冻土,18(1):29-35.

叶柏生,成鹏,丁永建,等.2008.100多年来东亚地区主要河流径流变化,冰川冻土,30(5):34-38.

叶柏生,丁永建,刘潮海.2001.不同规模山谷冰川及其径流对气候变化的响应过程.冰川冻土,23(2):103-110.

叶柏生，李翀，杨大庆，等．2004．中国过去50 a 来降水变化趋势及其对水资源的影响(I)：年系列，冰川冻土，**26**(5)：587-594．

叶许春，张奇，刘健，李丽娇，郭华．2009．气候变化和人类活动对鄱阳湖流域径流变化的影响研究．冰川冻土，**31**(5)：835-842．

尹宪志，张强，徐启运，等．2009．近50年来祁连山区气候变化特征研究，高原气象，**28**(1)：85-90．

袁再健，沈彦俊，褚英敏，等．2009．海河流域近40年来降水和气温变化趋势及其空间分布特征．水土保持研究，**16**：24-26．

曾小凡，翟建青，姜彤，等．2008．长江流域年降水量的空间特征和演变规律分析，河海大学学报(自然科学版)，**36**(6)：727-732．

翟劭燚，张建云，刘九夫，等．2009．海河流域近50年降水变化多时间尺度分析．海河水利，(1)：1-4．

张东启，效存德，秦大河．2009．近几十年来喜马拉雅山冰川变化及其对水资源的影响，冰川冻土，**31**(5)：885-895．

张洪刚，郭生练，郭海晋，邹宁，闫宝伟．2008．气候变化情景下丹江口水库径流模拟预测．人民长江，**39**(17)：46-48．

张建云，王国庆．2007．气候变化对水文水资源影响研究，北京：科学出版社．

张建云，章四龙，王金星，等．2007．近50a 来中国六大流域年际径流变化趋势研究，水科学进展，**18**(2)：230-234．

张建云，王国庆，贺瑞敏，等．2009．黄河中游水文变化趋势及其对气候变化的响应，水科学进展，**20**(2)：153-157．

张九红，敖良桂．2004．汉江中下游水质现状及污染趋势分析[J]．水资源保护，**3**：46-48．

张莉，丁一汇，孙颖．2008．全球海气耦合模式对东亚季风降水模拟的检验．大气科学，**32**(2)：261-276．

张雪英，黎颖治，梁楚民．2004．西江水质变化趋势分析及水环境容量研究．广东有色金属学报，**14**(2)：157-160．

赵传言，南忠仁，程国栋，等．2008．统计降尺度对西北地区未来气候变化预估，兰州大学学报(自然科学版)，**44**(5)：12-25．

周启星，朱荫湄．1999．西湖底泥不同供氧条件下有机质降解及CO_2与CH_4释放速率的模拟研究．环境科学学报，**19**(1)：11-15．

周启星．2006．气候变化对环境与健康影响研究进展．气象与环境学报，**22**(1)：38-43．

Ding Y，Ye B，Han T，Shen Y，Liu S．2007．Regional difference of annual precipitation and discharge variation over west China during the last 50 years．Sci China Ser D-Earth Sci．，**50**(6)：936-945．

Liu B，Xu M，Henderson M，Gong W．2004．A spatial analysis of pan evaporation trends in China，1955—2000．J Geophys Res，109，D15102，doi：10.1029/2004JD004511．

Liu C，Sui J，Wang Z．2008．Sediment load reduction in Chinese rivers．International Journal of Sediment Research，**23**：44-55．

Peterson B I，Holmes R M，McClelland J W，et al．2002．Increasing river discharge to the Arctic Ocean．Science，**298**：2171-2173．

Song L，Cannon A J，Whitfield P H．2007．Changes in Seasonal Patterns of in China During m perature and Precipitation 1971—2000．Advance in Atmosphereic Sciences，**24**(3)：459-473．

Tang Q，Oki T，Kanae S，Hu H．2008．Hydrological Cycles Change in the Yellow River Basin during the Last Half of the Twentieth Century．J Climate，**21**：1790-1806．

Wang G Q，Chen J N，Li H B．2003．Impact of aridification on runoff and soil moisture in the loess Plateau-A case study of Sanchuanhe River Basin//Proceedings of the 1st international Yellow River Forum on River Basin Management，Volume 2．Zhengzhou．Yellow River Conservancy Press：412-416．

Wang G Q，Zhang J Y，Nie L M，et al．2009．Exploring impact of climate change on water resources in the Yellow River basin with VIC model．in：Proceedings of the 4th International Yellow River Forum．Zhengzhou：Yellow River Press：279-285．

Wang G S，Xia J，Chen J．2009．Quantification of effects of climate variations and human activities on runoff by monthly water balance model：A case study of the Chaobai River basin in northern China．Water Resources Research，**44**：1-12．

Wang GQ，Zhang J Y，He R M，et al．2008．runoff reduction due to environmental changes in the Sanchuanhe River basin，International Journal of Sediment Research，**123**(2)：174-180．

Wang S，Gong D，Zhai P．2002．Climate Change，The Environment Characteristic and Its Evolvement over West China，Assessment on the Environment Evolvement over West China．Beijing：Science Press：29-71．

Xia J, Zhang Y Y. 2008. Water security in north China and countermeasure to climate change and human activity. Physics and Chemistry of the Earth, **33**(5),359-363.

Xia J, Zhang, L. 2005. Climate change and water resources security in North China. In. Wagener, T. et al., eds. Regional Hydrological Impacts of Climatic Chang:Impact Assessment and Decision Making. IAHS Publication No. 295. Wallingford, 167-173.

Xu J J, Yang D W, Yi Y H, et al. 2008. Spatial and temporal variation of runoff in the Yangtze River basin during the past 40 years, Quaternary International ,**186**:32-42.

Xu J X. 2005. The water fluxes of the Yellow River to the sea in the past 50 years, in response to climate change and human activities. Environmental Management, **35**:620-631.

Xu Z X, Li J Y, Liu C M. 2007. Long-term trend analysis for major climate variables in the Yellow River basin. Hydrological Processes, **21**:1935-1948.

Yang D, Li C, Hu H,et al. 2004. Analysis of water resources variability in the Yellow River of China during the last half century using historical data. Water Resour Res, 40, W06502, doi:10.1029/2003WR002763.

Yang D, Ye B, Kane D L. 2004. Streamflow changes over Siberian Yenisei River Basin. J Hydrol, **296**:59-80.

Yang S L, Gao A, Hotz H, et al. 2005. Trends in annual discharge from the YangtzeRiver to the sea (1865—2004), Hydrological Sciences-Journal-des Sciences Hydrologiques, **50**(5):825-836.

Yang S L, Shi Z, Zhao H Y, Li P, Dai S B, Gao A. 2004. Effects of human activities on the Yangtze River suspended sediment flux into the estuary in the last century. Hydrol. Earth Syst Sci, **8**(6):1210-1216.

Ye B, Yang D Q, Kane D L. 2003. Changes in Lena River streamflow hydrology:Human impacts versus natural variations. Water Resour Res, 39, 1200, doi:10.1029/2003WR001991.

Zhai P, Zhang X, Wan H, Pan X. 2005. Trends in total precipitation and frequency of daily precipitation extremes over China, J Climate, 18:10961108.

Zhang Q, Liu C L, Xu C Y, Xu Y P, Jiang T. 2005. Observed trends of annual maximum water leve land stream flow during past 130 years in the Yangtze River basin,China. Journal of Hydrology, **324**:1-4.

第五章 冰冻圈变化的影响

主 笔:刘时银,赵林

贡献者:马丽娟,李志军,李元寿,张世强,张勇,王欣,卢鹏,鲁安新

提 要

受气候变暖影响,中国西部的冰川呈快速退缩状态,冰川融水年内分配与年际波动均受到了显著影响,冰川径流对河川径流的补给比例、冰川融水径流模数等呈增加趋势;部分代表性流域模拟表明,在预估的未来气候变暖情景下,冰川数量较多的流域,冰川径流仍将增加。过去数十年,因冰川变化,冰川湖突发洪水频率及冰碛湖突发洪水灾害风险均有增加趋势。过去几十年来,我国多年冻土处于退化状态,活动层在增厚,土壤表层在逐渐变干,地表反照率有增大趋势,地表土壤的导热性能降低,多年冻土区温室气体的源效应增强,多年冻土浅层地下冰融化对江河源区的水文过程产生了一定影响,此外,多年冻土的退化还导致了高原生态环境的恶化,如"黑土滩"扩大,沼泽湿地萎缩,热融沉陷和热融滑塌增加等。气候变暖导致融雪期提前,融雪性洪水灾害出现频率增加、洪水时间提前、洪峰流量大。此外,气候变暖导致极端天气频发,积雪灾害出现频次加大且程度加重,建立雪灾预警与风险评估系统刻不容缓。气候变暖,冰情减轻,并不意味着冰灾害减少。湖河冰的提前解冻和非稳定冰期的增加,威胁生命安全;类似于 2009—2010 年渤海异常冰情,会给沿海地区造成重大经济损失。

5.1 冰川变化的影响

5.1.1 冰川变化对水资源的影响

5.1.1.1 冰川变化对水资源影响的观测事实

我国是中、低纬度地区山地冰川最发育的国家,冰川面积达 59425 km²(施雅风等,2005),我国西部冰川分布区是亚洲 10 条大江大河(长江、黄河、塔里木河、怒江、澜沧江、伊犁河、额尔齐斯河、雅鲁藏布江、印度河、恒河等)的源区,冰川和积雪对这些江河水资源的形成与变化有着十分突出的影响。在过去的几十年间,中国西部冰川变化十分显著,尤其是近十几年来,冰川呈现加速退缩之势,已对中国西部及周边地区的水资源变化产生了明显的影响(丁永建等,2006;刘时银等,2006;Yao 等,2004)。

(1)乌鲁木齐流域

乌鲁木齐河流域位于天山北坡中段,(86°45′—87°56′E)43°00′—44°07′N,平均海拔高度 3083 m,出山口英雄桥水文站以上流域面积为 924 km²;流域内有冰川 155 条(面积 46 km²)(陈建明等,1996)。河源区 1 号冰川(43°06′N,86°49′E)(简称 1 号冰川,下同)属大陆型双支冰斗—山谷冰川,是中国最早开展监测(自 1959 年至今)的冰川。因退缩,1 号冰川东、西支于 1993 年完全分离为两个独立的冰川(焦克勤等,2004)。1 号冰川观测与重建的径流系列表明,1958—2001 年间冰川融水径流显著增加(李忠勤等,2007),年平均径流深从 1980—1996 年的 585 mm,增加到 1997—2003 年的 874 mm,增加了近

50%,1号冰川水文点径流没有明显对应于河源大西沟气象站20世纪80年代中期降水显著增加的过程,表明强烈变暖导致冰川消融显著增加,进而引起冰川融水径流增加(韩添丁等,2005)。

(2)塔里木河流域

台兰河位于天山西南部,属阿克苏河支流,设于该河出山口附近的台兰水文站(1550 m,41°33′N,80°30′E)控制流域面积 1324 km²,流域内冰川覆盖率为 32.7%。1977—1978 年曾对该流域的琼台兰冰川进行过冰川及冰川水文观测和研究(康尔泗等,1985),据设于冰川末端(2981 m)水文站、冰川表面不同海拔消融测杆观测资料的分析,该冰川水文站以上 5—9 月冰川径流模数为 0.1 m³·s⁻¹·km⁻²,台兰水文站冰川径流模数为 0.061 m³·s⁻¹·km⁻²,由此估算冰川水文站和出山水文站冰川径流补给分别为 74% 和 57.7%。

对台兰河流域冰川径流多年变化分析表明,出山径流年际变化与冰川径流年际变化过程基本一致(图 5.1),自1957 年以来,二者均经历了由减少到增加的变化过程,近期气候暖湿变化在出山径流和冰川径流变化中得到了很好体现。相对于多年平均径流深而言,1957—1960、1991—1998 年出山径流偏丰,而 1957—1960、1981—1990、1991—1998 年冰川径流偏丰,1981 年以来的两个 10年中冰川径流高出多年平均 14.9(4.5%)和 22.6 mm(6.9%),1990 年代为丰水年,径流深高出多年平均 68 mm(12%),1990 年代冰川径流增加占出山径流增加的 1/3,而 1980 年代出山径流表现偏少情况下,冰川径流却处于

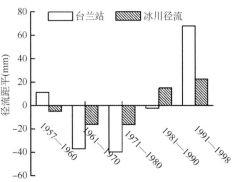

图 5.1 计算的天山南坡台兰河各年代冰川消融与出山径流距平比较(刘时银等,2006)

增加之中,说明冰川退缩对于河川径流增加的影响不断加强(刘时银等,2006),2000 年以来冰川退缩对于河川径流的贡献进一步增加(Zhang 等,2009)。

塔里木河冰川融水量为 202.26 亿 m³(杨针娘,1991),该流域的冰川融化加剧始于 1972/1973 年。分析表明塔里木河流域 1950 年代以来所有调查冰川的储量处于减少状态,减少量为 35.5 km³,折合水当量 319.3 亿 m³(Liu 等,2006),是开都河、渭干河、阿克苏河、喀什噶尔河、叶尔羌河、和田河出山径流总量的 1.2 倍(周聿超,1999);1963—1999 年的 36 年中,冰川储量减少量年均 8.9 亿 m³,与喀什噶尔河支流盖孜河克勒克水文站观测的多年平均径流量相当。应用度日因子模型对叶尔羌河、阿克苏河等流域冰川融水的评估表明(图 5.2)(Gao 等,2010),1961—2006 年塔里木河流域各支流冰川融水都呈增加趋势,整个塔里木河流域年平均冰川融水量为 144.16 亿 m³,从 1961—1970 年的 121.05 亿 m³增加到 1971—1990 年的 137.99 亿 m³,1991—2000 年增加到了 157.85 亿 m³,2000 年之后的平均融水径流量达 180.40 亿 m³,高出多年平均值 20.1%(图 5.2);总体上塔里木河流域河流径流量的增加约 3/4以上源自冰川退缩的贡献。气候变暖导致径流季节分配发生了变化(Gao 等,2010),叶尔羌河过去 46年来冰川融水均集中于 5—9 月,在气候变暖的背景下,各月的融水径流均有所增加,1990 年代的 6 月和 7 月的冰川融水有显著的增加,2000 年以来,6 月和 8 月的冰川融水增加更为显著(图 5.3),8 月的融水甚至超过 7 月。

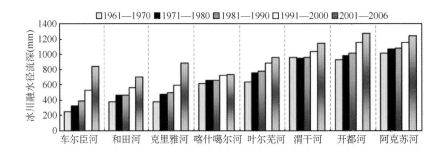

图 5.2 1961—2006 年塔里木河流域冰川融水径流深变化(Gao 等,2010)

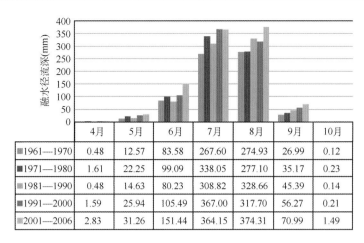

	4月	5月	6月	7月	8月	9月	10月
■ 1961——1970	0.48	12.57	83.58	267.60	274.93	26.99	0.12
■ 1971——1980	1.61	22.25	99.09	338.05	277.10	35.17	0.23
■ 1981——1990	0.48	14.63	80.23	308.82	328.66	45.39	0.14
■ 1991——2000	1.59	25.94	105.49	367.00	317.70	56.27	0.21
■ 2001——2006	2.83	31.26	151.44	364.15	374.31	70.99	1.49

图5.3 叶尔羌河1961—2006年冰川融水的季节变化模拟结果(Gao等,2010)

(3)河西内陆流域

祁连山北坡各流域发育有现代冰川2166条,总面积1308 km²,冰储量60 km³,冰川融水补给河流约8亿m³/a,占河西地表总径流量的11%。近40 a来,冰川变化直接影响着河西不同河流的径流变化:洪水坝河、党河和昌马河的冰川融水补给率达30%～40%以上,东大河、大渚马河、马营河和讨勒河的补给率为12%～14%,而西营河和梨园河仅有7%左右。在祁连山东段,由于气温升高、降水减少,径流呈明显的下降趋势;而中部和西部地区,在山区气温与降水量同步上升的情况下,出山径流则均呈上升的趋势(蓝永超等,2001)。

对"七一"冰川的分析表明,2006年该冰川融水径流模数为123.1 m³·s⁻¹·km⁻²(宋高举等,2008),是杨针娘等(2001)利用1970年代中期的延长系列资料计算的该冰川融水径流模数(53.7 m³·s⁻¹·km⁻²)的2倍多。尽管有时间序列长短的影响,但气温升高,冰川消融强度增大,冰川融水径流量增大是非常明显的事实。

(4)长江源

长江源区是江河源区冰川分布的集中区,其冰川面积占整个地区的89%以上。冰川融水占长江源区径流的25%以上,冰川变化对河川径流的影响十分突出。长江源区支流之一的沱沱河流域,位于唐古拉山北坡,是长江的发源地,流域面积1.56万km²,沱沱河流域共发育冰川92条,面积为389 km²,储量为42.2 km³,冰川覆盖度为2.4%(杨针娘,1991),以极大陆型冰川为主,占长江源区冰川相应总数的12.2%、30.5%和42%(施雅风等,2005)。1968/1971—2001/2002年间,沱沱河流域虽有一定数量的稳定或前进冰川,但退缩冰川的数量占整个流域冰川数量的72%,整个流域冰川面积处于萎缩状态,缩小的冰川面积占1960年代沱沱河流域冰川总面积的3.2%(Zhang等,2008)。

近40多年来,沱沱河流域冰川径流对河川径流的补给比例为32%(Zhang等,2008),1990 s以来整个流域冰川径流补给比例达到了47.4%。该流域河川径流从1960年代到1980年代末期呈减少趋势,1990年代初期以来有所回升;而冰川径流自1960年代以来呈持续增加的趋势,尤其1990年代以来增加趋势更为显著,这与该地区1990年代以来的持续升温(Kang等,2007)有密切关系。

在过去的40多年间,整个长江源区冰川平均补给比重为11%(Liu等,2009)。与沱沱河径流类似,1960年代以来,长江源区径流在波动中呈递减趋势,冰川径流则呈持续增加趋势,尤其是1990年代以来,河川径流减少、冰川径流增加的这种趋势更为显著,整个源区河川径流总量减少了13.9%,冰川径流则增加了15.2%。相对于多年平均径流量而言,1960年代和1980年代是长江源区径流的丰水年,而1970年代和1990年代是源区径流的枯水年,其中1990年代以来长江源区径流量是近40 a来的最低值。对于冰川径流来说,1990年代之前冰川径流处于平稳增加状态,1990年代冰川径流量则达到了近40 a来的最高值。与1961—1990年间相比,该时段内冰川径流量增加约1.78亿m³,相当于长江源区口前曲年径流量的1/2。1990年代以来的10余年间,长江源区冰川径流占整个源区河川径流量的17%,这说明随着源区冰川的持续退缩,冰川径流对长江源区径流的调节作用日益显著,1990年代以来长江源区河川径流表现偏少的情况下尤其明显。

(5)纳木错流域

纳木错位于青藏高原中部羌塘高原湖盆区，念青唐古拉山脉北麓，位于30°30′～30°55′N，90°16′～91°03′E，是西藏最大的湖泊，也是我国第二大咸水湖，湖面海拔4718 m，总面积1920 km²（关志华等，1984），纳木错东南侧的念青唐古拉峰周围发育有众多冰川，冰川融水成为湖水的主要补给来源。

1970—2000年间纳木错湖水域面积增加了38.15 km²（吴艳红等，2007），对应的湖水水位上升了约0.39 m，水量增加了0.765 km³（鲁安新等，2005）。同期该流域冰川面积减少了25.74 km²，且纳木错湖西北坡的冰川体积减少了1.115 km³（上官东辉等，2008），足以补充纳木错湖近30a来的湖水增量（0.765 km³）。进一步分析表明（朱立平等，2010），1971—2004年间，纳木错湖湖面面积扩大到2015.38 km²，年均扩大速率为2.37 km²/a，同时湖水量增加速率为2.37亿m³/a，分析发现，近期湖泊水量增加量中的51%来自冰川物质损失，显示气候变暖、冰川融水增加对纳木错湖迅速扩张有显著贡献（陈锋等，2009）。

(6)喜马拉雅山地区

气候变暖同样导致喜马拉雅山地区冰川退缩和冰川的强烈消融，其将影响该区域50%以上依赖于冰雪径流的恒河、印度河和雅鲁藏布江等支流系统的印度次大陆水资源。喜马拉雅地区东西部冰川径流对气候变暖的响应存在区域差异（Rees等，2006）。

以冰川融水补给为主的喜马拉雅山北坡卡鲁雄曲流域，年均径流深有明显上升的趋势，尤其在1998—2000年出现急剧增加（张菲等，2006）。M-K（Mann-Kendall）趋势检验可知，1994年以来，其河流年均径流增加趋势达0.45 mm/a。各月中，除了3—6月没有显著变化外，其他月份的增加趋势都通过$\alpha=0.05$的显著性检验。其中秋冬季（10月至翌年2月）径流的增加趋势较夏季更为显著。对1994—2003年与1983—1993年的径流量可知，10月至翌年2月径流增加了28%～67%，以1月增幅最大，而7—9月增加了21%～32%。由于7—9月径流占全年总径流的65%以上。这从一个侧面表征，冰川径流也可能有较大增加，且对全年径流的增加起着重要的作用。

青藏高原外流区五条主要河流1956—2000年年平均径流量变化分析显示（曹建廷等，2005），这些河流径流总量总体增加不大，但区域差异明显；雅鲁藏布江的奴各沙水文站年径流量整体呈现减少趋势，特别是20世纪80年代，年平均径流距平为−14%，但1998—2000年间径流量激增，3年平均径流量呈正距平（51%）。

珠峰地区绒布河2005年连续6个多月（4—10月）的水文过程观测分析表明（刘伟刚等，2006），径流模数为38.52 m³·s⁻¹·km⁻²。6—8月流量约占观测期内总流量的80%；与1959年观测结果比较可知，2005年同期总径流量比1959年有较大幅度增加，2005年6—8月各月平均流量较1959年分别增加了69%、35%和14%。冰芯恢复的降水量资料和珠峰附近长时间序列气象数据显示，该区域降水自1950年以来保持下降趋势，而气温则呈缓慢升高。气温升高、冰川径流增加是径流量增大的主要原因。最新研究表明，喜马拉雅山区冰川变化对于印度河和雅鲁藏布江径流的影响非常显著，在印度河流域，冰川融水径流是下游地区河川径流量的15.1%，雅鲁藏布江则达到27%，恒河相对影响较小，达到10%左右（Immerzeel等，2010）。

5.1.1.2　水资源影响的可能情景

IPCC（2007）第四次评估报告指出，未来几十年全球气温将持续上升，从而可能加速全球冰川（盖）的退缩。因此，更多的水资源则会由于冰川消融释放出来，进一步调节当前径流状态。认识冰川上积累储存和消融释放水量的任何变化，对于流域水资源管理的各个方面都有着十分重要的影响。李忠勤等（2007）根据观测到的冰川面积变化特征，推算乌鲁木齐河源1号冰川将在150～400 a间消亡。乌鲁木齐河及其各山地冰川流域，在夏季平均气温逐渐升高，年降水量增减不同比例组合情景下，其径流达到峰值和临界状态出现的时间各不相同（刘潮海等，2002）。在年降水量减少20%的情况下，夏季平均气温只需升高0.34℃，即在2010年左右，乌鲁木齐河的冰川径流量均可达到峰值，此后，冰川径流量开始衰减,达到临界状态的时间也最短(25～27a)。在年降水量增加20%的情况下,当夏季平均气温升高幅度较小时,冰川径流量呈下降趋势,此后,经过较长时间,冰川径流量才随着气温继续升高而达到峰值,即夏季平均气温逐渐升高到1.15℃,冰川径流量达到临界状态的时间也需要60年,从1993年算起,大约出现在2052年。基于冰川动力学模拟的乌鲁木齐河源1号冰川融水径流表明(叶佰生等,1997),认为20世纪90年代的冰川径流已远大于平衡态的补给量,随着气温进一步升高,冰川径流还将增大,并且在达到最大值后能维持很短的一段时间,随后会迅速减少(图5.4)。

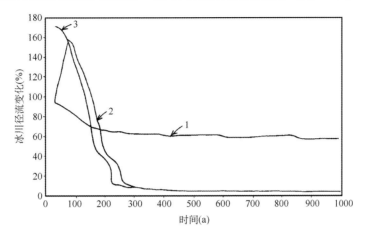

图5.4　不同气候条件下乌鲁木齐1号冰川径流的变化趋势(与30年平均比较)
1—气温不变;2—气温在40年内线性升高1.0℃;3—气温突然升高1.0℃(叶佰生等,1997)

该分析还表明,冰川径流峰值出现时间取决于升温速率,升温速率越快,达到峰值的时间越短。当升温速率从1.0 a/℃减缓到75 a/℃时,冰川融水到达峰值的时间则从数年变化到近百年。在相同升温速率下,不同规模冰川径流达到峰值的时间相差不大,但到达峰值后径流的衰减速率有很大的差别(图5.5)。这也说明流域内冰川融水径流变化的复杂性(叶佰生等,2002;Ye等,2003)。

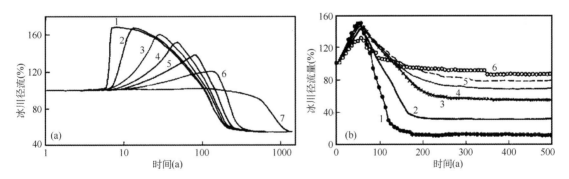

图5.5　不同规模冰川在不同升温条件下的冰川径流变化过程(叶佰生等,2002;Ye等,2003)。(a)不同升温速率条件;1.0 a/℃;2.5 a/℃;3.20 a/℃;4.40 a/℃;5.75 a/℃;6.150 a/℃;7.1000 a/℃。(b)不同规模冰川;1.0.61 km²;2.1.24 km²;3.5.57 km²;4.19.86 km²;5.31.11 km²;6.49.86 km²

祁连山北麓河西内陆河流域冰川融水分别经过石羊河、黑河、北大河、疏勒河、党河等5大水系流注河西地区,基于1956—1963年摄制的航空相片与地形图编制的祁连山冰川目录,杨针娘(1991)估算的冰川融水约为10亿 m³,占地表水径流量的14%。

康尔泗等(1999)根据英国 Had CM2气候模型模拟结果,结合河西实际,适当修正未来年代际的气温和降水变化,推算黑河莺落峡与疏勒河昌马堡二站控制流域的降水量、蒸发量、冰川融水与积雪融水补给量的变化,得到表5.1所示的径流量变化结果。蓝永超等(1999)利用灰色系统理论结合周期外延的预测方法,对未来50 a黑河干流等河西内陆干旱区主要河流出山口水文站径流量进行了计算,表明对昌马河出山径流量未来变化趋势的预估与康尔泗等结果较一致。表5.1显示,降水增加10%～20%,与蒸发增加平衡,在以降雨补给占绝对优势的黑河,径流量有少量减少趋势,在以冰川融水比重较大的疏勒河径流量有不大的增加趋势。但该模型均没有考虑冰川面积的减少。

表 5.1　河西黑河与疏勒河未来 50 a 年代际平均径流组成及变化模拟（据康尔泗等（1999）修改）

河流	年代	径流深(mm)	和 1980 年代相比（%）	降水量(mm)	蒸发量(mm)	冰川融水补给（%）	积雪融水补给（%）
黑河	1980	173.3	0.0	463.2	287.6	5.7	34.8
	2000	176.1	+1.6	531.0	320.8	5.7	25.5
	2020	170.2	−1.8	540.1	334.0	6.6	29.9
	2040	158.4	−8.6	555.9	344.7	7.2	30.5
疏勒河	1980	81.5	0.0	254.3	171.5	45.8	36.9
	2000	86.0	+5.5	294.9	184.3	43.2	38.7
	2020	84.9	+4.2	301.4	197.1	53.0	33.9
	2040	83.8	+2.8	314	200.7	54.8	35.3

对 ECHAM5/MPI-OM 模式预估的 21 世纪长江源区气温变化分析表明，21 世纪前 50 a 长江源区气温显著升高，与 1961—1990 年间相比，A2 和 B1 情景下长江源区平均气温分别升高 1.44℃ 和 1.53℃，冬春季节温度升高尤其显著。对于长江源区降水来说，未来 50 a 长江源区降水减少年份偏多，与 1961—1990 年间相比，A2 情景和 B1 情景下年降水量分别减少 12.2% 和 10.3%。在 A2 和 B1 情景下，与 1961—1990 年相比，到 2050 年，A2 和 B1 情景下长江源区冰川径流将分别增加 29.2% 和 29.8%。

喜马拉雅山东段冰川融水通过雅鲁藏布江流向印度洋。雅鲁藏布江流域的海洋型冰川面积可达 10067 km^2（施雅风，2001），冰储量 969.84 km^3，面积 >100 km^2 的冰川有 5 条，$50\sim100$ km^2 冰川 19 条，其中最大的冰川为念青唐古拉山恰青冰川，长 35 km，面积 207 km^2，冰储量 52.10 km^3，估算年总冰川融水量 233 亿 m^3（米德生等，2001）。就珠穆朗玛峰北坡绒布冰川的变化情况而言，基于冰川对气候变化响应的滞后特征，这类大冰川在未来 50a 将一直处于融水增长过程中，至 2050 年代融水量可能超过现在融水量 30%～50%（施雅风，2001）。

5.1.2　冰川变化的灾害影响

中国西部冰川的广泛退缩，对西部水资源变化产生影响的同时，对冰川灾害的影响也是不容忽视的。近年来，冰川洪水、冰湖溃决洪水（GLOF）的频率也逐年增加。

5.1.2.1　冰川阻塞湖突发洪水

中国已知且危害较严重的冰川阻塞湖主要为天山托木尔峰西坡的麦兹巴赫（Merzbacher Lake）冰川阻塞湖（图 5.6）及喀喇昆仑山北坡特拉木坎力、克亚吉尔等冰川阻塞湖。随着研究的不断深入，对这类冰川湖突发洪水有了一定认识。

最近，Ng 等（2007）考虑气候变化因子，结合 Nye 冰川湖突发洪水模型，从物理机制上对麦兹巴赫湖的洪峰流量进行了分析和模拟。

麦兹巴赫冰川湖至少已存在百年时间，其冰川阻塞坝为南伊利尔切克冰川，距冰湖以下的冰舌区长度在 15 km 左右。研究表明，长期气候变化对突发洪水洪峰流量和总洪水量有影响。通过对协合拉水文站洪水过程的分析，虽然长期洪峰流量增加趋势有所不同，但洪峰流量增加趋势的认识却是一致的（刘景时，1993；刘时银等，1998）。通过分割基流，进一步分析发现，受气候变暖、冰川消融增加的影响，冰川坝体厚度减薄，尽管协合拉站观测到的基流显著增加，而历次突发洪水总量有所下降（Ng 等，2007）（图

图 5.6　阿克苏河出山水文站与 Merzbacher 湖位置分布

5.7）。即便如此,洪峰流量却呈增加趋势。这与气候变化,历次洪水期间入湖水量增加有关。

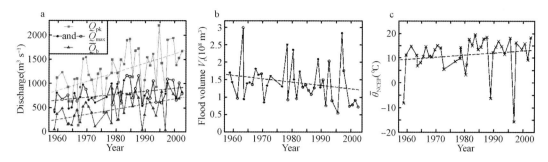

图5.7 1958—2002年麦兹巴赫冰湖突发洪水特征。(a)协合拉站洪峰Q_{pk},协合拉站历次洪水平均基流Q_b,分割基流后的突发洪水洪峰流量Q_{max}。Q_{pk}、Q_b、Q_{max}的线性趋势分别为$+19.0$、$+10.5$、$+6.2$(m^3/s)/a。(b)突发洪水总量V_t,线性趋势$1.0×10^6\ m^3$/a。(c)历次洪水期间NCEP平均气温,线性趋势$+0.087℃$/a(Ng and Liu,2009)

5.1.2.2 冰碛阻塞湖

(1)中国喜马拉雅地区冰碛湖

近期开展了我国喜马拉雅山区的冰碛湖编目工作,分别为以1970—1980年大比例尺地形图为主的一期编目和以2004—2008年ASTER数据为主的编目(王欣,2008)。2004—2008年间,中国喜马拉雅山地区冰湖总数为1630个,总面积为206 km²,包括冰碛湖、冰面湖、冰蚀湖、冰斗湖和河/槽谷湖等,其中冰碛湖最多,占71%;其次是河谷/槽谷湖,占17%,冰面湖、冰蚀湖和冰斗湖分别占3%、4%和5%。

我国喜马拉雅山地区的冰湖分布于海拔3400~6000 m,其中86%的冰湖分布在4700~5700 m;冰湖数量最多的高度是5500~5600 m,为215个;冰湖面积最大高度是5100~5200 m,为34.01 km²,也就是说,冰湖数量最多的高度与冰湖面积最大的高度相差400 m。与地形图时期冰湖面积相比,近30年间该地区冰湖数量减少了7%(图5.8),变化最快的为冰碛湖,消失的冰湖中,66%为冰碛湖;新增加的冰湖中88%为冰碛湖。本区冰湖面积增加主要与气候变暖、降水增加、冰川退缩和冰川消融加快等有关。

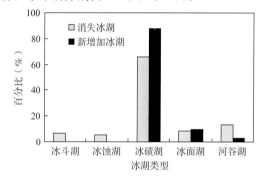

图5.8 近30年来中国喜马拉雅山地区不同类型冰湖的变化比例

以冰碛湖类型、面积及其变化、储水量、冰碛坝特征、与母冰川距离等为主要指标,在建立概率评估模型基础上,对我国喜马拉雅山地区潜在危险性冰碛湖进行识别,有143个冰湖具有潜在危险性。利用溃决概率模型计算出等级为溃决概率"非常高"的44个、"高"的47个、"中"的24个、"低"的24个、"非常低"的4个表碛湖。其中溃决概率等级在"高"及其以上的冰碛湖,中段最多39个,占43%;东段次之31个,占34%;西段最少22个,占24%。从流域角度来看,具有较高溃决概率等级的冰碛湖也主要集中分布于中、东段为数不多的流域中,如拿当曲、叶如藏布、洛扎雄曲、年楚河、佩枯错等。另一方面,自20世纪中期以来,本区在气候总体呈现变暖,冰川总体呈退缩趋势。喜马拉雅山西段杰玛央宗附近地区属于高原亚寒带干旱季风气候区,根据该地区相邻近的纳木那尼峰地区的典型冰川变化遥感分析,在1974—2000年期间该地区的冰川面积退缩了10.7%左右,冰川融水对湖泊补给起到重要作用(鲁安新,2006)。喜马拉雅山中段过去的几十年中冰川一直处于退缩状态,其中珠穆朗玛峰地区冰川自1960年来平均退缩的速度为5.5~8.7 m/a,希夏邦马峰冰川自1980年来平均退缩的速度为6.4 m/a。由此看来,本区冰湖面积增加是气候变暖、冰川退缩和冰川消融增加的产物,尤其在现代冰川作用边缘高度附近、冰碛物丰富的地段(本区平均约为4900~5700 m),冰湖变化尤其明显。冰湖的这种变化趋势,使得本区冰湖变得不稳定,溃决风险增加。

(2)念青唐古拉山地区

帕隆藏布流域集中分布了我国最大的海洋性冰川群,共有冰川1861条,总面积达4638.42 km²。在这些冰川的末端伴生着大量的冰碛湖、冰面湖、冰蚀湖、冰斗湖和河/槽谷湖等类型的冰湖。利用遥感方法对该流域冰湖进行了编目,结果表明,帕隆藏布流域共有冰湖 452 个,1970—2008 年期间,新增 112 个冰湖(鲁安新,2006)。对其中的 375 个资料较完整的冰湖分析得到,冰湖面积在 1970—2008 年间扩大 5.2%。其中,新增 77 个冰湖,新增冰湖的总面积为 4.45 km²,消失冰湖 57 个,消失冰湖的总面积为 3.06 km²。

从冰湖随高度分布来看,帕隆藏布流域中国境内的冰湖分布于 2700~5420 m,其中 67.7%的冰湖介于 4500~5420 m,而冰湖数量最多的高度为 4500~5000 m,共计 141 个;冰湖面积最大高度是 3500~4000 m,为 30.35 km²。对帕隆藏布流域的冰湖进行综合分析可知,该流域 43 个冰湖处于危险等级,其中 4 个冰湖(群)处于严重危险等级。

由波得藏布源头串珠状冰湖在 1968 年、1987 年和 1999 年的面积变化情况得到,冰川退缩影响下,冰川融水对冰湖的补给增加显著,原有措毛切和措右冰湖面积增大,且新增两个冰湖,这四个冰湖从 1968 年的 1.27 km² 扩大到 1999 年的 2.82 km²,湖水面积在 31 年间扩大了 122%,冰湖面积的扩大使冰湖的潜在溃决危险日益加大。在该串珠状冰湖的下游方向有错青玛牧场、竹珠玛牧场、恩卡牧场和舍托龙巴牧场等牧场,及玉仁乡、许木乡和倾多镇等乡镇,且波得藏布注入帕隆藏布处为川藏公路。上述冰湖潜在溃决危害值得重视。

5.2 冻土变化的影响

过去几十年来,我国多年冻土呈现出不同程度的退化,主要表现为多年冻土上限下移(活动层增厚)、分布下(南)界升高(北迁)、厚度变薄、空间分布面积萎缩,片状冻土向岛状冻土退化,原有岛状冻土消失。这些变化或多或少已经影响到区域小气候乃至全球气候系统、区域水文地质条件和水循环过程,也影响到了区域生态环境,如沼泽湿地萎缩、高寒草地的"三化"(退化、沙化、盐碱化)等,致使多年冻土区的生态环境持续恶化。

5.2.1 冻土变化的气候效应

冻土和气候系统之间的作用是相互的。一方面,气候是制约冻土动态变化的主导因素,多年冻土是气候变化的敏感指示器;另一方面,冻土的变化也反作用于气候系统。统计数据表明,全球冻土区约占陆地面积的 67%左右,冻土因其广泛的分布面积和与相变有关的巨大冷储量,以及由于冻融作用所可能导致的地表反照率、土壤湿度等的变化,对气候起到反馈作用。

5.2.1.1 多年冻土变化导致地表反照率的变化

冻土退化引起下垫面状况的改变会影响太阳短波辐射的接收,即地表反照率,而太阳辐射能是大气动力的主要来源。对青藏公路沿线唐古拉至那曲间 4 个观测点(高寒草地)地表反照率的研究表明,高原地表反照率季节变化显著,呈现冬季>春季>秋季>夏季的状况,说明除太阳高度角外,下垫面状况对地表反照率的影响很大(李英等,2006)。近期通过对青藏高原唐古拉山垭口附近、五道梁附近的大片连续多年冻土区和西大滩附近的多年冻土下界附近的观测资料的分析研究表明,地表反照率除受地表的积雪状况显著影响之外,无积雪日还呈现出夏季最小,冬季最大,春季大于秋季的特征(肖瑶等,2010),统计分析表明,地表土层完全融化期间,地表反照率与表层土壤温度和含水量成较好的负相关关系;而在表层土壤呈冻结状态

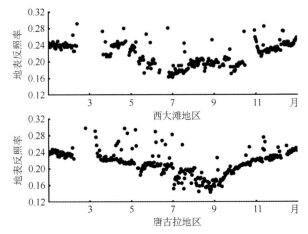

图 5.9 2007 年西大滩、唐古拉地区无积雪覆盖日的地表反照率(孙琳婵,2010)

且无积雪覆盖时,由于土壤中的未冻水含量是土壤温度的函数,地表反照率随表层土壤未冻水含量,也即随土壤温度的升高而减小(孙琳婵等,2010)(图5.9)。针对三种不同植被类型的下垫面,地表反照率四季均表现为:高寒草甸(唐古拉)<高寒草原(西大滩)<荒漠草原(五道梁)(肖瑶等,2010)。较多的研究均表明,伴随着高原多年冻土的退化,活动层将加厚,表层土壤水分含量将减小,青藏高原多年冻土区植被的退化过程表现为,由高寒草甸、高寒草原到荒漠草原的逐渐演变方式(Zhao等,2004)。这种退化将使得高原多年冻土区的地表反照率增大,进而影响地表辐射平衡和其上的大气运动。因此,基于数值试验研究结果(刘晓东等,1996)可以推断,由于青藏高原多年冻土退化导致的高原主体的地表反照率的增大可能会引起东亚夏季风和高原夏季风的显著减弱,使我国东部季风区北方变暖、南方变冷,降水普遍减少。

5.2.1.2　多年冻土变化导致土壤热物理参数的变化

冻土退化会影响土壤内部水热状况,导致土壤热物理参数的变化,致使地气间的能量传输过程发生变化,进而影响到区域气候系统。研究表明,发生相变的系统与环境间的能量交换量是没有发生相变的1.5倍以上,并随土中的水分含量的增大而增大,许多情况下达到10倍以上(李述训等,2002)。基于青藏公路沿线多年冻土活动层实测地温、土壤热通量和土壤含水量等资料对土壤热力学特征的反演结果表明,冻融过程中活动层表层土壤的热力学特征存在着显著的季节动态变化过程,热导率随土壤含水量增大而增大(图5.10),冬季未冻水量变化对冻结条件下热导率的贡献率可达55%(李韧等,2010),超过了土壤含冰量的贡献。

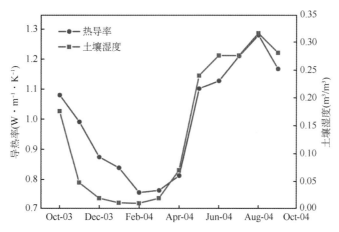

图5.10　青藏公路沿线多年冻土活动层表层月平均土壤热导率与土壤湿度的关系(李韧等,2010)

预测表明,随着气候变暖,活动层加厚,表层土壤湿度下降,因此,土壤热导率随之减少。活动层表层热导率的变化势必对地表进入土壤的通量产生影响,从而对陆面热量的分配产生影响。资料分析结果显示,高原地区活动层表层土壤含水量气候倾向率为每10年减小6%,其减小使表层热导率减少0.1 W·m^{-1}·K^{-1}。热导率越小土壤热量传输的速度减小,浅层土壤热量相对较大,温度较高,土壤温度梯度变大。浅层较小的导热率对应相对较干土壤,因而地表蒸发减小,潜热变小。唐古拉观测场的资料分析结果显示,活动层浅层土壤热导率每减小0.1 W·m^{-1}·K^{-1},地面感热相对增大13%,增大幅度可达4.7 W·m^{-2};潜热相对增大了8.8%,增大幅度达3.3 W·m^{-2}。可见活动层热导率的变化对地表能量分配产生了一定的影响。

青藏高原地面感热异常变化对中国气候变化影响的统计事实显示,感热变化对北半球大气环流和中国气候具有异常的影响,直接影响着高原冬季和夏季的气温与降水(李栋梁等,2003)。在青藏高原冬季地面感热大面积异常增强的热力强迫作用下,高原东部及河套地区容易形成反气旋扰动,可能导致西部地区冬季干旱少雨;由于西南低涡与江淮及江南地区较强的东风扰动汇合,造成该地区水汽的辐合区,容易产生多雨。还有数值模拟结果表明,青藏高原热源强迫是大气环流系统形成和维持的重要原因(华明,2003),热源强迫有利于对流层低层气旋环流或低涡的生成、发展,也有利于季风环流增强,是造成青藏高原及其周围地区以及高原东侧大范围降水变化的原因,多年冻土是高原热源的重要敏感因子。青藏高原热状况异常还可以影响到副高脊面附近的温度场,特别是脊面北侧的温度,3月份高原上空气温与季节转换日期高度相关,进一步说明这种影响非常显著(毛江玉和吴国雄,2006)。

5.2.1.3 多年冻土变化导致大气粉尘的变化

冻土变化对沙尘暴的发生也有影响(赵建华等,2005)。沙尘暴的发生是个复杂的过程,除了受大尺度大气环流的影响以外,还与局部地形及下垫面状况有关。活动层厚度与季节冻土深度在一定程度上反映了下垫面温度与土壤含水量的综合效应。研究表明,1951—2000年的沙尘暴发生日数与季节冻深有着很好的相关关系(赵建华等,2005),其中:在12

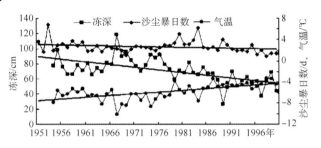

图5.11 冻深、沙尘暴日数与气温的年际变化(赵建华等,2005)

月至翌年6月有冻土的月份里,沙尘暴日数的中心总与冻结深度的极小值或相对小值中心对应,且沙尘暴日数中心值越大,冻结深度越浅,沙尘暴日数中心值越小,冻结深度越大(图5.11);沙尘暴的年际变化表明,冻结较深的年代越不利于沙尘暴的发生,气温在沙尘暴与冻深之间起到了一定的纽带作用。另外沙漠化与冻土退化相互促进发展,伴随着多年冻土的退化,青藏高原植被会将出现沼泽—沼泽草甸—草甸—草原—荒漠草原—荒漠这样一个渐变转化过程(王绍令等,1999)。在这样的背景下,伴随着气候变暖,多年冻土活动层将增厚,而季节冻土区土壤的冻结深度将减小,由此推断这样的冻土变化可能会导致沙尘暴更为频繁的发生。

5.2.1.4 多年冻土变化可能导致冻土区碳的源汇效应发生变化

多年冻土中储存了大量的有机碳,对全球气候环境变化的响应和反馈极为敏感。IGBP指出,在全球气候变暖的背景下,多年冻土退化将导致大量甲烷等温室气体排入大气中,从而增强温室效应,促进气候的进一步变暖(IGBP,1990)。多年冻土退化对温室气体排放的影响主要表现为两个方面:一是土壤温度升高,二是活动层厚度增加和融化时期增加。研究表明,青藏高原多年冻土地区,土壤CO_2浓度与土壤温度呈现比较明显的正相关关系(岳广阳等,2010;Zhao等,2008;赵拥华等,2006)。严重退化草甸均表现出较高的CO_2排放通量,CO_2通量在生长季节表现为吸收特征,非生长季节表现为弱排放特征,并与土壤温度呈现显著的正相关关系(徐世晓等,2004;2005;朱志鹍等,2007;Wang等,2007)。另外,CH_4、CO_2排放通量具有明显的时空差异,活动层中CH_4、CO_2的排放主要决定于活动层CH_4的生成,下部生成的大部分CH_4通常在上层被吸收或氧化为CO_2;并且温度的增加会引起土壤中的C在敏感性细菌的作用下以CH_4和CO_2的形式迁移到大气中(朱仁斌等,2002)。另据研究,土壤冻结时地表和大气之间的温室气体交换可能是最小的,但是随着温度升高解冻时的大量释放而增加,就像研究中记录的"呼吸爆喷"。具体表现为:随着冻土退化趋势的加剧,冻土融化和减薄,活动层厚度增大,有机物的分解作用加速,多年冻土中束缚的CO_2、CH_4、N_2O等气体大量释放进入大气圈,从而对气候变暖形成正反馈作用(林清等,1996;孙菽芬,2005)。

5.2.1.5 多年冻土变化导致地表热量平衡的重新分配

气候敏感性研究表明,陆面特征的改变能够在很大程度上影响全球或区域性陆地表面的能量和水分平衡,从而深刻的影响局地、区域乃至全球的大气环流和气候变化。而冻土表面温度和冻融状态的变化极大地影响着冻土与大气之间的物质和能量交换(孙菽芬,2005)。近几年来的研究表明,由于青藏高原活动层夏季的融化耗热和夏季地表较强的蒸散发抑制了表层土壤温度的升高,进而导致地气温差下降,使得夏季感热较低、潜热较高(图5.12)(Yao等,2008;姚济敏等,2008;Ma等,2003;马伟强等,2005),形成高原腹地地表能量分配的冬季感热为主、夏季潜热为主的特性。这一现象与高原冻土的冻融过程密切相关。冻土的退化势必影响冻融过程中的水热输运过程,进而影响到地气能水交换过程,导致鲍恩比发生变化,并作用于区域气候和生态系统。有关多年冻土的这种变化对气候的反馈过程仍然是个未解之谜。

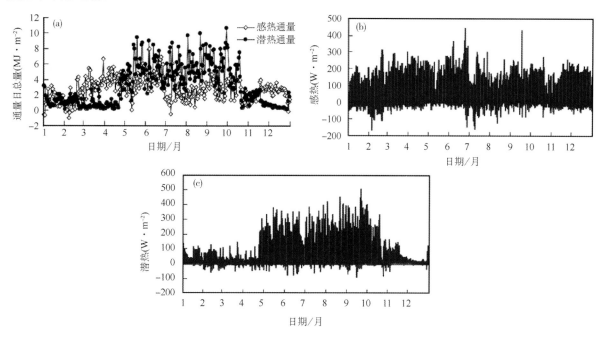

图 5.12　2005 年唐古拉垭口地区感热、潜热通量变化(姚济敏等,2008)

　　植被变化与土壤水—热的变化是相互联系、相互影响的(吴青柏等,2002 a;2003)。多年冻土区植被能滞留大部分太阳辐射,植被的蒸散要消耗大量的土壤水分。植物生长过程中,因盖度不同,土壤温度将发生明显变化。监测事实表明,青藏高原矮嵩草草甸覆盖区与相邻的气候、土壤条件基本相同而没有植被生长区域相比,土壤温度倾向率要高 0.23℃/旬(李英年等;2006)。在植被稀少或裸露地区,地温在夜间降低快,而有覆被区域由于植被存在,对长波辐射散热起"缓冲"作用而降低,这种"缓冲"作用在覆被越厚时作用越明显,所以覆被的加厚对地温提升有利(张立杰,2006);融化期的土壤温度随深度呈降低趋势,冻结期地表的感热通量和潜热通量都明显小于融化期。

　　总体上,冻土对陆地表面和其上大气有明显的影响,冻土的时限、持续时间的长短、活动层厚度及分布主要受陆地表面和大气之间热量交换的影响,这些事件的任何变化都是气候变化很好的指示物。冻土变化会影响陆面特征,从而影响下垫面动力和热力效应,对气候系统形成反馈,此外,由冻土退化引起温室气体的排放会进一步加剧气候变暖,冻土退化对我国及全球气候变化会产生重要影响。

5.2.2　冻土变化对水文和水循环的影响

　　冻土独特的水文特征在水分循环过程中发挥着重要的作用,研究表明,多年冻土区的径流系数高于非冻土区(杨针娘等,1993)。由于多年冻土上限附近高含冰量土层为不透水层,地表水文循环过程基本被限制在活动层中,这些地区的水文系统主要由降水、活动层储存水、蒸发、蒸腾和径流组成(Kane等,1991)。而冻土由于其在冻结过程中赋存了大量固态水,提高了土壤的蓄水量,也抑制了土壤蒸发。冻土退化,会使活动层内地下水位、冻融面等发生改变,直接影响冻土区的水文过程(Li 等,2008;Wang等,2009)。另外,在活动层底部、多年冻土顶板附近通常都会有富冰土层存在,活动层增厚也会引起地下冰的融化,影响冻土地区径流的产出和水文过程(Liu 等,2003;Li 等,2008)。

　　多年冻土活动层的特征受控于气候、地理、地质等诸多因素,如气温、降水、土壤物质成分、含水量以及地表覆被状况等,任何因素的差异都可能导致活动层特征在不同的时间和空间尺度上有较大的变化,进而直接影响冻土区的水文循环过程(吴青柏等,1995;2002;2003;赵林等,2000;Zhao 等,2000)。

　　近 20 年来黄河源和长江源的径流量分析结果显示,黄河源唐乃亥站实测径流量自 1990 年代以来较 1980 年代以前下降了 30% 以上(张士锋等,2004),长江直门达站流量减少 17%(谢昌卫等,2004),较多证据显示,过去几十年来多年冻土的退化可能是导致径流减少的主要原因之一。例如,黄河源区黄河沿以上多年冻土分布较为广泛的地区，径流—降水的相关性较差，但与地温的相关性较好，说明下垫面条件对径流调蓄的作用显著（车骞等，2005）。自 1950 年代到 1990 年代的 40 a 以来，黄河上游流域普遍存在升温的变化趋势，尤其是冬季升温明显，同时导致冻土层温度的升高和冻土退化，蒸发加剧，不同程度上影响了流域内径流的变化（韩添丁等，2004；黄荣辉等，2006）。

综合来看冻土变化对水文循环要素的影响主要集中在对土壤入渗、蒸散发、土壤水源涵养能力、多年冻土浅层地下冰的融化以及流域产汇流的影响等方面。

5.2.2.1　冻土变化对土壤入渗的影响

土壤的入渗受控于土壤的组构，土壤初渗率主要与土壤表层容重、自然含水量有关，土壤稳渗率则与大于 0.25 mm 的水稳性团粒含量、底层容重有关（蒋定生，1984）。土壤入渗能力还随土壤含水率的升高而减小（郑秀清，2000）。一般来讲，在多年冻土发育较好的地区，表层土壤的含水率较高，土壤的入渗能力也就越小。这说明，伴随着多年冻土的退化，活动层逐渐增厚，冻结层上水水位将下降，表层土壤的含水率也将下降，这势必将导致表层土壤的入渗能力增大。而有关植被对水文过程的影响方面的研究却给出了相反的结论，认为在多年冻土退化过程中，随着土壤退化，植被盖度的降低，由于植被对雨滴的拦截、枯枝落叶对地表的保护作用减弱，植物根系对土壤的缠绕固结作用也降低，土壤入渗能力下降，入渗水量减少，地面出现径流的时间明显提前（李元寿等，2005；2009）。当然这两个相反方向的影响是相辅相成的，可以认为，当多年冻土的退化还没有引起地表盖度的较大变化时，多年冻土退化将导致表层土壤入渗能力的增大，而当多年冻土强烈退化已经导致地表植被盖度大幅度降低时，势必会将导致表层土壤入渗能力的下降。近期的一些研究表明，广泛分布于青藏高原河源区的高寒草甸草地，覆盖度与土壤水分之间具有显著的相关关系，在保持其原有的植物建群和较高覆盖度时，土壤上层具有较高持水能力，降水通过表层向深层土壤的渗透速度缓慢。通过冻土区不同时期地温和饱和导水率回归分析，结果表明：土壤的入渗与地温关系密切，随着地温的升高，饱和导水率随之升高，两者的相关性明显（王根绪等，2003）（图 5.13）。

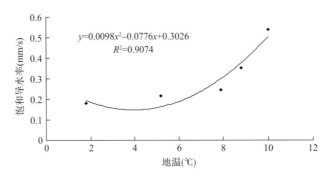

$$y=0.0098x^2-0.0776x+0.3026$$
$$R^2=0.9074$$

图 5.13　5 cm 深度地温与饱和导水率关系图（王根绪等，2003）

5.2.2.2　冻土变化对土壤蒸散发的影响

多年冻土区的低温条件、地表土层周期性年和日冻融循环以及活动层内部独特的水热耦合过程（赵林等，2000），使得地气间的水分循环与能量交换过程具有独特的特征，尤其在高寒草地生态环境中，土壤和草地的蒸散发过程是参与冻土区水分循环的重要因子（张寅生等，1994；2007；莫兴国，1996；Zhang 等，2003），由于枯枝落叶层及草甸层具有比土壤更多更大的孔隙，使得蒸散发量很大，山区草地的热量主要消耗于蒸散发（张寅生等，1994；Kang，2000），例如高原湖泊周围植被的蒸散发要数倍于空旷水域的蒸发，它超过湖泊其他形式的水分损失（Boon 等，1992）。研究表明，由于温度升高，黄河源地区的陆面蒸发量平均增加了 41.5 mm，折合水量 8.69 亿 m^3，超过了当地的多年平均径流量。降雨量增加了 25.2 mm，折合水量约 5.3 亿 m^3，两者相差 3.39 亿 m^3，导致径流量和土壤水分以及湖泊持水量的持续下降（张士锋等，2004）。预测表明，未来气候变暖背景下我国的多年冻土将进一步退化，植被生态随之恶化，加之地表土层含水量将减少，多年冻土区的蒸散发可能会减小。

5.2.2.3 冻土区变化对土壤水源涵养能力的影响

冻土区水源涵养、河流水量调蓄对冻土变化尤其敏感,研究表明,青藏高原高寒矮嵩草草甸区的土壤湿度随植被盖度增加而降低,0～60 cm整层土壤湿度以1.3％/旬的速率递减(李英年等,2005)。广泛分布于青藏高原河源区的高寒草甸草地,覆盖度与土壤水分之间具有显著的相关关系,尤其是20 cm深度范围内土壤水分随植被盖度呈二次抛物线性趋势增加;在保持其原有的植物建群和较高覆盖度时,土壤上层具有较高持水能力,降水通过表层向深层土壤的渗透速度缓慢,且具有较均匀的土壤水分空间分布,水源涵养功能明显;高寒草甸草地退化后的高山草甸土壤趋于干燥,持水能力减弱,即使进行人工改良以后,土壤水分含量与持水能力也不会有明显改善(王根绪等,2003)。当覆盖度<50％以后,土壤表层水分聚集现象不再存在(王一博等,2006)。不论是早晚还是中午,矮嵩草草甸土壤湿度都随植被覆盖度的增加而增加(李英年等,2006)。

通过在0～60 cm的土壤剖面中水分含量的研究,可以明显看出在各类不同植被类型土壤中水分含量有很大的差异性(李元寿等,2007;2009)。灌丛植被的土壤体积含水量最高,草甸类植被土壤次之,但由于草甸类植被的持水能力比灌丛植被差,所以在10～30 cm范围内的土壤随深度增加,土壤体积含水量快速下降。在实际调查研究中也发现,青藏公路沿线的草甸类植被区被破坏以后,恢复能力比较差,土壤的改变程度也比较严重,沙漠化、荒漠化速度很快。在40 cm以内,冻土层的体积含水量基本趋向一致,大概在30％左右,因为在青藏公路沿线的植被都普遍矮小,根系不发达,很少有植物根系达到40 cm以下,地表蒸发和植物蒸腾作用不会对其土壤体积含水量产生直接影响。另外,在40 cm以内,冻土本身与外界热量交换比较弱,所以,土壤体积含水量基本保持一致。

高寒湿地较为发育的流域,水源涵养指数可以近似地直观反映出流域径流形成与调蓄能力的变化。自1985年以来,长江源区水源涵养指数从1960年代的平均0.75减少到1990年代的0.70,减少6.7％,其中从1970年代以来减少了10.3％;相同时期黄河源区流域水源涵养指数从平均0.46下降到0.42,减少8.7％,但黄河源区流域水源涵养指数的递减主要发生在1980年代至2000年时段,在1960—1980年代时段略有增加。上述流域水源涵养指数的变化与不同流域湿地分布与变化具有很好的对应性,因此,冻土区湿地系统变化对于河流水源涵养功能的影响较大,伴随湿地退化,水源涵养指数显著递减(王根绪等,2007)。长江源区湿地系统强烈退化导致了长江源区流域水源涵养指数自1960年代以来的持续递减,且伴随湿地系统退化加剧,递减率不断增加。黄河源区水源涵养指数递减幅度较小且主要发生在湿地系统严重退化的1980年代以后。

5.2.2.4 冻土变化对产汇流的影响

在青藏高原高海拔区,降水、融雪以及冻土融化形成的径流成为地表径流的主要方式(杨针娘等,1999;Wang等,2009),而流域降水、不同地貌景观、冻土变化、植被覆盖变化等都是影响产汇流的重要因素。在风的搬运作用下,雪容易产生再分布,因此,其分布不是偶然的,而是与地形特征、微地形、植被类型、覆盖度和分布紧密相关的。同时,积雪期的确定对融雪过程中融雪水初始补给的不同步性和流域积雪分布的变化影响重大。青藏高原多年冻土区不同覆盖度高寒草甸草地在次降水尺度上降水—径流并没有呈现出直线线性相关关

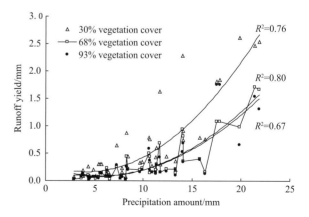

图5.14 不同典型高寒草甸草地坡面降水产流分布

系,但呈现为二次抛物线形曲线相关关系,由上到下依次为覆盖度30％、65％、93％(王根绪等,2007)。如图5.14所示,从相关系数上可看出65％覆盖度的降水和产流相关系数最大,93％覆盖度的降水和产流相关系数最小,高覆盖度的草甸形成产流与降水量的相关关系不高,这也从一个方面表明93％以上覆盖度对降水的调节再分配程度比较高。无论是产流量还是降水产流率都是30％覆盖度的最高,降

水—产流的相关系数并不是最高，可能由于该区域降水形态的多样化，影响降水强度，不同覆盖度变化对降水产流的响应程度降低。

高山冻土区产汇流水文过程受制于下垫面与大气水热状况，地表状况、气温、降水，冻结与解冻直接影响冻土区径流的产汇流过程及其径流特征（杨针娘等，1993；张学成等，1991；杨志怀，1992；杨针娘等，1992a；1992b）。黑河上游林区下的研究结果显示出冻土区最大产流量产生于最大融雪期（王金叶等，2001），其产流主要是冰雪和冻土的融水混合径流，冻土层作为不透水层可以提高流域融雪与降雨径流的产流量，并得出冻土地区的径流系数（0.70）高于非冻土地区，并随气候变化而发生变化（杨针娘，2000）。

5.2.2.5　冻土变化对地下冰的影响

近期的研究表明，青藏高原多年冻土中的地下冰储量高达近 10,000 km³，其中多年冻土上限以下 1 m 深度之内的平均重量含冰量可达 38%，土壤平均干容重约为 1.55 kg/m³（赵林等，2010），计算所得平均体积含冰量近 59%，而上限附近数厘米到半米深度内的含冰量可能更高。监测表明，1999 到 2008 年间，青藏高原多年冻土活动层的平均增厚速度可达 35～61 cm，平均每年 4 cm（Zhao 等，2010）。据此，按照青藏高原多年冻土的分布面积（130 万 km²）估算，近 10 年间，多年冻土活动层增厚融化的冰量可达 300 亿 m³，平均每年超过 30 亿 m³。这还不包含过去 10 年来多年冻土消失和多年冻土下限上升导致的地下冰融化量。按照经验估算，容重大于 1.5 kg/m³ 的土壤体积持水力一般小于 30%，这样就说明过去 10 年来多年冻土表层由地下冰融化为液态水的部分的一半，也即至少约 150 亿 m³ 将参与到地下水的循环过程之中。至于这些被融化的地下冰究竟是如何参与水分循环过程的，仍然是个谜。

综合来看，水文学家关注的对象是陆地上的水文循环过程，包括降雨、蒸发、截留、填洼、入渗、坡面与河道的汇流及地表以下的水分运动过程。冻土变化对冻土区上述水文要素的影响最为直接的，全球变化背景下冰冻圈环境正在发生重大变化，冰冻圈和水资源以及生态系统等方面的变化尤为突出，这些变化对高原及周边地区人类生存环境产生了重大影响（程国栋等，2000；王根绪等，2004）。冻土变化对水文要素的影响结果在青藏高原这个全球气候环境变化的"启动器"和"放大器"上表现得更为敏感（Wang 等，2006；李元寿等，2009）。

5.2.3　冻土变化对生态和环境的影响

5.2.3.1　青藏高原冻土变化对生态和环境的影响

青藏高原是世界上海拔最高、面积最大、形成最晚的高原，同时还拥有我国面积最大的多年冻土和天然草地分布区。据统计，青藏高原多年冻土区面积大约 1.5×10⁶ km²，约占我国多年冻土区总面积的 70%，为世界中低纬度海拔之最（周幼吾等，2000；南卓铜等，2003）；区内草地面积约 1.2×10⁶ km²，占高原陆地面积的 48% 以上（李文华和周兴民，1998）。高寒环境下土的冻结和融化作用所塑造出的寒冻土壤及协同共生冷生植被群落等共同组成了青藏高原独特的冻土生态系统（吴青柏等，2002；Walker 等，2003）。这些区域内大多气候严酷、环境恶劣，生态系统极其脆弱且对气候变化反应敏感，被公认为全球气候变化的敏感区和生态脆弱带（Liu and Chen，2000）。因此，青藏高原多年冻土地区的生态环境对全球气候变化具有重要的指示性意义。

随着全球气候变暖的日益加剧，多年冻土退化形势将进一步恶化（秦大河等，2002）。青藏高原的升温幅度高于全球平均水平，加之该区独特而又脆弱的低纬度冻土高寒生态系统（Zhao 等，2000；吴青柏等，2002），由此而引发多年冻土退化的生态效应也将更为强烈。

冻土的发生、发展与地表植被、土壤水分和土壤性质等是一种相互依存和相互影响的关系。多年冻土的状态及其变化对生态环境的演变起了决定性的作用（Sazonova and Romanovsky，2003）。作为陆地生态系统重要的组成部分，多年冻土退化在改变原有立地环境的同时，也对冻土植被生态系统的稳定性产生影响（Tilman and Downing，1994；Tracy and Brussard 1994；袁九毅等，1997；Camill and Clark，2000），进而导致整个区域的生态、水文过程的改变（Naeem and Li，1997；Camill，1999）。国际

IGBP 的大量研究指出,伴随着全球气候变化,区域性的冻土退化正对植被生态系统产生巨大而深刻的影响(Schulze 等,2000;Walker 等,2003;Christensen 等,2004),植物群落结构、生产力、土壤特性以及其他诸多生态功能等均已不同程度发生变化(Walker 等,1991;Jorgenson 等,2001;McGuire,2002)。

由于多年冻土对于气候变化响应非常的敏感(Woo 等,1992;Buteau 等,2004;Christensen 等,2004),气候变化及其作用下的冻土环境变化是导致高寒生态系统变化的最主要和直接因素(王根绪等,2006)。在多年冻土区,活动层中的水分是植被可利用水分的主要来源,多年冻土变化会导致活动层水热状况的改变(李述训和程国栋,1996),直接影响植被的生长和分布(吴青柏等,2003;张森琦等,2004)。研究表明,活动层作为近地表含水土层维系着多年冻土区独特植被的发育,活动层增大将导致表层土壤含水量的减少,从而对多年冻土区土壤和植被产生影响(Zhao 等,2000)。根据相关报道,高寒草甸植被覆盖度及地上生物量等均随着多年冻土上限深度的增加而呈现较为显著的递减趋势(王根绪等,2006),植物群落物种组成等生物学特征也发生相应改变(袁九毅等,1997)。在多年冻土退化的过程中,还会出现植被高度变矮,初级生产力下降,物种多样性降低、群落结构和功能改变、植被由碳汇转变为碳源及逆行性演替加剧等现象(张镱锂等,2002;张森琦等,2004;郭正刚等,2007)。由冻土退化引起的山地高山草甸、沼泽湿地退化在黄河源区乃至青藏高原较为普遍(陈桂琛等,2002)。青藏高原多年冻土的退化和人类活动的干扰已经导致黄河源区的草地严重退化(陈全功等,1998;沈永平等,2002;龚建国和李林,2004;冯永忠等,2004)。另外,多年冻土退化还将引发鼠害加重、沙漠化迅速蔓延等一系列生态和环境问题(程国栋等,2000)。随着多年冻土退化的持续进行,植被类型将沿着从沼泽化草甸到典型草甸、草原化草甸和沙化草地的模式进行逆行演替(王根绪等,2001)。

高寒植被对冻土具有保温和冷却的作用(库德里雅采夫,1992),因而地表植被状况不仅可以表征冻土和地下冰的发育程度,对于延缓多年冻土退化过程也具有非常重要的作用(吴青柏等,2003)。现有研究显示,全球气候变化及其作用下的冻土环境变化已导致青藏高原昆仑山—唐古拉山区域的高寒沼泽草甸和高寒草甸生态系统分布面积分别在 15 年内减少了 28.1% 和 8.0%(王根绪等,2006)。对气候变暖背景下青藏高原植被覆盖特征时空变化的分析后也表明,青藏高原北部地区的植被覆盖率正呈现为逐步降低的趋势(徐兴奎等,2008)。根据相关预测,在未来 50 年间,低山和平原区的高寒草甸生态系统还将发生较为明显的退化。由于青藏高原地区植被变化为影响高原下垫面特征的重要因素,其变化又反过来引起高原热源的变化,从而导致区域气候的改变。王兰宁等(2002)研究指出在高原植被大面积破坏后,我国大部分地区降水将明显减少。

另外,多年冻土退化在改变土壤水分运移规律,引起植被盖度和群落结构变化的同时,也对冻土土壤性质产生了极大的影响。在高寒草甸生态系统退化后,土壤质量也随之退化(刘伟等,1999)。主要表现为土壤温度升高,土壤含水量下降,土壤表层粗砾化和土壤有机质含量显著降低等(郭正刚等,2004;2007)。根据王根绪等(2006)相关报道,土壤有机质含量随多年冻土上限深度的增加呈指数形式的下降,退化后的草原化草甸和沙化草地土壤有机质含量仅为沼泽化草甸的 1/5 和 1/7。多年冻土退化前,冻土层可以有效阻止地表水和土壤水分的下渗迁移,使得活动层内产生的各种有机养分能够在植被根系分布区域大量地积聚(王根绪等,2000)。一旦冻土退化现象加剧,活动层上层水分就会随着多年冻土上限的下降向土壤深处迁移(王绍令和赵秀锋,1997),直接导致土壤有机质的大量流失。另外,在多年冻土的退化过程中,植被根系周围土壤含水量不断降低而土壤温度持续升高,使得土壤微生物分解有机物质的活性增加,土壤有机质含量也因此不断减少(郭正刚等,2004)。

5.2.3.2 中国新疆高海拔多年冻土生态和环境的影响

目前我国冻土研究大部分集中在青藏高原地区,对高原以外的中国新疆和东北地区高纬度地带冻土时空分布特征、变化趋势以及年际变化等了解不多。气候变化带来的冻土变化不仅对各种工程产生影响,还会对周边生态环境造成很大的影响(Jorgenson 等,2001;朱春鹏等,2004)。在全球变暖背景下,新疆和东北地区冻土变化趋势如何,以及因此而产生的生态环境问题等同样都是科学家关注的重点之一。

新疆地处亚洲中部的中纬度地区，地貌轮廓是三大山系包围两大盆地，北边是阿尔泰山，南边为昆仑山系，横穿新疆中部的是天山山脉；位于天山和阿尔泰山之间的是准噶尔盆地，天山与昆仑山之间是塔里木盆地。由于冬季寒冷，除了在阿尔泰山、天山、昆仑山的年平均气温低于−3℃的高寒山区，除多年冻土存在外（张廷军等，1985；赵林等，1993），广大地区分布着3～6个月季节性冻土（周幼吾和郭东信，1982；程国栋和王绍令，1982）。

根据王秋香等（2005）对新疆41a（1961/1962—2001/2002年）冬季平均冻土深度、最大冻土深度、土壤10 cm深度封冻时段资料分析，随着全球气候的变暖，新疆各地的平均冻土深度、最大冻土深度趋向变浅，土壤封冻时间缩短。尤其是1986年以后，暖湿化特征十分明显，冻土深度和封冻时间变化更为显著。这些冻土变化的同时，也随之带来一系列的生态环境问题。

新疆地区多年冻土的存在对区域水文过程等影响重大。刘景时等（2006）利用天山山区河流水文系列资料检测了暖冬对冻土的影响，以及冻土层融化又作用于冬季河川径流的过程。其中1957—2004年近48 a的气候和水文资料分析表明，玛纳斯河流域12月至翌年2月气温升高0.8～0.9℃，冬季径流量响应显著，冬季径流在此期间共计增加了14%～26%，其中1月份增加26%之多。另外，根据遥相关分析的结果，1.5～3.0 m的活动层深度和温度变化导致10−11月的水量增大，进而引起冬季河流水量的增多。冻土区的冬季径流水文响应比气温更快、更显著，但冻土和积雪观测的不足使冬季水文变化具有不确定性。冬季升温，河流水量增加对于补充土壤水分、保育植物根系、改善草原生态环境等都极为有利。

冻土的存在和变化对于干旱沙漠地区植被生存生长及生态环境等的作用更为显著。沙丘起伏对物质和能量具分异作用，特别是季节性冻土的存在，使得土壤水分在沙丘表面存在明显的空间分异特征。有学者研究认为沙漠沙丘土壤水分时空变化规律在很大程度上受积雪融化和季节性冻土的影响，冻土消融变化会对植物的生长萌发产生影响，这对于沙漠特殊环境条件下植被的恢复与重建具有重要的生态意义（王雪芹等，2006）。

昌敦虎等（2005）对天山公路独库段与青藏公路格拉段的多年冻土地区生态环境差异性对比分析则发现，水土流失已成为天山山地年冻土地区首要的生态环境问题之一，且主要为水力侵蚀。这主要是由于挖方筑路后大面积毁坏植被造成的。天山山地多年冻土地区表层土覆盖薄，公路工程破坏了多年冻土层，严重影响多年冻土的含水量和上限，加剧风力侵蚀和水土流失现象，进而造成生态环境的进一步恶化。

5.2.3.3 中国东北多年冻土的变化对生态和环境的影响

1960年代以来，由于受气候变暖及人类生产活动的影响，大小兴安岭地区多年冻土正在发生显著退化（常晓丽等，2008）。区域性冻土退化速度表现为：南部大于北部、城镇大于田野、农田快于林区、采伐过林区快于原始林区；在局部小范围内冻土退化顺序为：先高后低、先山上后谷地或盆地中心、先阳坡后阴坡；从植被类型、覆盖程度、岩性及水分等分析，冻土退化程序从农田（或裸地）→草地→灌丛→树林→沼泽湿地，即多年冻土从无到有、地温从高到低、冻土退化由快到慢。

调查显示多年来东北地区多年冻土最大季节融化深度在不断加深，就大兴安岭阿木尔地区苔藓层20 cm厚的沼泽地地段而言，1978—1991年间最大季节融化深度增加了32 cm，20 cm深度处地温升高了0.8℃，此后因受20世纪以来10年最显著的气温升高，受其影响最大季节融化深度进一步加深；在伊图里河铁路科研所多年冻土观测场（50°32′N，121°29′E），1990—1997年最大季节融化深度有波动增加的趋势，其后融化深度迅速增加并保持在1.7 m以上。与此同时，多年冻土厚度在不断变薄，主要出现于原先多年冻土厚度较薄的中小河流谷地，如呼玛河下游韩家园子沙金矿区的河漫滩地段，1982年以前该区多年冻土底板均在5.0 m深度以下，到1987年很多地段已抬升至3.8～4.0 m，1995年个别地段多年冻土岛已消失。多年冻土岛消退主要出现在大小兴安岭南部的岛状多年冻土区。由于这里多年冻土地温（年变化深度处年平均温度）多在−0.5～0.5℃，厚度一般仅为5～15 m（有的多年冻土厚度小于年变化层厚度），加上人为活动开始时间早、作用强度大，从而使多年冻土退化显著，主要表现为多年冻土岛的不断缩小及最终消失,如多年冻土南界附近的牙克石、加格达奇、大杨树等,在 20 世纪 50 年代初城镇开始兴建时普遍发现有多年冻土岛,30～40 a 后受人为活动影响所及范围内多年冻土岛消退殆尽。同时,近些年来居民点及林业局场址地带多年冻土层消退而成融区,而且大中河流沿岸的融区在扩展,例如在大林河沿岸,1973—1985 年间富青山和林中林业局附近的融区由河岸向山坡方向分别扩展了 400～500 m 和 500～2000 m。俞祁浩等应用探地雷达研究了中国小兴安岭地区黑河一北安公路沿线岛状多年冻土的分布及其变化,对比 20 世纪 70 年代对该区的冻土调查结果,以及线路沿线现存冻土比例推断,在过去 30a 间小兴安岭岛状多年冻土发生了较为显著的退化;现存黑河—北安公路沿线稀疏岛状多年冻土区的比例由 20％退化到 2％(郭东信等,1981),但多年冻土南界的位置未发生根本改变(俞祁浩等,2008)。根据最新预测表明,在未来 50～100 a 气候变暖情景下,多年冻土将继续退化,但面积上的变化将较慢。这可能归结于东北地区较好的地表覆被条件和丰富的地下冰、雪盖减少,以及可能显著增强的西伯利亚—蒙古冷高压在冬季形成的强大、稳定和广泛的大气逆温层结对兴安—贝加尔型冻土的控制作用(常晓丽等,2008)。刘宏娟等(2009)预测到 2100 年在 CGCM3 三种情景下,大兴安岭北部沼泽的潜在分布面积会大幅度减少,沼泽逐渐从南到北退化,由东西两侧向中心收缩,而且趋于破碎化。

作为寒区环境特有的组成部分,东北地区北冻土退化带来了诸如冻土、湿地、森林共同退化和土地沙(漠)化等一系列生态环境问题,同时这些环境问题又会进一步加速冻土退化。根据大量水文和工程地质勘探、试验资料证实,多年冻土的分布和厚度与其植被分布规律紧密相关(刘庆仁等,1993)。

5.3 积雪变化的影响

积雪是冰冻圈中最为活跃的组成部分,它不仅对气候变化十分敏感,也是气候系统变化的指示器。大气中 CO_2 和其他具有温室效应的微量气体不断增加,气候变暖导致的水循环和大气环流型变化,使积雪面积、日数、深度等都随之发生变化。积雪变化对水文水资源和生态系统的影响已日趋明显,积雪灾害已不容忽视。

5.3.1 积雪变化对水文水资源的影响

积雪是陆地上重要的淡水资源。除地表初融后的蒸发,消融的积雪主要用于湿润干旱的高山草垫(冬季降水较少),另有部分渗入季节融化层成为冻结层上水。当这一过程相对稳定后,融雪径流将以浅层水的形式汇流补给河流。在径流对气候变化的响应中,冰雪径流对气候变化最为敏感。陆地上每年从降雪获得的淡水补给量约为 6 万亿 m³,约占陆地淡水年补给量的 5％。亚、欧、北美三大洲北部和山区河流主要靠积雪融水补给。中国年降雪平均补给量 3451.8 亿 m³,积雪资源的一半集中在西部和北部高山地区。丰富的山区积雪,春季大部分以融雪径流形式补给河流,成为河道春季径流的主要补给源之一。

积雪变化对我国北方春季旱情有重要影响。过去十几年来,我国北方广大积雪区春季径流总体上均是增加的,因此,这些地区总体上没有发生大的春旱现象。但 2009 年由于前冬积雪偏少,出现了大范围春旱。在中国的三大积雪区中,西北干旱区积雪水资源效应尤为重要。天山北坡的乌鲁木齐河,尽管其河源冰川面积不大,冰川融水补给量仅为 11％左右,但积雪融水占 36％(沈永平,2009)。西北山区春季融雪径流过程的提前和融雪期的延长已经改变了水资源的季节分配,有些河流在年径流总量减少的情况下,春季径流仍呈现增加趋势(王建等,2001;王建和李硕,2005;韩添丁等,2005),不同流域其变化幅度取决于流域的融雪补给率。南疆阿克苏流域 2—5 月融雪径流自 1990 年代以来增长了 20％,近五年增幅高达 30％(叶柏生,2002);1958—2005 年,发源于阿尔泰山区的克兰河自 90 年代以来春季融雪径流增加约 15％,4—6 月融雪季节径流量也由占年径流的 60％增加到近 70％,年最大月径流值由 6 月提前到 5 月(沈永平等,2007);1981—2000 年黑河流域积雪消融时间较 1970—1986 年提前,融雪径流量增大使得 3—7 月径流量显著增长(王建和李硕,2005)。春季径流的这种变化是积雪流域水文过程对气候变暖的明显响应。

春季径流变化极易引发融雪洪水。气候变化导致的融雪洪水灾害出现的频率呈增加趋势,主要表现在发生洪水的时间提前,洪峰流量增大,破坏性加大。水文部门的灾害统计显示,融雪洪水由1950年代的平均每年1.6次增加到1990年代的4.5次,增加近3倍(吴素芬和张国威,2003)。新疆克兰河融雪径流平均占总径流的45%,年最大洪峰出现在春季融雪期,观测到的最大洪峰流量从1970年代到1980年代的约200 m^3/s 增大到1990年代以来的约350 m^3/s。现阶段水利部门的主要防洪措施在于对河道上水库工程,尤其是一些大河水利枢纽的运用与管理。如新疆地区自1992年以来先后在金沟河、水磨河、哈巴河、引额工程克拉玛依西干渠、叶尔羌河、精河等流域河流实施水情自动测报工程。这些水情自动测报系统以国家基本水文站为基础,在山区不同高程增设了雨量站、气温站和水位站,配备包括洪水预报方案的软件系统。随着新疆主要河流控制性水利枢纽及其自动测报系统的建设,将形成防洪自动测报系统主体(蔡文英,2003;吴高平,2003)。

5.3.2 积雪变化对生态环境的影响

我国西部地区生态环境脆弱,是受气候变化影响最为严重的地区。生态环境的演变是气候系统变化综合作用的结果,积雪变化对生态环境的作用是通过影响当地水热平衡条件而起作用的。

气候变暖导致的积雪持续时间和积雪深度变化,对高山生态系统有重要影响。"江河源"区特有的"高、干、寒"自然条件,使得以湿地为主体的生态系统十分脆弱。1971—2000年,江河源区总体呈现暖干化特征,但冬季降水增加十分显著(纪玲玲等,2009),黄河流经的第一县—玛多县冬春降水也明显增多,且多为固态降水(董立新等,2005)。一方面,春季随着气温迅速回升,积雪大量升华,春季降水的利用率较低,植被长期处于生理干旱(董立新等,2005);另一方面,春季气温与植被生长关系密切,但由于积雪的偏多,使得气温变得偏低(王根绪等,2001),致使大范围高寒草甸和草原植被退化,生态系统变得极为脆弱。在寒旱环境中,湿地生态系统结构和功能简单,受到外界干扰时自身调节机制不够健全,恢复能力较弱,一旦破坏就会发生退化和逆向演替现象。湿地生态环境恶化导致生物多样性受到严重威胁,一些以高寒湿地为栖息地的生物种群数量呈现锐减状态。然而,积雪的减少对内蒙古草原生态环境却是一个利好因素。由于气候变暖导致的积雪减少,使得草原雪灾影响大为减轻,牧草长势和牲畜体况趋好(陈素华等,2005)。

秋末冬初积雪对土壤具有保温蓄水作用,较早和较厚的积雪则有利于保护土壤不被冻结,当积雪深度超过20 cm以后,保温作用即开始增强(金会军等,2008),可为作物创造良好的越冬条件。而且,积雪表面的蒸发量很小,几乎接近于零,对土壤蓄水保墒、防止春旱具有十分显著的作用。降雪对北方湿地生态系统的生物地球化学过程具有重要影响。降雪不仅直接决定次年春季湿地水深和水位波动,降雪中的氮沉降还是湿地植物和土壤微生物生长的重要氮源。降雪中的氮沉降改变湿地环境氮磷比,对植物生长有一定影响;积雪融水的氮输入促进土壤微生物和植物生长,具有明显的生态效应(周旺明等,2009)。

降水量和降水强度会对土壤产生侵蚀作用,如不采取保护措施,气候变化所带来的降雨增加及降雨强度增强将会导致侵蚀率增加。土壤侵蚀率变化的原因有多种,最直接的是降雨侵蚀能力的变化。然而,另一个可能原因就是由于气温升高,从非侵蚀性的降雪转变到侵蚀性的降雨,尤其是在北部地区(Kundzewicz等,2007)。研究表明,当前气候条件下,青藏高原已有约80%台站的降雪处于脆弱状态,降雪有可能转为降雨,且大部分位于藏东南地区,另有30%左右台站的降雪也因气温较高而无法在地面形成积雪(马丽娟等,2010),即直接转化为液态水对土壤产生侵蚀作用。藏东南是我国高寒地区植被最具多样性的地区,无论从雪/雨转换,还是雪/水转换,青藏高原地区的植被,甚至生态系统,都会因土壤侵蚀加剧而受到影响。此外,积雪提前融化形成溪流,土壤中的养分会在植物来不及吸收之前就被冲洗掉;植物大规模提前发芽也意味着它们将同时争夺授粉的昆虫和土壤养分,野生动物也将面临可食用植物生长状态发生变化带来的影响(Steltzer等,2009)。

除了自然条件下积雪变化所带来的生态效应外,城市中人为使用化学融雪剂对生态环境的影响也是个复杂的生态学过程。近几十年来,国内外学者对融雪剂的环境影响有大量的研究报道。目前化学融雪剂使用的种类较多,成分复杂,不同化学融雪剂对环境的影响有所不同。化学融雪剂对环境造成的影响研究主要集中在土壤、水体、植物和动物等,其中对土壤和地表水地下水的研究较为深入,而对植物特别是城市绿化植物生理生化特征的研究较少,对动物的研究也主要集中在少数水生动物(严霞等,2008)。

然而,积雪变化一方面加重了我国西部本已脆弱不堪的生态系统,一方面也给沙漠绿洲区提供了改善生态环境的机会。我国北方重要沙尘策源地之一的甘肃武威市民勤县就利用积雪积极种草改善生态,化害为利。处在腾格里和巴丹吉林两大沙漠之间的民勤县气候十分干旱,冬季降雪尤其少,1月多年平均降雪量不超过 0.5 mm,但 2008 年 1 月降雪量却达到了 10 mm 以上。持续降雪给当地的生态建设带来了难得的机遇,民勤县发动群众大规模人工撒播各种适宜在当地生长的沙生草种,如拐枣、梭梭等,以改善生态环境。近年来,民勤生态保护意识逐渐增强,并积极采取措施治理生态。从今年开始,国家还决定将投资 47 亿多元对石羊河流域进行综合治理,以拯救民勤生态,不让民勤沦为"第二个罗布泊"。因此,增强民众生态保护意识,政府加大治理力度,积极引导,合理利用资源,提高适应气候变化能力,积极应对气候变化,化害为利,是维护生态系统稳定,减轻脆弱性的有力措施。

5.3.3 积雪灾害

积雪变化除了与生态及水资源紧密相关外,还与当地人民的生产生活密不可分。中国每年都有不同程度的积雪灾害发生,严重影响中国西部和北部经济发展。民政部等单位(2009 年)评选出的"2008年度十大自然灾害事件"中,与雪相关的灾害就占了两个。其中发生在我国南方 2008 年初的特大低温雨雪冰冻灾害位列第二,受灾程度仅次于汶川特大地震,因灾直接经济损失 1516.5 亿元。2008 年 10月末发生在西藏的强降雪也导致 19 县受灾,直接经济损失 1.54 亿元。此外,自 2009 年 12 月开始,北疆地区连续出现 19 次不同程度的强降雪、降温天气过程,截至 3 月,已造成北疆地区 188.3 万人受灾,其中死亡 30 人,失踪 3 人,农牧业经济损失达 26.6 亿元,因灾死伤牲畜已达 17.5 万头(只)。我国三大稳定积雪区也是积雪灾害的多发区,常见的积雪灾害有牧区雪灾、雪崩和风吹雪(也称"风雪流")灾害三种。

5.3.3.1 牧区雪灾

牧区雪灾(以下简称"雪灾")是指草原牧区由于降雪过多、积雪过厚和雪层维持时间过久,或雪面覆冰,形成冰壳,牲畜吃草、行走困难,对越冬作物、畜牧业和农业设施以及交通等造成的危害。积雪造成的雪灾是我国牧区最重要的自然灾害。

中国存在 3 个雪灾高发中心,即内蒙古中部、新疆天山以北和青藏高原东北部。1949—2000 年期间,全国有 90% 以上年份都有不同程度的雪灾发生,雪灾次数的年际变化较大,且有增多趋势。空间上,雪灾高发区扩展趋势较明显,雪灾高值和次高值县数明显增加,高值区、次高值区范围扩展加快。雪灾波动主要受气候变化的影响,到 2050 年,有些山区,如唐古拉山、巴颜喀拉山、喜马拉雅山、阿尔泰山以及内蒙古高原等大雪灾和枯雪灾害还会进一步加剧(丁永建等,2005),而人类活动的增强,特别是单位草场载畜量持续增加导致草地退化是雪灾持续增长的主要原因(郝璐等,2002;刘兴元等,2008)。牧区雪灾除了暴风雪持续时间较短外,雪灾持续时间通常都在几个月以上。我国草原牧区大雪灾大致有十年一遇的规律,一般性雪灾则更为频繁。据统计,西藏和青海牧区大致 2~3 年一次;新疆各牧区因气候、地理差异较大,雪灾出现频率差别也大,阿尔泰山区、准噶尔西部山区、北疆沿天山一带和南疆西部山区的冬牧场和春秋牧场,雪灾频率达 50%~70%,其他地区在 30% 以下;内蒙古牧区1947—1987 年共发生雪灾 27 次,其中重大雪灾 4 次(于永,2004)。1990 年代内蒙古草原上积雪日数比 1950—1980 年代缩短了 10~20 天,加上气候增暖引起的牧草产量的增加,雪灾的影响大为减轻(陈素华等,2005)。

冬春雪灾是青藏高原东部牧区重要的灾害性天气,雪灾期从 10 月到翌年 5 月,长达 8 个月,并以

11月、3月和2月发生次数最多（董文杰等，2001）。1960—1990年代冬季青海南部牧区雪灾出现的站次有逐步增多趋势（王绍武和龚道溢，2002；时兴合等，2007），但就雪灾等级而言，1980—1990年代以轻度和中度雪灾为主，而1970年代则以重度和特大雪灾为主（时兴合等，2007），就雪灾次数而言，1968—1976年为雪灾低发期，1977—1992年为振荡过渡期，1993年开始进入高发期（董文杰等，2001）。青藏高原雪灾主要发生在巴颜喀拉山南缘和东麓地区（董文杰等，2001），发生的面积通常在10万km²左右，而在青南和藏北高原，雪灾通常连成大片，面积可达20万～30万km²以上（王绍武和龚道溢，2002）。雪灾发生的几率以藏北最大，藏南次之，青南高原最小。青海牧区的雪灾主要集中在南部的海南、果洛、玉树、黄南、海西5个冬季降水较多的州，西藏牧区的雪灾则主要集中在藏北唐古拉山附近的那曲地区和藏南日喀则地区。

新疆牧区雪灾主要集中在北疆准噶尔盆地四周降水较多的山区牧场，以及南疆的西部山区。北疆牧区是我国重要的畜牧业生产基地。该区降雪致灾力的增加和草地抗灾力的下降，造成雪灾承灾体——家畜损失惨重，成为制约牧区草地畜牧业发展的重要致灾因子。雪灾对牧区畜牧业的影响主要发生在冬春季，受雪灾影响的草地面积约占北疆牧区总草地面积的64%。刘兴元等（2008）针对北疆牧区雪灾发生的特点和草地季节放牧利用特征，综合考虑了雪情、草情、畜情和气象等因素，构建了基于遥感和地理信息系统与地面监测相结合的牧区雪灾预警与风险评估指标体系和模型，可实现牧区雪灾的动态预警与风险评估。

内蒙古牧区地处较高纬度，是我国雪灾多发区。过去50年内蒙古畜牧业遭受的17次较大自然灾害中，近1/3是雪灾造成的。雪灾发生的时段，冬雪一般始于10月，春雪一般终于4月。危害较重的，一般是秋末冬初大雪形成的所谓"坐冬雪"。随后又不断有降雪过程，使草原积雪越来越厚，以致危害牲畜的积雪持续整个冬天。内蒙古牧区的雪灾主要发生在内蒙古中东部的巴彦淖尔、乌兰察布、锡盟及赤峰和通辽的北部一带以及呼伦贝尔兴安盟，发生频率在30%以上，其中阴山地区雪灾最重最频繁（韩俊丽，2007）。

早期的雪灾成因分析大都以大气环流条件为背景，分析雪灾发生时的大气环流型式特征，并以积雪持续日数为依据划分雪灾等级（如，董文杰等，2001；梁潇云等，2002），而后研究学者逐渐考虑人为因素影响，结合当地畜牧业生产情况，综合进行雪灾等级预警及评估（张国胜等，2009；颜亮东等，2006；周秉荣等，2006）。内蒙古牧区牧户居住分散、自救能力弱，社会救助力度不足，加上救灾时间紧迫、灾情时间长，救灾难度较大。以防灾为主，救灾为辅，建立雪灾抗御系统十分重要（于永，2004；韩俊丽，2007）。未来牧区雪灾防御，应首先加快牧业结构调整，加强牧区防灾基础设施建设，加大灾害监测与预警、预报投入力度，增强自身的防灾能力，提高牧民防灾减灾意识。1990年代以后，内蒙古地区发展舍饲畜牧业，提高抗灾能力已初见成效（郝璐等，2002）。然而，牧区雪灾的预警与风险评估是一个综合集成过程，涉及到自然、社会、经济和环境等方面，该体系和模型以完全放牧为前提，排除了饲料补给、舍饲条件以及棚圈和民房损失等系统外因素，因此，如何实现放牧系统与外部防御体系的有机结合，还需要进一步深入探讨和研究。

5.3.3.2 雪崩

在山区，积雪超过一定深度，积雪之间的附着力支撑不住积雪重力时，便会发生雪崩现象。我国每年都有雪崩发生，雪崩因其突发性，往往带来很大灾难，因此雪崩预警意义重大。

早在1950年代初，铁道部第一勘测设计院就首次对新疆伊犁地区的雪崩进行了考察、调查。1967年以来，结合天山西段国防公路雪崩防治研究，又在新疆巩乃斯河源建立了我国第一个雪崩研究站，在国内首次对季节性积雪的物理力学性质及变质作用进行了系统的观测研究，为雪崩防治工作流程提供了科学依据。1980年代以来，我国又开展了横断山脉以贡嘎山为中心的川西、滇北地区的雪崩防治研究。在此基础上进行了全国季节性雪崩区划，根据雪崩发生高度、发生时期的平均气温、雪变质作用类型、雪密度等指标，将我国雪崩分成海洋型雪崩、大陆型雪崩和过渡型雪崩；编绘了川西、滇北、藏东南地区雪崩分布图，预测雪崩分布和危害范围（张祥松和施雅风，1990）。2002—2005年，我国又依靠交通部西部交通建设科技项目开展了公路雪崩灾害及防治技术研究,提出了"生物防治为主,工程防治为辅,机械清除三者相结合"的综合防治雪崩方法。

雪崩发生与多种要素有关,如气候条件、积雪深度及含水率、深霜厚度及类型、坡度、植被覆盖类型及覆盖度等。冬季特别是春季温度的升高将使发生全层雪崩的日期提早(张祥松和施雅风,1996)。传统的雪崩灾害调查主要依靠野外调查完成,但由于积雪季节气候条件恶劣,现场调查工作难以开展,雪崩灾害无法全面调查清楚,往往根据已有统计资料进行危险性评价(周石硕和谢自楚,2003)。随着遥感探测技术的发展,出现了基于遥感图像信息处理和目视经验判别相结合的人机交互解译并辅以实地验证的雪崩遥感解译方法(卓宝熙,2002),并用SAR对雪崩进行预测(Shi and Kattlemann,1997)。但这过分依赖于解译者的知识水平和经验积累,往往只能对大型雪崩灾害进行简单的遥感识别与定性分析,缺乏对雪崩灾害的孕灾环境、规模、危害程度等定量化的分析,无法满足工程建设的需要。近年来,多时相高分辨率卫星立体图像或机载激光雷达数据的使用,实现了雪崩灾害的识别、信息自动提取与量化动态分析(陈楚江等,2009),可以对雪崩灾害的危险性及其对工程方案的危害程度进行评估,有助于科学合理地确定工程方案。

雪崩并不只是公路病害,也造成极大的社会危害。在青藏高原、天山、阿尔泰山、大小兴安岭、长白山等地区,雪崩时刻威胁着山区居民的生命财产安全,雪崩经常造成房屋倒塌、人员伤亡,旅游、登山人员也经常因遭遇雪崩而丧生。此外,已日益脆弱的自然环境也因遭受雪崩而破坏。

5.3.3.3 风吹雪灾害

风吹雪是影响交通的主要积雪灾害,也是雪崩的物质来源。我国有风吹雪区域的面积占国土面积的55%(王中隆,2001),严重风吹雪灾害主要分布在西北、青藏高原及边缘山区、内蒙古和东北山区及平原。我国风吹雪最早出现在11月或12月,最晚终止于4月。我国风吹雪日数年际变化振幅较大,但1971—1996年呈显著减少趋势,且有明显的区域特征。东北地区、内蒙古、西藏的部分地区和新疆北部地区风吹雪日数均呈下降趋势,而青海、甘肃和宁夏部分地区则呈上升趋势。从时间趋势看,除4月、5月和9月外,其余各月发生风吹雪的日数均呈下降趋势,且下降趋势强于上升趋势,其中2月下降速度最大,高达6.2 d/10a(刘洪鹄和林燕,2005)。

根据雪粒的吹扬高度、吹雪强度和对能见度的影响,可分为低吹雪、高吹雪和暴风雪三类。新疆、西藏、内蒙古、吉林和黑龙江等省(区)冬季公路风吹雪雪阻几乎年年发生。2005年4月4日,新疆霍城公路段所辖国道312线K4739地段,遭风吹雪袭击,140余车辆受阻于山区,交通中断。2006年1月10日,新疆伊犁河谷普降大雪,国道312线果子沟路段平均积雪30 cm,个别风吹雪路段达到60 cm以上,过往车辆受阻严重。2010年1月3日,内蒙古地区遭受暴风雪袭击,从1月3日5时至4日4时,呼和浩特铁路局管护区内13趟直通旅客列车因雪灾滞留晚点,集通线共发生雪害82处,线路上平均雪深30 cm,最厚达到3.1 m。其中,从哈尔滨开往包头的1814次列车行至乌兰察布市察哈尔右翼后旗贲红至商都县18 km处受阻,火车15节车厢被积雪掩埋,1400多名旅客和乘务人员被困车中。随着经济的发展、城市人口的增多及高寒区的开发,风吹雪造成的损失显著增大。此外,我国山区和高原上有些国道干线为战备道路,冬半年因雪阻无法通车,解决风吹雪难题也是国防战备需要。近期风吹雪灾害对交通等影响的严重性和广泛性,已经给我们敲响了警钟,这些问题不解决将会使我国国民经济建设受到严重影响。

早在1967—1977年我国就在天山西部建立了我国第一个吹雪研究站,坚持长期野外观测、风洞模拟实验和大型防护工程试验,取得了大量资料,并据此提出了一套适合我国国情的预防吹雪原则和综合治理措施,即防重于治,防治结合,严重雪阻路段以工程治理为主,一般路段用机械清雪,逐步营造防雪林(张祥松和施雅风,1990)。2002—2005年,我国又依靠交通部西部交通建设科技项目开展了公路风吹雪雪害成因与预警研究。项目总结并提出了具有普遍指导性和适用性的一套较为完整的解释公路风吹雪从启动到堆积全过程的基础理论体系,并结合我国短期内尚难以大量布设区域气象、雪灾监测系统的现实国情和既有研究基础,研究了基于路段气象信息、地形信息和历史雪害信息的风吹雪雪灾的预警原理、方法和技术，设计、开发了预警软件。

从整体看，由于气候变暖，积雪灾害在相当长时期内可能有所减少，但并不排除短周期的年际波动，个别年份会出现雪害加剧的现象。大空间尺度的暴风雪及与此紧密相连的风吹雪和雪崩灾害绝大部分与持续 5～10 天的特殊天气形势有关。随着西部地区经济建设的不断发展，也有可能增加新的雪害点（张祥松和施雅风，1996）。

2009/2010 冬季新疆出现各种典型积雪灾害，损失严重

自 2009 年 12 月入冬以来，新疆气候异常，北部地区多次遭受雪灾、低温等灾害，部分地区还出现了冰凌、融雪性洪水及雪崩，给群众生产生活造成很大损失。

1 月 20 日，新疆北部地区遭受 60 年一遇的连续暴雪天气，积雪深度普遍在 50 cm 以上，山区积雪达到 2 m。牧区已出现"白灾"。2 月 21 日以来，新疆尼勒克县、和静县多处山区发生雪崩。之后，新疆北部升温与雨雪天气反复交错，导致伊犁、阿勒泰、塔城等地融雪性洪水频发，部分地区受灾严重。

面对雪灾，以及融雪性洪水、泥石流山体滑坡等次生灾害，新疆各级政府采取各种措施，排查受灾情况，发放受灾帐篷和塑料布，转移安置灾区群众，并加大预防力度，排查灾害隐患，在重点警戒处设立了预警人员和应急机械，做好防洪前期准备。

截至 3 月 6 日，全区共有 188.3 万人受灾，死亡 30 人，失踪 3 人。新疆风雪灾害共紧急转移安置灾民 18.8 万人（次），倒塌房屋 1.9 万间，损坏房屋 12.8 万间。另有 2.32 万座温室大棚严重受灾，2115 座温室大棚倒塌，1.28 万座温室大棚受损，损失蔬菜 9 万余吨，蔬菜上市期也较常年推迟 7～30 天。林牧业也受到较大影响，全区共有 1.49 亿亩草场、940 万头（只）牲畜受灾，其中 8.71 万头（只）牲畜死亡、9.6 万头（只）母畜流产，倒塌损毁棚圈 9234 座。林果受灾面积 216.86 万亩，6 个地州、50 余万平方千米范围内的野生动物特别是食草性野生动物觅食困难。灾害共造成经济损失达 26.6 亿元。

阿勒泰地区养殖业也因暴雪寒潮天气遭受重大损失。该地区暴雪和 -40℃ 的寒潮天气使得当地冰面厚度曾达到 1 米以上，水面融冰期较往年推迟 20 余天，加上融雪性洪水灾害，阿勒泰渔业受灾面积接近 15 万亩，约 756 吨商品鱼等缺氧死亡，109 吨鱼被水冲走，渔业设施不同程度损害，经济损失达 3000 万元。

进入 5 月中旬，受西西伯利亚强冷空气入侵的影响，新疆自北向南出现明显降温和降水天气，局部出现暴雪，给当地生产生活带来较大影响。初步统计已有 11 万亩农作物受灾，其中棉花 7 万亩。自 14 日夜间至 15 日，新疆博湖县降下罕见大雪，恶劣天气给当地农业生产造成极大损害，部分农作物面临绝收。

5.4　海河湖冰对生态和环境的影响

近 30 年来北极海冰发生了比其他地区更为明显的变化，是近 100 年来最显著的。与此对应，南极海冰的变化则没有北极海冰那么明显，从现有的资料看，30 年来南极海冰范围和面积并没有表现出与全球增温趋势一致的变化（马丽娟等，2004；卞林根，2005）。但因目前还没有足够的海冰厚度资料，无法评估总冰量是否发生了与气候相关的变化（康建成等，2005）。我国气候变化受北极冷源的影响较为直接，随着近年来北极海冰的快速变化，其对中国气候变化的影响，特别是对极端天气事件的影响得到重视。此外，近期亦开始关注南极海冰变化对我国气候变化的影响。中国海河湖冰的面积较小，一般不认为它们对气候产生反馈作用，而是随气候变化而变化。这些变化会对工程和工农业活动产生直接影响，继而反映到对区域生态系统，生物资源的间接影响，最终发展到对国民经济发展的影响。

渤海和黄海北部是季节性的结冰海域,属于北半球结冰海区的南边缘。环渤海和黄海北部地区是我国的政治、经济、文化中心,是重工业、石油、原材料和粮食基地,也是受气候变化影响最为敏感的地区之一。渤海和黄海北部海冰的研究主要集中在海洋科学、资源环境科学、环境科学和工程科学领域。

湖河冰在中国属于寒区季节性产物,气候变暖给它们的初冰日、终冰日带来影响,造成冰期短、冰厚薄,强度低。冰凌灾害的发生并不是在湖河冰的稳定期,而多数发生在初冰期和终冰期。从而导致不稳定冰持续时间和频率随气候变暖而延长或者增加,产生不稳定冰状况的领域向北转移,最终导致黄河宁蒙段、东北黑河、松花江、嫩江等凌汛次数增多。目前国内冰凌灾害的统计并没有同气候变化联系进行分析,但北美低纬度冰凌灾害与气候变暖有密切联系(Beltaos and Prowse,2009)。

5.4.1 渤海、黄海北部海冰变化及其影响

渤海冰情年代际变化及冰情的气候成因研究表明(刘钦政等,2004),1932—2000 年间冰情在 1972 年发生了突变,前一时段为重冰情多发阶段,之后转为轻冰情时段。影响渤海海冰冰情变化的主要因子是太平洋副高,在 1932—1972 年期间,由于上一年太平洋副高强度减弱,在东亚地区冬季冷空气活动加强,渤海冰情偏重。1972 年后,太平洋副高加强,太平洋副高北界向高纬扩展,极地冷空气活动在东亚地区减弱,渤海海冰冰情偏轻。说明渤海地区的冰情年代际变化与全球大气环流的年代际变化一致,与太平洋海温跃变对大气环流影响在 20 世纪 70 年代发生明显变化的结论相符(李峰,何金海,2000)。1952—2000 年渤海、黄海海冰与气候变化关系的分析说明(白珊等,2001),海冰的季节变化主要受冷空气活动影响,冰情演变与气候因子以及局地气候变化密切相关;1990 年代渤海及黄海北部冰情持续偏轻,与全球气候变暖趋势一致;该海域冰情的年际变化周期与厄尔尼诺平均活动周期及太阳活动周期有关。渤海海水结冰日数变化显示突变年份有所差异,1960—1988 年间渤海冰期以 73 天为中心上下振荡;1989—2007 年间以 55 天为中心上下振荡,在海冰面积相对较小的 1989—2007 年间,未出现海冰面积逐年减小的趋势。

也有分析认为渤海、黄海冰情除与副高、极涡波动有关外,冰情减弱与拉尼娜过程的逐渐衰退有关系(耿淑琴和王旭,2002)。此外,渤海冰情与厄尔尼诺事件之间不存在显著的线性关系,厄尔尼诺不是渤海冰情变化的原因,相反,渤海冰情的加重,预示着厄尔尼诺的来临(张云吉等,2007)。此外,有分析表明,渤、黄海海冰冰情等级达到 2.5 级以上,且冬季副高较前一年有增强趋势,当年年降水量大于平均值的可能性很大(田丰等,2004)。

近年来渤海海冰淡水资源开发受到关注。渤海海冰开采与周围环境变化的数值试验表明,周边地区的气候在一定程度上受到海冰开采的影响,重要表现为气温下降,海冰开采后,辽东湾大部平均气温下降,气压略有上升,在辽东湾上空有一个弱的风辐散区;大连西部及南部平均气温上升,气压略有下降,且有一个弱的风辐合区,而对海平面气压及风场的影响很小,且影响范围随开采范围的增大而增大。按照这种观点,即使采用极端开采方案取走全部海冰,也仅对开采区域和大连小部分地区冬季气温有较明显的影响,而对我国其他邻海省份的气温、海平面气压以及风场影响微弱。

5.4.2 海冰变化的工程与环境效应

工程问题的时间和空间尺度相对于气候变化的尺度小很多;但是近年来气候的急剧变化,特别是极端气候事件的增加,海平面上升,海冰冰情减弱,但堆积冰作用增强,使得气候变化对于工程问题的影响也逐渐突显出来。

针对传统监测方法的局限性,对基于卫星遥感数据的渤海海冰灾害预报进行了研究。提出一种海冰灾害风险等级划分方法,即利用遥感技术和地理信息系统制作经纬度间隔均为 0.2° 的网格,然后得到渤海海冰密集度,选择最大冰密集度、平均冰密集度、冰厚和冰期作为等级划分的指标。根据现场观测和多年调查研究,把海冰灾害风险程度分为三个等级:零风险、低风险和高风险。以渤海为例,该指标能够反映海冰灾害的危害程度。2002—2003 年冬季渤海冰情偏轻,冰期较常年缩短,流冰范围较小,冰厚较薄。海冰高风险发生在辽东湾东部,低风险位于辽东湾西部和中部,还有渤海湾的北部和南部

很小的区域,海冰最大外缘线为 110 km 左右;而常冰年 2005 年初冰期明显推迟,盛冰期持续时间较长,冰厚较厚。海冰高风险发生在辽东湾东部、中部和西部的一部分,低风险位于辽东湾西部和中部的一部分地区,还有渤海湾的周边地区,海冰最大外缘线为 130 km 左右。

将渤海海冰作为重要的淡水资源,前提是渤海冬季有冰发育,存在的冰量不至于"靠天吃饭"。但平均温度升高幅度达到什么阈值时,冬季渤海不会结冰仍存在诸多预测困难。

气候的变暖,渤海海上浮冰的厚度和面积减少,但沿岸的堆积冰仍然存在并且堆积高度大,冰质疏松,海上出现油品污染后,容易在这些冰内储藏"油"。这类冰的污染难于清理(李志军,2000)。

斑海豹主要分布于北冰洋的波弗特海、楚科奇海及北太平洋的白令海、鄂霍次克海、日本海和中国沿海,具有重要经济、科研、医学和观赏价值。每年冬季,辽东湾海冰减为独特的"产床",迎接大洋北端的斑海豹来这里孕育繁衍,这是迄今为止已知的鳍脚类动物中,唯一能够在中国海域进行繁殖的海兽。在中国捕猎斑海豹曾有近千年的历史,过量捕猎导致了种群数量的严重下降。目前,渤海海域围堤、养殖、石油开采、港口建设等日益展开,海域生态环境受到了极大的影响,特别是近几年在黄渤海海域兴起的"渔家乐",其重要项目之一就是观赏斑海豹。此外,全国各地动物园、水族馆、海底世界、极地世界为满足参观者及不断补充动物的需求,每年均要活捕一定数量的斑海豹进行人工饲养。以上这些因素都对斑海豹的栖息与繁殖构成了很大影响,导致其自然种群数量急剧下降,目前估计仅 1000 头左右。斑海豹已于 2007 年由原来的Ⅱ级升格为我国Ⅰ级重点保护动物(刘景治等,2007;李响,2009)。全球气候变暖,渤海海冰是否消失,斑海豹能否生存缺少研究。

此外,近海养殖业发展迅速,在渔业从中获利的同时,也要关注海冰变化引起生态生存环境的改变。2009—2010 年渤海北部辽东湾和黄海北部海域遭遇了 30 年来罕见的海冰冰情,海上养殖业受到的影响大于航运和油气工业,应急措施跟不上,导致山东、天津、河北、辽宁损失严重。特别是山东和辽宁省,养殖业的损失超过 20 亿元。养殖的海参、菲律宾蛤仔、毛蚶、牡蛎等黄渤海重要经济棘皮类、贝类大面积死亡同这次海冰冰情的直接关系有两种根源(赵江岸和王玉群,2010):一是海冰直接破坏了它们的生存环境;二是海水结冰过程导致养殖池塘内部水—气交换被海冰隔断,结冰过程中冰下水温降低,冰下盐度提高,海冰对光线的吸收减弱,引起冰下水体的温度、盐度、溶解氧、光线等要素随海冰生长而变化。养殖水产品对这些突变环境条件的适应能力,决定了它们的生存数量或者患疾病的概率。

5.4.3　河、湖冰变化及其工程、环境和生态效应

我国东北地区、黄河内蒙古段、新疆西北部等河流,其初冰出现早、终冰结束晚、封冻时间长;华北地区及中原一带的河流,冬季存在结冰;淮河流域中下游,沂、沭河,京杭大运河的苏北段及以北河道和湖泊等在冬季遇有寒冷天气出现时,河面出现过流冰或封冻,对航运有影响。在未来的南水北调和东线工程中,类似天气所产生的冰情将会影响冬季输水运行的安全。

全球气候变暖,也会给这些河流的冰情带来影响。但目前针对河冰气候响应的研究报道较少。这种"线状"水体在纬度和经度上跨度大,其空间上的变化比其气候响应幅度大,常常将气候影响淹没。

青海湖是我国最大的内陆湖泊,位于青藏高原东北部,海拔约 3200 m,湖水面积大约 4500 km²,平均水深 25 m。由 NOAA AVHRR 遥感数据的分析可知,青海湖一般 11 月初出现岸冰并逐渐扩大至 12 月底或 1 月初全部封冻;4 月初开始解冻,先于湖心岛附近湖冰破裂,4 月下旬或 5 月初全部融化完毕。湖冰冻结和解冻过程、湖冰厚度等与气温波动有密切关系,并且根据实测资料推断青海湖湖冰厚度有逐渐变薄的趋势。

利用被动微波遥感监测数据分析青海湖湖冰的封冻与解冻日期,认为 1978—2006 年间湖冰持续时间减少了 14~15 d,其中冻结日期推迟了大约 4 d,而解冻日期提前了大约 10 d(车涛等,2009)。湖冰持续日数、封冻日期和解冻日期与年内月平均气温有关。

气候变化同时引起青藏高原热融湖塘的形成,这些热融湖塘的出现,从面积上讲比起其他北方的湖泊面积要小,但其出现数目的增多,也不得不给予重视。中国科学院寒区旱区环境与工程研究所已

经开始对热融湖塘的工程效应和变化进行跟踪研究(马巍等,2005)。

河冰变化的工程效应仍然体现在冰灾害方面,其灾害形式主要包括以下类形:(1)冰坝洪水:冰坝洪水是天然河流中最严重的冰凌灾害,由大量冰块阻塞河道而成。冰坝使水位上涨,在某些河段流水漫堤,造成凌洪灾害。(2)冰花堵塞:悬浮的冰花遇到过冷的固体时则贴附在外表,层层冻结,逐渐加厚,减少甚至完全堵塞过水断面,如电站进水口拦污栅,使电站不能运行,同时电站上游会因水位壅高漫出河堤形成凌洪灾害。(3)影响航运和建筑物安全:流动的冰块会产生很大的动冰压力和撞击力,撞击船舶和其他建筑物,使河流冬季无法通航,水工建筑物也会遭到破坏。(4)损坏岸坡和水工建筑物:在温度升高时,冰盖膨胀产生巨大的静冰压力使河岸护坡和水工建筑物(如进水塔、桥墩和胸墙等)遭到破坏。

依据历史资料,黄河下游的冰情具有以下变化特征:冬季河流封冻程度变化显著;下游下段河道流凌封冻日期早,融冰、开河日期晚,封冻历时长,冰盖厚冰质坚;上段河道流凌封冻日期晚,融冰、开河日期早,封冻历时短,冰盖薄冰质酥。冰凌洪水特点是流量小,水位高且上涨快;凌峰流量自上而下沿程逐渐增大。近20年来,由于黄河下游河道水量大幅度减少,甚至发生连年断流,冬季气温持续偏高,加上水库调度等因素的共同影响,引起了凌情的相应变化,即:封开河日期提前,封河长度缩短、封冻冰量和槽蓄水量减少,冰塞冰坝发生次数减少,天封冻年频率增加等。

新疆天山北坡中段河流冰凌洪水的成因、生成过程及其运移规律较为复杂。由近40年冰凌洪水变化历史看出,该地区冬季11月至次年1月期间为冰凌洪水高发期,且逆温层带是冰凌洪水的高发区;冬季异常天气及气温突变是冰凌洪水发生的主要影响因素。以四棵树河1967—2006年冰洪流量为例,20世纪70—80年代,冬季寒冷,为"冰洪"多发期;1990年代以来,气候变暖,冰凌洪水呈现衰退趋势。

冰情影响是南水北调中线工程需要考虑的问题之一,一维非恒定水—冰热力学数值模拟表明,总干渠自南向北输水,沿程将出现不同的冰情;总干渠冰情的产生和变化与寒潮密切相关,大的流冰过程一般出现在强寒潮期间;总干渠沿程冰情与输水流量有一定关系。

河冰变化对冬季水文过程变化的影响缺乏系统研究,其对于环境和生态的影响,国际上多考虑冰块携带污染物和河底生物搬运等。

湖河冰变化对于抗冰工程影响不显著,但对于北方利用冰盖作为交通运输、休闲娱乐等会带来一定影响。随着冰厚度减薄、温度升高、强度下降,会导致人员、交通工具、牲畜等发生溺水、被困、坠落等事故(朱玉贵和房军,2007)。目前随着城市化人口逐年增加,城市规模扩大,过去城边各种水域变成了城内水域,冰厚度减薄和强度下降,冰上活动遇险概率增加。

5.5 冰冻圈变化的适应性对策

鉴于预估21世纪气候变暖加剧,冰川萎缩,融水增加,虽在不同流域幅度有所差异,在可见的未来,增加趋势不可逆转,针对这种背景,有必要采取如下对策:(1)将适应冰川加速融化、积雪变率加大的影响问题纳入经济建设和社会发展规划,推动干旱区节水型社会建设。气候变化及冰川加速融化将对流域资源和生态环境系统产生不容忽视的影响,特别是对农牧业、渔业和林业等敏感的经济部门,以及水资源和各类生态系统等。虽然相关影响还存在较大不确定性,应选择"无悔对策和措施"应对气候变化及冰川加速融化的影响问题,并将其实施纳入到区域经济建设和社会发展长远规划中去,未雨绸缪、趋利避害;西北地区极端干旱,水资源短缺,即使冰川融水有所增加,仍然不能满足西北地区经济社会快速发展和环境健康的巨大需求,节水型社会建设仍是未来西北地区发展的必然选择。(2)加强冰川萎缩与影响的监测和预警研究。现阶段对于冰川变化及其影响与气候变化间关联机制的认识水平仍不高,主要与监测数据有限,模型发展滞后等有关,我国卫星遥感技术得到了长足发展,但还不能完全满足西部高海拔和复杂地形条件下冰川变化的监测;此外,不同地区,不同规模冰川对气候变化的动力响应过程有差异,也须发展基于卫星平台获取连续冰川动态过程数据的遥感技术,结合模型研究,达到实时预报冰川径流过程及可能的洪水灾害目标，从而为出山水资源管理提供依据。（3）促进山区水电开发。历史上西北内陆干旱区主要以平原水库为主进行水资源动态调节，气候变暖，蒸发加剧，加之水库渗漏，这类水库的弊端明显；冰川融化加剧，山区径流季节特征会有较大改变，春秋两季来水有增加趋势，在降水强度有所改变情况下，山区冰川融水＋降雨型洪水发生频率势必增加，在出山适当位置修建水库，可降低洪水灾害风险，同时可提高水资源管理效益。

大量监测研究结果表明，全球范围的多年冻土退化已经成为不争的事实，基于对未来气候变化的预估，我国多年冻土在未来的数十年乃至百年尺度上仍将保持退化趋势。然而，与冰川、积雪、海（湖）冰等冰冻圈其他要素相比，多年冻土是发育于地表下一定深度（数厘米到数米）以下的特殊土（岩）层，受上覆活动层的保护，其对气候变化的敏感性要弱很多，对气候变化的反应也具有更长的滞后性；也正是受这种特性的限制，人眼、遥感影像乃至一般仪器很难识别多年冻土的存在，地球物理探测设备也仅仅只能给出其发育的某种可能性，致使人类对其分布范围和厚度的认识，乃至对其独特特征的了解均非常不足。基于多年冻土变化对气候、寒区水文、生态和其对寒区工程建设等方面的影响，有必要采取如下对策：（1）展开对我国多年冻土分布现状和特征的深入调查和研究，特别是对典型区域多年冻土变化的周期性调查和长期监测，掌握我国多年冻土的分布和变化特征；（2）深入研究多年冻土的变化对气候、水文和生态的影响机理并构建相关模式，预知气候变化背景下多年冻土的可能变化，更重要的是预估这一变化对我国天气和气候特征的变化、寒区水文过程和生态特征乃至寒区工程建设条件的变化的影响，为国家经济发展和宏观决策提供科学依据；（3）由于多年冻土状况与植被生态间存在着较好的正向互馈作用，通过减少多年冻土区森林砍伐、降低放牧强度等人为干扰以有效保护多年冻土区的生态环境，可在一定程度上减缓多年冻土的退化速度和幅度，有助于多年冻土区的生态保护，因此，从国家层面上加强对多年冻土区林业和畜牧业开发强度的控制，构建合理的多年冻土区土地利用标准和法规，对于保护寒区脆弱的生态环境有重要的现实意义。

中国积雪资源丰富，积雪对气候、水文与生态等都有重要影响。在气候变暖背景下，中国积雪也发生了显著变化（参见第一卷第四章）。合理利用积雪资源，积极制定应对积雪变化的政策措施有利于减小人类和自然生态系统的脆弱性，减缓积雪变化的影响。以下对策有助于提升应对积雪变化的适应能力。（1）实现积雪数据的全面化和精准化。目前我国积雪监测主要以台站和卫星遥感反演为手段，前者甚少涉及西部山区或站点分布不均或数据共享不足，后者反演算法仍有待改进。因此，应积极推动跨部门联合，完善积雪监测网络，实现数据共享，同时加大研究力度，发展适合不同地形条件和气候背景的积雪特征反演算法，提供精确、实时积雪数据产品，为雪灾、融雪径流模拟提供可靠数据。（2）扩大监测范围，加强业务监测能力。青藏高原前冬春积雪对我国春夏季降水具有指示意义，我国气候业务的中长期预测也十分关注高原积雪变化。除此之外，欧亚大陆与高原积雪的位相关系在夏季降水预测中也十分重要。因此，发展多参数、多尺度、分区域积雪监测，有助于提高我国业务预测水平，为国家正确制定防洪抗旱措施提供有益参考。（3）建立雪灾预警系统，增强政府决策能力。我国雪灾预警水平较低，预警系统不够完善，需加强科研成果转化力度，建立雪灾预警平台，及时向社会各界发布并引导居民关注天气预报和灾害预警信息。政府部门需完善雪灾应急预案，做好灾前预防、灾时应对、灾后重建工作，加强危机管理，发挥指挥调度作用，最大限度地减少灾民损失。此外，山区道路正确选线，新的工矿企、事业的选址，也将是减轻雪灾的有效途径。

1999—2000年渤海出现偏重冰年，在冰情严重期，辽东湾北部沿岸港口基本处于封港状态，秦皇岛港出现冰封。因此，虽然气候变暖，不排除在气候异常的情况下出现重冰年的可能，需时刻警惕。鉴于海冰冰情等级减轻时，海冰灾害的频率并不一定减少，当有严重冰情出现时，能提前警报和组织防冻破冰力量对海上重要工程进行破冰保护，对海上无抗冰能力船只进行破冰引航，避免人员伤亡和重大冰灾事故。另一种情况是，在低等级海冰冰情时，沿岸堆积冰和搁浅冰并未减少，这是在海岸工程建设和维护时需要重视的问题。冰区溢油或者其他污染物泄露清除十分困难，可造成潜在环境问题，应评估现有主要结冰海域现有应急方案的适用性，提出现有溢油应急回收设备和技术的改造、改进方案，最大限度减轻海洋污染损害。海冰灾害的发生频率不仅是冰情的轻重的产物，它同人类防御发生自然灾害的意识有难以分离的关系(李志军,2010)。

2009—2010 年冬季渤海又发生了近 30 年同期严重冰情,这次冰情影响到油田作业,航运(来英, 2010)。特别是山东和辽宁两省的海洋养殖业,两省均有超过 20 亿人民币的损失。由此表明未来适应海冰变化造成灾害性损失的能力,还有待于进一步强化。除了以往建立的海冰工程研究、海冰冰情调查、海洋平台安全管理外,冰区溢油清理技术还需强化。海冰与生态,特别与海洋养殖业的关系也有待加强。

冰凌灾害的发生并没有因为气候变暖而减少。黄河凌汛仍然威胁两岸人民的生命和财产。气候的反常变化使江河等水域内冰体的形成及解冻时间经常性地背离季节变化规律,而这些地区的农牧业活动高于渤海沿岸。人们对冰条件变化的认识还有待提高,所以除在科学上加大研究力度,特别是发展新型冰凌监测技术和爆破技术外,还需要通过媒体和科普教育提高人民认识气候变化带来冰上活动危险性的意识是非常必要的。

参考文献

白珊,刘钦政,吴辉碇,王咏亮. 2001. 渤海、北黄海海冰与气候变化的关系. 海洋学报,**23**(5):33-41.

卞林根,林学椿. 2005. 近 30 年南极海冰的变化特征. 极地研究,**17**(4):233-244.

蔡文英. 2003. 简述新疆玛纳斯河水情遥测系统的开发与应用. 水利水文自动化,**45**(3):32-33.

曹建廷,秦大河,康尔泗,等. 2005.青藏高原外流区主要河流的径流变化. 科学通报,**50**(21):2403-2408.

陈楚江,余绍淮,王丽园,张霄. 2009. 雪崩灾害的遥感量化分析与工程选线.山地学报,**27**(1):63-69.

陈锋,等. 2009. 纳木错流域冰川和湖泊变化对气候变化的响应. 山地学报,**27**(6):641-647.

陈建明,刘潮海,金明燮. 1996. 重复航空摄影测量方法在乌鲁木齐河流域冰川变化监测的作用.冰川冻土,**18**(4):331-336.

陈烈庭,阎志新.1981.青藏高原冬春异常雪盖影响初夏季风的统计分析//长江流域规划办公室. 中长期水文气象预报文集(2). 北京:水利电力出版社:133-141.

陈烈庭,阎志新.1979.青藏高原冬春积雪对大气环流和我国南方汛期降水的影响//中国长期水文气象预报文集(第 1集).北京:水利电力出版社:185-194.

陈烈庭.1998.青藏高原冬春异常雪盖与江南前汛期降水关系的建议和应用.应用气象学报,**9**(增刊):1-8.

陈乾金,高波,李维京,刘玉洁. 2000.青藏高原冬季积雪异常和长江中下游主汛期旱涝及其与环流关系的研究. 气象学报,**58**(5):582-595.

陈素华,宫春宁,苏日那. 2005. 气候变化对内蒙古农牧业生态环境的影响. 干旱区资源与环境,**19**(4):155-158.

陈兴芳,宋文玲.2000.欧亚和青藏高原冬春积雪与我国夏季降水关系的分析和预测应用.高原气象,**19**(2):215-223.

丁永建,刘时银,叶柏生,等.2006.近 50 a 中国寒区与旱区湖泊变化的气候因素分析.冰川冻,**28**(5):623-632.

丁永建,潘家华.2005.气候与环境变化对生态和社会经济影响的利弊分析//秦大河,陈宜瑜,李学勇.中国气候与环境演变(下卷):气候与环境变化的影响与适应、减缓对策.北京:科学出版社 92-159.

董立新,王文科,孔金玲,石昊楠,郭振华,麦硫妍. 2005. 黄河上游玛多县生态环境变化遥感监测及成因分析.水土保持通报,**25**(4):68-72.

董文杰,韦志刚,范丽军. 2001. 青藏高原东部牧区雪灾的气候特征分析. 高原气象,**20**(4):402-406.

耿淑琴,王旭. 2002.2001—2002 年冬季黄渤海天气气候特征及对渤海海冰的影响. 海洋预报,**19**(4):38-47.

关志华,陈传友,区裕雄,等.1984.西藏河流与湖泊.北京:科学出版社:176-182.

韩俊丽. 2007. 内蒙古中东部草原牧区雪灾的气象因子分析. 阴山学刊,**21**(3):48-52.

韩添丁,丁永建,焦克勤,叶柏生.2005.天山乌鲁木齐河源冰雪径流的极值分析.冰川冻土,**27**(2):276-281.

韩添丁,叶柏生,丁永建,等.乌鲁木齐河流域径流增加的事实分析.冰川冻土,**27**(5):655-659.

郝璐,王静爱,满苏尔,杨春燕. 2002. 中国雪灾时空变化及畜牧业脆弱性分析. 自然灾害学报,**11**(4):42-48.

何希吾.1996.高原水文//洛桑,灵智多杰.青藏高原环境与发展概论.北京:中国藏学出版社.46-64.

纪玲玲,申双和,郭安红,刘文泉.2009."三江源"气候变化及其对湿地影响的研究综述.吉林气象,**1**:15-17.

康尔泗,朱守森,黄明敏.1985.托木尔峰地区的冰川水文特征//中国科学院登山科学考察队.天山托木尔峰地区的冰川与气象.乌鲁木齐:新疆人民出版社:99-119.

康尔泗.1999.冰雪水资源和出山口径流量变化及其趋势预测研究(国家"九五"重点科技攻关项目96912-01-02专题研究报告[R].兰州:中国科学院兰州冰川冻土研究所:258-264.

康建成,唐述林,刘雷保.2005.南极海冰与气候.地球科学进展,20(7):786-793.

蓝永超,康尔泗,金会军,等.1999.黑河出山径流年际变化特征及趋势研究.冰川冻土,21(1):49-53.

蓝永超,康尔泗,仵彦卿,等.气候变化对河西内陆干旱区出山径流的影响.冰川冻土,2001,23(3):276-282.

李韧,赵林,丁永建,焦克勤,王银学,乔永平,杜二计,刘广岳,孙琳婵,肖瑶.2010.青藏高原北部活动层土壤热力特性的研究.地球物理学报,53(5):1060-1072.

李峰,何金海.2000.北太平洋海温异常与东亚夏季风相互作用的年代际变化.热带气象学报,16(3):260-271.

李响,2007.基于线粒体DNA探究辽东湾斑海豹的遗传多样性.济南:山东大学.

李新,程国栋.1999.高海拔多年冻土对全球变化的响应模型.中国科学D辑:地学,29(2)185-192.

李志军,2000.论渤海海冰特点及冰区溢油清理的难度.中国海洋平台,15(5):20-23.

李忠勤,沈永平,王飞腾,等.2007.冰川消融对气候变化的响应.冰川冻土,29(3):333-342.

梁潇云,钱正安,李万元.2002.青藏高原东部牧区雪灾的环流型及水汽场分析.高原气象,21(4):359-367.

刘潮海,谢自楚,刘时银,等.2002.西北干旱区冰川水资源及其变化//康尔泗等.中国西北干旱区冰雪水资源与出山径流.北京:科学出版社:18-50.

刘洪鹄,林燕.2005.中国风雪流的变化趋势和时空分布规律.干旱区研究,22(2):125-129.

刘庆仁,孙振昆,崔永生,等.1993.大兴安岭林区多年冻土与植被分布规律研究.冰川冻土,15(2):246-251.

刘景时.1993.天山南坡昆马力克河冰川阻塞湖暴发洪水及其对河流水情的影响.水文,(1),25-29.

刘景治,孙剑,刘伟,孙晓.2007.浅谈斑海豹保护工作的5个切入点.渔政,(4):18-19.

刘钦政,黄嘉佑,白珊,吴辉碇.2004.渤海冬季海冰气候变异的成因分析.海洋学报,26(2):11-19.

刘时银,程国栋,刘景时.1998.天山麦茨巴赫冰川湖突发洪水特征及其与气候关系的研究.冰川冻土,20(1):30-35.

刘时银,丁永建,李晶,等.2006.中国西部冰川对近期气候变暖的响应.第四纪研究,26(5):762-771.

刘伟刚,任贾文,秦翔,等.2006.珠穆朗玛峰绒布冰川水文过程初步研究.冰川冻土,28(5):663-667.

刘兴元,梁天刚,郭正刚,张学通.2008.北疆牧区雪灾预警与风险评估方法.应用气象学报,19(1):133-138.

鲁安新,姚檀栋,王丽红,等.2005.青藏高原典型冰川和湖泊变化遥感研究.冰川冻土,27(6):783-92.

鲁安新.2006.青藏高原冰川与湖泊现代变化断西研究[D].中国科学院博士论文.pp137.

马丽娟,秦大河,卞林根,效存德,罗勇.2010.青藏高原积雪的脆弱性评估.气候变化研究进展,6(5):325-331.

马丽娟,陆龙骅,卞林根.2004.南极海冰的时空变化特征.极地研究,16(1):29237.

马巍,程国栋,吴青柏.2005.解决青藏铁路建设中冻土工程问题的思路与思考.科技导报,青藏铁路建设和生态环境保护专题,(1):23-28.

米德生,谢自楚,冯清华.2011.中国冰川目录XI,恒河一雅鲁藏布江流域.西安:西安地图出版社.

南卓铜,李述训,程国栋.2004.未来50与100 a青藏高原多年冻土变化情景预测.中国科学D辑:地学,34(6):528-534.

钱永甫,张艳,郑益群.2003.青藏高原冬春季积雪异常对中国春夏季降水的影响.干旱气象,21(3):1-7.

上官冬辉,刘时银,丁良福,等.2008.1970—2000年念青唐古拉山脉西段冰川变化.冰川冰土,30(2):204-210.

沈永平,王国亚,苏宏超,韩萍,高前兆,王顺德.2007.新疆阿尔泰山区克兰河上游水文过程对气候变暖的响应.冰川冰土,29(6):845-853.

沈永平.2009.中亚天山是全球气候变化和水循环变化的热点地区.冰川冻土,31(4):780.

施雅风.2001.2050年前气候变暖冰川萎缩对水资源影响情景预估.冰川冻土,23(4):333-341.

施雅风,刘潮海,王宗太,等.2005.简明中国冰川编目.上海:上海科学普及出版社:111-127.

石英,高学杰,吴佳,Giorgi F,董文杰.2010.全球变暖对中国区域积雪变化影响的数值模拟.冰川冻土,32(2):215-222.

时兴合,秦宁生,李栋梁,唐红玉,汪青春,冯蜀青,马占良.2007.青海南部冬季积雪和雪灾变化的特征及其评估.山地学报,25(2):245-252.

孙琳婵,赵林,李韧,等.2010.西大滩地区积雪对地表反照率及浅层地温的影响.山地学报,28(3):266-273.

田丰,黄嘉佑,李剑,李宝辉,白珊.2004.渤、黄海冰情与华北地区降水关系的分析.海洋预报,21(2):1-8.

王根绪,沈永平,刘时银.2001.黄河源区降水与径流过程对ENSO事件的响应特征.冰川冻土,23(1):17-21.

王建,沈永平,鲁安新,王丽红,史正涛.2001.气候变化对中国西北地区山区融雪径流的影响.冰川冻土,23(1):28-33.

王建,李硕.2005.气候变化对中国内陆干旱区山区融雪径流的影响.中国科学D辑,25(7).

王绍武,龚道溢.2002.中国西部环境特征及其演变.北京:科学出版社.

王欣.2008.我国喜马拉雅山冰碛湖溃决灾害评价方法与应用研究[D].中国科学院寒区旱区环境与工程研究所博士学位论文.

王中隆.2001.中国风雪流及其防治研究.兰州:兰州大学出版社.

魏智,金会军,罗崇旭,等.2008.东北地区冻土50年来的气温环境变化.兰州大学学报(自然科学版),**44**(3):39-42.

吴高平,韩艳红,李晓丽.2003.乌鲁瓦提水利枢纽工程大坝安全监测与水情测报自动化系统.水利水电技术,**12**:58-59.

吴统文,钱正安.2000.青藏高原冬春积雪异常与中国东部地区夏季降水关系的进一步分析.气象学报,**58**(5):570-581.

吴艳红,朱立平,叶庆华,等.2007.纳木错流域近30年来湖泊—冰川变化对气候的响应.地理学报,**62**(3):301-311.

肖瑶,赵林,李韧,等.2010.藏北高原多年冻土区地表反照率特征分析.冰川冻土,**32**(3):480-488.

徐国昌,李珊,洪波.1994.青藏高原雪盖异常对我国环流和降水的影响.应用气象学报,**5**(1):62-67.

严霞,李法云,刘桐武,等.2008.化学融雪剂对生态环境的影响.生态学杂志,**27**(12):2209-2214.

颜亮东,李凤霞,何彩青,周秉荣,伏洋.2006.青海高原牧区雪灾等级预警方法研究.青海气象,**2**:12-16.

杨针娘.2001.冰川水文学.重庆:重庆出版社:56-133.

杨针娘.1991.中国冰川水资源.兰州:甘肃科学出版社:137-141.

杨针娘,等.1992.祁连山冰沟寒区径流及其模式//中国科学院兰州冰川冻土研究所集刊(第7号).北京:科学出版社.

叶佰生,陈克恭,施雅风.1997.冰川及其径流对气候变化响应过程的模拟模型.地理科学,**17**(1):32-40.

叶柏生.2002.冰雪径流和出山径流对气候变化的响应//中国西北干旱区冰雪水资源与出山径流.北京:科学出版社:111-117.

于永.2004.内蒙古牧区雪灾的特点与抗灾的思考.内蒙古师范大学学报,**33**(4):21-25.

张菲,刘景时,巩同梁,等.2006.喜马拉雅山北坡卡鲁雄曲径流与气候变化.地理学报,**61**(11):1141-1148.

张国胜,时兴合,李栋梁,等.2006.长江源沱沱河区45a来的气候变化特征.冰川冻土,**28**(5):678-685.

张国威,吴素芬,王志杰.2003.西北气候环境转型信号在新疆河川径流变化中的反映.冰川冻土,**25**(2):176-180.

张祥松.1990.冰湖突发洪水(GLOF)研究综述.见:张祥松,周聿超著,喀喇昆仑叶尔羌河冰川湖突发洪水研究.北京:科学出版社:174-196.

张祥松,施雅风.1990.中国冰雪灾害研究.地球科学进展,(3):40-45.

张祥松,施雅风.1996.中国冰雪灾害及其发展趋势.自然灾害学报,**5**(2):76-85.

张云吉,金秉福,冯雪.2007.近半个多世纪以来渤海冰情对全球气候变化的响应.海洋通报,**26**(6):97-101.

赵林,丁永建,刘广岳,王绍令,金会军.2010.青藏高原多年冻土层中地下冰储量估算及评价.冰川冻土,**32**(1):1-9.

郑益群,钱永甫,苗曼倩,季劲钧.2000.青藏高原积雪对中国夏季风气候的影响.大气科学,**24**(6):761-774.

周秉荣,申双和,李凤霞.2006.青海高原牧区雪灾综合预警评估模型研究.气象,**32**(9):106-110.

周梅,余新晓,冯林,等.2003.大兴安岭林区冻土及湿地对生态环境的作用.北京林业大学学报,**25**(6):91-93.

周石硚,谢自楚.2003.雪崩危险度评价的类型、特征和方法.自然灾害学报,**12**(2):45-50.

周旺明,王金达,刘景双,等.2009.降雪对三江平原小叶章湿地系统氮输入及生态效应.水科学进展,**20**(1):99-104.

周幼吾,王银学,高兴旺,等.1996.我国东北多年冻土温度和分布与气候变暖.冰川冻土,**18**(增刊):140-146.

周聿超.1999.新疆河流水文水资源.乌鲁木齐:新疆科技卫生出版社,90-114.

朱立平,谢曼平,吴艳红.2010.西藏纳木错1971—2004年湖泊面积变化及其原因的定量分析.科学通报,**55**:1789-1798.

朱玉贵,房军.2007.冰上事故救援技术研究[C].节能环保、和谐发展——2007年中国科协年会论文集(四).湖北武汉:中国科技协会.http://epub.edu.cnki.net/grid2008/detail.aspx?filename=DIDD200709004146&dbname=CPDF2007.

朱玉祥.2007.青藏高原冬春积雪对我国夏季降水分布的影响研究.中国气象科学研究院/南京信息工程大学.博士论文.

卓宝熙.2002.工程地质遥感判释与应用.北京:中国铁道出版社.

Beltaos S,Prowse T.2009.River-ice hydrology in a shrinking cryosphere.Hydrological Processes,**23**:122-144.

Che Tao,Li Xin,Jin Rui,Armstrong R,Zhang Tingjun.2008.Snow depth derived from passive microwave remote sensing data in China.Annals of Glaciology,**49**(1):145-154,doi:10.3189/172756408787814690.

Gao X,Ye B S,Zhang S Q,et al.2010.Glacier runoff variation and its influence on river runoff during 1961-2006 in the

Tarim River Basin, China. Sci China Earth Sci, doi：10. 1007/s11430-010-0073-4.

Gong G, Entekhabi D, Cohen J, et al. 2004. sensitivity of atmospheric response to modeled snow anomaly characteristics. Journal of Geophysical Research, 109 (D06107).

Heidi S, Landry C, Painter H T, Anderson J, Ayres E. 2009. Biological consequences of earlier snowmelt from desert dust deposition in alpine landscapes. Proceedings of the National Academy of Sciences of the United States of America, **160**(28)：11629-11634.

Immerzeel W W, Beek L P H v, Bierkens M F P. 2010. Climate Change Will Affect the Asian Water Towers. Science, **328**(5984)：1382-1385.

IPCC. 2007. Climate Change 2007：The Physical Science Basis. Solomon, S. and 7 others, ed. Contribution of Working Group I to the Fourth Assessment Report of the International Panel on Climate Change. Cambridge University Press, Cambridge, United Kingdom and New York, NY, USA.

Jin H J, Yu Q H, Lu L Z, et al. 2007. Degradation of permafrost in the Xing anling Mountains, Northeastern China. Permafrost and Periglacial Processes, **18**：245-258.

Kang Shichang, Zhang Yongjun, Qin Dahe, et al. 2007. Recent temperature increase recorded in an ice core in the source region of Yangtze River. Chinese Science Bulletin, **52**(6)：825-831.

Kundzewicz Z W, Mata L J, Arnell N W, Döll P, Kabat P, Jiménez B, Miller K A, Oki T, Sen Z, Shiklomanov I A. 2007. Freshwater resources and their management. Climate Change 2007：Impacts, Adaptation and Vulnerability. Contribution of Working Group II to the Fourth Assessment Report of the Intergovernmental Panel on Climate Change, Parry M L, Canziani O F, Palutikof J P, van der Linden P J, Hanson C E, Eds. , Cambridge University Press, Cambridge, UK, 173-210.

Li Xin, Cheng Guodong, Jin Huijun, Kang Ersi, Che Tao, Jin Rui, Wu Lizong, Nan Zhuotong, Wang Jian and Shen Yongpin. 2008. Cryoshperic change in China. Global and Planetary Change, **62**：210-218.

Liu S, Ding Yongjian, Shangguan Donghui, et al. 2006. Glacier retreat as a result of climate warming and increased precipitation in the Tarim river basin, northwest China. Annals of Glaciology, **43**：91-96.

Liu S, Y Zhang, Y Zhang and Y Ding. 2009. Estimation of glacier runoff and future trends in the Yangtze River source region, China. Journal of Glaciology, **55**(190)：353-362.

Ng F, Liu S. 2009. Temporal dynamics of a jökulhlaup system. Journal of Glaciology, **55**(192).

Ng F, Liu S, Mavlyudov B, Wang Y. 2007. Climatic control on the peak discharge of glacier outburst floods. Geophysical Research Letter, **34**：L21503, doi：10. 1029/2007GL031426, 2007.

Rees H G, Collins D N. 2006. Regional difference in response of flow in glacier-fed Himalayan river to climatic warming. Hydrological Processes, **20**：2157-2169.

Shi Jiancheng, Kattlemann R. 1997. Effects of large structure in wet snow cover on SAR measurements. Geoscience and Remote Sensing. IGARSS '97. Remote Sensing-A Scientific Vision for Sustainable Development, 1997 IEEE International.

Shinoda M. 2001. Climate memory of snow mass as soil moisture over central Eurasia. Journal of Geophysical Research, **106** (D24) (33)：393-403.

Sihgh P, Kumar N. 1997. Impact assessment of climate change on the hydrological response of a snow and glacier melt runoff dominated Himalayan river. Journal of Hydrology, **193**：316-350.

Singh P, Arora M, Goel N. K. 2006. Effect of climate change on runoff of a glacierized Himalayan basin, Hydrol. Process, **20**, 1979-1992.

Wu B Y, Yang K, Zhang R H. 2009. Eurasian snow cover variability and its associationwith summer rainfall in China. Adv Atmos Sci, **26**(1)：31-44, doi：10. 1007/s00376-009-0031-2.

Wu T, Qian Z. 2003. The Relation between the Tibetan Winter Snow and the Asain Summer Monsoon and Rainfall：An Observational Investigation. Journal of Climate, **15**：2038-2051.

Yao T, Wang Y, Liu S, Pu J, Shen Y, Lu A. 2004. Recent glacial retreat in High Asia in China and its impact on water resource in Northwest China. Science in China Series D：Earth Sciences, **47**, 1065-1075.

Ye Baisheng, Ding yongjian, Liu fengjing, et al. 2003. Resonse of various-sized alpine glaciers and runoff to climate change, Journal of Glaciology, **49**(164)：1-7.

Zhang shiqiang，Zhang xiaowen. 2009. Evaluation of glacier runoff in Tailan basin by monthly Degree-Day model. 2009 IEEE International Geoscience and Remote Sensing Symposium Proceedings，1555.

Zhang Y，Li T，Wang B. 2004. Decadal Change of the Spring Snow Depth over the Tibetan Plateau：the Associated Circulation and Influence on the East Asian Summer Monsoon. Journal of Climate，17：2780-2793.

Zhang Yong，Liu Shiyin，Xu Junli，Shangguan Donghui. 2008. Glacier change and glacier runoff variation in the Tuotuo River basin，the source region of Yangtze River in western China. Environmental Geology，56：59-68.

Zhang Yongsheng，Li Tim，Wang Bin. 2004. Decadal Change of the Spring Snow Depth over the Tibetan Plateau：the Associated Circulation and Influence on the East Asian Summer Monsoon. Journal of Climate，17（14）：2780-2793，doi：10. 1175/1520-0442(2004)017〈2780：DCOTSS〉2. 0. CO；2.

Zhao H，Moore G W K. 2004. On the relationship between Tibetan snow cover，the Tibetan plateau monsoon and the Indian summer monsoon. Geophysical Research Letters，31（14）.

Zhao L，Wu Q，Marchenko S S，Sharkhuu N. 2010. Thermal state of permafrost and active layer in Central Asia during the International Polar Year. Permafrost and Periglacial Processes. （in publication）.

Zhao Lin，2004. Studies on frozen ground of China. J Geographical Sciences，14（4）：411-416.

Zhao Lin，Cheng Guodong，Ding Yongjian. 2004. Studies on frozen ground of China. Journal of Geographical Sciences，14（4）：411-416.

Zhao Ping，Zhou Zijiang，Liu Jiping. 2007. Variability of Tibetan spring snow and its associations with the hemispheric extratropical circulation and East Asian summer monsoon rainfall：An observational investigation. J Climate，20（15）：3942-3955，doi：10. 1175/JCLI4205. 1.

第六章　陆地自然生态系统和生物多样性

主　笔：吴绍洪，周广胜

贡献者：孙国栋，王玉辉，吴建国，尹云鹤，周莉

提 要

观测证据表明，气候变化对中国陆地生态系统影响显著：植被带普遍北移，高原山地自然地带向高海拔移动，特别是云南干旱河谷地区的林线上升速率达 8.5 m/10a；物种组成和分布、群落结构和演替过程发生改变；春季物候期普遍提前，其中 1950—2004 年北京市山桃的花期提前 2.9 d/10a，其他物种提前 1.5～2.0 d/10a。森林净初级生产力（NPP）整体增加，其中 20 世纪 80 年代初至 90 年代末中国东北部的针阔混交林 NPP 增幅最大，达 4.22 gC/(m² · a)。草原总体呈退化趋势，1961—2005 年内蒙古大兴安岭西侧草原气候生产力平均下降速率达 20.02 g/(m² · a)。三江平原与青藏高原湿地普遍呈萎缩趋势。北方荒漠化趋势加剧，1975—1992 年古尔班通古特沙漠的流动沙地面积扩大了 3060 km²。气候变化将继续对不同树种的分布范围产生影响，林线升高，森林植被生长期延长，森林净初级生产力增加但存在一定的滞后性，尤其是东北地区森林净初级生产力增加的可能性较高，森林生态系统的服务价值可能增加。草原生态系统的分布格局和面积变化显著，物种优势强弱顺序、群落结构可能发生改变，区域草场退化、荒漠化扩展，温度升高 2℃ 条件下草原地上生物量下降可达 30%，地下生物量下降超过 14%。湿地总体萎缩，但西北干旱区的湿地和受冰川或冻土影响的西部湖泊湿地多以面积扩张为主。气候变化的影响广泛且复杂多变，不利影响造成的系统脆弱性更受关注。陆地生态系统对气候变化的适应性不仅关系到自身的可持续发展，而且直接影响到人类社会的可持续发展。

6.1　陆地生态系统及其与气候的关系

6.1.1　陆地生态系统类型与特征

陆地生态系统是人类赖以生存和发展的基础。中国主要的陆地生态系统有森林、草原、内陆湿地和荒漠生态系统。

（1）森林生态系统

森林生态系统是陆地生态系统的主体，生物多样性丰富，具有很高的生物生产力和生物量。2001 年联合国政府间气候变化专门委员会（IPCC）指出，虽然森林面积占全球面积的 27.6%，但森林植被的碳储量却占全球植被的 77% 左右，森林土壤的碳储量约占全球土壤的 39%，森林生态系统碳储量占陆地生态系统碳储量的 57%。中国第六次全国森林资源清查（1991—2003 年）表明，中国森林面积达 17500 万 hm²，森林覆盖率为 18.21%。中国森林分布具有明显的空间差异，主要分布在东北和西南，以幼龄林、中龄林和人工林为主，天然林分布有限。中国森林生态系统类型主要包括：常绿针叶林生态系统、常绿阔叶林生态系统、落叶针叶林生态系统、落叶阔叶林生态系统和针阔混交林生态系统。

常绿针叶林生态系统:中国常绿针叶林分布非常广泛,面积约占中国陆地生态系统的6%,主要分布在中国东北地区的大、小兴安岭和长白山地。中国具有能自然构成森林的针叶树种有60余种,常见针叶树种有云杉(*Picea asperata*)、冷杉(*Akjes fabri*(*Mast.*)*Craib.*)、侧柏(*Biota orientalis*)、油松(*Pinus tabulaeformis Carr.*)、马尾松(*Pinus massoniana Lamb.*)、云南松(*Pinus yunnanensis Franch.*)、杉木(*Cunninghamialanceolata*(*Lamb.*)*Hook.*)等。常绿针叶林对热量条件要求较宽松,最热月温度一般在10℃以上就能正常生长,但对水分条件要求较为严格,通常情况下仅在湿润地区才有分布。然而,不同类型针叶林生态系统的具体生境和生态幅度也不尽相同。就松林而言,从北到南依次分布有樟子松(*P. sylvestris var. mongolica*)林、赤松(*Pinus densiflora*)林、油松林、马尾松林、云南松林、海南松(*Pinus fenzeliana*)林等,要求的热量条件逐渐增高,年均温由-10℃上升到22℃。

常绿阔叶林生态系统:是中国亚热带地区的优势生态系统类型,分布范围北至秦岭淮河一线,南至北回归线附近的广东、广西北部。由于地域广阔,常绿阔叶林生态系统从北至南依次有含有落叶树种的常绿阔叶林、典型常绿阔叶林和含有雨林成分的常绿阔叶林等三种类型。尽管常绿阔叶林生态系统区占中国国土面积近四分之一,但区内人类活动强度大,天然常绿阔叶林破坏严重,被农用地和退化的次生灌草丛所分割。常绿阔叶林生态系统分布面积并不大,占中国陆地生态系统的2.3%。发育常绿阔叶林生态系统的气候温暖湿润,最低日平均温度在0℃以上,年均温15~22℃,活动积温为5000~7500℃·d,无霜期在250~350天。年降水量在1000 mm以上,最多可达2000 mm。森林土壤为红壤、黄壤和赤黄壤为主。构成常绿阔叶林的建群树种很多,但集中在壳斗科的辽东栎(也称青冈)(*Quercus liaotunggensis*)、栲属(*Castanopsis*)、栎属(*Ouercus*)、石栎属(*Lithocarpus*),樟科的樟(*Cinnamomum.*)、楠木属(*Phoebe*)、润楠属(*Machilus*)、木姜子属(*Litsea*)、山胡椒(*Lindera angustifolia*),山茶科的木荷属(*Schima*)、茶(*Camellia*)等。

落叶针叶林生态系统:在中国能自然构成森林的落叶针叶树种主要是落叶松属(*Larix*),种类有兴安落叶松(*Larix gmelinii*)、西伯利亚落叶松(*Larix sibirica*)、长白落叶松(*Larix olgensis var. Koreana*)、日本落叶松(*Larix kaempferi*)和华北落叶松(*Larix principis-rupperchtii*)等,分布面积约占中国陆地生态系统的1.4%。兴安落叶松林群系广泛分布于欧亚大陆高纬度地区,是寒温带寒冷气候下的一种生态系统类型。在中国集中分布在大兴安岭地区的植物种类多属耐寒性,以兴安落叶松为群落优势种,兴安落叶松林群系广泛分布于欧亚大陆高纬度地区,是寒温带干燥寒冷气候条件下的一种生态系统类型,在中国集中分布在大兴安岭地区,植物种类多,耐寒性以兴安落叶松为群落优势种。兴安落叶松林植被有明显垂直分带现象,海拔600 m以下的谷地是含蒙古栎的兴安落叶松海拔600—1000 m为杜鹃—兴安落叶松局部有樟子松林,海拔1100—1350 m为藓类—兴安落叶松林,海拔1350 m以上的顶部为匍匐生长的偃松矮林。基本环境特征是寒湿,年均温为-5~0℃,温暖指数21~40℃·Mon,年降水量450~750 mm,湿度指数大于10 mm/(℃·Mon)。林下土壤为棕色针叶林土,普遍存在季节性冻土。兴安落叶松群系的生物生产力和生物量一般在800~1200 g/(m²·a)和150~250 t/hm²之间,处于森林生态系统的中下水平。兴安落叶松的生长分布对气温变化比较敏感。气温升高时,兴安落叶松林生境的季节性冻土层将首先受到影响,然后土壤理化特性和生物地球化学循环特征也将改变,最终制约群系的空间分布格局。华北落叶松林分布于河北的太行山、燕山等地,山西省的部分山地也有分布。华北落叶松是强阳性树种,能抵御严寒,适生性较强,伴生种有白桦、红桦、云杉等,林下灌木有六道木(*Abebia biflora*)、小叶忍冬(*Lonicera microphylla*)、丁香(*Ocimum gratissimum L. var suave*)等。华北落叶松林生物生产力较低,多在1000 g/(m²·a)以下,生物量小于100 t/hm²。华北落叶松虽然适生性较强,但现实生态位多较小,且处于山体的中上部,对气温升高的适应空间有限。如,华北落叶松在冀西北和燕山北部山地分布在1500 m以上,燕山中部1800 m以上,太行山中部和北部2000 m以上。除兴安落叶松和华北落叶松构成群系外,长白落叶松和西伯利亚落叶松也能自然构成森林,前者分布在东北长白山地区,后者分布在新疆阿尔泰地区和天山地区。

落叶阔叶林生态系统:是秦岭淮河以北暖温带地区的主要植被类型。由于人为影响,自然落叶阔叶林系统呈不连续状分布于海拔500 m以上的山地。树种以温性阔叶为优势种,分为典型落叶阔叶林

（栎类林）、沟谷中生阔叶林（杂木林）和低山丘陵散生阔叶林三个群系组。建群种有栎属（落叶）、胡桃属（*Juglans*）、桦木属、槭属（共建种）、鹅耳栎属（*Carpinus*）等。分布面积约占中国陆地生态系统面积的 2.3%。在中国，能自然构成落叶栎属森林的树种有蒙古栎（*Quercus mongolica*）、辽东栎（也称青冈）（*Quercus liaotunggensis*）、槲栎（*Quercus aliena*）、麻栎（*Quercus acutissima*）、栓皮栎（*Quercus variabilis*）等。栎类林是落叶阔叶林的最大群系组。蒙古栎林的分布空间范围较大，分布地的年均温在 $-5.1\sim$9.3℃，年降水量一般为 $500\sim700$ mm，湿度指数为 $6\sim11$ mm/（℃・Mon），林下土壤为棕壤。群落以蒙古栎为优势种，次优势种有其他落叶栎类、白桦、红桦、山杨（*Populus davidiana*）等。栓皮栎林、麻栎林、槲栎林和辽东栎林也是暖温带至温带常见的落叶栎林，且在特定地段上能形成纯林。典型落叶阔叶林具有中等的生物生产力，一般为 $1000\sim1300$ g/（m²・a），生物量可达 $100\sim130$ t/hm²。除由落叶栎类构成典型落叶阔叶林外，桦木、山杨等种类也能自然构成该类森林。构成落叶阔叶林各优势种的生态幅度有一定的差异。在落叶栎类林中，蒙古栎生态幅度最大，能耐受较低的温度，属于凉湿型生态类型；栓皮栎、麻栎、槲栎和辽东栎分布中心基本上由南向北推移，适应较低温度和较大湿度的能力依次提高。桦木林是落叶阔叶林中较为耐寒的类型，尤其是岳桦林分布在山地顶部，海拔高，年均气温在0℃以下，是该类森林中最为寒湿的类型，其响应气候变化的空间幅度较小。

混交林生态系统：有针叶与阔叶混交、常绿与落叶混交之区分。两种混交林面积约占中国陆地生态系统的 2.9%。在中国，落叶阔叶和常绿阔叶之间混交构成的森林生态系统分布在暖温带与亚热带过渡地区，常见有青冈栎—白栎林、青冈栎—黄连木—山合欢林、苦槠—枫香—化香林、甜槠—水青冈林等群系。这类森林的生物生产力也较高，一般在 $1300\sim1800$ g/（m²・a），生物量可达 $150\sim180$ t/hm²。由于地处自然带的过渡区，混交林生态系统对气候变化的响应较为迅速，表现在群落中落叶和常绿种类成分的构成比例以及分布界线的变动上。理论上，针阔混交林可以出现在森林分布区的任何地点。不过，不同的区域混交种类不同。在寒温带地区，常见的针叶树种有兴安落叶松、樟子松，阔叶树种多为桦木；在温带，针叶树种有赤松、长白落叶松，阔叶树种有栎类、桦木等；暖温带针叶树主要有油松，与其混交的阔叶树多为落叶栎类、山杨、桦木等；亚热带地区构成混交的针叶树种较多，以马尾松占绝对优势，阔叶树种种类很多，原则上组成常绿阔叶林的种类都可能与针叶树混交成林。一般认为，针阔混交林是天然林破坏后形成的一种次生类型。按照生态学原理，针阔混交林生态系统较单纯的针叶林或阔叶林稳定。

（2）草原生态系统

草原生态系统是陆地生态系统的主体生态类型之一，多处于干旱和半干旱地区。

在中国，草原生态系统（不包括有林草地）面积约占陆地生态系统的 23.8%，从东到西依次分布有草甸草原、典型草原和荒漠草原。在构成种类上，草甸草原除禾本科的针茅属（*Stipa*）（湿中生种类）外，其他如莎草科、豆科、菊科等也占相当的比例，种类丰富，产草量高。草甸草原分布于内蒙古东部和东北地区西部；典型草原构成种类以旱生或旱中生的丛生针茅属植物为主，广泛分布于内蒙古高原中部；荒漠草原由旱生的针茅属植物构成，广泛分布于西北内陆地区。植物生长较差，覆盖度较低，产量较低。

草原分布的水分条件，以草甸草原最好，典型草原次之，荒漠草原最差。未来气候变干会引起草甸草原的退缩。草甸和沼泽是水分条件最好的草本植物群落，属于隐域性植被类型，在各个自然带均可出现。

在面积广大的青藏高原发育了特殊的草原生态系统，主要有高寒草甸、高寒草甸草原、高寒草原、高寒荒漠草原等类型。在大多高寒草甸和草甸草原类型中，嵩草属是主要的建群种类，有近 40 种嵩草，如高山嵩草（*Kobresia pygmaea*）、矮嵩草（*Kobresia humilis*）、小嵩草（*Kobresia pygmaea*）等。除嵩草属外，其他如苔草属（*Carex*）、火绒草属（*Leontopodium*）、紫菀（*Aster tataricus*）、委陵菜属（*Potentill*）也是常见的种类。青藏高原的草原生态系统基本属"气候顶极"类型，构成种类以耐寒性植物为主，生长缓慢，生物量较低，但相对稳定。理论上，如果气温长期持续升高，将会影响其发育和分布。

在中国南方的低山丘陵，森林破坏后发育了面积广大的灌草丛和草丛。这类灌草丛和草丛是人类作用下逆行演替形成的，如果解除人类的影响，生态系统靠自身的内在动力将会演替到灌丛和森林生态系统。

（3）湿地生态系统

中国内陆湿地生态系统的主要类型主要有沼泽湿地、湖泊湿地、河流湿地、河口湿地等自然湿地和人工湿地，湿地类型齐全、数量丰富。中国东部地区多为河流湿地，东北部地区多为沼泽湿地，长江中下游地区和青藏高原多为湖泊湿地，而西部干旱地区湿地较少。

中国湿地分布广泛，面积可达 6594 万 hm^2（不包括江河、池塘等）。由于持续的大量开垦和不合理开发利用，湿地面积急剧缩减。至 20 世纪 90 年代中期，已有 50％的滨海滩涂不复存在，近 1000 个天然湖泊消亡，黑龙江省三江平原 78％的天然沼泽湿地丧失。

湿地具有丰富的生态功能，主要包括调蓄洪水、净化水质、调节气候、有机碳储库等，对保护物种、维持生物多样性具有极其重要的生态价值。但湿地水资源的不合理利用与水环境恶化，过度取水调水、排污等，导致湿地功能退化甚至丧失。湿地生态系统的生境类型多样，并具有丰富的陆生和水生动植物资源，是天然的物种基因库，内陆湿地的高等植物约 1548 种、高等动物 1500 多种。但是，掠夺性开发利用湿地野生生物资源已经引起了湿地生物多样性的衰退加速。

（4）荒漠生态系统

荒漠生态系统主要由耐旱和超旱生的小乔木、灌木和半灌木占优势的生物群落与其周围环境所组成，地带性土壤为灰漠土、灰棕漠土和棕漠土。荒漠生态系统主要可分为石质或砾质的戈壁和沙质的沙漠，其生物物种极度贫乏、种群密度稀少，生态系统极度脆弱。

中国荒漠生态系统主要分布在西北干旱地区，属于温带荒漠，所占面积约为中国国土面积的五分之一，其中沙漠与戈壁面积约 1 亿 hm^2，以气候干旱、多风沙、盐碱化、植被稀疏为显著特征。荒漠生态系统的物种相对于森林和草原生态系统而言较为贫乏，分布于西北荒漠地区的种子植物总数近 600 余种。荒漠生态系统的主要功能包括保留养分和维持生物多样性。

荒漠生态系统与荒漠化问题和绿洲发展密切相关。荒漠化主要是自然因素和人为因素共同作用的结果。自然条件是形成荒漠化的必要条件，但其形成荒漠化的过程缓慢，人类活动导致或者加速了荒漠化的进程。自然因素主要有气候干旱，降水稀少而蒸发量大，大范围频繁的强风和沙尘暴，疏松的沙质土壤等。人为因素主要体现在人口增加、植被破坏、过度放牧、盲目垦荒、资源不合理的利用等。

6.1.2　气候—植被关系

植物生态学认为，气候是控制植被类型地理分布的最重要因子。植被与气候之间的相互作用主要表现在两个方面：植被对气候的适应性与植被对气候的反馈作用。植物生态学的观点认为，主要的植被类型表现着植物界对主要气候类型的适应，每个气候类型或分区都有一套相应的植被类型。另一方面，不同的植被类型通过影响植被与大气之间的物质（如水和二氧化碳等）和能量（如太阳辐射、动量和热量等）交换来影响气候，改变的气候又通过大气与植被之间的物质和能量的交换对植被的生长产生影响，最终可能导致植被类型的变化。

（1）CO_2 与植被的关系

大气中 CO_2 浓度在控制植物生长及其生态功能上具有重要地位，直接影响植物的光合作用，进而影响植被的净初级生产力及碳收支。

增加 CO_2 对树木生长的短期直接效应是光合速率增强，如 CO_2 浓度倍增可使植物叶片光合速率增加 40.36％，植物地上、地下部分及总生物量均呈现增加效应，不同物种地下和地上部分生物量增幅不同，但根冠比增加（郑凤英等，2001），但不同物种的增加幅度不同。通常，植物光合速率在 CO_2 浓度增加初始阶段显著增加，随着时间的推延，光合作用的增加速率有下降趋势，即所谓的"光合下调"现象。这可能是因为植物光合作用速率升高引起光合作用产物大量累积，超过了植物光合作用的传输速度，从而限制了与光合作用密切相关的氮素上传，导致光合作用速率下降（周广胜等，2004）。CO_2 浓度增加有利于气孔导度降低，提高水分利用效率，从而可提高生产力，但 CO_2 增加对生态系统长期直接效应还没有任何实验证据。

陆地生态系统能够有效地吸收大气中的部分 CO_2。20 世纪 80 年代和 90 年代，中国陆地生态系统碳储量平均每年增加 $0.19\sim0.26$ PgC。中国陆地生态系统的碳汇相当于此间中国工业源 CO_2 总排放量的 $28\%\sim37\%$，显著高于欧洲（$7\%\sim12\%$），与美国相近（$20\%\sim40\%$）。中国陆地生态系统的碳汇主要与中国人工林的增加、区域气候变化、CO_2 浓度施肥效应及植被恢复尤其是灌丛的恢复有关（Piao 等，2009）。同时，大气 CO_2 浓度增长速率的年际波动受陆地生态系统碳源汇的年际变化影响（周涛等，2008）。

（2）水热条件与植被的关系

通常，高温降低光合速率，提高植物的自养呼吸速率，从而降低植物净初级生产力；水分则通过影响植物光合作用影响植被净初级生产力。

温度对植被季相变化的驱动作用大于水分。其中，温度条件在一年四季中对大部分植被生长都起促进作用，尤其在春秋两季更为显著，而水分条件在春季对大部分植被生长均起促进作用。植被生长与气候条件之间表现出一定的滞后性，其中以水分条件对植被生长的滞后效应较为显著。风速对中国西北荒漠植被的生长具有较大的影响，由于风速的降温作用对荒漠植被生长起到促进作用。因此，西北地区植被与气候的关系研究应考虑大气扰动对植被的影响（孙艳玲等，2007）。

中国植被总生物量、地下和地上生物量受气候条件影响明显，在暖湿的东南和西南地区生物量较大，而在干冷的西部地区生物量较小。除灌木外，植被生物量大小的空间分布受水分的影响大于温度。中国区域植被根茎比的空间分布存在明显区域差异，全国大致以大兴安岭、太行山、秦岭以及青藏高原东南侧一线为界线，界线东南植被根茎比较小；界线以西，植被根茎比较大。植被根茎比的空间分布与年均气温、土壤湿度和年降水量呈显著的负相关，水分因子对根茎比空间分布的影响大于温度（黄玫等，2006）。

植被对气温和降水的响应随区域环境条件改变有所不同。通常，在干旱、半干旱地区，植被对降水更为敏感。如新疆地区，降水主要是影响植被峰值的起落，而植被在总体演变趋势上却主要受气温控制（丹利等，2007）。新疆天山云杉树木生长主要受降水的影响，且从西部到东部随水分的递减，树木生长对温度的响应由正相关变为负相关，对降水的响应以正相关为主（桑卫国等，2007）。降水是影响黄土高原地区植被覆盖变化的重要因素，月降水量小于 60 mm，归一化植被指数（NDVI）与降水量呈线性关系，月降水超过 60 mm 后，NDVI 不再有明显的增长趋势（信忠保等，2007）。自 20 世纪 80 年代初至 2000 年，降水量是决定青藏高原地区植被整体覆盖年际变化和波动的主要气候驱动因素。气温持续增高导致活动积温增加，有利于高原南缘湿润地区植被的生长，却使高原北部地区干旱加剧，不利于植被覆盖的改善（徐兴奎等，2008）。

植被变化也在一定程度上影响气候，森林覆盖地区降水较多、土壤湿润；而荒漠化地区降水稀少、蒸发量大，气候干燥。

6.2　影响事实

植被与气候之间存在着密切的关系。气候的变化将通过温度胁迫、水分胁迫、物候变化、日照和光强变化等途径不仅对植被的组成、结构和功能产生影响，也将对植被的分布产生影响。充分认识气候变化对植被的影响，是制定适应气候变化对策的基础，对保护人类生存环境、走可持续发展之路具有非常重要的意义。

6.2.1　气候变化对森林生态系统的影响

气候变化对森林生态系统的影响主要表现在森林生态系统的结构、组成和分布以及森林植被的物候方面；同时，气候变化对森林生产力和碳循环功能产生一定影响，进而影响着整个生物地球化学循环；气候变化还会引起生态系统生物多样性减少，许多珍贵的森林树种丧失。此外，极端气候事件的发生强度和频率增加将增加森林灾害发生的频率和强度。

（1）气候变化对森林结构、组成和分布的影响

森林生态系统的结构越复杂、组成越丰富，生态系统的稳定性越好，抗干扰能力越强。在较长的时间尺度上，不同的树种为适应不同的外界环境，形成了独特的森林生态系统结构和组成。气候变化通过温度、水分、日照等变化影响森林生态系统的组成和结构。

气候变化对不同树种的作用不同。一些不适应新气候条件的抗干扰能力差的树种退出原有的森林生态系统，而一些新的物种侵入这一系统，改变原有森林生态系统的结构、组成和分布。黑龙江省1961—2003 年间因气候变化造成分布在大兴安岭的兴安落叶松、小兴安岭及东部山地的云杉、冷杉和红杉等树种的可能分布范围和最适分布范围均发生北移（刘丹等，2007）。全球气候变化不仅影响现存原始林的物种组成和群落结构，同样也影响干扰群落的恢复过程，区域气候变化已经导致热带森林生态系统的群落次生演替恢复速度降低，而且增加了次生林演替过程中的树木死亡率（臧润国等，2008）。根据 Holdrigde 生命地带系统，自 20 世纪 60 年代至 20 世纪末，亚热带湿森林（subtropical wet forest）以及寒温带湿森林（cool temperate wet forest）对气候变化最为敏感，平均中心分别移动超过了 1200 km 和 977 km（Yue 等，2005）。

林线变化是森林对气候变化响应最敏感的特征之一，长期气候变化导致一些地区的林线升高。长白山岳桦树线对气候因子有明显的敏感性，影响树线处岳桦生长的主要气候因子是上年冬季的平均最低温度和当年 3 月的温度，年轮宽度与上年冬季和当年春季的降水呈显著相关；自 20 世纪 80 年代以来的年均温度升高并没有在年轮宽度上表现出持续的增加（Yu 等，2007）。气候变暖对东北长白山岳桦苔原过渡带的影响显著，整个岳桦种群随着全球气候变暖呈整体向上迁移趋势，尤其以岳桦苔原过渡带最为明显，岳桦苔原过渡带变宽，岳桦向苔原侵入的程度加剧（周晓峰等，2002）。山西五台山的高山草甸和林线过渡带的某些植物种向上爬升的趋势与同期区域气温升高密切相关，夏季降水对五台山的高山带木本植物生长有较大影响，由于夏季温度较高，冻土融化，提高了降水的利用效率，促进了树木生长（戴君虎等，2005）。在中国云南干旱河谷地区，因气候变暖引起灌丛侵入到高山草甸，林线海拔升高，大约每 10 年上移 8.5 m（Moseley，2006）。

（2）气候变化对森林物候的影响

全球气候变化，特别是气候变暖改变了树种的生理和行为特征。受温度上升影响，中国整体上木本植物春季物候期提前；但空间差异明显，东北、华北及长江下游等地区的物候期提前，而西南东部，长江中游等地区的物候期推迟，同时物候期随纬度变化的幅度减小。物候期的提前与推迟对温度的上升与下降的响应是非线性的。与 20 世纪 80 年代前相比，20 世纪 80 年代以后中国春季平均温度上升0.5℃，春季物候期平均提前 2 天；春季平均温度上升 1℃，春季物候期平均提前 3.5 天；反之，春季平均温度下降 0.5℃，春季物候平均期推迟 4 天，春季平均温度下降 1.0℃，春季物候期则推迟 8.8 天（郑景云等，2002）。

1960—2005 年，沈阳城市森林主要树种的春季物候期，在气候偏冷阶段，春季物候期出现较晚，而在偏暖阶段，春季物候期提前发生。同时，物候春季开始日期与结束日期有密切的同步相关性，并与物候季节节奏的长短呈负相关。年均温升高1℃，芽萌动期提前 9 天，展叶始期提前 10 天，开花始期提前 5 天（徐文铎等，2008）。

由于冬季和早春的气候增暖较晚春和早夏幅度更大，开花早的物种花期提前更明显。1950—2004 年北京观测到山桃花期每 10 年提前 2.9 天，其他物种提前 1.5～2.0 天。山桃在早春开花，对最低/平均气温更敏感（每升高 1℃增加 2.88～2.96 天），对最高气温较不敏感（每升高 1℃增加 2.46 天）。刺槐开花较晚，对平均/最高气温更敏感（每升高 1℃增加 2.45～2.89 天），对最低气温较不敏感（每升高 1℃增加 1.91 天）。春季树木开花物候与春季气温的年际、年代间的波动基本对应，但波动幅度不一致（Lu等，2006）。

（3）气候变化对森林生产力和碳汇功能的影响

植被净初级生产力（NPP）是衡量植被结构与功能的重要指标，也是衡量植被承载力的主要依据之一。森林生产力分布格局主要取决于水热条件，对气候变化高度敏感。

兴安落叶松林主要分布于中国大、小兴安岭地区（43°～53°7′N，118°～135°5′E），是气候变化剧烈地区。研究表明，1966—2000 年气温与兴安落叶松林生产力呈显著负相关，对兴安落叶松林生产力的贡献因子为 4.097；降水与兴安落叶松林生产力呈弱的正相关，对北方林生产力的贡献因子为 0.390，表明温度是影响兴安落叶松林的重要气候因子（赵敏等，2005）。

气候变暖将导致植物生长期延长，加上大气 CO_2 浓度上升形成的"施肥效应"，使得中国森林生态系统的生产力增加。不过极端气候事件的发生，如温度升高导致夏季干旱，因干旱引发火灾等，将使森林生态系统生产力下降。同时，不同森林生态系统差异极大，而且存在明显的时间变化。

20 世纪 80—90 年代，中国森林净初级生产力（NPP）整体增加，且空间差异明显，增加幅度最大的是位于中国东北部的针阔叶混交林，达 4.22 $gC/(m^2 \cdot a)$，增加最不明显的是位于中国寒温带的落叶针叶林，仅为 1.40 $gC/(m^2 \cdot a)$（表 6.1）（Fang 等，2003）；20 世纪 80 年代以来，中国森林生态系统碳汇能力呈增强趋势，其原因主要是大兴安岭北部地区和小兴安岭地区以及藏东南、西南林区、分布在华中地区的常绿阔叶林和针阔混交林的固碳量增加所致（陶波等，2006）。1981—2002 年东北地区森林起着碳汇作用（赵俊芳等，2008）。1961—2000 年天山雪岭云杉 NPP 增加主要是受气候变化，尤其是降水量增加的影响（Sang 等，2009）。2004—2005 年间黑龙江省境内的大小兴安岭森林净初级生产力的季节变化与气温及降水的季节变化基本相同，寒温带落叶针叶林 NPP 的季节变化幅度最大（王萍，2009）。长白山阔叶红松林在当前气候背景下仍然是碳"汇"（唐凤德等，2009）。

中国实测资料（包括森林资源清查资料和生物量资料）表明，20 世纪 70 年代以来中国森林植被总碳储量总体增长趋势明显，尤其是 80 年代以来，平均以约 0.08 Pg C/a 的速率增加，说明 20 世纪 80 年代以来中国森林生态系统起着明显的碳汇作用，森林碳密度也显著增加（方精云等，2007；徐新良等，2007）。中国森林植被碳汇功能显著增加，尤其是最近一个调查期（1999—2003），碳汇达 0.17 Pg C/a，超过美国森林植被的碳汇值（0.11～0.15 Pg C/a）。中国森林碳汇显著增加主要是由于人工林生长的结果。据估计，中国人工林对中国森林总碳汇的贡献率超过 80%（方精云等，2007）。20 世纪 80 年代以后，中国开始注重森林资源总量的扩张，并在此基础上兼顾森林资源的综合利用，人工林面积逐步增加，实现了森林资源面积和蓄积的双增长（徐新良等，2007）。中国森林植被碳储量空间差异显著，森林植被碳库主要集中于东北和西南地区，平均碳密度以西南、东北及西北地区为大。东北、西南地区碳储量变化较大，从 70 年代初到 80 年代初（第一次与第二次清查期间）碳储量减少，至 20 世纪 80 年代初到 2003 年（第三次与第六次清查期间）森林碳储量均呈明显的增长趋势。中国森林植被碳储量的空间分布和时间变化与人类活动对森林的干扰强度密切相关（徐新良等，2007）。

表 6.1　1982—1999 年中国森林生态系统 NPP 的变化（Fang 等，2003）

植被类型	总面积 （10^6 hm^2）	NPP 均值 （gC/m^2）	变异系数 （%）	趋势 [$gC/(m^2 \cdot a)$]	R 值	P 值	增长率（%）
常绿阔叶林	27.99	418.3	8.4	3.51	0.53	0.023	0.86
落叶阔叶林	22.93	244.6	7.1	2.24	0.69	0.002	0.78
针阔混交林	3.36	296.0	11.0	4.22	0.69	0.002	0.90
常绿针叶林	57.94	245.5	9.2	2.78	0.65	0.003	1.00
落叶针叶林	12.19	285.3	13.1	1.40	0.20	0.427	0.71

1982—2003 年，中国西北东部主要林区的秦岭、子午岭、小陇山归一化植被指数（NDVI）呈下降趋势，以子午岭下降趋势最明显，而西北西部天山林区下降趋势非常明显。秦岭 NDVI 在 1986 年、1995 年和 1999 年出现明显的低谷，与这些年份的干旱发生有关。由于秦岭和天山受不同的天气、气候系统影响，NDVI 波动有很大的差异；而秦岭与子午岭和小陇山林区基本处于同一气候区，NDVI 变化趋势有很好的一致性（邓朝平等，2006）。

6.2.2　气候变化对草原生态系统的影响

气候变化对草原生态系统的影响十分复杂，主要通过改变蒸散、光合和分解等过程对草原生态系统的生产力产生影响,同时还将影响草原的物种组成及空间分布范围。目前的研究多集中于内蒙古高原、荒漠草原和青藏高原等地。内蒙古草原地处农牧交错带,在温带草原中具有代表性,是全球变化最为敏感的区域之一,也是中国重要的畜牧业基地。青藏高原草原生态系统也是对全球变化较为敏感的生态系统类型之一。

(1)气候变化对草原结构、组成和分布的影响

气候变化可引起草场植被群落结构产生改变,尤其是严重的气候暖干化,导致或者加速草场退化。草原生态系统的退化是气候变化和人类活动共同影响的结果。人类活动干扰是导致草原生态系统退化的主要因素,气候变化加剧了草原退化的程度。

在中国青藏高原的海北西部地区,20世纪70年代以前高寒草甸地区原生植被是以异针茅、羊茅为上层,矮嵩草为下层的双层结构植物群落,草原覆盖度大,一般均在80%以上,植株较高,可达50 cm左右;随着该地区的气候暖干化发展,植物群落发生了改变,原来双层结构的原生植被体系变为以矮嵩草为优势种的单层结构群落,草场盖度减小(郑慧莹等,1994)。

气候变暖背景下中国草原退化明显加速。江河源区的草原生态系统极其脆弱,从20世纪60年代以来由于暖干化发展,草原和湿地区域性衰退,出现草甸演化为荒漠,高寒沼泽化草甸草场演变为高寒草原和高寒草甸化草场等现象(严作良等,2003);气候变化对黄河重要水源补给区甘肃省玛曲县的草原生态系统也产生了重要影响(王建兵等,2008)。1961—2006年青海省共和塔拉滩草原的气候变化呈暖干化,加快了草原荒漠化的进程(郭连云等,2008a)。

气候变化可显著影响草原凋落物的分解。内蒙草甸、羊草和大针茅草原混合凋落物分解过程的实验表明,在气温升高2.7℃,降水保持不变的情景下,3种凋落物的分解速率分别提高15.38%、35.83%和6.68%;气温升高2.2℃,降水量降低20%或更多的情景下,各种凋落物的分解速率将降低(王其兵等,2000)。

气候变化对草原植物多样性也会产生一定的影响。科尔沁沙地不同放牧强度下的不同生活型多样性和经济类群多样性对气候变化的响应存在很大差异。1992—2006年重牧区菊科植物多样性与降水变化、中牧区杂类草植物多样性与气温变化呈显著相关;在草原自然恢复演替过程中,暖湿气候有利于草原物种丰富度和多样性的增加,特别是可以明显促进多年生植物以及菊科、豆科植物多样性的增加;而持续暖干气候可以降低草原的物种丰富度和多样性,但对禾本科和藜科植物多样性的不利影响较小(赵哈林等,2008)。

(2)气候变化对草原物候的影响

气候变化对牧草物候有重要影响。受气候变暖影响,1985—2005年甘肃省玛曲县亚高山草甸类草原主要禾本科优势牧草垂穗披碱草(*Elymus nutans Griseb.*)开花期提前10~14天,成熟期提前20~24天;在牧草生长发育前期的出苗期、抽穗期,后期的黄枯期,受气温和降水的共同影响牧草发育期呈波动变化。由于在牧草开花期,气温对牧草生长的影响为正效应,气候变暖,牧草开花期高度逐年增加(姚玉璧等,2008)。1985—1993年,内蒙古锡林郭勒典型草原的优势种羊草也响应春季变暖而展叶期提前,温度每升高1℃,羊草展叶提前4.35 d;但是其生长季呈缩短趋势,可能与生长期间的风速减弱相关(李荣平等,2006)。1985—2002年,内蒙古克氏针茅草原的气候朝着暖干趋势发展,主要植物物候的变化整体呈返青期推后其他物候期提前趋势;植物生长盛期(7月、8月)对气候变化最敏感;光照和温度是影响内蒙古克氏针茅草原植物物候格局的主要因素,年内最寒冷的1月月均温和2月、3月的光照对春季返青期具有负效应,而其他物候期与7月、8月的光照则呈显著的负相关关系,6月、7月的降水对发育盛期的花序形成、抽穗与开花具有显著的负效应,8月、9月的降水量能显著推后枯黄期的结束,有利于生长季的延长(张峰等,2008)。

(3)气候变化对草原生产力和碳汇功能的影响

气候变化对草原生产力有显著影响。总体而言,虽然热量条件的变化更有利于农牧业生产,生长季延长,有利于农作物和牧草产量的提高,但在中国大部分地区,水分是牧草生长发育的主要限制因子。草原生态系统生产力主要受降水的影响,降水增加改善了土壤的水分供给条件,增强了光合速率,

从而提高了草原生产力；而降水减少则导致草原生产力下降。

一般而言，在降水量减少的地区，草原 NPP 相应减少。气候变暖引起中国青南和甘南牧区（吕晓蓉等，2002）、祁连山海北州（李英年等，1997）、内蒙古地区（牛建明等，1999）等地的气温普遍升高、降水减少，水热配合程度减弱，导致牧草产量普遍下降。内蒙古东北部大兴安岭西侧的典型草原区在 1961—2005 年间气候暖干化趋势明显，造成该区牧草气候生产力平均下降率为 20.02 g/(m² · a)（赵慧颖，2007）。1961—2005 年大兴安岭南麓与西侧草原区的气候呈暖干化趋势（杨泽龙等，2008）。青海省同德县自 20 世纪 60 年代开始，年均气温升温明显，积温显著增多，生长季明显延长，年降水量呈减少趋势。对高山早熟禾和垂穗披碱草的发育期进程长期观测发现，草原牧草产量持续下降，水分不足是牧草产量下降的主导因素（郭连云，2008）。温度显著升高，草原蒸散量增加，春季干旱事件增多和秋季降水量减少使得共和盆地贵南县的草原生产力下降，导致草原生态退化（郭连云等，2009）。区域云量增加及云出现频次增加引起的太阳辐射明显减弱是导致大部分荒漠草原牧草净初级生产力减小的重要原因（王玉辉等，2004b）。

在降水增加地区，草原 NPP 相应增加。1982—2003 年内蒙古草原生长季的 NPP 呈波动增加趋势（李刚等，2008）。1954—2004 年，位于中国北方典型农牧交错区的盐池县气温明显上升，年降水呈弱增加趋势，导致草原气候生产力增加（苏占胜等，2007）。1961—2005 年大兴安岭中部地区的气温与降水呈增加潜势，草原生产力增长明显（杨泽龙等，2008）。1961—2006 年三江源区兴海县年均气温上升，年降水量变化趋势不显著，导致草原生产力增加（郭连云等，2008b）。

在研究与模拟草原生态系统对气候变化的响应时，不仅要研究不同温度因子和不同时段温度变化的特征，还要研究不同物种之间的竞争关系。1981—1994 年，内蒙古锡林河流域羊草群落的优势种羊草（建群种）（Leymus chinensis）、寸草苔（Carex duriuscula）、变蒿（Artemisia commutate）的重要值和地上初级生产力随着最低温度的升高呈明显下降趋势；而优势种大针茅（次优建群种）、西伯利亚羽茅（Achnatberum sibirucum）、冰草（Agropyron michnoi）的重要值和地上初级生产力由于种间互补作用而略有升高；这种由于竞争能力相近物种对环境变化的不同适应以及种间竞争排斥和共生互补关系，增加了植物群落种群动态变化的复杂性。如果两物种的这种趋势继续下去，有可能使群落的结构和功能发生某种程度的改变（刘钦普等，2006）。

随着冬季最低均温的升高，阿尔泰狗哇花（Heteropappus altaicus）和冰草的重要值及地上初级生产力将明显增加，而寸草苔则呈下降趋势，作为群落主要优势种的羊草和大针茅及其他优势植物对冬季最低均温变化的响应不明显，且群落的生物多样性指数、物种饱和度及地上初级生产力也对冬季最低均温的响应不明显（王玉辉等，2004 a）。群落地上初级生产力与年降水和月降水无显著相关，降水波动对羊草草原地上初级生产力的影响是一个累积效应，与群落地上初级生产力关系最明显的是累积降水（上年 10 月份至当年 8 月份），两者呈显著的二次曲线关系（王玉辉等，2004b）。中国内蒙古典型草原区羊草样地的地上生物量值自 1993 年以来呈明显的下降趋势，冬季增温使该地区春季干旱进一步加剧，并使典型草原的生产力下降（李镇清等，2003）。

荒漠草原地处中国北方半干旱区向干旱区过渡的区域，植被类型也处于草原植被向荒漠植被过渡的类型，水分的盈亏对该地区植被生长尤为关键，单一的增温对植被生长的促进作用有限，合理的水热条件配比才能满足植物生长的需要。1983—1999 年，中国北方地带性植被类型荒漠草原植被分布区气候变化呈增温和降水波动的特征。苏尼特左旗、朱日和（苏尼特右旗）和二连浩特逐年的 NDVI 平均值和最大值整体表现出波动中缓慢上升趋势，表明植被的生长状况总体上有变好的特征。1988—1995 年间气温有不同程度的上升特征，而降水量变化不明显，土壤含水量逐年递减，干旱化加剧，从而使得该时段内 NDVI 特征值、同期植被盖度和 NPP 均下降，植被生长状况变差（表 6.2）（李晓兵等，2002）。1982—1999 年，温带草原 NDVI 增加，在生长季平均每年增加 0.5%，春季每年增加 0.61%，夏季增加 0.49%，秋季增加 0.6%；温度升高降低了植被生长对气温的敏感性（Piao 等，2006）。1982—2003 年，除祁连山中部草场外，西北地区草原区 NDVI 呈现不同程度的上升趋势，以黄河上游玛曲上升最明显。天山草原区 NDVI 最低值出现在 1989 年，主要是受干旱的影响，此后总体为增加趋势。玛曲草区年际

NDVI 在 80 年代总体呈略微增加,但有明显的峰值与低值,进入 90 年代后增加平稳(邓朝平等,2006)。20 世纪 70 年代初新疆天山山区气候由"冷干"向"暖湿"转变,使得新疆天山山区植被净初级生产力由下降转为增长(普宗朝等,2009)。

表 6.2　1988—1995 年荒漠草原区水热年际动态与 NDVI 关系(R^2)(李晓兵等,2002)

气候变量	NDVI 均值	NDVI 最大值	NDVI 差值
年降水量	0.47	0.62	0.46
生长季降水量(4—9 月)	0.50	0.64	0.47
上年冬季降水量	0.04	0.23	0.30
夏季降水量	0.10	0.26	0.10
年均温	0.66	0.54	0.46
年最低气温	−0.26	−0.17	−0.22

青藏高原草原植被活动自 20 世纪 80 年代以来呈增强趋势。青藏高原升温幅度较大,草原生长季 NDVI 显著增加,增加率为 0.41%/a。生长季提前和生长季生长加速是青藏高原草原植被生长季 NDVI 增加的主要原因,其中春季为 NDVI 增加率和增加量最大的季节。3 种草原(高寒草甸、高寒草原、温性草原)春季 NDVI 均显著增加;高寒草甸夏季 NDVI 显著增加,而高寒草原和温性草原夏季 NDVI 呈不显著增加趋势。导致草原植被生长季 NDVI 增加的因素主要来自三方面:生长季的提前、生长季的生长加速及生长季的延长。在青藏高原,3 种草原春季 NDVI 的增加是由春季温度上升所致。高寒草原(高寒草甸和高寒草原)夏季 NDVI 的增加是夏季温度和春季降水共同作用的结果。温性草原夏季 NDVI 变化与气候因子并没有表现出显著的相关关系。尽管 1982—1999 年中国秋季植被活动整体增强,而青藏高原草原生态系统秋季 NDVI 并没有出现明显的变化趋势(Piao 等,2003)。高寒草原植被生长对气候变化的响应存在滞后效应,高寒草原夏季 NDVI 与春季降水存在滞后效应,春季青藏高原的低温环境使得植被生长受到 N、P 的限制,这可能导致了夏季植被生长对春季降水的滞后(杨元合等,2006)。

中国草原资源清查数据表明,1981—2000 年中国草原的年均碳汇约为森林植被的十分之一,但存在巨大的空间异质性(方精云等,2007)。

6.2.3　气候变化对内陆湿地生态系统的影响

气候变化对湿地生态系统的影响显著,主要体现在湿地水文、植物群落及湿地生态功能等方面。

(1)气候变化对湿地水文特征的影响

气候变化主要通过对湿地能量和水分收支的影响,改变湿地的水文特征。气候变暖已经使得东北地区湿地面临着巨大的威胁。三江平原气候变化剧烈,湿地面积减小迅速,湿地的变化与气温变化呈负相关,与降水、湿度变化呈正相关(张树清等,2001)。三江平原大部分地区降水减少,湿地干涸,湿地生态系统严重退化,其中许多退化过程不可逆。如位于松嫩平原的莫莫格湿地,由于 1999—2001 年 3 年的连续干旱,加上上游水库的修建和不合理抽取地下水,湿地地表已经完全干涸,地下水水位从 3～5 m 下降到了目前的 12 m 左右,大片的芦苇、苔草湿地退化为碱蓬地甚至盐碱光板地;湿地的不同水文景观特征导致其对气候变化脆弱程度的差异(潘响亮等,2003)。20 世纪 60 年代以来,白洋淀湿地干淀频次越来越高,最大水面面积和水量不断减小,1996 年最大水面面积已经减小到不足 1970 年的一半,而最大水量已经减少到 1963 年的 1/10(刘春兰等,2007)。

湿地面积变化与降水增加的相关性最高,尤其是干旱半干旱地区。内蒙古呼伦湖湿地的气候变化呈暖干化趋势,导致呼伦湖水域面积和水位逐渐减小;降水量与湖面面积、水位呈正相关,降水量增加 10 mm,湖面面积约增加 2～19 km²;气温和蒸发量与湖面面积、水位相关呈显著的负相关,气温升高 1℃,湖面面积约减少 28～80 km²,水位下降约 4 cm(赵慧颖等,2008)。全球气候变化背景下,由于西北地区降水量显著增加,导致湿地面积有所增加。西北干旱区的新疆自 20 世纪 90 年代以来,降水量明显增多，气温略有上升，河流水量增加，河流融雪洪水与暴雨洪水频繁发生，致使 2000 年荒漠盆地平原区域湖泊水位上涨，水域面积迅速扩大。阿拉沟的阿拉沟站，开都河的焉耆站，20 世纪 90 年代的年径流量较多年年均径流量偏大。博尔塔拉河的博乐站、精河的精河山口站 90 年代年径流量虽接近历年平均值，但是 1998 年和 1999 年的年径流量较常年增加幅度较大（胡汝骥等，2002）。

青藏高原湿地是世界平均海拔最高的湿地，对全球生态有着重要而独特的价值，对气候变化更为敏感（鲁安新等，2005；丁永建等，2006）。1971—2000 年地处黄河上游的若尔盖湿地表现出气温升高、降水量减少、蒸发量增大的暖干化趋势，气候变化使该地区地表径流量减少，湿地面积大幅减少（郭洁等，2007）。三江源气候变化与大面积湿地的退化或消失密切相关。1990—2004 年，黄河源气候变化剧烈，超过全球气候变化速度，该地区湿地呈现持续萎缩的状态；高原湖泊处于比较稳定的状态，而高原沼泽湿地和河流湿地处于非常不稳定的状态，向非湿地的转化率较高。不同的湿地类型与气象因子的关联度不同，沼泽湿地面积与日照、蒸发和降水具有明显的相关关系，其中与降水呈正相关，与蒸发和日照呈负相关；湖泊湿地面积与蒸发、降水有很好的相关关系；河流湿地与气温的关系最为密切（李凤霞等，2009）。

然而，西部地区由于冰川的存在，气候增暖将导致部分冰川退缩与融水增加、冻土退化，从而使一些湖泊湿地出现扩张现象（参见第一卷第四章、第二卷第五章）。20 世纪 90 年代以来祁连山哈拉湖面积的增加，2002 年新疆内陆和高山湖泊面积显著增加（郭铌等，2003）；1970—2000 年纳木错湖面面积的增加（吴艳红等，2007）；西藏那曲地区东南部的巴木错、蓬错、东错、乃日平错等四个湖泊的水位面积的显著扩大（边多等，2006），2001—2006 年黄河源区湖泊群面积增大与数量增多（李林等，2008），均与气候变化密切相关。

（2）气候变化对湿地功能的影响

气候变化影响着湿地地表水水位与水域面积，进而对湿地生态系统的物质能量循环、生产力、湿地生物群落及湿地碳储量等产生不同程度的影响。

气候变化是导致湿地退化的重要原因之一，湿地萎缩的区域，相应地显示植被退化和生态恶化趋势。东北三江平原湿地资源不断减少，小叶樟苔草已经向中部扩展，毛果苔草等深水群落面积缩减（刘振乾等，2001）。受暖干化影响，呼伦湖湿地生态系统水资源短缺，呼伦湖湿地周边地区生态与环境恶化，周边沙漠化面积已超过 100 km²；到 1997 年草场的退化面积占可利用草场总面积的 30% 以上；1974 年以来植被的盖度降低 15%～25%。连续干旱的 2003—2005 年与降水量较多的 2002 年相比，克氏针茅高度降低 11 cm，羊草、苔草、多根葱和小针茅降低 2～4 cm；草原初级生产力下降 30%～50%；优良牧草比重下降，严重退化草场的产草量不足原来的 20%（赵慧颖等，2008）。1959—2005 年呼伦湖地区处于暖干的气候期，加速了呼伦湖面积的萎缩和水位的下降，由此引发了该地区生态恶化，如湖水的盐碱化、植被的退化等。而降水减少与干旱事件频发使得呼伦湖的补给量逐年减少，导致呼伦湖面临形成沼泽地的风险；1986 年气温的突变增暖和 1998 年降水的突变减少，进一步加剧了呼伦湖地区生态恶化的趋势（白美兰等，2008）。气候变化是白洋淀湿地退化的主导驱动因子。20 世纪 60 年代以来，白洋淀湿地生物多样性急剧减少，1960 年代到 1990 年代初，藻类减少了 15.5%，数量增加了 181.4 倍，鱼类种类减少了 44.4%；人类开发和利用水资源等活动加剧了湿地退化（刘春兰等，2007）。

高原湿地多处于自然状态，受人类活动影响较小，能够较真实地反映气候变化的影响。1971—2000 年，若尔盖湿地暖干化趋势明显，导致湿地的地表水资源减少，湿地面积大幅减少、沼泽旱化、湖泊萎缩，加速了周边草原退化和沙化，使生物多样性丧失，出现湿地环境逆向演变的趋势。若尔盖湿地气候变化的暖干化与湿地退化之间是相互影响的，即气候暖干化导致湿地退化，而湿地退化反过来又加剧了气候暖干化（郭洁等，2007）。三江源湿地的植被初级生产量与降水量存在线性关系；温度与初级生产量的关系呈驼背状曲线，温度上升，总光合速率升高，植被生物量增加，但超过最适温度则又转为下降，而呼吸率随温度上升呈指数上升；同时随着温度的升高，蒸发量加大，在一定程度上抑制了生物量的增加。受气候变化影响，2006 年三江源湿地植被生物量和指示种生物量较 2005 年减少（赵串串等，2008）。高寒湿地植被在气候暖干化趋势的影响下，植物群落组成发生变异，物种多样性、生态优势度均较湿地原生植被的物种呈增多的趋势。原生适应寒冷、潮湿生境的藏嵩草为主的草甸植被类型逐渐退化,有些物种甚至消失,而被那些寒冷湿中生为主的典型草甸类型所替代;同时,组成湿地植物群落的湿中生种类减少,中生种类(如线叶嵩草)大量增加,群落盖度相对降低,群落生产量大幅度下降(李英年等,2003)。

气候变化在高原上的超前和显著的表现使得高原湿地生态系统承受着相对其他地区更为巨大的胁迫压力。与湿地水分平衡有关的气候因素中,能够产生重大不利影响的因素有:年内降水不均匀性增加、日照时数延长及气温与地温的升高;而降水总量和蒸发皿蒸发量的变化则与湿地退化没有明显关系。全球与区域气候的变化只是为湿地退化提供了一个基本背景,而关键气象要素在中小尺度的时空分配状态变化和局地气候特征改变则可能是湿地退化的更直接原因和动力。如,降水量虽然没有变化,但降水的中小尺度时空分配状况变化及冬季气温和年均气温显著升高却可能打破湿地水分平衡,对湿地生态系统产生重要影响。保持水分的平衡是湿地稳定存在的前提,在降水量没有显著减少且人为影响较小的地区(如长江源区),湿地耗水增加的主要原因是气候变暖导致了蒸散发的加剧。在基于气候变化的湿地退化过程中,人为影响因子起着加速器和倍增器的作用(罗磊,2005)。

中国湿地土壤碳库约占全国陆地土壤总有机碳库的 $1/10 \sim 1/8$,1949—2002 年期间的损失可能达 $1.5 \ PgC$(张旭辉等,2008)。

6.2.4 气候变化对荒漠生态系统的影响

气候变化是影响荒漠化的主要因子之一,尤其是水分平衡变化会对荒漠生态系统产生一定的影响,主要通过气候变化对旱地土壤、植被、水文循环的影响,进而改变荒漠植被,荒漠化的范围、发展速度和强度等,在大范围内控制着荒漠化的扩展与逆转过程。

当降水量减少,地表土壤干燥,原生植被退化,风沙活动强烈,长期积累的有机物质、养分和黏粒物质逐步降低,土壤受侵蚀,则荒漠化扩展;降水量增多,地表土壤含水量增加,沙漠化土地逐步向生草化、成土作用过程发展,植被生长繁衍,植被种类增多和盖度提高,使地表侵蚀速率降低以致消失,有机质、养分和黏粒物质逐步增多,并形成积累,则荒漠化逆转(丁一汇等,2001;苏志珠等,2006)。

中国内蒙古毛乌素地区自 20 世纪 50 年代以来沙质荒漠化面积不断扩展,其原因正是由于降水量减少,气候干旱频率增加而引起(那平山等,1997),也有研究认为风的变化对该地区沙漠化和植被恢复的影响最为显著(Wang 等,2005)。1961—2006 年柴达木盆地气温呈上升趋势,降水量略有增加趋势,但降水变化地区间差异大;气候增暖、多大风、蒸发强烈是影响该区土地荒漠化的主要因素之一(王发科等,2007)。气候条件的恶化如持续干旱等可以引起土地的沙漠化,而沙漠化又可以通过生物地球物理互馈机制,增加沙尘气溶胶和温室气体等途径反作用于气候变化,并可能在局地形成正反馈,导致沙漠化向恶性方向发展(韩邦帅等,2008)。浑善达克沙地地区受气候暖干化的影响,该沙地内部的植被大面积被破坏,流动沙地不断扩大(李兴华等,2009)。

沙漠既是全球气候变化过程中的产物,又是气候变化的敏感区,其响应变化表征着气候波动与生态环境的演变过程。古尔班通古特沙漠 1975—1992 年间流动沙区面积扩大了 3060 km^2,不仅发生在沙漠南缘的人类活动区,而且在人类活动极少的乌仑古河以南以及在 3 个泉北部等多处都产生了流动沙化;这些沙漠化程度明显增大的现象,是气候变干的直接反映;如 1987 年虽然处在升温期,但由于该年度相对丰富的降水(沙漠站最大年降水量达 260 mm),短命植物迅速增多,植被覆盖度扩大,沙漠化过程受到了抑制(魏文寿,2000)。1951—2000 年,西北干旱区气温升高,降水量增加,变暖最显著的是北疆和柴达木盆地,降水量趋势最显著的是南疆,除北疆蒸发量有减少趋势外,其他区蒸发量都在增加,尤其南疆蒸发量增加趋势最大,由此导致塔克拉玛干沙漠、河西走廊沙漠区和柴达木沙漠区的干旱危害加剧,进而导致沙漠化的易发和其进程的加速;北疆气温升高,降水量增加,而蒸发量减少,有利于古尔班通古特沙漠区沙漠化进程的减缓;气候变化和地表径流量变化有利于准噶尔盆地和塔里木盆地的土地荒漠化逆转,使河西走廊和柴达木盆地的土地荒漠化发展迅速(任朝霞等,2008)。1990 年代以来的气候变化对鄂尔多斯地区的沙漠化起着促进作用(许端阳等,2009)。

中国荒漠生态系统植被覆盖度极低，气候变暖背景下的年 NDVI 变化不明显，且存在季节性差异和空间差异。例如，西北地区全年 NDVI 变化不大，夏季 NDVI 略微下降，可能与降水增加，地表反照率降低有关（邓朝平等，2006）。阿拉善东部地区 NDVI 植被指数略有增加，而中部和西部地区则呈缓慢下降趋势；在春、秋、冬季，左旗 NDVI 略有增加，而右旗和额济纳旗 NDVI 变化不大或呈下降趋势；夏季 NDVI 均呈下降趋势；阿拉善地区荒漠植被 NDVI 变化受温度影响较小，而受降水影响较大，且均存在滞后效应；在阿拉善东部地区和中部地区，降水量与植被指数存在明显的年、隔季和当季相关性。西部地区 NDVI 的变化主要受人类活动影响较大，与降水等气候因子的相关性较差；但由于干旱荒漠地区的植被覆盖度极低，所以低分辨率的 NDVI 数据并不能完全反映干旱荒漠地区植被真实情况（张凯等，2008）。

受暖干气候的影响，1956—2000 年环青海湖地区土地沙漠化趋势加剧（表 6.3），1956—1999 年沙漠化土地净增面积 1194.92 km^2，平均年净增 27.15 km^2。20 世纪 50—70 年代，沙漠化面积增长相对缓慢，年增长率为 0.60%；80 年代以后，年增长率达 3.03%，沙漠化速度加快，尤其是 20 世纪 90 年代末，年增长率达 3.92%。1986—1999 年年均净增面积 37.78 km^2，此阶段土地沙漠化已处于强烈发展阶段（李凤霞等，2008）。

表 6.3 环青海湖地区 1956—2000 年沙漠化面积发展趋势（李凤霞等，2008）

年份	面积（km^2）	面积变化（km^2）	年均增加面积（km^2）	年增长率（%）
1956	452.88	—	—	—
1972	498.40	45.52	2.85	0.60
1986	756.60	258.20	18.44	3.03
1999	1247.80	491.20	37.78	3.92

6.3 影响预估

未来气候变化对陆地生态系统的影响因气候系统的复杂性、气候—植被关系的非线性、生态系统的适应性等增加了预估结果的不确定性。未来气候变化对不同森林生态系统中树种的分布范围产生重大影响，由此导致某一区域内森林结构和组成的改变；森林生态系统生产力对气候变化的响应存在一定的滞后性。东北地区森林生态系统生产力增加的可能性较高，森林生态系统的服务价值将有可能增加。未来气候变化影响草原生态系统，其物种优势强弱顺序发生改变，从而群落结构可能发生变化，还将可能改变中国草原生态系统的分布格局和面积，水平分布的温度带普遍北移，高原山地的各自然地带向高海拔移动。

6.3.1 未来气候变化对森林生态系统的影响

（1）气候变化对森林结构、组成和分布的影响

受气候变化影响，未来中国森林植被类型和物种的分布将发生大范围的迁移。如果增温小于 2℃，预估中国森林面积将扩展，而热带地区的森林可能将遭受严重的影响，包括生物多样性的损失（IPCC，2007）。气候增暖将导致东北森林垂直分布带有上移的趋势，若降水也增加，则大兴安岭森林群落中温带针阔混交林树种的比例增加，如红松、水曲柳等（程肖侠等，2008）。预估中国落叶针叶林的面积减少很大，甚至可能移出中国境内；温带落叶阔叶林面积扩大，较南的森林类型取代较北的类型；高寒草甸将可能被热带稀树草原和常绿针叶林取代，森林总面积增加（潘愉德等，2001；赵茂盛等，2002）。全球变暖背景下，大兴安岭地区森林结构将发生很大变化，优势种兴安落叶松生物量下降，蒙古栎、桦树、椴树等阔叶树在森林中占的比重将加大。如果考虑降水增加的作用，群落中将出现红松树种。从森林群落对这些可能气候变化的响应可以推测，东北森林分布带将有北移趋势，大兴安岭将可能以温带针阔混交林为主，森林群落中出现红松、蒙古栎、椴树等树种。气候增暖下的火频率增加将使树种在森林群

落中的竞争能力也发生变化,火干扰在很大程度上影响森林的树种组成和结构(程肖侠等,2007)。

受未来气候变化情景、评估方法、评估时段等的影响,未来气候变化对森林树种的影响评估结果不一致,甚至得出相反的结论。以东北红松为例,在未来 CO_2 倍增条件下,东北阔叶红松林(由 20 多个主要树种组成,红松是优势树种)分布区将出现明显的暖干气候变化,阔叶红松林的适宜分布区明显减少;阔叶红松林分布南界北退近 1 个纬度,以长白山为腹地的最适分布退到 44°N 附近张广才岭的南段和小兴安岭。原连片分布的最适区北撤缩小成围绕山地的岛状分布,且分布的海拔高度上升(吴正方,2003)。未来 2030 年,根据全球气候预测模型(GCMs)预测中国红松潜在分布面积将增加 3.4%,在黑龙江省的西北部适宜红松分布的面积将有所增加,辽宁省西南部适宜红松分布的面积将有所减少;但是 HadCM2 模式结果却显示,在未来 CO_2 浓度每年增加 0.5%～1% 的情景下,中国红松的潜在分布面积将减少 12.1%～44.9%(Xu 等,2001)。

气候变化对森林覆盖率的影响因树种不同而存在差异。在 HADCM2SUL 方案下,东北森林生态系统中兴安落叶松、白桦、冷杉和云杉的覆盖率下降,而长白落叶松、红松和蒙古栎的覆盖率增长,山杨基本保持不变,变化最为明显是兴安落叶松和长白落叶松。在 CGCM1 方案下,与 HADCM2SUL 方案不同的是红松覆盖率下降。但预估使用的气候变暖方案 HADCM2SUL、CGCM1 是全球平均值作为未来东北地区的气候值,实际上全球不同空间位置上的气候变化是不同的(冷文芳等,2006)。

(2)气候变化对森林生产力和碳汇功能的影响

因植被类型、区域及气候变化情景不同,未来气候变化对中国森林生态系统的生产力和生物量的影响存在较大差异,变化幅度从增加到减少都有可能。总体而言,未来气候变化后植物生长期极有可能延长,加上大气 CO_2 浓度上升引起的"施肥效应",将使得森林生态系统的生产力增加。不过极端气候事件的发生,如温度升高导致夏季干旱,因干旱引发火灾等,会使森林生态系统生产力下降。受气候变化和 CO_2 浓度倍增的影响,中国森林生产力将有所增加,增加的幅度因地区不同而异,变化12%～35%(方精云,2000)。未来中国森林生产力将可能增加,且纬度越高的地区增加幅度越大,越湿润的地区增加幅度较大(彭少麟等,2002)。预估在高纬度地区,中国森林净初级生产力会有所增长,而在低纬度地区则可能下降(IPCC,2007)。因此,中国东北地区森林生产力增加的可能性较高。但也有研究认为,未来 47 年(2003—2049 年)东北森林尽管仍然为碳汇,但是碳汇能力在减弱(赵俊芳等,2009)。

CO_2 浓度、温度和降水的变化对生态系统影响的程度不同。若仅考虑气候变化而忽略 CO_2 的施肥效应,2091—2100 年中国森林生态系统的 NPP 将减少,森林由目前的碳汇变为碳源;若综合考虑气候变化和 CO_2 增加,NPP 则增加,森林碳吸收能力增加,然而施肥效应随时间递减(Ju 等,2007)。未来仅温度增加将使得中国东北地区主要针叶树种的生物量下降,阔叶树的生物量增加;若温度和降水同时增加,则有利于东北地区森林总生物量的增加(程肖侠等,2008)。东北地区森林 NPP 和净生态系统生产量(NEP)对温度升高较对降水变化的响应更为敏感;综合降水增加(20%)和气温增加(3℃)的气候情景,东北地区森林 NPP 和 NEP 的增加幅度最大;温度不变、降水增加(不变)情景下最小(赵俊芳等,2008)。CO_2 浓度是千烟洲中亚热带人工针叶林生态系统总光合生产力的主要驱动因子,温度与 CO_2 浓度均是控制生态系统呼吸的主要环境因子,温度的升高使植物地上部分呼吸明显增加,而 CO_2 浓度升高则对土壤呼吸影响较大;温度升高使蒸散增加,而 CO_2 浓度升高则使蒸散减少;在未来气候变化情景(2100 年)下,千烟洲中亚热带人工针叶林生态系统的净第一性生产力将增加,具有较强的固碳潜力(米娜等,2008)。

就平均状况而言,温度升高对东北地区森林净初级生产力的影响最为显著。气温增加 3℃(T3P0)情景下,平均年净初级生产力较当前情景(T0P0)增加 0.032 PgC/a,增加了 9.37%;在平均气温增加 3℃ 的同时,降水量增加 20%(T3P2)情景下,平均年净初级生产力较当前情景增加 0.037 PgC/a,增加了 10.99%,较 T3P0、T0P2 情景分别增加 17.4%、92.1%,而日均气温不变、降水增加 20%(T0P2)或减少 20%(T0P-2)情景下,平均年净初级生产力总量也相应地增加和降低,但较当前情景的增加和降低幅度都很小，分别只有 5.72% 和 3.14%。

森林生态系统生产力的变化对气候变化的响应存在一定的滞后性。受气候变化影响，暖温带典型森林生态系统的常绿针叶林、落叶针叶林、落叶杨桦林和落叶栎林四类功能型的样地生物量均值与样地株数均值有所变化，但均存在明显的滞后性；受气候变化影响最大的为暖温带落叶杨桦林，在森林生态系统中有被取代的可能；落叶栎林与常绿针叶林的样地生物量均值与样地株数均值均有明显增加，两者仍然占据主导地位；落叶针叶林样地生物量均值与样地株数均值变化幅度很小，仍占据一定的地位（郝建锋等，2008）。北京山区 3 种暖温带森林生态系统未来 100 年在 SRES A2 和 B2 情景下，NPP和土壤异养呼吸作用（Rh）均增加。不同气候情景下的增加幅度有所不同（刘瑞刚等，2009）。

（3）气候变化对森林服务功能的影响

目前，气候变化对森林生态系统服务功能影响的相关研究还很少，但是生态系统的服务功能对人类的生存和发展十分重要，需要加强这方面的研究。气候变暖背景下，中国森林生态系统的服务价值明显上升，降水对森林生态系统服务价值的影响不大（张明军等，2004）。未来气候变暖情景下，中国森林生态系统 14 种主要的生态系统服务中，土壤形成、废物处理、生物防害、食品生产、文化的价值都有不同程度的减少，而气候调节、干扰调节、水分调节、水分供应、防止侵蚀、养分循环、原材料、基因资源和休闲游乐的价值都增加，特别是防止侵蚀、养分循环及原材料的价值，增加幅度很大。在当前和(1)年均温增加 4℃、降水增加 10%；(2)年均温增加 4℃、降水不变；(3)年均温增加 4℃、降水减少 10%气候变化情景下，中国森林的生态系统服务价值分别为：2707.25 亿美元、4861.45 亿美元、4746.20 亿美元和 4688.39 亿美元。未来气候变暖情景下，由于中国森林生态系统中热带森林的面积增加，中国森林生态系统的服务价值将增加。

6.3.2 未来气候变化对草原生态系统的影响

（1）气候变化对草原结构、组成和分布的影响

未来气候变化将改变中国草原生态系统的分布格局和面积。未来北方草原区的气候将会暖干化，导致各干旱地区的草原类型将会向湿润区推进，即目前的各草原界线将会东移（王馥堂等，2003）。青藏高原、天山、祁连山等高山牧场温度升高，各草原的界线也会相应上移 380~600 m。青藏高原的高山草原面积会明显减少，高山草甸/灌丛的面积略有增加，温带草原增幅较大，面积由 8.3 万 km² 增至25.4 万 km²，而温带灌丛/草甸的面积也 13.9 万 km² 增至 31.6 万 km²。未来气候、CO_2 浓度变化后，青藏高原荒漠面积大幅度减少，植被带向西北方向推移（Ni，2000）。全国北方型山地草原面积减少，温带地区的少量荒漠可能会转化为温带草原植被，高寒草原和草甸分别向北方和温带草原演变，而冻原植被也会演变成温带性山地草原（赵义海等，2005）。未来气候变化可能导致中国华北地区和东北辽河流域草原化，西部草原可能略有退缩，被灌丛取代，高寒草甸的分布可能略有缩小（潘愉德等，2001；赵茂盛等，2002）。

未来气候变化对物种的影响程度不同，导致物种优势强弱顺序发生改变，从而群落结构可能发生变化。基于内蒙古锡林郭勒盟锡林河流域原生草原植被群落主要优势种在气候变暖条件下演化过程的模拟发现，温度年变化率 0.06℃/a 是群落发生演替的临界值；小于临界值时，羊草—大针茅—变蒿—西伯利亚羽茅的物种优势顺序不会发生改变；高于临界值时，竞争能力相近物种的优势顺序发生了转换，出现的物种优势顺序为大针茅—羊草—西伯利亚羽茅—变蒿；这种由于竞争力相近物种对环境变化的互补关系，增加了群落物种之间动态变化的复杂性；随着温度年变化率的增加，物种优势强弱顺序的变化也更提前；如果温度年变化率达到 0.17℃/a，物种的强弱顺序将重新组合，变为大针茅—西伯利亚羽茅—羊草—变蒿（刘钦普等，2007）。未来气候变化将可能导致宁夏中部草原植被构成中优质牧草所占比例下降，特别是豆科牧草所占比例明显减小，进而植被群落结构有可能发生变化（施新民等，2008）。

（2）气候变化对草原生产力和碳汇功能的影响

气候变化和 CO_2 浓度升高将影响草原生产力，并具有明显的地域差异。温度和降水增加对草原生

产力的影响要明显于 CO_2 的肥效作用,因为 CO_2 浓度升高对草原土壤碳吸收的影响还取决于草原生态系统的管理方式(IPCC,2007)。

一般而言,草原生态系统生产力与温度呈反比,而与降水呈正比。降水增加使土壤的水分供给条件得以改善,进而增强植物的光合速率,提高生产力;温度升高虽然可以提高植物光合速率,但由于蒸散加强和土壤变干而导致光合速率下降,反而极有可能降低生产力。温度升高幅度愈大,草原生态系统生产力下降愈明显。如果未来温度增高 2℃,则导致中国中纬度半干旱草原年 NPP 减少约 24%,中纬度半干旱草原地上生物量减少 30%,地下生物量减少 15% 左右;而降水量增加 50%,年 NPP 增加 37%,地上生物量将改变近 30%,地下生物量增加 15% 左右(表 6.4)(季劲钧等,2005)。对于青藏高原长江黄河源区多年冻土区典型高寒草原,如果未来 10a 气温增加 0.44℃,降水量不变,高寒草甸和高寒草原地上生物量分别递减 2.7% 和 2.4%;在气温增加 2.2℃,降水量不变的情况下,不利影响更为明显,高寒草甸和高寒草原地上生物量分别减少 6.8% 和 4.6%(王根绪等,2007)。锡林河流域典型草原区降水是 NPP 最主要的决定因子,而温度决定作用相对较小(董明伟等,2008)。气候变化和 CO_2 浓度的倍增导致羊草草原和大针茅草原初级生产力和土壤有机质含量的显著减少,特别是不仅草原生产力下降,而且高质量的牧草也减少,低营养价值的草原的面积可能扩大,这也将给畜牧业带来不利的影响(白永飞等,2001)。

表 6.4 草原地上及地下生物量对温度和降水变化的响应(季劲钧等,2005)

		年 NPP [gC/(m²·a)]	百分比(%)	地上生物量 (kg/m²)	百分比(%)	地下生物量 (kg/m²)	百分比(%)
温度	−2℃	357.22	19.54%	0.231	35.88%	0.607	13.60%
	−1℃	329.9	10.4%	0.199	17.06%	0.571	7.13%
		298.83		0.170		0.533	
	1℃	267.9	−10.35%	0.147	−13.53%	0.498	−6.57%
	2℃	228.23	−23.63%	0.119	−30.00%	0.454	−14.82%
降水	−50%	186.6	−37.56%	0.123	−27.56%	0.457	−14.26%
	−25%	244.58	−18.15%	0.150	−11.76%	0.500	−6.19%
	正常	298.83		0.170		0.533	
	+25%	355.31	18.90%	0.192	12.94%	0.573	7.50%
	+50%	409.88	37.16%	0.218	28.24%	0.614	15.20%

同时考虑气温和降水的变化,未来气候变化对草原生态系统的不利影响更为显著。在平均气温增加 2℃,年均降水量增加 20% 和年均气温增加 4℃,年均降水量增加 20% 两种气候变化情景下,不考虑草原类型的空间迁移,中国各类草原均减产,其中以荒漠草原的减产最为剧烈,达到 17.1%;若计入各类型空间分布的变化,各草原类型生产力减产约三成(牛建明,2001)。对长江源地区的高寒草甸生态系统,虽然目前高寒草甸是弱碳汇,但是未来气候变化总体上对高寒草甸生态系统产生不利影响,随着气温升高和降水量增加,高寒草甸初级生产力显著下降,土壤有机质含量减少,如果同时考虑 CO_2 浓度倍增的影响,初级生产力和土壤有机碳、氮明显增加。相对于气候变化的影响,CO_2 浓度变化对高寒草甸初级生产力和土壤有机质含量影响更为显著(吕新苗等,2006)。在最有可能代表未来气候变化的温度增加的两种情景下(最低最高温度增加、降水不变情景;最低最高温度增加、降水增加情景),锡林河流域典型草原 NPP 均呈下降趋势(董明伟等,2008)。未来暖干化情景下,青藏长江源区的高寒草甸植被群落以逆行演替方式为主,群落生物量减少,高寒草原—高寒草甸过渡区表现为高山嵩草高寒草甸群落向紫花针茅草原群落的退化;受干旱气候系统控制下的高寒草原群落南向扩张,扩张速率约 14.2 km/10a,若降水和升温趋势继续,高寒草甸植被退化速率将加快,区内生物总量也呈下降趋势(王谋等,2005)。

也有研究认为,部分地区的草原生态系统生产力将增加。例如,在宁夏中部干草原分布区,气候因素直接决定草原的初级生产力,随着气候变暖,宁夏中部草原总体上向生产能力逐步提高的方向发展,不论是草场总产草量还是主要优质牧草，其产量趋势都表现出增加的趋势（施新民等，2008）。在未来气候、CO_2浓度变化后，青藏高原11种植被的净初级生产力都显著增加（Ni，2000）。

未来不同水热组合状况对草原生态系统生产力的影响差异较大。未来暖湿型气候对农牧交错区（盐池县）草原的干物质生产最有利，而冷干型气候对草原的干物质生产最不利；若气温升高1～2℃，降水量增加10%～20%，则盐池草原的气候生产力将增加10%～20%（苏占胜等，2007）。在三江源区兴海县，未来"暖湿型"气候对草原干物质生产有利，平均增产幅度为2%～4%，而"冷干型"气候对草原干物质生产最为不利，平均减产幅度为3%～7%（郭连云等，2008b）。在未来CO_2浓度倍增情景下，如果温度升高2.7～3.9℃，降水增加10%，中国东北羊草草甸草原的NPP和土壤有机碳均增加；如果温度升高幅度增大到7.5～7.8℃，降水增加10%，NPP和土壤有机碳则均减少（Wang等，2007）。根据中国北方天然草原根冠比及地下生产力占总生产力比例随年降水增加而显著降低，随年均气温增加而降低的趋势不明显，预估在未来全球气候变化条件下，随气温升高，降水增多，植物可能分配相对更少的碳到地下，因而降低了根冠比及地下生产力占总生产力比例，这种转变可能会影响地下碳的储存和周转（王娓等，2008）。

相对于温度，降水对内蒙古草原生态系统地上净初级生产力的影响更为关键。多个全球气候模型（GCM）预测内蒙古锡林河流域羊草草原区未来降水量会减少，可能导致该地区羊草原地上净初级生产力降低；但在以下气候变化情景下地上净初级生产力可能会升高：CO_2浓度倍增，温度升高2℃，降水保持不变或增加10%～20%；CO_2浓度保持不变，温度升高2℃，降水增加20%。在大气CO_2浓度不变而气候发生变化情景下，除温度升高2℃、降水增加20%的气候情景能促进地上净初级生产力增加外，其他情景均导致减少，减幅在2.01%～45.56%（袁飞等，2008）。利用GCM模型预测，到21世纪末，内蒙古草原区冬季降水量将增加，而夏季降水量将减少。因此，内蒙古羊草草原地上净初级生产力在未来有可能降低（Ni等，2000）。

高寒草原植被地上生物量对气候增暖的响应幅度显著小于高寒草甸，而对降水增加的响应程度大于高寒草甸。如果未来10a气温增加0.44℃，同时降水量小幅度增加8 mm，则青藏高原长江黄河源区多年冻土区典型高寒草原地上生物量可基本保持现状水平或略有减少；若气温增加2.2℃，同期降水增加12 mm，则高寒草甸地上生物量可基本维持现状水平或略有增加，而高寒草原地上生物量则递增5.2%。高寒草原植被生物量对气候变化的响应特征，与北极地区的观测研究结果对比存在异同点。相同之处是冻土地区生态系统随气候变暖的生产力变化存在类型和地区间的差异，主要影响因素是气候与冻土变化共同影响下导致的地表水分和水文过程变化的差异性，地表水分趋于干燥，将有利于中旱生和旱生的植被类型如高寒草原生长；不同之处是，北极地区在活动层较薄的富冰多年冻土区，伴随气候增暖和冻土退化，地表水分显著增加并有利于湿生植被如草甸和沼泽植被生长，使得地表植被生物量趋于增加的区域较大，而青藏高原多年冻土区则以减少为主（王根绪等，2007）。

6.3.3 未来气候变化对内陆湿地生态系统的影响

未来气候变化将通过温度、降水和蒸发量的改变而影响内陆湿地的功能。气候暖干化将导致三江平原湿地资源减少、抗干扰能力减弱、生物多样性减少、濒危物种增加、自然退化加快、大面积沼泽湿地演变为草甸湿地（刘振乾等，2001）。在青藏高原三江源地区，到2100年气温上升3℃，降水不变，整个长江源区的冰川面积将减少约60%以上；如果考虑降水增加，冰川面积则将会减少约40%左右，冰川融水的比重也将会由现在的占河流总径流的25%下降到18%；同时，草原和湿地蒸发量加大，许多湖泊将会退缩和干涸，沼泽地退化等一系列严重的生态问题将更加突出（沈永平等，2002）。未来气候变化对中国半干旱地区的青海湖、岱海和呼伦湖及其流域的影响显著，在未来气候变化75%概率下，湖泊水量将有累计30%～45%的变化，变幅在10%左右（于革等，2006）。到2100年，SRKS B1、SRKS A1B和SRES A2三种情景下，大兴安岭北部沼泽的潜在分布面积都将减少，南部相对平坦的丘陵和山间平原的沼泽也将大量消失（刘宏娟等，2009）。

6.3.4 未来气候变化对荒漠生态系统的影响

未来气候暖干化将进一步增加荒漠化发生的可能性和潜在危险,导致荒漠生态系统分布范围的扩展;但在局部地区有降水增多的可能,则将有利于荒漠化土地的逆转。

在气温增加 4℃,降水增加 10% 条件下,青藏高原西部的高寒荒漠,虽然大部分转变为温性荒漠,但从冻荒漠与亚冰雪带的转暖而得到补偿;高原山地温性荒漠面积几乎增加了 12%,荒漠化趋势强烈(张新时等,1994)。如果降水增加幅度增强达 20%,保持年均温增加 4℃ 时,中国西部草原将变为荒漠区,荒漠地带沙漠化加剧,青藏高原各植被地带沙漠化趋势加强(周广胜等,1996)。未来气候变化下,中国荒漠化生物气候类型区明显扩大(慈龙骏等,2002),荒漠分布范围将向西部和高海拔地区扩展(张明军等,2004)。

此外,气候变化还使荒漠生态系统的生物生产力有所提高,同时生态系统功能退化,生物多样性降低。气候变化对荒漠生态系统结构和功能的影响十分复杂。

6.3.5 综合生态地理地带的时空变动

自然地带体现了生态系统的宏观分布格局。自然地带位移强烈的地区往往位于两个不同植被类型的过渡区即生态交错带(ecotone)上,如森林草原交错带、草原荒漠交错带,高山林线和树线等,是对气候变化最为敏感的地区之一。

全球气候变化对中国生态地理地带分布的影响虽因气候变化情景有所不同,但总体趋势基本一致,即未来气候变化将导致水平分布的温度带普遍北移,高原的各自然地带向高海拔移动。未来气候增暖后,中国温度带的界线北移,全部或部分变为低纬度的相邻自然带(赵名茶,1993;吴正方等,2003)。对青藏高原而言,年均气温上升 2.0℃,高原寒带、高原亚寒带的东界向西移动 1~3 个经度,高原温带在高原的东部和青海的北部将扩大(赵昕奕等,2002)。

全球变暖后,中国湿润、半湿润、半干旱和干旱区的分布面积呈此消彼长的状态,干旱区范围扩大、湿润区面积减少具有较高的可信度,为未来的荒漠化扩展提供潜在的条件。原寒温带、中温带湿润地区将变为半湿润地区,原中温带半干旱地区降水的增加将使晋中、陕北、陇东高原丘陵区演变成为半湿润地区,原干旱区的河西走廊东部丘陵平原地区则会向半干旱类型转化。总体而言,干湿区分布较气候变暖前的分布差异减少,分布趋于平缓,从而缓和了自东向西水分急剧减少的状况(赵名茶,1995)。未来温度上升,中国极端干旱区和亚湿润干旱区面积将大幅增加,而湿润地区范围缩小(慈龙骏等,2002)。气候变化将导致中国极端干旱区和湿润区分布范围缩小,干旱区、半干旱区和半湿润区分布范围扩大;极端干旱区分布范围缩小并被干旱区所代替,半干旱区向半湿润区东、南部方向扩展,湿润区东北部和西部被半干旱和半湿润区所代替;干旱区和极端干旱区分布范围随全国年降水量增加而减少;半湿润区和湿润区分布范围随年降水量增加而增加(吴建国等,2009)。未来东北地区降水量虽有所增加,但抵消不了由温度升高造成的蒸散量的增加,由此将造成东北地区湿润森林界线北移,面积明显缩小,其中寒温带湿润森林将北退移出东北地区,暖温带湿润森林北界北移,面积有所增加。暖干的气候变化趋势造成东北地区草原面积增长显著,尤其是暖温带草原基本占据了整个东北平原,同时温带草原北移取代了湿润森林收缩腾出的空间(吴正方等,2003)。

因此,以"气候变暖"为标志的全球环境变化将对中国植被或生态系统的分布格局产生严重影响,但由于所用的模型不同,所得的结果也不完全相同(喻梅等,2001;Weng 等,2006)。

一般认为,在未来气候变暖情景下,中国东部森林带表现出整体北移的趋势。热带雨林季雨林、亚热带常绿阔叶林的分布面积将显著增加;而落叶针叶林、亚热带常绿针叶林的分布面积有所减少,特别是北方落叶针叶林几乎完全移出中国(图 6.1)。草原的分布面积有所扩大,主要是向东部边界方向扩展,占据了原来属于森林的区域,特别是温带落叶阔叶林的区域。荒漠面积总体呈减小趋势,但温带荒漠向草原扩展,占据了现在属于荒漠草原的地域。变化最为复杂的是青藏高原。在当前气候条件下,青藏高原面上从东南到西北依次分布有高寒草甸、高寒草原、高寒荒漠;但在未来气候情景下,则出现了温带草原、温带荒漠草原、温带荒漠,它们占据了高原西南部和东部的大片区域(图 6.1)。

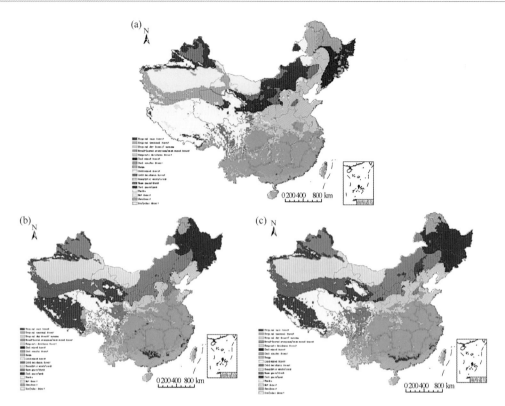

图 6.1　气候变化对中国植被/生态系统分布的影响（Weng and Zhou，2006）

(a)中国植被/生态系统分布现状；(b)A2 排放方案；(c)B2 排放方案

6.4　陆地生态系统的脆弱性

脆弱性是指陆地生态系统受到气候变化的不利影响的程度。脆弱性受生态系统所面临的气候变化特征、幅度和变化速率的影响，并受生态系统的敏感性和适应能力的制约。脆弱系统是对气候变化的影响敏感、且不稳定的系统。中国的生态过渡带、农牧交错区、北方森林、高寒牧区、江河源区等区域的生态系统是受未来气候变化影响的较为脆弱的生态系统。

气候变化将会增加中国陆地生态系统的脆弱性，但是对脆弱性分布格局的影响不大，总体特征为南低北高、东低西高；采用 IPCC SRES A2 气候情景进行的预测模拟表明，到 21 世纪末中国不脆弱的生态系统比例将减少 22% 左右，高度脆弱和极度脆弱的生态系统所占比例较当前气候条件下分别减少1.3% 和 0.4%；在不同气候条件下，高度脆弱和极度脆弱的陆地生态系统主要分布在中国内蒙古、东北和西北等地区的生态过渡带上及荒漠—草原生态系统中，华南及西南大部分地区的生态系统脆弱性将随气候变化而有所增加，而华北及东北地区则有所减小（於琍等，2008）。

根据 IPCC 对研究时段的划分标准：1961—1990 年为基准时段、1991—2020 年为近期、2021—2050年为中期、2051—2080 年为远期，各时段以 30 a 平均值进行分析，结合 IPCC《排放情景特别报告》（SRES）（Nakicenovic 等，2000）中设计的 B2 情景下中国区域 21 世纪的气候变化（1961—2010 年），即与基准时段相比，中国在 2011—2020 年的平均增温为 1.16℃，2041—2050 年为 2.20℃，2071—2080年为 3.20℃，相应的降水增加分别为 3.7%、7.0% 和 10.2%（许吟隆等，2005），对中国自然生态系统在未来气候变化情景下的脆弱评价表明（吴绍洪等，2007）：气候变化对中国生态系统存在较为严重的影响，近期、中期、远期对生态系统的影响呈发展趋势（图 6.2）。受气候变化影响严重的地区是生态系统本底脆弱的西北干旱地区和青藏高原西部区域，其次是生态系统本底较好的东北、华北和江南地区。B2 情景下的近期气候变化对中国生态系统的影响不大，有的地区朝着有利的方向发展，但中、远期气候变化对生态系统的负面影响巨大。以温度上升为特征的气候变化将对中国的自然生态系统产生较为严重的影响,但在某些地区,特别是较为寒冷的地区,初期的升温对自然生态系统的温度和热量状况有益,从而使东北地区近期的受损程度下降。然而,随着气候的持续升温,其他气候因子也将出现变化,包括潜在蒸发增加,从而可能引起自然生态系统生境退化,导致全国性的自然生态系统退化(表6.5)。

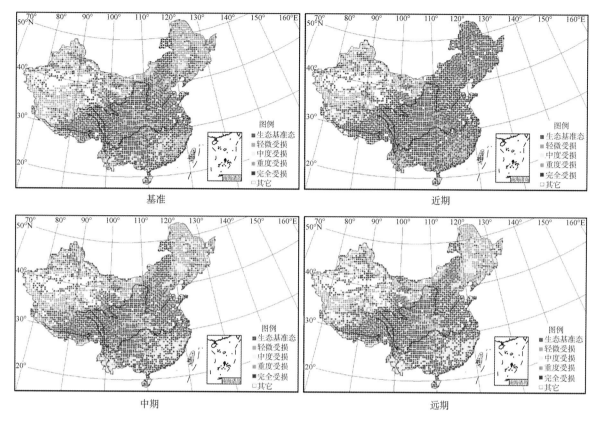

图 6.2 中国生态系统脆弱性时空分布(吴绍洪等,2007)

表 6.5 中国 21 世纪气候变化情景下不同区域自然生态系统的脆弱性

时段\脆弱性	基准时段	近期	中期	远期	2084 年	2092 年
基准	其他地区	东北和华南地区面积明显增加	东北、华南、西南地区面积明显减少	主要在中部和西南	主要在中部和西南	主要在中部和西南
轻微	东北和华南地区	东北和华南地区面积明显减少	东北、华南、西南地区面积明显增加	东北、华南、西南地区面积明显扩展	华北地区大片地区;长江中下游和华南地区面积明显增加	华北地区大片地区;长江中下游和华南地区面积明显增加
中度	西北部和青藏高原;东北和华南地区小面积	西北部和青藏高原	西北部和青藏高原面积扩大;东北、华南、西南地区面积明显增加	西北部和青藏高原加重;东北、华南、西南地区面积明显扩展	华北地区大片地区	华北地区大片地区;长江中下游和华南地区面积明显增加
严重	西北部和青藏高原	西北部和青藏高原	西北部和青藏高原面积扩大	西北部和青藏高原加重	华北部分地区	华北部分地区和南方丘陵
完全	西北部和青藏高原小面积	西北部和青藏高原小面积	西北部和青藏高原面积扩大	西北部和青藏高原面积扩大	西北干旱区的面积向东扩张	西北干旱区的面积向东扩张;江南丘陵也出现

根据气候模拟结果分析,2084 年为华北高温和长江流域的干旱极端气候事件年份,2092 年为华北干旱和长江流域干旱极端气候事件年份。极端气候事件的发生对中国生态系统的影响尤其突出,在江南丘陵地区开始出现生态系统逆向演替现象,受影响严重且可能逆向演替(超过阈值)的主要类型有开放的灌丛和荒漠草原,2084 年和 2092 年将扩展到部分落叶阔叶林、草原、有林草地和常绿针叶林(图 6.3)。

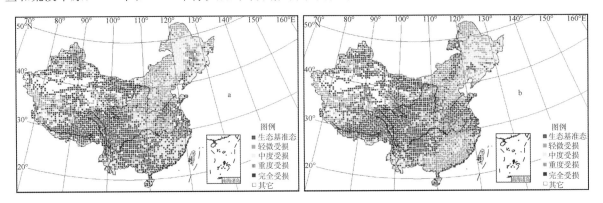

图 6.3   极端年份下中国生态系统的脆弱性分布(吴绍洪等,2007)

(a)2084 年;(b)2092 年

关于生态系统脆弱性对不同增温阶段的响应,在增温 1℃情景下,气候变化对生态系统正负影响相当,但存在区域差异;增温 2℃情景下,出现轻度脆弱的生态系统明显增多;增温 3℃情景下,中度脆弱生态系统明显占据优势;增温 4℃情景下,中度脆弱生态系统显著增加(Wu 等,2009)。

6.5   气候变化对生物多样性的影响

中国是生物多样性最丰富的国家之一,气候变化已经并将继续影响中国的生物多样性。因此,建立有效的生物多样性适应气候变化的对策是当前生物多样性保护面临的重大课题。

6.5.1   气候变化对生物多样性的影响

(1)影响事实

20 世纪发生的气候变化已经并将继续影响生物物候、动物分布和迁移、物种丰富度和多样性、林线、有害生物、栖息地及植被和景观多样性。

物候:由于气候变化,青海省大杜鹃绝鸣期推迟,始和绝鸣期间隔日数延长(祁如英,2006,2008);家燕绝见期显著推迟,始见和绝见间隔期延长(李世忠等,2009);气候变化导致的水环境变化使得长江豚类物候改变(万康玲等,2008)。中国植物春季物候提前的地区集中在东北、华北及长江下游地区,38 种木本植物和 6 种草本植物变化显著,提早程度的地区间差异明显;秦岭以南、西南东部、长江中游等地区出现春季物候推迟现象(袁婧薇等,2007)。

动物分布和迁移:由于气候变化导致动物分布和迁移发生了变化。长期生存于干旱高寒气候的亚洲盘羊的分布范围缩小;历史上分布于湖南、湖北、四川、广东、广西和云南的绿孔雀目前仅分布在云南西部、中部和南部;20 世纪二三十年代广泛分布在中国东部的华南梅花鹿分布范围也显著减小(气候变化国家评估报告,2007)。近 20 年来,气候变化使中国 120 种鸟类的分布范围改变,包括东洋界的 88 种,古北界的 12 种,广布种鸟类 20 种(杜寅等,2009);20 世纪 90 年代前分布于渤海地区的斑嘴鸭属于夏候鸟,由于冬季气候变暖使其成为该地区的留鸟(孙全辉等,2000);太白山区的鸟类种数下降,分布区则向上迁移(姚建初,1991)。普氏原羚曾分布于内蒙古、青海和甘肃等地区,现在仅分布于青海湖地区(马瑞俊等,2006)。历史上一些物种因气候变化和人类活动的影响已经灭绝。例如,中国荒漠区的一些动物(新疆虎、蒙古野马、高鼻羚羊和新疆大头鱼盐桦和三叶甘草)已经野外绝灭(中国生物多样性国情报告,1998)。

由于气候、土地覆盖的变化,加之人类活动的影响,青海湖地区动物的分布和组成发生了较大的变化(马瑞俊等,2006)。与20世纪中相比,26种鸟类从湖区消失了,如豆雁、灰头鸫、白头鹞等。气候变化已经对青海的鸟类物候和分布产生了影响(祁如英,2006,2008);斑嘴鸭在20世纪90年代以前在渤海地区还是夏候鸟,由于冬季气候变暖,目前已经成为这里的留鸟;气候变化也已经使灰鹤的迁徙路径发生改变(孙全辉等,2000)。

气候变化对水生生物分布、行为和种群数量也产生了影响。气候变化通过影响长江生态需水量,从而影响到长江豚类的分布、行为和种群数量;同时,气候变化导致环境条件改变,加上人类其他活动对水环境影响的叠加,导致水污染加重,改变长江豚类的物候,影响到长江的豚类(万康玲等,2008)。

气候变化还引起有害生物的分布范围改变、危害加剧。气候变暖已经导致凤眼莲在中国暖温带地区的泛滥成灾(徐汝梅等,2003)。

物种丰富度和多样性:已经发生的气候变化使得一些物种发生局地消失。与20世纪中期相比,青海湖地区物种组成和分布发生显著变化,豆雁、灰头鸫等26种鸟类从湖区消失(马瑞俊等,2006);青海湖湖周曾有的北山羊、藏野驴、豹猫、猞猁分布,目前均已消失,藏野驴、野牦牛、藏羚也绝迹,曾分布于内蒙古、青海和甘肃等地区的普氏原羚,现仅分布于青海湖地区(马瑞俊等,2006);内蒙古典型草原、羌塘盆地、青藏公路124道班、若尔盖、青南高原植物群落的建群种重要值下降(袁婧薇等,2007)。郑州黄河湿地鸟类多样性呈上升趋势,部分东洋种鸟类分布区向北扩散到郑州黄河湿地,部分鸟类居留型发生变化(李长看等,2010)。荒漠区的一些动物(新疆虎、蒙古野马、高鼻羚羊、新疆大头鱼、盐桦和三叶草)已在野外消失(中国生物多样性国情报告,1998)。

林线:气候变暖使岳桦—苔原过渡带向上迁移,岳桦向苔原侵入程度加剧(周晓峰等,2002);五台山高山草甸和林线过渡带的一些植物种向上爬升(戴君虎等,2005)。

有害生物:20世纪气候变化使有害生物分布范围改变、危害加剧(万方浩等,2005);凤眼莲适生区扩大(徐汝梅等,2003);入侵植物加拿大一枝黄花入侵范围增加(吴春霞等,2008)。

栖息地:气候暖干化导致呼伦贝尔沙地流动沙地面积增加,植被盖度下降,沙漠化扩展(赵慧颖等,2007);环青海湖地区生态与环境严重恶化(李林等,2002),导致物种栖息地退化。

植被及景观多样性:气候变暖使新疆准噶尔盆地南缘天然梭梭群落初萌植物幼苗大量死亡、种群年龄结构普遍呈现衰退,结构多样性改变(黄培档等,2008);贺兰山东西两侧腾格里与毛乌素两大沙漠、沙地南缘带气候的暖干化导致植被覆盖显著变化(马安青等,2006),景观多样性改变。

(2)影响预估

未来气候变化将进一步影响中国的动植物分布、物种优势度、有害生物、栖息地及植被和景观多样性;主要表现为:物种分布范围缩小、破碎化和散失,物种多样性和丰富度降低,有害生物范围扩大、危害增加,物种灭绝速率加快,栖息地退化和破碎化,生态系统及景观多样性下降,遗传资源散失等。

动物分布:气候变化使得目前分布在中国东部、东北和南部的鹅喉羚(柴达木盆地)、鹅喉羚(南疆亚种)、草原斑猫、蒙古野驴、石貂、野骆驼的范围缩小,新适宜分布范围向西面和西北方向扩展(吴建国,2010a);目前滇金丝猴的适宜分布区东北及南部适宜范围将缩小,西部、西北及东南部适宜范围将扩大(吴建国等,2009a);大熊猫目前分布区的东部、东北和南部的适宜范围将缩小,新适宜分布范围将向西部和西北方向扩展(吴建国等,2009b)。

植物分布:气候变化将使得29种森林植物的分布范围减少,包括马尾松、云南松、油松、珙桐、秃杉、白桦、冷杉、云杉、华北落叶松、紫果云杉、杉木、峨眉栲、元江栲、高山栲、瓦山栲、包石栎、滇石栎、乌冈栎、巴东栎、刺叶栎、匙叶栎、滇青冈、曼青冈、黄毛青冈、云南樟、宜昌润楠、山楠、桢楠和银木荷;4种森林植物的分布范围增加,包括红松、长白落叶松、蒙古栎和青冈;山杨的分布范围没有发生显著改变;而兴安落叶松从中国境内消失(吕佳佳等,2009)。密枝喀什菊、肉苁蓉、沙打旺、四合木、松叶猪毛菜、新疆贝母和伊贝母的适宜分布范围呈缩小趋势,新适宜分布区将向昆仑山、柴达木盆地、祁连山西部、阿尔金山和帕米尔高原等高海拔区域扩展,沙打旺向东北高纬度区域扩展(吴建国,2010b);短叶假木贼、裸果木、梭梭、膜果麻黄、驼绒藜和喀什膜果麻黄的适宜分布范围减小,喀什膜果麻黄和驼绒藜适宜分布范围显著减小并破碎化,其他植物的适宜分布区的南部、西南及东南区域将不适宜,新适宜分布区将向西部、西北或青海西南部、及昆仑山、阿尔金山和祁连山区扩展(吴建国等,2010c);桫椤、水青树、十齿花、青檀、桃儿七、太白红杉和山白树的适宜分布范围将缩小,太白红杉从当前的适宜分布区消失,其他植物将向北部、东北部、西部、西南或西北部区域扩展(吴建国,2010d)。

物种优势度:高山月华林在温度增加5℃、降水没有明显变化时,仍为优势种,但云杉、冷杉、落叶松等伴生树种数量明显增加(郝占庆等,2001)。气候增暖使主要针叶树种比例下降,阔叶树比例增加;温带针阔混交林垂直分布带上移(程肖侠等,2008);黑龙江省宜春地区采伐地上演替发育起来的红松阔叶混交林中的落叶松、山杨和白桦的优势度明显减弱(陈雄文等,2000);东北森林快速衰退,一些针叶树将被阔叶树取代(延晓冬等,2000)。

有害生物:未来气候变化将使有害生物分布范围改变、危害增加。凤眼莲的适宜区将扩大,一些地区的病虫害传播范围增大,虫口密度增加(徐汝梅等,2003);并改变病虫害的地理分布(陈泮勤,1996)。气候变化很可能直接造成一些地区虫害和病害传播范围扩大,昆虫虫口密度增加,蛾和蝗虫在较温暖气候下将更活跃,松材线虫在低于10℃时不能发育,33℃以上将受到抑制,气候变化后将改变其发育过程(徐汝梅等,2003)。

栖息地:未来气候变化将加剧土地荒漠化和水土流失,使物种栖息地退化和破碎化加剧(气候变化国家评估报告,2007;吴建国等,2009c),使物种栖息地质量退化。气候变化将引起土地荒漠化和水土流失的增加,从而导致物种栖息地退化。同时,气候变化背景下,海平面上升将影响沿海湿地,也导致物种栖息地退化。物种栖息地的破碎化是威胁物种的重要因素。随着气候变化,物种的栖息地将可能破碎化。气候变化导致的青藏高原的土壤冻蚀、西北风蚀和黄土高原水土流失增加,荒漠化和次生盐碱化危害加重等也将使物种的栖息地退化(吴建国等,2009)。

植被与景观多样性:未来气候变化将使植被分布格局发生改变,降低一些区域的景观多样性。全球平均温度升高1～3.5℃将使中国落叶针叶林面积减小,温带落叶阔叶林面积将扩大,华北地区和东北辽河流域可能草原化,西部沙漠和草原略有退缩,而被草原和灌丛取代,高寒草甸分布可能缩小(赵茂盛等,2002)。同时,气候变暖还将导致青藏高原东南部的山地植被将明显森林化,高山草甸面积减小(张新时等,1994),从而改变区域生态系统及景观多样性。

6.5.2　生物多样性适应气候变化的对策

(1)加强物种就地保护,扩大物种种群数量

针对气候变化下物种局地脆弱性的增加,通过开展物种就地保护,增强物种在原分布区的适应能力,包括发展保护区、植物园、动物园、水族馆、种子贮藏和微生物贮藏技术以及保护植物种子库、孢子库、染色体保藏技术对策,建立田间基因库和种子库等。针对珍稀濒危物种数量少,分布范围窄,一些物种在气候变化后将可能更加脆弱的特点,拟开展珍稀濒危物种繁育工作,扩大种群数量,增加自然适应能力。

(2)加强物种迁地保护,开发物种遗传保护技术

针对气候变化对物种适应新栖息地的影响,开展物种迁地保护,包括建立异地保护繁育基地,进行种源引种示范,开发人工种群回归引种技术,开展异地的种子库、组织培养技术对策。针对气候变化可能导致一些物种濒临灭绝,开展物种遗传保护对策,包括物种基因保护、组织培养、染色体保护等。

(3)控制有害生物危害,增加物种自然适应能力

针对气候变化将对有害生物可能产生的极大影响,建立有害生物控制对策,包括通过严格控制病虫害、杂草、鼠害和入侵生物,减少危害。一些物种迁移在气候变化下可能将受到物理屏障影响,拟通过人为帮助物种进行适应性迁移,建立长距离迁移物种的通道,人为消除物种迁移障碍等。

(4)保护和恢复物种栖息地,加大生物多样性关键区保护

针对气候变化对栖息地可能产生的不利影响,拟加强保护和恢复栖息地,包括减少放牧、森林和水体破坏,减少自然灾害,对退化栖息地恢复、脆弱栖息地严格保护、严重退化栖息地重建等。在生物多

样性热点区和关键区进行集成性适应,同时结合社区基础保护对策,将生物多样性保护与社区发展结合起来,开展生态补偿、生态旅游和多物种、栖息地和生态系统及景观的综合适应措施。

(5)建立自然保护区网络和物种迁移走廊,扩大非保护区型保护地范围

自然保护区的管理目标和战略拟考虑适应气候变化,考虑动植物长距离迁徙,减少对自然保护区和物种的威胁。为此,拟针对气候变化,调整保护区的功能划分,增强缓冲区适应气候变化能力;发展自然保护区周边适应性管理对策,在自然保护区周围创造和恢复缓冲区和栖息地镶嵌体;将适应气候变化对策纳入到非自然保护区类型的保护地工作中,扩大非保护区型保护地范围。

(6)建立生物多样性保护灾害防御体系,减少其他不利影响

气候变化将可能导致灾害发生的频率和强度增加,从而对生物多样性带来不利影响。为此,拟建立生物多样性保护的灾害防御体系,包括对高温、干旱、低温、火灾等的防御体系,使气候变化对生物多样性的不利影响最小化。在自然资源管理和土地利用规划框架中,要充分考虑气候变化和生物多样性的因素,防止由于资源和土地过度利用对气候变化及生物多样性造成的影响;严格环境保护和污染治理,减少污染对栖息地的影响。

(7)加强国际合作交流,提高《生物多样性公约》履行能力

中国是《联合国气候变化框架公约》、《生物多样性公约》、《防治荒漠化公约》、《国际重要湿地公约》等国际公约的缔约方,增强公约履行能力,将提高生物多样性适应气候变化能力。

6.6 适应措施与选择

适应气候变化是气候变化框架公约履约中的重要内容、也是中国应对气候变化国家战略重要行动计划。陆地生态系统不但为人类提供食物、木材、燃料、纤维、药物、休闲场所等社会经济发展的重要组成成分,而且还维持着人类赖以生存发展的生命支持系统,包括水体的净化、缓解洪涝、干旱、生物多样性的产生与维持、气候的调节等。陆地生态系统是最易受气候变化不利影响的领域之一。气候变化对陆地生态系统的不利影响主要包括陆地生态系统不稳定性加剧,气候变化改变了原有生态系统的结构、组成和分布;受气候变化的影响,中国很多陆地生态系统退化程度加剧,其功能也在不断衰退,生态安全面临的风险增加。陆地生态系统碳库功能改变,目前中国陆地生态系统是一个碳汇,如果气候继续显著增温,而降水没有随之增加,则中国陆地生态系统则可能会面临从弱的碳汇逆转为碳源的风险(Cao 等,2003)。IPCC 指出,在未来几十年内,即使做出最迫切的减缓努力,也不能避免气候变化对陆地生态系统的进一步影响,这使得适应成为主要的措施,特别是应对近期的影响。适应对策是降低气候变化风险,减缓气候变化脆弱性的一种经济有效的补救措施。因此,适应气候变化,减少气候变化对陆地生态系统的不利影响,增强陆地生态系统自适应能力,是保障生态安全,促进人与自然和谐发展的需求,直接关系到人类社会的可持续发展,同时也是自然系统自身可持续发展能力的需求。挖掘陆地生态系统,尤其是森林生态系统的减排增汇潜力,增加森林的固碳功能和总量,扩大森林碳库容量,实现生态减排也是中国参与国际气候变化战略谈判和履约、国家环境外交等方面的迫切需求。近年来,适应气候变化问题受到国际社会的高度重视,适应议题在国际气候谈判中的地位不断上升,国际学术界对适应气候变化的研究也密切关注。

陆地生态系统是一个自调控系统,对气候变化具有一定的适应能力,适应能力首先与生态系统的结构和功能有关。一般生态系统的生物多样性越多,系统种类越丰富,结构越复杂,生产力越高,系统越稳定,抗干扰的自适应恢复能力越强,反之亦然;同时,适应能力还与社会经济的基础条件和人类的影响与干预等人为作用有关。但是,这种适应能力是有限的,气候变化导致超出系统经历过的历史范围的极端事件发生频率或强度增加,会增加系统的风险。许多生态系统的适应能力,可能在本世纪被气候变化、相关扰动(如洪涝、干旱、野火、昆虫、海水酸化)和其他全球变化驱动因子(如土地利用变化、污染、资源过度开采)的空前叠加所超过。如果未来气候变化幅度过大、胁迫时间过长,或短期的干扰过强,超出了生态系统本身的调节和修复能力,生态系统的结构、功能和稳定性就会遭到破坏,造成生

态系统不能适应气候变化，进而发生不可逆转的演替。该气候变化即联合国气候变化框架公约（UNF-CCC）所指的"危险气候（dangerous climate）"；这个临界限度，即为气候变化对生态系统影响的阈值（threshold）"。"气候阈值"是适应、减缓气候变化和实现可持续发展的重要联结点。从外力角度分析，气候阈值决定于外力的类型、强度、节奏、持续时间等诸多性质；从生态系统自身来讲，系统的结构（系统物种的多样性、等级层次、营养结构、联结方式）、功能（生产功能如净初级生产力、生态功能等）、成熟程度等都影响到气候阈值高低。气候变化对陆地生态系统影响的阈值是极复杂的科学问题，不可能简单地用一个温度增暖的数值或温室气体排放总量的上限来确定。目前还没有找到温室气体排放总量与气候和生态系统危险水平的关系。

超过生态系统的弹性很可能会产生超过阈值而出现的那类反应，许多在与人类社会有关的时间尺度上是不可逆转的，诸如生物多样性因灭绝、物种生态相互作用遭到破坏、生态系统结构和干扰体系（特别是野火和病虫害）发生重大改变而带来的损失。生态系统的关键特性（如生物多样性）或者调节服务（如碳固化）很可能会无法弥补（IPCC，2007）。

因此，虽然陆地生态系统对气候变化具有一定的适应能力，但仍需要采取一定的保护措施。本领域所涉及的适应技术措施主要围绕两个方面展开：一是客观上对生态系统适应气候变化有利的技术措施，二是生态系统主动适应的技术措施。

6.6.1   有利于适应的技术措施

凡是涉及保护陆地生态系统、防治生态退化、促进生态系统健康发展的相关战略和技术均有利于降低气候变化风险，提高生态系统对气候变化的适应性。

（1）提高森林覆盖率，通过森林的碳库功能减少大气中 CO_2 的含量

为应对全球气候变化，对森林生态系统而言，有效的适应对策之一是植树造林，扩大森林面积、提高森林覆盖率，从而提高陆地碳汇，减缓大气中 CO_2 的增加。1980—2005 年，中国植树造林活动累计净吸收二氧化碳 30.6 亿 t，森林管理累计净吸收二氧化碳 16.2 亿 t，减少毁林排放二氧化碳 4.3 亿 t。

开展全民义务植树运动是国家法定的加快绿化国土的重大举措，也是增强全民和全社会应对气候变化意识的重要途径之一。在县以上各级人民政府成立绿化委员会，适龄公民每人每年植树 3～5 棵。各级政府应把开展好全民义务植树纳入重要议事日程，层层落实领导责任制，强化乡镇政府和街道办事处组织实施义务植树的职能，确保履行植树义务，努力提高全民义务植树的尽责率。开展全民义务植树运动以来，全国累计有 109.8 亿人次参加了义务植树，植树 515.4 亿株，成为世界上规模最大、参与人数最多、成效最显著的植树运动。

继续加强建设天然林保护、京津风沙源治理、"三北"防护林、长江、珠江和太行山绿化防护林等重点工程。中国天然林保护工程是在 1997 年严重干旱后启动的，目的是通过禁止采伐和激励林业企业造林来保护自然森林。通过该项目，被保护区域的面积快速增长而且碳截存也有了增长。巩固现有天然林保护成果，继续控制天然林的商品性采伐，对现有天然林实施全面有效保护。加强京津风沙源地区荒山荒地造林和沙化土地治理，大力推广先进实用技术与治理模式，认真执行禁止滥开垦、滥放牧、滥樵采的"三禁"制度，加强林分抚育和管护工作，切实巩固工程治理成果。构建和完善三北防护林体系，突出防沙治沙和水土流失治理，重点抓好一批区域性防护林体系和示范区建设，进一步调动全社会力量，努力建设生态经济型防护林体系。长江防护林要加强对鄱阳湖、洞庭湖、三峡库区、丹江口水库治理，搞好低效林改造；珠江防护林要突出石漠化治理，加大封山育林力度，建设高效水源涵养林和水土保持林；太行山绿化要着眼于建设华北平原的生态屏障，搞好河源区水源涵养林建设和保护；平原绿化要重点建设华北、东北等平原地区的高标准农田防护林，结合社会主义新农村建设，加快推进村屯绿化、四旁植树、平原绿化和农田防护林更新改造进程，抓好绿色通道工程建设。

退耕还林工程是在 1998 年洪灾后启动，通过向农民提供粮食和现金补贴来把种植在陡峭山坡的作物改造为森林和绿地（退耕还林在全国范围内实施，尤其是江河源头及其两侧、湖库周围的陡坡耕地以及水土流失和风沙危害严重等生态地位重要区域。实施过程遵循自然规律，因地制宜，宜林则林，

宜草则草,综合治理。制定退耕还林规划时,应当考虑退耕农民长期的生计需要,应当与国民经济和社会发展规划、农村经济发展总体规划、土地利用总体规划相衔接,与环境保护、水土保持、防沙治沙等规划相协调。

在中国西部地区合理实施退耕还林还草,不仅能控制西部地区生态系统的进一步退化,提高生态系统水源涵养能力,防止水土流失和荒漠化;而且可以对已经破坏的森林和草原生态系统恢复自身的稳定性及其对气候变化的适应力,充分发挥森林和草原生态系统的多种生态作用,从而改善西部生态状况。

(2)建立自然保护区,加强气候变化高风险区的陆地生态系统管理和保护

中国高度重视自然保护区的建立和管理工作。截至 2006 年底,全国共建立自然保护区 2395 个,总面积 15100.5 万 hm²,约占陆地国土面积的 15.2%。初步形成了类型比较齐全、布局比较合理的自然保护区网络,为遏制生物多样性的丧失,保护生态系统,适应气候变化做出了积极的贡献。

除对典型的自然地理区域、有代表性的自然生态系统区域以及已经遭受破坏但经保护能够恢复的同类自然生态系统区域,以及珍稀、濒危野生动植物物种的天然集中分布区域设立自然保护区予以特殊保护外,还应对存在高气候风险的关键陆地生态系统建立自然保护区,进行统一规划和管理,维护森林、草原和湿地和荒漠等生态系统的动态平衡;重点保护脆弱生态系统的主导生态功能,开展生态功能适应气候变化的示范工程。

(3)扩大封山育林面积,科学经营管理人工林

封山育林不仅可以增加森林面积,而且采用这种方式恢复森林也会减少造林活动本身导致的温室气体排放。要尽可能地扩大封山育林面积,促进次生林恢复进程。同时,要加强对现有人工林的经营管理,对现存人工纯林进行适度改造,尽可能避免长期在同一立地上多代营造针叶纯林。考虑到未来的气候变化,特别是在中国各气候带交错区域,应尽量避免营造大面积人工纯林,增强人工林抗御极端天气的能力。

(4)加强退化生态系统的恢复与重建,降低气候变化风险

退化生态系统更易受气候变化影响。通过种植适应性较强的先锋物种,人工启动演替,配置优化结构的群落,逐步恢复植被,是退化陆地生态系统适应气候变化的最有效的技术措施,可降低气候变化对陆地生态系统影响的风险。相关研究发现,在青藏高原,采用高禾草垂穗披碱草、老芒麦以及禾草类的羊茅、紫羊茅和早熟禾等混种,将增加群落的垂直结构和叶面积指数,而且各层结构能够充分分享光热资源,避免种间竞争,充分发挥各种植物在群落中的功能作用,提高光能利用率和生物生产力(肖浩,2008)。根据可恢复性与重要性,可优先开展退化严重和重度脆弱的生态系统的恢复与重建示范项目,遏制生态恶化的趋势,研究不同类型陆地生态系统的适应模式,并进行全国性的推广应用。

(5)针对敏感区草原生态系统,开展草场封育

气候变化,尤其是极端气候事件,将可能导致中国一些地区草原生态系统发生退化。对这些敏感区的草原进行封育,包括完全封育和季节性封育,可使牧草得以休养生息和恢复土壤肥力,恢复合理的草原生态系统的群落结构,可以提高退化草场的生产力。此外,开展草场封育还可提高植被固碳潜力。

当草原封育 2～3 年,可促进禾本科牧草中的异针茅、羊茅、紫羊茅以及嵩草等植物的生长发育,完成其生活史。在解除牲畜啃食和践踏压力之后,一方面种子可以成熟和传播,使自然种群不断扩大,另一方面可增加其分蘖能力,丛径增大,提高它们在群落中的密度、盖度和生物量,改变其群落结构,使原来的单层结构变为多层结构,进而改善群落环境,提高光能利用率和生物量(肖浩,2008)。在内蒙古典型草原区,围封措施使退化草原植被得到明显的恢复,草原群落盖度、高度明显增加,积累了大量凋落物和立枯,增加了根系密度及生物量;并且长期过牧下的冷嵩草原恢复为以羊草为优势种的原生群落类型将具有较大的固碳潜力(闫玉春等,2008)。

(6)加强湿地生态系统的保护与管理,增强防御气候变化风险的能力

充分考虑水资源管理,对湖泊湿地应该加强湖泊生态用水调配,修订规划和有关环境建设标准,对青藏高原湿地必须考虑冻土及冰雪层变化,建立防灾体系。从湿地生态系统的生态、水文与地球化学

过程的需求出发，优化水坝、水闸等水利工程调度机制，科学管理湿地生态系统，加强湿地生态治理和污染控制，提高湿地在抵御气候变化风险方面的能力。

（7）建立健全国家陆地生态系统综合监测体系

根据中国陆地生态系统的空间分布特征，结合气候变化影响程度，针对典型生态系统和脆弱生态系统，建立定位观测站点，加强陆地生态系统定位站的规划和建设，逐步完善国家陆地生态系统综合监测体系，建立由各级政府、科研组织和社会公众共同参与的陆地生态系统响应气候变化信息网，为未来气候变化风险预警提供基础。

（8）建立预案应对极端气候事件风险

加快构建中国陆地生态系统对极端气候事件风险的应急预案体系和响应机制，进一步完善应急预案的启动机制，强化极端气候事件的应急处理能力。

（9）不断完善相关法律管理体系

中国先后颁布了涉及陆地生态系统的《环境保护法》、《野生动物保护法》、《森林法》以及《自然保护区条例》、《野生植物保护条例》等一系列法律法规，形成了较为完善的法律管理体系。中国建立了生物多样性履约协调机制和生物物种资源保护部际联席会议制度，制定实施了《中国生物多样性保护行动计划》、《全国生态环境保护规划纲要》、《全国生物物种资源保护与利用规划纲要》、《全国湿地保护工程实施规划（2005—2010 年）》等，有利于陆地生态系统适应气候变化。

（10）进行宣传教育

应当通过各种形式，广泛深入地宣传陆地生态系统对气候变化的脆弱性，宣传适应气候变化的重大意义，认真做好思想动员，提高认识，做到家喻户晓，人人皆知。

6.6.2　主动适应的技术措施

（1）调整草场放牧方式，合理利用草场资源

气候变化对草原生长产生的不利影响主要表现为生产力减少，牧草生长高度下降等。在牧草产量下降明显的地区，适当减少该地区的放牧程度，有效控制草原的载畜量，以草定畜，保持畜草平衡。这是草原生态系统积极适应气候变化，保障系统健康可持续发展的有效措施。

根据气候变化对不同地区牧草返青期、黄枯期、生长期的影响，及时调整放牧方式和时间。例如，青南东部半湿润地区牧草返青期提前，黄枯期推后，牧草的整个生育期有所延长；青南西部干旱、半干旱地区，返青期和黄枯期均提前，牧草的整个生育期并没有延长，生长季有所提前；而环湖干旱、半干旱地区牧草返青期和黄枯期均推迟，并且牧草的整个生育期有所缩短（张钛仁等，2007）。草原生态系统在春季返青期较为敏感，在该期间应停止放牧，同时，对牧草返青推后的地区，应合理推迟放牧时间，促进牧草正常返青生长。

（2）选择气候变化适宜物种，优化配置群落，提高生态系统稳定性

植物种是组成群落的最基本成分，选择对气候变化适应性较强的优良品种，提高物种在气候适应和迁移过程中的竞争和对变化环境的适应性。及时改变树木品种和栽培面积，以适应新气候条件，在科学研究的基础之上，提出符合实际的适宜的造林树种，对于逐渐退化的树种坚决不植或大大降低其种植面积，真正在全球变化的背景下考虑适地适树，最大限度的降低全球变化的不利影响（栾兆平，2007）。在不破坏或尽量少破坏草场原有植被的基础上，补播、移栽适应性强的优质牧草，可增加物种的丰富度，提高群落结构的复杂程度，增加群落多样性，从而保证群落的稳定性和草原生态系统的持续发展。

应当发展完善适宜物种培育和引进技术，外来物种引进需要经过严格的科学论证。外来物种对本土生态系统的影响是环境中长期存在的一个问题，如果引进的物种与本土环境不相匹配、不相兼容，不但无法提高生态系统稳定性，促进其对气候变化的适应性，更极有可能带来巨大损失，甚至严重影响国家生态安全。

6.6.3 适应的选择

应对同一种气候变化的不利影响,可以采取不同的适应技术措施。由于气候变化问题的复杂性和众多的不确定性,适应技术措施的多样性,在实际决策过程中,需要对不同的适应技术措施在实施以前进行评估,根据陆地生态系统受气候变化不利影响,以及当地社会、经济发展的具体情况,保证所选择的适应技术措施的合理性,明确各种技术措施对适应气候变化的有效性和优先顺序。

目前成本—效益分析是适应技术选择中的常用分析方法,具体方法是将采取适应技术措施前后的情景进行比较,分别量化其成本和收益;如果收益大于成本,则该项适应技术措施在经济上是合理的,净收益最大的适应技术措施可确定为最优。然而,适应的选择是一个综合决策过程,需要考虑众多复杂因素,如社会经济发展因素、技术因素、环境因素等的影响。因此,成本—效益分析方法应用于评估气候变化的适应性也存在较大的局限性,难以辨识和量化,不能作为适应选择的唯一依据。

6.7　存在的问题与解决途径

6.7.1 不确定性

目前对气候变化及其影响的基本事实已得到国际社会和科学界的广泛认同,但由于气候变化与生态系统的复杂性以及人类认知的局限性,目前对有关气候变化对生态系统的影响,及生态系统对气候变化的敏感性、脆弱性与适应性等方面的研究还存在不确定性。主要体现在以下方面:

(1)气候变化与生态系统响应之间的非线性特征

从大气科学与生态科学各自学科来讲,气候系统与生态系统被认定为具有十分典型的非线性特征,并分别对其系统内部的随机扰动、涨落及其他远离平衡的非线性特征进行了阐释与描述。然而,对两个系统联结构成的整体特性缺乏清晰辨识,甚至产生一些模糊认识。从整体上看,目前的研究可以概括为是线性平衡的研究范式,主要表现为:

首先,就外在压力因素(驱动力)而言,目前的研究侧重于单要素对于生态系统的作用,如气温的升降、降水量的增减以及 CO_2 浓度的变化等。事实上,外在因素是耦合在一起共同对生态系统施加影响的。虽然一些研究也考虑了上述两种以上的影响因素,但不过是要素间的线性组合。在影响方式上,大多数研究将外在因素视为一种持续恒定的压力输入。实际情况是,对生态系统影响较大,甚至导致系统突变或混沌的往往是瞬时的不规则的压力,即类似一种脉冲(impulse)的信号刺激。事实上,极端气候事件为人类生存环境带来的危害将更加严重,极端高温或低温对很多物种来说可能是致命的。然而,现在的研究却很难对这些极端气候事件作出评估。同时,压力因素的地理分布差异和时间变化没有给予应有的重视,将气温的升高或 CO_2 倍增看作大范围均一,且所采用的气候指标都是年平均的变化,不考虑年际和年内季节变化。定量模拟时,过分倚重多年均值等在自然界中并不存在的指标。

其次,就系统状态而言,将压力因素与系统的联结视作一种线性关系,没有考虑压力因素在系统中传递的非线性特性,如增益(gaining)、催化(catalyzing)、衰减和反馈等;将系统因压力刺激而产生的状态变化看作是实时输出,忽视了系统的抗性、挠性和适应,即对系统的时滞或延迟研究不够。现在的研究过多地倾向于在给定的气候条件下什么群落类型能期望出现,而不是说明在变化的气候条件下现存的群落很可能发生什么变化。当前的研究很少或者没有考虑物种耐性、迁移能力、迁移速率以及迁移障碍等因素的影响,以为气候变化能立即导致物种和森林的位移。然而,实际上物种对气候的变化往往有一定的耐性,其迁移在时间尺度上常常表现出滞后于气候变化的速率,这种滞后的时间尺度可达一二百年甚至更长。另外,假定当一个群落被另一个替代时,其中的所有种类将会改变。实际上,在现实中很多种类的分布在相邻的群落中是重叠的,当一个地区逐渐变暖时,在新群落中将占优势的种也许在现在的群落中已经占据了特定的生境。即使气候变化导致群落演替发生,现在群落中的种不会全部同时消亡。

第三，就系统的响应形式而言，现有的研究大多集中在生态系统分布格局的时间变化上，如基于不同 GCMs 模式下全球或局地植被带的迁移一直是研究的热点。对生态系统功能演化轨迹的研究重视不够，而这种变化恰是系统响应的最普遍形式。同时，对系统在结构变化和调整物质能量流动速率等方面表现出来的响应缺乏足够的重视。

第四，就模型的参数选择而言，我们从气候变化角度研究的生态系统动态变化大多基于各种状态方程的有关耦合数值模拟研究，它们只是自然真实系统在 Hilbert（希尔伯特）空间里某些分量上的投影，是极其粗糙和近似的。这种方法忽略了各子系统间的作用关系，使用较为粗糙的参数化方法，使得研究结果的可靠性大为减少。各子系统的"记忆力"不尽相同，气候成分的"记忆力"最小，生命组成成分的"记忆力"次之，土壤、岩石的"记忆力"最长。随着动态研究时间尺度加长，各子系统的权重应发生动态变化，而现有的模型研究从几年至几千年都采用同样的参数，这样势必造成预测结果的偏差。

第五，生态系统响应气候变化研究的对象是复杂的多组分体系，其中一个很重要的特性就是不同组分的易变性有较大的差异。在外界条件发生变化的情况下，某些组分具有比其他一些组分较快的变化速率和调节能力。生物组分和非生物组分之间的响应差异表现得尤为明显。如果气候发生变化，植被将随着反作用的进行而首先发生变化，接着是土壤，最后是岩石的风化。但是这种从植被到土壤，再从土壤到岩石的变化顺序不可能处处相同，它只能适用于某些环境条件。例如，如果气温降低较多，那时植物生长便会减慢，有机物质分解速率也会降低，接着就会发生植被的变化。对于土壤的影响是第二阶段的。但在另一方面。如果降水量增大了，则可能引起土壤淋溶作用的增强，这是植被将随着土壤的变化而发生变化。因而可以看到，由于不同的外界条件的变化，可以产生不同的反作用链。现有的研究对于系统成分响应速率和程度上的区别重视不够。

第六，现在的研究往往混淆了基础生态位和实际生态位及其两者在与环境因子相关中的差异，常以实际生态位作为研究的基础。

第七，现在一些研究经常将个体成分与系统整体响应特性混同。实际上，个体的响应特征与生态系统整体响应差异是巨大的，尤其表现在响应的速率、强度以及滞后时间长短上。另外，响应的方式也不尽相同。

气候变化与生态系统相互联结成一个复杂的巨系统，由于各个要素或子系统之间非线性作用过程的存在，这个巨系统可以视为一个远离平衡的典型的耗散结构。因而，对于此类巨系统的表征不存在一个单一和普适的判据。除了非线性系统的共性，如自组织、混沌和突变等外，还必须分析系统的一些特殊性质，如格局的涌现以及与尺度的关系等。由于这一巨系统中界面过程、相变过程和边界条件的存在，使得非线性系统中滋生了一些次生非线性，并且经常叠加在一起。这类巨系统即使在连续性的框架内，也展示出非均匀化的演进特性。因而，要想客观地表征这类巨系统，就必须逐渐摒弃传统，因为用传统性科学的分析方法，如先验估计、弱化、线性化等，因为它们改变了所求解问题的基本特征，致使其结果永远是初始状态的延续或变形，无法表达突变和分叉等自然界固有的变化现象。

生态系统实际上是一种随机系统，其演进动因分成内外两类。系统内部组分之间、子系统之间以及层次之间的非线性相互作用，包括吸引与排斥、联合与竞争等是内部动因。系统与环境之间的相互作用是外因。不论是那种动因，其演进方向受到涨落的影响，在系统吸引的作用下，表现出较强的随机特性。通常用确定性的动力方程模型（参数、结构、初始条件都是确定的）描述它的变化是不真实的。

(2)气候变化与生态系统响应之间的尺度问题

尺度问题是一个在地学和生态学中普遍存在的现象。目前，气候变化与生态系统响应研究中常用两种尺度转换途径，即 Upscaling（升尺度）和 Downscaling（降尺度）。所谓 Upscaling 就是将精微尺度上的观察、试验以及模拟结果外推至较大尺度的过程，它是研究成果的"粗粒化"。例如，用林窗模型研究者用数十个林窗大小（约 1/12 hm²）小样地的模拟结果来推演区域性的生态系统在一定情境下的演化趋势；与此相反，Downscaling 是将宏大尺度上的观测、模拟结果推绎至精微尺度上的过程。譬如，用 GCMs 模型来推算一个区域的降水或气温状况。Downscaling 最大的任务就是从较粗糙的空间和时间分辨率参数化更详细的尺度异质性信息。人们 Downscaling 的目的就是将宏大的观测数据或模型模拟结果应用到局部区域,以解决当地的实际问题,如局地的生态系统的生物量、局地的水资源量、局地的农业生产量如何响应宏大尺度因子的改变,如气候变暖、CO_2 浓度升高等等。

在生态系统响应气候变化研究中一个常见的尺度转换的问题是:什么机制使得植物或植被对于小尺度的刺激或脉冲(局部温度变化或种间竞争)产生大尺度的响应(如植物分布区发生变化等)。实际上,这是一个相当复杂的问题,对于同一生态系统而言,不同的温度作用会产生不同的结果,就是同一温度作用的时间不同或持续时间长短不同,生态系统的响应方式就会不同。

黄秉维曾经指出,"现在讲全球气候变化温度增加2℃,是年平均增加2℃。真正有经验的地理学家知道2℃这个数字基本上没有多大意义。温度的变化对植物的作用是很复杂的,温度下降快慢对植物的影响也不一样,突然下降5℃,植物就可能死亡,而慢慢下降就不死。全年增加2℃,对植物,对农业到底有什么作用?要辩证地去看,看它大致的范围,看它大致有什么作用。气温冬季增加和夏季增加,夜间增加和白天增加,南方增加和北方增加的作用是不相同的"。

黄秉维的这段话实际上是说,生态系统响应气候变化存在着区域差异,而区域环境要素的响应也存在着时间上的滞后和空间上的异质性。而现在的响应研究基本上是基于传统科学观上的,即线性、定量、平衡和实时的范式。而均质、线性和实时的平衡仅是对自然界模拟模型的特例,在通常条件下是很少出现的。这使得以模型方式推演生态系统响应气候变化可能带来效应的努力,有可能变得徒劳无益。

(3)生态系统适应问题

目前,中国多数研究提出的陆地生态系统适应气候变化的战略和技术措施都是以定性研究为基础得出的,离实际的示范应用还有一定的差距,对适应性的评估缺乏基于生态系统过程模型的影响、敏感性、脆弱性与适应性的综合定量研究。也还没有针对陆地生态系统对气候变化适应措施的成本—效果评估。此外,提高适应能力的途径之一就是把气候变化影响纳入发展规划中予以考虑,然而,目前几乎没有促进可持续发展的计划已经把适应气候变化影响或提高适应能力明确地纳入其中。

(4)数据和模型问题

研究气候变化对陆地生态系统影响的气候植被模型很少有针对中国或亚洲地区建立的,如 Holdridge 模型、Box 模型 MAPSS 模型和 BIOME 模型等。这些模型在中国的有效性,针对中国自然环境条件、气候和生态系统特征对模型参数进行校正是一个复杂的问题。到底哪个模型最适合中国的研究,现在尚无明确结论。此外,多数气候植被模型都是基于较大尺度的,尤其是将一些全球尺度的模型应用于区域尺度时,可能需要考虑尺度转换问题,而不是单纯靠提高数据密度就能解决的。此外,模型精度的检验和验证也是一个很重要的问题。现在模型验证大多是模型之间的结果互相比较,或直接用点上的观测数据与模型结果作对比,这都是不科学的。目前还没有一个比较合适的方法对模型结果进行验证。此外,青藏高原是中国陆地生态系统中最具特色的一部分,在气候植被研究中,是不能被忽略的,现在众多模型只考虑到自然环境的水平地带性,而未考虑到垂直地带性,对中国这样一个多山的国家显然是不合适的。

6.7.2 成本—效益分析

有关适应行动的成本和利润的定量信息目前还很缺乏。2006 年斯特恩报告指出,适应性行动在产生额外费用的同时也将带来利润。但随着温度的升高,适应性的花费将会快速增加,而其损害存在的时间却会更长。控制森林砍伐是非常节省的温室气体减排途径。有数据表明,目前大约18%以上的全球排放量是由于砍伐森林造成的。报告提出,在 8 个 70%排放量来源于土地利用的国家里,最初大概每年有 50 亿美元的森林保护成本,而这以后,一些相关成本将会继续增加。

6.7.3 解决途径

建立先进的、有效的分析工具和方法对气候变化对陆地生态系统的影响进行科学评估。大多数生态系统同复杂多变的环境耦合在一起,环境持续不断地同系统进行物质、动量或能量交流。因此,试图精确地模拟所有状态变量实际上是不可能的，在模型模拟中用"实验误差"或"置信区间"表征环境对动力系统的干扰。另外，模型模拟的对象是由大量相互作用的实体组成，在对其作用过程和机制尚不能完全了解的情况下，对于建立在统计学层面上的对所有状态变量描述的精准程度必须有足够的认识。它们或者代表一个很长时间范围内瞬时状态的平均值，或者是瞬时状态变量所能达到的最大值。在物种响应气候变化研究中要慎用"平均值"类的指标。在生态系统响应气候变化研究中应确立以非线性化的方法、技术和思维为主的研究范式，对于正确认识和分析客观对象，把握其演变的整体态势和方向是极为重要的。以解决非线性问题著称的复杂性科学有可能成为新研究范式的理论基础。

不断加强陆地生态系统的观测和模拟能力。逐步建立气候变化及其影响的系统化监测网络，提高观测试验结果对模拟研究的支持力度，推进中国气候变化对陆地生态系统影响的过程或机理影响模型研究，提高模型模拟结果的准确度。为了更准确地预测未来气候变化对生态系统的影响，在提高对未来气候变化格局预测精度和准确度的同时，必须加强对生态系统的结构和动态、物质和能量的交换过程、生物地球化学循环及其他有关的生态过程进行详尽的研究。因此，要求我们设计一些样地进行长期的观测，尤其是对不同生态系统类型间过渡区各种变化的研究，使获取的数据能为模型的设计和尺度的转换提供基本的信息。此外，促进外来模型在中国的应用研究，各个参数的选择要尽可能地反映自然界的真实情况。虽然现在各类模型都存在一定的缺陷，但它们也有各自的优点，如何使它们扬长避短，发挥各自的优势，也是当前亟待解决的问题。因此，各类模型的相互结合、相互渗透也是当前更为准确地预测未来气候变化对生态系统影响的趋势。

提出应对气候变化应采取的有效的适应技术措施，并进行定量评估。今后应在已有研究基础上，加强陆地生态系统对气候变化适应战略、适应技术选择、成本—效益与适应效果定量评价等方面的研究，把陆地生态系统适应气候变化、提高适应能力明确地纳入各级政府部门的发展规划中，不断提高中国陆地生态系统适应气候变化的能力。

名词解释

1）陆地生态系统是指在一定的时间和空间范围内，由陆地生物群落与其环境组成的一个整体。该整体具有一定的大小和结构，各成员借助能量流动、物质循环和信息传递而相互联系、相互影响、相互依存，并形成具有自组织和自调节功能的复合体。

2）气候—植被关系是研究气候与植被之间相互关系的科学，包括植被分布的地理区域、植被类型、结构与功能及其变化对气候系统的反馈作用。

3）生态地理地带是自然界生物和非生物因素（主要包括气候、植被、土壤、地形、水文等）地理相关性的空间分布。

参考文献

白美兰，郝润全，沈建国. 2008. 近46a气候变化对呼伦湖区域生态环境的影响. 中国沙漠，**28**(1)：101-107.

白永飞，李凌浩，黄建辉，等. 2001. 内蒙古高原针茅草原植物多样性与植物功能群组成对群落初级生产力稳定性的影响. 植物学报，**43**(3)：280-287.

边多，杨志刚，李林，等. 2006. 近30年来西藏那曲地区湖泊变化对气候波动的响应. 地理学报，**61**(5)：510-518.

陈泮勤. 1996. 全球增暖对自然灾害的可能影响. 自然灾害学报，**5**(2)：96-101.

陈雄文，王凤友. 2000. 林窗模型BKPF模拟伊春地区红松针阔叶混交林采伐迹地对气候变化的潜在反应. 应用生态学报，**11**(4)：513-517.

程肖侠，延晓冬. 2007. 气候变化对中国大兴安岭森林演替动态的影响. 生态学杂志，**26**(8)：1277-1284.

程肖侠，延晓冬. 2008. 气候变化对中国东北主要森林类型的影响. 生态学报，**28**(2)：534-543.

慈龙骏，杨晓晖，陈仲新. 2002. 未来气候变化对中国荒漠化的潜在影响. 地学前缘，**9**(2)：287-294.

戴君虎，潘漪，崔海亭，等. 2005. 五台山高山带植被对气候变化的响应. 第四纪研究，**25**(2)：216-223.

丹利,季劲钧,马柱国. 2007. 新疆植被生产力与叶面积指数的变化及其对气候的响应. 生态学报,27(9):3582-3592.

邓朝平,郭铌,王介民,等. 2006. 近20余年来西北地区植被变化特征分析. 冰川冻土,28(5):686-693.

丁一汇,王守荣. 2001. 中国西北地区气候与生态环境概论. 北京:气象出版社.

丁永建,刘时银,叶柏生. 2006. 近50 a 中国寒区与旱区湖泊变化的气候因素分析. 冰川冻土,28(5):623-632.

董明伟,喻梅. 2008. 沿水分梯度草原群落NPP动态及对气候变化响应的模拟分析. 植物生态学报,32(3):531-543.

杜寅,周放,舒晓莲,等. 2009.全球气候变暖对中国鸟类区系的影响.动物分类学报,34(3):664-674.

方精云,郭兆迪,朴世龙,等. 2007. 1981—2000年中国陆地植被碳汇的估算. 中国科学D辑,37(6):804-812.

方精云. 2000. 中国森林生产力及其对全球气候变化的响应. 植物生态学报,24(5):513-517.

郭洁,李国平. 2007. 若尔盖气候变化及其对湿地退化的影响. 高原气象,26(2):422-428.

郭连云,吴让,汪青春,等. 2008b. 气候变化对三江源兴海县草地气候生产潜力的影响. 中国草地学报,30(2):5-10.

郭连云,熊联胜,王万满. 2008a. 近50年气候变化对塔拉滩草地荒漠化的影响. 水土保持研究,15(6):57-63.

郭连云,钟存,丁生祥,等. 2009. 近50年局地气候变化及其对共和盆地贵南县草地退化的影响. 中国农业气象,30(2):147-152.

郭连云. 2008.青海同德近50年气候与草地畜牧业生产的关系青海同德近50年气候与草地畜牧业生产的关系. 草业科学,25(1):77-81.

郭铌,张杰,梁芸. 2003. 西北地区近年来内陆湖泊变化反映的气候问题. 冰川冻土,25(2):211-214.

韩邦帅,薛娴,王涛,等. 2008. 沙漠化与气候变化互馈机制研究进展. 中国沙漠,28(3):410-416.

郝建锋,金森,马钦彦,等. 2008. 气候变化对暖温带典型森林生态系统结构、生产力的影响. 干旱区资源与环境,22(3):63-69.

郝占庆,代力民,贺红士. 2001.气候变化对长白山主要树种的潜在影响.应用生态学报,12(5):653-658.

胡汝骥,马虹,樊自立,等. 2002. 近期新疆湖泊变化所示的气候趋势. 干旱区资源与环境,16(1):20-27.

黄玫,季劲钧,曹明奎,等. 2006. 中国区域植被地上与地下生物量模拟. 生态学报,26(12):4156-4163.

黄培祐,李启剑,袁勤芬.2008.准噶尔盆地南缘梭梭群落对气候变化的响应.生态学报,28(12):6051-6059.

季劲钧,黄玫,刘青. 2005. 气候变化对中国中纬度半干旱草原生产力影响机理的模拟研究. 气象学报,63(3):257-266.

冷文芳,贺红士,布仁仓,等. 2006. 气候变化条件下东北森林主要建群种的空间分布. 生态学报,26(12):4257-4266.

李长看,张光宇,王威.2010.气候变暖对郑州黄河湿地鸟类分布的影响.安徽农业科学,38(6):2962-2963,2990.

李凤霞,常国刚,肖建设,等. 2009. 黄河源区湿地变化与气候变化的关系研究. 自然资源学报,24(4):683-690.

李凤霞,伏洋,杨琼,等. 2008. 环青海湖地区气候变化及其环境效应. 资源科学,30(3):348-353.

李刚,周磊,王道龙. 2008. 内蒙古草地NPP变化及其对气候的响应. 生态环境,17(5):1948-1955.

李林,吴素霞,朱西德,等. 2008. 21世纪以来黄河源区高原湖泊群对气候变化的响应. 自然资源学报,23(2):245-253.

李林,王振宇,秦宁生,等. 2002.环青海湖地区气候变化及其对荒漠化的影响.高原气象,21(1):49-61,65.

李荣平,周广胜,王玉辉. 2006. 羊草物候特征对气候因子的响应. 生态学杂志,25:277-280.

李世忠,唐伍斌,唐欣. 2009.气候条件对家燕物候期变化的影响.安徽农业科学,37(18):8531-8532,8640.

李晓兵,陈云浩,张云霞,等. 2002. 气候变化对中国北方荒漠草原植被的影响. 地球科学进展,17(2):254-261.

李兴华,韩芳,张存厚,等. 2009. 气候变化对内蒙古中东部沙地—湿地镶嵌景观的影响. 应用生态学报,20(1):105-112.

李英年,张景华. 1997. 祁连山区气候变化及其对高寒草甸植物生产力的影响. 中国农业气象,18(2):29-32.

李英年,赵新全,赵亮,等. 2003. 祁连山海北高寒湿地气候变化及植被演替分析. 冰川冻土,25(3):243-249.

李镇清,刘振国,陈佐忠,等. 2003. 中国典型草原区气候变化及其对生产力的影响. 草业学报,12(1):4-10.

刘春兰,谢高地,肖玉. 2007. 气候变化对白洋淀湿地的影响. 长江流域资源与环境,16(2):245-250.

刘丹,那继海,杜春英,等. 2007. 1961—2003年黑龙江主要树种的生态地理分布变化. 气候变化研究进展,3(2):100-105.

刘宏娟,胡远满,布仁仓,等. 2009. 气候变化对大兴安岭北部沼泽景观格局的影响. 水科学进展,20(1):105-110.

刘钦普,林振山,周勤. 2007. 内蒙古羊草草原优势物种生产力对气候变化响应的动态模拟. 地理研究,26(5):866-876.

刘钦普,林振山. 2006. 内蒙古草原羊草群落优势物种对气候变暖的响应. 地理科学进展,25(1):63-71.

刘瑞刚，李娜，苏宏新，等. 2009. 北京山区 3 种暖温带森林生态系统未来碳平衡的模拟与分析. 植物生态学报，**33**（3）：516-534.

刘振乾，刘红玉，吕宪国. 2001. 三江平原湿地脆弱性研究. 应用生态学报，**12**（2）：241-244.

鲁安新，姚檀栋，王丽红. 2005. 青藏高原典型冰川和湖泊变化遥感研究. 冰川冻土，**27**（6）：783-792.

吕佳佳，吴建国. 2009. 气候变化对植物及植被分布的影响研究进展. 环境科学与技术，**32**（6）：85-95.

吕晓蓉，吕胜利. 2002. 青藏高原青南和甘南牧区气候变化趋势及对环境和牧草生长的影响. 开发研究，（2）：30-33.

吕新苗，郑度. 2006. 气候变化对长江源地区高寒草甸生态系统的影响. 长江流域资源与环境，**15**（5）：603-607.

栾兆平. 2007. 气候变化与中国北方森林恢复和经营. 内蒙古林业调查设计，**30**（5）：47-49.

罗磊. 2005. 青藏高原湿地退化的气候背景分析. 湿地科学，**3**（3）：190-199.

马安青，高峰，贾永刚，等. 2006. 基于遥感的贺兰山两侧沙漠边缘带植被覆盖演变及对气候响应. 干旱区地理，**29**（2）：170-177.

马瑞俊，蒋志刚. 2006. 青海湖流域环境退化对野生陆生脊椎动物的影响. 生态学报，**26**（9）：3061-3066.

蒙吉军，王钧. 2007. 20 世纪 80 年代以来西南喀斯特地区植被变化对气候变化的响应. 地理研究，**26**（5）：857-865.

米娜，于贵瑞，温学发，等. 2008. 中亚热带人工针叶林对未来气候变化的响应. 应用生态学报，**19**（9）：1877-1883.

那平山，王玉魁，满都拉. 1997. 毛乌素沙地生态环境失调的研究. 中国沙漠，**17**（4）：410-414.

牛建明，吕桂芬. 1999. 内蒙古生命地带的划分及其对气候变化的响应. 内蒙古大学学报（自然科学版），**30**（3）：360-366.

牛建明. 2001. 气候变化对内蒙古草原分布和生产力影响的预测研究. 草地学报，**9**（4）：277-282.

潘响亮，邓伟，张道勇. 2003. 东北地区湿地的水文景观分类及其对气候变化的脆弱性. 环境科学研究，**16**（1）：14-18.

潘愉德，Melillo J M，Kicklighter D W，等. 2001. 大气 CO_2 升高及气候变化对中国陆地生态系统结构与功能的制约和影响. 植物生态学报，**25**（2）：175-189.

彭少麟，赵平，任海. 2002. 全球变化压力下中国东部样带植被与农业生态系统格局的可能性变化. 地学前缘，**9**（1）：217-226.

普宗朝，张山清. 2009. 气候变化对新疆天山山区自然植被净第一性生产力的影响. 草业科学，**26**（2）：11-18.

祁如英，祁永婷，郭卫东，等. 2008. 青海省东部大杜鹃的始绝鸣日期对气候变化的响应. 气候变化研究进展，**4**（4）：225-229.

祁如英. 2006. 青海省动物物候对气候变化的响应. 青海气象，（1）：28-31.

气候变化国家评估报告编写组. 2007. 气候变化国家评估报告. 北京：科学出版社.

任朝霞，杨达源. 2008. 近 50a 西北干旱区气候变化趋势及对荒漠化的影响. 干旱区资源与环境，**22**（4）：91-95.

桑卫国，王云霞，苏宏新，等. 2007. 天山云杉树轮宽度对梯度水分因子的响应. 科学通报，**52**（19）：2292-2298.

沈永平，王根绪，吴青柏，等. 2002. 长江—黄河源区未来气候情景下的生态环境变化. 冰川冻土，**24**（3）：308-314.

施新民，黄峰，陈晓光，等. 2008. 气候变化对宁夏草地生态系统的影响分析. 干旱区资源与环境，**22**（2）：65-69.

苏占胜，陈晓光，黄峰. 2007. 宁夏农牧交错区（盐池）草地生产力对气候变化的响应. 中国沙漠，**27**（3）：430-435.

苏志珠，卢琦，吴波，等. 2006. 气候变化和人类活动对中国荒漠化的可能影响. 中国沙漠，**26**（3）：329-335.

孙全辉，张正旺. 2000. 气候变暖对中国鸟类分布的影响. 动物学杂志，**14**：45-48.

孙艳玲，延晓冬，谢德体. 2007. 基于因子分析方法的中国植被 NDVI 与气候关系研究. 山地学报，**25**（1）：54-63.

唐凤德，韩士杰，张军辉. 2009. 长白山阔叶红松林生态系统碳动态及其对气候变化的响应. 应用生态学报，**20**（6）：1285-1292.

陶波，曹明奎，李克让. 2006. 1981—2000 年中国陆地净生态系统生产力空间格局及其变化. 中国科学 D 辑，**36**（12）：1-9.

万方浩，郑小波，郭建英. 2005. 重要农林外来入侵物种的生物学与控制. 北京：科学出版社.

万康玲，郑蓉. 2008. 气候变化与长江豚类种群数量的关系. 中国气象学会 2008 年年会气候变化分会场论文集：289-282.

王发科，苟日多杰，祁贵明，等. 2007. 柴达木盆地气候变化对荒漠化的影响. 干旱气象，**25**（3）：28-33.

王馥堂，赵宗慈，王石立，等. 2003. 气候变化对农业生态的影响. 北京：气象出版社.

王根绪，胡宏昌，王一博，等. 2007. 青藏高原多年冻土区典型高寒草地生物量对气候变化的响应. 冰川冻土，**29**（5）：671-679.

王建兵，王振国，吕虹. 2008. 黄河重要水源补给区草地退化的气候背景分析——以玛曲县为例. 草业科学，**25**（4）：

23-27.

王谋,李勇,黄润秋,等. 2005. 气候变暖对青藏高原腹地高寒植被的影响. 生态学报,**25**(6):1275-1281.

王其兵,李凌浩,白永飞,等. 2000. 模拟气候变化对 3 种草原植物群落混合凋落物分解的影响. 植物生态学报,**24**(6):674-679.

王娓,彭书时,方精云. 2008. 中国北方天然草地的生物量分配及其对气候的响应. 干旱区研究,**25**(1):90-97.

王玉辉,周广胜. 2004a. 内蒙古地区羊草草原植被对温度变化的动态响应. 植物生态学报,**28**(4):507-514.

王玉辉,周广胜. 2004b. 内蒙古羊草草原植物群落地上初级生产力时间动态对降水变化的响应. 生态学报,**24**(6):1141-1145.

魏文寿. 2000. 现代沙漠对气候变化的响应与反馈:以古尔班通古特沙漠为例. 科学通报,**45**(6):636-641.

文焕然,文榕生. 2006. 中国历史时期植物与动物变迁研究. 重庆:重庆出版社.

吴春霞,刘玲. 2008. 加拿大一枝黄花入侵的全球气候背景分析. 农业环境与发展,**25**(5):95-97,104.

吴建国,吕佳佳. 2009a. 气候变化对滇金丝猴分布影响. 气象与环境学报,**25**(6):1-10.

吴建国,吕佳佳. 2009b. 气候变化对大熊猫分布影响. 环境科学与技术,**32**(12):168-177.

吴建国,吕佳佳. 2010c. 气候变化对 6 种保护荒漠植物分布范围潜在影响. 植物学报(发表中).

吴建国,吕佳佳. 2009d. 气候变化对中国干旱区范围的潜在影响. 环境科学研究,**22**(2):199-206.

吴绍洪,戴尔阜,黄玫,等. 2007. 21 世纪未来气候变化情景(B2)下中国生态系统的脆弱性研究. 科学通报,**52**(7):811-817.

吴艳红,朱立平,叶庆华,等. 2007. 纳木错流域近 30 年来湖泊—冰川变化对气候的响应. 地理学报,**62**(3):301-311.

吴正方,靳英华,刘吉平,等. 2003. 东北地区植被分布全球气候变化区域响应. 地理科学,**23**(5):564-570.

吴正方. 2003. 东北阔叶红松林分布区生态气候适宜性及全球气候变化影响评价. 应用生态学报,**14**(5):771-775.

肖浩. 2008. 高寒草甸植被退化的几个案例分析及恢复问题的探讨. 草业与畜牧,(3):27-32.

信忠保,许炯心. 2007. 黄土高原地区植被覆盖时空演变对气候的响应. 自然科学进展,**17**(6):770-778.

徐汝梅,叶万辉. 2003. 生物入侵—理论与实践. 北京:科学出版社.

徐文铎,何兴元,陈玮,等. 2008. 近 40 年沈阳城市森林春季物候与全球气候变暖的关系. 生态学杂志,**27**(9):1461-1468.

徐新良,曹明奎,李克让. 2007. 中国森林生态系统植被碳储量时空动态变化研究. 地理科学进展,**26**(6):1-10.

徐兴奎,陈红,JasonK L. 2008. 气候变暖背景下青藏高原植被覆盖特征的时空变化及其成因分析. 科学通报,**53**(4):456-462.

许端阳,康相武,刘志丽,等. 2009. 气候变化和人类活动在鄂尔多斯地区沙漠化过程中的相对作用研究. 中国科学 D 辑:地学,**39**(4):516-528.

延晓冬,符淙斌,Shugart H H. 2000. 气候变化对小兴安岭森林影响的模拟研究. 植物生态学报,**24**(3):312-319.

闫玉春,唐海萍. 2008. 围封下内蒙古典型草原区退化草原群落的恢复及其对碳截存的贡献. 自然科学进展,**18**(5):546-551.

严作良,周华坤,刘伟,等. 2003. 江河源区草地退化状况及原因. 中国草地,**25**(1):73-78.

杨元合,朴世龙. 2006. 青藏高原草地植被覆盖变化及其与气候因子的关系. 植物生态学报,**30**(1):1-8.

杨泽龙,杜文旭,侯琼. 2008. 内蒙古东部气候变化及其草地生产潜力的区域性分析. 中国草地学报,**30**(6):62-66.

姚建初. 1991. 陕西太白山地区鸟类三十年变化情况的调查. 动物学杂志,**26**(5):19-29.

姚玉璧,张秀云,段永良. 2008. 气候变化对亚高山草甸类草地牧草生长发育的影响. 资源科学,**30**(12):1839-1845.

于革,赖格英,薛滨,等. 2006. 中国西部湖泊水量对未来气候变化的响应——蒙特卡罗概率法在气候模拟输出的应用. 湖泊科学,**16**(3):193-202.

於琍,曹明奎,陶波,等. 2008. 基于潜在植被的我国陆地生态系统对气候变化的脆弱性定量评价. 植物生态学报,**32**(3):521-530.

喻梅,高琼,许红梅,等. 2001. 中国陆地生态系统植被结构和净第一性生产力对未来气候变化响应. 第四纪研究,**21**(4):281-293.

袁飞,韩兴国,葛剑平. 2008. 内蒙古锡林河流域羊草草原净初级生产力及其对全球气候变化的响应. 应用生态学报,**19**(10):2168-2176.

袁婧薇,倪健. 2007. 中国气候变化的植物信号和生态证据. 干旱区地理,**30**(4):465-473.

臧润国,丁易. 2008. 热带森林植被生态恢复研究进展. 生态学报,**28**(12):6292-6304.

张峰，周广胜，王玉辉. 2008. 内蒙古克氏针茅草原植物物候及其与气候因子关系. 植物生态学报，**32**(6)：1312-1322.

张凯，司建华，王润元. 2008. 气候变化对阿拉善荒漠植被的影响研究. 中国沙漠，**28**(5)：879-885.

张明军，周立华. 2004. 气候变化对中国森林生态系统服务价值的影响. 干旱区资源与环境，**18**(2)：40-43.

张树清，张柏，汪爱华. 2001. 三江平原湿地消长与区域气候变化关系研究. 地球科学进展，**16**(6)：836-841.

张钛仁，颜亮东，张峰，等. 2007. 气候变化对青海天然牧草影响研究. 高原气象，**26**(4)：724-731.

张新时，刘春迎. 1994. 全球变化条件下的青藏高原植被变化图景预测. 张新时，陆仲康. 全球变化与生态系统. 上海：上海科学技术出版社. 17-26.

张旭辉，李典友，潘根兴，等. 2008. 中国湿地土壤碳库保护与气候变化问题. 气候变化研究进展，**4**(4)：202-208.

赵串串，杨晓阳，张凤臣，等. 2008. 气候变化对湿地植被生物量影响分析——以三江源区为例. 干旱区资源与环境，**22**(9)：88-91.

赵哈林，大黑俊哉，李玉霖. 2008. 人类放牧活动与气候变化对科尔沁沙质草地植物多样性的影响. 草业学报，**17**(5)：1-8.

赵慧颖，乌力吉，郝文俊. 2008. 气候变化对呼伦湖湿地及其周边地区生态环境演变的影响. 生态学报，**28**(3)：1064-1071.

赵慧颖. 2007. 气候变化对内蒙古草地生态系统影响的模拟研究. 中国农业气象，**28**(3)：281-284.

赵慧颖. 2007. 呼伦贝尔沙地 45 年来气候变化及其对生态环境的影响. 生态学杂志，**26**(11)：1817-1821.

赵俊芳，延晓冬，贾根锁. 2008. 东北森林净第一性生产力与碳收支对气候变化的响应. 生态学报，**28**(1)：92-101.

赵俊芳，延晓冬，贾根锁. 2009. 1981—2002 年中国东北地区森林生态系统碳储量的模拟. 应用生态学报，**20**(2)：241-249.

赵俊芳，延晓冬，贾根锁. 2009. 未来气候情景下中国东北森林生态系统碳收支变化. 生态学杂志，**28**(5)：781-787.

赵茂盛，Ronald P N，延晓冬，等. 2002. 气候变化对中国植被可能影响的模拟. 地理学报，**57**(1)：28-38.

赵敏，周广胜. 2005. 中国北方林生产力变化趋势及其影响因子分析. 西北植物学报，**25**(3)：466-471.

赵名茶. 1995. 全球 CO_2 倍增对我国自然地域分异及农业生产潜力的影响预测. 自然资源学报，**10**(2)：148-157.

赵名茶. 1993. 全球气候变化对中国自然地带的影响//张翼，张丕远，张厚瑄，等. 气候变化及影响. 中国科学院地理研究所全球变化研究系列文集（第一集）. 北京：气象出版社：168-177.

赵昕奕，张惠远，万军. 2002. 青藏高原气候变化对气候带的影响. 地理科学，**22**(2)：190-195.

赵义海，柴琦. 2005. 全球气候变化与草地生态系统. 草业科学，**17**(5)：49-54.

郑度. 2008. 中国生态地理区域系统研究. 北京：商务印书馆.

郑凤英，彭少麟. 2001. 植物生理生态指标对大气 CO_2 浓度倍增响应的整合分析. 植物学报，**43**(11)：1101-1109.

郑慧莹，李建东. 1994. 松嫩平原群落的逆行演替. 植物生态学研究. 北京：科学出版社.

郑景云，葛全胜，郝志新. 2002. 气候增暖对中国近 40 年植物物候变化的影响. 科学通报，**47**(20)：1582-1587.

中国生物多样性国情研究报告编写组. 1998. 中国生物多样性国情研究报告. 北京：中国环境科学出版社.

周广胜，许振柱，王玉辉. 2004. 全球变化的生态系统适应性. 地球科学进展，**19**(4)：642-649.

周广胜，张新时. 1996. 全球变化的中国气候—植被分类研究. 植物学报，**38**(1)：1-8.

周涛，仪垂祥，Bakwin P，等. 2008. 大气 CO_2 浓度变化与生物群系气候异常之间的关联分析. 中国科学 D 辑，**38**(2)：224-231.

周晓峰，王晓春，韩士杰，等. 2002. 长白山岳桦—苔原过渡带动态与气候变化. 地学前缘，**9**(1)：227-231.

Cao M K，Tao B，Li K R，et al. 2003. Interannual variation in terrestrial ecosystem carbon fluxes in China from 1981 to 1998. Acta Botanica Sinica，**45**(5)：552-560

Fang J，Piao S，Field C. 2003. Increasing net primary production in China from 1982 to 1999. Frontiers in Ecology and the Environment，**1**(6)：293-297

IPCC. 2007. Technical Summary. Climate Change 2007：Impacts，Adaptation and Vulnerability. Contribution of Working Group II to the Fourth Assessment Report of the Intergovernmental Panel on Climate Change. Cambridge，United Kingdom and New York，NY，USA：Cambridge University Press

IPCC. 2002. Climate Change and Biodiversity. IPCC technical paper v. Cambridge，Cambridge，UK：Cambridge University Press

Ju W M，Chen J M，Harvey D，et al. 2007. Future carbon balance of China's forests under climate change and increasing CO_2. Journal of Environmental Management，**85**：538-562

Lu P L, Yu Q, Liu J D, et al. 2006. Advance of tree-flowering dates in response to urban climate change. Agricultural and Forest Meteorology, **138**(1-4):120-131

Moseley R K. 2006. Historical landscape change in northwestern Yun-nan, China. Mountain Research and Development, **26**:214-219

Ni J, Zhang X S. 2000. Climate variability, ecologicalgradient and theNortheast China Transect (NECT). Journal of Arid Environments, **46**:313-325

Ni J. 2000. A simulation of biomes on the Tibetan Plateau and their responses to global climate change. Mountain Research and Development, **20**:80-89

Piao S L, Fang J Y, Ciais P, et al. 2009. The carbon balance of terrestrial ecosystems in China. Nature, **458**(7241): 1009-1013

Piao S, Fang J, Zhou L, et al. 2003. Interannual variations of monthly and seasonal normalized difference vegetation index (NDVI) in China from 1982 to 1999. Journal of Geophysical Research, 108: doi:10. 1029/2002JD002848

Piao S, Mohammat A, Fang J Y. 2006. NDVI-based increase in growth of temperate grasslands and its responses to climate changes in China. Global Environmental Change-Human and Policy Dimensions, **16**(4):340-348

Sang W G, Su H X. 2009. Interannual NPP variation and trend of Picea schrenkiana forests under changing climate conditions in the Tianshan Mountains, Xinjiang, China. Ecological Research, **24**(2):441-452

Wang X, Chen F H, Dong Z, et al. 2005. Evolution of the southern Mu Us Desert in north China over the past 50 years: An analysis using proxies of human activity and climate parameters. Land Degradation & Development, **16**(4):351-366

Wang Y H, Zhou G S. 2007. Modeling responses of themeadow steppe dominated by Leymus chinensis to climate change. Climatic Change, **82**:437-452

Weng E S and Zhou G S. 2006. Modeling distribution changes of vegetation in China under climate change. Environmental Modeling and Assessment, **11**(1):45-58

Wu S H, Yin Y H, Zhao D S, et al. 2009. Impact of future climate change on terrestrial ecosystems in China. International Journal of Climatology. (in press).

Xu D Y, Yan H. 2001. A study of the impacts of climate change on the geographic distribution of Pinus koraiensis in China. Environment International, **27**(2-3):201-205

Yu D P, Wang G G, Dai L M, et al. 2007. Dendroclimatic analysis of Betula ermanii forests at their upper limit of distribution in Changbai Mountain, Northeast China. Forest ecology and management, **240**(1-3):105-113

Yue T X, Fan Z M, Liu J Y. 2005. Changes of major terrestrial ecosystems in China since 1960. Global and planetary change, **48**(4):287-302

第七章　近海与海岸带环境

主　笔:左军成,蔡榕硕

贡献者:范代读,陈满春,杜凌,余克服

提　要

本章主要评估全球变暖、海平面上升对中国近海和海岸带环境和生态的影响以及适应措施。中国近海海表温度明显升高,冬季主要升温区位于东海,1955—2006 年海表温度(SST)上升了约 1.96℃,夏季主要升温区位于黄海,1971—2006 年 SST 上升了约 1.10℃。1950 年代以来海平面持续上升,平均上升速率 2.6 mm/a,海平面变化具有明显的区域特征,天津沿岸上升最快,上升幅度达 19.6 cm,上海沿岸次之为 11.5 cm,辽宁、山东和浙江沿岸均上升 10.0 cm 左右,福建和广东沿岸较低为 5.0～6.0 cm。中国沿海风暴潮的发生频率、强度和灾害增加,1989—2009 年间,平均每年 8.45 次,频率呈现增加的趋势,直接经济损失由 1990 年代前的每年几十亿元,到目前每年的几百亿元。沿海潮滩湿地减少,1950 年以来全国滩涂面积已经丧失约 50%。海岸侵蚀和咸潮入侵等海岸灾害加重,自 1885 年以来,黄河三角洲海岸平均侵蚀后退 20 km,蚀退面积达 1400 km²。近海赤潮灾害加剧,1933—1987 年共发生了 28 起赤潮,在 1970—2010 年间赤潮发生的规模不断扩大,且日益频繁,仅 1991—1992 年就发生了 78 次。这些变化显著地影响近海海洋生态以及沿岸湿地生态。红树林和珊瑚礁生态退化,历史上中国红树林面积曾达 25 万 km²,1950 年代为 5 万 km²,目前已锐减到 1.5 万 km²;1960—2006 年间,南海北部珊瑚礁区活珊瑚覆盖度下降幅度达 80% 左右。生物多样性减少,1992 年以来,台湾海峡渔获物组成中暖温性鱼种比例下降了 10%～20%,暖水性鱼种的比例则同比升高。

预计未来的气候变化将继续对中国近海和海岸带的环境与生态产生影响,并使中国海洋生物的地理分布发生变化。针对气候变化和海平面上升的影响,沿海地区应对气候变化的适应策略主要包括完善海洋与海岸工程及城市防护设计标准、建设海岸防护设施、加强咸潮入侵防范、加强近岸生物修复工程和强化海岸带综合管理等。

7.1　近海与海岸带环境的范畴和概况

近海是指中国海,即渤海、黄海、东海和南海,以及各个海域中岛屿的邻近海域。海岸带的海洋边界定在大陆架和大陆坡的交接处,陆边界定在海岸平原的上限。其内边界一般在海岸线的陆侧 10 km 左右,外边界在向海延伸 20 m 等深线附近。

中国大陆海岸线 18000 km,沿海 11 个省(区、市)的面积占全国总面积的 16.8%,全国的大城市有 70% 以上集中在沿海地区。其中,上海、江苏和浙江所在的长江三角洲,广东所在的珠江三角洲,以及天津、山东和辽宁所在的环渤海经济区,更是中国经济发展的火车头。中国社会总财富的 60% 以上分布在沿海地区,约有 70% 以上的大城市和 42% 以上的人口集中在东部沿海地区,GDP 占全国的近 72.5%(中国海洋年鉴,2010)。中国沿海地区是人口密集、经济发达的地区,许多海岸生态都被过度开发利用,这对沿海的环境和生态造成严重破坏。

中国的海岸带处在丰富的河流泥沙控制和影响之下。90% 以上的河流泥沙在辽河平原、华北平原、长江三角洲平原等构造沉降带入海,沉降带海岸线的长度约占全国的 1/6,不足 10% 的河流泥沙在构造隆起带入海。沿海地区经济的快速发展和干旱,使得沿海地区普遍存在地下水过度开采问题,从而在沉降带内引起地面沉降,而在隆起带内造成海水的地下入侵。因此,沿海河流泥沙的特点和分布决定了中国海岸的基本类型,决定了海平面上升影响的主要脆弱区的位置(任美锷等,1994;韩慕康,1994;杜碧兰,1997;Li 等,2004)。

1955—2006 年,中国沿海海平面上升约 13 cm,年上升速率约为 1.4～3.2 mm/a,略高于全球平均水平。受构造运动和人类活动的影响,沿海相对海平面上升速率差异悬殊。在秦皇岛和山东半岛东部,构造抬升速率大于海平面上升速率,相对海平面呈下降趋势,而处在构造沉降带的沿海平原和大河三角洲地区,其构造沉降速率为 1～3 mm/a,在构造沉降区相对海平面上升占主导趋势。中国沿海相对海平面变化可相差数十倍,并存在升、降之差别。总体而言,中国沿海海平面呈上升趋势,平均上升速率 2.6 mm/a,且上升速率逐渐加快(颜梅等,2008)。

全球气候变暖是导致中国海平面上升、海水温度和盐度发生变异的重要原因。而海平面上升加剧了海岸带一系列灾害以及环境与生态问题,海水温度和盐度的变异则对近海和海岸带海洋环境的变化产生深远影响。气候变化和海平面上升对中国近海和海岸带的影响主要表现在:海洋风暴潮等灾害加剧、沿海低地淹没面积增大、海水入侵距离增加和咸潮入侵加剧、海岸侵蚀的强度和范围增大,以及海岸带滨海湿地减少、红树林和珊瑚礁等生态退化等。

7.1.1 近海和海岸带环境及其与气候变化的关系

气候变化和海平面上升对海洋自然环境、人民生活环境和沿海地区社会经济造成了诸多不利影响,引起海岸、河口、海湾自然环境与生态的失衡,给海岸带环境与生态带来灾难;同时对沿海地区生存环境、城市基础建设、投资环境及经济活动也带来许多不利影响,严重制约了沿海地区经济的可持续发展,尤其是对中国沿海城市群密集地带的影响最为显著。

气候变化对中国海岸带地区有严重的影响,主要包括三个方面:

(1)海平面升高主要影响海岛、海岸带的海洋权益和环境。海平面继续升高可能淹没中国领海基点的海岛,威胁国家权益。领海基点的后退,不利于中国与周边国家经济专属区的划界谈判。海平面上升加剧中国东部沿海海岸带地区日益严峻的环境状况,沿海湿地、滩涂、海岸低地淹没,河口咸潮入侵加剧,海岸侵蚀加剧等。例如,珠江口地区每年都要投入相当大的人力财力防洪防潮。

(2)气候变化引起中国台风、暴雨、风暴潮等自然灾害发生频率增加,不仅严重威胁海洋产业、海岸带社会经济的可持续发展,而且还威胁沿海地区公众的生命安全。

(3)气候变化通过海水温度升高和海水酸化影响海洋生态。其中,海洋敏感物种、生态敏感区和典型海洋生态系对温度升高和海洋酸化的影响尤其敏感。海洋酸化会影响大量以碳酸钙为骨骼(壳)的生物(如珊瑚、贝类)的生长,导致"软骨病"或者壳溶解。

1. 风暴潮灾害事实

风暴潮是由温带气旋、冷锋的强风作用和气压骤变等强烈的天气系统引起的水面异常升降现象,又称风暴增水或气象海啸。风暴潮根据风暴的性质,通常分为由台风引起的台风风暴潮和由温带气旋引起的温带风暴潮两大类。

中国沿海风暴潮一般具有以下特点:(1)一年四季均有发生。夏季和秋季,台风常袭击沿海而引起台风引起的风暴潮,但其多发区和严重区集中在东南沿海和华南沿海。冬季寒潮大风、春秋季的冷空气与气旋配合的大风及气旋影响,也常在北部海区,尤其是渤海湾和莱州湾产生强大的风暴潮;(2)发生的次数较多；(3)风暴潮增减水位极值较大；(4)风暴潮的规律比较复杂,特别是在潮差大的浅水区,天文潮与风暴潮具有较明显的非线性耦合效应,致使风暴潮的规律更为复杂(冯士筰等,2001)。

中国是最易遭受风暴潮灾害的国家之一,影响中国的风暴潮可分为台风风暴潮和温带风暴潮两类。史料记载,明朝万历年间一次大的潮灾曾淹死10余万人,海水侵入内陆30~40 km。1962年8月2日,7号台风影响上海,吴淞站潮位达5.38 m,黄浦江和苏州河沿岸的防汛墙有46处决口,河水涌入,淹没了半个市区,繁华的南京东路水深也达0.5 m。2006年8月,超强台风"桑美"在东南沿海登陆,在年最高海平面、天文大潮和超强风暴潮的共同作用下,造成了直接经济损失近110多亿元(中国海平面公报,2006)。

在全球变暖背景下,我国风暴潮灾害的次数和强度呈增加的趋势,风暴潮灾害时空分布具有相对集中性,但其发生的时间跨度有延长的趋势,风暴潮强度和时空分布与灾害损失有一定的相关关系,但不一定成正比关系(谢丽等,2010)。

2. 沿海潮滩和湿地概况

湿地与森林、海洋一起并称为全球三大生态系统,湿地作为陆海相互作用地带的特殊生态系统是人类宝贵的自然资源。它是众多野生动植物赖以生存和繁衍的场所,具有很高的经济价值。一些植物对重金属等污染物具有很高的吸附能力,其机体中所含重金属为周围水体的1.0×10^4倍,具有降低污染、净化海水环境的作用。此外,海滩植被还能够消浪和促淤保滩。因此,保护和合理利用海岸带湿地对维持生态平衡、减轻污染、保护生物多样性、促进社会发展具有重要意义。

中国海岸带湿地主要包括淤泥质海岸的滩涂、沙质海岸、河口湾、海岸低地及受潮汐影响的淡水湖沼、珊瑚礁、红树林、泻湖等。淤泥质海岸带湿地是中国海岸湿地的主要组成部分,闽江口以北湿地呈连续分布,以南则呈断续分布(Li等,2004)。

海岸带湿地可分为陆域、潮间带和水深小于6 m的近岸浅水海域三部分,其中水域部分面积最大,陆域部分面积最小,中国海岸带湿地总面积6.05万 km²(吕彩霞,2003)。

表 7.1　中国沿岸海岸带湿地各海域及湿地各部分面积(km²)(吕彩霞,2003)

项目	渤海	黄海	东海	南海	合计
陆域	4900	1660	2270	2874	11704
潮间带	6810	5820	5560	3440	21630
浅海水域	5530	6970	6780	7890	27170
合计	17240	14450	14610	14204	60504

3. 海岸侵蚀概况

中国大陆海岸线有四分之一是泥质海岸,其分布与大河三角洲密切相关。由于中国大河泥沙供应丰富,三角洲快速淤长,潮滩年均沉积速率可达数厘米,高于相对海平面上升速率。

中国70%沙质海岸已受到不同程度的侵蚀,造成沙质海岸侵蚀的主要原因包括泥沙来量的减少、水动力条件变化、海平面上升和人为因素的影响。河流入海泥沙的减少既有流域气候变化的原因,又有在流域建水库和上游实施水土保持工程等人类活动的影响。河流和海洋的水动力条件,是塑造河口形态地貌的重要因素,其中海洋动力作用对海岸侵蚀起着更重要的影响。造成海岸侵蚀的海洋动力条件主要包括潮流、波浪、风暴潮等。风暴潮对海岸的侵蚀作用具有突发性和局部性,其危害程度极为严重。台风风暴潮主要是影响山东半岛以南的海岸,温带风暴潮主要发生在渤海西南岸。

海平面上升诱发的海岸侵蚀,从表现形式上可分为直接影响和间接影响两类,前者表现为海水向陆地入侵所造成的海岸线后退、沿海平原低地的淹没和沼泽化,后者是指由于海平面上升,在新的海岸动力条件与泥沙环境下,海岸所发生的新的平衡调整造成的海岸侵蚀加剧(蔡锋等,2008)。海平面的短期变化不会引起海岸侵蚀,但它会使岸线动态发生变化诱发或加速海岸的侵蚀(左书华等,2006)。海平面相对上升导致近岸水深增加,使近岸波浪作用增强而侵蚀海岸。按Bruun定律(Bruun,1986)分析计算长江三角洲附近海岸的后退变化值,得出相对海平面上升因素在引起海岸侵蚀的诸因素中所占比重较小,不足 10%,但随着海平面上升幅度加大,其比重将显著提高,若至 2050 年相对海平面上升 60 cm,则其比重将上升到 35%～40%(季子修,1993)。

除海平面相对上升、海洋动力过程变化以及风暴潮频发影响等自然因素外,海滩和海底采砂对海底自然平衡的破坏,海岸工程修建对环境动力条件的改变,以及上游泥沙拦截使得入海泥沙量的减少等人类活动是导致海岸侵蚀加剧的主要原因。1958—2004 年莱州湾南岸侵蚀的对比分析表明,海平面相对上升、入海泥沙量减少和风暴潮在这一地区对海岸侵蚀影响的比重分别为 3∶5∶2(丰爱平等,2006)。

4. 咸潮入侵概况

海水入侵是指海水向陆地一侧的移动,它包括海水沿地表和地下通道(地下水)的入侵,以及沿河口、河道的入侵,即咸潮入侵。河口盐水楔上溯,加大了海水入侵强度,海平面上升和河流径流量变化是导致河口咸潮入侵的主要因素,咸潮入侵的距离和强度主要取决于河口径流量变化、季节性海平面高度和潮差的大小。

1970 年之前,大通站观测流量为 1.0 万 m³/s 左右时,长江口的咸潮入侵状况并无显著变化。之后,随着社会经济的迅速发展和人民生活水平的不断提高,长江上游两岸乃至整个流域的耗水量迅速增长以及跨流域调水等,改变了长江口咸潮入侵的状况。

1978—1979 年长江全流域特枯,该年成为长江河口盐水入侵最严重的一年。1978 年大通站年平均流量为 2.14 万 m³/s,为 1935 年以来的历史最小值,1978 年 10 月和 11 月大通站月平均流量分别比该月多年平均值偏小 31% 和 42%。1979 年 1—3 月,大通站的月平均流量又连续明显小于多年平均值,并且于 1 月 31 日出现历史最枯流量 0.46 万 m³/s,造成长江口严重的咸潮入侵(陈吉余等,1995;朱建荣等,2003;沈建强等,2007)。

2004—2005 年冬珠江三角洲爆发了 42 年来最强的咸潮,迫使 2005 年初首次实施了珠江流域大规模的远程跨省区调水,从西江调水压咸的应急措施。此后为了确保珠三角地区和澳门特别行政区的供水安全,每年的枯水季均需根据水情预报对水量进行调度。2007—2008 年冬季爆发了严重的咸潮,外海盐水沿虎门水道和磨刀门水道上溯了约 35～45 km,影响范围达到广州地区和珠海各水厂,横门水道基本上没有受到影响(罗琳等,2010)。

河口咸潮入侵的加剧是气候变化的另一个结果,它不仅使淡水资源进一步紧缺,而且会造成沿海土地盐渍化的加重。河流径流量变化和海平面上升是导致河口盐水入侵的主要因素。海平面上升使河口盐水楔上溯,加剧海水入侵。

5. 地下水入侵和土壤盐渍化

海平面上升加重地下水盐化,影响人畜饮用水,恶化土壤,造成良田荒芜,这一现象在河口三角洲地区尤为明显。近年来,珠江三角洲、长江三角洲和黄河三角洲沿岸已多次遭受海水入侵的袭击,尤其是黄河三角洲沿岸最为突出。除水文地质和地形地貌条件外,气候条件和人类活动是产生海水入侵的重要因素,过量开采地下水是海水入侵的主要原因。

沿海地区由于过量开采地下水,地下水位不断下降,低于海平面,使海水下渗至地下水,导致地下水中氯离子(Cl⁻)含量增高,甚至引起地下水化学类型由 HCO₃ 型向 HCO₃·Cl 型或 Cl·HCO₃ 型转化。海水入侵不仅导致地下水水质日趋恶化,而且还造成地表大面积土壤盐渍化,代表城市有大连、烟台、天津、青岛、宁波等。1990 年代初期,大连地下水中 Cl⁻ 含量高达 7000 mg/L,青岛高达 300～7000 mg/L;烟台化肥厂水井中 Cl⁻ 含量由 1982 年的 818.95 mg/L 上升到 1988 年的 2512.9 mg/L,6 年间升高了 3 倍,并且仍有增长趋势(丁玲等,2003)。福建省 5 个沿海区市 2007 年的监测结果表明,严重入侵区域氯度最高达 5629.00 mg/L,矿化度最高达 33.16 g/L(宋希坤等,2008)。

目前,中国东部沿海海水重度入侵(Cl⁻ >1000 mg/L)一般在距岸 10 km 左右,轻度入侵(Cl⁻ = 250～1000 mg/L)一般距岸 20～30 km 左右。北方地区海水入侵面积大、盐渍化程度高,而南方滨海地区海水入侵面积小、盐渍化程度低。重度入侵主要发生在渤海沿岸,分布在辽东湾、滨州和莱州湾平原地区。轻度入侵区主要发生在黄海沿岸，分布在辽宁丹东、山东威海、江苏连云港和盐城滨海地区，海水入侵距离一般在距岸 10 km 以内。东海和南海滨海地区海水入侵和盐渍化范围小。渤海和黄海部分滨海平原地区土壤盐渍化类型和范围受枯水期和丰水期水位变化影响较大（中国海洋环境质量公报，2008）。

6. 赤潮灾害概况

赤潮是在特定的环境条件下，海洋遭受污染后所产生的一种灾害性海洋现象，由于海水过于营养化，海水中某些浮游植物、原生动物或细菌爆发性增殖或高度聚集而引起水体变色的一种有害生态现象。这种生长量特别巨大的浮游生物是粉红色或红褐色的，因此，染红了海水，导致赤潮。赤潮是一个历史沿用名，它并不一定都是红色，实际上是许多赤潮的统称。赤潮发生的原因、种类和数量的不同，水体会呈现不同的颜色，有红颜色或砖红颜色、绿色、黄色、棕色等。随着现代化工农业生产的迅猛发展，沿海地区人口的增多，大量工农业废水和生活污水排入海洋，其中相当一部分未经处理就直接排入海洋，导致近海、港湾富营养化程度日趋严重。同时，由于沿海开发程度的增高和海水养殖业的扩大，也带来了海洋生态环境和养殖业自身污染问题；海运业的发展导致外来有害赤潮种类的引入；全球气候的变化也导致了赤潮的频繁发生。

20 世纪最强的一次厄尔尼诺（1997—1998 年）期间，1997 年 11 月中旬至 12 月底发生了从福建泉州湾至广东汕尾数千平方千米近海与内湾水域的棕囊藻赤潮（黄长江等，1999）。1998 年 3—4 月，在广东珠江口海域也发生了裸甲藻赤潮，它是对海洋生态和水产养殖破坏力最强的赤潮之一（黄长江等，2000）。2008 年 5—7 月、2009 年 6—7 月，黄海中部局部海区出现大范围浒苔迅速增殖现象，形成绿潮灾害（张苏平等，2009；衣立等，2010）。近年来，东海和黄海等局部海域浒苔绿潮等藻类的暴发性增长现象频繁出现，不但消耗海水中的溶解氧，影响海洋生物的正常生长，并造成了一系列的海洋环境与生态问题，而且也对沿海的社会经济造成严重影响。

赤潮的发生有明显的气候影响特征（吴瑜端，1994；何发祥，1997；黄长江等，1999；黄长江等，2000），部分赤潮的发生与厄尔尼诺现象关系密切（吴瑜端，1994）。

7.1.2　近海生态及其与气候变化的关系

海洋生态系统的结构和功能的变化与气候变化有着密切的联系。其中，气候的波动明显影响海洋生物的生态过程和地理分布（Stenseth 等，2002；Walther 等，2002）。在北太平洋，不但海洋—大气系统的年代际变化（PDO）显著（Mantua 等，1997），而且大尺度的海洋生态系统与北太平洋的年代际气候变化有着显著的联系（Mantua 等，1997；Francis 等，1998；Beamish 等，1993）。

中国近海是北太平洋的西部边缘海，跨度从热带至温带，有众多的河口、港湾、岛礁和广阔的浅海陆架，适合多种海洋生物的生存，形成了许多渔场，对中国沿海地区社会经济的可持续发展有重要意义。由于中国近海地处东亚强季风区，除了受到北太平洋海洋—大气系统变动的显著影响外，还受到了东亚季风的强烈影响。因此，中国近海生态的变化与气候的自然变动尤其是东亚海—气系统的变异有非常密切的联系（蔡榕硕等，2010）。

此外，除了气候自然变率之外，人们已认识到工业革命以来人类排放的 CO_2 对全球气候变暖和海洋酸化有明显的影响。随着大气中 CO_2 浓度逐年增加，海水 pH 也逐年降低。海水升温和海洋酸化加剧，给中国近海环境和生态带来显著影响，影响最大的是红树林和珊瑚礁生态系统。

1. 海水温度和酸性及其与气候变化的关系

1970 年代中后期以来，中国近海冬季和夏季的海温均升温，冬季升温幅度大于夏季，近岸大于外海。1990 年代至今中国近海各海区的增暖最为明显（张秀芝等，2005）。最大升温区位于台湾海峡至长江口附近海域，该海域在 1976 年之后相对于 1976 年以前冬季升温约 1.4℃，夏季上升了约 0.5℃，升温的幅度明显大于西太平洋的热带、副热带海域（蔡榕硕等，2006）。

随着大气中 CO_2 浓度逐年增加，海水 pH 也出现逐步降低的现象。过去 200 年中，海洋不断溶解人类排放到大气中的CO_2,这导致上层海水的pH从8.3降低到8.1,相当于$[H^+]$增加约30%,海洋酸化日趋严重。模式预测,到2100年,表层海水pH可能降低0.5,相当于$[H^+]$增加比工业革命前增加3倍(Houghton等,2001)。海洋酸化将是继全球变暖和海洋污染之后影响人们生活的第三大问题。海洋是一个巨大的碳库,在工业革命以来的200年,海洋吸收了大约一半人类所排放的CO_2。由于CO_2的溶解使海水碳酸盐化学平衡发生变化,这种变化会破坏了海洋的整个生命系统赖以生存的自然环境。目前,全球海洋的酸度达到了2000万年以来的最高点,即便二氧化碳的排放从现在开始停止,海水也需要数万年才能恢复原样。

虽然人们已认识到海平面上升、海水升温和海洋酸化等气候变化,将进一步给近海环境和生态带来明显的影响,特别是对红树林和珊瑚礁生态系统的影响,但是有关气候变暖与海洋酸化对近海生态的综合影响仍不清楚,还有待进一步调查研究。

2. 红树林生态及其与气候变化的关系

红树林生态系统是以红树植物为建群种,分布在热带、亚热带海岸潮间带滩涂上的湿地生态系统。红树林在维护海岸生态平衡、防风减灾、护堤保岸、环境污染净化、提供大量的动植物资源等方面都发挥着重要的作用。红树林湿地的高生产力、高归还率和高分解率的特性,使红树林生态系的能量流动和物质循环高速运转,在促进污染物降解、海水净化、生物多样性维持、维护河口海岸食物链、促进近海渔业、海岸促淤和防浪护堤等方面具有重要作用(王计平等,2007;王丽荣等,2010)。红树林生态系统分布于潮间带,受到陆相和海相环境变化的双重影响。影响红树林种类、分布和群落组成的环境因素主要是自然要素,这包括温度、盐度、潮汐和沉积速率等(王丽荣等,2010)。

中国红树林主要分布于海南、广西、广东、福建和台湾5省(区)的近岸。20世纪50年代成功地向北引种最耐寒树种秋茄到达浙江。1980年代在浙江瑞安引种秋茄成功,使得中国红树林分布向北延伸至28°N。中国红树林天然分布北界为福建省福鼎县(27°20′N);人工引种北界为浙江省乐清县(28°25′N)(林鹏等,1995)。受黑潮暖流的影响,红树林沿台湾岛、琉球群岛向北可分布至日本鹿儿岛喜入町(31°34′N,天然分布北界)或静冈县(人工引种北界34°38′N)(杨盛昌等,1997)。南界在海南岛南岸(18°13′N)。南海诸岛地处中热带和赤道带,雨量丰富,有适宜红树林生长的气候条件,但尚未发现红树林植物,其原因可能与种源稀少,潮滩缺乏细颗粒沉积物有关(张乔民等,2001a)。

不同的红树树种对温度有不同的要求,如海南北部东寨港与南部三亚河的纬度相差1.5℃,多年平均气温相差1.6~2.1℃,最冷月平均气温相差2.7℃,多年平均海水表层温度相差1.5~4.5℃。因此,出现了海南北部有海莲、尖瓣海莲群落,而南部有红树、瓶花木、杯萼海桑群落的差异。尽管过去20年来东寨港引种来自三亚的正红树的面积曾达$2.8 hm^2$,但一旦遇到冬季极端温度,仍无法适应,如2008年春季的华南大面积极端低温即冻死了所有引种的正红树(王丽荣等,2010)。因此温度在宏观上控制着中国红树林分布、树种组成和群落结构的纬度分布。由海南岛向北,随着纬度渐高,红树林分布面积及树种均显著降低,嗜热性树种消失,耐寒性树种占优势,林相也由乔木变为灌林,树高降低(林鹏,1997;张乔民等,2001b)。

盐度差异导致同一区域内红树林植物群落种类与分布随着离潮汐水道或河口的距离而变化,因为潮汐水道上下游盐度受到潮汐与径流的影响而有所差异。如东寨港西部博度村红树林的生态系列,离潮汐水道的由近至远依次为秋茄+桐花树→角果木→水椰→黄槿;又如在三亚河,红树林分布区大致与海水明显上溯区一致,在东河可达河口以上8.5 km的海螺村,在西河则至河口以上8.2 km的铁路桥,再向上游则没有成片红树林分布,仅见零星几棵半红树卤蕨和许树(王丽荣等,2010)。

波浪掩护条件和潮汐浸淹程度被认为是影响红树林局部分布的最重要的因素。前者控制红树林的沿岸分布,即红树林只能分布于受到较弱波浪作用的港湾、河口湾、泻湖水域,不能分布于受较强波浪作用的开阔海岸,主要因为强波浪作用阻碍红树林胎生胚轴着床定植过程和幼苗生长;后者控制红树林在潮滩上的横向分布,即红树林只能占据平均海平面(或稍上)与大潮高潮位之间的潮滩面,潮水浸淹频率过高或过低均会导致红树林退化,死亡或难以自然更新(张乔民,2001)。

人类活动对红树林影响较大，不但改变了红树林群落空间分布格局，还影响群落种群和外貌的趋同性。如中国红树林自然分布北界为福建福鼎县（27°20′N），1950年代成功地向北引种最耐寒树种秋茄到浙江，现人工引种北界在浙江乐清湾（28°25′N）（林鹏等，1995）。同时，由于人工引种，使海南省南、北种类互通，一方面使各区物种拥有数量、种类组成差异变小，甚至使生物多样性丰度持平或增加，但潜伏着群落抗灾力减弱和外来种占位等问题。另一方面，由于生态环境受污染、频繁干扰和面积碎化，使原有的乔木林的内部种受威胁，表现出外缘种逐占优势和林相矮化等趋同性变化（王丽荣等，2010）。

全球变暖会改变红树林的生长发育，及其群系结构变化和空间分布。研究表明，通过红树林沉积速率与当地相对海平面上升速率的比较，海平面上升对中国大部分沿海红树林不会构成严重威胁，但对泥沙来源少、红树林潮滩沉积速率较低的海域会造成严重的影响。当气候变化引起海平面升高的速率超过红树林底质的沉积速率时，红树林就受到胁迫甚至消亡（龚婕等，2009）。

3. 珊瑚礁生态及其与气候变化的关系

珊瑚礁是热带海洋中一类极为特殊的生态系统，有着极高的生物多样性和初级生产力，被誉为"海洋中的热带雨林"、"蓝色沙漠中的绿洲"，一般认为达到了海洋生态系统发展的上限。珊瑚礁还具有重要的生态功能，不仅向人类社会提供海产品、药品、建筑和工业原材料，而且防岸护堤、保护环境，一直以来都是重要的生命支持系统（赵美霞等，2006）。全球约110个国家有珊瑚礁分布，但对其总面积的估算有较大的差异，一般认为约占全部海域面积的0.1%～0.5%，但已记录的珊瑚礁生物却占到海洋生物总数的30%（赵美霞等，2006）。

珊瑚礁发育对环境条件要求非常严格，如在水深方面，造礁珊瑚生活的最大深度是90 m，但是绝大多数生存的水深在50 m以内，尤其在20 m以内的造礁珊瑚生长最好；在水温方面，少有造礁珊瑚能在低于15℃的环境下长期生存，大多数生活在水温18℃以上，最适宜生长的水温范围是25～29℃，36℃为最高极限温度；在盐度方面，造礁珊瑚能承受的盐度范围是27～40 psu，最佳盐度是36 psu左右；在光照方面，造礁珊瑚的生长必须要有充足的阳光；在水流方面，珊瑚一方面需要水流带来足够的营养盐及大量的浮游生物和氧，珊瑚需要水流带走沉积物等；在基底方面，珊瑚一般生长于坚硬的基底上（李淑等，2007）。其中的许多环境要求都与其体内共生虫黄藻密切相关，如深度、温度、光照、水流等，珊瑚与虫黄藻的共生是珊瑚礁发育的最基本生态特征。

全球珊瑚礁仅占全球海洋环境的0.25%，其上却栖居着1/4以上的海洋鱼类，但目前全球珊瑚礁中约有60%受到人类活动的威胁，全球海洋生物多样性受到显著影响，气候变暖、海平面上升将使已经脆弱的珊瑚礁生态系统雪上加霜。

中国珊瑚礁属于印度—太平洋生物地理区，其特征是六射珊瑚属种的分异度极高，计有80个属和亚属，700余个种。中国的珊瑚礁绝大多数分布在南海。此外，在台湾岛及其邻近岛屿沿岸的西太平洋以及东海南部也有分布。南海中共有45属179种（邹仁林等，1983），分别占印度—太平洋海域属、种的56%和26%，造礁珊瑚124种。其中海南有珊瑚150多种，造礁珊瑚115种。

中国珊瑚礁有岸礁与环礁两大类。岸礁主要分布于海南岛和台湾岛，形成典型的珊瑚礁海岸。据粗略估算，南海诸岛珊瑚礁及其附近浅水区总面积约3万 km²，占全球珊瑚礁总面积的5%（张乔民，2001；张乔民，2007）。

中国南海珊瑚礁分布广泛，从近赤道的曾母暗沙（～4°N），一直到南海北部雷州半岛、涠洲岛（～20°～21°N）以及台湾南岸恒春半岛（～24°N）都有分布，主要是环礁、岛礁和岸礁等3种类型，初步估计目前南海珊瑚礁的面积（不包括越南和菲律宾沿岸）约7974 km²（Yu等，2009）。

目前珊瑚礁对温度升高的响应最显著的结果是珊瑚礁白化（李淑等，2007）。珊瑚礁白化是指由于珊瑚失去体内共生的虫黄藻和（或）共生的虫黄藻失去体内色素而导致五彩缤纷的珊瑚礁变白的生态现象。目前，一般认为珊瑚礁白化的最主要原因是高温，但低温也导致珊瑚礁白化，又称冷白化（Yu等，2004；2006）。

温度异常也容易诱发珊瑚疾病,因为温度变化会改变原生动物如病原体的基本生理参数,破坏微生物与宿主之间的动态平衡,提高病原体的适应能力,进而诱发疾病的发生。而日益频繁的珊瑚白化,降低了珊瑚的自身抵抗能力,更易于促进疾病的爆发,加速珊瑚礁的退化。在过去 30 多年里,各种珊瑚疾病对全球珊瑚礁造成了严重破坏。目前已知的珊瑚疾病多达 30 多种,波及 106 种珊瑚,范围遍及 54 个国家,已成为危害珊瑚礁生态系统健康的一个重要因素(黄玲英等,2010)。

近年来随着全球气候变化及人类活动影响加剧,珊瑚礁生物多样性缩减、生态功能退化现象日益突出(赵美霞等,2006)。气候变暖、海平面上升、降水量和海水盐度的变化、pH 值的变化、CO_2 浓度的增高等均对已经脆弱的珊瑚礁生态系统产生较大影响。尤其表层海水温度升高和海水酸化是大规模珊瑚白化事件的主要原因。在过去几十年里,已有热带海洋的表层水温增高的记录,预测到 2100 年会增加 1～2℃(陈长霖等,2012),大多珊瑚礁将达到或接近其生长的温度阈值。

4. 近海生物多样性及其与气候变化的关系

海洋生物多样性是全球生物多样性的重要组成部分,其中,海洋动物门类达 35 个门,远高于陆地的 11 个动物门类(Briggs,1994)。然而,从 1950 年以来,气候变化正在显著地影响着海洋生物的多样性(陈宝红,2009)。其中,海洋生物物种如暖水种、暖温种和冷水种的地理分布以及鱼类的洄游和鱼类群落结构受到了海水升温、近海环流变异和降水异常的严重影响,海洋钙化种类如石珊瑚的钙化速率则受到海洋酸化的不利影响,并由此影响到海洋生态系统的结构和功能,从而影响了海洋生物地球化学循环,而海平面的上升则对海岸带湿地生态系统的结构和功能有显著影响。

此外,除了海水温度异常的显著影响之外,降水和表层流场变异对营养盐输送的影响与赤潮、绿潮等海洋生态灾害的发生有密切的关系,并由此对海洋生物多样性产生较大的影响,从而引起海洋生物群落结构的显著变化,并威胁着海洋生态系统的健康。

7.2　观测的气候变化对近海和海岸带环境与生态的影响

> 海平面变化的影响:海平面上升引起海洋动力过程变异,如环流结构和潮波传播等变化;加剧风暴潮等海洋灾害,使海洋工程防护标准降低;加剧海岸侵蚀、海水入侵;近海和海岸带生态退化,如海洋酸化、红树林消退、珊瑚礁白化等。

7.2.1　20 世纪中国海海平面变化

海平面上升分为全球平均海平面上升和区域性相对海平面上升。前者是由于全球温室效应引起气温升高,海水增温引起的水体热膨胀和冰川融化所致;后者除由上述原因和海洋动力过程引起的水体输送而引起的绝对海平面上升外,还有由于沿海地区地壳构造升降、地面下沉和由径流作用引起的河口水位趋势性抬升引起的相对海平面上升。

全球气候变暖造成的海水膨胀、极地冰盖和陆源冰川、冰帽等融化是引起全球平均海平面上升的主要原因(IPCC,2007)。1993—2008 年间全球海平面的线性上升速率为 2.9 mm/a(陈美香等,2012)。中国沿海海平面变化除受全球变化影响外,地面沉降、季风和海流等局地因素变化也是引起区域性海平面上升的重要原因(沈东芳等,2010)。河口三角洲地区,地面存在压实效应,大型建筑群增加的地面负荷,同时由于过量开采地下水,加速了地面沉降,间接造成了海平面上升。

从 1955—2008 年来,中国沿海海平面总体呈上升趋势,沿海地区年平均海平面上升了 5～23 cm,高于同期全球海平面上升值,且近期海平面有加速上升趋势。其中,天津沿岸、长江三角洲和珠江三角洲地区是海平面上升最快的区域,年均海平面分别上升了 21 cm、23 cm 和 13 cm(中国海平面公报,2008)。

1950—2003 年，东中国海比容海平面的线性上升速率为 0.5 mm/a，占同期海平面上升速率的 30％左右。而 1993—2003 年，Topex/Poseidon 卫星高度观测的海平面线性上升速率为 4.9 mm/a，其中比容海平面上升速率为 3.2 mm/a，对 Topex/Poseidon 卫星观测的海平面上升速率的贡献为 64％（Yan 等，2007；杨春辉等，2011）。

7.2.2　对近海海洋灾害变化的影响

气候变化已经对中国海岸带环境与生态产生了一定的影响，主要表现为海平面上升、风暴潮加剧、海水入侵和海岸侵蚀加重、洪涝灾害频发和海洋生态灾害发生变化等。

1. 对海洋风暴潮灾害的影响

中国沿海台风风暴潮在 1989—2009 年期间共发生 114 次，总体呈现波动增加的趋势（谢丽等，2010）。一方面台风增加，一方面相对海平面不断上升，由于海平面升高会抬升风暴潮位，使原有的海堤和挡潮闸等防潮工程功能减弱，从而使受灾面积扩大，灾情加重；另外由于潮位的抬升，使本来不易受风暴袭击的地区，也有可能波及到（刘杜鹃等，2004）。

海平面上升使得平均海面及各种特征潮位相应增高，水深增大，波浪作用增强，加剧了风暴潮灾害。广东沿海经常遭受风暴潮威胁，汛期洪水泛滥成灾。1989—2011 年间，中国沿海发生台风风暴潮的次数平均每年 8.35 次，近年来发生频率呈现增加的趋势。1989—2007 年间，风暴潮造成的经济损失每年高达几十亿元甚至上百亿元，占海洋灾害损失的绝大部分。由此可见，风暴潮灾害不仅居海洋灾害之首，而且已成为威胁中国沿海经济发展最严重的自然灾害之一（中国海洋灾害公报，1989—2011）。

表 7.2　近 20 年来中国沿海台风风暴潮发生情况（中国海洋灾害公报，1989—2011）

项目	1989	1990	1991	1992	1993	1994	1995	1996	1997	1998	1999	2000
台风风暴潮发生总频数（次）	10	4	3	3	5	11	10	6	4	7	5	8
成灾的台风风暴潮频数（次）	8	4	3	3	4	6	4	3	2	3	2	4
直接经济损失（亿元）	54	41	23	102	84	193	100	290	308	20	52	121
死亡失踪人口	522	298	146	231	132	1248	33	644	220	146	758	79

项目	2001	2002	2003	2004	2005	2006	2007	2008	2009	2010	2011
台风风暴潮发生总频数（次）	6	8	10	19	11	9	13	11	10	10	9
成灾的台风风暴潮频数（次）	6	2	3		9	4	7	9	5	7	5
直接经济损失（亿元）	100	66	80	54	332	218	88	206	100	133	62
死亡失踪人口	401	124	128	140	371	492	161	152	95	137	76

2. 对沿海潮滩和湿地的影响

新中国成立以来，中国先后兴起了三次大的围海造地高潮，1950 年以来大规模开发滩涂资源总面积约为 119 万 hm²，加上城乡占用滩涂面积约 100 万 hm²，两者合计全国滩涂面积已经丧失约 50％。在围垦的条件下，珠江口滩涂面积（珠基−2 m 以浅）大致保持在 5 万 hm² 左右。1949 年为 9.52 万 hm²；1977 年减为 4.27 万 hm²，1986 年增为 5.62 万 hm²，1996 年为 5.47 万 hm²。从 1949 年到 1996 年，珠江河口的滩涂自然增长速率为 630 hm²/a，与围垦速率对比，除 1984—1988 年年均围垦面积 900 hm² 外，滩涂自然增长速率都比围垦速率大（黄镇国等，2004）。

中国海岸带平缓而低洼，海平面上升对海岸带最直接的影响是高水位时沿海低地淹没范围扩大。海平面上升 100 cm，长江三角洲海拔 2 m 以下的 1500 km² 低洼地将受到严重影响或淹没（任美锷，1989），而海平面上升 50 cm，长江三角洲及苏北滨海平原地区潮滩与湿地损失率分别为 11％和 20％（朱季文等，1994）。海平面上升 70 cm，珠江三角洲海拔 0.4 m 以下的 1500 km² 低地将全部受淹（李平日等，1993）。海平面上升 30 cm，渤海湾西岸可能的淹没面积将达 10000 km²（夏东兴等，1994），最严重的是天津及其周边区域，天津全市泛滥面积将占全市面积的 44％，其中塘沽、汉沽被淹面积达 100％（韩慕康，1994b）。

海岸滩涂与湿地的损失是气候变暖和海平面上升直接影响的结果。但过去百年来,气候变暖、海平面上升并未阻止中国沿海滩涂的再生,这与中国沿海地区存在大量的河流入海泥沙有关。河流入海泥沙的大量输送导致中国每年平均 2.7 万～3.4 万 hm^2 的滩涂淤积成陆地(效存德等,2005),与此同时围海造地又使滩涂湿地在逐步丧失。总体来看,目前,全国滩涂面积平均以约 2 万 hm^2/a 的速率减少,但仍小于滩涂的自然增长速率。

3. 对海岸侵蚀的影响

当泥沙减少或断绝时,海岸将发生严重侵蚀,苏北老黄河三角洲由于黄河回归渤海西岸入海,沉积物供应基本断绝,自 1885 年以来,老黄河三角洲海岸线受侵蚀后退 20 km,蚀退面积达 1400 km^2,此时海平面上升的影响可能退居次要地位。20 世纪上半叶,中国沿海大部分海岸侵蚀范围尚不突出。1980 年代末以来,中国海岸侵蚀总体上处于稳定状态,但局部岸段侵蚀严重,侵蚀速率各处差异较大(左书华等,2008)。2003—2006 年间,除少数岸段侵蚀速度趋于减缓或稳定外,多数岸段海岸侵蚀范围和强度仍在不断增大。其中,辽宁省营口市盖州—鲅鱼圈岸段段平均侵蚀速率为 0.7 m/a,葫芦岛市绥中岸段平均侵蚀速率为 3.0 m/a,山东龙口至烟台岸段平均侵蚀速率为 4.4 m/a,江苏连云港至射阳河口岸段平均侵蚀速率达到 16.8 m/a,广东雷州市赤坎村平均侵蚀速率 2.0 m/a。

4. 对咸潮入侵的影响

2006 年夏季长江流域发生罕见旱情,其上游来水量持续偏少,在 8—10 月长江中下游干流各水文站均出现历史同期最低水位和最小流量。大通站在 2006 年全年实测来水量仅为 6934 亿 m^3,是 1947 年有实测资料以来的第二特枯水文年。同时,2006 年 9 月 20 日至 10 月 27 日三峡水库首次由 135 m 蓄水至 156 m 水位,截流量达 111 亿 m^3,正式按照规划中的"蓄清排浑"方式运作,导致长江口再次发生严重盐水入侵现象。2006 年汛期 10 月大潮期间,外海高盐水上溯至北支强度大、倒灌南支严重,其中底层一直存在较高盐度的盐水楔,并导致观测期间陈行水库、宝钢水库河段不存在淡水资源(戴志军等,2008)。长江河口的盐水入侵距离与大通站径流量的相关系数为 0.884,当流量低于 7000 m^3/s 时,盐水入侵可达 100 km,1978—1979 年盐水曾包围崇明、长兴和横沙三岛长达 5 个月之久,造成生活用水的极度困难。

广州市区有 8 个自来水厂,一般年份咸水只影响到东部的黄埔水厂,大旱年则影响到西部的西村水厂。珠江由八个入口门入海,各口门的径流和潮流情势虽各不同,但同一口门在相同的潮位情况下,丰、枯水季节盐水入侵距离可相差 20～60 km。径流的年际变化与流域的气候变化直接相关。珠江三角洲围内的耕地,大旱年受咸的面积占 25%,海平面上升后,受咸农田面积将扩大。对于珠江入口的八大口门而言,当海平面上升 0.1～0.3 m。咸潮上溯的口门有虎门及崖门、虎跳门,分别为 1～3 km、0.5～1.5 km 及 1～1.5 km。咸潮下移的口门有蕉门、磨刀门,分别为 1～2 km 及 3～4 km(周文浩,1998)。

5. 地下水入侵和土壤盐渍化

沿海地区由于过量开采地下水,地下水位不断下降,低于海平面,使海水回流下渗至地下水,导致地下水中氯离子(Cl^-)含量增高,甚至引起地下水化学类型由 HCO_3 型向 $HCO_3 \cdot Cl$ 型或 $Cl \cdot HCO_3$ 型转化,不仅地下水水质日趋恶化,而且造成地表大面积土壤盐渍化。代表城市有大连、烟台、天津、青岛、宁波等。大连 1990 年代初期地下水中 Cl^- 含量高达 7000 mg/L,青岛 1990 年代初期地下水中的 Cl^- 含量高达 3000 mg/L,烟台化肥厂水井中 Cl^- 含量由 1982 年 818.95 mg/L 上升到 1988 年的 2512.9 mg/L,6 年间升高了 3 倍,并且目前仍有增长趋势(丁玲等,2003)。受人类开发活动造成的海水入侵的影响,福建省 5 个沿海区市严重入侵区域氯度最高达 5629.00 mg/L,矿化度最高达 33.16 g/L(宋希坤等,2008)。中国沿海地区地下水入侵普遍出现在 1970 年代后期及 1980 年代初期之后,以黄海和渤海沿岸大城市为最。到目前为止,中国沿海地区发生地下水入侵的城市有大连市、营口市、葫芦岛市、秦皇岛市、莱州市、龙口市、蓬莱市、烟台市、威海市、青岛市、日照市、宁波市、温州市、湛江市及北海市等。最早发生地下水入侵的大连市,在 34 年(1964—1997 年)的时间里,入侵面积达 223.5 km^2,入侵速度为 6.6 km^2/a。莱州市是发生地下水入侵面积最大的城市,该地区 1976—1979 年海地下水入侵速度是

46 m/a,1987—1988 年为 404.5 m/a(胡政等,1995),入侵面积为 260.0 km²,入侵速度高达10.4 km²/a (黄磊等,2008)。1980 年代以来,渤海、黄海沿岸出现了不同程度的地下水入侵加剧现象,其中以山东省莱州湾沿岸最为突出。莱州湾东南沿岸自 1976 年发生地下水入侵灾害以来,入侵范围一直不断扩大。

中国沿海 1976 年海水入侵面积为 627.3 km²,1995 年发展到 974.6 km²,目前已接近 1000 km²,入侵速率最高达 490 m/a,地下水漏斗负值区 2500 km²(刘贤赵,2006;左书华等,2008)。

表 7.3　部分中国沿海城市海水入侵情况(黄磊等,2008)

城市	出现海水入侵时间(年)	海水入侵面积(km²)	入侵速度(km²/a)	数据来源
大连市	1964	223.5	6.6	邹胜章等,2004
葫芦岛市	1980	110.7	8.5	姜嘉礼,2002
秦皇岛市	1981	24.8	1.4	杨燕雄等,1994
莱州市	1976	260.0	10.4	刘竹梅、宋福山,2003
龙口市	1976	105.0	4.8	章光新等,2001
烟台市	1976	33.5	1.8	成建梅等,2001
青岛市	1970	92.4	3.9	王云龙,慕金波,2000
北海市	1979	4.0	0.3	王举平,宁雪生,1997

6. 洪涝灾害

苏北滨海低地排水除部分由江都抽水站排入江外,主要靠射阳、黄沙、新洋与斗龙港自排入海,海平面上升 50 cm,四闸一潮排水历时将缩短 15%～19%,一潮排水总量平均减少 20%～30%(都金康等,1993);太湖下游低洼地区在海平面上升 40 cm 时,浏河、杨林等代表性河闸的一潮排水量将下降 20% 左右(毛锐,1992)。

在珠江三角洲和长江三角洲,同样存在类似问题。若未来海平面上升 50 cm,则机电排水装机容量将至少需增加 15%～20%,才能保证珠江三角洲现有低洼地排涝标准不降低(范锦春,1994);若相对海平面上升 40 cm,将导致长江三角洲及邻近地区低洼地自然排水能力下降 20%～25%(朱季文等,1994)。

上海市区防洪墙目前的设计标准是按黄浦公园站千年一遇水位 5.86 m 加高加固的。海平面上升 50 cm,黄浦公园站 0.1% 频率的高潮位将达 6.36 m,不但防洪墙会出现危险而且削弱市区排水能力 20%,对上海市威胁很大。假定当太湖流域发生 1991 年特大暴雨过程时,海平面上升 0.5 m 和长江口发生百年一遇高潮位,太湖最高水位分别可达到 5.01 m 和 4.99 m,整个梅雨期排涝量分别比 1991 年少排 14.9 亿 m³ 和 13.1 亿 m³,加剧了该地区洪涝灾害的严峻程度(施雅风等,2000;王腊春等,2000)。

7. 气候变化对赤潮生态灾害的影响

1964—2004 年来,赤潮已经成为中国沿海地区主要海洋生态灾害之一(吕颂辉等,2004)。1933—1987 年共记载发生了 28 起赤潮,东南沿海发生严重赤潮 5 起,但近一二十年来赤潮发生的规模不断扩大,且日益频繁,仅在 1991—1992 年,就发生了 78 次(何发祥,1997)。自 1970 年代末以来,中国近海赤潮的发生频率以前所未有的速度剧增,发生次数有明显的年代际变化(黄镇国等,2005),且以东海发生的赤潮次数增长最快(叶属峰等,2003)。

赤潮的频发,一方面是由于中国近海尤其是长江口附近海域海水的富营养化,形成了赤潮暴发的物质基础。另一方面,还与气候变动的影响有明显的关系。除了气候的年际变动外,自 1970 年代末以来,东亚海—气系统有明显的年代际异常变化,低层(925 hPa)大气环流辐合的增强、经向海面风应力的减弱和海洋表层水温(SST)的持续上升等引起了海洋环境的变化,形成了气温偏高、风速较低、表层海水混合较弱和营养盐输送增强等有利于赤潮发生的气候与环境条件,从而成为中国近海,特别是东海赤潮频繁发生的重要原因之一(蔡榕硕等,2010;田荣湘,2005)。此外,东、黄海等局部海域浒苔等藻类的暴发性增长现象与前期降水异常、风场驱动下的海洋表层流场变异有明显关系(衣立等,2010;乔方利等,2010)。

7.2.3　海平面上升对海洋和海岸工程设计标准的影响

长时期以来,海堤工程作为沿海地区防风暴潮侵袭的重要工程措施,在防灾减灾中发挥了巨大的作用。中国有 18000 km 的大陆海岸线,现有总长度约 12000 km 不同标准的海堤工程,是沿海地区 5 万 km² 的土地和 6800 万人民生命和财产安全的重要屏障。由于全球气候变化,海平面上升,沿海各潮位站不断出现历史最高潮位;同时随着沿海地区人口的急剧增长、经济的迅速发展,风暴潮带来的经济损失呈现增长趋势。

海平面上升会改变近海动力过程,影响潮波的传播(Zuo 等,2001;于宜法等,2008;颜云峰等,2010),进而影响工程水位。海平面的季节变化和长期变化对工程水位有明显的影响。考虑到天文潮和风暴增水相关和不相关两种情况,用联合概率法求得中国沿岸的两种校核水位最大差异可达 30 cm以上,海平面变化对工程水位的影响在个别站位可达到 80 cm 以上(Zuo 等,2001)。

海平面上升直接导致风暴潮的基础水位和高潮位的抬高,从而风暴极值高潮位的重现期明显缩短,风暴潮冲刷和漫溢海堤的几率大大增加,对现有海堤的防御能力形成新的威胁。中国沿海地区,多数堤防标准偏低,能抵御百年一遇风暴潮灾害的海堤较少,一些港口码头的标高已不适应海平面相对上升产生的新情况。工程设计的最高潮位,100 年一遇与 50 年一遇一般相差 40 cm 左右,如果海平面上升 20～30 cm,将会造成灾害性的影响,原来按 100 年一遇洪水设计的海堤,甚至只有 20 年一遇。

天津的海河挡潮闸,由于 30 多年来相对海平面上升了 20 cm,现在闸门的高度已不能挡潮。

1900—2001 年近 100 年间,长江三角洲和上海市出现大潮汛的年份达 12 次。1981 年 9 月 1 日,10级台风使上海潮位打破历史纪录,而黄浦江外滩防汛墙顶高程只有 580 cm,仅高出水位 80 cm,海浪溅入墙内,情形极为危险。上海完成的黄浦江中下游全部 318 km 防汛墙,其防御能力是千年一遇标准,即黄浦公园水文站 586 cm 潮位标准,防汛墙顶高程为 690 cm。如果海平面上升 50 cm,这些千年一遇挡潮标准有可能下降到 200 年一遇标准。

广东捍卫耕地一万亩以上的重要堤围,有 90.5% 分布在沿海地区,其中受海平面上升影响的长度达到 3597 km,它可以影响全省 46% 的耕地和 52% 的人口。而广东珠江三角洲地区城市防洪标准也普遍偏低,全省沿海海堤约有三四成不达标,有两成多的岸段为险段。

由于相对海平面上升,至 2050 年,渤海西岸和珠江三角洲 50 年一遇的风暴潮位将分别缩短为 20年和 5 年一遇,长江三角洲百年一遇的高潮位将缩短为 10 年一遇(杨桂山,2000)。到 2030 年,广东雷州湾、珠江口、韩江口的严重潮灾重复出现的周期将比现在缩短 50%～60%,而广东沿海大亚湾核电站、黄埔港、澳门机场等 23 个代表站的工程设计最高潮位,都已经低于实测的最高潮位 0.4～1.3 m(广东省气候变化评估报告,2007)。

7.2.4　气候与海平面变化对近海和海岸带生态的影响

1. 对海洋温盐的影响

受东亚季风和西太平洋气候变化的影响,1960—2010 年以来中国近海和邻近海的海表温度时空分布特征也发生了明显变化。1960—2010 年近 50 多年间,中国近海的海表温度有显著的上升,特别是1980 年代以来的升温尤为显著。其中,冬季的主要升温区位于东海,而夏季则位于黄海,冬季升温明显强于夏季。1955—2006 年冬季东海的 SST 上升了 1.96℃,1971—2006 年夏季黄海的 SST 上升了1.10℃(蔡榕硕等,2011)。中国近海的显著变暖与东亚季风的减弱和西北太平洋西边界流黑潮经向热输送的增强有明显的关系(蔡榕硕等,2011;齐庆华等,2010)。

1965—1997 年以来,渤海在 1965—1997 年期间海表温度升高 0.48℃,并与气温的年际变化关系密切(方国洪等,2002);东海沿岸和中部的海水温度处于偏暖时期,尤其是 1960—1999 年东海的沿岸SST 总体呈现上升趋势,冬季的升温尤为明显(阎俊岳等,1997;郭其伟等,2005)。南海 SST 也有明显上升趋势，并有加速上升的现象。1950—2010 年期间，南海海表温度呈显著上升趋势，线性上升速率为 0.014℃/a，61 年间共升高 0.84℃（李娟等，2011）。南海中部 SST 在 1950—2006 年间约上升了 0.92℃（蔡榕硕等，2009），而南海上层的变暖也使得南海海面总体呈现上升的趋势（李立等，2002）。在 1934—1989 年间南沙海域的 SST 上升了 0.6℃（谢强等，1999）。

全球气候变化背景下中国近海的海水盐度也发了显著变化。受区域降水和入海径流变化的影响，在 1965—1997 年期间渤海沿岸的海水表层盐度升高 1.4 psu，盐度空间分布发生了根本性的变化，渤海内区盐度已高于海峡口区盐度，而长江口以南近岸海水盐度也明显上升（方国洪等，2002；吴德星等，2004）。其中，渤海的盐度气候变化背景下海表降水和黄河入海流量等变异有明显关系。

2. 对海洋酸性的影响

工业革命以来，人类排放了大量 CO_2，大约有 48% 为海洋所吸收（Takahashi，2004），使得海水碳酸盐化学平衡发生变化，表层海水的 pH 从 8.3 降低到 8.1，从而导致海洋的酸化。这种变化将严重影响海洋中现有生命系统赖以生存的自然环境。并且，随表层海水 CO_2 含量的升高，海洋吸收 CO_2 的能力也将衰退。因此，海洋酸化问题已引起广泛关注。对于热带海洋而言，大气 CO_2 含量的升高将引起海洋 CO_2 系统的变化，从而影响珊瑚动植物构建石灰石骨架的能力（IPCC，2001），具体过程是引起海水 CO_3^{2-} 的浓度减少、降低 $CaCO_3$ 各种矿物（文石、方解石等）的饱和度。因此，$CaCO_3$ 各种矿物（文石、方解石等）的饱和度的变化某种程度上可用于衡量海洋的酸化。

有关中国近海的海洋酸化问题仍在探讨研究之中。虽然在 20 世纪末，人们已发现东海总体上是从大气吸收 CO_2 的（张远辉等，1997；Tsunogai 等，1997a；1999b；胡敦欣等，2001；Peng 等，1999；Wang 等，2000），但东海每年可吸收多少 CO_2，尚无明确结论。而有关南海的 CO_2 源汇作用问题也颇受关注，在认识上同样存在空白或分歧之处（Zhai 等，2005；Chen 等，2006；Chou 等，2005；Tseng 等，2007）。因此，气候变化对中国近海海洋酸性的影响，特别是是否与开阔大洋有相似的海洋酸化问题，人们还缺乏较为深入的认识，仍需要通过开展更为广泛和深入的海洋碳化学观测和调查研究。

3. 对红树林海岸生态系的影响

红树林虽然在中国华南沿海广有分布，但关于中国红树林分布面积及树种组成至今缺乏准确统一的数字。一般认为，历史上中国红树林的面积曾达到 25 万 hm^2，1950 年代减少到 4 万 hm^2，2000 年中国红树林分布面积仅为 1.5 万 hm^2，约占世界红树林分布面积的 0.1%。海南是中国红树植物种类最多、红树林生长最高大的地区，分布面积为 4836 hm^2。海南红树林主要为次生林，多为小乔木或灌木丛林，结构也较复杂。广西是目前中国红树林分布面积最广的地区，达 6170 hm^2。广东红树林的分布面积为 4667 hm^2。福建省红树林分布面积较小，仅有 416 hm^2。台湾省有 120 hm^2，主要分布于台湾岛西南部海岸。浙江省仅有一种红树植物（秋茄）（谭晓林等，1997；张乔民，2001）。1960—2010 年来海南东寨港和青梅港红树林面积减少 53% 左右，而三亚河红树林的面积则减少 92%（王丽荣等，2010）。

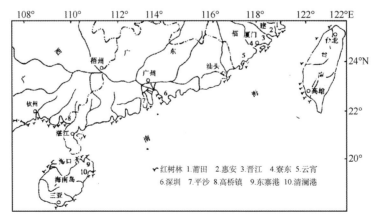

图 7.1   中国红树林的分布（引自谭晓林等，1997）

与 1959 年相比,2008 年海南三亚河红树林种类从 26 种减少为 20 种(包含 2 个引入种),东寨港和青梅港则分别减少 1 种,50 年来主要群落的损失率在 45% 以上,三亚河最为严重,损失率为 93% 以上,所损失的主要是以近岸的、内缘种为优势的群落,如海莲、尖瓣海莲、木榄群落和角果木群落等,存在单优种群落向多种混合的多优种群落的演替。伴随着红树林的总体退化,这些区域红树林种群濒危、矮化和面积碎化现象突出(王丽荣等,2010)。

这些区域 1950 年代以来红树林的退化主要是人类活动所引起,全国范围内,1950 年代以来红树林面积急剧下降,主要原因在于各种人类海岸开发活动,如 1960—1970 年代大规模围海造地,1980 年代以来的围塘养殖和城市建设用地,都直接毁灭了大片红树林(张乔民等,1997)。自然环境要素梯度变化形成了红树林群落空间分布和群落垂直分层的分异性;而人类活动改变了红树林群落空间分布格局,缩小了其分布面积,如三亚河红树林面积的减少与城市化建设中的围海造田、围塘养殖或港口、海岸工程建设所造成的大规模砍伐和三亚河上游种植业开发导致水土流失、河道淤积、河床提高等有关(王丽荣等,2010)。

由于红树林生长带与潮汐水位之间存在相当严格的对应关系,红树林成为对海平面变化最敏感的生态系统之一,尤其在小潮差海岸,海平面变化必将引起红树林生长范围与分带结构的相应变化。当红树林潮滩沉积速率大于或等于海平面上升速率,红树林生长带将保持稳定甚至向海推进;只有当海平面上升速率大于红树林潮滩淤积速率时,红树林才会受到侵害而难以维持其生存。对于后者,当向陆一侧的地貌条件适宜红树林生长时,红树林可向陆地退缩;当向陆一侧有天然障碍物(如陡崖)或人工障碍物(如海堤)时,将导致红树林湿地丧失。因此,未来海平面因温室效应影响而加速上升,对红树林生态系威胁最大的是外来泥沙供应极少的小潮差碳酸盐环境,对外来泥沙丰富的河控或潮控环境,红树林生态系所受威胁要小得多。如果潮差较大,潮流足够强,可使潮滩边缘泥沙侵蚀搬运向岸而使潮滩上半部的红树林潮滩沉积速率增加,甚至有可能足以跟上 8~10 mm/a 的海平面上升速率(张乔民等,1997)。

红树林面积锐减同时受温度上升、CO_2 的增多、海平面上升等气候条件变化的影响。1900 年代以来中国地表平均气温升幅约 0.5~0.8℃(林而达等,2006)。温度因素(主要为最冷月气温、最冷月水温和霜冻频率等)对中国红树林分布、树种组成和群落结构的纬度分布都具有宏观控制作用。由海南岛向北,随着纬度渐高,红树林分布面积及树种均显著降低,嗜热性树种消失,耐寒性树种占优势,林相也由乔木变为灌林,树高降低(林鹏,1997;张乔民等,2001b)。然而,太高的温度并不利于红树林树叶的形成和光合作用,考虑到温度对植物发育的累积效应,温度增加的累积作用会变得相当大(卢昌义等,1995)。

在不受人类干扰的自然分布区,随纬度升高,温度降低,红树植物种类减少,群落结构趋于简单,生产力下降;而红树植物生长区域的海水盐度变化幅度很大,起主要作用的是盐度上限(林鹏,1997)。由此可见,随着地表气温和海温的上升以及海水盐度的变化,红树林生态系的地理分布将受到一定的影响。

4. 对珊瑚礁生态系的影响

1980 年代以前,全球珊瑚礁白化事件主要发生在相对小面积或者某一珊瑚礁区。1980 年代以来,才发现大范围的珊瑚白化,并导致珊瑚礁生态系统的严重退化。到目前为止范围最大、破坏最严重的是 1997—1998 年的全球珊瑚礁白化事件,涉及 42 个国家的海域,摧毁了全球 16% 的珊瑚礁。其中在印度—太平洋区最为严重,遍及数千平方千米的珊瑚礁死亡率高达 90%。实际上,有些地区的珊瑚礁是整个死亡的,如马尔代夫、查戈斯群岛和塞舌尔等。过去,这种珊瑚礁严重死亡事件每 10~20 年发生一次,而未来将可能与 ENSO 循环频率(2~7 年)同步,如 1998 年的大范围珊瑚礁白化事件有可能在未来频繁发生(李淑等,2007)。

中国海的珊瑚礁也发生了显著变化。1960 年代以来海南三亚鹿回头珊瑚岸礁活珊瑚覆盖度显著下降,珊瑚礁总体呈衰退趋势。1960 年代、1978 年、1983 年和 1990 年活珊瑚的覆盖度曾经分别为80%~90%、60%、60% 和 35%,1998 年该岸段活珊瑚覆盖度为 41.5%,而 2002 年为 23.4%、2004 年为 20%、2005 年为 14.8% 和 2006 年为 12.2%(赵美霞等,2010)。

从 1983/84 至 2008 年的 25 年间,南海北部相对高纬度的大亚湾石珊瑚覆盖度从 76.6% 下降到了15.3%,显示该珊瑚群落退化达 80%,该海区石珊瑚群落的优势种由枝状的霜鹿角珊瑚变成了块状的秘密角蜂巢珊瑚(陈天然等,2009)。

西沙群岛永兴岛珊瑚覆盖度近年来也呈明显的下降趋势。1970年代、1980年代永兴岛礁坡珊瑚生长都很茂盛,并没有明显的空间差异。2008年调查发现永兴岛的活珊瑚覆盖度存在明显的空间差异,北、西北和东部礁坡珊瑚分布相对较多,珊瑚覆盖度为25%～13%;西部和西南部礁坡的珊瑚覆盖度则非常低,仅1%左右(施祺等,2012)。

全球气候变暖已导致世界范围内珊瑚礁的快速退化(张乔民等,2006),南海中除西沙群岛珊瑚礁的退化可能与全球变暖、异常高温有关外,南海北部海南三亚珊瑚礁和大亚湾珊瑚群落的退化都主要是人类活动引起的(陈天然等,2009;赵美霞等,2010)。1970—1980年代,过度和破坏性捕捞以及大规模采挖礁块等活动直接导致了该岸段珊瑚礁出现大面积衰退;海上珍珠贝、麒麟菜、对虾、鲍鱼等养殖活动以及近岸工程建设和旅游活动等是造成近期珊瑚礁退化的主要原因(赵美霞等,2010)。此外,人类活动引起的大亚湾水体富营养化及其导致的赤潮、水体混浊、陆源沉积物增加、海岸侵蚀加剧等,也是导致该区珊瑚群落退化的原因(陈天然等,2009)。

观测表明,全球气候变暖对南海北部热带北缘的珊瑚生长是有利的。在全球变暖的背景下,雷州半岛的温度上升,特别是冬季温度上升,对雷州半岛珊瑚礁生态系的自然恢复十分有利,因为雷州半岛的珊瑚礁位于热带北缘,冬季低水温是影响珊瑚生长和珊瑚礁发育的一个非常重要的因素。1990年代的考察结果表明该热带北缘的珊瑚岸礁生态系处于自然恢复之中,并以普哥滨珊瑚(Porites pukoensis)等为优势种,有的地方覆盖率已达90%以上(余克服,2000)。南海北部涠洲岛多年平均SST为24.6℃,变化于23.8～25.5℃之间,基本上满足珊瑚生长的温度要求;1980年代后期以来以0.33℃/10a的速率波动上升,总体上对珊瑚的生长是有利的。从涠洲岛多年月平均的SST分布来看,4月下旬至10月上旬都处在珊瑚生长的最适温度范围之内。在1962—2004年间月平均最高SST平均值为30.4℃,变化于29.5～31.1℃之间,基本上处于珊瑚生长能适应的温度范围之内;但自1980年代后期以来月平均最高温的持续上升对珊瑚礁的发育可能是不利的,如所记录到的5次大于31℃的高温中,有4次出现于1980年以后。这种持续高温可能会使珊瑚处于非常敏感的死亡边缘,若再加上其他环境压力则可能导致珊瑚礁的退化。之前的报道和2001年该区局部珊瑚白化现象很可能就是高温与人类活动等综合作用的产物(余克服等,2004)。

1979—2008年间,在全球变暖的背景下,大亚湾冬季最冷月平均SST和年平均SST存在明显的上升趋势,特别是从1970年代后期以来,SST出现过1987和1998年两次显著性变暖,1987年后是大亚湾海区加速变暖的时期,并且冬季变暖趋势明显,而夏季最热月平均SST变暖趋势却相对缓和,这一变暖过程对于该地区受冬季低温影响的石珊瑚生长是有利的,大部分块状珊瑚生长于1977—1993年间可能也正是全球气候变暖的结果(陈天然等,2009)。

5. 对生物多样性的影响

随着全球气候变暖和海平面上升,海岸湿地面临淹没和侵蚀加剧,生物栖息地退化与消失,生物多样性降低等多种威胁。1998—2001年间,由于海平面上升和人为破坏等原因,广西的红树林面积减少了10%;海平面上升使山东沿岸的海水入侵和土壤盐渍化灾害较为严重,莱州湾南侧海水入侵最远距离达45 km,沿岸生态受到严重影响;江苏拥有中国最广阔的滨海湿地资源,分布着4处重要的国家级海洋自然保护区和特别保护区,海平面上升将侵蚀湿地,导致湿地植被退化,珍稀濒危鸟类栖息地丧失,降低生物多样性(中国海平面公报,2007);中国其他沿岸地区海岸带环境也受到不同程度的影响。

气候变化对海洋生物的丰度和地理分布有明显的影响(Stenseth等,2002;Walther等,2002),特别是海水的温度是影响海洋生物生态的重要因子,温度上升将导致海洋生物物种分布的纬度变化,因此,海水温度的变化会明显影响海洋生物的物种组成和地理分布。

气候变暖对中国近海的海洋生物生态有明显的影响,中国近海的海洋生物物种出现北移现象,1992年以来,台湾海峡渔获物组成中暖温性鱼种比例下降了10%～20%,暖水性鱼种的比例则同比升高(张学敏等,2005)。长江口和东海区的浮游动物暖水种类丰度增加,暖温性种类下降(李云等,2009;

Ma 等,2009;徐兆礼,2006a,2006b)。自 1995 年以来,在台湾海峡发现了以前主要分布于南海的 13 种属于暖水种的鱼类新记录(戴天元等,2004)。同样,对于海洋生态中生物多样性最丰富的珊瑚礁生态而言,目前已认识到海温上升是导致世界范围内珊瑚礁大量白化和死亡的主要原因之一,其生态在世界范围内严重退化的现象已毋庸置疑,而中国珊瑚礁生态也面临类似问题。

7.3　未来气候变化对近海和海岸带的影响预估

7.3.1　21 世纪中国海平面变化趋势预测与气候影响

　　国内学者对中国沿海海平面变化趋势的预估方法主要包括:气候模型预估、统计回归预估和考虑区域地面沉降速率的相对海平面变化预估。由于海平面变化与气温密切相关,所以可以依据气温的升高趋势,用模型来预测海平面上升趋势(Bindoff 等,2007)。1980 年代后期,全球海洋—大气—海冰—陆面气候耦合模式(海气全球气候模式和大气—大洋综合循环模式 AOGCMs)正式形成,其研究成果开始出现在 1990 年 IPCC 的评估报告中。

　　2025 年、2050 年和 2100 年全球平均气温将分别升高 0.4～1.1℃、0.8～2.6℃、1.4～4.2℃,全球海平面将分别上升 3～14 cm、5～32 cm、9～88 cm(Trenberth 等,2007)。中国气温上升速度和幅度都要高于全球平均水平,根据中国科学家建立和发展的全球气候模式与中国区域气候模式的预估结果,21 世纪中国气候将继续变暖,到 2020 年中国的平均气温将上升 1.3～2.1℃,到 2030 年中国气温将上升 1.5～2.8℃,2050 年将升温 2.3～3.3℃,到 2100 年升温将达到 3.9～6.0℃(秦大河等,2005)。

　　许多专家以 IPCC 评估报告的预估值为基础,充分考虑研究区域的地面沉降速率,对河口三角洲地区的相对海平面上升进行预估,指出到 2050 年上海市最佳预估值为 50 cm 左右,长江三角洲北部沿海约 45 cm,苏北滨海平原和杭州湾北岸为 25～30 cm(施雅风等,2000)。珠江三角洲在 2030 年可能上升幅度为 22～33 cm(黄镇国等,2000)。

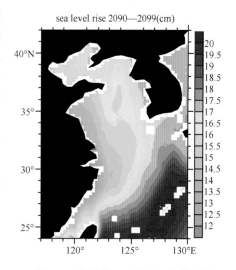

图 7.2　模拟的 21 世纪末东中国海海平面上升值分布(cm)(陈长霖等,2012)

　　如果同时考虑多种影响因素对海平面变化的作用,沿海海平面高度变化应等于温室效应引起的全球海平面上升的高度、全新世地壳垂直形变引起的相对海平面变化、区域性地面沉降引起的相对海平面上升值和区域性海平面趋势性变化的综合累加。中国沿海海平面平均上升值 2030 年为 6～25 cm,2050 年为 13～50 cm(张锦文等,2001)。

　　21 世纪海平面将加速上升,基于 CO_2 排放 A2 情景假设,利用 CCSM 气候耦合模式预测中国海 2050 年前后,海平面将上升约 20 cm;而 2100 年,海平面上升约 30 cm(陈长霖等,2012)。

表 7.4　中国沿海未来海平面变化的预估(单位:cm)(张锦文等,2001)

	2030 年	2050 年	数据来源
中国沿海	6～25	13～50	张锦文等,2001
长三角地区	22～38	37～61	刘杜鹃等,2004
长三角地区	16～34	25～51	施雅风等,2000
珠江口地区	22～33		黄镇国等,2000;2000
江苏沿海	4.2～32.4	7.2～57.0	王艳红等,2004
辽河三角洲	9.5～13.1	16.2～22.5	栾维新等,2004

综合主要作者的预估结果,中国沿海海平面未来上升值的区域差异很大,上升幅度最大的为长江三角洲和珠江三角洲,未来 100 年最大值可达 100 cm。

7.3.2 近海海洋灾害变化趋势

1. 风暴潮灾害

气温上升会导致台风强度的增加,由于热带洋面温度上升,气压下降,产生台风的机会将增加,沿海地区的风暴潮灾发生频率也会增高。1989—2009 年中国风暴潮灾害发生的时间跨度有延长的趋势。除特殊年份外,风暴潮发生的次数越多,灾害造成的直接经济损失越大(谢丽等,2010)。

1999—2008 年,中国沿海地区遭受的海洋灾害损失巨大,直接经济损失累计达 2326 亿元,几乎有一半年份受到的经济损失超过 100 亿元(左书华等,2008)。1989—2008 年,中国沿海风暴潮平均每年 8.45 次,1990 年代以来呈现出发生频率增加的趋势。

全球气候变暖不仅引发海平面上升,而且也会导致风暴潮、浪潮等海洋灾害强度和频度的逐步提高。如果 20 世纪中期海表温度升高 1.5℃,那么下半叶在中国登陆的台风频率将比目前增加 2 倍。

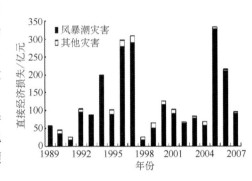

图 7.3　1989—2007 年中国主要海洋灾害直接经济损失(左书华等,2008)

2. 海岸低地的淹没

当出现百年一遇的极端潮位时,到 2050 年中国沿岸的可能淹没面积是 9.83 万 km²,约占国土(960 万 km²)总面积的 1.02%;到 2080 年中国沿岸将被淹没 10.49 万 km²,约占国土总面积的 1.09%。在相同的背景潮位下,海平面上升可加剧海岸低地的淹没,加上地表的垂直运动,2080 年中国沿岸可能的淹没面积比 2050 年多 0.67 万 km²。这部分面积相当于在没有叠加背景潮位下,直接由相对海平面的上升而引起的淹没面积(Yang 等,2012)。

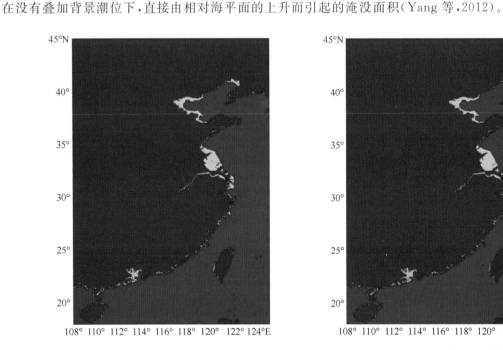

图 7.4　2050 年出现百年一遇水位时中国沿岸可能影响范围

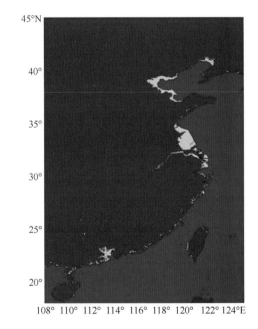

图 7.5　2080 年出现百年一遇水位时中国沿岸可能影响范围

表 7.5　考虑海平面上升当出现百年一遇水位时三大主要脆弱区可能的淹没面积(Yang 等,2012)

年份 区域	2050 年		2080 年	
	淹没面积($\times 10^3$ km^2)	所占百分比(%)	淹没面积($\times 10^3$ km^2)	所占百分比(%)
珠江三角洲	5.0	5.9	5.2	5.7
长江三角洲及 江苏和浙北沿岸	64.1	75.9	67.8	75.2
海河三角洲及渤 海湾和莱州湾	15.3	18.2	17.2	19.1
总计	84.5	86.0	90.2	85.9

三角洲地区是中国低地的主要组成部分,也是主要的脆弱区。当出现百年一遇极端水位时,2050年三大主要脆弱区的可能总淹没面积为 84.5×10^3 km^2,占该年中国沿岸总淹没面积的 86.0%;2080年三大主要脆弱区的总淹没面积为 90.2×10^3 km^2,占该年中国沿岸总淹没面积的 85.9%。由此可见未来海平面上升,中国沿岸的三大脆弱区是主要的受灾地区,再加上那里经常遭受风暴潮灾害侵袭,情况将变得更加严峻。

当出现百年一遇极端水位时,珠江三角洲 2050 年和 2080 年的可能淹没面积分别为 5.0×10^3 km^2 和 5.2×10^3 km^2,分别占三大主要脆弱区总淹没面积的 5.9% 和 5.7%,2080 年珠江三角洲的淹没面积比 2050 年多 0.2×10^3 km^2,但所占三大脆弱区总淹没面积的百分比却下降了,由 5.9% 降为 5.7%。这是因为中国沿岸大致以杭州至温州一带为界,以北的海岸以下降为主,间有上升,南部沿岸则以上升为主(杜碧兰,1993)。

当出现百年一遇极端水位时,长江三角洲及江苏和浙北沿岸 2050 年的可能淹没面积为 64.1×10^3 km^2,占三大脆弱区总淹没面积的 75.9%;2080 年的淹没面积为 67.8×10^3 km^2,占三大脆弱区总淹没面积的 75.2%。可见长江三角洲及江苏和浙北沿岸是三个脆弱区中最大的一个,这里是中国经济的中心地带之一,海平面上升将导致大量耕地、湿地、盐田等被淹,对沿海的城市和工业区造成损失,给经济带来负面的效应。2080 年相比 2050 年淹没面积增加了 3.7×10^3 km^2,所占百分比却下降了 0.9%。这是因为,所选取的长江三角洲及江苏和浙北沿岸是三大脆弱区中面积最大的,从 2050 年到 2080 年各地区海平面并非呈线性上升,再加上有些地区地表呈上升趋势所致。

当出现百年一遇极端水位时,海河三角洲及渤海湾和莱州湾 2050 年和 2080 年的淹没面积分别为 15.3×10^3 km^2 和 17.2×10^3 km^2,分别占三大脆弱区总淹没面积的 18.2% 和 19.1%。与前面两大脆弱区不同的是海河三角洲及渤海湾和莱州湾地区 2080 年比 2050 年淹没面积大了 1.9×10^3 km^2,同时淹没比例也增加了 0.9%,这是因为北部地区的海岸以下降为主。

3. 河口咸潮入侵

河口咸潮入侵距离与河流径流量有明显的关系。当大通站月均流量小于 12000 m^3/s 时,两者呈指数关系。该指数函数模型显示,流量从 7000 m^3/s 减至 6000 m^3/s 时,上海吴淞水厂的月均卤度将增加 220 ppm;流量由 6000 m^3/s 减至 5000 m^3/s 时,吴淞水厂的月均卤度将增加 320 ppm。河流流域盆地的极端干旱事件是流量急剧减小的直接原因。21 世纪随着气候变暖,极端干旱事件会增强(许吟隆等,2003),在相同的潮汐特性下,将会导致更严重的河口盐水入侵,进而使河口供水发生困难。

在一定径流量下,海平面上升将增大河口咸潮入侵的距离。大通流量小于 11000 m^3/s、海平面上升 50 cm 与流量为 13000 m^3/s、海平面上升 80 cm 海水入侵的距离相近,100 mg/L 等氯度线将上溯 6～11 km(沈焕庭等,2003)。流量大于 39000 m^3/s、海平面上升 80 cm 时,盐度为 1 和 5 的等盐线上溯的距离将分别增加 6.1 km 和 5.3 km(徐海根等,1994)。径流和潮汐对长江口盐水入侵具有重要影响,丰水期大通站流量 60000 m^3/s,枯水期流量为 10000 m^3/s,大潮期取中浚潮差为 340 cm,小潮期取中浚潮差为 180 cm 时,各水道盐度纵向分布从下游向上游递减,由于径流和潮流的相互消长,不同水文组合盐水入侵的范围不断变化。盐度的横向分布情况比较复杂,与各水道的径流分配以及其下游外口的盐度值有很大的关系。北支由于径流量分配几乎为零,含盐度比较高,导致盐水入侵最严重。枯季大潮时0.5等盐度线可以上溯到北支上口,1.0等盐度线可以上溯到青龙港附近,整个北支几乎为盐度2.0的盐水所控制。洪季小潮时盐度2.0的盐水也可上溯到三条港以上。枯季无论是大、小潮,北支的盐水随涨落潮变化不大,洪季时由于有少量的径流经北支下泄,盐水入侵界随涨落潮有相应的进退(罗小峰等,2005)。

当大通径流量分别取值4000、2000和1000 m³/s,海平面上升分别取为25、50和100 cm时,在径流量增大的情况下,长江口门内表层向海的流速增大,底层向陆的密度流减弱,滞流点下移。口门外侧向口门的密度流增大,上升流趋于增强。口门内盐水入侵减弱,口外盐度减小、冲淡水扩展范围增大。在口门上游北岸底层盐度下降明显,口门处南岸表层盐度下降明显。海平面上升对盐水入侵影响也十分明显,北岸底层盐度增大尤为突出。当海平面上升100 cm,口门内盐水入侵增强,北岸表层等盐度线上移了8 km,底层等盐度线上移了11 km。在海平面上升的情况下,拦门沙区域向陆的密度流增强,滞流点上移17 km,表层向海的流动增大。口门内盐水入侵增强,口外盐度增大,冲淡水扩展范围减小。海平面上升25、50 cm的数值试验结果与上述海平面上升100 cm数值试验结果趋势一致,只是程度有所减弱(胡松等,2003)。

当海平面升高40~100 cm时,珠江各口门盐水入侵距离的增值为1~3 km,最大可达5.0 km(黄镇国等,2000;李素琼等,2000),各海区0.3‰等盐度线入侵距离将普遍增加3 km左右(李素琼,1994)。然而,珠江口是个淤积型海湾,50年内将淤高100 cm,河口随之向前延伸,河水将变淡,盐水入侵的影响将会减弱(李从先等,2000)。

未来海平面的加速上升,将使潮水上溯距离加长,沿程咸水强度增加,水体受海水入侵和含氯度超标准的持续时间更长。海平面上升50~100 cm,2‰等盐度线将向上游推移15~30 km,盐水入侵危害持续时间可能将由当前的冬半年变为全年(孙清,1997)。未来气候变暖,极端干旱事件频发,可能使河口咸潮入侵加剧。但降水增加使径流量上升,又可抑制河口盐水入侵。流域的大型水利工程对河口咸潮入侵的影响较复杂。以长江为例,南水北调使枯水季节流量减少,增加咸潮入侵;三峡大坝于枯水季节放水,会缓解咸潮入侵。因此,气候变化和人类活动对河口咸潮的综合影响是复杂的。

4. 海岸侵蚀

气候变暖背景下,强热带风暴影响的加强,海平面的加速上升,河流入海沙量减少,中国海岸侵蚀加剧将是必然趋势。中国三角洲在未来海平面加速上升及流域气候变化和人类活动而造成的泥沙减少等的综合影响下还会受到强烈侵蚀,甚至可能衰退、消亡,其中黄河三角洲可能正面临这样的危险(刘曙光等,2001;三峡泥沙课题组,2002)。

依据黄河三角洲的造陆面积与黄河年均输沙量之间的关系,当黄河的来沙量趋近2.45亿t时,三角洲的造陆面积可能趋近于零;泥沙进一步减少,黄河三角洲将会衰退,甚至消亡。这一问题的评估不仅要涉及海洋的气候变化和海平面上升,而且要分析流域盆地的气候变化和人类活动(刘曙光等,2001)。

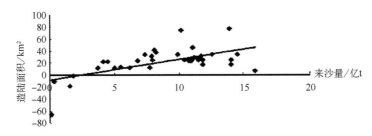

图7.6 黄河三角洲造陆面积与来沙量的关系(刘曙光等,2001)

三峡大坝建成及其对长江三角洲侵蚀的影响是人们关注的另一个重要问题。长江河口的泥沙主要来自上游地区,宜昌站年均输沙量为5.01亿t(1950—2000年),大通位于长江河口区的上限,年均输沙量为4.33亿t(1950—2000年)。三峡大坝建成后的100年之内,出库泥沙量将大幅度减少,年均仅为原来的58.9%。宜昌以下的坝下冲刷可提供补充泥沙,大坝建成后的百年内其贡献量约为

3000万t/a;未来100年内长江中下游湖泊贡献的泥沙约为100万t/a(三峡泥沙课题组,2002)。假定注入长江中游的支流输沙量无重大变化。建坝后的百年内大通站的年均输沙量约为3.84亿t。若考虑流域盆地的气候变化、南水北调、长江上游再建水库、流域盆地退耕还林还草、封山育林等因素,三峡大坝建成后的100年内大通站的年输沙量可能降至2.0亿~2.5亿t(李从先等,2004)。今后几十年长江的入海泥沙量和含沙量很可能将分别降至1亿~2亿t/a和0.1~0.2g/L(Yang等,2003),供沙率和含沙量将明显低于冲淤转换临界值。这势必导致研究区潮滩总体上的侵蚀,而海平面的上升将使破波带向岸迁移,将加速潮滩的侵蚀(杨世伦等,2005)。

7.3.3 对近海环境与生态的影响预估

1. 对近海温盐的可能影响

东亚季风、气温和降水是影响中国近岸海洋海水温度和盐度的重要因子(方国洪等,2002;吴德星等,2004;周晓英等,2005;Chen等,2009)。而1970年代后期开始迄今华北地区发生了持续严重干旱,造成此地区水资源严重缺乏(黄荣辉等,2006),华北以及黄河中上游的持续干旱未得到缓解,在当前气候变化背景下,渤海海水盐度仍有可能继续升高。1990年代至今中国近海各海区的增暖最为明显(蔡榕硕等,2006;张秀芝等,2005);这与东亚季风、西太平洋副热带高压和海温的变化有密切的关系(方国洪等,2002;蔡榕硕等,2009)。温室气体加倍实验中,CMIP3的24个模式集合平均海面温度年显著上升,其中东中国海SST将上升2.5℃以上(谢尚平等,2010)。

由此可见,东亚季风及中国大陆降水分布格局的变化趋势是影响中国近海温度和盐度的重要因素。

2. 对海洋酸性的可能影响

大气中CO_2浓度的升高将导致海洋进一步酸化,预计会对海洋壳体生物及其寄生物种产生负面影响(IPCC,2007)。从1880年至2002年,中国南海南沙表层水中$CaCO_3$的各种矿物饱和度下降了约16%,据估计到2100年饱和度将进一步下降至43%左右。这表明未来中国南沙海域海水中CO_2浓度的增加,海水酸化将加剧,南沙海域珊瑚礁的平均钙化速率在未来100a内将有较大程度的减少,如果未来大气CO_2浓度继续保持目前的上升趋势,南沙海域珊瑚礁可能会停止生长,甚至某些造礁生物面临灭绝的危险(张远辉等,2006),从而可能极大地降低珊瑚礁海洋生物多样性。但是有关中国近海四大海区CO_2源汇格局和海洋酸化程度的认识仍非常有限。

3. 对红树林生态系可能的影响

红树林的分布受温度、盐度、潮汐、海平面和沉积等多种环境因素的影响。全球气候变暖在导致温度升高的同时,也伴随着海平面的上升。

温度的升高将有助于红树植物分布区向北扩展。温度升高2℃后,各种红树植物分布区可能平均北扩约2.5个纬度;红树林的自然分布北界可能由现在的福建省福鼎县到达浙江省嵊县附近,引种分布北界可能达到杭州湾一带;浙江现有红树一种(引种),升温后可能有3种自然分布种,福建省可能由现有的4种红树植物增加到10种,而原来仅生长在海南省的红树植物将可以全部分布到广东省(陈小勇等,1999)。

国内外对于世界范围内红树林受到海平面变化影响的预测结果有多种,存在差异的原因主要在于群落组成不同及当地泥沙来源的差异,导致红树林整体对于海平面上升的反应存在差异性(龚婕等,2009)。当红树林潮滩沉积速率大于或等于海平面上升速率,红树林生长带将保持稳定甚至向海推进;只有当海平面上升速率大于红树林潮滩淤积速率时,红树林才会受到侵害而难以维持其生存;加速上升的海平面对红树林威胁最大的是外来泥沙供应极少的小潮差碳酸盐环境(张乔民等,1997)。虽然随着海平面的上升,红树林可以向陆地一侧迁移,但由于中国不少红树林海岸段存在人工设施(如防风防浪和围垦的海堤等),这限制了红树林向陆地方向的迁移,海平面的上升很可能使红树林面积减少。红树林可以通过层积物的堆积来应付海平面的上升。当地泥沙来源少,红树林潮滩沉积速率较低的地区会造成严重的影响（刘小伟等,2006）。

总体上看,中国大部分红树林潮滩淤积速率接近或大于2030年前的海平面上升速率,因此若没有人类活动的干扰,中国红树林面积将基本保持稳定。2030年后的海平面上升速率进一步加大,部分红树林潮滩的滩面淤积将"落后"于海平面上升,从而对中国红树林造成严重影响,尤其是泥沙来源较少、红树林潮滩淤积速率较低的岸段（陈小勇等,1999）。

4. 对珊瑚礁生态系可能的影响

珊瑚是一种对栖息环境极其敏感的生物,最适水温一般介于25～29℃之间,难以在30℃以上的海水中生存。观测表明表层海水温度急剧的升高,或在现有背景下海水温度升高2～3℃,会对许多珊瑚礁产生严重的威胁（Brown,1997）。过去一段时间,广西、海南、台湾、香港等海域均发生不同程度的珊瑚白化和死亡现象,珊瑚生态正在大范围地消失。此外,全球气候变化引起的海平面上升、海水中CO_2浓度的升高,也会影响珊瑚生态的发展。表层海水中溶解CO_2浓度的增高,会使海水中过量的CO_2无限制地溶解由$CaCO_3$组成的珊瑚骨骼,削弱珊瑚礁的形成和存在,造成严重的威胁。如果CO_2浓度增加两倍,礁的形成将下降40%,碳酸盐浓度减半;如果CO_2浓度再增加一倍,则礁的形成将下降75%,从而带来能否成礁的严重问题,珊瑚礁的鱼类也随之减少,珊瑚礁生态走向衰亡（Pennisi,1998）。1960—2008年来,已有热带海洋的表层水温增高的记录,到2100年预测会增加1～2℃（王国忠等,2005）,这时,许多珊瑚礁将达到或接近其生长的温度上限（Hanaki等,1998）。

全球气候变暖导致珊瑚礁白化是现代全球范围内珊瑚礁生态系退化的最主要原因。过去严重的珊瑚白化死亡事件每10～20年发生一次,估计从2020年开始珊瑚礁白化将可能与ENSO事件频率3～4年同步,再过30～50年,珊瑚礁白化将在大多数热带海区每年发生一次（李淑等,2007）。

随着气候持续变暖,南海珊瑚礁将面临严重的威胁。西沙、南沙海域年均SST的增温率分别为0.021±0.004℃/a（1961—2007）和0.016±0.002℃/a（1950—2007）,均高于全球温度的增温率0.012±0.001℃/a（1950—2007）,西沙最热月6月份SST增温率高达0.026±0.004℃/a（1961—2007）,南沙最热月5月份SST增温率也达0.011±0.003℃/a（1950—2007）。预计到2030年,西沙6月份SST将达30.6～31.3℃,南沙5月份SST将达30.3～30.8℃;到2050年西沙6月份SST将达31.0～32.3℃,南沙5月份SST将达30.6～31.4℃。依据珊瑚白化的温度上限（31℃）,估计2030年后西沙、南沙海域很有可能频繁地发生珊瑚白化现象,这对珊瑚生长极为不利（时小军等,2008）。

地质记录显示,暖气候过程中通常会出现较多的极端冷气候事件,如全新世高温期在南海北部雷州半岛至少出现过9次大幅度的冬季降温事件（Yu等,2004）。在现代气候变暖这一大背景下,2008年初包括大亚湾海区在内的中国南方发生了近50年一遇的极端低温事件,持续32天,大亚湾海区1、2月平均气温分别降到15℃和12.7℃,日最低气温低达6.6℃;大亚湾海区2月平均SST（14.1℃）比1月（17.3℃）下降了3.2℃,连续19天日平均SST低于14℃,连续6天最低SST为12.3℃左右,远低于传统认为的使大多数相对高纬度珊瑚礁"致命"的温度（约13℃）,但该海区珊瑚群落没有受到明显的影响,显示相对高纬度的大亚湾海区的珊瑚已经基本上适应了低温事件,也反映相对高纬度的海区有可能成为全球变暖背景下珊瑚生长北移的场所,甚至成为珊瑚物种延续的避难所（陈天然等,2009）。

由于珊瑚生长的深度范围可达20 m以下,因此短期海平面上升对珊瑚礁的发育应该不会有大的影响。未来随着海平面的上升,海南三亚鹿回头珊瑚礁将由侧向发育为主转为垂直发育为主（施祺等,2009）。当海平面以预估的0.23～0.61 cm/a上升时,中国海域内的珊瑚从理论上可与其同步生长,不会造成什么影响;而当海平面以预估高值0.9～0.98 cm/a上升时,珊瑚礁生长将落后于海平面的上升,只有在极理想的情况下,才能跟上其上升的步伐,但是不会对珊瑚礁造成威胁,反而将促进其向上生长（王国忠,2005）。

5. 对生物多样性的可能影响

海平面上升、海水升温、赤潮灾害和海洋酸化都会对生物多样性产生显著影响。

(1)海平面上升对生物多样性的可能影响

海平面上升具有累积性和渐变性特点,随着全球变暖的加剧,海平面上升将通过淹没海岸低地、海岸侵蚀、河口盐水入侵和土壤盐渍化等方式影响海岸生态,破坏生态平衡,特别是对于珊瑚礁、红树林、河口和湿地生态的影响,从而威胁其生物多样性。

由于中国珠江三角洲绝大部分地区海拔高度不到 1 m,将很容易受到海平面上升的影响,珠江三角洲等低洼地区的淹没范围将扩大,近岸潮滩和湿地将受损(程旭华,2008)。长江三角洲面临着同样的威胁,潮滩的潮浸频率增加,部分潮间带将转化成潮下带,潮滩植被遭到破坏(朱季文等,1994)。因此,海平面的上升将可能导致潮滩生态的结构和空间分布发生变化,最终使得生态失衡。

此外,海平面上升对位于海岸带的典型生态—红树林和珊瑚礁的影响巨大。由于红树林只能分布于受到较弱波浪作用的水域,且只能占据平均海平面与回归潮平均高潮位之间的潮滩面,因此,海区潮水浸淹频率的升高和波浪作用的加强将使红树林退化、死亡或难以自然更新(张乔民,2001)。并且,海平面上升使得海水透光率降低,影响为珊瑚虫提供营养的虫黄藻的光合作用,使珊瑚生长受到抑制。

(2)海水升温对生物多样性的可能影响

气候变暖对海洋环境的影响将引起海洋生物多样性的变化。根据观测事实分析,海水的升温将通过各种途径影响海洋生物的多样性。首先,会造成物理环境的变化,影响物种的生存环境,其中,上层海水的升温将使得温跃层结构更稳定,上下层海水混合减弱,阻碍氧气的输送,到达透光层的营养物质将减少,使得海洋生物的生长和发育受影响;其次,海水升温会使海水中溶解氧减少,影响海洋生物的新陈代谢和生长季节长度等,进而影响生物的死亡率和种群数量,影响物种的生存与分布,活动能力强的耐热性物种范围北扩,非耐热性物种范围北缩,这将面临适应新的生存环境问题。

中国海洋鱼类的分布有明显的地带性,水温上升会对中国海域海洋鱼类的洄游路线、距离和地点会产生重大影响,暖水性和冷水性物种分布地带均会发生变化,以致不洄游的鱼类因食物缺乏或无法适应温度升高而死亡(樊伟等,2001),最终破坏生态平衡,降低生物多样性。

(3)赤潮灾害对生物多样性的可能影响

1970 年代以来,赤潮的发生有明显的气候影响特征。而赤潮发生时,赤潮生物异常增殖,成为优势种,将抑制作为饵料的有益藻类(如硅藻),导致海洋中浮游植物种类组成及丰度发生改变,并影响到以硅藻等有益藻类为食的浮游动物等初级消费者的群落结构;并且赤潮生物的有害物质也会对浮游动物构成威胁,并通过食物链的传递而影响到整个海洋生态,造成鱼、虾等生物资源的减少,而水母则数量增多(陈洋等,2005;周名江等,2006)。气候变暖可能会导致重要赤潮藻种的演替(Peperzak,2003),目前新记录和有毒种赤潮增多(梁松等,2000),2006 年 4—5 月,东海大规模赤潮改变了微型浮游动物的群落结构,呈现由小型无壳纤毛虫向中大型砂壳纤毛虫演替的趋势,进而影响中大型浮游动物等摄食者的种群数量和群落结构(张利永,2007)。因此,赤潮的变化趋势使得其对海洋生物多样性产生的危害可能会加剧,对于中国近海生态可能会发生类似于无锡蓝藻水华事件的那种滞后现象,尤其应给予关注(杨炳忻,2007)。物种范围北扩,非耐热性物种范围北缩,这将面临适应新的生存环境问题。

中国海洋鱼类的分布有明显的地带性,水温上升会对中国海域海洋鱼类的洄游路线、距离和地点产生重大影响,暖水性和冷水性物种分布地带均会发生变化,以致不洄游的鱼类因食物缺乏或无法适应温度升高而死亡(樊伟等,2001),最终破坏生态平衡,降低生物多样性。

(4)海洋酸化对生物多样性的可能影响

大气中 CO_2 浓度的升高将导致海洋进一步酸化,预计会对海洋壳体生物及其寄生物种产生负面影响(IPCC,2007)。据估计到 2100 年饱和度将进一步下降至 43% 左右。这表明随着未来中国南沙海域海水中 CO_2 浓度的增加,海水酸化将加剧,南沙海域珊瑚礁的平均钙化速率在未来 100 a 内将有较大程度的减少。如果未来大气中 CO_2 浓度继续保持目前的上升趋势,南沙海域珊瑚礁可能会停止生长,甚至某些造礁生物会面临灭绝的危险(张远辉等,2006),从而可能对珊瑚礁海洋生物多样性造成致命的影响。但是有关中国近海四大海区 CO_2 源汇格局和海洋酸化程度的认识仍非常有限。

7.4 中国近海和海岸带脆弱性

全球海平面上升,海岸带侵蚀加剧,潮滩淹没面积增大,滩涂围垦和工农业生产带来的污染危害日益凸显。海岸带脆弱性包括海岸带自然条件和人类经济活动两方面的变化,海岸影响评估体系包括海拔、地质状况、地形地貌、岸线变迁、地面沉降、波高、潮差、高潮位升幅、盐水入侵、降水、风暴潮和台风等地理、地质、海洋和气象因子等诸多因素(戴亚南等,2009)。

海洋的脆弱性主要体现在海洋环境对气候变化的响应上。全球气候变暖引起一系列的海洋环境变异和海洋生态退化,最主要的是海水温度升高、赤潮灾害加重、红树林消退和珊瑚礁白化等。随着全球气候的进一步变暖,海洋环境和生态正变得越来越脆弱。

7.4.1 近海脆弱的生态

1. 红树林

处于海陆交互带的红树林生态一方面受温度、盐度、潮汐等自然因素的制约,另一方面也受人类活动的影响。过去几十年来在这些外在压力的影响下,特别是在人类开发活动的影响下,中国红树林损失很大,是一种典型的脆弱生态系统。

中国存在严重的以毁林为代价的热带生物海岸破坏性开发,导致了红树林生态的严重退化,1960年代至 1970 年代中期,片面强调农业土地开发,实行大规模、有计划的围海造田,导致了历史上最严重的红树林破坏,海南岛在 1956—1983 年间红树林面积减少了 52%;1980 年代以来,由于片面追求经济效益,进行毁林围塘养殖或毁林开展各种海岸工程建设,造成第二次红树林大规模破坏,如湛江通明海港湾滩涂区,原分布有大陆沿岸最集中、面积最大的红树林,已开发成为大陆沿岸面积最大的滩涂海水养殖区;其他经常性的人类活动干扰,如砍伐、放牧、采果、薪柴、绿肥、海产采捕、旅游等,也会形成环境压力,从而导致生态衰退,使红树林由茂密高大的小乔木转变为低矮稀疏的灌木。1950—2000 年,全国红树林面积剧减 65%,一些红树林树种在某些地区逐渐消失,如红海榄在广西钦州、防城地区消失,角果木在整个广西沿岸消失(张乔民,2001)。

对中国的红树林而言,自然因素对红树林的影响程度似乎远小于人类活动。2008 年春季的极端低温事件冻死了东寨港过去 20 年来从三亚引种的正红树(王丽荣等,2010)。

2. 珊瑚礁

因为冬季低温及陆地径流和泥沙的影响,华南大陆沿岸珊瑚礁分布于闽南东山湾($23°45'N$)以南,包括北部湾的涠洲岛岸礁($21°20'N$)和台湾海峡内的澎湖列岛岸礁($24°N$)。由于受到太平洋黑潮暖流北上的影响,台湾东北部岸礁的北界止于东海的钓鱼岛(约 $26°N$),沿海岛屿从钓鱼岛($25°45'N$)以南,断断续续分布着潮下浅水区造礁石珊瑚群落,且通常尚未发育形成真正的珊瑚礁,仅在澎湖列岛、雷州半岛西南角等地局部发育有珊瑚岸礁礁坪。环礁广泛分布于南海诸岛,形成数百座通常命名为岛、沙洲、礁、暗沙、(暗)滩的珊瑚礁岛礁滩地貌体。与此相应,自南而北,造礁石珊瑚的属种逐步减少,其生长情况由繁茂变稀疏,附礁生物中的软体动物组分相应地向北增多(王国忠,2005)。南海诸岛珊瑚礁及其附近浅水区总面积约 3 万 km^2,占全球珊瑚礁总面积的 5%(张乔民,2001,2007)。

珊瑚礁对环境变化异常敏感,无论温度过高或过低都会导致珊瑚礁退化,人类活动的直接破坏以及污染、悬浮物增加等都对珊瑚生长有明显的抑制作用,因此,它是一种脆弱的生态。

对三亚鹿回头湾内 9 种主要造礁石珊瑚(5 种鹿角珊瑚,杯形珊瑚、牡丹珊瑚、蔷薇珊瑚、滨珊瑚各1 种)进行生态养殖高温模拟实验,结果显示:(1)在高温胁迫下,不同形态珊瑚有不同的生态响应,枝状珊瑚对高温的耐受性最低,最先白化死亡。叶片状和块状的珊瑚对高温的耐受性较强。(2)即使是同一形态,不同种珊瑚对高温响应也存在差异,并且这种差异和珊瑚共生体虫黄藻密度呈现正相关。(3)在水温 32℃条件下,澄黄滨珊瑚触手不再伸展,在表面形成一层黏液保护膜。而风信子鹿角珊瑚和松枝鹿角珊瑚开始白化。十字牡丹珊瑚在整个实验过程中始终触手摆动频繁,耐受能力最强。据实验结果显示,对高温的适应性与各种珊瑚种的不同生理和形态特征有关。根据不同种类、不同形态珊瑚对水温上升的不同响应,推测目前全球变暖不会对三亚珊瑚造成致命的影响,但持续变暖可能会导致珊瑚群落趋向耐受能力强的种属而导致多样性减少(李淑等,2008)。

同时对三亚的珊瑚在实验室进行的低温生态模拟实验表明,三亚造礁石珊瑚耐受低温的能力也与其骨骼类型有关,枝状珊瑚最先死亡,块状珊瑚的耐受能力明显高于枝状珊瑚;14℃(持续 3 天)是三亚湾枝状造礁石珊瑚的致死低温;14℃(持续 3 天)为块状澄黄滨珊瑚的致白化低温;12℃(持续 10 天)为叶片状十字牡丹珊瑚的致死温度;块状澄黄滨珊瑚受到低温胁迫时表面形成黏膜,阻止了珊瑚进一步排出共生虫黄藻。耐高温的珊瑚对低温也表现出较强的耐受能力,珊瑚对低温胁迫的响应模式与对高温的响应模式基本一致,即珊瑚首先不伸展触手,紧接着不断释放黏液并排出共生藻,最后白化、死亡(李淑等,2009)。

结合全新世高温期冷气候事件导致的珊瑚礁冷白化死亡(Yu 等,2004)、现代人类活动导致的珊瑚礁退化(赵美霞等,2010)和历史时期高温导致的南海南部南沙群岛珊瑚礁的热白化(Yu 等,2006),清楚地表明,环境变化对珊瑚礁生态有明显的负面影响。

7.4.2　海岸带的脆弱性

受全球环境变化、尤其是 21 世纪极可能出现的海平面持续上升的影响,海岸带这个人类生存和发展的重要区域正面临着极大的威胁,海岸带系统对海平面上升的敏感性更加突出(李恒鹏等,2002)。

海岸带受自然发展状态和人类活动两方面的双重影响。随着全球海平面上升,江苏海岸带平缓及淤泥质的特征,使得海岸带侵蚀加剧,潮滩淹没面积将增大。人类活动对海岸带环境与生态的影响更直接明显,滩涂围垦和工农业生产带来的污染危害日益凸显,使江苏海岸带生态呈现出明显的脆弱性(戴亚南等,2009)。

在海平面上升规律和预测的基础上,根据近岸陆地高程、海岸防护标准、风暴潮强度等多种因素的综合评估,中国海岸带可划分为 5 个主要脆弱区(Yang 等,2012)。其中海河平原三角洲、黄河三角洲、苏北平原和长江三角洲、珠江三角洲是 4 个最重要的脆弱区。还可采用区域承灾条件综合指数来反映一地区的海岸脆弱性强弱,主要从工业、农业、林牧、交通运输各行业产值及土地利用等方面评价该地区受海平面上升影响的破坏性及社会经济损失值(王芳,1997)。

7.5　海平面变化适应技术与方法

7.5.1　沿海工程适应技术

1. 完善海洋与海岸工程及城市防护设计标准

气候变化已经对中国海岸带环境与生态产生了一定的影响,主要表现为 1950—2005 年来中国沿海海平面有加速上升趋势,对海堤高程、强度、安全性、港口码头标高设计,以及地下水超采和地面沉降的控制,排水口底高的调整,防护林的设计、建设、维护等多方面提出了新的要求,因此需要尽快完善海洋工程及城市防护设计标准,应对气候变化和海平面上升带来的一系列问题。

(1)完善海洋与海岸工程标准

在海洋与海岸工程方面,采取护坡与护滩相结合、工程措施与生物措施相结合,完善工程标准,为应对海平面上升提供技术支撑,主要开展以下几个方面的标准化工作:

(a)为了强化沿海地区应对海平面上升的防护对策,加高加固海堤工程,需要制定海洋工程堤坝的设计标准,规定堤坝的高程和标高;

(b)制定海洋与海岸工程测量标准,准确掌握堤坝的高程、强度质量和稳固性;

(c)制定海洋与海岸工程安全性评价标准,科学论证工程的质量、强度、稳固性和高程;

(d)制定海洋与海岸工程监测标准,加强对海堤的稳定性和沉降程度的监测;

(e)制定海洋与海岸工程预警与应急处理标准,提高堤坝面临海洋灾害的承受力,满足对堤坝加高加固的预警、应急要求。

(2)完善城市防护设计标准

在城市防护设计方面,为应对气候变化,需要开展以下几个方面的标准化工作:

(a)制定地面沉降观测标准,以及污水回灌的相应标准。由于地下水长期开采,引发了地下水位逐年下降、含水层疏干、水质恶化、地面沉降等地质环境问题,人工补给地下水已经广泛地用来控制地面沉降、阻止海水入侵,以及注入地下水库补充水资源的不足。但是,如果用高质量的水回灌地下,而最后在附近地区抽出,会形成一个昂贵的循环,导致水的成本过高。如果将污水适当处理后回灌地下,不仅在技术上可行,而且在经济上也合理。这就需要制定相应的污水处理标准,控制污水处理后的质量,避免不合格的污水回灌,污染地下环境,也避免污水处理后水质标准过高且成本过高的问题;以及制定回灌方法标准,规范地下水人工补给的流程和操作方法。

(b)制定地下水位观测、地下水水质监测和自来水取水口设计标准。为解决沿海地区海水入侵,应设置地下截渗墙,切断海水入侵路径,但因造价较高,目前主要采用控制地下淡水开采的方法,以及采取农业节水、工业节水和生活节水的新技术以及地下水回灌、境外引水等补源途径。以往的问题主要是不能有计划、有目的地控制地下水开采,而是等到出现海水入侵了,才被迫放弃或减少开采,以致造成吃水困难等被动局面。应当说,加强地下水位和水质监测,强化地下水资源管理是防治海水入侵的根本性措施。因此,有必要制定地下水位的观测标准和水质的监测标准,保证及时、有效地获得地下水位、水质信息,提出应急处理方案,改变吃水困难的被动局面;制定自来水取水口的设计标准,切实、有效应对河口海水倒灌和咸潮上溯,积极防范城市用水困难的问题。

(c)制定排水口底高的设计标准。由于气候变化、海平面上升,原先的排水口底高设计已不适应现阶段海平面逐年升高的现状,因此需要制定排水口设计标准,调整底高,避免因海平面上升造成排水管外压过大,污水回流。

(d)制定沿海防护林的设计、建造、维护标准。沿海防护林的法律保障和科技支撑滞后,缺乏可操作性的专项法律法规及标准,严重影响了沿海防护林的快速健康发展。应加强有关沿海防护林体系设计、营建、保护、监管和湿地保护管理等方面的标准制定,从用地、管理上作出规定,针对沿海地区盐碱地、海岛等地区造林成本高、管护难度大等实际情况,以及低效防护林改造、红树林引种驯化、重大病虫害防治、高效防护林体系配置、滨海湿地恢复技术等诸多问题,制定相应的技术标准,严格按标准开展沿海防护林的设计、营建、保护、监管等各项工作,降低建造的技术成本和生产成本,提高防护林的质量,充分发挥沿海防护林抵御海洋灾害的重要作用。

2. 建设海岸防护设施

(1)加强沿海地区基础防护建设

加强海岸带和沿海地区适应海平面上升的基础防护能力建设。加强海岸带综合管理,提高沿海城市和重大工程设施的防护标准,建设适应的海岸防护设施。

针对海平面上升,应逐年分期地增加对海堤、江堤建设的投资,切实做好海堤、江堤的建设。在海岸带,要加强海岸的保护和管理,加强防护林建设。尤其是冲蚀海岸段要切实提高海堤建造标准。为了防止海岸侵蚀,特别是对重要的、具有较大开发意义的岸段侵蚀,可采取建造垂直于海岸的突堤或丁字坝等常用的海岸防护堤以及采用人工"施肥"的办法来避免和减轻海岸侵蚀。在沿海低平原地区,特别是河口三角洲地带,建设永久性的重大工程时应适当提高其建筑基面,以免未来海平面上升被淹没,造成重大损失。在城市地面沉降地区建立高标准防洪、防潮墙、堤岸,改建城市排污系统,对沉降低洼地区进行城建整治和改造,提高城市抗灾能力。

首先是加高加固沿海大堤,使之能抵御海平面上升以及风暴潮增水和波浪爬高的侵袭。其次,随着全球气候变暖,暴雨频率和雨量以及由此而发生的洪水频率与水量将会增大,因此,河流下游河口段防洪标准本已很低的河堤也应及时加高加固,以防止未来受上升的海面与高潮和风暴潮顶托而发生洪涝大灾。最后,在加高加固海堤时,还应预见防潮堤的修建本身将会对环境带来的一系列不利影响。由于大堤中断了海陆水循环,堤内湿地将由咸水环境转变为淡水环境,使湿地生态发生相应变化或退化,并将改变自然保护区内珍稀鸟类的栖息环境而使其失去原有保护区的功能。

(2)培育和保护沿岸防护林

沿岸防护林对于保护海洋生态环境、涵养水源、保持水土、净化水质至关重要。在贯彻执行森林法等法律法规,加大打击盗砍滥伐防护林行为的力度,保护现有沿岸防护林的同时,还要从实际出发,采取多种方式加强沿岸防护林的培育和保护工作。首先,清理25°以上坡地的开垦耕地。对于25°以上坡地开垦耕地的,应当区分情况处理,属于历史形成的,可以依照退耕还林政策执行;属于违法开垦的,应当依照水土保持法的规定责令停止开垦,采取补救措施,并给予相应处罚。其次,要鼓励社会植树造林,禁止砍伐原始林或者次生林改种经济林。在沿岸两千米范围内的林木或是水源涵养林,应当划为公益林,不得随意采伐,对其中属于人工种植的,可由政府购买或者每年给予一定经济补偿。

3. 加强海水入侵和咸潮入侵防范

(1)环渤海

渤海沿岸许多地区具有深厚的第四纪松散沉积物,地下水位很低,地下水与海水存在直接或间接的水力联系。1999—2009年期间,沿岸的城市乡镇过量开采地下水(包括淡水和盐卤水),形成若干不断扩大的地下水降落漏斗,导致原咸、淡水之间动态平衡的破坏,沿海地带海水及沿岸地下泻湖高浓度海水沿沙层孔隙、基岩断裂破碎、裂隙带,基岩疏松风化壳、地下埋藏古河道等多种通道向内陆淡水含水层入侵。应采取以下措施对灾害进行防范。

(a)加强地下水使用管理,建设河口水库

重点应放在优化调整地下水开采布局和层位,充分开发利用浅层地下水;利用滨海河谷建设地下水库;利用地下空间和雨洪水资源,实施地下水与地表水联合调度;扩大咸水资源改造利用;勘查、建立城市应急后备水源地;开展地下水污染调查;加强地下水动态监测与研究等措施,建立以城市、港口为重点的地下水供水安全保障体系。环境地质调查重点则放在确定海岸基准线,开展重点城市、港口以及湿地环境地质调查评价,建立海岸带地质环境监测体系和地质灾害预警系统,构建海岸带地质环境保障体系等方面。

(b)加强地表防护措施建设

从地面垂直形变与潮位资料等分析,黄河三角洲和辽河三角洲的地面下降速率为3～4 mm/a和3.5～4.5 mm/a,而相对海平面上升速率为4.5～5.5 mm/a和5～6 mm/a,预计至2050年总体的相对海平面上升量可达40～55 cm。海平面上升对三角洲湿地的影响首先是直接淹没大片农田、油井和市区,其次是加剧海岸线的侵蚀与后退,还有风暴潮与洪涝灾害的加剧。所以应着力修建各种防灾、抗灾工程,并与生物措施结合起来。渤海有5000 km以上的海岸线,修建海堤、拦潮闸、人工建滩、营造海岸防护林、种植抗盐碱牧草等,是目前可行的防止海水入侵、风暴潮、海岸侵蚀的有效方法,但该区已有的高标准海堤屈指可数,与该区发达的经济建设不相称。国家应采取必要的强制性防灾措施,并认真做好抗大灾的准备。

(c)加强区域用水规划与节流方案

区域水资源紧缺,供需矛盾尖锐,超采地下水,是该区地面沉降、海水入侵发生的主要原因,是制约本区经济高速发展的首要障碍。依水资源保证率推算,环渤海地区今后数十年水资源匮乏之势已定,所以综合治理的治本举措是优化区域水资源环境,实施开源、节流并举的方针,缓解水资源供需矛盾。

(d)控制地面沉降、禁止沿海挖沙等活动

合理规划城市布局,控制地面沉降。合理开采地下水、油气资源,在水量充足的季节,利用高压泵向地下注水,增加地层含水量,减轻地层压力,避免地面沉降;做好地质勘探工作,合理规划城市布局,减少在软土层、古河道、古海滩、工矿采空区和断裂带上建设重大工程项目，不允许布置密集的城市建筑，必要时打深桩加固地基，减缓地面沉降程度；在矿石采空区做好善后工作，用土石填埋或者加设支撑物，避免地面塌陷。把矿石开采善后工作同开矿成本联系起来，实行"谁开矿，谁治理"的措施，加强地学环境监控管理。

严格控制海滩围垦养殖和盐田的建设规模，严格禁止沿海挖沙活动。在海滩围垦容易造成增大咸水向内陆延伸的空间，进而增加咸水的入侵空间。沿海挖沙使得地层自然结构破坏，咸潮的阻挡作用减弱。

（2）长江三角洲

（a）加强监测预报

扩大对崇明岛沿线长江河口区的盐度、潮位、水温、风速、风向等要素监测点的设置，监测时间需延长，监测次数需增多。设立长江河口水文气象观测网，资料共享。

做好盐水入侵北支倒灌预报，及时向宝钢水库、陈行水库发布盐水入侵北支倒灌预报。

（b）预防措施

1）防范咸潮入侵重大工程建设

陈行水库扩容由 830 万 m³ 扩展至 1432 亿 m³，供水规模由 160 万 m³/d 提高至 218 万 m³/d。新建青草沙水库库容为 4.35 亿 m³，咸潮期可连续 68 天正常供水，供水规模占上海原水 50% 以上。

长江口北支缩窄工程，由下口门 13.2 km 缩减至 5.8 km 等距延伸至北支上口，以减缓北支潮流作用，可起到减少北支盐水倒灌的作用。

2）构筑盐水入侵信息平台

整合资源优势，集基础研究、构筑盐水入侵信息平台、自助监测网络、业务化预报一体化，共同防范咸潮入侵。

（c）减灾对策

三峡工程建成，全年入海总水量不变，但使河口各月、季间的流量趋于均匀，1—4 月下泄流量增加，而 10 月份的下泄流量有所减少，这将会在枯水年反映出枯水流量提前出现，延长枯水历时影响时间。推进重大工程对长江口咸潮入侵的研究，确定调水的控制流量。国家有关部门应充分利用三峡工程的调蓄功能，通过控制大通径流量来遏制长江口北支盐水倒灌。

（d）加强其他自然灾害的预报

长江口附近发生风暴潮和海啸亦会导致盐水入侵，做好风暴潮和海啸预报，在其来临前及时蓄水并保护好水库水资源非常重要。

（e）加强盐水入侵研究

长江南支南岸是长江口淡水资源开发利用的重要岸段，开展咸潮期水体的氯化物含量与大通站流量的研究，为提前蓄水提供时间表，以减少盐水入侵的不利影响。

（3）珠江三角洲

由于咸潮入侵，在枯水季节已给珠江三角洲的水资源带来了一定程度的危机，对社会经济发展造成了不利影响，面对珠江三角洲的高速发展，必须做好准备，积极寻找相应的对策，努力创造良好的水环境氛围，以水资源的可持续利用促进社会经济的发展。

（a）加强咸潮的观测，建立预警机制和应急预案。运用先进的盐度、流速观测设备，对珠江三角洲水网实施系统的同步的严密监测，并建立预警机制和应急预案，建立协调机构，在咸潮到来之前做好防范。

（b）采取调水以淡压咸。由于咸潮活动主要受潮汐活动和上游来水控制，潮汐活动可调节的余地有限，而上游径流的调节则是大有可为的，抵御咸潮迫切要求水利枢纽的运作，调水以淡压咸是目前比较有效的应急办法。珠江水系中西江大部分水电站的调节库容较小、能力有限，且比较分散，因此，应急调水压咸调度应以西江干流天牛桥一级、岩滩水库为主，鉴于北江飞来峡距离珠江三角洲较近、流程 1～2 天，也应当优先考虑其调水压咸作用，通过调水以淡压咸可以充分发挥大珠江流域水资源的综合效益。

(c)加强河道采砂管理。鉴于目前珠江三角洲河段过量滥采河沙造成河床严重下切,引发咸潮上溯,有关部门应对珠江全流域加强采砂的管理,用立法手段严厉打击违法采砂行为。

(d)节约用水,提高水的利用效率。据广东水利局统计,广东省年总用水量持续多年递增,年递增幅度约 5%,居全国榜首;全省用水消耗量为 167 亿 m³,浪费率占总用水量的 37%,此项指标同样高居全国榜首,其中农业是首当其冲的浪费大户,占总消耗量的 7 成以上;全省人均综合用水量达到 584 m³,此项指标高于全国平均值。珠江流域其他省份也与广东省一样用水浪费严重。用水的严重浪费导致河流水位下降,加重咸潮的危害。所以,应提倡人们节约用水,提高水的利用效率,以减轻咸潮的危害。

(e)对入海口门处建软体坝或挡潮闸等方案进行科学论证。

研究咸潮入侵的原因和对策是一项复杂的系统工程,必须对此进行长期系统的研究,才能掌握其机制,提出合理的对策措施。

(f)城市取水口适度上移。

配合具体工程措施,将原来的取水口沿江向上游移动,但要合适规划上移的距离。

4. 加强海岸蚀退防范

地面沉降、海平面上升、海浪冲刷、风暴潮作用,以及泥沙供给不平衡等是海岸蚀退的直接原因。海洋与海岸工程、大型水利工程建设、采砂取砂等人类活动通过改变海洋的动力环境和物质供给环境从而导致海岸发生蚀退。最好的海岸防护措施是使海岸尽可能恢复原来的自然状态,使海岸带的自然过程持续如常,不受人工妨碍。人工海滩就是再现自然界自己原来过程的一种海岸防护措施,适用于已经开发的海岸。在现代经济发达的三角洲地区,防治海平面上升的最好对策也是防护。具体到中国沿海地区,可以采取以下防治对策。

(1)制定海岸防护法规

制定有关法规,实行护岸与保滩相结合、抗蚀与促淤相结合以及工程措施与生物措施相结合的综合管理,把海堤建设好,把海滩尤其是海岸湿地和高潮滩保护好,在一切管理工作和海涂开发中能考虑到海岸防护。

(2)加强对海岸工程的监管

随着海洋经济开发的进程不断加快,越来越多的填海工程、堤坝工程项目沿海岸线开发建设。以黄河三角洲岸滩侵蚀为例,"硬性"海岸工程如海堤、防波堤等,都会造成沿岸方向下游海岸的侵蚀。黄河口刁口河流路沙嘴突出后右侧(东南部)海岸线为西北—东南走向,与东北来向波浪方向大致垂直。1976 年刁口河不再行河,北部海岸因失去河源泥沙补充和修建海堤而蚀退。

海岸工程,如围填海、码头、护岸、防波堤、挡沙坝等的修建。大型的海岸工程往往对较大区域的海洋水文动力环境和冲淤环境等会产生干扰,打破原有海陆相互作用的平衡,试图建立新的平衡;单个的小型项目对海洋环境的改变并不显著,容易让人们忽略,但随着多个小型项目的上马,项目的累积效应逐渐显现,累积效应达到一定程度后也可能造成海岸滩的侵蚀。因此在对海洋工程项目的立项、可行性研究、审批过程中不仅应该对单个海洋工程项目的影响加以关注,还应该制定区域性的项目用海规划,以预防累计效应带来的不利影响。

(3)严格控制海滩和海底采砂活动

中国沙质海滩蚀退主要是由于沿岸挖沙引起的。沙质海滩特大高潮线以上多为长草的沙丘或沿岸沙堤,不经常受到海浪冲刷,可视为天然屏障。由于人工水下采沙,破坏了海滩水下海浪动力与泥沙供应间的动态平衡,海洋动力必然要再从岸滩系统中获取一定的沙源补充,以形成新的动态平衡,即导致上部海滩遭受冲刷破坏,地面形态上表现为岸线的后退或海岸线下侧滩面侵蚀。全国海岸每年挖沙总量尚无法精确统计,但局部地区挖沙现象难以遏制。中国辽宁、山东、福建等砂质海岸的优质建筑工业沙均遭不同程度的采挖,据不完全统计,山东沿海有采砂点 76 个,1998 年采砂 403 万 t,1999 年采砂 600 万 t。山东半岛入海河流向海输沙为 801 万 t/a,这些入海泥沙仅有 20%~30%留在海滩上参加海岸过程,其余皆以悬移质形式输往海区。按此计算,1998—1999 年海岸泥沙至少亏损 200 万～400 万 t/a。

根据辽东湾绥中海岸不同时期海图对比、对遥感图像和多年现场监测资料的分析,研究认为海上采砂是辽东湾绥中沙质海岸侵蚀的主要影响因素。

在沿岸输沙平衡的情况下,海岸带被带走的泥沙与供给的泥沙基本相当,岸滩处于动态平衡状态,不会发生淤积或侵蚀现象。但若在海滩进行海砂开采,由于海砂开采速率一般远大于泥沙补给速率,造成海滩泥沙供小于求的现状,为达到一种新的供求平衡,则水体对岸滩发生冲刷以提供沙源,岸滩侵蚀发生。由此而引起的侵蚀范围和侵蚀深度相对较小。海滩采砂还常因为短时间的大幅度地改变地形,发生岸滩崩塌等,从而导致海岸出现快速的侵蚀。海滩采砂降低拦门沙坝、水下沙堤的高度,地形对海浪的屏蔽和摩擦作用减弱,地形消浪作用降低,海浪对岸滩的冲刷加强,也可导致海岸蚀退发生。

用发放挖砂许可证的制度限制海岸采砂,在岸滩侵蚀强烈的地段严禁海上采砂,防止岸滩过度蚀退。因此在进行海砂开采之前,对海砂开采选址的可行性、海砂开采活动对区域的泥沙收支平衡影响、海砂开采对海洋动力的影响情况等各个方面进行充分论证可行后方可实施,并要根据论证结果确定合适的海砂开采强度,以预防海砂开采带来大面积的岸滩侵蚀现象,达到合理利用海砂资源的目的。

（4）修建堤坝,建造人工沙滩,施行海滩人工喂养

在对不同地区岸滩泥沙运移和冲淤规律以及海岸侵蚀与岸坡失稳灾害防护对策等理论研究的基础上,建造丁坝、潜坝、护坎坝、离岸堤以及它们的相互组合形式。通过改变泥沙运移路径,建造人工沙滩,对于海岸蚀退防范有重要的意义。

对于砂质海岸一般采用海滩喂养并辅以导堤促淤或外防波堤掩护的工程措施,这是当前最有效的工程措施。目前多开采外滨古海岸砂补充现代海滩,该处水深已超过海岸泥沙活动带,有限量采沙不会形成对现代海岸过程的破坏。人工堆沙部位以沙丘带坡麓与低潮水边线以下 -1 m 水深处为宜,若配以少量防波堤建筑,则人工海滩可预期保持滩体的基本稳定。

针对黄河口海岸将在一定的时期内继续蚀退的现状,可通过构筑海岸堤坝、护岸堤、挡潮堤、导流堤和消浪堤等工程措施,削弱海洋动力对海岸的侵蚀,减少近岸带的泥沙流失,起到保沙护堤之效;也可通过对海岸蚀退的地方进行泥沙调度或调节,增加泥沙来源,修复被破坏的海岸,起到缓冲侵蚀的作用。

修订现时海堤标准,逐步加固加高海堤,加强对现有海堤的管理与保护。中国目前海堤高程大都由历史最高潮位、相应重现期的风浪爬高和安全超高三项参数相加得出,海岸防护存在的突出问题是:海堤标准低,抗御能力弱,综合防护措施不够。要改变这种现状,关键在于增加投入,适当修订现行海堤设计标准,重新确定海堤等级及划分依据,提高海堤防潮抗浪能力,使大部分海堤在现有基础上通过加高加固普遍提高一个等级。

（5）加快防风暴潮工程体系建设

海洋动力是整个海域冲淤变化的主要原因,滩底泥沙的启动、运移均是海洋动力的作用,海浪越大,对海岸冲击力越大,掀沙能力越强,潮流动力越强,输沙速率也越快,在通常情况下,由海水冲刷引起的海岸蚀退速率一般较慢。但在突发的风暴潮事件当中,由于海面异常升高,并伴有狂风巨浪,因此给海岸造成严重侵蚀,风暴潮的侵蚀量,一般相当于一年的正常侵蚀量。

建立完善的风暴潮工程体系是海岸蚀退的有效防护措施。防风暴潮工程体系建设要以区域为单位,制定区域性的防风暴潮工程体系建设总体规划。根据蚀退岸段的海滨地质条件、海洋动力强弱、上游来沙条件等分析海滨岸段的侵蚀主因,依照岸段后方陆域社会经济特点、受风暴潮侵蚀的强弱确定防风暴潮侵蚀等级。结合风暴潮工程所在地的海洋环境优化坝体设计,同步做好堤坝的防浪消浪设计与施工。防风暴潮体系的各项工程达到有精品形象、工程设备配套齐全、工程管理科学、工程效益量化的标准。

（6）推动沿海生物防护工程的建设

当前的防风暴潮工程体系建设以修建防风暴潮堤坝为主,修建防风暴潮堤坝虽然能有效遏制海岸

的进一步蚀退,但是海浪对海岸的冲击是永不停息的,无论怎样坚固的大堤都能在海浪的冲击下逐渐损毁,因而需要对其进行不断的维护、保养,工程量大,耗费高。

生物防护工程能够起到保护滩、防浪保护堤坝、促淤等作用,同时还具有自组织、费用低,使用寿命长以及优化区域环境等特点,具有较好的社会、经济和环境效益。因此,要积极开展适宜进行生物防护工程的品种研发、开展生物防护工程实验等,以推动沿海生物防护工程的建设,与沿海防风暴潮工程体系互补,构建坚固的海防线,保障人民的生命财产安全。

(7)加强对大型水利工程的监管,合理调水调沙

海岸带的物质平衡是建立在海陆相互作用的基础上的。海陆任何一方的重大改变都会引起一系列的连锁反应,并最终导致物质平衡的破坏,其表现形式就是海岸的异常进积和蚀退。新中国成立以来实施了一系列大型的水利工程项目,如三峡枢纽工程、黄河上游水库建设、南水北调工程等都改变了由西向东的泥沙输运过程,减少河流入海的泥沙量,从而打破现有的海岸带物质平衡。统计资料分析,黄河泥沙入海量自1970年代以来呈迅速递减趋势。1950年代和1960年代的黄河泥沙入海量平均值分别为13.2亿 t和10.9亿 t,1970年代和1980年代分别递减到9.0亿 t和6.4亿 t,1986—2002年黄河入海泥沙总量平均3.3亿 t,2003—2004年,因调水调沙影响,黄河入海泥沙总量平均3.7亿 t,导致海岸整体上呈现蚀退状态。而对于老黄河口地区,由于缺少泥沙补给,蚀退尤为严重。2006年5—10月,上海市崇明东滩岸段岸滩侵蚀长度为8.14 km,最大侵蚀宽度67 m,平均侵蚀宽度37 m,侵蚀面积为0.30 km²,直接威胁附近沿岸海堤安全。侵蚀的主要原因与长江上游建坝筑库,部分泥沙被拦截,使得入海泥沙量呈逐年减少有关。因此在开展大型水利工程建设之前需就其对下游海洋环境的影响进行专题论证。

由于淤泥质海岸和砂质海岸侵蚀机制不同,处于自然侵蚀过程的淤泥质海岸,采用人工措施来抑制岸线侵蚀是十分困难的,因此只能在潮间带滩地近岸或陆上部分实施工程防护。而且由于中国淤泥质海岸受沿海入海河流影响很大,须从流域范围管理河流的泥沙和径流减少问题,以保证河口一定的输沙径流量。

调沙措施就是给海岸蚀退的地方通过泥沙调度或调节增加泥沙来源修复被破坏的海岸起到缓冲侵蚀的作用。黄河口1980年代以前入海沙量为7.46亿 t,自1990年代以来输沙量明显降低,1990—2000年均输沙量为3.53亿 t,若按此输沙量值也足够海岸补沙的用量。对黄河三角洲陆域而言,泥沙是抬高河床、排水不畅、河道尾闾造成洪灾的祸根。尾闾的演变规律自1950年代至今经过50多年的探索已基本认识清楚:10~12年一次大改道,2~3年一次小改道。不论大改道还是小改道,都是由入海口出沙不畅,泥沙滞留河床而造成的。根据这种情况,陆域因多沙造成洪灾,海岸因缺沙发生蚀退和尾闾河道的自然演变规律等,可通过工程措施把黄河来沙送到缺沙的海岸。实施对策是:二级分汊,多汊并存,人工控制,和按需排放等。

(8)加强公众宣传教育

中国废黄河及现代黄河三角洲海岸的变迁,是世界上人类活动改造海岸生动深刻的实例。有些沿海地区相对海平面上升值中,受自然因素影响的只占极少一部分,绝大多数是由人类活动造成的。所以,加强对公众宣传教育,提高人民科学对待海平面上升及其所造成的种种危害的意识,从长远来看,应当具有极大的效用。

7.5.2　海洋保护区建设和海洋生态系统适应技术

随着中国海洋开发战略的实施,海洋经济对国民经济的贡献率必将随之不断提高。加强海洋环境的保护和生态的修复,是海洋经济可持续发展的重要保障。为了切实加强中国海洋环境的保护工作,促进海洋经济的可持续发展,必须加强立法、基础科研,严格行政执法,强化保护区的建设和管理等。同时需采取一系列措施,从海洋环境的监测、污染源控制等多方面入手,坚持标本兼治,切实做好海洋环境及生态保护工作。具体对策如下:

(1)建立中国海洋特别生态保护区,完成应对海平面上升关键区域海洋保护区的选划调查,形成一

套海洋保护区网络建设的指南、规范和标准。分步在上述区域选划建立海洋特别保护区。

（2）典型海岸带及近海生态系统的修复和建设。总结国内外现有海洋生态修复工程的成功经验，制定典型海岸带及近海生态系统的修复和建设规划与技术规范，选取具有代表性的区域，开展典型海洋生态系统修复示范工程建设。

（3）建设红树林生态修复示范工程。选择中国具有典型代表性的红树林适生海域滩涂，建设红树林生态示范区。

（4）开展退化滨海湿地修复示范工程建设。从全国区域分别选取不同受损类型（包括污染、生境物理破坏、外来种入侵）的滨海湿地小区，开展湿地生态恢复示范项目研究，对确定为受损严重的滨海湿地小区开展示范工程建设。

（5）施行海滩人工喂养。世界的砂质海滩有 70% 遭受着侵蚀（任美锷，2000）。由于砂质海滩是重要的旅游资源，对海岸社会经济十分重要，所以最近几十年来，移砂补滩（海滩人工喂养或人造海滩）已成为海岸管理的首选措施。海滩人工喂养包括重建和再补砂两个内容。前者是指移入适量沉积物（砂）使受侵蚀的海滩恢复其原来宽度，以满足旅游休闲需要，同时保护海滩免受风暴侵蚀；后者是指定期地人工补砂，以维持补砂后的海滩剖面。

（6）保护现有的森林和牧场，加强绿化。在沿海地区除了应保护现有的森林和牧场外，还应广泛植树造林，加强绿化，增加森林覆盖面积。这不但可以防沙固沙，防止水土流失，改善自然环境，还可以抑制大气中 CO_2 含量的过速增长，从而延缓了海平面上升，减轻自然灾害的危害。

（7）发展沿海防护林。其中的措施包括依法治林，强化经营管理，继续深入开展全民造林绿化教育，树立可持续发展观念，加强环境保护；坚持科教兴林，抓好成果示范推广，做好规划设计，建设综合防护林体系新造或重造的林带。

7.6　存在的问题和解决措施

7.6.1　不确定性

1. 研究方法的不确定性

由于未来的海平面变化总是无法准确地沿着过去的规律进行演变，因此利用统计方法分析预测未来海平面变化，其方法本身的局限性无法避免。

海平面变化预测的不确定性来自于海平面变化中的自然变率和气候变化因素的分离。

在全球大气—海洋耦合环流模式中，云物理过程和次网格尺度的参数化是制约耦合模式准确与否的关键问题；而在由大气—海洋—植被—冰川四个子系统组成的全球气候耦合模型中，各子系统之间的耦合过程无法准确刻画真实的物理过程，同时，CO_2 排放情景的预测准确度也是制约气候耦合模型预测未来海平面变化的关键因素。从而给未来海平面的预测带来很大的不确定性。

2. 现有观测的不确定性分析

（1）海平面上升观测存在一定的不确定性

近海海平面上升观测主要依靠沿海验潮站的水位观测。但到目前为止，验潮站的水位观测结果还存在一定的不确定性，主要表现在：一是由于社会经济的发展，验潮站周围的自然环境发生了变化，如港口、防波堤等的修建，对验潮站的水位观测造成了影响。二是一些验潮站自建成后，水准点或水尺零点发生了变动。由于历史原因，有些验潮站水准点或水尺零点的变动缺乏翔实可靠的记录，也没有对观测资料进行相应的订正，从而影响了观测资料的分析结果。三是验潮站所用验潮仪的更新升级，对长时间序列观测资料的一致性产生了影响。四是由于仪器故障等种种原因，造成某些验潮站资料缺测，当某段时期内资料缺测较多，将对分析结果的准确性产生影响。

海平面上升是一种长期的、缓发性的海洋灾害，其带来的影响是长期的、多样的。中国尚未开展海平面上升影响专项调查,对海平面上升影响调查的内容、方法、手段等缺乏专门的标准和规定,海平面上升影响资料较少,且多从其他调查项目获取,更没有长期的资料积累,基于这种资料状况的海平面上升影响研究必然存在其不确定性。

(2)陆面沉降的观测

原始观测数据中,近岸海平面变化数据主要来源于长期验潮站,而验潮数据中海平面变化包括两部分:海平面自身的变化和验潮数据中水尺零点随地壳垂直升降的影响,在江河三角洲地区,由于地壳压实和沉降非常严重,在海平面变化数据中这种不确定性与海平面本身的变化量级是相同的,某些地区甚至超过海平面自身的变化。

(3)温盐观测资料的不确定性分析

中国近海高质量的长时间序列温盐观测资料的获取主要存在两方面的问题:第一,空间覆盖率不够。目前中国近海海域长时间序列的温盐观测数据主要集中在沿岸监测站,离岸海域温盐数据的获取主要依靠零星的航次观测和数量有限的浮标观测。通过卫星遥感也仅能获取海表面温度盐度的信息。利用浮标进行观测是获取高密集度、长时间序列的三维温盐资料的有效方法,目前中国 ARGO 浮标的布放范围主要集中在西北太平洋大洋海域,近海进行长期观测的浮标布放数量不多,尚不具备近海海域高密度温盐剖面的连续观测能力。第二,资料的可靠性和有效性有待提高。观测到的资料由于质量不高而无法使用,这在很大程度上造成了观测人力物力的浪费。数据的时空分辨率和质量的局限性对近海海域温盐结构长期变化的研究带来困难。

7.6.2 社会经济投入与效益

在应对措施中,由于沿海和近岸工程水位技术标准的修订主要体现在社会效益上,尽管有很大的经济效益,但很难做出经济投入与效益的评估。由于沿海海堤的建设和完善,使得评估这些技术的经济投入与效益难以进行,因为海堤建设和完善降低了各种灾害的影响。下面以采用常用的海堤断面为例,根据《沿海港口建设工程概算预算编制规定》估算出的三大脆弱区:渤海湾和莱州湾沿岸和黄河三角洲,长江三角洲及江苏和浙北沿岸,珠江三角洲,分析三大脆弱区出现百年一遇极值水位时可能的淹没损失以及海堤加高加固成本估计(Yang 等,2012)。

(1)可能的淹没损失

应对 2050 年海平面上升,渤海湾和莱州湾及黄河三角洲可能的淹没损失为 2248 亿元、长江三角洲及江苏和浙北沿岸为 22057 亿元、珠江三角洲为 1102 亿元;应对 2080 年海平面上升,渤海湾和莱州湾及黄河三角洲可能的淹没损失为 2522 亿元、长江三角洲及江苏和浙北沿岸为 23316 亿元、珠江三角洲为 1137 亿元。其中长江三角洲及江苏和浙北沿岸在未来海平面上升的情况下可能的淹没损失是最大的,珠江三角洲在 3 个脆弱区中最小。

(2)海堤加高加固成本估计

渤海湾和莱州湾沿岸和黄河三角洲 2050 年海堤年均加高加固费用占该地区 2010 年 GDP 的 0.005%,2080 年占了 0.005%,是三大主要脆弱区中比值最低的;长江三角洲及江苏和浙北沿岸 2050 年和 2080 年的年均海堤加高加固费用占该地区 2010 年 GDP 分别为:0.036% 和 0.031%;珠江三角洲地区 2050 年和 2080 年年均海堤加高加固费用占广东省 2010 年 GDP 的比例分别为:0.076% 和 0.058%。可以看出随着海平面的不断上升,海堤年均加高加固的费用占当地 GDP 值的比例却不断在减小,因此从理论上讲,在可能的情况下应尽量一次性加高海堤的高度比较经济。

IPCC 在沿海地区海平面上升脆弱性评价七步骤中提出:反应选择费用占国民生产总值(GDP)的百分比必须小于 1% 时才是合理的检验标准(IPCC,1991),可以看出我国三大主要脆弱区的海堤年均加高加固费用占当地 GDP 的比值符合 IPCC 的规定。因此,为了预防海平面上升对沿岸地区产生的可能影响应采用防护策略,加高加固脆弱区的海堤。

7.6.3　解决的措施

1. 建立健全相关法律法规和综合管理决策机制

通过政策和法规建设，确定海洋/海岸带领域应对气候变化业务体系的建设目标和内容，建立综合管理的决策机制和协调机制，努力减缓与适应气候变化的不利影响。以地方经济社会的近期和中长期发展规划为依据，确定适应对策导向，成本效益分析和选择。适应未来海平面上升的风险分析，适应行动的原则和适应优先议题；重点突出对于实现地方近期和中长期发展规划或三角洲发展规划以及重大工程的保障和支撑，制定近期和中长期目标；体现与地方经济社会发展规划相关内容紧密结合的适应战略和对策，有针对性地分析和确定重点任务。

加强防灾观念与管理，鉴于相对海平面上升影响与对策的研究，在中国四大三角洲的地区，自1990年以来均已先后开展，甚至已采取了不少重大的工程措施。首先要从环境经济学方面认识到减灾防灾的投入也是地区经济发展投入的一个重要组成部分。华北、长江和珠江三角洲上有不少实例均已说明，这种投入虽仅占地区的年国民生产总值的 $1\% \sim 2\%$，甚至更少，但是发挥了重大效益，或者避免了重大损失。而且投入愈早，收效愈大，因为海平面上升的危害是一种缓慢发展的过程。在其初期，防治较容易，费用较低。一旦造成严重灾害时，其防治难度变大而且复杂，费用亦将显著增多。

2. 完善海洋领域适应海平面上升的监测能力

加强对海平面上升引起环境变化的观测，提高观测精度，积累长时间序列的观测数据是预警防范和规划等科学决策的基础资料。日前中国观测台站和监测系统网点布局也不尽合理，不少地区尚有空白。因此应加强中国沿海地区台站和监测系统的建设，统一规划，合理布局。加强海平面上升和海洋灾害的动态、长期监测。

（1）完善海平面上升监测网络

海平面变化监测的基本手段，是验潮站水位观测和高精度重复水准测量，取得全面精确的观测数据是海平面变化研究的基础。中国沿海地区已有一些观测台站和监测系统。为了监测长期的海平面变化，取得长时间序列观测资料，有必要加强和改善观测设施，改进观测方法，提高技术水平和观测精度。

必须综合分析气象站资料、验潮站资料、陆地区域性构造变形资料、地面沉降观测资料，才能取得真实的海平面变化数值。建设内容包括：台站监测网扩容和GPS监测能力改造，实现与国家高程系统的联网，开展海平面上升和地表沉降的长期、连续观测；岸/岛基本底监测站建设；航空遥感遥测利用"中国海监"飞机，搭载航空遥感、遥测设备，开展近岸陆地高程、岸线变迁、海岸侵蚀、滩涂变化、湿地变迁等变化的监测，为海平面变化影响评价提供基础数据；海防设施动态监测，利用全球定位系统（GPS）、大地基准测量仪器等监测设备，开展中国沿海地区重点海防设施工程的动态监测。

（2）全面提高海洋灾害的监测能力

有针对性的建设覆盖中国管辖海域、邻近大洋并适当辐射两极的海洋气候和海洋灾害观测网络，形成实时获取全球海洋关键气候要素的能力，具备评估海洋变化及其对气候影响的能力，提高对未来气候变化的预测水平，服务于中国应对气候变化的大局。

（3）沿海地区地形地势精确测量

在标有经济开发区、人口密集区、码头和防潮堤海拔高度的地形图抓紧开展精确地形图的测绘，以便为沿海防灾减灾研究和决策提供科学依据。

（4）海岸带生态系监测网络建设

1）选择海岸侵蚀重点监测区域（11个沿海省（区、市）至少各选择1个海岸侵蚀严重区域），布设监测桩与监测断面，开展海岸线位置变化、岸滩地形地貌特征的变化、海岸侵蚀原因、海岸侵蚀损失状况及对生态系影响等指标的监测。

2）选择海水入侵和盐渍化重点监测区域，布设相对稳定且具有连续性的监测站位，合理布置监测断面以及监测断面上的监测站位,监测海水入侵和盐渍化等特征指标。

3. 制定沿海防御海洋灾害长远规划

在实地调研的基础上,根据沿海地区海洋灾害发生机理和特点,开展海岸带综合风险评估,制定防御规划和实施方案,既包括沿海和海上工程性防御措施,又包括建立健全海洋灾害观测、预警报、救援、宣传、教育等非工程性措施。

国家应加大投入运用遥感、全球定位系统、地理信息系统、网络技术等高新技术和手段,建立海平面上升预测预报模型和预警系统和与海平面上升有关的资源、环境、经济和社会影响决策评价系统。结合地方经济社会发展规划,进行海岸带国土和海域使用、开发前的综合风险评估工作,确定评估科目和要求,根据不同的重点开发内容,提供详细、明确的风险警示。

分析气候变化和海平面上升对沿海地区的潜在影响,建设覆盖整个沿海地区的海平面上升影响评价系统,由现有的典型区域示范评价,提升为包括沿海省(区、市)、地(市)和不同海域的多层次、全覆盖的海平面上升影响评价系统,完善海平面上升影响评价指标体系和评价模型,加强海平面影响基础信息系统建设,开发海平面上升影响评价系统,全面提升海平面影响评价能力,为各级政府部门提供决策服务。

加强海平面影响脆弱性评估和区划。依据沿海地区海平面上升趋势及评价结果,综合评估海平面上升对沿海地区自然环境、社会经济、海洋权益和国防安全的影响,结合现有海防设施的防御能力,区划沿海地区海平面影响的脆弱性,为沿海地区发展规划提供依据。

4. 因地制宜在考虑海平面上升影响下设定合理的海岸防护标准

海堤是本地区一切活动所要依赖的生命线。针对沿海区域海平面上升的不同特点,在滨海城市建设和开发、土地规划利用、海域规划使用、滨海油气开采、海岸和河网的防护、沿岸港口码头、电厂等重大工程、海水养殖和海洋捕捞、种植业、观光旅游业等领域,全面提高防范海洋灾害的标准,如修订城市防护与海岸工程标准、海洋灾害防御工程标准、重要岸段与脆弱区防护设施建设标准,核定警戒潮位和海洋工程设计参数,建设适应的防护设施,为沿海城市发展规划、海洋经济区选划、海洋功能区划、市政防洪能力建设等提供决策依据。

中国目前海堤高程大都由历史最高潮位、相应重现期的风浪爬高和安全超高三项参数相加得出,海岸防护存在的突出问题是:海堤标准低,抗御能力弱,综合防护措施不够。要改变这种现状,关键在于增加投入,适当修订现行海堤设计标准,重新确定海堤等级及划分依据,提高海堤防潮抗浪能力,使大部分海堤在现有基础上通过加高加固普遍提高一个等级。

5. 开展抵御咸潮的规划工作

尽快成立由各相关部委和各沿大江大河相关政府统一协调的小组,组织开展各大江大河地区有关抵御咸潮确保供水的规划和前期工作,组织研究制定抵御咸潮、确保供水安全的方案、配套措施及有关工程建设、经营管理模式。

促进流域控制性工程建设,提高流域水资源调配能力。如珠江流域的控制性工程大藤峡水利枢纽位于西江中下游,距离珠江三角洲只有3天的流程,并有10亿 m^3 的调节库容。大藤峡水利枢纽建成后与临近广东的常州水库联合调度对于抵御咸潮十分有效,对保障珠江三角洲城市供水安全具有重要作用。这一工程应尽快论证后上马,这比远程调水的难度要小得多。

开展长江三角洲和珠江三角洲城市群供水规划,调整城市供水布局。尽管长江三角洲和珠江三角洲地区水资源总量较丰富,但本地产水量有限,加之受地形地貌条件限制,本地蓄水潜力有限,区域供水形势面临长期严峻的局面。解决长江三角洲和珠江三角洲供水安全问题,必须立足于流域水资源的合理配置,实施节水战略,制定长江三角洲和珠江三角洲城市群主要供水工程建设方案和相关的非工程措施。

6. 推进海洋保护区建设和海洋生态系统修复工程

提高近海和海岸带生态系统抵御和适应气候变化的能力,推进海洋生态系统的保护和恢复技术研发以及推广力度,强化海洋保护区的建设与管理,开展沿海湿地和海洋环境保护与生态修复工作,建立典型海洋生态恢复示范区,大力营造沿海防护林等。具体措施如下:(1)建立中国海洋特别生态保护区和滨海湿地自然保护区,建立保护区网络建设指南、规范和标准;(2)建设和修复典型海岸带及近海生态系统,制定典型海岸带及近海生态系统修复和建设规划与技术规范;(3)选择中国具有典型代表性红树林海域滩涂,建设红树林生态修复示范工程;(4)建设退化滨海湿地修复示范工程,开展湿地生态恢复示范工程;(5)施行海滩人工喂养;(6)发展沿海防护林;(7)种植护滩植物,在高潮滩种植芦苇等护滩植物,促淤保滩、消浪、减浪。

名词解释

绝对海平面：

主要指由于全球温室效应引起气温升高,海水增温引起的水体热膨胀和冰川融化所致的海平面变化,而区域海平面还包括海洋环流输送引起的局地海水质量变化引起的海平面变化。

相对海平面：

由于沿海地区地壳构造升降、地面下沉所引起的陆面垂直升降变化,与绝对海平面合在一起,构成海面高度相对于陆地的升降,即相对海平面变化。

参考文献

蔡锋,苏贤泽,刘建辉,等. 2008. 全球气候变化背景下我国海岸侵蚀问题及防范对策[J]. 自然科学进展,**18**(10):1093-1103.

蔡榕硕,陈际龙,黄荣辉. 2006. 我国近海和邻近海的海洋环境对最近全球气候变化的响应[J]. 大气科学,**30**(5):1019-1033.

蔡榕硕,张启龙,齐庆华. 2009. 南海表层水温场的时空特征与长期变化趋势[J]。台湾海峡,**28**(4):559-568.

蔡榕硕等. 2010. 气候变化对中国近海生态系统的影响. 北京:海洋出版社.

蔡榕硕,陈际龙,谭红建. 2011. 全球变暖背景下中国近海表层海温变异及其与东亚季风的关系. 气候与环境研究,**16**(1):94-104.

陈宝红,周秋麟,杨圣云. 2009. 气候变化对海洋生物多样性的影响. 台湾海峡,**28**:437-443.

陈长霖,左军成,等. 2012. IPCC气候情景下全球海平面长期趋势变化. 海洋学报,**34**(1):29-38.

陈吉余,徐海根. 1995. 三峡工程对长江河口的影响[J]. 长江流域资源与环境,**4**(3):242-246.

陈美香,王蕾,左军成,等. 2012. 基于多卫星融合数据的海平面特征分析[J]. 河海大学学报,**40**(3):325-331.

陈天然,余克服,施祺,等. 2009. 大亚湾石珊瑚群落近25年的变化及其对2008年极端低温事件的响应[J]. 科学通报,**54**(6):812-820.

陈小勇,林鹏. 1999. 我国红树林对全球气候变化的响应及其作用[J]. 海洋湖沼通报,(2):11-17.

陈洋,颜天,周名江. 2005. 有害赤潮对浮游动物摄食的影响[J]. 海洋科学,**29**(12):81-87.

成建梅,陈崇希,吉孟瑞,等. 2001. 山东烟台夹河中、下游地区海水入侵三维水质数值模拟研究[J]. 地学前缘,**8**(1):179-184.

程旭华. 2008. 海平面变化及其对广东沿海环境的影响[J]. 水产科技,**35**(4):34-35.

戴天元,等. 2004. 福建海区渔业资源生态容量和海洋捕捞业管理研究[M]. 北京:科学出版社:1-240.

戴亚南,彭检贵. 2009. 江苏海岸带生态环境脆弱性及其评价体系构建[J]. 海洋学研究,**27**(1):78-81.

戴志军,李为华,李九发,等. 2008. 特枯水文年长江河口汛期盐水入侵观测分析[J]. 水科学进展,**19**(6):835-840.

丁玲,李碧英,张树深. 2003. 沿海城市海水入侵问题研究[J]. 海洋技术,**22**(2):79-83.

杜碧兰. 1993. 海平面上升对中国沿海地区影响初析[J]. 海洋预报,**10**(4):1-8.

杜碧兰,田素珍. 1997. 海平面上升对中国沿海主要脆弱区潜在影响的研究[C]//杜碧兰. 海平面上升对中国沿海主要脆弱区的影响及对策. 北京:海洋出版社:166.

都金康,史运良. 1993. 未来海平面上升对江苏沿海水利工程的影响[J]. 海洋与湖沼,**24**(3):279-258.

范锦春. 1994. 海平面上升对珠江三角洲水环境的影响[C]//海平面上升对中国三角洲地区的影响及对策. 北京:科学出版社:194-201.

樊伟,程炎宏,沈新强,等. 2001. 全球环境变化与人类活动对渔业资源的影响[J]. 中国水产科学,8(4):91-94.

方国洪,王凯,郭丰义,等. 2002. 近30年渤海水文和气象状况的长期变化及其相互关系[J]. 海洋与湖沼,33(5):515-525.

丰爱平,夏东兴,谷东起,等. 2006. 莱州湾南岸海岸侵蚀过程与原因研究[J]. 海洋科学进展,24(1):83-90.

龚婕,宋豫秦,陈少波. 2009. 全球气候变化对浙江沿海红树林的影响[J]. 安徽农业科学,37(20):9742-9744,9784.

国家海洋局. 2006. 中国海平面公报. 北京:海洋出版社.

国家海洋局. 2007. 中国海平面公报. 北京:海洋出版社.

国家海洋局. 2008. 中国海洋环境质量公报. 北京:海洋出版社.

国家海洋局. 1989—2011. 中国海洋灾害公报. 北京:海洋出版社.

郭伟其,沙伟,沈红梅,等. 2005. 东海沿岸海水表层温度的变化特征及变化趋势[J]. 海洋学报,27(5):1-8.

韩慕康. 1994. 海平面上升对华北平原的影响和防治效益[C]//任美锷,苏纪兰. 海平面上升对中国三角洲地区的影响及对策. 北京:科学出版社:339-353.

韩慕康,三村信男,细川恭史,等. 1994. 渤海西岸平原海平面上升危害性评估[J]. 地理学报,49(2):107-114.

何发祥. 1997. 发生在东海近海与Elnino现象有关海洋污染若干典型事例[J]. 海洋湖沼通报,(1):6-12.

洪华生,商少凌,张彩云,等. 2005. 台湾海峡生态系统对海洋环境年际变动的响应分析[J]. 海洋学报,27(2):63-69.

胡敦欣,杨作升. 2001. 东海海洋通量关键过程. 北京:海洋出版社.

胡松,朱建荣,傅得健,等. 2003. 河口环流和盐水入侵Ⅱ——径流量和海平面上升的影响[J]. 青岛海洋大学学报,33(3):337-342.

胡政,冯志泽,何钧,等. 1995. 山东省莱州湾地区海水入侵灾害及其综合防治[J]. 自然灾害学报,4(1):104-109.

黄长江,董巧香. 2000. 1998年春季珠江口海域大规模赤潮原因生物的形态分类和生物学特征Ⅰ[J]. 海洋与湖沼,31(2):197-204.

黄长江,董巧香,郑磊. 1999. 1997年底中国东南沿海大规模赤潮原因生物的形态分类与生态学特征[J]. 海洋与湖沼,30(6):581-590.

黄磊,郭占荣. 2008. 中国沿海地区海水入侵机理及防治措施研究[J]. 中国地质灾害与防治学报,19(2):118-123.

黄玲英,余克服. 2010. 珊瑚疾病的主要类型、生态危害及其与环境的关系[J]. 生态学报,30(5):1328-1340.

黄荣辉,韦志刚,李锁锁,等. 2006. 黄河上游和源区气候、水文的年代际变化及其对华北水资源的影响[J]. 气候与环境研究,11(3):245-258.

黄镇国,杜碧兰,沈焕庭,等. 2005. 中国近海及海岸带气候生态与环境的变化//中国气候与环境演变(上卷). 北京:科学出版社:275-315.

黄镇国,谢先德. 2000. 广东海平面变化及其影响与对策[M]. 广州:广东科技出版社.

黄镇国,张伟强. 2004. 珠江河口近期演变与滩涂资源[J]. 热带地理,24(2):97-102.

姜嘉礼. 2002. 葫芦岛市滨海地区海水入侵研究[J]. 水文,22(2):27-311.

季子修. 1993. 海平面上升对长江三角洲和苏北滨海平原海岸侵蚀的可能影响[J]. 地理学报,48(6):516-526.

李从先,王平,范代读,等. 2000. 布容法则及其在中国海岸上的应用[J]. 海洋地质与第四纪地质,20(1):87-91.

李从先,杨守业,范代读,等. 2004. 三峡大坝建成后长江输沙量的减少及其对长江三角洲的影响[J]. 第四纪研究,24(5):495-500.

李恒鹏,杨桂山. 2002. 全球环境变化海岸易损性研究综述[J]. 地球科学进展,17(1):104-109.

李娟,左军成,谭伟,等. 2011. 南海海表温度的低频变化及影响因素[J]. 河海大学学报,39(5):575-582.

李立,许金电,蔡榕硕. 2002. 20世纪90年代南海海平面的上升趋势:卫星高度计观测结果[J]. 科学通报,47(1):59-62.

李平日,方国祥,黄光庆. 1993. 海平面上升对珠江三角洲经济建设的可能影响及对策[J]. 地理学报,48(6):527-534.

李素琼. 1994. 海平面上升对珠江三角洲咸潮入侵可能的影响[C]. 北京:科学出版社,224-232.

李素琼,敖大光. 2000. 海平面上升与珠江口咸潮变化[J]. 人民珠江,6:42-44.

李淑,余克服. 2007. 珊瑚礁白化研究进展[J]. 生态学报,(5):2059-2069.

李淑,余克服,施祺,等. 2009. 造礁石珊瑚对低温的耐受能力及响应模式[J]. 应用生态学报,20(9):2289-2295.

李淑,余克服,施祺,等. 2008. 海南岛鹿回头石珊瑚对高温响应行为的实验研究[J]. 热带地理,28(6):534-539.

李云,徐兆礼,高倩. 2009. 长江口强壮箭虫和肥胖箭虫的丰度变化对环境变暖的响应[J]. 生态学报,**29**(9)：4773-4780.

林而达,许吟隆,蒋金荷,等. 2006. 气候变化国家评估报告(Ⅱ)：气候变化的影响与适应[J]. 气候变化研究进展,**2**(2)：51-56.

林鹏. 1997. 中国红树林生态系[M]. 北京：科学出版社.

林鹏,傅勤. 1995. 中国红树林环境生态及其经济利用[M]. 北京：高等教育出版社：1-95.

刘杜鹃. 2004. 相对海平面上升对中国沿海地区的可能影响[J]. 海洋预报,**21**(2)：21-28.

刘曙光,李从先,丁坚,等. 2001. 黄河三角洲整体冲淤平衡及其地质意义[J]. 海洋地质与第四纪地质,**21**(4)：13-17.

刘贤赵. 2006. 莱州湾地区海水入侵发生的环境背景及对农业水土环境的影响[J]. 水土保持研究,**13**(6)：18-21.

刘小伟,郑文教,孙娟. 2006. 全球气候变化与红树林[J]. 生态学杂志,**25**(11)：1418-1420.

刘竹梅,宋福山. 2003. 莱州市海水入侵综合治理探讨[J]. 水资源保护,**19**(4)：38-39.

卢昌义,林鹏,叶勇,等. 1995. 全球气候变化对红树林生态系统的影响与研究对策[J]. 地球科学进展,**10**(4)：341-347.

栾维新,崔红艳. 2004. 基于GIS的辽河三角洲潜在海平面上升淹没损失评估[J]. 地理研究,**23**(6)：805-814.

罗小峰,陈志昌. 2005. 径流和潮汐对长江口盐水入侵影响数值模拟研究[J]. 海岸工程,**24**(3)：1-6.

吕彩霞. 2003. 中国海岸带湿地保护行动计划[M]. 北京：海洋出版社.

吕颂辉,齐雨藻. 2004. 中国的赤潮、危害、成因和防治[C]//第一届中国赤潮研究与防治学术研讨会：1-7.

罗琳,陈举,杨威,等. 2010. 2007—2008年冬季珠江三角洲强咸潮事件[J]. 热带海洋学报,**29**(6)：22-28.

毛锐. 1992. 海平面上升对太湖湖东洼地排水的影响及灾情预估[C]//中国气候与海面变化研究进展(二). 北京：海洋出版社：88-90.

齐庆华,蔡榕硕,张启龙. 2010. 源区黑潮热输送年际和年代际变异与我国近海SST异常. 台湾海峡,**29**(1)：106-113.

乔方利,王关锁,吕新刚,等. 2011. 2008与2010年黄海浒苔漂移输运特征对比. 科学通报,**56**(18)：1470-1476.

效存德,陈振林,孙俊英,等. 2005. 气候和气候变化[M]//秦大河. 中国气候与环境演变(上卷). 北京：科学出版社.

任美锷. 2003. 海平面研究的最近进展[J]. 南京大学学报(自然科学),**36**(3)：269-279.

任美锷. 1989. 全球海平面上升与世界三角洲[J]. 自然杂志,**12**(5)：98-101.

任美锷,苏纪兰,等. 1994. 海平面上升对中国三角洲地区的影响及对策[M]. 北京：科学出版社.

三峡泥沙课题组(国务院三峡工程建设委员会办公室泥沙课题专家组和中国长江三峡工程开发总公司三峡工程泥沙专家组). 2002. 长江三峡工程泥沙问题研究(第八卷). 北京：知识产权出版社：520.

沈东芳,龚政,程泽梅,等. 2010. 1970—2009年粤东(汕尾)沿海海平面变化研究[J]. 热带地理,**3**(5)：461-465.

沈焕庭,茅志昌,朱建荣. 2003. 长江口盐水入侵. 北京：海洋出版社：175.

沈建强,陈绍良. 2007. 长江南支苏州江段盐水入侵问题的研究[J]. 江苏水利,(8)：35-36.

施祺,严宏强,张会领,等. 2012. 西沙永兴岛礁坡石珊瑚覆盖率的空间变化[J]. 热带海洋学报(已接收).

施祺,赵美霞,张乔民,等. 2009. 海南三亚鹿回头造礁石珊瑚碳酸盐生产力的估算[J]. 科学通报,**54**(10)：1471-1479.

时小军,刘元兵,陈特固,等. 2008. 全球气候变暖对西沙、南沙海域珊瑚生长的潜在威胁[J]. 热带地理,**28**(4)：342-345.

施雅风,朱季文,谢志仁,等. 2000. 长江三角洲及毗连地区海平面上升影响预测与防治对策[J]. 中国科学(D辑),**30**(37)：225-232.

宋希坤,刘志勇,蔡雷鸣,等. 2008. 福建省海岸带海水入侵和土壤盐渍化监测初步研究[J]. 海洋环境科学,**S1**(4)：15-18.

孙清,张玉淑,胡恩和,等. 1997. 海平面上升对长江三角洲地区的影响评价研究[J]. 长江流域资源与环境,**6**(1)：58-64.

谭晓林,张乔民. 1997. 红树林潮滩沉积速率及海平面上升对我国红树林的影响[J]. 海洋通报,**16**(4)：29-35.

汤超莲,郑兆勇,游大伟,等. 2006. 珠江口近30a的SST变化特征分析[J]. 台湾海峡,**25**(1)：96-101.

田荣湘. 2005. 东亚季风与东海赤潮[J]. 浙江大学学报(理学版),**32**(3)：356-360.

王芳. 1997. 海平面上升对沿海地区的风险评估[C]//杜碧兰. 海平面上升对中国沿海主要脆弱区的影响及对策. 北京：海洋出版社：156-160.

王国忠. 2005. 全球海平面变化与中国珊瑚礁[J]. 古地理学报,**7**(4)：483-492.

王计平,邹欣庆,左平. 2007. 基于社区居民调查的海岸带湿地环境质量评价——以海南东寨港红树林自然保护区为例[J]. 地理科学,**27**(2)：249-255.

王举平,宁雪生. 1997. 北海市海水入侵及其勘察方法[J]. 广西地质,**10**(4):47-52 76.

王腊春,周寅康,都金康,等. 2000. 海平面变化对太湖流域排涝的影响[J]. 海洋与湖沼,**31**(6):689-696.

王丽荣,李贞,蒲杨婕,等. 2010. 近50年海南岛红树林群落的变化及其与环境关系分析——以东寨港、三亚河和青梅港红树林自然保护区为例[J]. 热带地理,**30**(2):114-120.

王艳红,张忍顺,谢志仁. 2004. 未来江苏中部沿海相对海平面变化预测. 地球科学进展,**19**(6):992-996.

王云龙,慕金波. 2000. 青岛市崂山区海水入侵和防治对策[J]. 山东环境,(5):35-37.

吴德星,牟林,李强,等. 2004. 渤海盐度长期变化特征及可能的主导因素[J]. 自然科学进展,**14**(2):119-195.

吴瑜端. 1994. 开展预报研究控制赤潮灾害[J]. 台湾海峡,**13**(2):209-211.

夏东兴,刘振夏. 1994. 海面上升对渤海湾西岸的影响与对策[J]. 海洋学报,**16**(1):61-67.

谢丽,张振克. 2010. 近20年中国沿海风暴潮强度、时空分布与灾害损失[J]. 海洋通报,**29**(6):690-696.

徐海根,朱慧芳. 1994. 海平面上升对长江口盐水入侵的影响[M]. 北京:科学出版社,234-240.

徐兆礼. 2006a. 东海精致真刺水蚤(*Euchaeta concinna*)种群生态特征[J]. 海洋与湖沼,**37**(2):97-104.

徐兆礼. 2006b. 东海亚强真哲水蚤种群生态特征[J]. 生态学报,**26**(4):1151-1158.

阎俊岳,李江龙. 1997. 东海及邻近地区百年来的温度变化[J]. 海洋学报,**19**(6):121-126.

颜梅,左军成,傅深波,等. 2008. 全球及中国海海平面变化研究进展[J]. 海洋环境科学,**27**(2):197-200.

颜云峰,左军成,陈美香,等. 2010. 海平面长期变化对东中国海潮波的影响[J]. 中国海洋大学学报,**40**(11):19-28.

杨炳忻. 2007. 香山科学会议第303-306次学术讨论会简述[J]. 中国基础科学,**9**(5):35-39.

杨春辉,郎咸瑞,许春艳,等. 2011. 海平面季节变化及比容贡献[J]. 海洋测绘,**30**(1):47-51.

杨桂山. 2000. 中国沿海风暴潮灾害的历史变化及未来趋向[J]. 自然灾害学报,**9**(3):23-30.

杨盛昌,林鹏,中须贺常雄. 1997. 日本红树林的生态学研究[J]. 厦门大学学报(自然科学版),**136**(3):471-477.

杨世伦,朱骏,李鹏. 2005. 长江口前沿海滩对来沙锐减和海面上升的响应[J]。海洋科学进展,**23**(2):152-158.

杨燕雄,贺鹏起,谢亚琼,等. 1994. 秦皇岛海水入侵灰色模型预测[J]. 中国地质灾害与防治学报,**5**(S0):181-183.

叶属峰,黄秀清. 2003. 东海赤潮及其监视监测[J]. 海洋环境科学,**22**(2):10-14.

衣立,张苏平,殷玉齐. 2010. 2009年黄海绿潮浒苔爆发与漂移的水文气象环境. 中国海洋大学学报,**40**(10):015-023.

余克服. 2000. 琼州海峡近40年海温变化趋势[J]. 热带地理,**20**(2):111-115.

余克服,蒋明星,程志强,等. 2004. 涠洲岛42年来海面温度变化及其对珊瑚礁的影响[J]. 应用生态学报,**15**(3):506-510.

于宜法,郭明克,刘兰,等. 2008. 海平面上升导致潮波系统变化的机理(Ⅰ)[J]. 中国海洋大学学报,**38**(4):517-526.

谢强,鄢全农,侯一筠,等. 1999. 南沙与暖池海域SST的长期震荡及其耦合过程[J]. 海盐与湖沼,**30**(1):88-96.

章光新,邓伟,邹立芝. 2001. 龙口市海水入侵动态系统分析与防治对策[J]. 环境污染与防治,**23**(6):317-319.

张锦文,王喜亭,王惠. 2001. 未来中国沿海海平面上升趋势估计[J]. 测绘通报,(4):4-5.

张利永. 2007. 东海大规模赤潮对微型浮游动物群落结构影响的研究. 中国科学院海洋研究所,博士论文.

张乔民. 2001. 我国热带生物海岸的现状及生态系统的修复与重建[J]. 海洋与湖沼,**32**(4):454-464.

张乔民. 2007. 热带生物海岸对全球变化的响应[J]. 第四纪研究,**27**(5):834-844.

张乔民,隋淑珍. 2001a. 中国红树林湿地资源及其保护[J]. 自然资源学报,**16**(1):28-36.

张乔民,隋淑珍,张叶春,等. 2001b. 红树林宜林海洋环境指标研究[J]. 生态学报,**21**(9):1427-1437.

张乔民,余克服,施祺,等. 2006. 全球珊瑚礁监测与管理保护评述[J]. 热带海洋学报,**25**(2):71-78.

张乔民,张燕春. 1997. 华南红树林海岸生物地貌过程研究[J]. 第四纪研究,(4):344-353.

张苏平,刘应辰,张广泉,等. 2009. 基于遥感资料的2008年黄海绿潮浒苔水文气象条件分析[J]. 中国海洋大学学报,**39**(5):870-876.

张秀芝,裴越芳,吴迅英. 2005. 近百年中国近海海温变化[J]. 气候与环境研究,**10**(4):799-807.

张远辉,黄自强,马黎明,等. 1997. 东海表层水二氧化碳及其海气通量. 台湾海峡,**16**(1):37-42.

张远辉,陈立奇. 2006. 南沙珊瑚礁对大气CO_2含量上升的响应[J]. 台湾海峡,**25**(1):68-75.

赵美霞,余克服,张乔民. 2006. 珊瑚礁区的生物多样性及其生态功能[J]. 生态学报,**26**(1):186-194.

赵美霞,余克服,张乔民,等. 2010. 近50年来三亚鹿回头岸礁活珊瑚覆盖率的动态变化[J]. 海洋与湖沼,**41**(3):440-447.

中国海洋年鉴编纂委员会. 2000. 中国海洋年鉴[M]. 北京:海洋出版社.

周名江,朱明远. 2006. 我国近海有害赤潮发生的生态学、海洋学机制及预测防治研究进展[J]. 地球科学进展,**21**(7):

673-679.

周文浩. 1998. 海平面上升对珠江三角洲咸潮入侵的影响[J]. 热带地理，**18**(3)：266-269.

周晓英，胡德宝，王赐震，等. 2005. 长江口海域表层水温的季节、年际变化[J]. 中国海洋大学学报，**35**(3)：357-362.

邹仁林，陈友璋. 1983. 我国浅水造礁石珊瑚地理分布的初步研究[M]//南海海洋科学集刊(4). 北京：科学出版社：89-96.

朱季文，季子修，蒋自巽. 1994. 海平面上升对长江三角洲及邻近地区的影响[J]. 地理科学，**14**(2)：109-117.

朱建荣，刘新成，沈焕庭，等. 2003. 1996 年 3 月长江河口水文观测和分析[J]. 华东师范大学学报(自然科学版)，(4)：87-93.

邹胜章，朱远峰，陈鸿汉，等. 2004. 大连大魏家滨海岩溶区海水入侵化学过程[J]. 海洋地质与第四纪地质，**24**(1)：61-68.

左书华，李蓓. 2008. 近 20 年中国海洋灾害特征、危害及防治对策[J]. 气象与减灾研究，**31**(4)：28-33.

左书华，李九发，陈沈良，等. 2006. 河口三角洲海岸侵蚀及防护措施浅析——以黄河三角洲及长江三角洲为例[J]. 中国地质灾害与防治学报，**17**(4)：97-109.

Beamish R J, Bouillon D. R. 1993. Pacific salmon production trends in relation to climate[J]. Can J Fish Aquat Sci，**50**：1002-1016.

Bindoff N L, et al. 2007. Climate Change 2007：The Physical Science Basis. Contribution of Working Group I to the Fourth Assessment Report of the Intergovernmental Panel on Climate Change. S. D. Solomon, D. Qin, M. Manning, Z. Chen, M. Marquis, K. B. Averyt, M. Tignor and H. L. Miller, Eds. Cambridge, UK, USA.

Briggs J C. 1994. Species diversity ：land and sea compared[J]. Systematic Biology，**43**：130-135.

Bruun. 1986. Worldwide impact s of sea level rise on shore-lines[C]//Effects of Changes in Stratospheric Zone and Global Climate (4)：Sea Level Rise, EPA, USA, 99-124.

Chen W, Wang L, Xue Y, et al. 2009. Variabilities of the spring river runoff system in eastern China and their relations to precipitation and sea surface temperature[J]. International Journal of Climatology，**29**：1381-1394.

Chou W C, Sheu D D, Chen C T A, et al. 2005. Seasonal variability of carbon chemistry at the SEATS timeseries site, northern South China Sea between 2002 and 2003[J]. Terrestrial, Atmospheric and Oceanic Sciences **16**：445-465.

Francis R C, Hare S R, Hollowed A B, et al. 1998. Effects of interdecadal climate variability on the oceanic ecosystems of the Northeast Pacific Ocean[J]. Fish Oceanogr，**7**：1-21.

Houghton J T, Ding Y, Griggs D J, et al. 2001. Climate change, the IPCC Scientific Basis, Contribution of Working Group 1 to Third Assessment Report of the Intergovernmental Panel on Climate Change(IPCC)，UK：Cambridge University Press：944.

IPCC. 2001. Climate Change 2001：The Scientific Basis. Contribution of Working Group I to the Third Assessment Report of the Intergovernmental Panel on Climate Change [Houghton J T, et al. (eds.)]. Cambridge University Press, Cambridge, United Kingdom and New York, NY, USA.

IPCC. 2007. Climate Change 2007. The Physical Science Basis. Contribution of Working Group I to the Fourth Assessment Report of the Intergovernmental Panel on Climate Change [Solomon, S. D. Qin, M. Manning, Z. Chen, M. Marquis, K. B. Averyt, M. Tignor and H. L. Miller (eds.)]. Cambridge University Press, Cambridge, United Kingdom and New York, NY, USA.

Li C X Fan D D, Deng B, Korotaev V. 2004. The Coasts of China and issues of sea level rise[J]. Journal of Coastal Research，SI(43)：36-49.

Ma Z L, Xu Z L, Zhou J. 2009. Effect of global warming on the distribution of Lucifer intermedius and L. hanseni (Decapoda) in the Changjiang estuary[J]. Progress in Natural Science，**19**：1389-1395.

Peng T H, Hung J J, Wanninkhof R, Millero F J. 1999. Carbon budget in the East China Sea in spring[J]. Tellus，**51B**，531-540.

Pennisi E. 1998. New threat seen from carbon dioxide[J]. Science，**279**：989.

Peperzak L. 2003. Climate change and harmful algal blooms in the North Sea[J]. Acta Oecologica，**24**：139-144.

Stenseth N C, Mysterud A, Ottersen G, et al. 2002. Ecological Effects of Climate Fluctuations[J]. Science，**297**(5585)：1292-1296.

Takahashi T. 2004. Fate of industrial carbon dioxide[J]. Science，**305**：352-353.

Trenberth K E, Jones P D, Ambenje P, et al. 2007. Observations: Surface and Atmospheric Climate Change. In: Solomon S., Qin D., Manning M., et al., eds. Climate Change 2007: The Physical Science Basis. Contribution of Working Group I to the Fourth Assessment Report of the Intergovernmental Panel on Climate Change. Cambridge, United Kingdom and New York: Cambridge University Press, 236-336.

Tseng C M, Wong G T F, Chou W C, et al. 2007. Temporal variations in the carbonate system in the upper layer at the SEATS station. Deep-Sea Research II **54**:1448-1468.

Tsunogai S, Watanabe S, Nakamura, et al. 1997a. A preliminary study of carbon system in the East China Sea. J. Oceanogr. **53**:9-17.

Tsunogai S, Watanabe S, Sato T. 1999b. Is there a "continental shelf pump" for the absorption of atmospheric CO_2? Tellus, **51B**, 701-712.

Walther G R, Post E, Convey P, et al. 2002. Ecological responses to recent climate change. Nature, **416**:389-395.

Wang S L, Chen C T A, Hong G H, et al. 2000. Carbon dioxide and related parameters in the East China Sea. Cont. Shelf Res. **20**:525-544.

Xie S P, Deser C, Vecchi G A. 2010. Gloabal Warming Pattern Formation: Sea Surface Temperature and Rainfall. Climate, **23**:966-986.

Yan M, Zuo J C, Du L, et al. 2007. Sea level variation/change and steric contributions in the East China Sea. ISOPE-2007conference. Portugal, Lisbon, P2377-2382.

Yang S L, Belkin I M, Belkina A I, et al. 2003. Delta response to decline in sediment supply from the Yangtze River: Evidence of the recent four decades and expectations for the next half-century. Estuarine Coastal and Shelf Science, **57**:589-599.

Yang Y Q, Zuo J C, et al. 2012. Cost-benefit Analysis of Adaptation to Sea Level Rise in Major Vulnerable Regions along the Coast of China. ISOPE-2012 conference. RHODES. Greece, 1522-1528.

Yu K F, Zhao J X, Liu T S, et al. 2004. High-frequency winter cooling and reef coral mortality during the Holocene climatic optimum. Earth and Planetary Science Letters, **224**(1-2):143-155.

Yu K F, Zhao J X, Shi Q, et al. 2006. U-series dating of dead Porites corals in the South China Sea: Evidence for episodic coral mortality over the past two centuries. Quaternary Geochronology, **1**(2):129-141.

Yu K F, Zhao J X. 2009. Coral reefs (of the South China Sea). In: Wang P X, Li Q Y(eds). The South China Sea-Paleoceanography and sedimentology. Springer, Dordrecht, The Netherlands: 186-209.

Yu Y F, Yu Y X, Zuo J C, et al. 2003. Effect of sea level variation on tidal characteristic values for the East China Sea. China Ocean Engineering, **17**(3):369-382 .

Zuo J C, Yu Y F, Bao X W, et al. 2001. Effect of Sea Level Variation upon Calculation of Engineering Water Level. China Ocean Engineering, **15**(3):383-394.

第八章　气候变化与农业生产

主　笔：王春乙，许吟隆，谢立勇
贡献者：马世铭，李祎君，杨连新，熊伟

提　要

气候变化对中国农业生产已产生明显影响。由于气候变暖，农作物的熟制和种植结构与布局发生了明显改变，冬小麦的种植北界北移 $50\sim100$ km，东北玉米晚熟品种种植面积不断扩大，而与变暖相伴的极端天气/气候事件频繁发生导致农业生产的不稳定性增加。例如我国每年因旱灾平均损失粮食逾 300 亿 kg，为 1950 年代 43.5 亿 kg 的 6.9 倍，进入 21 世纪之后区域干旱更为严重，渍害和风雹灾害也有加重的趋势。同时病虫害的危害加剧，农药用量增加，粮食品质下降。气候变化对未来中国农业生产仍将有显著影响，气候变暖将使一年二熟和三熟的种植北界北移，复种指数增加。如果不考虑灌溉措施或 CO_2 的肥效作用，中国三种主要粮食作物的单产都将下降；如果考虑灌溉，产量下降幅度则明显降低。极端天气气候事件和病虫害加剧将导致农业生产成本增加。未来农业生产对气候变化的脆弱性也将由于地区差异和经济发展水平不同而差异巨大。农业适应气候变化措施有作物调整、品种更新、保护性耕作、农田管理和病虫害防治等，根据上述措施提出了中国提高农业适应气候变化能力的建议，并以东北的粮食生产为例，进行适应气候变化的案例分析，讨论了中国农业适应气候变化的优先措施与不确定性。

8.1　气候变化对农业的影响

近几十年全球的气候发生了重大的变化，温度普遍升高造成了农作物生长状况的改变，积温增多，生育期延长，种植界线北移，复种面积扩大，以及许多地区农业种植结构调整。另一方面，气候变化对农业生产造成愈来愈严重的不利影响，作物病虫害增多，投入增加；有的作物品质下降，含水量增加，特别给喜凉作物带来较大冲击。随着气候变化的进一步加剧，中国的农业生产将面临三个突出问题。一是农业生产的不稳定性增加，产量波动增大；二是农业生产布局和结构将出现变动；三是农业生产环境条件改变，农业成本和投资大幅度增加（丁一汇，2003）。目前，气候变化已经对中国的农业产生了严重威胁，如 2009 年秋至 2010 年春发生在中国西南地区的特大干旱，导致云南省农作物受灾面积占总面积 86%，其中绝收面积 30.73 亿 hm^2，小春作物预计减产 50%，甘蔗减产 20%，经济林果受灾面积 255.1 万 hm^2，绝收 60.0 万 hm^2，直接经济损失达 50.4 亿元。因此，需要积极地寻找和采取有针对性的适应措施、发展适应技术以适应气候变化的影响，通过增强适应能力来减轻气候变化的不利影响，促进中国农业的可持续发展。

8.1.1　气候变化对农作物种植的影响

气候变化使中国农业生产区的热量资源普遍增加、农业气候带北移，导致熟制边界北移，作物的种植范围扩大（王宗明等，2006）。气候变化对农业生产布局与结构调整的影响最主要表现在种植制度的变化上。一个地区多年所形成的种植制度是当地的气候、土壤等自然条件和经济文化、种植习惯等一系列社会经济条件综合平衡的结果,其中气候条件的影响最为明显,而气候条件中又以温度影响最为显著。归纳起来,气候变化对农业种植结构的影响主要有以下几个方面:一是农业熟制变化,多熟制地区向北向高海拔区扩展;二是冬小麦种植区域北移;三是东北玉米带北移东扩;四是晚熟品种种植面积扩大(邓振镛等,2007)。

1. 作物种植

东北地区地处中高纬度是北半球欧亚大陆的第三个高增温区,也是 20 世纪中国变暖趋势最明显的地区之一。在全球气候变暖的大背景下,东北平原出现了持续而显著的增温现象,1980 年代以来,平均气温上升 1.0~2.5℃,积温增加,作物有效生育期延长,物候期提前。预计这种大幅度增温趋势在未来几十年或更长的时间内将继续下去(王宗明等,2006)。东北地区满足玉米生长≥10℃有效积温 2300~2400℃·d 线因气候变暖北移后,相应地玉米种植区也发生了北移,而原来玉米生长的优势地区,由于满足了更加喜暖的作物——水稻的种植条件,加上水稻在经济收益上又更有优势,所以被扩充的水稻所代替(朱晓禧等,2008)。中国重要的玉米生产基地——吉林玉米带,1961—2000 年玉米带年平均气温与玉米种植面积呈现出较一致的上升和阶段性下降趋势,玉米种植面积增减的阶段性变化与相应的温度变化之间存在着较好的对应关系,且玉米种植面积的峰和谷略滞后于气温变化。玉米种植面积与年平均气温变化呈现出相关的趋势,是人为响应气候变暖的结果(王宗明等,2006)。随着人们对气候变化认识能力的不断提高,一方面能充分利用有限的气候资源,另一方面也减少了由于不适宜的农业种植带来的损失,使农业种植结构布局的调整更快。

冬小麦北移是 1980 年代以来随着气候变暖提出来的,是指在冬春麦交错地带、传统春麦区和冬季有稳定积雪地带,由春麦改种冬麦和扩大冬麦种植面积,也就是将中国冬小麦产区从长城以南地区向北延伸,在北方寒地适宜地区种植冬小麦(邹立坤等,2001)。一般认为,年绝对最低气温 -22~-24℃,最冷月月平均最低气温 -12℃,为冬小麦种植的北界,将冬小麦北界定在长城沿线(郝志新,2001)。随着气候变化和生产条件的改变,冬麦的种植北界实际上是不断变动的。1930 年代,中国冬小麦种植大体以 1 月平均气温 -6℃等温线为北界,东段长城以北的冀北、辽南,西段长城以南的陕北、陇东大部,河西走廊和新疆北部都只种植春小麦;1950 年代,辽宁的复县、新金县、华北长城沿线 1 月份平均气温 -8℃以上地区已开始种植冬小麦,长城以北和黄土高原北部、新疆北部也开始试种,并取得小面积成功;1960 年代,随着灌溉条件的改善,冬小麦种植北界继续北移,新疆北部形成稳定的冬小麦产区。大体上,在长城以南,秦岭、淮河以北,六盘山以东,包括河北、山西绝大部分,陕西中北部,甘肃陇东,山东全省,江苏、安徽两省,淮河以北地区以及辽宁的辽东半岛南部,此外还有新疆的一些盆地。而东北三省和内蒙古自治区以及河北省北部地区,除南部边缘地区为冬春麦交错地带外,其余地区一直被认为是春麦区,冬小麦不能在这些地区种植;1970 年代前期,由于生产条件进一步改善又连续遇上暖冬,冬小麦种植北界大幅度向北推移,1 月平均气温 -10℃的张家口、承德和沈阳等地也已经有冬小麦的种植;1970 年代后期和 1980 年代初,北方连续遭受严重冻害,再加上当时缺乏较合理的配套栽培技术措施,北界地区死苗相当严重,有的甚至绝收,此后冬小麦的种植北界有所后退。但辽南、辽西、河北省张家口和承德两地区仍有部分冬小麦种植。种植北界仍比 1950 年代向北推移了 100 多 km,黄土高原北部和河西走廊也保留了较大的冬麦面积(邹立坤等,2001)。1990 年代,西北地区冬小麦比 1960 年代冬小麦适宜区向北扩展 50~100 km(邓振镛等,2007)。

2. 作物熟制

自 1980 年以来,在气候变化背景下,中国年均气温呈上升趋势,春季土壤解冻期提前,秋季冻结期推迟,生长季热量增加,人们根据热量的变化相应地调整种植作物品种的熟性与作物熟制,以求得产量的最大化(方修琦等,2005)。各地热量资源不同程度的增加,已使一年二熟、一年三熟的种植界限向北、向高海拔推移,复种面积扩大,复种指数提高(孙智辉和王春乙,2010)。单从热量资源的角度考虑,中国北方的种植制度产生了两种变化,一是多熟制向北推移,复种指数提高;二是作物品种由早熟向中晚熟演变，作物单产增加（张厚煊，2000）。

中国主要小麦生产区温度升高，大部分地区降水有所增加。对中国西部冬小麦而言，由于秋季增温，其播种期1990年代比1980年代推迟了4～8 d，且由于受春季温度升高作用，冬小麦初春提前返青，营养生长期提前4～7 d，生殖生长阶段提早5 d左右，全生育期缩短了6～9 d。另外，≤0℃负积温逐渐减少，冬小麦越冬死亡率大大降低，种植风险减少，因而西部各地扩大了冬性稍弱但丰产性较好的晚熟品种。对春小麦而言，1990年代春小麦播种期比1980年代平均提早了2～7 d，生长季略有提前，而全生育期略有缩短，大约为1～2 d，籽粒形成期最明显，约3 d，春小麦全生育期的热量变化也同样使得人们选择高产晚熟的品种（张强等，2008）。

玉米属于喜温、喜热作物，气候变暖使玉米的全生育期均明显延长，为生长发育赢得了更加充足的热量资源，对生长和发育均比较有利（张强等，2008）。热量条件的改善，也迫使人们追求更大的经济利益，中晚熟品种得到大面积的扩张。东北地区随着≥10℃有效积温3000℃·d和2800℃·d等温线的北移，晚熟作物品种面积迅速增加。吉林省的玉米品种熟期较以前延长了7～10 d，原本满足15～16叶玉米种植的地区可以改种19～21叶的品种，由早熟品种更换为中晚熟品种产量上可以得到提高，经济效益增加（朱晓禧等，2008）。

3. 作物布局

水稻、小麦和玉米是中国三大主要粮食作物，种植分布存在明显的空间差异。水稻种植比例是明显的南高北低，长江中下游、东南和华南地区水稻种植比例最大，处于绝对优势地位。小麦主要分布在华北、东北和西北地区，西南地区也有少量种植。玉米主要分布在从东北到西南的狭长地带，其中东北玉米种植比例最大。从主要粮食作物播种面积变化来看，1981—2007年27年间，水稻和小麦的播种面积呈下降趋势，玉米和大豆的播种面积则呈上升趋势（图8.1）。水稻的播种面积由1981年的33295 khm² 减少到2006年的29295 khm²；小麦的播种面积缩减比水稻的更快，由1981年的28307 khm² 减少到2006年的22961 khm²。玉米的播种面积增长快于大豆，由1981年的19425 khm² 增加到2006年的26971 khm²；大豆的播种面积也由1981年的8024 khm² 增加到2006年的9280 khm²。

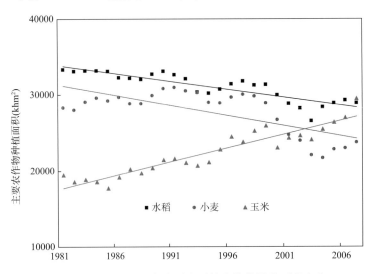

图8.1 1981—2007年全国主要粮食作物播种面积变化

不同区域主要粮食作物种植面积变化受到气候变化与农业生产技术发展等因素的制约，只要热量条件允许人们更倾向于种植能带来更多经济收益的农作物。由于气候变暖，1987—2004年18年间，三种作物的种植比例在不同区域也发生了显著的变化，中国北部地区水稻的种植比例增加，其中黑龙江省的水稻种植增加最多，增加比例大于10%，中国长江以北地区，特别是中纬度和高原地区的中稻种植面积迅速扩大，而东南和华南地区水稻的种植比例减少，减少幅度在5%左右，福建和贵州水稻种植比例下降最多；黑龙江、内蒙古和新疆地区小麦种植比例减少10%以上，西藏、贵州、河南地区小麦的种植比例略有增加;全国大部分地区的玉米种植比例呈现增加趋势,东北和西北地区玉米种植比例增加最大,云南、贵州和黑龙江玉米种植比例均减小。以 10 年为间隔分析 1980 年代以来中国三大主要作物的种植比例变化发现(图 8.2),黑龙江水稻种植比例增加趋势逐渐减缓,而内蒙古地区水稻种植 2000 年之后反而呈下降趋势(李祎君和王春乙,2010)。但是,不同区域由于气候变化对主要农作物面积变化的贡献率具有一定的不确定性,需要结合当地的自然条件与农业生产的具体情况进行分析(王媛等,2006),目前仍没有定量的描述。

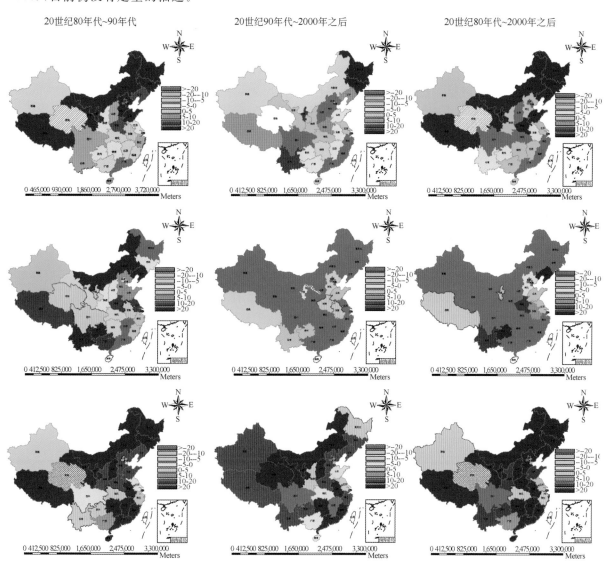

图 8.2　1980—2007 年中国三大作物种植结构 10 年际变化情况(图上标注数值均为百分数)
注:空白区域为非种植区;黑色阴影为种植区域变为非种植区域;网格阴影为非种植区域变为种植区域)(李祎君和王春乙,2010)

8.1.2　气候变化对农业气象灾害的影响

虽然气候变化使部分地区的粮食生产得到了发展和提高,但综合而言,气候变化,尤其是极端气候条件对粮食生产的冲击强度加大。北方干旱受灾面积扩大,南方洪涝加重,局部高温干旱危害加重,春季霜冻的危害因变暖后作物发育期提前、抗寒性减弱而加大,致使农业生产的不稳定性增加(林而达等,2006)。农业气象灾害是造成中国农业大幅度减产和粮食产量波动的重要因素。中国每年由于农业气象灾害造成的农业直接经济损失约占国民生产总值的 1%～3%(刘玲等,2002),其中影响最大的是旱灾,其次是涝渍和风雹灾害。

1. 干旱

据 1950—2001 年的旱灾资料，中国作物年均受旱面积 2000 万 hm²，其中成灾 930 万 hm²，全国每年因旱灾损失粮食 1400 万 t，占同期全国粮食产量的 4.7%（居辉等，2007）。受气候变化的影响，自 1980 年代以来，中国降水呈现南方偏多、北方偏少分布不均的态势。加重了北方干旱缺水、南方洪涝灾害频繁的局面。特别是 1990 年代后期以来，大致以长江、淮河为界，北方各流域降水量都在减少，尤其在 35°～40°N 的长江以北至黄河流域一带是旱灾严重发生的主要地区（邓振镛等，2007）。其中，黄河流域降水量减少 15% 以上。黄河从 1970 年代开始频繁断流，最严重的 1997 年，受大旱影响其下游的利津水文站全年断流时间长达 226 d，最长断流河段超过 700 km。黄河断流，对该流域的农业生产及生态环境造成严重影响（张强和高歌，2004）。

从 1950 年以来中国北方干旱范围的变化来看，中国北方主要农业区的干旱发展趋势在逐步加重，干旱范围在逐步扩大。华北、华东北部的干旱面积扩大迅速，形势严峻；东北、华中北部干旱面积扩大速度相对较小；西北地区东部的干旱面积扩大趋势不明显。中国华北、东北地区在降水量减少的同时，降水日数也显著减少，最大连续无降水的时段增加，气温也显著升高，使得干旱形势更趋严重（翟盘茂，2004）。随着气候变化的进一步加剧，中国的干旱灾害发展具有面积增大和频率加快的趋势（表 8.1）。1950 年以来，旱灾成灾面积呈现增长趋势（图 8.3），且年际间波动很大。1980 年代早期旱灾成灾面积占播种面积的比例较 1980 年代晚期和 1990 年代早期均小，全国平均为 10.9%（史培军等，1997）。1990 年代的干旱发生较为频繁，夏季降水量明显减少，干旱灾情严重，主要表现为河北、山西、山东和西北地区东部降水量持续偏少，干旱连年发生（邓振镛等，2007）。进入 21 世纪，干旱灾害更为严重，2000—2002 年中国北方连续 3 年发生了严重干旱，灾情最重是 2000 年，其次是 2001 年（邓振镛等，2007；王春乙等，2007），均为全国性的大旱年（图 8.3），全国农作物受灾面积达 40540 km²，其中成灾 26780 km²，绝收 8000 km²，因旱灾损失粮食近 600 亿 kg，经济损失 510 亿元，其影响超过了 1959—1961 年 3 年自然灾害时期（张强等，2004）。另外，旱灾成灾率也呈上升趋势，1950—1979 年 30 a 间，成灾率超过 40% 的年份有 11 年，同期全国性的大旱年为 5 年；而 1980—2000 年 21 a 间，除 1996 年和 1998 年低于 40% 外，其他年份旱灾成灾率均超过了 40%，这表明随着气候变化和社会经济的发展，旱灾对中国社会各方面的影响变得越来越严重，同时也显示出中国气候的干旱化趋势（李茂松等，2003）。

表 8.1 1950—1990 年代旱灾受灾/成灾面积（李茂松等，2003）

年代	1950	1960	1970	1980	1990
受旱面积（khm²）	11620	18729	25349	24141	26330
成灾面积（khm²）	3741	885	7359	11931	13293
成灾率（%）	32.19	4.73	29.03	49.42	50.49

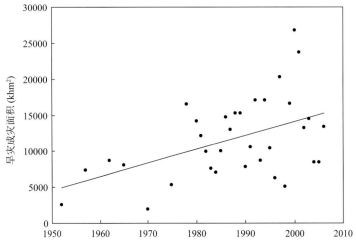

图 8.3 1949—2006 年旱灾成灾面积变化

2. 涝渍

涝渍灾害主要分布在中国东南部,在长江和黄淮河流域地区尤为严重,西北部受灾、成灾面积很小。1990 年以来,长江、珠江、松花江、淮河、太湖、黄河均连续发生多次大洪水,洪灾损失日趋严重(林而达等,2006)。中国的极端降水平均强度和极端降水值都有增强的趋势,极端降水事件也趋多。华北地区年降水量趋于减少,虽然极端降水值和极端降水平均强度趋于减弱、极端降水事件频数趋于减少,但极端降水量占总降水量的比例仍有所增加。西北地区西部总降水量趋于增多,极端降水值和极端降水强度未发生明显变化,但极端降水事件趋于频繁。长江及长江以南地区极端降水事件趋强、趋多。近年来长江流域降水总量虽然与多年平均值变化不大,但流域内降水在时间上和空间上的集中度都有明显的增加,降水时空分布的这种变化,不仅造成了汛期涝渍灾害增加,也造成非降水集中时段旱灾增加(翟盘茂,2004)。1981—2006 年涝渍灾成灾率>55% 的年份 1981—1990 年 10 年有 2 年,1991—2000 年 10 年有 7 年,2001—2006 年 6 年就有 5 年(《中国农业统计年鉴》),成灾率呈现明显的逐年上升趋势,表明涝渍灾害的危害程度正在加剧。由于全球变暖,海温升高对中国东南部地区的作用,使得 21 世纪南方涝渍灾害呈明显的加重趋势。

3. 冷害

近几十年来在气温显著上升的背景下,东北地区低温冷害呈明显的减少趋势。总的来看,1950 年代前期、1960 年代后期至 1970 年代前期是近 50 多年来东北低温冷害出现较为频繁的时段。但自 1970 年代后期以来,低温冷害的出现频次迅速减少,特别是近几年几乎没有出现过大范围的严重低温冷害(翟盘茂,2004),冷害的影响也相应地降低。如果原有农作物种植结构和品种不变,气温增加,极端低温发生的概率会因气候变暖而减小。但实际上,变暖同时意味着作物种植热量条件的改善,人们根据变暖的气候条件改变了农作物种植结构和品种,由于作物种植结构的改变或不同作物品种的临界低温不同,也会影响低温冷害发生的概率。

1990 年代黑龙江省未发生严重低温冷害,但从低温受灾面积占播种面积比例看,与 1980 年代相比,1990 年代低温受灾面积的比例并未随气候变暖加剧而显著减小,反而略有上升。这种现象与人们适应气候变化的行为有关,人们通常追求的是最大的经济效益,而不是最小的灾害风险。由此,变暖带来热量条件的改善可以使一些地区改种偏晚熟的品种类型,从而获得更高的单产。在这些地区,如果人们适应气候变暖而更换了更高产的品种类型,则这些地区出现低温冷害的概率不一定会减小,甚至可能增加(方修琦等,2005)。以齐齐哈尔为例,1980 年以后该地区由早熟品种更换为晚熟品种后,虽然 5—9 月温度较 1980 年之前明显升高,但冷害发生的概率仍显著增大。1990 年以后,仍种植中晚熟品种,由于气候增暖明显,冷害频率明显下降;再如,泰来 1990 年以后更换为晚熟品种之后,冷害发生的频率变为 1980 年前后的 2~3 倍(方修琦等,2005)。

中国华东地区的小麦多数是早熟品种,冬季气候变暖缩短了作物越冬期,使作物提前返青拔节,从而减弱植株的抗寒能力,造成作物更易遭受冻害的侵袭。因此,要注意的是,热量条件改善的同时也使作物稳产的气候风险性增加。河南全省 1978 年以来低温冷害面积有明显的上升趋势,1978—1992 年全省低温冻害面积较小,除 1988 年外,其余各年受灾面积均在 100 khm² 以下;1993 年之后受灾面积明显增加,年平均受灾面积为 249 khm²。受灾面积较大的年份是 1988 年、1993 年、1995 年、2003 年和 2005 年,受灾面积均在 400 khm² 以上,2005 年最多,为 558 khm²。

4. 寒害

气候变暖并不意味着冬季没有剧烈降温,相反,严重寒害发生前期大多有明显的温暖期,而突发性天气使得作物难以适应短时间的气温剧烈变化,从而更容易遭受危害。1999 年冬季的严重霜冻,使广西农作物受害面积约 42.64 khm²,大量的甘蔗、果树、蔬菜、海产品被冻死、冻伤,直接经济损失近 200 亿元,是新中国成立以来同类灾害中损失最为严重的。2004 年 2 月 9—10 日,受强冷空气南下影响,广西先后有 64 个县、市出现霜冻、冰冻天气,这是自 1978 年以来,2 月份出现的范围最大的霜冻天气。近年来寒害频繁发生的事实说明,气候变暖的同时,仍然有极端气候事件发生,冬季明显变暖的气候,潜伏寒害的可能性更大。

5. 热害

在气候变化的背景下,温度升高,高温热害、伏旱更加严重,目前对中国亚热带农业生产的影响已十分突出,暖温带地区也有程度不同的类似问题。高温热害已经限制了作物生产,影响玉米、大豆、高粱、谷子等的种植和产量,水稻、棉花的生长发育也受到强烈抑制。进入 21 世纪以来,夏季高温的危害与以往相比出现频率有加剧的趋势。重庆市和四川省 2006 年盛夏 7—8 月平均气温 43.6℃,为历年最高,而夏季平均降水量 345.9 mm,为 1951 年以来历史同期最少,遭受了历史罕见的特大旱灾和持续的高温天气(陈志恺,2007)。中国南方近年夏季的持续极端高温现象确实十分异常。江苏、安徽和湖北 1991—2003 年的平均高温日数都有明显增加,江苏的高温日数增加 46.2%,而湖南的高温日数有所减少,但减少幅度仅为 8.3%。江苏、湖北和湖南 1991—2003 年出现高温日的平均最高气温与平均最低气温与 1981—1990 年相比上升;安徽出现高温日的平均最高气温略有降低,但出现高温日的平均最低气温也在上升。从 4 省平均来看,高温日数、出现高温日的平均最高气温与平均最低气温均呈上升趋势。同时,也有研究认为(Sun 等,1998),中国东部的高温日数趋于减少,就中国全国平均而言,在过去 50 年中,日最高温度大于 35℃的高温日数略呈下降趋势(Zhai 等,2005)。

6. 风雹

农业风雹灾害是中国农业自然灾害中处于第三位的农业气象灾害,在全国均有分布但相对比较分散(史培军等,1997)。中国有两个多雹日带,青藏高原是中国雹日最多、范围最广的地区,但成雹灾少。从青藏高原雹区往东,可分成南北两个多雹带。南方多雹日带包括四川、重庆、广西、云南、贵州、安徽、江苏、江西、湖南、湖北等省(区、市)。南方多雹日带尽管雹日多,但雹粒小,灾害一般不重。北方多雹日带包括内蒙古、黑龙江、辽宁、吉林、山东、河南、河北、山西、陕西等省(区)。这是中国最宽、最长的一个多雹日带,灾害较重。虽然受灾面积与南方多雹日带相比较小,但成灾占受灾比重较大。青海省雹灾面积自 1960 年代以来呈逐年上升的趋势,雹灾面积逐年上升,原因主要是该区东北部在近 40 年中,由于种植结构调整,种植面积扩大,从而导致了受灾面积的增加。1962—2002 年间全国雹灾发生频次也是逐渐上升,1980 年代出现高峰值,1990 年代后有逐渐减少的趋势。

农业气象灾害很多时候并不是单一发生的,实际上存在多种灾害同时发生,造成农作物减产。在气候变化的背景下,异常气候出现的概率大大增加,尤其是极端天气现象的增多,势必导致区域气候灾害加剧。以宁夏为例,宁夏农业生产受到多种气象灾害的影响。干旱、霜冻、低温冷害、大风、沙尘暴、风雹等灾害每年在宁夏都有不同程度的发生,威胁着宁夏的农业生产。2003 年冬季到 2004 年春季,宁夏中部干旱带连续 170 多天无有效降水,2004 年秋天到 2005 年夏天,出现了冬、春、夏连旱,是 60 年来罕见的特大干旱,严重影响了农业生产,作物无法下种,下种的无法成活,农作物绝收,人畜饮水困难,为当地人民生活带来深重的影响。

8.1.3　气候变化对农业病虫害的影响

农业生产受病虫害的影响十分严重,中国农业产值因病虫害造成的损失约为农业总产值的 20%～25%(王长燕等,2006)。对某一地区而言,地理环境、作物品种和施肥措施的年际变化相对较小,因此,气象条件成为病虫害年际间波动的主要控制因子(张俊香和延军平,2001)。各种病虫害的发生或流行与气候条件有着密切的关系,甚至一些病虫的发生与否主要取决于气候条件。例如,小麦吸浆虫受气候影响很大,4 月份多雨有利于其在土壤中的上升和羽化,5 月下旬降雨影响其入土化蛹(张俊香和延军平,2001)。

1. 农业病虫害的发生发展

夏季温度的升高,造成中国 35°N 以北部分地区高温时段增多,致使一些有害生物的越夏期延长,部分地抑制了某些害虫的发生;但温度升高,害虫发育的起点温度出现日期有可能提前,一年中害虫繁殖代数也因此而增加,使农田作物多次受害的概率增高。生长季节变暖、变长,将使许多害虫多繁殖

1～3代,害虫的虫口将呈指数增加。害虫虫口的增加,将使作物损失更大,对害虫的控制也更加困难。秋热秋长、春旱,稻螟的活动期延长,世代数增加,成活率提高,有利于种群增长(韩永强等,2008)。

气候变暖后,在 18°～27°N(黏虫冬季繁殖气候带)、27°～33°N(黏虫越冬气候带)、33°～36°N(黏虫春季迁入气候带)及在 36°～39°N 的冀东北、山东半岛、北京等地,黏虫发生世代均将在原来的基础上增殖 1～2 代。草地螟是北温带干旱少雨气候条件下的一种爆发性害虫,气候变暖后,草地螟在 1～2 代发生区可发生 2 个完整世代,在 2～3 代常发区一年可发生 3 个完整世代(王长燕等,2006)。

气候变暖,尤其冬季气温升高,农业病虫害也随之产生了一些变化,越冬虫卵蛹死亡率降低,害虫数量上升、出现范围扩大、农业害虫的年发生世代增加等(王长燕等,2006)。冬季温暖有利于多种病虫越冬,1999 年小麦红蜘蛛大发生,且发生期较常年提前 20 多天,与 1998 年冬季温暖有很大关系。另外,气候变化还可能使新的病虫害类型出现,农业因病虫害造成的损失将更为严重(王长燕等,2006)。

冬季变暖,病虫越冬状况受温度影响愈发明显,更容易越冬,虫源和病源增大,多种主要作物的迁飞性害虫比现在分布更广危害更大。中国黏虫越冬北界从 33°N 北移到 36°N 附近地区,大致与现在的1 月份-2℃等温线相接近;冬季繁殖气候带,也从 27°N 北移至 30°N 附近地区,造成黏虫越冬和冬季繁殖面积扩大上亿亩之多。褐飞虱安全越冬北界移至 25°N 附近,常年可在 21°～23°N 附近越冬。稻纵卷叶螟冬季越冬界线从 1 月份 4℃等温线以南地区,扩展到 2℃等温线以南地区,其结果不仅加重了大范围越冬作物的病虫危害,而且也增加了来年开春迁飞害虫的基数。

由于气温升高,特别是冬季温度增加使目前大多数农作物的病虫害有发展趋势。陇南山区是中国小麦条锈病的主要发源地,传播范围也比较广泛。近几十年来冬季温度增高,有利于条锈菌越冬,使菌源基数增大,春季气候条件适宜,促使小麦条锈病的发生、流行加重。与 1990 年代以前相比,目前小麦条锈病发生的海拔高度大约升高了 100～300 m,危害范围明显扩大;发生时间也由 3 月份提早到了2 月份。在气候条件适宜的年份,小麦条锈病将有"南下"发展的趋势。同时,由于气候变暖和小麦种植密度增加,使陇南地区小麦白粉病由 1980 年代不足 20 khm² 扩大到了目前的 67 khm² 以上,发展也十分迅速(张强等,2008)。

2. 农业病虫害的影响

气候变暖的幅度随纬度增加,使得南北温差减小,夏季风相对加强,秋季副热带高压减弱东撤的速度相对缓慢。在这种环流影响下,黏虫、稻飞虱等迁飞性害虫,春季向北迁入始盛期提前到 2 月中下旬到 3 月,迁入的地区由 33°～36°N 扩展至 34°～39°N;秋季冷空气出现迟,造成黏虫向南回迁的时间推迟到 9-10 月上旬左右,危害的时间延长。在大气环流改变之后,黏虫等迁飞性害虫春秋往返迁飞的路径也将受到一定的影响,从而使害虫集中危害的地区分布发生相应的变化。

中国常年病虫害发生面积 2.00 亿～2.33 亿 hm²,是耕地面积的 2 倍多,每年因病虫害造成的粮食减产幅度占同期粮食生产的 9%,气候变暖后,因病虫害造成的粮食减产幅度进一步增加(周平,2001)。近 10 年来,中国稻螟灾害频繁,范围扩大,程度加重,达历史最高水平。其中二化螟灾害尤为严重,成为继稻飞虱、棉铃虫后又一影响国计民生的重大害虫(韩永强等,2008)。北方稻区属二化螟危害区,该区二化螟越冬基数连年增大,发生世代数增加,水稻害虫发生面积增长、危害加重。

小麦赤霉病是世界温暖潮湿和半潮湿地区广泛发生的一种毁灭性小麦病害,在中国长江流域及东北地区东部春麦区为主要小麦病害,危害十分严重。近年来随气候的变化,小麦赤霉病已向淮河和黄淮流域蔓延扩展。小麦赤霉病在江苏省淮南、淮北地区近年也发生较重,一般大流行年(病穗率 50% 以上,减产 20%～50%)和中等流行年(病穗率 20%～40% 以上,减产 10%～20%)每 2～3 年发生一次,且几乎每年都有轻微发生。

气候变暖,许多病虫害的流行、危害加剧,病虫害的危害程度加重 10%～20%。随一年两熟制或三熟制北移到 35°～36°N 地区,有利于稻瘟病北上。同时,双季稻种植区的东部向北扩展,使早、晚稻孕穗末期至抽穗期容易处于温度较低、雨水较多的时期,遇低温的几率加大,而低温和寒露风对穗颈稻瘟病的流行十分有利(李祎君等,2010)。因此,双季稻种植区北移后,易造成稻瘟病北上,有利于稻瘟病的发生和加重稻飞虱的大发生。

事实上有些作物病虫害随气候变化表现比较复杂，甚至还有减弱趋势。麦蚜虫的发生流行一般主要在 5～23℃ 的温度条件下，大于 24℃ 或小于 4℃ 时，麦蚜虫数都会显著减少，所以在陇南等麦蚜虫多发地区，麦蚜虫的发生并不是一个单调变化趋势，而是在 1992—2000 年间麦蚜虫比较重，此前和此后的麦蚜虫反而比较轻。小麦红蜘蛛病的适宜温度比麦蚜虫的还低，大约在 8～15℃，在 20℃ 以上就会引起死亡。所以，随着气温增高，气候条件逐渐向不适宜小麦红蜘蛛发生的方向演变，小麦红蜘蛛病明显减少，陇南地区小麦红蜘蛛的成灾面积已经从 1990 年代的 67 khm² 左右缩减到目前的 40 khm² 左右（肖志强等，2007）。

田间越冬菌核残留量、肥水管理水平等也是影响病虫害流行的重要因素。若越冬菌核残留量多，发病率就高，病情也重；水稻和小麦偏施氮肥越多，病情越重。因此，气候变暖，温度升高，将有利于越冬菌的存活、繁殖；施肥水平的不断提高，将使发病程度加重。

8.1.4　气候变化对主要粮食作物产量和品质的影响

生长季节各时段的温度升高对作物的影响各不相同，其影响程度视作物种类、地区和种植水平而异。气温升高冬种面积将扩大，北方夏收和南方小春作物将增产。冬季气温升高对中国的农业意义更突出，对秋播和临冬播种的作物生育有利，小麦、油菜等作物越冬率、分蘖或分枝增加，作物生长发育较充分，有利于产量形成。中国冬种面积约占可以冬种的耕地面积的 40%，还有相当大的潜力，冬种面积将扩大，夏收和小春作物产量增加，这也是利用有利的冬季弥补不利的夏季的有效措施。

1. 作物产量

从气候变化影响的结果看，气候变暖对农业的影响最终会表现在农作物产量的变化上，即对于一种农作物而言，当温度、降水条件较好或均达到非常适宜的情况时，产量会出现一个大幅度的提高，实现一个量的积累；反之，则出现农业的减产（邓振镛等，2007）。气温升高会使西北地区小麦和棉花等农作物增产。冬季气温升高，使冬小麦越冬死亡率大大降低，并且各地也会选用抗寒性或冬性稍弱但丰产性较好的品种，产量有所提高。春小麦的苗期和籽粒形成期发育速度受温度影响最大。1996—2000 年与 1986—1990 年相比，甘肃河西各地春小麦的气候产量（气候产量即实际产量减去社会因素产量）增加了 10% 以上（张强等，2008）。另外，降水也是影响粮食产量的关键因素之一，虽然近 50 a 的全国平均降水量没有表现出显著的变化趋势，但是存在着显著的区域差异（熊伟等，2006）。如长江中下游和西北地区西部的一些地区降水量有增加的趋势，而东北地区东南部、华北地区和西北地区东部的部分地区降水量却呈显著减少趋势。同时，全国大部分地区降雨日数也显著减少，这就意味着降水过程可能强化。所以降水对产量的区域影响比较复杂，包括各地的灌溉能力不同，也对粮食总产量产生影响。

不同区域粮食作物产量对温度升高的响应各有差异。华北地区随着温度的升高，总产量的增加受到极大的抑制；东北地区，温度升高对总产量起到明显促进作用；华东地区，温度变化对产量的影响不显著；中南地区，温度增加对产量没有显著的抑制作用；西南地区，温度升高对总产量增加有很大的抑制作用；西北地区随着温度的上升，产量的增加受到抑制。可以说，过去 20 a 的气候变暖对东北地区粮食总产增加有明显的促进作用，对华北、西北和西南地区的粮食总产增加有抑制作用，对华东和中南地区的粮食产量影响不明显。

华北地区是中国主要冬小麦产区，实际种植面积和产量均占全国 50% 以上，当前该地区小麦生产的主要限制因素之一是水分匮乏，一般小麦生长的灌溉用水要占农业用水量的 80%（熊伟等，2006），干旱趋势加剧是造成该地区冬小麦减产的主要原因。长江中下游地区通常雨量和热量充沛，该区温度升高，但仍可保证当前该区小麦品种的春化温度要求，也表现一定增产趋势。中国东北、西北春麦区和西南冬麦区小麦明显减产，减幅大多集中在 30%～60%。目前西北和东北小麦生产主要以春小麦为主，由于温度的升高，如果依然维持当前种植管理方式，小麦产量会明显下降。西南冬麦区减产是由于该区种植的小麦多为春性较强的冬麦,该区小麦生产的不利因素之一是温度偏高,不利于春化作用和分蘖形成。

导致水稻产量下降的主要原因是温度升高,作物发育速度加快,生育期相应缩短,总干重和穗重减少,从而产量减少(张建平等,2005)。影响作物产量的因素除了本身的品种特性以及遗传因素外,还有区域的气候条件和自然地理特点,南方大多地区双季稻生长期都呈缩短趋势,产量相应也呈下降趋势。说明气候变暖对双季稻的生长发育是不利的,生育期的缩短是导致双季稻减产的主要因素。由于作物品种(晚稻和早稻)以及地域分布的不同,气候变化引起区域的产量变化及波动范围也不一致。南方双季早稻的产量变化范围为-9.5%~1.9%,平均减产3.6%(与1971—2000年的30 a平均产量做比较);南方双季晚稻的产量变化范围为-7.3%~2.2%,平均减产2.8%。可以看出,气候变化对早稻的影响要比晚稻大。

主要粮食作物总产量以及单位产量在全国范围内均呈现增加趋势。尽管导致粮食产量增加的因素很多,但气候变暖、降水分布格局变化是一个举足轻重的因素。气候变暖对黑龙江省水稻单产增加的贡献为23.2%~28.8%,约占水稻单产增加的三分之一(方修琦等,2004),气候变暖与种植扩展在黑龙江省水稻总产增产量中占29%~57%(王媛等,2006)。虽然气候变化对主要作物的产量增加均有一定程度的抑制作用,且部分作物播种面积缩小,但农民应对气候变化,选择产量较高的晚熟品种,改进耕作措施,使得无论是总产量还是单位产量均呈现增加的态势。剔除适应气候变化的人为影响,气候变化本身对全国主要粮食作物产量影响的定量研究目前仍比较薄弱,有待加强。

2. 作物品质

气候变化对作物品质的影响近年来也备受关注,但是目前这方面的研究也还处在宏观的分析层面。CO_2浓度增高会导致作物光合作用增强,使根系吸收更多的矿物质元素,有利于提高作物产品的质量。例如水果中的糖、柠檬酸、比黏度等均有所提高。但由于植株中含碳量增加,含氮量相对降低,蛋白质也可能降低,粮食品质有可能下降。对豆科作物而言,CO_2增加可通过光合速率提高而增加其固氮能力,但温度的升高又会减弱固氮作用和增加固氮过程中氮的能量消耗,从而产生豆类的含油量和油分碘值下降而蛋白质增加的趋势。另一方面,CO_2浓度升高时水稻籽粒淀粉容量将有所增加,而对人体营养很重要的Fe和Zn浓度则降低,且温度和CO_2浓度均升高下籽粒蛋白质含量减少,对谷物品质影响的研究应进一步深化(白莉萍等,2003)。

蛋白质含量是作物籽粒营养品质的重要指标,一般蛋白质含量越高,籽粒的营养价值也越高。但稻米中蛋白质含量的高低与米饭食味成负相关,所以二者应该处于一个平衡的关系,蛋白质含量的过高或过低都会对稻米蒸煮品质带来负面影响。水稻籽粒中直链淀粉含量随CO_2浓度升高而增加,而当温度和CO_2浓度均增加时,水稻籽粒蛋白含量降低(Conroy,1994)。CO_2浓度增高使不同生育期水稻植株含氮率显著或极显著下降,生育中期比前后期更为明显(谢立勇等,2007)。总体上,对小麦的初步研究认为,CO_2浓度增加将降低籽粒含氮量和蛋白质含量(王春乙等,2000)。

8.1.5 气候变化对农业生产成本的影响

温度升高使中高纬度地区热量资源增加,农作物生长季延长,农业种植界线向北移动,而气候变化给中国农业生产布局和结构带来的影响,将进一步增加农业生产成本(秦大河,2003)。气候变化尤其是气温升高后,使土壤有机质分解加快,化肥释放周期缩短,加上气候变化使灌溉成本提高,进行土壤改良和水土保持的费用增大,同时,农业气象灾害增加,增加了粮食生产的不稳定性,因此使农业投资增大,势必会导致农业成本提高。

气候变化将改变施肥量。肥效对环境温度的变化十分敏感,尤其是氮肥,温度升高,会加快氮肥的释放速度和释放量。温度增高1℃,氮向外释放量将增加约4%,释放期将缩短3.6 d。因此,要想保持原有肥效,每次的施肥量将增加约4%左右。因而,肥料的施用量在1980年代之后迅速增加,几乎呈指数增长,化肥施用量(纯量)由1981年的1334.9万t增长为2006年的4766.2万t,几乎增长了近4倍。

施肥量的增加不仅使农民投入增加，其挥发、分解、淋溶流失的增加对土壤和环境也十分有害。而降水减少干旱加剧引发有效灌溉增加，灌溉用水、用电量等也相应地显著增长，同时也造成水资源短缺。灌溉用电量由 1981 年的 369.9 亿 kW·h 增长到 2006 年的 4375.7 亿 kW·h，增长了近 12 倍之多（《中国农业统计年鉴》）。

气候变暖会加剧病虫害的流行和杂草蔓延，农药的施用量将增大，从 1991 年的 76.5 万 t 增加到 2006 年的 146.0 万 t，增加到近 2 倍（《中国农业统计年鉴》）。随着气候变暖和作物生长季延长，昆虫在春、夏、秋三季繁衍的代数将增加，而冬温较高也有利于幼虫安全越冬，加剧病虫害的流行和杂草蔓延，这意味着这些地区将不得不施用大量的农药和除草剂。有些过去当地不曾出现的农作物病虫害也出现了，对农药生产和使用布局产生不利影响。如 1987 年长江三角洲地区稻飞虱大规模爆发，其成因与前期南方地区暖冬少雨有着密切关系。另外，气候变暖后各种病虫出现的范围也可能扩大，向高纬度地区延伸，目前局限在热带的病原和寄生组织会蔓延到亚热带甚至温带地区。所有这些都意味着，气候变暖后不得不增加施用农药和除草剂，而这将大幅度增加农业生产成本。

总体来看，随着气候变暖化肥、农药施用量以及有效灌溉的增加，主要粮食作物成本增加趋势十分明显，1981—2005 年水稻、玉米和小麦的成本呈现逐年增加趋势，特别是 1998 年之前的 17 年间，成本增长基本呈现指数型变化，最大分别达到 396.76 元/亩、321.24 元/亩和 311.62 元/亩，几乎分别为为 1981 年的 6.8 倍、7.1 倍和 6.5 倍。在 1998 年以后略有下降，2003 年之后又迅速增加，三种作物呈现一致的变化趋势，水稻的成本略高于其他两种（《中国农业统计年鉴》）。气候变化也带了一些正面的效益，如在某些春小麦种植地区改种冬小麦可以减少播种量，提高产量，做到节约成本，增产增收。辽宁省的资料表明（邓振镛等，2007），冬小麦的每公顷播种量比春小麦少 50% 以上，可节省生产费用 300 元/hm^2。在旱作条件下产量比春小麦高 1500 kg/hm^2 左右，可增收 2250 元/hm^2。

当然上述成本的增加不能一味的归因于气候变化的影响，农民追求更高的经济收益、社会经济条件以及政府导向等等也是影响农业投入成本的主要因素。如何将其他因素的影响剔除，定量的给出气候变化本身对农业投入成本变化贡献率的研究仍有待加强。

8.1.6　气候变化对畜牧业的影响

畜牧区大多分布于干旱半干旱地区或高寒、高纬度地区，对人口增加、土地利用变化，尤其是气候变化等较为敏感。中国草地面积近 4 亿 hm^2，占国土面积的 41.7%，主要分布在北方干旱半干旱区、青藏高原高寒区及南方丘陵山区。气候变化对草地的影响是十分复杂的，一方面温度的升高将改变生态系统中的一些过程，如蒸散、分解和光合作用等。同时，配合降水的变化和大气中 CO_2 浓度的增加，将对生物群落的生产力产生显著影响。另一方面，不同类型草地的空间分布受温度和降水控制，因而，气候变化的主要后果之一就是植物区系组成的改变，即草地类型在景观上的迁移（牛建明，2001）。

1. 草地生产力

牧草是草地第一性生产力的主要表现形式，其覆盖度大小、产量高低和发育进程反映了一个地区的草地生态环境状况。对柴达木盆地草地草群结构调查表明，气候变暖后，在草地植被组成中牲畜不食或不喜食的杂草比例增加，造成优良牧草严重减产和草地植被退化，危害严重区的牧草减产高达30%。青藏高原东北边缘牧区随着气候趋于暖干化，牧区草场产草数量和质量下降，劣等牧草、杂草和毒草的比例越来越高，草场生产力进一步下降（张秀云等，2007）。

气温升高，降水量不变或减少，致使草地蒸散量增加，使草地生态环境变得更加脆弱，大风、沙尘暴、干旱等极端天气气候事件更加频繁，影响牧草生长，导致产量下降。气候变暖，尤其是冷季平均气温升高，有利草地鼠虫害的越冬和繁殖，导致鼠虫危害加重，使牧草覆盖度降低，牧草产量下降。干旱除了对牧草的生长发育造成影响外，也是其他自然因素的触发因子。大风，尤以冬春季节最多，这一时段内，降水量少，风大且多，地表干燥，更促进了草地的退化沙化。如 1998 年 7 月，德令哈持续出现平均气温＞20℃的天气达 20 d 之久，最高气温达 30℃，加之 6 月、7 月降水量偏少，两月合计降水量比历年同期偏少 130.5 mm,造成全市草场大面积枯萎,牧草总计减产 1/3 以上。如 1990 年,青海省玉树、果洛、海南和海北藏族自治州的部分牧区出现严重干旱,有的地区同时受到大风、低温、霜冻影响,导致牧草产量比正常年份减少 20%～50%,此外,草地鼠虫害也对草地生产力造成严重破坏。

2. 畜产品

气候变暖,特别是冬、春季气温升高,降雪减少,使牧区雪灾趋于减少,对牲畜越冬度春非常有利,牲畜死损率呈明显的下降趋势(张秀云等,2007)。但由于气候变暖,造成牧草产量下降,草场载蓄能力减弱,牧区病虫害加重,牧畜疫情增加等等。因而,气候变化对牧畜产品的影响有利有弊,但以不利影响为主。

高温会导致多种畜禽的生产性能下降。高温会影响奶牛的泌乳性能,尤其是高产奶牛,产奶量一般会下降 20%～30%,进而影响中国奶业的生产布局。高温对家畜的繁殖也有重要影响,许多家畜品种在夏季很少有(或无)发情表现,高温环境是种猪夏季不育的主要因素,盛夏高于 27℃ 就会产生配种受胎率大幅度下降的现象。随着气温的进一步升高,夏季可能没有家畜的正常繁殖,而春秋季节可能会正常繁殖,冬季可能成为繁殖旺季,畜牧业的生产周期将会有重大调整(李晓锋和陈明新,2008)。

当环境温度、湿度等气候因素发生变化时,自然界的所有生物也会因为外部生存环境的变化受到影响。对于微生物,它们的变异和适应环境变化比哺乳动物等大型动物迅速,病毒、细菌、寄生虫、敏感原更活跃,损害畜禽免疫力和对疾病的抵抗力,增加畜禽疾病的发生和传播几率,加重疾病发生的程度和范围,危害畜禽健康。同时,气候变化可能引起热浪频率和强度的增加,极端高温将使与热有关的畜禽死亡和严重疾病增加,尤其是中国规模化畜牧业迅速发展,大规模高密度集约化的养殖场受高温的影响更加严重(李晓锋和陈明新,2008)。

气候变暖特别是冬季气温上升幅度较大,可能更有利于病原菌和草地害虫(如蝗虫、毛虫等)的越冬成活,造成越冬虫源、菌源基数增加,加之春季气温同样上升,其孵化、繁殖和危害期提前,病虫害发生面积增大,危害程度加重,大发生的几率和频率增加,对牧草资源的破坏和危害程度加重。此外,温度升高,空气相对湿度减小,造成气候干燥,使蚊虫活动更加频繁,家畜疾病发生、传播和蔓延的可能性增大,牲畜疫情防治任务加重。

冬春季温度升高,草原火灾发生几率增大,枯草更加干燥,含水率减小,一旦遇到火源,极易引发大面积火灾。火灾中未烧死的牧草生命力减弱,极易遭受病虫害侵袭;火灾烧掉草地土壤表面有机质,使氮、磷、钾等无机物变得可溶于水,很容易被雨水冲走,土壤结构遭受破坏,草原火灾造成野生动物和微生物大量死亡,蚯蚓、藻类和真菌减少,不利于生物多样性的保护和土壤结构的改善。

气候变暖带来种植业减产和粮食成本上升,导致用于畜禽养殖的饲料成本增加。同时,大多畜禽品种的耐热性能差,夏季的高温对养殖业的正常生产极为不利,为了产业发展而采取的种种降温措施,也将大大增加生产成本。高温使某些疾病的发生率升高,增加了药物防治成本。活畜在高温季节的运输应激反应增多,鲜奶等畜产品的运输成本上升(李晓锋和陈明新,2008)。

8.1.7 气候变化对渔业的影响

渔业资源的种类、数量与人类活动和自然条件的变化密切相关,因而气候变化对渔业生产的影响是显而易见的(刘允芬,2000)。全球气候变化,无论是全球变暖以及温暖化所引起的海平面上升、水体溶氧量降低,还是厄尔尼诺等自然灾害的日益频繁发生,都对世界渔业资源产生极大的影响。中国是渔业超级大国,渔业产量占世界的 2/5,因此,关注气候变化对中国渔业的影响是非常必要的(王亚民等,2009)。气候变化对中国渔业的影响主要有以下几个方面。

1. 海洋生态系统破坏

气候变化会破坏海洋生态系统稳定结构、减少生物多样性。直接影响是导致珊瑚礁和红树林等生态系统的大面积破坏,从而破坏很多鱼类的产卵场,使渔业资源减少,渔业衰退。气候变暖引起海水温度升高,水温的变化会直接影响鱼类的生长、摄食、产卵、洄游、死亡等,影响鱼类种群的变化,并最终影响到渔业资源的数量、质量及其开发利用。尤其是近海的一些小型渔业衰退,剥夺沿岸渔业社区的传统生计,产生贫困化和社会不稳定的可能性增大,使渔业经济不能可持续发展。长三角的太湖流域和长江下游是中国重要的淡水鱼种质源基地和淡水养殖基地。在气候变化背景下,长三角海区主要经济鱼种的产量和渔获量有不同程度的降低(王亚民等,2009)。在中国,北方沿海的冬季海面结冰面积也逐年减少。分布在中国辽宁、山东沿海的斑海豹是冬季在朝鲜半岛和中国沿海间迁徙的种群,也是分布在北半球最南端的海豹种类与种群,目前是国家2级保护水生野生动物。该动物的习性是每年冬季向中国沿海迁徙产仔,主要是在冰上产仔与养育幼患。由于海冰的减少与消失,导致斑海豹无法找到合适的产仔场,必然影响其正常的生产与哺育行为,使其濒危状态雪上加霜。

2. 渔业风险增加

气候变化导致传统渔场消失和鱼类洄游迁徙路线、时间的变化。舟山渔场是中国最重要的四大渔场之一,在沿海渔业中占很重要的地位。温度持续升高,将导致舟山渔业环境遭受破坏,适宜的栖息地减少,促使舟山渔场的各种经济鱼类将向温度较低的外海迁移或高纬度地区迁移,渔群向争议海域和其他国家海域迁移,这样舟山渔场将消失或部分丧失渔业功能与价值。世界上最大的洄游鱼类—鲸鲨每年都在中国南海沿海自南向北向日本方向徊游,一部分种群最后到达山东沿海。由于气候变暖,鲸鲨在中国沿海洄游时间已经明显推后近1个月,而且在山东沿海滞留时间也延长,由于山东和浙江沿海渔业捕捞强度远大于南海,导致这一全球濒危的大型鱼类的非法捕捞量近年急剧上升,中国沿海的鲸鲨种群数量受到严重影响(王亚民等,2009)。

3. 影响鱼类繁育

气候变化影响鱼类的生长发育和繁殖,使鱼群大小与结构发生很大变化,也会导致渔场消失或者渔业功能消失(王亚民等,2009)。气候变化对鱼类生理、生态、生殖活动等,特别是对鱼类补充群体(仔稚幼鱼)的影响更明显,还有很多方面有待进一步分析研究(方海等,2008)。气候变化对于滩涂养殖业的影响也很大,2008年冬季发生的拉尼娜现象使得中国南方海水养殖渔业遭受重创,而针对此方面的研究还很少,需要加强关注研究(方海等,2008)。

8.2　未来气候变化的影响及脆弱性

未来气候变化将对作物的产量、品质和种植结构产生重要影响,农业病虫草害加剧、农药用量增加,极端天气气候事件发生频繁、危害加重,农业生产将面临更大的不稳定性和脆弱性。下面针对各种气候变化情景下对作物产量的影响和田间试验研究结果进行了简要介绍。

8.2.1　气候变化的潜在影响

1. 作物产量

保持目前的水稻播种面积、品种以及农业技术条件不变,A2和B2两种温室气体排放情景下,2080年时段中国灌溉水稻总产变化分别为+3.4%和−9%。雨养水稻总产变化分别为+17.5%和−3%。气候变化条件下,CO_2浓度较高的A2情景对中国水稻的总产特别是雨养水稻的增产明显,而对灌溉水稻的影响不明显,主要原因是由于CO_2浓度升高降低作物的水分胁迫,使雨养水稻增产。从长期来看,气候变化对中国水稻,特别是对雨养水稻的生长有一定的正面影响,对中国北方地区旱稻的发展有一定的积极作用。

未来气候变化条件下,若未更替当前小麦生态类型区的适应性品种,则全国小麦普遍减产,春小麦约平均减产30%~35%,冬小麦平均减产10%~15%,其减幅大约由南向北增加。但灌溉可部分补偿气候变化对小麦的不利影响,春小麦的补偿作用略高于冬小麦,但不能阻止小麦产量的下降趋势。从全国小麦生产看,气候变化对灌溉小麦依然存在不利影响,A2和B2气候变化情景下,灌溉小麦约减产8.9%和8.4%。根据PRECIS模型预估,2080年代A2情景下平均温度变化为3.89℃,降水增加

12.6％,B2情景下温度升高3.20℃,降水增加10.23％,说明本研究采用的区域气候模式下,温室气体排放情景A2和B2对小麦影响程度基本相似,若不考虑CO_2的肥效作用,小麦减产趋势非常显著,但考虑CO_2的肥效作用,则未来小麦生产仍可表现出明显增长,A2和B2下雨养小麦产量变化分别为＋23.6％和＋12.7％,灌溉小麦产量变化分别为＋40.3％和＋25.5％。

若不考虑品种和播种期的变化,气候变化将使小麦发育加快,籽粒产量呈下降趋势,冬小麦平均减产7％～8％,雨养条件下比水分适宜时减产幅度略大。春小麦的减产幅度大于冬小麦,水分适宜时平均减产17.7％,雨养时平均减产31.4％。对冬小麦而言,水分适宜条件下产量减少1.6％～12.5％,平均减产7.0％,雨养条件下减产0.2％～23.3％,平均减少7.7％,雨养比水分适宜时减产略大。春麦无水分胁迫条件下减少7.2％～29.0％,平均减产17.7％,雨养条件下(没有考虑西北地区)减少19.8％～54.9％,平均减少31.4％,雨养条件下减产幅度比水分适宜时明显偏大。生长期的缩短可能是造成小麦产量变化幅度不同的主要原因。采用瞬变模式(HadCM2和ECHAM4)研究和平衡模式的结果基本一致,东北地区北部的增产在黑龙江的黑河明显,而江南等大多地区表现为不同程度的减产。灌溉大豆较雨养大豆的减产幅度较小,说明灌溉能够减缓气候变化对大豆的不利影响。

中国 FACE 实验简介

大气中CO_2浓度增高是气候变暖的驱动因子,同时也对农作物的生产布局、产量品质产生重大影响。FACE(Free-Air CO_2 Enrichment)实验平台是目前揭示CO_2浓度增高对作物生产影响的有效措施。该系统使用标准的作物管理技术,在开放的农田条件下运行,很少改变作物生长环境的小气候和生物因素,代表了人类对未来大气环境的最好模拟。中国于2001和2007年分别在江苏和北京建立了FACE农田实验平台(图8.4),先后开展了大气CO_2和O_3浓度倍增的影响模拟实验。内容涉及水稻、小麦、大豆等作物生长、产量、品质以及农田生态系统的响应,取得重要进展(朱建国,2002,谢立勇等,2007,杨连新等,2010)。研究表明高CO_2浓度环境下水稻生育进程有加快趋势,减少了水稻截获光和固定碳的时间,水稻籽粒产量显著增加,增加幅度因不同品种和环境条件而异。FACE实验平台提供了检测作物适应措施的最佳机会,也揭示出未来高CO_2浓度情形下作物生产系统中的施肥策略、种植密度、水分管理、病虫害防治以及品种选育等方面必须作出相应的调整,以最优化水稻生产力。

图 8.4 江苏江都(a)和北京昌平(b)的 FACE 实验平台

如果不考虑灌溉措施或CO_2的肥效作用,气候变化情景下中国三种主要粮食作物单产均将会下降,其中A2情景下单产的下降幅度大于B2情景,单产水平随着时间的推移,下降幅度逐渐增大。其中玉米产量下降幅度较大,而小麦和水稻下降较小,在B2情景下玉米的产量下降最多,达36.4％。主要原因为温度升高导致生育期缩短。如果单考虑灌溉,产量下降幅度则明显降低,玉米和小麦产量下降幅度减少5％～15％,水稻减少5％左右。总的来说,灌溉可以使三种作物的产量下降幅度平均缩小7.6％。如果单考虑CO_2的肥效作用,即使依然维持目前的农业技术水平和雨养农业,未来中国三种粮食作物的单产水平也会增加,其中增产幅度最大的是小麦,达23.6％,最小为水稻,达4.3％。但实验和模拟研究表明，CO_2 的肥效作用的具体体现还与作物生长环境、品种、气候以及管理等条件相关。同时，由于目前研究的局限，尚不能完全了解 CO_2 对作物刺激的机制和程度，这方面的研究工作目前仍在继续并需要进一步加强。

2. 作物种植

未来全球性气候变暖对中国的种植制度将产生明显的影响，预计中国各地的热量资源将有不同程度的增加，使一年二熟、一年三熟的种植北界有所北移，主要农作物的种植范围、产量、质量都会有所变化。根据全球社会经济情景 IS92a 与 7 个未来气候情景 GCM 的合成模型预测，两熟制北移到目前一熟制地区的中部，目前大部分的两熟制地区将被不同组合的三熟制取代，三熟制地区的北界由长江流域北移到黄河流域（张厚煊，2000）。未来气候变暖使中国南方双季稻种植主要地区的热量资源更加丰富，在水分满足要求的地方，种植制度可能向一年三熟方面发展，大多耕地将实施稻—稻—越冬作物的种植模式。

未来气候变化将改变现存的作物布局和种植结构，到 2050 年几乎所有地方的农业种植制度将发生较大变化（王馥棠，2002）。中高纬度地区，温度的升高可以延长作物生长季、减少作物冷害，使喜温作物向更高纬度扩展，部分作物的种植面积将扩大（Howden，2003）。全球变暖将使作物带向极地移动，年平均温度每增加 1℃，北半球中纬度的作物带将在水平方向北移 $150\sim200$ km，垂直方向上移 $150\sim200$ m。对中国作物布局而言，气候变化有利于冬小麦北移。多种气候模式的结果表明，当 CO_2 浓度倍增时，全国年平均气温升高 2.69℃，高纬度的东北、西北地区比其他地区增高明显，且冬季气温升高明显高于夏季（赵宗慈，1990）。热量条件的这种变化为冬小麦种植的向北向西扩展提供了有利条件。

3. 生产成本

未来气候变化条件下会加大玉米对肥水的投入，同时由于产量的下降，中国几大玉米种植区的玉米净产值都将下降（熊伟，2008）。未来气候变化对农作物病虫害的发生发展有显著的影响，气候变暖导致一些农业病虫容易越冬，使病虫害增加，也使农业病虫害的分布区可能扩大，同时温度增高还使一些病虫害的生长季节延长，繁殖代数增加，一年中危害时间延长，作物受害进一步加重，使农业生产的损失进一步加重。又如：气候变化将增加极端异常事件的发生，导致洪涝、干旱灾害的频次和强度增加，而研究认为极端气候事件（洪水、干旱、极端高温和低温冷害等）对未来农业生产的影响更大（Mirza，2003）；此外，诸如土壤等因素也会受到气候变化的影响。可见气候变化对农业生产的间接影响，涉及的因素多而复杂，且目前对很多因素研究还不够深入，如：目前的气候预测还不能回答未来农业生产地域会有哪些极端气候事件，或这些极端气候事件发生的频率和强度究竟有多大；还无法定量估计未来气候变化使得农业病虫害有多大程度的加重等等，这就为研究工作和实际农业生产安排带来很大困难，也是研究中亟待解决的问题之一。

8.2.2 农业对气候变化的脆弱性

当前技术水平下，如果不考虑 CO_2 的肥效作用和灌溉的影响，到 2050 年中国雨养小麦产量较基准年（1961—1990 年）的产量将平均降低 $12\%\sim20\%$，雨养玉米降低 $15\%\sim22\%$，雨养水稻降低 $8\%\sim14\%$；如果满足灌溉条件，全国的小麦、玉米、水稻较当前灌溉水平减产 $3\%\sim7\%$，$1\%\sim11\%$，$5\%\sim12\%$。如果考虑到 CO_2 的肥效作用，水稻和玉米在 B2 情景下略微减产，减产水平在 3% 以内，其他均表现出增产的趋势，增产幅度在 $3\%\sim25\%$。对于各种作物的总产，不考虑 CO_2 作用时，小麦总产降低幅度在 $4\%\sim7\%$，水稻在 $5\%\sim12\%$，玉米在 $2\%\sim12\%$。到 2080 年代，三种作物的减产趋势更为明显。由此可见，气候变化将对中国主要的粮食作物生产带来不利影响（熊伟等，2005；2006；2008）。

温度对中国种植制度的影响显著。据估计，在温度上升 1.40℃、降水增加 4.2% 的条件下，中国一熟种植面积由当前的 62.3% 下降为 39.2%，两熟种植面积由 24.2% 变为 24.9%，三熟种植面积由当前的 13.5% 提高到 35.9%。温度升高将使中高纬度地区热量资源增加，农作物生长季延长，农业种植界线向北移动,而气候变化给我国农业生产布局和结构带来的影响,今后还将进一步增加农业的生产成本(林而达,2005)。气候变暖将使长江以北地区,特别是中纬度和高原地区的适宜生长季开始日期提早、终止日期延后,农业生产潜在的生长季有所延长(张厚煊,2000)。因此,气候变化为中国多熟种植制度的增加带来了可能。但应注意在温度升高的同时,土壤水分的蒸散量也将加大,一些作物的可利用水资源量会减少,这种热量资源增加的有利因素可能会由于水资源的匮乏而无法得到充分利用。

在雨养条件下,中国小麦减产的敏感区集中在东北、长江中下游和黄土高原地区,增产的敏感区集中在华北地区,其他地区对气候变化不敏感。在灌溉条件下,绝大部分地区的小麦对气候变化的敏感程度有所减弱(熊伟等,2005)。未来中国小麦区域之间的脆弱性差别很大,并存在几个明显的高脆弱区。高脆弱区主要分布在东北和西北部分地区(新疆、甘肃和宁夏)。中度和轻微脆弱区主要分布在长江中下游及云南、贵州等地。

未来气候变化无论是中—高气体排放的 A2 情景还是中—低气体排放的 B2 情景,全国玉米主产区的雨养和灌溉玉米单产都普遍降低,玉米总产量也表现为下降。其中 A2 气候变化情景对中国玉米产量的负面影响大于 B2 情景,CO_2 肥效作用可以在一定程度上缓解这种负面影响,这种缓解作用对雨养玉米尤其明显。A2 气候变化情景下,种植面积最大的黄淮海区(占全国种植面积34%)、东北区(占全国总面积的 32%)的大部分区域,以及西南区、华南区等的一部分区域减产幅度均超 30%,而 B2 气候变化情景减产幅度相对小,除黄淮海区的大部分区域外均在 30% 以内。两种情景下,灌溉玉米少数增产的区域都主要集中在东北区的边缘地带,其中 B2 气候情景比 A2 情景增产区域多,包括东北地区北部和农牧交错带区域(地形复杂,起伏多样),增产的原因可能是这些地区受地形影响年均温低,气候变化后会增加这些地区的积温,延长玉米的生育期,从而有利于该地区的玉米生产,带来了增产效益(熊伟等,2008)。

未来气候变化会增加全国玉米主产区雨养和灌溉玉米低产出现的概率,加大稳产风险,其中 A2 气候情景下雨养玉米稳产风险低于 B2 情景,而灌溉玉米稳产风险则高于 B2 情景。未来玉米总产的年际变化幅度也将增加,B2 气候变化情景相对 A2 情景稳产风险更大。雨养玉米单产变异系数的分布状况与灌溉玉米相似,也表现为两种情景下全国主产区变异系数增大,加大了雨养玉米稳产风险;与灌溉玉米不同的是,B2 气候情景比 A2 情景变异系数增大区域更多,但某些地区(如黄淮海区部分地区)稳产风险增幅 A2 气候情景比 B2 情景更大。

全国玉米主产区,未来气候变化不但会降低产量,而且也会加大稳产风险,如果不采取任何适应措施,将增加主产区玉米生产的脆弱性。在个别非主产区,雨养和灌溉玉米的单产将有所增加,稳产概率也略有加大,但考虑到面积权重,未来气候变化将对中国玉米生产将带来不利影响。

2080 年,两种情景下,A2 情景对中国水稻的正面影响要大于 B2 情景,气候变化对雨养水稻的正面影响大于灌溉水稻。A2 和 B2 两种情景下中国水稻年平均单产水平有增有减,CO_2 浓度较高的 A2 情景表现出对产量的正面影响,而 B2 情景下产量有下降趋势,A2 情景下,所有网格 2081—2100 时段雨养和灌溉水稻年平均产量变化分别为 +413% 和 +718%;B2 情景下,雨养和灌溉水稻年平均产量变化值分别为 -215% 和 -419%。2081—2100 年,两种情景下,水稻产量变化地域分布上有增有减,A2 情景下全国普遍增产,少部分地区减产,长江流域及其南部地区增产最为明显,而华北平原和东北平原减产;B2 情景下全国普遍减产,但少部分地区增产,主要集中在四川和湖北交界的山区,长江以南的山区也有增产趋势。在水稻总产上,A2 情景造成全国水稻总产,特别是雨养水稻的总产上升,而 B2 情景下水稻总产下降,气候变化对旱稻的生产有利(熊伟等,2008)。

气候变化对农业潜在影响的研究还存在很大的不确定性,因此需要加强各种情景下气候变化对主要粮食作物产量影响的模拟以及探讨适应措施的效果。FACE 实验是探索 CO_2 浓度升高条件下对作物生理、产量和品质影响的重要手段,但目前实验点少、适应措施有限,今后需要大力加强。由于未来的气候变化可能加剧农业生产的不稳定性和脆弱性,农业生产的风险更大,因此需要采取切实的措施适应气候变化。

8.3 农业对气候变化的适应措施

农业生态系统是受气候变化影响最直接、最脆弱的系统之一。农业在发展进程中对环境和气候有一个自然选择的过程，对环境和气候变化有一定的适应能力，但是这种能力不是无限的，超过一定范围，适应能力将被阻断，甚至难以恢复。为此，针对以温度增高为主要特征的全球气候变化这一当前现实和发展趋势，加大科学研究，总结成功经验，提高中国农业的适应能力是具有现实意义和长远意义的紧迫任务。

8.3.1 适应措施和效果

近30年的全球温度增高已经对区域气候和环境产生了深刻影响，为适应这一变化，农业生产已经采取了相应的适应措施。华北平原弱冬性小麦品种的选育和推广，东北平原（特别是三江平原）水稻大面积扩种，宁夏等西北干旱区水稻、马铃薯的作物种植比例调整，东北松嫩平原等地区采取的保护性耕作措施，都是针对当地水热条件变化而采取的适应性措施。很多措施已经卓有成效，成功经验可以为其他地区提供借鉴和示范。与此同时，一些教训也需要深刻反思，必须以客观事实为依据，科学决策，切实加强适应能力，稳步推进农业可持续发展，为中国粮食安全提供支持和保障。

1. 结构调整

宁夏位于西北地区东部，黄河上中游，为典型大陆性气候，干旱少雨、蒸发强烈，年降水量从北到南为200～500 mm，60％集中在夏季。气候变暖，降水减少，导致该区干旱显著增加，生态环境改变，对农作物熟制、布局、结构都产生影响（韩永翔等，2002）。在气候变暖形势下，宁夏重点调整农业结构和品种布局，调减高耗水量作物及品种，高耗水量作物与低耗水作物搭配，扩大节水型、耐旱型作物生产，增加作物种群的多样性，建立适水性和节水型农作制（刘德祥等，2005a；2005b）。

黑龙江省位于中国的东北地区，该地区是对全球变暖反应最敏感、最显著的地区之一。温度的升高使该地区水稻的种植面积得以迅速扩展，产量大幅度增加。1980年代以来的显著变暖不仅使南部热量条件比较充裕地区的水稻种植面积显著增加，同时也使北部原来种植水稻热量条件不足的次适宜区和不适宜区内的种植面积迅速增加（方修琦等，2000年；蔺涛等，2008），水稻种植比重的主要增加区域三江平原区和松辽平原区，分别由1985年的6.2％和6.3％增加到2005年的18.6％和12.6％（蔺涛等，2008）。

在气候变化导致作物的种植区域扩大、种植北界北移的过程中，作物会被种植在原来不能种植的地带，这就使得冻害的风险性增大，因此，要有充分的灾害风险意识，做好农作物区域的规划和北移界限的界定，做好引种种植的评估工作，防范灾害发生引起的损失。此外，气候变暖使极端天气事件发生的频率不断增加，如持续高温干旱等使农业生产受害的可能性变大，因此适应气候资源的变化的应对措施一定不能冒进，以避免不当的调整造成的灾害发生。

2. 品种更新

气候变暖使热量资源都有不同程度的增加，受热量资源影响最大的农业生产必然要随之做出适应性调整，才能实现农业的可持续发展。冬小麦生育期跨越了整个冬春季，冬季气温升高，改善了越冬条件，使冬小麦在冬季停止生长的日数缩短，有利于冬小麦的分蘖，产量会提高（张宇等，2000）。在华北六省（区、市）范围内的小麦生产中，从北向南，从春播、夏播到秋播，共有七个品种生态型等级可以利用。除了春麦生态型以外，冬麦品种生态型包括：冬型弱冬品种生态型、冬型冬性品种生态型、冬型强冬性品种生态型和过渡型品种生态型。气候变暖会促使小麦品种向弱冬性演化，因此小麦的品种布局也需要做出适应性调整。华北地区以前推广的冬小麦品种大多属于强冬性，随着气候变暖，已经被过渡型、半冬性或弱冬性生态类型的冬小麦品种所取代。例如，河北省、山西省、北京市、天津市主要利用冬型小麦品种进行秋播种植。全国第一产麦大省河南省的秋播小麦，过渡型是其适宜品种生态型，也可利用冬型小麦中的弱冬性品种。

由于越冬作物品种布局的调整,使得农作物冷害、冻害等自然灾害的发生频率也增大。要求农作物抵抗自然灾害的能力要增强。因此,要选育耐高温、耐干旱、抗病虫害、抗冷冻害的作物优良品种,以应对气候变暖的不良影响;同时要选育高效光合作用、光周期不敏感的优良作物,以应对生育周期缩短和种植北界北移时对产量的影响(郑广芬等,2006)。

3. 保护性耕作

气候的暖干化趋势,必然导致地表蒸发和植物蒸腾作用加强以及降水量减少,从而将进一步激化水资源的供求矛盾,干旱问题更为突出。干旱加剧后,植被减少,表土易沙化,使得耕地易受风蚀,遇到大风袭击时将产生沙尘暴,而一旦受到暴雨冲刷又会造成严重的水蚀。这对于生态环境脆弱,水分供给严重不足的干旱半干旱地区极为不利,极有可能导致土地生产力下降,致使农田沙化更加严重,土地沙漠化有可能进一步发展(高志强等,2004)。

北方农牧交错带延绵于辽宁、内蒙古、河北、山西、陕西、宁夏、甘肃数省(区),东西长达数千千米,不仅是农、牧两种生产方式的交错分布区,在自然地带上也是半湿润与半干旱、暖温带与温带的邻界带,在地理学中这一地带属于生态敏感带(韩茂莉,2006)。随着全球气候变暖,加上持续开垦,草原植被破坏,北方农牧交错带已经成为中国生态脆弱与贫困主要地区之一。遥感监测表明,由于失去草原植被保护后的农田裸露时间长达 7~8 个月,已使农牧交错带成为影响内地大气环境的主要沙尘源地之一。

在农牧交错带地区,采取多种形式的带状间作为中心的保护性耕作技术,包括麦类油菜等条播作物留茬与马铃薯等穴播作物间作轮作技术,以留茬带保护牧草带;灌草间作,以灌木带保护牧草带;粮草间作轮作,以多年生牧草带保护作物带;田间间作向日葵、饲料玉米、草木樨等高秆作物或牧草,秋后留茬作为生物保护篱网;以及适宜的间作轮作组合及带宽。这一系列适应措施已经取得明显成效。根据目前在内蒙古地区推广的 15 万 hm² 土地面积估算,农田被保护带风蚀量减少 5~8 成,留茬带风蚀基本控制,甚至小于降尘量,并兼有聚雪保墒效果,一般增产 15% 以上,还促进了种植结构的优化和畜牧业发展(妥德宝等,2002)。

4. 农田管理

气候变暖和干旱将使缺水问题成为困扰中国(尤其是北方地区)农业发展的重要因素,因此在农业技术上也采取了相应的应对措施。为了提高水分利用效率,减少灌溉中水资源的浪费,采取了节水灌溉技术,如滴灌、喷灌、管道灌溉等。另外,通过改进灌溉制度达到节水目的,如进行定额灌溉,减少灌溉次数,灌关键水等。众多研究者也进行了其他节水技术方面的研究,为防止地表水资源蒸发,采取一些保水措施,例如残茬或秸秆还田具有明显的节水增产效应,在相同灌溉水量(150 mm)的情况下,玉米秸与小麦秸全部还田较不还田水分利用效率分别提高了 2.34 kg/(hm²·mm)和 2.36 kg/(hm²·mm);同时增施有机肥水分利用效率分别提高 2.21 kg/(hm²·mm)和 2.18 kg/(hm²·mm)(李新,2002)。还可利用作物的水分胁迫诱导反冲机制,合理配置有限的水资源,节水的同时达到稳产的目的(杨晓光等,2000)。可以利用把夏季雨水集中利用技术,在山区修筑反坡梯田,进行等高条耕,沿坡面开挖串珠式集水坑,采用单坡式、双坡式、漏斗式、扇形状、V 字形等整地方式汇集地表径流。在平原区可采取田间方格种植、沟垄覆盖种植等方式增加水分入渗,利用注地蓄水,修建集雨沟、水窖、塘坝等收集雨水;利用井壁回灌、坑塘引渗等方式来补充地下水。

随着温度升高,土壤有机质的微生物分解将加快,将造成地力下降。在高 CO_2 浓度下,虽然光合作用的增强能够促进根生物量的增加,在一定程度上可以补偿土壤有机质的减少,但土壤一旦受旱后,根生物量的积累和分解都将受到限制,因此就需要施用更多的肥料以满足作物的需要。肥效对环境温度的变化十分敏感,尤其是氮肥。根据 N 释放速度与温度关系,改进施肥方式,一是化肥深施,施入深度 10 cm,在生长旺期或主要根系达 10 cm 以下时,可深施 15 cm,减少化肥的损失。二是混施,实验结果表明,有机肥混施可以延长肥效。但有机肥与化肥(N 肥)混施反而加速肥料损失,因为有机物分解放出的热量,会加速化肥挥发,所以化肥不宜与有机肥混施。三是施用释放慢的长效肥料,可以减少损失。最后要研制肥效长、受温度影响小,适应气候变暖的新肥料产品,以提高肥料费用效果。

5. 病虫害防治

农作物害虫发生发展与气候关系密切,气温增高 2℃,麦蚜越冬量在黄河流域将增加 4~60 倍,长江流域增加 10~138 倍;气温增高 4℃,麦蚜在黄河流域和长江流域将都能越冬并繁殖。首先随着气候变暖,作物生长季延长,昆虫在春、夏、秋三季繁衍的代数将增加,而冬温较高也有利于幼虫安全越冬,各种病虫出现的范围扩大,加剧病虫害的流行和杂草蔓延。其次,作物自身的生理变化也将刺激害虫更趋猖獗,气候变暖及大气中 CO_2 浓度升高,作物生长速度加快,作物中含碳量较高而含氮量将降低,害虫为满足自身对蛋白质数量的生理需求,将会增加取食量(李淑华,1993)。为此农药和除草剂将不得不大量施用。CO_2 倍增时,中国的农药用量将急剧增加。同时,气候变暖,有些过去不曾出现的农作物病虫害也出现了,对农药生产和使用布局产生不利影响。在此情况下,农业生产上采取的应对措施包括:加强对田间害虫天敌的保护,发挥天敌对害虫的控制作用;研制高效、低毒、无毒农药,减少用药量;合理施用高效、低毒、低残留的新型化学农药,保护生态平衡;培育抗病虫良种,减轻害虫为害。

农业生产应对全球气候变暖采取的适应措施并不是被动的、消极的反应,应当以经济、社会和生态环境的协调发展为原则(叶笃正等,2000)。因此,无论采取什么适应措施,都应该从系统的观点进行综合考虑,实现各个系统之间的相互协调,才能实现良好的适应效果,保证农业生产的可持续发展。

8.3.2 未来适应能力建设

由于气候条件对农业生产影响的直接性,使得气候变化对农业尤其是种植业生产影响的强度和范围要超过其他产业与经济活动。因此,通过科学研究和理论探索、加强试验总结和技术推广、强化组织管理以及政策机制等多元化措施,加强适应能力建设,以应对未来气候变化的不利影响,具有现实性和紧迫性。从经济与社会发展趋势、发展与环境的辩证关系、农业产业的特性、防灾减灾的基本规律与要求等考虑,未来适应能力建设建议从以下 6 个方面入手。

1. 加强理论探索、应用科学研究和技术推广

在农业适应技术研究与推广方面,主要应采取调整作物布局,改善种植制度,科学施肥,改进灌溉方式,采取切实可行的保护性耕作模式,选育中晚熟及高效耐热、抗逆性强的高产优质品种等农业综合措施。加强对气候变化背景下的作物病、虫、草害和畜禽疾病变化趋势监测,并制订相应的综合防治方案。重视土壤资源的保护工作,继续强调施用有机肥和有机无机肥相结合的施肥技术,不但应重视短期的抗旱减灾,还要重视远期适应能力建设。加强对气候变化科学研究的支持,进一步加大农业领域与气候公约相关的科学技术政策研究(林而达等,2007)。此外,还要重视减少农业生产中直接能源消耗问题,例如提高大型农业机械和灌溉设备能源消耗效率等。此外,在调整农业结构,改进大棚、温室等设施方面也要发展紧迫需求的适应技术(林而达等,2006)。

2. 健全灾害预警系统,提高防灾减灾能力

进一步完善气候影响评价业务系统,提高气候对农业、生态环境和社会经济影响的评估和预评估能力,加强极端气候事件的预评估、跟踪评估及灾后评估工作(毛留喜等,2003)。有时气象灾害并不完全是由气候变化造成的,人们适应不力,应对方法不合适也是一个重要原因。认真总结过去干旱、洪涝极端天气事件发生的特征,加强对极端天气形成机理的研究,提高对其预报、预警能力,包括人工干预能力,才能最大限度地减少极端气象事件对农业的影响,达到减灾防灾的目的。

3. 加强农业基础设施建设,提高防御气象灾害能力

环境整治和基础设施建设是适应能力建设必不可少的重要措施之一。从宏观层面看,大力开展植树造林,退耕还林还草,增强碳吸收汇,是降低大气 CO_2 浓度的根本措施之一。植树造林可以发挥绿色植物吸尘、吸收 CO_2、涵养水分、保持水土、改善气候等多项功能。同时还要积极实施天然林保护、调整

农林牧结构、草原建设和管理、自然保护区建设等生态建设与保护政策。加强农田水利建设时抵御洪涝灾害影响的必要而有效地措施,近年来洪涝灾害频发,损失加大,提示我们要切实加强和完善水利工程和农田水利建设。采取各种生物工程措施,进一步增强林业为主体作为温室气体吸收汇的能力,且有利于减缓气候变化的影响。

4. 建立健全组织机构,保证各部门协调合作

为了积极应对新的气候变化背景下的国际和国内形势,2007年在应对气候变化工作体制方面又作出了重大调整,成立了国家应对气候变化和节能减排工作领导小组,进一步完善了相关体制和机构建设。在研究、制定和协调有关气候变化政策等领域开展了多方面卓有成效的工作。由于气候变化及其影响涉及多个领域和部门的工作,在协调、组织国内的气候变化适应工作方面需要从中央到地方各个相关部门密切合作、加强协调。

农业是最易受气候变化影响的敏感性产业,而且这种趋势与日俱增。目前,涉农方面的应对气候变化的组织机构在各地区还较少,难以胜任全局性的适应与协调工作。这就需要国家有关部门予以相应的政策引导与财力支持;建立形成覆盖全国各地的应对气候变化组织管理网络,加强领导,建立领导协调机制,把如何适应气候变化纳入各级农业部门的计划和规划中,并逐步落实(林而达等,2007)。

5. 加强政策与法律建设,强化保障与约束机制

正确的政策导向及相关法律法规规范下的农业生产,不仅能确保农业产业科学、依法从业,实现可持续发展,也是应对气候变化的重要保障。近年来,政府一系列政策、法规的出台和实施已经取得重要成效。2005年国家颁布的《清洁发展机制项目管理办法》,显示了国家积极参与清洁发展机制、促进中国及全球可持续发展的意愿和决心,《中华人民共和国国民经济和社会发展第十一个五年规划纲要》中明确提出"控制温室气体排放取得成效,单位GDP的能源消耗降低20%的目标"。《中国应对气候变化国家方案》明确了到2010年中国应对气候变化的具体目标、基本原则、重点领域及其政策措施。

6. 推进经济与农业经济发展,增强物质保障能力

经济与农业经济发展是应对气候变化、规避气候变化风险的基础和保证。在经济与社会发展的战略上,应该努力寻求面对现实的可持续发展途径,通过振兴经济,来解决气候变化问题。在经济发展中,坚持科学合理利用资源、保护生态环境,改变不可持续的生产模式和生活方式,坚持走资源节约型环境友好性的可持续发展之路,统筹兼顾生态环境保护与经济及农业发展的关系(谢立勇等,2011)。在应对气候变化方面,应建立适应技术的成本和效益评价体系。通过技术集成与试验示范推广,在确保粮食高产优质的同时,节本增效,建立起适应未来气候变化的农业生产技术体系与生产模式,以实现经济、社会与环境综合效益的全面提高。

8.3.3 典型案例分析——东北农业区

东北地区是中国受全球气候变化影响最显著的地区之一,近50年间平均每10年增温0.34℃,降水量年际变化亦有增大迹象。过去20多年中,东北地区增温显著,进入1990年代后增温尤其显著,基于气象记录的低温冷害事件出现的频率和强度均明显降低。1900—1920年之间东北地区大约增温0.7℃,1920—1970年温度基本保持稳定状态,自1970年以来,东北地区的气温升高了1℃,冬季升温高于夏季,夜间升温高于日间,日温差减小。东北地区的降水在1900—1930年间低于正常水平,之后1940—1960年降水较多,1960年后降水减少,其中夏季减少明显,特别是1990年以来,东北地区降水量急剧下降。

由于气候变暖增加了农业气候热量资源,为作物种植制度的调整提供了可能。冬季平均温度和极端最低温度的增高使冬小麦在辽宁省大部分地区安全越冬已成为可能(谢立勇等,2002)。目前,黑龙江省已有17个县市具备种植冬小麦的气候条件,最北可延伸至克东和萝北等北部地区,这一界线与我国1950年代所确定的冬小麦种植北界(长城沿线)相比,北移了近10个纬度,出现了冬小麦的北移西移(云雅如等,2007)。

近年来东北地区水稻面积扩大与气候变暖有直接关系。黑龙江省增长最为显著,1980—2000 年的 20 年间水稻播种面积增加近 140 万 hm²,年递增率超过 10%。与之处于相同纬度的内蒙古东北部地区也出现了明显的北移东移现象。此外,在过去的 20 多年里,全国大部分水稻种植区均表现出生长期长的高产品种替代原有短生长期低产品种的趋势,该现象进一步说明了水稻种植范围向高纬度和高海拔推进的事实。初步估计,黑龙江省水稻总产增产量中有 29%～57% 的份额是由于气候变暖及其适应行为产生的(王媛等,2005),一般情况下,气候变暖对黑龙江省水稻提高产量潜力会产生有利影响(矫江等,2008)。

热量条件的改善同时使低温冷害有所减轻,晚熟作物品种面积增加。黑龙江玉米主产区发生南移,麦豆产区北移,而喜凉作物如亚麻、甜菜种植面积将有所下降。辽宁省苹果生产中遭遇 4 级以上冻害的频率已由 1950 年代的 80% 下降到 20%,冻害程度也明显降低。吉林省的玉米品种熟期较以前延长了 7～10 d,高产晚熟玉米种植面积增长迅速。

近几十年来,由于气候变暖,东北地区的湿地正面临着巨大的威胁。如从 1955—1999 年,三江平原大部分地区的降水平均以每年 20～25 mm 的速度减少,致使许多湿地干涸,湿地生态系统严重退化,而且其中许多退化过程是不可逆的。

气候变化使东北地区的降水变率普遍增大,极端降水事件(旱涝灾害)的频率和强度明显加强。黑龙江省是全国主要的变暖省份之一,其近年来所发生的极端天气事件日渐增多,尤其是 20 世纪 90 年代以来,洪涝频发。诸如 1991 年、1994 年发生了严重的洪涝,1998 年在嫩江、松花江发生了超百年一遇的特大洪水。根据 1950—2000 年的气象资料统计,在气温升高的同时,东北地区的降水量和降水日数在减少,不降水时段的连续累计日却趋于增加。

1. 未来气候变化及其影响的预估

中国东北地区在 21 世纪初期(2011—2030)将变暖 0.5～1.5℃,21 世纪中期(2046—2065)高排放情景下变暖 2.0～3.0℃,低排放情景下变暖 1.5～2.0℃,到 21 世纪后期(2080—2099)高排放情景下将变暖 4.0℃以上,低排放情景下也将变暖 3.0～3.5℃。对于 3 种排放情景,北部变暖大于南部(赵宗慈等,2007)。冬季比夏季变暖更明显,冬季几乎全区变暖在 4.0℃以上,夏季变暖 3.0～3.5℃。东北地区冬夏季降水都要增加,其中夏季增加 30～50 mm,冬季增加 10～30 mm。

中国东北地区到 21 世纪后期 2080—2099 年相对于 1980—1999 年,温度日较差减小 0.4～0.6℃,主要是由于最低温度将可能明显变暖所致。由于变暖,中国东北地区霜冻(最低温度低于 0.0℃)日数将减少,热浪(至少连续 5 d 最高温度高于同期气候平均值 5.0℃以上)日数将可能增加,生长季(在一年的第一个发生的 5 个连续日平均气温高于 5.0℃和最后一个发生的 5 个连续日平均气温高于 5.0℃之间的长度)将可能延长。年降水量可能增加 50～150 mm。其中,降水强度(年总降水量除以降水总日数)可能增加,干旱日数(年最大连续干旱日数)可能减少,径流量可能略增加。此外,由于到 21 世纪后期中国东北地区温度明显增暖,因此,蒸发将可能增加 0.1～0.3 mm/d,相应土壤湿度将可能减少 5%～15%。

根据 PRECIS 区域气候模式预测,在未来 A2 和 B2 排放情景下,2080 年代东北地区的温度升高较其他区域明显,年平均温度较基准时段(1961—1990)升高约 3.9℃,特别是冬季和夏季的温度升高显著,升温可达 4.4～4.7℃;降水的变化存在季节差异,在 A2 情景下,2080 年代年均降水量较基准时段增加 16%,其中冬季的降水增加达到 47.2%,夏季增加量在四个季度中最少,为 12.5%。在 B2 情景下年降水增加约 3.5%,冬季降水增加达 42.8%,而夏秋季降水基本没有变化,并且降水的增加主要集中在南部地区。

整体而言,中国北方水稻播种面积从 1980 年的 203.88 万 hm²,增加到了 1995 年的 298.69 万 hm²,其中,尤以黑龙江省增长最为显著,1980—2000 年的 20 年间水稻播种面积增加近 140 万 hm²,年递增率超过 10%。随着水稻种植比例显著增加,小麦种植比例明显减少,使黑龙江省粮食作物种植结构从主要以小麦和玉米为主的粮食作物种植结构变化成为以玉米和水稻为主的结构。不仅如此,在北方许多地区均出现了原有适宜种植区内面积扩大和产量增加的现象。

由于气候的变化,目前该区的春小麦会明显减产,但却为冬麦种植提供了可能。预计到 2030 年,冬小麦的安全种植北线将移至通辽—双辽—四平—抚顺—宽甸一线,到 2050 年移至鲁北—通榆—长岭—集安—安图—延吉一线。这意味着,未来 50 年内,东北地区的冬小麦适种面积将逐步扩大到辽南乃至东北地区的南部,包括辽宁的大部、吉林东南部,中国冬小麦的安全种植北界将由目前的长城一线北移约 3 个纬度。利用 GISS 模式输出的 CO_2 倍增条件下,东北的辽宁省除东部部分山区外,其余地方均可以实现一年两熟,辽南一些地区甚至可以实现冬小麦和早熟玉米或水稻的复种。近 20 年来黑龙江省气候变暖趋势逐渐明显,尤其是冬暖突出,使冬小麦在这里的种植成为可能。目前,黑龙江省已有 17 个县市具备种植冬小麦的气候条件,最北可延伸至克东和萝北等北部地区,这一界线与中国 1950 年代所确定的冬小麦种植北界(长城沿线)相比,北移了近 10 个纬度。

与冬小麦的发展趋势不同,随着温度的升高,春小麦在全国许多地区都出现了产量降低、播种面积缩减,以及被冬小麦、玉米、水稻或其他喜温作物所替代的现象。其中最突出的就是黑龙江省,过去这里曾是春小麦生产大省,居全国之首。但是 1990 年代以来,不但面积下降明显,而且各个主产区均表现出北移现象。目前,传统种植春小麦的三江平原、松嫩平原等地区已很少种植,而位于中国最北的大兴安岭地区春小麦的面积则日趋扩大(云雅如等,2005)。

在东北地区,作为玉米高产中心的松嫩平原南部,由于生长期提前,盛夏热量充足,目前已可以种植一些晚熟高产品种。而在吉林省中部玉米带和内蒙古扎兰屯地区,播种面积和产量也随温度的升高呈现出一个线性增加趋势。2011—2070 年东北地区玉米产量总体呈下降趋势,但下降幅度不大。中熟玉米产量变化范围在 7.4%～11.4%,平均减产 3.5%;晚熟玉米产量变化范围在 8.1%～−10.0%,平均减产 21%(熊伟等,2008)。

就春播大豆而言,随着温度的升高,不同地区变化趋势差异显著。资料显示:在黑龙江省北部大兴安岭和黑河北部山林等原属大豆不适宜地区,目前热量条件足以保证个别极早熟大豆品种的生长需要,且这一地区大豆产量可高达 112～211 t/hm²,气候生产潜力实现率也在 60%～72%。未来气候变化对东北大豆生产总体上有利,特别是中北部的大豆生产带来有利的影响。

2. 适应对策

全球气候变暖和大气 CO_2 浓度的持续增长,未来将给整个东北平原,特别是其中、北部的大豆生产带来较为有利的影响;而玉米的情况不容乐观,除目前热量不足的北部地区可能大幅度增产外,在其余地区均表现为明显减产。因此,在降水或灌溉条件较好的平原地区适当压缩玉米面积、逐步扩种大豆将不失为适应气候变化的一项良策。在较干旱的西部地区,则适于种植耐旱性较强的玉米(朱大威等,2008)。

不断增暖的气候将加剧水分蒸发,未来东北平原西部和南部地区受干旱威胁的程度将明显增大。良好的灌溉条件可以一定程度地缓解或补偿气候变暖造成的不利影响。在未来气候变化条件下,气候极端事件的发生频率也可能会增加,干旱、洪涝、低温冷害可能都会给新的农业种植模式提出挑战。因此,应重点在这些地区兴建大型水利工程,加强农田基本建设;实行节水灌溉,提高水分利用效率。

东北平原适应气候变化的另一项对策是选育或引进一些生育期相对较长、感温性强或较强、感光性弱的中晚熟品种,逐步取代目前盛行的生育期短、产量较低的早熟品种。这样做将有利于充分利用当地气候资源,提高作物产量。在引种过程中,忌操之过急,忌用感光性强的品种,也不能搞大跨度的纬向引种(金之庆等,2002)。

8.3.4 适应的优先事项与不确定性

1. 农业适应气候变化的优先事项

气候变化使未来中国农业可持续发展面临 3 个突出问题:一是使农业生产的不稳定性增加,产量波动变大。气候变化对中国农作物生产和产量的影响在一些地区是正效应,在另一些地区是负效应

（IPCC，2007；张建平等 2008；杨勤，2009），对产量的影响可能主要来自于极端气候事件频率的变化；二是带来农业生产布局和结构的变动：气候变暖一方面将使中国农作物种植制度发生较大的变化（居辉等，2005；张建平等，2007；熊伟等，2008），另一方面将使中国主要农作物品种的布局发生变化（张建平等，2007，2008）；三是引起农业生产条件的改变，农业生产成本和病虫害增加将改变施肥量，将不得不施用大量的农药和除草剂（IPCC，2007）。未来农业领域如何应对气候变化及解决上述问题将是今后继续研究的重要内容。

气候变化将使中国农业生产面临的重大问题，对农业的影响评估工作已经进行了大量研究，但适应性方面的工作进展还不多。可以预见的是，采取恰当有效的适应性措施可以减少气候变化对农业的不利影响，增强有利影响的潜力。相关部门在设计和实施中长期发展规划时，如能考虑气候变化给农业生产造成的风险因素，将促进中国农业公平和可持续的发展，并减少农业因气候变化的脆弱性，增强抗风险能力。

目前，要提出与农业经济相关的战略和行动，就要改变农作物模式和耕作的强度，并对播种和收获的日期进行调查。同时，也要开发适应未来气候的作物品种，充分利用水资源，还要在农作物基因方面要开展更多的作物品种适应性工作，以及开展节水活动，加强水资源保护等研究。

（1）加强 CO_2、温度等多因子相互作用的长期实验研究

为了模拟未来大气 CO_2 浓度升高条件下对陆地生态系统的影响，1980 年代末，美国发展了自由空气条件下的 CO_2 浓度升高技术，即 FACE（Free air CO_2 Enrichment）实验。FACE 系统是一个模拟未来 CO_2 增加的微域生态环境。根据冠层 CO_2 浓度测定结果，由控制系统实时调节 FACE 圈层内的 CO_2 浓度，使之保持在高于对照的设定浓度值，目前已经建立的 FACE 系统设定的 CO_2 浓度均高于对照200 ppm。

虽然 FACE 技术的发展才十多年，国际上已经运行的 FACE 系统有二十个左右，已涉及的生态系统有森林、草地、农田等，研究的作物有小麦、棉花、玉米、水稻等多种。但是 FACE 研究主要在美国和欧洲等经济发达国家进行，且大都集中在对植物生长过程的影响方面。我国开展的研究还不多，未来特别需要在大气 CO_2 增加对农田生态系统结构和功能影响研究方面获得有自主知识产权的创新认识和科学成果。

（2）加强作物生长模型的多样性研究

现代科学中的模型方法是以电子计算机的配合使用作为必要条件的。作物模型研究，总的趋势是朝向基于过程的动态机理模型这一目标的。但是，目前已经研制的模型多是建立在经验关系之上。例如，模型结果对误差高度敏感；模型中对病虫害影响和经济人文因素模块考虑不足；模型大多是单站模型，还没有适用大尺度模拟的作物模型。

作物生长模型是未来农业和资源研究的有效工具。从以往模型研究开发的经验上看，今后的作物生长模型无论从研究还是开发应用角度都有待注意和加强的地方。作物模型不能只停留在潜在产量和水分限制条件下的生产模拟阶段。要构建更好的病虫害模块和土壤盐渍化模块，以便能对采取的病虫害控制措施进行有效评估，进而更好地应用于生产实践。

（3）加强综合管理技术的研究

推广优化施肥和深施肥技术，并解决化肥数量不足和施用不对路问题。除了在化肥生产上要增加高效肥、复合肥、配方肥和生物化学肥料的比例并逐步加入微量营养元素外，鼓励使用有机肥（如绿肥、厩肥、沼渣等），研究和推广土壤养分精准管理和平衡施肥技术，普及科学的施肥方法和田间管理技术。

农药的研制应建立在对害虫、天敌、农作物生理学和生态学研究的基础上，做到高效低毒和环境良好。推广病、虫、草、鼠害等综合防治技术等。改良灌溉方法，加强节水农业、科学灌溉的研究、推广和应用，开发土壤保墒技术和其他农田管理措施等，改变过去单一节水技术，向高度集成的综合技术和发挥整体效益的方向发展，做到蓄水、增水、保水、高效用水并重（IPCC，2007），农艺节水、生物节水、工程节水"三管齐下"，促进节水农业技术向着定量化、规范化、模式化、集成化和高效持续方向发展，提高水的利用效率。研究推广以自动化、智能化为基础的精准耕作技术，实现农业的现代化管理，降低农业生

产成本,提高土地利用率和产出率。

（4）加强对作物新品种的研制开发

选育抗逆品种,通过基因特性来发展包括作物育种在内的新技术。在种质收集和筛选的基础上,培育出一批产量潜力高、内在品质优良、综合抗性突出、适应性广的优良动植物新品种（IPCC,2007）,以强化农业适应气候变化的能力。

（5）在气候变化条件下调整农业生产结构

科学地调整种植制度,适应气候变化。如在东北地区,采用冬麦北移（居辉等,2005）,增加水稻种植面积等措施,合理利用农业技术,利用变暖的有利条件,促进粮食生产（张建平等,2007）;在华北地区,建立节水型生产体系,因地制宜防治沙漠化,促进区域社会经济的可持续发展;在西北地区,合理配置水资源,发展节水农业,保护和改善生态环境,提高旱区农业适应能力（杜瑞英,2006）;在华中地区,要加大防洪抗旱减灾工作的力度,加强工程蓄水抗洪能力;在长江中下游地区,未来气候变暖有利于复种指数和土地利用率的提高;在华南地区,可发展多种形式的一年三熟制,并可通过间作套种或混播等方式种植一些生长季节生育期短的作物;在西南地区,扩大复种面积,推广麦—稻—稻、油—稻—稻或麦—稻—再生稻套晚稻及发展各种喜热喜温性作物和亚热带温带果树、经济价值高的林下药材等。

2. 农业适应气候变化的不确定性

目前气候变化研究领域,研究农业领域对气候变化的响应及评估主要的方法是利用气候模式连接农业领域作物模型,其结果存在很大的不确定性。这种不确定性主要来自:影响评估模型所用的气候情景以及模型输入数据的不确定性;影响评估模型本身的不确定性;评估模型参数化过程的不确定性;适应措施选择的不确定性等。

影响评估模型所用的气候情景以及模型输入数据的不确定性主要包括:①社会经济情景统计数据以及未来预测的的不确定性;②气候情景的不确定性,包括未来气体排放的不确定性、气候系统对温室气体排放反应的不确定性以及自然系统本身的不确定性;③由于实际田间观测数据、田间管理数据缺乏,目前的农业数据主要是来自中国统计年鉴,可靠性存在一定的不确定性,导致参数调整和模式校验的不确定性。

评估模型参数化过程的不确定性包括:①国外的作物模型,遗传参数是利用国外的实验结果,在中国使用存在很多偏差;②遗传参数调试站点较少,且有些站资料较少,使得选择模式的遗传参数时存在很大偏差;③作物遗传参数结果的不确定性和过程机制理解的不完善;④作物模型是基于田间试验或实验室的结果构建的,此外模式模拟过程中作物生长期内没有压强、风、湿度的增减模拟,具体气象条件的改变对产量的影响不能定量化;同时作物模型只考虑了 CO_2 对作物的影响,没有或者很少考虑其他温室气体（如 O_3）对作物的影响。

影响评估模型自身的不确定性包括:气候模型产生的气候结果与作物生长模型相耦合,在不同时间和空间尺度上评价气候变化的影响,其发展可以分为 3 个阶段:①对实测的天气数据进行一定的加减产生气候变化情景数据,然后输入模型进行模拟;②利用大气环流模式产生的结果,并利用随机天气发生器产生逐日天气数据,然后输入作物模型进行站点模拟;③利用区域气候模式直接模拟逐日天气数据,输入到作物模型,大气模式的降尺度和作物模型的升尺度连接,可以解决模式产生的时空差异。

适应选择措施的不确定性包括:适应措施和技术具有区域性,不同的措施应用于不同的地区,不能盲目照搬,以免造成更加不利的情况。如在东北地区继续大力加强粮食的种植;在西北地区退耕还牧,发展节水农业;在西南地区应大力加强环境建设;在华东、华南的沿海地区,根据海平面上升趋势,逐步提高沿海防潮设施的等级标准,加强对台风和风暴潮的监测和预警。

上述不确定性都是产生于具体的模型模拟试验过程中,是比较实验方法与实际物理过程的差异。需要指出的是,除了模式模拟的不确定性以外,在研究气候变化的科学理论领域也存在不确定性。如某些自然界的活动会对气候系统造成一定的影响,包括太阳活动和火山喷发。但是目前我们对这种影响的认识还只是定性化,还没有定量化。

以上从宏观的角度分析了中国农业适应气候变化的对策，不同的区域还要结合区域的实际特征制定相应的适应对策。并以东北地区为案例，详细地介绍了气候变化对东北地区的影响和东北地区适应气候变化的对策。在总结目前研究工作的基础上，总结了农业适应气候变化研究的优先事项。对于不确定性的研究，今后还需要开展更多的工作。

参考文献

白莉萍，林而达．2003．CO_2浓度升高与气候变化对农业的影响研究进展．中国生态农业学报，**11**（2）：32-134．

陈志恺．2007．全球气候变暖对水资源的影响，中国水利，**8**：1-3．

邓振镛，张强，尹宪志，等．2007．干旱灾害对干旱气候变化的响应．冰川冻土，**29**（1）：114-118．

丁一汇．2003．气候变暖我们面临的灾害和问题．中国减灾，**2**：19-25．

杜瑞英，杨武德，许吟隆，等．2006．气候变化对我国干旱/半干旱区小麦生产影响的模拟研究．生态科学，**25**（1）：34-37．

方海，张衡，刘峰，等．2008．气候变化对世界主要渔业资源波动影响的研究进展．海洋渔业，**30**（4）：363-370．

方修琦，盛静芬．2000．从黑龙江省水稻种植面积的时空变化看人类对气候变化影响的适应．自然资源学报，**16**（7）：213-217．

方修琦，王媛，徐锬，等．2004．近20年气候变暖对黑龙江省水稻增产的贡献．地理学报，**59**（6）：820-828．

方修琦，王媛，朱晓禧．2005．气候变暖的适应行为与黑龙江省夏季低温冷害的变化．地理研究，**25**（4）：664-672．

高志强，刘纪远，曹明奎，等．2004．土地利用和气候变化对农牧过渡区生态系统生产力和碳循环的影响．中国科学D辑：地学，**34**（10）：946-957．

韩茂莉．2006，近300年来玉米种植制度的形成与地域差异．地理研究，**25**（6）：1083-1095．

韩永强，侯茂林，林炜，等．2008．北方稻区水稻害虫发生与防治．植物保护，**34**（3）：12-17．

韩永翔，董安祥，王卫东．2002．气候变暖对中国西北主要农作物的影响．干旱地区农业研究，**4**（22）：40-42．

郝志新，郑景云，陶向新．2001．气候增暖背景下的冬小麦种植北界研究——以辽宁省为例．地理科学进展，**20**（3）：254-261．

矫江，许显斌，卞景阳，等．2008．气候变暖对黑龙江省水稻生产影响及对策研究．自然灾害学报，**17**（3）：41-48．

金之庆，葛道阔，等．2002．东北平原适应全球气候变化的若干粮食生产对策的模拟研究．作物学报，**28**（1）：24-31．

居辉，熊伟，许吟隆，等．2005．气候变化对我国小麦产量的影响．作物学报，**31**（10）：1340-1343．

居辉，许吟隆，熊伟．2007．气候变化对我国农业的影响．环境保护，（6A）：71-73．

李茂松，李森，李育慧．2003．中国近50年旱灾灾情分析．中国农业气象，**24**（1）：7-10．

李淑华．1993．气候变暖对病虫害的影响及防治对策．中国农业气象，**14**（1）：41-47．

李晓锋，陈明新．2008．全球气候变暖对我国畜牧业的影响与分析．中国畜牧杂志，**44**（4）：50-53．

李新．2002.中国华北和西北地区水量短缺对农业的压力及对策．干旱区地理，**25**（4）：290-29．

李祎君，王春乙，赵蓓，等．2010.气候变化对中国农业气象灾害与病虫害的影响．农业工程学报，**26**（s1）：263-271．

李祎君，王春乙．2010.气候变化对我国农作物种植结构的影响．气候变化研究进展，**6**（2）：123-129．

林而达，吴绍洪，戴晓苏，等．2007．气候变化影响的最新认知，气候变化研究进展，**3**（3）：125-131．

林而达，许吟隆，蒋金荷，等．2006．气候变化国家评估报告（II）气候变化的影响与适应．气候变化研究进展，**2**（2）：51-56．

林而达．2005．气候变化危险水平与可持续发展的适应能力建设.气候变化研究进展，**1**（2）：76-79．

蔺涛，谢云，刘刚，等．2008．黑龙江省气候变化对粮食生产的影响．自然资源学报，**24**（2）：307-318．

刘德祥，董安祥，邓振镛．2005a．中国西北地区气候变暖对农业的影响．自然资源学报，**21**（1）：119-125．

刘德祥，董安祥，陆登荣．2005b．中国西北地区近43年气候变化及其对农业生产的影响．干旱地区农业研究，**2**（23）：195-200．

刘玲，沙奕卓，白月明．2002．中国主要农业气象灾害区域分布与减灾对策．自然灾害学报，**12**（2）：92-97．

刘允芬．2000．气候变化对我国沿海渔业生产影响的评价．中国农业气象，**21**（4）：1-5．

毛留喜，程磊，任国玉．2003．气候变化影响评估及其战略对策．中国软科学，（12）：132-135．

牛建明．2001．气候变化对内蒙古草原分布和生产力影响的预测研究．草地学报，**9**（4）：277-281．

秦大河．2003．气候变化的事实与影响及对策．中国科学基金，（1）：1．

史培军，王静爱，谢云等．1997．最近15年来中国气候变化，农业自然灾害与粮食生产的初步研究．自然资源学报，**12**

(3):197-203.

孙智辉,王春乙,2010.气候变化对中国农业的影响.科技导报,**28**(4):110-117.

妥德宝,段玉,赵沛义,等.2002.带状留茬间作对防止干旱地区农田风蚀沙化的生态效应.华北农学报,**17**(4):61-65.

王长燕,赵景波,李小燕.2006.华北地区气候暖干化的农业适应性对策研究.干旱区地理,**29**(5):646-652.

王春乙,郭建平,王修兰,等.2000.CO_2浓度增加对C_3、C_4作物生理特性影响的实验研究.作物学报,**26**(6):813-817.

王春乙,娄秀荣,王健林.2007.中国农业气象灾害对作物产量的影响.自然灾害学报,**16**(5):37-43.

王馥棠.2002.近十年我国气候变暖影响研究的若干进展.应用气象学报,**13**(6):755-766.

王亚民,李薇,陈巧媛.2009.全球气候变化对渔业及水生生物的影响与应对.中国水产,(1):21-24.

王媛,方修琦,田青,等.2006.气候变暖及人类适应行为对农作物总产变化的影响.自然科学进展,**16**(12):1645-1650.

王媛,方修琦,徐锬,等.2005.气候变暖与东北地区水稻种植的适应行为.资源科学,**27**(1):121-127.

王宗明,于磊,张柏,等.2006.过去50年吉林省玉米带玉米种植面积时空变化及其成因分析.地理科学,**26**(3):299-305.

肖志强,李宗明,樊明,等.2007.陇南山区小麦条锈病流行程度预测模型.中国农业气象,**28**(3):350-353.

谢立勇,侯立白,高西宁,等.2002.小麦M808在辽宁省的种植区划研究.沈阳农业大学学报,**33**(1):6-11.

谢立勇,李艳,林淼,等.2011.东北地区农业及环境对气候变化的响应与应对措施.中国生态农业学报,**19**(1):197-201.

谢立勇,林而达.2007.二氧化碳浓度增高对稻、麦品质影响研究进展.应用生态学报,**18**(3):659-664.

熊伟,居辉,许吟隆,等.2006.气候变化下我国小麦产量变化区域模拟研究.中国生态农业学报,**14**(2):164-167.

熊伟,许吟隆,林而达,等.2005.两种温室气体排放情景下我国水稻产量变化模拟.应用生态学报,**16**(1):65-68.

熊伟,杨婕,林而达,许吟隆.2008.未来不同气候变化情景下我国玉米产量的初步预测.地球科学进展,**23**(10):1092-1101.

杨连新,王云霞,朱建国,等.2010.开放空气中CO_2浓度增高(FACE)对水稻生长和发育的影响.生态学报,**30**(6):1573-1585.

杨勤,许吟隆,等.2009.应用DSSAT模型预测宁夏春小麦产量演变趋势.干旱地区农业研究,**27**(2):41-48.

杨晓光,陈阜,宋冬梅,等.2000.华北平原农业节水实用措施试验研究.地理科学进展,**19**(2):162-166.

叶笃正,吕建华.2000.对未来全球变化影响的适应和可持续发展.中国科学院院刊,(3):183-187.

云雅如,方修琦,王丽岩,等.2007.我国作物种植界线对气候变暖的适应性响应.作物杂志,(3):20-23.

云雅如,方修琦,王媛,等.2005.黑龙江省过去20年粮食作物种植格局变化及其气候背景.自然资源学报,**21**(5):697-705.

翟盘茂,章国材.2004.气候变化与气象灾害.科技导报,**7**:11-14.

张厚瑄.2000.中国种植制度对全球气候变化响应的有关问题.中国农业气象,**21**(2):10-11.

张建平,赵艳霞,王春乙,等.2005.气候变化对我国南方双季稻发育和产量的影响.气候变化研究进展,**1**(4):151-156.

张建平,赵艳霞,王春乙,等.2007.未来气候变化情景下我国主要粮食作物产量变化模拟.干旱地区农业研究,**25**(5):208-213.

张建平,赵艳霞,王春乙,等.2008.气候变化情景下东北地区玉米产量变化模拟.中国生态农业学报,**16**(6):1448-1452.

张俊香,延军平.2001.陕西省农作物病虫害与气候变化的关系分析.灾害学,**16**(2):27-30.

张强,高歌.2004.我国近50年旱涝灾害时空变化及监测预警服务.科技导报,**7**:21-24.

张强,邓振镛,赵映东,等.2008.全球气候变化对我国西北地区农业的影响.生态学报,**28**(3):1210-1218.

张秀云,姚玉璧,邓振镛,等.2007.青藏高原东北边缘牧区气候变及其对畜牧业的影响.草业科学,**24**(6):66-73.

张宇,王石立,王馥棠.2000.气候变化对我国小麦发育及产量可能影响的模拟研究.应用气象学报,**11**(3):264-270.

赵宗慈,罗勇.2007.21世纪中国东北地区气候变化预估.气象与环境学报,**23**(3):1-4.

赵宗慈.1990.五个全球大气海洋环流模式模拟二氧化碳增加对气候变化的影响.大气科学,**14**(1):118-127.

郑广芬,陈晓光,孙银川,等.2006.宁夏气温、降水、蒸发的变化及其对气候变暖的响应.气象科学,**26**(4):413-418.

朱大威,金之庆.2008.气候及其变率变化对东北地区粮食生产的影响.作物学报,**34**(9):1588-1597.

朱建国.2002.农田生态系统对大气二氧化碳浓度升高响应——中国水稻/小麦FACE研究.应用生态学报,**13**(10):1223-1230.

朱晓禧,方修琦,王媛.2008.基于遥感的黑龙江省西部水稻——玉米种植范围对温度变化的响应.地理科学**28**(1):66-71.

邹立坤,张建平,姜青珍,等.2001.冬小麦北移种植的研究进展.中国农业气象,**22**(2):53-57.

Conroy J P，Seneweera S，Basra A S，et al. 1994. Influence of rising atmospheric CO_2 concentrations and temperature on growth yields and grain quality of cereal crops. Australian Journal of Plant Physiology，21：741-758

Howden S M，Ash A J，Barlow E W R，et al. 2003. An overview of the adaptive capacity of the Australian agricultural sector to climate change-options，costs and benefits. Report to the Australian Greenhouse Office. Canberra，Australia.

IPCC，2007. Climate change 2007：The physical science basis. Contribution of Working Group I to the Fourth Annual Assessment Report of the Intergovernmental Panel on Climate Change. Cambridge University Press，Cambridge，UK.

Mirza M M Q. 2003. Climate change and extreme weather events：Can developing countries adapt. Integrated assessment，1：37-48.

Sun J D，Yang L X，Wang Y L，et al. 2009. FACE-ing the global change：Opportunities for improvement in photosynthetic radiation use efficiency and crop yield (A research review). Plant Science，177：511-522.

Zhai P M，Zhang X B，Wan H，et al. 2005. Trends in total precipitation and occurrence of extreme precipitation over china. Journal of Climate，18：1096-1108

第九章 气候变化与重大工程

主 笔:姜彤,吴青柏

贡献者:高超,刘波,苏布达,张建明,曹丽格

提 要

本章选取在中国现代化建设过程中具有代表性的重大工程:三峡工程、南水北调工程、长江口整治工程、青藏铁路工程、西气东输工程、中俄输油管线工程、三北防护林工程等七大工程,以及高速公路、高速铁路和南方输电线路等其他重大工程来评估气候变化对重大工程的影响,并提出应对气候变化不利影响的适应对策。

三峡工程侧重评估气候变化引起的长江上游径流的丰枯变化对三峡工程安全运行的可能影响和应对气候变化的适应性对策,评估表明,三峡工程对周边气候的影响空间范围不超过 20 km;南水北调工程侧重评估气候变化引起的水资源分配时空不均性及生态环境问题;长江口整治工程重点评估气候变化对长江口航道、入海径流量、海岸带环境工程的影响;青藏高原铁路工程侧重评估气候变化引发的多年冻土融化等对铁路路基稳定性的影响;西气东输工程主要评估气候变化引起的次生地质灾害等问题对输气管线安全运行方面的影响;中俄输油管线工程则是针对气候变化可能引起的管线安全隐患方面的评估;三北防护林工程侧重于气候变化对防护林造林效果的影响评估;高速公路、高速铁路和南方输电线路等侧重气候变化引发的气象要素变化对工程运行安全等的评估,需要提高对雷暴、暴雪等极端天气事件的应对能力。

人类在社会、经济发展过程中构筑了大量的赖以生存的基础工程设施。气候变化不仅影响自然生态系统和人类生存环境,而且对这些工程也将产生深刻影响。选择对中国社会经济发展有影响的重大工程:三峡工程、南水北调工程、长江口整治工程、青藏铁路工程、西气东输工程、中俄输油管线工程、三北防护林工程等七大工程(图 9.1)以及高速公路、高速铁路和南方输电线路等其他工程,研究和探讨未来气候变化与重大工程之间的相互关系,评估气候变化对重大工程的影响,尤其是评估气候变化对各类工程运行安全的影响和可能的威胁;分析由于工程建设和运行后,可能带来的气候效应与工程效益等问题;并提出适应措施以应对气候变化对重大工程的影响。

9.1 三峡工程

9.1.1 工程概况

三峡工程全称长江三峡水利枢纽工程,位于湖北省宜昌西陵峡三斗坪,距下游葛洲坝38 km。由大坝、水电站厂房和通航建筑物三大部分组成。大坝坝顶总长 3035 m,坝高 185 m,三峡工程正常蓄水至 175 m 时,三峡大坝前会形成一个世界上最大的水库淹没区——三峡库区。三峡水库是一座长达 600 km,最宽处达 2 km,水面平静的峡谷型水库。

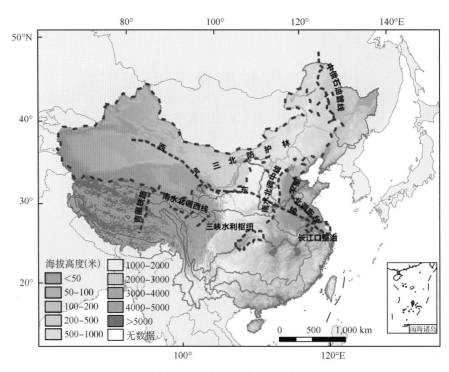

图 9.1　重大工程分布示意图

长江三峡水利枢纽,是当今世界上最大的水利枢纽工程之一,是治理和开发长江的关键性骨干工程,具有防洪、发电、航运等综合效益。兴建三峡工程的首要目标是防洪,以有效地控制来自长江上游洪水。2010 年 10 月 26 日,经过 47 天的水量调蓄,三峡水库首次达到 175 m 正常蓄水位,这是三峡工程建设的一个重要里程碑。2010 年汛期,长江流域的大范围持续暴雨形成多次洪峰,给长江中下游的防洪带来的巨大压力。由于三峡工程适时地进行洪水调度,有效地减轻了中下游的防洪压力。2010 年 7 月 20 日,洪峰最大流量达 7 万 m³/s,超过 1998 年最大洪峰流量,经科学调度,三峡工程有效削减洪峰流量 40％以上,拦蓄洪水约 70 亿 m³,使得长江中下游河段特别是沙市和武汉不超过警戒水位,减少了 10 万劳力上堤巡堤查险,仅此一项就减少了上千万元防汛经费的消耗。2011 年 6 月,长江中下游多省市发生历史上罕见的干旱。三峡工程及时向中下游补水,下泄流量达 8000～10000 m³/s,超过天然径流量 2000 m³/s,提高中下游水位,有效地缓解中下游干旱的影响。

蓄水至 175 m 后,三峡成为一座库容达 393 亿 m³ 的峡谷型水库,其中可拦洪库容达 221.5 亿 m³,长江最险处荆江河段的防洪标准可从十年一遇提高到百年一遇,即使出现千年一遇的洪水,配合荆江分洪等分蓄洪工程的运用,也可避免下游江汉平原发生重大人员伤亡的毁灭性灾害。遇特大洪水,通过调节三峡库容能有效削减洪峰,保护长江中下游数千万人口和数百万公顷耕地的安全。在 2011 年长江中下游大旱发生之后,三峡工程又赋予了一个新的功能,也就是长江流域抗旱功能。

除了防洪抗旱效益,三峡工程在发电、航运等方面也发挥了重要作用。截至 2010 年 10 月 20 日,三峡工程累计发电已突破 4398.6 亿 kW·h。如果以三峡电站替代燃煤电厂,相当于 7 座 260 万 kW 的火电站,每年可减少燃煤 5000 万 t,少排放二氧化碳约 1 亿 t,二氧化硫 200 万 t,一氧化碳 1 万 t,氮氧化合物约 37 万 t 以及大量的工业废物。三峡蓄水至 175 m,回水将上达重庆,平均水深约 70 m,平均宽度约 1100 m。宜昌至重庆 660 km 的航道可直达万吨级船队,航运成本将降低 1/3 以上。长江航道将成为名副其实的"黄金水道",为中西部经济发展发挥重要的物流通道作用。

9.1.2　气候变化对工程安全运行的可能影响

气候变化对三峡水库安全运行风险的影响包括以下几个方面:一是气候变化引起温度、降水、湿度和风速等气象要素的变化将改变入库水量的时间和空间特征,尤其当入库水量超出原库容设计标准及相应的正常蓄水位时,产生水库安全运行风险;二是气候变化引发的极端水文气候事件频次增加,强度加大,引发超标准洪水的出现,造成水库防洪调度的风险;三是暴雨强度和暴雨次数增多,诱发库区地质灾害频发,影响三峡大坝安全运行管理。

1. 长江流域降雨径流变化趋势

自 1880 年以来,长江流域经历了 1890 年代的少雨期,1900—1920 的多雨期,1920—1980 的少雨阶段及 1990 年后的多雨期。在 1990 年代长江流域相继发生了 1991 年中下游大洪水、1995 年中下游梅雨期大洪水、1996 年中游大洪水、1998 年全流域大洪水及 1999 年区域性大洪水(丁一汇等,2006;崔林丽等,2008)。

全流域降水量分析以长江流域 1961—2010 年降水数据为基础(表 9.1),以宜昌为界划分上游和中下游,计算各年代际降水均值与基准期 1961—1990 年均值的降水距平,得出:全流域而言,进入 21 世纪之后降水减少明显,而上游地区自 1970 年代以来降水均减少,但是中下游地区在 1980 和 1990 年代以降水增加为主,其中 1990 年代尤甚,但是进入 21 世纪之后上游、中下游均进入降水偏少时期。

表 9.1 长江流域各区年代际雨量(mm)距平(据沈浒英(2003)修改)

年代	1960 年代	1970 年代	1980 年代	1990 年代	2000 年代
全流域	6.06	6.9	−2.96	25.01	−30.06
上游(宜昌以上)	17.18	−2.36	−14.84	−20.42	−47.12
中下游	−5.29	−3.64	8.95	71.81	−11.63

1990 年代降水增加主要发生在夏季,由于气温升高,空气持水能力加大,夏季强降雨出现的几率增加且强度增大,汛期降水量、暴雨平均日数和日最大降水量呈明显增加趋势,洪涝加剧。1990 年代以后,长江流域的第一大支流汉水流域与历史同期的丰水年份(1980 年代)相比较,汉水流域雨量减少18%,与历史同期的最枯年份(1970 年代)相比较,雨量还偏少 7%。尤其 1997 年汉水中上游干旱范围之广,旱情之重,为近 44 年来所少见,全年总降雨量 599.1 mm,较多年平均降水量 894.4 mm 少 33%(气候变化国家评估报告,2007,Liu,2011;Zeng,2011)。近年来,长江流域发生旱涝急转现象明显加剧,如 2011 年 1—6 月,长江流域以较严重的干旱为主,而伴随 2011 年 6 月 3 日及之后的强降水过程,鄱阳湖、洞庭湖水系主要河流水位普遍上涨,赣、湘、黔、闽等省份有 10 多条河流发生超警洪水,出现流域性大旱急转大涝等极端天气现象。

2. 气候变化对长江流域水文情势的可能影响

采用 NCAR GCM 模型研究大气中的温室气体含量增加一倍达平衡时,2050 年长江流域增温4.6℃,降水增加 7%,但是季节分配不均,其中夏季降水增加 12.9%,土壤水分升高 3.4%;冬季降水减少 0.7%,土壤水分下降 9.0%。这意味着,气候变化可能使长江流域枯水期的干旱与汛期的洪涝发生的概率都加大(陈德亮和高歌,2003)。基于 9 个 GCMs 模型输出的气温和降水值,利用改进的水分平衡模型研究气候变化对中国未来地表径流的影响,显示在 21 世纪末,长江上游四川段的夏季径流增加;春季径流减少,但全年总趋势是增加(游松财等,2002)。

表 9.2 不同排放情景下湖北段长江干流径流变化(%)预估(Zeng,2011)

水文站	排放情景	2010 年代	2020 年代	2030 年代	2040 年代
宜昌	SRES-A2	−5.2	−6.9	−1.1	−5.2
	SRES-A1B	−1.4	−1.2	−4.2	1.0
	SRES-B1	−1.3	−1.4	0.3	−2.5
汉口	SRES-A2	−3.0	−6.8	0.1	−2.9
	SRES-A1B	−0.7	0.2	−2.8	2.2
	SRES-B1	−0.6	−1.3	2.1	−1.3

对长江干流湖北段,基于 ECHAM5/MPI-OM 模式在长江流域的气候预估,利用人工神经网络对长江上中游干流区间的径流预估表明:三种排放情景下,相对于 1971—2000 年 ECHAM5 模式模拟均

值,2011—2050 年长江干流上游控制站宜昌站和中游汉口站的径流变化趋势均不明显,变化幅度不超过 10%(表 9.2),(Zeng,2011)。

3. 气候变化对三峡水库安全运行的可能影响

在未来气候变化情景下,三峡库区气候总体有显著变暖、变湿的趋势,三峡工程上游流域汛期洪涝、干旱等极端事件发生的频率将增加。强降水增加,降水诱发库区泥石流、滑坡等地质灾害发生概率可能增大,对三峡工程管理、大坝安全以及防洪和抗洪等产生不利影响;枯水期的干旱,将影响三峡工程的蓄水、发电、航运以及水环境。

关于气候变化对三峡水库安全运行风险的可能影响,目前还仅限于对气候变化风险的影响研究。三峡坝区以上约 40 万 km^2 的面积,当 CO_2 加倍时各月降水量相对基准气候(1961—1990)的变化见表 9.3。

表 9.3　2 倍 CO_2 时三峡地区各月降水量相对基准气候(1961—1990)的变化(张建敏等,2000)

月份	1	2	3	4	5	6	7	8	9	10	11	12
均值变化(%)	6.19	16.71	22.82	23.25	16.73	7.05	0.53	−1.65	−2.08	−0.04	5.17	14.23

当 CO_2 加倍时,三峡水库以上地区春季和冬季月降水量有明显增加,以春季最为显著,平均增加 20%左右;夏季和秋季平均而言略有增加,但各月有不同程度的增减差异。

利用多模式集合预估三峡库区 21 世纪气候的可能变化,表明气候总体有显著变暖、变湿的趋势,年平均气温变暖趋势为(2.1～4.2℃)/100a,年降水总量增加趋势为(6.1%～9.7%)/100a。就季节变化而言,冬季的变暖幅度最大,降水增加幅度最大。库区年平均气温在 21 世纪将持续呈上升趋势,而年降水在 21 世纪前期有减少趋势,在中期和后期逐渐增多。在 A2、A1B 和 B1 排放情景,21 世纪后期气温分别比常年偏暖 3.7℃、3.3℃和 2.2℃,年降水分别比常年偏多 4.4%、5.5%和 3.5%(刘晓冉等,2010)。

未来气候变化情景下气象干旱对三峡水库运行造成的威胁将有所减小。由于枯水期降水增加(10月份除外),干旱风险指数除 1 月份与基准气候持平外,各月干旱风险均有所减小,而洪涝发生的气候风险加大。汛期除 8 月和 9 月外,洪涝风险指数值均较基准气候下有明显增加。

极端气候事件出现的概率将加大。由月降水量变异系数的变化得到,在未来气候情景下,1—2 月和 5—8 月的变异系数较基准气候有所增加,这为水库的调度运用以及蓄水发电等增添了压力。

在未来气候变化情景下,三峡以上流域汛期洪涝、干旱等极端事件发生的频率将增加,将使长江上游地区年来水量增加,汛期发生洪涝以及枯水期发生干旱的频率可能加大。强降水增加,使得库区泥石流、滑坡等地质灾害发生概率可能增大,对水库管理、大坝安全以及防洪和抗洪等产生不利影响,有可能使三峡水库形成巨大的冲浪,从而危害大坝的安全及诱发地震,这给三峡水库的调度运行和蓄水发电等效益的发挥带来严峻考验。枯水期的降水减少(干旱),将影响水库的蓄水、发电、航运以及水环境。因此,加强对强降水诱发的地质、地震灾害的监测力度,及早采取安全防范措施是十分重要的。

同时,由于国民经济用水量的快速增长、水利水电工程的建设以及气候变化等因素的影响,长江上游的径流量及年内径流过程已经发生了明显的变化。随着长江上游地区未来社会经济的发展、人口的增长及水利水电工程的进一步开发,加上跨流域调水等因素的影响,上游地区消耗性用水量比三峡工程的设计和论证阶段(1990 年代以前)将有较大幅度的增加,尤其是非汛期消耗性用水量的增长。长江上游干支流已建(在建或拟建)大、中型水利水电工程数量众多,如果多数水库选择在汛后(9 月、10 月)蓄水,则上游水库的优先蓄水将有可能导致三峡水库汛后蓄不满,进而影响到三峡电站的枯水期发电以及下游通航等一系列问题,尤其是枯水年份。根据模型预测结果,上游地区消耗性用水量的大幅增加,将对三峡电站的发电量和发电质量产生显著的影响这给三峡水库的调度运行和蓄水发电等效益的发挥带来严峻考验(张远东,2010)。减小三峡水库运行风险的方法除应用优化的调度模型以减少人为失误外,还应建立长江流域水库调度网,通过系统调节降低三峡水库可能出现的枯水期发电不足和汛期防洪的风险(张建敏等,2000)。

9.1.3 三峡工程的气候效应

1961—2010 年三峡库区平均气温呈现上升趋势,降水量变化具有年代际特征,从 2000 年开始由多雨期转为少雨期,气温和降水的变化都与西南地区、长江上游乃至整个长江流域的变化趋势基本一致。三峡水库建成后,对库区附近的气温产生了微调作用,冬暖夏凉。蓄水仅对局部地区的气候产生很小的影响,蓄水前后气候并无明显变化。利用三峡库区及其周边地区 33 个气象观测站 1961—2006 年降水与温度观测资料,对 2003 年蓄水前后的降水、气温等要素作了时间对比分析,同时分别选取近库区和远库区的观测站点作降水比值和温度差值的分析。三峡蓄水后的 2004—2006 年,三峡库区各站的降水与常年平均值相比,各站年降水量均有不同程度的减少。奉节站和鄂西站蓄水后年降水量分别为919.1 mm 和 1034.9 mm,比常年平均偏少 20% 和 27%,库区降水较常年偏少,但降水变化趋势与长江上游流域降水年代际变化基本一致(陈鲜艳等,2009)。1990 年代以后三峡库区气温有显著上升趋势,蓄水后受水域扩大影响近库地区的气温发生了一定变化,表现出冬季增温效应,夏季有弱降温效应,但总体以增温为主。

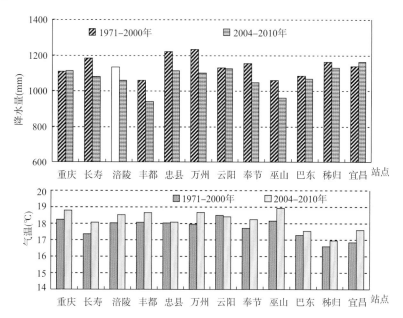

图 9.2 三峡库区沿江各站 2004—2010 年平均与常年平均年降水量和气温(陈鲜艳等,2009,后延长到 2010 年)

在三峡工程尚未开工之前,多位学者和单位采用多种方法对三峡水库形成后的气温进行了分析测算,基本结论是:在三峡工程建成蓄水之后,对气温有一定的影响,但影响范围不大,垂直方向不超过 400 m,两岸水平方向不超过 2 km,大气稳定层结构更接近中性,逆温天气将减少。年平均气温变化很小,不超过0.2℃;日较差平均缩小 1℃ 左右,年较差缩小 0.6~1.0℃(长江水资源保护科学研究所,1992)。

研究表明,一个地区的暴雨发生需要在比它大十几倍以上面积的地区收集或获得水汽。三峡水库不能左右比它面积大很多倍的区域性旱涝过程。全球气候变化是极端天气气候事件频发的大背景,近年发生在长江流域的气象灾害是大范围的大气和海洋异常造成的,三峡水库的水汽输送作用极小(王国庆等,2009;吴佳等,2011)。

利用数值模拟分析表明,三峡水库对附近气候有一定影响,但影响范围最大不超过 20 km(图 9.3)。图 9.3 显示沿三峡水库,在距水体不同距离冬、夏季气温和降水的变化。可以看出水库仅对水面上方的气温有明显降低作用,冬、夏季分别为 1℃ 和 1.5℃ 左右,而紧邻水面的陆地降温仅有0.1℃,并迅速衰减至 0.01℃ 以下。这主要是水体引起的蒸发冷却导致的,这个冷却同时会引起空气下沉,减少降水,其中冬季降水的减少值很小,在距水面 10 km 以内的减少程度仅为 1%~2%;夏季稍大一些,在水面上为 10% 左右,而到 10 km 的地方已衰减至 5% 以下。

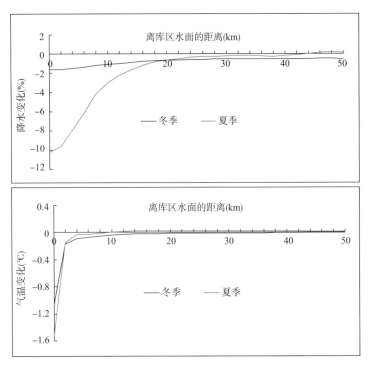

图 9.3   距三峡库区不同距离冬、夏季降水（上）和气温（下）的变化（吴佳等，2011）

关于三峡水库对周边气候影响数值模式模拟方面，张洪涛等（2004）使用一个简化模式，研究了三峡水库建成前后气象要素场的变化，认为水库对气候的水平影响范围一般不超过 10 km。Miller 等（2005）使用 MM5 模式，通过多重嵌套方法，模拟得到三峡水库的蒸发会引起周边气温降低，但对降水没有明显影响。而 Wu 等（2006）使用 MM5 模式所进行的模拟，则表明三峡水库蓄水对气候产生的影响可能会较大，造成三峡大坝附近降水略微减少，大坝以北和以西地区的降水量增加，其作用不仅在局地，而且可以达到区域级尺度。但随后使用 RegCM3 所进行的更严格的数值模拟试验结果表明，三峡水库蓄水仅对水体上方的气温有明显的降温作用，降水有一定的减少作用，而对水体以外周边区域的影响，无论是气温还是降水都非常小，并随距库区的距离变远而变得更弱，达不到统计信度标准（吴佳等，2011）。

9.1.4   适应性对策

1. 三峡工程与长江上中游干支流水库、中下游分蓄洪区的联合调度，是抵御气候变化带来的三峡工程安全运行风险最为有效的对策措施

不同的气候模式未来情景预估表明，21 世纪长江流域升温的结果，将造成灾害性天气事件无论在强度和频率上都可能频繁发生，洪水和干旱等极端天气事件将严重影响三峡工程，三峡工程与上中游干支流水库和中下游分蓄洪区的联合调度是抵御气候变化对三峡水利工程运行风险最为有效的对策措施之一（曾小凡等，2007；张增信等，2008；翟建青等，2009）。

21 世纪长江流域气候变化带来的升温趋势，将造成降水的极值事件可能频繁发生，长江流域再次发生相当于 1870 年、1954 年和 1998 年的千年、百年和 20 年一遇的洪水的几率增大，甚至可能发生超过上述频率的特大洪水。气温升高造成水循环加快，在变暖的 20 世纪，已经观测到大洪水频率是增加的，同时灾害性天气导致的大洪水和干旱的强度和频率都会持续增加（姜彤等，2008；苏布达等，2008）。

使用德国马普气象研究所 ECHAM5 气候模式对长江流域 20 世纪实验期以及 21 世纪情景模拟数据，获取年最大值（Annual maximum，AM）与干旱指数 MI（Munger Index，MI）序列的分布参数估计值（图 9.4），首先得出逐个格点 1951—2000 年重现期为 50 年的降水极值。其次，估算了 1951—2000 年 50 年一遇极端降值在 2001—2050 年的重现期（Su 等，2006；Jiang 等，2007）。

1951—2000 年间的 50 年一遇 AM 在长江流域上游大部地区强度小于 150 mm/d，尤其在源头小

于 100 mm/d。其最大值出现在流域北部和东南部,强度大于 200 mm/d。AM 的未来变化趋势表明,不同情景下强降水发生可能性各有不同。在 2001—2050 年,排放情景 B1 与 A1B 条件下,过去 50 年一遇的 AM 事件在长江中下游与上游金沙江流域发生频率加快,而在流域西北和中部地区发生可能性降低。长江流域的西南,东北与南部地区,1951—2000 年的 50 年一遇 AM 将成为不足 25 年一遇事件(图 9.4b,图 9.4c)。情景 A2 下,AM 频率在长江南部和西南部明显加快,变为不足 25 年一遇事件。而在中下游中部地区和长江源区呈现频率减少态势,变成为长于 100 年一遇事件(图 9.4d)。以上分析表明未来长江流域遭遇极端强降水事件的面积将会扩大。

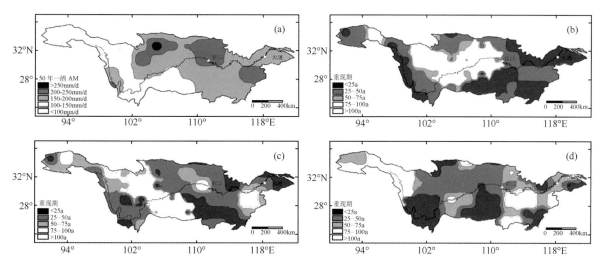

图 9.4 对应于 1950—2001 年 50 年一遇极值在 2000—2050 年的重现期(a:1951—2000 年 50 年一遇 AM;b,c,d:B1,A1B 与 A2 情景的重现期)一遇 MI 干旱事件将变为 100 年以上一遇事件(姜彤等,2008)

1951—2000 年的 50 年一遇 MI 干旱事件,在长江中下游持续期长于上游地区。MI 事件在流域东北部强度最大,可持续 20 d/a 以上。而在西北部地区干旱程度较轻,50 年一遇 MI 强度不足 5 d/a。MI 未来变化趋势表明,长江流域东北部过去 50 年一遇 MI 事件重现期在三种排放情景下均有增长。因而这一地区未来旱灾将有所缓解。但 MI 事件重现期在流域的东南部(情景 B1 和 A2 下),北部和西北部(情景 A1B 下)以及西南部(情景 A1B 和 A2 下)呈现明显的缩短。干旱强度较强(10~15 d/a)的长江流域北部与东南部是未来干旱事件相对高频发生地区,旱灾将加剧。另一方面流域南部和西南部大面积地区,1951—2000 年的 50 年气候变化将使长江上游地区年来水量增加,汛期发生洪涝以及枯水期发生干旱的频率可能加大。

强降水增加等极端事件对水库管理、大坝安全以及防洪和抗洪等产生不利影响,枯水期的干旱,将影响水库的蓄水、发电、航运以及水环境,给三峡水库的调度运行和蓄水发电等效益的发挥带来严峻考验。为了取得最佳效果,加强对长江中上游极端事件(如暴雨等)的中长期预报并提高业务预报准确率是非常重要的(气候变化国家评估报告,2007)。三峡水库与上中游干支流水库和中下游分蓄洪区的联合调度,是抵御气候变化对三峡水库运行风险最为有效的对策措施之一。

2. 将应对气候变化纳入水资源综合流域管理,加强三峡工程在长江流域防洪、抗旱、航运和供水等防灾减灾中的作用

三峡工程改变了长江流域水资源的时空分布。未来的气候变化对水资源会产生一定的影响,水资源综合管理要预见到可能会出现的问题,制定应对气候变化的长远的发展规划,特别是加强防洪、抗旱、航运和供水等方面基础设施建设,健全现代化的流域水资源管理体系,如三峡水库每年的蓄水期可适当提前,冬、春季增加下泄流量,提高长江中下游的抗旱能力;汛期长江流域发生严重洪涝灾害的概率依然很高,建议继续增强三峡工程以及长江中下游的防洪能力;进而减少水资源系统包括防洪系统、抗旱系统及供水系统对气候强迫的脆弱性,以提高三峡工程对气候变化的适应能力。

长江流域水能资源丰富,其中上游地区水能蕴藏量占全流域近 90%。三峡工程 2007 年首次错峰

防洪，长江两岸安然度汛。工程每年发出的清洁水电相当于5000万t原煤发电量，可减少二氧化碳排放量1亿t。但是，自2008年进入初始运行期以来，其对长达600km库区的生态环境以及长江河道形态产生的影响，也逐步显现。

三峡库区历来生态环境脆弱、自然灾害频发、水土流失严重、人多地少矛盾突出，不合理的开发造成生态退化，水土流失加剧状况远未得到根本扭转。而三峡工程蓄水后，支流水质恶化，部分出现"水华"现象，且发生范围、持续时间、发生频次明显增加。部分支流居民饮用水源堪忧，特别是香溪河、大宁河、梅溪河等问题突出。库区水位上升，淹没岸坡范围加大，加之高水位使侵蚀基准面抬高，在水位下降时，滑坡可能性提高，而周围区域的地下水位上升，土壤岩隙含水大增，促使古滑坡复活，并产生新滑坡、泥石流。清水下泄对长江中下游最险的荆江河段堤防的安全也带来威胁。近年来，荆江崩岸险情频次明显增多，崩岸长度明显增加。

未来20年，长江上游地区仍将有一大批水电工程开工建设，届时在长江上游干支流将形成较大规模的梯级水电站群，这些水电站及水库投入运行后，对长江上游及全流域的生态与环境会产生重要影响。大规模梯级水库建设和运行将显著改变长江天然的水文过程、水沙分配比例。未来长江上游强降水可能增加，将可能增加库区降水诱发的地质灾害的发生。突发的滑坡、泥石流灾害，有可能对三峡水库形成巨大的冲浪，从而危害大坝的安全及诱发地震（陈进，2006）。

这些已经出现或者即将面临的问题，都是对三峡工程的安全运行提出了巨大挑战，如何实现库区生态环境良治，如何合理分配水资源以及如何更好地发挥三峡的生态效益、社会效益和经济效益等等，都是亟待研究的课题，从流域角度，施行流域生态管理、制定应对气候变化长远的发展规划，加强防洪、抗旱、航运和供水等方面基础设施建设，健全现代化的水资源管理体系是三峡工程安全、高效运行的保障前提。

3. 三峡库区更需加强水环境保护，以应对气候变化造成的不利环境影响

三峡库区污染源主要为工农业废水、生活污水、城市径流和船舶流动污染源等，每年废水排放量达12亿t，大多未经处理直接入江。三峡水库建成后水体流速减缓，自然净化能力减弱，将造成局部江段污染，形成岸边污染带。在气候变化背景下，极端高温、极端降水等极端事件频发，强降水造成的冲刷力增强，污染物更易汇入三峡库区，同时，在高温环境下，污染物更易发生腐败等生化反应，污染环境的程度可能加重，因而必须采取得力措施，逐步实现污染物由浓度控制转向总量控制，工业污染由末端治理转向生产全过程控制，城市污染由点源治理转向集中控制；大力发展高质、高效的环保产业，对三峡库区及城镇环境进行全面控制、治理，力求入库污水浓度达到国家规定的污水综合排放标准。在水库建成水流速度减小的情况下，使得排放的污水最多影响到排污口下游1000m范围内的局部水域水质，在排污口下游1000m处便可达到饮用水源水质标准。根据对三峡工程蓄水后库区巫山段水质2002—2008年数据分析表明：在营养水平和气候条件相当的情况下，支流回水区常爆发"水华"而干流未出现"水华"现象，说明水动力条件也是发生水体富营养化的主要诱发因子（刘学斌等，2010）。

国务院批准的《三峡库区及其上游水污染防治规划（2001—2010）》，10年内投资392.2亿元，成立三峡库区水污染防治领导小组，切实做好库区水污染防治。到2010年，库区将建成城镇污水处理厂150余座，沿江重点城镇污水处理设施113座。要求到2010年，三峡库区及其上游主要控制断面水质，整体上基本达到国家地表水环境质量Ⅱ类标准，库区生态环境得到明显改善（王儒述，2002）。从2003年135m首次蓄水，到2009年的175m高位试验性蓄水，三峡库区及其上游的水环境状况总体稳定。三峡库区及其上游流域水污染防治工作取得了积极进展，水质得以明显改善。环保部门监测显示，与"十五"相比，三峡库区及其上游水体水质有所改善，总体上由轻度污染转为良好。截至2009年底，三峡库区及其上游已建设城镇污水处理厂240座，建设垃圾处理设施300座。这些治污设施对三峡库区及其上游流域水污染防治、水质改善发挥了积极作用。

总之，气候自然变化加之人类活动导致的区域气候变化及其可能引起的洪涝、干旱加剧，对于长江流域水资源系统而言无疑是一个重要的胁迫因子。因此，考虑气候变化风险，加强和健全水资源综合

管理体系,进而减少水资源系统包括防洪系统、抗旱系统及供水系统对气候强迫的脆弱性,以提高长江流域水资源系统对气候变化的适应能力。

同时,三峡工程蓄水时间还不长,气候观测网积累的资料很短,三峡工程与气候变化的关系还有一定的不确定性,需要继续加强三峡库区及周边的气候变化监测,并进行滚动监测和评估。加强三峡及周边地区重大气象灾害的监测和防御,建立长江流域重大气象灾害早期预警机制,为我国经济社会可持续发展提供更好的服务。

9.2 南水北调工程

9.2.1 工程概况

南水北调工程是解决中国北方地区水资源严重短缺问题的重大战略举措,是关系我国社会经济可持续发展的特大型基础设施项目。1952 年,毛泽东首先提出这一宏伟设想。经过 50 多年的研究和论证,中国政府决定分别从长江上、中、下游分三条线路向北方地区调水。根据 2002 年 12 月国务院批准的《南水北调工程总体规划》,这一工程东、中、西三线的基本引水路线如下:

东线工程:从长江下游扬州江都抽引长江水,利用京杭大运河以及与其平行的河道逐级提水北送,沿洪泽湖、骆马湖、南四湖、东平湖北上,出东平湖后分两路,一路在微山过黄河一直到天津,由于地势南低北高,需通过 13 级抽水台阶将长江水提送至山东微山;一路向东,通过胶东地区输水干线经济南输水到烟台、威海(图 9.1)。主要解决黄、淮、海平原东部地区缺水问题。

中线工程:从长江支流汉江上游的丹江口水库引水,跨长江、淮河、黄河、海河 4 大流域,沿京广铁路北上北京和天津。中线工程先从汉江丹江口水库引水,必要时再从长江干流三峡库区或坝下引水,逐步兴建梯级枢纽,并建设引江济汉工程、引汉总干渠输水工程,渠首闸最大设计流量 800 m³/s,向北逐段递减,过黄河为 500 m³/s,进京津为 90 m³/s。从丹江口水库边陶岔引水渠至北京,全程 1240 km 自流输水,沿途采用立交方式穿越河流,其中最大的是郑州的穿黄工程。中线工程近期年调水量约 145 亿 m³,枯水年可调 70 亿 m³,远景年调水量可提高到 220 亿 m³。调出水质良好,运行管理费用较低。中线工程供水的主要目标是京、津、华北地区,供水范围分属北京、天津、河北、河南和湖北五省(市),总面积为 15.5 万 km²。

西线工程:从长江上游的通天河、雅砻江、大渡河引水入黄河上游,解决中国西北地区的缺水问题。西线工程从长江上游引水入黄河,向西北和华北部分干旱地区供水。供水范围初步考虑为青海、甘肃、宁夏、陕西、内蒙古和山西六省(区)。规划总引水量 195 亿 m³,工程地形地质条件复杂,气候恶劣,施工条件差,耗资也最多,属远景发展中的特大工程(中国环境规划院,2003)

9.2.2 气候变化对工程安全运行的可能影响

1. 气候变化对可调水量的影响

气候变化对南水北调东线、中线可调水量的影响不大;对东线水质可能有不利影响;对中线南北同枯遭遇频率以及对调水工程可能的影响还有待进一步研究。当三峡水库与南水北调工程同时运行,特别是遇到枯水年时,需要保证一定的入海水量,防止海水入侵与风暴潮灾害的加剧对长江口地区的人民生活与社会经济发展的不利影响。

气候变化对受水区(华北地区)的影响。目前大部分全球模式的预估表明,华北地区未来降水将增加。但由于气温升高幅度大,蒸发量的加大使得径流的增加不显著,再考虑到人类活动对径流的衰减作用和生态需水量的增加,气候变化不会缓解华北的缺水形势。同时一些高分辨率区域气候模式预估显示本世纪末华北降水变化不大或略为减少(Gao 等,2008)

利用国家气候中心全球大气海洋环流模式(NCC/IAP T63),考虑人类排放情景 SRES A2 和

A1B,对 2030 年前南水北调东线所在区域的气候变化进行预估。结果表明,未来 30 年东线区域将变暖,降水没有明显的变化趋势,A2 情景可能有略增加趋势,A1B 情景可能有略减少趋势,见图 9.5 和图 9.6(徐影等,2005)。

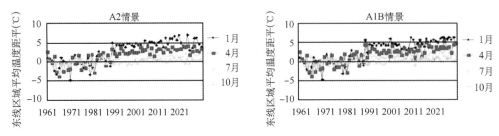

图 9.5　NCC/IAP T63 考虑 A2 和 A1B 情景,模拟和预估 1961—2030 年东线区域平均
气温距平(1 月,4 月,7 月,10 月)(单位:℃)(据徐影等,2005,改绘)

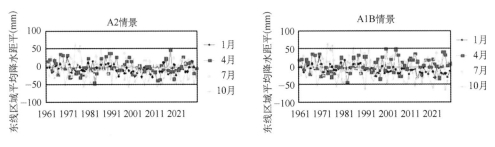

图 9.6　NCC/IAP T63 考虑 A2 和 A1B 情景,模拟和预估 1961—2030 年东线区域平均
降水距平(1 月,4 月,7 月,10 月)(单位:mm)(据徐影等,2005,改绘)

气候变化对调水区的影响。对东线调水的影响不大,主要是考虑到长江下游地区水量极为丰富,长江多年平均径流量 9560 亿 m³,入海水量 8900 亿 m³。气候变化对长江下游多年平均径流量的影响不大,但对其年内分配可能有变化。

气候变化对中线调水的影响必须考虑汉江的可调水量。利用月水量平衡模型、7 个 GCMs 模型(GFDL、GISS、LLNL、MPI、OSU、UKM0L 和 UKM0H)给出的温室气体加倍时的气候情景输出值,模拟计算丹江口以上年径流对不同气候情景的响应以及对丹江口可调水量的影响,结果见表 9.4 和表9.5(陈宁等,2010)。除了 MPI 及 OSU 两个模式外,年径流皆减少,可调水量减少最多的是 LLNL－8.6%,OSU 增加 4.0%。按 7 个模型的平均值考虑,当温室气体浓度加倍,气温升高 1℃,降水增加1.6% 时,丹江口可调水量减少 3.5%(陈剑池等,1999)。采用两参数分布式水文模型,利用 ECHAM4和 HadCM2 两个 GCM 情景,研究了气候变化对汉江径流的影响,结果表明:在 ECHAM4 情景下,2021—2050 年的年径流增加 10%,大于 2051 年—2080 年的增量 2%,在 HadCM2 情景下,相反,2051—2080 年的增量为 15%,大于 2021—2050 年的 10%(陈德亮和高歌,2003;郭靖等,2008)。

表 9.4　丹江口以上年径流对 7 个 GCMs 输出值的响应(郭靖,2008;据陈剑池等(1999)修改)

GCM	GFDL	GISS	LLNL	MPI	OSU	UKM0L	UKM0H
$\Delta P(\%)$	0.1	2.6	0.35	3.35	3.8	1.5	0.15
$\Delta T(℃)$	0.74	0.83	1.11	0.84	0.74	0.98	1.12
$\Delta R/R(\%)$	−5.3	−0.7	−7.7	2.4	4.4	−2.6	−6.9

表 9.5　气候变化对丹江口水库可调水量的影响(郭靖等,2008;据陈剑池等(1999)修改)

GCM	LLNL	UKM0L	GISS	OSU	7 个模型平均
可调水量(%)	−8.6	−3.1	−0.96	4.0	−3.53

同时,以 1971—2000 年为基准期,应用 SWAT 模型对汉江流域基准期内的逐月径流进行了模拟;在 30 年基准期径流模拟的基础上,以全球变化背景下可能出现的 25 种不同气候变化情景为假设条件,模拟出各种情景下汉江流域水资源状况,获得了汉江流域水资源相对于基准期的变化率,研究了汉江流域水资源对气候变化的响应程度。得出:不同气候变化情景下月地表径流变化、基流变化差异明显(见图 9.7)。地表径流、基流减少最多的气候情景为降水减少 20%,温度增加 4℃ 的气候变化方案;地表径流、基流增加最多的气候情景是温度不变,降水增加 20% 的气候变化方案(夏智宏等,2010)。

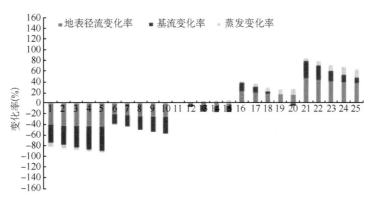

气温 降水	+0℃	+1℃	+2℃	+3℃	+4℃
−20%	情景 1	情景 2	情景 3	情景 4	情景 5
−10%	情景 6	情景 7	情景 8	情景 9	情景 10
0%	情景 11	情景 12	情景 13	情景 14	情景 15
10%	情景 16	情景 17	情景 18	情景 19	情景 20
20%	情景 21	情景 22	情景 23	情景 24	情景 25

气候变化情景类型(25 种)

图 9.7 江汉流域未来气候变化背景下的水资源变化(夏智宏等,2010)

中线调水还涉及气候变化对南北水系丰枯遭遇频率的影响。从近 70 年南北水系丰枯遭遇的情况看,自 1927—1997 年,海河有 16 年是丰水和特丰水年,不需外调水,有 18 年是平水年或平偏丰,需要的调水量有限,有 37 年是枯水年乃至特枯水年,其中汉江有 25 年是丰水、平水或至少是平水稍枯,有 12 年汉江是枯水甚至特枯,无法按北方需水要求调出相应的水量。如果南北同枯的年份增加,对中线调水将是十分不利的。另外,约 1245 km 长的专用调水渠道要通过海河流域及淮河流域的暴雨区,穿越大小河流 219 条。这些地区未来暴雨洪水发生频率与强度变化,将直接关系到工程风险。气候变化对东线,中线可调水量的影响不大;中线南北同枯遭遇频率以及对调水工程可能的影响有待进一步研究(王志民,2002)。

2. 气候变化对中线工程,尤其是库区水资源及生态环境的影响

研究表明近 30 年来库区水源地年平均气温呈明显的增温趋势,特别是从 1990 年代初至 21 世纪初的 10 年中增温明显,冬、春季节的增温贡献较大。这种气温变化趋势可能会对库区水源地的水资源造成以下影响(陈燕等,2006)。

(1)库区水源地气候变暖将导致地表径流、旱涝灾害频率和一些地区的水质等发生变化,特别是水资源供需矛盾将更为突出。库区水源地的气候变暖将使库区上游及周边入库的径流减少,蒸发增大,直接影响水库水量。

(2)水温的升高,会促进水中污染物的沉淀和废弃物分解,从而使库区水源地的水质下降。

(3)库区水源地是农业主产区,种植业占主导地位。气候变暖后,特别是冬、春季气温升高会使土壤有机质的微生物分解加快,造成地力下降,直接影响农作物产量;另外,昆虫在春、夏、秋 3 季繁衍的

代数增加,可能加剧病虫害的流行和杂草蔓延,致使农药和化肥的使用量加大,未经作物吸收利用的农药、化肥通过地表径流、地下渗透等方式进入库区水体,在一定程度上加剧了水体的污染。

3. 降水变化对中线工程库区水源地的影响

库区水源地近30年来降水量的变化有以下特征:一是降水量年际变化大,降水的季节分布不均匀,近10年来呈现连续干旱和持续雨涝的降水气候特点;二是降水的时空分布不均,中雨以上强度的降雨逐渐增多。降水的这种变化趋势对库区水源地的影响表现在以下几个方面(陈燕等,2006)。

(1)季节性的旱涝不均直接影响着水库的调度和库容水量,特别是汛期强降雨造成水库水位猛涨,影响水库的运行安全。另外,库区流域水系发达,河流众多,大部分小河道都属于季节性河流,汛期洪水陡涨陡落,旱季则枯水甚至断流。

(2)库区周边地区以浅山丘陵为主,地形破碎复杂,坡度陡,植被覆盖率较低,枝叶截留及根系固土保水能力减退,对降雨冲击的抵抗力较弱,极易形成水土流失。特别是汛期,暴雨集中,强度大,历时短,入渗有限,容易冲刷侵蚀地表,引起大面积水土流失,水土流失使沙尘及附着在土壤上的农药、化肥残留得以汇入地表径流,流入库区,造成库区悬浮物和氮、磷超标,对库区水质影响较大。

(3)近年来水利工程、矿业开发、劈山修路等人类社会活动的加剧,使部分地区的自然地质条件恶化,遇到暴雨或局地性强降水时很容易诱发崩塌、泥石流等各种地质灾害,给丹江口库区水源地的水质造成不利影响。

4. 气候变化可能导致水源区无水可调、受水区水无人用以及水污染、洪水、地震地质灾害等风险

水源区无水可调的风险。以丹江口为例,丹江口水源区与北方受水区同时枯水的概率高达27%,平均不到4年就会发生一次,南北方同时连续枯水的概率也高达10%以上,因此,当北方缺水时,南方无水可调的风险很大。同时汉江有"丰枯水年"。丹江口水库多年平均入库水量为383.4亿 m³,正常蓄水量174.5亿 m³,平均年蒸发量为2.213亿 m³。10年一遇的大旱年入库水量为218.4亿 m³,百年一遇的特大旱年入库水量为133.0亿 m³。丹江口水库在必须兼顾中下游地区用水利益的前提下,在平水年、干旱的缺水年(即10年中有6年左右)无法完成北京引水目标,甚至是根本无水可调(傅长锋等,2010)。

水无人用的风险。北方丰水期不缺水,北方海河流域、黄河流域自1980年代以来降水一直偏少,是目前北方缺水的主要原因之一。但如果枯水期结束,降水转为1950、1960年代那样的丰水期,北方就不再缺水。这意味着当北方丰水期时南水北调工程就要闲置,效益难以发挥。目前一方面主管部门已经明确南水北调工程的任务是为北方枯水期供水,甚至具有为北京、天津应急供水的性质,但另一方面南水北调的效益又是按常年供水的模式估算的,这相互自相矛盾,可能高估了工程效益(刘世庆,2007)。

水污染可能使南水北调处于两难境地。水污染治理是南水北调能否成功调水的关键,但水污染的治理成功,也可能使南水北调陷入困境。原因是水污染的真正治理,意味着排污费的大幅度提高和用水的大幅度下降。目前我国征收的污水处理费太低,根本不能补偿污水处理厂的运行成本,如果政府对污水处理厂的补贴也不到位,污水处理厂只有停产,这也是我国水污染愈演愈烈的根本原因,也是国家重点治理多年的淮河、海河流域水环境没有根本好转的经济原因。要想真正治理水环境、根治水污染,就必须提高排污费。而排污费的大幅度提高,必然促使企业节水以减少废水排放量,其直接后果是工业用水量的大幅度减少。因此,南水北调需要严格的水污染治理,但严格的水污染治理,将因削减用水而使得南水北调的用户减少。对南水北调而言,水污染的治理与否处于典型的进退两难之境。

中线工程中,目前汉江已出现了多次类似于海洋赤潮的"水华"事件。如果汉江上游来水大幅度锐减,汉江中下游工农业污水、生活污水汇入汉江后,水环境将难以维系自净能力,水质将发生严重的恶化,势必损害汉江水的生态功能,从而危及汉江水的生产与饮用功能、养殖功能和旅游观光。同时中线调水是通过加高丹江口水库大坝来实现的,目的是拦蓄汛期的全部弃水或洪水(要改变"蓄清排浑"的运作方式),意味着水库的淤积速度将进一步加快(水库自建成以来,由于泥沙淤积已损失死库容27.7%),水库的寿命将大大缩短。

洪水、地震灾害及工程运行风险。南水北调东线、中线工程,线路长度都在1000 km以上,跟数百条河流交叉,而且位于暴雨带和地震活动带,发生洪水和地震灾害的可能性比较大。另外东线、中线工程过黄河后调蓄水库很少,调水规模又这么大,发生调度运行事故的风险也很大。

西线工程地处三江源头。调水可能打破该区原本就比较脆弱的自然生态平衡。调水将诱发地震、滑坡和泥石流,瓦解冻土带,加速沙漠化、草地退化、冰川退缩和雪线上升,缩小沼泽和湿地,高原特殊生境的生物多样性也将受到严重威胁。在源头地区大量调水,会对三江源头的地表水与地下水的水均衡产生长远的负面影响(贺瑞敏等,2008)。

5. 南水北调工程的气候效应

南水北调工程运行之后,北方大部分受水地区农业、工业等用水得到一定程度的缓解,但是因引入水最终都以地表水和蒸发、渗漏等形式出现,可以假设在初期尚未形成大规模蒸发之前,引入水相当于增加了局地的地表(土壤)持水量。而地表(土壤)含水量变化的同时改变局地蒸发,并引起地表水分和热量平衡的变化,从而改变局地气候特征。大气环流模式模拟试验表明:土壤水分的增加能造成本区降水量增加,同时根据下垫面的能量平衡可知:土壤湿度增加将会使温度降低(Zeng and Neelin,1999)。南水北调对受水地区的气候将会产生一定的影响。

根据社会经济学模型对中国未来不同社会经济发展情景下土地利用变化的预测,利用区域气候模式RegCM3重点研究了2030年南水北调工程全部建成后对北方13省(区、市)大面积农业灌溉所产生的区域气候效应。初步得到以下结论(李建云和王汉杰,2009):

(1)大面积灌溉后,受灌区土壤湿度明显增加,通过地气间水热交换作用,使得近地层空气湿度增大,有利于云、雨天气形成。云、雨增加区不仅局限于灌溉区,还波及其下游及南方地区。同时云雨天气增多有利于土壤湿度的进一步增大。这种湿度增加——云、雨天气增多的正反馈机制对于中国北方干旱半干旱地区的气候环境改善是有益的。

(2)灌溉后土壤含水量、土壤热容量增大,地表温度和近地层空气温度降低,感热通量减小。灌区蒸发、蒸腾作用的增强使得潜热通量增加。热量平衡的综合效应使得灌溉区及邻近地区的地面温度降低,这对于减少干旱半干旱地区水分蒸发流失是有益的。

(3)大面积灌溉后,引发500 hPa位势高度场及流场形势发生变化,流场结构的调整有利于自南向北和自东向西的水汽输送,调整后气流辐合带的形成也有利于干旱半干旱地区水汽的辐合抬升及云雨天气的形成,这是南水北调受水区及下游邻近地区的降雨量增加的重要原因之一。

南水北调后区域气候变化受众多因素影响,有些可以预测和规划,有些却具有不确定性,是一个十分复杂的问题,需要从各个方面进行综合研究。通过土壤水量平衡模式和大气能量平衡模式的模拟计算发现,在湿润程度不同的年份以及不同的南水北调调水量方案下,土壤水分、蒸发量、土壤水流出量、地面气温、降水量的变化具有显著差异,可能引起一定程度的局地气候变化。一是在给定南水北调调水量的条件下,等量的调入水在干旱程度较严重的年份和程度较轻的年份相比,其产生的气候影响后者要大于前者。而在降水量十分丰沛的年份产生的气候影响明显低于降水量不足的年份。二是在水量平衡基础上,蒸发量受到降水量改变的影响是暂时的而且同时受到潜在蒸发量的限制,其改变量与降水量改变量相近。土壤水分受降水量改变量的影响是持续的,在比较干旱的情况下,增水前期土壤水分的增加十分明显。在降水量低于平均值的条件下,增水量越大,土壤水分增幅也越大。但是在十分湿润的年份土壤水分的响应不明显,而土壤水流出量(水分盈余)有较大幅度的增长,这样可以补充地下水或地面径流(陈星等,2005)。

另外,南水北调中线的可调入水量对局地气候影响效果为:在夏、秋季节,土壤水分增加可能引起降温以及潜热、蒸发的增加,但变化幅度并不与土壤水分增量成比例。在温度高、太阳辐射强度大的条件下,即使土壤水分增量不是最多,也有可能会达到最大幅度的降温。在冬、春季节,土壤水分增加会导致升温以及潜热、蒸发的减少，土壤水分增量越大、温度越低升温可能越明显。但在一般情况下，升温的幅度不大，约 0.3～0.4℃。在温度、太阳辐射等气候背景相同的情况下，引入更多的水源，可增加更多的土壤水分，从而有可能导致更加明显的温度、潜热和蒸发变化（郭亚娜和潘益农，2004）。

9.2.3　适应性对策

南水北调应充分考虑到人类活动对长江入海流量的影响，保证必要的入海流量；南水北调工程投入运行后，北方流域也应把解决本地区水资源问题的长远立足点放在本流域；南水北调的基本出发点应该是在解决黄、淮、海流域水资源短缺燃眉之急的同时，帮助这些区域改善与恢复地表、地下及沿海的水环境及其相关的生态系统；水资源分配将在未来地方与地方利益博弈中占有越来越重要的地位，必须从国家整体社会、经济与生态环境利益出发，协调好地区之间的利益。

对南水北调工程运行影响较大的风险因子归纳起来可概括为工程风险、水文风险、生态与环境风险、经济风险和社会风险等，需要采取工程措施和非工程措施来规避风险（黄昌硕，2010）。

从我国黄河、淮河和长江流域的干旱历史来看，三个地区之间降水的时间与空间场在不同年份表现不同，总的来说，5—9 月长江多水季节调水不会对长江中下游水资源产生影响。其他月份长江的流量正常或偏多时，适度的调水也不会对长江中下游产生重大影响。问题是当北方黄河与淮河流域干旱，长江中下游也是枯水年时（如 1978—1979 年）。南水北调如何运作将面临两难的局面，需要有立法依据。现在，黄河的断流已众所周知，但对人类活动对长江枯季入海流量减少的影响仍然认识不足，忽视长江的季节性缺水，忽视长江潮区界大通以下枯季入海流量的显著下降趋势。1998 年长江大洪水以后，1999 年初的异常低水位，即是长江洪枯水情向两极发展的表现。因此，南水北调工程应注意下述 5 个方面的问题（陈西庆，2000；窦明，2005）：

1. 充分考虑到长江流域人类活动对长江入海流量的影响，保证必要入海流量

2004 年度统计数据表明，长三角地区占全国土地的 1％，人口占全国 5.8％，创造了 18.7％的国内生产总值、全国 22％的财政收入和 18.4％的外贸出口。在北方黄、淮、海流域水资源短缺，水环境污染的形势下，确保长江流域的可持续发展是未来南水北调的前提条件，这一提法决不意味着可以轻视解决北方水资源问题的重要性，而是从未来可持续发展的角度出发，强调开展流域生态系统变化研究的重要性，从根本上解决我国的水资源问题。

2. 北方流域应把解决本地区水资源问题的长远立足点放在本流域

首先，可能会遇到长江、黄河、淮河与海河同时干旱缺水的局面，随着未来水资源需求的继续上升，这种问题将日益严重（Gao 等，2009）。或者即使是可从长江调出部分水量，对于北方的干旱也是杯水车薪。其次，实施南水北调工程，必须坚持开源节流并重、节水优先的原则。我国北方地区缺水是事实，但是缺水的主要原因是水资源的不合理利用以及对水资源的破坏和浪费。在我国不少地方一方面水资源十分紧缺，一方面水的浪费现象也十分严重，许多农田仍是大水漫灌，工业用水重复利用率很低，城市供水和使用过程中跑冒滴漏的现象相当普遍。西北地区水资源严重短缺，但人均年用水量为 850 m³，比全国人均用水量高出几乎一倍，生产生活用水浪费现象严重，如落后的灌溉方式、粗放的管理，使西北地区农业用水的有效利用率只有 30％～40％，而发达国家则达到 70％～80％；同样，工业万元产值的平均用水量 182 m³，甚至在 200～300 m³ 以上，高出全国平均水平 1～3 倍，反映出西北地区节水工程潜力巨大。同样据测算，如果我国农业用水的利用率提高 10 个百分点，则将意味着每年可节水 400 亿 m³，相当于东线、中线工程调水之总和，这个数字已超过了正常年份农业灌区 300 亿 m³ 的缺水量，是正常年份城市缺水量 60 亿 m³ 的近 7 倍。因此，在加紧组织实施南水北调工程的同时，要大力开发北方水资源潜力，争取多节水、少调水，要采取强有力的措施，加强水资源管理，绝不能出现大调水、大浪费的现象。

3. 实施南水北调工程，必须切实重视水污染防治工作

气候变化背景下极端高温、降水事件频发，污染物汇入的条件也发生改变，可能会加大环境污染程

度。因而,必须强调先治污,加大水污染防治力度,大力推进污水的资源化和再利用。必须高度重视对工程水源区的生态环境保护,通过治理点源污染,减少进入丹江口库区的污染负荷;加强库区上游水土综合治理,控制面源污染。明确汉江中下游水环境容量补偿标准,研究中下游水质综合改善措施。加强沿江城市生态环境建设和污染治理工程,严格执行污染物总量控制和排污许可制度;加强支流污染治理,确保抵达长江口的水质维持在三级水以内。

4. 从国家整体社会、经济与生态环境利益出发,协调好水资源分配中地区之间的利益

水资源分配将在未来地方与地方利益中占有越来越重要的地位,需要从整体出发,协调好地区之间的利益。加强用水管理,合理利用水资源,加强地下水人工补给,提高地表径流利用率,使区域生态环境逐步向良性循环方向发展,地下水动态平衡得以恢复,建立流域环境生态监测站。加强对饮用水源水质、水生生物多样性、汉江水华、长江口赤潮、河口来沙来水、潮滩冲淤动态、冲淡水动态等的监测,建立相关数据库,以备今后的模型建立、前景预测、方案调整等。在南水北调工程进行的同时,加强对长江口自然湿地的保护,减少围海强度,在某些区段,进行一些湿地保育和重建的生态工程,保证在长江口有一定的湿地面积和相应的环境功能。在水量分配规划中,适度考虑生态环境要求,改善受水区生态环境状况,灌溉科学合理化及干、支渠防渗,防止土壤盐渍化。

5. 东、中、西三线统筹调度、统一管理,做到调水、用水、治污、环保一手抓,避免对水源区的生态环境造成重大破坏

各线工程要相互兼顾,合理调配水量,对突发性水污染问题及早做好应急准备,将损失减少到最小。如东线工程,为了避免在枯水期加剧长江口的盐水入侵,可将大通流量 12000 m^3/s 作为控制南水北调东线调水的临界流量,适时地对东线调水进行优化调度,在大通流量 10000 m^3/s 时,严格控制或停止东线调水。如遇长江枯水年,建议三峡水库蓄水期提前一个月,即 9 月开始,延至 10 月、11 月、12 月维持天然下泄水量。同时,南水北调东线所经过的洪泽湖、骆马湖、南四湖和东平湖在 9 月、10 月引江水储蓄,以备苏、皖、鲁及天津市的用水,枯水期减少江水抽引量,采取避让措施。对于中线工程,为了防止汉江中下游水华的发生,建议以仙桃流量 500 m^3/s 为警戒流量,在枯水期 2—4 月,当水量低于此标准时,可通过控制中线调水,增加丹江口水库下泄流量等措施来预防水华的发生。

9.3 长江口整治工程

9.3.1 工程概况

作为对长三角地区和长江流域社会经济发展至关重要的主要入海通道,位于上海的长江入海口也是长江淤沙最容易堆积的地方。多年以来,由于受河口"拦门沙"的阻挡,长江口航道只能维持 7 米的通航水深,万吨级船舶的进出只能借助涨潮,航运的"局部梗阻"制约着上海、长三角,乃至整个长江沿岸地区的经济发展。

经国务院批准,堪称世界上最复杂的河口治理项目、中国最宏伟的水运工程——长江口深水航道治理工程于 1998 年正式开工(图 9.1),到 2005 年底,完成了第一、第二期建设,水深已从原先的 7 m 左右,成功加深到 10 m,并于 2006 年 11 月延伸至南京,2007 年长江干线货运量突破 11Gt,是美国密西西比河的 2 倍和欧洲莱茵河的 3 倍,货运量和规模稳居世界内河第一,建成的深水航道发挥显著的社会经济效益(王丽华和恽才兴,2010)。

长江口综合整治开发将根据长江口的自然条件,以保护生态为主线,以稳定河势河床为前提,以保障防洪防潮安全为基础,以淡水资源的合理开发利用为关键,以满足航运要求为重点,以整治与合理围垦相结合为手段,是一项综合性、整体性工程,长江口综合整治开发将为长江三角洲地区社会经济发展提供生态保护、淡水资源配置、水路运输等方面的保障,以促进当地经济新一轮腾飞(金镠,2005)。

9.3.2　气候变化对工程安全运行的可能影响

1. 气候变化对长江口拦门沙等影响

长江河口拦门沙的位置、长度和平均高程与长江大通站的输沙量、流量等有关，未来长江流域气候变化、降水变化等对长江口航道的影响是明显的。如流域降水增加，拦门沙淤长速度加快，不利于航道通航。再则，气候变暖使海平面上升，长江口泥沙滞留位置将上溯，更多的泥沙淤落在长江口内，航道淤塞加剧，拦门沙位置上移。从实际资料分析，拦门沙的位置、长度和平均高程与长江大通站的输沙量有关，根据 1951—1999 年共 48 年完整泥沙整编成果，大通年均输沙量 4134 亿 t，其中 1951—1984 年平均值为 4172 亿 t，1985—1999 年平均值为 3153 亿 t，2000 年的输沙量为 3139 亿 t，近年来，大通以下输沙量减少了约 1/4（吴卫等，2000）。

据南京水利科学研究院计算，假定长江洪季平均流量由 45500 m³/s 降低 10% 为 40000 m³/s，则铜沙滩的位置将上溯 3 km 左右，反之则位置将向下移。因此，未来长江流域降水变化对长江口航道的影响是明显的。如流域降水增加，拦门沙淤长速度加快，不利于航道通航。再则，气候变暖使海平面上升，长江口泥沙滞留位置将上溯，更多的泥沙淤落在长江口内，航道淤塞加速，拦门沙位置上移。同时考虑在今后 50 年内海平面上升，拦门沙平均高程也上升，则在未来相对海平面上升 30～40 cm 时，预计拦门沙也将可能上升 50～100 cm（缪启龙等，1999）。

2. 气候变化对长江口海岸带影响

1960 年代以来，中国沿海相对海平面上升率为 4.5 mm/a，同期平均高潮位上升速率为 3.6 mm/a。若相对海平面上升 40 cm，长江口最高潮位比现在高出 1～2 m；若海平面上升 100 cm，最高潮位将上升 2～3 m，长江口地区已经受到气候变化和海平面上升的影响，风暴潮、洪水、强降雨等极端天气事件和干旱等气候事件对沿海地区造成的灾害更明显（缪启龙等，1999）。

长江河口海岸带在响应气候变化和海平面上升方面不同于欧美，风暴潮等极端天气事件和干旱等极端气候事件是中国沿海致灾的主要原因。气候变暖海平面升高又将影响海岸带和海洋生态系统。据专家估计，到 2013 年，江苏、上海、浙江沿海海平面将上升分别达到 27 mm、45 mm 和 55 mm。上海由于大量地下水抽取和高层建筑群的建设导致的地面沉降，相对海平面上升幅度还要增大，使得目前上海防洪（潮）标准大幅度降低。其结果会导致长三角地区海岸区遭受风暴影响的机会增多，程度加重（丁一汇，2006）。

气候变暖对上海长江口水源地的影响明显表现就是 2006 年发生频繁的咸潮入侵。咸潮入侵往年在 11 月至翌年 4 月的冬春枯水季节长江口才会有咸潮入侵现象。2006 年长江口咸潮入侵与往年不同，2006 年在 8 月份夏秋汛期就出现了咸潮，入侵时间提前了 3 个月。而且入侵次数增多，当年 8 月至次年 5 月共发生了 15 次强劲的咸潮入侵，陈行水库取水口的氯化物浓度最高曾达 1400 mg/L 以上，持续时间最长 8 d 以上，严重干扰了水库的正常供水。发生上述现象的主要原因是由于 2006 年重庆、四川等地区持续高温少雨出现了严重的干旱灾害。2006 年 7 月以后重庆、四川等地夏季平均降水量仅 346 mm，为 1951 年以来历史同期最少。据 2006 年中国水资源简报，2006 年长江全年来水量仅 8092 亿 m³，比正常年份约减少 18.8%，大通站汛期径流约减少 30.4% 以上。入海径流持续锐减导致了长江口咸潮频繁入侵（程济生，2009；路川藤等，2010）。

3. 气候变化对工程设计、运行的影响

气候变化情景下，长江口台风等极端大风天气日数增加，长江口每年都有台风过境，据统计对长江口有影响的台风平均每年 2.3 次（顾杰等，2009）。台风造成海域水位暴涨，波高剧增，船只被掀翻，近岸工程损毁；台风期间，巨浪侵蚀岸滩，掀起大量泥沙；台风过后，掀起的泥沙大部分被水流带入航道并在航道内落淤，影响船只通行。长江口历史上曾出现过一次大风暴使航道全线淤浅、疏浚困难的事件（顾伟浩等，1986）。因而，未来气候变化情景下，长江口极端降水、大风天气日数的增加，将导致长江航道淤积程度加重、堤岸溃决风险增加，这些都要求提高长江口整治工程的设计标准，并且需要正确地模

拟、预测风暴对航道的冲淤变化(范期锦等,2009)。

综合考虑未来气候变化情景,在设计长江口综合整治工程中,需要考虑诸如:沪(上海)—崇(明岛)—(江)苏越江通道的河床稳定问题、维护南港北槽深水航道需要适当增加白茆沙北水道的落潮分流比,同时也需保证南水道的稳定以维持太仓港水域条件。

根据未来气候变化情景变化,同时参考长江口目前的河势现状、演变规律、发展趋势以及沿岸各部门经济社会的发展要求,长江口综合整治长远设计方向应该是:在基本保持长江口目前三级分汊、四口入海的总体河势格局下,通过近、远期整治工程,并结合滩涂的合理围垦,使南支白茆沙河段逐步形成南水道为主汊的双分汊江心洲河型,白茆沙将逐渐出水成岛;长江口的二级分汊维持南港为主汊,南、北港分流大致均衡,使北港向分流通道形态优良、主槽微弯单一、拦门沙水深改善的河道形态转化,南港维持较为稳定的主泓偏南复式河槽形态;北槽河势稳定,航道水深条件优良,南槽航道条件逐步改善,横沙东滩、横沙浅滩及九段沙逐步淤高出水;北支逐步整治为受节制闸控制的人工运河;崇明东滩、九段沙及其他口外滩涂成为长江口生态价值较高的湿地自然保护区(王永忠和陈肃利,2009;方茜等,2010)。

9.3.3 长江口整治工程的气候效应

长江河口是中国第一大河流入海口,滩涂辽阔,食源丰富,拥有丰富的湿地资源。在气候变化背景下,河口海岸湿地将更容易受到海平面上升、海洋表面温度升高和更加频繁和强烈的风暴活动的影响。预计地表径流增加和淤积物的减少将改变河口三角洲的形成,而海平面的上升和强烈的风暴活动能进一步侵蚀低注的海岸线。地表径流的增加、海平面的升高和风暴活动会引发洪水淹没低注的三角洲平原。如果海平面上升48 cm,长江河口三角洲许多地方将被淹没,而经过长江河口整治工程,可以从河口潮流和盐度等方面缓解气候变化的影响(吴卫和徐建益,2000)。

整治工程后,受长江河口扁担沙导堤的影响,扁担沙滩面的涨落潮流速均减小,而在落急时导堤堤顶出水,落潮流速减小更为明显;预计工程后扁担沙滩面将淤积,但沿北岸的水道受影响很小,可维持较长时间稳定;涨潮期流速变化不大,对维护南支南岸一线的水深显然是十分有利的。总体上看,长江口整治工程实施后,对北槽航槽的影响是局部的、有限的,工程后与天然情况相比,北槽全线落潮流速以增加为主。

统计工程前后南北槽、南北港及石洞口南北断面分流比,工程后对南、北港的分流比不会有大的影响,通过河床自动调整可以达到新的平衡由于北槽整治工程,相应其阻力增大,使得工程后南槽的涨、落潮分流比增加。

为分析整治工程对防洪及排涝的影响,在长江口水域共选取了17个有代表性的站位,并对其进行工程前后的潮位对比分析。通过对1981年洪季特大潮汛、1983年洪水大潮及1981年汛后平水期三种水文条件下的工程前后低潮位计算及统计可知,经过长江口整治工程后除个别站位(如横沙、六激)的低潮位略有抬高外,大多数站位低潮位下降或变化不大。因此从总体来看,整治工程对长江口地区的排涝不会带来不利的影响(吴卫和徐建益,2000)。

运用盐度数学模型,计算工程前后的流场和盐度场变化,得到由于白茆沙沙头修建围堤,减弱了北支倒灌南支的盐水对南支南岸的影响,加之径流的作用,北支缩窄及建闸后白茆沙南水道浪港、浏河口及陈行水库盐度的最大值和平均值都比工程前减小;青草沙北侧既受北港下口盐水的影响,又受北支盐水倒灌及工程导流的影响,工程后青草沙北侧的盐度变化较小;工程后中浚的盐度基本不变;北支缩窄后涨潮流减弱,崇头盐度最大值和平均值较工程前减小,北支建闸后盐度减小幅度更大。长江口整治方案盐度计算表明,无论北支采用缩窄还是在缩窄后建闸,实施南北支整治工程后都能起到减少北支盐水倒灌的作用,使陈行水库附近的盐度下降,但工程对青草沙北侧盐度的减低没有明显效果(李来,2005)。

上述研究表明,长江口整治工程对缓解气候变化带来的负面影响有一定作用,可以较好地维护长江口地区生态平衡、恢复气候变化带来的海平面上升等给区域环境造成不利影响。

9.3.4 适应性对策

为应对气候变化对长江河口综合整治工程的影响,在分析长三角地区多年来气候变化现状和趋势的基础上,可以采取提高海堤防护标准、综合治理长江口水道、增加海岸带淡水流量和加强长江流域的环境保护等措施。

1. 提高海堤防护标准

长江三角洲地区地势低平,经济发达,人口密集,确保人民生命财产的安全及正常的社会经济活动,是各级政府的首要任务。全球气候变暖,海平面上升,灾害次数增加,强度增大,这就使得各级政府必须从全局出发,顺应海平面上升,逐年分期地增加对海堤、江堤建设的投资,海岸带、江岸带的新建企业和居民点,均应有防护安全基建资金,才能避免一朝倾覆的悲剧,这在目前的财力、人力条件下是可以做到的,在经济上其短期和长期的效益都是显著的。在海岸带,要加强海岸的保护和管理,加强防护林建设。尤其是冲蚀海岸段要提高海堤建造标准。

2. 综合治理长江口水道

长江口治理应以保证航道为主的综合治理。疏浚航道、整治海岸、围垦江海滩相结合,这样既可得到大片土地,又可以束狭河槽,增加水流冲沙力,改善航道,这需要江苏省、上海市共同协调、投资、共同收益。长江口的航道淤塞、多变,应引起沿江各地区的注意,沿江各地区不宜建造特大型港口,沿江港口的建设应与长江口航道的通航能力相适应。国家应将特大型港口规划在水深较大、海岸稳定的沿海,如金山咀等地,这样可以减轻长江口航道的治理工程,而长江口航道的治理是一个长期的复杂的工程,减轻海港压力,有利于长江黄金水道运输能力的外延。这在时间上费时短、经济上耗费少,对加速本地区经济发展已是刻不容缓(缪启龙,1995)。

3. 增加海岸带淡水流量

长江三角洲海岸带淡水资源有明显的季节性变化。在冬季丰年中,应增加海岸带河川的淡水流量,这对改善海岸带土壤盐碱状况,企业用水,尤其是人民群众的生活用水是极其重要的,也是改善投资环境的必要措施。在乡镇企业集中、工业、农业污染日益明显的今天,增加海岸带河川流量就显得尤为迫切。

4. 加强长江流域的环境保护

长江的径流、输沙,与长江上游的植被有密切关系,保护中、上游的植被面积,对稳定长江径流、输沙有重要意义。稳定的长江流量、输沙量对长江三角洲经济稳定是息息相关的。长江中、下游湖泊众多,应减少围湖造田,保证一定的蓄洪、蓄水能力,对减少本地区的旱涝损失极为重要。

9.4 青藏铁路工程

9.4.1 工程概况

青藏铁路格尔木至拉萨段,全长1138 km,其中多年冻土区长度为632 km,大片连续多年冻土区长度约550 km,岛状不连续多年冻土区长度82 km,全线海拔4000 m以上路段长度约为965 km。冻土区筑路遇到的主要问题是冻胀和融沉。青藏高原多年冻土大多为高温、高含冰量冻土,年平均地温高于－1℃高温冻土路段长约275 km,高含冰量冻土路段长约231 km,其中高温高含冰量重叠路段长约134 km(吴青柏,2003)。高温高含冰量冻土极易受工程和气候变化的影响而产生融化下沉。铁路建筑是百年大计,必须考虑全球气候转暖的影响。因此,高温高含冰量冻土加全球变化使青藏高原铁路修筑面临着严峻的挑战。

对于穿越550 km多年冻土区的青藏铁路,在气候变化和高温高含冰量的复杂工程背景下,提出了冷却路基、降低多年冻土的设计新思路,采取了调控热的传导、对流和辐射的工程技术措施,如块石路基结构、块石、碎石护坡、热棒路基结构、"以桥代路"等工程措施,较好地解决了青藏铁路工程建设的冻土难题。

9.4.2 气候变化对工程安全运行的可能影响

多年冻土是地—气之间相互作用的产物,气候变化必然会直接影响到冻土的变化,如活动层厚度增大、地下冰融化、多年冻土温度升高、多年冻土退化等。因此,由气候变化诱发的多年冻土变化会直接影响青藏铁路工程安全。要确保铁路建筑的稳定性,必须预测全球气候变化背景下青藏高原,特别是铁路沿线未来气候变化趋势,并进一步预测冻土的变化及气候与冻土相互作用对铁路工程稳定性的影响,确保青藏铁路安全、稳定运营。

1. 工程沿线气温变化

青藏铁路沿线气候变暖较为显著,图9.8给出了1935—2009年青藏铁路沿线平均年气温序列曲线,以1960年代为界,前期为由暖向冷变化,后期为由冷向暖演变。最冷是1960年代,比多年平均偏低0.7℃(李栋梁,2003a)。自1984年以后,气温逐渐升高,特别是1998年、1999年,沿线各站气温出现历史极值。40年来气温升高均在1.0℃以上,尤其是青藏铁路北端的格尔木,年平均气温由1960年代的3.6℃上升到1990年代的5.6℃,升温率为0.7℃/10a。其次是那曲,升温率为0.5℃/10a。五道梁略有变暖,但比格尔木、那曲的升温率要小得多,仅0.2℃/10a。安多的升温更小,近30年来总体保持平稳。青藏铁路南端拉萨自1935年至今,1960年代仍是近70a来最冷的10a,比1990年代偏低1.3℃,比1930年代偏低1.7℃。近40a变暖明显,但仍未达到1930年代和1940年代的温暖程度。青藏铁路沿线地面温度升高也很显著,除沱沱河外,40年地面温度升高1.1~1.5℃(李栋梁等,2005)。尤其是青藏铁路南端的拉萨,年平均地面温度由1960年代的10.1℃上升到1990年代的11.9℃,升温率达0.45℃/10a。其次是五道梁,升温率为0.4℃/10a。沱沱河、安多、那曲、当雄、格尔木约为0.3℃/10a。

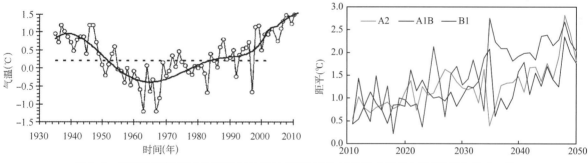

图9.8　青藏铁路沿线平均观测年气温与ECHAM5气候模式预估(李栋梁等改绘,2005)

(图a折线为实测值,平滑曲线为多项式拟合,图b折线为三种情景预估值)

综合考虑到自然变化和人类活动,青藏铁路沿线气温仍将明显升高,到2050年青藏高原气温可能上升2.2~2.6℃(秦大河,2002)。李栋梁等(2003b)在综合考虑大气CO_2浓度倍增和气候自然变化情况下,预测21世纪前50年青藏铁路沿线平均年气温与20世纪的最后10年(1990年代)相比,其升温幅度在0.5℃左右;与20世纪的最后30年(1971—2000年)相比,其升温幅度在1.0℃以内。这一升温幅度的概率为0.64~0.73。考虑温室气体排放情景(A2和B2)对青藏铁路沿线气候影响的数值模拟结果表明,在CO_2加倍的情况下,气温也将明显升高,升温幅度一般为2.6~2.8℃,高于全国平均。A2排放情景下,到2050年前后青藏铁路沿线各站的温度增加2.56~2.96℃之间,B2排放情景下为2.37~2.65℃(高学杰等,2003;徐影等,2003),从图9.8b中可知,相对于1961—1990的平均温度,3种情景下预估的青藏地区年平均气温均呈增加趋势。但增加趋势有明显差异,其中A1B情景的增温最为显著,为0.48℃/10a,其次为A2,B1,分别是0.29℃/10a和0.22℃/10a,在2035年之前三种排放情景下气温增加差异不太明显,2035年后至2050年显示出较明显的差异。

2. 工程沿线多年冻土变化

多年冻土对气候的响应是一个长期而缓慢的逐渐变化过程。近 10 年来青藏铁路沿线多年冻土发生了明显的变化(吴青柏等，2003；金会军等，2006；Cheng and Wu，2007；Wu and Zhang，2008；吴吉春等，2009；Wu and Zhang，2010)，需要加大对其监测技术等，准确了解冻土变化过程等。关于工程沿线多年冻土变化详细内容参见本丛书第一卷《第四章：冰冻圈变化》中的 4.3 冻土变化一节，此处不再赘述。

3. 青藏铁路路基稳定性

多年冻土区路基工程的稳定性主要与多年冻土的热状态和含冰状态有关。在高温高含冰量地段修筑路基工程，必然会引起人为多年冻土上限下降，导致地下冰发生融化，从而引起路基稳定性的变化。图 9.9 说明了多年冻土年平均地温与变形速率间的关系，路基变形随年平均地温升高而增大。在年平均地温高于 -1.5℃，年平均地温升高引起路基发生强烈的变形，但年平均地温低于 -1.5℃，年平均地温的变化对路基变形的影响相对减小(刘永智等，2002；吴青柏，2003)。如果 50 年气温升高 1℃，那么年平均地温高于 -0.5℃多年冻土区的路基在 50 年内产生的沉降变形将达到 30 cm(张建明，2007；葛建军，2008)。

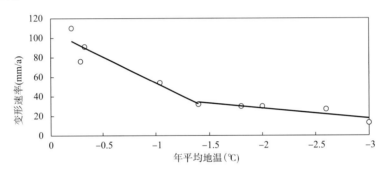

图 9.9　多年冻土年平均地温与路基变形速率间的关系

综上所述，青藏铁路沿线气温持续升高，导致活动层厚度增加，多年冻土温度不断升高，造成青藏铁路沿线多年冻土普遍退化。多年冻土退化、升温和地下冰融化导致青藏铁路一般路基稳定性发生较大的变化。气候变化对青藏铁路工程安全运行将产生较大的影响。

9.4.3　适应性对策

综合气候转暖和工程作用对多年冻土的影响，青藏铁路工程考虑 50 年气温升高 1℃为基础开展工程设计。但现有的抬高路基增加热阻的筑路技术是不能满足 50 年气温升高 1℃要求的，必须考虑采用新的筑路技术。

1. 适应气候变化影响的工程技术设计

为了应对全球气候转暖和工程热影响，解决高温高含冰量路段的冻土路基稳定性问题，提出了冷却路基、降低多年冻土温度的设计新思路，积极主动保护多年冻土设计原则(马巍等，2002；程国栋，2003)，变"保"温为"降"温。通过路基工程结构型式调控路基热传导、对流和辐射改变进入路基土体及其下部的热量，减少夏季进入路基的热量(减少吸热)，增加冬季进入路基的热量(增加放热)，使年内冬季放热量大于夏季的吸热量(Cheng 等，2007)。这一设计思路已全面应用于青藏铁路工程设计和施工中，比较有效地解决了高温高含冰量冻土的路基稳定性问题。

2. 适应气候变化影响的工程技术措施

大气通过传导、对流和辐射三种热量传递方式与土体间发生热交换，因此，可在路基表面或路堤本体设置工程措施调控热量的传导、辐射和对流，改变或者减少进入路基的热量，降低路基下部多年冻土温度，抬升多年冻土上限(马巍等，2002；程国栋等，2009)。这些工程技术所示基本可归纳为图 9.10 所示的几种型式(吴青柏等,2006;程国栋等,2009)。

图 9.10 青藏铁路多年冻土区工程调控措施

调控热导工程措施:主要通过调控进入路基内部热量来达到降低路基及其下部土体的温度的目的。如热棒措施(图 9.10 中(a)所示),主要通过热棒中土质的气—液两相对流将冬季的"冷量"带入至路基下部土体中,降低路基下部土体温度,提高路基的热稳定性。目前已在青藏铁路多年冻土区被广泛用于应对气候变化对工程的影响,热棒结构实际应用里程大约为 34 km(Wu 等,2006)。热棒与保温材料组成复合路基结构,较大地提高了热棒结构抵御气候变化的能力(程国栋等,2009)。

调控辐射工程措施:主要通过调控路基边坡太阳辐射减少通过边坡进入路基及其下部土体热量来达到降低土体温度的目的(Cheng 等,2007)。如图 9.10(b)所示,通过在距离路基边坡一定高度处平行于边坡铺设遮阳板,减少路基边坡的太阳辐射,降低路基下部土体温度,提高路基的热稳定性。由于铺设工艺和选材难以克服风的影响,这一措施仅在风火山试验段、青藏公路、青藏铁路和青康公路实体工程开展了实验研究,没有在冻土工程中广泛使用。然而,在遮阳板和路基边坡间的空间中具有较强的通风作用,可有效地通过板下空气流动减少遮阳板吸收的热量(俞祁浩,2006)。因此,基于遮阳和通风原理,提出了在路基边坡铺设空心砌块,同样可以起到遮阳和通风的作用,较好地解决了遮阳板的铺设工艺和选材问题(俞祁浩,2006)。

调控对流工程措施:主要通过调控路基或路基边坡表面或者路基内部的热的对流,强化冬季进入路基的热量,达到降低路基及其下部土体的温度的目的。如图 9.10 中(c)、(d)、(e)所示。图 9.10 中(c)通风管结构,主要是通过管道内强迫对流过程,增加冬季进入土体中的热量。实际上通风管结构在夏季也同样会增加进入土体的热量,但由于青藏高原冬季时间远长于夏季,因而年内放热远大于吸热。但为了更好地应对气候变化的影响,又提出在通风管道安装"自动门",在气温高于 5℃时关闭,低于5℃时开启,减少夏季热量进入路基(俞祁浩等,2003)。目前通风管路基结构仅限于铁路正线试验段试验研究,没有在冻土工程中广泛使用。图 9.10 中(d)为碎(块)石护坡,主要通过空气对流强化冬季热量进入路基,降低路基下部土体温度。碎(块)石护坡在夏季具有隔热作用,冬季具有"烟囱"效应(Cheng 等,2007),这两种效应减少了夏季热量进入路基,强化了冬季热量进入路基。碎(块)石护坡结构为冷却路基的主要工程措施,已在青藏铁路多年冻土区被广泛使用。图 9.10 中(e)为块石路基,主要通过空气强迫对流强化冬季热量进入路基,降低路基下部的土体温度。由于块石路基具有较多空隙空间,且夏季风速较小,块石路基表现为热传导作用;在冬季风速较大,块石路基表现为通风作用,且在风速小时表现出弱自然对流作用,有效地降低路基下部土体温度(吴青柏等,2007),因而块石路基具有较强的抵御气候变化的作用。块石路基为冷却路基的核心工程措施,在青藏铁路多年冻土区广泛应用(白家风等,2010;刘世海等,2010)。

综合调控措施：综合调控措施主要联合调控热的传导、辐射和对流的工程措施达到降低土体温度的作用。图9.10中(f)"以桥代路"措施为综合调控措施,它可以起通风和遮阳的作用。如青藏铁路为减少坡脚处热扰动,在路基边坡设置了碎石护坡的同时,安装了热棒结构强化坡脚处土体温度的降低幅度。

3. 适应气候变化影响的工程效果和技术适应性

块石结构工程措施具有较好的冷却路基、降低多年冻土温度的作用(Ma 等,2008;Wu 等,2008)。2005—2008年内,路基下部1.5 m深度以上土体年平均温度降低了1℃左右,路基下部5 m深度冻土年平均温度降低了约0.5℃,10 m深处多年冻土仍处于显著的降温状态(Wu 等,2009)。数值模拟结果显示,50年气温升高2℃,在年平均气温低于−3.5℃或天然地表低于−1℃的地区,块石路基仍可有效地保证路基下部冻土的热稳定性(赖远明等,2003)。

块石(碎石)护坡结构对路基下部多年冻土的保护作用远比块石路基结构要差,但是仍具有较好的降低多年冻土温度和抬升多年冻土上限的作用(胡泽勇等,2003;孙志忠等,2004;Sun 等,2005;Wu 等,2009)。北麓河非正线铁路实验段研究结果表明,2005—2007年块碎石护坡可使路基下部1.5 m深度以上的土体年平均温度降低大约−0.2℃,多年冻土上限抬升达到1.13 m左右(Wu 等,2009),目前块石碎石护坡的长期作用尚难以评估。

在通风管的强迫对流换热作用下,路基下部土体处于持续降温过程中(Niu 等,2006)。数值模拟结果表明,50年气温升高2℃,在年平均气温低于−3.5℃的地段通风路基结构仍能较好地发挥冷却路基的作用,路基使用50年仍能保证其下部冻土的热稳定性(Lai 等,2004)。

热棒路基结构在青藏铁路中广泛使用,对路基下部的多年冻土起到了较好的降温作用,显著地抬升多年冻土上限。热棒在青藏高原多年冻土区每年有效制冷工作时间长达7个月,冷却半径大于2.5 m(李宁,2006)。热棒路基结构下部多年冻土上限平均抬升量可达1.5～2.5 m(潘卫东等,2003;李永强,2008)。在年平均地温为−1℃的地区,气温50年升高1.0℃,热棒路基可以抵消气候变暖的影响(盛煜,2006)。考虑50年气温升高2℃,采用保温板和热棒的综合措施,可以起到良好保护冻土的工程效果(温智等,2007)。

主动冷却路基是高温冻土区工程建筑应对全球转暖的有效措施,但主动冷却路基措施在工程实际应用效果上和工程造价存在着较大的差异,工程造价有时往往制约着主动冷却路基工程措施的实施方案。主动冷却路基措施的选择可根据气候变化和工程热扰动影响对多年冻土变化的影响,以及工程造价和应用效果综合比较来确定(程国栋等,2009)。对于极高温高含冰量路段(冻土年平均地温高于−0.5℃),可采用旱桥和热棒路基,利用旱桥的综合调控性能来确保高温高含冰量路段工程处于稳定状态(吴青柏等,2007b)。然而,由于旱桥和热棒路基工程造价较高,对于高温高含冰量路段(冻土年平均地温在−1～−0.5℃),在风向垂直路基走向的路段,可采用通风管路基来降低路基下部多年冻土温度;在风向与路基走向不垂直的路段,可选用块石底基路基或者U型块石路基,这样可较大幅度地降低工程造价。对于低温高含冰量多年冻土路段(冻土年平均地温在−1～−2℃),可供选择的工程技术措施较多,应根据实际情况综合选择较为经济的工程措施(Cheng 等,2007)。然而,由于多年冻土路基具有较强的"阴阳坡效应"(Chou 等,2008),工程技术措施中需要考虑减弱"阴阳坡效应"的复合措施(Lai 等,2006)。

4. 充分考虑气候变化风险,建立环境—健康—安全—运输一体化管理系统,以适应青藏铁路工程管理的需求

由于青藏铁路工程建设的特殊环境,2001年开工以来,它的建设遭遇了多年冻土、高寒缺氧和生态脆弱三大世界性工程难题,它们各自从工程质量、建设人员健康和生态环境需要保护角度挑战工程建设,在这种情况下,青藏铁路建设的管理问题就成为了一个突出的问题。因此,创立质量—健康—环境一体化管理的新模式,保证了工程建设的顺利推进,成为建设世界一流高原铁路必须奠定的基础。进一步讲,在建设时期形成的一体化管理系统,可以发展成为未来铁路运营管理的基础。这个模式的确

定,是在科学发展观"以人为本"的思想指导下完成的(孙永福,2005)。

由于高寒缺氧、多年冻土、气候恶劣和灾害频繁对运输安全、稳定、效能和质量的影响和制约特别突出,青藏铁路的运营管理必须从环境的特殊性以及生产力布局的特殊性出发,借鉴先进的一体化运输管理理念,围绕人员健康、运输安全、环境保护和运输组织四个方面,研究建设青藏铁路环境—健康—安全—运输一体化管理系统(以下简称"一体化管理系统")。一体化管理系统的实现路径:研究环境因素与灾害发生规律,攻克多年冻土技术难关,满足铁路运营对高原多年冻土区建筑物稳定性的要求,是青藏铁路建设工程的关键技术;保护沿线地区脆弱的生态环境,青藏铁路投入运营以后,沿线环境将面临比建设期间更为长期的运营活动的影响,落实环境保护责任制,运输企业要对保护植被、保护水土、保护自然景观、保护野生动物等制定具体措施;建设环境监测与灾害预警系统环境监测与灾害预警系统包括:冻土病害监测和预警、恶劣气候和灾害(风灾、雪灾、泥石流灾害、地震灾害、雷暴、冰雹等)的监测和预警、铁路建设工程对沿线生态环境影响的跟踪监测(包括:生态环境、地面径流改变与水土流失、地质灾害等)与预警和铁路运营活动(包括固定锅炉)及其污染物排放对沿线生态环境影响(包括资源消耗、土壤质量、地表与地下水资源质量、大气质量、噪声、固体废弃物排放等)等的监测与预警(孙永福,2005)。

9.5 西气东输工程

9.5.1 工程概况

"西气东输"管道工程是中国目前距离最长、管径最大、投资最多、输气量最大、施工条件最复杂的天然气管道(图9.1)。西起新疆的轮南,经西安、南昌,南下广州,东至上海,途经13个省(区、市)。干线全长4859 km,加上若干条支线,管道总长度超过7000 km。西气东输工程是一项巨型的线型工程,工程主要形式是浅埋的输气管道,沿线地面上还布设有升压站、清管站和分输站。输气管道内径1016 mm,埋置深度2 m左右(殷建平和袁芳,2010)。

9.5.2 气候变化对工程安全运行的可能影响

气候变化引起温度、降水、风速和风力的变化,进而影响下垫面等生态环境的变化。西气东输工程是一项巨型的线型工程,不同区段对工程安全影响的主要气候因素也不相同。

1. 气候变化对西气东输管线安全的威胁

西气东输工程是一项巨型的线型工程,不同区段对工程安全影响的主要气候因素也不相同。如近10年来,由于全球气候变化,导致西气东输新疆段管道沿线深层地温增加、冻深变薄,而地温增加、冻土层厚度等下垫面生态环境要素将影响西气东输管道的安全等。在深层地温普查分析中发现西气东输新疆段管道沿线12个气象观测站中只有3个气象观测站有深层地温观测资料,其余9个气象观测站均无深层地温观测资料,另外,冻土厚度观测资料较也比较缺乏。这些都非常不利于科学评估西气东输管道沿线的安全性等。因此,建立观测站点、收集相关资料或进行观测实验,是气候变化对深层地温、冻土厚度参数影响急需研究的问题之一(丘君等,2006)。

生态系统退化导致土壤质量下降,植被退化,生物多样性降低,风沙危害加剧等环境灾害,不仅会影响到区域的生态安全,同时直接威胁到输气管道的安全运行。西气东输线路的西北段分布有新疆库木塔的活动性沙垄,武威—靖边段的腾格里沙漠南缘和毛乌素沙地南缘的活动沙丘。库木塔沙垄呈南北向分布,宽约11 km,沙垄高达30 m左右,移动性极强,移动方向与管道垂直。如果管道覆土被风吹走,就会造成管道裸露悬空。若超过管道挠曲强度,管道就会发生折断。气候变化环境下该区段的风速如果增加,可能加大了管道安全的威胁(丘君等,2006)。

2. 气候变化引发的气象灾害对西气东输管道运行安全的影响

西气东输管道输送的天然气是高压力(10 MPa)易燃易爆物品,输气管线和工艺站场在运行过程中,在洪水的冲击下,会发生两种情形,其一是洪水直接冲击河谷或河道,使管道暴露破裂;其二是洪水冲淘坡脚引发坡体不稳或滑坡,造成管道破裂。可能发生的最为严重的事故是管道破裂后短时间大量天然气体的泄漏聚集,遇明火发生燃烧和爆炸,其爆炸冲击波和燃烧热辐射最大危害距离可达 1.5 km,特别是在地形不开阔的山区,其危害更大。以陕京线为例,1998 年 7 月 31 日陕西府谷县降大雨,新城川爆发山洪,洪水夹带泥石,冲刷陕京管道穿越段河床,冲毁穿越管道上部混凝土加重层,并造成管道裸露开裂。2003 年 12 月 23 日重庆开县发生天然气井喷造成 243 人死于天然气中毒(高启晨,2004)。

气候变化情景下降水的变化除引起洪水频率增加外,降水引起的山区滑坡也是影响输油管线安全的主要因素。沿河西走廊祁连山北麓和中卫—中宁平原南缘的香山,暴雨易形成山洪泥石流。由于泥石流突发性强,在泥沙、块石等固体物质的快速移动和水的渗透压力作用下产生巨大的推力和浮力,使管道受到强烈的冲击而产生弯曲变形和断裂,泥石流灾害对管道危害严重。陕西段是全线滑塌灾害最为严重的地区,在气候变化对工程安全的影响中应考虑降水对滑坡的影响。

3. 气候变化引发的其他环境变化,如地面塌陷、水土流失、河道泥沙等都将威胁西气东输管道的运行安全

西气东输工程东西跨度大,可以分为西区、中区和东区三个部分。各区受到气候变化的影响不一,给管线的安全运行带来了极大不确定性。

西区段行政区划归新疆、甘肃、宁夏和陕西 4 省(区)管辖,管线长约 2370 km。该区段大部分处于青藏高原北侧我国大地形地貌单元第二阶梯的西段,包括塔里木盆地、天山和北山山地、河西走廊、银川平原和鄂尔多斯高原。气候变化情景下该区如风速加大、温差增大、地表风化加剧,给埋藏在地下的管线安全带来很多压力。

中区段行政上归陕西、山西和河南三省管辖,管线长约 550 km。跨越我国大地形地貌单元第二阶梯东段的黄土高原和山西山地,海拔标高 430～1700 m。属温带半干旱和半干旱—半湿润大陆性气候,年均降水量 300～600 mm,降水年内分配不均,雨汛期往往降大雨—暴雨,水土流失严重。气候变化情景下,若该区域降水增多,引起黄土湿陷,可使管道产生不均匀沉降变形,过大的湿陷变形过程中所产生的负摩擦作用,可能导致输气管道弯曲变形、裸露、悬空,甚至折断。

东区段行政上归河南、安徽、江苏和上海 4 省(市)管辖,管线长约 930 km。跨越了我国大地形地貌单元第三阶梯的黄淮海平原、皖苏丘陵平原和长江三角洲。属暖温带半湿润和亚热带湿润季风气候,降水充沛,年均降水量 700～1200 mm。水系发育,管线跨越黄河、淮河和长江三大江河,在苏沪地段更是河网和湖泊密布,雨汛期洪涝灾害时有发生。该区洪涝灾害事件在气候变化情景下增多,威胁管线埋藏安全(谭蓉蓉,2008)。

9.5.3 工程的环境协同效应

协同效应研究是气候变化政策研究的新领域,也是非常重要的领域。国家环境保护总局环境与经济政策研究中心在协同效应的政策影响研究中认为,"协同效应"包括 2 个方面:①在控制温室气体排放的过程中减少了其他局域污染物排放(例如 SO_2, NO_2, CO, VOC 及 PM 等);②在控制局域的污染物排放及生态建设过程中,同时也可以减少温室气体的排放或增强碳吸收(胡涛,2004)。

西气东输工程的主要目的是为我国中东部地区输送丰富的天然气资源,但其实施同时也有助于减少东部地区大气污染物排放,改善大气质量。利用较成熟的中国区域环境与经济综合评价模型(AIM-LOCAL/China 模型),从用气项目的 SO_2 和 CO_2 排放的常规情景(BAU,无西气东输工程时的常规情景,它是一种动态情景,即 BAU 情景下允许发生除天然气外其他可能的技术进步和技术替代)和利用天然气后的情景(NGS,使用西气东输天然气情景)两方面进行量化比较,分析西气东输工程的环境协同效应。研究发现:在用气项目的范围内,NGS 情景下的 SO_2 排放相比 BAU 情景明显减少,同时 CO_2 等温室气体排放也大幅减少。2003—2020 年,累计可以减排约 312 万 t SO_2 和 3475 万

tCO$_2$,分别比 BAU 情景减排 40.5％和 17.9％。从 4 个用气部门来看,不论是 SO$_2$ 还是 CO$_2$,电力部门用气项目的减排量都占突出位置(田春秀等,2006)。

1. 西气东输工程可促进用气地区的能源结构优化,减少 SO$_2$ 等污染物的排放量

利用西气东输天然气的 5 省(市)(河南、安徽、江苏、浙江和上海)的用气项目,通过比较 BAU 情景和 NGS 情景,5 省(市)相关用气项目利用西气东输的天然气,总体上可显著减少 SO$_2$ 的排放(图 9.11)。2003—2020 年将累计减排约 312 万 t SO$_2$,比 BAU 情景减少约 40％,其中 2010 年,2020 年将分别减排约 16 万 t 和 31 万 t,比 BAU 情景分别减少约 40％和 43.5％。分析 2 种情景下的 SO$_2$,减排量的增长趋势可知,由于 2003—2007 年新、改和扩建项目快速增长,这一期间的 SO$_2$ 排放量也在快速增加;2008 年后的项目用气量增长趋于平稳,SO$_2$ 排放量在 2008 年以后的增长速度也相对放慢。

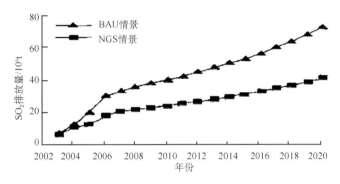

图 9.11　西气东输工程对五省(市)SO$_2$ 排放量的影响(田春秀等,2006)

(BAU,无西气东输工程时的常规情景;NGS,使用西气东输天然气情景)

2. 西气东输工程对应对气候变化的贡献,减少 CO$_2$ 等污染物的排放量

西气东输工程实施后,总体上,CO$_2$ 排放量比 BAU 情景有大幅下降(见图 9.12),减排量大致与时间变化呈正相关,即随时间增加,相关用气项目的减排幅度也逐渐增加。主要原因是用气户数和用气量的不断增加及其累积效应所致。在 NGS 情景下,2004 年和 2005 年相关用气项目分别比 BAU 情景减排 CO$_2$ 约 6.7％和 16.2％,而到 2020 年 CO$_2$ 比 BAU 情景减排约 19.3％,2005 年或 2006 年 NGS 情景下用气项目排放量比 BAU 情景有大幅度减少,其后虽然减排量逐年增加,但减排幅度不大。主要原因是:西气东输工程 2004 年底全线贯通,计划用气的主要用煤大户,如电力、供热、化工等部门相继在 2005 年、2006 年逐渐完成新建或改建。此后,随着用气量及服务量需求的增加,2 种情景下的排放量都有少量增加.但 BAU 情景排放增长幅度仍然要大于 NGS 情景。

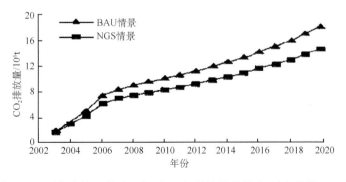

图 9.12　西气东输工程对五省(市)CO$_2$ 排放量的影响(田春秀等,2006)

西气东输工程每年可为东部地区提供达 200 亿 m^3 的天然气,相当于提供 2000 万 t 原油,折合标准煤 2660 万 t。天然气是一种清洁能源,因此西气东输工程的实施有助于减少东部地区大气污染物排放,改善大气质量。同时,天然气替代煤成为一次能源,将减少 CO$_2$ 等温室气体的排放,为应对全球气候变化作出贡献。因此,西气东输工程对减少温室气体排放、应对气候变化等具有积极意义。

9.5.4 适应性对策

据测算，西气东输二线管道建成后，可将我国天然气消费比例提高 1～2 个百分点。这些天然气每年可替代 7680 万 t 煤炭，减少二氧化硫排放 166 万 t、二氧化碳排放 1.5 亿 t，有效减少了温室气体的排放，有助于减缓气候变化。然而气候变化却威胁到西气东输管道安全运行，必须提前考虑应对方案和措施等。

1. 充分论证气候变化对西气东输管道工程设计、运行的影响

气候变化对西气东输管道工程设计中的地温参数设计值的影响研究，它对西气东输管道工程设计和未来养护及其风险评估都具有重要科学意义。在西气东输管道工程设计中，根据深层地温参数来设计输气管道的管口直径及其输气量，因为深层地温参数与管口直径、输气量有密切关系，如果地温参数提供不当，可引起输气管道爆炸事件。因此，有关气候变化情景下地温参数设计值的修正是评估西气东输管道工程设计和未来百年内管道工程养护及承受能力风险评估的指标。这是石油部门、管道工程设计部门和气象部门，尤其是总体规划部门必须系统研究的问题，同时第三方破坏等问题也是需要注意的问题之一（张起花，2010）。

2. 防治西气东输管道工程沿线气候变化引起的次生地质灾害任务艰巨

气候变化背景下，由于极端事件的频发可能会导致次生地质灾害的增加。西气东输工程沿线发生的主要地质灾害有：滑坡、崩塌、洪水冲刷、泥石流或泥流、黄土湿陷及潜蚀、采空塌陷、地裂缝、地面沉降、瓦斯爆炸和煤层自燃、盐渍土和盐胀、沙埋风蚀、地震危害（地震活动断裂带、高地震裂度区、地震沙土液化）等十多种类型。在管道勘察、设计、施工及长期运行中，如何防止各类灾害地质对管道的危害，其中滑坡对管道安全威胁更大，处理好管道与滑坡的关系，采取必要防范措施，确保管道安全，显得十分重要（赵应奎，2002）。

在新疆与河西走廊地区，如果管道覆土被风吹走，就会造成管道裸露悬空。如果超过管道挠曲强度，管道就会发生折断。区内生态环境的恶化会给管线的正常运行造成巨大的威胁，如沙化风蚀造成暴露管道引起管道腐蚀或悬空断裂，由于植被破坏导致的洪水冲刷管道出露等。因此要有针对性地开展生态管理与生态恢复，建立适宜的生态安全保障体系，这不仅对于区域的生态环境保护具有重要意义，而且对于管道的安全运行具有实际意义。

黄土高原区是我国水土流失最严重的地区之一，而极端降水事件的频繁发生，可能导致水土流失加重，冲沟的溯源侵蚀以及土体滑坡、塌陷，都会对西气东输管道带来灾难性的破坏。黄土高原区突发性暴雨容易引发洪流，在敏感地段要有防护堤，防止洪流灾害。在管道两侧更远的范围内必要的地方采取适当的工程措施，并辅以植被恢复，从景观格局的角度考虑水土流失的治理工作，才能在长时间尺度上保护管道的安全。施工后，在敏感区域进行的各项恢复措施，以保证管道和区域生态环境的安全。

对于洪水高发区段，从管道后期运行管理的角度出发，有必要对管道沿线洪水的多发地区进行分区，对区域的灾害环境造成工程破坏以及由此产生的人员损伤进行洪水风险评价，为管道的科学管理提供客观和直接依据。西气东输东区段地质灾害往往与人类活动关系密切，主要有地面沉降、地裂缝和膨胀土胀缩灾害。管道沿线的生态与环境直接影响到管道的安全运行，应加强水土保持监测工作，密切关注工程沿线的水土流失的动态变化，发现问题，及时解决（高启晨，2003；鲜福等，2010）。

9.6　中俄输油管线工程

9.6.1　工程概况

中国—俄罗斯输油管道工程规划全长 1035 km，其中中国境内管段 965 km，俄罗斯境内管段 70 km。管道自俄罗斯境内的斯科沃罗季诺经加林达入境中国，经连崟、兴安、22 站、塔河、新林、大扬气、加格达奇、大杨树至大庆林源站,穿越黑龙江和内蒙古两个省(区)(图9.1),止于大庆站,管道全长约1000 km。按照双方协定,俄罗斯将通过中俄原油管道每年向中国供应1500万吨原油,合同期20年。管道工程于2010年9月27日竣工,中俄输油管道将采用常温密闭输送工艺,管道输油能力3000万 t/a。按俄罗斯低凝原油设计,设计管径为914 mm,系统设计压力等级推荐采用8.0 MPa(局部10.0 MPa),输油温度在冬季工况下预测斯科沃罗季诺站出站油温为−6℃,夏季工况下斯科沃罗季诺和漠河站出站油温为+10℃。管道工程设计寿命为50a。管道将穿越东北北部的大小兴安岭和嫩江河谷大约500 km的多年冻土区和465 km的季节冻土区。管线沿途地势起伏,水系、森林和沼泽发育,冻土工程地质条件复杂。多年冻土和生态环境的变化及其对管道基础的差异性冻胀和融沉等冻害问题对管道的设计、施工及今后的运营等造成严重的影响。

9.6.2 气候变化对工程安全运行的可能影响

1. 中俄输油管道沿线气温变化

中俄输油管道沿线5个气象台站年平均气温从1970年代开始均有明显上升趋势(图9.13),其中1991—2000年气温10年平均值较1961—1970年10年平均值,漠河升高0.9℃,呼玛升高1.7℃,加格达奇升高1.5℃,嫩江升高1.3℃,平均气温升高约1.2℃;冬季增温最大,平均最高1.6℃,其次是春季,升高1.3℃(Wei等,2008)。通过对呼玛和漠河站年降水量序列的分析,本区年降水量变化的一般趋势,即1960年代初到1970年代末为本区的少雨阶段,1980年代中期以前为多雨阶段,以后年降水量又呈下降趋势。其中1999—2001年的降水量为这40多年以来最少的3年。

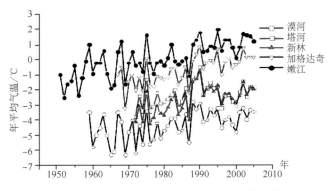

图9.13 中俄输油管道沿线气温变化(据Wei等改绘,2009)

在由国家气候中心(NCC)提供的气候模式计算的B1情景下,东北地区未来50年的气温变化基本呈线性变化趋势,年变化率为0.0265℃/a,50年后增温在1.4℃左右。根据英国气象局(UKMO)Had-CM3模式计算的A2情景下东北地区未来50年的气温变化基本呈线性变化趋势,其年趋势性变化率为0.0574℃/a。根据已有的观测资料,选用从南至北的中线和从东到西中线,两条线的预测结果如下,其年变化率为0.03～0.05℃/年。预测的B1、A1B和A2及已有的观测资料分析结果:B1和A1B二种模式的预测值最小,A2情景下东北地区的气温变化较大,稍大于观测时段内(1951—2000)的年变化率为0.04℃/a。

2. 中俄输油管道沿线冻土变化

中俄输油管线沿线冻土变化主要受气候变化和人类活动影响,人类活动影响比气候变化的要大。铁路、公路、矿山、水利设施建设以及城镇开发建设等,对沿线冻土变化起到重要的影响。气温升高,多年冻土南界近30～40年来向北移约50～120 km(Wei等,2008;金会军等,2009)。近30年来最大季节冻深变浅,尤其是在多年冻土南界附近,最大季节冻深减小了40～80 cm(金会军等,2009)。在阿木尔地区苔藓层20 cm厚的沼泽湿地,1978—1991年间最大季节融深增加了32 cm,在地表无苔藓层地段最大季节融深增加50～60 cm。多年冻土厚度变薄主要表现于原先多年冻土厚度较薄的中小河流谷地"高温"冻土地段,如呼玛河下游韩家园子沙金矿区的河漫滩地段,1982年以前该区多年冻土底板均在

5.0 m 深度以下，到 1987 年很多地段多年冻土底板已抬升至 3.8～4.0 m，1995 年个别地段多年冻土岛已消失。阿木尔地区 12 年内多年冻土厚度减薄了 5.0 m（金会军等，2009）。

观测表明：在暖季时，皆伐迹地比天然林地日平均气温高 1.7～2.0℃，季节融化层含水量减少 50％，浅层地温（地表以下 20～30 cm 深度）升高 5.0℃ 左右，季节融化深度增加 20～30 cm（孙光友，2000）。人类活动强度增大，森林覆盖率下降，多年冻土总面积逐渐减少，多年冻土南界北移。多年冻土南界附近的加格达奇、大杨树等，在 1950 年代初城镇开始兴建时，普遍发现有多年冻土岛，经过 30～50 年的人为活动影响后，城镇范围内冻土岛已完全消失（李国玉，2008）。大部分城镇内的多年冻土已大部退化为融区，塔河镇内为不衔接冻土区。由于采暖房屋建设，3 年内引起 10 m 深度的多年冻土温度升高 1.2℃，建筑群之间天然地表下 10 m 深冻土温度升高了 0.7℃。近 40 年来城镇建设和发展，使其成为规模不等的"热岛"，促使地温明显升高，厚度薄的多年冻土逐渐融化，形成融区。阿木尔沟东南坡，10 多年来多年冻土边界由坡上向沟底下移约 80 m，原发育在坡中、下部位的多年冻土已消失。1970 年代加格达奇至嫩江县城段为岛状多年冻土区，多年冻土面积百分比约为 10％～25％。近期研究结果发现，加格达奇—乌尔其村多年冻土面积小于 10％。多年冻土岛消失主要出现在南界附近的岛状冻土区内。多年冻土岛的不断缩小，仅在局部地段有深埋藏于地表下（5～8 m 深处）残留多年冻土层（李国玉，2008；金会军等，2009）。

按照数值模拟和 GIS 空间分析（图 9.14）（魏智，2008；Wei 等，2009），气温升温率为 0.048℃/a 背景下，在年平均地表温度为 1.5℃ 的条件下发育多年冻土（厚度为 1.5 m），50 年后，年平均地表温度为低于 0.5℃ 的地区仍可能存在多年冻土，100 年后，只有在现今年平均地表温度低于 −0.5℃ 的地区才能残留大量的多年冻土。到 2060 年，冻土南界从我国东部边界向西南从黑河和孙吴之间穿过，至白云，再转向西北方向经科洛镇到大杨树，转而向西南经诺敏镇、巴林镇到南界最南端阿尔山北部，沿西北向经辉河，跨乌尔逊河和克鲁伦河至新巴尔虎右旗，向西到达我国西部边境。到 2110 年，冻土南界

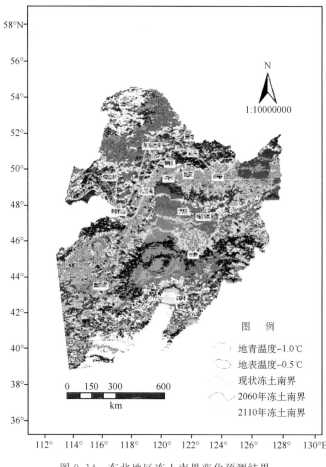

图 9.14　东北地区冻土南界变化预测结果

进一步向北退化,但幅度有所减缓。从东部边境的黑河市以北向西南至霍龙门,转向西北经六站到最北端加格达奇,再折向西南经温库吐、伊列克得到达最南端伊尔地,然后沿伊河北上至陈巴尔虎旗,向西经满洲里跨境入俄罗斯。东北地区多年冻土在2060和2110年的面积分别比目前减少28.4%和49.8%,不同年平均地温的冻土面积也逐渐萎缩(魏智,2008;Wei等,2009)。

3. 中俄输油管线工程稳定性

中俄输油管道沿线多年冻土被各类融区、季节冻土和水系等分隔成片状或岛状,尤其在南段广泛分布着零星孤立的冻土岛,管道沿线岛状、稀疏岛状及零星岛状占多年冻土区段的40%左右。管道沿线沟谷底部、洼地中心、河漫滩及阶地等平坦地段广泛发育着50 km左右冻土沼泽湿地。沼泽湿地表层一般均为腐殖质土及泥炭层,厚几十厘米甚至达1～2 m,含冰量大,上限下甚至有不规则厚层地下冰,是本区最差的冻土工程地质地段(李国玉等,2008)。管道沿线广泛分布着厚层地下冰甚至较厚的纯冰层,厚层地下冰是造成热融沉陷、热融滑塌、热融湖塘和油管差异性沉陷和冻胀的根本原因,尤其是上限附近的厚层冰,严重威胁管道运行的安全和稳定。因此,将来埋设管道后,对地表植被的破坏、地表水地下水径流的改变、施工便道的修建等都会对多年冻土造成较大的热扰动,线路尽量绕避厚层地下冰发育地段。管道设计、施工时应给予足够的重视(李国玉等,2008)。

中俄原油管道沿线发育有冻胀丘、冰锥和冰幔等不良冻土现象,沿线冻胀丘多出现于河漫滩,阶地后缘和山麓地带以及断裂带附近,冻胀丘规模大、危害强。沿线沟谷、河床、河漫滩、阶地及山麓洪积扇边缘地带,冬季有地下水出露和地表水的地段可形成冰锥,呈冰坡、冰幔延伸几十米乃至数百米。冻胀丘、冰锥和冰幔在形成过程中可使管道不均匀抬升降起,而融化后导致管道翘曲变形。如果人为破坏了斜坡上的天然地表(取土、挖坑等),使斜坡上地下冰层暴露,夏天暴露的冰层融化,使上边的草皮和土层失去支承而沿坡下滑或塌落下来,冰层融水稀释塌落物质呈流塑状态,在重力作用下缓慢下滑,形成热融滑塌。如果管道位于坡上方可能因为滑塌,管道会暴露出地表;如果管道位于坡下方,会因泥流堆积物而被深埋于地下,总之对管道会产生危害(李国玉等,2008)。

沿线不良冻土地质现象对管线工程稳定性造成了极大的影响,同时由于气候变化和人为因素的影响,地下冰层融化,不仅引起地表沉陷,而且会形成次生不良冻土灾害,不断影响着管线工程稳定性。所以管道施工时,应尽可能地恢复植被保护周围生态环境,避免形成热融湖塘或洼地对管道的稳定性造成影响(李国玉等,2008)。

9.6.3　适应性对策

1. 预先考虑冻融灾害危害的工程优化设计

由于中俄输油管道工程主要采取埋设方式进行设计,因而冻土区在进行管道建设时,要充分认识和掌握冻土分布规律及冻土层的工程地质特性,全面科学地评价工程地质条件,合理选址(线)、精心勘察、设计和施工,减少或基本消除冻融灾害。在个别冻土环境工程地质条件特差地段,需要采取特殊工程措施,并进行长期监测,确保将工程隐患预先消除或控制在允许变形范围之内。经过多年冻土区的输油管道可能出现的冻害问题主要指由冻胀、融沉引起的管道差异性变形诱发的管道力学破坏(何树生等,2008)。

2. 应对气候变化的主要工程措施

采取适当的措施使得管道差异性变形被限制在允许范围之内。主要工程措施有:(1)对于一些较薄的富含冰多年冻土岛,铲除多年冻土层,换之以良好地基土,消除气候变化和工程作用对输油管道工程稳定性带来的影响;(2)在管道周围设置采用热管和保温层,有效地减小管道周围冻融圈的发展范围,最大限度地限制冻胀和融沉变形;(3)对各种次生差异性变形的过渡带进行管道地基处理,尽量使得管道地基变形平缓过渡,从而降低管道冻融附加应力;(4)将管道底部冻胀性土层置换为非冻胀性土,消除冻胀对管道的影响;(5)增大管壁厚度以增加管道抵抗变形的能力,在一些难以处理的地段减小地基处理的难度,确保输油管道的稳定性(金会军等,2006)。

3. 科学的长期监测系统保证管道稳定性和安全运营

建设期间的对冻土水热状态扰动引起冻土环境变化通常尚未表现出来，而是运营期间或在竣工后 2~3 年后才有所表现，出现下沉和冻胀等。尽管设计时作了较为周密的考虑，但不可能对复杂而多变的冻土工程地质条件的变化和施工技术对冻土产生以下的后果作出预测。显然，除了管道油温变化外，管道变形主要是沿线冻土工程地质条件变化产生的冻胀融沉过程所引起的。因此，由数据库—长期监测—预测预报—防治对策所构成的长期监测系统就成为保证管道稳定性和冻土环境的重要举措。通过这套监测体系就可预先发现沿线管道可能出现的病害问题和地段，提前采取对策和措施进行相应的处理，确保管道的稳定性和安全运营。管道工程基础稳定性长期监测体系实质上是一个循环过程，即：随运营时间的进程，从资料分析→长期监测和定期巡检→管道及冻土环境变化趋势评价和预测预报→病害防治措施新技术研制和决策，然后又返回和重新补充修改数据库，提出新水平的设计和防治方案。重复循环这个过程就能确保管道稳定性和安全运营（金会军等，2006；何瑞霞等，2010）。

9.7　三北防护林工程

9.7.1　工程概况

三北防护林工程建设在改革开放的大背景下起步。党中央、国务院果断作出在中国风沙和水土流失危害十分严重的西北、华北、东北地区建设三北防护林体系的重大决策，构筑"绿色长城"，即以树木和灌草营造的立体纵深防护林体系。它东起黑龙江宾县，西至新疆乌孜别里山口，北沿北疆边陲，南沿海河、永定河、汾河、渭河、洮河下游、布尔汗布达山、喀喇昆仑山，全长 8000 km，宽 400~700 km，横穿 13 个省（区、市），包括京、津两个直辖市，共 551 个县，占国土总面积的 42.4%，几乎相当于中国的半壁江山（图 9.1）。

三北防护林工程建设成就举世瞩目。主要体现在：(1)构筑了绿色屏障，维护了我国北方的生态安全。坚持"防风固沙、蓄水保土"的建设宗旨，工程构筑了以林草植被为主体的我国北方国土生态安全体系。30 年治理沙化土地 30 多万 km²，保护和恢复沙化、盐碱化严重的草原、牧场 1000 多万 hm²。其中，陕、甘、宁、蒙、晋、冀 6 省（区）率先实现了由"沙逼人退"向"人逼沙退"的历史性转变，毛乌素、科尔沁两大沙地实现了根本性好转。治理水土流失面积 20 多万 km²，黄土高原 40% 的水土流失面积得到初步控制，土壤侵蚀模数大幅度下降，减少少入黄泥沙 3 亿多 t。(2)增强了农业防灾减灾能力，为确保粮食安全提供了保障。坚持"以林促农、护农增产"的发展方略，30 年营造农田防护林 223 万 hm²，使三北地区 57% 的农田实现了林网化，保护农田 1756 万 hm²。根据科学测算，仅农防林的护田增产效应一项，就使三北地区年增产粮食约 200 亿 kg。据统计，三北地区的粮食单产由 1985 年的 1875 kg/hm²，提高到 2005 年的 4635 kg/hm²，总产由 0.6 亿 t 提高到 1.6 亿 t。2006 年全国产粮"十强县"全部是三北工程农田防护林体系建设的达标县（刘冰.2009；国家林业局，2009）。

9.7.2　气候变化对工程安全运行的可能影响

1. 气候变化影响三北防护林所在区域植被分布，森林生态系统结构物种改变

应用改进的 MAPSS 和 HadCM2，对未来气候变化情景下我国植被变化进行模拟，发现未来气候变化将可能导致我国森林植被带的北移，尤其是北方的落叶针叶林的面积可能大幅减少，甚至移出国境，华北地区和东北辽河流域未来可能草原化，西部沙漠和草原可能退缩，相应被草原和灌丛取代，高寒草甸的分布略有缩小，将可能被萨瓦纳和常绿针叶林取代（赵茂盛等，2002）。

同时，由于系统中各物种对 CO_2 上升及由此引起的气候变化的响应存在重大差异。气候变化将强烈地改变森林生态系统的结构和物种组成。全年平均气温升高，对于喜冷性物种是一个灾害，对于温

性物种则是有利的,这必然导致物种发生变化。大气 CO_2 浓度上升及由此引起的气候变化被认为将改变森林的生产力。这主要表现在 CO_2 浓度升高的直接作用和气候变化的间接作用两个方面。一般认为,CO_2 浓度上升对植物将起着"肥效"的作用。

气温升高导致地面蒸散作用增加,使土壤含水量减少,植物在其生长季节因水分严重亏缺,从而抑制生长,但对耐旱力强的物种则会使其在物种间竞争中处于有利地位,从而得以大量繁殖和入侵。温度升高,还会使春季提前到来,从而影响植物的物候,使它们提前开花放叶,这对那些在早春完成其生活史的林下植物不利,甚至可能使其无法完成生命周期而死亡,从而导致森林系统的结构和物种组成发生改变。另外,气候变化对森林生态系统的结构和物种组成影响是各种因素综合作用的结果(徐龙,2009)。

影响森林生态系统特点和分布的两个最为显著的气候因子是温度和降雨量,但由于不同的区域其未来气候变化情形不一致,以及不同的森林类型也有其独特性的结构和功能特点,因此,气候变化对各种森林类型影响是不同的。但温带森林是受人类活动干扰最大的森林,地球现存的温带森林几乎都成片段化分布,同时由于在未来的气候变化情景下,中高纬度地区的增温幅度远比低纬度地区的增温幅度大,因此,未来气候变化对温带森林的影响是非常巨大的(刘国华和傅伯杰,2001)。

2. 三北防护林单一的林种脆弱性较大,亟待重新拟定纳入气候变化风险的工程规划,合理林种结构,增强应对气候变化能力

三北防护林处于中高纬度,气候变化对该区域影响巨大。但是在三北防护林工程开展中出现造林树种比较单一(如杨树(*Populus spp.*)等),树种结构不尽合理等情况,这些单一的树种结构等不利于应对气候变化,容易造成病虫害集中发病,生态系统功能单一等问题的出现。如三北地区大规模连片单纯造乔木林,诱发了天牛虫等病虫害。天牛虫害被称为"无烟的森林火灾",而早期三北防护林采用的树种绝大多数是单一的杨树,多年来天牛虫害非常突出,严重地段树木被蛀得千疮百孔,整株大片干枯死亡。20 世纪后期,一场突如其来的天牛虫灾害袭击宁夏平原,8000 万株参天杨树因虫害被迫砍伐焚烧,广大干部群众耗费了 10 多年心血、精心造起的第一代农田防护林网毁灭殆尽。而地处甘肃中部的永登县属三北防护林工程重点建设县之一,20 世纪末以来,这个县已砍伐天牛虫源木 13 万多株。但由于经费不足和虫源木处理不彻底等原因,目前杨树天牛虫害继续蔓延,不仅威胁当地及附近地区新建的防护林体系和天然林区的森林安全,而且正逐步向三北防护林重点区域河西走廊传播。

对于天牛虫、松毛虫的防治,全世界尚无特效技术,目前惟一可行的方法就是按照适地适树、因地制宜的原则,采用多种抗虫免疫树种更新原有的杨树或松树林,或进行乔灌混植营造不同类型的混交林,提高防护林的整体抗逆性。在内蒙古通辽市的经验表明:种乔木可以加快造林进度,有效提高森林覆盖率,进而达到改善生态环境的目的。但单纯就造林论生态,那么生态建设将极有可诱发生态灾难。因此,生态建设要走"乔灌草结合、以灌草为主;造封飞结合、以封育为主"之路(张泽秀等,2009)。

三北防护林的森林的多种生态功能和效益没有达到发挥。未来三北防护林工程建设应该从整个生态环境的安全和稳定出发,侧重保护生态环境、保护森林资源、保护三北工程建设成果,因此在工程的设计上,应侧重病虫害预防和防治、森林防火、土壤环境以及防护功能等内容的树种配置体系,增加科技含量,增强森林的抗逆性,发挥森林的多种生态功能和效益,降低生态系统脆弱性,提高应对气候变化能力(张泽秀等,2009)。

3. 三北防护林工程呈现气候效应

三北防护林在受到气候变化强烈影响的同时也有很强的改善局地小气候作用,如乌兰布和沙区防护林建设中得出(陈炳浩,2003):

(1)乌兰布和沙区区域性防护林体系对降低风速、减少大风日数、扬沙日数、削弱沙尘暴和干热风等灾害性气象因子有一定的作用。其防护功能大小,与该区域防护林体系建设的规模和质量有关。防护植被覆盖率越高,对区域灾害性气象因子的抗逆性越强,所发挥的生态效益就越高,并且这种影响随着防护植被的覆盖率递增而加强。这充分说明防护林体系对风沙干旱区农牧业和水利工程设施的生态屏障作用。对风速、大风日数及沙尘暴等灾害因素，虽然主要受大气环境控制，但从统计分析看，防护林工程也起到削弱作用。

（2）防护林体系对常规性气候因子（如平均气温、降水量、湿度、持续干旱日数和霜期等）的影响不显著，这是因为这些气候因子变化受大气环流所制约。

9.7.3 适应性对策

针对三北防护林工程建设中出现的防护林中树种单一、防护林体系建设发展不够均衡等情况导致的应对气候变化的脆弱性较大的实际情况，需要采取一定的补救措施来适应气候变化和减缓其可能对三北防护林工程的不利影响。

1. 改善林种树种结构，提高森林抗逆性

造林树种比较单一，树种结构不尽合理等情况普遍存在。以黑龙江省为例，2002 年营造的纯林面积占当年造林总面积的 95.1%，营造纯林给林业的生产和经营带来诸多便利条件。

作为三北工程建设应该从整个生态环境的安全和稳定出发，侧重保护生态环境、保护森林资源、保护三北工程建设成果，因此在工程的设计上，应侧重病虫害预防和防治、森林防火、土壤环境以及防护功能等内容的树种配置体系，增加科技含量，增强森林的抗逆性，发挥森林的多种生态功能和效益。

另外，从树种结构来看，杨树仍然是三北造林的主栽树种，杨树一统天下的局面还没有彻底改变，2002 年杨树占当年造林总面积的 62.9%，单一的树种不但会对森林的病虫害防治带来挑战，还会对未来的木材市场形成冲击，也不能满足未来市场对木材的多功能需求（艾力雄等，2007）。

根据区域的条件和经济状况，因地制宜来确定林种的布局，加大防护林建设的力度，提高区域内人工生态系统的稳定性以适应和应对气候变化带来的风险。农田防护林的树种选择，应该以针叶树为主；营造堤岸防护林时，尽量选用速生、抗性强的阔叶树，如银中杨（*Populus alba* 'Berolinensis' L.）、中黑防（*Populus deltiodes* × *cathayana*）等。要有目的地培育良种苗木，分类划分成工业用材林种、经济林树种等。有计划地对林木良种进行采收、检验、调拨，以提高防护林体系建设的质量。

2. 恢复生态系统功能，防风固沙构建绿色生态屏障

经过防护林工程第一阶段后，三北地区的森林覆盖率将由 5.05% 提高到 9%。但是通过遥感分析，该区域的植被指数（NDVI）反而呈下降趋势，究其缘由，是原先森林覆盖率虽然低，但是有大量的草地、灌丛，植被指数并不低。植树以后，森林覆盖率有所提高，但一些草地灌丛却消失了，所以植被指数反而下降（朱晏君，2008）。

强调森林覆盖率，忽视了草地和灌丛的生态作用，造成了北方地区的沙化等情况甚至更严重了。其实就防止沙漠化方面，草地和灌丛的作用并不比森林差。在西北干旱区大部分年降水量低于400 mm，是森林生长对降水的最低要求。而且贺兰山以西，大部分地区降水量低于 200 mm，都种植高大乔木不现实，可以采取乔木混交模式和乔灌混交模式，改变过去的乔木纯林模式比重过大的问题（陈全龙，2008）。

尤其是在气候暖干化背景下，暖干化驱动下的植被发生着逆向演替，高一级植被类型向低一级植被类型转变，而这种退化尤其在边缘区、过渡带、交错带最为敏感。三北地区横贯中国大陆之北，总体为温带气候，气候、植被类型多样且有规律地呈东西向分布，依次是半湿润森林草原带、半干旱草原带、干旱荒漠带，两两之间都是过渡带。其中条件最好的是位于东部的湿润与半湿润的过渡带和半湿润与半干旱的过渡带，条件最差的是位于西部的极端干旱与干旱区的边缘带和干旱与半干旱区的过渡带。预计未来这些过渡带自然植被将有明显的退化反应，因此，需要尊重自然地带性分布规律，以灌草植被作为建设模式，东部趋向疏林化，西部趋向灌丛化是符合气候植被相关的基本原则，避免违反自然规律、强迫造林等现象的发生（姜凤岐等，2009）。

3. 掌握适宜的造林时期

春季是多数树种造林的最好季节。但由于气温差异,各树种生物特性的差异,包括树种本身所需最适温,湿度的不同,使得不同树种在造林时间的早晚也有差异。对于发芽早的树种如落叶松(*Larix spp.*)、油松(*Pinus tabuliformis*)、沙棘(*Hippophae rhamnoides Linn.*)、侧柏(*Platycladus orientalis (Linn.) Franco*)等树种宜早栽,一般是3月下旬至4月上旬。据调查,3月下旬栽植的油松、侧柏、沙棘等比4月中旬后栽植的成活率分别高出12.80%、21.00%和50.70%,泡桐(*Paulownia*)、河北杨(*Populus hopeiensis Hu et Chow*)、新疆杨(*Populus bolleana Lauche*)等树种适4月上旬栽植,此时成活率分别为90.40%、92.70%、96.10%。发芽迟的树种如柿树(*Diospyros kaki Thunb*)、楸树(*Catalpa bungei C. A. Mey.*)等应当迟栽,一般在4月下旬(费学斌,2009)。

总体上,"三北"防护林要结合当地气候条件,发展乔灌木相结合的格局,在水分条件较充足的地区,增加乔木比例;在水分条件较少的地区,增加灌草比例。如在西北干旱地区,种树的难度较大,应将种植草灌放在生态建设的首位;在降雨量250~500 mm的半干旱农牧交错地带,生态建设应以退耕还林还草为重点;在天然林区和草原区,要封山禁牧,减少人为破坏,以保护天然林草植被为主。这样既能节约水资源,又能缓解当地的生态环境压力;在现有研究基础上,加强多学科的协作,进行在全球气候变暖背景下,"三北"防护林的气候生态适应性的生理生态机制的研究,以便为今后生态建设的正确决策提供理论支撑(张泽秀等,2009)。

9.8 其他重大工程

9.8.1 高速公路

高速公路是指"能适应年平均昼夜小客车交通量为25000辆以上、专供汽车分道高速行驶、并全部控制出入的公路"。到2005年底,中国高速公路总里程达到4.1万km,继续稳居世界第二,仅次于美国,2007年底达5.36万km,创造了世界高速公路发展的奇迹。中国高速公路业正处在产业的扩张期,2009年和2010年继续保持基础设施的建设力度,特别是加大高速公路和农村公路的建设,以保证经济平稳增长。力争2009年和2010年交通固定资产投资规模年均达到1万亿元水平。从2009年和2010年的建设重点来看,公路建设将分为三个方面:高速公路建设;农村公路建设;扩大国道、省道干线公路改造。

高速公路是国家交通运输的大动脉,其发达程度是一个国家经济实力的重要标志。但高速公路都会面临冰雪雨雾高温等恶劣天气的影响,而恶劣的天气通常会导致高速公路路段出现诸如能见度低、路面结冰(积水)打滑、高温等恶劣路况,蕴藏着交通事故隐患,并常常引发重大安全事故。因此,高速公路交通安全运输属于对气象高度敏感的行业,其所追求的快速、高效、安全、准时的目标,在很大程度上要受到气象因素的制约。

1. 气象环境对高速公路行车安全的影响

高速公路上汽车行驶速度快、运行动量大,冲击力强,一旦发生事故往往危害性大,后果严重,所以恶劣天气条件下高速公路上事故发生率高,并且很容易由一起事故引发另外一起或一连串的事故。恶劣气象环境对高速公路行车安全的影响主要体现在如下几方面:

(1)气象环境中能见度差是汽车出事故最常见的天气原因,雾天、雨天、夜晚造成的能见度低等情况对车辆的安全行驶造成影响。通过对北京地区低能见度区域分布及气候特征的分析研究得出:北京地区低能见度月变化曲线呈现双峰型。2月、10月、11月是低能见度出现频率最高的月份;低能见度季变化规律秋季出现频率最大,冬季次之,春夏季几率较小(赵习方等,2002)。

(2)路面上有冰、雪、雨水时,轮胎与路面摩擦系数明显下降,刹车距离增长,危险性增加,对高速公路的行车安全也造成很大的影响(周慧等,2008)。另外,由于路基内各个部位之间存在温度差,水分将以气态或液态的形式移动,从而引起路基湿度的变化,影响路基、路面结构的强度,刚度及稳定性。如1994年6—8月,由于关中西部下了大暴雨,使得西宝高速公路西兴段路面上有汇流水,形成了一个水带,雨水不能及时排出路面之外,使部分水渗到路基,引起个别地方边坡滑塌(陈梅,2002;王海燕等,2005)。

(3)气象要素变化还将影响高速公路等路面通行状况,导致路基出现裂纹或软基沉降等问题引发行车安全事故。如利用新疆公路沿线103个气象站近50年(1951—2007年)各月平均气温、月日照百分率、月太阳辐射总量、月降水量总量、月平均风速、月平均水汽压与地理参数数据,研究新疆公路沿线年湿润指数的区域特征及变化趋势,结果显示:近50年来,天山以北和天山以南公路沿线不同区域年平均湿润指数经历了一个"干、湿"的历史演变过程,其中天山以北吐乌大、乌奎高等级公路和国道216路段干旱区,1960—1970年代地表为偏干状况,1980年代中期至今地表为偏湿状况,天山以南国道315路段极端干旱区,1950年代地表为偏干状况,1960年代以来地表为偏湿状况。天山以南国道314路段干旱区,1950—1960年代、1980年代地表均为偏干状况,1990年代以来地表为偏湿状况。偏湿情况的发生是由于降水量增加,最大潜在蒸散显著减少,使得湿润指数显著增加,它是导致天山以北高速公路路基出现纵向裂纹和路基下沉病害的主要原因(马淑红,2009)。

2. 气温变化对高速公路路面的影响

大气温度在一年四季出现周期性的变化,昼夜气温也出现一定幅度的周期性变化。路面直接暴露在大气之中,经受着这些变化的影响,特别是面层材料所受影响最大。路表面温度变化与大气温度的变化大致是同步的,但是由于部分太阳辐射热被路面吸收,所以在夏天烈日照射下的路面表面温度会高于大气温度,对西安地区多条等级公路的数据分析发现,每年受温度变化的影响,7月和8月路面材料损害最大。沥青面层的最高温度比当时的气温高出23℃左右,水泥混凝土路面高出14℃左右(陈梅,2002)。

水泥混凝土路面受温差影响,将产生体积的变化,它的线温度胀缩率为0.00001 cm/℃。在一年各季中,由于温度差所引起的体积变化如果受到约束,将产生很大的温度应力。通常将水泥混凝土路面分成一定尺寸的小块,留有缝隙,以防止温度应力使路面遭到损坏。同时昼夜温差使路面顶部与底部也产生温差,如果温差过大,使路面白天隆起,晚上下凹,沥青混凝土及其他沥青混合料的强度也随着气温的变化而产生明显的变化。在夏季高温季节,沥青混凝土有可能由于刚度降低而产生各种变形,由于变形而产生裂缝。

当路基有充分的水源,冰冻作用将严重影响路面结构的整体强度。甚至出现中断交通的严重后果。在冰冻过程中,由于冰冻而使路面向上隆起,严重时可高出路面几十厘米,会使路面结构遭受损坏。发现水分冻结时,体积将增加9%,路基土中的弱结合水向冻结区移动。由于弱结合水在略低于0℃时仍保持液态,并且同冰有很强的亲和力,所以在路基中开始出现少量冰晶时,立即将弱结合水吸引过来,使冰晶不断扩大,路面受到破坏(陈梅,2002)。

3. 气象环境对应急救援和路政养护施工作业的影响

恶劣气象环境对高速公路应急救援和路政养护施工作业的影响主要体现在如下几方面:

(1)对救援和施工队伍车辆、人员从出发赶赴现场,到完成任务后返回期间的自身行车安全造成影响;

(2)恶劣天气对在现场救援作业和施工作业时的交通管制安全问题也造成一定的影响(孟春雷,2009)。

4. 减少气象灾害事故的应对措施

(1)加强高速公路气象信息数据检测

气象条件对交通的影响很大,交通监控系统控制策略的实现和对道路使用者提供的诱导信息要求能得到实时的、准确的气象环境信息,为了减少恶劣天气引起的交通事故,也必须掌握气象信息的规律和实时数据,为采取相应的防范措施提供有效的依据,所以检测气象信息数据成为应对措施的首要步骤。

气象信息的采集一方面可通过道路沿线的气象检测设施进行检测,另一方面也可通过与气象部门合作获取数据,所以,在高速公路上设置一定数量的气象参数检测设备是非常必要的。

影响汽车行驶的不利气象主要有低温、雾、雪、雨、横风等,根据高速公路的特点及车辆安全行驶需要,高速公路网需要设置的气象数据检测设备主要提供道路沿线的各类气象信息,包括能见度、雨量、风速风向、气温、相对湿度、路面结冰等。目前在上海市,外场气象数据检测设备仅仅在部分高速公路安装了能见度仪,数量较少。另外,针对上海的气候特征和高速公路的实际情况,其中能见度、降雨量成为影响上海市高速公路交通状况的主要因素,而在一些特殊地理条件下如跨海、过江大桥的风向、风速也必须加以考虑。

(2)进行气象数据分析,及时调整施工和与运行方案

高速公路管理系统利用先进的气象数据检测设备,检测高速公路上的气象参数,通过检测到的不同气象参数,结合交通参数和施工作业信息等多项内容,利用交通控制模型,对这些数据进行处理,分析多项因素对道路交通的影响,及时调整高速公路的运行方案等。

9.8.2 高速铁路

高速铁路是指通过改造原有线路(直线化、轨距标准化),使营运速率达到每小时 200 km 以上,或者专门修建新的"高速新线",使营运速率达到每小时 250 km 以上的铁路系统。1996 年欧盟在 96/48 号指令中对高速铁路的最新定义是:在新建高速专用线上运行时速至少达到 250 km 的铁路可称作高速铁路。UIC(国际铁路联盟)认为,各国可以根据自身情况确定本国高速铁路的概念,在既有线上提速改造,时速达到 200 km 以上,也可称为高速铁路。

1. 中国高速铁路总体规划及展望

2008 年中国拥有了第一条时速超过 300 km 的高速铁路——京津城际铁路,2009 年中国又拥有了世界上一次建成里程最长、运营速度最高的高速铁路——武广客运专线。而 2010—2012 年,中国将建成以北京为中心的 8 小时高速铁路交通圈。按照新调整的中长期铁路网规划,到 2012 年,中国铁路营业里程将由目前的 8 万 km 增加到 11 万 km,其中高速铁路客运专线建成 1.8 万 km,将占世界高速铁路总里程的一半以上。

根据《中国铁路中长期发展规划》,到 2020 年,为满足快速增长的旅客运输需求,建立省会城市及大中城市间的快速客运通道,规划"四纵四横"铁路快速客运通道以及四个城际快速客运系统。"四纵"客运专线:北京—上海(京沪高速铁路)、北京—武汉—广州—深圳—香港(京港高速铁路)、北京—沈阳—哈尔滨(大连)、杭州—宁波—福州—深圳(沿海高速铁路)、北京—蚌埠—合肥—福州—台北(京台高速铁路,大陆段叫"京福高速铁路");"四横"客运专线:徐州—郑州—兰州、杭州—南昌—长沙—昆明(沪昆高速铁路)、青岛—石家庄—太原、上海—南京—武汉—重庆—成都(沪汉蓉高速铁路)。

2. 高速铁路应对气候变化措施

(1)改善与加强运输技术装置,广泛采用先进的检测技术与设备以及线路发生自然灾害的报警装置等,对线路通信信号设备尤其要提高实用性和快速性,如提高对雷暴天气和台风等的应对能力,保障高速铁路的安全畅通运行。

(2)铁路线路应当时刻保持完好状态,对车辆、车体、车底架、车钩缓冲装置、制动装置等经常性的检查,有问题随时进行检修。加强安全管理,应用系统思想,系统方法,把构成铁路运输系统的要素、设备、环境等进行综合考虑,实现安全质量管理、方针目标管理,以达到安全最佳状态。

(3)对重点地区、重点季节要进行气象灾害的重点防范。铁路受气象灾害影响最大的是暴雨洪水,而我国降水具有明显的季节性,一般来说,冬季干旱少雨,夏季雨量充沛。研究表明:铁路断道次数主要集中在夏季 6—8 月,并且铁路灾害具有明显的区域性,如西南的成都铁路局、郑州局西部的西安和安康分局发生的水害几乎占了全部水害的 1/3。因此,对这些路段应加强管理。

9.8.3　南方输电线路

南方区域电网是国内第一个远距离、大容量、超高压输电、交直流并联运行的现代化大电网,东西跨度近 2000 km。西电东送主网架已形成"六交三直"大通道,其主要特点是:(1)能源分布与经济发展不对称;(2)输电距离远、容量大;(3)交直流混合运行,系统稳定控制复杂;(4)系统调频调峰能力较低;(5)地质结构复杂,所处高海拔地区气象条件较恶劣;(6)煤电比重,受电煤供应制约大。

2008 年 1 月中旬至 3 月,中国南方大部分地区和西北地区东部出现了新中国成立以来罕见的持续大范围的低温、雨雪和冰冻的极端天气,引起极为严重的冰雪灾害,冰雪灾害已经造成黔、湘、鄂、皖、苏、陕、甘等 17 个省(区、市)不同程度受灾,灾民过亿。受灾害影响的 500 kV 变电站有 15 座全站停电,占受灾区域 500 kV 变电站总座数的 7.54%;220 kV 变电站有 86 座全站停电,占受灾区域 220 kV 变电站总座数的 5.97%。受灾害影响停运的 500 kV 电力线路 119 条,占受灾区域 500 kV 线路总条数的 19.01%;受灾害影响停运的 220 kV 线路 343 条,占受灾区域 220 kV 线路总条数的 9.38%(周丹羽,2008)。

造成雨雪冰冻灾害的原因主要有:首先是持续极端雨雪天气的影响,2008 年初雨雪冰冻天气是我国历史上罕见的,大部分是 50 年一遇,个别达 100 年一遇。极端天气出现原因主要有两个:一是由大气环流异常所造成的,因为大气环流的持续稳定,使冷暖空气交汇一直集中在我国的长江中下游和以南地区,加上青藏高原南部水汽的封闭,造成对流层、中低层不稳定;二是在大气环流稳定的前提下,"拉尼娜"事件起到推波助澜作用,造成我国南方大范围持续低温雨雪冰冻灾害天气,中心带为黔东、桂北、湖南一带,罕见的低温雨雪冰冻灾害主要由 4 次天气过程造成,发生的时间段分别为 1 月 10—16 日,18—22 日和 25—29 日,31 日至 2 月 2 日(隋欣,2008)。

其次持续冻雨天气是造成严重冰冻灾害最直接的原因,冻雨从天空落下时是低于 0℃ 的过冷水滴,碰到树枝、电线、枯草或其他地上物,就会在这些物体上冻结成外表光滑、晶莹透明的一层冰壳,贵州、湖南、江西等地持续冻雨造成电力供应中断、道路结冰,最终造成整个电网大面积损害、城市供电中断、交通瘫痪。有研究表明,在全球变暖背景下,未来中国南方地区的冻雨频繁发生区,有向更高海拔地带转移的趋势,值得引起注意(宋瑞艳等,2008),但总体来说未来气候变化对冻雨影响方面的研究相对较少,有待进一步展开(汪秀丽,2008)。

伴随气候极端事件概率的增加,需要加强灾害预警等方面的工作。例如:为了更好地做好冬季的气象灾害防御工作,气象部门针对冬季灾害建立了一套预警信号,包括暴雪、寒潮、大风、沙尘暴、霜冻、雾、霾、道路结冰等 8 种,占目前已有气象灾害预警信号的一半。

气候变化不仅影响自然生态系统和人类生存环境,人类社会在社会、经济发展过程中构筑了大量人工建筑工程,气候变化对这些工程也必将产生深刻影响。在基础设施、重大工程项目规划设计和建设中,充分考虑气候变化因素。加强适应气候变化特别是应对极端气候事件能力建设,加强极端天气和气候事件对重大工程项目影响的监测、预警和预防,开展重大工程项目的气象灾害风险评估论证,提高防御和减轻自然灾害的能力。

气候变化对重大工程的影响的适应性措施概括成表 9.6。

表 9.6　气候变化对重大工程影响及适应性措施汇总

重大工程	工程概况	气候变化影响	适应性措施
三峡工程	位于湖北省宜昌的西陵三斗坪,是当今世界上最大的水利枢纽工程,是治理和开发长江的关键性骨干工程。	1. 防洪压力增大,极端降水及流域遭遇性洪水可能性增加; 2. 突发的泥石流、滑坡等地质灾害发生概率可能增大,对三峡工程管理、大坝安全等产生不利影响; 3. 枯水期的干旱,将影响三峡工程的蓄水、发电、航运以及水环境。	1. 优化调度模型,与上中游干支流水库和中下游分蓄洪区的联合调度; 2. 库区生态环境保护,施行流域生态管理,制定长远的发展规划; 3. 三峡工程可能因气候变化温度上升导致水质恶化,需要加大水环境保护控制措施。
南水北调工程	南水北调工程是从长江上(通天河、雅砻江、大渡河)、中(丹江口水库)、下游(扬州江都)分三条线路向北方地区调水。	1. 气候变化对南水北调东线、中线可调水量影响不大,对东线水质可能有不利影响;中线南北向同枯遭遇频率等可能性存在; 2. 可能导致南水可调水源无水可调的风险,水污染、洪水、地震地质灾害风险。	1. 南水北调应保证必要长江入海流量; 2. 必须切实重视调水区水污染防治工作; 3. 水资源分配必须从国家整体社会、经济与生态环境利益出发,协调好地区之间的利益; 4. 要做到调水,用水、治水、节水,环保并重。
长江口整治工程	位于长江入海口,世界上最复杂的河口治理项目。	1. 长江河口拦门沙的位置,长度和平均高程等影响; 2. 海平面上升,海岸堤防受损严重; 3. 长江航道淤积程度加重,堤岸冲刷风险增加。	1. 提高海堤防护标准; 2. 综合治理长江口水道; 3. 增加合理海岸带淡水流量; 4. 加强长江流域的环境保护。
青藏铁路工程	青藏铁路格尔木至拉萨段,全长1138 km,全线海拔4000 m以上地段长度约965 km。	青藏铁路沿线气温持续升高,多年冻土温度在不断升高,造成沿途多年冻土退化,多年冻土升温和地下冰融化导致青藏铁路路基稳定性发生较大变化。	1. 提出冷却路基,降低多年冻土温度设计新思路,积极主动保护多年冻土设计原则,变"保温"为"降"温,调控热量的传导、辐射和对流,改变或减少进入路基下部多年冻土温度,抬升多年冻土上限。
西气东输工程	西起新疆的轮南,途经甘肃、宁夏和上海等13个省(区、市),干线全长4859 km。	1. 气候变化引起温度、降水等环境改变等对管线安全威胁; 2. 气候变化引起暴雨和强度增加,造成洪水等灾害次数及灾害发生频率、强度增强,威胁西气东输管道运行安全。	1. 充分论证气候变化对西气东输管道工程设计、运行的影响; 2. 防治西气东输管道工程沿线冻土地质灾害。
中俄输油管线工程	中国—俄罗斯输油管道工程规划全长1035 km,其中中国境内段965 km,俄罗斯境内管段70 km。	1. 气温变化、冻土变化威胁中俄输油管线工程稳定性; 2. 地质灾害、生态环境破坏等较大影响中俄输油管线安全。	1. 预初考虑冻融灾害危害的中俄输油管线工程优化设计; 2. 应对气候变化的主要工程措施; 3. 科学的长期监测系统保证管道稳定性和安全运营。
三北防护林工程	西北、华北、东北地区建设三北防护林体,全长8000 km,占国土总面积的42.4%。	1. 气候变化将改变森林生态系统的结构和物种组成; 2. 三北防护林种一的林种脆弱性较大,制定应对气候变化风险的规划,合理配置林种结构,增强应对气候变化能力。	1. 改善林种树种结构,提高森林抗逆性; 2. 恢复生态系统功能,防风固沙构建绿色生态屏障; 3. 掌握适宜的造林时期。

名词解释

协同效应：

因各种理由而实施的相关政策同时获得的各种收益。经济合作与发展组织（OECD）认为："协同效应"指纳入温室气体减缓政策制定考虑范围内，并进行了货币化处理的政策影响效果。美国环境保护局的《综合环境战略手册》中认为，"协同效应"应包括由于当地采取减少大气污染物和温室气体排放的一系列政策措施所产生的所有正效益（IPCC TAR，2001）。

参考文献

《气候变化国家评估报告》编写委员会. 2007. 气候变化国家评估报告. 北京：科学出版社：212-219；232-239.

艾力雄，刘文忠. 2007. 加强三北防护林建设，防护林建设实现可持续发展目标. 林业科技. 10：90-91.

白家风，龙珍. 2010. 青藏铁路岩盐路基填筑施工技术. 施工技术. 39(2)：58-62.

陈炳浩，郝玉光，陈永富. 2003. 乌兰布和沙区区域性防护林体系气候生态效益评价的研究. 林业科学研究，16(1)：63-68.

陈德亮，高歌. 2003. 气候变化对长江流域汉江和赣江径流的影响. 湖泊科学，15（增刊）105-114.

陈剑池，金蓉玲，管光明. 1999. 气候变化对南水北调中线工程可调水量的影响. 人民长江，3：56-60.

陈进，黄薇，张卉. 2006. 长江上游水电开发对流域生态环境影响初探. 水利发展研究，6(8)：10-13.

陈梅，李平，侯明全，等. 2002. 浅论天气气候对陕西高等级公路的影响. 陕西气象，(1)：8-9.

陈宁，赵红莉，蒋云钟. 2010. 汉江上游不同气候情景下土地利用变化对径流的影响研究. 北京师范大学学报（自然科学版），46(3)：366-370.

陈全龙，陈春. 2008. 关于三北防护林工程巩固与发展的调查. 林业经济，12：46-49.

陈西庆，2000. 跨国界河流、跨流域调水与我国南水北调的基本问题. 长江流域资源与环境，9(1)，92-97.

陈鲜艳，张强，叶殿秀，等. 2009. 三峡库区局地气候变化. 长江流域资源与环境，18(1)：47-52.

陈星，赵鸣，张洁. 2005. 南水北调对北方干旱化趋势可能影响的初步分析. 地球科学进展，20(8)：849-856.

陈燕，郭志勇，单伟. 2006. 丹江口库区气候变化及对生态环境的影响. 河南气象，(4)：42-43.

蔡庆华，刘敏，何永坤，曾小凡，姜彤. 2010. 长江三峡库区气候变化影响评估报告. 北京：气象出版社.

程国栋，吴青柏，马巍. 2009. 青藏铁路主动冷却路基的工程效果. 中国科学E辑，39(1)：16-22.

程国栋. 2003. 局地因素对多年冻土空间分布的影响集对青藏铁路设计的启示. 中国科学D辑，33(6)：602-607.

程济生. 2009. 气候变暖对上海长江口水源地的影响. 城市公用事业，6：17-18.

崔林丽，史军，等. 2008. 长江三角洲气温变化特征及城市化影响. 地理研究，27(4)：775-786.

丁一汇，任国玉，石广玉，等. 2006. 气候变化国家评估报告（Ⅰ）：中国气候变化的历史和未来趋势. 气候变化研究进展，2(1)：3-8.

窦明，左其亭，等. 2005. 南水北调工程的生态环境影响评价研究. 郑州大学学报，26(2)：62-66.

范期锦，高敏. 2009. 长江口深水航道治理工程的设计与施工. 人民长江，40(8)：25-30.

方茜，陈菁，陶晓东，等. 2010. 长江口北支综合整治工程负外部性分析. 水利经济，28(1)：49-53.

费学斌. 2009. 三北防护林造林技术探析. 中小企业管理与科技，10：212-213.

傅长锋，李大鸣，蔡阿祥，等. 2010. 南水北调中线供水安全与对策研究. 水利水电技术，41(9)：15-19.

高启晨，陈利顶，李国强，等. 2004. 西气东输工程沿线陕西段洪水风险评价. 自然灾害学报，13(5)：75-79.

高学杰，李栋梁，赵宗慈. 2003. 温室效应对我国青藏高原及青藏铁路沿线气候影响的数值模拟. 高原气象，22(5)：458-463.

葛建军. 2008. 气候变暖对青藏铁路多年冻土区路基影响分析. 路基工程，138(3)：6-8.

顾杰，韩冰，黄静，等. 2009. 台风风浪对长江口航道影响的模拟分析. 人民长江，40(16)：63-65.

顾伟浩. 1986. 台风对长江口钢沙航槽回淤的影响. 海洋科学，10(1)：60-62.

郭靖，郭生练，陈华，等. 2008. 丹江口水库未来径流变化趋势预测研究. 南水北调与水利科技，6(4)：78-82.

郭亚娜，潘益农. 2004. 南水北调工程对我国北方地区（春季）气象环境影响的数值模拟. 南京大学学报（自然科学版），40(6)：701-710.

国家林业局.2009.构筑国家生态安全的"绿色长城"——三北防护林体系建设30年的回顾与展望.求是杂志,**3**:28-30.

何瑞霞,金会军,吕兰芝,等.2010.格尔木拉萨成品油管道沿线冻土工程和环境问题及其防治对策.冰川冻土,**32**(1):18-27.

何树生,喻文兵,陈文国.2008.东北多年冻土区埋地输油管道周围温度场特征非线性分析.冰川冻土,**30**(2):286-295.

贺瑞敏,王国庆,张建云.2008.气候变化对大型水利工程的影响.中国水利,(2):52-56.

胡涛,田春秀,李丽平.2004.协同效应对中国气候变化的政策影响.环境保护,**9**:56-58.

胡泽勇,程国栋,钱泽雨,等.2003.青藏铁路抛石护坡冷却路基效果的估计.中国科学(D辑),**33**(增刊):153-159.

黄昌硕,刘恒,耿雷华,等.2010.南水北调工程运行风险控制及管理预案初探.水利科技与经济,**16**(1):33-37.

吉延峻,金会军,张建明,等.2008.中俄原油管道沿线典型土样冻胀性试验研究.冰川冻土,**30**(2):296-300.

姜凤岐,于占源,曾德慧,等.2009.气候变化对三北防护林的影响与应对策略.生态学杂志,**28**(9):1702-1705.

姜彤,苏布达,Gemmer M.2008.长江流域降水极值的变化趋势.水科学进展,**19**(5):650-655.

金会军,王绍令,吕兰芝.2009.冻土环境工程地质评价体系及其在漠大庆管道沿线的应用.中俄管道(漠河—乌尔其段)多年冻土环境工程地质区划和评价.水文地质工程地质(待刊).

金会军,喻文兵,高晓飞,等.2006a.多年冻土区输油管道基础稳定性.油气储运,**25**(2):13-18.

金会军,赵林,王绍令,等.2006b.青藏公路沿线冻土的地温特征及退化方式.中国科学D辑,**36**(11):1009-1019.

金镠,朱剑飞.2005.长江口深水航道治理意义与进展.中国水运,**7**:52-53.

赖远明,张鲁新,张淑娟,等.2003.气候变暖条件下青藏铁路抛石路基的降温效果.科学通报,**48**(3):292-297..

李栋梁,郭慧,郭跃清.2005.青藏高原及铁路沿线地表温度变化趋势预测.高原气象,**24**(5):685-693.

李栋梁,郭慧,王文.2003a.青藏铁路沿线平均年气温变化趋势预测.高原气象,**22**(5):431-439.

李栋梁,郭慧,王文,等.2003b.青藏铁路沿线平均年气温对太阳黑子周期长度和CO_2变化的响应.中国科学D辑,**45**(6):1-14.

李国玉,金会军,盛煜,等.2008.中国—俄罗斯原油管道漠河—大庆段冻土工程地质考察与研究进展.冰川冻土,**30**(1):170-175.

李建云,王汉杰.2009.南水北调大面积农业灌溉的区域气候效应研究.水科学进展,**20**(3):343-340.

李俊.2009.从三北防护林建设看我国林业生态工程的发展.中国林业,5A:38-39.

李来,李谊纯,高祥宇.2005.长江口整治工程对盐水入侵影响研究.海洋工程,**23**(3):31-38.

李宁,魏庆朝,葛建.2006.青藏铁路热棒路基结构形式及工作状态分析.北京交通大学学报,**30**(4):22-25.

李永强,吴志坚,王引生.2008.青藏铁路冻土路基热棒应用效果试验研究.中国铁道科学,**29**(6):6-11.

刘冰.2009.加强三北工程建设,促进人与自然和谐.防护林科技,(2):68-70.

刘国华,傅伯杰.2001.全球气候变化对森林生态系统的影响.自然资源学报,**16**(1):71-78.

刘世海,冯玲正,许兆义.2010.青藏铁路格拉段高立式沙障防风固沙效果研究.铁道学报,**32**(1):133-137.

刘世庆.2007.南水北调西线工程若干问题述评.开放导报,(7):49-55.

刘晓冉,杨茜,程炳岩,等.2010.三峡库区21世纪气候变化的情景预估分析.长江流域资源与环境,**19**(1):42-48.

刘学斌,刘晓霭,傅道林.2010.三峡工程库区巫山段干支流水质变化分析研究.环境科学与管理,**35**(5):122-127.

刘永智,吴青柏,张建明.2002.多年冻土路基变形研究.冰川冻土,**24**(1):10-15.

路川藤,罗小峰,陈志昌.2010.长江口不同径流量对潮波传播的影响.人民长江,**41**(12):45-49.

马淑红,李振山,刘涛,冯立群.2009.新疆公路沿线近50多年来湿润指数区域特征及变化趋势.干旱区地理,**32**(5):746-753.

马巍,程国栋,吴青柏.2002.多年冻土地区主动冷却地基方法研究.冰川冻土,**24**(5):579-587.

孟春雷,刘长友.2009.北京地区高速公路夏季道面高温灾害预报研究.防灾科技学院学报,**11**(3):26-30.

缪启龙,周锁铨.1999.海平面上升对长江三角洲海堤、航运和水资源的影响.南京气象学院学报,**22**(4):625-631.

缪启龙.1995.气候变化对长江三角洲海岸带的可能影响.自然灾害学报,**4**(2):79-86.

潘卫东,赵肃昌,徐伟泽.2003.热棒技术加强高原多年冻土区路基稳定性的应用研究.冰川冻土,**25**(4):433-438.

秦大河.2002.中国西部环境演变评估综合报告.北京:科学出版社.

丘君,陈利顶,高启晨,等.2006.施工干扰下的生态系统稳定性评价——以西气东输管道工程沿线新疆干旱荒漠区为例.干旱区地理,**26**(4):316-322.

沈浒英.2003.长江流域降水径流的年代际变化分析.湖泊科学,**15**(增刊):90-96.

盛煜,温智,马巍.2006.青藏铁路多年冻土区热棒路基温度场三维非线性分析.铁道学报,**28**(1):125-130.

宋瑞艳,高学杰,石英,等,2008.未来我国南方低温雨雪冰冻灾害变化的数值模拟.气候变化研究进展,4(6),352-356.

苏布达,姜彤.2008.长江流域降水极值时间序列的分布特征.湖泊科学,20(1):123-128.

隋欣,张欣悦.2008.自然灾害对增进我国电网安全的启示.中国电力教育,2008年管理论丛与教育研究专刊,34-35.

孙广友.2000.试论沼泽与冻土的共生机理——以中国大小兴安岭为例.冰川冻土.22(4):309-315.

孙永福,杨浩.2005.青藏铁路环境—健康—安全—运输一体化管理系统探索.中国管理科学,13(3):131-137.

孙志忠,马巍,李东庆.2004.多年冻土区块、碎石护坡冷却作用的对比研究.冰川冻土,26(4):435-439.

谭蓉蓉.2008."西气东输"工程累计外输天然气300亿立方米.天然气工业,2:22.

田春秀,李丽平,杨宏伟.2006.西气东输工程的环境协同效应研究.环境科学研究,19(3):122-127.

汪秀丽.2008.2008年南方雪灾反思—电力系统.水利电力科技,34(2):27-35.

王国庆,张建云,贺瑞敏,等.2009.三峡工程对区域气候影响有多大.中国三峡,6:30-35.

王海燕,项乔君,陆健,等.2005.恶劣气候对高速公路车辆出行的影响.交通运输工程学报,5(1):124-126.

王丽华,恽才兴.2010.基于数字高程模型定量分析长江口深水航道工程治理效果.海洋学报,32(3):153-161.

王儒述.2002.三峡工程的环境影响及其对策.长江流域资源与环境,11(4):317-323.

王永忠,陈肃利.2009.长江口演变趋势研究与长远整治方向探讨.人民长江,40(8):21-24.

王志民.2002.南水北调实施条件下海河流域水资源合理配置的构想.中国水利,10:76-79.

魏智,金会军,王春燕,等.2008.东北地区冻土50年来的气温环境变化特征.兰州大学学报(自然科学版),44(3):39-42.

温智,盛煌,马巍.2006.青藏铁路保温板热棒复合结构路基保护冻土效果数值分析.兰州大学学报,42(3):14-19.

吴吉春,盛煜,吴青柏,等.2009.气候变暖背景下青藏高原多年冻土层中地下冰作为水"源"的可能性探讨.冰川冻土,31(2):350-356.

吴佳,高学杰,张冬峰,等.2011.三峡水库气候效应及2006年夏季川渝高温干旱事件的区域气候模拟.热带气象学报,27(1):42-46.

吴青柏,程国栋,马巍.2003.多年冻土变化对青藏铁路工程的影响.中国科学D辑,33(增):115-122.

吴青柏,程国栋,马巍.2007b.青藏铁路适应气候变化影响的筑路工程技术.气候变化进展,3(6):315-321.

吴青柏,程红彬,蒋观利,等.2007a.青藏铁路块石夹层路基结构的冷却作用机理.中国科学(E),37(5):613-620.

吴卫,徐建益.2000.长江口整治工程对河口潮流的影响.上海交通大学学报,34(1):10-13.

夏智宏,周月华,许红梅.2010.基于SWAT模型的汉江流域水资源对气候变化的响应.长江流域资源与环境,19(2):158-163.

鲜福,关惠平,姚安林,等.2010.西气东输管道地质灾害辨识.油气田地面工程,29(3):80-82.

徐龙.2009.关于三北防护林体系工程建设思路——以山西、河北省三北防护林工程建设为例.防护林科技,5:51-53.

徐影,丁一汇,李栋梁.2003.青藏地区未来百年气候变化情景.高原气象,22(5):451-457.

徐影,赵宗慈,高学杰,等.2005.南水北调东线工程流域未来气候变化预估.气候变化进展,1(4):176-178.

杨勇,张贵金.2008.对2008年我国南方雪灾响应的反思.湖南水利水电,4:62-64.

叶磊,吴来胜.2008.三北防护林体系建设存在的问题及对策.林业科技情报,40(4):19-20.

殷建平,袁芳.2010.天然气安全问题思考.中国国情国力.5:14-16.

游松财,Kiyoshi T,Yuzuru M.2002.全球气候变化对中国未来地表径流的影响.第四纪研究,22(2)148-157.

俞祁浩,程国栋,牛富俊.2003.自动温控通风路基在青藏铁路中的应用研究.中国科学D辑,33(增):160-167.

俞祁浩.2006.多年冻土区路基热传导过程和新控制方法研究.中国科学院研究生院博士论文.

曾小凡,姜彤,苏布达.2007.21世纪前半叶长江流域气候趋势的一种预估.气候变化进展,3(5):293-298.

翟建青,曾小凡,苏布达,姜彤.2009.2050年前中国旱涝格局趋势预估.气候变化研究进展,5(4):220-225.

张洪涛,祝昌汉,张强.2004.长江三峡水库气候效应数值模拟.长江流域资源与环境,13(2):133-137.

张建敏,黄朝迎,吴金栋.2000.气候变化对三峡水库运行风险的影响.地理学报,55(11):26-33.

张建明,刘端,齐吉琳.2007.青藏铁路冻土路基沉降变形预测.中国铁道科学,28(3):12-17.

张起花.2010.为管道安全筑屏障——《西气东输管道第三方破坏风险评估方法》解读.中国石油石化,3:65-66.

张泽秀,刘利民,贾燕,2009.三北地区防护林气候生态适应性分析.生态学杂志,28(9):1696-1701.

张增信,姜彤,张强,等.2008.长江流域水汽收支的时空演变规律与环流特征.湖泊科学,20(6):733-740.

张远东,魏加华.2010.长江上游径流变化及其对三峡工程的影响研究.地学前缘,17(6):263-271.

赵茂盛,Ronald P N,延晓冬,董文杰.2002.气候变化对中国植被可能影响的模拟.地理学报,57(1):28-38.

赵习方,徐晓峰,王淑英,等.2002.北京地区低能见度区域分布初探.气象,11:55-59.

赵应奎. 2002. 西气东输工程管道线路地质灾害及其防治对策. 天然气与石油, **20**(1):44-49.

中国环境规划院. 2003. 南水北调工程生态环境保护规划简介. 中国水利, **1**:23-27.

周丹羽, 吴建生. 2008. 灾害性气候对电网的影响及设计思考. 上海电力, **5**:447-450.

周慧, 解以扬, 高鹰. 2008. 京津塘高速公路大雾天气气候特征及其对交通的影响. 灾害学, **23**(3):48-53.

朱晏君. 2008. 对三北防护林工程发展的思考战略. 科技信息, **32**:384-385.

Cheng G D, Lai Y M, Sun Z, et al. 2007. The 'Thermal Semi-conductor' Effect of Crushed Rocks. Permafrost and Periglac Process, **18**:151-160.

Cheng G D, Wu T. 2007. Responses of permafrost to climate change and their environmental significant, Qinghai—Tibet Plateau J Geophys Res, 112, F02S03.

Gao C, Gemmer M, Zeng X F, et al. 2009. Projected streamflow in the Huaihe River Basin (2010—2100) using artificial neural network. Stochastic Environmental Research and Risk Assessment. 10.1007/s00477-009-0355-6.

Gao X J, Shi Y, Song R Y, et al. Reduction of future monsoon precipitation over China: comparison between a high resolution RCM simulation and the driving GCM. Meteorology and Atmospheric Physics, 2008, **100**:73-86.

Chou Y-l, Yu S, Wei M. 2008. Study on the effect of the thermal regime differences in roadbed slopes on their thawing features in permafrost regions of Qinghai-Tibetan Plateau. Cold Regions Science and Technology, **53**:334-345.

Jiang T, Su B D, Hartmann H K. 2007. Temporal and spatial trends of precipitation and river flow in the Yangtze River Basin, 1961—2000. Geomorphology, **85**(3-4):143-154.

Lai Y M, Wang Q S, Niu F J. 2004. Three-dimensional Nonlinear Analysis for Temperature Characteristic of Ventilated Embankment in Permafrost Regions. Cold Regions Science and Technology, **38**:165-184.

Lai Y M, Zhang S J, Zhang L X, et al. 2006b. Adjusting temperature distribution under the south and north slopes of embankments in permafrost regions by the ripped~rock revetment. Cold Regions Science and Technology, **39**, 67-79.

Liu B, Qi H, et al. 2011. Variation of actual evapotranspiration and its impact on regional water resources in the Upper Reaches of the Yangtze River, Quaternary International, doi:10.1016/j.quaint.2011.02.039.

Ma W, Feng G L, Wu Q B. 2008. Analyses of temperature fields under the embankment with crushed—rock structures along the Qinghai-Tibet Railway. Cold Regions Science and Technology, **53**(3):259-270.

Miller N L, Jin J, Tsang C-F 2005. Local climate sensitivity of the Three Gorges. Dam. Geophysics Research Letters, 32, doi: 10.l029/2005GLO22821.

Niu F J, Cheng G D, Xia H M, et al. 2006. Field experiment study on effects of duct-ventilated railway embankment on protecting the underlying permafrost. Cold Reg Sci Technol, **45**(3):178-192.

Su B D, Jiang T, Jin W. 2006. Recent trends in temperature and precipitation extremes in the Yangtze River basin, China. Theoretical and Applied Climatology, **83**(1-4):139-151.

Sun Z Z, Ma W, Li D Q. 2005. In situ test on cooling effectiveness of air convection embankment with crushed rock slope protection in per~mafrost regions. Journal of Cold Regions Engineering, **19**(2):38-51.

Wei Z, Jin H J, Zhang J M, et al. 2008. Prediction on changes of permafrost in northeastern China during the 21st century using the combination of the equivalent-latitude and finite-element models. In: IEEE Geoscience and Remote Sensing Society edited, Proceedings, the IEEE Geoscience and Remote Sensing Society annual IGARSS Symposia (IMGARSS), Boston, MA, USA, July 4-7, 2008.

Wu L G, Zhang Q, Jian Z H. 2006. The Three Gorges Dam Affects Regional Precipitation. Geophysical Research Letters 33:L13806. DOI:10.1029/2006GL026780.

Wu Q B, Li M Y. Liu Y Z. 2009. Cool effect of crushed rock structure on permafrost under embankment. Sciences in Cold and Arid regions, **1**(1):39-50.

Wu Q B, Lu Z J, Zhang T J. 2008. Analysis of Cooling Effect of Crushed Rock—Based Embankment of the Qinghai-Xizang Railway. Cold Regions Science and Technology, **53**(3), 271-282.

Wu Q B, Cheng G. D, Ma W, et al. 2006. Technical Approaches on ensuring permafrost thermal stability for Qinghai-Xizang Railroad construction. Geomechanics and Geoengineering, **1**(2):119-128.

Wu Q, Zhang T. 2008. Recent Permafrost Warming on the Qinghai-Tibetan Plateau. J Geophys Res, 113, D13108, doi:10.1029/2007JD009539.

Wu Q，Zhang T. 2010. Changes in active layer thickness over the Qinghai-Tibetan Plateau from 1995 to 2007. J Geophys Res，115，D09107，doi：10. 1029/2009JD012974，2010.

Zeng N，Neelin J D. 1999. A land—atmosphere interaction theory for the tropical deforestation problem. Journal of Climate，**12**：857-872.

Zeng X F，Zbigniew W K，Jianzhong Z，et al. 2011. Discharge projection in the Yangtze River basin under different emission scenarios based on the artificial neural networks. Quaternary International，doi：10. 1016/j. quaint. 2011. 06. 009.

第十章 气候变化对区域发展的影响

主 笔:董锁成,陶澍
贡献者:刘鸿雁,李双成,李飞,杨旺舟,李宇

提 要

中国的区域发展面临气候变化的影响和挑战。依据观测到的气候变化以及对未来气候变化情景的预估,首先分析了气候变化对中国东北地区、东部地区、中部地区和西部地区在自然生态系统等关键领域的影响。气候变化将对东北地区的农业生产、湿地和冻土、自然植被等产生重要影响;在东部地区,气候变化将会改变农作物品质及产量、品种布局等,影响森林生产力;在中部地区,自然植被种类和分布发生重大变化,植被类型转移对土地利用带来较大影响,农作物生产条件改变将影响农作物种植方式和产量,黄河、淮河和长江等流域现有水分平衡模式的打破会影响用水供给等;在西部地区,农业经济比重高,气候变化将对区域发展产生重要影响,气候变化会加剧西北地区干旱化、荒漠化趋势。

其次,分别评述了气候变化对沿海地区、中部地区及西部地区城市群的影响。沿海地区城市群将遭受洪水威胁和低地淹没风险,海水入侵和水质污染加重,海岸侵蚀更趋严重;在中部地区城市群,干旱、洪涝等灾害威胁严重,城市居民健康威胁也在增加;关中城市群水资源供需矛盾日趋紧张,自然灾害威胁加大,成渝城市群洪涝、山地灾害风险增加。中国城市群面临的资源、环境和灾害问题复杂,可以和难以预见的风险和威胁增多。最后,分析了气候变化对区域可持续发展的影响。气候变化将对农业生产地理格局产生重要影响;引起中国水资源分布的变化,加剧水资源短缺形势和供需矛盾;沿海地区海岸带相关灾害成为制约可持续发展的重要因素。而目前节能减排等气候变化应对措施会对区域发展产生重要影响,东北、中部、西部大多省区并未越过环境库兹涅茨曲线转折点甚至距离较远,经济发展对能源有较强的依赖性,二氧化碳排放弹性系数较高,今后应大力探索基于区域差异的气候变化适应及减缓对策,促进区域可持续发展。

10.1 气候变化对不同区域的影响

10.1.1 东北地区

东北地区包括辽、吉、黑三省。2007 年,土地面积 79.18 万 km²,总人口 10852 万人,地区生产总值 23373.18 亿元,分别占全国的 8.33%、8.21% 和 8.48%。区内水土、铁矿、煤炭、石油、森林等资源丰富。水资源总量、石油储量分别占全国的 4.35% 和 33.06%。辽宁省铁矿储量占全国总量的 31.21%。农业基础雄厚,林业在全国占有重要地位。铁路密度为 17.15 m/km²,公路密度为409.75 m/km²,交通网密度较大。城市化水平 55.81%,高于同期全国 44.94% 的平均水平。拥有百万以上人口的大城市 9 个,占全国总数的 28.13%。其中,400 万以上人口的特大城市 2 个。重化工业发达,是中国能源、原材料工业、

汽车、机械设备制造业的重要生产基地，但国有经济、传统产业、资源型产业比重较大，面临资源衰竭、发展接替产业以及部分地区环境污染严重等矛盾和问题。

东北地区是中国经济实力较雄厚的地区之一。该区平原辽阔，土地肥沃，森林矿产等资源丰富，是中国重要的商品粮、大豆、木材生产基地。气候变化对于种植业和畜牧业等影响巨大，不论是生产规模还是生产方式都会相应发生变化。第二产业尤其是对自然资源依赖程度高的行业也会受到气候变化的制约。东北地区的多年冻土和湿地环境受气候变化的影响，分布空间范围会发生相应改变；构成自然生态系统主体的森林和草地，其组成成分、分布范围和生产力等生态系统特征均会受到气候变化的影响。与此同时，极端天气事件和气候灾害如洪涝、干旱，以及火灾等自然灾害发生频率呈现增加趋势，这更增加了对气候变化影响研究的挑战。

1. 观测到的气候变化

东北地区是北半球欧亚大陆的第三个高增温区。近百年东北增温率为 1.43℃，远大于全球和全国的增温率，是它们的 2～3 倍左右（丁一汇等，1994）。东北近 50 a 来年平均气温变暖幅度约为 1.5℃，增温速率接近 0.3℃/10a，比全国其他地区同期平均增温速率明显偏高。1956 年以来东北平均降水量呈略减少趋势，降水变化的空间特征明显而相对稳定，除黑龙江漠河等个别地区呈微弱增加以外，其他大部地区呈减少趋势，尤其黑龙江东部、吉林西部以及辽宁东南部地区降水减少明显。在降水量减少的同时，降水日数也同时减少。同期东北平均的日照时数、平均风速、蒸发量、相对湿度等气候要素均呈显著下降趋势（赵春雨等，2009）。

该区域百年尺度的降水也呈现减少趋势。在 1900—1930 年间降水低于平均值，之后 1940—1960 年降水较多，1960 年后降水再次减少，1990 年后降水减少更加剧烈（Qian 等，2001）。整体上看，东北地区的气候变化趋势呈现暖干化，但其干湿发展过程呈现显著的阶段性。近半个世纪存在 3 个干湿变化的转折点，最近的一个转折点发生在 20 世纪 90 年代中期由湿向干的趋势转变，目前这个地区仍处于一个干旱的时段，另两个转折点分别发生在 1965 年和 1983 年（符淙斌等，2008）。

由于区域内气温变化和降水变化的空间格局上的不一致性，导致在区域内部干湿状况存在着区域差异。例如，东北三省与内蒙古东部交界处的平原地区有一气候少雨区，少雨区增温趋势最明显（孙凤华等，2005），是东北区暖干化程度最高的地区。三江平原也呈现出一定的暖干化倾向，具体表现为：本区气温有显著上升趋势，平均气温以 0.30℃/10a 幅度升高，且全年各月气温均呈上升趋势。而降水趋势性变化不显著，且呈现弱的减少趋势，平均年降水量倾向率为 −8.93 mm/10a（栾兆擎等，2007）。北部和东部的山地森林区也呈现出一定的暖干化趋势，但程度比东北西部地区为轻（李扬，2006；王庆贵等，2008）。

2. 对区域发展的关键影响

（1）对农业生产的影响

农业生产与气候条件密切相关，因而气候变化必然会对其产生影响。气候变化不仅直接影响作物的生长发育和产量，而且还可能影响作物的布局、种植制度改变、农艺措施以及种植边界的迁移等。

气候变暖已经使东北地区农作物种植面积和种植格局发生了较大改变。温度升高，农作物的生长期延长使东北地区采用晚熟高产玉米、大豆品种和选种冬小麦、水稻等高产作物成为可能，农作物栽培和耕作制度也发生了相应的转变，总的生物产量增多（刘颖杰等，2007）。目前吉林省的玉米品种熟期较以前延长了 7～10 天，玉米杂交种北移现象十分突出，生育期长、成熟晚的玉米种植面积增长迅速。黑龙江水稻种植面积 1980 年代中期至 2000 年代中期扩展迅速，以前是水稻禁区的伊春、黑河等地区如今也可以种植水稻，至 2000 年全省水稻种植面积达到 160 万 hm²，是 1980 年 7.6 倍（居辉等，2007）。

从整体上看，气候变暖能够提高东北地区粮食产量，产量曲线表现为波动式上升。以水稻生产为例，东北稻区产量指数和平均温度距平呈线性正相关，随着温度距平增加，产量指数呈上升趋势。同时两者也呈二次曲线相关关系，以曲线临界点处温度距平值+0.8℃为界，当温度距平值大于+0.8℃时，产量指数随着温度增加而下降；当温度距平小于+0.8℃时，产量指数随着温度减少而下降，因此温度在一定范围内的增加,对东北稻区又呈正面影响(姚凤梅,2005)。

低温冷害曾是东北农业生产的主要限制因素之一,尤其在该区的东北部,是低温冷害的高发区,一般每隔3～5年出现1次,常造成农作物大幅度减产。温度的升高缓解了东北低温对农业生产造成的危害,低温冷害、冰雹灾害发生概率明显降低。目前,辽宁省苹果生产中遭遇≥4级冻害的频率已由1950年代的80％下降到20％,冻害程度也明显降低(居辉等,2007)。

(2)对湿地和冻土的影响

东北地区是中国湿地类型最多、面积最大、分布最广的地区之一。湿地可分为天然湿地和人工湿地,两者总面积1060.69万hm²,约占东北地区陆地总面积的8.5％。其中天然湿地面积719.42万hm²。1986—2000年15年间东北地区天然湿地面积共减少56.50万hm²(刘晓曼等,2004)。湿地面积的缩小固然有不合理的土地利用方式如垦殖等人为因素,但东北地区的气候暖干化也是重要影响因素。以三江平原湿地变化为例,湿地面积消长与多项气候因子变化有较好的相关关系。其中,湿地面积与雨水具有最大的正相关关系,其灰色关联系数为0.80;湿度变化与湿地面积变化也有很好的相关关系,其灰色关联系数为0.74;气温与湿地变化之间的灰色关联系数为−0.58,说明湿地与温度变化呈负相关(张树清,2001)。在三江平原的绝大部分地区,从1955—1999年的降水在这一时期以平均每年2.0～2.5 mm的速度减少,而温度不断上升,致使许多湿地干涸,湿地生态系统严重退化(潘响亮等,2003)。

大兴安岭是中国高纬度多年冻土最发育地区,冻土环境对于寒温性针叶林(泰加林)的形成、发育和维持具有重要作用。该地区多年冻土处于欧亚大陆多年冻土带南缘,地温高、厚度小、热稳定性差、对气候变暖的敏感性强。1960年代中期至2000年代中期该区多年冻土退化主要表现为最大季节融化深度增大,厚度减薄,地温升高,融区扩大,多年冻土岛消失等特征。据调查,大兴安岭阿木尔地区1978—1991年间最大季节融化深度增加32 cm,20 cm深度处地温升高了0.8℃。1991年后,最大融化深度波动性增加,到1997年后一直维持在1.7 m以上。多年冻土岛消退主要出现在大小兴安岭南部的岛状多年冻土区。1970年代初岛状多年冻土区中多年冻土面积为10％～25％,这一比例在2000年已经下降到3％以下(金会军,2006)。

(3)对自然植被的影响

东北地区是中国重要的森林资源分布地区之一,其森林生态系统提供的物质产品和生态服务功能对于当地乃至临近区域的社会经济发展发挥着重要作用。在气温升高的背景下,温带与暖温带的热量界限向北并向东移,寒温带与温带的热量界限则大幅度北移。因此,分布在大兴安岭的兴安落叶松及小兴安岭及东部山地的云杉、冷杉和红杉等树种的可能分布范围和最适分布范围均发生了北移。其中兴安落叶松的最适分布区面积将减少7.53万km²,可能分布区面积将扩大约1.25万km²;云冷杉最适分布区面积基本无变化,可能分布区面积将增加1.57万km²;红松最适分布区面积将扩大1.57万km²,可能分布区面积基本无变化(张丹等,2007)。小兴安岭北部具有湿润气候特征的地区转变成半湿润的气候特征,黑龙江省西南部半干旱区与半湿润区界限并无明显变化,但在三江平原中部地区半干旱区面积有所扩大(于成龙等,2009)。

气候要素及其变化趋势的空间差异对自然植被净初级生产力(NPP)及其变化趋势的空间差异具有重要影响,自然植被NPP的时间分布特征与黑龙江省年平均气温、年降水量的时间分布特征基本一致。在黑龙江省,1961—2003年气温具有明显的升高趋势,自然植被NPP变率的空间变化与年降水量变化趋势百分率的空间变化基本一致,限制黑龙江省自然植被NPP的主要原因是水分供应相对不足,在黑龙江省西部地区松嫩平原表现特别明显(高永刚等,2007)。

以植被类型变化、净初级生产力、植被碳贮量、土壤碳贮量和净生态系统生产力等作为脆弱性评价指标,并以上述指标的年际变率为敏感性表征,以变化趋势为适应性表征,评价中国自然生态系统响应气候变化的脆弱性。评价结果认为,东北混交林基本呈轻度脆弱或中度脆弱;而落叶针叶林在当前气候条件下脆弱度较低,大部分处于不脆弱的等级水平,小部分为轻度脆弱(於琍等,2008)。

(4)对干旱及脆弱生态环境的影响

用月平均气温和降水量的距平和均方差所构造的"大气干旱指数"以及土壤湿度等指标表明(谢安

等,2004),1951—2000 年整个东北区是向干旱发展的,1990 年代中期以来的这种干旱化趋势尤为明显;而东北西部亚干旱地区的干旱化相对更严重。在亚干旱地区的气温和降水两个要素中,气温升高对于干旱化的作用可能更重要,当年平均温度上升近 1℃时,0～20 cm 土壤重量含水率实测要下降约10%。东北地区的南部,1961—2005 年干旱化加剧。因此,自然生态系统退化严重。吉林省草原面积每年以 2.8%递减,草原重度退化的面积占整个草原面积的 47.5%(符淙斌等,2008)。与此同时,该地区荒漠化越来越严重,黑龙江省西部地区的沙漠化土地绵延在长 400 km、宽 160 km 的东北—西南走向的带状范围内,有 105 个乡镇、农场和牧场的耕地和草原正受到风沙的危害。而且这些沙漠化的土地正以平均每年 1 km 的速度向东推进。松嫩流域的中部半湿润地区的哈尔滨市区西南方向已形成长40 km、宽约 400 m 的流动沙带,并沿松花江向东扩展,沙化地块距市中心不足 40 km,沙化最严重的地方已推进到村边民房(白人海,2007)。

3. 未来的气候变化及影响

(1)未来气候变化情景

根据 PRECIS 区域气候模式预估,在未来 A2 和 B2 排放情景下,2080 年代东北地区的温度升高较其他区域明显,年平均温度较基准时段(1961—1990)升高约 3.9℃,特别是冬季和夏季的温度升高显著,升温可达 4.4～4.7℃;降水的变化存在季节差异,在 A2 情景下,2080 年代年均降水量较基准时段增加 16%,其中冬季的降水增加达到 47.2%,夏季增加量在四个季度中最少,为 12.5%,在 B2 情景下年降水增加约 3.5%,冬季降水增加达 42.8%,而夏秋季降水基本没有变化,并且降水的增加主要集中在南部地区(居辉等,2007)。

(2)对农业生产的影响

作物生长及产量模型模拟结果表明(金人庆等,2002):从 2010 年、2030 年至 2050 年,最北的黑河地区模拟产量有大幅度增长,其余各点相对于基准的模拟产量亦呈持续增长趋势;但随着时间推移,产量增幅趋缓,其中哈尔滨、沈阳、长春和延吉 4 个样点相对于基准的平均增幅由 2010 年的 20%,增至2030 年的 21%,以及 2050 年的 24%。玉米的情况恰好相反,除最北的黑河之外,在其他各样点,不同年份的模拟产量大多呈持续下降趋势。整个研究区域(不包括黑河)的平均模拟产量与基准相比,减幅由 2010 年的 9%,增至 2030 年的 14%以及 2050 年的 24%。WOFOST 作物模型的模拟结果也得到相似的结果。在气候变化大背景下,未来 60 年(2011—2070 年)东北玉米生长期可能会受到影响,绝大部分地区玉米生长期可能要缩短。气候变化导致的最终影响是农业产量发生变化。根据模拟结果,在今后 60 年东北玉米产量整体呈下降趋势。中熟玉米平均减产 3.3%,晚熟玉米平均减产 2.7%(张建平等,2008)。

目前中国冬小麦安全种植北界大致沿长城一线。随着全球变暖,预计到 2030 年将移至通辽—双辽—四平—抚顺—宽甸一线,到 2050 年,将移至扎鲁特旗(鲁北)—通榆—长岭—集安—安图—延吉一线。这意味着在未来东北地区冬小麦的适种面积将由目前的近乎为零逐步扩大到辽南乃至整个东北南部,包括辽宁省的大部、吉林省的东南部(金人庆等,2002)。

(3)对森林生态系统的影响

林窗模型 FAREAST 模拟结果表明:(A)在增暖情景(假定未来 100 a 内该地区各月温度增加,降水维持当前气候条件下的降水量不变)下,漠河和图里河地区兴安落叶松林生物量下降,小兴安岭和长白山地区以红松为主的针阔混交林生物量也下降,大兴安岭东南部嫩江地区森林和植物成分属长白山系的尚志地区森林生物量增加。与此同时,东北地区森林群落中针叶树的组成比例下降,阔叶树的组成比例增加。气候增暖越大,这种变化趋势越明显;对小兴安岭、长白山和尚志地区森林对气候增暖响应的分析,推测该区域森林垂直分布林线上移;(B)在增暖且降水变化情景下,图里河和长白山两个地区森林生物量减小,而漠河、嫩江、伊春和尚志等四个地区森林生物量都有不同程度增加。降水增加使得大兴安岭森林群落中出现一定比例温带针阔混交林的树种,表明东北森林水平分布带有北移的趋势;对低海拔小兴安岭和尚志地区森林来说,降水变化削弱温度增加对森林造成的影响,但不改变森林树种组成,对森林的影响不大(程肖侠等,2008)。

(4)对生态环境的影响

如果未来 40～50 a 气温比现今升高 1.0～1.5℃,现今岛状多年冻土区内的多年冻土将大部分退化,多年冻土南界将接近现今不连续多年冻土带界线。不连续多年冻土带可能变成了岛状多年冻土带,大片连续多年冻土带变成了不连续多年冻土带。届时,东北地区大小兴安岭残余多年冻土面积将可能减少到 1970 年代该区多年冻土总面积(38～39 万 km²)的 35% 左右,即 14～16 万 km²(金会军等,2006)。冻土退缩会造成植被分布和类型的变化,同时也导致一些特殊地貌景观的消失,水土侵蚀的加速,甚至造成土地的沙漠化。

气温会直接影响到土壤有机质的积累与分解。利用 CENTURY 模型对草原化草甸植被下黑土的模拟结果表明,在温度升高 2℃ 的条件下,土壤有机碳由 11.56±0.01 kg/m² 下降为 11.07±0.04 kg/m²。而且,无论降水量不变、减少 20% 还是增加 20%,都会导致土壤有机碳含量下降。

在暖干化气候变化趋势控制下,自然环境脆弱性有增大的趋势,集中表现为自然生态系统生产力降低、地表绿色覆盖度下降以及土壤侵蚀加剧等。

4.适应对策

(1)农作物生产

1)农作物结构调整

目前,东北地区的主要农作物种类为大豆和玉米。根据作物模拟试验的结果,气候变暖和大气 CO_2 浓度的持续增长将给整个东北平原,特别是其中、北部的大豆生产带来较为有利的影响;而玉米的情况不容乐观,除目前热量不足的北部地区可能大幅度增产外,在其余地区均表现为明显减产。因此,在降水或灌溉条件较好的平原地区适当压缩玉米种植面积、逐步扩种大豆将不失为适应气候变化的一项良策。在较干旱的西部地区,则适于种植耐旱性较强的玉米。

2)加强农田水利基本建设

不断增暖的气候将加剧水分蒸发,东北平原西部和南部地区受干旱威胁的程度将明显增大。良好的灌溉条件可以一定程度地缓解或补偿气候变暖造成的不利影响。因此,应重点在这些地区兴建大型水利工程,加强农田基本建设。

3)重视新品种培育和引种

东北平原适应气候变化的另一项对策是选育或引进一些生育期相对较长、感温性强或较强、感光性弱的中晚熟品种,逐步取代目前盛行的生育期短、产量较低的早熟品种。这样做将有利于充分利用当地气候资源,提高作物产量。在引种过程中,忌操之过急,忌用感光性强的品种,也不能搞大跨度的纬向引种(金之庆等,2002)。通过改变玉米品种类型,其产量会相应增加,减产趋势会有一定程度的遏制。这也正是几十年来东北地区非但没有受到气候变暖而导致粮食减产的影响,反而经各地普遍采取适应气候变暖的对策后,玉米单产成倍提高的原因所在(张建平等,2008)。

(2)森林保育与经营

东北是中国重要的林区之一,在气候变化情景下对其加强保育与经营具有重要意义。

1)森林林分选择,提高森林的适应能力

在气候变化背景下,应大力发展混交林。混交林具有物种丰富、结构复杂、生物量高以及自我维持力强的特点,而且一般混交林也具有稳产高效、维护和改进林地生产力,以及保护和提高生物多样性的优越性。在选择更新方式上,尽量选择天然更新或人工促进天然更新,以增加生物多样性和稳定性;如果营造人工林,面积不宜过大,且最好毗邻天然林或被天然林包围,这样可提高生物多样性和抵抗病虫害的能力。

2)改变森林经营策略

气温升高和温室气体浓度增加会加快林木生长,使林分提前郁闭,改变林木达到成熟的年龄,而适当的集约经营可使林分适应气候的变化。在采伐迹地中保留一定数量的单株或团块分布的活立木,这样不仅能确保必要的更新种源,为野生动物和微生物提供必要的生境,而且也能起到维持林地小气候,形成异龄林结构等重要作用；适当提前间伐期、加大间伐强度。过密或过稀的林分，对气候变化的负效应抵抗能力弱，易发生病虫害及森林火灾，而及时合理地进行间伐，可提高森林对气候变化的适应能力。

3）强化森林生物多样性保护

结合天然林保护工程，有效保护现有的天然林资源。结合东北林区现有自然保护区建设，大力保护天然林资源，并有效保护这一区域的种质资源。在采伐森林时，应永久保留一定数量的具有各种腐烂程度的站杆和倒木，以满足野生动物和其他生物对一些特殊生境的要求，达到维持林地生产力和生物多样性的目的（王庆贵等，2008）。

（3）湿地恢复与保护

东北地区是中国重要的湿地分布区，在气候变化大背景下，要有条件的恢复湿地生态。建议采取以下措施：建立排、蓄、灌一体用水模式，即把上游山区及陡坡地雨季的多余排水，用蓄水坝、水库、湿地等进行储蓄，在旱季通过河道、渠道、地下渗流等对缺水区进行补给，在区域内使降水量与农业生产用水量达到基本平衡，不再进行掠夺式开采；湿地保护区域内撤出人类居住区，使湿地自然恢复。通过自然恢复和人工种植途径，对退耕还湿区域内的耕地进行恢复草地植被；建立节水灌溉工程，采用低压管道输水和喷灌技术；针对该区实际情况，可推广田间工程条田化、稻田旱耙旱平、浅湿灌溉技术等，形成科学的资源与环境生态水利体系（关守政等，2008）。

10.1.2 东部地区

东部地区包括京、津、冀、鲁、苏、浙、沪、闽、粤、琼 10 个省（市）。由于资料的局限性，本文不涵盖港澳台地区。2007 年，该地区土地面积 93.34 万 km^2，总人口 47476 万人，分别占全国的 9.82％和 35.93％，地区生产总值占全国 55.27％。城市化水平 55％，高于全国平均水平。拥有百万以上人口的大城市 50 个，占全国总数的 42.37％。

东部地区位于黄河、长江、淮河、珠江的下游及河口地区，大部分地区处于湿润、半湿润地区，降水丰富，过境水资源充足。但由于人口密集，工农业需水量大，且污染严重，水资源供需矛盾依然尖锐。北方沿海地区和人口高度密集的大中城市缺水最为严重。东部地区是中国受风暴潮、海平面上升与海水入侵影响最大的地区。黄河、长江、珠江三角洲及平原低地海拔较低，是中国经济发展程度较高、人口稠密的地区，受海平面上升、洪涝灾害、风暴潮的威胁较大。河北、山东、北京、天津 4 省（市）地处华北平原，降水相对较少，蒸发量大，地势平坦，高盐度潜水位低，土地盐碱化问题突出。海平面上升造成盐水入侵，使该地区的土壤盐碱化加重。南部省区由于濒临海洋，降水集中，地势低平，位于长江、珠江下游及河口地区，受洪涝灾害威胁相对突出。

1. 东部地区对气候变化响应脆弱性的区域分异

东部地区人口密集，经济发达，区域条件相对优越。研究表明，中国东部地区 1961—2005 年普遍以增温变化趋势为主，且增温幅度较大（任国玉等，2005）。对东部地区进行进一步划分，分为北部沿海地区（京、津、冀、鲁）、中部沿海地区（沪、苏、浙）和南部沿海地区（闽、粤、琼）。

（1）北部沿海地区

在全国普遍增温的大趋势下，该区的增温幅度尤其显著，范围也更加广阔（左洪超等，2004）。从年平均温度变化来看，北部沿海的大部分地区年平均气温的趋势系数都超过了 0.4（显著性水平在 0.01 以上），部分地区甚至达到了 0.6 以上，增温趋势非常明显。区内一些省区也呈现出相应的变化趋势，山东地区近 40 年全省平均温度上升 0.06℃/10a（徐宗学等，2007）。近 45 年以来，河北省年平均温度的年代际变化明显，其中 1960 年代最冷，1970、1980 年代开始增温，1990 年代至今最暖，整体平均温度呈显著上升趋势，变化速率略高于全国平均水平（高霞，2007）。从年平均降水变化来看京、津、冀、鲁基本呈现变干趋势，降水量减少，年平均降水趋势系数为负（任国玉等，2005）。

从季节变化特征来看，根据对近 30 年气温和降水倾向率的统计，该区各个季节都呈现增温趋势，其中,河北地区冬季的增温幅度最大,夏季最弱(高霞,2007);山东地区春、冬季增温显著,夏季变化幅度不大,秋季整体温度略有下降(徐宗学等,2007)。春季,除了山东东北部降水量减少外,该区大部分地区的降水量都呈现增加趋势;夏季,该区总体呈降水量减少趋势;秋季,除了北京、天津和山东南部的部分地区降水量增多外,该区大部分地区的降水量都减少;冬季,山东南部的部分地区降水量增多,其余大部分地区降水量减少(任国玉等,2000;陈文海等,2002;任国玉等,2005;秦爱民等,2006;李爽等,2009)。研究表明,中国的城镇化进程对地面平均气温记录有显著的影响,这一点在北部沿海发达地区表现最为显著(林学椿等,2003;陈正洪等,2005)。在四个大区的划分中,东部地区是中国人口最密集,经济最发达的地区,也是大中城市最密集的地区,这也使得气候变化对于该区域的影响更加值得关注。

(2)中部沿海地区

该区处于东亚季风区,是中国东部经济最发达,城市最集中,人口最密集的地方。近50年来,从年平均温度变化来看,该区大部分地区的年平均气温趋势系数在0.3附近(显著性水平在0.01以上)。1961—2007年,长江三角洲地区平均气温的增幅为0.20℃/10a,而1993年至2007年,其平均气温的增幅达到了0.63℃/10a(崔林丽等,2008)。整体降水情况在区域内呈现北少南多的趋势,且幅度由两端向中央逐步增强,江苏省降水减少,降水趋势系数在-0.2左右,上海及浙江北部降水最多,达到0.3,浙江中南部也呈现降水增多趋势,趋势系数在0.2左右,幅度小于上海及浙江北部地区(任国玉等,2005)。

从季节变化特征来看,根据对1970年以来气温和降水倾向率的统计,该区各个季节基本都呈现增温趋势。春季,降水量减少区域面积与降水量增多的区域面积接近,降水量增多的区域主要在江苏省,降水量减少的区域在上海市和浙江省;夏季,该区大部分地区都呈增温增湿的变化趋势,只有江苏省西部的一小部分地区出现降温增湿的变化趋势;秋季,该区总体降水量呈减少趋势,与全国的变化趋势一致;冬季,整个区域的降水量都呈增加趋势(任国玉等,2000;陈文海等,2002;任国玉等,2005;秦爱民等,2006;李爽等,2009)。1960年以来,长江中下游地区的年降水量有略微的增加,而年降水日数呈显著减少,这两者的变化导致了年降水强度的显著增加,年降水强度的突变发生在1980年代中期(梅伟等,2005)。

1960年代以来,中国的极端降水值和极端降水平均强度总体上有一定的增强趋势,极端降水事件增多(丁一汇等,2007)。1970年代以来,降水强度在中国东部地区表现出一致的增大趋势,其中尤以长江流域的增大趋势最为明显。盛夏时期,长江流域降水量、降水频率、极端降水频率及暴雨降水强度均呈增大的趋势。其中降水量、极端降水频率及暴雨降水强度三项指标在长江流域的趋势变化值大约是河北地区的2倍(李红梅等,2008)。东部地区极端降水的持续时间一般为1~2天,除了受台风影响较大的浙江沿海地区外,其余地区基本与东亚季风的规律一致。大部分地区的日极端降水都超过了100 mm,浙江和山东半岛等地的2天极大降水在300 mm以上(蔡敏等,2007)。长江三角洲地区由于受东亚季风影响,是中国降水量最多、极端降水事件发生频率最高的地区之一。研究表明:该区1日最大降水,有明显的年际和年代际变化规律,在1950、1990年代极端降水偏多,1950年代最为突出,1960、1970和1980年代极端降水量则减少;3日最大降水线性趋势也不明显,在1950年代末至1960年代初以及1980年代末至1990年代初降水量明显偏高,而1960年代末至1970年代中期明显偏低(张增信等,2008)。

(3)南部沿海地区

1961—2005年,该区的增温趋势也非常明显,从年温度变化来看,大部分地区年平均气温变化趋势系数在0.4附近(显著性水平在0.01以上),有些甚至超过了0.6;从年平均降水量来看,该区同期的降水量普遍增加,年平均降水变化趋势系数在0.2左右,广东西南沿海的降水增加更显著(任国玉等,2005)。华南沿海近50年的平均增温速率为0.12℃/10a,近100年的增温速率为0.6~0.8℃/100 a,均与同时期北半球(陆地+海面)平均增温速率接近(陈特固等,2006)。海南岛季和年的平均气温、平均最高气温和平均最低气温均有显著增温趋势,特别是平均最低气温。年降雨量呈现弱增加趋势,南部降雨量呈显著增多趋势,其余地区呈弱的增加或减少趋势(陈小丽等,2004)。

从季节变化特征来看,根据对1970年至2000年代初期气温和降水倾向率的统计,该区各个季节都呈现增温趋势。春季,除了福建沿海的一小部分地区和海南岛的降水量增加以外,该区的大部分地区降水量都呈减少趋势;夏季,大部分地区降水呈增加趋势,只有海南岛和广东的部分地区呈减少趋势；秋季，整个区域的降水量都呈现减少趋势；冬季的情况与秋季刚好相反（任国玉等，2000；陈文海等，2002；任国玉等，2005；秦爱民等，2006；李爽等，2009）。珠江三角洲是珠江流域四季增温最显著的地区，珠江流域夏、秋、冬三季的平均气温都呈上升趋势，其中夏季的置信水平超过95%，而春季则呈微弱的下降趋势（王兆礼等，2007）；该区春、夏、冬三季降水都呈不显著增加趋势，而秋季降水则呈不显著下降趋势（王兆礼等，2006）。

2. 未来的气候变化

基于IPCC的排放情景，对未来气候变化情况进行预估的基本结果如下：在主要考虑温室效应的条件下，中国东部将出现明显的升温趋势，且北部升温幅度大于南部，冬季大于夏季。从降水变化来看，年平均降水在长江中下游流域及其以南的大部分地区都有明显的增强，而华北地区降水继续呈减少趋势。在季节变化方面，夏季，北部地区的平均降水量呈现增加趋势，主要雨带转移到长江以北地区，长江以南地区的降水量有所减少，特别是华南地区；秋季，华北、华南和江淮地区的降水都呈增加趋势，而冬季呈减少趋势（姜大膀等，2004；石英等，2008；李巧萍等，2008；汤剑平等，2008）。需要指出的是，由于降水变化的时空变率较大，不同模式给出的降水变化预测结果存在一定的差异，在应用于实际预测和评估的过程中需要对条件进行分析（丁一汇等，2006）。

3. 对区域发展的关键影响

(1) 对农业生产的影响

农业是所有生产部门中对气候变化最敏感的部门，气候变化对农业生产的影响主要表现在四个方面：作物品质和产量、作物品种布局、农业气象灾害和农业病虫害。

1) 作物品质和产量

气候变暖以后，作物的生长加快，生长期缩短，这可能减少作物中物质的积累和作物籽粒的产量。研究表明，华北地区的作物对温度升高的适应性较差，表现为对产量的抑制作用，同时气候变暖在一定程度上加剧了华北地区的干旱情况，使得该区域的作物产量下降（刘颖杰等，2007）。就目前的分析来看，气候变暖在很大程度上是由大气中 CO_2 等温室气体的浓度升高而造成的。CO_2 是作物光合作用的原料，对植物的生长非常重要，在一定范围内，CO_2 浓度的增加，有利于作物的生长。但是有实验证明，许多作物在高 CO_2 浓度下有一段加速生长，之后生长缓慢，甚至停止生长（匡廷云等，1994）。此外，CO_2 浓度的升高也可能会导致农作物品质的下降，因为 CO_2 浓度高的情况下，作物吸收 C 将增加，但是由于 N 源不充分，因而吸收的 N 减少，体内 C/N 比升高，蛋白质含量将降低，作物品质降低。

北部沿海区包括了华北平原的核心河北平原，对河北平原冬小麦产量与气候变化相关指标的定量分析表明，冬小麦产量与气温和降水呈显著相关，温度过低或过高都会使小麦减产，高温使小麦减产更严重，降水和小麦产量呈正相关（史印山等，2008）。中部沿海地区的长江中下游稻区在中国农业生产中有非常重要地位，全球变暖条件下，长江中下游地区温度的升高趋势对中稻的产量和品质都产生了负面影响（赵海燕，2006）。南部沿海地区位于热带、亚热带季风气候区，盛产各种热带、亚热带水果，其中尤以海南岛的热带水果最为有名。但是同时，该区也是气候变化情况比较复杂的一个区域，气象灾害较多，气候条件变化对该区域水果生长的影响较大。在全球气候变暖的大趋势下，海南岛的增温趋势也非常明显。低温冷害对香蕉品质的威胁正在不断降低，高温的危害却在逐步增多。气温日较差和日照时数的降低将减少香蕉果实内糖分的积累，影响口味。降水的集中和强度的增大也给香蕉的生产带来了不利影响（辛吉武等，2009）。

2) 作物品种布局

温度变化会使温度带向北移动，这将改变原有作物品种的布局和面积，相应的种植制度也会改变。在大气二氧化碳浓度加倍的条件下，中国一熟制地区的面积可能减少，两熟制地区可能北移至目前一熟制地区的中部，而三熟制地区可能由当前占耕地的13%提高到36%（肖风劲等，2006）。单独考虑温度变化的影响，在适宜的水分条件配合下，温度升高有利于北京地区小麦和玉米的生长，对该区种植制度有利。但是从现在的气候变化趋势来看，华北地区的降水是呈现减少的趋势，这种条件对北京地区的玉米和小麦生长非常不利,可能不能保证一年二熟的种植制度,而需要根据气候变化的实际情况,适时地更改种植制度(程延年,1994)。

3)农业气象灾害

农业气象灾害,即一些极端的气候条件,比如干旱、风暴、热浪、霜冻等对农业生产的影响最大。气候变化在一定程度上促进和加剧了极端气候条件的发生。目前高温热害对中国亚热带农业生产的影响已十分突出,高温胁迫的热害已经限制了玉米、大豆等的种植和产量,水稻的生育也受到强烈抑制。温度升高对不同的生长季节有不同的效果,其影响程度视作物种类、地区和种植水平而异(杜尧东等,2004)。有研究表明,极端降水事件导致农田中的养分大量随地表径流流失,极端降水事件越严重,流失也越严重。这不仅影响了作物生长,同时对周围的环境,尤其是水源也产生了比较严重的污染,从另一侧面反映了气候变化带来的极端气候条件对农业生产的影响。此外,受气候变化的影响,长江中下游地区的洪涝灾害和华北地区干旱灾害的加剧,也对农业生产产生了非常严重的影响(高超等,2005)。

4)农业病虫害

任何生物的生存都需要适宜的水热气候条件,农作物生长中的病菌和害虫也不例外。气候变化不仅使得在某些区域某些新的病虫害的出现成为可能,同时由于各个地区气候变化的差异和某些地区气候变化的趋同性,使得病虫害的范围扩大。在未来气候渐变情景下,纵卷叶螟和稻飞虱在江苏省主要稻区有蔓延和加剧的趋势,两种害虫的数量都有明显上升,其原因是气候变化为这两种害虫的生长繁育提供了非常好的水热条件(葛道阔等,2006)。

(2)对森林生态系统的影响

气候变化对中国东部典型森林类型的结构和生产力均产生影响,森林生态系统对气候变化的响应也存在非线性和区域差异。森林生态系统生物量均值和株数均值对于气候变化的响应时间存在明显的滞后性。低纬度地区林地抗气候变化干扰的能力小于高纬度地区,针叶林抗干扰能力高于阔叶林;暖温带地区森林生物量均值的增量明显,热带常绿阔叶林增量小,且有下降趋势(郝建锋,2006)。天津地处华北平原东北部,海河流域下游,森林植被以侧柏、黄栌、毛白杨和刺槐为主。1982年以来天津地区明显的暖干化趋势使植被的生长状况变差,其中降水是决定植被生长优劣的关键因子(刘德义等,2008)。在未来气候变化情景下(到2100年),中亚热带地区人工针叶林生态系统的净初级生产力将增加,仍具有较强固碳潜力(米娜等,2008)。

(3)海平面上升的影响

1961年以来中国海平面的上升速度也逐渐加快,平均上升了约13 cm。到2050年中国沿海海平面将上升12~50 cm,大于全球平均变化幅度,其中珠江三角洲、长江三角洲和环渤海湾地区等重要沿海经济带附近的海平面上升50~100 cm(罗勇等,2005)。1891—1990年中国沿海海平面上升速度为1.4 mm/a;1960年以来,中国沿海海平面上升为2.1~2.3 mm/a,海平面呈加速上升趋势(黄长江等,2000)。1958—2001年香港、广东闸坡和汕头3个长期验潮站海平面上升速率分别为0.24、0.21 cm/a和0.13 cm/a,而卫星观测得到的南海近15年的海平面上升速度为(0.42±0.4)cm/a,加速趋势明显(广东气候变化评估报告,2007)。

中国东部沿海地区处于亚欧大陆和太平洋的交接处,地貌类型以广阔的滨海平原和河口三角洲为主,地势低平,易受风暴潮和洪水等的影响,是全球几个主要沿海灾害多发带之一。近些年来,由于过度开采地下水等人为活动的影响,沿海地区地面沉降严重(侯艳声等,2000),加之气候变化导致海平面的持续上升,使得沿海地区的相对海平面上升幅度加大,进一步威胁着沿海地区的安全。相对海平面上升对沿海地区的影响主要表现在以下几个方面:

1)土地淹没

大片土地被海水淹没是相对海平面上升对沿海地区最直接的影响。中国沿海地区地面高程小于或等于5 m的重点脆弱区面积为14.39万 km²,约占沿海11个省(市)面积的11.3%,占全国陆地国土面积的1.5%(武强等,2002)。据估计(吕学都,2000),在现有的防潮和防汛设施情况下,到2050年,珠江三角洲、长江三角洲和黄河三角洲三个主要沿海脆弱区的大片土地可能将被淹没,这不仅可能给沿海地区的人民带来巨大的灾难，同时也将对中国的经济发展造成巨大的危害（表 10.1）。

表 10.1　沿海地区相对海平面上升损失分析表

地区	珠江三角洲		长江三角洲		黄河三角洲	
海平面上升幅度（mm）	300	650	300	650	300	650
淹没面积（km²）	1153	13453	898	27241	21010	23100
淹没损失（亿元）	136	416	130	417	589	618
防护海地加高加固费用（亿元）	17.6	29.1	3.2	16.5	5.6	8.1

2）风暴潮加剧

海潮、台风和暴雨是沿海地区导致人员伤亡和财产损失的最严重的自然灾害。相对海平面的上升会加剧风暴潮灾害的程度，从而给沿海地区乃至全国造成更大的损失。在珠江三角洲地区，海平面上升 50 cm，广州站附近岸段五十年一遇的风暴潮位将变为十年一遇，其他岸段（如中山灯笼山、东莞泗盛围等）百年一遇的风暴潮位就可能变为十年一遇（刘杜娟，2004）。深受风暴潮之害的福建沿海地区，由于海平面的上升，近几年来也遭遇了更加严重的风暴潮灾害。据统计，2004—2006 年，有 5 个灾害性台风先后在福建登陆，给当地造成了 200 多亿元直接经济损失，受灾人口超过 1600 万（张燕，2008）。

3）水资源短缺和水环境破坏

随着相对海平面的上升，潮流的顶推作用加强，河口海水倒灌，使地表及地下的淡水水源被咸化。这一方面加重了沿海地区淡水资源的短缺，影响这些地区的饮用水情况；另一方面也使得土壤的盐渍化程度加重，使耕作土壤肥力下降，影响该地区的农业生产。同时上托的潮流将沿着陆上的江河等上溯到内陆更远的地方，在这种作用力的往复过程中会造成污水回流，加重江河的污染。这些受污染的河水常停滞在河道内潮流与径流间的界面上，阻碍城市污水排泄，造成城市内河流水质严重污染，进一步引起供水水源污染。中国沿海地区，特别是长江口以南地区，供水水源以河流地表水为主，许多重要城市均位于入海河口区，如长江口的上海市、钱塘江口的杭州市、甬江口的宁波市、瓯江口的温州市、闽江口的福州市以及珠江口的广州市、佛山市和珠海市等。其中，尤以上海市区和珠江三角洲最为严重（刘杜娟，2004）。

4）海岸侵蚀严重

由于海平面上升，水深和潮差加大，海浪和潮流作用也会因此加强。根据计算，水深增加一倍，海浪作用强度增加 5.6 倍。潮位上升 1 cm，潮差将增加 0.34～0.69 cm。两者共同作用的结果必然加剧海岸线侵蚀，使高滩滩面变窄，沉积物变粗（于子江等，2003）。中国因气候变暖造成的海岸侵蚀变化与世界总体趋势基本一致，即趋向加速发展。蔡锋等（2008）将中国典型滨海平原的海岸侵蚀特征进行了总结（表 10.2），可以看出，气候变化导致的海平面上升及其环境效应是促进海岸侵蚀的重要因素。

表 10.2　主要滨海平原的海岸侵蚀特征

侵蚀区域	长江三角洲	黄河三角洲	珠江三角洲
侵蚀原因	长江供沙减少，海岸带动力变化，主流摆荡，涨潮水流顶冲，构造下沉，海平面上升。	沉积动力学调整，河流改道，黄河水沙变化，海平面上升。	地面沉降，风暴潮加剧，围堤防御能力减弱，海平面上升。
主要表现形式	淤积航道，海岸线后退，淹没洼地。	海岸线后退、岸滩刷深、油井井台沦入海中、输油管道裸露或断裂、海堤与漫水路被毁等。	滩涂、湿地、红树林、珊瑚礁的破坏；毁坏海堤；咸潮入侵。
侵蚀实例	侵蚀海岸达 390 km。杭州湾沿岸近 30 a 蚀退速率 30 cm/a。1916—1969 年吕泗高滩蚀退率 20 cm/a。	1976—2000 年海岸线蚀退最大可达 11 km，平均每年蚀退 420 m，最大侵蚀深度 1015 m，平均每年剥蚀 40 cm 以上。	1966—1979 年蛇口地区的一些岸线发生数 10 m 的侵蚀。2000 年后，唐家北侧的桥头堡最大侵蚀量达 70～80 m。
侵蚀特点	岸线侵蚀区域主要位于三角洲南缘和杭州湾北部。	总体侵蚀趋势难以逆转，具有区域性和不平衡性。	该区 86.7% 的土地有堤围防护，主要侵蚀无防护地区。

4. 适应对策

东部地区是中国对外开放的门户,是中国经济发展水平最高的地区。长期快速的经济发展使得东部地区环境污染,水资源紧缺,海岸和海域生态问题严重。加之该地区人口密集,区域开发程度高,一些人为因素导致的地面沉降严重。在这种条件下,气候变化的负面影响在这个区域表现得更加显著,制定该区应对气候变化的适应对策更加必要和紧迫。沿海区位特点使得该区在制定对策时除了要考虑上述一般问题外,还要重点考虑相对海平面上升的应对措施。基于此,给出东部地区适应气候变化的建议,主要有以下几点:

首先,在现实水资源紧缺的条件下,合理规划和配置水资源的使用,提高水资源利用率,发展节水型农业,在人民群众中大力宣传节约用水,杜绝浪费,建立节水—生态型社会。改善陈旧的水资源管理体制,将"水资源"作为"水资本"统一管理,切实改变"多头"管水治水的混乱局面,从市场经济的角度对水资源进行统一管理。同时,高度重视江河防灾减灾工程建设,控制和治理水污染。

其次,增加沿海地区适应气候变化的能力。建立完善的预警系统,对沿海地区海气系统变化和海平面变化趋势进行动态监测。加强对海洋海岸带生态系统的管理,增强对红树林、珊瑚礁等海洋生态系统的保护。杜绝不合理的海岸工程建设,重视沿海及入海河流等的堤防工程建设,重点保护好海边的核电站和火电站等,提高沿海地区抵御海啸和风暴潮的能力。提高沿海城市和重大工程设施建设的安全标准,保障沿海地区的安全。

最后,运用卫星观测,遥感与全球定位系统等先进技术,监测全球海平面的变化情况。加强国际交流,与全球各国的科学家合作,将海平面上升问题作为世界性的整体问题进行研究和控制。

10.1.3 中部地区

中部地区包括鄂、湘、赣、皖、晋、豫 6 省。2007 年,土地面积 102.70 万 km²,总人口 35293 万人,分别占全国的 10.80% 和 26.71%。地区生产总值占全国的 18.88%,城市化水平 39.41%,低于全国平均水平,拥有百万以上人口的大城市 32 个,占全国总数的 27.12%。

该区位于长江、黄河流域中游和淮河、海河流域中上游地区,水资源总量 4835.61 亿 m³,占全国的19.15%。除山西、河南外,南部四省水资源较为丰富。山西水资源对社会经济发展的约束较大,且地处黄土高原,水土流失严重,生态环境脆弱。其余 5 省是中国粮、棉、油、肉类、水果、林产品等农副产品的主要产区,但面临水土流失、土壤盐碱化加重,洪涝灾害频繁,江河治理任务繁重等矛盾和问题。除山西、河南两省地质灾害较少外,其余四省均为地质灾害的高发区。

中部地区交通便利,具有承东启西,连接南北的区位优势,是中国重要的能源、原材料工业基地,但整体经济实力较弱,经济发展活力较差。2006 年中共中央、国务院发出《关于促进中部地区崛起的若干意见》,提出要把中部地区建设成全国重要的粮食生产基地、能源原材料基地、现代装备制造及高技术产业基地和综合交通运输枢纽。

1. 观测到的气候变化

由于区域内地形、地貌等自然地理条件的差异比较显著,导致气候变化呈现空间异质性。大体可以分为秦岭——淮河一线以北隶属于华北平原的山西、河南、安徽的大部以及该线以南长江中下游地区的湖南、湖北、江西的大部两个部分。对中国近四十年最高最低温度变化的研究表明(翟盘茂等,1997),以 35°N 为南北分界,最高温度年平均值在北方普遍上升,在南方主要表现为下降趋势,最低温度年平均值在全国均呈上升趋势,北方的增温幅度比南方大。35°N 以北日较差变小趋势的原因为最低温度升高大于最高温度升高值,35°N 以南地区日较差变小趋势由最高温度降低和最低温度升高造成。

对全国范围内的气候变化研究结果表明,近 50 年来中部地区的气温存在明显的增加趋势,年平均气温的趋势系数大部分在 0.2~0.4 之间,个别地区甚至大于 0.4。从季节来看,虽然长江中下游地区、淮河流域的夏季平均气温有一定下降趋势,但春、秋、冬季都存在增温趋势。其他地区(指华北中南部)

则是四季增暖，且秋、冬季节增暖比较显著。就年降水量趋势系数来看，华北中南部、黄淮海平原年降水量出现不同程度的下降趋势，年降水量趋势系数在-0.1~0.3之间，而长江中下游和江南地区年降水量则均呈现不同程度的增加，年降水量趋势系数在0.1~0.3之间（任国玉等，2005）。降水变化的区域划分格局结果也支持这一变化趋势和空间分布特征，即：长江中下游的降水量有明显增加趋势，而华北汉渭流域降水量在明显减少。春季华北、汉渭流域、长江中下游降水明显减少（汉渭流域降幅最大）；夏季的华北的降水量有减少趋势，长江中下游和江南降水量增加；秋季华北和汉渭流域降水量明显减少；冬季华北、汉渭、长江流域、江南降水有减少趋势（秦爱民等，2006）。

区域尺度气候研究支持上述相应结论，但存在局部差异。在秦岭—淮河一线以南，近36年来合肥市平均气温呈上升趋势，年日照时数呈下降趋势，年降水量呈增加趋势，城区相对湿度呈下降趋势（邓斌等，2007）。鄱阳湖流域在1990年代发生了转折性变化，暖湿气候特征加强，年均气温和年降水量均呈现显著的上升趋势，蒸发皿蒸发量和参照蒸散量呈下降趋势，其中冬季增温最显著，蒸散量下降在夏季体现尤为明显。夏季气温升高、降水增加、暴雨频率增加及蒸散量下降导致流域内洪涝灾害的发生增加（郭华等，2006）。1990年代洞庭湖流域平均气温快速增加，其中春、冬季增温显著，夏季气温无明显变化；年降水明显增多，夏季最为突出，且暴雨频率显著增加；参照蒸散量自1960年代持续稳定的减少，夏季减少量最为显著。气温升高驱动水循环加快，夏季降水增多、暴雨频率增加和蒸散量下降等因素诱导洞庭湖流域夏季洪水的频繁发生（王国杰等，2006）。

在秦岭—淮河一线以北地区，山西省降水总体呈减少趋势（-17.3 mm/10a），其中夏、秋降水减少明显，气温呈上升趋势（0.15℃/10a），冬春增暖明显，夏季为变冷趋势。各季干燥系数均呈增大趋势，春季最为明显（赵桂香等，2006）。河南省年平均气温以0.34℃/10a的速率上升，极端最高气温以0.25℃/10a的速率下降，极端最低气温以0.50℃/10a的速率上升，无霜期延长3天/10a，年降水量增加5.0 mm/10a，相对湿度增加0.08%/10a，蒸发量减少86.8 mm/10a，总体趋向温和湿润，气候条件趋于改善（付祥建等，2005）。

2. 对区域发展的关键影响

(1) 对农业生产的影响

1980年以来长江流域以北及其以南双季晚稻、华南双季早稻和晚稻的气候产量呈减少趋势，且1990年代年际气候产量变率加大。温度升高对长江流域以南双季晚稻和华南双季晚稻产量有正面影响，温度降低对其有负面影响。长江流域以北、长江流域以南双季早稻生长季温度距平大于某一临界点值（长江流域以北：+0.1℃）时，对水稻产量有负面影响，当温度距平变化小于临界点值时，温度升高对水稻产量有正面影响（姚凤梅，2005）。

气候变暖固然对一些地区的粮食生产有利，但灾害性天气增多则会造成产量不稳。冬温增高会缩短小麦生育期，从而造成光合作用减少、灌浆不充分。会为各类病虫草害提供更优越的滋生蔓延环境，不仅对小麦等越冬作物不利，还会对水玉米和大豆等夏季作物带来严重危害。同时，会加速土壤有机质分解，长此下去将造成地力下降（金之庆，2006）。

气候变化对区域农业生产及土壤环境也有影响。河南省冬小麦自返青到成熟的各生育期趋于提前，全生育期缩短，速率为1.3 d/10a，2—5月平均气温的上升和3月日照时数的增加是其主要原因；夏玉米的生育期表现出延迟，全生育期天数显著增加，速率为2.1 d/10a，主要原因是6—9月总降水量的减少（余卫东等，2007）。河南省雨养农业区近25 a来的年平均气温上升而年降水量变化不明显，由于蒸发加剧，使土壤水分呈明显下降趋势，不利于农业生产（方文松等，2007）。1996、1997和2000年的三年干旱使山西省的粮食产量从1996年的107.71×10³ kg，下降到2000年的85.34×10³ kg，减产幅度达21%（王志伟等，2003）。1960年以来湖北省夏季冷害次数和低温天数、5月热害次数和高温天数等6种灾害趋于增加，春秋两季长短连阴雨、春季低温次数和天数、夏季热害次数和高温天数等15种灾害趋于减少（冯明等，2007）。

（2）对自然植被的影响

中部地区的湖北、湖南、江西等省份森林资源丰富，具有调节气候、涵养水源、保持水土、防风固沙、净化空气、美化环境、抵御自然灾害、维护生物多样性等多种功效，对改善生态环境有重要调节作用。在气候增暖背景下，植物物候期地理分布规律变化及其对气候变化的响应关系均发生变化。20世纪80年代以后，华北及长江下游等地区的物候期提前，长江中游等地区的物候期推迟，同时物候期随纬度变化的幅度减小（王叶等，2006）。

气候变化会直接影响到植被的生产力。1980—2000年间鄱阳湖地区年均温和年降水量均呈现显著上升趋势，NPP主要表现为增加，大部分地区最大的植被指数（NDVI$_{max}$）呈增加趋势，气候暖湿化有利于植被的发展（丁明军等，2009）。江西省南昌、吉安和赣州三地的研究结果也支持这一结论。三地1970年代以来自然植被NPP平均值分别为13.19 t/(hm^2·a)、13.11 t/(hm^2·a)和13.20 t/(hm^2·a)，总体上都呈上升的趋势，进入1990年代为高值期（曾慧卿等，2008）。

气候变暖还会造成华北南部暖干化趋势增强，亚热带森林面积显著增加，暖温带和寒温带森林面积减少，山地荒漠化剧增，植被带垂直带上移。同时，气温变化对中国森林病虫害的发生亦有影响。白蚁、大袋蛾等常见于热带、亚热带地区的虫害，目前已广泛分布于黄淮海地区。另外，暖冬、极端天气现象的增加使得病虫害突发成灾的概率大大增大，同时树木变脆易折、抗干旱和抗病虫的能力下降（赵铁良等，2003）。

（3）对水资源的影响

气候变化将加重中国水资源危机。1960年以来中国六大江河（长江、黄河、珠江、松花江、海河、淮河）实测径流量都呈下降趋势，淮河的三河闸站每十年递减率为26.95%，长江的宜昌站每十年递减率为1.01%、汉口站为1.46%（张建云等，2008）。汾河流域同期气温上升，降水减少，汾河干流径流量呈减少趋势，降水对径流量的影响比气温更大，枯水季节对气候变化的响应相对显著（左海凤，2006）。1990年代以来，黄河中游地区年平均气温和四季气温呈现上升，降水量呈现下降趋势，特别是夏秋季节。气候变化引起这一时期龙门年径流量减少71.56亿m^3，影响幅度为21%（张建兴等，2007）。黄淮海浅层地下水埋深对气候变化的响应研究表明，该区浅层地下水埋深与降水盈余呈反相关关系，且地下水埋深对降水变化的敏感程度远大于温度变化，埋深较浅区比埋深较深区敏感（谢正辉等，2009）。

（4）其他影响

气温、降水和日照等气候因子变化引起植被格局和生产力以及土壤和水文等环境条件的改变，必然会影响到人类的生产和生活。中国大陆LUCC对气候响应的研究结果表明，1980—2000年间，气候变化和人为活动共同作用造成大陆土地利用程度格局的变化，其中北方土地利用程度由低转高，气候因子的影响占主导（高志强等，2006）。

流行病致病体的宿主需要适宜的生存环境，气候变化通过影响宿主的分布范围而引起流行病潜在威胁区的变化，进而关系到人类健康。相关研究表明，如随着全球气候变暖以及南水北调工程的实施，血吸虫的中间宿主钉螺的分布范围可能北移（彭文祥等，2006）。

3．未来的气候变化及影响

（1）未来气候变化情景

根据PRECIS区域气候模式预估，在A2排放情景下，长江流域年平均温度较基准时段（1961—1990）升高3.5～5℃，长江流域以南和华南增温幅度为2.3～4.2℃。在B2排放情景下，长江流域年平均温度较基准时段（1961—1990）增温幅度2.5～4.1℃，长江流域以南和华南幅度约为1.6～3.3℃。在未来增暖条件下，各季节的降水也有显著的变化。在IPCC A2情景下，未来30 a（2015—2044年）中部地区的江淮流域降水增加趋势比较明显（13.1%）。夏季，华北地区降水有减少趋势，而江淮、华南两个地区的降水有所增加，分别为13.5%和6.1%（汤剑平等，2008）。在A2和B2两种气候变化情景下，黄河流域上中游地区21世纪气候变化趋势为：日最高气温、日最低气温均呈升高趋势，流域平均的年降水量变化范围为－18.2%～13.3%，A2情景下降水量增加和减少的面积基本相等，B2情景下大部分区域降水减少。其中在 2020 年代、2050 年代和 2080 年代三个时段，A2 情景下降水量的变化率分别为 -1.3%、5.3%、13.3%，B2 情景下分别为 -18.2%、-7.1%、-9.1%（刘绿柳等，2008）。

全球海洋—大气—陆面系统模式（GOALS4.0）模拟结果，这一地区北段将是中国大陆增温最显著的地区，到 2030 年冬季气温相对多年平均将上升 2.5℃ 左右。中国大陆东部夏季的降水格局将会呈现南少北多的状态，这一地区北段夏季降水会明显增多，南段降水则有所减少（柳艳香等，2007）。

（2）对农业生产的影响

B2 气候变化情景下，对玉米生产的影响显著且有区域差异。温度升高，对山西省大部分地区玉米生长有抑制作用，减产幅度在 20.18%～22.9%；二氧化碳浓度升高，对山西玉米生产有抑制作用，减产幅度有 22.41%～22.75%；在稳定浓度情景下，对山西大部分地区玉米生产有促进作用。在二氧化碳稳定浓度情景下，温度升高对安徽北部、南部地区玉米生产有抑制作用，减产幅度在 14.73%～19.6%，二氧化碳浓度升高对安徽大部分地区玉米生产有促进作用。温度升高，对江西的玉米生长有抑制作用，减产幅度为 16.89%～17.04%；二氧化碳浓度升高对江西的玉米有促进作用，增幅为 17.72%～18.02%。温度升高，对河南玉米生长有抑制作用，减幅在 25.38%～27.28%。而温度升高对湖北大部分地区的玉米生长有促进作用（刘颖杰，2008）。

A2 气候变化情景下，如果不考虑 CO_2 浓度对水稻的直接影响，长江流域以南、华南大部的早稻产量将下降 10%～40%，晚稻产量将下降 10%～30%。长江流域以北单季稻产量下降幅度为 8%～40%，靠近长江流域地区产量下降幅度达 20%～40%。如果考虑 CO_2 浓度对水稻的影响，长江流域以南、华南大部早稻产量将呈现增加趋势，增加幅度为 10%～40%，晚稻产量增加幅度为 10%～30%。长江流域以北单季稻产量在安徽和湖北大部将增加 10%～20% 左右（姚凤梅，2005）。

温度升高对作物熟制也影响较大。湖南省未来平均气温若升高 1℃，三熟制面积将增加 4.34 万 km²，若平均气温升高 2℃，大部分地区能满足三熟制种植需要，面积达到 20.1 万 km²（陆魁东等，2007）。

（3）对植被的影响

在 GFDL 模式 CO_2 倍增情景下，中国鄂西、湘西、赣西以及晋中北等地区的森林处于严重脆弱状态，将对马尾松、杉木、榆树以及胡杨等树种构成严重威胁（李克让等，1996）。改进的 MAPSS 模型模拟表明，华北地区未来可能草原化，即环境更加干旱化。从年叶面积指数的变化来看，华北地区的叶面积指数可能降低（赵茂盛等，2002）。

在 B2 情境下，21 世纪中国的气候变化将对生态系统产生严重影响，特别是在生态系统本底脆弱的西北干旱区和青藏高原西部。在生态系统类型中，开放灌丛和荒漠草原受到影响最为严重。极端气候事件使这种影响扩展到落叶阔叶林、有林草地和常绿针叶林，生态系统将出现逆向演替（吴绍洪等，2007）。

然而，在局部地区，气候变化也可能呈现出对植被有利的影响。对黄土高原无定河流域生态水文过程响应气候变化的研究显示，由于 CO_2 浓度的连续增加，植被 GPP 呈现明显上升趋势，又因温度上升，NPP 呈稍弱的上升趋势，水分利用效率呈现弱的上升趋势。在黄土高原未来气温上升、降水增加的趋势下，植被生产力将有非常明显的提高，NPP 上升约 38%，GPP 上升更高，植物水分利用效率也有提高，对黄土高原的植被建设十分有利（莫兴国等，2007）。

（4）对水资源的影响

基于气候变化情景对未来水资源的响应情况的估测有多种模型，计算结果差异比较大。根据 GCM 模式模拟的气候变化情景（2030 年），应用月水分平衡模式和水资源综合评估模式得出的结果表明，气候变暖对水资源最显著的影响将会发生在黄淮海流域。年径流增加或减少在很大程度上取决于汛期径流和蒸发的变化。因此，在未来气候变化情景下，这个地区水资源供需的短缺将会显著增加。具体而言，淮河流域的水资源短缺将由当前的 4.4 亿 m³ 增加到 35.4 亿 m³，而黄河流域的短缺将由 1.9 亿 m³ 增加到 121.1 亿 m³（刘春蓁，1997）

在 A2 与 B2 温室气体排放情景下，淮河流域未来 50 年年与季节气温和降水量均呈增加趋势，由持续一两个月以上的长历时降水形成的量大但不集中的洪水将更为频发，由持续一个月左右的大面积暴雨形成的全流域性洪水或由一两次大暴雨形成的局部洪水的发生不会明显增加,从而影响到流域内的水文状况(程晓陶等,2008)。采用新安江月分布式水文模型对淮河流域径流量预测结果表明,2011—2040年,淮河流域气候将趋于暖湿,但年径流量将以减少趋势为主,1月和7—12月,大部分区域月径流量呈减少趋势,4—6月,月径流量为增加趋势,2—3月,淮河以北地区为增加趋势,淮河干流及以南地区和洪泽湖、平原区为减小趋势(高歌等,2008)。

HadCM3 GCM模型对降水和温度的模拟结果,在A2和B2两种情景下,未来近100年内黄河流域天然径流量有增加的趋势,这种趋势从东向西逐渐减小。2006—2035年、2036—2065年和2066—2095年三个时段,在A2情景下,黄河流域多年平均天然径流量的变化量分别为5.0%、11.7%、8.1%,B2情景下相应的变化分别为7.2%、−3.1%、2.6%(张光辉,2006)。

长江流域地表径流在未来20~30年间呈略微减小趋势,之后呈明显增加趋势;中高等排放情景下(A1B和A2)的气候变化对长江流域径流量的影响程度大于低排放情景(B1)(金兴平等,2009)。

4. 适应对策

(1)农业发展对策

首先,加强农业基础设施建设。主要措施包括:加快实施以节水改造为中心的大型灌区系统建设,着力搞好田间工程建设,更新改造老化机电设备,完善灌排体系;继续推进节水灌溉示范,在粮食主产区进行规模化建设试点;在干旱缺水地区要积极发展节水旱作农业,继续建设旱作农业示范区;要狠抓小型农田水利建设,重点建设田间灌排工程、小型灌区工程和非灌区抗旱水源工程;加大粮食主产区的中低产田盐碱和渍害治理力度;加强丘陵山区和其他干旱缺水地区雨水集蓄利用工程建设。

其次,积极推进农业结构和种植制度调整。主要措施包括:进一步优化农业区域布局,促进主要农产品向优势产区集中,形成优势农产品产业带;强化经济作物和饲料作物的种植,促进种植业结构向粮食作物、饲料作物和经济作物三元结构的转变;适应气候变暖,调整种植制度,发展多热制,提高复种指数。

第三,大力选育抗逆品种。主要措施包括:培育产量潜力高、品质优良、综合抗性突出和适应性广的优良动植物新品种;优化作物和品种布局,有计划地提高抗逆品种作物布局规模。

第四,加强农业新技术研发。发展和利用包括生物技术在内的农业新技术,力争在光合作用、生物固氮、病虫害防治、抗御逆境、设施农业和精准农业等方面取得重大进展;继续实施"种子工程"、"畜禽水产良种工程",搞好大宗农作物、畜禽良种繁育基地建设;加强农业技术推广,提高农业应用新技术的能力。

(2)水资源利用对策

主要措施包括:进一步加强小流域治理,改善水环境,种草种树,涵养水源,防治水土流失;加强水利工程建设,增强水资源调蓄能力;强化水资源统一管理,上、中、下游相互协调,各业用水统筹兼顾;建立节水型社会,制定科学合理的水价制度。

10.1.4 西部地区

西部地区包括云、桂、川、藏、黔、渝、陕、甘、宁、青、新、内蒙古12个省(区、市),位居中国地势的第一、二级阶梯,跨越季风区、干旱区和青藏高寒区三大自然区,自然环境复杂多样。深居内陆腹地,区位条件和交通运输条件相对较差,少数民族聚居,社会经济发展整体水平落后,城市化水平较低,区域发展水平差异较大。产业发展总体水平偏低,第一产业比重较大,第二产业严重滞后,第三产业薄弱。轻重工业比例不合理,重工业以采掘和原材料工业为主,工业结构的资源型特征明显,对自然资源依赖程度较高,与脆弱的生态环境不相协调。2007年,土地面积675.46万km²,总人口36298万人,分别占全国的71.05%和27.47%。地区生产总值占全国的17.37%,城市化水平36.96%,低于全国平均水平。拥有百万以上人口的大城市27个,占全国总数的22.88%。其中,400万以上人口的特大城市3个。

西部地区山地面积比重较大,大部分地区生态环境比较脆弱,是中国洪涝、干旱灾害以及滑坡、崩塌、泥石流、地面塌陷等地质灾害的多发区。西北地区的陕西、甘肃、青海、宁夏、新疆深居内陆,气候干旱,荒漠、戈壁面积占较大比重,土地沙化、盐碱化现象突出。陕西、宁夏、甘肃的大部分地区地处黄土高原,地表破碎,沟壑纵横,森林植被少,水土流失严重。云南、贵州、广西地处喀斯特地区,岩溶地貌发育,部分地区石漠化现象严重,农业生产条件差。

1. 区域气候变化特征

西部地区内部自然条件区域分异明显,对气候变化响应的脆弱性也存在明显的区域分异。以下细分为5个地区分别论述。

(1)青藏高原

青藏高原1971—2000年气候变化的总体特征是气温呈上升趋势,降水呈增加趋势,最大可能蒸散呈降低趋势,大多数地区的干湿状况有由干向湿发展的趋势。但存在很大的不确定性(吴绍洪等,2005)。利用青藏高原62个气象站1961—2006年逐日气象资料,通过计算降水蒸散比得到的结果也表明,近46年来青藏高原大部分地区湿润度和每个气候区的平均湿润度均呈增加趋势,半干旱和半湿润气候区的界线呈向西北推进趋势,气候在向暖湿方向发展(毛飞等,2008)。

(2)黄土高原

基于黄土高原51个代表性气象站1961—2000年主要气象要素观测资料分析表明:这一地区年和各季节的平均气温均呈明显的上升趋势,增温速度大于全国同期增温速度;年降水量和作物生长季节降水量均呈下降的趋势;气候生产力呈递减趋势(姚玉璧等,2005)。利用甘肃省黄土高原16个气象站1971—2000年气象资料、13个农业气象观测站及3个农业气象试验站土壤湿度资料分析也表明,1980年代以来,甘肃黄土高原土壤含水呈减少之势,0～200 cm土层土壤总贮水量春、秋季减少了40～90 mm,夏季减少了20～36 mm;土壤贮水适宜农作物生长的时段减少了2～3个月,土壤水分匮缺的范围无论从时段及层次上都有所扩展(蒲金涌等,2006)。

(3)内蒙古高原

内蒙古高原由于地处季风气候影响的边缘,降水量的年际波动非常明显,是草地生产力的制约因子。对内蒙古高原40个气象台站1970—2009年的观测结果进行分析可以发现:这一地区普遍出现气温上升,大部分地区升温幅度达到0.5～1℃,而降水量的变化趋势不明显。对内蒙古3—5月气候干湿状况研究表明,1950年代末和1980年代初是两个相对湿润时期,1994年后气候最为干燥(路云阁等,2004)。

(4)西南喀斯特地区

西南喀斯特地区主要包括云贵高原和广西等地。虽然这一地区降水量不低,但降水量的下降和温度上升导致的蒸发增加则可能导致土壤的进一步干旱化,从而对区域自然生态系统和农业生态系统产生负面影响。对1961—2000年的气候资料的分析表明,西南地区不同气候要素基本都存在明显的年际和年代际变化振荡周期,对这些气候要素存在的突变现象进行了检验,发现气温首先在青藏高原地区开始突变,然后是云贵高原区,最后是四川盆地、贵州东部丘陵区。其他气候要素的突变时间多数也是先从青藏高原开始。由此可见,西南地区气候要素在高海拔地区比低海拔地区突变时间为早,全球气温突变要比西南地区的气温突变要早(马振锋等,2006),这种变化的时空差异性及其影响仍有待评估。

(5)西北内陆区

西北内陆地区降水量总体呈减少的趋势,其中以秋季降水量减少最多。气温距平呈上升趋势,大部分地区呈先降后升型,转型时间在1960年代后期至1970年代前期。冬季气温升高最为明显,秋季、春季次之,夏季陕、甘、宁交界区及陇中地区气温升高而其余地区气温距平略呈下降趋势。同期的相对湿度呈波动变化。平均风速除个别地区外,总体上呈下降趋势。蒸发量也表现出与风速类似的趋势(姚玉璧等,2009)。西北地区最低气温增幅最大,最低气温的变化比最高气温的变化更敏感,气候变暖主要来自最低气温升高的贡献(张强等,2008)。

2. 气候变化对西部地区区域发展的关键影响

(1)对农业生产的影响

与其他各区域相比,农业在中国西部地区经济中的比重最高,气候变化直接影响到区域农业的发展。而西部地区新兴的能源行业受气候变化的影响较小。总体上,西北内陆地区和黄土高原地区的农业生产受气候变化的影响大,西南喀斯特地区则受气候变化的影响较小。内蒙古高原和青藏高原以牧业为主,气候变化通过影响产草量直接影响其载畜量。

西北内陆地区平均积温明显升高,1987—2003 年与 1961—1986 年期间相比,≥0℃的年积温值平均增加了 112℃·d。对于河东地区而言,平均气温每增加 1℃,≥0℃的积温等值线将向北推移 50 km (张强等,2008)。气候明显变暖后热量资源增加,喜温作物生育期延长,面积扩大。越冬作物推迟播种,生育期缩短,种植区北界向北扩展,春播作物提早播种。冬小麦种植区西伸北扩,棉花面积迅速扩大,棉花气候产量明显增加。多熟制向北和高海拔地区推移。气候变暖也有利于牧区牲畜越冬度春 (邓振镛等,2008)。另一方面,西北地区大多数地方越冬作物全生育期降水量减少;大部分地方春小麦全生育期降水量增加;秋作物生育期降水量变化呈现跷跷板格局,西部增多,东部则减少(张强等, 2008)。

随着气候变暖出现的水分亏缺限制了西北地区农业的发展。由于温度增高和降水变化的空间差异使土壤水分发生了很大改变,黄土高原 0~200 cm 土壤总贮水量呈减少趋势,0~100 cm 土壤水分减少更加显著。与黄土高原不同,绿洲灌溉区只有 20 cm 以上浅层土壤水分有波动减少的趋势,而深层土壤水分变化不大(张强等,2008)。1961—2001 年,西北地区农田水分平衡呈现西降东升的态势,新疆大部及河西走廊西部的部分县市农田亏水量显著降低;西北中部及东部地区大部分县市,农田亏水量呈"W"状波动,在 1990 年代亏水最为严重;河西走廊以及新疆大部分县域农田水分平衡年际间变幅较小,中东部地区变幅较大(杨艳昭等,2008)。

气候变暖的综合效应也会使作物品种的熟性由早熟向中晚熟发展、多熟制向北推移和复种指数提高。总体上,近 50 年的气候变暖虽然使绿洲灌溉区农作物的气候产量提高了大约 10%~20%,但却使雨养旱作农业区作物气候产量反而减少了 10%~20%左右(张强等,2008)。

(2)对荒漠化的影响

荒漠化受到气候变化和人类活动的共同影响,迄今为止仍然没有理想的方法将气候变化的影响从人类活动的影响中区分开来(Xu 等,2011)。截至 2004 年,中国的荒漠化土地面积为 263.62 万 km²,沙化土地面积 173.97 万 km²,分别占国土总面积的 27.46%和 18.12%。与 1990 年代中期至末期的情况相比,荒漠化和沙化土地面积、扩展速度均出现减少和减缓的趋势,沙化土地已由 1990 年代末每年扩展 3436 km²转变为每年减少 1283 km²。这是气候变化和人类活动综合影响的体现(苏志珠等,2006)。气候变化中的降水变化在大范围内控制着荒漠化土地的扩展与逆转过程,气候暖干化有助于荒漠化的发生与扩展,但在局部地区随着气温升高有降水增多的可能,有利于荒漠化土地的逆转(苏志珠等, 2006)。由于气候变化,生长季 NDVI 指数自 1981 年至 1999 年在 88.2%的半干旱区和 72.3%的干旱区都呈增加的趋势。与 1980 年代早期相比,干旱和半干旱区的面积在 1990 年代末期分别减少了 6.9%和 7.9%,说明中国荒漠化趋势在逆转(Piao 等,2007)。

区域性研究工作表明,1960 年代以来,由于气候变暖,蒸发量增大,塔克拉玛干沙漠、河西走廊沙漠区和柴达木沙漠区的干旱危害加剧,这必然导致沙漠化的易发和其进程的加速。北疆气温升高,降水量增加,而蒸发量减少,有利于古尔班通古特沙漠周边绿洲沙漠化进程的减缓。另一方面,气候变化和地表径流量变化有利于准噶尔盆地和塔里木盆地的土地荒漠化逆转,而使河西走廊和柴达木盆地的土地荒漠化发展迅速(任朝霞等,2008)。在青藏高原北部,一年内降水时间上分配不均衡趋势的增强对高原北部荒漠化加剧起到了关键作用(罗磊等,2004)。

而在西南地区,由于喀斯特地貌的渗透性强,保水能力差,加上不合理的人类利用,这一地区面临石漠化的威胁。极端气候事件,如暴雨的增加,在一定程度上促进了石漠化的发展(宋维峰,2007)。

(3)对水资源的影响

青藏高原是地球"第三极",是中国大江大河的源头。在青藏高原及西北内陆区的山地,冰川的物质平衡对区域水资源的影响明显。由于气候变暖的影响,中国西部地区 80%的冰川出现了退缩,青藏高原过去 40 年冰川面积减少了 7%(3790 km²),厚度则每年减少 2 cm。中国冰川融化导致的径流增加由 1980 年的 62 km³增加到 2000 年的 66~68 km³(Li 等,2008)。塔里木河流域所有的河流上游均出现径流增加，与上游冰川融化有直接的关系（Shi 等，2007）。在塔里木河流域源流区，温度在 0.05 显著性水平上呈现增加的趋势，降水则表现为不显著增加的走势，而径流量基本均出现了递增现象；从参数检验和非参数分析的结果看，径流量增加与温度升高的关联趋势更明显，应该与冰川的加速融化有关（徐海量等，2007）。虽然在未来一定时期内青藏高原和西北内陆地区山地的冰川加速融化会对区域水资源带来正面的影响，但随着冰川的消失，区域水资源危机将变得非常严重（Piao 等，2010）。

在内蒙古高原，湖泊普遍发生萎缩甚至干涸，除了人类不合理利用水资源的影响，气候变暖导致的蒸发量增加也不容忽视。中国北方最大的淡水湖呼伦湖近 45 年来水位逐年下降，特别是 1999—2006 年来水面面积萎缩趋势更为明显，萎缩率达 339.41 km²/10a（赵慧颖等，2007）。位于内蒙古东部草原的达里诺尔湖面面积也在逐渐减小（周哲等，2004）。再往西，岱海湖面积在 20 世纪 70 年代为 160 km²，到 2003 年减小为 109 km²，水位下降了 5.1 m（孙占东，2005）。而内蒙古西部的鄂尔多斯高原湖淖群从 1950 年代以来出现了地下水位下降，湖淖水域萎缩的现象（黄金廷等，2006）。毛乌素沙地红碱淖面积 1991 年以后不断减小，湖泊年平均面积从 2000 年的 50.45 km² 减小到 2007 年的 37.55 km²，年平均衰减速度为 1.61 km²（尹立河等，2008）。位于内蒙古高原南缘河北坝上的安固里淖，亦在 2004 年秋天彻底干涸（乔彦肖等，2006）。

（4）对自然生态系统的影响

西部区的自然生态系统主要分布在青藏高原、内蒙古高原以及其他地区的山地。

从植被覆盖角度看，青藏高原中部和西北部植被趋于退化，而东南部植被状况在改善。同时，植被返青期和黄枯期发生变化；部分地区物种组成和群落结构改变；垂直和水平植被带推移；在植被净初级生产力总体呈现增加趋势的同时，一些地区的生物量有所下降；土壤碳库也随之发生相应改变；由于冻融和沙漠化，部分区域植被赖以生存的生态环境出现恶化。

天山等山地山区具有荒漠、草原和森林等主要生物群区完整的垂直地带性分布。1960—1990 年代，天山山区表现为波动升温（袁玉江等，2004），目前没有发现对区域生态系统组合影响的证据。但研究表明，天山山地高山草甸、森林、草原、荒漠等四种主要生态系统类型自 1980 年代以来生产力总体上呈上升到趋势，尤其以森林带最为明显（Ren 等，2007）。

3. 未来气候变化及其影响

利用区域气候模式 PRECIS 模拟的 SRES A2 情景下，西北地区的增温幅度高于全国平均水平，仅次于东北地区，西南地区的升温幅度则低于全国的平均水平。年降水量的增幅也是西北地区高于全国平均水平而西南地区低于全国平均水平，西北地区冬春降水增加尤为明显（许吟隆等，2007），意味着西北地区气候可能朝暖湿的方向发展。在 B2 情景下，中国西北和西南地区增幅超过了 1℃。夏季，在内蒙古和中国西南地区有明显的增温。伴随温度的升高，降水也有明显的变化，西南、西北大部地区降水将呈减少趋势（汤剑平等，2008），意味着气候将朝暖干的方向发展。

观测资料表明，西北气候出现了暖湿化趋势（施雅风等，2003）。利用陕西省 78 个代表站点 1961—2000 年的气象资料，模拟气候变化情景下的作物气候生产力状况表明："暖湿型"气候对农业的生产是有利的，平均增产幅度 8.0%～9.6%，而"冷干型"气候最不利于农业生产，平均减产幅度 −10.4%～8.6%（张永红等，2006）。在 B2 情景下，受气候变化影响严重的地区是生态系统本底脆弱的西北干旱地区和青藏高原西部区域，受影响严重且可能逆向演替（超过阈值）的主要类型是开放灌丛和荒漠草原（吴绍洪等，2007）。

4. 适应对策

（1）合理的植被保护与恢复对策

根据环境的变化，黄土高原植被恢复的对策是选择合适的树种、适当减少人工林种植密度；配合一定的工程措施，增加雨水的蓄积和入渗；加强生态环境保护法规建设，强化行政管理措施；加强生态环境保护教育，强化生态意识（周晓红等，2005）。在气候变化的背景下，过度放牧等不合理的人类活动加速了草地退化，采取措施保护现有的草地，使其退化趋势得到缓解并逐渐恢复是当务之急（祁永等，

2008)。

（2）农业政策的调整

在旱作农业区,气候变暖所带来的种植制度和格局调整有利机遇在很大程度上受到了水分条件的制约和限制。对于雨养旱作农业区来说,气候变暖很可能对农业生产更多带来一系列不利影响。这需要通过调整种植结构和选育新优抗旱农作物品种来适应气候变化。而对于绿洲灌溉区而言,气温升高,光照充足,又有比较充足的灌溉条件,极有利于发展喜热、喜温的优质特色农业。应该充分利用气候变化带来的发展机遇,积极探索干旱区现代农业发展的新模式(张强等,2008)。

（3）水资源分配的调整

降水资源是中国西北干旱区植被生长和生态建设的最重要气象因子,只有充分、合理地利用"降水"这种天然水资源才能最终实现中国西北干旱区环境、社会与经济的可持续发展(李秀花等,2009)。西线调水入黄河后,将对生态脆弱的西北受水地区增供水资源,促进防沙治沙,增加植被覆盖率,恢复和建立新的生态系统,可以大大提高这一地区的环境容量(张平军,2005)。

（4）生态移民

气候变化和人类活动的共同作用在一些地区已经造成了不可逆转的生态退化,当地居民已经失去了基本的生存条件,生态移民是减缓生态恶化的重要适应对策(秦大河等,2002)。当前黄河源区、内蒙古农牧交错带和西南平行岭谷区是生态移民政策应该重点考虑的区域(郭忠胜等,2009;白美兰等,2006;何大明等,2005)。以黄河源区为例,1959—1999 年升温高达 0.58℃/10a,成为全国升温最高的地区。气候变化和人为扰动共同造成了草原退化、水土流失加剧、自然灾害频发、冰川萎缩、冻土退化、水体减少等生态问题,大规模生态移民是适应气候变化的对策之一(郭忠胜等,2009)。

10.1.5　区域比较

通过对有关中国四大区域气候变化及其影响研究成果的评述,可以概括总结出各区观测到的气候变化事实及其影响、未来的气候变化趋势和可能的影响(表 10.3)。

表 10.3　中国区域气候变化及其可能影响总结

区域		区域气候变化特征	主要影响	预估的未来气候变化	预估的可能影响
东北地区		温度升高,降水量减少。	作物增产,主要作物的种植结构和布局发生变化;干旱趋势加剧;森林分布萎缩;草地退化严重;河湖湿地面积剧减,湿地生态环境恶化;冻土退化。	温度升高,降水量增加。	作物减产;森林生物量减少;冻土面积持续减少;土壤肥力下降。
东部地区	北部沿海地区	温度升高,降水量减少。	作物减产,作物布局和种植制度改变,农业气象灾害和作物病虫害加剧;海平面上升,水资源短缺和水环境破坏,海岸侵蚀严重,土地盐渍化;滨海湿地面积减少,生态功能退化;洪涝台风灾害加重;高温、热浪给人体健康造成严重影响。	温度升高,降水变化比较复杂。长江中下游及其以南的大部分地区年平均降水量增加,华北地区降水量呈减少趋势。	作物减产,作物布局和种植制度改变,农业病虫害加剧;海平面上升,土地淹没,水资源短缺和水环境破坏,海岸侵蚀严重,土地盐渍化,海岸带生态系统退化;洪涝、台风灾害加重;对人体健康的影响加大,虫媒传染病和中暑等疾病的发生程度和范围增加。
	中部沿海地区	温度升高,长江以北降水量减少,以南降水量增加。			
	南部沿海地区	温度升高,降水量增加。			

续表

区域		区域气候变化特征	主要影响	预估的未来气候变化	预估的可能影响
中部地区		温度升高，长江中下游地区降水量增加，其他区域降水量减少。	作物减产，农业气象灾害和作物病虫害加剧；水资源储量下降；河湖湿地和生物多样性锐减；血吸虫病害加剧。	温度升高，降水变化区域差异明显。江淮流域降水量增加；夏季，华北平原的降水量减少。	作物减产，作物布局和种植制度改变；旱涝灾害频率加大；湿地面积变化显著，生物多样性降低，生态功能下降；血吸虫等病害的传播区域扩大。
西部地区	青藏高原	明显升温，降水量变化不明显。	绿洲灌溉区作物增产，旱作区作物减产，棉花种植面积和产量增加；降水量增加（减少）区的草场产草量和质量增加（下降），总体上草地退化严重；旱涝灾害加重；水土流失面积加大；土地荒漠化加剧；水资源危机，冰川面积减少；地质灾害频繁；生物多样性减少；冻土面积减少，环境退化。	温度升高，降水量增加。	农业生产不稳定性增加，作物布局和种植制度发生改变；水资源危机，冰川面积减少草地退化，草原产草量略有下降；森林生产力呈现不同程度增加，但森林病虫害传播范围和程度扩大；地质灾害频繁；冻土面积减少，环境退化。
	黄土高原	明显升温，降水量减少。			
	内蒙古高原	明显升温，降水量变化不明显。			
	西南喀斯特地区	微弱升温，降水量变化不明显。			
	西北内陆地区	明显升温，南疆及北疆的南部，青海北部、甘肃西部，降水量普遍增加。			

10.2 气候变化对城市群的影响

气候变化和城市化问题使得人类更易遭受灾害影响。气候变化对环境造成的影响使人类更加暴露在各种自然灾害的威胁之下。同时，随着城市化的加速，人口、产业不断向城市集中，城市成为高密度和规模庞大的承灾体，人类面临的灾害风险加大。城市是一个高度人工化的系统，并由平面开发转向立体开发，对自然灾害的自我调节能力较弱，使城市更容易遭受灾害的侵袭。另外，随着人口、产业向城市集聚，废弃物排放大量增加，环境污染加剧，生态系统退化，水资源、土地资源供需矛盾突出，更加重了自然灾害对城市的威胁。城市区域自然灾害一旦发生，往往产生一系列的连锁效应，灾害风险和威胁大大增加。

城市群可以充分发挥集聚和带动效应，在国家发展格局中占有非常重要的地位。另外，中国人多地少的国情，也在一定程度上决定了城市化的空间格局向紧凑型、集群化趋势发展。国家"十二五"规划纲要提出以大城市为依托，以中小城市为重点，逐步形成辐射作用大的城市群，在东部地区逐步打造更具国际竞争力的城市群，在中西部有条件的地区培育壮大若干城市群。而城市群人口、产业、基础设施高度集中，使气候变化和城市化问题叠加，引发灾害链、灾害群的可能性增加，成为容易遭受灾害侵袭并造成重大损失的高风险区。

10.2.1 中国主要城市群及其概况

目前，中国已经形成长江三角洲城市群、珠江三角洲城市群和京津冀城市群三大跨省（市）级行政区的一级城市群。除三大城市群外，还有山东半岛城市群、辽中南城市群、中原城市群、武汉城市群、长株潭城市群、成渝城市群、关中城市群7个次级城市群，如表10.4所示。

表 10.4　中国十大城市群及其基本特征

名称	范围	地理位置	基本特征
辽中南城市群	以辽宁省的沈阳、大连为中心,包括鞍山、抚顺、本溪、营口等7个城市。	位于辽东半岛和环渤海经济圈北缘。	面积 6.46 万 km^2,人口 2433.80 万人,分别占辽宁省的 43.88% 和 57.51%。地区生产总值(GDP)9765.35 亿元,占辽宁省 88.59%,全国的 3.91%。综合运输网络较发达,工业化和城市化水平较高,矿产资源丰富,农业发展条件较好,重工业基础雄厚,是全国人口、经济活动高度集聚的区域。
京津冀城市群	以京、津为中心,包括唐山、秦皇岛、保定、张家口、廊坊等10个城市。	位于华北平原北部,濒临渤海,是北上南下、西进东出的要冲。	面积 16.68 万 km^2,人口 6722.77 万人,GDP22711.05 亿元,分别占全国的 1.74%、5.09% 和 9.10%。交通便捷,科技智力密集,重工业发达,经济基础雄厚,是中国人口、产业、科技、信息、城市的重要集聚区。经济实力居全国城市群第 3 位。
山东半岛城市群	包括山东省的济南、青岛、烟台、淄博、威海等8个城市。	位于黄河经济带和环渤海经济区交汇点,地处华北、华东地区的结合部。	面积 7.40 万 km^2,人口 4010.56 万人,分别占山东省的 46.93% 和 42.91%。GDP17108.16 亿元,占全国的 6.86%。交通发达,自然资源丰富,农业发展条件优越,是山东省发展最快的地带。经济实力居全国城市群第 4 位。
长江三角洲城市群	以上海为中心,包括南京、苏州、无锡、常州、镇江、南通、杭州、宁波、嘉兴等16个城市。	跨苏、浙、沪两省一市,位于长江和沿海一级发展轴交汇点,水陆交通便捷。	面积 11.01 万 km^2,人口 9749 万人,分别占全国的 1.15% 和 7.38%。GDP46862 亿元,占全国的 18.78%。农业生产发达,产业基础和科技实力雄厚,是中国城市分布的最密集地区以及参与国际分工与合作的重要区域。经济实力居全国城市群之首。
珠江三角洲城市群	以广州、深圳为中心,包括珠海、佛山、惠州、东莞、中山等9个城市。	位于广东省中南部珠江出海口,毗邻港澳。	面积 5.47 万 km^2,人口 2872.5 万人,分别占广东省的 30.45%、35.22%。GDP 25606.87 亿元,占全国的 10.26%。对外开放程度较高,是中国重要的高新技术产业带、制造业基地、出口创汇基地。经济实力居全国城市群第 2 位。
中原城市群	以郑州为中心,包括洛阳、开封、新乡、焦作、平顶山、许昌等9个城市。	地处黄河中下游,位于河南省中部偏北,陇海、京广铁路沿线。	土地面积 5.87 万 km^2,人口 3971.18 万人,分别占河南省的 35.62% 和 40.24%。GDP8610.51 亿元,占河南省的 57.4%,全国的 3.45%。交通发达,矿产资源丰富,农业基础较好,是中部崛起和黄河经济带发展的战略平台。
武汉城市群	以武汉为中心,包括武汉、黄石、鄂州、黄冈、孝感、咸宁、天门、仙桃和潜江9个城市。	地处长江中游,位于湖北省东部,长江和京广线全国一级发展轴的交汇处。	土地面积 5.80 万 km^2,人口 3139.79 万人,分别占湖北省的 31.23% 和 51.73%。GDP5556.74 亿元,占湖北省的 60.20%,全国的 2.23%。农业发展基础较好,工业门类齐全,第三产业较发达,是湖北省人口、城市最密集的核心区,是中国东西互动、南北联动的关键接力点。
长株潭城市群	包括长沙、株洲、湘潭3个城市。	地处湖南省东部,三个城市彼此相距不足50 km。	土地面积 2.31 万 km^2,人口 1309.96 万人,分别占湖南省的 11.73% 和 19.25%。GDP3468.3 亿元,占湖南省的 37.25%,全国的 1.39%,是湖南省的经济重心。
成渝城市群	包括重庆、成都、自贡、泸州、德阳、绵阳、遂宁、内江、乐山、南充、眉山、广安等城市。	地处长江上游,跨四川、重庆两省(市)。	土地面积 20.74 万 km^2,人口 9681.2 万人,分别占川渝两省(市)的 36.55% 和 83.23%。GDP12440.6 亿元,占川渝两省(市)的 83.81%,全国的 4.99%。成渝、宝成、川黔、成昆、湘渝铁路穿过辖区,交通条件优越,工农业基础较好,矿产资源、水资源丰富,是西南地区的经济核心。
关中城市群	以西安为中心,包括西安、宝鸡、渭南、咸阳、铜川5个城市。	位于陕西省关中地区。	土地面积 5.45 万 km^2,人口 2331.51 万人,分别占陕西省的 26.56% 和 62.21%。GDP3460.94 亿元,占陕西省的 63.32%,全国的 1.39%。自然条件相对优越,工农业较发达,是陕西省甚至西北综合经济实力最强的地区。

数据来源:由中国以及相关省(区、市)2008 年统计年鉴数据计算得出

10.2.2 气候变化对沿海地区城市群的影响

辽中南、山东半岛、京津冀、长江三角洲、珠江三角洲五大沿海城市群处于海陆交互作用的脆弱敏感地带,受海陆复合型灾害的影响,洪水、台风、海啸、风暴潮等突发性灾害以及海岸侵蚀、海水入侵、土地盐碱化、湿地生态退化等缓发性灾害叠加,成为自然灾害的高发区。五大城市群人口、产业和设施密集,容易造成重大损失。在气候变化背景下,海平面上升,洪水、台风、海啸、风暴潮的发生频率和强度增加,海岸侵蚀、海水入侵、土地盐碱化加剧。同时,气候变化对城市群所在区域的生态、环境、农业、供水、交通等产生一系列影响,使城市受到间接威胁。气候变化将使五大城市群成为全国受气候变化影响最大的地区,部分城市甚至会面临难以预测的巨大灾害风险。

1. 滨海城市遭受洪水威胁和低地被淹没的巨大风险

沿海地区由于所处地理位置、地形和季风气候等因素的影响,洪灾频繁发生,成为全国遭受洪水危害频数最多、影响范围最广的三个洪水多灾区之一(杨桂山等,1999)。天津、广州为水灾最危险的城市,大连、唐山、青岛、苏州、无锡、扬州、深圳、珠海等为高度危险的城市(王静爱等,2004),这些城市都处在沿海各大城市群的核心区。气候变化背景下,受海平面上升以及风暴潮、台风、暴雨等灾害的影响,五大城市群将成为受洪水威胁和低地被淹没的高风险区。

(1)沿海城市的低洼地区面临被淹没的巨大风险

气候变化引起海平面绝对上升。近30年中国沿海海平面总体上比1978年上升了90 mm,平均上升速率为每年2.6 mm,高于全球平均水平。其中,天津沿岸上升最快,上升幅度达196 mm;上海次之,为115 mm;辽宁、山东、浙江上升均在100 mm左右,福建、广东为50~60 mm(中国海平面公报,2007)。预计未来30年,中国沿海海平面将比2008年升高80~130 mm。长江三角洲、珠江三角洲、黄河三角洲和天津沿岸仍将是海平面上升影响的主要脆弱区(中国海平面公报,2008)。海平面上升非常缓慢,是一种长期的、缓发性灾害,但这种趋势很难阻止,并且几乎无法逆转。

五大城市群的深圳、广州、上海、苏州、青岛、天津等大城市濒临海岸,且大部分地区海拔普遍较低,仅2.0~3.0 m。天津市区近一半地区的海拔不足3.0 m,滨海的塘沽、汉沽和新港海拔3.0 m以下,塘沽东大沽一带,海拔仅0.5~1.0 m,塘沽海滨公园低于海平面。长江三角洲地势低平,北起灌河口,南至钱塘江口,11000 km²范围内海拔不超过2.0 m。上海海拔1.8~3.5 m。珠江三角洲大部分地区海拔不到1.0 m,约13%的土地在海平面以下。广州、中山、珠海等城市大部分地区处在当地平均高潮位以下,依靠堤围防护。由于城市土地资源紧缺,沿海城市普遍向低洼的滨海地段扩展,如唐山曹妃甸、天津滨海新区、上海临港新城等。国际上一般认为,海拔5.0 m以下的海岸区域为海平面上升、风暴潮灾害影响的脆弱区和危险区(沈文周,2006)。沿海城市群低洼地区面临被淹没的巨大风险。

(2)洪水和风暴潮威胁大大增加

风暴潮、洪水是威胁沿海城市群的主要突发性灾害。风暴潮灾害的空间范围一般为1~1000 km,时间尺度为1~100 h。当风暴潮位超过当地警戒水位2.0 m,将可能发生特大风暴潮。2008年,沿海地区共发生风暴潮25次,直接经济损失192.24亿元(中国海洋灾害公报,2008)。

由于气候变化、海平面上升、滨海湿地退化等原因,城市群面临洪水和风暴潮的威胁大大增加。首先,气候变化引起台风、风暴潮等海洋灾害发生频率和强度增加。其次,地下水超采严重以及大型建筑物群增加了地面负载,引起上海、天津等滨海城市地面沉降,海平面相对上升加快。1959—1992年,天津市区累计最大沉降量达2.7 m,沉降量大于1.5 m的面积由1978年的3 km²至1992年扩大为133 km²。1921—2000年,上海市中心城区地面平均累计下沉约1.89 m,平均每年累计下沉2.36 cm,最大累计沉降量达到2.63 m,沉降面积约400 km²(姚士谋等,2008)。城市地面沉降是一种连续的、渐进的、累积的过程,其发生范围大且不易察觉,但经过逐年积累,导致临海城市地面高程损失,并与海平面绝对上升叠加,使海平面上升加快。海平面上升导致潮位升高,使入海河流的河道比降下降,城市排水系统自流排水困难,河流淤积加重而排洪困难,容易造成城区严重内涝。另外,海平面上升导致天津、上海、广州等沿海城市海堤和挡潮闸的防潮能力降低,洪水、风暴潮灾害威胁增加。再次,海湾围垦、填海造地使滨海湿地萎缩,储水分洪、抵御风暴潮的缓冲区域缩小,导致洪水、风暴潮灾害对滨海城市的威胁增加。

2. 海水入侵和水质污染加重

海平面上升和地面沉降相叠加,使相对海平面上升加快,导致潮位升高,海水沿江河上溯距离增加,入侵陆地地下淡水层的范围扩大。由于气候变暖,枯水期长江、珠江、黄河等江河来水减少甚至河流断流,海水借助潮汐作用倒灌江河,沿河上溯距离和范围增加,尤其河口区海水入侵程度加剧。南水北调工程还将导致长江下游输水量进一步减少,未来海水倒灌对长江河口和沿岸城市的影响不可低估。沿海城市群地下水超采严重,地下水位负值区(漏斗区)范围扩大,海水沿地下含水层入侵加重,造成地下水质恶化,滨海土地盐碱化加重,城市淡水供需矛盾加剧。例如,大连市因地下水超采,形成地下水位低于海平面 $5\sim25$ m 的漏斗区,海水入侵面积达 28816 km²。上海滨海地段和岛屿外围土壤盐碱化,盐碱土总面积占全市陆域面积的 9.6%。珠江三角洲的珠海、中山、东莞、广州东部受咸潮影响较大。

沿海城市群由于工业化和城市化不断加快,工业废水和生活污水排放强度增大。另一方面,相对海平面上升使入海河流的河道比降下降,城市排污困难加大,受污染河水将更难排入海中而滞留在城区内的河道内,造成河流污染严重。上海地处长江河口,黄浦江贯穿上海中心城区。来自长江流域的污染物因江流推力不足而不能顺利排入大海,上海市排入黄浦江的污水也因长江口潮流的顶托而排泄困难,导致上海水质污染严重。随着上游来水减少和海平面上升,这一情况可能进一步加重。

3. 海岸和河口三角洲侵蚀更趋严重

随着海平面上升和台风、风暴潮等海洋灾害加剧,沿海城市海岸侵蚀加剧,使海滩、码头、护岸堤坝、防护林受到破坏和威胁。海平面上升导致潮位上升、强潮频率增多、潮差加大,海岸侵蚀加剧。根据 Bruun 法则,海平面上升会破坏原有的沉积—侵蚀平衡而造成海岸蚀退。潮位上升,导致侵蚀基准面上升,原来处于平衡状态的海岸剖面不适应新的动力条件,从而塑造新的剖面,并改变沿岸的冲积过程,导致海岸侵蚀加速。风暴潮侵袭期间,水位大幅度上升,并伴有大浪,持续时间长,加强了海浪的破坏能力和沿岸输沙能力,往往造成严重海岸侵蚀。随着气候变化,江河水量减少,加上大中型水库沿河截水拦沙,使入海河口的水沙量大大减少,导致河口三角洲及近海海岸侵蚀加速。海岸侵蚀严重,对大连、秦皇岛等滨海旅游城市发展造成很大影响。秦皇岛市海岸线长 124.3 km,市区海湾段近几十年来受海水侵蚀后退。北戴河海滨浴场由于受到海水侵蚀,滩面变窄。1970 年代以前,长江年入海泥沙近 5 亿 t,近 30 年来,入海泥沙呈明显减少趋势,1990 年代比 1960 年代减少了 1/3,比 1980 年代减少了 1/5,2000 年,入海泥沙为 3.4 亿 t(李培英等,2007)。随着上游水量减少以及葛洲坝、三峡大坝拦江蓄水,长江口及其附近海岸的淤积将减慢而侵蚀加速。

4. 港口和河道航运受到威胁

海平面上升破坏海岸区侵蚀堆积的动态平衡,改变海岸附近沙堆的分布,或导致泥沙的堆积逐渐占优,引起航道淤塞,使海港水深降低,妨碍其功能的正常发挥,甚至使其报废。海平面上升而海岸抬升,海蚀阶地发育,导致港池、航道水深不够而港口废弃。海平面上升和地面沉陷,港口码头泊位和仓库高程降低,易受到风暴潮影响。随着海平面上升,长江、珠江等河面上升,河上桥洞净空减少,可能导致不能通航大型船舶,影响河道航运。港口和河道航运是沿海城市群发展的生命线,沿海五大城市群从北到南,分布着旅顺、大连、秦皇岛、天津、烟台、威海、青岛、连云港、上海、舟山、深圳、广州等港口。港口和河道航运受到威胁,会造成沿海城市对外交通联系减弱,对沿海城市群发展将产生严重影响。

10.2.3 气候变化对中部地区城市群的影响

中原城市群、武汉城市群、长株潭城市群是中部地区的产业密集区和人口密集区,气候变化对中部地区三大城市群的影响不容低估。

1. 气候变化对中原城市群的影响

中原城市群地处黄河中下游地区，气候变化对其影响主要是使干旱、洪涝灾害威胁严重。由于气候变暖，降雨季节性分配将更不均衡，北方持续性干旱程度加重，出现重大旱灾的可能性加大。干旱造成水库和河流水位下降，影响城市供水。未来 50～100 年，在黄河上游省区径流减少的趋势下，以黄河过境水为主要水源的宁夏、甘肃等省（区），不得不加大过境水的引用和地下水的开发利用，势必加剧黄河中下游的水资源短缺（翟盘茂等，2009）。随着人口、产业向城市群集聚，城市供水日趋紧张。另外，由于中原城市群地处黄河中下游及淮河上游地段，汛期降雨集中，洪涝灾害的威胁较大。而且黄河流域水土流失严重，大量泥沙汇入河道，使下游河床平均每年抬高 0.1 m，削弱了河道的行洪能力，加大了洪水对城市群的危害。气候变化背景下，河流泛滥、水库决口造成的特大洪涝灾害对中原城市群的威胁增加。

2. 气候变化对武汉城市群和长株潭城市群的影响

（1）洪水灾害威胁日趋严重

气候变暖导致的极端气候事件是造成长江流域洪水的主要原因，洪灾的高峰小区主要集中于湖南、湖北、江西、安徽 4 省沿江、沿湖地区。其中，湖北约 24% 的县市位于高危洪灾风险区（秦大河，2009）。武汉城市群地处长江中游，武汉、黄冈、鄂州、黄石位于长江干流沿岸，洪涝灾害对武汉城市群的影响和威胁较大。长江汛期降雨集中，洪涝灾害严重。武汉市区长江、汉江穿过，是中国水灾威胁最危险的城市之一（王静爱等，2004）。长江流域水土流失严重，大量泥沙汇入河道，抬高河床，削弱河道的行洪能力。荆江、汉江大堤的修筑，堵塞众多分流口，造成水流归槽，河床淤积加高，洪水位不断上升。由于长江泥沙大量进入洞庭湖，湖床年均淤高 3.5 m，加上围湖垦殖，使洞庭湖湖泊面积减少，洪水失去调蓄场所，加重了洪水的威胁。长株潭城市群所在区域有湘江干流和渌水、涓水、涟水、靳江河、浏阳河、捞刀河等支流。长沙、株洲、湘潭三个城市均位于湘江沿岸，一旦发生大洪水，城市群濒临江河区域的基础设施、房屋建筑、道路等设施将受到严重威胁。湘江穿过长沙市区，在长沙以上的流域面积占全流域总面积 87.6%，流域内降水充沛，径流丰富。若遇到强降水，由于湘江中上游洪水沿程叠加和区间洪水的复合叠加作用，使来水量加大，容易造成洪水灾害。此外，湘江长沙以上河段，因占用河道滩地、滞洪洼地，致使河道泥沙淤积，河道淤高，河床抬高，河槽调蓄洪水能力减小，使下游长沙洪水位抬高。由于洞庭湖水位抬高，对地处湘江尾闾的长沙市水位造成顶托，市区因城市建设而侵占河道，导致城市排泄洪能力降低，延滞了泄洪时间。长沙是中国水灾高度危险城市，是全国 31 个重点防洪城市之一，新中国成立后的 50 年，湘江流域中下游区平均 1.7 年发生一次洪涝灾害，灾害性洪水发生年频率为 84.0%。其中极大洪涝灾害平均 9.6 年发生一次，市内最大淹没水深达 6 m（毛德华等，2002）。在气候变化背景下，暴雨和洪涝灾害增多，发生流域性大洪水的可能性加大，武汉城市群和长株潭城市群受洪水的威胁频率与强度将增加。

（2）对城市居民健康的威胁和危害增加

随着经济发展，城市化进程加快，人口、生产、交通集中，工业生产、家庭炉灶、机动车行驶等废热排放，使城市区域热量收入增加。同时，城市化过程中造成的"热岛效应"也加剧了极端高温天气的酷热程度。人体对气候变化程度和速度非常敏感，极端高温热浪严重危害人体健康，尤其对弱势群体的生命安全威胁更大。独居老人、长期慢性病患者、降温设施不足的低收入群体以及户外作业工作人员往往成为高温热浪最直接的受害者。随着气候变暖，武汉城市群、长株潭城市群的城市区域夏季热浪、高温发生的频率、强度和持续时间可能增加，容易诱发中暑、昏厥、肠道以及心脑血管疾病。热浪、高温与城市空气、水体污染叠加，使这些灾害对城市居民的健康危害增加。由于气候变暖，昆虫繁殖能力增强，以昆虫为媒介或宿主的疟疾、登革热、血吸虫病等传染病发生的可能性增大。

10.2.4 气候变化对西部地区城市群的影响

1. 气候变化对关中城市群的影响

（1）水资源供需矛盾日趋紧张

水是关中城市群可持续发展的战略性资源，城市生活、生产用水及绿化用水对气候变化较敏感。关中地区深居内陆腹地，处于暖温带半湿润与半干旱气候的过渡地带，多年平均降水量为 500～700 mm，降水量较少，年际降水变率大，干旱灾害频繁发生。近 200 年，共发生干旱灾害 94 次，平均2.14 年发生一次，中部和东部为旱灾的高发区（张允等，2008）。地表水资源主要由降水补给，水资源补给单一，水资源较为稀缺。河流含沙量高，水库严重淤积而影响供水，部分城市供水工程的建设滞后，供水能力较差，水资源供需矛盾突出。此外，关中地区约占陕西全省面积的 27%，却集中了全省 52%的土地，60%的人口，80%的工业，而其地表水资源量却仅占全省的 17.7%。渭北泾西片干旱少雨，河流稀少，径流贫乏，而该区是陕西省粮棉主产区和能源、化工基地，经济地位十分重要。由于城市工业废水和生活污水排放，渭河水污染严重而水资源质量下降。缺水严重的铜川市，缺水率达 37.7%。渭南市缺水程度位居第二，缺水率为 33.2%，咸阳市严重缺水，西安市、宝鸡市情况稍好，但地下水超采严重。未来 50～100 年，气候变化将加剧陕西省的人均水资源短缺状况，减少幅度为 20%～40%（翟盘茂等，2009）。随着全球变暖，降水量减少，蒸发量增大，城市工业和生活用水日趋紧张。城市人口激增和工业化的快速发展，日益频繁的自然灾害以及沙漠化使大量移民盲目地向城市流动，也会造成城市缺水问题日趋严重。供水不足将对城市的可持续发展造成刚性制约，甚至会成为部分城市发展的最大威胁。水资源供需矛盾加大，可能引发城市和所在区域生态系统衰退甚至失衡。

（2）自然灾害的威胁和危害加大

关中地区地处黄土高原，山区面积占 62.7%，平原区面积占 37.3%，植被覆盖度低，黄土分布面积广。黄土土层较厚，土质疏松，孔隙度较大，且表面支离破碎，抗径流冲刷能力较低，如遇暴雨，容易形成水土流失。随着气候变暖，强降雨引发的山洪、滑坡和泥石流等灾害的可能性增加，对城市群的基础设施、住宅、生产活动和安全造成较大的威胁和危害。

2. 气候变化对成渝城市群的影响

近 50 年来，西南地区干旱和因强降水而引发的山地灾害交替发生。由于区域性灾害气候，特别是大到暴雨的频繁发生以及其他因素的共同影响，使得该地区山地灾害活跃的高峰期越来越高，波动周期越来越短，成灾频次越来越多，造成的灾害损失越来越大（秦大河，2009）。气候变暖加剧了水文循环过程，增加了极端水文事件发生的可能性。随着气候变暖，西南地区暴雨发生的可能性、频率和强度增大，更容易诱发和加重山洪、泥石流、滑坡、崩塌等灾害。成渝城市群位于西南地区，地处长江中上游地区，所在区域的地质、地貌条件复杂，生态环境脆弱，山地灾害多发，是该城市群区别于其他城市群的一大特点。

（1）洪水对城市群的影响加重

由于城市所在区域陡坡垦殖、植被破坏以及采矿、采石、筑路等工程活动，导致流水侵蚀加剧，泥沙淤积河道和湖泊，抬高河床，减少河流的行洪能力和湖泊的蓄水能力，加剧洪涝对城市的威胁。部分临河城市的河谷阶地距离河流不高，如发生洪水，容易形成洪灾。同时，由于阶地面积不大，城市向河滩扩展，束窄河道，直接缩小了过洪断面，增大了江河泛滥导致城市洪灾的风险。全球变化导致暴雨增多，洪水灾害频繁，对临河城市的威胁增加。例如，重庆位于长江与嘉陵江汇合处，长江从西南向东北、嘉陵江从西北向东南穿过市区，河岸总长约 50 km，沿岸地势较低的地区易被淹没。两江过境洪水的水位变化具有上涨快、回落快、变幅大的特点，容易对沿岸阶地造成较大影响。三峡水库建成后，由于回水和河床加速淤积，会使城区洪水位抬升，淹没范围扩大，洪水灾害的风险加大。未来气候变化，将使洪水灾害对重庆市区的威胁进一步增加。

（2）山地灾害的风险和危害增加

降水量、降水强度、暴雨频率是山地灾害形成和发育过程中最活跃、最持久的触发因素。在气候变化背景下，由于降水的强度和频率增加，山地灾害可能呈加剧发展之势。成渝城市群的部分城市所在区域的地表高差和斜坡比降较大，夏季降水充足，暴雨集中，水蚀作用强烈，崩塌、滑坡和泥石流等重力侵蚀活跃。另外，由于工矿、交通建设，在建设阶段改变原有的地表形态和岩土力学条件，破坏山体和边坡的稳定性，形成裸岩、裸坡，并产生大量的废弃土、石、渣，对水土流失、滑坡、崩塌等灾害形成和发育起了促进作用。因此，地质、地貌背景、气候条件、人类活动的影响和气候变化相互叠加，使山地灾害加剧。若遇到特大暴雨和洪涝灾害，并会形成暴雨—洪水—崩塌、滑坡—泥石流等灾害链和灾害群，对城市群交通、通讯等基础设施和人身安全造成较大的威胁。例如，重庆市属山区沿江城市，地质环境脆弱，市区的崩塌、滑坡灾害点的密度大，发生频率高。崩塌灾害点密度高达 1 处/km^2，滑坡主要集中于海拔 160~300 m 的沿江斜坡地区。崩塌主要集中于嘉陵江沿岸的浮图关、沧白路和长江沿岸的九渡口、雷家坡等地区（黄润秋等，2007）。这些地段工厂、居民住房集中，气候变化引起或强化的山地灾害对城市发展威胁较大。

10.2.5 未来趋势及适应对策

中国是世界上人口最多的国家，2008 年人口已达到 13.28 亿人。依据城市化过程的 S 形曲线（Northam，1979）规律，当城市化水平超过 30% 以后，城市化进程进入加速发展阶段。2008 年，中国城镇人口 6.07 亿，城市化率达到 45.68%，正处于城市化的快速发展期，人口、产业加速向城市群迁移和集聚。据有关资料的预测，2030 年，中国人口将达到 15.50 亿人，城市人口 9.30 亿人；2050 年，中国人口将到 15.87 亿人的高峰，城市化率将达到 75.60%，城市人口将达到 11.99 亿（中国设市预测与规划课题组 1997；董锁成，1999）。随着城市化水平的提高，城市数量和城市规模将进一步扩大。除北京、上海外，广州、深圳、天津、武汉、重庆等可能发育为千万人口的巨型城市。尤其随着全球化和信息化，生产全球重构与转移，交通网络基础设施完善，现有城市群将加快发展，长江三角洲、珠江三角洲、京津冀三大城市群可能通过空间联合而发育为大都市连绵区。此外，还可能形成哈大齐、海峡西岸、环鄱阳湖、滇中、个开蒙、南北钦防、酒嘉玉、兰西格、天山北坡等新的城市群。

随着城市化进程加快，城市下垫面性质改变以及热释放、大气污染、水污染而导致城市区域淡水短缺、环境污染、生态退化等问题日趋显现。气候变化背景下，这些问题可能强化甚至恶化，城市群未来面临的环境和灾害问题可能更趋于复杂。气候变化使洪水、暴雨、内涝、热浪、干旱等灾害频次和强度增加，重大极端天气气候事件发生的可能性上升，容易对城市交通、供电、给水、排水等城市生命线产生重大影响。所以，城市群面临的资源、环境和灾害问题更复杂，可以预见和难以预见的风险和威胁增多。因此，国家相关部门应充分认识到城市群应对气候变化影响的紧迫性，并在以下几个方面做出积极行动：

（1）重视研究城市群、具体城市大气—生态—环境—社会—经济对气候变化的响应及相互作用机制，并在气候变化对城市群的影响路径、影响机制、脆弱性以及适应性等方面进行深入而系统地研究。对气候变化城市群影响进行预测和评估，尽快提出适应和减缓对策。

（2）加强海平面变化的监测，以及城市环境遥感监测系统、灾害预报与防灾减灾体系、突发性灾害预警和应急体系、城市综合减灾能力建设。重视沿海城市及河口堤防工程的建设，提高防潮标准。加快西部地区城市群所在区域的生态修复和重建，重视地质灾害的综合防治。

（3）加强城市所在区域的给排水和污染物处理设施建设。一方面，重视水利工程建设和合理布局，提高城市淡水资源的供给保障能力。另一方面，重视城市排水设施体系建设，提高暴雨、洪涝期间城市的排水能力。

（4）积极开展适应气候变化的城市规划。例如，增加城市园林绿地、绿色开敞空间以及水体面积，以减缓热岛效应和高温热浪的威胁。增加地面透水面积，拦蓄雨水，提高雨水的利用率，减轻淡水供给的压力。

（5）将气候变化对城市的影响及适应对策和灾害管理作为重要内容，列入城市区域的各种社会经济发展规划中，提高城市应对气候变化影响的能力，尽量避免和减少当前和未来气候变化对城市群的威胁与影响。

10.3 气候变化对区域可持续发展的影响

气候变化问题,不仅是科学问题、环境问题,而且是能源问题、经济问题和政治问题,气候变化是环境问题,但归根到底是发展问题。中国是世界上最大的发展中国家,深受气候变化的影响,明确提出"加强应对气候变化能力建设,为保护全球气候做出新贡献"这一经济社会发展的重大战略任务,而作为一个发展中国家,工业化、城市化、现代化进程远未完成,发展经济、改善民生的任务尤为艰巨,在应对全球气候变化领域面临巨大挑战。深入探析气候变化对区域可持续发展的影响对于指导中国的现代化进程具有重大的战略意义。

气候变化对区域可持续发展的影响应从三个方面考虑:首先,气候变化会引起自然生态系统的变化,从而将导致人类生存和居住环境的变化,这可以通过环境价值评估方法测算,但由于信息和博弈等因素定量化困难较大,此为气候变化对区域发展的直接影响;第二,人们为了防范气候变化带来的危害所造成的引致适应性成本,在人类的减排措施还没有取得效果之前,适应是应对未来几十年将要发生的不良影响的唯一方法。适应性成本很难进行定量化估价,但必将是非常巨大的成本;第三,应对气候变化措施对区域发展带来的影响。

10.3.1 气候变化对农业生产地理格局的影响

1. 气候变化对不同区域农业生产的正面影响

与世界同纬度地区相比,中国气候变暖幅度冬季大于夏季,内陆大于海洋,寒潮将得到削弱。中国中温带地区因温度升高幅度较大,大大减少了低温寒害对大田及果树的影响,农业生产会有所发展。暖温带地区温度提高将有利于冬季露天栽培蔬菜,对小麦顺利越冬有利,一年两熟作物区生长季延长,夏收夏种紧张程度将得到缓解。在北亚热带地区,由于增温影响,一年两熟可逐渐为一年三熟的耕作制所代替,而西部高原地区温度升高,农业热量条件将改善,南亚热带地区的热带作物低温和春寒灾害将减少。中国不同气候带的耕作制度将有较大的改变。当前气候条件下的两熟区将北移至一熟区中部,未来三熟区将明显向北扩展,其北界将从长江流域移至黄河流域,一熟区面积将大大缩小(赵名茶,1995;刘颖杰,林而达,2007)。

2. 气候变化对农业生产的负面影响

气候变化对中国农业生产的负面影响已经凸现,农业生产不稳定性增加;局部干旱高温危害严重;因气候变暖引起农作物发育期提前而加大早春冻害;草原产量和质量有所下降;气象灾害造成的农牧业损失增大。未来气候变化对农业的影响以负面影响为主。小麦、水稻和玉米三大作物均可能以减产为主。农业生产布局和结构将出现变化;农作物病虫害可能会日益严重;草地潜在荒漠化趋势加剧;畜禽生产能力可能受到影响,疫情发生风险加大。

3. 气候不均匀性变化对农业生产影响的区域分异特征

农业生产对气候变化具有敏感性和脆弱性的特点,农业系统易受到气候变化(包括气候变率和极端气候事件)的影响。总体来说,气候变化在中国呈现出区域差异性,一方面是增温的区域差异性,另一方面是降水的区域差异性,水、热、光照等多因素的不同组合将对农业生产产生不同的效应,有些地方有利于某种农作物的生产,而另一些地方不利于该种作物的生产,对农业生产的影响表现出复杂性和不确定性。在不同区域光、温、水等多气候因子综合作用下,农业生产呈现出不同的特点。所以,气候变化对农业生产的影响呈现出复杂的地域分异特征,在一些地区是正效应,在另一些地区是负效应,气候变化导致作物产量波动幅度很大。而且极端气候事件对农业系统的影响往往大于气候平均变率所带来的影响。对产量的影响可能主要来自于极端气候事件频率的变化,而不是平均气候状况的变化(IPCC,2007)。过去20多年的气候变暖对东北地区粮食总产增加有明显的促进作用,但是对华北、西北和西南地区的粮食总产增加有一定抑制作用,而对华东和中南地区的粮食产量的影响不明显(刘颖杰等，2007）。温度升高对长江流域以南双季晚稻和华南双季晚稻产量有正面影响，温度降低对其有负面影响。长江流域以北、长江流域以南和广西双季早稻生长季温度距平大于某一临界点值时，对水稻产量有负面影响，当温度距平变化小于临界点值时，温度升高对水稻产量有正面影响（姚凤梅，2005）。近44年来，湖广地区年平均气温呈上升趋势，年降水量趋于增加，年日照时数趋于下降，使得作物的光温生产潜力和光合生产潜力总体上呈下降趋势，但基于光、温、水三种气候因子的气候生产潜力年际变化不明显，说明气候变化对作物的生长没有根本性影响（陆魁东等，2007）。

很多学者对不同农作物在二氧化碳倍增时的情况进行了研究，气候变化总体上不利于水稻的生产，水稻的产量将下降，而小麦等作物产量总的趋势将增加，增产突出的地区是东北、华北和新疆，可能减产的地区是黄土高原，长江中下游，西北北部春麦区。玉米生产总体有利，玉米的分布面积增大，但对于西北干旱和半干旱地区，由于气候变暖，蒸发增强，播种面积可能下降。

表 10.5　气候变化对不同地区主要农作物生产的影响

地区		水稻	小麦	玉米
东北地区		正面作用似乎占主导地位，变暖明显，生长季延长，部分地区可保证二年三熟，有利于水稻增产，减少低温冷害的威胁。种植面积将扩展。但高温、暴雨、季节性干旱等灾害性天气的发生频次将明显增加。	对春小麦生产以负面影响为主，南部一些地方可发展冬麦，小麦播区增大。可推广小麦两茬套种耕作制度。小麦品种需部分更换。选种冬小麦等高产作物成为可能。东北低温对农业生产造成的危害会得到缓解，但高温、暴雨、季节性干旱等灾害性天气的发生频次将明显增加。	玉米分布北界将扩展到最北部的漠河一带。玉米杂交种北移现象十分突出，生育期长、成熟晚的玉米种植面积增长迅速。东北低温对农业生产造成的危害得到缓解，但高温、暴雨、季节性干旱等灾害性天气的发生频次将明显增加。
东部及中部地区	华北地区	变暖变湿对水稻生产有利，变暖变干则不利，可种植双季稻。	对一年二熟的种植制度有利。气温升高对冬小麦增产有利，降水减少对小麦生长非常不利。	对该区一年二熟的种植制度有利。伏旱更严重，降水减少对玉米生长非常不利。
	华中华东地区	变暖有利于种植条件改善和水稻生产，气候变湿对生产不利。温度的升高趋势对中稻的产量和品质产生负面影响。灾害性天气和病虫害可能产生严重影响。	北部冬小麦的增产效果大于南部，适宜种小麦区减少。长江中下游将减产。冬温增高会缩短小麦生育期。灾害性天气和病虫害可能产生严重影响。	可增加秋、冬玉米面积。温度升高、二氧化碳浓度升高可能对玉米有抑制作用，导致减产。灾害性天气和病虫害可能产生严重影响。
	华南地区	早稻、晚稻产量将可能呈现增加趋势，高温热害增加，水稻的生育可能受到强烈抑制。南方稻区，早稻西南部下降较多，晚稻西北部产量下降较多，南部下降较少。三熟制面积将增加。	不适宜种植小麦。	高温胁迫的热害可能限制玉米的种植和产量。冬玉米可发展。
西部地区	西北地区	变暖明显对水稻生产有利，水分因子仍将成为限制因素，灌溉水源不足将使水稻种植面积减少。	冬小麦种植区西伸北扩，多熟制向北和高海拔地区推移。大多数地方越冬作物全生育期降水量减少，大部分地方春小麦全生育期降水量增加，旱情加重，对春小麦和冬小麦均不利，黄土高原和西北春麦区可能减产，新疆可能增产。	内陆干旱区的玉米、小麦等作物主要靠冰川融雪灌溉，气候变暖，雪线升高，径流减少，绿洲缩小，作物面积减少。最重要限制因素是水。
	西南地区	西南喀斯特地区受气候变化的影响较小，气候变暖对水稻生产有利。	不适宜种植小麦区的面积扩大，产量下降。	西南山区玉米向更高海拔发展，对玉米生产有利。

注：由参考文献（邓根云等，1993；程延年，1994；徐斌等，1999；金之庆，2006；刘颖杰等，2007；居辉等，2007；肖国举等，2007；陆魁东等，2007；张强等，2008）整理分析而得。

区域农业生产对气候变化响应具有不确定性。未来气候变化情景下,研究农业生产变化是一个相当复杂的问题。在未来CO_2浓度升高、温度及降水变化下,作物生长的环境与当前相比将存在显著差异,作物响应及作物对气候变化的缓慢自适应过程是当前进行影响评价的主要不确定性(Yao 等,2011)。气候本质上就是变化的和不确定的,在评价区域农业影响时必须认识到这个事实(蔡运龙等,1996;赵俊芳等,2010)。

10.3.2 气候变化对水资源影响的空间分异特征

气候变化已经引起了中国水资源分布的变化。近 20 年来,北方黄河、淮河、海河、辽河水资源总量明显减少,南方河流水资源总量略有增加。洪涝灾害更加频繁,干旱灾害更加严重,极端气候现象明显增多。预计未来气候变化将对中国水资源时空分布产生更大的影响,水资源年内和年际变化加大,洪涝和干旱等极端自然灾害发生的概率增加。

1. 对北方地区的影响

气候变暖可能将加剧中国北方地区干旱化趋势,加剧水资源短缺形势和水资源供需矛盾。沙漠化过程主要受风沙环境演变的制约,气候变化应该是中国北方地区沙漠化的主因。气候变暖造成西北地区生态环境不断恶化以及自然灾害频繁发生,已成为制约西北社会经济全面协调发展的主要因素之一。

(1)干旱化趋势加剧

全球变暖背景下,大量的事实揭示中国北方地区,尤其是北方的东部和华北、西北东部地区,干旱化正在加剧,且增暖显著(符淙斌等,2005)。1990 年代以来,北方干旱化造成的直接经济损失每年在 1000 亿元以上。降水减少和温度升高是形成当前中国北方大部分地区显著干旱化的主要原因。华北和西北东部干旱化趋势最为显著。干旱和半干旱分界线的位置变化与区域升温和降水减少密切相关。西北地区位于干旱、半干旱区,环境条件比较脆弱,水资源严重缺乏,同时也是对全球变化最为敏感的地区,如何适应未来环境的变化是西北实现可持续发展所面临的重大问题(符淙斌等,2006;2008)。

(2)水资源短缺问题更加严重

预计未来中国水资源供需矛盾可能会加剧,特别是在干旱年份,华北、西北等地区的缺水状况会更为严重。气候变化导致北方地区黄河和内陆河蒸发量增大,但是黄河上游和西北内陆河天然径流量减少,水资源对北方特别是西北地区持续稳定发展起着举足轻重作用,缺水将导致区域生态环境恶化,进而引发经济社会问题(秦大河等,2002)。

近年来黄河断流时间提前、断流河段不断延长和断流时间增长,黄河断流直接影响到黄河三角洲和黄河下游平原地区鲁、豫两省及胜利、中原油田的生产和城乡居民的生活,影响范围大;河口地区 90 万城镇居民严重缺水,下游两岸约 1.4 亿居民饮水困难。由于断流和供水不足,工农业累计经济损失巨大。气候变暖后,草原区干旱出现的几率也增大,持续时间加长,土壤肥力进一步降低,初级生产力下降。

(3)沙漠化形势更加严峻

北方地区地处半干旱和半湿润的气候过渡地带,植被从森林向草原和荒漠过渡的植被生态过渡带以及农牧交错的人类活动过渡带,是全球变化中的敏感地区,极易受自然和人为的干扰的影响而发生变化。这一地区在未来气候变化过程中将面临较南方地区更大的威胁和挑战。

目前,中国北方温带草地受干旱、生态环境恶化等影响,正面临退化和沙化的危机。如沙漠化正从 3 个方向逼近中国商品粮基地之一的松辽平原,吉林西部连年干旱导致的荒漠化,使吉林商品粮减产 25%左右。

2. 对南方地区的影响

气候变化将使新的突发性灾害加剧。气候变化将加剧中国南方地区洪涝灾害等,从而也将会加剧地质灾害和气象灾害的形成概率。在未来气候变化背景下中国南方地区尤其是西南地区地质灾害和气象灾害活动强度、规模和范围将加大，发生频率增多，损失更为严重，水土流失将随极端气候事件的增多而加重。

近年中国南方地区曾出现历史罕见低温雨雪冰冻灾害肆虐的情况，发生了严重暴雨洪涝灾害，经济损失之大、受灾人口之多，为历史罕见；强降水引发严重的滑坡、泥石流灾害，造成重大人员伤亡。就低温雨雪冰冻灾害变化而言，21世纪末在 IPCC SRES A2 温室气体排放情景下，中国南方地区的低温日数将减少，而在个别地区连续低温日数有增加的趋势，在广东至广西北部和云南中部部分地区，未来极端连续冷日将增加。所以未来冷空气活动频率减少，强度降低，但强冷空气的持续时间可能会延长。降雪和连续降雪日数将总体减少，但在江西南部、广东东部以及福建西部部分地区等，强降雪事件可能会增多，引起降雪量、地面"最大"积雪深度和"最大"连续积雪日数增加。冻雨发生日数的地理分布也有所变化，其中在湖南及贵州东部等低海拔地区将减少，在青藏高原东麓等高海拔地区将增加。（宋瑞艳等，2008）全球变暖背景下中国南方地区冷事件变化问题值得进一步研究。

10.3.3 气候变化对沿海地区海岸带的影响

东部沿海地区是中国经济发展的重心，大部分处于典型的亚洲季风气候控制之下。气候变化对沿海地区影响以对海岸带的影响最为突出，海岸带是地表海陆交互作用影响最为频繁，物理、化学、生物和地质过程最活跃的地区，也是对全球变化极为敏感的地带。中国海岸带集中了天津、上海、香港、广州等大城市，分布着长三角、珠三角和京津唐三大城市区，是人口稠密、经济发达地区，亦是受人类活动影响极为突出的地区，近年来海岸带相关灾害也越来越成为制约东部沿海地区可持续发展的重要因素。

中国海平面上升趋势也在日益加剧。海平面上升引发海水入侵、土壤盐渍化、海岸侵蚀，损害了滨海湿地、红树林和珊瑚礁等典型生态系统，降低了海岸带生态系统的服务功能和海岸带生物多样性；气候变化引起的海温升高、海水酸化使局部海域形成贫氧区，海洋渔业资源和珍稀濒危生物资源衰退；海平面上升还将造成沿海城市市政排水工程的排水能力降低，港口功能减弱。

1. 海平面上升对沿海地区的影响

近30年来，中国沿海海平面呈明显上升趋势，未来的气候变暖趋势将使其进一步加剧，而现有基础设施标准尚不能完全适应未来海平面上升的影响。沿海海平面上升对中国辽河下游平原、黄河三角洲、苏北滨海平原、长江三角洲、珠江三角洲、广西沿海平原、琼北平原等地势低平地区会产生严重的威胁。海平面上升以及其他与气候变化相关的气象灾害相互作用和叠加，对中国沿海地区的社会经济和生态环境产生不利影响。珠江三角洲地势低平，大部分地区海拔高度不到1 m，25%左右的面积低于珠江基准面，13%左右的面积低于海平面，珠江三角洲将是受海平面上升影响最大的地区。

（1）海岸侵蚀更趋严重，土地淹没风险突出

全球气候变暖与海平面上升加剧了海岸、潮滩侵蚀，海岸线后退。中国海南、福建、山东等省份有许多可供旅游的砂质海岸，海面上升将使这些海岸遭侵蚀而破坏。海平面上升也会将沿海地区海岛、大片耕地、潮滩湿地、滨海低地和养殖场淹没，造成土地面积和养殖水域面积减少。如天津新开发区大部分集中在沿海平原最低洼的地区，直接毗邻海岸堤防，随着海平面继续上升，大片地区面临淹没危险。

（2）咸潮和海水入侵加剧

中国沿海地区大多地势低平，随着海平面上升以及沿海地区超量开采地下水而导致地面沉降，使得相对海平面上升加速，导致咸潮和海水入侵加剧，从而导致土壤性质恶化，生产能力下降，部分土地将不利于耕种和利用。某些沿海地区因超采地下水引起水位下降至低于海潮水位，使海水沿地下含水层入侵，或海水沿河上溯补给地下水，造成地下水质恶化。近年来，中国沿海咸潮入侵次数增加，强度加大，海岸侵蚀加剧。海平面上升还将降低海岸防护工程的防护能力，威胁海岸工程和设施的安全，破坏海岸区侵蚀堆积的动态平衡，导致泥沙的堆积逐渐占优，引起航道淤塞，使海港水深降低，妨碍其功

能的正常发挥,甚至使其报废(雷瑞波等,2008)。

2. 气候变化对沿海地区海岸生态系统的影响

首先,对红树林生态系统产生重要影响。红树林在维护海岸生态平衡、防风减灾、护堤保岸、环境污染净化、提供大量的动植物资源等方面都发挥着重要的作用。而红树林生态系统出现于热带和亚热带的潮间带,受到陆相和海相的双重影响,是一个脆弱、敏感的生态系统。气候变化引起海平面上升,一旦超过红树林底质的沉积速率时,红树林就受到胁迫甚至消亡。广西是中国红树林分布较集中的地区,占全国红树林总面积的38%,近10年来,由于海平面上升和人为破坏等原因,广西的红树林面积减少了10%。红树林面积的减少,会加剧海岸侵蚀,降低沿海抵御风暴潮、海啸、海浪等海洋灾害的能力(刘小伟等,2006)。

其次,由于海洋表面气温上升、气温异常以及海水酸化等原因,使珊瑚礁生态系统发生退化,海南和广西海域已发现不同程度的珊瑚白化和死亡现象。许多海岸带贝类、藻类和鱼类因不能适应急剧的环境变化而死亡。这些给沿海地区渔业发展带来极端不利的影响。

第三,对中国滨海湿地而言,海平面的上升会增加其被淹没的频率与深度,从而改变其生态过程,给湿地生态系统造成很大威胁。如江苏拥有中国最广阔的滨海湿地资源,分布着4处重要的国家级海洋自然保护区和特别保护区,海平面上升将侵蚀湿地,会导致湿地植被退化,珍稀濒危鸟类栖息地丧失,危害生物多样性。

3. 气候变化对海岸带自然灾害的影响

海岸带是对全球变化极为敏感的地带,气候变化对沿海地区影响以对海岸带的影响最为突出。在全球变暖形势加剧背景下,海水表面平均温度上升,海平面升高,强台风等自然灾害发生的频率将会增加,而且,引致的海水变暖将会增强台风等的能量,破坏力也随之增强。近年来海岸带灾害越来越成为制约沿海地区可持续发展的重要因素。海岸带极易遭受台风、风暴潮等自然灾害影响。在1990—2005年,中国大陆平均每年因台风而造成的经济损失高达292亿元,死亡人数每年平均为438人。2007年中国共发生风暴潮、海浪、海冰、赤潮和海啸等海洋灾害163次,直接经济损失达88.37亿元。

除了以上领域和脆弱区外,气候变化对其他领域也将产生深远影响,应对气候变化将需要付出巨大的经济和社会成本。未来气候变化将使生态系统脆弱性进一步增加;主要造林树种和一些珍稀树种分布区缩小,森林病虫害的爆发范围和强度增大;内陆湖泊将进一步萎缩,湿地资源减少且功能退化;生物多样性减少。气候变化也会增加疾病发生和传播的几率,危害人类健康,气候变化对健康的影响正在变得愈发明显,与过去相比,有更多的人在近些年来死于酷热等极端天气事件。气候变化给健康带来的危害是多种多样和全球性的,世界卫生组织就将2009年世界卫生日的主题确定为“应对气候变化,保护人类健康”。

10.3.4　应对气候变化对区域可持续发展的影响

中国采取了实实在在的应对气候变化的行动,取得了明显成效。同时,中国的经济发展方式和以煤为主的能源结构在未来相当长的时期内难以改变,今后节能减排任务仍相当艰巨,下一步中国仍将采取积极措施推动节能减排工作的开展,如国家已经建立节能减排统计监测考核体系,对节能技术改造,国家出台“以奖代补”的经济政策,等等。中国已将应对气候变化纳入国民经济和社会发展规划,把控制温室气体排放和适应气候变化目标作为各级政府制定中长期发展战略和规划的重要依据,制定应对气候变化行动计划,把生态文明建设、节能减排与应对气候变化结合起来。

气候变化问题业已成为重大的全球性政治经济问题,国际社会要求各个国家最大限度地优化能源结构,节约能源消费,减小污染排放量。而在一定时期内,在现有经济体系和增长方式下,中国的环境管制和能源消费状况将对区域经济发展产生重大影响。

1. 环境污染减排与区域发展

表 10.6 中国环境经济关系的最小二乘法(OLS)与动态最小二乘法(DOLS)估计结果

	FQ	FS	GF	FQ	FS	GF	GDP
	OLS	OLS	OLS	DOLS	DOLS	DOLS	DOLS
C	0.309 0.313	2.950 2.782	3.643 *** 3.615	1.889 * 1.707	2.512 ** 2.008	2.571 ** 2.137	6.416 *** 33.170
GDP	1.561 *** 7.144	1.460 *** 6.219	0.898 *** 4.024	1.445 *** 5.904	1.853 *** 6.692	1.194 *** 4.487	（FQ 为自变量） 0.123 *** 5.181
GDP²	−0.065 *** −5.122	−0.050 *** −3.628	−0.048 *** −3.681	−0.080 *** −5.127	−0.095 *** −5.415	−0.069 *** −4.085	
TP(万元)	59.301	918.258	4.461	3.435	6.702	2.261	—

注：①表中统计指标均为原值取自然对数后所得，GDP 指实际人均生产总值，FQ 指工业废气污染排放量，FS 指工业废水排放量，GF 指工业固体废弃物产生量。②TP 为曲线转折点，以 2007 年价格计算。③ * * *、* * 和 * 分别表示在 1%、5% 和 10% 的显著水平上。④单位根检验和协整检验结果略。

基于中国省级行政单位 1985—2007 年的环境与经济数据，采用了面板数据分析中能够更为充分挖掘和利用样本数据信息的面板单位根检验、面板协整检验及动态最小二乘法等前沿计量经济方法，发现三种环境污染变量（工业废气排放量、工业废水排放量和工业固体废弃物产生量）与经济变量之间存在长期协整关系，且均呈现显著的环境库兹涅茨倒 U 形曲线（EKC）关系，而 EKC 转折点并没有出现在过低的水平（低于万元人均 GDP）上（表 10.6）。通过将各个省、区、市人均 GDP 与 EKC 转折点临界值相比较，可以对中国环境—经济发展格局进行较好的判断。工业废气污染—经济增长协整关系式显示倒 U 形曲线转折点位于人均 GDP3.435 万元/人处，随着经济发展工业废气排放量会有相应不断减少的趋势。当某地区经济发展水平超过上述人均 GDP 临界水平时，随着经济发展该地区的工业废气排放量才会相应不断减少，而对于人均 GDP 低于上述临界值的地区，工业废气排放量对于人均 GDP 具有上升趋势，即工业废气排放量随着人均 GDP 水平的上升不断增加。只有东部沿海地区较为发达的上海、北京、天津三大直辖市和浙江省等已经越过曲线转折点，其环境—收入关系位于环境库兹涅茨曲线右半段，即随着经济的发展，人均 GDP 的上升，工业废气排放量相应不断减少，而东部地区江苏、广东等省份经济发展水平也已接近转折临界值，但仍位于曲线左半段，广大中部、西部省份与临界点仍存在较大的距离，工业废气排放量随着经济发展基本呈上升趋势。经济增长—工业废水污染协整关系式显示出 EKC 转折点处临界值为 6.702 万元/人，各地区工业废水排放量随着经济发展基本呈上升趋势，北京、上海、天津三大直辖市经济发展已接近临界值水平。工业固体废弃物产生量与人均 GDP 曲线转折点位于人均 GDP2.261 万元的临界值水平处，目前上海、北京、天津三大直辖市和浙江、江苏、广东、山东、福建等发达省区均已越过临界值水平（Dong 等，2010）。

北京、天津及上海三大直辖市经济发展水平较高，随着经济发展环境污染变量基本处于不断下降的趋势。部分东部发达地区省份也已经越过或接近 EKC 的转折点，进一步发展经济本身就是缓解环境恶化的重要途径，然而中国广大的东北、中部、西部地区省份并未越过 EKC 曲线转折点甚至距离较远。所以，对于目前中国整体的经济增长方式和经济体系来说，经济与环境良性发展的路径还需要进一步探索，实现节能减排仍面临巨大的压力，估计出人均 GDP 对工业废气排放量弹性系数为 0.123，在一个方面也反映了中国在应对全球环境变化领域面临巨大的挑战，中国实现减排的技术选择，进行技术革新的减排效果和要实现此类技术升级需要花费巨大的额外成本。

2. 能源、CO_2 排放与区域发展

表 10.7　中国能源—经济关系的最小二乘法(OLS)与动态最小二乘法(DOLS)估计结果

全国	EC	EC	EC	GDP	GDP	GDP
	OLS	DOLS(1,1)	DOLS(2,2)	OLS	DOLS(1,1)	DOLS(2,2)
GDP	0.490 *** 9.655	0.483 *** 7.961	0.503 *** 7.294	—	—	—
EC	—	—	—	0.280 *** 9.655	0.251 *** 7.401	0.236 *** 6.040
东部地区	EC	EC	EC	GDP	GDP	GDP
	OLS	DOLS(1,1)	DOLS(2,2)	OLS	DOLS(1,1)	DOLS(2,2)
GDP	0.896 *** 10.033	0.845 *** 7.690	0.781 *** 6.429	—	—	—
EC	—	—	—	0.381 *** 10.033	0.311 *** 7.085	0.305 *** 6.074
西部地区	EC	EC	EC	GDP	GDP	GDP
	OLS	DOLS(1,1)	DOLS(2,2)	OLS	DOLS(1,1)	DOLS(2,2)
GDP	0.292 *** 3.897	0.354 *** 3.879	0.404 *** 3.670	—	—	—
EC	—	—	—	0.246 *** 3.897	0.222 *** 2.996	0.180 ** 2.165

注:①表中统计指标均为原值取自然对数后所得,GDP 指实际人均生产总值,EC 指能源消费量。② * * * 、* * 和 * 分别表示在 1%、5% 和 10% 的显著性水平上。③单位根检验和协整检验结果略。

基于中国省级行政单位 1985—2007 年能源与经济数据进行面板协整分析,得出结果证实了在长期能源消费与经济变量之间的协整关系(表 10.7),当经济总量扩大时,对能源要素的引致需求也会增加,能源是经济增长的一个刺激因素,能源政策的改变可能严重影响经济增长,中国经济可能会受到能源冲击的影响。以往经济发展对能源消费依赖性的相关研究往往过于高估了这一依赖关系,新的检验发现仍然有较强的依赖性。能源消费对人均 GDP 弹性系数为 0.5 左右。东部地区经济能源消费弹性系数比西部地区高出近一倍,东部地区的经济增长在更大程度上依靠能源的消耗,总体上能源是推动中国经济增长的重大引擎,人均 GDP 变动 1%,二氧化碳排放则有 0.41%~0.43% 的变动(Li 等,2011)。

因此,保持中国经济的可持续发展就必须有不断扩大的能源支持作为保障,除非能源的质量(比如能源结构、新能源品种等)得到改善,或者是整个经济系统有质的变化,否则能源总量必然随着经济总量的增长而增加。而化石燃料的使用是 CO_2、CH_4、N_2O 等排放量增加的主要来源,煤炭与石油、天然气相比,二氧化硫、二氧化碳和粉尘的排放量分别是石油的几倍乃至十几倍,是天然气的十几倍甚至几十倍。中国以煤为主的能源消费结构在未来相当长时期内难以改变,加之相对落后的能源消费方式,环境问题日益严峻。据估计,中国烟尘排放量的 70% 和二氧化碳排放量的 90% 来自于燃煤。一定时期内随着经济的快速发展和能源开发利用范围的不断扩展,中国对化石能源尤其是碳排放系数较高的煤炭消费仍将持续增加,中国正面临日益严峻的国际社会应对全球气候变化、国内经济社会转型要求节能减排的双重压力。

在全球应对气候变化的巨大压力下,每个国家和地区都面临着能源政策的调整。《气候变化公约》尤其将影响中国的能源战略,必将对中国特别是东部地区经济发展产生重大影响。在制订有关温室气体减排的能源政策时,必须充分考虑可能对各个地区能源消费从而对经济发展形成的影响,应为各地

区可持续发展提供相应的能源保障。

10.3.5　中国应对气候变化的行动与对策

中国应对气候变化的行动取得了明显成效。中国政府一贯高度重视应对气候变化的工作，2007年成立了由温家宝总理任组长的"国家应对气候变化领导小组"，发布实施了《应对气候变化国家方案》和《可再生能源中长期发展规划》；2008年开始发布实施《中国应对气候变化的政策与行动》白皮书。中国在农业、水资源等领域，以及对于沿海地区海岸带等脆弱区，积极实施适应气候变化的政策和行动，取得了重要进展。

但是，这些应对措施也必将产生巨大的社会经济成本，是西方发达国家工业化过程中所不曾面对的。中国的自然生态系统极易受到全球气候变化的影响，中国是最易受气候变化不利影响的国家之一，同时，中国人口众多，经济发展水平较低，发展任务艰巨。中国除少数东部地区的发达省（市）外，广大中西部省（区）仍位于环境—经济关系倒 U 形曲线的左半段甚至距离拐点较远，特别是其中工业废气污染排放量随着经济发展在一定时期内将有上升趋势，经济增长对环境污染变量的弹性系数仍较大。中国能源对经济发展的制约性仍相当大，其中东部地区经济更是受制于能源消费。基于国情，中国以煤炭为基础的能源政策还将持续，以煤为主的能源结构在未来相当长的时期内难以根本改变，环境污染特别是废气污染排放状况仍将比较严重，节能减排难度大，任务艰巨。中国目前受到严重的本土污染和全球气候变化的双重危机，这要求中国的能源规划和环境规划要特别具有战略性和前瞻性。

气候变化是人类发展进程中出现的问题，既受自然因素影响，也受人类活动影响，既是环境问题，更是发展问题，同各国发展阶段、生活方式、人口规模、资源禀赋以及国际产业分工等因素密切相关。应对气候变化问题应该也只能在发展过程中推进，应该也只能靠共同发展来解决。应对气候变化，实现可持续发展，事关人类生存环境和各国发展前途，发达国家和发展中国家都应该积极采取行动应对气候变化，根据《联合国气候变化框架公约》及其《京都议定书》的要求，积极落实"巴厘路线图"谈判。

中国在应对气候变化方面总的策略应是：按照科学发展观的要求，继续深入探索经济发展方式转变路径，高度重视生态规模、生态效率和生态公平，做好环境发展规划和能源规划，把加强建设资源节约型社会、环境友好型社会和创新型国家结合起来，一手抓减缓气候变化，一手抓提高适应气候变化的能力。今后提高适应能力将是应对气候变化不利影响和促进可持续发展的重要手段。

国家主席胡锦涛于 2009 年 9 月 22 日在联合国气候变化峰会开幕式上指出，中国将进一步把应对气候变化纳入经济社会发展规划，并继续采取强有力的措施：首先应是加强节能、提高能效工作，争取到 2020 年单位国内生产总值二氧化碳排放比 2005 年有显著下降。二是大力发展可再生能源和核能，争取到 2020 年非化石能源占一次能源消费比重达到 15% 左右。三是大力增加森林碳汇，争取到 2020 年森林面积比 2005 年增加 4000 万 hm²，森林蓄积量比 2005 年增加 13 亿 m³。四是大力发展绿色经济，积极发展低碳经济和循环经济，研发和推广气候友好技术。

名词解释

区域

区域是一个空间概念，是依据一定的研究目的、对象和标准划分的，具有一定范围和界线的地表空间系统。区域是一个普遍的概念，不同学科有不同的理解。

区域经济增长

区域经济增长是指某一区域在特定时期内经济总量规模的扩张，即生产的商品和提供的服务总量的增长。区域经济增长常用国民生产总值、国内生产总值、工农业总产值以及国民收入等指标来衡量。

区域经济发展

区域经济发展是一个区域经济系统结构的改进、状态和功能改善的过程，包括量的增长、质的提高和结构的改善。区域经济增长不完全等同于区域经济发展，增长是一个数量概念，发展是一个质量概念。区域经济发展除了一定幅度的经济增长外，还体现为技术进步、生产条件改善、产业结构优化、产出质量提高以及与外界经济关系改善等方面。

区域可持续发展

区域可持续发展是从区域系统全局和长远发展着眼,顺应自然、经济和社会发展规律,通过科技手段以及制度、经济调节杠杆和机制,实现社会、经济和资源环境的平衡、协调和持续发展。"可"强调的是能力,"持续"是一种状态和过程,"发展"则是状态的改善和最终目的。

城市群

城市群是指在特定的区域范围内,以一个(或两个以上)大城市为核心,若干不同性质、类型和等级规模的城市,借助交通、运输和信息网络,通过资源、基础设施共享以及产业活动的关联,构成一个城市间紧密联系的集合体。

参考文献

白人海. 2007. 松嫩流域环境蠕变的若干事实. 国土与自然资源研究,(1):70-71.

白美兰,郝润全. 2009. 气候变化对浑善达克沙地生态环境演变的影响. 中国沙漠,26(3):484-488.

蔡锋,苏贤泽,刘建辉,等. 2008. 全球气候变化背景下我国海岸侵蚀问题及防范对策. 自然科学进展,18(10):1093-1103.

蔡敏,丁裕国,江志红. 2007. 我国东部极端降水时空分布及其概率特征. 高原气象,26(2):309-318.

蔡运龙,Smit B. 1996. 全球气候变化下中国农业的脆弱性与适应对策. 地理学报,51(3):202-212.

陈彬彬. 2007. 河南省气候变化及其与木本植物物候变化相互关系研究. 南京信息工程大学硕士学位论文.

陈特固,曾侠,钱光明. 2006. 华南沿海近100年气温上升速率估算. 广东气象,8(3):1-5.

陈文海,柳艳香,马柱国. 2002. 中国1951-1997年气候变化趋势的季节特征. 高原气象,21(3):251-257.

陈小丽,吴慧. 2004. 海南岛近42年气候变化特征. 气象,30(8):27-30.

陈英慧. 2005. 气候变化对河南南部冬小麦播种期的影响. 气象,31(10):83-85.

陈正洪,王海军,薛铃,等. 2005. 湖北省城市热岛强度变化对区域气温序列的影响. 气候与环境研究,10(4):771-779.

程晓陶,王静,夏军,等. 2008. 气候变化对淮河防洪与排涝管理项目的影响及适应对策研究. 气候变化研究进展,4(6):324-329.

程肖侠,延晓冬. 2008. 气候变化对中国东北主要森林类型的影响. 生态学报,28(2):534-543.

程延年. 1994. 气候变化对北京地区小麦玉米两熟种植制度的影响. 河北农学报,9(1):18-24.

崔功豪,魏清泉. 2006. 区域分析与规划. 北京:高等教育出版社.

崔林丽,史军,杨引明,等. 2008. 长江三角洲气温变化特征及城市化影响. 地理研究,27(4):775-786.

戴君虎,潘嫄,崔海亭,等. 2005. 五台山高山带植被对气候变化的响应. 第四纪研究,25(2):216-223.

邓斌,严平,李书运,等. 2007. 多年来合肥市城市与郊县气候变化分析. 安徽农业科学,35(13):3949-3950.

邓根云. 1993. 气候变化对中国农业的影响. 北京:北京科学技术出版社.

邓可洪,居辉,熊伟,等. 2006. 气候变化对中国农业的影响研究进展. 中国农学通报,5:439-441.

邓振镛,张强,蒲金涌,等. 2008. 气候变暖对中国西北地区农作物种植的影响. 生态学报,28(8):3760-3768.

丁明军,郑林,李晓峰,等. 2009. 气候变化背景下鄱阳湖地区植被覆盖及生产力变化研究. 安徽农业科学,37(8):3641-3644.

丁一汇,戴晓苏. 1994. 中国近百年来的气候变化. 气象,20(12):19-26.

丁一汇,任国玉,石广玉. 2006. 气候变化国家评估报告(Ⅰ):中国气候变化的历史和未来趋势. 气候变化研究进展,2(1):3-8.

丁一汇,任国玉,赵宗慈. 2007. 中国气候变化的检测及预估. 沙漠与绿洲气象,1(1):1-10.

董锁成,陶澍,杨旺舟,等. 2010. 气候变化对中国沿海地区城市群的影响. 气候变化研究进展,6(4):284-289.

杜尧东,宋丽莉,毛慧琴,等. 2004. 广东地区的气候变暖及其对农业的影响与对策. 热带气象学报,20(3):302-310.

方文松,陈怀亮,刘荣花,等. 2007. 河南雨养农业区土壤水分与气候变化的关系. 中国农业气象,28(3):250-253.

方修琦,殷培红. 2007. 弹性、脆弱性和适应—IHDP三个核心概念综述. 地理科学进展,26(5):11-22.

冯明,刘可群,毛飞. 2007. 湖北省气候变化与主要农业气象灾害的响应. 中国农业科学,40(8):1646-1653.

符淙斌,安芷生,郭维栋. 2005. 我国生存环境演变和北方干旱化趋势预测研究:主要研究成果. 地球科学进展,11:

1157-1167.

符淙斌,马柱国. 2008. 全球变化与区域干旱化.大气科学,**7**:752-760.

符淙斌,延晓冬,郭维栋. 2006. 北方干旱化与人类适应.自然科学进展,(10):1216-1223.

付祥建,王世涛,张雪芬,等. 2005. 近 30 年河南省气候变化趋势研究.气象科技,**33**(s1):119-122.

高超,朱继业,朱建国. 2005. 极端降水事件对农业非点源污染物迁移的影响.地理学报,**60**(6):991-997.

高歌,陈德亮,徐影. 2008. 未来气候变化对淮河流域径流的可能影响.应用气象学报,**19**(6):741-748.

高霞. 2007. 河北省近 45 年气候均态及极值变化特征研究.兰州大学硕士论文.

高永刚,温秀卿,顾红,等. 2007. 黑龙江省气候变化趋势对自然植被第一性净生产力的影响.西北农林科技大学学报
（自然科学版）,**35**(6):171-178.

高志强,刘纪远. 2006. 1980—2000 年中国 LUCC 对气候变化的响应.地理学报,**61**(8):865-872.

葛道阔,金之庆. 2006.气候变化对江苏省水稻主要虫害影响初探.江苏农业科学,(4):36-38.

关守政,李守玉,林振荣. 2008. 三江平原湿地减少对生态环境的影响.黑龙江水专学报,**35**(2):85-87.

郭华,殷国强,姜彤. 2008. 未来 50 年鄱阳湖流域气候变化预估.长江流域资源与环境,**17**(1):73-78.

郭华,姜彤,王国杰,等. 2006. 1961—2003 年间鄱阳湖流域气候变化趋势及突变分析.湖泊科学,**18**(5):443-451.

郭伟,朱大奎. 2005. 深圳围海造地对海洋环境影响的分析.南京大学学报(自然科学版),**41**(3):286-296.

郭忠胜,马耀峰,张志明,等,2009. 黄河源区气候变化及人为扰动的生态响应.干旱区资源与环境,**20**(6):78-84.

郝建锋. 2006. 气候变化对中国东部典型森林类型影响趋势的研究.东北林业大学博士生论文.

何大明,吴绍洪,彭华,等. 2005. 纵向岭谷区生态系统变化及跨境河流生态安全研究.地球科学进展,**20**(3):338-344.

侯艳声,郑铣鑫,应玉飞. 2000. 中国沿海地区可持续发展战略与地面沉降系统防治.中国地质灾害防治学报,**11**(2):
30-33.

黄长江,董巧香,林俊达. 2000. 全球温暖化与海平面上升.自然杂志,**22**(4):225-232.

黄润秋,徐则民. 2007. 西南典型城市环境地质问题与城市规划.中国地质,**34**(5):898-900.

黄淑玲,徐光来. 2006. 城市化发展对城市洪灾的影响及减灾对策.安徽大学学报(自然科学版),**30**(2):91-93.

黄永基. 2002. 西北地区水资源与生态环境评价.南京:河海大学出版社:142-150.

姜大膀,王会军,郎咸梅. 2004. 全球变暖背景下东亚气候变化的最新情景预测.地球物理学报,**47**(4):95-695.

金东锡. 1994. 天津地面沉降特征及其防治效果//中国科学院地学部.海平面上升对中国三角洲地区的影响及对策——
中国科学院院士咨询报告.北京:科学出版社:111-118.

金会军,金少鹏,吕兰芝,等. 2006. 大小兴安岭多年冻土退化及其趋势初步评估.冰川冻土,**28**(4):467-476.

金兴平,黄艳,杨文发,等. 2009. 未来气候变化对长江流域水资源影响分析.人民长江,**40**(8):35-38.

金之庆,葛道阔,石春林,等. 2002. 东北平原适应全球气候变化的若干粮食生产对策的模拟研究.作物学报,**28**(1):
24-31.

居辉,熊伟,许吟隆,等. 2007. 气候变化对中国东北地区生态与环境的影响.中国农学通报,**23**(4):345-349.

匡廷云,白克智,林伟宏. 1994. 大气二氧化碳的升高对植物生理的影响.全球变化与生态系统,32-35.

雷瑞波,王文辉,董吉武,等. 2008. 全球气候变化对我国海岸和近海工程的影响.海岸工程,**27**(1):67-72.

李飞,董锁成,李泽红. 2009. 环境污染与经济增长关系的再检验——基于全国省级数据的面板协整分析.自然资源学
报.**24**(11):1912-1920.

李红梅,周天军,宇如聪. 2008. 近四十年我国东部盛夏日降水特性变化分析.大气科学,**32**(2):358-370.

李林,汪青春,张国胜,等. 2004. 黄河上游气候变化对地表水的影响.地理学报,**59**(5):716-722.

李培英,杜军,刘乐军. 2007. 中国海岸带灾害地质特征及评价.北京:海洋出版社:65-160.

李巧萍,丁一汇,董文杰. 2008. SRES A2 情景下未来 30 年我国东部夏季降水变化趋势.应用气象学报,**19**(6):
770-780.

李爽,王羊,李双成. 2009. 中国近 30 年气候要素时空变化特征分析.地理研究,**28**(6):1593-1605.

李秀花,师庆东,郭娟,等. 2009. 中国西北干旱区 1981—2001 年 NDVI 对气候变化的响应分析.干旱区资源与环境,**23**
(2):12-16.

李扬. 2006. 气候变化与人为干扰对长白山生物圈保护区生态环境的影响.东北师范大学硕士论文.

林而达,张厚瑄,王京华. 1997. 全球气候变化对中国农业影响的模拟.北京:中国农业科技出版社.

林学椿,于淑秋. 2003. 北京地区气温的年代际变化和热岛效应.地球物理学报,**48**(1):39-45.

刘春兰,谢高地,肖玉. 2007. 气候变化对白洋淀湿地的影响.长江流域资源与环境,**16**(2):245-250.

刘丹,那继海,杜春英等.2007.1961—2003年黑龙江省主要树种的生态地理分布变化.气候变化研究进展,**3**(2):100-105.

刘德义,傅宁,范锦龙.2008.近20年天津地区植被变化及其对气候变化的响应.生态环境,**17**(2):798-801.

刘杜娟.2004.相对海平面上升对中国沿海地区的可能影响.海洋预报,**21**(2):21-28.

刘绿柳,刘兆飞,徐宗学.2008.21世纪黄河流域上中游地区气候变化趋势分析.气候变化研究进展,**4**(3):167-172.

刘小伟,郑文教,孙娟.2006.全球气候变化与红树林.生态学杂志,**25**(11):1418-1420.

刘晓曼,蒋卫国,王文杰,等.2004.东北地区湿地资源动态分析.资源科学,**26**(5):105-110.

刘颖杰,林而达.2007.气候变暖对中国不同地区农业的影响.气候变化研究进展,**3**(4):229-233.

刘志澄.2005.气候变化与武汉城市圈可持续发展.湖北气象,(3):3-6.

柳晶,郑国飞,赵国强,等.2007.郑州植物物候对气候变化的响应.生态学报,**27**(4):1471-1479.

柳艳香,吴统文,郭裕福,等.2007.华北地区未来30年气候变化趋势模拟研究.气象学报,**65**(11):45-51.

卢爱刚,何元庆,张忠林,等.2005.中国大陆对全球变暖响应的区域敏感性分析.冰川冻土,**27**(6):827-832.

陆魁东,黄晚华,王勃,等.2007.湖南气候变化对农业生产影响的评估研究.安徽农学通报,**13**(3):38-40.

路云阁,李双成,蔡运龙.2004.近40年气候变化及其空间分异的多尺度研究——以内蒙古自治区为例.地理科学,**24**(4):432-438.

吕学都.2000.我国气候变化研究的主要进展.中国人口、资源与环境,**10**(2):35-38.

栾兆擎,章光新,邓伟,等.2007.三江平原50a来气温及降水变化研究.干旱区资源与环境,**21**(11):39-43.

罗磊,彭骏,2004.青藏高原北部荒漠化加剧的气候因素分析.高原气象,**16**(s1):109-117.

罗勇,江滢,董文杰,等.2005.气候变化与海平面上升及其对海啸灾害的影响.资源与环境,**23**(3):41-43.

马荣田,周雅清,朱俊峰,等.2007.晋中近49年气候变化特征及对水资源的影响.气象,**33**(1):107-111.

马振锋,彭骏,高文良,等.2006.近40年西南地区的气候变化事实.高原气象,**25**(4):633-642.

毛德华,龚重惠.2002.长沙市区灾害性洪水形成机制分析.湖南师范大学自然科学学报,**25**(3):91-92.

梅伟,杨修群.2005.我国长江中下游地区降水变化趋势分析.南京大学学报(自然科学),**41**(6):577-589.

米娜,于贵瑞,温学发.2008.中亚热带人工针叶林对未来气候变化的响应.应用生态学报,**19**(9):1877-1883.

莫兴国,林忠辉,刘苏峡.2007.气候变化对无定河流域生态水文过程的影响.生态学报,**27**(12):4999-5007.

牛俊玫,崔卫东.2006.阳泉市五十年气候变化研究.山西气象,(4):26-27.

潘家华,庄贵阳,陈迎.2003.减缓气候变化的经济分析.北京:气象出版社.

潘响亮,邓伟,张道勇,等.2003.东北地区湿地的水文景观分类及其对气候变化的脆弱性.环境科学研究,**16**(1):14-18.

彭文祥,张志杰,庄建林,等.2006.气候变化对血吸虫病空间分布的潜在影响.科技导报,**24**(7):58-60.

蒲金涌,姚小英,邓振镛,等.2006.气候变化对甘肃黄土高原土壤贮水量的影响.土壤通报,**37**(6):1086-1090.

祁永,韩建国.2008.西北干旱和半干旱区草地退化原因分析及治理对策.中国畜牧杂志,**20**(9):43-45.

钱锦霞,赵桂香,李芬,等.2006.晋中市近40年气候变化特征及其对玉米生产的影响.中国农业气象,**27**(2):125-129.

秦爱民,钱维宏,蔡亲波.2005.1960—2000年中国不同季节的气温分区及趋势.气象科学,**25**(4):338-345.

秦爱民,钱维宏.2006.近41年中国不同季节降水气候分区及趋势.高原气象,**25**(3):495-502.

秦大河.2002.中国西部环境演变评估综合报告.北京:科学出版社.

秦大河.2009.气候变化:区域应对与防灾减灾.北京:科学出版社.

秦大河,效存德,丁永建,等.2006.国际冰冻圈研究动态和我国冰冻圈研究的现状与展望.应用气象学报,**17**(6):649-656.

秦大河,丁一汇,王绍武,等.2002.中国西部生态环境变化与对策建议.地球科学进展,(17)3:314-319.

任国玉,初子莹,周雅清,等.2005.中国气温变化研究最新进展.气候与环境研究,**10**(4):701-716.

任国玉,郭军,徐铭志.2005.近50年中国地面气候变化基本特征.气象学报,**63**(6):942-956.

任国玉,吴虹,陈正洪.2000.我国降水变化趋势的空间特征.应用气象学报,**11**(3):322-330.

沈文周.2006.中国近海空间地理.北京:海洋出版社.

石英,高学杰.2008.温室效应对我国东部地区气候影响的高分辨率数值试验.大气科学,**32**(5):1006-1018.

史印山,王玉珍,池俊成,等.2008.河北平原气候变化对冬小麦产量的影响.中国生态农业学报,**16**(6):1444-1447.

宋秋洪,千怀遂,俞芬,等.2009.全球气候变化下淮河流域冬小麦气候适宜性评价.自然资源学报,**24**(5):890-897.

宋瑞艳,高学杰,石英,等.2008.未来我国南方低温雨雪冰冻灾害变化的数值模拟.气候变化研究进展,**4**(6):352-356.

宋维峰.2007.我国石漠化的现状及其防治综述.中国水土保持科学,**5**(5):102-106.

苏志珠,卢琦,吴波,等. 2006. 气候变化和人类活动对我国荒漠化的可能影响. 中国荒漠,**26**(3):329-335.

孙凤华,杨素英,陈鹏狮. 2005. 东北地区近 44 年的气候暖干化趋势分析及可能影响. 生态学杂志,**24**(7):751-755.

汤剑平,陈星,赵鸣. 2008. IPCC A2 情景下中国区域气候变化的数值模拟. 气象学报,**66**(1):13-25.

王馥棠.1996.气候变化与我国的粮食生产.中国农村经济,(11):19-23.

王国杰,姜彤,王艳君,等. 2006. 洞庭湖流域气候变化特征. 湖泊科学,**18**(5):470-475.

王静爱,王珏,叶涛.2004.中国城市水灾危险性与可持续发展.北京师范大学学报(社会科学版),(3):138-142.

王庆贵,邢亚娟. 2008. 伊春林区气候变化条件下的森林经营战略研究. 林业科技,**33**(6):18-20.

王顺久. 2008. 青藏高原东部气候变化及其对长江上游水资源的可能影响. 高原山地气象研究,**28**(1):42-46.

王苏民,林而达,佘之祥. 2002.环境演变对中国西部发展的影响及对策//秦大河.中国西部环境演变评估(第三卷). 北京:科学出版社:8-50.

王雪臣,王守荣.2004.城市化发展战略中气候变化的影响评价研究.中国软科学,(5):107-109.

王兆礼,陈晓宏,黄国如.2007.近40年来珠江流域平均气温时空演变特征.热带地理,**27**(4):289-293.

王兆礼,陈晓宏,张灵.2006.近40年来珠江流域降水量的时空演变特征.水文,**26**(6):71-75.

吴殿廷.2003.区域经济学.北京:科学出版社.

吴健生,王仰麟,南凌,等.2004.自然灾害对深圳城市建设发展的影响.自然灾害学报,**13**(2):40-44.

吴绍洪,尹云鹤,郑度,等. 2005. 青藏高原近 30 年气候变化趋势. 地理学报,**60**(1):3-11.

吴绍洪,戴尔阜,黄玫,等. 2007. 21 世纪未来气候变化情景(B2)下我国生态系统的脆弱性研究. 科学通报.**52**(7):811-817.

武强,郑铣鑫,应玉飞. 2002. 21 世纪中国沿海地区相对海平面上升及其防治策略. 中国科学 D 辑,**32**(9):760-766.

肖风劲,张海东,王春乙.2006.气候变化对我国农业的可能影响及适应性对策.自然灾害学报,**15**(6):327-331.

肖国举,张强,王静.2007.全球气候变化对农业生态系统的影响研究进展.应用生态学报,**18**(8):1877-1885.

谢安,孙永罡,白人海. 2003.中国东北近 50 年干旱发展及对全球气候变暖的响应.地理学报(增刊),**58**:75-82.

谢正辉,梁妙玲,袁星,等. 2009.黄淮海平原浅层地下水埋深对气候变化响应. 水文,**9**(1):30-35.

辛吉武,李伟光,刘银叶. 2009.气候变化对海南岛香蕉品质影响的研究. 安徽农业科学,**37**(4):1523-1525.

徐斌,辛晓平,唐华俊,等. 1999.气候变化对我国农业地理分布的影响及对策.地理科学进展,**12**:316-321.

徐海量,叶茂,宋郁东. 2007. 塔里木河源流区气候变化和年径流量关系初探. 地理科学,**27**(2):219-224.

徐宗学,孟翠玲,赵芳芳. 2007.山东省近 40a 来的气温和降水变化趋势分析.气象科学,**27**(4):387-393.

许世远,王军.2006.沿海城市自然灾害风险研究.地理学报,**61**(2):128-130.

许吟隆,黄晓莹,张勇,等.2007.中国 21 世纪气候变化的情景统计分析。气候变化研究进展,**1**(2):80-83.

杨桂山,施雅风.1999.中国海岸地带面临的重大环境变化与灾害及其防御对策.自然灾害学报,**8**(2):13-20.

杨艳昭,封志明,黄河清. 2008.气候变化下西北地区农田水分平衡的模拟与分析.自然资源学报,**23**(1):103-112.

姚凤梅.2005.气候变化对我国粮食产量的影响评价——以水稻为例.中国科学院大气物理研究所博士论文.

姚士谋,陈爽,年福华,等.2008.城市化过程中水资源利用保护问题探索——以长江下游若干城市为例.地理科学,(1):23-26.

姚士谋,陈振光,朱英明,等.2006.中国城市群.合肥:中国科技大学出版社.

姚玉璧,李耀辉,王毅荣,等. 2005. 黄土高原气候与气候生产力对全球气候变化的响应. 干旱地区农业研究,**23**(2):6-11.

姚玉璧,肖国举,王润元,等. 2009. 近 50 年来西北半干旱区气候变化特征. 干旱区地理,**32**(2):159-165.

于成龙,李帅,刘丹.2009.气候变化对黑龙江省生态地理区域界限的影响.林业科学,**45**(1):8-13.

于子江,杨乐强,杨东方. 2003. 海平面上升对生态环境及其服务功能的影响.城市环境与城市生态,**16**(6):101-103.

余卫东,赵国强,陈怀亮,等.2007.气候变化对河南省主要农作物生育期的影响.中国农业气象,**28**(1):9-12.

於琍,曹明奎,陶波,等. 2008. 基于潜在植被的中国陆地生态系统对气候变化的脆弱性定量评价. 植物生态学报,**32**(3):521-530.

翟盘茂,任福民.1997.中国近四十年最高最低温度变化.气象学报,**55**(4):418-429.

张光辉. 2006. 全球气候变化对黄河流域天然径流量影响的情景分析. 地理研究,**25**(2):268-275.

张建平,赵艳霞,王春乙,等. 2008. 气候变化情景下东北地区玉米产量变化模拟. 中国生态农业学报,**16**(6):1448-1452.

张建兴,马孝义,屈金娜.2007.气候变化对黄河中游河龙区间径流量的影响分析. 水土保持研究,**14**(4):197-200.

张俊洁,高宾永,雪原,等. 2008. 近 46 年洛阳地区气候变化特征分析. 气象与环境科学,**31**(1):138-141.

张平军. 2005. 西北水资源与区域经济的可持续发展研究. 北京:中国经济出版社.

张强,邓振镛,赵映东,等. 2008. 全球气候变化对我国西北地区农业的影响. 生态学报,**28**(3):1210-1219.

张树清,张柏,汪爱华. 2001. 三江平原湿地消长与区域气候变化关系研究. 地球科学进展,**16**(6):836-841.

张文尝,樊杰,张雷,等. 2000. 中国中部区 21 世纪持续发展. 武汉:湖北科学技术出版社,58-81.

张燕. 2008. 气候变暖对福建沿海的影响及对策. 辽东学院学报(自然科学版),**15**(3):146-150.

张永红,葛徽衍. 2006. 陕西省作物气候生产力的地理分布与变化特征. 中国农业气象,**27**(1):38-40.

张允,赵景波. 2008. 近 200 年来关中地区干旱灾害时空变化研究. 干旱区资源与环境,**22**(7):94-98.

张增信,栾以玲,姜彤. 2008. 长江三角洲极端降水趋势及未来情景预估. 南京林业大学学报(自然科学版),**32**(3):5-8.

赵春雨,任国玉,张运福,等. 2009. 近 50 年东北地区的气候变化事实检测分析. 干旱区资源与环境,**23**(7):25-30.

赵桂香,赵彩萍,李新生,等. 2006. 近 47a 来山西省气候变化分析. 干旱区研究,**23**(3):500-505.

赵海燕. 2006. 气候变化对长江中下游地区水稻生产的影响及适应性研究. 中国农业科学院硕士学位论文.

赵慧霞,吴绍洪,姜鲁光. 2007. 自然生态系统响应气候变化的脆弱性评价研究进展. 应用生态学报,**18**(2):445-450.

赵俊芳,郭建平,张艳红,等. 2010. 气候变化对农业影响研究综述. 中国农业气象,**31**(2):200-205.

赵名茶. 1995. CO_2 倍增对我国自然地域分异及农业生产潜力的影响预测. 自然资源学报,**10**(2):148-158.

赵宗慈,王绍武,罗勇. 2007. IPCC 成立以来对温度升高的评估与预估. 气候变化研究进展,**3**(3):183-184.

周晓红,赵景波. 2005. 黄土高原气候变化与植被恢复. 干旱区研究,**22**(1):116-119.

左海风. 2006. 近 50 年汾河上中游流域径流对气候变化的响应分析. 水文,**26**(5):72-75.

左洪超,吕世华,胡隐樵. 2004. 中国近 50 年气温及降水量的变化趋势分析. 高原气象,**23**(2):238-244.

左玉辉,林桂兰. 2008. 海岸带资源环境调控. 北京:科学出版社:6-16.

Dong S,Li F,Li Z,et al. 2010. Environmental Kuznets Curve and spatial pattern of environment-economy in China. Journal of Resources and Ecology,**1**(2):169-176.

Hu Y,Jia G. 2009. Influence of land use change on urban heat island derived from multi—sensor data. International Journal of Climatology,doi:10.1002/joc.1984.

IPCC. 2007. Climate Change 2007:Impacts,Adaptation and Vulnerability. http://www.ipcc.ch.

Li F,Dong S,Li X,et al. 2011. Energy consumption—economic growth relationship and carbon dioxide emissions in China. Energy Policy,**2**:568-574.

Li X,Cheng G,Jin H,et al. 2008. Cryospheric change in China. Global and Planeary Change,**62**:210-218.

Piao S,Philippe C,Huang Y,et al. 2010. The impacts of climate change on water resources and agriculture in China. Nature,**467**:43-51.

Piao S,Fang J,Liu H,et al. 2005. NDVI—indicated decline in desertification in China in the past two decades. Geophysical Research Letters,32:L06402 doi:10.1029/2004GL021764.

Ren J,Liu H,Yin Y,et al. 2007. Drivers of greening trend across vertically distributed biomes in temperate arid Asia. Geophysical Research Letters,34:L07707,doi:10.1029/2007GL029435.

Shi Y,Shen Y,Kang E,et al. 2007. Recent and future climate change in northwest China. Climatic Change,**80**:10379-10393.

Qian W,Zhu Y. 2001. Climate change in China from 1888 to 1998 and its impacts on the environmental condition. Climatic Change,**50**:419-444.

Xu D,Li C,Zhuang D,et al. 2011. Assessment of the relative role of climate change and human activities in desertification:A review. Journal of Geographical Science,**21**(5):926-936.

Yao F,Qin P,Zhang J,et al. 2011. Uncertainties in assessing the effect of climate change on agriculture using model simulation and uncertainty processing methods. Chinese Science Bulletin,**56**(8):729-737.

第十一章　气候变化对人居环境及人体健康的影响

主　笔：包满珠，周晓农
贡献者：郑大玮，吴梦，杨坤，李石柱

提　要

全球变暖导致的海平面上升将对我国的居住程式产生长远影响，对长江三角洲、珠江三角洲及黄河三角洲的影响尤为明显；气候变化与城市热岛效应的叠加导致人居环境和人体舒适度发生较大变化；对雨养农业和依赖雪水灌溉的农业生产及当地的农村人居也会发生影响；对城市的排涝、防洪等基础设施提出新要求，而由于气候变化因素导致的城市化进程及社会可持续发展的议题也日益重要；对金融、保险等社会服务产业提出新的挑战；对热带旅游资源形成威胁，对旅游的出行方向会产生一定的影响；全球气候变暖使夏季制冷能耗增加，冬季取暖能耗降低。生态系统的改变影响疾病的分布和发病程度，水质恶化或引起洪水泛滥进而引起一些疾病，海平面的上升、洪水和风暴潮会使各种水媒疾病的发病增加。

适应气候变化对人居环境产生的影响，需要在城市规划、建筑节能、城市园林等基础设施等方面采取积极的措施。科学合理的城市选址、规划、节能建筑的推广、布局合理、结构完善的园林绿地可以有效地减缓气候变化带来的影响，城市排水系统的完善是适应气候变化的有效措施。培养节约能源及水资源的生产及生活方式可以减少温室气体的排放，从而减缓气候变化的进程。

人类在气候变化面前的脆弱性主要表现出地域及人群上的差异，水资源欠缺的城市及农村更为脆弱，海岸线附近的低地受到的影响会更大，经济欠发达的区域及贫穷人口在气候变化面前将显得更为脆弱。

11.1　前言

在人类社会的发展过程中，人居环境一直是与社会发展与人类自身活动密切相关的议题。自从人类定居之后，人类的生产、生活活动影响着周边的环境，而周边的环境，尤其是与生产、生活相关的要素的变化反过来又影响人类的定居质量。历史上曾经发生过由于生活环境极度恶化而迫使人类放弃原居住地而移居他处的事件，楼兰古城现在只能在沙漠中找到它的遗迹。应该说，人类的居住环境随着全球人口的不断增加而日趋严峻，加之人类的现代文明又加剧了这种恶化的进程。随着工业的发展和生活能耗的提高，人类对环境的影响显得愈发突出。全球气候的变暖使人类的居住环境正在经受着前所未有的挑战。

11.2 全球气候变化对人居环境的影响

11.2.1 海平面上升对人居的影响

全球约有 4 亿人口居住在距海岸线 20 km 以内、海拔 20 m 以下的地方,而且由于沿海地区的经济优势,在发展中国家越来越多的人趋向于到沿海城市定居(Lewsey 等,2004)。全球气候变暖使海平面上升,海平面上升使沿海地区受到威胁,使沿海低地有被淹没的危险。中国是一个海洋大国,大陆海岸线长 18000 多 km,有 6000 多个岛屿,而且沿海地区一直是中国经济发达的地区,我国珠江三角洲、长江三角洲一带属于比较脆弱的区域。

1993 年,中国科学院地学部的综合评估认为我国三大三角洲,根据目前地面沉降等发展趋势及所采取的控制措施,估计 2050 年相对海平面上升量老黄河三角洲天津地区约为 70~90 cm,现代黄河三角洲山东省东营地区为 40~45 cm,长江三角洲上海地区为 50~70 cm,珠江三角洲为 40 cm(黄巧华、朱大奎,1997)。近 30 年来,中国沿海海平面总体上比 1978 年上升了 90 mm,平均上升速率为每年 2.6 mm,高于全球平均水平。其中,天津沿岸海平面上升最快,上升幅度达 196 mm;上海次之,为 115 mm;辽宁、山东、浙江上升均在 100 mm 左右,福建、广东为 50~60 mm。尽管各海区海平面上升幅度不同,但未来海平面上升值均较大。海平面上升虽然较为缓慢,但它是一种长期的、缓发性灾害,其趋势很难阻止,并且几乎无法逆转(董锁成等,2010)。

2010 年中国海平面公报显示,2010 年中国沿海海平面变化时间特征和区域特征明显,渤海、黄海 2 月份海平面和南海 10 月份海平面均为近 30 年来同期最高值;与 2009 年相比,福建以北沿海海平面偏高,福建以南沿海海平面偏低。2010 年,在全球气候变化和海平面上升累积效应作用下,辽宁、河北和山东等省的部分沿海地区海水入侵与土壤盐渍化范围呈扩大趋势;长江口和珠江口遭遇多次咸潮入侵,福建等沿海地区不同程度地受到风暴潮的影响,给当地人民的生产生活和经济社会的可持续发展造成了一定的危害。预计未来 30 年,中国沿海海平面还将继续上升,比 2010 年升高 80~130 mm,沿海各级政府应密切关注其变化和由此带来的影响(国家海洋局,2010)。

表 11.1 2010 年中国各海区沿海海平面变化(国家海洋局,2010)

海区	上升速率(mm/a)	与常年比较(mm)	与 2009 年比较(mm)	未来 30 年(相对于 2010 年)预测(mm)
渤海	2.5	64	11	74~122
黄海	2.8	75	10	81~128
东海	2.8	66	4	83~132
南海	2.5	64	-24	78~130
全海域	2.6	67	-1	80~130

海水浸淹是海平面上升对海岸带的直接影响。位于沿海平原区的城市地面高程普遍较低,且地面极为低平,海平面小幅度的上升将导致陆地大面积受淹。中国东部沿海有着广阔的平原低地,易发生海侵,目前中国几乎所有开敞的淤泥质海岸和 70% 的沙岸被侵蚀后退。据国家海洋局第一海洋局第一海洋研究所卫星图片资料测量显示,1976 年黄河三角洲被侵蚀的土地面积总计约 173.5 km²,又如在山东省寿光县至尤口市 200 km 岸线上海水入侵面积达 430 km²,年均入侵距离 150~200 m(舒俊民等,2001)。

海平面上升导致风暴潮灾加剧。据统计,1949—1993 年的 45 年中,中国共发生过最大增水超过 1 m 的台风风暴潮 269 次,其中风暴潮位超过 2 m 的 49 次,超过 3 m 的 10 次。共造成了特大潮灾 14 次,严重潮灾 33 次,较大潮灾 17 次和轻度潮灾 36 次。另外,中国渤海、黄海沿岸 1950—1993 年共发生最大增水超过 1 m 的温带风暴潮 547 次,其中风暴潮位超过 2 m 的 57 次,超过 3 m 的 3 次。造成严重潮灾 4 次,较大潮灾 6 次和轻度潮灾 61 次。随着濒海城乡工农业的发展和沿海基础设施的增加,承灾体的日趋庞大,每次风暴潮的直接和间接损失却正在加重。据统计,中国风暴潮的年均经济损失已由

1950 年代的 1 亿元左右,增至 1980 年代后期的平均每年约 20 亿元,1990 年代前期的每年平均 76 亿元,1992 和 1994 年分别达到 93.2 和 157.9 亿元。风暴潮灾害的空间范围一般为 10~1000 km,时间尺度为 1~100 h。当风暴潮位超过当地警戒水位 2.0 m 时,将发生特大风暴潮,死亡人数可能达千人以上或直接造成 20 多亿元的经济损失。2008 年,沿海地区共发生风暴潮 25 次,直接经济损失 192.24 亿元,风暴潮正成为沿海对外开放和社会经济发展的一大制约因素。国际上一般认为,海拔 5.0 m 以下的海岸区域为易受海平面上升、风暴潮灾害影响的脆弱区和危险区。由于上述原因,我国沿海城市低洼地区面临被淹没的巨大风险,其中深圳、广州、上海、苏州、青岛、天津等大城市濒临海岸,海拔普遍较低,大部分仅 2.0~3.0 m。天津市区近一半地区海拔不足 3.0 m,塘沽东大沽一带海拔仅 0.5~1.0 m,塘沽海滨公园海拔低于海平面。长江三角洲地势低平,北起灌河口,南至钱塘江口,有 11000 km² 海拔不超过 2.0 m。上海海拔 1.8~3.5 m。珠江三角洲大部分地区海拔不到 1.0 m,约 13% 的土地在海平面以下。广州、中山、珠海等城市大部分地区处在当地平均高潮位以下,依靠堤围防护(董锁成等,2010)。

气候变暖使沿海潮水可能淹没的范围扩大。韩慕康估算出海平面上升 1 m,而不加海堤防护,上升的海面在天文大潮和风暴潮的共同作用下将危害到我国海滨平原的 4 m 等高线以下的广大区域(韩慕康等,1994)。例如:在我国四大海滨平原中,整个珠江三角洲平原连同广州等 14 个大小市县;华北平原的东北部,包括苏州以东的上海等 34 个市县;下辽河平原的南半部,包括营口、盘锦等 3 个市县,都将被淹没或泛滥。我国第三大岛崇明岛将完全消失,太湖将同东海连成一片。受危害总面积可达 92000 km²,受危害人口约 6700 万。若加上我国山地海岸区被淹没的地带或小片三角洲,则全国受害的总面积将在 12.5 万 km² 以上,受影响人口将达 7000 多万。我国南海诸岛中有些低平小岛消失,咸水入侵加剧,排污困难增加(舒俭民等,2001)。

海平面上升将在沿海地区引起咸水入侵。一种是使咸水沿滨海地区的透水层向内陆侵入,抬高地下水位,使地下水污染,水质变咸,土地盐碱化面积扩大,生态环境恶化,土地失耕,机井报废,局部地区用水困难,严重影响当地的工农业生产,而侵入到工业区和城镇居民区的咸水将对工业设施建筑物基础起软化破坏作用。海水入侵的另一种方式是咸潮水沿着入海河道来潮内侵,在海滨低洼平原的海流中,咸潮水将深入内陆很远,危害工农业生产,更严重的是像上海等一些依赖河水作为供水的城市,水源将发生困难,因为在枯水季节(12 月至翌年 3 月)城市自来水就已受到污染,危害了工业和居民生活。1978 年 10 月—1979 年 3 月,长江枯水,河口段遭咸水侵入达 6 个月之久,入侵最远达距河口 120 km 的常熟市,整个崇明岛被咸水包围 90~100 天,而流贯上海市区的长江支流——黄浦江上,供应上海市区自来水源的 8 个自来水取水口有 7 个受咸水污染,超过饮用水标准。

再次,洪涝威胁加大,港口功能减弱。中国沿海处于全球生成台风最多的西北太平洋地区,研究表明,到 2050 年若全球变暖引起西北太平洋表面海温每升高 1 ℃,则在中国登陆的热带气旋总数年平均将比现在增加 65%,其中年平均登陆台风数可能增加 58% 左右。这将使本已十分严峻的沿海城市防洪问题变得更加尖锐。海平面上升,岸外水深加大,对港口来说或许是件好事,但波浪作用亦随岸外水深的增加而增强,从而威胁码头等工程设施的安全和使用寿命。相对海平面上升导致沿海港口码头及附属仓库的地面标高损失,港口码头受风暴潮淹没的频率增加,淹没面积扩大,功能减弱。导致河流排污困难、盐水入侵,污染供水水源,由于相对海平面上升,盐水沿感潮河段上溯和地下含水层入侵的速率和范围均增加,导致地下水和河口区地表水水质恶化,严重影响沿海城市居民生活用水和工农业生产用水。海平面上升,潮流对入海河流的顶托作用增强,河流水位被迫抬升,导致城市自流排水发生困难,泵站抽排效率降低,积水时间延长,积水加深,防洪标准降低,会给当地的居民带来洪涝灾害(黄巧华等,1997)。

同时,低海拔海岸区的城镇化快速发展,人口居住密度的迅速增加,使得城市人口处于沿海气候极端事件的威胁之中。其中影响最严重的是热带气旋(台风),在热带地区,热带气旋强度也可能增加。热带气旋与暴雨、台风以及沿海地区的风暴潮等共同作用,可能对沿海地区造成破坏性灾难。预测表明,假定 2080 年海平面上升 40 cm,沿海地区每年受到风暴潮洪水袭击的人数将翻几番。除此之外,海平面上升对沿海城市及滨海,如滨海旅游业也有一定影响。海岸带有丰富的旅游资源,如滨海公园,浴场和各种疗养度假区,这些旅游资源每年给当地的城市带来十分可观的收入。据估计,在海平面上升

50 cm 条件下,大连、秦皇岛、青岛、北海和三亚 5 个旅游区 15 处海滩将分别侵蚀后退 12—49 m,加上自然淹没损失,累计岸线后退 31~366 m(王颖,1993)。

11.2.2 气候变化与城市热岛效应对人居的影响

(1)城市热岛效应

城市热岛效应(urban heat island effect)是指城市中的气温高于外围郊区的现象。城市热岛效应是城市化对城市气候影响最典型的表现,是城市气候的基本特征之一,不同城市由于其城市化水平、城市性质、规模以及自然条件的不同而具有不同的时空特征(苏伟忠等,2005,邓莲堂等,2001,图 11.1)。由于大城市气温比周边地区气温高,导致气候变化异常和能源消耗增大,给居民生活和健康带来重大影响。我国许多大中城市均存在城市热岛现象,而且日趋严重,如北京、上海、兰州等城市,近几十年来,市区与郊区的温差呈逐年上升的趋势,且在城市整体气温上升的同时,城市热岛面积也在不断扩大(温娟等,2008)。

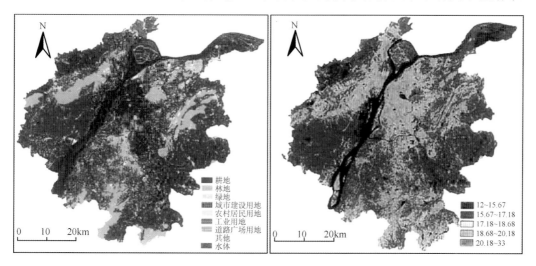

图 11.1 南京地区土地利用/土地覆被分类图(左)和温度(℃)分类图(右)(据苏伟忠等,2005)

随着城市不断蔓延扩大及农村人口进一步向城市集中,城市热岛现象变得越来越严重,对城市生态环境的影响也是多方面的。热岛强度最大值为德国柏林 13.0℃、美国亚特兰大 12℃、加拿大温哥华 11℃、中国北京 9℃、中国广州 7.2℃、中国上海 6.9℃。全国主要城市的热岛区域面积也随时间持续增加,如上海城市热岛区域面积由 1980 年代的 100 km² 到 1990 年代的 800 km²(彭少麟等,2005)。根据对 1961—2000 数据的分析,在城市化进程中,人口数量与城市变暖有正相关(Hua 等,2008)。自 1978 年之后城市化对气温升高出现急剧变化,在快速工业化及经济快速发展地区城市热岛效应最为明显,在春季和夏季城市热岛效应在沿海城市较内陆城市为弱,在秋冬季节则相反,在中国北方地区沿海城市与内陆城市之差别更为明显。

对城市热岛的研究国内外报道较多,传统的定点观测与遥感技术的结合使城市热岛的研究更加直观。最近对兰州市的城市热岛效应的研究表明,早上(08:30)热场强度高的区域主要出现在能耗大、热源强度高的工业区,热场强度较弱的区域主要出现在植被覆盖好、工业热耗少、建筑容积率低的区域;下午(2:30)热场强度高区域主要出现在人口和建筑密集的商贸区、高能耗工业区及大型生活住宅区;傍晚(20:30)城区由于建筑和下垫面热导率和热储量大,白天吸收大量的热量,夜间缓慢释放,导致温度下降较缓慢,形成相对高温区,低温区主要分布在城市周边植被覆盖较好的区域,如雁滩东部区域、五泉山、大沙坪、五一公园、花卉园等地。综合来看,热场强度高的区域主要出现在能耗大、热源强度高的工业区,人口密度大、建筑容积率高的商贸区和大型住宅区。热场强度较低的区域主要出现在植被覆盖好、工业热耗少、建筑容积率低的城市周边区域,黄河对其周边区域有着明显的降温、增湿的作用。从目前的研究来看,不同热力景观格局的形成与土地利用、土地覆盖变化、建筑、人口分布、城市能源消耗量、大气环境状况存在一定的关系(图 11.2—图 11.6)(李国栋,等 2008)。谢元礼等对兰州市 1986—

2006 年间的热岛效应分析表明，城市热岛效应有进一步加剧的趋势（谢元礼等，2011）。

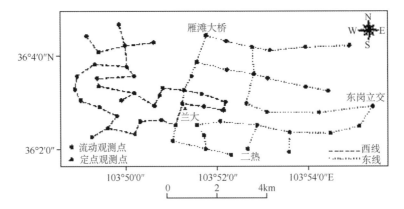

图 11.2 兰州城市热岛效应观测区域及观测点

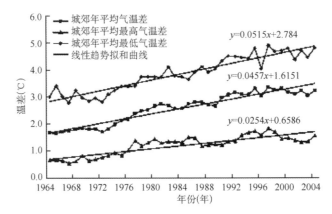

图 11.3 兰州城郊年平均气温、年平均最低气温及年平均最高气温的差值变化

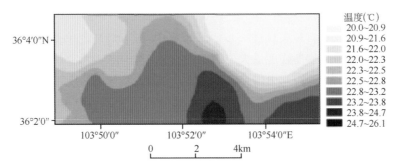

图 11.4 08:30 兰州市地面热场空间分布格局

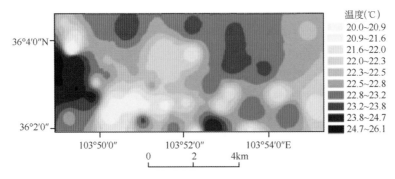

图 11.5 14:30 兰州市地面热场空间分布格局

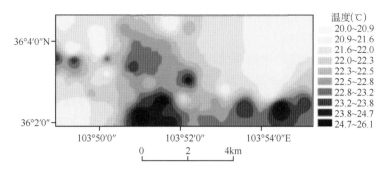

图 11.6　20:30 兰州市地面热场空间分布格局

（2）城市化对地面气温变化趋势的影响

全国台站中的城市站均存在城市化对地面气温记录的影响。城市化对气温序列的影响一般在大城市站的冬、春季最明显。最近的研究表明，北京地区国家基准、基本站记录的地表气温变暖中，大部分为城市化影响所致，山东、天津、湖北、河北以及甘肃等地区城市化对国家基准、基本站气温变化趋势的影响也非常明显。从 1961 年到 2000 年，华北地区（33°～43°N，108°～120°E，主要包括北京、天津、河北、山西、内蒙古中南部、山东大部、河南北部、陕西东部以及安徽和江苏北部）位于城镇的气象台站受城市化的影响相当显著，其中大城市站最明显，热岛引起的增温达到 0.16℃/10a，对总增温趋势的贡献达 47.1%（表 11.1，表 11.2）。中等城市和特大城市的影响也很明显，城市化引起的增温占全部增温的比例可达 30% 左右。特别值得重视的是，国家基本、基准站的热岛增温率为 0.11℃/10a，占总增温速率的 38% 左右。在 1961—2000 年，由于城市化影响引起的华北地区国家基本、基准站年平均气温上升幅度为 0.44℃（任国玉等，2005）。

表 11.2　华北地区各类台站城市热岛效应对地面年平均气温趋势的影响（1961—2000 年）

	台站数	热岛增温值（℃）	热岛增温率（℃/10a）	热岛增温贡献率（%）
乡村站	63	0	0	0
小城市站	133	0.28	0.07	28.0
中等城市站	37	0.40	0.10	35.7
大城市站	17	0.64	0.16	47.1
特大城市站	22	0.32	0.08	30.8
基本、基准站	95	0.44	0.11	37.9

表 11.3　几个研究区域城市化对国家基本、基准站记录的区域平均年气温趋势的影响（1961—2000 年）

	华北地区	北京市	天津市	河北省	山东省	湖北省	甘肃省
热岛增温值（℃）	0.44	0.64	0.43	0.60	0.35	0.32	0.22
热岛增温率（℃/10a）	0.11	0.16	0.11	0.14	0.19	0.09	0.05
热岛增温贡献率（%）	38	71	20	40	27	75	19

对 1961—2005 的数据分析表明，长江三角洲地区在 1992—2003 年期间快速城市化使该地区城市带的温度上升明显高于非城市带（0.28～0.44）℃/10a，季节强度为夏季＞秋季＞春季＞冬季，热岛效应使得该地区的平均温度在 1961—2005 期间提高了 0.072℃，其中 1991—2005 期间提高了 0.047℃，年最低气温在 1991—2005 期间提高了 0.083℃（Du 等，2007）。

对过去 50 年城市热岛效应对变暖趋势的作用分析结果表明，城市热岛效应对年均温的影响包括三个方面：平均值的提高，年际间变幅的降低和气候趋势的改变。对气候趋势的改变随着地域的不同而不同。在长江盆地和华南地区，城市热岛效应的增温率为 0.011℃/10a。在其他地区如东北、华北、西北等地区，城市热岛效应对区域年温度的变暖趋势影响很小；而在西南地区城市热岛效应站的引入减温率为 0.006℃/10a。但无论在哪个区域，总的变暖/变冷效应相对于该区域温度的本底变化要小得多。就整个国家而言，过去 50 年城市热岛的平均效应小于 0.06℃。这意味着我们不能得出过去 50 年的城市化对中国观测到的变暖具有明显的作用的结论(Li 等,2004)。

(3)热岛效应对人居环境的影响

城市化进程的加快使热岛效应越来越明显,尤其是新建的城市或城区在其建设初期,由于园林绿化相对滞后,使这些区域的热岛现象更加明显。而热岛效应与全球气候变暖有相互叠加的效果,从而使城市的人居环境发生变化。一般而言,温暖地区的热岛效应与气候变暖叠加的效果使人体舒适度大大降低,在遇到极端气候条件或持续高温时时会造成死亡率的提高,而在寒冷地区,二者效应的叠加会使人体舒适度有所提高,进而降低因低温引起的死亡率(程杨等,2006)。

城市的"热岛现象"是人们经济活动、城市机能和人口过度密集造成的结果,由热岛现象所形成的污染不仅引起了自然环境和植物生态发生变化,而且正在威胁着居民的生活环境。城市热岛效应影响更为严重,尤其对城市居民生活质量影响更为明显。气候变化与热岛效应通过不同的途径直接或间接的影响着人们的居住环境,城市居民的舒适度,进而影响他们的健康、劳动和业余生活。

热岛效应在一定的条件下相应加大了城市污染,空气质量的好坏直接影响着人们的健康。由于城市热岛的存在,当风速小热岛强时,便会形成城市热岛环流产生风向市区辐合的风场。由于热岛效应引起了城乡间的局部环流,使郊区的空气向城市流动,尤其在夜间易形成逆温层,城市热岛环流的存在,会使城市空气中污染物的浓度加大,能见度降低,城市污染加剧。同时,热岛效应会促使光化学烟雾形成(赵可新,1999)。在高温季节,汽车尾气和工厂排放的废气中的氮氧化物和碳氢化合物,经光化学反应形成一种浅蓝色的烟雾,在太阳辐射和热岛的影响下,形成二次污染物,不易沉降,空气混浊,造成散射光,显著降低能见度,水平视程因之缩短,不利于车辆的行驶安全。如果烟雾严重,则会造成空气污染事件,并且城市热岛越强,污染物浓度越大,这种烟雾浓度就越大,危害性也就越强(彭希珑等,2003)。如果城市地形不利于污染物的扩散,加上不利的气象条件,就有可能造成严重的污染事件。我国许多城市空气污染水平已经相当严重,直接恶化了人们的生存环境。热岛效应会加速其他污染,直接影响人居生活质量。

热岛效应会造成城市人居环境质量下降,生产、生活环境受到影响。当中心市区热岛效应明显,周边区域绿化率又比较低,不具备向市区输送新鲜空气的生态廊道功能的情况下,会使市区环境质量下降,人居指数下降。高温热浪造成了供水、供电、医疗的紧张,交通事故频繁,工业产值降低能耗增加,高温影响人的思维活动和生活质量,降低了工作效率和生产效率,而采取降温措施而耗费的能量(如空调、电扇等费用)是十分巨大的。此外,城市酷热常伴随干旱,造成城市供水困难,又易发生火灾。

对北京 1961—2000 年的降雨情况分析发现,在城市化进程较慢时期(1961—1980),北京南部降雨大于北部,而在城市化进程较快时期(1981—2000),北部地区降雨大于南部地区。而在其他季节,降雨分布程式没有多大变化(Wang 等,2009)。

城市热岛效应强烈地改变着绿色植物的生境条件。由于城市热岛的强度不断加强,强烈地改变了植物的生境条件,从而威胁着许多物种的生存,在许多城市热岛强度大的城市,由于生境旱化,使得适宜生活在湿润或干湿交替的生境中的一部分植物种类的生存,正在因为失去其生存环境而受到威胁,同时,由于城市热岛效应的影响,使得城市典型植物种类旱生结构的发育和其平均热指示值显著提高,这也是城市植物在生态学特性方面对热岛效应影响的不利反应(彭希珑等,2003)。

(4)气候变化对建筑工程的影响

①随着以全球变暖为主要特征的全球气候变化,气候异常事件发生的频率在增加,对建设工程的影响越来越严重。首先,气候变暖对包括室内温度、相对湿度、气流速度和壁面平均辐射温度等因素在内的建筑室内热环境产生影响,使得人们依靠室内空调调整室内热环境,提高室内的舒适度,特别是在炎热地区,使用空调的时间不断延长,长期使用空调对人体健康将产生严重影响。

②气候变化对建筑基础产生的影响,地表的蒸发和植物的蒸腾作用都会导致土壤含水率的显著改变,而由于气温升高或气候炎热使土壤含水率下降、土壤的冻结现象以及由于降雨或大风造成的土壤冲蚀风化现象等均会对建筑物基础带来影响和危害,大雨过后雨水流向建筑物基础并渗入基础下部带走作为支撑的基础下部土层,当建筑物周围地势有利于雨水向建筑物基础积聚或是雨前土壤干涸松散

的情况下,这种危害尤为严重。这种危害常见于层数不多基础较浅的民用建筑中。而且,这种土壤变形还会引起地下排水管道的变形和渗漏。

③气候变化引起对建筑结构外部作用的改变,影响到建筑物的可靠性和耐久性,气候变化导致风速变化的不确定性以及暴雨强度和频率均会有所增加,使得超出现有建筑设计荷载的概率加大,安全系数降低,影响到建筑物安全使用,有研究表明大气中二氧化碳浓度的增加将会使飓风风速提高10%,相应的将导致作用在结构上的风荷载增加20%左右(Peters 等,2006)。暴雪导致建筑物坍塌的事件已发生多起。

④气候变化导致的极端气候事件会使混凝土的强度发生退化,如抗压强度、抗拉强度等,使得混凝土构件的承载能力下降,如抗压承载力、抗弯承载力,造成建筑结构的安全性隐患。气候变化产生的环境温度、湿度非常规变化对混凝土结构的耐久性能影响较大,影响建筑结构的长期安全使用。

11.2.3　气候变化对农村人居环境的影响

农业作为我国主要气候脆弱生态系统领域,任何程度的气候变化都会给农业生产及其相关过程带来潜在的或明显的影响,从而影响着农村居民的生活。建设部资料表明,目前我国共有300多万个村庄,56万个行政村,4万多个建制镇和乡集镇,农村地区的户籍人口9.8亿人。由于农村地区人口多、村庄分布散、经济实力薄弱,加上长期公共财政对农村投入不足,使得农村人居环境长期落后(新华网,2007)。由于农村主要以农业、林业等气候变化敏感产业为主,因此易受到气候变化的影响,加之经济条件的限制,农村对气候变化的适应能力有限。研究表明,中国贫困人口的区域分布与自然资源匮乏存在极显著的相关关系。而气候变化进一步加剧了贫困地区生态环境的恶化和自然资源的可利用,从而加剧了地方农业生产和农村经济的不稳定性,贫困地区的居民是应对气候变化和极端天气事件的弱势群体(郭明顺等,2008)。

首先,气候变化影响着我国农村产业结构,从而间接影响农民的生活条件。由于气候变暖,我国水土流失加剧,农村地区荒漠化问题日益严重。我国79%以上的荒漠化土地分布在北方干旱地区。我国因水土流失毁掉的耕地达4000多万亩,占全国耕地总面积的三分之一,每年流失的土壤总量约达到50亿 t,沙化面积逐年扩大(刘青松等,2003)。农民赖以生存的"命根子"受到严重的破坏。耕地污染使其转换为财富的能力下降,势必影响农村居民生活的品质。由于气候变暖造成降水量的减少,会使雨养型旱作农业受到影响,谷物生产需要耗费大量水资源。全球气温的升高,将会引起降水格局的变化,从而改变一个地区的耕种模式。耕作方式也在不同程度上影响着人们的居住环境(包满珠,2009)。在陡坡上种植庄稼常常引起土壤风蚀和严重的水土流失,在干旱地区耕作将导致冬、春季更易发生沙尘暴,干旱和半干旱地区的过度放牧会引起土壤退化并带来沙尘暴天气。

近50年来,受全球气候变暖影响,北方大部分地区气温明显增高,降水量减少,呈现"暖干化"现象,使原本脆弱的生态环境难以适应气候变暖的趋势。由于气候变化带来的降水量减少,使得干旱缺水影响呈扩大、加重趋势,不但给农业生产带来很大困难,而且对农村居民用水产生了严重影响。加之由于农村缺乏必要的排水设施,农村生活污水的随意排放,还有牲畜和人的粪便不经处理就排入水中等造成了一定范围内的水污染,对农村居民饮用水安全性的造成影响,从而威胁到农村、生活用水安全。长期以来,农村环境作为城市生态系统的支持者一直是城市污染的消纳方。农村自身污染问题越来越严重。加之全球气候变暖造成各种污染的加剧,污染不仅影响了数亿农村人口的生活,而且威胁到他们的健康,甚至通过水、土壤、大气污染和食品污染等渠道最终影响到整个社会(曾鸣等,2007)。

气候变化将增加极端异常事件的发生,导致洪涝、干旱灾害的频次和强度增加,而农村基础设施落后,应对极端事件能力不足。据有关部门2005年组织的调查,我国41%的村庄没有集中供水,96%的村庄没有排水和污水处理系统,40%的村庄行路难,72%的村庄畜禽圈舍与住宅混杂,89%的村庄垃圾随处丢放,95%的村庄没有消防设施。在农村居住区,每年工业和建筑废弃物总量达6.5亿 t,农村自身又产生1.2亿 t生活垃圾,很多地方的生活污水,污染了农村的沟渠、水塘、溪流和地下水(刘钰昌,2006)。气候变化加剧了农村环境问题,而面对暴雨、山洪、雪灾等极端天气,原本脆弱的农村基础设施,无法保障农村居民的正常生活。

另外,气候变化导致的人口迁移可能影响居住地人口数量的变化,从而影响到经济社会发展。大城市、中等城市和小城市受气候变化的影响程度是不同的,由于小城镇、农村、偏远地区的人口和资源流向大城市,使得大城市具有较强的抵御灾害性气候的能力,而小城镇和乡村抵御气候变化的能力则变得相对脆弱(中国 21 世纪议程管理中心,2004)。

11.2.4 气候变化对生活生产设施的影响

气候变化所造成的极端天气事件对人们的生活生产设施具有重要影响。IPCC 第三次评估报告指出:20 世纪后半叶,北半球中高纬地区的大暴雨事件发生频率增加了 2%～4%,降雨每 10 a 增加 0.5%～1%;热带陆区每十年增加了 0.2%～0.3%;亚热带的陆区每十年则减少了 0.3%左右。IPCC 第 4 次评估报告表明,预计今后一些极端天气气候事件的出现将更加频繁,我国发布的《气候变化国家评估报告》也指出未来我国极端天气气候事件呈增加趋势。各类极端天气气候事件及其造成的极端气象灾害对人们生活生产设施提出了巨大的考验。

由于气候变化造成的极端天气如洪水,台风等,会使得原本千年一遇的灾害发生频次增加,高潮水位已达到原来"千年一遇"的防汛墙设计高度,防洪设施由"千年一遇",下降为"百年一遇"(程之牧等,1997);海平面上升会对防洪设施造成一定影响,同时,海平面上升还会使桥下净空间减少,部分桥面也许会遭遇顶浮的危险,丧失航运功能;海平面上升还会降低城市的排水能力和净化污水的自净能力,自流排水的范围将进一步缩短,几乎全部的积水需要通过泵机提升才能排入江河,这样不仅增加了城市能耗,同时还增加了城市内涝的可能性。

城市气候失常,如雷电、暴雨的频率和强度的增加,造成局部地区的水灾及道路破坏、交通阻塞、电力中断等,严重影响城市社会经济正常运转和城市基础设施安全。近些年来,气象灾害如强降雨、雷电、雾、干旱等已经成为威胁城市安全的重点防范对象,这不但对城市防灾和减灾能力提出了严峻的考验,同时也暴露出许多城市非常薄弱的基础设施和公共安全应急系统。例如一场暴雨就会造成市内交通瘫痪长达数小时之久,一次大雾会使高速公路关闭、飞机航班取消,甚至因大雾使得输电线路发生"污闪"而引起大面积停电,这些都会直接影响到人们的工作生活和社会经济运行。随着气候变暖,热带飓风的发生越来越频繁,时常发生的暴风雨、冰雹和强降雨也间接或直接影响着人们居住的环境。强降雨的增加所引起的洪水和泥石流直接影响着人居环境,沿河和沿海的居住地区尤其会受到影响,如果城市排水、供水、排污设施能力不强的话,城市洪涝也成为一个问题。

交通部门对气候与环境的变化相当敏感,交通运输发展直接影响一个国家的社会和经济可持续发展。天气或气候因素对交通运输业的影响主要表现在三个方面:首先是交通基础设施建设的成本提高;其次是交通运营效率大大降低;最后是交通安全隐患加大。2008 年年初的冰雪灾害,是极端气候的表现。此次灾害波及 20 省(区),受灾人数过亿;造成十多个机场、众多高速公路关闭,京广铁路主干线和诸多铁路路段及国道停运。由此造成人员和物质流动阻滞的连锁反应,直接推动物价高涨和其他社会不稳定因素出现。同时全球气候变暖也影响着我们交通方式的改变,航空业是目前世界上最大的二氧化碳排放者,许多环保人士呼吁减少飞机出行,以减少对环境的污染。全球气候变化虽然对人居环境产生了很大影响,但也将产生许多新的机会,如对伦敦的研究表明,由于气候的变化,室外活动增多将增加对室外空间的需求;步行和骑自行车的人增多将缓解交通压力。

气候变化对于能源资源的影响主要表现在能源需求方面,全球变暖的压力会迫使各国改变能源结构;改变人们生产、生活所需要的能源消费。暖冬的增加将减少供热所需的能源资源,而夏季气温的升高,为了室内工作环境或居住环境的降温将会加大能源的需求;水资源的缺乏使灌溉的力度增大,从而增加对能源的消耗(中国 21 世纪议程管理中心,2004)。由于极端天气发生频次的增多,也增加了能源系统的应急压力,如 2008 年冰雪灾害时,湖南郴州停电达 10 天之久,极端天气对南方电力设施造成了严重的损害。

11.2.5 气候变化对社会服务的影响

气候变化所造成的影响对社会一些服务行业有着较大的影响,如保险金融及旅游业等。表 11.4 是气候变化对一些行业可能产生的影响

表 11.4 气候变化对行业的直接和间接影响(IPCC 第四次评估报告,2007)

影响部门	直接影响	间接影响	参考文献
建设及环境部门 施工、市政工程	能源消耗、建筑物外观结构、结构整体性、施工程序、设施服务	受气候驱策的设施标准和规范 改变消费者的观念和偏好	IPCC. 2007
基础设施行业 能源,水资源,通信,交通	基础设施结构的完善、生产力和承载能力、控制系统	改变平均需求量和高峰期需求量、提升服务标准	IPCC. 2007
以自然资源为主的行业 制浆造纸业、食品加工业等	投入资源成本增高及风险增加 改变区域生产力类型	供应链的改变与破坏 生活方式的变化将影响需求	IPCC. 2007

IPCC 第四次气候变化评估报告指出,全球经济因灾难事件的损失增加了 10 倍,从 1950 年代的每年 39 亿美元增加到 1990 年代每年 400 亿美元,其中发展中国家占 1/4。气候变化将增加风险评估的不确定性,而这将会加大金融业的压力,从而导致风险评估的失误,促使保险赔付的增加,减慢金融服务向发展中国家的扩展。

保险业的经济利益与气候和环境变化息息相关。保险业与气候变化有天然的联系,被作为检测气候变化影响的一个重要窗口(李伟,2009)。保险业的专家认为,气候变化导致极端天气和气候事件会使保险赔付额不断增加,从而加大了风险。评估中保险精算的不确定性,这种发展可能会对保险业增加更大的压力,导致保险范围重新分类,即将一些项目列入非保险范围,这些变化将导致成本增加,放慢金融服务向发展中国家扩展的速度,减弱保险业对各种突出事件的保障作用,增加自然灾害发生之后社会对政府赔偿资金的要求。中国是世界上受自然灾害影响最为严重的国家之一,随着我国经济持续高速发展,城市化进程加大及人口与财富的增加,我国保险市场事实上面临着远比国际保险市场更为严峻的巨灾风险。气候变化对保险业影响非常大。气候变暖直接导致海平面上升、台风和暴雨。对公众健康、农业生产、森林抚育、水资源管理、沿海地区、生态系统都会产生较大危害,对保险服务的可得性和可支付能力都有负面影响,潜伏着放慢保险业发展并且把更多负担转嫁给政府机构和个人的风险。包括财险、健康险、寿险、责任险等大多数险种都会受到气候变暖的负面影响,应对气候变暖要求保险能够更好地应付不确定性(张润林等,2010)。

但从另一个角度看,气候变化同样给财产保险和医疗健康保险等领域带来了旺盛的需求,事实上我国保险业还拥有巨大的发展潜力。

适应气候变化使金融部门不仅面临复杂的挑战,而且也面临很多机会。例如:制定关于定价,存款收益课税方面的规章,从风险市场回撤能力,作为事例这些方面都会影响这一部门恢复的能力,公众和私人部门的实体也可能通过增加准备金,防止灾害损失计划,制定相应法规,改进土地利用来增加适应能力。气候变化对发展中国家的影响最大,尤其是在那些依靠初级生产力作为主要经济收入来源的国家,如果与天气相关的风险变得难以保险,报价攀升,投保困难,则公平和发展的矛盾将会突出。相反,保险业融资体质和发展银行更多参与进来,将会增强发展中国家适应气候变化的能力。

旅游业是服务行业中一门重要的行业。气候变化对旅游业主要的影响表现为对地区旅游业、对旅游景观和旅游季节的影响。中国已把旅游业列在第三产业的首位,旅游需求已经进入急剧扩展时期。到“十五”计划末,中国将成为世界第一旅游接待大国和第四客源输出大国。然而,旅游业是受自然环境和天气条件影响较大的产业,受到气候变化的负面影响仅次于农业。

东部沿海地区是国内旅游业比较发达的地区。一方面气候变暖使一些地区气温超过 40℃ 的天数明显增加,使海滨上空的云层覆盖减少,强烈的紫外线会对海滨日光浴场受到影响,另一方面,我国海平面近 50 年呈明显上升趋势,近几年上升速率加快,这将使许多沿海地区遭受洪水泛滥的风险增大。

气候变暖将改变我国植被和野生物种的组成、结构及生物量，使森林分布格局发生变化，生物多样性受损，从而改变一些地区的自然景观与旅游资源，对以生物多样性和自然生态系统为基础的自然保护区、风景名胜区和森林公园产生影响。

气候变化改变了旅游和户外休闲活动的营业季节，这对旅游企业来说是利益有关的问题。例如，气候变暖导致一些地区降雪减少和旅游季节缩短，这对经营雪上和冰上项目的冬季休闲度假地会造成一些损失，而气候变暖使得海洋珊瑚资源受到较大影响，进而退化，对当地的旅游资源及旅游业会造成负面影响（广东省气候变化评估报告编制课题组，2007）。极端事件如暴雨、滑坡、泥石流等也会直接危害到旅游交通安全和游客的健康，甚至导致人身伤亡等意外伤害，给地区旅游业带来不利影响。

值得注意的是，旅游业不仅受气候变化的影响，也是造成气候与环境变化的重要原因之一。航空旅行造成大量的温室气体增长，此外旅游业对于地区间疾病的传播和当地生态系统的破坏，也是造成环境和旅游资源迅速退化的原因。目前中国在履行减排义务的过程中，旅游业的健康发展和环保方面的国际义务都要求实行可持续发展的旅游政策（中国 21 世纪议程管理中心，2004）。

11.2.6　气候变化对能源的影响

随着气候的变暖，人类对能源的消耗表现出明显的变化趋势。一方面，用于降温的能耗明显增加，另一方面，用于冬季取暖的能耗有所降低。无论气候变暖或变冷，随着人口、人均住宅建筑面积、城镇家庭空调器拥有比例的不断增长，北京住宅空调制冷耗能不可避免地在增加。由于 1995 年以来北京城镇家庭空调器拥有比例显著增长，城镇家庭空调器拥有比例这一因子对空调制冷耗能增量的贡献率普遍最大。如果未来气候继续变暖，空调拥有比例达到近乎饱和的程度，那么气温变化对空调制冷耗能增加的贡献会更大（陈莉等 2009）。对近 40 多年来新疆主要城市能源消耗的研究表明，采暖度日数减少、制冷度日数增多的趋势明显。这意味着新疆大多城市存在热季制冷能源需求增多、冷季采暖能源需求减少的趋势。上述趋势的存在显然与全球/区域变暖有很大的关系。值得预期的是，据气候模式预计，21 世纪末全球平均气温还将上升 1.4～5.8℃。与此相应，新疆的气温尤其是冬季气温将继续升高。在这种升温背景下，未来新疆绝大部分城市热季制冷能源需求可能还会继续增多，冷季采暖能源需求也许会继续减少（姜逢清等，2007）。

11.2.7　气候变化对工业产业的影响

气候变化引起自然资源承载力与环境容量及极端天气、气候事件的变化，将影响到某些产业的布局，水资源的减少使高耗水的炼油、化工、化肥、电力、冶金、采矿、纺织等产业运转困难，城市雷电的明显增加对电子信息产业带来许多不利影响。

气候变化将影响人类的消费需求，随着气候变暖，对夏令生活用品、避暑旅游、节水节能产品、防暑降温保健用品、休闲与生态旅游以及文化、信息等的消费将会增加，对冬令商品和高耗能耗水产品的消费需求将会下降。

气候变化对交通基础设施和城市基础设施的要求进一步提高，由于极端气候的影响，造成这些设施的毁坏的可能性进一步加大。由此带来相关产业的新的增长需求。为了减少温室气体排放，对清洁能源的需求进一步增加，由此带来相关新兴产业的发展。

11.3　气候变化对城市化的影响

11.3.1　气候变化对人口迁徙的影响

气候变化导致生存条件恶化而迫使人口迁徙。如寒冷干燥时期北方农业生产水平和人口承载力下降，农耕民族的超载人口向南迁徙。同时，游牧民族由于草地生产率降低，也大举南侵以扩大生存空间，更加剧了农区人口的南迁。中国古代几次人口大迁移都与气候变干冷和北方游牧民族入侵有关

(方湖生,1992)。

气候变化引起自然灾害频发和加重,造成灾年大量人口逃荒到轻灾区和无灾区。大灾年的社会矛盾加剧往往引发农民起义和内乱,战争和动乱又驱使农民逃向政局相对平稳的地区。最典型的是明末连续14年的旱灾和蝗灾引发农民大起义,连年的饥荒和战争使四川、陕西和中原人口数量大减,于是才有清初大局稳定后的湖广填四川和山西向陕西、河南等地的大规模移民。

气候变化导致水资源格局的改变,是干旱地区古代文明衰亡的主要原因。西域强盛一时的楼兰古国就是因为气候变干燥,河流改道,水资源枯竭而逐渐消亡的。

随着雪线的上移,使得依靠雪水灌溉的农耕地区的人口面临严峻挑战,一旦出现夏季河水断流,这些区域的人口不得不迁徙到其他地区。目前我国河西走廊、新疆的大部分地区都存在这种潜在的动向。

11.3.2 气候变化对城市化进程的影响

(1)气候变化加速或延迟城市化进程

由于农业生产以有生命的农业生物为生产对象且主要在露天作业,面对气候变化及自然灾害具有很大的暴露性与脆弱性。气候变化,特别是极端天气、气候事件在很大程度上影响着农业生产水平,进而影响到农村人口城市化的进程。

发生在19世纪中期的爱尔兰饥荒是气候变化影响社会发展与城市化进程的典型例子,美国历史上最大规模的被迫移民潮出现在20世纪30年代初的"干旱尘暴"时期。

大跃进时期城镇人口由1957年的9949万猛增到1960年的1.3亿多人,增加3124万,其中2000万来自农村。由于三年自然灾害,粮食大幅减产,农产品供给短缺,工业经济效益下降,国家已无力负担庞大的吃"商品粮"的城镇人口。被迫从1960年底开始将1958年以来新招职工中的原农村人口大批下放回农村。到1962年上半年,全国共下放城镇人口2600多万。人口城市化率倒退到1957年以前的水平,一直到1978年,由于农业生产水平没有显著的提高,我国农业人口仍占总人口的84.2%,加上居住在农村的非农业人口,城镇人口比例在长达20年的时间里基本没有增加。1978年开始,我国的城市化进程大大加快,大量农村人口进入城市,使我国的城市数量和体量都有大幅度增加,而且这种城市化的进程还在进行之中。

(2)气候变化影响城市发展进程

自1980年代以来,华北和东北的气候明显暖干化,加上经济发展与城市的扩展,需水量迅速增加,导致水资源供需缺口越来越大,严重制约许多北方城市的发展。天津地处海河流域的"九河下梢",曾是北方的内河航运枢纽,通航里程达1700 km。随着气候干旱化和上游拦截,海河各大支流的河床已多年干涸,航运功能完全消失。大连、烟台、威海等北方沿海城市由于干旱缺水,大量超采地下水,导致海水入侵,地下水咸化,对这些城市的工农业生产和人民生活都带来了极大影响。

随着城市化的发展,城市工业与生活污水排放量也明显增大,但目前我国大多数城市的污水处理率还不高。由于城市热岛效应,城市气温要比乡村高出2~4℃,加上全球温室效应,使得城市水体的水温明显升高,绿藻、蓝藻等喜温藻类迅速繁殖。水资源紧缺又使得城市水体不能及时更新,导致自净能力明显下降。目前大多数城市水体的富营养突出,经常发生水华。如2007年夏季的高温就使北京的上庄水库和城内多个湖泊发生水华,无锡附近的太湖水体更发生了蓝藻大爆发,导致一度的饮用水荒。对1986—2005年发生的152起饮用水污染事故的分析表明,随着城市化进程的加快,1995—2005年是饮用水污染事故的高发期,集中了87.5%的事故;从区域上看,城市密集分布的华东地区是高发区,共44起。污染类型以生物污染为主,占69.1%。近半事故发生在居民区,其次是学校。供水环节中以水源污染为主,占56.6%。生活污染是导致饮用水污染的主要因素,占65.1%(李丽娟等,2007)。

(3)气候变暖影响人口迁徙的方向

气候变暖使得炎热地区的宜居性下降,某些传染病流行次数增加。盛夏高温时节,大批人群涌向海滨、林区、高原和山区避暑度假,部分人在气候宜人地区购房定居。过去不适宜人类生存的高寒地区,在未来气候明显变暖以后将变得适宜居住和耕种、开发,将建成一批新的城市。城市热岛效应、大气污染、噪声和交通拥堵也使得富人不愿居住在城市中心区,西方发达国家普遍出现城市中心区人口向郊区迁移的现象。

11.3.3 气候变化对城市规模及形态的影响

（1）气候变化影响城市的承载力

气候变化通过改变城市周围的资源态势和生态环境而影响到城市的人口承载力与发展前景,其中最突出的是水资源。如北京是一个严重缺水的城市,加上南水北调,北京到 2020 年规划的可供水资源量为 54.2 亿 m^3。根据联合国教科文组织的统计分析,人均水资源量一年 300 m^3 是保持现代小康社会生活和生产的基本标准。按此标准,北京水资源可承载的人口为 1800 万人。2008 年北京常住人口1633 万,瞬间峰值已达 2100 万,未来北京市的人口仍呈迅速增长的态势。北京市自 1999 年以后已连续 9 年降水偏少,主要河流上游来水也减少了 80% 以上,按照近 10 年的水资源态势,实际人均水资源只有 200 多 m^3。为适应严重缺水的形势,北京市除加快南水北调工程进度和产业结构调整力度外,还必须控制城市人口的过快增长。

东北林区的一些城镇由于森林资源减少和控制砍伐数量,又缺乏替代产业的支持,城市经济陷入困境,人口外流。而气候暖干化使林木生长速率变慢也是原因之一。

（2）气候变化影响腹地农业生产水平对城市的支撑能力

一个城市需要周边的农村作为腹地,提供后备土地与劳力,并向城市市场提供粮食、副食品和工业原料,农村还作为城市的生态屏障,还具有重要的生态服务功能。虽然沿海缺粮地区的城市可以通过国内外贸易获得粮食和其他农产品,但对于整个国家,农业基础是否牢靠,关系到城市化与工业化的速度。由于 1959—1961 年的三年自然灾害和农业歉收,不得不动员大跃进期间进城的大批职工返乡务农以减轻城市人口对于商品粮需求的压力。虽然 60 年来我国的农业生产保持了持续增长,但气候变化带来的影响也越来越大。从图 11.7 可以看出,60 年来由于华北、东北气候的干旱化,受旱面积、成灾面积和因旱减产粮食产量都呈波动增加态势（水利部水利水电规划设计总院,2008）。

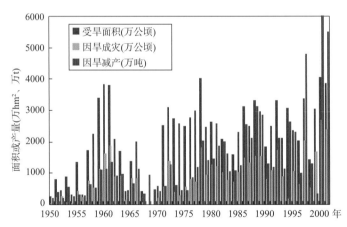

图 11.7 1950—2001 年受旱面积、因旱成灾面积

和减产粮食（缺 1968—1969 年受灾和成灾数据）

（3）气候变化影响沿海城市的发展

我国海岸线较长,经济发达的地区也集中在东部沿海地区,人口密集区域也分布在沿海、沿江地区,这些地方也是未来城市化发展建设的重要区域。近 30 年来中国沿海海平面总体呈波动上升趋势,平均上升速率为 2.6 mm/a,高于全球海平面的平均上升速率。其中南部沿海升幅整体高于北部,但渤海湾、莱州湾等地海平面上升也非常明显。由于海平面的不断升高,势必会影响到在低洼的区域选择城址,也会影响到低洼地区的已建城市的方方面面。比如:城市路面、排水设施、住宅和仓储的防潮等等（王雪臣等,2004）。

海平面上升对其他海洋灾害和生态系统退化等也具有很大影响。最直接的影响是海水入侵。由于连年超采地下水与海平面上升的共同作用,北方沿海城市地下水咸化问题日益突出,已成为大连城市发展最大的隐患,甘井子区海水入侵面积已超过 1/3。山东省莱州市受海水入侵的工厂每年损失产值数千万元。海水入侵使烟台市的主要水源地受到严重威胁,如不采取有效措施,再过 20 年,全城所有的地下水将有可能与海水连通。

海平面上升还使沿海潮位升高,咸潮倒灌已严重威胁到许多城市的生态环境和饮水安全。近年来珠江咸潮的咸界范围逐年上升,尤其是 2005—2006 年枯水期,咸潮强度前所未有,给珠江三角洲城市群的供水安全带来严重威胁。咸潮还危害城市工业生产和沿海城市生态系统,在入海淡水河段生存繁衍物种的生存环境会受到威胁甚至灭绝。

气候变化还导致台风强度增大,对沿海城市居民的生命、财产和城市经济、交通等都带来严重的威胁。一旦发生海堤溃决,沿海土地咸化后需要数年时间的雨水冲洗才能淡化。

11.3.4 气候变化对城市可持续发展的影响

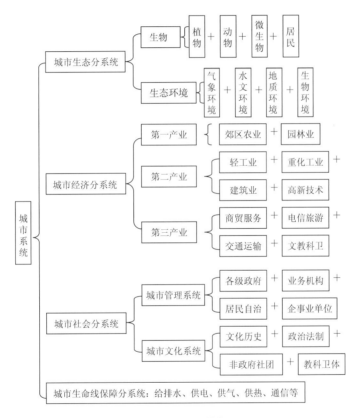

图 11.8 城市系统框图

(1)影响城市可持续发展的主要因素

影响城市可持续发展的因素有城市区域的资源禀赋与生态环境、城市灾害与减灾能力、城市经济结构与增长潜力、城市人文景观和宜居性、市民文化科技素质与城市管理水平等。

与以自然生态系统为主的乡村不同,城市是一个高度开放的自然、经济与社会复合人工生态系统。由于城市的人口与人工建筑物高度密集,绿色植物的种类和数量都很少,使得城市生态系统的食物链呈现倒金字塔结构,必须从系统外大量输入食物和能源才能维持城市居民的生存。同时,城市生态系统还严重缺乏微生物,使得城市生态系统中的残渣废弃物不能在本系统内分解、转化、消纳和完成物质循环,只能通过搬运、迁移和填埋、焚烧等办法来处理。由于城市生态系统改变了乡村系统原有的物理、化学、生物环境和物质循环、能量流动的方式和途径,特别是土地利用格局的改变破坏了原有的自然调节机制,城市生态系统需要一个复杂的管理物质和能源输送的人工支持系统来维持城市系统的正常机能。由于上述原因,城市生态系统对于包括气候变化在内的外界干扰十分敏感,表现出很大的脆弱性,系统的稳定性有赖于人为支持系统的功能与效率(王迎春等,2009)。

（2）气候变化对城市区域资源与环境的影响

支撑城市发展的资源条件包括气候资源、水资源、生物资源、地形与地质条件、矿产资源、区位条件,以及资金、技术、人才等社会经济资源。气候变化主要对气候资源、水资源、生物资源等自然资源产生直接影响,同时对其他资源也产生某些间接影响,进而影响到城市的可持续发展。

温室效应和热岛效应都将增加城市区域的热量资源,使城市腹地农区的作物生长期延长,有利于农业增产和改善城市的食物与工业原料的供应。但温度过高也会给农业生产带来某些损害。降水减少加上温度升高造成的蒸发量加大则将导致水资源的紧缺和干旱的频发。水资源枯竭已经成为我国华北、西北、东北西部和沿海许多城市可持续发展的最大障碍。

气候变暖将减少冬季采暖能耗,但同时又增大了夏季降温的能耗。在高寒地区以降低能耗为主,炎热地区则将以增加能耗为主。由于我国北方能源资源富集,而南方能源资源匮乏,与水资源状况的制约相反,从能源资源的角度,气候变暖将有利于北方城市的可持续发展,而对南方城市不利。

气候变暖使植物的生长期延长,在降水不减少的地区有利于增加植被覆盖的生物量,但在气候暖干化地区则将降低植被覆盖质量,并促使植被向旱生化演替。如不采取措施,部分地区的土地荒漠化可能会有所扩展。

气候变暖使水温升高,水体微生物生长和繁殖加快。将加剧有机污染严重的水体的富营养化。以无机污染为主的水体,也将因水温升高而使有害物质的毒性增强。气候暖干化地区,由于缺乏足够的新水更新城市水体,水环境的恶化更加突出。目前许多北方城市靠大量抽取地下水来人为制造和维持城市水体景观,终非长久之策。

城市热岛效应还形成了独特的城市气候,不利于市区空气污染物的稀释扩散,严重影响城市大气环境质量。

（3）气候变化对城市灾害和安全度的影响

灾害泛指对人类生命财产和生存条件造成危害的各类事件,城市灾害指发生在城市区域的各类灾害事件。气象灾害指气象要素的异常对人类生命、财产或生存条件带来直接危害的各类事件。在以自然变异为主因形成的各类自然灾害中,由于大气圈是地球表面最活跃多变的一个圈层,气象灾害对人类的危害往往要大于其他灾害类别,所造成的生命和财产损失通常占到全部自然灾害损失的大部分。根据近40年的国内外资料统计,城市气象灾害的经济损失约占全部灾害损失的60%以上。气象灾害的灾害源来自大气圈中的异常,包括天气的异常、气候的异常和大气成分的异常。气象灾害的承灾体包括人体本身、人类的生产活动、人工建筑和固定资产以及人类的生存环境。

气候变化对于城市灾害的影响,主要表现在城市气象灾害的特点与发生态势的改变上。

全球气候变暖将使极端天气和气候事件发生的频次明显增加,从而导致多种气象灾害不断加剧,尤其是受气候变化影响的干旱和洪涝灾害会愈演愈烈。极端天气和气候事件严重影响世界经济和社会的可持续发展,使地球环境和人类社会变得更加脆弱。据统计,1990年代世界范围发生的重大气象灾害比1950年代多5倍,如不采取措施,未来100年内每年造成的损失将高达3000多亿美元。

目前我国城市化速度迅猛,城市人口和财产大量增加,城市规模不断扩大,而城市现有的减灾能力建设和管理跟不上城市发展步伐,造成的损失呈现上升趋势。另一方面,随着国力增强与城市基础设施的不断完善,城市系统的减灾能力也在不断提高。在全球变化背景下,不同气象灾害对城市系统的影响表现出不同的特点(王迎春等,2009)。

城市洪涝

因气候变化降水增多的地区,城市洪涝有加重的趋势,特别是沿海、沿江城市。由于城市下垫面性质的改变,不透水地面代替了过去的土壤和植被,使得雨后的径流系数增大数倍,城市热岛效应又使局地的对流强度增大,导致近年来城市暴雨内涝灾害日趋凸显。城市地下空间和凹陷地面对于内涝更是脆弱地带。如2007年7月18日,济南全市平均降雨74 mm,暴雨中心的市区平均146 mm,最大1 h雨量 151 mm,为百年一遇。洪水涨水历时仅 4 个小时,但各水文站均出现历史最高洪峰水位,死亡 34 人。7 月 17 日山城重庆也遭受了一场特大暴雨,主城区沙坪坝平均日降雨 266.6 mm,打破 1892 年有气象观测以来的最高记录。暴雨中心所在陈家桥镇 299.9 mm,淹没 6~7 km²,核心受灾区平均水深 4~5 m,3000 多户近万名群众被洪水围困。北京、上海等城市近年来也多次发生由于局地暴雨造成大范围甚至全市交通瘫痪的内涝灾害。

高温热浪

在气候变暖的大背景下,加之温室效应与城市热岛效应的叠加,使得现代城市的高温热浪日数明显增加。例如,1988 年 7 月上旬上海市高温累计达 14 天,极端最高气温 38.4℃,市区中暑 815 人,死亡 193 人。1998 年上海夏季高温 27 天,极端最高气温 39.4℃,医院急诊比平时增加 30%,最多的一天 1374 人,为历年罕见。由于死亡人数急增,殡仪馆业务量为平常 2 倍以上。高温使城市用水和耗电量剧增,往往超过负荷而导致停水停电,给居民生活和工作带来极大困难。

城市雾霾

气溶胶的大量释放使城市容易产生雾霾天气,污染物质不易扩散稀释,严重影响大气环境质量。

雷电

城市中高层建筑林立,虽然减少了雷击伤人的可能性,但大量电力设施与电子设备的使用又增加了雷电灾害的损失,如 1991 年 5 月北京某微波通信站遭受雷击,使通信停止 10 余小时。

由于城市各项功能的运转都要依靠交通、电力、通信、供水、供气、排污等生命线系统的保障,城市气象灾害一旦对生命线系统造成破坏,将使灾害迅速扩大和蔓延到生命线系统涉及的广大范围甚至整个城市。

气候变化对环境的影响还造成某些城市其他灾害发生态势的改变,如沿海城市的风暴潮灾害有加重趋势,城市有害生物的发生和演变规律改变,降水增加的山区城市发生滑坡、泥石流等地质灾害的频率和危害加大。

(4)气候变化对城市经济结构的影响

气候变化对城市经济的不利影响和有利机遇以及所采取的适应措施都将引起城市产业结构的深刻变化。

气候变化引起自然资源承载力与环境容量及极端天气、气候事件的变化,将影响到某些产业的布局,并带来生产环境与成本的改变。降水明显减少,气候干旱化的地区,森林植被的退化将使以森林工业为经济主体的城镇难以为继;水资源的减少使高耗水的炼油、化工、化肥、电力、冶金、采矿、纺织等产业运转困难,城市雷电的明显增加对电子信息产业带来许多不利影响。气候变化影响农业生产布局的同时,也影响了农产品加工业与食品工业的分布。

气候变化在影响产业布局的同时,也必然会影响到国内与世界贸易的格局。一些高寒国家和地区可能成为新的大宗农林产品输出地,低纬度炎热地区、沿海低地、小岛屿国家及气候干旱化地区的农产品短缺将更加严重,价格可能继续上升。

气候暖干化导致水资源短缺和地水位持续下降,雨后路面塌陷现象会增加。夏季高温天数增加使沥青路面易于熔化并影响司机工作效率,可能导致交通事故的增加。

气候变化还将影响到脆弱产业部门的就业,给部分人群的生计带来困难;气候变化将影响人类的消费需求,随着气候变暖,对夏令生活用品、避暑旅游、节水节能产品、防暑降温保健用品、休闲与生态旅游以及文化、信息等的消费将会增加,对冬令商品和高耗能耗水产品的消费需求将会下降。

(5)气候变化对城市人文景观和宜居性的影响

气候变暖增大了高寒地区城市发展的潜力。俄罗斯西伯利亚的许多城市由于冬季漫长的严寒,大多数居民只在夏半年居住,冬半年只留下少数人看守,大多数居民回到内地,开春后再来工作。气候变暖后适宜居住的时间将大大延长,使城市勃发出新的生机。我国的青藏高原和黑龙江最北部等地区气候变暖后的开发潜力会进一步增大。但对于夏季炎热的地区宜居性将明显下降。

极端天气事件和传染性疾病等突发事件将减少人们对旅游的心理需求,并影响旅游安全。气候变化带来自然资源、生态环境和人们生活方式的改变，将对某些对气候变化敏感和脆弱的人类非物质文化遗产的保存造成严重威胁。但同时，气候变化带来生物物候、气候景观和人群活动规律的改变，将深刻影响旅游业和服务业的整体结构与布局，也会带来旅游业的商机。避暑旅游、生态旅游、水上活动都会增加，冰雪旅游将向更高纬度与海拔地区转移并给当地带来商机。许多与自然物候密切相关，具有地方特色的旅游项目的季节安排需要进行调整，如与春季花卉相关的旅游项目将要提前，与秋色相关的旅游项目将会延迟，冬季冰雪旅游项目的时间将比过去缩短，夏季避暑旅游的时期将会延长（王迎春等，2009）。

11.4 气候变化对人体健康的影响

11.4.1 气候变化对人体健康的影响

（1）极端事件对人体健康的影响

热浪：全球气候变暖常伴随着热浪发生的频率及强度的增加，常导致某些疾病的发病率和病死率的增加，是全球气候变暖对人类健康最直接的影响。疾病死亡率与温度之间的关系，常呈现不对称的"U"形状曲线，即随着温度升高，病死率明显升高（Curriero 等，2002）。受热浪影响引起的高死亡率疾病主要包括心血管、脑血管及呼吸系统等疾病。因热浪造成的死亡数还不能确定，但有一点是明确的，就是热浪频率和强度的增加将导致某些疾病的死亡数增加。高温热浪强度和持续时间的增加，导致以心脏、呼吸系统为主的疾病或死亡率增加。随着全球气候变暖，夏季高温日数明显增多，高温热浪的频率和强度随之增加。特别是湿度和城市空气污染的增加，进一步加剧了夏季极端高温对人类健康的影响。

在美国，热浪的危险度要超过飓风及暴风雨。2003年欧洲的极端热浪在短短2周内造成了4.5万人死亡（Kosatsky，2005）。2003年的夏季是欧洲500年来最热的夏季，比正常年份平均温度升高了3.5℃（Beniston m，2004）。虽然与温度相关的疾病死亡率因地域不同而不同，但有研究显示在欧洲和北美地区，温度与疾病死亡率之间的相关性相似，表明在相对寒冷和温暖的地带容易发生热浪现象（Gouveia 等，2003）。研究显示在欧洲炎热夏季的某些地区的温度相关性疾病的病死率与其他寒冷区域的病死率没有明显差别（Keatinge 等，2000），美国寒冷区域的城市的居民对热浪更为敏感（Chestnut，1998）。在城市，热浪对健康的影响要超过郊区或农村地区，城市的"热岛效应"、缺少植被的降温以及空气污染等因素加重热浪对健康的负面影响（Quattrochi 等，2000；Frumkin，2002）。我国的武汉位于长江中游的两湖盆地，受东南风和海洋暖流北上的影响，以及日辐射和下垫面的共同作用，常常是夏季气候炎热。1988年的武汉热浪年，7—8月的死因中，中暑列为第5位，第一个37℃高温峰值的下一天的死亡之比为期望值的130%，38℃峰值的下一天为175%，39℃峰值的下一天为190%（何权等，1990）。南京1988年7月4—20日持续高温，共发生中暑4500例，其中重症中暑9.2%，死亡124例，病死率为30.2%（李永红等，2005）。2003年入夏以来，热浪席卷全球，各地气温破纪录地高达38~42.6℃。许多老年人而因此丧生。热浪波及印度、巴基斯坦、欧洲、中国，仅印度就有1000多人被热浪夺去了生命。随着高温热浪的增加，心脏病和高血压病人的发病人数也在不断增加。此外，全球变暖还将导致对流层大气臭氧浓度增加，平流层臭氧浓度下降。上海1998年经历了近几十年来最严重的热浪，热浪期间的总死亡人数可达非热浪期间的2~3倍，以65岁以上老年人死亡率增加更为明显。热浪对婴幼儿的威胁也很大，如果婴幼儿患有某些疾病如腹泻、呼吸道感染和精神性缺陷，在热浪期间最易受高温危害。热浪除中暑死亡这种直接影响外，还将导致以心脏、呼吸系统为主的疾病或死亡。研究表明，随着全球变暖，夏季高温日数将明显增加，心脏病和高血压病人发病和死亡率都将增加。露天工作者，如交警、公共汽车司机、建筑工人，更是受到了热浪的严重威胁。对上海1975—2004的城市热岛与人体健康的统计分析表明，与城市周边地区相比，城市人口夏季死亡率要高于郊区，意味着城市人口在极端的热条件下健康状况恶化，而热岛效应是直接因素（Tan 等，2010）。

高温使得病毒、细菌、寄生虫、致敏原更为活跃,同时也会损害人的精神、人体免疫力和疾病抵抗力,全球每年因此死亡的人数超过 10 万人。

高温酷热还直接影响人们的心理和情绪,容易使人疲劳、烦躁和发怒,各类事故相对增多,甚至犯罪率也有上升。如纽约 1966 年 7 月的热浪期间,凶杀事件是平时的 138.5%。北京 2003 年 7 月高温期间交通事故增多,据北京急救中心资料显示:交通事故增加与天气炎热有很大关系。气温高、气压低时,人的大脑组织和心肌对此最为敏感,容易出现头晕、急躁、易激动等,以致发生一些心理问题。高温使人们容易疲劳驾驶,爆胎、汽车自燃等重大交通事故屡屡发生。

洪灾:历史上,洪灾是各种自然灾害中导致最大死亡损失的灾害。气候变化可能增加江河及海岸洪灾,对健康的影响可分为短期、中期及长期。短期影响主要为洪灾引起的大量居民死亡或伤害,中期影响主要包括为饮用污染水源引起的疾病传播如霍乱和甲肝等,接触受污染的水源引的疾病如螺旋体病或临时避难所的拥挤导致的呼吸系统疾病。1996—1999 年洪灾区和非灾区人群各类疾病发病情况回顾调查显示(李硕颀等,2004),洪灾区人群 1996 年、1998 年急性传染病发病率分别为 863.181/10 万和 736.591/10 万,均高于非灾区年均发病率;但灾后一年的发病率与非灾区无差异,循环系统、神经系统、消化系统疾病、损伤与中毒等 8 大类慢性非传染病的患病率灾区高于非灾区。1991 年安徽省发生特大洪涝灾害,造成安徽省年统计的各种传染病总发病率上升,上升病种主要是与水情及水体污染密切相关的肠道传染病,其次是儿童易患的呼吸道传染病,自然疫源性及虫媒传染病中流行性出血热上升明显。从传染病月份分布看,洪涝灾害影响传染病上升主要表现在 7~9 月份洪灾中期。水灾期由于阴雨连绵、气候骤变、灾区居住环境拥挤,精神抑郁,心理创伤致人群特别是儿童抵抗力下降,加之计划免疫工作的破坏,易感人群增加,致使儿童呼吸道传染病的发病率上升。1996 年 8 月,河北省 8 个市 91 个县 1517 万人口也遭受洪涝灾害。

干旱:干旱是世界上造成经济损失最多的自然灾害,全球平均每年因旱灾损失 60—80 亿美元,受其影响的人数比其他任何自然灾害都多。干旱可引发饥荒已被广泛认知。营养不良是目前最大的卫生问题,大约 8 亿人口,其中大约一半的人口在非洲正处于营养不良的状况(WHO,2004)。干旱和其他极端气候不但可以直接影响农作物的产量,而且还可以通过引起改变植物病原体的生态系统带来间接影响。研究表明,在世界范围内,气候变化对粮食生产正、负两方面的影响,但发展中国家粮食生产降低的可能性最大。同时干旱引起的水利设施的破坏,带来水源污染可引起腹泻及与贫乏的卫生资源相关的疾病如结膜炎等(Patz 等,2005)。1991—1992 年南部非洲出现大旱,受灾人口达 1 亿多。

冰冻:2008 年年初,我国遭受了一场前所未有的突发低温雨雪冰冻灾害,造成了大面积的电力供应中断,建筑压垮,通信和交通瘫痪,不仅给居民的生产和生活带来严重的影响,同时,也给人们带来了各种健康问题,对卫生部门应对各种气象灾害的应急能力和对策又提出了一个严峻的考验。冰雪天气,气温极端低下,人受寒冷刺激,使得交感神经兴奋,人体末梢血管收缩,外周阻力增加,动脉平均压升高,心室负荷增加,心肌耗氧增加,高血压、冠心病、脑卒中的死亡率可能明显提升。冰雪灾害造成的意外伤害将会增加,其中背部伤害、踝骨骨折的病例明显增加,有资料表明在暴风雪后的 5~6 天骨折和伤害达到了高峰。长期间的低温天气寒冷刺激使得交感神经兴奋,支气管内腺体分泌增加,气道反应性提高,支气管容易痉挛,通气换气功能受影响,造成包括小儿肺炎、慢支、肺心病、支气管哮喘、自发性哮喘等呼吸道疾病的发病率增加。

其他极端事件:极端事件频率和强度的增加,如风暴、台风,都会通过各种方式对人类健康造成影响。这些自然灾害能够直接造成人员伤亡,也可通过损毁住所、人口迁移、水源污染、粮食减产(导致饥饿和营养不良)等间接影响居民健康,增加传染病的发病率,而且还会损坏健康服务设施。如区域性台风增加,常常会发生灾难性的影响,特别是在资源匮乏的人口稠密区,给人类健康带来重大负面影响。从 1972 年至 1996 年,全世界每年平均 2.3 万人死于极端事件,目前非洲是自然灾害相关性疾病发生率最高的区域,80% 的亚洲居民受自然灾害的影响(Loretti 等,1996)。

(2)气候变化对传染性疾病的影响

传染病的传播过程受多种因素影响,包括外部社会、经济、气候、生态因素和人体免疫状态等

（Weiss 等,2004）。许多传染性疾病的病原体、中间媒介、宿主及病原体复制速度都对气候条件敏感（Koelle 等,2004）。如随着温度升高,动物内脏和食物中的沙门氏菌和水中的霍乱菌的增生扩散速度明显升高。再如在低温、低降水量及缺少宿主的地区,其媒介传播性疾病较少,气候改变可改变这种生态平衡而引发流行。气候变化还可以通过影响中间宿主的迁移和人口数量造成疾病的流行。许多研究已经发现短期的气候变化对疾病特别是媒介传播性疾病的影响（Sellman 等,2007）。

媒介传播性疾病：目前,气候变化对媒介传播性疾病影响的研究较为广泛和深入。媒介传播性疾病的传播是宿主（人）、病原体和媒介三者相互作用的结果。媒介传播性疾病的分布和传播与温度、降水量和湿度等气象和环境因素密切相关。气温和降水量对中间宿主的繁殖及宿主体内的发育产生影响,雨量和湿度则影响媒介生物的孳生分布（钱颖骏等,2010；杨国静,2009；杨国静等,2010；杨坤等,2010；杨坤等,2006；周晓农,2010）。

根据已有的生态学研究结果,血吸虫的中间宿主—钉螺的分布范围主要取决于温度、日照、雨量和湿度等自然因素,以我国大陆为例,钉螺分布地区的 1 月份平均气温都在 0℃ 以上,并与土壤和植被有一定的关系。全球气候变暖所引起的降雨和温度变化,势必会影响血吸虫病的原有分布格局（潘星清,1990）。梁幼生等（1996）提出了气候变化可能对钉螺分布产生影响,随着全球气候变暖,我国原血吸虫病流行区的流行范围和流行程度也将相应扩大和加重,其潜在流行区将随气候变暖出现北移（周晓农等,2002；2004）。

疟疾的分布和传播与温度、降水量和湿度等气象与地理环境因素密切相关。我国疟疾流行区主要分布于北纬 45°以南的大部分地区。气温和降水量对疟原虫终末宿主蚊虫的繁殖及蚊体内疟原虫的发育产生影响,雨量和湿度则影响蚊虫孳生地的分布。全球气候变暖所引起的温度和降雨变化,势必会影响疟疾的原有分布格局（秦正积等,2003）。

登革热主要由伊蚊传播登革病毒所致的一种急性传染病,主要分布于热带和亚热带的国家和地区。登革热的传播主要受媒介蚊虫密度的影响,而影响蚊虫密度的主要气象因子是气温和湿度,其中气温是决定因子,即气温是登革热传播的决定因素（易彬樱等,2003）。登革热患者的病程或传染期很短,为 5~7 天,因此患者不可能作为长期的带病毒者或传染源,同时,感染性蚊虫的寿命也是有限的。所以,必须终年均具备一定气温条件的地区才有可能成为地方性流行区。

在我国,淡色库蚊是流行性乙型脑炎的主要传播媒介,乙脑病毒在蚊体发育时,气温低于 20℃ 失去感染能力,26~31℃ 时体内病毒滴度上升,毒力增高,传染力增强。我国虽鲜见有乙脑暴发流行的报道,但流行区域较广,我国的大部分地区包括北京都有流行,而且近年来不断北移,造成东北和内蒙古地区也有少量发病者。1990 年夏秋,一些省市乙型脑炎流行,达到疫苗免疫时代的最高发病人数,发病率比 1989 年上升 1.5 倍,发病最多的却是河北省（亢秀敏,2001）。对甘肃省 1983—1997 年流行性乙型脑炎疫情分析同样显示,通过加强乙脑计划免疫预防接种及人们健康水平的提高,我国乙脑发病率较解放初期有明显下降（于德山等,1999）。但随着全球气候变暖,某些蚊媒疾病出现疫情再次上升、疫区呈现扩展的趋势。

钩端螺旋体病是由致病性钩端螺旋体引起的一种急性传染病,江西省是全国钩端螺旋体病流行较为严重的省份,历年来发病率位居全国前列。一项江西省钩端螺旋体病流行特征的研究显示（梅家模等,2005）,1973—1998 年钩端螺旋体病发病率与年平均气温密切相关。钩端螺旋体最适宜的生长温度是 25~28℃,钩端螺旋体病发病高峰期的 7—8 月份平均温度为 26.9~29.8℃,较适宜钩端螺旋体的生长发育,此期间为钩端螺旋体病发病的高峰季节,提示气候变暖可使原来不适合钩端螺旋体生存的区域变成其生存区域,扩大钩端螺旋体病流行范围。进一步对钩端螺旋体病发病率与降水量分析的结果显示,年均降水量＞1700 mm 时,年均降水量与钩端螺旋体病发病率呈正相关,由此表明气候变暖所引起的降雨变化,也是影响钩端螺旋体病流行的一个重要间接潜在影响因素。

水源性和食源性传播性疾病：人类健康与水源的水质、可用性、卫生设施及卫生之间关系较为复杂。预测气候变化对水传播性疾病的影响较为复杂,主要原因为社会经济因素决定着安全用水的供给。极端天气如洪涝和干旱可通过污染水源、贫乏的卫生设施及其他机制增加疾病危险度。霍乱是一种较为复杂的水源性和食源性传染病。在热带地区,常年都有病例报告。而在温带地区,只有最热的季节才有病例报道,1997—1998 年的厄尔尼诺引发的洪涝造成了非洲某些地区的霍乱流行。有学者发现(Birmingham 等,1997),饮用来自坦桑尼亚的坦噶尼喀湖的水与霍乱发病之间具有较强的联系。WHO 也提出了气候变暖可造成非洲地区某些湖泊可增加霍乱危险度的警告。气候变暖也可通过海洋温度上升,增加霍乱发病的危险度。如长期以来,南美洲太平洋沿海国由于受潮汐影响较小,终年无台风登陆,特别是秘鲁寒流冷水域等不适宜霍乱弧菌繁殖和流行的因素限制,所以在第七次霍乱世界大流行中一直没有发生疫情。但自 1990 年底秘鲁沿海出现了厄尔尼诺现象后,破坏了秘鲁寒流所形成的冷水域屏障,于 1991 年 1 月底爆发了霍乱,并迅速传入邻国,当年南美有 14 个国家发生霍乱 391220 例,死亡 4002 人,病例数占全球的 65.69%(Koelle 等,2005)。某些食源性疾病也受温度波动影响,如在欧洲大陆随着气温平均上升 6℃时,约有 30% 的沙门氏菌病病例报告发生(Kovats 等,2004)。在英国,食物中毒的发生率与前 2~5 周的气温有着密切关系。

其他传染病:不可忽视的是气候变化造成部分旧物种灭绝,同时必然产生出新的物种,物种的变化可能打破病毒、细菌、寄生虫和敏感原的现有格局,产生新的变种。如 2003 年春季,相继在我国广东、北京、山西等地爆发的 SARS 病毒传染病一样,给社会和人民的健康及生命带来极大的危害。研究表明平均气温与病例数呈负相关,表示气温低,病例多;气温日较差与病例数呈负相关,气温日较差越小则病例越多;大部分地区的病例数与风速呈正相关,即风速越大病例数增加,病例数与雨量及相对湿度相关性不强(朱科伦等,2004)。不同气候带 SARS 的适宜流行季节会有不同(王铮等,2004),从气候角度讲,我国大部分地区的 SARS 流行期在春季和秋季,但是北回归线以南地区风险期出现在冬季。SARS 疫情的爆发与天气条件有关,即容易发生在大气出现逆温的天气里,容易出现大气逆温的气候区有助于 SARS 流行。而禽流感多发生在冬、春季节,在 1—2 月是一个高峰,夏、秋天则很少发生。2004 年 1 月中旬至 2 月上旬广州禽流感高发期,天气系统复杂多变,伴随的气象要素的变化剧烈,低温高湿的气候特征,有利于禽流感的发生和传播;2004 年 2 月中旬以后的气温回升、光照充足则抑制了禽流感的传播(范伶俐,2005)。

11.4.2 未来的影响和脆弱性

脆弱性在不同的空间及人群中表现出明显的差异,常态的变化在遇到极端事件时其脆弱程度会明显增加。

海平面上升将使我国长江三角洲和珠江三角洲相对于其他地域更加脆弱,一旦海平面上升,对这些区域的影响首当其冲,而这些区域是我国经济最活跃、最发达的地区,其造成的经济损失将十分巨大。

水资源的短缺使我国北方干旱地区以地下水为主要水源的城市及农村将会更加脆弱。长期过度取用地下水不但造成地下水位的下降,而且严重时会影响地表的稳定性,影响农业生产。就农村人居而言,目前依靠雪水灌溉的地区随着气候变暖,其脆弱性日益显现。

由于气候变暖导致的强对流天气增多,城市基础设施,尤其是排水设施将会经受前所未有的挑战,而那些基础设施不够完善的老城市或老城区将显得更为脆弱。强降雨过程对我国易发泥石流的地域如四川、甘肃以及其他地区的农村人居将会造成威胁。

随着气候变暖,使夏天高温与高湿同步的长江流域地区人体舒适度下降十分明显,而对这些区域的低收入群体来说,显得更加脆弱。

随着气候变暖,我国热带、亚热带的珊瑚资源可能会面临更大的生存威胁,进而影响以此为旅游资源的旅游业。

未来气候发生变化,气温升高、降水发生变化,大气中的 CO_2 气体含量增加,均对人类健康产生较大影响。评价气候变化对人体健康影响的过程中,除了考虑气候变化对人体健康的直接影响外,还要考虑气候变化对人体健康的间接或潜在影响,如臭氧减少引起的地表紫外辐射增加、农作物产量下降等等,均会对人体健康产生巨大影响。目前国内外关于气候变化对人体健康影响的预测研究已开展多年，但仍处于初级阶段，已公开发表的论文大部分是研究气候异常对健康的影响，而气候变化与人体健康变化之间的关系研究较少，定量预测未来气候变化对人体健康影响的研究更为稀少。

气候变化引起的气温升高、降水发生变化，使得农、牧、渔业产量下降，海平面上升、土地减少、自然灾害增加、农作物减产，使得人类部分地区出现饥饿、营养不良，长期危害健康，特别是青少年和儿童。

目前，国内预测气候变化对媒介传播性疾病影响的研究迅速开展起来，从定性研究逐渐扩展到半定量或定量研究，特别是血吸虫病、疟疾等疾病。

血吸虫病：气候变化对血吸虫病传播的潜在影响可有直接的，也可能是间接的。气候变化的长期影响可能间接影响尤为突出。1990 年代起，周晓农等进行了一系列全球气候变化对血吸虫病传播影响的研究。气候变化对血吸虫病传播的直接潜在影响包括温度及湿度等影响。周晓农等（1999）利用空间分析模型观察到我国血吸虫病流行区的北界线与平均最低温度－4℃ 等值线相吻合，表明某一地区的最低气温可决定该地区的钉螺分布范围。因此，当气候变化，如我国北方地区的极端最低温度普遍上升，以及南水北调工程等因素同时存在时，钉螺向北方扩散的可能性明显增加。

气候变化引起的湿度变化对血吸虫病传播的潜在影响也较为明显，湿度可改变钉螺孳生地的植被而影响钉螺的分布范围及密度，钉螺的孳生和扩散不断地提供新的潮湿环境。当气候变化，降水量增加，水域面积增多或地面积水面积增加，可促使血吸虫感染钉螺的机会增多，尾蚴逸出量增多，而哺乳动物接触疫水机会也相应增多，原血吸虫病流行区的流行范围和流行程度也将相应扩大和加重。

近年来，我国长江流域的血吸虫病疫情呈扩散趋势，新流行区不断发现。历年 1 月份平均气温和最低平均气温资料显示，全国冬季气温呈明显上升趋势，提示冬季气温变暖有利于钉螺越冬（俞善贤等，2004）。我国学者（周晓农等，2004；Zhou 等，2008）在开展钉螺和日本血吸虫病有效积温模型工作的基础上，结合应用地理信息系统技术和钉螺、日本血吸虫有效积温模型，构建全国不同地区血吸虫病气候—传播模型，预测未来全国血吸虫病流行区的扩散趋势和高危地带。结果显示 2030 年和 2050 年时段血吸虫病潜在传播区域将明显北移。表明血吸虫病潜在流行将随气候变化出现北移，北移敏感区域是今后我国流行区北界线的监测工作重点，同时这一流行区北界线的北移，使血吸虫病受威胁人口也将增加。

疟疾：全球气候变化所引起的温度和降雨变化，势必会影响疟疾的原有分布格局。按 GCM（general circulation model）预测，到 2100 年全球平均气温升高 3～5℃，疟疾病人数在热带地区增加 2 倍，而在温带超过 10 倍。估计疟疾病例每年增加 5000 万～8000 万，21 世纪后半叶，世界上将有 45 亿～60 亿的人口生活在潜在的疟疾传播区内（Martens 等，1995）。

气候变化同样直接和间接影响疟疾传播，而对疟疾传播的长期影响可能以间接影响为主。直接影响主要包括温度、降水量及湿度等因子对疟疾传播的影响。环境温度以多种方式影响疟疾的传播（奚国良，2000）。温度支配媒介蚊种的活动，从而决定疟疾的地理分布，媒介种群的繁殖速率取决于温度，通常蚊媒迅速繁殖的适宜温度为 20～30℃，在此范围温度增高，蚊媒世代发育的时间缩短，因而媒介密度增高，传播速率增大。温度也影响蚊媒的寿命和吸血行为。最适于蚊媒活动的温度范围是 20～25℃，温度的微小变化可引起吸血频率的极大差异，随温度升高，两次吸血间隔缩短。温度还影响疟原虫在蚊体内的发育，疟原虫在蚊体内发育有一个最低的温度阈值，在自然条件下，有按蚊存在但无疟疾发生的地区，主要是由于温度，低限制了疟原虫的孢子增殖（邓绪礼等，1997）。有学者（吴开琛，2004）应用数学模型，预测了云南省不同纬度和不同海拔的微小按蚊地区，温度升高 1～2℃对疟疾传播潜势变化的影响，显示 40 个乡 1984—1993 年间呈现变暖趋势，厄尔尼诺或暖年对疟疾波动有明显影响，同时数学模式显示当温度升高 1～2℃时，云南省微小按蚊地区间日疟传播潜势可增加 0.39～0.91 倍，恶性疟传播潜势可增加 0.60～1.40 倍，当温度上升 1℃时，疟疾传播季节可延长约 1 个月，当温度上升 2℃时，传播季节可延长约 2 个月，提示气候变化趋势及其对疟疾传播的影响在我国有所表现，模型预测温度升高所引起的传播潜势升高，将预示随之而来的疟疾发病率增加，流行季节延长。降雨季节的分布也左右着疟疾流行的年内季节变动。

气候变化对疟疾流行的间接影响主要包括洪水使沿海及沿江地区遭受洪水机会增大。洪水过后，媒介孳生地扩大,湿度增高,蚊虫密度迅速上升,寿命延长,且灾民通常较集中,生活条件及防蚊条件差,致使疟疾发病迅速上升。再者全球气候变化,夏季时间和高温时间延长,居民露宿现象相应增加,特别在广大农村地区居民露宿普遍,造成人—蚊接触机会增多,疟疾流行程度加重。

登革热:海南省北部地区的整个冬季(3个月)的温度不适于登革热的传播,而南部地区的冬季的温度可能适于登革热的传播,但也仅稍高于适于传播的临界温度(陈文江等,2002)。然而,在气候变化的条件下,特别是持续出现暖冬的情况下,当冬季月平均温度升高1~2℃时,海南省登革热传播的条件有可能发生根本性改变,北部地区可能变为终年均适于登革热传播,而南部地区的传播均处在较高水平,从而有可能使海南由登革热的非地方性流行转变为地区性流行,使登革热的潜在危害性更为严重。进一步利用海南省8个气象站历年1月份的月平均气温资料分析海南省冬季气候变化的趋势和幅度,以21℃作为适于登革热传播的最低温度,借助GIS评估气候变化对海南省登革热流行潜势的影响,结果显示位于海南省北部的琼海也具备了登革热终年流行的气温条件,提示冬季气候变化将使海南省半数以上的地区到2050年将具备登革热终年流行的气温条件(俞善贤等,2005)。

气候变化通过虫媒的地理分布范围发生变化、提高繁殖速度、增加叮咬率以及缩短病原体的潜伏期而直接影响疾病传播。气候变化的趋势能使登革热的分布扩散到较高纬度或海拔较高地区。气温还影响登革热的传染动态。在蚊虫的生存范围内,温度的小幅度升高就会使蚊虫叮咬更加频繁,从而增加传染性。

11.5 适应对策与政策建议

11.5.1 城市规划

城市总体规划:人类与气候的关系是非常复杂的,如果城市创造了自己的气候,那么也创造了自己的舒适度。城市中室外空间的舒适度受到许多因子的影响,包括风速、气温、相对湿度、太阳辐射、空气质量等(Stathopoulos等,2003)。降低热岛效应对改善城市居民的生活条件非常重要,因此目前围绕热岛效应的成因进行了大量研究。对葡萄牙沿海城市阿维罗的研究表明,这个城市热岛的形成和强度是受3个主导因子的影响,它们是:城市构形、气候条件和与沿海泻湖的远近程度(Pinho等,2000)。在匈牙利的塞格德(Szeged),热岛效应的强度随着季节和月份不同而变化,这是受当地主导天气条件影响的结果,但是,季节平均热岛效应强度的变化并不依赖气候条件而变化,而是在很大程度上由城市地表构造决定。城市规划者应该考虑建造密度、建筑物所释放热量的分布和影响以及绿色空间的重要性,从而减少城市热岛效应带给我们的不舒适、污染和高消耗。当然,在一定的温度范围之内,适度的热岛可以加快污染空气的扩散(王绍增等,2001)。现在,美国亚利桑那州的一些城市正在将这些考虑落实到城市设计的规章制度和实践中(Baker等,2002)。对北京城区地表温度的主导影响因子分析结果表明,地表温度与低密度建设、高密度建设、极端高楼、单位面积建筑、人口密度百分比等因素呈正相关,而与森林、农田、单位面积水体百分比呈负相关(Xiao等,2008)。

随着城市的发展和新城市的创建,就有机会建立更环保和可持续发展的城市,在许多方面避免以前所犯的错误。城市的选址应更加慎重,要考虑气候变化的影响,并且在城市的设计上应满足降低热岛效应、洪水危害、火灾危害和节约能源的目的。设计者们在选址和建筑设计的最初阶段应当考虑这座建筑对当地气候和环境的影响,不仅要在建筑物和建筑区内营造舒适的环境,还要保证建筑物和建筑区周围已经存在的居民楼有合适的采光和通风条件。建筑的朝向应尽可能利用太阳光照条件,包括照明与热量和当地的风力条件,包括风向和风速,来节省能源消耗(Oktay等,2002)。现在已有许多方法和模型用来模拟和预测一个城市的温度(Pinho等,2000)、云状云量(Yamada等,1999)、风速和风向(Klaic等,2002,mölder等,1999,)、植被覆盖情况、地表湿度和地表温度(Carlson等,2000)以及积雪特征(Lundy等,2001,Labelle等,2002,),这些都可帮助城市规划者收集可靠的信息。

城市新区的建设可以通过改变气流运动和周围环境的光照条件而在城市中创造不同的微气候。

在巴西的贝洛·奥利藏特(Belo Horizonte)城,对该城中微气候的调查表明地势很低或超高层的密集住宅楼是不可取的,而且绿地应有规律地间插在城市建筑物间以便充分利用其在热带地区的降温功能(Assis等,1999)。以色列在特拉维夫城建造一个新商业区时,SusArc模型作为一种设计工具被用来计算和显示区址的日照分布情况,从而确定在确保周围居民权利的前提下新商业区的最大体积。另一种模型——FLUENT模型作为一种评价工具被用来评价区址现状、评价解决问题办法和减轻问题设计的好坏,使最终的设计既满足了周围居民对适当空气流动的要求,又保证商业区内步行街上有舒适的微风(Capeluto等,2003)。城市新区的建设还应该充分考虑海平面上升的影响。

许多研究者们还强调,要获得一个成功的城市设计,加强水文学者、地貌学者、生态学者、社会学者、设计者、决策者和股东们之间的联系和交流是非常重要的(Nilsson等,2003,Tress等,2003,Pickett等,2004)。此外,应加强海平面变化的监测,加强城市环境遥感监测系统、灾害预报与防灾减灾体系、突发性灾害预警和应急体系建设。加强沿海城市及河口堤防工程的建设,提高防潮标准(董锁成等,2010)。

适应性城市规划可以在多层面下展开。在社区规划层面,需要编制一体性、战略性、参与性并包含可变通的应对风险的规划;在总体规划层面,需要包括物质、生物、社会科学、气候变化模型、气候影响和脆弱性评价等多方面的综合性规划,编制内容至少需要增加包括海岸线、流域、土地利用和基础设施规划、能源规划等内容;在区域规划层面,海岸线总体规划是应对沿海地带极端情况的最重要的规划(顾朝林,2010)。

适当控制城市规模,使城市与环境承载能力相适应,形成城市人口、资源、环境、经济的协调发展的良性态势。对城市进行合理的空间布局设计,通过调整经济布局和经济结构,积极推进城市人口合理再分布,降低中心城区人口密度,强调土地使用功能的适当混合,居住地和工作区距离要尽可能接近,大力发展公共交通。大城市和超大城市要有合理的空间结构,人口超过200万的大城市,应采用有机疏散的发展模式,不能"摊大饼"。

为有效抵御地震、洪水、风灾等自然灾害,制定城市防灾规划,合理布置各种防灾工程设施,增强生命线工程抵御自然灾害的能力,做好次生灾害的防御措施,拟订城市防灾的各项管理措施,建立防灾指挥运作系统。

绿地规划：根据研究,植物和种植空间是可持续发展城市的重要组成部分。植物主要在环境、美学和娱乐这3个方面起着举足轻重的作用,而正是植物在环境方面的贡献使它对我们的将来和城市的可持续发展至关重要,如水文、碳的储藏和固定、污染的控制和生物多样性等都与绿色空间密切相关。目前许多工作都是围绕着自然绿地展开的,如保护现存的绿地,建造新的公园或其他绿地。植物最突出的特征是其能够通过改变太阳辐射量减轻炎热城市中的热岛效应。当城市具有足够的绿色空间且能合理地分布形成系统时,城市环境将更加舒适(Gómez等,2004,Lindsey等,1999)。绿色走廊、块状绿地和种有行道树的街道能显著降低城市热岛效应。在城市中高楼林立的地方,将植物融入建筑是非常重要的,如屋顶花园和垂直绿化中的植被遮阴可降低建筑制冷所承担的负荷;减少建筑对城市热岛效应的强化作用;通过减少雨水流失,雨水可被积存起来供建筑物内的人们使用;植物和种植基质具有过滤作用,使得需要排走的污水量减少;掉落的植物体还可在收集和干燥后作为燃料使用;建筑物中植物控制污染的功能与地面上的植物相比也毫不逊色。坐落在城郊和城市之间的树林具有很高的生态和环境效益,因此需要更加严格的管理和保护。对南京城市热岛的研究表明,紫金山的降温效果为3℃/100 m及0.4℃/100 m(Huang等,2008)。除此之外,还应鼓励城市中私人发展绿地,把他们纳入景观设计计划中,并给予适当的奖励(Jim等,2000)。

在以色列的特拉维夫城,已经建立了模型来预测城市树林中白天的气温,并且城市街道上行道树、庭院中的庭荫树以及小树林和草坪的降温效果也可被量化(Shashua-Bar等,2002;2004)。研究表明这个城市中小绿地的降温功能非常显著,降温效果在100 m外也能感受到,因此在设计面积达0.1 hm²的花园绿地时以相隔200 m为宜。道路上行道树的降温效果可辐射约1 km,对于减少交通车辆释放的热量更为有效(Shashua-Bar等,2000)。有证据证明绿地与人类生活舒适程度间存在正相关的关系,因此可以确定一个小区理论上达到舒适程度所要求的绿地覆盖情况（Gómez 等，2004）。叶面积指数（LAI，leaf area index），是指某地单层叶片面积总和与种植地面积的比，它作为一个生态指标已被应用于中国和新加坡一些城市的规划和建筑设计中（Ong 等，2003）。

11.5.2 城市园林建设

合理的绿地布局结构、充足的绿量是有效减缓城市热岛效应的重要手段。正确处理绿地率与绿化覆盖率的关系，绿地率是不可能无限制地增加的。在我国城市绿地率达到40％就已经不低了。在绿地率有限的情况下如何提高绿化覆盖率，是我们应该关注的问题。在有限的绿地面积上提高它的叶面积指数，结合城市的主导风向，结合城市周边营造的风景林或生态保护林，与城市进行大气的对流和交换，可以减少城市的热岛效应。

合理选择植物种类、科学配置园林植物，植物选择要多样，配置要科学，这实际上也是一种节约的表现。节水耐热植物的选择和培育是迫在眉睫的任务。气温在升高、蒸发量在增大，在这样的情况下抗旱、耐热植物的选择是关系到园林长治久安的问题。我们应该从现在开始，着手选择、培育抗旱、耐热的植物，以便城市园林绿地能够可持续地发展（包满珠，2009）。

屋顶花园及垂直绿化：屋顶花园可以有效地降低顶层空间的室内温度，从而减少室内降温的能耗；此外绿色植物可以释放氧气，吸收 CO_2，从而使温室气体的量有所下降（李文广等，2005；王志民，2007）。垂直绿化也可有效降低室内气温，从而降低室内空气调节能耗，减少温室气体排放（吴艳艳，2010）。

11.5.3 建筑设计与施工

建筑的节能设计在应对气候变暖中可以发挥重要作用。我国对节能建筑已经进行了较长时间的推广，但截至2007年底我国城乡既有建筑约400亿 m²，其中约95％属于高耗能建筑，约有三分之一需要进行节能改造。同时，我国每年新建房屋面积约20亿 m²。2007年初，建设部公布的对30个省（区、市）抽样检查的数字显示建设项目在设计阶段执行节能设计标准的比例为95.7％，施工阶段为53.8％。我国目前建筑能耗约占社会总能耗的30％，而这30％还仅仅是建筑物在建设和使用过程中消耗能源的比例，如果再加上建材生产过程中耗掉的能源，和建筑相关的能耗将占到社会总能耗的46.7％。

要走生态节能可持续发展的道路，建筑领域首先要控制国家总体建设规模总量，特别应控制各级政府超标性建设豪华办公楼。同时，要防止地方政府以节能改造为名将政府办公楼改造成豪华高耗能建筑。对于大量性建筑应该是在考虑地区文化传统生活习惯的基础上，发扬勤俭节约的美德，采用被动式节能手段和成熟适用技术组合降低建筑能耗水平，达到适当的舒适水平，而不是追求走美国式的高能耗高舒适度道路。北方地区建筑节能关键提高围护结构保温性能，改善末端调节技术和室内舒适度，提高能源设备效率，减少传输损失，实行供热体系改革，利用市场机制调动节能积极性。南方地区建筑节能关键提高围护结构综合节能性能，强调自然通风，外遮阳采用"部分时间部分空间"的采暖空调形式发展多种形式的热泵技术，不宜采用所谓先进的"集中供冷"模式（卢求，2008）。

在气候变化条件下，合理确定风、雨、雪等对建筑物的作用水平，调整建筑结构的安全系数，保证建筑结构的可靠性。发展和更新建筑设计的方法，通过调整建筑平面、立面，增强室内空气流动，提高舒适性。在建筑屋檐、凸凹处、门窗、幕墙等部位，采取有效的构造措施，减小风、雨、雪对建筑物的影响。

开发高性能建筑材料，在气候变化条件下，能够具备良好的物理性能、化学性能和力学性能，保障建筑工程的耐久性。

积极推动建筑工业化发展，开发装配式结构，提高工厂加工的比例，减少施工现场工作量。对于受温度影响较大的建筑材料，如混凝土、砂浆、防水涂料等，施工中应采取可靠措施，保障其性能。同时，针对外脚手架、工具、材料堆放、施工机具、临时建筑等，施工现场要采取可靠的防风、雨、雪的措施。

11.5.4　养成节约用水用电的生活习惯

日常生活与生产中的节约习惯有助于减少温室气体排放及减缓水资源的枯竭。

在平时的工作及生活中尽量减少能源的消耗可以有效减少温室气体排放，空调设施的使用、照明等几乎渗透到日常生活及生产的各个方面，社会的每一分子所尽的微薄努力可以汇集成一个巨大的数字。

生产及生活用水的节省可以大大减缓水资源的消耗，提倡中水回用可以有效减少水资源的过度消耗。

11.5.5　建立健全影响公众健康的疾病监测和预警系统

气候变化给人类带来的挑战是不容回避的，为了社会经济的可持续发展和人类的生存环境，保护地球的气候，并阻止其继续恶化，是我们的共同责任。

首先，大力开展气候变化与人类健康的关系研究，建立健全影响公众健康的疾病监测和预警系统，许多由于气候变化可能会更加恶化的疾病和健康问题可能会得到有效的防治。比如，开发、建立和进一步完善我国热浪预警系统，为社会提供内容丰富、准确、及时、权威的疾病监测、评估、预测、预警。结合现有气候与人体健康监测预警网络，对发生的极端天气气候事件所致疾病进行实时监测、分析和评估。

其次，建立极端天气气候事件与健康监测网络：以省（区、市）为监控单位，下设市、县监测点，对发生的极端天气气候事件所致健康危害进行实时监测、分析和评估。利用全国气象系统现有台站，建立极端天气气候事件监测网络，加强对高温热浪、洪涝、干旱、风暴、沙尘暴、寒潮等极端天气气候事件的预报能力。加强全国现有天气和健康监测能力建设，拓展监测内容，形成国家级极端天气气候事件与健康监测网络。

此外，建立为公众服务的信息产品制作、发布系统，为社会提供内容丰富、准确、及时、权威的疾病监测、评估、预测、预警信息，以及疾病预防等各类服务产品。

11.5.6　应对能力建设

加强气候变化对人居环境及人体健康影响的相关研究可以提高整个社会对气候变化的应对能力。目前的研究相对来说还是比较零散的而且有其不确定性，开展系统研究将会在很大程度上提高对气候变化的认识，从而主动适应气候变化给人居环境和人体健康带来的影响。积极开展疾病潜在威胁与预防技术的研究，包括对疾病流行的脆弱性研究、疾病潜在扩散能力与分布范围的研究、疾病潜在流行监测与控制技术的研究等。加强评价有效适应性措施的研究。积极利用信息技术，建立、建全突发公共卫生件监控、预警体系。

参考文献

包满珠. 全球气候变化背景下风景园林的角色与使命. 中国园林，2009，**2**：4-8.

陈莉，李帅，方修琦，陈坤. 2009. 北京市 1996—2007 年住宅空调制冷耗能影响因素分析气候变化研究进展. **5**（4）：231-236.

陈文江，林明和. 2002. 海南省全年适于登革热传播的时间以及气候变暖对其流行潜势影响的研究. 中国热带医学，**2**（001）：31-34.

程杨，杨林生，李海蓉. 2006. 全球环境变化与人类健康. 地理科学进展，**25**（2）：46-58.

程之牧，赵俊，李燮琼，等. 1997. 海平面上升对上海城市基础设施的影响与对策. 上海建设科技，**4**：21-23.

邓绪礼，任正轩. 1997. 山东中华按蚊传播间日疟的研究. 中国寄生虫病防治杂志，**10**（4）：250-254.

董锁成，陶澍，杨旺舟，等. 2010. 气候变化对中国沿海地区城市群的影响. 气候变化研究进展，**6**（4）：284-289.

范伶俐. 广州禽流感流行的气象条件分析. 气象科技，2005；**33**（6）：580-2.

方湖生.1992.我国历史上气候环境变迁与人口流动.河南大学学报（自然科学版）,22(4):91-95.

方金琪.1989.气候变化对我国历史时期人口迁移的影响.地理环境研究,1(2):39-46.

顾朝林.2010.气候变化与适应性城市规划.建设科技,2010(13):28-29.

广东省气候变化评估报告编制课题组.广东气候变化评估报告（节选）.广东气象,2007.29(3):1-7.

郭明顺,谢立勇,曹敏建,等.2008.气候变化对农业生产和农村发展的影响与对策.农业经济,10:8-10.

国家海洋局,2010年中国海平面公报.http://www.soa.gov.cn/soa/hygb/hpmgb/webinfo/2010/03/1271382649051961.htm.

国家气候变化对策协调小组办公室.中国21世纪议程管理中心.全球气候变化——人类面临的挑战.北京:商务印书馆.2004.

韩慕康,三村信男,细川恭史,等.1994.渤海西岸平原海平面上升危害性评估.地理学报,49(2):107-116.

何权,何祖安.1990.炎热地区热浪对人群健康影响的调查.环境与健康杂志,7(005):206-211.

黄巧华,朱大奎.1997.海平面上升对沿海城市的影响.海洋通报,16(6):7-12.

姜逢清,胡汝骥,李珍.2007.新疆主要城市的采暖与制冷度日数（Ⅱ）—近45年来的变化趋势.干旱区地理,30(5):629-636.

尤秀敏.2001.气候变暖与虫媒病流行.中国媒介生物学及控制杂志,12(002):152-153.

雷金蓉.2004.气候变暖对人居环境的影响.环境,10:103-104.

李国栋,王乃昂,张俊华,等.2008.兰州市城区夏季热场分布与热岛效应研究.地理科学,28(5):709-714.

李丽娟,梁丽桥,刘昌明,等.2007.近20年我国饮用水污染事故分析及防治对策.地理学报,62(9):917-924.

李硕颀,谭红专,李杏莉,等.2004.洪灾对人群疾病影响的研究.中华流行病学杂志,25(1):36-39.

李伟.2008.世界保险业应对全球气候变化研究动态.财经科学,(7):48-54.

李永红,陈晓东,林萍.2005.高温对南京市某城区人口死亡的影响.环境与健康杂志,22(1):6-8.

梁幼生,肖荣炜,宋鸿焘.1996.钉螺在不同纬度地区生存繁殖的研究.中国血吸虫病防治杂志,8(5):259-261.

刘青松,张咏,郝英群.2003.农村环境保护.北京:中国环境科学出版社.

刘钰昌.2006.推进新农村规划建设,改善农村人居环境的探讨.http://www.stfcj.gov.cn/stweb/XXLR1.ASP?ID=510.

卢求.2008.中国生态节能建筑发展趋势.建筑科技,(5):46-47.

梅家模,李志宏,章承锋,等.2005.江西省钩端螺旋体病流行特征的分析.中国人兽共患病杂志,21(3):265-267.

潘星清.1990.血吸虫生物学//毛守白.血吸虫生物学与血吸虫病防治.北京:人民卫生出版社:95-100.

彭少麟,周凯,叶有华,等.2005.城市热岛效应研究进展.生态环境,14(4):574-579.

彭希珑,邹寒山,何宗健.2003.城市热岛效应对城市生态系统的影响及其对策研究.江西科学,21(3):257-259.

钱颖骏,李石柱,王强,杨坤,杨国静,吕山.2010.气候变化对人体健康影响的研究进展.气候变化研究进展,(04):241-247..

秦正积,罗超,孟言浦.2003.气温、湿度、降雨量对蚊密度的影响统计分析.中国媒介生物学及控制杂志,14(6):421-422..

任国玉,初子莹,周雅清,等,2005.中国气温变化研究最新进展.气候与环境研究,10(4):701-716.

史涛.2008.农村环境保护对策研究.科技信息,12:376-377.

舒俭民,高吉喜,张林波,等.2001.全球环境问题.贵阳:贵州科技出版社.

水利部水利水电规划设计总院.中国抗旱战略研究.北京:中国水利水电出版社:2008.288-290.

苏伟忠,杨英宝,杨桂山.2005.南京市热场分布特征及其与土地利用/覆被关系研究.地理科学,25(6):697-703.

王绍增,李敏.2001.城市开敞空间的生态机理研究（上）.中国园林,(4):5-9.

王雪,白降丽.2008.城市热岛效应研究进展及未来发展趋势.佛山科学技术学院学报（自然科学版）,26(1):53-56.

王雪臣,王守荣.2004.城市化发展战略中气候变化的影响评价研究.中国软科学,(5):107-109.

王迎春,郑大玮,李青春,等.2009.城市气象灾害.北京:气象出版社1-10,66-120.

王颖.1993.中国的沿海开发与环境保护.产业与环境.15(1—2):7-10.

王育勇,张力庆.2008.人居环境与可持续发展.黑龙江科技信息,15:147.

王铮,李山,蔡砥等.2004.SARS流行期的气候学尺度分析.安全与环境学报.4(3):67-72.

王志民.2007.我国屋顶花园设计初探.低温建筑技术,119:32-33.

温娟、包景岭、张征云.2008.缓解城市热岛效应的生态措施分析.生态经济,2:151-153.

吴开琛.2004.疟疾数学模型和传播动力学.中国热带医学,4(005):873-876.

吴艳艳.2010.深圳市垂直绿化增湿降温效应研究.现代农业科技,(13):215-217.

奚国良.2000.气象因素对蚊虫密度的影响研究.中国媒介生物学及控制杂志,**11**(1):24-26.

谢元礼,范熙伟,韩涛,等.2011.基于TM影像的兰州市地表温度反演及城市热岛效应分析.干旱区资源与环境,**25**(9):172-175.

杨国静,杨坤,周晓农.2010.气候变化对媒介传播性疾病传播影响的评估模型.气候变化研究进展,(4):259-264.

杨国静.2009.血吸虫病传播气候预警模型的应用与前景.中国血吸虫病防治杂志,**21**(5):432-436.

杨坤,潘婕,杨国静,等.2010.不同气候变化情景下中国血吸虫病传播的范围与强度预估.气候变化研究进展,(4):248-253.

杨坤,王显红,吕山,等.2006.气候变暖对中国几种重要媒介传播疾病的影响.国际医学寄生虫病杂志,**33**(4):182-187.

易彬樘,席云珍.2003.气候因素对登革热媒介伊蚊密度影响的研究.中国公共卫生,**19**(2):129-131.

殷丽峰,李树华.2005.日本屋顶花园技术.中国园林,(5):62-66.

于德山,李慧,鲍道日娜.1999.甘肃省1983～1997年流行性乙型脑炎疫情分析.中国公共卫生,**15**(7):638-639.

俞善贤,李兆芹,滕卫平,等.2005.冬季气候变暖对海南省登革热流行潜势的影响.中华流行病学杂志,**26**(1):25-28.

俞善贤,滕卫平,沈锦花,等.2004.冬季气候变暖对血吸虫病影响的气候评估.中华流行病学杂志,**25**(7):575-577.

曾鸣,谢淑娟.2007.中国农村环境问题研究:制度透析与路径选择.北京:经济管理出版社.

张润林,张萍.2010.气候变暖保险业应未雨绸缪.未来与发展,(5):78-81.

赵可新.1999.城市热岛效应现状与对策探讨.中国园林,**15**(6):44-45.

周晓农,胡晓抒.1999.地理信息系统应用于血吸虫病的监测:Ⅱ流行程度的预测.中国血吸虫病防治杂志,**11**(2):66-70..

周晓农,杨国静,孙乐平,等.2002.全球气候变暖对血吸虫病传播的潜在影响.中华流行病学杂志,**23**(2):83-86.

周晓农,杨国静.1999.地理信息系统在血吸虫病研究中的应用.中国血吸虫病防治杂志,**11**(6):378-381.

周晓农,杨坤,洪青标,等.2004.气候变暖对中国血吸虫病传播影响的预测.中国寄生虫学与寄生虫病杂志,**22**(5):262-265.

周晓农.2010.气候变化与人体健康.气候变化研究进展,**6**(4):235-240.

朱科伦,冯业荣,杜琳,等.2004.SARS流行与气象因素的相关性分析.广州医药,(35):1-2.

Assis E S, Frota A B. 1999. Urban bioclimatic design strategies for a tropical city. Atmospheric Environment, **33**: 4133-4142.

Baker L A, Brazel A J, Selover N, et al. 2002. Urbanization and warming of Phoenic (Arizona, USA): Impacts, feedbacks and mitigation. Urban Ecosystem, **6**: 183-203.

Beniston M. 2004. The 2003 heat wave in Europe: A shape of things to come? An analysis based on Swiss climatological data and model simulations. Geophys Res Lett, **31**: 1-4.

Birmingham M E, Lee L A, Ndayimirije N, et al. 1997. Epidemic cholera in Burundi: patterns of transmission in the Great Rift Valley Lake region. Lancet, **349**(9057): 981-985.

Capeluto I G, Yezioro A, Shaviv E. 2003. Climate aspects in urban design-a case study. Building and Environment, **38**: 827-835.

Carlson T N, Arthur S T. 2000. The impact of land use: landcover changes due to urbanization on surface microclimate and hydrology: a satellite perspective. Global and Planetary Change, **25**: 49-65.

Chestnut L G. 1998. Analysis of differences in hot-weather-related mortality across 44 US metropolitan areas. Environmental Science and Policy, **1**(1): 59-70.

Curriero F C, Heiner K S, Samet J M, et al. 2002. Temperature and mortality in 11 cities of the eastern United States. Am J Epidemiol, **155**(1): 80-87.

Du Y, Xie Z Q, Zeng Y, et al. 2007. Impact of urban expansion on regional temperature change in the Yangtze River Delta. J of Geographical Sciences, **17**(4): 387-398.

Frumkin H. 2002. Urban sprawl and public health. Public Health Rep, **117**(3): 201-217.

Gouveia N, Hajat S, Armstrong B. 2003. Socioeconomic differentials in the temperature-mortality relationship in Sao Paulo, Brazil. Int J Epidemiol, **32**(3): 390-397.

Gómez F, Gil L, Jabaloyes J. 2004. Experimental investigation on the thermal comfort in the city: relationship with the green areas, interaction with the urban microclimate. Building and Environment, **39**: 1077-1086.

Hua L J, Ma Z G, Guo W D. 2008. The impact of urbanization on air temperature across China. Theoretical and Applied

Climatology，**93**（3—4）：179-194.

Huang L M，Zhao D H，Wang J Z，et al. 2008. Scale impacts of land cover and vegetation corridors on urban thermal behavior in Nanjing，China. Theoretical and Applied Climatology，**94**（3—4）：241-257.

IPCC. 2007. Climate Change 2007：Impacts，Adapatation and Vulnerability. Contribution of Working Group Ⅱ to the Forth Assessment Report of the Intergovernmental Panel on Climate Change，M. L. Parry，O. F. Canziani，J. P Palutikof，P. J. van der Linden and C. E. Hanson，Eds.，Cambridge University Press，Cambridge，UK.

Jim C Y. 2000. The urban forestry programme in the heavy built-up milieu of Hong Kong. Cities，**17**：271- 283.

Keatinge W R，Donaldson G C，Cordioli E，et al. 2000. Heat related mortality in warm and cold regions of Europe：observational study. Bmj，**321**（7262）：670-673.

Klaic Z B，Nitis T，Kos I，et al. 2002. Modification of the local winds due to hypothetical urbanization of the Zagreb surroundings. Meteorology and Atmospheric Physics，**79**：1-12.

Koelle K，Pascual M. 2004. Disentangling extrinsic from intrinsic factors in disease dynamics：a nonlinear time series approach with an application to cholera. Am Nat，**163**（6）：901-913.

Koelle K，Rodo X，Pascual M，et al. 2005. Refractory periods and climate forcing in cholera dynamics. Nature，**436**（7051）：696-700.

Kosatsky T. 2005. The 2003 European heat waves. Euro Surveill，**10**（7）：148-149.

Kovats R S，Edwards S J，Hajat S，Armstrong B G，Ebi K L，Menne B. 2004. The effect of temperature on food poisoning：a time-series analysis of salmonellosis in ten European countries. Epidemiol Infect，**132**（3）：443-453.

Labelle A，Langevin A，Campbell J F. 2002. Sector des ign for snow removal and disposal in urban areas. Socio-Economic Planning Sciences，**36**：183- 202.

Lewsey C，Cid G，Kruse E. 2004. Assessing climate change impacts on coastal infrastructure in the Eastern Caribbean. Marine Policy，**28**：393- 409.

Li Q，Zhang H，Liu X，et al. 2004. Urban heat island effect on annual mean temperature during the last 50 years in China. Theoretical and Applied Climatology，**79**（3—4）：165-174.

Lindsey G. 1999. Use of urban greenways：ins ights from Indianapolis. Landscape and Urban Planning，**45**：145- 147.

Loretti A，Tegegn Y. 1996. Disasters in Africa：old and new hazards and growing vulnerability. World Health Stat Q，**49**（3—4）：179-184.

Lundy C C，Brown R L，Adams E E，Birke land K W，Lehning M A. Statis tical validation of the snowpack model in a Montana climate. Cold Regions Science and Technology，**33**：237- 246.

Martens W J，Niessen L W，Rotmans J，et al. 1995. Potential impact of global climate change on malaria risk. Environ Health Perspect，**103**（5）：458-464.

Mölder N. 1999. On the atmospheric re sponse to urbanizationand open-pit mining under various geos trophic wind conditions. Meteorology and Atmospheric Physics，**71**：205- 228.

Nilsson C，Pizzuto J E，Moglen G E，et al. 2003. Ecological forecas ting and the urbanization of stream ecosystems ：challenges for Economists ，hydrologists ，geomorphologists ，and ecologists. Ecosystems，**6**：659- 674.

Oktay D. 2002. Design with the climate in housing environments ：an analysis in Northern Cyprus. Building and Environment，**37**：1003- 1012.

Ong B L. 2003. Green plot ratio：an ecological measure for architecture and urban planning. Landscape and Urban Planning，**63**：197- 211.

Patz J A，Campbell-Lendrum D，Holloway T，et al. 2005. Impact of regional climate change on human health. Nature，**438**（7066）：310-317.

Peters G，DiGioia A M，Hendrickson J C，Apt J. 2006. Transimission line reliability：climate change and extreme weather. Electrical Transmission Line.

Pickett S T A，Cadenasso M L，Grove J M. 2004. Resilient cities：meaning，models ，and metaphor for integrating the ecological，socio-econmic，and planning realms . Landscape and Urban Planning，**69**：369- 384.

Pinho O S，Orgaz M D M. 2000. The urban heat is land in a small city in coas tal Portugal. International Journal of Biometeorol，**44**：198- 203.

Quattrochi D A，Luvall J C，Rickman D L，et al. 2000. A decision support information system for urban landscape management using thermal infrared data：Decision support systems. Photogrammetric engineering and remote sensing. **66**(10)：1195-1207.

Sellman J，Hamilton J D. 2007. Global climate change and human health. Minn Med，**90**(3)：47-50.

Shashua-Bar L，Hoffman M E. 2000. Vegetation as a climatic component in the design of an urban street，an empirical model for predicting the cooling effect of urban green areas with trees. Energy and Buildings，**31**：221- 235.

Shashua-Bar L，Hoffman M E. 2002. The Green CTTC model for predicting the air temperature in small urban wooded sites. Building and Environment，**37**：1279- 1288.

Shashua-Bar L，Hoffman M E. 2004. Quantitative evaluation of passive cooling of the UCL microclimate in hot regions in summer，case study：urban s treets and courtyards with trees. Building and Environment，**39**：1087- 1099.

Stathopoulos T，Wu H，Zacharias J. 2003. Outdoor humancomfort in an urban climate. Building and Environment，**39**：297- 305.

Tan J G，Zheng Y F，Tang X，Guo，et al. 2010. The urban heat island and its impact on heat waves and human health in Shanghai，International J. of Biometerology，**54**(1)：75-84.

Tress B，Tress G. 2003. Scenario visualization for participatory landscape planning：a study from Denmark. Landscape and Urban Planning，**64**：161-178.

Wang，X Q，Wang Z F，Qi Y B，et al. 2009. Effect of urbanization on the winter precipitation distribution in Beijing area，Science in China Series D-Earth Sciences，**52**(2)：250-256.

Weiss R A，McMichael A J. 2004. Social and environmental risk factors in the emergence of infectious diseases. Nat Med，**10**(12 Suppl)：S70-76.

WHO. 2004. Comparative quantification of health risks：global and regional burden of diseases attributable to selected major risk factors. Geneva：World Health Organization. 1651-801.

Xiao R B，Weng Q H，Ouyang Z Y，et al. 2008. Land surface temperature variation and major factors in Beijing，China，Photogrammetric Engineering and Remote Sensing，**74**(4)：451-461.

Yamada T. 1999. A numerical s imulation of urbanization on thelocal climate. Journal of Wind Engineering and Industrial Aerodynamics，**81**：1-19.

Zhou X. N，Yang G J，Yang，K，et al. 2008. Potential Impact of Climate Change on Schistosomiasis Transmission in China. Am J Trop Med Hyg，**78**：188-194.

第十二章　适应气候变化的方法和行动

主　笔:林而达,居辉

贡献者:高霁,郝兴宇,韩雪,赵成义

章四龙,左军成,周晓农,江村旺扎

提　要

中国对全球气候变化的适应既要立足中国自然气候条件及社会经济发展现状,又要考虑《联合国气候变化框架公约》和《京都议定书》下的国际适应行动,以及其对中国适应政策的综合影响。气候变化对各国的影响不同,各国对气候变化的适应能力也有差异,综合而言,发展中国家由于经济条件、社会模式、发展阶段等原因,气候变化对其影响的不利方面表现更明显。随着对气候变化问题认识的提高,很多国家已经把适应气候变化纳入政府决策规划中,但由于适应问题的综合性和复杂性,则还需要从多层面、多领域探索适应气候变化的方法,开展具体的适应行动。本章首先介绍了适应的基本内涵、国内外适应气候变化的发展趋势和某些地区、领域的相关适应进展;进而运用适应气候变化行动框架,列举了中国宁夏回族自治区适应行动的实施过程,评估了近年来中国在水资源、高寒草地、海岸带、人体健康等气候变化敏感领域的适应典型案例,并介绍了宁夏、广东、上海的区域适应实践经验,这些适应行动对于国家和区域适应气候变化战略以及政策措施的制定具有积极的示范和参考作用。本章还针对中国在适应气候变化方面的现状,提出了未来适应行动面临的挑战和发展战略。

12.1　适应气候变化问题的现状

对当前全球地表温度升高、降水格局变化等观测到气候变化事实和影响,全球各界已经形成共识,即 20 世纪中叶以来,全球大部分地区气候变暖、海平面上升、冰圈冻土缩减等变化,部分原因来自于人为活动引起的温室气体增加而导致的气候变化。即使目前实现温室气体排放的零增长,大气中历史排放的温室气体的影响依然会持续近百年,气候变化的影响难以避免(IPCC,2007b)。气候变暖已经并将继续影响人类赖以生存的环境和资源,对农业、水资源、海岸带、人体健康以及生态系统造成影响。因此,如何在科学认知气候变化影响的基础上,充分认识适应和减缓的重要性,采取适当的措施应对气候变化已成为社会可持续发展的必要组成部分。

12.1.1　适应和适应能力

适应是指自然或人类系统为应对实际或预期的气候波动与趋势及其影响做出的趋利避害的调整。不同的分类方法,适应的类型有所不同。IPCC 根据适应的目的、时间和行为主体选择,将适应分为预期适应和反应适应,私人适应和公共适应,以及自发适应和计划适应等(Smit 等,1999)。一些适应类型及个例如表 12.1 所示。

> **专栏 12.1　适应及适应类型**
>
> **适应**
>
> 适应气候变化是指自然或人类系统对实际或预期的气候因素变化及其造成的影响做出的趋利避害的反应调整。适应的类型可以按照适应时间、适应主体、适应意愿分成预期适应、自动适应和计划适应等等。
>
> **以适应时间划分**：预期适应和反应适应
>
> 预期适应是指在观测到气候变化的影响之前做出的适应，也称为事先适应；反应适应是指发生在气候变化影响之后的适应。
>
> **以行为主体划分**：私人适应和公共适应
>
> 私人适应是由个人、家庭或私人公司发起和实施的适应，通常是出于活动者自身权益关系而采取的非社会共同属性的适应；公共适应是由各级政府发起和实施的适应，通常是针对集体需要而开展的应对行动。
>
> **以主观意愿划分**：本能适应和计划适应
>
> 本能适应是一种非刻意制定的对气候波动的响应，其是由生态系统自然变化和人类系统因市场或其他利益驱动而自然形成的适应，也被称之为自动或自发适应；计划适应是指人类社会根据对已发生、正在发生和可能发生的气候状况认识，需要采取行动恢复、维持或取得一种理想状态所进行的有计划行动，即主动适应，主动适应一般有两个基本条件，一是能够预知气候变化状况并对其造成的影响进行有效评估，二是具备合理的适应预案，以及有效的经济技术保障条件。

适应能力是指一个系统、地区或社会适应气候变化影响的应对潜力，包括降低潜在损害、利用有利机会或应对不利后果等的自我调节能力。适应能力的主要因素有经济财富、技术水平、信息渠道、技能潜力、系统管理及社会公平性等（Smith 等，1996），各决定因素间既不相互独立，也不相互排斥，并共同作用形成适应能力（IPCC，2001）。总体而言，经济高度发达的国家适应能力更强，但如果有限的权利和资源在一个区域、国家或全球范围内能够公平分配，那么社会综合的适应能力也会加大。

表 12.1　适应气候变化行动的类型及个例（Klein，2001）

适应主体		预期适应	反应适应
自然系统			生长季节的变化 生态系统构成的变化
人类系统	私人	购买保险 房屋支撑结构 燃油用具的重新设计	农场措施的变化 保险的变化 购买空调
	公众	预警系统 新建筑法规、设计标准 鼓励迁移	赔偿、补贴 执行建筑法规 海滩培育

适应问题的核心要素包括适应对象、适应者、适应行为和适应效果四个方面。就气候变化而言，适应对象是可能对人类社会造成影响的气候变异或极端气候事件；适应者包含自然系统、人类社会及与其相关的支撑系统（Bossel，1999），适应主体可以是人、社会经济部门、管理或非管理部门、自然或生态系统等；适应行为的实质就是趋利避害，其可以是对不利影响或脆弱性的响应，也可以是对机遇的响应，其中人类在适应过程中的主动性适应显得特别重要，同时某些自然系统的适应过程也受到人类的干预；适应效果通常采用适应成本和潜在收益的相互对比来体现，较社会发展中的常规成本投入而言，适应气候变化往往会产生在社会发展常规成本基础之上的额外增量成本。一般认为，投资见效周期短的行业，如农业更易于适应，而改造投资规模大、周期长的行业如海岸防护系统、城市基础设施等适应

代价相对较大,假如在规划设计之初对适应气候变化缺乏考虑,那么适应能力将较为脆弱,适应的代价将增加。许多脆弱地区迫切需要采取适应措施,因为延迟的行动将使未来的行动成本更高,导致更大损害(Burton 等,1998)。

气候变化对各行各业、所有人都会产生影响,适应气候变化将涉及到各个部分,需要各界的广泛参与。适应主要由区域层面的公私利益相关者实行,界定适应的目标和任务,确定实施者的角色及责任,同时随着新政策的发展和改变,角色和责任亦将随之改变,以确保各相关对象广泛、持续且系统地参与适应过程。不同的利益相关者承担的角色和任务不尽相同,国家政府及管理部门,如经济金融、卫生教育等部门承担的责任为政策引导和组织规范,并设定绩效管理框架,制定适应的政策、标准、法规与设计指南,提供适当资助以保证对适应合理的额外投资并确保资金的规范使用。地方政府承担的责任主要是将适应对策纳入地方经济、社会及环境等相关工作中,并通过具体行动将适应和受众相联系。私人部门需要考虑适应的关键问题,具体适应可以包括机构内气候变化意识的提升、为降低损失和把握机会做好的前期准备、利用现有技术缩小气候变化对发展的不利影响。科学及学术组织可以将理论转化为实践,为决策者提供信息。投资机构要尽量确保气候影响风险最小的投资导向。扶贫机构应将气候变化影响列入优先行动中,考虑到气候变化的致贫和返贫问题(UNDP,2008a)。

适应是一个过程,需要不断地完善和发展,适应方法和能力的形成需要时间过程,不能希望仅靠现有的适应能力就能解决气候变化带来的全部预期影响。适应能力是动态发展的,并受自然禀赋、社会模式、经济水平等约束,各个地区、社会群体的适应能力不均衡,面对的问题不同,因此探索适合本国和本地区发展的适应路线十分必要(Carter 等,1994)。

12.1.2　气候变化公约下的适应进展

1988 年 11 月,世界气象组织(WMO)和联合国环境规划署(UNEP)共同组织建立了政府间气候变化专门委员会(IPCC),1990 年 IPCC 发布了第一次气候变化评估报告,推动了各国政府在 1992 年通过了《联合国气候变化框架公约》(以下简称公约)。1996 年、2001 年、2007 年 IPCC 分别发布了其第二次至第四次气候变化评估报告和一系列特别报告,深化了全世界对气候变化问题的认识。从 1995 年的第一次公约缔约方会议开始,就涉及了气候变化的影响和适应问题,但直到 2001 年的第七次公约缔约方会议(COP7)才有了实质性的进展和行动,确定了一些和适应相关的基金,即最不发达国家基金、气候变化特别基金和《京都议定书》附属适应基金,前两个基金主要本着自愿原则,第三个则是京都议定书附属的基金,即通过议定书下执行的清洁发展机制(CDM)项目获利中的 2% 用于适应基金(李玉娥等,2007)。这三个基金由全球环境基金(GEF)管理,重点解决最不发达国家急需和紧要的适应问题。2003 年,在意大利米兰召开的第九次缔约方会议上(COP9),缔约方同意在科学、技术和社会经济等诸多领域开展针对适应的研究和行动。2004 年在第十次缔约方会议上(COP10),决定委托附属科学技术咨询机构(SBSTA)组织制定气候变化影响、脆弱性和适应的五年工作计划,其中将适应规划、措施和行动作为了主要内容之一。该计划在次年的蒙特利尔第十一次缔约方会议(COP11)上获得通过,从而使适应目标、预期产出和工作内容更为具体。2006 年 11 月,在联合国气候变化公约第十二次会议(COP12),即内罗毕会议上,将五年工作计划内容进一步细化,列举了具体活动并命名为"内罗毕工作计划(NWP)"。2007 年至 2009 年的 COP13 至 COP15 会议明确了适应基金的重要性,并就适应基金管理、适应筹集等问题做了商议和安排。

在实施适应活动时,基金保证是前提,因此发展中国家要求适应基金要有持续性、确定性和稳定性。关于适应基金的监管、政策、优先领域、分配原则等还都在谈判之中。2007 年巴厘岛会议的主要适应议题是"适应基金的管理、有效募集及实施原则",其中包括管理机构组成、运作机制、职责划分等问题。

专栏 12.2　巴厘岛会议关于适应基金进展

（1）适应基金的管理

为了应对气候变化的不利影响，在本次缔约方会议上明确提出了一定要具有额外、可估量的和持续的适应资金，支持开展适应行动。同时，巴厘岛会议还确定了适应基金委员会，负责适应基金的管理，并明确适应基金主要倾向用于《京都议定书》的发展中国家，并优先考虑脆弱群体。

（2）适应基金的额度和使用

目前的适应基金还是基于 UNFCCC 的支持发展中国家的适应活动，尤其是气候变化最脆弱和不利影响的国家。乐施会（Oxfam）、世界银行和 UNFCCC 等组织对适应基金的额度进行了估算，所需基金每年达数百亿美元，但至 2007 年底，已落实的适应基金只有 6.4 亿美元左右。目前基金的分配首先是最不发达国家，沿海低洼受洪水影响严重的国家以及小岛国，干旱半干旱的沙化和干旱区，以及脆弱的山区生态系统，另外，气候影响的严重程度以及极端气候的发生也在考虑之中。适应基金的使用虽然有完善的管理机制和使用原则，但也存在很多的实施困难，如时间和区域尺度等。

（3）适应实施的原则

适应基金使用的原则是优先资助最贫困的国家和群体；适应和资源的可持续管理结合；将适应与发展以及扶贫结合。适应的基本目标就是提高地方群体的耐受能力和适应能力，群体广泛参与适应计划、决策和实施过程，适应要以气候变化的影响为核心，适应的优先领域要和最不发达国家的优先领域一致；适应要紧密围绕社会发展、服务改进和资源管理技术更新相结合，把水资源管理作为优先领域；同时适应要和国家发展规划、扶贫战略和部门政策相结合；适应措施要与发展规划和项目目标相结合；政府部门要大力支持科学研究，提供气候变化风险的最新信息，以满足不同部门的需要，公约下的适应基金不隶属于国家发展援助之内。

2008 年 12 月，联合国气候变化公约第十四次会议（COP14）在波兰波兹南召开。在适应气候变化方面，波兹南会议的最大成果是启动了"适应基金"并同意给予"适应基金委员会"法人资格，同时启动了履行实体、经核证的国家实体和由缔约方直接存取的三条资金存取途径。大会还通过了《波兹南技术转让战略方案》，并决定自 2009 年起向发展中国家提供获取适应基金的便捷方式，从而增强其抵御气候灾难的能力。但是"适应基金"筹资依然困难，波兹南会议上，气候变化受害国希望进一步扩大适应基金来源渠道，提议把 2% 的 CDM 项目收益提成扩展到议定书下的另外两种灵活机制——联合履行和排放贸易，但由于部分国家的反对，最终对扩大资金来源没有达成协议。

2009 年 12 月，联合国第十五次缔约方大会（COP15）在丹麦哥本哈根召开。大会最初的核心议题是要发达国家确立 2012 年以后的减排目标以及对发展中国家给予资金和技术援助，会议最终达成不具法律约束力的《哥本哈根协议》。协议要求发达国家在 2010—2012 年，每年提供 100 亿美元"快速启动"资金，帮助发展中国家、特别是最不发达国家以及受气候变化影响最严重的国家适应和减缓气候变化带来的影响，至 2020 年前，每年提供援助资金 1000 亿美元。虽然哥本哈根会议将气候变化资金问题具体化，但发达国家承诺资金数额与发展中国家应对气候变化的资金需求还有很大差距，并且这些资金的来源、管理机制、支持方式等还需要进一步的落实。目前在适应基金的使用过程中，最不发达国家尤其受到关注，这一方面与最不发达国家本身的脆弱性有关，但也与其对外宣传力度和方式有关。适应基金的争取不仅仅依靠科学认知的支持，同时也需要更多的国际了解和媒介宣传，如小岛国联盟就将气候变化和人权联系在了一起，以推动小岛国在适应方面的优先地位。

2010 年第十六次缔约方会议对适应机制做了进一步细化，主要的决议包括在缔约方会议"加强适应行动"议题下，确认各缔约方均面临适应带来的挑战，需要加强适应行动及国际合作，以减少发展中国家的脆弱性、增强适应能力，特别是要考虑到最脆弱发展中国家的急迫需求；确认适应行动应是国家驱动,考虑到脆弱群体、社区传统、生态系统、当地认知及其他因素,应将适应行动与相关的社会经济环境政策和行动相结合。会议建立了"坎昆适应框架"和适应委员会,要求所有缔约方考虑到共同但有区别的责任及各自的能力、不同的国家和地区发展优先目标和具体情况,在该框架下加强适应行动。"坎昆适应框架"还包括开展适应技术研发、示范、推广、部署和转让以及能力建设,特别是增加发展中国家获取技术的渠道;提高气候数据收集、建档、分析和建模的研究水平,加强系统观测,为国家和地区的决策者提供更完善的气候相关数据和信息等。

2011 年 11 月 28 日至 12 月 9 日,《联合国气候变化框架公约》第 17 次缔约方大会暨《京都议定书》第 7 次缔约方会议在南非德班召开。会议就《京都议定书》第二承诺期、发达国家量化减排指标、发展中国家自主减排行动以及有关资金、技术转让问题的落实等进行了讨论。中国作为负责任的发展中大国,积极参加了本次会议各个议题的讨论,在《联合国气候变化框架公约》和《京都议定书》的框架内,为达成全面、公平、平衡的成果做出了贡献。但本次会议的核心议题是关于第二承诺期各国的减排责任,而关于适应的内容依然集中在适应基金的筹措和分配方式上。

中国是发展中国家,国土面积大,气候类型多,自然灾害频发,生态与环境脆弱,受气候变化不利影响明显,适应气候变化是中国可持续发展的必要组成部分。在中国为解决全球变暖做出积极贡献的同时,依然承受着气候变化的许多不利影响,存在很多脆弱的地区和贫困的人口。中国在加强自身科学认识和适应实践同时,也要加强国际合作和宣传,建立国际科技合作、技术转让和资金支持渠道,提高适应气候变化的综合能力。

12.1.3 敏感领域和脆弱人群

气候是一种重要的自然资源,同时作为自然环境的重要组成部分,在自然和人类社会系统中发挥着重要作用。气候的变化会不同程度地影响到社会生活的各方面,如农业生产、水资源供需、沿海经济开发区的发展、人类健康以及能源需求等(高峰等,2001)。人类社会对气候变化的敏感性和脆弱性随其空间、时间、社会经济发展水平和环境条件而变化。

中国对气候变化敏感的部门或领域主要有农业、水资源、海岸带、卫生健康、自然生态系统等(Qian等,2001)。由于气候变化,农作物生育期提前,发育加快,原有的种植方法可能会造成作物减产甚至绝收;同时温度的升高病虫害存活率增高、危害加剧;温度提升的同时,进一步加大了土壤水分的蒸发,使作物水分亏缺加大,农业生产的不稳定性增加。水资源受气候变化和人类活动的双重影响,在气候变暖的大背景下,随着社会经济的发展,水资源的供需矛盾及人类活动的反馈作用不断加大,进一步加剧了水资源系统固有的脆弱性和人类适应气候变化的复杂性。海岸带是陆海相互作用的过渡地带,气候变化引起的海水温度升高、海洋酸化和海平面上升等,对中国海岸带资源、生态和沿海地区居民生活、经济活动等造成诸多影响,且以不利影响为主。当气候变暖引起生态环境发生变化时,必然会影响到人体健康,IPCC 第四次评估报告认为,气候变化是全球某些与变暖有关的疾病流行和早夭的原因之一,而且很可能在未来对数百万人的健康造成影响,尤其是对适应能力差的人群(IPCC,2007a)。虽然中国目前还无法阐明单纯由于气候变化对生态系统造成的影响,但至少可以确定在人类活动和自然环境变化,尤其是气候变化共同作用下,生态系统将发生改变(气候变化国家评估报告编写委员会,2007)。

贫困人口、生活在生态脆弱地区的人口、沿海地区和低海拔地区人口比其他人群更加脆弱。目前,中国 95% 的绝对贫困人口生活在生态与环境极度脆弱的地区(国家统计局农村社会经济调查局,2006),已经成为气候变化的最大受害者,如果不采取积极的行动,气候变化将削弱中国的扶贫努力。生活在沿海地区、低海拔地区和小岛屿发展中国家的人群也很脆弱,尤其是处在台风路径的区域,随着台风频率的变化将有数十亿人遭受影响。小岛屿国家由于天然的气候敏感性和基础设施的脆弱性,加剧其应对气候变化的困难和风险。

世界上所有人群都将受到气候变化的影响,人口的快速增长会加大适应气候变化的投入,城市化发展以及生态边缘地区的人口涌入,都会增加适应气候变化的困难程度。人口增长对饮用水的供需构成压力，即使不考虑气候变化的影响，到 2050 年也将有 50 亿人面临水资源紧缺的状况，超过世界总人口的一半，而气候变化的影响使水的供需矛盾更加严重（Yin Y，2000；IPCC，2007b）。其他如山体滑坡、山洪暴发和冰川湖溢出等问题也会对人类造成影响，21 世纪末，预计有 40% 的世界人口将会受到高山冰川和积雪融化的影响。由于热带和亚热带当前农作物已属于极限气候品种，随着气候变化和人口增长，农作物产量下降和粮食价格增长，预估到 2080 年将有 0.9 亿～1.25 亿的发展中国家人口面临饥饿问题（IPCC，2007a）。

12.2 适应气候变化的方法

12.2.1 适应决策工具

实施适应气候变化行动十分复杂，不仅要考虑到公约的有关要求、区域的政策背景，也要考虑不同地区、不同人群受影响的程度及其适应机会，因此，需要综合评价工具对与气候变化有关的各种风险进行系统评估。SBSTA 曾向公约秘书组提交过有关适应对策评估方法及工具摘要报告（Stratus Consulting Inc.，1999），其中对多种评价方法进行了总结，并根据研究目的将决策工具进行了分类，其中有适用于多部门普遍通用的工具（表 12.2），也有针对水资源、沿海资源、农业、人类健康的专门工具，这些工具为研究人员和决策者进行适应对策评价提供了粗略框架。虽然目前的评估工具只能对适应对策进行一般性的评价，但是它们能够很容易被转用到不同的区域和不同的状况，也能够和其他一些部门的特定工具结合使用以形成综合评价系统。

表 12.2 适于多部门的决策工具

初始调查工具	经济分析	通用模型
专家诊断	不确定性和风险分析	TEAM 模型
适应选择筛选	费用—效益分析	CC：TRAIN/VANDACLIM
适应决策矩阵	费用—效率分析	—

一般而言，气候变化影响和适应对策评价基本都采用"方案驱动"，大致包含七个步骤：1）定义问题，明确研究区域和选择的敏感部门等；2）选择适合大多数问题的评价方法；3）测试方法/进行敏感分析；4）选择和应用气候变化情景；5）评价对自然系统和社会经济系统的影响；6）评价自发的调整措施；7）评价适应对策。但是这种由气候变化情景驱动的研究方法也存在一些缺陷，如气候变化情景的不确定性，其主要来源于气候模式的不完善和未来温室气体排放情景的不确定。后者主要来源于不能准确地描述未来几十年、上百年社会经济、环境变化、土地利用变化和技术进步等非气候要素的情景（林而达等，2006）。

对于适应对策评价过程中多标准、多部门参与的特性，多标准评价工具是较好的分析技术，可以用来作为评估适应对策的有效工具。各种适应策略可以通过它进行相互比较并被有序地和系统地评价，多标准评价工具能够在可选方案中确定满意的政策。其他在决策科学及系统分析领域应用的方法和工具也可以被用于适应措施的评价，它们也能够有效地将气候变化影响评估与区域可持续发展能力联系在一起。这些工具包括目标规划（GP）、模糊模式识别（FPR）、神经网络技术（ANN）以及多层次分析过程技术（AHP），现已有学者应用这些工具对气候变化适应对策进行评价（殷永元等，2004）。

尽管气候变化的趋势得到肯定，但区域性的细节、发生时间仍有不确定性。加强气候变化影响的研究，丰富气候变化影响知识和在此基础上确定适应选择十分必要。目前已有的适应措施中不乏"双赢"的选择，但适应选择并非没有成本，为避免人力、物力、财力资源的浪费需要加强脆弱性和适应选择评估（秦大河，2002）。因为在适应技术的选择过程中，需要考虑社会—经济因素，应将适应性作为可持续发展的一部分纳入发展计划。在适应政策和措施决策中可能出现几种错误，如不够适应，即没有充分考虑气候变化；过度适应，气候变化并非决策的重要因素；错误适应，即意识到气候变化重要，但选择了错误的响应,因此,需要加强气候适应的风险管理研究(吴绍洪等,2011)。

12.2.2 适应措施选择

长久以来,人类活动一直在适应着当地自然条件的变化,其中包括适应当地天气和气候条件的变化,通常的适应措施包括种植结构调整、调整水资源管理、增强农业基础设施建设等(潘华盛等,2002;谢立勇等,2002;袁汉民等,2006)。虽然气候变化的许多早期影响可以通过适应有效加以解决,不过随着气候变暖及其引起的降水、极端天气/气候事件发生频率和强度的变化,其他自然条件、生态、环境的变化不同于历史时期的气候变化及其影响,这种变化主要是由于参与人为活动对气候系统的扰动作用,所以这种气候变化的适应既有常规的适应内涵,同时也包含了不同于常规的新的定义。

气候变化和应对气候变化产生的新问题,也需要新的解决方案。一般而言,适应措施的主要实施方式包括技术进步、行为调整、管理更新、政策引导,大部分的适应措施是由受影响实体的利益变化驱动(IPCC,2007b)。为实现区域的可持续发展,能够减缓温室气体排放的适应措施会得到优先重视,如风力发电、沼气池建设、太阳能发电、秸秆还田等。适应措施选择要与经济、社会发展的其他目标相结合,其他方面的压力可能加剧区域或部门对气候变化的脆弱性,有必要将现行的适应措施纳入更广泛的策略中(祝燕德等,2007)。

气候变化已有的影响是现实的、多方面的,各个领域和地区都存在有利和不利影响,但多以不利影响为主。未来的气候变暖将可能对中国的生存环境以及农业、水资源等经济部门和沿海地区产生不利影响。为了生态、环境和社会的和谐发展,需要积极采取相应的措施来适应气候变化,降低气候变化的不利影响。

适应气候变化应以目前存在的气候风险为切入点,从长远发展的角度采取切实可行的措施。不同地区和部门的气候变化适应措施不同,例如在东北地区,采用冬麦北移,增加水稻种植面积等措施,利用变暖的有利条件,合理采用农业技术,促进粮食生产;在华北地区,建立节水型生产体系,因地制宜防治沙漠化,促进区域社会经济的可持续发展;在西北地区,提高旱区农业适应能力,合理配置水资源,发展节水农业,保护和改善生态环境;在沿海地区,根据海平面上升趋势,逐步提高沿海防潮设施的等级标准等(气候变化国家评估报告编写委员会,2007)。

一般而言,适应效果评价需要估算实施适应措施的造价和措施实施后潜在的收益两个方面。收益可以理解为所避免的全球变化的影响(损失)或所获得的正面影响。从自然的角度讲,适应有利于降低自然系统的脆弱性;从经济的角度看,需要进行不同适应行为成本与效益的经济与社会评价,适应所获得的收益应大于采取适应手段的投入,收益包括减少的损失或实际获得的利益;从社会的角度看,适应的结果应有利于社会的稳定与发展(葛全胜等,2004)。

在具体分析限制适应措施的因素时,需要弄清当地与灾害发生趋势和发展计划相关的气候变化,实现当地和地区水平的风险最小化;每个部门和地区都有关键的需要,特别是在发展中国家,由于低经济能力有不同的需求,在多重压力下,各种因素交织在一起,需要明确最迫切的需要及其限制适应的因素。由于区域差异大,所采取的适应措施有所不同;影响评价的复杂性决定适应能力评价必须考虑多种因素,共同的问题是需要从可持续发展的角度评价国家或区域应对气候变化的适应能力(Klein,2003)。

适应措施有效性和具体的地理和气候条件相关,并高度依赖于目标区的社会体制、政策和财政状况,此外适应的认识程度和信息渠道对适应成效也有影响。对于发展中国家而言,适应能力建设及资金保证尤为重要。

12.2.3 适应措施成效

适应措施实施过程中,适应效果并非单独取决于气候因子的作用,而与非气候因素如当地的经济、生态、环境以及管理决策等也密切相关,从而影响技术的适用性,因此适应措施选择要综合考虑气候与非气候因素的共同影响(Toman,2006)。通过分析系统气候变化的敏感性或影响潜力,选择优先发展的资源领域,明确目标领域对气候变化的敏感性,预估计划适应措施的相对效果,进行适应措施的决策(居辉等,2010)。适应措施的决策通常面临两方面的困难,一方面,确定优先领域的难度较大。因为评价标准和利益经常发生冲突,如最有效的技术不一定是最适合的。另一方面,决策面临不确定性。决策者需要考虑一系列清晰的未来情景,以使决策最优,最大限度地降低成本和风险。因此需要合适的决策工具,如成本—效益分析,多目标分析和风险—效益分析等决策工具(Tanner等,2007)。

根据2007年12月第十三次缔约方的巴厘岛会议,发达国家已经同意"为发展中缔约方提供足够的、可预见的和可持续的资金,以帮助发展中国家适应气候变化"。但是,适应效益核算(适应成本/效益分析)的难度较大,自IPCC开展评估以来,在检测生物和自然系统的变化方面取得了一些进展,也采取了一些措施提高对适应能力、极端气候事件的脆弱性和其他关键影响问题的认识(Rosenzweig等,1994),但这些进展均表明,需要开始设计适应性战略和适应能力建设的行动,并对适应成效有一定的预期。然而,适应成本/效益分析是有一定难度的,主要是因为在多数情况下,难以区分人为活动引起的影响和自然变化造成的影响。

虽然给适应对策确定成本和效益难度较大,但各国学者仍然试图了解适应的成效,以为应对气候变化提供指导(Metroeconomica,2004;Stern,2007)。2008年世界银行发起了气候变化适应经济学(Economics of Adaptation Climate Change,EACC)研究计划,主要对发展中国家适应气候变化的成本进行了分析(Parry等,2009),并对一些类别的适应进行了核算,主要结果如下:

(1)基础设施的适应成本

研究认为在美国国家大气研究中心(NCAR)情景(更加多雨)下,基础设施的适应成本是最大的,因为基础设施的适应成本对于年度以及最大季节性降水量尤其敏感。城市基础设施—城市排污系统、公共建筑及类似资产占了基础设施适应成本的54%,其次是道路设施(主要是铺设)占到23%。

(2)海岸带适应成本

沿海地带居住着越来越多的人口,并且经济活动也日益集中,但沿海地带却受到许多气候风险的限制,包括海平面上升以及热带风暴与台风强度的可能增加,这些因素使沿海地带适应气候变化问题显得至关重要。研究表明,海岸带的适应成本巨大,并且其成本随着海平面的上升规模不同而不同。

(3)供水系统

研究认为供水系统与洪水管理的适应成本是第三大适应成本支出部门,尤其撒哈拉以南的非洲地区在该方面的成本最大。

(4)农业

在气候变化影响下,南亚和非洲将经历农业产量的最大降幅,而且相比发达国家,发展中国家的作物将遭受更严重的影响。在NCAR情景下,发达国家的农业将增长28%,而在澳大利亚科学与工业研究组织(CSIRO)的情景下(更加趋于干旱),发达国家的出口将比2000年的水平增长75%。

(5)人类健康

根据EACC对疟疾和腹泻方面的研究表明,随着时间的推移,人类健康适应成本的绝对数量将下降,到2050年时,适应的绝对值将下降为不到2010年估算的一半。下降的原因主要是人类健康的适应从经济增长与发展中获得了利益,在各个地区都呈现下降趋势。此外,由于气候变化引起的食品营养品质的变化将导致营养不良儿童的数量增加。

(6)极端天气事件

由于缺乏可靠的应急管理成本数据,EACC对极端天气事件的研究方式采用了由于极端天气事件增加,由此造成的妇女必须接受额外教育来抵消脆弱性的成本来核算。结果表明,到2050年,要抵消极端天气的影响,需要的额外教育的妇女数量为1800万～2300万,每年的支出总额为120亿～150亿美元。

报告还指出,如果在2050年全球温度升高2℃的背景下,在2010—2050年期间,每年的适应成本将达到750亿～1000亿美元。虽然通过适应措施可以有效遏制许多气候变化的早期影响,但随着气候的不断变化,可选用的有效适应措施会减少,相关的成本增大。由于对适应的局限性或成本数额尚未有足够清晰的认识,并且适应措施的有效性在很大程度上取决于具体的地理条件和气候风险因子,受限于社会体制、政策和财政方面的制约,因此适应成效核算依然属于亟须解决的问题之一。

目前一些相关研究已采用成本效益方法对海平面上升、农业、水资源管理等方面的适应技术措施进行了评估,取得了一定的进展(Fankhauser,1996;Toman,2006)。如麦肯锡公司利用绘制成本效益曲线对中国东北和华北地区抗旱防旱措施进行了评估(如图 12.1),成本曲线的横轴对应的是"灾害减损值",指的是在只考虑技术局限的前提下,根据 2030 年各项措施预测,可减少的年均干旱损失;纵轴对应的是"成本效益比",反映了各措施的潜在经济效益,"成本效益比"为小于 1 的数值对应于正净收益。分析认为从经济效益的角度考虑,除了水利工程措施外,其他措施的净现值为正值,即长远来看能够盈利,说明合理的适应措施能够实现增加产量及节约成本的效果(华强森等,2009)。但是,总体而言适应措施的成效分析方法还比较有限,对适应成本效益的全面评估比较缺乏,在适应措施选择依据、适应效果监测等方面的研究也比较薄弱,需要继续加强研究,以便为制定和实施适应对策提供科学依据(王雅琼等,2009;纪瑞鹏等,2003)。

由于适应对策可以减轻部分不利影响,从长期来看,对国民经济和社会发展具有重要的意义,如将适应气候变化的措施逐步纳入国民经济和社会发展的中长期规划和计划,无疑对社会的可持续发展也有积极的促进作用。

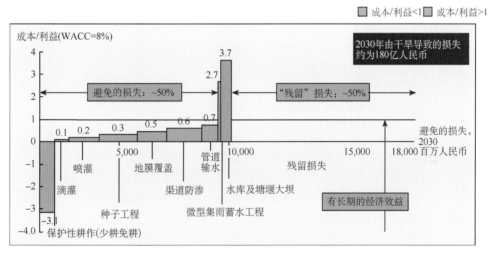

图 12.1　华北、东北地区抗旱措施的成本曲线(华强森等,2009)

12.2.4　适应能力评价

适应能力关联到系统对气候变化影响的脆弱性。脆弱性是气候变化(包括气候变率和极端事件)对系统造成不利影响的程度,其大小取决于气候变化的特征、幅度和速率,以及系统和气候的关联程度、对气候的敏感性及适应能力大小(IPCC,2001)。适应能力的提高可以降低脆弱性,特别是对经济不发达的地区、国家和社会脆弱群体而言则尤其重要。适应能力评价主要内容应包括:开展国家、区域和部门的各个水平适应能力评价;在评价中考虑所有可能受影响的利益相关者,如政府、公众、私人部门、团体及其代表;确定国家、区域和部门适应能力的差距和适应潜力;识别正在实施的应对预期影响的成功适应,包括政府、市场和民间社会部门所采取的适应措施;评价适应需要的政府行动,包括改变决策过程、改变权利分配和改变投资优先领域等;发展和加强民间社会网络和机构,以促进适应政策和技术的应用;加强传统政府部门制定政策的作用,如对于气候变化敏感部门——健康、农业、渔业和水利等计划方面。

适应能力评价指标的选择取决于多种因素,如国家或地区发展水平、面临的主要问题、以及评价目的等。Klein(2001)提出了国家水平的若干评价指标:国民生产总值、基尼系数、受教育程度、贫困状况、期望寿命、保险机制、城市化程度、享受公共健康设施机会、受教育机会、社会机构、已有的国家和地区水平的计划法规、机构性质和决策框架、政治稳定程度。区域性研究指标与国家水平有所不同，如在评价中国黄土高原农业生产适应能力时，相关研究采用了区域评价指标，其中包括农民人均纯收入、非农业社会总产值比重、农业人口比例、人均耕地、可灌溉地比例、复种指数、水土流失治理率、优等土地比例、退耕还林比例、草地、森林覆盖率（刘文泉等，2002）。

增强适应能力是促进可持续发展的基础，增强适应能力的战略措施包括：通过健全内部结构和长期投资机制，增强系统抵御损失或衰退的耐受力；通过经济结构的调整，增强脆弱系统的灵活性；通过减轻其他非气候压力，以及消除减缓气候变化的障碍，如建立生态走廊和自然保护区等，增强脆弱自然生态系统的适应性；通过增强反馈机制，控制系统脆弱性增强的趋势；通过向公众通报气候变化的危险和可能的结果，以及建立预警系统，提高社会意识和准备（Smith 等，2000）。

增强适应能力的具体措施可以概括为改进资源利用方式，使经济活动符合当地需求和资源条件；减轻贫困，改进教育和信息，加强基础设施建设，调整长期存在的不平衡结构，注重当地积累的经验，增强机构能力、提高机构效率。

提高适应能力将是应对气候变化不利影响和促进可持续发展的重要手段。由于适应对策可以减轻部分不利影响，从长期来看对国民经济和社会发展具有重要的意义，应将适应气候变化的行动逐步纳入国民经济和社会发展的中长期规划和计划。适应气候变化要增加投入，这对发展中国家来讲是发展过程中的额外成本负担，因此需要通过各种途径募集和争取适应基金。积极开展气候变化适应性研究，增加适应气候变化投入，提高适应能力，这是气候变化的形势需要，也是经济可持续发展的需要，社会将会因为适应能力的提高在未来的气候变化中受益。

12.3 适应气候变化行动框架

气候变化已经成为不争的事实，未来的气候变暖将对中国的各地区、各领域产生诸多不利影响。目前，中国已初步发展形成符合自身特点的适应气候变化行动实施框架，即实施适应行动的方法步骤，在农业、水资源、海岸带、自然生态系统等领域进行了适应气候变化示范实践，积累了一定的实践经验，提高了各部门和区域的气候变化适应能力。

12.3.1 适应行动实施框架

在国际气候变化适应领域，一些国家和国际组织在研究适应气候变化方面积累了一定经验，如英国的气候变化影响项目（UKCIP）、英国的东安格利亚大学（UEA），以及联合国环境署（UNEP）等，在政府适应决策、区域适应研究等方面开展了一些具体工作，适应的内容主要集中在城市管理和区域性政策方针等（Smit 等，1999）。其他的一些国家和地区也有具体的适应行动措施，如加拿大的因纽特人改变生活策略，应对多年冻土的融化；欧洲、澳大利亚和北美洲等高山滑雪业使用人造雪维持商业运营；马尔代夫和荷兰的海堤通过加高加固抵御海平面升高的风险；澳大利亚的综合水资源管理措施；加拿大的联邦大桥和密克罗尼西亚的沿海公路，以及在海岸线管理政策和洪水风险措施中考虑海平面升高问题等。英国政府依托 UKCIP 的相关研究成果，开发了国家层面的适应政策框架（UK Adaptation Policy Framework，APF），此框架提出了一套以风险分析与策略评估为基础的决策和工作指南，以作为各级政府部门识别与评估气候风险、脆弱性、建立适应政策并决定行动优先序的工具（Willows 等，2003）。南美一些社区采取雨水收集、过滤和储存，建设地表和地下灌溉水渠，设计评估储水量设施，改变河道、建设桥梁等措施保证其水资源的利用，增强海岸带适应气候变化的能力。西班牙通过推广海水淡化工厂提供淡化水，并调整作物种植结构，将小麦和大麦改为杏树、橄榄、无花果等耐旱植物等以实现节水的目的（IPCC，2007a）。但由于各地经济条件、技术能力、发展水平不同，适应行动要依据具体的区域特征进行设计。

在以往气候变化适应行动研究的基础上，中国的科技人员将适应活动进行了总结和提炼，形成了初步的适应行动实施框架(居辉等,2010)。框架可以为开展适应行动提供一定的实施指导,使实施者对具体行动步骤有一些预先考虑。其核心内容主要包括:①确定和评估气候变化风险;②整合本区域自然条件和社会经济发展特点,确定适应气候变化的目标;③选取和识别适应方案;④对适应技术方案等进行优先排序;⑤选取优先目标技术或模式进行示范实施;⑥监测与评估示范项目,分析其成本效益;⑦经过以上环节,重新认识当地气候变化风险和适应能力,确定推广的适应措施,不断完善地方的适应气候变化行动(图 12.2)。

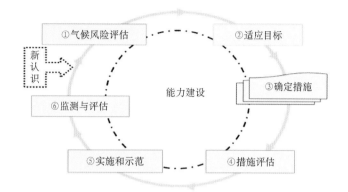

图 12.2 适应气候变化行动框架

除了以上环节,适应气候变化行动框架的应用还要满足以下 5 个主要条件:①适应过程有一定的规则,所有策略可以不断地更新和完善;②鼓励相关部门密切配合,识别和监测有关活动,完成连续审查和闭合的反馈系统;③相关部门的参与,有助于框架的完善,框架的实施也利于政府部门加深对气候变化适应的认识,提高地方政府和公众实施适应措施的能力;④适应行动需要一定数量的信息做支持,如区域气候预测和对当地极端天气事件的脆弱性认识等,也包括各适应环节的能力建设;⑤适应框架包括完善环节,框架执行者可以通过收集关键信息、建立适应战略、执行,来完善并形成适合本地区、本部门、本领域的适应框架。当然,适应框架是描述制定适应战略的步骤,不是简单的某一领域或地区的适应战略和适应行动计划,是广泛吸纳各方参与应对气候变化的持续、循环、不断接受反馈的过程,适应框架的实施还要能促进区域的可持续发展。

12.3.2 行动框架宁夏应用案例[①]

宁夏地处中国西北内陆干旱地区,黄河上游中段,其黄河灌区的农业生产在区域经济中占有重要比重。根据宁夏的气候条件、农牧业结构和地理状况,宁夏由北向南分为引黄灌区、中部干旱带及南部山区,其中南部主要由丘陵和山地组成,土壤贫瘠,贫困人口相对集中。宁夏区域地形是南高北低,而气温则南低北高,对气候变化十分敏感(张智等,2008)。适应气候变化是一个决策过程,可以与具体项目相结合,在宁夏的适应行动中,适应框架的构建参与到当地农业生产和扶贫目标的实现过程。所以宁夏地区的适应框架应用实践过程重点涉及脆弱地区和贫困人群的生产生计问题。

(1)气候变化风险评估

从历史年平均气温变化来看,宁夏 20 世纪 50 年代至 80 年代中期,气温相对比较稳定,1987 年之后气温开始明显上升,90 年代年均气温比气候标准值(1961—1990)平均升高 0.5℃,而 2001—2005 年升温幅度平均高达 0.9℃。从季节变化来看,冬季气温上升最明显,春、秋季变化基本一致,上升幅度仅次于冬季,夏季上升幅度最小,增温幅度小于 1℃。在地域分布上北部引黄灌区升温幅度最大,南部山区升温幅度次之,中部干旱区最小(张智等,2008;李凤琴,2008)

2000 年后,宁夏极端天气事件发生频繁,风险增大,影响也十分严重。如 2004 年 5 月份发生的霜

---

① 中英气候变化合作项目,中方单位包括中国农业科学院农业环境与可持续发展研究所;宁夏气象局;宁夏 CDM 环保服务中心

冻灾害,造成 470 万亩农田受灾,约 250 万人的生产生活受到严重影响,经济损失达到 65 亿元。2005 年全区又发生重度干旱,降水仅有 60～300 mm,较历史同期减少 40%～70%,引黄灌区及中部干旱带大部分地区均为有气象记录以来历史上少有的干旱和特大干旱年,全区因干旱造成的直接经济损失约 12.7 亿元(杨淑萍等,2007)。

采用 PRECIS 模型对宁夏未来的气候趋势进行的分析表明,未来宁夏地区的温度仍然表现为上升趋势,年际间降水量变化不明显,但年内降水的波动幅度加大,说明干旱或暴雨的风险性增加。未来 5～10 a 极端气候发生次数和程度的例证表明,未来该地区温度和降水的变率可能会更大,气候变暖很可能持续,且变暖幅度加大,会使蒸发强度有所提高,土壤湿度下降,需水量增加,而南部降水量增加不多。分析认为,宁夏未来干旱或暴雨的风险性增加,一些极端气候事件如倒春寒、干热风等气候风险加大(杨侃等,2007;陈楠等,2008)。未来宁夏农业生产依然将面临干旱和极端气候事件增多的威胁,农业生产的稳定性其难度和风险增加。

(2)确定适应目标

宁夏三类农业生产区自然生态条件差距很大,北部川区是引黄灌区,农业主要依靠黄河水灌溉;中部干旱带是半干旱半荒漠化草原,十年九旱,主要以畜牧业为主,部分区域引黄灌溉;南部是黄土高原沟壑区和丘陵区,以雨养农业为主,是宁夏主要贫困地区。北部灌溉农业区主要发展粮食种植业,作物包括玉米、春小麦、水稻、蔬菜等,农民主要经济来源是农业生产收入、家庭经营非农产业收入等。中部以农牧交错为主,牧业主要是饲养奶牛和羊,由于部分的扬黄灌溉,农业基本是灌区农业特色,农民收入来源主要是农牧生产和外出务工。南部雨养农业区主要作物是春小麦和冬小麦、薯类、胡麻、玉米、小杂粮等,农民收入主要来源于农业种植和外出务工。

由于宁夏不同地区农业生产特点和农民收入来源不同,因此各区对气候变化的适应目标和重点也不相同。北部灌区生产条件较好,是宁夏主要的粮食产区,考虑到气候变化有利和不利影响,适应的主要目标是根据热量条件的改善,调整农业生产结构,通过节水种植制度和管理模式的建设开发,提高农作物的生产能力;中部地区以农牧交错带为主,适应目标是开展生态环境建设,开发合理的畜牧业生产模式,提高农民对气候风险的应对能力;南部地区以雨养农业为主,也是宁夏贫困人口相对集中的地区,因此适应的主要目标是发展特色农业,提高农户的气候风险抵御能力,开展农民技能培训,增强外出务工竞争力,提高农民收入。宁夏区域总体的适应目标为发展节水抗旱高效农业、增强气候风险防御能力、多途径提高农民收入。

(3)适应措施选择

气候变化更多的是对未来气候发展趋势的一种认识和判断,但适应技术更多的是来自于以往的实践经验总结,不同的利益相关者对适应考虑的角度和实施能力不同,因此,在适应技术选择中,往往提到的技术范畴和实施范围也不同。由于适应行动是为宁夏回族自治区管理机构提供技术支持,因此技术清单偏倾向于管理角度。通过研究与调查,农业领域的适应技术可以分为几个类别:农业种植制度调整;农业节水灌溉和管理制度;水利工程设施建设;农村气候风险能力提升项目;农户的综合技能建设;气象预警系统以及防灾、减灾和补救的技术;环境友好的技术体系和措施(表 12.3)。

表 12.3　农业气候变化适应措施类别表

类别	内容
农业结构调整	减少春麦面积,增种马铃薯和覆膜玉米;减少水稻种植,增加瓜果面积;提高复种指数;发展畜牧养殖;……
节水农业技术	抗旱品种选育;土壤耕作制度;覆盖保水技术;播期调整;灌溉效率;梯田建设措施;……
水利设施建设	引黄灌溉工程;喷滴灌技术;水库水窖;……
风险抵御能力	移民调庄;劳务输出;农产品加工产业;……
农民技能项目	技工培训;农业技术培训;农技推广;灾害自我防御培训;……
气象信息服务	灾害预报;人工影响天气作业;灾害应急预案;……
环境友好技术	生态保护和建设;退耕还林;沼气工程;太阳能利用;少免耕技术;……

根据气候资源特点和实际生产水平,宁夏不同地区的适应行动不同。

北部引黄灌区的目标是提高农作物生产能力,适应核心是充分利用热量资源,开发高产高效农业生产模式。主要的推荐技术有种植结构调整技术、节水农业技术以及水利工程建设等。中部干旱带的适应目标是发展畜牧业和生态环境建设。适应技术主要有农业结构优化和调整技术、气候/环境友好技术、风险抵御能力提高技术等,具体内容包括畜牧业生产技术的集成和优化、饲草料作物优化种植技术开发、农林草畜生态环境综合建设。南部雨养区的适应目标是发展特色农业,提高农民气候风险抵御能力和提高农民收入。适应措施有农业结构调整、节水技术集成、水利设施建设、农民技能培训等。具体内容包括发展优势小杂粮、蔬菜、枸杞等特色农业,提高农业的综合生产水平;开发集雨、蓄水保墒技术,水肥优化高效用水技术,集成雨水资源化高效利用技术系统;通过专业技能培训和劳务输出,增加务工收入。

(4)适应措施优先等级评估

根据宁夏的实际情况,研究采用了多指标分析方法对适应措施进行了优先排序,该方法可以根据不同的利益群体设立各指标的权重系数,从而针对不同利益群体的需求提供不同的技术参考排序。

通过各技术的多标准评价分值以及不同部门权重指数的综合分析,结果表明,主要的优选技术集中在农业种植结构调整、水资源高效利用、气象灾害防御领域。从不同部门对各指标的权重排序分析,适应措施是否能够实施,管理机构最重视的措施是否符合国家或地方的大政方针,其次则更多关注的是适应的成本效益以及兼顾性,而措施能否实施和公众的气候风险认知水平和措施是否能够灵活调整关系较小。对于管理角度考虑,在适应行动上更希望从见效快、成本小和易操作的管理方面入手,对于可持续发展的环保适应技术以及农民的素质教育重视程度相对较弱(Ju 等,2008)。

(5)适应技术实施和示范

由于当前的适应技术更多来自于以往经验的总结,因此在实施和示范过程中,首先应该推荐一些无悔的技术或双赢的技术,这些技术不仅可以解决目前的生产问题,同时对未来的气候变化也具有一定的应对能力。根据宁夏未来的气候变化趋势,分析认为适应主要针对气候变暖和极端气候事件,如持久干旱、水资源短缺等。种植结构调整、发展节水农业和特色农业,是宁夏应对气候变化的有效农技措施。

随着气候变暖以及夏旱趋势增强,冬麦北移成为北部引黄灌区的一种有效适应技术,种植冬麦可以提前成熟,避开夏季的干热天气,又适应冬季变暖的气候变化趋势。从 20 世纪 90 年代开始,宁夏就尝试冬麦北移的种植模式,冬麦可比春麦增产 20%~30%,而且可提早成熟 20 天左右,从而实现了宁夏"一年两熟"或"一年多熟"制。目前宁夏的冬小麦种植区域已从 35°N 提高到 39°N,从南部山区北移到北部的引黄灌区,2009 年北部引黄灌区冬小麦播种面积已达 50 余万亩。根据气候变暖的程度,宁夏还进一步提高了复种指数,采取了水稻休闲田和秋闲田复种禾草等措施,不仅提高了农业收益,同时也促进了畜牧业的发展。目前,宁夏的复种面积每年都能达到 120 万亩。

水资源短缺一直是宁夏农业发展的主要制约因素,未来气候变化水资源短缺将更加突出。在这种情况下,引黄灌区一直致力于节水灌溉种植技术的开发工作,目前单方水的生产效率提高了 15%~20%。针对中部干旱带和南部山区特定的生态和气候条件,宁夏还开展了设施农业示范项目建设,建成 8 县区 6 万亩的县级科技园区,辐射和带动了中部和南部近 50 万亩设施农业的发展。

(6)适应效果监测和评估

在宁夏本身的农业发展过程中,往往是根据头一年或几年的气候条件主动或被动地调整农业生产方式,气候变化的适应技术并非是一个完全崭新的内容或领域,其实在常规的农业生产活动中已经或多或少的考虑了气候变化的因素,并通过各种技术的革新和发展,提高气候资源的利用水平。目前的适应效果监测和评估,也主要根据地方农业发展规划,考虑气候变化的适应要素,对现有技术的总结和评估。

近年来,宁夏灌区冬麦北移工作取得积极成效。种植面积从 2005 年的 1.5 万亩扩大到 2009 年的 51.7 万亩,占灌区小麦种植面积的 30%。同时,通过引种示范和推广优良品种,成功解决了冬麦保苗、越冬返青率低、稻茬地种植等技术问题，制定了冬麦栽培的技术标准，发展了冬麦后复种早熟马铃薯、青贮玉米、蔬菜等多种模式。2009 年冬麦单种平均亩产达到 535.6 kg，较春麦增产 40% 以上，冬麦品质均达到国标 2 级以上。冬麦复种蔬菜模式，每亩效益达 3000~4000 元，复种油葵和青贮玉米，亩效益也在 1000 元以上。冬麦北移为确保宁夏全区粮食安全、农民增收，开辟了一条新的途径。在取得经济效益的同时，冬麦种植还增加了秋冬季节绿色植被，减轻了风沙危害，具有明显的生态和社会效益。

设施农业是宁夏中部干旱带和南部山区抗旱节水重要举措，是宁夏现代农业发展战略之一。但是，设施农业在具体实施过程中，遇到了诸多问题和障碍。主要障碍包括农民主动意识不强，资金支持力度不足，技术水平滞后等。由于受传统农业生产观念和生产模式影响，农民对设施农业依然持观望和怀疑态度，顾虑较多；其次，设施农业投入大、标准高、资金不足制约了设施农业向较高层次的发展，比如修建面积为 0.17 亩的日光节能温室需要资金 1.8 万~2.2 万元左右，政府每栋补助 1 万元，但对于收入较低的农民来说，资金不足的矛盾仍然突出；此外，设施农业的科研开发、技术及设施示范推广、技术培训、综合服务等资金投入甚微，设施农业的技术水平无法满足生产需求（朱丽燕，2008）。

宁夏案例不仅是适应气候变化框架的应用案例，其实施的过程也是适应框架形成和试点的过程。根据气候变化对宁夏三大农业区农民生计影响的调查，制定出宁夏农业的适应框架和战略。宁夏适应气候变化框架的实施证明了适应框架的合理性，为其他地区构建适应策略以及发展地区适应战略提供了一个工具。

12.4 敏感领域/部门适应案例

为适应气候变化产生的不利影响，中国已在部分领域和地区开展了有针对性的适应气候变化的技术示范，积累了一些适应气候变化的成果和经验，为中国的可持续发展和改变一些地区贫困落后的状况做出了贡献。

12.4.1 水资源管理和利用

水资源是指逐年可以恢复和更新的淡水量，即大陆上由大气降水补给的各种地表、地下淡水的动态量。包括河流、湖泊、地下水、土壤水、微咸水。区域内水资源状况与气候、土壤、植被、地貌、地质等多种自然因素有关，但气候最终还是起着决定性作用。

未来气候变化将影响中国水资源的供应，加剧中国水资源供需矛盾的状况。中国河川径流对气候变化的敏感性高，自南向北，自湿润地区向干旱地区敏感性增强，而且对降水变化比对气温变化敏感。全球气候变暖将会使中国天然河流的年径流量整体减少，导致中国西北高寒山区冰川萎缩，以冰川补给为主的河川，其径流量也将逐渐减少。未来气候变化可能导致中国主要江河流域进一步变干或变湿，但都不可能使流域水文情势发生跨越气候带的变化（任国玉等，2008），气候变化对中国的水安全带来威胁，而且对社会经济也产生严重影响，并给水资源管理工作增加了难度。未来中国旱涝等灾害的发生频率会增加，河流水质、水环境内的生物多样性受到严重的影响。总之，气候变化给中国的水资源带来了诸多不利影响，只有充分认识到水资源气候变化风险的严重性，合理地利用水资源，增强节水措施，提高水资源的利用效率，保护雪山、冰川、湿地、河流、湖泊、森林、草原，才能使水资源在健康的生态中持久保存，并能永续利用（丁一汇，2008）。

1. 塔里木河流域水资源管理案例[①]

全球气候变化导致水循环格局的改变影响了新疆的降水、冰川融水以及水资源时空分布格局。

[①] "十一五"国家科技支撑计划"典型脆弱区域气候变化适应技术示范"课题内容，本部分由中国科学院新疆生态与地理研究所编写完成。

近几十年,由于国家对新疆水利建设投入的增加,新疆的水利工程抗灾能力逐渐得到了提高,目前的总体承灾能力处于全国中等水平,水利工程承灾能力处于上游水平。但是,新疆各地的洪旱灾害承灾能力却存在着很大差异。承灾能力低的地区一般大多是边远地区,是典型的经济欠发达地区。目前新疆水利基础设施对洪旱灾害承灾能力总体上不容乐观。水利基础设施数量只是代表承灾能力的一个方面,而水利基础设施的质量则是反映区域承灾能力的重要方面。如果考虑到新疆未来气候暖干化和暖湿化转型趋势(施雅风等,2003),而且如果长期干旱灾害和短期洪水灾害影响强烈,那么新疆现有的水利基础设施是很难承受水资源的剧烈波动。因此,新疆需要提高水利工程的承灾能力,尤其是在经济欠发达地区,以缓解气候变化给新疆经济带来的巨大损失,降低未来气候灾害的危害。

塔里木河干流位于新疆塔里木盆地腹地,属平原型河流,自身不产流,目前水源主要靠阿克苏河、和田河、叶尔羌河补给,多年平均径流量为 46 亿 m^3。该流域属于温带干旱大陆性气候,干燥多风,降水稀少,蒸发强烈,是对气候变化反应敏感的脆弱区域,历次区域洪、旱灾害都给流域农业带来了巨大危害。

(1)气候变化风险评估

对近 200 a(小冰期末)以来新疆历史洪旱灾害资料,尤其是近 50 a 的灾害统计记录进行分析表明,小冰期末以来新疆洪灾存在五个明显的集中发生时段,这些时段分别对应比较明显的气候转变时期,这充分说明新疆洪灾的发生具有明显的气候变化背景。气候转折时期是新疆洪灾发生的集中期,近年来新疆洪旱灾害频频发生可能与全球变暖背景下新疆区域气候的暖湿化有相当大的关系(姜逢清等,2004)。1980 年以来,新疆洪旱灾害发生的频率呈现加快的趋势,洪灾损失持续扩大,灾害经济损失屡创新高。新疆洪灾的区域分布格局发生了较明显的变化,主要分布中心从南疆南部向南疆西北部和天山北坡西段转移,新疆塔里木河流域(以下简称塔河流域)气候暖湿化明显。洪灾增加的同时旱灾也呈现出了扩大的趋势,并且旱灾的灾害链效应明显,与旱灾相伴的浮尘天气和蝗灾也呈现出增强的变化趋势。

随着未来全球气候变暖的进一步加剧,新疆区域气温将继续升高、降水量增加、气候极端事件(夏季暴雨、春季少雨)发生的频率加大,未来新疆的洪、旱灾害形势会更加严峻。新疆未来的气候情景大致表现为短期暖湿,长期暖干(胡汝骥等,2002)。在这样的背景下,随着人类活动强度的继续加大,该区域生态环境压力将逐渐增加,区域洪水和干旱发生的危险性也逐渐增大。

(2)确定适应目标

考虑未来气候变化对流域水资源分配格局带来的影响,亟须加强塔河流域水利工程抗灾能力。新疆大部分地区位于内陆干旱区,境内农业属绿洲灌溉农业,是主要的用水部门,可以说没有灌溉也就没有新疆的农业,在新疆未来气候短期暖湿化、长期暖干化的趋势下,应大力提倡发展农业节水技术。塔河流域的近期适应目标主要是利用现有水利基础设施,考虑未来水资源变化的分配格局,及时调整农业耕作制度和栽培制度,从农业节水入手,实现水资源的持续合理利用。塔河流域中期适应目标是兴建水利工程设施,降低短期融雪性洪灾和长期暖干化的旱灾影响。考虑到适应目标的时间要求,目前塔河流域的适应实践主要集中在农业节水方面。

(3)适应措施选择

适应气候变化技术示范研究课题组[①]对塔河流域气候变化的影响与风险性进行评估,对近 50 a 新疆洪旱灾害态势与适应对策以及新疆区域气候变化的适应能力进行了分析。为应对新疆未来面临的洪旱灾害加剧的风险,提出的应对策略主要包括:继续加强气候诊断与监测,提高区域洪水和干旱预测的准确性,并深入开展全球变化下新疆洪旱灾害的综合研究;重点调整区域人类活动行为,并加强以提高抗洪旱灾害为目的的社会可持续/可恢复能力建设。具体措施主要包括水利基础设施的建设、退耕还林还草的生态建设、调整农业种植业结构的节水农业体系等方面。

_____

① 中国科学院新疆生态与地理研究所

根据塔河流域的实际情况，课题组采用历史资料总结、预期气候风险识别等方法，对塔河流域水资源现状进行了评估，选择优势适应措施进行实践应用。主要选取的适应措施有山区水库代替平原水库联合开发技术、绿洲区膜下节水灌溉技术以及塔河干流两岸植被生态恢复技术等几个优势适应技术体系。

（4）适应技术应用

新疆水利相关研究也显示，现有的新疆水利工程等基础设施已不能适应新的气象水文环境（张国威等，1998），课题组通过分析气候变化对库区水文气象的影响，提出的山区水库—平原水库的协调配水方案得到采纳，实施规划大石峡水库代替下游 2 座平原水库；阿尔塔什水库代替下游 6 座平原水库。

虽然气温增高，山前平原绿洲区蒸发量增大，来水量增加使自然生态耗水量也有所增加，但流域耕地面积的增加是阿克苏河流域绿洲耗水量增加最主要的原因。在阿克苏河流域的支流台兰河和库尔勒普惠灌区进行棉田膜下节水灌溉技术和棉—枣、棉—核桃作物结构调整试验表明，采取灌水量小、频度大的膜下滴灌模式，为进一步开发该区域适应气候变化的节水灌溉措施奠定了基础。

（5）适应措施建议

第一，坚持可持续发展模式。特别强调因地制宜，注重长效，综合考虑经济效益、社会效益和生态效益，科学配置农、林、草、牧布局，加强生态环境保护，适当的退耕还林还草。建立沟通机制，强化科研成果与公众认知的沟通，保障可持续发展模式的推广。

第二，根据气候变化及时调整耕作制度和栽培措施。实行棉花—大枣等间作模式，避开用水高峰、缓解用水矛盾；大力推广保护性耕作，同时推广秸秆还田等保护性措施，加强研究的推广示范，加强抗旱、节水技术研发；推广特色的优势农产品种植，充分利用气候资源，并提高水资源利用效率；调整农业—林果业结构布局、发展一年多熟制以及农区牧业，如大面积推广复播胡萝卜、豌豆、青贮玉米等作物；推广农林间作的立体种植模式，根据作物秸秆高度差和作物成熟期的不同，实行经济林果＋双膜瓜＋蔬菜、经济林果＋辣椒＋小茴香等一年三熟模式。充分利用新疆气候暖湿化的特点，加强人工草地建设，实现人工饲草料代替自然草地，实现畜牧业和生态的持续发展；积极利用各方资源，采用草地围栏封育，划区轮牧，草地补播等措施，促进退化草地快速恢复。

第三，加强水资源的管理，研发水分高效利用技术。大力推广成效显著的节水灌溉模式；加强政策引导和成本管理，科学决策水资源调配；加强水利工程建设，特别注重长效机制，积极采用山区水库代替平原水库，地下水地表水联合调度技术。

第四，提高预警与减灾能力。提高科学预估的确定性，完善具有针对性的气候灾害防御、减缓、补救技术；提高天气短期预报能力，及时掌握气候异常波动，并加强人工影响天气的能力，如人工防雹技术。

第五，大力发展清洁能源，实现减缓与适应并重。在适应的同时兼顾减缓气候变化，如采用风力发电、沼气池建设、秸秆还田等，开发可再生能源、清洁能源，减少碳排放。

2. 黑河流域绿洲农业用水案例[①]

黑河是甘肃省河西内陆河流域内的第一条大河，是仅次于塔里木河的中国第二大内陆河，发源于祁连山区，流经青海、甘肃和内蒙古三省（区），是西北地区重要的商品粮基地（图 12.3）。该流域处于欧亚大陆腹地，远离海洋，周围高山环绕，流域气候主要受中高纬度的西风带环流控制和极地冷气团影响，气候干燥，降水稀少且集中，多大风，日照充足，太阳辐射强烈，昼夜温差大，黑河流域气候具有明显的东西差异和南北差异。

（1）气候变化风险评估

黑河流域是生态环境脆弱的内陆河流域，对气候变化反应敏感。1958 年以来，随着区域经济的不

---

① "十一五"国家科技支撑计划"典型脆弱区域气候变化适应技术示范"课题工作内容，本部分由水利部水利信息中心编写。

断发展,黑河流域修筑了大量水利工程,为工农业供水,特别是农业供水创造了良好条件。近年来在气候变暖和人类活动的共同作用下,当地生态环境恶化,尾闾湖泊消失,植被成片死亡,沙尘暴强度和日数不断增加。气温升高导致大洪水的风险加大,自20世纪80年代以来,流域发生10年一遇以上大洪水总计4次,80年代1次,90年代发生2次,2000年以后1次,其中流域实测最大洪水发生于1996年。上世纪80年代没有出现10年一遇以上最小流量,90年代和2000年以后,10年一遇以上最小流量各出现一次。1990—2007年,黑河流域气温升高速度最快,气温升高使黑河流域出现最小流量的风险加大。

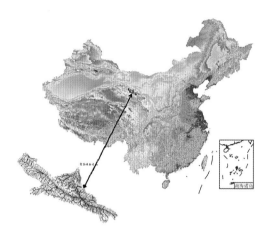

图12.3　黑河流域分布图

利用M-K趋势法分析黑河流域产流区和消耗区内近60 a气温、降水、蒸发、径流等要素的年代际和年内径流变化趋势表明,黑河流域气温升高同全球变暖趋势一致,且升温幅度大于全球平均气温升高值,产流区和消耗区温度相差较大,但两个区域的升温幅度很接近。产流区和消耗区降水虽有增加趋势,但消耗区增加趋势较产流区增加趋势更强。蒸发均为减少趋势,且二者的减少趋势都很强;在流量的变化上,产流区短期来水流量有增加趋势但长期很可能减少。通过对黑河流域莺落峡站温度、年最大洪水流量、枯季最小流量等要素的研究分析表明,随着气温升高黑河流域洪水、干旱灾害发生的风险加大。采用PRECIS情景计算分析表明(表12.4),在A2情景下,未来中长期黑河流域的水资源量将出现明显减少的趋势,并且年内的径流量将更趋集中,黑河流域温度、降水与基准年相比都有增加,但是分布不均匀(表12.5)。

表12.4　A2和B2情景下全国降水、温度、径流量相对于基准年的变化

情景—年代	相对于基准年降水量的变化百分比(%)	相对于基准年最高温度的变化(℃)	相对于基准年最低温度的变化(℃)	年径流量与基准年比较(%)	汛期径流量与基准年比较(%)	汛期径流量占年径流量百分比(%)
基准年	1961—1991	/	/	/	/	69
A2_2020年代	3.92	1.36	2.25	−6.56	−5.21	69.99
A2_2050年代	8.02	2.79	3.75	−13.42	−12.55	69.69
A2_2080年代	13.61	4.75	5.87	−20.91	−20.02	69.78
B2_2020年代	4.76	1.53	2.45	−8.09	−8.12	91.88
B2_2050年代	7.97	2.57	3.58	−13.08	−12.86	87.14
B2_2080年代	10.98	3.58	4.68	−17.12	−16.38	83.62

表 12.5   A2 情景下的极端气候灾害

情景	等级	各等级出现的次数	几年一遇	与基准年各相同等级的次数差
A2	重涝	0		−2
	大涝	6	5	4
	偏涝	4	7.5	−2
	正常	9	3.3	−1
	偏旱	7	4.3	1
	大旱	3	10	1
	重旱	1	30	−1

（2）确定适应目标

黑河流域绿洲农业适应气候变化对策的目标是提高水分利用效率、提高单方水产值、压缩非生产系统耗水，寻求经济、可行的节水技术，探索高效节水的种植模式，建立节水型的绿洲防护体系，从田块、灌区和绿洲三个尺度来实施和保证绿洲的水资源生产力和稳定性。

（3）适应措施选择

田块尺度适应措施主要涉及改进种植技术，灌区尺度主要涉及调整种植结构，绿洲尺度主要涉及优化防护体系。即田块尺度采取改进灌溉技术和水肥耦合技术减少入渗量，提高水分利用效率，适应气候变化；灌区尺度采取调整种植结构，比如压缩传统的小麦和玉米种植比例，增加农林复合体系和特色作物的比例，提高水效益；绿洲尺度采用优化防护体系结构，降低高耗水树种比例，降低绿洲生产辅助体系的耗水。

在结合黑河、石羊河和塔里木河绿洲水生产力和绿洲稳定性的研究成果的基础上，建立评价节水技术的效益评估方法。根据评估方法，建立定量评价指标体系，开展灌区节水技术效益评价，定量评价技术性节水措施、结构性节水措施、管理性节水措施、各行业各系统耦合等适应性措施，分析适应措施的节水效率。

（4）适应技术实施

垄沟耕作灌溉技术：采用田间起垄开沟的耕作方式，在垄上种植作物，垄沟灌水，变漫灌为局部灌水，变浇地为浇作物。成穗数提高 0.9%～12.8%，穗粒数提高 3.7%～17.1%，千粒重提高 1.9%～11.2%，平均产量达到 521 kg/亩，较平作增产 53 kg/亩，平均节水 60 m³/亩。

作物牧草间作技术：主栽作物玉米与伴生豆科植物箭舌豌豆间混作试验。与玉米同播种，株间点播，行间播种 1 行，带间条播 2 行箭舌豌豆，其产量和水分利用效率最高，比对照分别提高 13.4% 和 7.9%。

枣粮间作技术：枣粮间作中，枣树株行距(4～5)m×(12～18)m，枣树带宽 1 m，其中两边畦埂宽各30 cm，中间 40 cm 用于种植绿肥等。

调整种植结构：通过枣—大豆间作，枣—小麦间作，枣—玉米间作，压缩玉米、小麦等用水效益低的作物，增加枣粮间作、番茄等作物比例。保持其他如经济作物、马铃薯、油料作物、啤酒大麦等作物面积不变的情况下，将现有的农作物种植玉米由 59% 调整到 23%，小麦由 9% 调整到 4%，番茄由 1% 增加到 8%，棉花由 3% 增加到 12%，同时增加 23% 的枣粮间作。

节水防风阻沙体系：选择黑河中游平川灌区绿洲边缘，进行适应气候变化的绿洲防护体系建植技术实践。用低耗水梭梭和柠条、柽柳作为造林树种，再适度配置杨树间作苜蓿的方式作为绿洲边缘前沿阻沙体系，建立的梭梭、柠条、柽柳防沙体系不用灌溉，靠降水和地下水维持，年耗水量 50～150 mm。

调整林网规格示范：监测表明间距 200 m 防护林网，农田无风蚀发生，作物产量与 60～150 m 间距的农田作物产量差别不显著，同时减少灌溉次数，灌溉 3～4 次的林网虽然生长速率降低，但仍处于健康状况。

（5）适应效果评估

根据黑河流域水资源供需的实际情况，评价了不同种植模式的水效益，得出适应当地气候变化的种植业结构。收益率从大到小依次为番茄种植、枣粮间作、苜蓿种植、棉花种植、玉米制种和小麦种植，其净收益率分别达到 471.75％、296.04％、291.30％、158.64％、136.82％ 和 112.44％。可见，增加番茄、枣粮间作等种植业比例，压缩小麦和玉米田，增加枣粮间作，调整种植结构，是绿洲适应气候变化的有效对策。

在枣粮复合系统的最佳配置方式和最佳水肥管理模式下，净收益率达到 296.04％。在农业生产中，施氮 221 kg/hm^2 与灌溉定额 378 mm 是春小麦水分利用效率的最佳组合，较目前的 630 mm 左右的灌溉量节水 37％；施氮 225 kg/hm^2 与 9600 m^3/hm^2 的灌溉量是玉米水分利用效率的最佳组合，较目前的 12000 m^3/hm^2 左右的灌溉量节水 20％。

通过改变耕作灌溉措施，原以"与玉米同播种，株间点播，行间播种 1 行，带间条播 2 行箭舌豌豆"的产量和水分利用效率最高，比对照分别提高 13.4％ 和 7.9％。较目前的高水（12000 m^3/hm^2）和高肥（350 kg 磷酸二胺和 250 kg 复合肥、100 m^3 有机肥）水分利用率提高 81.3％。

对适应气候变化的绿洲防护体系建植技术评估结果表明，杨树防护林可以使风速降低 70％，输沙量减少 96％，而以梭梭、柽柳和柠条混交的防风固沙体系也可以使风速和减少输沙量分别降低 50％ 和 80％。以梭梭、柽柳和柠条混交为主的防风固沙体系基本可以替代杨树防风阻沙体系的功能，实现节约水资源 70％ 左右。

通过枣粮复合系统水生产力的调控机理及水效益提高技术途径，小麦、玉米水肥优化管理和主栽作物玉米与伴生豆科植物箭舌豌豆间混作试验，分析黑河流域适应气候变化的水资源管理农业技术措施，确定当地适应气候变化的农业技术措施。用水分利用效率高的低耗水 C$_4$ 植物梭梭和灌木柠条、柽柳作绿洲外围防沙带，适当采用杨树和苜蓿间作的配置方式作为绿洲边缘防风体系，替代以往的用高耗水的杨树作为前沿阻沙体系的模式，可以建立节水型绿洲防护体系模式以缓解气候变化引起的水资源紧缺局面。这些技术在黑河中游推广，节水 2.96 亿 m^3，一定程度适应了气候变化引起的水资源短缺（图 12.4）。

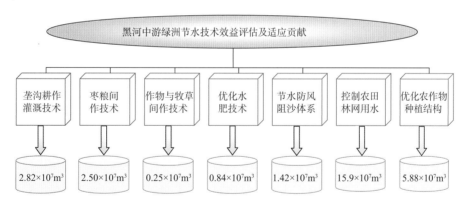

图 12.4 黑河中游绿洲节水技术效益评估及适应贡献

（6）黑河流域适应行动建议

第一，水资源的综合管理和调度。以生态建设与环境保护为根本，以水资源的科学管理、合理配置、高效利用和有效保护为核心，全流域统筹规划，工程措施和非工程措施相结合，生态效益与经济效益兼顾，协调生活、生产和生态用水，充分运用行政、经济、科技、宣传教育手段，进行综合的水资源管理和调度。切实加强水资源统一管理调度，强化节水，严禁扩大农田灌溉面积，调整产业结构，加大政策扶持力度，逐步建立黑河水资源的开发、利用、配置、节约和保护的综合体系。从长远考虑，应实行更严格的管理措施，通过调整水价等经济手段，辅之以山区水库建设和跨流域调水，增强区域应对水资源短缺和气候变化的适应能力，实现人口、资源、环境与经济社会的协调发展。

第二，加强基础研究工作，以提高黑河流域水资源统一管理和调度的科学性。目前黑河干流中下游河川径流的水权秩序已基本确立，但随着流域综合治理的不断深入，需要研究确立省际之间、上中游之间、下游主要河段之间及下游重要用户之间包括地下水在内的水权秩序。为改进和完善黑河水量调度方案,近期可开展黑河流域降雨径流关系以及径流变化规律研究,2015 年前开发应用于调度需要的中长期径流预报模型,并开发基于径流预报的预案编制和实时调度滚动修正模型,开展地表水、地下水联合调度研究。开展黑河上中游水库联合调度研究、黑河源头生态恢复模式研究、黑河下游额济纳绿洲灌溉模式研究等。

开展黑河流域气候变化适应对策措施研究。黑河流域气候干旱少雨,是中国水资源非常脆弱的地区之一。据统计,从 20 世纪 70 年代至今,黑河流域平均气温大约升高了 1℃ 左右。据预测,未来 50～100 a,流域多年平均气温仍将不断升高,径流量可能会呈现减少的趋势,加之人口增加和社会经济发展对水资源需求量不断加大,水资源供需矛盾会进一步加剧。因此,需要研究制定黑河流域水资源系统适应气候变化的战略规划,特别是针对极端天气气候事件的有效适应措施,以增强应对气候变化的适应能力,促进水资源的持续合理利用。

第三,不断优化农业种植结构,缓解流域水资源紧缺的局面。以往黑河中游灌区为提高粮食单产水平,推广了大规模的农田带状种植技术,以缓解甘肃省的缺粮问题。据 1999 年资料统计,中游的甘州、临泽、高台的带状种植比例为 40%。带状种植尽管亩产高,但由于带状种植在作物的生育期内需灌水 7 次,灌水的净定额高达 420 m³/亩,远远高出小麦、玉米的净灌溉定额,耗水量大,可以说黑河中游地区粮食产量的提高,是以大量耗用黑河水资源换来的。近期通过农业种植结构的调整、发展节水高效农业,使带田的种植比例由现状 40% 降到 20%,对缓解水资源紧缺状况起到了积极的促进作用。但是,带田结构调整农民还存在一定顾虑,国家应加强一定的资金投入,在技术、信息方面给农民扶持,并在黑河中游建立一定数量的带田结构调整示范户、示范村,以点带面,引导黑河中游灌区的农业种植结构调整,提高农用水的经济效益和利用效率。

12.4.2 那曲高寒草地适应实践[①]

藏北那曲地区位于西藏冈底斯山和念青唐古拉山以北的广阔地区,地处青藏高原的最高部,整个地形呈西高东低倾斜,平均海拔在 4500 m 以上。中西部地形辽阔平坦,多丘陵盆地,湖泊、河流纵横其间。东部属河谷地带,多高山峡谷,是藏北仅有的农作物产区,并有少量的森林资源和灌木草场,其海拔高度为 3500～4500 m,气候好于中西部,被称为世界屋脊的屋脊。那曲地区属亚寒带气候区,高寒缺氧,气候干燥,多大风天气。

（1）气候变化风险评估

藏北地区近 40 年,年平均气温和降雨量都有增高的趋势,气温的升高使草原的需水量增加,但降水增加量并不能解决水资源供需矛盾、也不能遏制草地退化。由于该地区冰川冻土面积大,气温升高还引起冰川后退和冻土层融化,内陆高原湖面上升(图 12.5)。在 1997 年 9 月至 2008 年 11 月,藏北普若岗日冰川冰舌退缩了 500 m 左右,其中 2004—2008 年,普若岗日冰川冰洞口退缩了约 50 m,从而改变了草地土壤水分状况并导致草地的全面退化。气候因素对藏北草地净初级生产力(NPP)的影响大小排序为:太阳总辐射>降水>温度,总体上区域气候变化对草地 NPP 的负面影响大于正面影响,气候变化引起的草原水供需矛盾会继续给藏北地区脆弱的生态系统带来不利影响。

（2）确定适应目标

那曲地区是全球许多重要天气系统的发源地和外来天气系统的改造场所,是长江、怒江、澜沧江的发源地。该地区自然条件极为严酷,生态系统脆弱,其生态与环境状况不仅对青藏高原有影响,而且对中国的江河、气候、生态、环境也有直接或是间接的影响。区域应对气候变化的主要目标是保护高寒草地生态与环境,对气候升温和冰川融水趋利避害,促进经济可持续发展。

---

① 属"十一五"国家科技支撑计划"典型脆弱区气候变化适应技术示范"课题工作内容,本部分由西藏那曲地区草原工作站和中国农业科学院农业环境与可持续发展研究所共同完成。

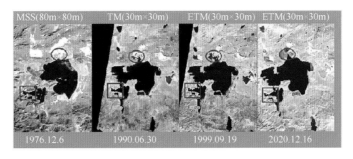

图 12.5 内陆高原湖面上升

（3）适应措施选择

近年来,藏北地区面临高寒草地退化和过度放牧的问题,亟需寻求在不减少牲畜饲养量的条件下,恢复天然植被,提高草地的载畜量,实现生态环境和农民生计改善的双赢目标。藏北生态屏障地区适应气候变化以藏北气候变化风险分析为基础,综合高原气象、草地、土壤、遥感等数据和当地社会经济水平,通过分析近期藏北高原气候变化特征,探讨了气候变化对高寒草原生态系统的影响,对不同适应措施进行野外试验观测和评价不同适应措施的成本效益。主要的适应措施包括:在水分管理适应措施方面,进行喷灌试验;在放牧管理适应措施方面,选取放牧试验;同时密切监测藏北高原内陆湖泊的变化情况、草地植被及土壤养分变化情况,尤其是适应措施对当地生态环境的影响。

草原水分管理的喷灌试验,喷灌方式为喷头喷灌和喷灌带喷灌两种,其中喷头之间的间隔距离为24 m,每个喷头的射程 12 m,喷灌直径是 24 m;喷灌带之间的间隔距离为 5 m,每条喷灌带的射程为2.5 m,每条喷灌带的长度是 100 m,喷灌带上面密布着毛细小孔,小孔之间的间隔距离为 0.5 cm。

放牧试验以 10 天为一个周期进行轮牧,选择的草地类型为高嵩草、矮嵩草草甸和紫花针茅草原,对照现有理论载畜量的 50%、100%、150% 的不同的放牧强度设置放牧小区。

（4）适应效果评估

经过草原喷灌试验,植被盖度由原来的 46.85% 提高到 83.23%,产草量由原来的 20 kg/亩提高到123 kg/亩,提高了近 6 倍;植物种类由原来的 32 种提高到 38 种;鼠害防治效果达到 95%。监测工作包括放牧变化对高寒矮嵩草草甸温室气体排放的影响、藏北地区草地退化的时空分布特征及趋势。经过三年的适应实践,初步确定那曲地区草地理论载畜量,为那曲草原资源可持续利用以及草原保护、建设与管理提供了基础数据。通过高寒草地喷灌和高寒草原放牧试验与示范,确定了不同的放牧形式和强度、灌溉管理措施的条件下,草地适应气候变化的能力,明确了藏北高寒草地对未来适应气候变化的技术需求,确定适应技术示范框架,为藏北草地适应气候变化提供了一定的理论依据。

12.4.3 沿海地区影响及适应对策[①]

海岸带是陆海相互作用的地带,是地圈、水圈、生物圈和大气圈相互作用最强烈的地带。中国的海岸带处在强烈的季风影响之下,是台风、强热带风暴频繁登陆的场所。气候变化会引起海平面上升,海洋灾害加剧,对沿海社会经济和自然生态系统带来影响。

（1）气候变化风险评估

受全球气候变暖、地壳运动等因素的综合影响,过去百年全球海平面上升 10~20 cm,上升速率为1~2 mm/a。中国沿海海平面近 50a 来总体呈上升趋势,平均上升速率约为 2.5 mm/a,略高于全球海平面上升速率。区域特征表现为南部沿海升幅明显高于北部;时间特征表现为 2 月份海平面偏低,4—6 月明显偏高。2008 年,中国沿海海平面为近十年最高,比常年和 2007 年分别高出 60 mm 和 14 mm,在气候变暖引起全球海平面上升的背景下,局地地面沉降和气候异常事件是造成 2008 年中国沿海海平面变化的主要原因(国家海洋局,2008)。

---

① 属"十一五"国家科技支撑计划"典型脆弱区气候变化适应技术示范"课题工作内容,案例由中国海洋大学、中国河海大学合作完成。

预计未来 30 a，中国沿海海平面将继续上升，比 2008 年升高 80～130 mm（表 12.6）。气候变化和海平面上升对海岸带的影响主要表现在增大沿海低地淹没的面积、增大海水入侵的距离、增强海岸侵蚀的强度和范围，使滨海湿地、红树林和珊瑚礁生态系统退化，影响沿海地区的城市防洪排涝系统，对中国沿海地区适应能力提出了严峻的挑战。

表 12.6　中国各海区未来 30 a 海平面变化

海区	未来 30 年预测（mm）
渤海	68～120
黄海	89～130
东海	87～140
南海	73～130
全海域	80～130

来源：国家海洋局，2008

（2）海平面影响预估方法

适应示范选择天津滨海新区作为研究区，以期对中国海岸带脆弱性进行评估。海平面变化趋势预估表明，天津沿海海平面将持续升高，未来 30 a，该地区沿海海平面将较 2008 年升高 76～150 mm（国家海洋局，2008）。为确定海平面上升对天津滨海新区的影响，首先需要建立科学的评估方法，得到相对科学的预估结果。科学方法主要包括构建海平面上升影响评价指标体系，并建立评估模型；建立评估区的社会、经济、土地、生态和防护设施基础信息数据集，以及沿海地带危险因子数据集；应用大比例尺地形数据和数字高程模型，结合土地功能区划，建立海岸脆弱性指数模型，构建基于 GIS 的海平面影响综合分析与评估系统；建立评估区的海平面时空变化四维动态指标体系和基础信息数据库；开发评估区三维地形处理模型；开发海平面变化与沿岸地区地形相对变化地理信息系统。

海平面上升影响评估体系由评价指标体系、数值模型、分析评估、GIS 分析演示模型和应对策略等分系统组成。评估系统按照评估类别分为土地、社会、经济、生态和抗灾 5 个子系统。每个系统又由数目不等的评估因子组成。评估系统、评估因子、影响数据集和评估指数结果共同构成了影响评价指标体系。数值模型主要有土地淹没模型、海岸脆弱性指数模型、综合评估模型等，主要对海平面变化的影响开展研究，最后利用 GIS 将高分辨率遥感数据、DEM 数据、矢量数据、海平面变化分析数据存储于一个或多个服务器上，实现客户端的远程访问及功能展示，对海平面影响综合分析，开发评估系统。最后设计海平面动态变化过程，以图形动画的形式进行模拟，计算每一帧海平面变化数据。以 ArcGIS 为平台，构建建筑物、桥梁、河流等关键设施的 3 维模型和场景，真实模拟海平面的变化过程。最终开发完成基于 3DGIS 的海平面变化四维动态模拟系统。

（3）天津滨海新区的适应对策

天津滨海新区是海平面上升影响脆弱区，海港物流区作为滨海新区规划的主要功能区，受海平面上升和风暴潮影响最为严重。根据海平面变化对沿海地区的综合影响，对天津滨海新区海平面影响脆弱区划进行的研究表明，随着海平面的上升，当前堤防设施的防御能力将逐渐下降，各种潮位对天津海岸带都有不同程度的影响。海平面上升后，只有不足二分之一的堤防设施能够抵御历史最高潮位和百年一遇的最高潮位。以 2030 年海平面上升预估高度和百年一遇高潮位为基准，在分别考虑现有堤防和不考虑现有堤防的情况下，对土地利用面积的影响比例分别为 19.1% 和 36.4%，对人口数量的影响分别为 10.74% 和 47.80%，对 GDP 的影响分别为 20.11% 和 39.24%（图 12.6）。为了贯彻中国政府把加快天津滨海新区开发开放纳入全国总体发展战略的实施，为减轻和防范海平面上升和地面沉降对天津滨海新区所带来的不利影响，滨海新区在制定发展规划时，建议充分考虑海平面上升和地面沉降等因素，采取以下参考措施来分散海平面上升的影响，做到统筹兼顾，均衡发展，力保天津滨海新区战略目标的实现。可采取的措施包括：加强海平面影响综合评价工作；控制地下水开采，兴修和完善水利设施；提高堤防工程设计标准，加强防护设施的建设、维护与监管；加强地区生态系统的恢复和重建，保护滨海生态资源,建立应对气候变化海平面上升的立体防御体系。

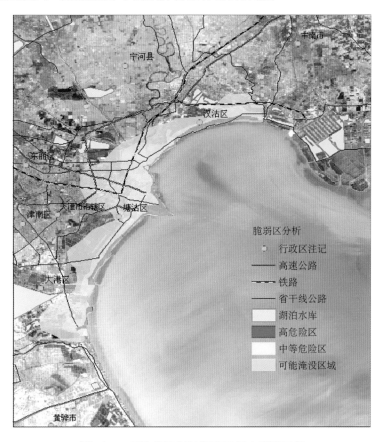

图 12.6　天津滨海新区海平面影响脆弱区划

12.4.4　卫生健康的适应能力建设[①]

全球气候变化将直接或间接影响许多传染病的传播,主要表现在改变虫媒的地区分布,增加虫媒繁殖速度与侵袭力,缩短病原体的外潜伏期。受气候变化影响较大的虫媒传染病包括疟疾、血吸虫病、登革热和其他虫媒病毒性疾病。中国国家和地方需要加紧制定疾病预防战略,减少气候变化对传染病传播的可能影响。由于气候变化对人体健康影响的研究起步较晚,因此本部分主要以血吸虫为例,以适应能力建设为主介绍人体健康方面的适应需求。

全球气候变暖对血吸虫病传播的影响,主要体现在对疾病传播的影响范围和影响程度两个方面。关于影响范围,中间宿主钉螺的分布范围与血吸虫病流行区及病人分布呈高度一致,且钉螺的分布范围主要与地理因素有关。血吸虫病在中国流行历史久远,对人类健康威胁较大。中国血吸虫病流行区分布于长江流域及其以南的湖北、湖南、江西、安徽、江苏、浙江、云南、四川、福建、广东、广西和上海等12 个省(区、市)中的 413 个市、县。流行区内累计钉螺感染者 1161 万人,受威胁人口达 1 亿多人。目前疫情较为严重的是长江中下游的湖区 5 省。已有研究表明中国血吸虫病的流行区北界线(33°15′N,江苏省宝应县)主要是受冬季钉螺不能在北方越冬而导致无法繁殖下一代的结果。

近百年来,全球平均气温在波动中逐步上升,特别是 20 世纪 80 年代以后,全球气候明显变暖,实测和试验资料表明,气温可影响血吸虫和钉螺的生长发育、繁殖和死亡,并可影响人群与疫水的接触情况。一般在气温低于 9℃时,血吸虫感染不会发生,但随气温升高感染几率增加,气温在 24~27℃时,血吸虫感染率最高。但气温到 39℃或以上时,钉螺死亡,血吸虫感染率下降。此外,钉螺分布还受到降雨量的影响。

---

①　本部分由中国疾病预防控制中心寄生虫病预防控制所完成。

目前，相关研究根据气候变化趋势和疫情分布区域，选择螺情和病情严重的江苏省高邮市、扬州市和湖北省江陵县，开展了气候变化对血吸虫病等媒传疾病流行和传播的监测工作，完成了气候变化对媒介传播疾病影响实情的确诊技术，初步分析了气候变化对中国血吸虫病等媒介传染性疾病传播危险性的空间格局变化的影响。模型预测，到 2050 年，由气候变化而增加的血吸虫病例数可高达 500 万（Zhou 等，2008；周晓农，2010）。

为最大程度降低气候变化对血吸虫病等媒传疾病的影响，保护人群健康，应积极寻求切实可行的适应性措施。未来气候变化背景下，为降低血吸虫病对人体健康的影响，建议的适应对策有：积极制定传染病防治战略，加强流行病学监测，控制和预防疾病传播；利用现场流行病学的疾病数据分析气候变化对媒介传染病分布区域的影响；调研气候变化对疾病流行影响，完成气候变化对中国血吸虫病的影响评估；开发气候变化影响评估工具，预测未来 10～50 a 中国血吸虫病的潜在变化，在高危地带设计适应技术，对其进行成本效果与效益评估；评价和进一步修改制定适应性措施，并进一步利用卫生经济学的分析方法，对适应性措施进行成本效果评估和敏感性分析。结合地方管理部门的疾病监测工作，把气候变化纳入媒介传染病管理防治行动计划和规划。

12.5　区域适应行动经验

12.5.1　宁夏的适应和可持续发展结合

气候变化改变降水分布的时空格局，近年来宁夏年降水量下降趋势较明显，极端天气与气候事件的频率和强度加强，气候变化加剧了宁夏生态系统的脆弱性，引起了当地水资源分布的变化，对宁夏农牧业产生较大影响（陈晓光等，2008）。

（1）适应和节水相结合

宁夏地区干旱少雨，近年来干旱出现的频率和强度增加。为了应对这种变化，宁夏统筹优化水资源配置，大力发展节水农业、加快节水改造，实行工农业水权转换，努力建设全国节水型社会示范省区。近 5 年来，宁夏农业生产在连年上台阶的情况下，累计实现减少黄河引水 40 亿 m^3，相当于国家分配给宁夏一年的黄河水使用量。作为中国水资源最匮乏的省份之一，宁夏采取了多种适应措施，具体包括改进人工增雨作业、建设淡水调蓄工程、发展节水农业等，通过合理使用有限的水资源，应对气候变化带来的影响，减轻对民生造成的不利影响（刘晓峰等，2009）。

人工增雨作业是在适宜的云水条件下，采用飞机、高炮、火箭人工播撒催化剂促进水汽和云水向降水转化。有关研究表明，若每年人工增雨量达到 10 亿～20 亿 m^3，黄河龙羊峡水库的入库流量可以增加 2 亿～4 亿 m^3，在一定程度上可以缓减当地用水紧张问题。另外水库对于调剂季节性或年际间降水余缺，充分利用水资源具有重要作用。为了适应宁夏夏季降水多，冬春雨雪少，降水年际变化大的实际情况，当地大力建设淡水调蓄工程，增加对黄河水的可调蓄能力。农业是宁夏地区的用水大户，气候变化增加了灌溉需水，发展节水农业也是宁夏地区适应气候变化行动的经验之一。当地根据宁夏春旱较重的特点，减少春播面积增加夏播面积，选用抗旱、耐旱的作物品种；改变传统的灌溉模式，在作物对水分最为敏感的关键需水期实施减次灌溉，推广节水的喷灌、滴灌技术；充分发挥肥水的耦合效应，综合使用磨耙滚压等多种保墒措施；在半干旱的南部山区，增加秋冬覆膜保水面积，保证春播正常的出苗率；在特别干旱的中部半荒漠地区，利用压砂保水技术，开发了优质西瓜种植，增加了农民收入（桂林国等，2008）。

（2）适应和发展建设相结合

宁夏适应气候变化和扶贫工作相结合，重点是多途径增加农民收入，消除贫困，坚持以人为本，切实解决中南部地区贫困问题。

宁夏大部分农户，不论是在灌区、旱地还是雨养区，都对异常气候对农业生产和自身生活的不利影响有切身体会。而不同地区的农民对上述变化反应并不完全一样。农户收入和教育程度相对较高的地区,由于种植业在农户收入中所占比例较小,这些农户对异常气候的适应能力相对较强,而对于收入和受教育程度较低的农户而言,其家庭收入的 50% 来自农业,异常的气候变化对这些农户的影响更大,而他们适应外部风险的能力更弱。

从 2001 年起,宁夏政府出台了"千村扶贫开发工程",在十年间,对全区 1026 个贫困行政村人均年收入在 1000 元以下的 107.24 万贫困人口进行重点扶持,同时,结合退耕还林还草工程,鼓励贫困户养羊种草,保证 8 年后山区的可持续发展和贫困农民的长远生计。同时,自 20 世纪 80 年代以来,宁夏对中南部地区贫困人口实施生态移民,累计搬迁人口 57 万,既缓解了迁出地的生态压力,也从根本上解决了贫困群众的生活和发展问题。总之,宁夏各级政府十分重视应对气候变化,把适应气候变化纳入了自治区"十一五"规划,各有关部门同心协力,对气候变化影响最脆弱的地区,不断提高适应能力,力争把气候变化的不利影响降到最低,并争取到可能的最好的发展机会。

近年来宁夏回族自治区立足于能源资源和消费结构以煤为主,并长期不会发生根本改变的事实,在适应气候变化的同时也加强了减缓行动力度,重点加强能源结构调整,推进新能源产业的发展,如开发太阳能光伏发电等,目前已走在世界前列。贺兰山、青铜峡、宁东等 10 个风电场风电装机达到 60 万 kW,到 2010 年可再生能源共减排温室气体约 483 万 t。另外,宁夏加强煤炭资源清洁高效利用,淘汰落后产能,宁东能源化工基地淘汰小炼铁、小煤焦、小水泥等落后产能共计 310.5 万 t,曾是中国空气污染十大城市之一的石嘴山市,进入中国环保先进城市的行列。

总之,宁夏回族自治区在区域扶贫、新能源开发、生态建设和保护等方面所作的努力既提高了自身应对气候变化的能力,也为其他地区积极适应气候变化提供了借鉴经验。

12.5.2 上海的适应和沿海区发展结合

沿海地区是中国人口稠密、经济活动最为活跃的地区,中国沿海地区大多地势低平,极易遭受因海平面上升带来的各种海洋灾害威胁。气候变化和海平面上升等问题影响沿海区域的可持续发展。

图 12.7　上海市受气候变化影响的脆弱区域图(红色部分)

上海市位于长江入海口,仅比海平面高出 4 m,夏季台风、风暴潮和江流暴涨都会形成巨大的洪水灾害,因此,上海市面临着严重的洪灾和海水入侵等风险。由于海平面不断上升,风暴潮日益增多,1800 万上海市民时刻受到洪水的威胁。但是最为脆弱的却是上海市约 300 万来自外地的暂住人口,这些人或生活在建筑工地附近的窝棚中,或生活在泛洪区,抵抗力极弱,时刻面临着巨大的灾害危险。上海市本着服务上海、服务长三角、服务长江流域和服务全国的理念,加强部门和区域间合作,将区域发展和宏观发展相结合,积极采取措施应对气候变化。

加强对海平面上升的监控并建立预警体系:针对沿海经济发达城市的水资源安全问题,上海市加强海洋和海岸带生态系统监测和保护,增设沿海和岛屿以及水源地的观测网点,建设新的观测系统,对气候变化可能对水资源的威胁进行监控,建立沿海潮灾预警和应急系统,加强预警基础保障能力,建立区域性海平面上升影响评价系统,提高灾害预警预防能力。利用 RS、GIS、GPS 集成技术,进一步强化海岸带综合管理,实现海岸带资源和环境的综合利用以及海岸带经济的可持续发展,以达到平衡和优化经济发展、公共利用、环境保护等各种社会需求的目标。

加强城市工程应对防范措施,保护水源水质:为科学防范和应对日益严峻的海水入侵,在沿海城市河流入口附近设立水闸,减缓河口海水倒灌和咸潮上溯引起的地表水和地下水的污染,以应对海平面上升带来的淡水咸化问题。黄浦江是上海市主要的饮用水来源,不仅受太湖源头蓝藻的影响,而且部分流域的水质还面临着二次污染的危险,有不少地方是四、五类水标准。为保护黄浦江水源地水质,当地有关部门在青浦大连湖附近建设了 1 km² 左右的生态渔业示范区,既可净化水质,又可确保鱼类产品的安全,对水质不会造成污染。此外,咸水入侵问题也影响到城市供水,为控制盐水入侵的强度,适应借鉴了黄河流域水资源综合管理方法,在枯水季节综合管理流域内的取水行为,保障大通站标位在临界值之上(国家海洋信息中心,2008)。另外,在近海工程项目建设和经济开发活动中,充分考虑海平面上升的影响,特别是在防潮堤坝、沿海公路、港口和海岸工程的设计过程中,将海平面上升作为一种重要影响因素来加以考虑,修改相关规范,提高其设计标准。

加强科学研究,进行河口功能区划:气候变暖所带来的海平面上升等问题影响到长江河口陆海相互作用的关键界面,进而影响到长江口深水航道的通畅,对河口的大型水利工程也产生不利影响。加之航道最初设计时,岛堤的走向有明显拐点,航道内泥沙淤积的问题日渐突显。针对以前疏浚土处理直接入海、工程量大和土地资源浪费的弊端,上海市减轻泥沙回淤,调整长江口深水航道走向,积极探讨如何合理利用疏浚土,并在横沙岛东部堆积建设新的陆地,而利用疏浚土堆积成的新陆地,不仅可以作为国际通行的环境补偿措施,而且还可保持滩涂湿地的景观和功能,并可以修复和重建当地的自然生态系统,为长江河口的保护提供了实证依据。

提高区域气象服务能力,强化应对气候变化工作:上海市气象部门认真落实《中国应对气候变化国家方案》,提出了应对气候变化二十四字方针,即“应对需求、科研先行、学科融合、区域联动、融入地方、强化服务”。作为长三角龙头,上海制定了完善的应对气候变化的制度和措施,增加了气象部门科技投入,提升了科研实力,更好地发挥了上海区域气象中心在长三角地区十六城市的牵头作用。上海市联合长三角区域内各省市气象局共同编制《区域气候变化及其对区域经济社会发展影响和对策》报告,开展了气候变化及极端天气气候事件影响评估预估,为上海及整个长三角地区应对气候变化和海平面上升提供了科学支持。

加强公众共同应对气候变化的意识:上海市以世博会为契机,提倡“生态世博”的可持续发展理念,呼吁参观者从身边小事做起,节能减排,共同应对气候变化。上海世博会世界气象馆专门设置了“气候变化云廊”,模拟未来气候变化可能带来的灾难,以“全球气候变化与城市的责任”为主线,参观者可以详细了解到全球气候变化给城市发展、人民生活带来的巨大影响和危害,通过模拟未来气候变化可能导致的灾难,给参观者以切身感受和认知,从而提高全民的气候变化意识,共同应对气候变化的影响。

12.5.3　广东的适应和防灾减灾相结合

广东省濒临南海,气候条件和地貌构造复杂,受全球气候变暖的影响,近年来广东地区与气候变化有关的自然灾害发生频率变快、强度加大、突发性增强,主要表现为旱涝严重,极端气候事件频发,经济损失显著增加(朱福暖等,2007)。如台风强度增强,破坏性加大;风暴潮灾害加重,防御难度加大;水资源供需矛盾加剧,由于降水量小、江河水位低、流量小,以致海水倒灌等等。2005 年,珠江三角洲遭遇了20 年来最严重的咸潮灾害,不得不实施压咸补淡应急调水,珠江流域第一次大规模远程跨省区调水,代价高昂。

气候变暖造成灰霾天气增多,高温日数增加,高温、热浪愈发频繁。对气候敏感的传染性疾病(心血管病、疟疾、登革热和中暑等)发生的程度和传播范围增加。城市供水将更加紧张,城市用电供需矛盾加剧。珠江口及沿海城镇面临着海平面升高带来的更直接的威胁。广东省把应对气候变化和防灾减灾相结合,降低气候变化带来的不利影响。主要采取的行动措施包括如下几个方面:

(1)制定应对气候变化的宏观战略。2007年9月,广东省发展改革委员会正式启动了《广东省应对气候变化行动计划》编制工作。广东省人大常委会将《应对气候变化,加强气象防灾减灾能力建设情况》列于2009年监督工作计划。2009年7月,广东省人民政府向省人大常委会呈报了《关于应对气候变化,加强气象防灾减灾能力建设情况的报告》。广东省防灾减灾"十一五"投资580多亿元,加强灾害监测、灾害预警、应急保障等;广东省在水资源综合利用方面,"十一五"期间投资1000多亿元,加强水资源配置、水资源保护、节约用水等;此外,全省还出台了广东省海洋环境保护规划、广东湿地保护工程规划、广东省红树林保护和发展规划、广东湿地保护条例等,至2030年,预期全省湿地类型自然保护区将达到199个,保护面积达118.24万hm²,红树林面积恢复至3.7万hm²。

(2)加强基础设施建设,全面提高海岸带和农业抗灾能力。至2005年底,广东省共建成水库6732座,水闸5927座;江海堤围1.63万km,其中防护面积达666.7hm²以上;江海堤围364条,堤长6763km,初步建成了具备一定防洪防潮能力的堤库结合防洪体系。不断加强病虫灾害防御能力,加强监测预警、重大病虫应急防治、植物检疫防疫和农药安全保障体系建设,加强危险性有害生物的防疫和控制,确保农作物生产安全,避免其对农业生产造成重大损失。积极做好农业生物灾害的预测预报和防治工作,据统计,2005年全省农作物病虫草鼠螺防治面积约1700万hm²,挽回产量损失424万t。

(3)积极构建气候信息系统,提升气象观测预报能力。初步建成了水、雨情信息采集和通信、洪水预报及调度系统;积极开展三防指挥系统项目建设,已建立水文气象监测网、北江水情遥测系统、水情信息会商系统、水情预报业务系统和大中型水库洪水调度系统,实现了水情、雨情实时查询和洪水预报作业模型化,提高了报汛的准确性、及时性以及汛情处置效率,全省防洪能力进一步提高。气象观测信息系统初具规模,目前,气象高速通信网络已覆盖全省,天气气候数值预报模式体系初步形成,天气预报水平极大提高。

(4)加强气候变化科学的宣传,提高公众参与意识。编写适合不同群体的气候变化宣讲材料,组织有关专家做专题报告;开展公众气候变化意识问卷调查;利用各种媒介,开设气候变化科普专栏、举办专题节目,广泛宣传气候变化有关知识;利用3.23世界气象日、中国防震减灾日等活动,增强全民应对气候变化的意识,促进各利益相关者的参与。

总之,广东省将气候变化和防灾减灾相结合,在社会经济发展规划中统筹考虑应对气候变化问题,建立并完善应急机制,提高气象灾害综合应对能力,降低灾害经济威胁,化解灾害社会矛盾。引导公众可持续的消费方式,加大媒体宣传力度,提高公众的气候保护意识,建立气候变化领域科技支撑体系,采取措施适应气候变化,积极促进社会、自然的和谐发展。

12.6 中国的适应行动战略

中国是一个发展中国家,人口众多、经济发展水平低、气候条件复杂、生态环境脆弱,极易受气候变化的不利影响。气候变化对中国自然生态系统和经济社会发展带来了现实的威胁,主要体现在农牧业、林业、自然生态系统、水资源、人体健康等领域以及沿海脆弱地区,适应气候变化已成为中国的迫切任务。同时,中国正处于经济快速发展阶段,面临着发展经济、消除贫困和减缓温室气体排放的多重压力,应对气候变化的形势严峻,任务繁重(胡鞍钢等,2008)。

12.6.1 中国适应行动努力

中国高度重视气候变化的适应工作,在适应政策和战略、适应行动等方面开展了大量卓有成效的行动。目前,中国政府成立了共有20个部委组成的国家应对气候变化领导小组,在研究、制定和协调有关气候变化的政策和计划领域开展了多方面的工作，为各部门和地方政府应对气候变化问题提供了指导。

2004 年，中国政府向《联合国气候变化框架公约》缔约方大会提交了《中华人民共和国气候变化初始国家信息通报》，其中"气候变化的影响与适应"作为其中主要部分介绍了中国气候变化影响研究的成果，以及为适应气候变化已经和将要采取的措施；2007 年，中国发布了《气候变化国家评估报告》，颁布了《中国应对气候变化国家方案》（以下简称《国家方案》），提出了依靠科技进步和科技创新应对气候变化的原则，明确了到 2010 年适应气候变化的重点领域和增强适应气候变化能力的目标；为了对《国家方案》的实施提供科技支撑，全面提高国家应对气候变化的科技能力，科技部联合有关部门制定了《中国应对气候变化科技专项行动》，提出了中国应对气候变化科技工作在"十一五"期间的阶段性目标和到 2020 年的远期目标，其中对适应气候变化的技术和措施进行重点部署，明确提出到 2020 年"重点行业和典型脆弱区适应气候变化的能力明显增强"；2008 年发布了《中国应对气候变化的政策与行动》白皮书；2010 年 11 月 23 日，国家发展和改革委员会发布《中国应对气候变化的政策与行动——2010 年度报告》；2009 年 10 月 22 日在联合国峰会上，胡锦涛主席发表了《携手应对气候变化挑战》的讲话，点明应对全球气候变化问题的重要性和紧迫性，郑重宣布中国应对气候变化的政策、措施和行动。

中国各级政府也积极致力于应对全球气候变化，到目前为止，全国已有 30 个省（区、市）制订了应对气候变化的政策方案，并且把应对气候变化纳入了社会经济发展的规划中，积极围绕《中国应对气候变化国家方案》，通过各种途径应对气候变暖所带来的不利影响，在农业、生态系统等重点领域和全国各大区域适应气候变化方面取得显著成效，为推动全球应对气候变化做出积极贡献。

中国是一个发展中的大国，尽管中国在应对气候变化方面取得了很大的成就，但中国的现实状况使中国在适应领域面临巨大困难。中国始终积极致力于为国际社会适应行动做出贡献，正如胡锦涛主席在联合国气候变化峰会上的讲话，"中国从对本国人民和世界人民负责任的高度，充分认识到应对气候变化的重要性和紧迫性，已经并将继续坚定不移为应对气候变化做出切实努力，并向其他发展中国家提供力所能及的帮助，继续支持小岛屿国家、最不发达国家、内陆国家、非洲国家提高适应气候变化能力"。

专栏 12.3 中国积极向发展中国家提供援助

2006 年以来，中国扩大了对非洲援助规模，向非洲提供优惠贷款和优惠出口卖方信贷，设立中非发展基金支持中国企业到非洲投资，免除同中国有外交关系的所有非洲重债穷国和最不发达国家截至 2005 年底到期的政府无息贷款债务，把同中国有外交关系的非洲最不发达国家输华商品零关税待遇受惠商品由 190 个税目扩大到 440 多个，在非洲国家建立经济贸易合作区，为非洲培训各类人才、派遣技术专家、援建医院和学校建设等。

2009 年，中国政府再次宣布促进中非合作新举措，包括在气象卫星监测、新能源开发利用、沙漠化防治、城市环境保护等领域加强合作，为非洲援建太阳能、沼气、小水电等 100 个清洁能源项目；加强科技合作，实施 100 个中非联合科技研究示范项目；向非洲国家提供 100 亿美元优惠性贷款，增强非洲融资能力；对非洲与中国有邦交的重债穷国和最不发达国家免除截至 2009 年底对华到期未还的政府无息贷款债务；逐步给予非洲与中国建交的最不发达国家 95% 的产品免关税待遇，2010 年年内首先对 60% 的产品实施免关税；进一步加强农业合作，援建农业示范中心，派遣农业技术专家，培训农业技术人员，提高非洲实现粮食安全能力等。

中国还对南太平洋、加勒比等地区小岛屿国家提供了支持与帮助，包括进一步扩大双边贸易，对基础设施、航空运输、通信和城市改造等领域的项目提供人民币优惠贷款，对原产于萨摩亚、瓦努阿图的 278 个税目商品实施零关税待遇，免除部分国家的到期债务等。

12.6.2 中国的适应政策与行动

全球变化及其对自然和社会系统的影响已经被认识到和观测到，如冰川退缩、多年冻土退化、中高纬度地区生长季延长等。为避免气候变化对中国可持续发展的影响,中国在农业、森林生态系统、水资源领域,以及海岸带及沿海地区等开展了积极的适应气候变化的政策和行动,取得了初步成效。

(1)农业与粮食安全

国家制定并实施《农业法》、《草原法》、《渔业法》、《土地管理法》、《突发重大动物疫情应急条例》、《草原防火条例》、《中华人民共和国抗旱条例》和《水生生物增殖放流管理规定》等法律法规。2008年修订完善了《草原防火条例》,实施《保护性耕作工程建设规划(2009—2015)》,努力建立和完善农业领域适应气候变化的政策法规体系。加强农业基础设施建设,开展了农田水利基本建设,扩大农业灌溉面积、提高灌溉效率和农田整体排灌能力,推广旱作节水技术,增强农业防灾、抗灾、减灾和综合生产能力。实施"种子工程",培育产量高、品质优良的抗旱、抗涝、抗高温、抗病虫害等抗逆品种。2008年中国保护性耕作实施面积4000万亩,节省灌溉用水17亿~25亿 m^3,提高了土壤肥力和抗旱节水能力。到2008年年底,中国建成50个优势农产品的产业体系,提升了农业科技创新和适应气候变化的能力。

中国将进一步加大优良品种推广力度,提高良种覆盖度,通过调整种植日期和作物品种、作物布局、改善土地管理等适应气候变化。同时,通过植树活动控制水土流失和加强土壤保护,通过政策调研、体制改革、土地使用权改革、能力建设、农业保险等措施降低气候变化的不利影响,增加适应的能力和力度。此外,加强草原牧业管理,开展草原退牧还草、草场围栏、人工草场建设等措施,提高草场的生产力,并加强草原防火基础设施建设,保护和改善草原生态环境。在水产方面,开展水生生物养护行动,保护水生生物资源和水生生态环境(国家发展和改革委员会,2009)。

(2)森林等自然生态系统

中国通过制定并实施《森林法》、《野生动物保护法》、《水土保持法》、《防沙治沙法》和《退耕还林条例》、《森林防火条例》、《森林病虫害防治条例》等相关法律法规,努力保护森林和其他自然生态系统。近几年来国家正在积极制定自然保护区、湿地、天然林保护等相关法律法规,修订了《森林防火条例》,编制了《应对气候变化林业行动计划》和《国家湿地公园管理办法》推动全面实施全国生态环境建设和保护规划。

同时,中国将进一步加强林地、林木、野生动植物资源保护管理,继续推进天然林保护、退耕还林还草、野生动植物自然保护区、湿地保护工程,推进森林可持续经营和管理,开展水土保持生态建设,建立健全国家森林资源与生态状况综合监测体系。完善和强化森林火灾、病虫害评估体系和应急预案以及专业队伍建设,实施全国森林防火、病虫害防治中长期规划,提高森林火灾、病虫害的预防和控制能力。改善、恢复和扩大物种种群和栖息地,加强对濒危物种及其赖以生存的生态系统保护。加强生态脆弱区域、生态系统功能的恢复与重建。截至2008年底,中国已确权到户的林地面积12.7亿亩,占集体林地的50%;实施了近100个湿地保护和恢复工程;林业自然保护区达到2006处,面积18.4亿亩,占国土面积12.8%。

专栏12.4 《应对气候变化林业行动计划》

2009年11月,国家林业局发布《应对气候变化林业行动计划》。包括三个阶段性目标和22项主要行动。其中三个目标和七项适应气候变化的行动如下:

三个阶段性目标:到2010年,年均造林育林面积400万公顷以上,全国森林覆盖率达到20%,森林蓄积量达到132亿立方米,全国森林碳汇能力得到较大增长;到2020年,年均造林育林面积500万公顷以上,全国森林覆盖率增加到23%,森林蓄积量达到140亿立方米,森林碳汇能力得到进一步提高;到2050年,比2020年净增森林面积4700万公顷,森林覆盖率达到并稳定在26%以上,森林碳汇能力保持相对稳定。

林业适应气候变化的七项行动:提高人工林生态系统的适应性;建立典型森林物种自然保护区;加大重点物种保护力度;提高野生动物疫源疫病监测预警能力;加强荒漠化地区的植被保护;加强湿地保护的基础工作;建立和完善湿地自然保护区网络。

（3）水文水资源

中国制定并实施《水法》、《防洪法》、《河道管理条例》和《取水许可管理办法》等法律法规，编制完成了全国重要江河流域的防洪规划等水利规划，初步建立了适合国情的水利政策法规体系和水利规划体系，初步建成了大江大河流域防洪减灾体系、水资源合理配置体系和水资源保护体系。同时，大力推进水土流失综合治理，截至 2008 年底，中国累计初步治理水土面积约 101.6 万 km²，有效保护水土资源，改善了生态环境；中国水利工程年供水能力达到 7000 多亿 m³，中等干旱年份基本可以保障城乡用水需求；建成各类水库 8.6 万多座，总库容达 6924 亿 m³；建成江河堤防 28.69 万 km，海堤 13 万多 km。目前，中国大江大河主要河段基本具备了防御新中国成立以来发生的最大洪水的能力，重点海堤设防标准提高到 50 年一遇。

中国将加快全国水资源综合规划、流域综合规划等规划的编制工作，制订主要江河流域水量分配方案，加快实施南水北调等跨流域调水工程，优化水资源配置格局，提高特殊干旱情况下应急供水保障能力。加强水资源统一管理和统一调度，建立国家初始水权分配制度、水权转让制度以及水资源节约和保护制度。加强大江大河防洪工程建设和山洪灾害防治体系建设，基本建成以水库、河道、堤防、蓄滞洪区为主的大江大河防洪减灾工程体系和以管理措施为主的山洪灾害防治体系，进一步完善国家防汛抗旱指挥系统，建立洪水风险管理制度，提高抵御洪涝灾害的能力。对于生态严重恶化的流域，实施地下水限采，努力控制地下水超采，采取积极措施予以修复和保护。进一步加强气候变化对中国水资源的影响研究，加强大气水、地表水、土壤水和地下水的转化机制和优化配置技术研究，加强污水再生利用技术、海水淡化技术的研究，并积极促进技术的开发与推广。

（4）近海与海岸带环境

近年来中国相关部门制订了《海洋环境保护法》、《海域使用管理法》、《海气相互作用业务体系发展规划（纲要）》；建立了海洋领域应对气候变化业务工作体制；编制了《海岸保护与利用规划》、《海平面变化影响调查评估工作方案》和《海洋领域应对气候变化观测（监测）能力建设》项目建议书。国家确定了海洋领域应对气候变化业务体系的建设目标和内容，建立了综合管理的决策机制和协调机制，努力减缓与适应气候变化的不利影响。加强海岸带和沿海地区适应气候变化的能力建设，开展了海气相互作用调查研究，深化海气相互作用的认识，初步建成海洋环境立体化观测网络，提高了海洋灾害防御能力。

中国将进一步建立健全海洋灾害应急预案体系和响应机制，全面提高沿海地区防御海洋灾害能力。建设完善海洋领域应对气候变化观测和服务网络，开展海洋领域对气候变化的分析评估和预测研究。建立海平面监测预测分析评估系统，进一步做好海平面变化分析评估和影响评价。提高近海和海岸带生态系统抵御和适应气候变化的能力，推进海洋生态系统的保护和恢复技术研发以及推广力度，强化海洋保护区的建设与管理。开展沿海湿地和海洋生态环境修复工作，建立典型海洋生态恢复示范区，大力营造沿海防护林等。加强海岸带管理，提高沿海城市和重大工程设施的防护标准，控制沿海地区地下水超采和地面沉降，采取陆地河流与水库调水、以淡压咸等措施，应对河口海水倒灌和咸潮上溯。

（5）其他领域

陆地环境：国家制定颁布的《水土保持法》、《水法》、《城乡规划法》、《土地管理法》、《土地利用总体规划编制审查办法》、《水土保持方案报告审批表》、《水土保持方案许可证》、《水土保持法》和《土地例行督察工作规范（试行）》等相关法律法规，对土地利用与覆盖变化、水土流失、沙漠化与沙尘暴、石漠化、滑坡与泥石流等对气候变化的响应敏感的陆地地表过程的治理恢复具有相当大的作用。在应对气候变化方面，中国将进一步加强科学布局和土地利用规划，把握气候变化对土地利用方式的影响，及时调整土地利用政策和种植结构，积极改善农业基础设施。提高宏观管理水平，建立健全土地利用变化和气候变化影响的监测系统，提高决策和预警能力。

在水土流失、沙漠化和石漠化等方面，中国要加强土地利用的科学规划，综合治理。加强水土保持基础科学研究，建立生态补偿机制，保护生态环境、解决区域之间或经济社会主体之间利益均衡问题。

加大投入力度,提高投资效益,改革投资体制,多渠道、多层次、多方位筹措资金,调动农民的积极性。调整土地利用结构,合理配置农林牧生产比例。加强植被的保护、恢复与重建。控制家畜数量,减轻草地压力,控制人口增长,减轻人口对资源环境的压力。加强生态修复工程、水土资源保护与高效利用工程、农村能源工程建设,开展不同土地石漠化类型区生态环境治理与产业发展示范。

在土地利用和环境保护方面,中国已取得阶段性成果。2008 年,建设草原围栏 522.8 万 hm^2,开展石漠化治理 2.7 万 hm^2,对严重退化草原实施补播 156.9 万 hm^2,治理退化草原 23.6 万 hm^2。截至 2008 年年底,全国累计治理水土流失面积 101.6 万 km^2,年均减少土壤侵蚀量达 15 亿 t 以上,增加蓄水能力 250 多亿 m^3,实施封育保护面积 70 万 km^2,其中 39 万 km^2 的生态环境得到修复(国家发展改革委员会,2009)。

冰冻圈:目前中国还未针对保护冰冻圈、控制人为活动影响冰冻圈做出专门的政策规范,但自 1979 年以来制定的各项环境资源类法律,从整体上形成了对冰冻圈的保护,有利于控制人类活动对冰冻圈的负面影响。

防灾减灾:中国加强了对极端天气候事件的监测预警能力建设,基本建立了相应的气象及其衍生和次生灾害应急处置机制。制订了气候系统观测实施方案,初步建立强台风和区域性暴雨洪涝等极端天气气候事件的防御机制。初步建立起气候与气候系统观测、陆地生态系统通量观测网络等大型观测体系,加强了气候变化的技术研究,在灾害性天气预警技术、海洋生态和环境保护技术等方面取得了积极进展,为适应气候变化提供了科技支撑(国务院,2008)。

人体健康:中国政府继续推进《国家环境与健康行动计划(2007—2015 年)》的实施,通过改善环境与健康管理,提高适应气候变化能力。卫生及相关部门以适应气候变化保护公众健康为重点,推进国家级和省级环境卫生管理与应对气候变化制度建设;组建了自然灾害卫生应急工作领导小组,加强部门协作,完善自然灾害卫生应急预案体系,全面提升极端气候事件引发的公共卫生问题的应对能力。组织开展了一系列气候变化与健康影响相关研究,进一步加强了对不明原因肺炎、人感染高致病性禽流感等与气候因素相关传染病的监测和防控能力。针对气候变化可能导致血吸虫等流行病疫区的扩大,国家将进一步加强监测、监控网络,建立和完善健康保障体系。

重大工程:中国相关部门在重大工程的设计、建设和运行中考虑气候变化的因素,相应制定新的标准,以适应未来气候变化的影响。目前,中国在三峡工程、南水北调工程、长江口整治工程、西气东输、中俄输油管线、青藏高原铁路等重大工程项目中已经考虑到了气候变化的可能影响。例如,受气候变暖影响,近 10 年来,青藏铁路沿线多年冻土已经发生了明显的变化,1996—2004 年,青藏铁路沿线活动层厚度增加了约 4~88 cm,平均增加了 46 cm;气候变暖导致多年冻土热状态和空间分布的变化。青藏铁路在修建过程中考虑到气候变化的可能影响,采用调控热导工程措施、调控辐射工程措施、调控对流工程措施和综合调控措施来应对气候变暖对铁路沿线多年冻土层的影响,效果显著。

12.6.3　适应行动挑战和科学问题

适应气候变化问题不仅是自然科学问题,而且也是社会科学问题,涉及政策、环境和经济等多个环节。中国在适应气候变化方面,制订了完整的适应框架,并在农业、水资源和生态系统等领域得到了成功的验证,但由于适应气候变化本身的复杂性和中国自身的社会经济自然现状,中国在适应气候变化仍然存在很多问题,适应气候变化面临诸多的困难。

中国正处于工业化阶段,但是已经不具备发达国家崛起时的资源与环境条件。中国气候条件差,自然灾害严重,生态环境脆弱,经济发展水平区域间极不均衡,适应气候变化的能力较低且区域差异明显。适应气候变化的基础研究相对薄弱,且中国正处在高速发展的城市化、市场化、工业化进程中,诸多领域面临挑战,应对气候变化公众意识还有待提高和加强。目前,中国还没有完成现代化目标就面临着国际上温室气体减排的压力,这无疑是一个前所未有的巨大的双重挑战:既实现发展,同时又不能像西方发达国家那样长期消耗与其人口不成比例的资源与环境容量来实现增长。

适应气候变化过程中,中国还有诸多的科学问题亟待解决。首先,辨识导致气候变化的各要素动态过程及其形成原因。从本质上来讲，气候变化通过其变化的速率、强度与频率影响社会，环境和经济。气候变化研究必须识别出资源与环境要素的变化及其动态过程，分析其变化特征，确定气候变化对各系统及个体影响的临界值及所可能影响的区域和领域，认识自然和人为因素在气候变化中所占的份额，识别在特定的自然社会经济条件下各领域、各层面等存在的气候风险，并进行科学评估，确定适应目标。

其次，分析评价气候变化影响与人类社会脆弱性相互作用的机制与结果。气候变化的影响是气候变化的危害性与人类社会的脆弱性相互作用的结果，因此，气候变化影响的结果不仅与气候变化本身有关，而且与人类社会的脆弱性密切相关。人类适应气候变化的能力会受到社会、环境、经济等各方面因素的限制，在一定的社会经济水平下，人类可适应的气候变化阈值（人类适应能力的极限）水平如何确定等问题，都需要科学的认知和确定（葛全胜等，2004）。

再者，客观认识人类社会对气候变化的适应过程与行为。人类社会认知气候变化影响的方式与过程的确认，是适应气候变化决策过程与适应方式选择的关键因素。适应措施取舍的原则以及人类适应气候变化影响的时滞性产生的原因及其后果探究，都是适应研究中尚未探明的问题。任何适应行为的选择，均应建立在能够正确判断这种措施成本效益的基础之上。对适应效果的评价，不仅要考虑经济效益，也要考虑生态和社会效益，另外也要考虑到政治因素，因此适应效果的综合评估依然有待发展和深入。

12.6.4 中国适应发展战略

适应气候变化的目的是确保人民的生计、公共和私营企业、资产、社区、基础设施以及经济对气候变化的应对能力。国内外已经积极开展了全球气候变化的相关研究，为应对气候变化提供理论依据。从国际动向看，全球变化的影响与适应研究不仅将成为今后一个时期内科学研究的重点，而且会成为国际社会关注的焦点。

适应气候变化是一个长期的过程而不是一次性的行动。不断变化的气候要求社会和个体调整他们的行为方式，以适应气候变化和极端气候事件的影响（Ju等，2008）。作为发展中国家，中国将以科学理论为指导，加强应对气候变化能力建设。

（1）落实重点领域和区域的适应行动。中国在适应气候变化的探索中，农业、水资源、自然生态系统等部门在不同地区均进行了成功的适应气候变化尝试，这些典型案例对中国进一步全面落实重点区域和重点领域的适应行动都具有重要的指导意义。今后要全面实施部门和省级应对气候变化方案，继续组织实施退耕还林还草、提高农业灌溉用水利用效率、推进草地改良、沙化治理、天然林资源保护等项目建设，继续落实应对气候变化国家方案。

（2）把适应气候变化纳入到社会经济的发展规划中。气候变化将对中国的资源和生态环境系统产生不容忽视的影响，特别是对农业、牧业、渔业和林业等敏感的经济部门，以及水资源、海岸带和各类生态系统等，这些影响的研究结论比较清楚，但其中仍存在大量的不确定性。应该在现有认识的基础上，选择有利于应对气候变化影响和有利于促进经济发展与社会进步的"无悔对策和措施"，并将实施问题纳入到国家经济建设和社会发展长远规划中去，以便未雨绸缪、趋利避害，确保中国社会经济可持续地、健康地发展。

（3）增强适应气候变化的综合能力。通过加强农田基本建设、调整种植制度、选育抗逆品种、开发生物技术等适应性措施，进一步增强农业领域适应气候变化的能力；通过加强天然林资源保护和自然保护区的监管、继续开展生态保护重点工程建设、建立重要生态功能区等措施，保护典型森林生态系统和国家重点野生动植物，治理荒漠化土地，有效改善森林生态系统的适应能力；通过合理开发和优化配置水资源、推行节水措施、提高农田抗旱标准等措施，降低水资源系统对气候变化的脆弱性；通过加强对海平面变化趋势的科学监测、加大对海岸带生态系统的监管、建设沿海防护林体系等措施，使沿海地区抵御气候灾害的能力得到明显提高。

（4）进一步提高气候变化公众意识。提高各级决策者对气候变化问题的认识，逐步提升气候变化意识的行动能力;建立公众广泛参与的激励机制,充分发挥公众监督作用;积极发挥民间社会团体和非政府组织的作用,促进社会各界参与气候变化的适应行动。

(5)加强科学创新和技术创新。技术创新是解决气候变化问题的最终途径,必须加大宏观管理、政策引导、组织协调和投入力度,加强应对气候变化基础研究,增强科学判断能力。加快应对气候变化领域重大技术创新,特别是节能和提高能效、气候风险预测预警、适应技术等的研发和推广,加强碳捕获及其封存、敏感领域适应技术体系等的研发和推广,注重相关领域先进技术的引进、消化、吸收和再创新。

(6)加强气候变化国际领域的合作。要加强双边和多边的国际合作研究,鼓励和支持中国科学家积极参与国际地圈－生物圈研究计划(IGBP)、世界气候研究计划(WCRP)和国际环境变化的人类因素计划(IHDP)等大型国际全球变化研究计划,在各种国际科学研究计划或活动中发挥更大作用,为解决全球气候变化的基础性科学问题贡献力量;要采取有力措施,进一步组织和支持中国科学家广泛参与政府间气候变化专门委员会科学评估活动,以增进中外学术交流,增强研究能力,提高支持中国参与气候变化的能力和水平。在参与气候变化领域的国际活动中,继续强调要求发达国家根据气候公约和京都议定书的规定,向发展中国家提供资金、技术方面的援助,帮助发展中国家加强适应气候变化的能力建设,以便发展中国家能更好地应对气候变化的影响。

参考文献

陈楠,许吟隆,陈晓光,等.2008.PRECIS 模式对宁夏气候模拟能力的初步验证.气象科学,**28**(1):94-99.

陈晓光,ConwayD,郑广芬,等.2008.1961—2004 年宁夏极端气温变化趋势分析.气候变化研究进展,**4**(2):73-77.

丁一汇.2008.人类活动与全球气候变化及其对水资源的影响.中国水利,**2**:20-27.

高峰,孙成权,曲建升.2001.全球气候变化研究的新认识——IPCC 第三次气候评价报告第一工作组报告概要.地球科学进展,(3):441-445.

葛全胜,陈泮勤,方修琦,等.2004.全球变化的区域适应研究:挑战与研究对策.地球科学进展,**19**(4):516-524.

桂林国,王天宁.2008.适应气候变化规律发展旱作避灾农业.宁夏农林科技,**5**:39-40.

国家发展和改革委员会.2009.《中国应对气候变化的政策与行动——2009 年度报告》.

国家发展和改革委员会.2007.中国应对气候变化国家方案.

国家海洋局.2008.中国海平面公报.北京:海洋出版社.

国家海洋信息中心.2008.气候变化与海平面上升动态.北京:海洋出版社.

国家林业局.2009.《应对气候变化林业行动计划》.

国家统计局农村社会经济调查局.2006.中国农村贫困监测报告(2006).北京:中国统计出版社.

国务院.2008.《中国应对气候变化的政策与行动》白皮书.

胡鞍钢,管清友.2008.中国应对气候变化的四大可行性.清华大学学报,**6**(23):15-17.

胡锦涛.2009.携手应对气候变化挑战——在联合国气候变化峰会开幕式上的讲话.2009 年 9 月 22 日.

胡汝骥,姜逢清.2002.新疆气候由暖干向暖湿转变的信号及影响.干旱区地理,**3**:194-200.

华强森,尤茅庭,王三强,等.2009.粮仓变旱地? 华北、东北地区抗旱措施的经济影响评估.麦肯锡气候变化.麦肯锡公司咨询报告.2009-11.

纪瑞鹏,班显秀,张淑杰.2003.辽宁省冬小麦北移热量资源分析及区划.农业现代化研究,**24**(4):264-266.

姜逢清,胡汝骥.2004.近 50 年来新疆气候变化与洪、旱灾害扩大化.中国沙漠,**24**(1):42-46.

解振华.2008.在《联合国气候变化框架公约》第十四次缔约方会议暨《京都议定书》第四次缔约会议上的讲话.中国国家发展和改革委员会,2008 年 12 月 11 日,波兹南.

居辉,陈晓光,王涛明,等.2011.气候变化适应行动实施框架——宁夏农业案例实践.气象与环境学报,**27**(1):58-64.

居辉,李玉娥,许吟隆,等.2010.气候变化适应行动实施框架.气象与环境学报,**26**(6):55-59.

李凤琴.2008.气候变暖对建设宁夏现代农业的影响及对策.科技资讯,**17**:123.

李玉娥,李高.2007.气候变化影响与适应问题的谈判进展.气候变化研究进展,(5):303-306.

林而达,许吟隆,蒋金荷,等.2006.气候变化国家评估报告(Ⅱ):气候变化的影响与适应.气候变化研究进展,**2**(2):

51-56.

刘文泉，王馥棠.2002.黄土高原地区农业生产对气候变化的脆弱性分析.南京气象学报，25(5):620-624.

刘晓峰，雷晓萍.2009.宁夏旱作农业制约因素及发展对策.宁夏农林科技，1:46-48.

潘华盛，张桂华，祖世亨.2002.气候变暖对黑龙江省水稻发展的影响及其对策的研究.黑龙江气象，(4):7-18.

气候变化国家评估报告编写委员会.2007.气候变化国家评估报告.北京:科学出版社.

秦大河.2002.中国西部环境演变评估.北京:科学出版社.

任国玉，姜彤，李维京，等.2008.气候变化对中国水资源情势影响综合分析.水科学进展，19(6):772-779.

施雅风.2003.中国西北气候由暖干向暖湿转型问题评估.北京:气象出版社.

孙成权，林海，曲建升.2003.全球变化与人文社会科学问题.北京:气象出版社.

王雅琼，马世铭.2009.中国区域农业适应气候变化技术选择.中国农业气象，30(增1):51-56.

王遵娅，丁一汇，何金海.2004.近50年来中国气候变化特征的再分析.气象学报，62(2):228-236.

吴绍洪，潘韬，贺山峰.2011.气候变化风险研究的初步探讨.气候变化研究进展，7(5):363-368.

谢立勇，侯立白，高西宁，等.2002.冬小麦 M808 在辽宁省的种植区划研究.沈阳农业大学学报，33(1):6-10.

许吟隆，张勇，林一骅，等.2006.利用 PRECIS 分析 SERS B2 情景下中国区域的气候变化响应.科学通报，3(51):2067-2074.

杨侃，许吟隆，陈晓光，等.2007.全球气候模式对宁夏区域未来气候变化的情景模拟分析.气候与环境研究，12(15):629-637.

杨淑萍，赵光平，马力文，等.2007.气候变暖对宁夏气候和极端天气事件的影响及防御对策.中国沙漠，27(6):1072-1076.

殷永元，王桂新.2004.全球气候变化评估方法及其应用.北京:高等教育出版社.

袁汉民，陈东升，王晓亮等.2006.宁夏引黄灌区冬小麦优质高产育种的回顾与展望.宁夏农林科技，3:19-22.

张国威，何文勤.1998.我国干旱区洪水灾害基本特征:以新疆为例.干旱区地理，21(1):40-48.

张智，林莉，梁培.2008.宁夏气候变化及其对农业生产的影响.中国农业气象，29(4):402-405.

周晓农.2010.气候变化与人体健康.气候变化研究进展，4:235-240.

朱福暖，章雪萍.2007.广东近十年水旱风灾害与防灾减灾工作的回顾和思考.广东水利水电，6:78-81.

朱丽燕.2008.宁夏设施农业的发展现状及对策建议.北方经济，7:60-62.

祝燕德，胡爱军，刘黛.2007.气象与经济关系专题研究讲座第一讲经济发展与天气风险管理.气象软科学，3:83-96.

Bossel H. 1999. Indictors for Sustainable Development. Theory, Method, Applications. Canada:International Institute for Sustainable Development.

Burton I，Feenstra J F，Smith J B，et al. 1998. Handbook on Methods for Climate Change Impact Assessment and Adaptation Strategies. United Nations Environment Programme and the Institute for Environmental studies. Free University of Amstedam，Netherlands.

Carter T R，Parry M L，Harasawa H，et al. 1994. IPCC Technical Guidelines for Assessing Climate Change Impacts and Adaptations. Department of Geography，University College，London，79-91.

Fankhauser S. 1996. Climate change costs-recent advancements in the economic assessment. Energy policy，24(7):665-673.

IPCC. 2007a. Climate Change 2007:Impacts，Adaptation and Vulnerability. Contribution of Working Group II to the Fourth Assessment Report of the Intergovernmental Panel on Climate Change，M. L. Parry，O. F. Canziani，J. P. Palutikof，P. J. van der Linden and C. E. Hanson，Eds.，Cambridge University Press，Cambridge，UK，976pp.

IPCC. 2007b. Climate Change 2007:Synthesis Report. Contribution of Working Groups I，II and III to the Fourth Assessment Report of the Intergovernmental Panel on Climate Change [Core Writing Team，Pachauri，R. K and Reisinger，A. (eds.)]. IPCC，Geneva，Switzerland，104 pp.

IPCC. 2001. Climate Change 2001:Impacts，Adaptation and Vulnerability，Contribution of Working Group II to the Third Assessment Report of the Intergovernmental Panel on Climate Change. McCarthy J J，Canziani O F，Leary N A，etal. Eds Cambridge，United Kingdom:Cambridge University Press，2001.

Ju H，Li Y，Harvey A，Preston F，Conway D. and Calsamiglia-Mendlewicz，S. 2008. Adaptation Framework and Strategy Part 1:A Framework for Adaptation. AEA Group，UK.

Klein R J T. 2001. Adaptation to Climate Change in German Official Development Assistance-An Inventory of Activities and Opportunities, with a Special Focus on Africa. Deutsche Gesellschaft fuer Technische Zusammenarbeit, Eschborn, Germany.

Klein R J T, Smith J B. 2003. Enhancing the capacity of developing countries to adapt to climate change: a policy relevant research agenda. Climate Change, Adaptive Capacity and Development, J. B. Smith, R. J. T. Klein et al. Eds., Imperial College Press, London.

ParryM, ArnellN, BerryP, et al. 2009. Assessing the costs of adaptation to climate change: a review of the UNFCCC and other recent estimates. Lomdon: International institute for environment and development. ISBN 978-1-84369-745-9.

Metroeconomica. 2004. Costing the impacts of climate change in the UK: overviews of guidelines. UKCIP Technical Report. UKCIP, Oxford.

SternN. 2007. The economics of climate change: the Stern review. Cambridge University Press. ISBN: 978-0-5217-0080-1.

Rosenzweig C, Parry M. 1994. Potential impact of climate change on world food supply. Nature, **67**(3):133-138.

Smit B, Burton I, Klein R J T, et al. 1999. The science of adaptation: a framework for assessment. Mitigation & Adaptation Strategy. For Global Change, **4**:199-213.

BurtonS, Klein R J, et al. 2000. An anatomy of adaptation to climate change and variability. Climate Change, **45**:223-251.

Smith J B, Lenhart S. 1996. Climate change adaptation policy options. Climate Research, **6**(2):193-201.

Stratus Consulting Inc. 1999. Compendium of Decision Tools To Evaluate Strategies. For Adaptation To Climate Change, Final Report, FCCC/SBSTA/2000/MISC. 5. UNFCCC Secretariat, Bonn, Germany, 1999:159-197.

Tanner T M, Hassan A, Islam K M N, Conway D, Mechler R, Ahmed A U, Alam, M. 2007. ORCHID: Piloting Climate Risk Screening in DFID Bangladesh. Summary Research Report. Institute of Development Studies, University of Sussex, UK.

Toman M. 2006. Values in the economics of climate change. Environmental values, **15**(8):365-379.

UNDP. 2008a.《人类发展报告 2007/2008—应对气候变化:分化世界中的人类团结》.

UNDP. 2008.《适应气候变化:发展中国家发展的新挑战》.

UNFCCC. 2007b. Workshop on climate related risks and extreme events, Cairo, Egypt, 18-20 June 2007, website: http://www. unfccc. int/3953. php. Full report contained in document FCCC/SBSTA/2007/7.

UNFCCC. 2007c. Update on the implementation of the Nairobi work programme. website: http://www. unfccc. int.

UNFCCC. 2007a. Workshop on adaptation planning and practices, Rome, Italy, 10-12 September, 2007, workshop website: http://www. unfccc. int/4036. php . Full report contained in document UNFCCC/

Qian W H, zhu Y F. 2001. Climate change in China from 1880 to 1998 and its Impacts on the environmental condition. Climatic Change, **50**:419-444.

Willows R I, Connell R K. 2003. Climate adaptation: Risk, uncertainty and decision-making. UKCIP technical report. UKCIP, Oxford.

Yin Y. 2000. Flood management and water resource sustainable development: the case of Great Lakes Basin. Water Internationl, **26**(2):197-205.

Zhou X N, Yang G J, Yang K, Wang, X H, Hong Q B, Sun L P, Malone J B, Kristensen T K, Bergquist N R, Utzinger J. 2008. Potential Impact of Climate Change on Schistosomiasis Transmission in China. Am J Trop Med Hyg, **78**:188-194.